M. Körschens/E.-G. Mahn (Hrsg.)

Strategien zur Regeneration
belasteter Agrarökosysteme des mitteldeutschen Schwarzerdegebietes

UFZ – Umweltforschungszentrum Leipzig–Halle GmbH

Das Umweltforschungszentrum Leipzig–Halle wurde zu Beginn des Jahres 1992 vom Bundesministerium für Bildung, Wissenschaft, Forschung und Technologie (BMFT), dem Freistaat Sachsen und dem Land Sachsen-Anhalt gegründet. Es ist eine von 16 Großforschungseinrichtungen in Deutschland, die erste, die sich ausschließlich mit Umweltforschung befaßt.

Am UFZ werden in interdisziplinärer Forschung Theorien und Methoden erarbeitet und weiterentwickelt, die der Regenerierung stark belasteter und der Erhaltung naturnaher Landschaften dienen. Daraus sollen Empfehlungen für die Praxis abgeleitet und somit Entscheidungen von Behörden und Unternehmen – etwa über Sanierungsmaßnahmen oder die Entwicklung von Umwelttechnologien – erleichtert werden.
Die Komplexität unserer Umwelt findet im UFZ ihren Ausdruck in einem sehr breit gefächerten Forschungsspektrum. Es gibt auf der einen Seite zwölf wissenschaftliche Sektionen, deren Aufgaben vor allem im weiten Feld der Grundlagenforschung liegen. Auf der anderen Seite stehen vier landschaftsbezogene Projektbereiche, die die Arbeiten der Wissenschaftler aus den Sektionen in interdisziplinär angelegten Verbundprojekten fachlich und administrativ koordinieren.

Die Vielschichtigkeit ökologischer Probleme erfordert jedoch nicht nur fachübergreifende Zusammenarbeit im Rahmen des UFZ selbst, sondern auch mit Behörden, Universitäten und anderen Forschungseinrichtungen auf nationaler und internationaler Ebene. So gibt es gemeinsame Forschungsprojekte mit den Regierungspräsidien Leipzig und Halle zur Regeneration der stadtnahen Auenlandschaften und zum Naturpark Dübener Heide; gemeinsam mit der Universität Leipzig wurde ein Umweltmedizinisches Zentrum gegründet. Die Verbindung zur Industrie soll durch ein Umweltbiologisches Zentrum (UbZ) gestärkt werden, eine Gemeinschaftseinrichtung mit der DECHEMA Frankfurt a. M. Große Aufmerksamkeit gilt ebenso der Zusammenarbeit mit Wissenschaftlern Osteuropas. Es bestehen bereits enge Kontakte zu Universitäten und Forschungseinrichtungen in Estland, Polen, Rußland, der Tschechischen Republik sowie Ungarn.

Strategien zur Regeneration belasteter Agrarökosysteme des mitteldeutschen Schwarzerdegebietes

Herausgegeben von
Prof. Dr. Martin Körschens
Prof. Dr. Ernst-Gerhard Mahn

B. G. Teubner Verlagsgesellschaft
Stuttgart · Leipzig 1995

Prof. Dr. Martin Körschens
UFZ – Umweltforschungszentrum Leipzig–Halle GmbH
Sektion Bodenforschung Bad Lauchstädt

Prof. Dr. Ernst-Gerhard Mahn
Martin-Luther-Universität
Halle–Wittenberg

Redaktionelle Bearbeitung:
Dr. Helmut Weschcke
Bad Lauchstädt

Gedruckt auf chlorfrei gebleichtem Papier.

Die Deutsche Bibliothek – CIP-Einheitsaufnahme

**Strategien zur Regeneration belasteter Agrarökosysteme des
mitteldeutschen Schwarzerdegebietes /**
hrsg. von Martin Körschens ; Ernst-Gerhard Mahn. –
Stuttgart ; Leipzig : Teubner, 1995
   ISBN 978-3-8154-3517-5   ISBN 978-3-322-95388-9 (eBook)
   DOI 10.1007/978-3-322-95388-9
NE: Körschens, Martin [Hrsg.]

Umschlaggestaltung: E. Kretschmer, Leipzig

Vorwort

Das Forschungsverbundprojekt „**Strategien zur Regeneration belasteter Agrarökosysteme des mitteldeutschen Schwarzerdegebietes (STRAS)**" wurde gemeinsam vom Umweltforschungszentrum Leipzig-Halle GmbH und von der Martin-Luther-Universität Halle-Wittenberg durchgeführt. Es waren 13 Teilprojekte (TP) beteiligt, von denen 10 vom BMBF und zwei (TP 1 und 13) vom Land Sachsen-Anhalt finanziert wurden. Ein Projekt des UFZ (TP 12) wurde ohne Zusatzfinanzierung zugeordnet. Der Bearbeitungszeitraum erstreckte sich vom 01.01.1992 bis zum 31.12.1994 bzw. nach kostenneutraler Verlängerung bis zum 30.06.1995.

Der vorliegende Abschlußbericht gliedert sich in zwei Abschnitte: in einen zusammenfassenden Bericht und in die Einzelberichte der 13 Teilprojekte. Der erste Abschnitt enthält eine Zusammenfassung der wichtigsten Ergebnisse und Informationen aller Teilprojekte.

Für die finanzielle Unterstützung zur Durchführung der im Rahmen dieses Forschungsverbundprojektes erforderlichen Arbeiten sagen wir im Namen aller wissenschaftlichen Arbeitsgruppen dem Bundesministerium für Bildung und Forschung, dem Kultusministerium des Landes Sachsen-Anhalt und der Geschäftsführung des Umweltforschungszentrums Leipzig-Halle GmbH verbindlichsten Dank.
Gleichzeitig gilt unser Dank auch allen Projektpartnern für die von Ihnen empfangene Unterstützung und für die zugleich stets kollegiale und fruchtbare Zusammenarbeit.

Halle und Bad Lauchstädt, Juli 1995   Die Projektleiter:

Ernst-Gerhard Mahn

Martin Körschens

Inhalt

Teil 2 - Einzelberichte (Kurztitel)[*]

---

[*] Die Verantwortung für den Inhalt und die Form der Einzelberichte in Teil 2 liegt bei den jeweiligen Projektleitern

Themen und Bearbeiter der Teilprojekte

TP 1: Auswirkungen unterschiedlicher Nutzungsintensität auf wichtige Bodengefüge-
merkmale, den Wasserhaushalt und das Temperaturregime im Boden.- Univ. Halle-
Wittenberg, Institut für Acker- und Pflanzenbau
E. KREISCHE; F. MARX; F. KÖRSCHENS; F. KÄRGLING

TP 2: Untersuchungen zur N-Transformation und zum N-Transfer in ausgewählten
Agrarökosystemen mittels der Stabilisotopen-Technik.- UFZ - Umweltforschungszen-
trum Leipzig-Halle GmbH, Sektion Bodenforschung
R. RUSSOW; H. FAUST; P. DITTRICH; G. SCHMIDT; S. MEHLERT; I. SICH

TP 3: Aufklärung und quantitative Erfassung der C-und N-Dynamik auf Löß-Schwarzerde als
Voraussetzung für eine ökologisch begründete N-Düngung und -Ausnutzung unter
Vermeidung von Umweltbelastungen.- UFZ-Umweltforschungszentrum Leipzig-Halle
GmbH, Sektion Bodenforschung / Univ. Halle-Wittenberg
M. KÖRSCHENS; A. MÜLLER; A. KUNSCHKE; E. SCHULZ; E.-M. KLIMANEK/
A. PFEFFERKORN; U. WALDSCHMIDT

TP 4: Steuerung der Zersetzungsdynamik organischer Substanzen zur Reduktion der N-
Belastung des Grundwassers und der Atmosphäre.- Institut für Bodenkunde und
Waldernährung Göttingen / GSF-Forschungszentrum für Umwelt und Gesundheit
GmbH, Institut für Bodenökologie Neuherberg / UFZ-Umweltforschungszentrum
Leipzig-Halle GmbH, Sektion Hydrogeologie
F. BEESE / R. RACKWITZ / K. KNIEF

TP 5: N-Dynamik von Segetalzönosen auf Löß-Schwarzerde unter besonderer
Berücksichtigung ihrer Streu.- UFZ - Umweltforschungszentrum Leipzig-Halle GmbH,
Sektion Bodenforschung
I. MERBACH; G. SAUERBECK

TP 6: Minimierung von Stoffausträgen aus unterschiedlich landwirtschaftlich genutzten
Flächen, ermittelt durch Tiefenuntersuchungen des Bodens von Dauerversuchen und
Praxisflächen.- Univ. Halle-Wittenberg, Institut für Acker- und Pflanzenbau
C. MORITZ; M. ZIMMERMANN; U. v. DAMITZ; S. PAPAJA; I. KAWETZKI

TP 7: Phytozönosestruktur und Populationsdynamik ausgewählter Arten.- Univ. Halle-
Wittenberg, Institut für Geobotanik und Botanischer Garten
E.-G. MAHN; A. BISCHOFF

TP 8: Auswirkungen verringerter Nutzungsintensität belasteter Agrarökosysteme auf Ei-
weiß- und Kohlenhydratbiosynthese in der Phytozönose.- Univ. Halle-Wittenberg,
Institut für Bodenkunde und Pflanzenernährung
G. STERNKOPF; H. TANNEBERG; H.-W. SONNTAG

TP 9: Auswirkungen verringerter Nutzungsintensität auf die Bodenfauna und Bodenmikroorganismen.- Univ. Halle-Wittenberg, Institut für Bodenkunde und Pflanzenernährung
O. ROSCHE; G. MACHULLA; C. BAUM

TP 10: Analyse der Faunenstrukturveränderung bei der Regeneration hochbelasteter
Agrarökosysteme (epigäische Fauna).- Univ. Halle-Wittenberg, Institut für Zoologie
W. WITSACK; I. A. AL HUSSEIN; TH. SÜSSMUTH

TP 11: C- und N-Umsetzungen in Dauerversuchen auf Sandlöß-Braunschwarzerde in Halle.-
Univ. Halle-Wittenberg, Institut für Bodenkunde und Pflanzenernährung
J. GARZ; W. SCHLIEPHAKE; H. STUMPE; U. WINKLER

TP 12: Lysimeteruntersuchungen - Einfluß geänderter Landnutzung auf Stoffeintrag, -transfer
und -austrag an unterschiedlichen Bodenformen in Lysimetern.-   UFZ -
Umweltforschungszentrum Leipzig-Halle GmbH, Sektion Bodenforschung /
Sächsisches Landesamt für Umwelt und Geologie, Lysimeterstation Brandis
S. KNAPPE / U. KEESE

TP 13: Klimatische Kennzeichnung des mitteldeutschen Schwarzerdegebietes.- Univ. Halle-
Wittenberg, Institut für Agrarökonomie und Agrarraumgestaltung
J. DÖRING; J. MÜLLER; M. JÖRN; S. NEUBERT; I. PANNICKE; G.
WEDEKIND; J. SCHURIGT

Teil 1 - Zusammenfassender Bericht

Summary

The research project was carried out from 1992 to 1994 and consisted of 13 sub-projects. As experimental basis served long term field experiments at the locations Bad Lauchstädt, Halle, Etzdorf as well as highly polluted, meanwhile abandoned farmyard manure and slurry at Bad Lauchstädt. The investigations comprise soil chemical, - biological and - physical parameters partially to 5 m depth, yield and quality of the harvested crops, the primary production of segetal - and ruderal cenoses and their material composition as well as the analysis of structure and dynamics of the segetal cenoses and the epigeal fauna. Based on the results the C and N circulation as well as the atmospheric N input under the given conditions could be quantified and the proof of sustainable land use in case of proper fertiliser application was given. On burdened areas with high organic and / or mineral fertilisation intolerably high N losses occurred. Also after ten-year reduction of the burden by plant uptake neither a satisfactory removal of the nutrient excess in the soil nor an adjustment of the segetal vegetation can be observed. The effect on microbiological soil conditions in the same period could be demonstrated in form of overactivity of the microflora. Permanent fallow led to a clear increase of the diversity of the epigeous fauna in the first few years (increase of red-list species and increase in number of individuals of important groups of arthropodae). First measures are proposed for the restoration of burdened agricultural ecosystems.

1. Zusammenfassung

Das Forschungsvorhaben wurde im Zeitraum von 1992 bis 1994 im Rahmen der 13 Teilprojekte bearbeitet. Als experimentelle Basis dienten Dauerfeldversuche der Versuchsstandorte Bad Lauchstädt, Halle und Etzdorf sowie Stallmist-/Gülle-Hochlastflächen in Bad Lauchstädt. Die Untersuchungen beinhalteten bodenchemische, -biologische und -physikalische Parameter (teilweise bis 5 m Tiefe), Ertrags- und Qualitätsbestimmungen bei Kulturpflanzen und die Primärproduktion von Segetal- sowie Ruderalzönosen und ihre stoffliche Zusammensetzung sowie die Analyse der Struktur und Dynamik der Segetalzönose und epigäischen Fauna. Mit den Ergebnissen konnten der C- und N- Kreislauf sowie der atmogene N-Eintrag unter den gegebenen Bedingungen quantifiziert und die Möglichkeit einer nachhaltigen Bodennutzung bei sachgemäßem Düngereinsatz nachgewiesen werden. Auf mit hoher organischer und/oder mineralischer Düngung belasteten Flächen traten unvertretbar hohe N-Verluste auf. Auch nach zehnjährigem Nährstoffentzug durch Pflanzen konnte noch kein ausreichender Abbau der Nährstoffüberschüsse im Boden und keine Anpassung der Segetalflora erreicht werden. Bodenmikrobiologische Auswirkungen waren für den gleichen Zeitraum noch als Überaktivierung der Bodenmikroflora nachweisbar.
Dauerbrachen haben in den ersten Jahren eine deutliche Diversitätserhöhung der epigäischen Fauna bewirkt (Zunahme der Arten- und Individuenzahlen und der Rote-Liste-Arten wichtiger Arthropodengruppen). Es werden erste Maßnahmen zur Regeneration belasteter Agrarökosysteme vorgeschlagen.

2. Zielstellung

Die Aufgaben der Landwirtschaft wurden von der Enquete-Kommission "Schutz der Erdatmosphäre" des Deutschen Bundestages wie folgt formuliert:

- "die umweltgerechte, nachhaltige und ausreichende Produktion von qualitativ hochwertigen und gesunden Nahrungsmitteln sowie Rohstoffen zur industriellen Verarbeitung oder energetischen Nutzung;

- der Erhalt bzw. die Wiederherstellung und die Pflege der natürlichen Lebensgrundlagen (Boden, Wasser, Luft, Artenvielfalt) in einer vielgestaltigen Kulturlandschaft,

- die Sicherung und Stärkung der Sozialstruktur ländlicher Räume (Arbeitsplätze, Lebensqualität etc.)".

Ziel des Projektes STRAS war es, Strategien zu entwickeln, die das Selbstregulationsvermögen und die Lebensraumfunktion von Agrarökosystemen des mitteldeutschen Schwarzerdegebietes unter Berücksichtigung ihrer Produktionsfunktion wiederherstellen (Regeneration), um so den Aufwand von Düngern und Pflanzenschutzmitteln minimieren und den Energieeinsatz deutlich reduzieren zu können. Nur auf dieser Basis ist eine nachhaltige Nutzbarkeit bei weitgehender Ressourcenschonung gegeben.

Um dieses Ziel zu erreichen, waren die für eine ökologisch sinnvolle Bewirtschaftung notwendigen Kriterien zu ermitteln und ihre standortbezogene Anwendung zu erproben. Die wissenschaftliche Grundlage dafür mußte die Erforschung der Regulationsmechanismen, der funktionellen Beziehungen und der Strukturveränderungen auf Ökosystemebene bilden, wie sie sich im Verlauf einer abklingenden Belastung bzw. infolge einer verminderten Intensität der Bewirtschaftung einstellen.

Das integrierte Forschungsvorhaben konzentrierte sich auf das mitteldeutsche Schwarzerdegebiet. Als Schwerpunkt wurde aus der Vielzahl der zu verzeichnenden Belastungssituationen für den beantragten Zeitraum die Stickstoffproblematik ausgewählt, die eng mit dem Kohlenstoff- und Humushaushalt verbunden ist sowie deren Wirkung auf die Agrarökosysteme.

Das mitteldeutsche Schwarzerdegebiet zeichnet sich im Hinblick auf die C- und N-Dynamik durch folgende Besonderheiten aus:

- Tiefgründigkeit des Bodens, die ihren Ausdruck in tiefreichender biologischer Aktivität und Durchwurzelung findet, so daß der Stoffumsatz auch in tieferen Horizonten stattfinden kann,

- subkontinentale Klimatönung, die zu hohen Verweilzeiten von C- und N-Verbindungen im Boden und zur Herausbildung eines inerten Boden-C- und N-Pools mit geringen Austauschraten bei relativ großen jahreszeitlichen Amplituden führt.

12

Zentrale Anliegen der integrierten Untersuchungen bildeten:

- die Quantifizierung der dem N-Haushalt der Agrarökosysteme auf Schwarzerdestandorten zugrundeliegenden <u>Stoffflüsse</u> und deren Veränderung im Zuge der verringerten Belastung
- die quantifizierte Erfassung der zönotischen <u>Strukturen</u> und ihrer Dynamik auf den wichtigsten trophischen Niveaus (Primärproduzenten, Konsumenten, Destruenten) in Beziehung zu dem bestehenden Status des N-Haushaltes der Agrarökosysteme und dessen Veränderung nach Einsetzen von Extensivierungsmaßnahmen.

Bei Untersuchungen über die Belastung von Agrarökosystemen und über Strategien zu ihrer Behebung bzw. Vermeidung genügt es nicht, die einzelnen agrarisch genutzten Flächen isoliert zu betrachten; diese sind vielmehr immer als Glied größerer (übergeordneter) geoökologischer Einheiten zu sehen. Das gilt insbesondere, wenn auf dieser Ebene von den genutzten Flächen nachteilige Wirkungen auf benachbarte Ökosysteme, die Atmosphäre und das Grundwasser ausgehen.

Über diese regionalen Gesichtspunkte hinaus sollten mit dem Verbundvorhaben STRAS auch Aspekte globaler Umweltveränderungen berücksichtigt werden. So gestattet es die Wahl des Untersuchungsgebietes mit seinen klimatischen Besonderheiten, Aussagen über strukturelle und funktionale Veränderungen zu erzielen, wie sie sich andernorts bei einem Temperaturanstieg und einer Verminderung der Niederschläge infolge globaler Klimaänderungen ergeben würden.

Mit der Auswahl und Einbeziehung der am Forschungsvorhaben beteiligten 13 Teilprojekte waren gute Voraussetzungen für eine erfolgreiche, interdisziplinäre Bearbeitung dieser Zielstellung gegeben.

3. Wissenschaftlich-technischer Stand

Der Gliederungspunkt 3 - Wissenschaftlich-technischer Stand - im Teil 1 wird nicht zusammenfassend dargestellt.
Es wird hier auf die diesbezüglichen Ausführungen in den Teilprojekten verwiesen.

4. Zeitlicher Ablauf

Das STRAS-Verbundprojekt lief zeitgleich mit der Konstituierung und Arbeitsaufnahme des Umweltforschungszentrums Leipzig-Halle GmbH sowie der grundlegenden Umgestaltung der beteiligten Fakultäten der Universität Halle-Wittenberg an. Trotz der damit verbundenen Probleme, vor allem personeller Art, konnten alle geplanten Arbeiten des Forschungsprogramms realisiert und anfängliche Verzögerungen kompensiert werden.

Eine kostenneutrale Verlängerung gestattete die Ergebnisauswertung und die Ausarbeitung des zusammenfassenden Berichtes sowie der Teilberichte über den Projektzeitraum hinaus und ermöglichte so die gedankliche Umsetzung des umfangreichen, experimentell gewonnenen Datenmaterials. Über die Analyse der Prozesse hinaus konnten Lösungsvorschläge für die Ableitung von Strategien erarbeitet werden.

5. Beschreibung der experimentellen Grundlagen

Die Untersuchungen im Projekt STRAS wurden hauptsächlich in fünf Dauerfeldversuchen des Versuchsfeldes des UFZ Leipzig-Halle GmbH in Bad Lauchstädt sowie des Julius-Kühn-Feldes in Halle und der Lehr- und Forschungsstation Etzdorf der Universität Halle vorgenommen. Damit standen Testflächen an drei Standorten des mitteldeutschen Trockengebietes zur Verfügung, die sich hauptsächlich hinsichtlich ihrer Bodenqualität unterscheiden, jedoch alle durch geringe Jahresniederschläge und relativ hohe mittlere Jahrestemperaturen gekennzeichnet sind. Alle fünf Versuche enthalten Varianten mit unterschiedlich hoher Bodenbelastung durch Düngung bzw. durch Stalldung- und Güllelagerung. Ein weiteres Kriterium war die Nutzungsart, die von Intensivbewirtschaftung durch Fruchtfolgen und hohe Düngung bis hin zur Brache reichte.

Zusätzlich wurden Ergebnisse von Dauerversuchen des Versuchsstandortes Seehausen, der Lysimeterstation Brandis und einer Mikrokosmenanlage in München in die Auswertungen einbezogen. Detaillierte Angaben zur Methodik dieser Versuche sind in den Berichten der TP 6 (Dauerversuch Seehausen), TP 13 (Lysimeterstation Brandis) und TP 4 (Mikrokosmenanlage München) enthalten.

Aus jedem der unter Pkt. 5.1. vorgestellten Versuche wurden zwei Varianten ausgewählt, die sich in der Belastung durch Düngung bzw. Stalldung- und Güllelagerung besonders deutlich unterschieden, um daran eine Vielzahl von Prüfmerkmalen (Parameter) nach einheitlichen Methoden zu bestimmen.

Zur Erleichterung der Zuordnung und Auswertung des umfangreichen Datenmaterials wurden die Standorte, die Versuche und die Kontrastvarianten einheitlich verschlüsselt. Die Kurzbezeichnungen bestehen aus jeweils drei Zeichen:

- Als erstes benennt ein Buchstabe den Versuchsstandort:

  E = **E**tzdorf
  L = Bad **L**auchstädt
  H = **H**alle.

- Als zweites bezeichnet ein weiterer Buchstabe die Art des Versuches:

  D = **D**üngungsversuch, Etzdorf: Herbizid/Düngungsversuch seit 1981
  Halle: Ewiger Roggenbau seit 1878
  Bad Lauchstädt: V 120 - Statischer Düngungsversuch seit 1902
  A = Blindversuch auf **A**ckerland: V 503 - Alte Gülledeponie, Bad Lauchstädt seit 1986
  B = Blindversuch auf **B**rachland: V 512 - Neue Gülledeponie, Bad Lauchstädt seit 1991

- Als drittes gibt eine Zahl die Belastungskategorie an, d. h. in den Düngungsversuchen bzw. in den Blindversuchen den Belastungszustand mit mineralischen Düngern und/oder mit organischer Substanz:

  1 = ungedüngt bzw. gering oder unbelastet
  2 = hoch gedüngt bzw. hoch belastet.

Eine Zusammenstellung der zehn zentralen Prüfvarianten und ihre Kurzbezeichnung enthält Tab. 1. Zur Charakterisierung dieser Varianten ist folglich keine Angabe der Parzellennummer erforderlich, z. B. LD2 = Bad Lauchstädt, Düngungsversuch, hoch gedüngt, Parzelle 1.

Aufgrund der z.T. geringen Parzellengröße und der in einigen Fällen zerstörenden Wirkung der Probenahme konnten jedoch nicht alle Untersuchungen nur auf diesen Parzellen erfolgen. Daher haben einige Arbeitsgruppen für spezielle Analysen auf ähnlich belastete Varianten zurückgegriffen oder mehrere Parzellen zusammengefaßt. In diesen Fällen sind zur Charakterisierung der Varianten neben der Versuchsbezeichnung nach einem Schrägstrich auch die Nummern der Parzellen mit angeben, z.B. LD/2 = Bad Lauchstädt, Düngungsversuch, Parzelle 2.

Tabelle 1: Übersicht der zentralen Prüfvarianten aus Dauerfeldversuchen der Standorte Bad Lauchstädt, Halle und Etzdorf, 1991 - 1994

Ort	Versuch	Beschreibung	Kurzbezeichnung
Etzdorf	Herbizid/ Düngungs- Versuch	**ohne N**, ohne Herbizid, Fruchtfolge ohne (ggf. mit) Rotationsbrache,	ED1 (ggf. ED1/R[*])
		80-100 kg N/ha , ohne Herbizid, Fruchtfolge ohne (ggf. mit) Rotationsbrache,	ED2 (ggf. ED2/R[*])
Bad Lauchstädt	V 120 - Statischer Düngungsversuch	**Ungedüngt** Parzelle 18	LD1
		Stalldung+NPK Parzelle 1; 300 dt/ha Stalldung jedes zweite Jahr + NPK/a	LD2
Bad Lauchstädt	V 503 - Alte Gülledeponie	Ackerland, **gering belastet** (ggf. mit Rotationsbrache) Parzelle 17, $N_t < 0,26\%$ (1989)	LA1 (ggf. LA1/R[*])
		Ackerland, **hoch belastet** (ggf. mit Rotationsbrache) Parzelle 85, $N_t > 0,26\%$ (1989)	LA2 (ggf. LA2/R[*])
Bad Lauchstädt	V 512 - Neue Gülledeponie	Dauerbrache, ehem. Ackerfläche V 512 b **unbelastet**, Parzelle 119	LB1
		Dauerbrache, ehem. Gülledeponie V 512 a **belastet**, Parzelle 65	LB2
Halle	Ewiger Roggenbau	**Ungedüngt (U)**	HD1
		Mineralisch gedüngt 60 / 24 / 75 kg NPK /ha.a	HD2

*) Falls Brachevarianten in die Untersuchungen einbezogen wurden, ist der Bezeichnung ein „/R" für Rotationsbrache angefügt.

5.1. Standortbeschreibung

Der Standort **Bad Lauchstädt** ist am östlichen Rande der Querfurter Platte gelegen, die zu dem sich zwischen Harz und Elbe erstreckenden Lößgürtel gehört. Der etwa 150 cm mächtige Löß lagert über einem relativ dichten und kalkhaltigem Moränenmaterial und ist das Substrat einer typischen Schwarzerde. Der Humushorizont hat eine Mächtigkeit von 40 - 60 cm. Durch die "Regenschattenlage" zum Harz befindet sich Bad Lauchstädt mit einem langjährigen Niederschlagsmittel von 483 mm/Jahr (1896 - 1994) in einem der trockensten Gebiete Deutschlands. Der Grundwasserspiegel liegt bei 12 m, allerdings tritt Schichtwasser in 3 - 5 m Tiefe auf. Wesentliche Standortcharakteristika befinden sich in Tab. 2.

Der 1902 angelegte und bis auf den heutigen Tag nahezu unverändert weitergeführte

"Statische Düngungsversuch" gehört zu den ältesten und bedeutendsten Dauerfeldversuchen der Welt und ist daher schon oftmals in der Literatur beschrieben worden (TP 3). Zum Versuch gehören vier 1 ha große Schläge, auf denen die Fruchtfolge Zuckerrüben-Sommergerste-Kartoffeln-Winterweizen abläuft. Die Schläge sind in drei große Blocks mit unterschiedlicher organischer Düngung (ohne, 200 dt/ha Stalldung jedes zweite Jahr, 300 dt/ha Stalldung jedes zweite Jahr) gegliedert. Die Stalldungblocks sind jeweils in sechs Mineraldüngervarianten (NPK, NP, NK, N, PK, ohne) unterteilt. Der Einsatz von Pflanzenschutzmitteln erfolgt nach Bekämpfungsrichtwerten. Für die Untersuchungen wurden die Variante "ohne Düngung" und die Variante mit der höchsten Düngung "300 dt/ha Stalldung jedes zweite Jahr + NPK" ausgewählt.

Der Versuch **"Alte Gülledeponie"** befindet sich ebenfalls in Bad Lauchstädt. Von 1962 bis 1983 befand sich auf der Fläche eine Stallmist- und Gülledeponie. Bodenuntersuchungen ergaben, daß diese ehemalige Lagerfläche einschließlich ihrer unmittelbaren Nachbarschaft einen sehr differenzierten Gehalt an organischer Substanz aufwies. Daraufhin wurde 1986 auf dieser Fläche ein Blindversuch mit 105 Parzellen (alle einheitlich bearbeitet, keine Düngung, seit 1991 ohne Pflanzenschutzmittel) nach folgendem Plan angelegt:

Anlagejahr: 1986
Größe: 105 Parzellen a 25 m² = 2625 m²
Fruchtfolge: 1986 Mais, 1987 Mais, 1988 Zuckerrüben, 1989 Winterweizen, 1990
                 Grünhafer, 1991 Sommergerste, Phazelia bzw. Selbstbegrünung, 1992
                 Winterweizen, 1993 Mais, 1994 Sommergerste

Anlageschema mit C_t-Gehalt des Bodens in 0 - 20 cm Tiefe, Herbst 1986:

91	92	93	94	95	96	97	98	99	100	101	102	103	104	105
76	77	78	79	80	81	82	83	84	85	86	87	88	89	90
61	62	63	64	65	66	67	68	69	70	71	72	73	74	75
46	47	48	49	50	51	52	53	54	55	56	57	58	59	60
31	32	33	34	35	36	37	38	39	40	41	42	43	44	45
16	17	18	19	20	21	22	23	24	25	26	27	28	29	30
1	2	3	4	5	6	7	8	9	10	11	12	13	14	15

Legende: < 2% C   2-2,5% C   2,5-3% C   3-4% C   4-5% C   5-6% C   >6% C

Die markierten Parzellen dienten als Prüfvarianten: Nr. 17 - gering belastet
                                                     Nr. 85 - stark belastet

Anlageschema mit N_t-Gehalt des Bodens in 0 - 20 cm Tiefe, Herbst 1986:

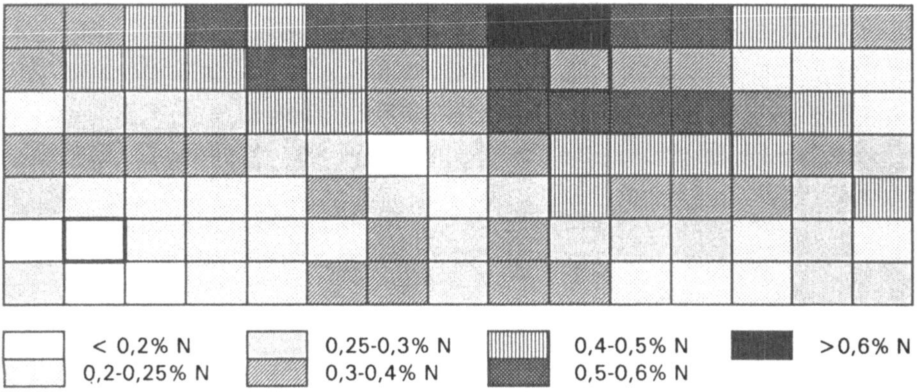

Die Fläche des Versuches **"Neue Gülledeponie"** wurde von 1984 bis 1989 als Stallmist- und Gülledeponie genutzt und wies ebenfalls eine hohe Belastung mit OS auf. 1991 wurde auf dieser Fläche ein Blindversuch mit Dauerbrache (Selbstbegrünung) ohne Bewirtschaftung angelegt.

Anlagejahr: 1991
Größe: 457 Parzellen a 25 m² = 11425 m²

Anlageschema:

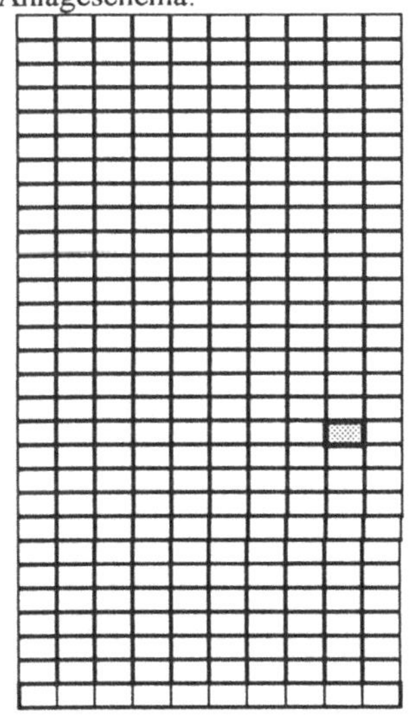

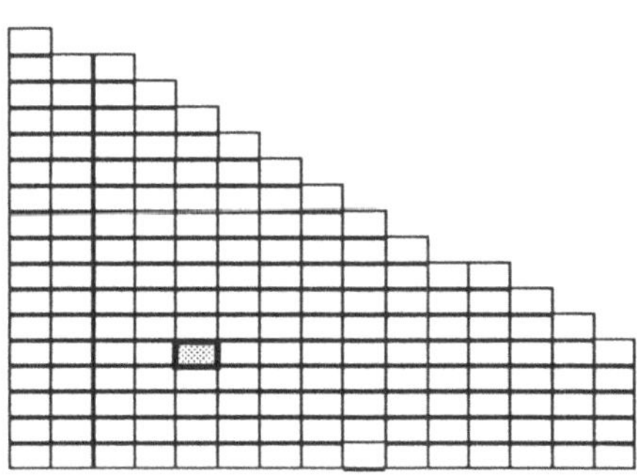

V 512b: unbelastet   V 512a: stallmist- und güllebelastet

Im Zentrum der Güllelastfläche betrugen die C_t-Werte im Juli 1991 in der Schicht 0 - 30 cm 4 - 8,55 % und die N_t-Werte 0,4 - 0,76 %. In der Schicht 0 - 60 cm wurden N_{an}-Höchstwerte von 1891 kg/ha erreicht. Zum Vergleich beinhaltet dieser Versuch weiterhin eine benachbarte, bis 1990 ackerbaulich genutzte Fläche, die gleichfalls in eine Dauerbrache überführt wurde. Hier herrschen die für den Standort typischen C_t- und N_t-Werte vor (Tab.2). Der pflanzenverfügbare Gehalt an Stickstoff ausgewählter Parzellen von beiden Großteilstücken ist in Tab. 3 dargestellt.

Als zentrale Prüfvarianten dienten die Parzelle Nr. 65 der ehemaligen Lagerstätte (V 512a, stark mit organischer Substanz belastet) und die Parzelle Nr. 119 der vorher ackerbaulich genutzten Fläche (V 512b, unbelastet).

Tabelle 2: Ausgewählte Charakteristika der Untersuchungsstandorte

Standortkenndaten	Bad Lauchstädt	Halle	Etzdorf
Bodenform	Löß-Schwarzerde	Sandlöß-Griserde	Löß-Schwarzerde
Bodenart	L	lS - sL	L
Langjähriges Niederschlagsmittel, mm	483	466	473
Jahresdurchschnittstemperatur, °C	8,7	9,0	9,0
Korngrößenzusammensetzung, %			
Ton	21	8	22
Feinschluff	7	5	5
Mittelschluff	16	5	26
Grobschluff	45	13	44
Feinsand	9	47	2
Mittelsand	2	19	1
Grobsand	0	3	0
Trockensubstanzdichte, g/cm^3	2,56	2,60	2,55
Trockenrohdichte, g/cm^3	1,35	1,50	1,38
Hygroskopizität, M %	4,6	2,3	5,0
Feldkapazität, M %	24	13	25
C_t, %	2,07	1,30	2,10
N_t, %	0,17	0,10	0,19
C/N	12,2:1	13,0:1	11,1:1
pH	6,6	6,0	7,3
Sorptionskapazität, mval/100g	29	11	31

Das am östlichen Stadtrand von **Halle** gelegene Versuchsfeld gehört zu einem schmalen Sandlößstreifen an der Nordostflanke des dem Harz vorgelagerten Lößgürtels. Über stark karbonathaltigem Geschiebemergel steht eine etwa 110 cm mächtige Sandlößdecke (Bodenart sandiger Lehm) an. Der Standort gehört ebenfalls zum mitteldeutschen Trockengebiet. Die

Schwarzerde ist deutlich degradiert. Der Grundwasserstand bewegt sich zwischen 1 und 3 m. Weitere Standortkenndaten befinden sich in Tab. 2.

Der 1878 angelegte Roggen-Monokultur-Versuch, der von KÜHN die Bezeichnung „**Ewiger Roggenbau**" erhielt, ist der älteste Dauerversuch Deutschlands und daher häufig beschrieben worden (TP 11). Zum Versuch gehören drei Schläge (Abteilung A, B und C), von denen die Abteilung C seit 1878 als Winterroggenmonokultur geführt wird. Auf Abteilung B löste 1961 der Fruchtwechsel von Kartoffeln-Winterroggen die Monokultur ab, und auf Abteilung A wird seit 1961 Silomais in Monokultur angebaut. Jede Abteilung ist untergliedert in die Düngungsvarianten: St I (120 dt/ha.a Stalldung), NPK, ungedüngt, PK, N und St II (80 dt/ha.a Stalldung von 1893 - 1952). So umfaßt der Versuch insgesamt 18 Parzellen mit einer Größe von je 290 m². Im Bedarfsfall werden praxisübliche Pflanzenschutzmittel nach Bekämpfungsrichtwerten eingesetzt.

Als Testvarianten für das STRAS-Projekt wurden die Parzellen "Ungedüngt" und "NPK" (jährlich 60 kg N/ha, 24 kg P/ha, 75 kg K/ha) der Abteilung A (Winterroggen-Monokultur seit 1878) ausgewählt.

Der Standort **Etzdorf** liegt im Ostteil des als 'Querfurter Platte" bezeichneten Schwarzerdegebietes nur etwa 20 km entfernt von Bad Lauchstädt und ist als typische Schwarzerde klassifiziert. Der Jahresniederschlag beträgt im langjährigen Mittel 473 mm. Das Grundwasser steht in einer Tiefe von 9 m an. Weitere Standortdaten werden in Tab. 2 vorgestellt. Der „**Herbizid/Düngungsversuch**" wurde 1981 angelegt und erfuhr 1991 eine Umstellung. Die Fruchtfolge umfaßte, in Übereinstimmung mit dem Versuch Alte Gülledeponie Bad Lauchstädt die Fruchtarten 1991 Sommergerste bzw. Selbstbegrünung, 1992 Winterweizen, 1993 Mais und 1994 Sommergerste. Die Prüffaktoren Düngung, Herbizideinsatz und Fruchtfolge sind wie folgt gegliedert:

A: N-Düngung

N_{11} ungedüngt
N_{12} bis 1990 40 - 50 kg/ha, seit 1991 ungedüngt
N_{33} 80 - 100 kg/ha
N_{32} bis 1990 40 - 50 kg/ha, seit 1991 80 - 100 kg/ha
N_{31} bis 1990 ungedüngt, seit 1991 80 - 100 kg/ha

B: Herbizidausbringung

H_{11} ohne Herbizide
H_{22} mit Herbiziden (Oxytril C, seit 1991 Duplosan DP, Wirkstoff Dichlorprop, 600 g/l)
H_{21} bis 1990 ohne Herbizide, seit 1991 mit Herbiziden

C: Brache B_1 Fruchtfolge ohne Brache, 1991 Sommergerste

                   B_2 Fruchtfolge mit Grünbrache (1991)

Als Testvarianten wurden die folgenden, im Anlageschema markierten, Parzellen ausgewählt:

- ED1: N_{11} = ohne N; H_{11} = ohne Herbizid; B_1 = FF ohne Rotationsbrache (ggf. B_2 = mit)
- ED2: N_{33} = 80 - 100 kg N/ha; H_{11} = ohne Herbizid; B_1 = FF ohne Rotationsbrache (ggf. B_2 = mit)

Seit 1991 wurden im Versuch keine Insektizide eingesetzt.

Anlageschema:

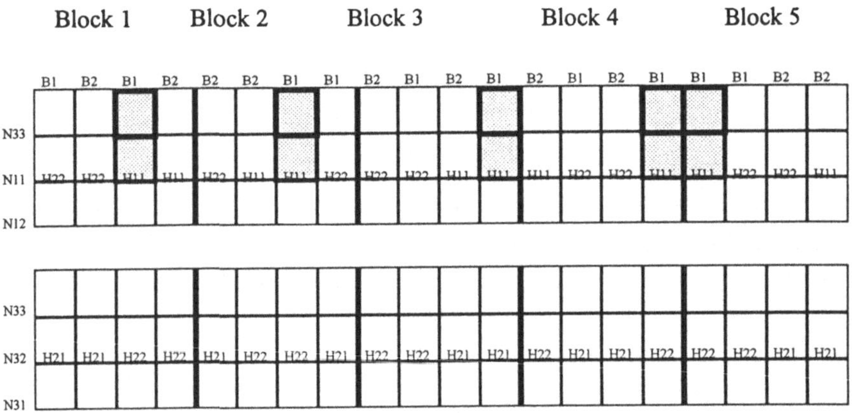

Tabelle 3: N_{an} in ppm in den Böden ausgewählter Varianten der Versuche in Etzdorf (ED) und Bad Lauchstädt (LA und LB), 1992 und 1994
(N_{an}: Ammonium-N + Nitrat-N bei Extraktion mit 1 M KCl-Lösung, Tiefe: a = 0 - 30 cm; b = 30 - 60 cm; c = 60 - 100 cm)

Datum	Tie-fe	ED1	ED1/R	ED2	ED2/R	LA				LB2		LB1	
		Parzellennummer											
		1-5	1-5	1-5	1-5	11	33	72	102	55	60	112	116
19.6. 1992[1]	a	14,3	17,6	35,9	76,6	7,8	3,8	10,6	12,3	31,9	25,8	11,3	7,9
	b	9,3	15,3	16,6	34,6	13,4	4,5	44,3	43,8	102,0	152,4	16,9	9,5
	c	10,2	10,9	15,9	27,4	99,1	2,8	522,2	107,5	170,2	227,7	99,0	89,6
2.8. 1994	a	11,9	9,4	11,2	10,8	18,3	16,2	25,3	29,8	27,1	16,8	12,7	9,4
	b	12,0	9,1	10,3	8,7	13,3	13,7	18,7	22,9	15,8	13,7	12,2	8,8
	c	6,4	4,1	5,5	5,0	45,3	8,2	28,8	68,9	91,8	30,3	11,1	6,8

[1] Etzdorf am 24.05.91

5.2.   Klimatische Kennzeichnung des Untersuchungsgebietes

Das Gebiet des östlichen Harzvorlandes, einschließlich des Raumes Halle, liegt im Bereich des Börde- und Mitteldeutschen Binnenlandklimas, Saalebezirk (Klimaatlas der DDR 1953). Im folgenden werden detaillierte Aussagen zu den wesentlichen Klimaparametern Lufttemperatur und Niederschlag und zur Witterung in den Jahren 1992 bis 1994 getroffen.

5.2.1. Lufttemperatur

Die Jahresmitteltemperaturen liegen im angesprochenen Gebiet zwischen 8,4 °C und 9,9 °C, wobei Werte über 9,0 °C nur in Nähe des Saaletales anzutreffen sind. Die Schwankungsbreite in den letzten 40 Jahren bewegt sich zwischen 7 und 11 °C. Im Jahresgang variieren die Monatsmitteltemperaturen zwischen Werten um 0 °C im Januar und um 18 °C im Juli. Die absoluten Temperaturextreme liegen bei 37 bis 38 °C, gemessen im Juli oder August und -26 bis -28 °C im Januar oder Februar.

Die eigenen Messungen an den Versuchsstandorten bestätigen deren repräsentative Lage. Die Meßwerte der Lufttemperatur liegen im angegebenen Bereich. Bei größerer Zeitauflösung ergeben sich jedoch einige weitere bemerkenswerte Aspekte.

Das Julius-Kühn-Feld in Halle repräsentiert den stadtnahen Bereich des Gebietes, was sich in den insgesamt höchsten Mitteltemperaturen und bei Strahlungswetterlagen deutlich höheren nächtlichen Minimumtemperaturen ausdrückt.

Der Standort Bad Lauchstädt ist typisch für die fast ebenen Lößgebiete des Raumes. Die Temperaturverhältnisse sind relativ ausgeglichen.

Die Versuchsfläche Etzdorf ist gekennzeichnet durch ein leichtes nach Süden exponiertes Gefälle, wobei die Wetterstation in einer flachen Senke installiert ist, die südlich durch Hofgebäude begrenzt wird. Diese Gegebenheiten führen insbesondere bei Strahlungswetterlagen zu tieferen Minimum- und etwas höheren Maximumtemperaturen als in der Umgebung und äußern sich in einer deutlich höheren Frostgefährdung als beispielsweise in Bad Lauchstädt (1993 Bad Lauchstädt 106 Tage mit Frost in Bodennähe, Etzdorf 117).

5.2.2. Niederschlag

Die Niederschlagsverhältnisse im Raum Halle sind geprägt durch die Lee-Wirkung des Harzes. Im Gebiet westlich und nördlich von Halle liegen die mittleren jährlichen Niederschlagshöhen zwischen 450 und 500 mm.

Derart niedrige Mengen werden in dieser flächenhaften Ausdehnung in keinem anderen Gebiet Deutschlands beobachtet. Östlich und südöstlich von Halle nimmt die Niederschlagsmenge rasch zu und erreicht östlich von Leipzig schon 570 bis 600 mm. Die Versuchsstandorte Bad Lauchstädt, Etzdorf und Halle liegen im Zentrum des Trockengebietes und sind so für das niederschlagsärmste Gebiet im Lößgürtel zwischen Magdeburg und Halle repräsentativ. Die höchsten bisher gemessenen Jahressummen des Niederschlages übersteigen im Zentrum des Trockengebietes kaum 700 mm. Das ist eine Größe, die in Westdeutschland selbst im langjährigen Mittel häufig überschritten wird.

In sehr trockenen Jahren werden im östlichen Harzvorland nur 230 bis 300 mm Niederschlag gemessen. Unter diesen Bedingungen stellen sich zumindest zeitweise aride Verhältnisse ein. Hinzu kommt der Umstand, daß in unregelmäßiger Abfolge trockene bzw. feuchte Jahre gehäuft auftreten, so daß sich die entsprechenden Auswirkungen kumulativ verstärken. So ist der im Projekt bearbeitete Zeitraum einer Aufeinanderfolge feuchter Jahre (z. T. mehr als 600 mm/Jahr) zuzuordnen, während der vorangegangene Zeitraum 1988 bis 1991 gemessen am langjährigen Mittel für die Region zu trocken war (Jahressummen unter 450 mm).

Bezüglich des Jahresganges des Niederschlages sind kontinentale Züge bemerkbar, die durch ein Minimum im Februar/März mit durchschnittlich 20 bis 30 mm und ein Maximum in den Sommermonaten meist zwischen 55 und 70 mm pro Monat geprägt sind.

In den Einzeljahren kann die Niederschlagsverteilung erheblich von den mittleren Verhältnissen abweichen. Mehrere Monate andauernde niederschlagsarme Perioden sind keine Seltenheit, ebenso wie mehrere aufeinanderfolgende Monate mit Niederschlagsmengen um oder über 80 mm (z. B. Frühjahr 1994). An Hand der etwas mehr als zweijährigen eigenen Niederschlagsmeßreihen läßt sich noch keine Spezifizierung der Standorte ermitteln, da die Standortunterschiede durch räumlich sehr stark differenzierende konvektive Niederschlagsereignisse überlagert werden.

Tabelle 4: Monats- und Jahreswerte der Lufttemperatur und des Niederschlages an den Versuchsstandorten, Januar 1992 - Dezember 1994

	Lufttemperatur in °C				Niederschlag in mm			
	Brandis	Halle	Etzdorf	Lauchstädt	Brandis	Halle	Etzdorf	Lauchstädt
1992								
Jan	1,3	1,5	1,5	1,6	47,4	42,6	18,1	23,9
Feb	3,7	4,0	3,6	3,4	41,2	25,0	13,4	16,4
Mrz	5,4	5,5	5,6	5,2	82,2	65,6	54,2	60,2
Apr	9,1	9,4	9,0	8,8	27,4	27,4	35,8	28,9
Mai	15,1	14,9	14,3	14,6	23,3	30,8	32,8	37,8
Jun	18,9	18,5	18,5	18,1	31,1	51,1	72,5	48,9
Jul	19,4	19,9	19,6	19,3	105,2	105,0	163,4	91,5
Aug	20,6	20,8	20,8	20,6	41,7	75,9	49,1	60,0
Sep	13,7	13,8	13,7	13,7	37,7	18,1	11,5	12,6
Okt	6,7	6,9	7,3	6,8	55,7	70,4	60,9	46,8
Nov	5,1	5,6	6,0	5,4	37,6	29,4	49,9	26,4
Dez	1,0	1,3	0,7	1,0	41,8	44,3	48,4	33,2
Jahr	10,0	10,2	10,1	9,9	572,5	585,6	610,6	486,6
1993								
Jan	2,4	2,7	1,8	2,2	60,4	41,4	40,3	40,0
Feb	-1,2	-0,6	-1,2	-1,0	20,7	12,0	17,2	13,1
Mrz	3,5	4,3	3,7	3,9	15,0	9,0	7,0	8,6
Apr	10,5	11,0	10,4	10,7	24,8	12,1	14,5	6,0
Mai	15,3	15,7	14,8	15,3	74,6	91,9	61,0	54,0
Jun	15,6	16,3	15,6	15,9	83,8	120,1	87,8	115,1
Jul	16,6	17,0	16,3	16,7	102,4	113,8	92,0	112,5
Aug	16,2	16,9	16,2	16,6	52,4	30,4	32,0	38,3
Sep	12,4	12,6	12,0	12,5	63,5	58,8	43,1	45,8
Okt	8,3	8,4	7,7	8,2	35,5	15,1	14,2	18,5
Nov	-0,7	-0,5	-0,9	-0,6	71,3	26,1	23,3	29,2
Dez	3,1	3,5	2,9	3,2	56,8	54,6	42,6	43,9
Jahr	8,5	8,9	8,3	8,6	661,2	585,3	475,0	525,0
1994								
Jan	3,3	3,6	3,1	3,4	34,5	23,5	26,7	22,2
Feb	-0,8	-0,8	-1,4	-0,9	13,2	18,5	21,8	29,1
Mrz	6,6	6,9	6,5	6,7	107,7	84,8	84,7	83,5
Apr	8,5	9,0	8,4	8,8	70,2	77,0	75,4	83,5
Mai	12,7	13,3	12,7	13,0	80,4	85,7	86,5	100,3
Jun	16,3	17,0	16,1	16,5	21,4	22,2	16,6	81,8
Jul	22,2	22,4	21,3	21,9	23,8	33,3	37,6	57,3
Aug	18,5	18,8	18,1	18,4	133,6	77,5	92,8	81,7
Sep	13,8	14,2	13,7	14,0	52,2	62,8	55,0	51,8
Okt	7,5	8,0	7,4	7,7	28,1	21,6	31,5	27,4
Nov	6,6	6,9	6,4	6,7	41,5	30,9	22,9	21,9
Dez	3,8	4,2	3,7	4,0	41,0	20,8	27,4	24,2
Jahr	9,9	10,3	9,7	10,0	656,6	558,6	578,9	664,7

5.2.3. Witterung im Untersuchungszeitraum

Die Monats- und Jahreswerte für Lufttemperatur und Niederschlag sind in Tab. 4 aufgeführt. Insgesamt sind die Jahre 1992 und 1994 als zu warm und das Jahr 1993 als temperaturnormal anzusprechen. Die Niederschlagsverhältnisse waren stärker differenziert. Während das Jahr 1992 in Halle und Etzdorf deutlich zu naß ausfiel, war es in Bad Lauchstädt und Brandis etwa niederschlagsnormal. 1993 fielen außer in Etzdorf überall mehr Niederschläge als im langjährigen Mittel. 1994 lag die Niederschlagsmenge an allen Standorten über dem Normalwert.

Wesentlich für Pflanzenwachstum und Prozesse im Boden war, daß trotz der vergleichsweise guten Niederschlagsversorgung in allen untersuchten Vegetationsperioden mehr oder weniger lang andauernde Trockenperioden auftraten (1992: April, Mai; 1993: Februar bis Mitte Mai, August; 1994: Juni, Juli) und daß dem Untersuchungszeitraum eine Periode trockener und sehr warmer Jahre (1988 bis 1991) vorausging.

6. Ergebnisse

6.1. Stoffflüsse und Stoffhaushalt
6.1.1. Einfluß der Witterung auf den Wasserhaushalt

Der Witterungseinfluß auf Stoffflüsse und -haushalt im Boden ergibt sich aus der Wirkung auf die Bodenwasserdynamik und die Temperaturen als Randbedingung für chemische, physikalische und biologische Vorgänge. Die Wechselwirkungen zwischen Atmosphäre und Boden erfolgen in einer Übergangzone von der Oberfläche des Pflanzenbestandes bis wenige Zentimeter unter der Bodenoberfläche, in der Wasser- und Energieströme vielfältigen Transformationen unterliegen. Während der Wasserhaushalt des Bodens selbst bei einer verhältnismäßig geringen Anzahl hinreichend genauer Kenngrößen relativ gut zu simulieren ist, sind die Vorgänge in der Übergangzone, bedingt durch große räumliche und zeitliche Veränderlichkeit der Pflanzenbestände, nur schwer zu modellieren.

Für Wasserhaushaltsbetrachtungen sind die Komponenten Niederschlag, Verdunstung einschließlich Interzeption, oberirdischer Abfluß und Versickerung zu bestimmen. Für den Boden muß das Wasserspeichervermögen (Feldkapazität), welches in enger Korrelation zur Substratzusammensetzung steht, bekannt sein. Niederschlag liegt als gemessene Größe vor. Die potentielle Verdunstung kann ausreichend genau an Hand meteorologischer Parameter berechnet werden. Interzeption und reale Verdunstung bei unterschiedlich strukturierten Pflanzenbeständen werden durch Einbeziehung spezifischer Pflanzenparameter und des aktuellen Bodenwasservorrates kalkuliert.

Zur Berechnung der genannten Größen wurde auf das für die Bedingungen im mitteldeutschen Raum bewährte Verdunstungs-/Bodenfeuchtemodell von MÜLLER (1987, in Literatur TP 13) zurückgegriffen. Die Simulation des Bodenwasserhaushaltes, die zunächst aus Gründen der Vergleichbarkeit für mit Gras bewachsenen Boden vorgenommen wurde, hat zu folgenden Ergebnissen geführt:

Die relativ hohen Niederschlagsmengen im Untersuchungszeitraum führten insgesamt zu höheren Bodenfeuchtewerten als im langjährigen Mittel. Bodenfeuchtewerte im Bereich des Welkepunktes, die im betreffenden Gebiet normalerweise jedes zweite bis dritte Jahr zwischen Juli und September erreicht werden, sind bezogen auf die simulierte obere 1-m-Schicht nicht aufgetreten. Im Bereich der oberen 50 cm des Bodens ist allerdings während der vorübergehenden Trockenperioden eine vollständige Ausschöpfung der nutzbaren Bodenwasservorräte anzunehmen, so daß Pflanzenwachstum und bodenbiologische Prozesse besonders im September/Oktober 1992, im Mai 1993 und im Juli/August 1994 eingeschränkt wurden. Für die Versickerung von Wasser aus der 1-m-Schicht sind Zeiträume mit Bodenwassersättigung von besonderem Interesse. In etwa jedem dritten Winterhalbjahr reicht die Niederschlagsmenge von Oktober bis April nicht aus, um das in der Vegetationsperiode entstandene Sättigungsdefizit vollständig abzubauen. In den Winterhalbjahren 1992/93 und 1993/94 wurde außer in Bad Lauchstädt (nur 1993/94) an allen Standorten Bodenwassersättigung erreicht. Die Zeitdauer mit Bodenwassersättigung und die Höhe der Versickerung werden neben der Niederschlags- und Verdunstungshöhe entscheidend durch die Unterschiede im Wasserspeichervermögen bestimmt. Die Zeitdauer mit Feuchtewerten im Bereich der Feldkapazität wird mit abnehmender nutzbarer Feldkapazität länger (Tab. 5). Bei Wassersättigung fallender Niederschlag kann abzüglich der Verdunstung nur oberirdisch abfließen (schwer quantifizierbar) oder in tiefere Bodenschichten versickern. Deshalb kann

Tabelle 5: Niederschlagshöhe, nutzbare Feldkapazität, Zeitdauer mit Bodenwassersättigung und berechnete Versickerung aus der Schicht 0 - 100 cm für grasbewachsenen Boden, Versuchsstandorte, Winterhalbjahr (Oktober - April), 1992 - 1994

Standort	Niederschlags-höhe mm		nutzbare Feldkapaz. mm	Zeitdauer mit 100% nFK Tage		Versickerung mm	
	1992/93	1993/94		1992/93	1993/94	1992/93	1993/94
Lauchstädt	174	310	210	0	55	0	133
Etzdorf	238	289	190	14	60	36	127
Halle	219	300	154	32	60	31	148

davon ausgegangen werden, daß bei derartigen Situationen Wasserbewegungen unterhalb 1 m Tiefe stattfinden. Deutlich werden die Unterschiede bei den berechneten Versickerungsmengen (Tab. 5). Die hohen Versickerungswerte 1993/94 resultieren zu großen Teilen aus den starken Niederschlägen am 14./15. März und 11. bis 13. April 1994.

Bei höherem Wasseraufnahmevermögen des Bodens ist die Verlagerung in Schichten unterhalb 1 m Tiefe deutlich vermindert, und mit zunehmender Niederschlagsmenge werden höhere Versickerungsraten ausgewiesen.

Aus der Höhe der versickerten Wassermenge lassen sich nicht direkt Rückschlüsse auf transportierte Stoffmengen ziehen, da die Konzentration gelöster Inhaltsstoffe von weiteren Einflußfaktoren abhängt. Jedoch sind die Zeiträume der Verlagerung und deren Größenordnung für die Interpretation z. B. von Stickstoff- und Chloridbewegungen von Bedeutung. Auch kann auf dem Julius-Kühn-Feld Halle eine Beziehung zur Änderung des Grundwasserspiegels bestehen.

6.1.2. Bodenphysikalische Charakterisierung

Bodenphysikalische Parameter

Zwischen den bodenchemischen, insbesondere dem C_t-Gehalt, und den bodenphysikalischen Eigenschaften bestehen enge Beziehungen. Eine eindeutige Quantifizierung ist jedoch schwierig, da die räumliche und zeitliche Variabilität dieser Merkmale sehr groß ist, die erwarteten Abweichungen im C_t-Gehalt am gleichen Standort relativ gering sind und

Untersuchungen an ungestörten Bodenproben durch den Einfluß des jeweils aktuellen Bodenzustandes verzerrt werden.

Aufgrund der großen Unterschiede im C_t-Gehalt innerhalb der zehn Testvarianten war jedoch eine gute Basis gegeben für

- die Aufklärung des Einflusses hoher Belastungen auf bodenphysikalische Eigenschaften
- die Quantifizierung der Beziehungen zwischen C_t-Gehalt und bodenphysikalischen Parametern
- die Untersuchungen zur zeitlichen Variabilität dieser Prüfmerkmale.

Die Ergebnisse lassen zunächst eine eindeutige Abhängigkeit aller bodenphysikalischen Merkmale vom C_t- (und N_t-)Gehalt erkennen.

Die engsten Beziehungen ergeben sich zwischen dem C_t- bzw. N_t-Gehalt und der Trockensubstanzdichte (TSD = Dichte der festen Bodensubstanz) mit einem Korrelationskoeffizienten von -0,95 bzw. -0,98. Diese Korrelation wird, bedingt durch die enge Korrelation zwischen Ton- und C_t-Gehalt, infolge des geringeren Tongehaltes des Bodens in Halle beeinflußt. Diese Tatsache bleibt jedoch bei der Ergebnisdarstellung unberücksichtigt.

Im Bereich "normaler" Versorgung ist die zeitliche Variabilität der Bodeneigenschaften und der wechselseitigen Korrelation zwischen den verschiedenen Probenahmeterminen geringer als bei den belasteten Prüfgliedern mit stark überhöhten C_t-(N_t-)Gehalten. Bei den belasteten Prüfgliedern machen die Differenzen zwischen den Terminen bis zu 2,59 % C_t und 0,24 % N_t aus. Die große zeitliche Variabilität beider Prüfmerkmale ist bekannt und mehrfach nachgewiesen worden (TP 3), in dieser Größenordnung jedoch nicht erklärbar. Analoge Ergebnisse und Verhältnisse wurden auch bei den bodenphysikalischen Merkmalen gefunden.

Die Hygroskopizität variiert mit den gleichen Relationen zwischen den Prüfgliedern, aber auch zwischen den verschiedenen Probenahmeterminen, wie sie für die C_t- und N_t-Gehalte aufgezeigt wurden. In gleicher Weise reagiert, mit geringen Abweichungen, die Wasserkapazität. Trockensubstanz- und Lagerungsdichte zeigen das gleiche Bild mit umgekehrten Vorzeichen.

Die in Tab. 6 ausgewiesenen Korrelationskoeffizienten verdeutlichen die engen Beziehungen zwischen den bodenphysikalischen Merkmalen untereinander und zwischen diesen und dem C_t- bzw. N_t-Gehalt. Die Regressionskoeffizienten zwischen den bodenphysikalischen Merkmalen und dem C_t-Gehalt einerseits sowie dem N_t-Gehalt andererseits bestätigen, mit Ausnahme bei der Hygroskopizität, diese Ergebnisse (Tab. 6).

Wasserhaushalt

Zur Gewinnung der Feldmeßdaten wurden vier aufwendige Meßstationen zusammengestellt, die auf drei verschiedenen Standorten synchron den Wassergehalt Θ mit Hilfe der Zeit-

Tabelle 6: Koeffizienten der Regression zwischen dem C_t- bzw. N_t-Gehalt und bodenphysikalischen Eigenschaften, untersucht in den zehn Testvarianten in 0 - 30 cm
Tiefe (n = 70), Versuchsstandorte, 1992 - 1994

	C_t		N_t	
	Regr.-Koeff.	Korr.-Koeff.	Regr.-Koeff.	Korr.-Koeff.
Hygroskopizität	1,11	0,82	3,08	0,84
Wasserkapazität*)	5,78	0,80	58,46	0,84
Trockensubstanzd.	- 0,051	- 0,95	- 0,51	- 0,98
Lagerungsdichte*)	- 0,071	- 0,84	- 0,72	- 0,88
Porenvolumen	1,76	0,73	18,1	0,78

Alle Korrelationskoeffizienten sind signifikant bei einer Irrtumswahrscheinlichkeit von $\alpha = 0,1$ %

Nach diesen Ergebnissen verändert sich mit einer Zunahme des C_t-Gehaltes von 1 %

die Hygroskopizität	um + 1,1 M %
die Wasserkapazität	um + 5,8 M %
die Trockensubstanzdichte	um - 0,05 g/cm^3
die Lagerungsdichte	um - 0,07 g/cm^3
das Porenvolumen	um + 1,8 %

domänenreflektometrie (TDR), das hydraulische Potential ψ unter Verwendung von Tensiometern (niedriger ψ - Bereich) und Soil Moisture - Blocks (hoher ψ - Bereich) in Abhängigkeit von der Zeit t und Tiefe z zu messen gestatten.

Die Abfrage der TDR-Sensoren und der Tensiometer erfolgte im Stundentakt, die der Gipsblöcke wöchentlich.

Neben der Möglichkeit zur Überprüfung der im Labor gemessenen Zusammenhänge bieten die in hoher Dichte vorliegenden Meßdaten hinreichend Material zur Modellierung des Wasserhaushaltes im Boden nach physikalisch-deterministischen Prinzipien und zur Validierung der Modelle.

In der Abb. 1 sind als Beispiele die Ergebnisse vom Meßplatz auf der Fläche HD2 für die Vegetationsperiode 1994 dargestellt.

In den Tiefen 5, 10 und 20 cm sind die Wassergehalte sehr stark von den Niederschlägen (NS) beeinflußt (besonders ausgeprägt auf HD2). Aber schon ab 50 cm Tiefe werden die Veränderungen deutlich stetiger. Vom Beginn der Vegetationsperiode bis zu deren Ende überwiegen Ausschöpfungsprozesse. Nur extreme Niederschlagsereignisse verschieben diese Kurve zu höheren Feuchtegehalten (z. B. zwischen dem 16. und 27.5. auf HD2).

---

*) Zur Bestimmung der Wasserkapazität und der Lagerungsdichte wurde der lufttrockene, auf 2 mm abgesiebte Boden mit einer speziellen Apparatur bei konstanter Frequenz und Hubhöhe in 100 cm^3-Stechzylinder eingerüttelt. Die Trocknung erfolgte bei 105 °C.

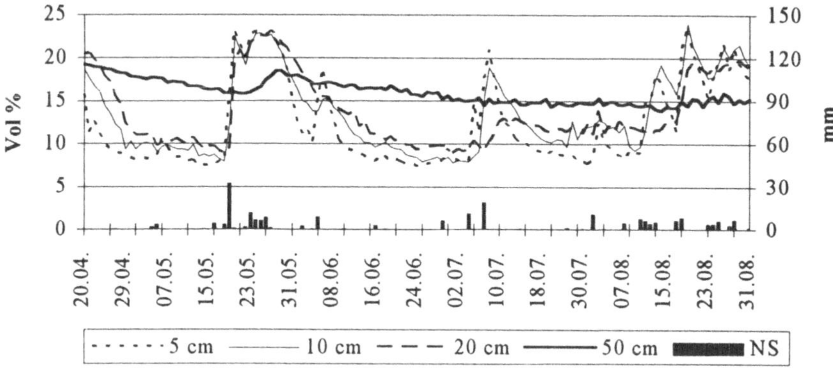

Abbildung 1: Bodenfeuchte in Vol % in verschiedenen Tiefen und Niederschläge (NS) im Verlauf der Vegetationsperiode auf HD2, Halle, 1994

Beim Vergleich der Ergebnisse für die belasteten und unbelasteten Parzellen eines Versuches ergibt sich, daß die oberste Schicht auf der belasteten Parzelle über weite Zeitspannen feuchter ist, die tieferen Schichten jedoch trockener sind als auf der unbelasteten. Dies ist zweifellos eine Wirkung der unterschiedlich dichten Bestände und nicht ein Indiz für veränderte Bodeneigenschaften.

Temperaturregime
Den Temperaturverlauf vom 29.4. - 31.8. in der Parzelle HD2 zeigt Abb. 2. Ein Vergleich mit der Parzelle HD1 ergibt, daß diese im Mittel über den Meßzeitraum hinweg je nach Tiefe um 1,33 bis 1,77 °C höhere Temperaturen aufweist. Die Pentadenwerte können sich im Juni - Juli bis zu 4, die Tageswerte bis zu 6 °C unterscheiden. Diese höheren Temperaturen auf der ungedüngten Parzelle, die, wie oben ausgeführt, im Durchschnitt auch noch höhere Feuchten aufweist, ist vermutlich auf die verstärkte Strahlungseinwirkung auf den Boden infolge der geringeren Dichte des Bestandes zurückzuführen (Erträge Korn: HD2 = 36 dt/ha; HD1= 16 dt/ha).

Ein ähnliches Verhalten ist auch mehr oder weniger ausgeprägt auf den beiden anderen Standorten zu verzeichnen.

So weist in Etzdorf die Parzelle ED1 abhängig von der Tiefe im Mittel um 0,39 bis 0,77 °C höhere Temperaturen auf als ED2, wobei die Differenzen der Pentadenwerte bis zu 2,4 °C betragen können.

Im Statischen Düngungsversuch Bad Lauchstädt herrschen in der Parzelle LD1 im Mittel über

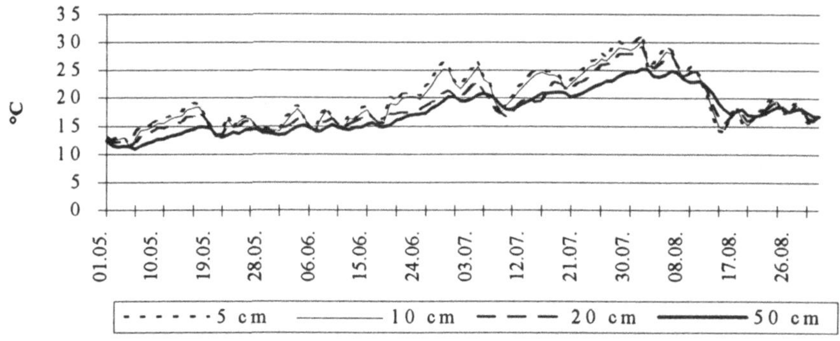

Abb. 2: Verlauf der Bodentemperatur in °C in verschiedenen Tiefen während der Vegetationsperiode auf HD2 (Tagesmittel), Halle, 1994

die Vegetationsperiode um 2,33 bis 3,04 °C höhere Temperaturen als in LD2. Die
Pentadenwerte können sich hier bis zu 6,5 °C unterscheiden.

In der Tab. 7 sind die Durchschnittstemperaturen in den Nullparzellen der drei untersuchten
Standorte dargestellt. Danach wies in der Vegetationsperiode 1994 der Boden auf dem
Standort Etzdorf die niedrigsten, der auf dem Standort Halle die höchsten Temperaturen auf.

Die Unterschiede der Tagestemperaturen zwischen zwei Meßstellen auf einer Parzelle zur
gleichen Zeit in gleicher Tiefe sind kleiner als 1,4 °C.

Tabelle 7: Durchschnittstemperaturen in °C der Nullparzellen bis 50 cm Tiefe von drei
Versuchsstandorten, 4.5. - 26.8.1994

Tiefe	5 cm	10 cm	20 cm	50 cm
Bad Lauchstädt	21,0	20,7	20,2	18,5
Etzdorf	18,6	18,3	17,8	15,9
Halle	21,5	21,3	20,5	19,1

6.1.3. Primärproduktion

In Agrarökosystemen bilden Produzenten, hier die Kulturpflanzen und ihre Begleiter - die

Unkräuter - die energetische Basis. Und auch hier hat die Primärproduktion bzw. das, was nach der Ernte davon auf und im Boden verbleibt, einen entscheidenden Einfluß auf systeminterne Prozesse. In den Untersuchungen wurde von der Primärproduktion allerdings nur die oberirdische pflanzliche Trockenmasse erfaßt, getrennt in Kultur- und Segetalpflanzen. Ein Vergleich der ab 1991 mit gleicher Fruchtfolge bewirtschafteten Etzdorfer (ED) und Bad Lauchstädter Ackerfläche (LA) zeigt, daß diese auch nach zehn Jahren ohne Düngung noch eine hohe Gesamtprimärproduktion aufweist, die in der Regel auch die der gedüngten Etzdorfer Versuchsvarianten übersteigt. Hierfür dürfte vor allem der nach wie vor hohe Bodenstickstoffgehalt der Alten Gülledeponie verantwortlich sein (Tab. 3). Das höhere N-Angebot auf ED2 bzw. LA2 führte im allgemeinen zu einer höheren Gesamtproduktion im Vergleich zu ED1 bzw. LA1. Im Versuchszeitraum (1991 - 1994) war kein einheitlicher Trend zu einer Verringerung der Gesamtproduktion der mit Gülle hochbelasteten Versuchsvarianten LA2 zu erkennen.

Auch bei ausschließlicher Betrachtung der Primärproduktion der Kulturpflanzen wies LA allgemein höhere Trockenmassen als ED auf. Selbst bei starker Verunkrautung profitierten die Kulturpflanzen in der Regel von einer besseren N-Versorgung (Ausnahme: Winterweizen 1992 LA). Die selbstbegrünte Rotationsbrache (1991) beinflußte die Kulturpflanzentrockenmasse in den Folgejahren wenig. Nur im Winterweizen (1992) kam es auf LA durch die starke Folgeverunkrautung zu einer Beeinträchtigung der Trockenmassebildung.

6.1.3.1. Kulturpflanzen

Der Nachweis einer nachhaltigen, ressourcenschonenden Nutzung von Agrarökosystemen erfordert Dauerversuche, wie sie in Bad Lauchstädt, Halle, Etzdorf und Seehausen gegeben sind. Nur sie ermöglichen eine Einschätzung der langfristigen Ertragsentwicklung in Abhängigkeit von den Bewirtschaftungsmaßnahmen und im Zusammenhang mit den eingetretenen Veränderungen der Bodenparameter auch eine Wertung im Hinblick auf eine nachhaltige Bodennutzung.

Die Ertragstrends im **Statischen Düngungsversuch** in Bad Lauchstädt[*] über einen Zeitraum von 92 Jahren sind in Abb. 3 dargestellt. Sie lassen sich wie folgt zusammenfassen:

---

[*] Im Durchschnitt der letzten 20 Jahre wurden im Mittel der Fruchtarten jährlich gedüngt: NPK + Stalldung 195 kg N/ha, Stalldung 100 kg N/ha, NPK 117 kg N/ha.

– Die Erträge der Düngungsvarianten aller Fruchtarten stiegen deutlich an.

– Bei Winterweizen und Zuckerrüben wurde mit rein mineralischer Düngung das gleiche Ertragsniveau wie mit organisch-mineralischer Düngung erreicht.

– Sommergerste und Kartoffeln wiesen mit organisch-mineralischer Düngung Mehrerträge auf. Diese blieben jedoch - bezogen auf die verabreichten N-Mengen - unter dem erwarteten Ausmaß. Mit der Kombination NPK + 300 dt Stalldung jedes zweite Jahr ist die optimale N-Gabe auf diesem trockenen Standort häufig bereits überschritten, und die N-Ausnutzung ist am ungünstigsten.

– Die Erträge der Nullvariante sind aus der Sicht einer effizienten Landnutzung im allgemeinen unbefriedigend, zumal die Produktqualität abnimmt.

– Alle Prüfglieder mit mineralischer und/oder organischer Düngung entsprechen hinsichtlich der Ertragsentwicklung den Kriterien für eine nachhaltige Bodennutzung.

Am Versuch **Ewiger Roggenbau** konnten die Folgen einer 1990 vorgenommenen Umstellung der Düngung untersucht werden, die vor allem im Ersatz der ausschließlichen Mineral-N-Düngung (N--) durch eine kombinierte organisch-mineralische Düngung (NPK+St) bestand. Außerdem wurde die N-Zufuhr auf NPK durch eine Erhöhung von 40 auf 60 kg/ha derjenigen mit der jährlichen Stallmistdüngung angeglichen. Zum Vergleich sind in Tab. 8 jeweils die im Mittel der Jahre 1979 - 1988 erzielten Erträge vorangestellt. Für die Bezugsvariante St I (= 100) sind in der zweiten Spalte auch die absoluten Erträge aufgeführt.

Während auf „N--" in der Vergangenheit nur reichlich die Hälfte bis drei Viertel des Ertrages von St I erreicht wurden, konnten auf dieser Parzelle nach der Umstellung zu NPK+St schon vom ersten Jahr an gleiche und höhere Erträge im Vergleich zu St I oder NPK erzielt werden. Bemerkenswert ist bei der Abteilung C auch, daß nach der Gleichstellung der N-Zufuhr die Roggenerträge auf NPK denen auf St I nicht mehr nachstehen. Schon jetzt läßt sich die bei Anlage des Versuches von JULIUS KÜHN aufgeworfene Frage, "wie lange ...ein solcher Betrieb [gemeint ist die einseitige N-Düngung] bis zum vollständigen Mißraten der Früchte ... fortgesetzt werden kann und in welcher Zeit dann die Rückführung des erschöpften Landes zur normalen Fruchtbarkeit mittels angemessener Düngung möglich sein wird" - zumindest in ihrem zweiten Teil - ziemlich eindeutig beantworten, nämlich innerhalb eines Jahres.

Die Ernte- und Wurzelrückstände der Kulturpflanzen sind bei Unterlassung einer organischen Düngung - neben den Unkräutern - die einzige Energiequelle des Edaphons. Höhere Ernteerträge gehen im allgemeinen mit höheren Mengen an Ernte- und Wurzelrückständen und damit auch höheren Einträgen an organischer Substanz in den Boden einher.

So wurden im Versuch Ewiger Roggenbau 1992 - 1994 auf NPK 30 % mehr EWR als auf U gefunden. Untersuchungen zur Menge an EWR im Statischen Düngungsversuch in Bad Lauchstädt von 1986 - 1988 haben gezeigt, daß die Zunahme der Menge an EWR mit

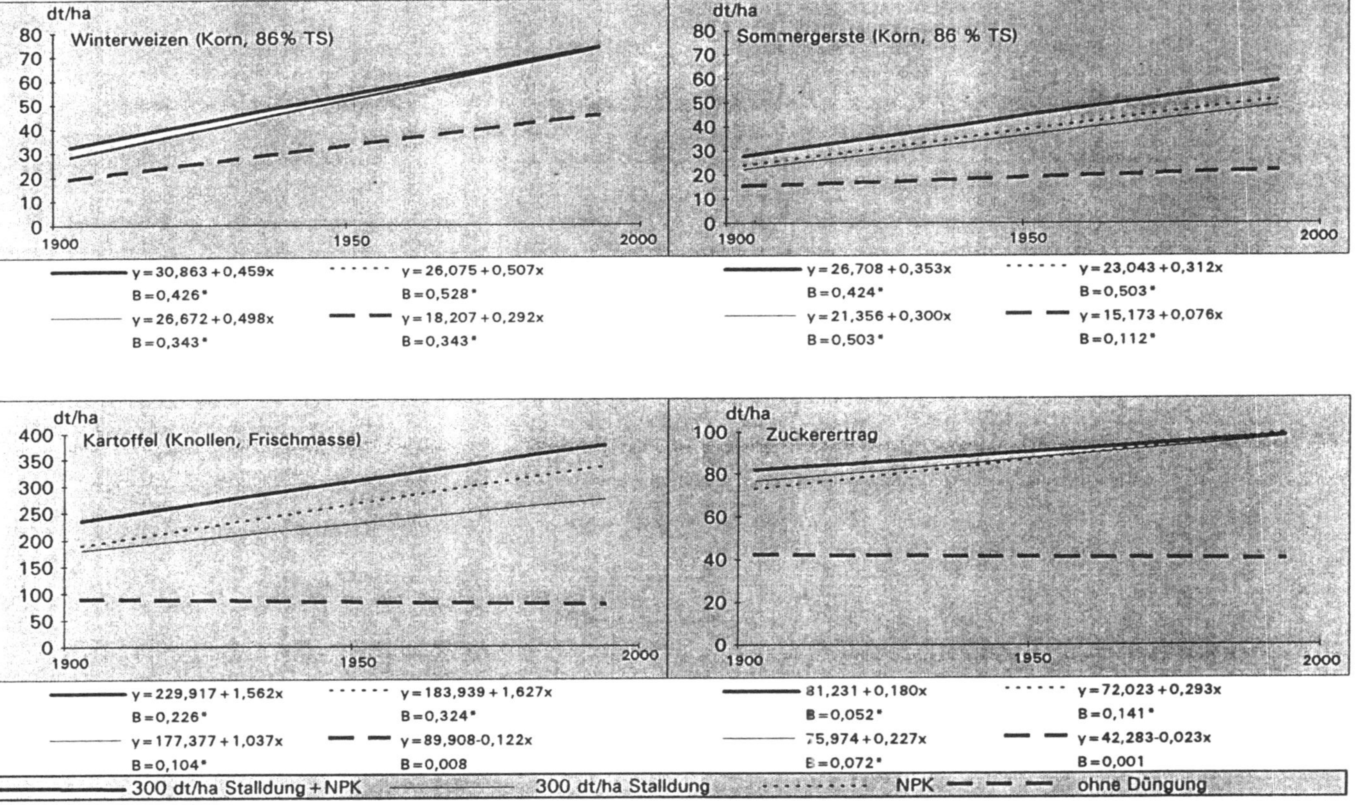

Abbildung 3:   Ertragsentwicklung der Fruchtarten des Statischen Düngungsversuches nach linearer Regression, Bad Lauchstädt 1903-1994

Tabelle 8: Erträge vor und nach der Umstellung der Düngung 1990 im Versuch Ewiger Roggenbau, Halle, 1979 - 1988 bzw. 1991 - 1994

Jahre	St I dt/ha	St I	PK	NPK	NPK+St**[)] relativ	U	St II
Abt. C Roggenmonokultur, Kornertrag (86 % TS)							
1979-88	32,2	100	64	93	66	47	57
1991	36,8	100	55	112	118	47	63
1992	25,9	100	59	114	114	39	54
1993	48,3	100	63	101	111	50	58
1994	42,2	100	59	90	98	40	47
Abt. B Kartoffel-Roggen-Fruchtwechsel							
a) Roggen, Körner (86 % TS)							
1979-88	46,5	100	60	95	73	54	69
1991	56,9	100	66	79*[)]	92*[)]	49	76
1993	59,8	100	68	95	104	63	73
b) Kartoffeln, Knollen (25 % TS)							
1979-88	149	100	55	116	59	43	65
1992	178	100	58	119	138	42	57
1994	171	100	55	157	159	48	65
Abt. A Maismonokultur, Silomais (25 % TS)							
1979-88	289	100	56	92	54	40	52
1991	316	100	54	90	103	39	61
1992	337	100	47	92	102	36	63
1993	338	100	51	103	110	34	55
1994	268	100	59	108	112	45	59

*[)] Lager und dadurch bedingter Taubenfraß
**[)] bis 1990 nur mit Mineral-N gedüngt (N--)

wachsendem Getreideertrag vor allem auf die Zunahme der Stoppelmenge zurückzuführen ist. Eine Ertragserhöhung um 10 dt/ha bei Getreide bewirkt eine Zunahme der EWR um 2 dt TM/ha. Bei Kartoffeln steigt die Krautmasse um 4 dt TM/ha bei einer Erhöhung des Ertrages um 100 dt/ha.

6.1.3.2. Segetal- und Ruderalzönosen

Untersuchungen zur Primärproduktion von Segetalzönosen **im Kulturpflanzenbestand** wurden im Etzdorfer Herbizid/Düngungsversuch (ED) und auf der Alten Gülledeponie (LA) in Bad Lauchstädt durchgeführt. Die selbstbegrünte Rotationsbrache (1991) führte im Vergleich zur Sommergerste in den folgenden Jahren im allgemeinen zu einer höheren Folgeverunkrautung, in der Sommergerste 1994 allerdings auf sehr niedrigem Niveau. Das gilt im besonderen für Bad Lauchstädt; in Etzdorf setzte dieser Effekt verzögert ein. Gemessen an den Trockenmassen erreichte die Segetalzönose in Bad Lauchstädt auf der Rotationsbrache 1991 sowie tendenziell im Mais 1993 höhere Werte als in Etzdorf, im Getreide (Winterweizen 1992, Sommergerste 1994) hingegen die Etzdorfer Segetalzönose.

Ein höheres N-Angebot führte auf beiden Standorten 1991 bei der selbstbegrünten Rotationsbrache und bei der Sommergerste und 1992 bei der Nachfrucht Winterweizen zu einer deutlichen Erhöhung der Unkraut-TM. Diese Aussage trifft in der Tendenz auch 1993 für Mais zu. 1994 kam es, insbesondere in Etzdorf, zu einer Minderung der Unkraut-TM bei besserer N-Versorgung.

Die Seneszenz der Unkräuter ging mit einer Abnahme der Trockenmasse ab Mitte Juni im Getreide und frühestens ab Mitte Juli im Mais einher.

Die Ergebnisse der **Dauerbracheversuche LB1 und LB2** in Bad Lauchstädt zeigen eine hohe Produktivität der Selbstbegrünung. Die differenzierte N-Belastung des Bodens führte auf LB1 und LB2 zu einer unterschiedlichen Zusammensetzung der Pflanzenbestände. Zwischen dem N-Gehalt des Bodens und der Höhe der Trockenmassebildung bestand jedoch kein eindeutiger Zusammenhang. Auf den Dauerbrachen wurden 100 - 200 dt TM/ha Sproß gebildet.

An einem Beispiel zeigt Abb. 4 den Verlauf der Sproß- und Streubildung auf güllebelasteten und unbelasteten Parzellen der Dauerbrache, wobei unter Sproß die lebende und unter Streu die abgestorbene Pflanzenmasse verstanden wird.

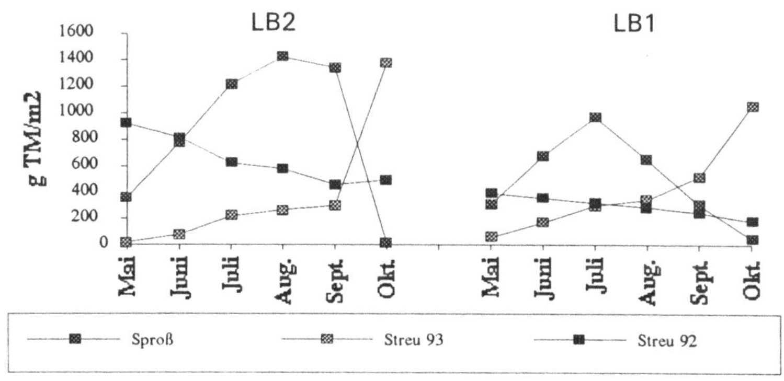

Abbildung 4: Verlauf der Sproß- und Streubildung in g TM/m² auf güllebelasteten (LB2) und unbelasteten (LB1) Parzellen einer Dauerbrache (n = 6), Bad Lauchstädt, 1993

Auch nach vier Jahren Brache bestand noch kein Gleichgewicht zwischen Streubildung und -abbau. Die Streuvorräte stiegen auf den güllebelasteten Parzellen auf 1300 g TM/m^2 und auf den unbelasteten Parzellen auf über 700 g TM/m^2. Der Anteil liegender Streu an der Gesamtstreumenge betrug auf den güllebelasteten Parzellen ca. 50 % und auf den unbelasteten Parzellen mit hohem schnell verrottendem Grasanteil nur 38 %. Die Streu eines Jahrganges wurde auf der güllebelasteten Fläche zu 67 - 82 % abgebaut. Auf der unbelasteten Fläche blieb aufgrund der schnelleren Umsetzbarkeit des Pflanzenmaterials nach einem Jahr nur eine Reststreu von 6 - 12 %. Diese Ergebnisse stimmen mit denen von Streubeutelversuchen mit 62 % Abbau von April bis Oktober und über 30 % Abbau von Dezember bis März sehr gut überein. Im Laborinkubationsversuch wurden sowohl von der belasteten als auch auf der unbelasteten Fläche in 70 Tagen 40 % des mit der Streu eingebrachten C mineralisiert.

Die Untersuchungen auf der Dauerbrache zeigen also, daß es auf der unbelasteten Fläche mit hohem Grasanteil zu einem schnellen Streuumsatz kommt, während sich auf der güllebelasteten Fläche mit dikotylen Ruderalarten eine von Jahr zu Jahr wachsende Streuauflage mit geringerer Abbaurate herausbildet, die auch eine C-Senke darstellt. Der in einigen Bundesländern geforderte Schnitt der Brachevegetation in der zweiten Junihälfte, also weit vor Erreichen der maximalen Trockenmasse, würde sich in diesem Zusammenhang äußerst negativ auswirken. Er würde zu einer Verschiebung des Artenspektrums in Richtung Gräser, zu einem schnellen Bodenkontakt der Pflanzensubstanz und infolgedessen zu einem beschleunigten Streuumsatz führen. Außerdem bieten ungestörte Dauerbrachen einen bedeutenden Lebensraum für viele Insckten- und Niederwildarten. Zur Vermeidung einer Verbuschung dürfte ein später Herbstmulchschnitt alle 2 - 3 Jahre genügen.

6.1.4. Stickstoffhaushalt
6.1.4.1. Stickstoffeintrag aus der Atmosphäre

In den vergangenen Jahrzehnten hat der Stickstoffeintrag aus der Atmosphäre ("N aus sonstigen Quellen") in das System Boden - Pflanze deutlich zugenommen und spielt für den N-Kreislauf eine nicht mehr zu vernachlässigende Rolle. Eine Quantifizierung dieser N-Quellen, insbesondere der gasförmigen Deposition, ist schwierig, die Angaben in der Literatur schwanken innerhalb weiter Grenzen. Vielfach werden die N-Einträge aus der Atmosphäre den N-Verlusten gleichgesetzt und in die Bilanz nicht einbezogen. Dieses Verfahren ist unter Berücksichtigung der nachfolgend dargelegten Ergebnisse nicht gerechtfertigt.

Eine direkte Messung der in Abb. 5 genannten N-Quellen ist neben den sehr aufwendigen mikrometeorologischen Methoden nach den unter TP 2 und 11 beschriebenen Verfahren

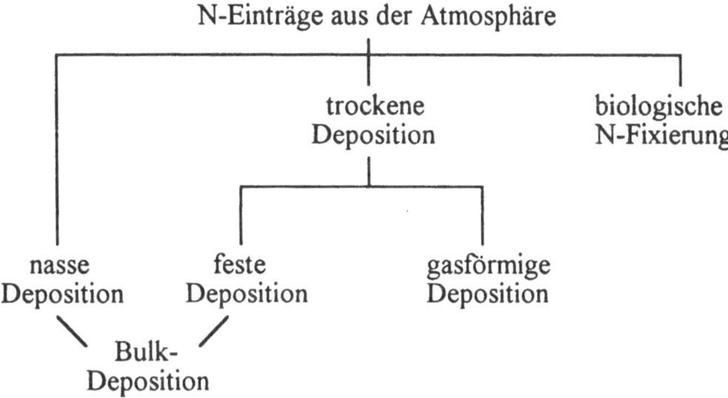

Abbildung 5: Aufteilung der Stickstoffeinträge aus der Atmosphäre

möglich. Eine indirekte Quantifizierung kann über den N-Entzug auf den Nullparzellen in Dauerversuchen unter der Voraussctzung erfolgen, daß nach entsprechend langer Laufzeit ein Fließgleichgewicht erreicht ist und bei konstantem N-Pool im Boden der Input gleich dem Output gesetzt wird.

Direkte Messung

Der Bericht zu TP 2 beinhaltet unter anderem Untersuchungen zur Deposition atmogener N-Verbindungen. Für die Bestimmung der nassen und Bulk-Deposition wurden konventionelle Wet Only- bzw. Bulk-Sammler eingesetzt. Für die Erfassung des gasförmigen Eintrages und des sogenannten integralen Gesamt-N-Eintrages in das System Boden-Pflanze kamen speziell entwickelte und nach dem Prinzip der ^{15}N-Isotopenverdünnung arbeitende Verfahren zum Einsatz.

Eine Darstellung der gasförmigen und Bulk Deposition für die Standorte Brandis (bei Leipzig) und Bad Lauchstädt ist in Abb. 6 zu finden. Bei der gasförmigen Deposition stellt vor allem in Bad Lauchstädt das NH_y (NH_3+NH_4^+) den höchsten Anteil. Im Winterhalbjahr erfährt insbesondere in Brandis der NO_x-Anteil (Heizperiode) eine merkliche Erhöhung. Da die Bulk-Deposition das vier- bis siebenfache der gasförmigen Deposition beträgt und näherungsweise mit dem Niederschlag korreliert, ist die Gesamtdeposition im Sommer fast doppelt so hoch wie im Winter. Die jährliche Gesamtdeposition beträgt 46 kg N/ha in Brandis und 51 kg N/ha in Bad Lauchstädt.

Eine gute Übereinstimmung dieser Art der Depositonsbestimmung besteht mit dem integralen Gesamt-N-Eintrag in das System Boden-Pflanzen. Für die Meßperiode vom 18. April 1994 bis

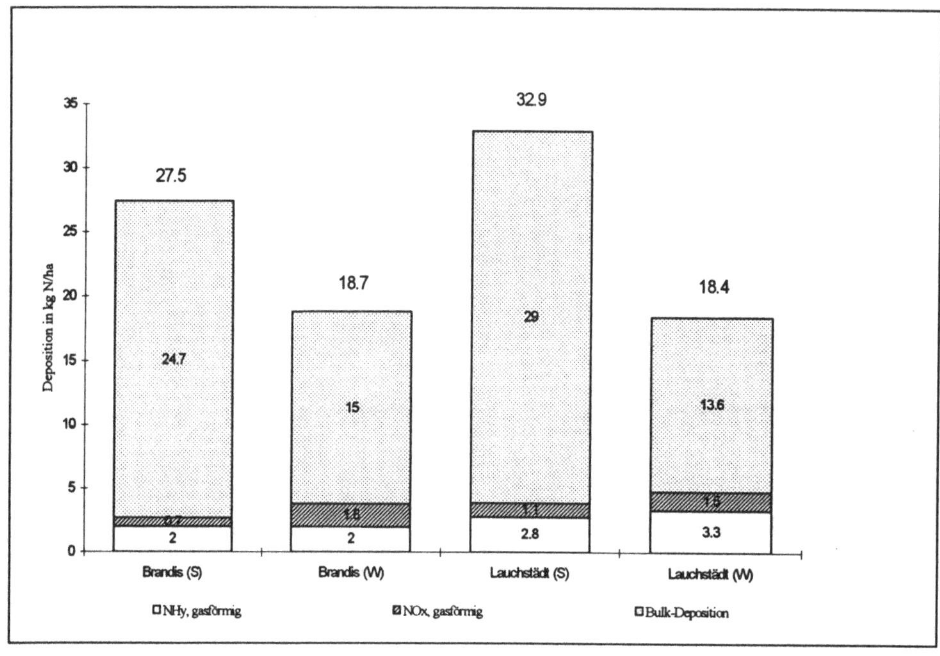

Abbildung 6: Atmogene N-Deposition für die Standorte Brandis und Bad Lauchstädt im Winterhalbjahr 1993/94 (W) und Sommerhalbjahr 1994 (S) (Zahlen auf den Säulen: Gesamtdeposition = gasförmige + Bulk Deposition)

zum 21. Juni 1994 (65 Tage) am Standort Bad Lauchstädt wurde aus den Einzelmessungen eine Deposition von 12,3 kg N/ha und aus dem integralen Netto-N-Eintrag (bezogen auf die Pflanzen) ein Wert von 11,0 ± 1,3 kg N/ha ermittelt. Eine formale Hochrechnung letzterer Angabe auf ein Jahr ergibt 62 ± 7 kg N/ha. Der obige Wert von 51 bzw. letzterer von 62 kg/ha·a stehen im Einklang mit den langjährigen Messungen der Bulk-Deposition, die in Bad Lauchstädt in den Jahren 1981 - 1993 einen Durchschnittswert von 23 kg N/ha·a und in Brandis im Zeitraum 1980 - 1993 durchschnittlich 41 kg N/ha·a ergaben. In beiden Fällen wurde ausschließlich gelöster NO_3^--Stickstoff und NH_4^+-Stickstoff untersucht, weitere N-Verbindungen, gasförmige N-Deposition und asymbiontische N-Bindung, wurden nicht erfaßt. In Halle betrug der von 1991 - 1993 im Niederschlag gemessene Stickstoff 32 - 45 kg/ha·a. Für Rothamsted Experimental Station, Mittelengland, werden 40 kg N/ha·a als atmogener N-Eintrag angegeben.

Indirekte Bestimmung

Im Statischen Düngungsversuch Bad Lauchstädt wurde in den letzten 35 Jahren ein deutlicher Anstieg der N-Entzüge auf den Nullparzellen festgestellt (TP 3) und für die letzten acht Jahre ein Wert von 51 kg N/ha·a ermittelt (Abb. 9). Auf dem Versuchsfeld in Halle (TP 11) betrug der N-Entzug auf der Nullparzelle auf dem "Feld F" noch immer 62 kg/ha·a. Die bilanzierten Werte befinden sich in Übereinstimmung mit denen anderer Dauerversuche, z. B. Rothamsted, "Broadbalkfield" 48 kg N/ha·a und Askov (Dänemark) im Durchschnitt des 80. - 91. Versuchsjahres 46 kg N/ha·a.
Auf dem Versuchsfeld in Seehausen (bei Leipzig) liegen die entsprechenden Werte im Durchschnitt des 1. bis 24. Versuchsjahres bei 48 kg N/ha·a.

Diese Ergebnisse weisen darauf hin, daß der atmogene N-Eintrag unter den gegenwärtigen Bedingungen $\geq$ 50 kg/ha·a ausmacht und die regionalen Schwankungen nur mit $< \pm$ 10 kg/ha·a einzuschätzen sind.

6.1.4.2. Gasförmige N-Verluste

Die umweltrelevanten N-Verluste, die N_2O-Emissionen, aus dem hoch N-belasteten Boden (LA2) betragen bei den vorwiegend geringen Bodenwassergehalten nur 3 - 7 kg N/ha·a und sind ein Nebenprodukt der intensiv ablaufenden Nitrifikation. Bei Wassergehalten $\geq$ 80 % der maximalen WK können jedoch bei entsprechenden Nitratmengen im Boden Werte bis 210 kg N/ha·a, dann aber als Folge der Denitrifikation auftreten.
Untersuchungen zur Ammoniakemission, die insbesondere mit der Tierhaltung verbunden sind, werden hier nicht berücksichtigt.

6.1.4.3. N-Verlagerung und -Auswaschung

Zur Ermittlung der aktuellen Belastung ausgewählter Standorte mit löslichem Stickstoff wurden Tiefenuntersuchungen mittels RKS und ^{15}N-Untersuchungen in Lysimetern und Feldversuchen durchgeführt.
Abb. 7 zeigt die bei den Tiefenuntersuchungen erhaltene vertikale Verteilung des Nitrat-Stickstoffs und ermöglicht den Vergleich sowohl zwischen den Varianten als auch zwischen den Standorten. Danach erfolgt nur in der hochbelasteten Variante LA2 eine vergleichsweise sehr hohe Nitratanreicherung in der Schicht 0,5 - 1,0 m. Die schnelle Abnahme in den tieferen

Schichten hängt zum einen sicherlich mit einer oft über Jahre ausbleibenden Tiefenversickerung infolge geringer Niederschläge zusammen (1980 - 1993 auf Etzdorfer Lößboden kein Sickerwasser). Zum anderen ist aber damit zu rechnen, daß das in niederschlagsreicheren Perioden bzw. bei fehlender Vegetation tiefer in den Unterboden verlagerte Nitrat der Denitrifikation unterliegt. Wenn die verlagerte Nitratmenge das Denitrifikationspotential überschreitet, was offensichtlich auf der Alten Gülledeponie der Fall ist, sind die Unterschiede zwischen belastet und unbelastet auch in tieferen Bodenschichten deutlich.

Die in der Lysimeteranlage Brandis und in Feldversuchen in Bad Lauchstädt vorgenommenen Untersuchungen mit ^{15}N zeigten, daß der Nitrat-Austrag mit dem Sickerwasser in den Lysimetern nahezu vollständig aus der Mineralisierung der organischen Bodensubstanz resultiert. Der direkte Anteil des Dünger-N betrug nur 2,5 - 4 %.

Die Nitrat-Verlagerung im N-verarmten Boden (LD 1) erfolgte nur bis max. 60 cm. Auf der gering mit Gülle-N belasteten Fläche (LA 1) war eine Verlagerung geringer N-Mengen bis in die Schicht 1 - 2 m meßbar. Die Hochlastfläche LA 2 wies sehr hohe NO_3^--Gehalte und folglich bei entsprechenden Niederschlagsmengen auch eine starke Nitratverlagerung auf (Abb. 7).

Nach zwei Vegetationsperioden mit einer Niederschlagssumme von 835 mm befand sich der ^{15}N-Nitratpeak bereits in der Schicht 60 - 100 cm und damit in Kongruenz zum normalen Nitratpeak (Abb. 8). Aus obigen Angaben ergibt sich unter Berücksichtigung der berechneten Sickerwassermenge nach Tab. 5 eine spezifische NO_3^--Verlagerung von 2,6 mm/mm Sickerwasser. Dieser Wert für Löß-Schwarzerde reiht sich logisch in die Ergebnisse der Lysimteruntersuchungen für sandigen Lehm (4,2 mm/mm) und für Sand-Löß (3 mm/mm) ein (TP 11).

Die Ergebnisse in Tab. 9 belegen, daß nur eine langjährige Überdüngung und damit eine über das Optimum hinausgehende Anreicherung von organisch gebundenem Stickstoff bei ausreichender Sickerwasserbewegung zu einer erhöhten Belastung des Grundwassers führen kann. Besonders gravierende Belastungen treten unter Güllelastflächen in der Nähe ehemaliger Tierproduktionsanlagen auf.

6.1.4.4. N-Entzüge und N-Bilanzen

Unter der Voraussetzung eines 'steady state' (Fließgleichgewicht) bei Jahrzehnte gleichbleibender Behandlung erlauben Dauerversuche die Ableitung von Nährstoffbilanzen, indem die verabreichten Nährstoffe direkt dem Entzug durch die Pflanzenernte gegenübergestellt werden. Die N-Bilanzen für ausgewählte Prüfglieder des Statischen Düngungsversuches Bad Lauchstädt sind jeweils für Vierjahresperioden für den Zeitraum 1959 bis 1994 dargestellt (Abb. 9).

Statischer Düngungsversuch, Bad Lauchstädt, Probenahme Herbst

Herbizid/Düngungsversuch Etzdorf, Probenahme Herbst

Alte Gülledeponie Bad Lauchstädt, Probenahme Herbst

Ewiger Roggenbau Halle, Probenahme Frühjahr

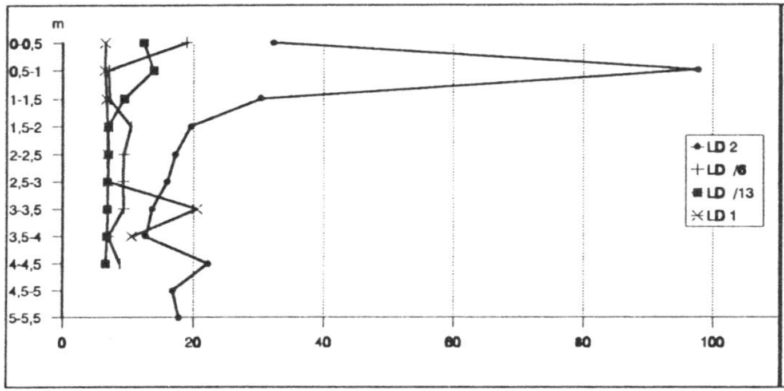

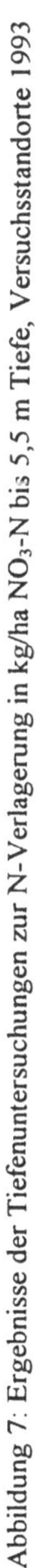

Abbildung 7: Ergebnisse der Tiefenuntersuchungen zur N-Verlagerung in kg/ha NO_3-N bis 5,5 m Tiefe, Versuchsstandorte 1993

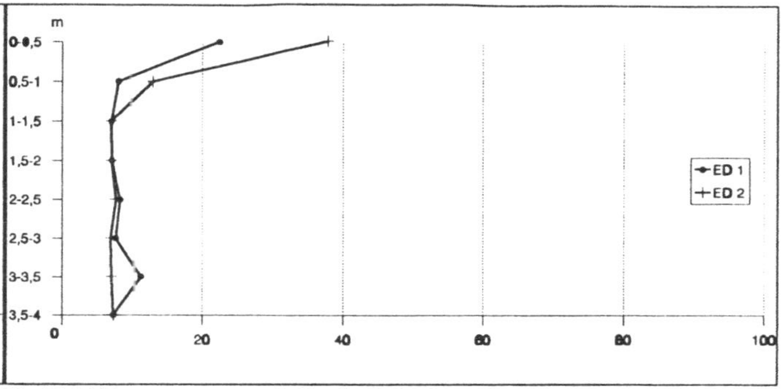

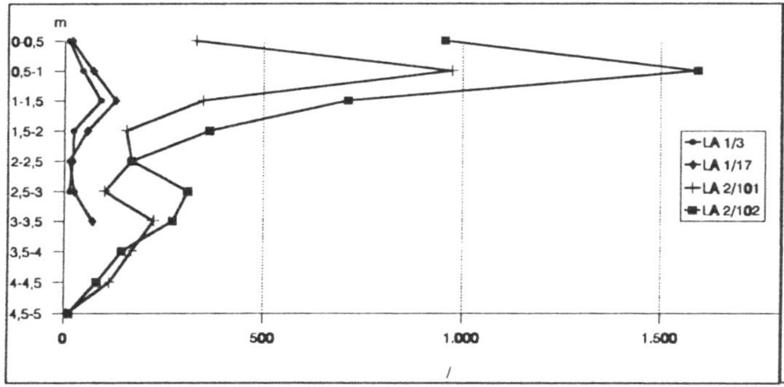

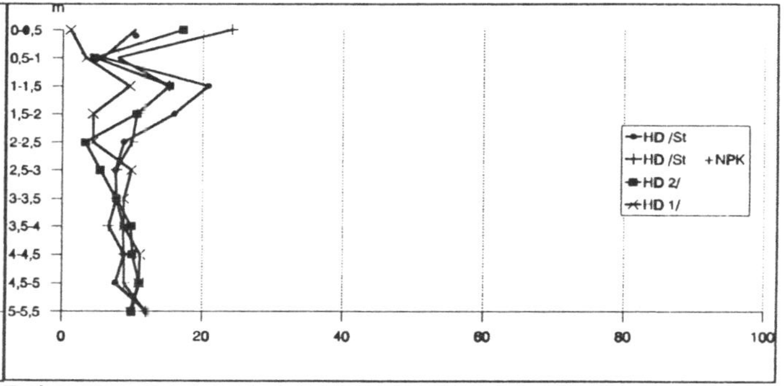

Tabelle 9: N-Düngung bzw. löslicher Stickstoff in der ungesättigten Zone der Versuchsstandorte, Probenahme Herbst 1992/Frühjahr 1993 (Angaben in kg/ha)

| Versuch | Variante | N- Düngung/a | | Tiefe ges. | 0 - 1 m | | 1 m - gesamte Tiefe | |
		org.	min.	m	NH_4^+-N	NO_3^--N	NH_4^+-N	NO_3^--N
Stat. Dg.	LD 2	105	92	4,5	28	149	48	74
Vers.	LD / 6	105	0	3,5	21	54	44	39
Herbst	LD /13	0	112	3,5	14	55	34	34
1992	LD 1	0	0	4,5	15	20	34	56
Alte	LA 1/ 3			3,0	48	123	79	246
Gülledep.	LA 1/ 16			3,5	96	422	188	711
Herbst	LA 2/101			5,0	14	1342	54	1331
1992	LA 2/102			5,0	14	1455	47	1323
Neue	LB 2/ 69			4,5	932	2709	1438	959
Gülledep.	LB 2/ 84			4,5	17	2535	244	1635
Frühj.	LB 2/119			4,0	2	180	13	321
1993	LB 1/ 68			3,0	9	303	13	619
	LB 1/158			3,5	9	179	50	611
Etzdorf	ED 1	0	0	4,0	14	28	42	48
Herbst 1992	ED 2	0	80	4,0	14	38	42	44
Seehau-	A1B1	0	0	7,5	7	10	25	22
sen	A1B4	0	150	7,5	6	27	47	84
F1-70	A3B3	100	100	7,5	6	43	32	82
Frühj.	A4B1	150	0	7,5	5	47	25	96
1993	A4B4	150	150	8,5	8	89	60	214
Halle, Ewiger	HD/St	60	0	5,5	0	16	7	98
Roggen- bau	HD/St+ NPK	60	60	5,5	25	32	22	88
Frühj.	HD 2	0	60	5,5	9	22	6	83
1993	HD 1	0	0	5,5	7	5	19	78

Deutlich wird der Anstieg der N-Entzüge der Nullparzelle bis zur sechsten Rotation um nahezu
100 %. In dieser Periode wurden auch sehr hohe Erträge erzielt. In den anschließenden

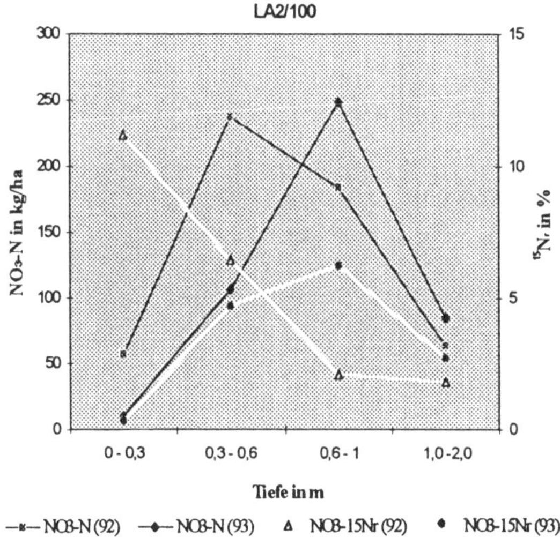

Abbildung 8: Nitratmenge (in kg/ha pro 10 cm Tiefe) und relative ^{15}N-Menge (^{15}N$_r$ in % des eingesetzten Tracer- ^{15}N) in den einzelnen Bodenschichten der Parzelle LA2/100 nach der Rammkernsondierung, Bad Lauchstädt, 1992/93

Zeiträumen ist als Folge der Trockenheit ab 1988 ein Rückgang zu verzeichnen.

Die ausschließliche Mineraldüngung zeigt die günstigsten Relationen zwischen Entzug und Düngung. Im gesamten Zeitraum liegt der Entzug über der Düngung, und zwar zunehmend bei gleichzeitigem Anstieg des "N-Gewinns".

Weniger günstig gestalten sich die Bilanzen bei ausschließlicher Stalldunggabe. Erst ab der fünften Periode überstiegen die Entzüge deutlich die mit dem Stalldung verabreichten Mengen, begründet durch die im Vergleich zur Mineraldüngung merklich geringere Ausnutzung des Stalldung-N, da der Stickstoff oftmals zu Zeiten freigesetzt wird, in denen kein Bedarf der Pflanzen mehr besteht.

Auch die Reaktion auf die kombinierte organisch-mineralische Düngung mit Aufwandmengen an Gesamt-N bis 200 kg/ha·a bei wesentlich höheren Entzügen ist die gleiche. Ab der fünften Periode wurden bis zu 38 kg N/ha·a mehr entzogen als gedüngt.

Nähere Aussagen zum N-Verhalten in Abhängigkeit von der N-Versorgung/-Belastung des Bodens ermöglichen die ^{15}N-Tracer-Feldversuche, bei denen sehr kleine Mengen hoch markiertes ^{15}N auf die Nullparzelle des Statischen Düngungsversuches (LD1) sowie auf eine unbelastete und auf eine hoch mit Gülle belastete Parzelle der Alten Gülledeponie (LA1 und LA2) appliziert wurden (Tab. 10).

Tabelle 10: Verbleib des in Tracer-Feldexperimenten verabreichten ^{15}N nach zwei
Vegetationsperioden, Bad Lauchstädt, 1992/93
(^{15}N-Tracergabe: 5 kg N/ha als Ammoniumnitrat mit 95 at.-%)

Var.	Pflanzenentzug	Festlegung	N_{an}	Verlust
LD1	44 %	54 %	<1 %	< 1 %
LA1	67 %	26 %	5 %	2 %
LA2	34 %	33 %	14 %	19 %

Nach diesen Ergebnissen ist eine deutliche Differenzierung zwischen den einzelnen N-Versorgungsstufen des Bodens erkennbar. Der N-Mangel-Boden (LD1) zeigt bei der höchsten Festlegung von 54 % und deutlich geringerer Verwertung durch die Pflanze (44 %) den kleinsten Anteil des markierten anorganischen Stickstoffs (Start-N_{an} = $N_{an}0$) im N_{an}. Der hoch mit N versorgte/belastete Boden (LA2) weist dagegen den höchsten Anteil (14 %) vom $N_{an}0$ im aktuellen freien N_{an} bei geringer N-Festlegung von 33 % und die kleinsteVerwertung des $N_{an}0$ (34 %) durch die Pflanze auf. Die als normal N-versorgt zu bezeichnende Parzelle LA1 liegt mit einem Anteil von 5 % im freien N_{an} zwischen den beiden Extremböden, in der Festlegung zeigt sich der geringste (26 %) und folglich in der Pflanzenverwertung mit 67 % der höchste Anteil am $N_{an}0$. Die ausgewiesenen Verluste sind mit 19 % nur beim hoch N-belasteten Boden (LA2) eindeutig. Bei einer jährlichen Mineralisierungsrate von 4 % der aktiven OBS ergibt das einen Verlust in den zwei Vegetationsperioden von ca. 114 kg N/ha. Diese Verluste resultieren allein aus der Mineralisierung, da eine Düngung nicht erfolgte.
Ein Vergleich mit den Mikrokosmen-Untersuchungen im TP 4 (Pkt. 6.1.4.6.) zeigt in der Abstufung zwischen den einzelnen Böden die gleiche Tendenz. Ein quantitativer Vergleich ist aufgrund der unterschiedlichen Versuchsbedingungen nicht möglich. Mit ^{15}N-Feldversuchen im TP 11 stimmen die Aussagen für die jeweiligen Null-Parzellen überein.

Auch im **Ewigen Roggenbau** wird langfristig mehr N entzogen als mit der Düngung verabreicht wurde. Die "Vorteilswirkung" ist in Halle jedoch geringer als in Bad Lauchstädt. Ursache dafür ist unter anderem die geringere Wasserkapazität und Durchwurzelungstiefe des Bodens sowie die Tatsache, daß der Roggen eine weniger intensive Fruchtart im Vergleich zur

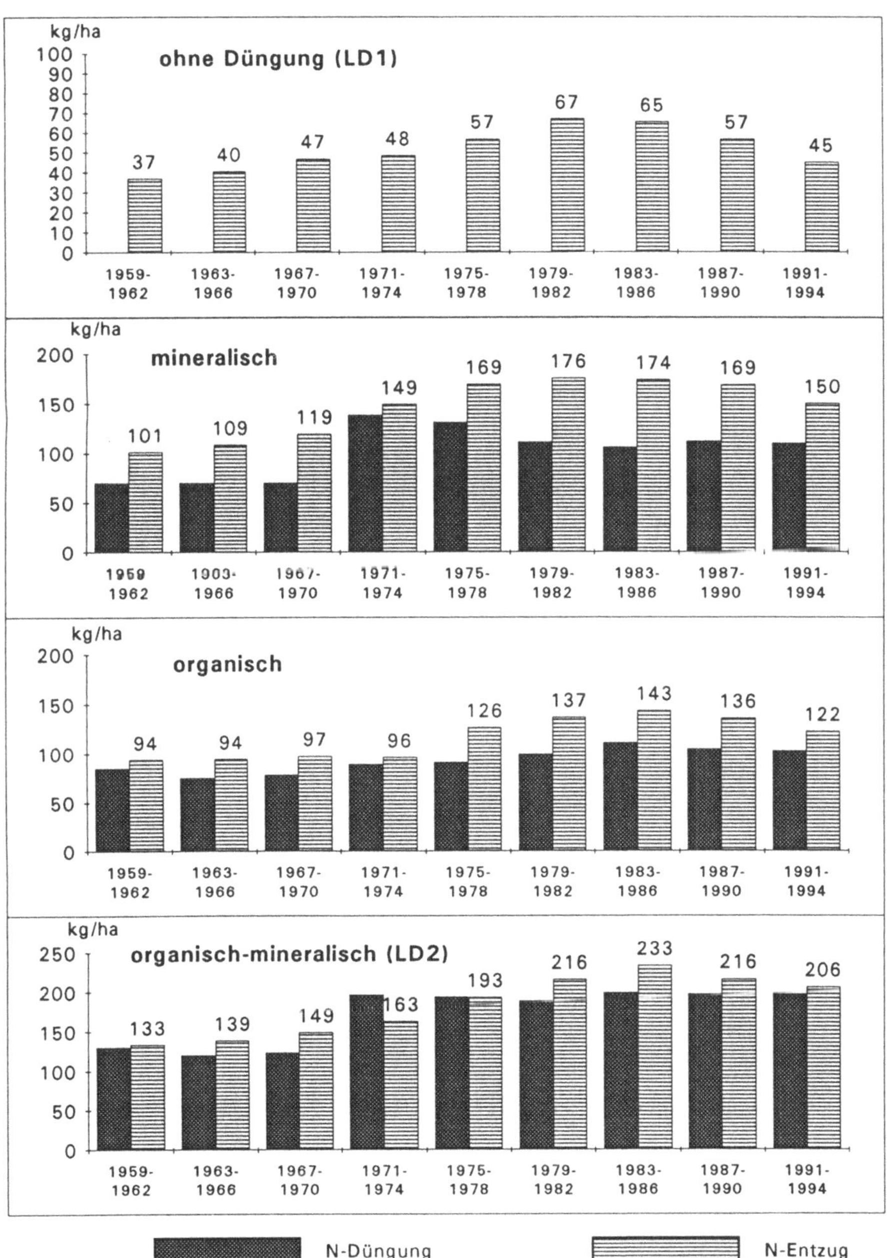

Abbildung 9 : N-Bilanzen in kg/ha.a der Hauptvarianten des Statischen Düngungsversuches Bad Lauchstädt, 1959 - 1994 (Mittel der Jahre, Fruchtarten und Schlaghälften 2, 3, 6 und 7)

Fruchtfolge Zuckerrüben - Sommergerste - Kartoffeln - Winterweizen in Bad Lauchstädt darstellt.

Eine N-Bilanz (Tab. 11), in der für den Zeitraum 1971 - 1990 die N-Entzüge mit Korn und
Stroh dem Zugang mit der Düngung (40 kg N/ha) gegenübergestellt sind, hat für den Dünger-
N (nach der Differenzmethode) einen Fehlbetrag (= Verlust) von 17 kg/ha·a ergeben.

Tabelle 11: Gesamt-N-Zufuhr mit der Düngung und N-Entzug mit der Roggenernte (Stroh +
Korn) in kg/ha·a im Versuch Ewiger Roggenbau, Halle, 1971 - 1990

Variante	St I	-PK	NPK (HD2)	N--	U (HD1)	St II
N-Düng.	~ 60	0	40	40	0	0
N-Entzug	58,7	31,4[1]	48,1	37,2	25,3	30,9
Mehrentzug bei NPK gegenüber U: (48,1 - 25,3 =) 22,8 kg/ha·Jahr						
Fehlbetrag gegenüber der N-Zufuhr bei NPK: (40-22,8 =) 17,2 kg/ha·Jahr						

[1]Der relativ hohe Betrag ist auf Nachwirkungen einer zeitweiligen Verunkrautung mit Leguminosen (Vicia
angustifolia) zurückzuführen.

Unberücksichtigt blieben in der Bilanz die Zugänge durch trockene und nasse Deposition. In
den Jahren 1991 - 1993 wurden im Niederschlag 32 - 45 kg N/ha gemessen. Da dieser Betrag
davor eher höher war und die NH_3-Sorption durch den Boden noch hinzukommt, ist auch auf
HD1 neben dem Entzug von 25 kg N/ha mit Verlusten von 15 - 20 kg zu rechnen. Auf HD2
erhöhen sich damit die Gesamtverluste auf ~ 35 kg N/ha·Jahr.

Da diese Fehlbeträge den berechneten Nitrataustrag um etwa 25 kg N/ha überschreiten, liegt
es nahe, diesen Betrag der Denitrifikation zuzuschreiben. Dem widerspricht jedoch, daß auf
Schwarzbrachestreifen, die 1962 innerhalb der ursprünglich 1 000 m^2 großen Parzellen des
Ewigen Roggenbaus eingerichtet wurden, im tiefen Unterboden Nitratgehalte gemessen wurden, die ein Mehrfaches von denen unter Roggen ausmachen. Hier besteht weiterer Forschungsbedarf. Vor allem ist zu prüfen, ob nicht durch Krumenvertiefung seit 1970 und eine
damit einhergehende Aufstockung des N_t-Vorrates je Hektar N-Verluste vorgetäuscht werden.

Bemerkenswert ist ferner, daß auf dem unweit vom Ewigen Roggenbau gelegenen Feld F bei
etwas höherem Wasserhaltevermögen des Bodens und Anbau von Kartoffeln, Zuckerrüben und
Silomais im Wechsel mit Getreide im dritten Versuchsdezennium bei sicherlich nur noch geringfügiger Netto-N-Mineralisation auf Ungedüngt noch immer ein N-Entzug von 62 kg N/ha·
a gemessen wurde. Dieses Ergebnis steht mit einem für nasse und trockene Deposition insgesamt zu veranschlagenden N-Eintrag von ~ 50 kg/ha im Einklang und weist auf nur geringfügi-

ge N-Verluste unter diesen Umständen hin. Bei Mineraldüngung mit 75 und 125 kg N/ha wurden hier Mehrentzüge von 54 und 81 kg N/ha gefunden, was eine wesentlich bessere Ausnutzung des Mineral-N als im Versuch Ewiger Roggenbau bedeutet (72 bzw. 65 statt 58 %).

Eine Immobilisation des aus Mineralisierung, Deposition und Düngung stammenden N_{an} bewirken neben dem Roggen die Mikroorganismen, deren Lebensdauer und Vermehrung im Fall dominierenden Getreidebaus vor allem von der Energiezufuhr mit den Ernterückständen abhängt. Da diese bei Getreide relativ stickstoffarm sind, ist die erste Phase ihres Abbaus durchweg mit einer Netto-N-Festlegung verbunden. Die Bestimmung des N in der mBM in den Jahren 1993 und 1994 ergab von HD1 über HD2 zu St I eine zunehmende Menge, nämlich 26, 42 und 69 kg/ha. Dies korrespondiert mit einer Zufuhr von etwa 20, 30 bzw. 50 dt/ha·a organischer Primärsubstanz (incl. Stallmist). Ein deutlicher Jahresgang (Zunahme des mBM-N um 40 - 80 % im Frühjahr und eine entsprechende Abnahme im Herbst) war indessen nur bei Stallmistdüngung zu verzeichnen.

Die einmalige Markierung des Mineraldünger-N mittels ^{15}N auf Mikroparzellen innerhalb der NPK-Gesamtparzelle in den Jahren 1992, 1993 und 1994 ergab nach den bisher vorliegenden Ergebnissen, daß etwa ein Drittel des gedüngten N mit der Roggenernte entzogen wird, während die Hälfte bis zwei Drittel in die organische Bodensubstanz inkorporiert werden. Als Beispiel sind in Tab. 12 die Ergebnisse der Mikroparzellen 1993 wiedergegeben. Sie umfassen auch die Befunde auf HD1, wo - wie bei den Untersuchungen in Bad Lauchstädt (Tab. 10) - nur 5 kg hochmarkierter Ammonnitrat-Stickstoff appliziert wurden.

Der Anteil des in organische Bindung übergegangenen markierten N, der auf die mBM entfällt, konnte wegen der geringen Mengen an mBM-N bisher nicht zuverlässig bestimmt werden. Auf die N_{an}-Fraktion entfielen zur Ernte bei Kornreife dagegen mit Sicherheit nur 2 - 5 % des verabreichten ^{15}N. Etwa 80 % des verbliebenen markierten N befanden sich noch in der Schicht 0 - 40 cm. Die weitere Abwärtsverlagerung dieses N im Unterboden während des folgenden Jahres war geringfügig. Auch die Aneignung durch den Roggen im folgenden Jahr belief sich nur auf ~ 10 %.

Die Bilanz des markierten Dünger-N ergab Fehlbeträge von 5 - 15 %, die als Verluste zu betrachten sind. Es bestehen also keine Anzeichen für so erhebliche Verluste (> 20 %), wie sie oft unter anderen Boden- und Klimaverhältnissen, vor allem in niederschlagsreicheren Gebieten, gefunden wurden.

Wenn die N-Bilanz über 20 Jahre (Tab. 11) höhere Verluste ergeben hat, so bedeutet das keineswegs einen Widerspruch, sondern erklärt sich dadurch, daß die Verlustprozesse nicht vorzugsweise den gerade verabreichten Dünger-N betreffen, sondern denjenigen N, der im

Tabelle 12: Gesamt-N-Umsatz und Verbleib des 1993 gedüngten (markierten) N (N*) in kg/ha auf den Parzellen NPK und Ungedüngt im Versuch Ewiger Roggenbau, Halle, 1993 (Mittelwerte von vier 1-m²-Teilstücken, Standardabweichung $s_{\overline{x}}$ in [...])

Variante:	NPK (HD2)		Ungedüngt (HD1)	
1993 verabfolgter N*	(15+45=)60*		5*	
Erntejahr	1993	1994	1993	1994
Ertrag (Korn+Stroh) dt TM/ha	61,2 [2,6]	66,1 [2,3]	44,6 [1,6]	27,7 [0,74]
N-Entzug	**63,5** [1,8]	**47,8** [1,2]	**39,8** [0,9]	**23,0** [0,79]
davon N*	21,3* [0,9]	1,32*[0,08]	0,98*[0,03]	0,14* [0,005]
in % v. Ges.-Entzug	33,5	2,76	2,46	6,09
in % von N-Düngung*	*35,5*	*2,20*	*19,6*	*2,8*
N*-Entzug seit 1993	**21,3***	**22,6***	**0,98***	**1,12***
in % von N-Düngung*	*35,5*	*37,7*	*19,6*	*22,4*
Im Boden verbl. N*	**35,6*** [2,7]	**22,1*** [2,63]	**3,70*** [0,2]	**1,81*** [0,32]
in % von N-Düngung*	*59,3*	*36,8*	*74,0*	*36,2*
Fehlbetrag	**3,1*** [5,2]	**15,3***	**0,32*** [6,4]	**2,07***
in % von N-Düngung*	*5,2*	*25,3*	*6,4*	*41,4*

Spätsommer und Herbst nach der Wiederbefeuchtung mineralisiert wird und dessen Eintrag in den Boden - in welcher Form auch immer - größtenteils Jahre zurückliegt.

6.1.4.5. Segetal- und Ruderalpflanzen als temporärer N-Speicher

Segetal- und Ruderalzönosen können hohe Mengen Stickstoff aufnehmen. Durch ihre Arten-vielfalt und genetische Variabilität sind sie auch unter extremen Bedingungen stark anpassungs-fähig. Dies führte zu der Überlegung, Unkräuter zur zeitweiligen Konservierung überschüssi-ger N-Mengen im Boden zu nutzen. Nach dem Absterben verrotten die Unkräuter. Der Stick-stoff wird allmählich wieder freigesetzt und steht erneutem Pflanzenbewuchs zur Verfügung. Möglichkeiten zur Nutzung dieses "N-Kreislaufes" wurden im Kulturpflanzenbestand und in Dauerbrachen (Punkt 6.1.3.) untersucht.

Im Kulturpflanzenbestand war der mittlere N-Konservierungseffekt der Unkräuter im Getreide mit 3 g N/m² gering, in Mais mit 9 g N/m² hoch. Dabei können einzelne Unkrautarten dem Boden erhebliche N-Mengen entziehen, zum Beispiel, wenn sie - durch die Rotationsbrache bedingt - in der Segetalzönose dominieren (Tab. 13 *Descurainia sophia* 1992 und *Solanum nigrum* 1993, LA).

Die Einschaltung einer selbstbegrünten Rotationsbrache in eine Fruchtfolge führte im

Tabelle 13: Maximaler N-Entzug im Sproß einzelner Unkrautarten in g N/m^2, Etzdorf und Bad Lauchstädt, 1992 und 1993

Unkrautart	Datum	ED1	ED1/R	ED2	ED2/R
Veronica hederifolia	11.05.92	0,28	0,44	1,15	2,30
Descurainia sophia	15.06.92	0,40	0,56	0,95	1,06
Fallopia convolvulus	15.06.92	0,16	0,08	0,46	0,18
Fallopia convolvulus	30.06.93	0,49	1,15	0,70	0,41
Polygonum lapathifolium	30.06.93	0,05	1,14	0,10	3,96
Chenopodium album	01.09.93	1,85	0,94	2,90	3,37
		LA1	LA1/R	LA2	LA2/R
Descurainia sophia	16.06.92	0,16	2,37	0,95	2,83
Solanum nigrum	30.08.93	3,06	11,44	2,49	10,85
Chenopodium album	01.09.93	2,74	1,03	0,58	0

allgemeinen zu einer N-Mehraufnahme der Segetalzönose in den folgenden Jahren im Vergleich zu Sommergerste als Vorfrucht (ED: in Mais +36 %; LA: in Winterweizen +556 %, in Mais +23 % zum Termin der höchsten N-Aufnahme). Im 1. Jahr nach der Brache war die prozentuale N-Mehraufnahme der Unkräuter auf den gedüngten bzw. güllebelasteten Parzellen wesentlich höher als die der Kulturpflanzen (ED: WW +62 %, Unkraut +158 %; LA: WW -15 %, Unkraut +109 %). Silomais reagierte auf den Mineral-N bzw. auf die Güllebelastung mit wesentlich höheren Steigerungsraten in der N-Aufnahme als der Winterweizen und war darin dem Unkraut überlegen (ED: Mais +134 %, Unkraut +3 %) bzw. nur gering unterlegen (LA: Mais +12 %, Unkraut +32 %). Da die Unkrauttrockenmasse bei natürlicher Seneszenz im Getreide erst ab Mitte Juni und im Mais frühestens ab Ende Juli zurückging, erscheint eine Wiedcraufnahme des unkrautbürtigen Stickstoffs in der gleichen Vegetationsperiode durch die Kulturpflanzen unwahrscheinlich. Anders sieht es nach einer zeitlich begrenzten Unkrautduldung aus. Im Gefäßversuch konnte Mais nach Einmulchen von Unkraut im 4-Blatt-Stadium des Maises immerhin ca. 40 % des unkrautbürtigen Stickstoffs (^{15}N) wieder aufnehmen. Zur Vermeidung einer Verlagerung des freigesetzten Unkraut-N wäre in jedem Fall der unmittelbare Nachbau einer Folgefrucht zu empfehlen.

Auf stark mit Stickstoff belasteten Böden bietet sich eigentlich eine Abschöpfung des Stickstoffs mit dem Pflanzenaufwuchs an, also ein ein- bis mehrmaliges Mähen mit anschließender Abfuhr des Mähgutes. Nährstoffreiche Brachflächen lassen sich jedoch nur sehr langfristig an

Nährstoffen verarmen. Außerdem ist die Abfuhr von Pflanzenmaterial von stillgelegten Flächen nach den EU-Richtlinien verboten.

Unter dem Gesichtspunkt der maximalen Stickstoffkonservierung ist eine ungestörte Sukzession, bei der die Pflanzen stets ausreifen und ein weites C/N-Verhältnis haben und sich eine dicke Streuschicht ansammelt, günstiger zu beurteilen als eine Dauerbrache mit mehreren Mulchschnitten pro Jahr, bei der stets junges Pflanzenmaterial mit engem C/N-Verhältnis auf die Bodenoberfläche gelangt, und es bei zunehmendem Anteil von Gräsern zu einem schnellen Streu- und N-Umsatz kommt.

Auf einer Rotationsbrache in Bad Lauchstädt (LA), die sich erst im Frühjahr selbst begrünte, nahm die Segetalzönose 175 kg N/ha auf. Zwischen güllebelasteten und unbelasteten Parzellen bestanden dabei keine Unterschiede.

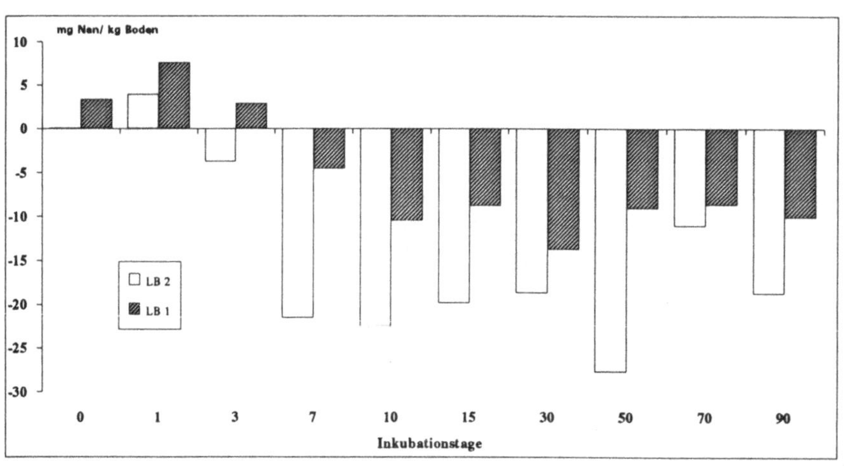

Abbildung 10: Verlauf der N-Mineralisation bzw. N-Immobilisation in mg N_{an}/kg Boden auf belasteten (LB2) und unbelasteten (LB1) Flächen mit deren Streu, Bad Lauchstädt (Streujahrgang 1992)

Auf den Dauerbrachen LB1 und LB2 wurden pro Jahr 200 - 300 kg N/ha aufgenommen. Außerdem waren im September 1994 noch bis zu 280 kg N/ha in der Streu festgelegt. Die steigenden Streuvorräte, insbesondere auf den belasteten Parzellen, bedeuten auch eine Festlegung steigender Stickstoffmengen in der Streuschicht. Zu einer N-Freisetzung aus der Streu kommt es durch N-Auswaschung aus dem seneszenten bzw. abgestorbenen Material, beim Abbau durch Bodentiere sowie bei der N-Mineralisation durch Mikroorganismen. Wechselwirkungen zwischen diesen Prozessen führen zu einer beschleunigten N-Freisetzung. Im Modellversuch wurden aus Streu mit hohem Stengelanteil (Ernte im späten Herbst) ca. 10 %, aus grünem Pflanzenmaterial bis zu 27 % des Gesamtstickstoffs ausgewaschen. In Streubeutelversuchen ging der Streuabbau mit einer N-Freisetzung von 40 - 55 % der Gesamtstickstoffmenge des Ausgangsmaterials in der Vegetationsperiode und von 30 - 60 % im Winter einher. Im Inkubationsversuch kam es bei Zugabe von Streu zu einer anhaltenden N-Immobilisierung (Abb. 10). Bei Streu belasteter Flächen wurden maximal 100 kg N/ha immobilisiert.

Nach drei Monaten Inkubation wurden in einem anderen Modellversuch 9 - 12 % der mit der Streu aufgebrachten ^{15}N-Menge im Boden gefunden. Dieser Stickstoff lag im N-belasteten Boden zu 90 % in organischer Form vor, im unbelasteten Boden nur zu 10 %.

Die Untersuchungen zeigen, daß ungestörte Dauerbrachevegetation hohe Stickstoffmengen in Sproß und Streu konservieren kann, und es beim Umsatz der Streu im Boden zu einer N-Immobilisierung kommt. Die Arbeiten müssen mindestens bis zum Erreichen eines Gleichgewichtszustandes zwischen Streubildung und -abbau fortgesetzt werden.

6.1.4.6. Mikrokosmenversuch zur C-, N- und S-Transformation

Für Untersuchungen zur C-, N- und S-Transformation wurden ungestörte Bodensäulen von den Varianten LA1, LA2, LB2/100, LD1, LD/13 (NPK) und LD2 entnommen und bei konstanten Feuchte- und Temperaturbedingungen in einer automatisierten Mikrokosmenanlage für sieben Monate inkubiert (TP 4).

Um zu beobachten, wie sich die unterschiedliche Ausstattung der Böden mit organischer Substanz auf die N- und S-Transformation auswirkt, wurde einmalig ^{15}N-angereicherter NH_4^+-Dünger und kontinuierlich isotopisch angereichertes SO_4^{2-} appliziert. Während des Versuches wurden die Flüsse von C-, N- und S-Verbindungen in der Gasphase und mit dem Sickerwasser verfolgt. Aussagen über den Verbleib der Dünger konnten durch eine Bilanzierung des am Versuchsende im Boden gefundenen Stickstoffs und Schwefels in den Kompartimenten mikrobielle Biomasse, organische Substanz und Mineralboden gemacht werden.

Die CO_2-Emission als Maß für die C-Mineralisation zeigt starke Gradienten von den Güllelastflächen über die stallmist- und mineralisch gedüngten bis zu den ungedüngten Parzellen. Im Versuchszeitraum war generell ein Absinken der C-Mineralisationsraten zu beobachten, das jedoch bei den mineralisch gedüngten bzw. ungedüngten Varianten relativ stärker war und auf den schnelleren Verbrauch der leichter verfügbaren C-Verbindungen und auf das Absinken der mikrobiellen Biomasse zurückzuführen ist. Die landwirtschaftlich genutzte Güllelastfläche und die güllebelastete Dauerbrache verhalten sich in der C- und auch in der N- und S-

Mineralisation sehr ähnlich, obwohl die Güllebelastung der Dauerbrache kürzer zurückliegt. Offensichtlich führen Bodenbearbeitung und landwirtschaftliche Nutzung zu höheren Umsetzungsraten. Aus den natürlichen Isotopenvariationen im Schwefel konnten Rückschlüsse über die Herkunft des organisch gebundenen Schwefels in den Versuchsvarianten gezogen werden. Während das $^{34}S/^{32}S$-Verhältnis in den Güllelastflächen hauptsächlich durch isotopisch leichte Rückstände aus organischer Düngung geprägt ist, dominiert in den Böden ohne organische Düngerzufuhr der Einfluß der Feuchtdeposition.

In allen Varianten wurde das applizierte ^{15}N-Ammonium während des Transports durch die Bodensäulen vollständig nitrifiziert. Besonders zügig geschah dies in den Bodensäulen von den Güllelastflächen; hier wurde das markierte Nitrat wie ein Tracer verlagert, nur 4 % des verabfolgten N blieben im Boden. In den nur mineralisch bzw. gar nicht gedüngten Böden zeigten die Durchbruchskurven des ^{15}N-Nitrats eine deutliche Verzögerung. Dies weist darauf hin, daß das applizierte Ammonium entweder zunächst adsorbiert oder mikrobiell immobilisiert wurde und erst langsam wieder freigesetzt, nitrifiziert und verlagert wird. In diesen Varianten wurden nach Versuchsende bis höchstens 20 % des Dünger-N im Boden wiedergefunden.

Gasförmige N-Verluste in Form von N_2O erreichten maximal 1,3 % des Düngerstickstoffs und zwar in der Nullparzelle. Die Kurvenverläufe der N_2O-Emissionen zeigten deutlich einen Zusammenhang mit der Nitrifikation des Dünger-NH_4^+.

Auch für den Schwefel wurden in den Güllelastflächen wesentlich höhere Mineralisations- und auch Immobilisationsraten festgestellt. Obwohl kontinuierlich Sulfat appliziert wurde, waren die S-Mineralisationsraten so hoch, daß es im Versuchszeitraum zu einem Nettoverlust von 18 % bzw. 8 % organischem Schwefel in diesen Bodensäulen kam. Im Gegensatz dazu wurde in den mineralisch und ungedüngten Parzellen die Mineralisation des Boden-S vollständig unterdrückt und Dünger-S wurde immobilisiert. Zu Versuchsende wurden im Boden 8 % bzw. 24 % mehr Schwefel in der organischen Substanz als zu Versuchsbeginn gemessen.

6.1.4.7. Lysimeteruntersuchungen zum Wasser- und Stickstoffhaushalt

Ergänzend zu den am Standort durchgeführten Untersuchungen wurden Ergebnisse der Lysimeterstation Brandis einbezogen und von den dort geprüften acht Bodenformen die Löß-Parabraunerde vom Standort Sornzig, Kreis Oschatz, und die Löß-Schwarzerde vom Standort Etzdorf ausgewählt (TP 12).

Im Mittel der Jahre 1951 - 1980 wurden 580 mm Niederschlag/Jahr und eine mittlere Lufttemperatur von 8,6 °C gemessen. Im Vergleich zu den langjährigen Mittelwerten vom Herkunftsstandort Etzdorf wurden damit in Brandis fast genau 100 mm mehr Niederschlag registriert. Die Jahresdurchschnittstemperatur lag um 0,4 °C unter der des Standortes Etzdorf.

In der Versuchsperiode 1981 - 1992 betrugen diese Werte 480 mm/a bei 9,2 °C (Daten der Station Schkeuditz). In Brandis fielen mit gleichen Tendenzen etwa 17 % (bodengleich 23 %) mehr Niederschläge. Aus obigen Angaben wird deutlich, daß es sich bei diesem Untersuchungszeitraum um eine niederschlagsarme und überdurchschnittlich warme Periode handelt.

Wasserhaushalt

Bei einem Jahresniederschlag von 608 mm im 14jährigen Mittel wurden in 3 m Tiefe nur 43 l/m² Sickerwasser auf der Löß-Schwarzerde und 56 l/m² auf der Löß-Parabraunerde registriert (Abb. 11). Zahlreiche, vor allem trocken-warme, aber auch feucht-warme Jahre bzw. Perioden blieben ohne Sickerwasser.

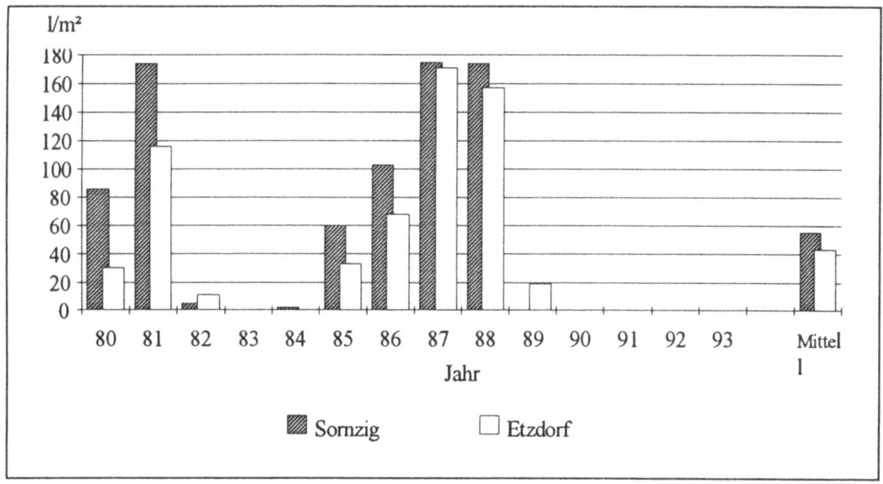

Abbildung 11: Jährliche Sickerwassermengen in l/m² über den Versuchszeitraum von 14 Jahren für die Bodenformen Löß-Parabraunerde (Sornzig) und Löß-Schwarzerde (Etzdorf), Lysimeteranlage Brandis, 1980 - 1993

Wichtigster Einflußfaktor auf die Höhe und Dynamik der Grundwasserneubildung ist die Speicherkapazität des Bodens an pflanzenverfügbarem Wasser in der durchwurzelten Zone des Profils. Die Sickerwassermenge wird in Wechselwirkung mit weiteren Einflußfaktoren, wie dem Anbau unterschiedlicher Fruchtarten mit differenzierter Inanspruchnahme der verfügbaren Wassermenge, der Durchwurzelungstiefe und der damit verbundenen Evapotranspiration, durch klimatisch bzw. witterungsbedingte Faktoren, wie innerjährliche Verteilung der Niederschläge, dem durch Temperatur, Luftfeuchte und Wind bedingten Verdunstungsanspruch der Atmosphäre und durch den Bodenwassergehalt zu Beginn eines jeden Jahres, in ihrer zeitlichen und mengenmäßigen Ausprägung bestimmt und erklärbar.

An Hand der maximalen Differenzen im Bodenwasservorrat wurde für die Löß-Schwarzerde eine Menge von 525 mm und für die Löß-Parabraunerde 475 mm Wasservorrat (3 m Tiefe) für die Evapotranspiration ermittelt. Damit kann in der Löß-Schwarzerde und in ähnlicher Form auch in der Löß-Parabraunerde nahezu die gesamte Niederschlagsmenge, die im Mitteldeutschen Trockengebiet fällt, "produktiv" verwertet werden. Es gibt Zeiträume, die vor allem während intensiven Pflanzenwachstums im Frühjahr und Sommer liegen, in denen die Evapotranspiration die für das hydrologische Jahr aufsummierte Niederschlagsmenge deutlich überschreitet. Die Nutzung des im Boden gespeicherten Wassers kommt der Biomasseproduktion voll zugute und bildet eine Säule der hohen Fruchtbarkeit dieser Böden.

Stickstoffhaushalt

Im Mittel über 14 Jahre wurden in der Löß-Schwarzerde 47 kg N/ha und Jahr, in der Löß-Parabraunerde nur 6 kg N/ha und Jahr mit dem Sickerwasser bis in 3 m Tiefe ausgewaschen (Abb. 12).

Bei nahezu gleichen Sickerungsraten und N-Bilanzen (Abb. 13) von durchschnittlich -31 kg N/ha bei der Löß-Schwarzerde und -15 kg N/ha bei der Löß-Parabraunerde, wurden auf der Löß-Schwarzerde vor allem in der erste Versuchshälfte sehr hohe N-Frachten bei sehr hohen Nitratgehalten festgestellt.

Die hohen N-Austräge bei gleichzeitig hohen negativen N-Bilanzen werden auf verstärkte Mineralisation leichtzersetzbarer organischer Substanz nach der Entnahme der Lysimeterböden am Herkunftsort und auf überhöhte N-Gaben in der Periode vor Versuchsbeginn zurückgeführt. Als Faktoren, die für eine verstärkte Mineralisation sprechen, kommen dabei vor allem die Umstellung der Bodennutzung (in den Lysimetern erfolgte keine organische Düngung), der vorwiegende Anbau "humuszehrender" Kulturen, der Einfluß geänderter klimatischer Bedingungen am Lysimeteraufstellungsort (ca. 100 mm mehr Niederschlag und überdurchschnittlich warme Periode) sowie lysimeterspezifische Einflüsse, wie leicht erhöhte Temperatur der gesamten Bodensäule und bessere Durchlüftung des Monolithen, in Frage.

Nachdem auf den Lysimetern über fünf Jahre keine Sickerwasserbildung auftrat, führte 1994 erstmals wieder eine Sickerwasserfront in 3 m Tiefe zur Durchsickerung und damit zu Stoffverlagerungen aus der Wurzelzone heraus. Die absolute Höhe der dabei gemessenen Nitratgehalte scheint bereits den Einfluß geänderter Bewirtschaftung (2 Jahre Grünbrache) zu signalisieren und ist insbesondere auf der Löß-Parabraunerde mit Werten um 10 mg/l Nitrat als positiv

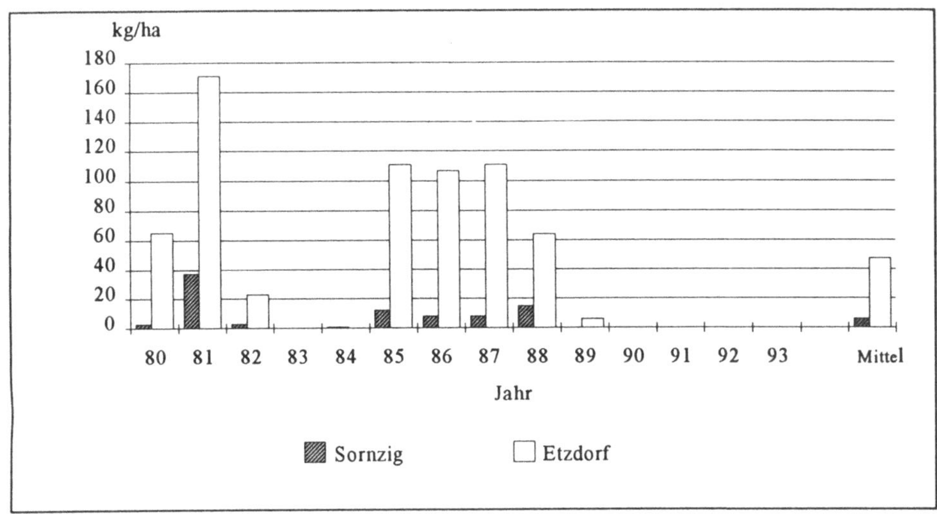

Abbildung 12: N-Austrag in kg/ha mit dem Sickerwasser, Jahressummen für Löß-Parabraunerde (Sornzig) und Löß-Schwarzerde (Etzdorf), Lysimeteranlage Brandis, 1980 - 1993

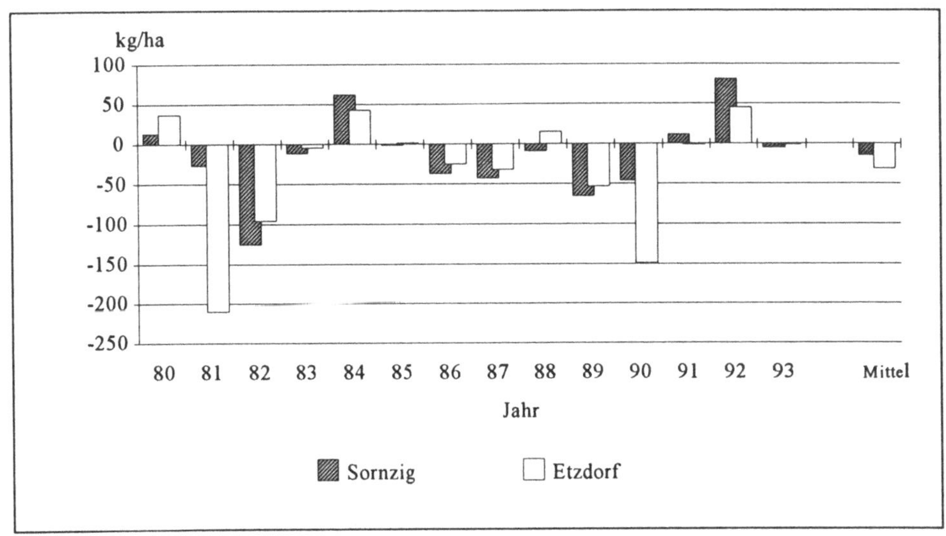

Abbildung 13: Jährliche N-Bilanz in kg/ha aus Zufuhr (Düngung, Deposition) minus Entzug (Pflanze) für Löß-Parabraunerde (Sornzig) und Löß-Schwarzerde (Etzdorf), Lysimeteranlage Brandis, 1980 - 1993

niedrig einzuschätzen. Auch bei der Löß-Schwarzerde sind mit Werten um 30 - 40 mg/l Nitrat positive Entwicklungen (die Nitratwerte auf der Löß-Schwarzerde lagen in den Versuchsjahren 1980 - 1982 nach einer 1978 erfolgten Überdüngung mit 1100 kg/ha Stickstoff bei 600 - 900 mg/l Nitrat) infolge Abnahme der "zusätzlichen" Mineralisation (Einstellung neuer Gleichgewichte) zu erkennen.

6.1.5. Kohlenstoffhaushalt

Die Ableitung von C-Bilanzen erfordert entweder Dauerfeldversuche, in denen sich das Fließgleichgewicht eingestellt hat, oder aber Feldversuche, in denen durch jährliche Untersuchungen der C-Gehalte die eingetretenen Veränderungen im Boden ausreichend genau erfaßt worden sind. Die C-Bilanzen ausgewählter Varianten aus dem Statischen Düngungsversuch Bad Lauchstädt (Abb. 14) machen deutlich, daß die günstigste Bilanz bei ausschließlicher Mineraldüngung zu finden ist, wo mit den Ernteprodukten bedeutend mehr Kohlenstoff abgefahren als mit der Düngung zugeführt wird. Den geringsten "C-Gewinn" bringt nach der Nullvariante

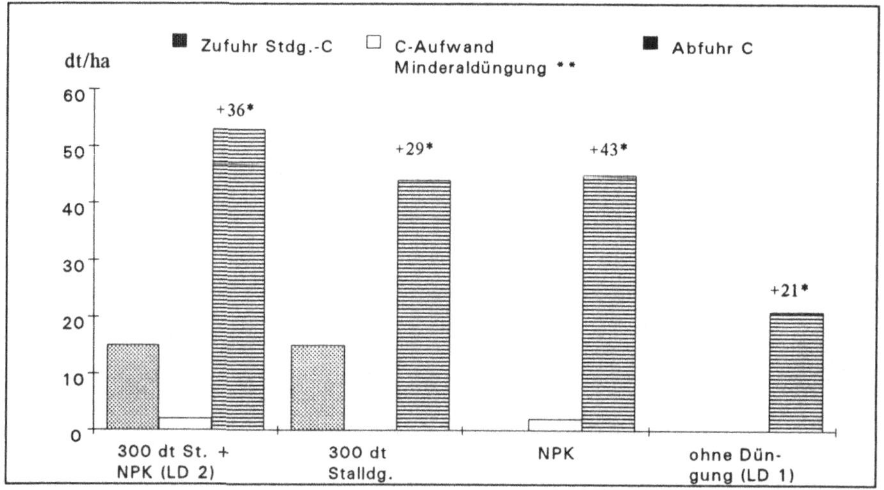

*) Differenz aus Zufuhr-Abfuhr   **) 1,5 kg C pro kg N

Abbildung 14: Kohlenstoffbilanzen in dt C/ha[+), Statischer Düngungsversuch Bad Lauchstädt, 1983 - 1994 (Mittel der Jahre, Fruchtarten und Schlaghälften 2, 3, 6 und 7)

[+)] Unter der Voraussetzung, der Versuch ist im steady state, d. h. die Ernterückstände und die mit ihrem Abbau verbundene Bodenatmung bleiben außer Betracht. Unterstellt wird ein C-Gehalt von 10 kg C/dt Stallmist und 0,4 dt C/dt Trockenmasse Ernteprodukt

die ausschließliche Stalldunganwendung. Auch die kombinierte organisch-mineralische Dün-gung liegt im "C-Gewinn" unter der ausschließlichen Mineraldüngung. Der Ertragsvorteil der kombinierten Düngung im Vergleich zur ausschließlichen Mineraldüngung ist gering. Wie langjährige Untersuchungen in mehreren Versuchen auf diesem Standort nachweisen, liegt die bodenverbessernde Wirkung der organischen Bodensubstanz, berechnet als Differenz zwischen dem Ertrag der optimalen Mineraldüngung und der optimalen Kombination zwischen organi-scher und mineralischer Düngung, unter diesen Bedingungen bei maximal 5 %. Im Statischen Düngungsversuch liegt zwischen beiden Varianten eine Differenz des C_t-Gehaltes von rund 0,4 % bzw. 160 dt/ha. Zur Erhaltung dieses Niveauunterschiedes müssen jährlich 150 dt/ha Stall-dung bzw. äquivalente Mengen anderer organischer Dünger aufgewendet werden.

Nach den Ergebnissen der C-Bilanz im Dauerversuch Ewiger Roggenbau Halle (Tab. 14) hat ebenfalls die NPK-Variante den Vorrang. Vergleichbare Relationen wurden auch im Nähr-stoffmangelversuch auf dem leichten Sandboden in Thyrow ermittelt.

Die Ergebnisse eines Modellversuches mit extrem hohen Stalldunggaben (Versuchs-beschreibung TP 3), die den Vergleich zwischen "Fruchtfolge" und "Schwarzbrache" gestatten (Tab. 15), verdeutlichen ebenfalls die negative Wirkung überhöhter organischer Düngung auf die C-Bilanz und den Nachteil "unterlassener Biomasseproduktion" unter Brache.

Aus diesen Untersuchungen wird ersichtlich, daß die Gestaltung der C-Bilanzen im Hinblick auf eine positive Beeinflussung des CO_2-Haushaltes der Atmosphäre mit dem Problem des op-

Tabelle 14: Kohlenstoffbilanz im Dauerversuch Ewiger Roggenbau, Halle, Mittel der Jahre 1962 - 1990 (Angaben in dt/ha)

Varianten:		St I	NPK (HD2)	U (HD1)
Entnahmen als CO_2 aus der Atmosphäre	Korn-TM	27,2	25,0	12,1
	Stroh-TM	37,2	36,7	17,8
	Gesamt-TM-Ertrag	64,4	61,7	29,9
	C im Gesamtertrag	**25,8**	**24,7**	**12,0**
Abgabe als CO_2 an die Atmosphäre	Stallmist	120	-	-
	Mineral-N**[**]	-	0,4	-
	Zusätzlich abgegebener C insgesamt	**12,0**	**0,6**	**-**
C-Bilanz		13,8	24,1	12,0
C-Gehalt des Bodens , %		1,64	1,24	1,10

**[**] CO_2-Abgabe verbunden mit der Herstellung des Mineral-N (1,5 kg C/kg N)

timalen Humusgehaltes des Bodens gekoppelt ist und zu hohe Gehalte über "unnötige" CO_2-Emissionen und N-Verluste umweltbelastend wirken können. Der optimale C-Gehalt auf der ideal texturierten Schwarzerde in Bad Lauchstädt liegt bei 2 %. Höhere Gehalte ergeben keinen Ertragsvorteil und bedingen zwangsläufig C-Verluste. Dabei ist zu berücksichtigen, daß nach Abzug des inerten, weitgehend unbeeinflußbaren und an den Mineralisierungsvorgängen unbeteiligten C der mineralisierbare Anteil nur 0,2 - 0,7 % C ausmacht und damit der Spielraum für Veränderungen sehr begrenzt ist.

Tabelle 15: C-Bilanz in Abhängigkeit von der Stalldungmenge im Modellversuch auf Lößschwarzerde nach 9 Versuchsjahren, Bad Lauchstädt, 1984 - 1992

Stalldung dt/ha.a	C-Zufuhr Stalldung dt/ha.a	C-Anreicherung im Boden 0-60 cm (Diff. zu "ohne")			TM-Ertrag 1984-92 dt/ha.a	C-Abfuhr 1984-92 dt/ha.a	C-Bilanz[2] dt/ha.a
		Σ dt/ha	dt/ha.a	%			
Fruchtfolge[1]							
0	-	-	-	-	120	48	+ 48
500	50	240	27	53	147	59	+ 36
1000	100	424	47	47	144	58	+ 5
2000	200	796	88	44	147	59	- 53
Schwarzbrache							
0	-	-	-	-	-	-	± 0
500	50	232	26	52	-	-	- 24
1000	100	388	43	43	-	-	- 57
2000	200	764	84	42	-	-	-116

[1] Z.-Rüben, Silomais, W.-Weizen, Kartoffeln, Silomais, W.-Weizen, Z.-Rüben, Kartoffeln, Silomais
[2] Abfuhr plus Anreicherung minus Zufuhr

Im Mittel beträgt der mineralisierbare C-Gehalt etwa 0,5 % bzw. 200 dt/ha. Bei einer durchschnittlichen Mineralisierungsrate von 4 % im mitteldeutschen Raum werden jährlich etwa 8 dt C/ha umgesetzt, wobei in Abhängigkeit von der Witterung große Jahresschwankungen auftreten können.

Zur Vermeidung überhöhter Humusversorgung sind in den Kriterien für "Kritische Umweltbelastungen Landwirtschaft" der Thüringer Landesanstalt für Landwirtschaft entsprechende Grenzwerte in der Humusbilanz angegeben (ECKERT u. BREITSCHUH, 1994[*]).

---

[*] Von ECKERT und BREITSCHUH (1994) wird eine Methode zur Analyse und Bewertung der ökologischen Situation von Landwirtschaftsbetrieben - Kritische Umweltbelastungen Landwirtschaft (KUL) - vorgestellt. Darin sind Grenzwerte für den "Beginn der kritischen Belastung" angegeben.

6.1.6. pH-Wert, Makro- und Mikronährstoffe

Mit den organischen Düngern der Tierproduktion werden gleichzeitig erhebliche Mengen an Makro- und Mikronährstoffen dem Boden zugeführt, die im Hinblick auf die Pflanzenernährung und Umweltbelastung Beachtung verdienen.

Der pH-Wert der Etzdorfer Parzellen (ED1 und ED2) und der ehemaligen Stalldung-Gülledeponien Bad Lauchstädt (LA1, LA2 und LB2) liegt wenig über dem angegebenen Grenzwert (KUL) von pH 7,2. Ein Unterschreiten der unteren Grenze von pH 4,5 gefährdet die Funktionsfähigkeit des Ökosystems, ein Überschreiten der oberen Grenze eutrophiert die Umwelt und/oder beeinträchtigt die Nahrungsqualität.

Eine Differenzierung des pH-Wertes zwischen belasteter und unbelasteter Variante besteht nur im Bad Lauchstädter Düngungsversuch (LD1 und LD2), aber innerhalb des ökologischen Optimums.

Wesentlich größere Unterschiede gibt es bei den Phosphor-, Kalium- und Magnesiumgehalten. Die P-Gehalte liegen bei der gedüngten Variante LD2 mit 30 mg/100 g Boden bereits über dem ökologischen Optimum von 12 mg/100 g Boden, ebenso bei der unbelasteten LB1 mit 24 mg/100 g Boden.

Bei den belasteten Varianten der Gülledeponien überschreiten die P-Gehalte den Grenzwert um ein Vielfaches (LA2 = 97 und LB2 = 147 mg/100 g Boden). Entsprechendes gilt für die K- und Mg-Gehalte. Nur bei den langjährig ungedüngten Prüfgliedern LD1 und HD1 liegen P und K an der unteren Grenze des ökologischen Optimums (für P < 3, für K < 5).

Auch in der Schicht 30 - 60 cm gibt es große Unterschiede zwischen den Varianten. Die höchsten Werte bei P erreicht die Volldüngungsvariante des Statischen Düngungsversuches, die noch weit über denen der anderen belasteten Varianten liegen. Ursache dafür ist die über 90 Jahre überhöhte P-Zufuhr mit dem Stalldung. Im Verlaufe dieses langen Zeitraums erreichte der P auch die tieferen Schichten, was bei den Parzellen LA2 und LB2 trotz wesentlich überhöhter P-Gehalte im Oberboden nicht der Fall ist. Offensichtlich reichte die Zeit von rund 30 Jahren für eine Verlagerung hier nicht aus. Im Gegensatz zum Phosphor wurden bei Kalium und Magnesium auch (und nur) bei den belasteten Parzellen große Mengen in den Unterboden verlagert. Bei LB2 erreichen die K-Werte in der Schicht 30 - 60 cm annähernd die gleiche Höhe wie in der Schicht 0 - 30 cm.

Die pflanzenverfügbaren Mikronährstoffe wurden nur 1992 in den Tiefen 0 - 30 cm und 30 - 60 cm bestimmt (Tab. 16). Insgesamt liegen die Werte innerhalb der normalen Versorgung. Erhöhte Gehalte wurden bei B, Cu und Zn in Parzellen der Varianten LA2 und LB2 in der oberen Schicht festgestellt. Auffallend sind die hohen Werte an Mn im Statischen Düngungsversuch Bad Lauchstädt in beiden Tiefen.

Tabelle 16: Gehalte an pflanzenverfügbaren Mikronährstoffen in ppm in den Böden der zentralen Testvarianten, Probenahme August 1992

Variante	B	Cu	Mn	Mo	Zn	B	Cu	Mn	Mo	Zn
			0 - 30 cm					30 - 60 cm		
ED1	2,9	4,8	32	0,19	4,7	1,8	1,6	6	0,03	1,2
ED2	3,1	5,1	30	0,09	4,4	2,1	2,1	6	0,07	2,6
LD2	3,5	7,8	**107**	0,13	8,3	2,3	4,0	**32**	0,12	1,3
LD1	2,1	6,2	**89**	0,14	4,2	1,7	2,8	18	0,06	0,5
LA1	2,9	7,4	26	0,20	4,5	1,0	2,6	6	0,04	0,5
LA2	**5,9**	**25,7**	31	0,15	**17,3**	0,6	3,8	7	0,11	0,4
LB2	**5,5**	**33,5**	6	0,18	**24,9**	1,3	3,8	6	0,10	2,5
LB1	3,4	12,5	21	0,09	6,6	2,6	4,4	27	0,10	1,5
HD1	1,1	22,8	24	0,29	10,5	0,9	4,1	15	0,08	1,0
HD2	1,2	16,7	29	0,29	10,6	1,1	3,4	12	0,08	0,9

6.1.7. Schwermetalle

Eine durch die Hüttenindustrie im Harzvorland denkbare Schwermetallbelastung liegt auf den Versuchsfeldern in Etzdorf und Bad Lauchstädt nicht vor.

Die Analysen von Bodenproben aus 54 Parzellen von den Versuchsfeldern in Bad Lauchstädt (LA und LB) bzw. Etzdorf (ED) auf ausgewählte Schwermetalle ergaben 1992 nur auf einzelnen Parzellen geringfügige Grenzwertüberschreitungen. 1993 und 1994 wurden deshalb nur noch stichprobenartige Messungen durchgeführt.

Tab. 17 zeigt die Ergebnisse dieser Analysen für 1993 mit den dazugehörigen Grenzwerten. Die Richtwerte zur Grenzwertbestimmung wurden der Klärschlammverordnunmg, der Holländischen Liste und einer Tabelle für Nutzungs- und schutzbezogene Orientierungswerte für

Schadstoffe in Böden als Empfehlung für Sachsen-Anhalt, die bei den untersuchten Metallen analog der Kloke-Liste von 1991 ist, entnommen.

Die bei Lysimeterversuchen für Löß-Schwarzerde (Etzdorf) nach Königswasseraufschluß ermittelten Gesamtwerte für die ausgewählten Schwermetalle entsprechen denen in Tab. 17.

Es wurde festgestellt, daß allein auf dem Versuch 512a (LB2) eine Überschreitung des Kupferwertes zu verzeichnen ist. Mit großer Wahrscheinlichkeit ist diese Erhöhung nicht auf Deposition, sondern allein auf den Gülleeintrag zurückzuführen.

Ebenfalls 1992 wurden mit Bezug auf die genannten Grenzwertüberschreitungen auf den betreffenden Parzellen Schwermetallgehalte in fünf Wildkrautarten und in Winterweizen bestimmt. Entsprechend den wirksamen pH-Werten wurde kein Transfer zu grenzwertüberschreitenden Gehalten ermittelt. Auch dies steht im Einklang zu dem bei den Lysimeterversuchen gemessenen Schwermetalltransfer in Weidelgras.

Tabelle 17: Gehalte an einzelnen Schwermetallen in ppm und dazugehörige Grenzwerte (Gesamtgehalte), Bad Lauchstädt (LA+LB) und Etzdorf (ED), 1993

Variante	Tiefe	Zn	Pb	Cd	Ni	Cr	Cu
ED1	0-10cm	59,1	22,4	0,29	15,4	20,1	13,3
(4.Block)	10-20cm	57,7	24,1	0,25	16,7	21,5	14,0
ED2	0-10cm	60,3	25,4	0,28	17,5	22,3	14,6
(2.Block)	10-20cm	59,8	24,8	0,28	17,0	21,9	14,6
LA1/11	0-10cm	59,7	20,7	0,14	18,0	23,4	21,4
	10-20cm	67,4	20,9	0,15	18,1	23,5	45,4
LB1/116	0-10cm	43,6	14,9	0,19	13,3	17,8	18,0
	10-20cm	43,6	15,2	0,21	13,2	18,3	20,6
LB2/55	0-10cm	86,4	19,2	0,24	15,2	20,3	57,4
	10-20cm	99,2	20,2	0,27	14,5	19,1	68,3
LB2/60	0-10cm	74,6	17,1	0,27	13,9	18,9	125,0
	10-20cm	63,8	16,7	0,22	13,9	18,2	113,4
Klärschlammverordnung KVO-BO (pH>6)		200	100	1,5	100	100	60
Holländische Liste (B)		500	150	5	50	250	100
Schadstofforientierung-SA Boden-Prüfwert-Landw.		300	500	2	100	200	50

6.2. Biotische Strukturen

6.2.1. Phytozönose
6.2.1.1. Phytozönosestrukturen und Populationsdynamik

Die intensive landwirtschaftliche Produktion der letzten Jahrzehnte hat zu einer beträchtlichen Strukturveränderung und Verarmung von Segetalzönosen geführt. Im Rahmen des TP 7 - Phytozönosestruktur und Populationsdynamik - wurde untersucht, inwieweit sich dieser Prozeß durch verschiedene Formen der Nutzungsextensivierung umkehren läßt. Den Schwerpunkt der Untersuchungen bildet ein Vergleich der Entwicklung auf der Alten Gülledeponie Bad Lauchstädt (LA) nach mehreren Jahren extensiver Nutzung mit den langjährig extensiv bzw. mäßig intensiv genutzten Parzellen des Etzdorfer Herbizid/Düngungsversuches (ED). In Etzdorf konnte sich die für das mitteldeutsche Schwarzerdegebiet typische Segetalzönose (Euphorbio-Melandrietum) erhalten.

Die Bad Lauchstädter Fläche wies in den Jahren 1992 bis 1994 bereits eine vergleichsweise hohe Diversität auf. Sowohl die Artenzahlen als auch die Evenness lagen in der Größenordnung der Etzdorfer Fläche (Abb. 15). Die Veränderungen innerhalb des Untersuchungszeitraums sind Ausdruck der unterschiedlichen Entwicklungsbedingungen für die Segetalzönose in den Kulturen Winterweizen, Mais und Sommergerste.

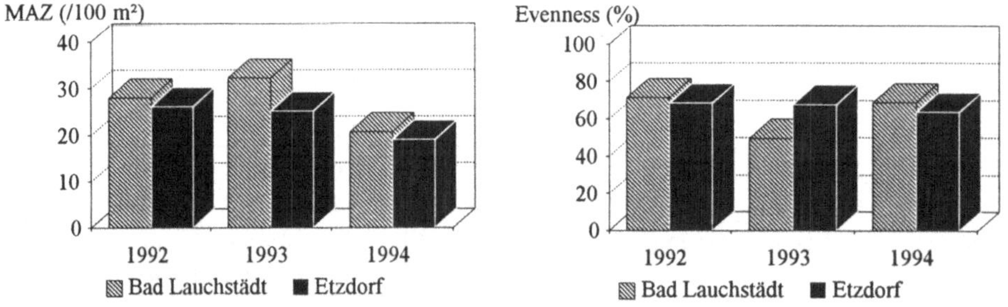

Abbildung 15: Mittlere Artenzahl (MAZ) und Evenness der Segetalzönosen der Bad Lauchstädter und der Etzdorfer Fläche, 1992 - 1994

Tab. 18 macht deutlich, daß jedoch fundamentale Unterschiede in der Artenzusammensetzung bestehen. In Bad Lauchstädt dominieren nach wie vor die Stickstoffzeiger. Die standorttypischen Segetalarten der *Euphorbia exigua*- und der *Silene noctiflora*-Gruppe treten zurück oder fallen auf der Bad Lauchstädter Fläche völlig aus. Sie konnten auch im Diasporenvorrat mit Ausnahme von *Descurainia sophia* und *Papaver rhoeas* (bei letzterem nur ein Einzelfund) nicht nachgewiesen werden. Auch die dominierenden Arten waren nicht dieselben. Vor allem in den Jahren 1992 und 1993 bot sich durch die starke Dominanz von *Descurainia sophia* und *Solanum nigrum* auf der Bad Lauchstädter Fläche ein völlig anderer Aspekt.

Tabelle 18: Artenzusammensetzung der Segetalzönosen der Bad Lauchstädter und Etzdorfer Fläche, 1992 - 1994

	1992 (Winterweizen)		1993 (Mais)		1994 (Sommergerste)	
	Lauchstädt	Etzdorf	Lauchstädt	Etzdorf	Lauchstädt	Etzdorf
Gem.-koeffzient (SØRENSEN)[1]	64,1		61,0		46,0	
S.noctiflora-E.exigua-Gruppe[2]	7,01 %	23,23 %	2,22 %	14,46 %	8,33 %	24,12 %
N-Zeiger (N-Zahl>7)[3]	39,71 %	18,62 %	51,15 %	33,49 %	41,72 %	21,54 %
Dominanzart (% Ges.-deckung)	Desc. sophia (37,4)	F. convolvulus (19,3)	Sol. nigrum (47,8)	F. convolvulus (27,1)	Chen. ficifoliu (18,9)	Cirs. arvense (20,2)

[1]= 2c/(2c+a+b)*100; c: gemeinsame Arten; a: nur in Lauchstädt, b: nur in Etzdorf vorkommend

[2]Hier: *Avena fatua, Descurainia sophia, Papaver rhoeas, Silene noctiflora, Veronica polita* (auf beiden Flä chen vorkommend); *Chaenorrhinum minus, Consolida regalis, Euphorbia exigua, Lithospermum arvense* (nur in Etzdorf);nach HILBIG & VOIGTLÄNDER (1984)

[3]Hier: *Arctium tomentosum, Artemisia vulgaris, Chenopodium hybridum, Echinochloa crus-galli, Galium aparine, Hyoscyamus niger, Matricaria maritima, Mercurialis annua, Poa annua, Polygonum lapa thifolium, Rumex obtusifolius, Senecio vulgaris, Solanum nigrum, Sonchus oleraceus, Stellaria media, Taraxacum officinale, Urtica urens* (auf beiden Flächen vorkommend); *Ballota nigra, Malva neglecta* nur in Bad Lauchstädt vorkommend); N-Zahl nach ELLENBERG (1991)

Eine Erklärungsmöglichkeit für die deutlichen Unterschiede in der Artenzusammensetzung besteht in der noch immer höheren Primärproduktion in Bad Lauchstädt (Pkt. 6.1.3.). Dabei profitiert die Kulturart in höherem Maß von den vor allem in tieferen Bodenschichten lagernden großen Stickstoffmengen (Tab. 3, Abb. 7) als die meist kleinwüchsigeren Segetalarten. Für die Segetalpflanzen wird so vor allem das Licht zum limitierenden Faktor. Abb. 16 macht deutlich, daß in die dichteren Bestände der besser N-versorgten Varianten weitaus weniger Licht einfällt. Nur Arten, die Strategien entwickelt haben, mit dieser Lichtlimitierung fertig zu werden oder sich ihr zu entziehen, können sich behaupten. So zeigte die eingehender untersuchte Art *Chenopodium album* zumeist bei höherer Nährstoffversorgung eine höhere Mortalität und eine geringere Diasporenproduktion. Die hohe phänotypische Plastizität ermöglichte es ihr jedoch, bei geringerer Lichtkonkurrenz (Bestandeslücken, Feldrand) eine gute Stickstoffversorgung in hohem Maße in Biomasse umzusetzen und sich auf diese Weise zu behaupten.

Die höhere Lichtkonkurrenz kann jedoch nicht die ausschließliche Ursache für Unterschiede in der Artenzusammensetzung sein, denn

- diese Unterschiede treten auch in Bereichen der Bad Lauchstädter Fläche auf, die bereits ein günstigeres Lichtklima aufweisen als die gedüngten Etzdorfer Parzellen (Abb. 16 b);
- eine in Bad Lauchstädt fehlende Art (*Lithospermum arvense*) konnte sich dort in einem Auspflanzexperiment erfolgreich behaupten.

Ob sich *Lithospermum arvense* in Bad Lauchstädt aber als Population etablieren kann, bedarf weiterer Untersuchungen.

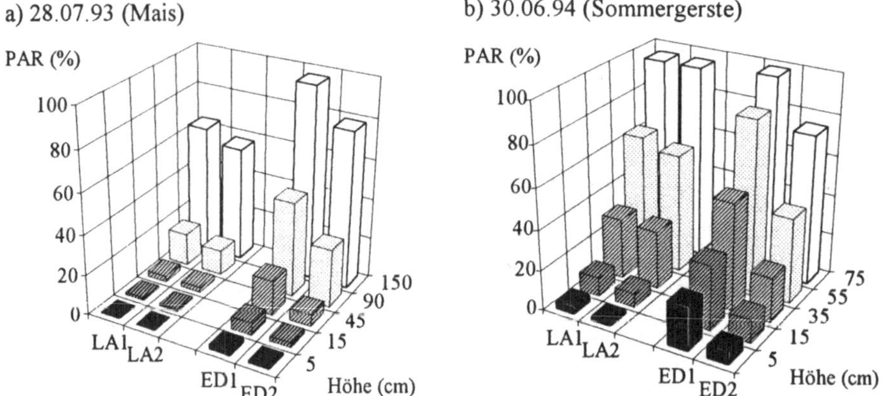

Abbildung 16: Photosynthetisch aktive Strahlung (PAR) in verschiedenen Bestandesschichten, Bad Lauchstädt (LA) und Etzdorf (ED), 1993 bzw. 1994

Als eine Hauptursache für die beobachteten Unterschiede muß das Beharrungsvermögen von Segetalzönosen angesehen werden. Die Vegetation zeigt nur zum Teil den gegenwärtigen Zustand des Standortes an. Sie spiegelt in hohem Maße auch seine Geschichte wider. Die Diasporenbank besteht vorwiegend aus Arten, die in der Phase höherer Stickstoffbelastung gute Entwicklungsbedingungen hatten. Weniger nitrophile Arten, die inzwischen zumindest auf dem geringer belasteten Teil der Bad Lauchstädter Fläche geeignete Standortbedingungen vorfinden, sind (noch) nicht in Diasporenbank und aktueller Vegetation vorhanden. Die Regeneration im Sinne einer standorttypischen Segetalzönose wird in diesem Zusammenhang durch das

weitgehende Fehlen von Diasporenquellen in der näheren Umgebung verzögert. Die als standorttypisch geltenden Segetalarten sind in intensiv genutzten Praxisschlägen, wie sie die Mitteldeutsche Agrarlandschaft beherrschen, bereits selten geworden.

Die im Versuchsprogramm 1991 als eine Variante durchgeführte einjährige Brache führte zu
einer deutlichen Zunahme des Diasporenvorrates der Segetalzönosen. Entsprechend höher waren auch die Auflaufraten im Folgejahr, wobei dieser Effekt aufgrund der wendenden Bodenbearbeitung zum Teil mit einjähriger Verzögerung eintrat und auch im dritten Jahr nach der
Brache noch sehr ausgeprägt war (Abb. 17). Durch die Konkurrenz insbesondere zur Kulturart
ergaben sich jedoch für die Einzelpflanzen zum Teil schlechtere Entwicklungsbedingungen, so
daß der Bracheeffekt bei den Biomassen weniger deutlich ist (Pkt. 6.1.3.). Die einjährige Brache führte nicht zu einer Erhöhung des Anteils der standorttypischen Segetalarten. Es kam
1992 in Bad Lauchstädt zu beträchtlichen Folgeverunkrautungsproblemen durch die massive
Ausbreitung von *Descurainia sophia* (Biomassenanteil von 95 % an der Gesamtsegetalzönose).

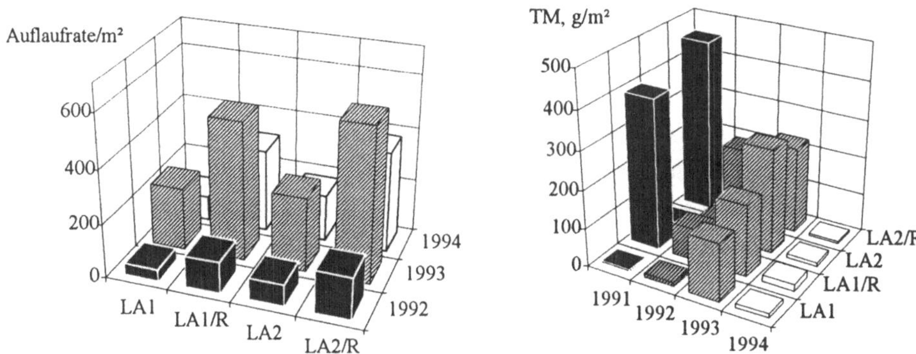

Abbildung 17: Einfluß einer Rotationsbrache auf die Segetalvegetation, Auflaufraten je m²
und Trockenmasse (über 3 Probetermine gemittelt) in g/m², Bad Lauchstädt
(LA), 1991 - 1994

Die Dauerbrachen in Bad Lauchstädt (LB) zeigten die typische Sekundärsukzession von einjährigen (vor allem *Atriplex nitens, Chenopodium album, Descurainia sophia, Galium aparine, Polygonum aviculare*) zu mehrjährigen Arten (*Agropyron repens, Artemisia vulgaris, Cir-
sium arvense*). Die Verdrängung der einjährigen Segetalarten war mit einem Verlust an Diversität verbunden (Abb. 18), wobei die belastete Teilfläche (LB2) im Vergleich zur unbelasteten (LB1) die deutlich geringeren Diversitätswerte aufwies. Auf der belasteten Teilfläche lag

der Anteil von N-Zeigern und mehrjährigen Arten jeweils höher und blieb im Untersuchungszeitraum weitgehend konstant.

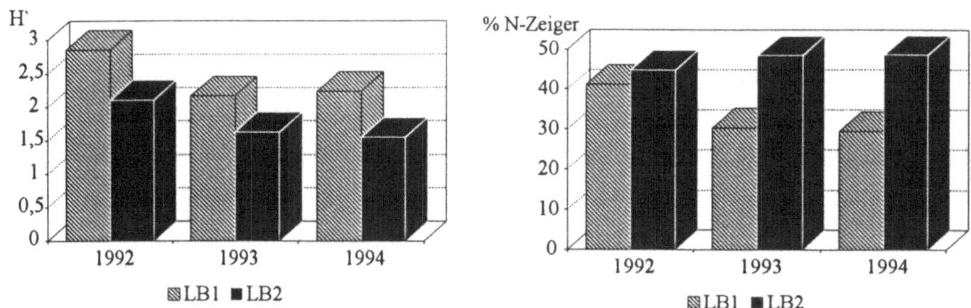

Abbildung 18: Diversität (H`: Shannon-Index) und Anteil von N-Zeigern (N-Zahl nach
ELLENBERG (1991) > 7) der Phytozönose auf den Dauerbrachen (LB),
Bad Lauchstädt, 1992 - 1994

6.2.1.2. Eiweiß- und Kohlenhydrathaushalt ausgewählter Populationen

Der Einfluß der unterschiedlichen N-Versorgung auf Eiweiß- und Kohlenhydratbiosynthese
wurde an drei Kulturarten und zehn verschiedenen Wildkräutern in unterschiedlichen Entwicklungsstadien beobachtet. In Etzdorf bilden die Pflanzen der gedüngten Fläche mehr Biomasse und sind rohproteinreicher. In Bad Lauchstädt sowohl auf der Alten Gülledeponie (LA)
als auch auf den Dauerbrachen (LB) sind keine eindeutigen Verhältnisse im Rohproteingehalt
feststellbar.

Die Konkurrenzbeziehungen der Pflanzen untereinander überlagern den Effekt der unterschiedlichen N-Versorgung, so daß mitunter auf dem N-ärmeren Standort rohproteinreichere
Wildkräuter gebildet werden und verschiedentlich eine Wildkrautart gerade dort mehr Biomasse produziert. In der Regel erzielen auf der Alten Gülledeponie die Pflanzen mit der höchsten Biomasseproduktion auch die rohproteinreichsten Pflanzen. Auf den Dauerbrachen ist es
dagegen häufig der Fall, daß die weniger Biomasse produzierenden Pflanzen die höheren Rohproteingehalte aufweisen.

Das Spektrum freier Aminosäuren ist in jeder Pflanze verschieden. Es konnten 30 unterschiedliche Aminosäuren analysiert werden, die fast ausnahmslos in jeder der 13 untersuchten Pflanzenarten vorkamen.

Dominierend sind Aminosäuren, die in ihrem Biosyntheseweg eng mit der Glykolyse Verbindung haben (Serin, Glycin, Alanin) oder die aus Metaboliten des Citronensäurezyklus entstehen (Glutaminsäure, Glutamin, Prolin, Arginin, γ-Aminobuttersäure einerseits bzw. Asparaginsäure und Asparagin andererseits).

Auf N-reicheren Böden werden in der Regel mehr freie Aminosäuren gebildet. Unterschiede im prozentualen Anteil einzelner freier Aminosäuren auf den verschiedenen Varianten findet man in der Hauptsache bei Glutaminsäure, Glutamin, Prolin und γ-Aminobuttersäure und in wenigen Fällen bei Arginin und Asparaginsäure. Alle genannten Aminosäuren stehen in ihrem Biosyntheseweg eng miteinander in Verbindung. Bei einem Großteil der untersuchten Arten wurde festgestellt, daß auf N-reicheren Böden der Glutamingehalt in den Pflanzen prozentual deutlich höher liegt als in Pflanzen auf N-ärmeren Böden, dafür aber ein wesentlich niedrigerer γ-Aminobuttersäure-Anteil zu verzeichnen ist. Ein repräsentatives Beispiel ist dafür der Windenknöterich (Tab. 19).

Mitte Juni 1992 werden in allen untersuchten Arten hohe Prolinanreicherungen gemessen, die mit der zu diesem Zeitpunkt anhaltenden Trockenperiode in Zusammenhang stehen. Die Prolinkonzentrationen sind in den Bad Lauchstädter Pflanzen höher als in den Etzdorfer Individu-

Tabelle 19: Gesamtgehalt freier Aminosäuren (AS) in mg/100g TM und Gehalt einzelner freier Aminosäuren in % bei Windenknöterich, Etzdorf, 1992 - 1994

Datum/Var.		ED1	ED1/R	ED2	ED2/R
12.05.1992 Ganzpflanze	mg freie AS	355,6	339,9	>1050	>950
	% Gln	9,6	10,3	35,9	31,6
	% GABA	31,3	31,2	22,0	22,8
18.06.1992 Ganzpflanze	mg freie AS	315,2	249,3	290,8	337,7
	% Gln	7,1	5,1	9,5	9,4
	% GABA	26,6	25,3	28,2	26,1
18.06.1993 Blätter	mg freie AS	606,3	591,5	920,6	867,4
	% Gln	10,3	11,5	18,3	27,9
	% GABA	14,2	18,0	12,1	7,1
18.06.1993 Stengel	mg freie AS	415,0	292,2	713,5	502,5
	% Gln	14,8	14,7	28,0	29,9
	% GABA	24,5	25,0	12,5	8,5
24.05.1994 Ganzpflanze	mg freie AS	290,4	216,3	554,3	539,1
	% Gln	8,5	9,6	21,2	23,7
	% GABA	25,3	31,3	22,2	23,5
28.07.1994 Ganzpflanze	mg freie AS	140,6	145,8	180,8	200,6
	% Gln	21,1	23,4	26,9	23,3
	% GABA	8,4	8,6	10,0	10,5

en. Dabei ragt die Sophienrauke mit über 3 g/100 g TM in Pflanzen der Alten Gülledeponie heraus.

Unterschiede im Gehalt freier Kohlenhydrate zwischen Pflanzen der einzelnen Varianten sind geringfügig. Es zeigt sich die Tendenz, daß auf den Dauerbrachen Wildkräuter mit relativ hohem Gehalt freier Aminosäuren weniger freie Kohlenhydrate besitzen und umgekehrt (Abb.19).

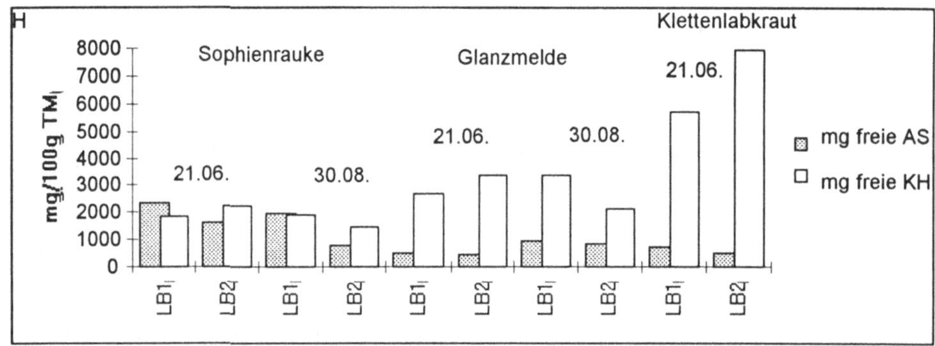

Abbildung 19: Gehalt an freien Aminosäuren (AS) bzw. Kohlenhydraten (KH) in mg/100g TM bei ausgewählten Wildkräutern, Bad Lauchstädt, 1993

Zu Beginn der Vegetationsperiode besteht der Pool freier Kohlenhydrate größtenteils aus Monosacchariden (v.a. Fructose und Glukose), gegen Ende steigt der Anteil der Di- und Trisaccharide deutlich (v.a. Sucrose).

Der Einfluß der Kulturart auf den N-Haushalt eines Wildkrauts schlägt sich über die vielfältigen Konkurrenzbeziehungen in der Phytozönose auch auf den Gesamtgehalt jedoch nur unwesentlich auf die Zusammensetzung des Pools freier Aminosäuren nieder.

Wildkrautarten der gleichen Gattung (Weißer und Feigenblättriger Gänsefuß) bzw. der gleichen Familie (Ampfer- und Windenknöterich) zeigen sehr ähnliche Tendenzen in ihrem N-Haushalt. Es werden meist nur quantitative Unterschiede im Gehalt einzelner Aminosäuren gefunden. Die Unterschiede zwischen den Knöterricharten sind dabei jedoch größer als bei den Gänsefußarten. Letztere sind sich physiologisch ähnlicher bzw. stehen sich verwandtschaftlich näher, zum Teil werden Bastarde beschrieben.

Der wechselseitige Einfluß von Konkurrenzbeziehungen und N-Versorgung auf den N-Haushalt spiegelt sich nicht nur im Rohproteingehalt, sondern auch im Gehalt und in der Verteilung der freien Aminosäuren wieder. Dies wurde aus den Untersuchungen auf den Dauerbra-

Tabelle 20: N-Gehalt in %, Gesamtgehalt einzelner freier Aminosäuren (AS) in mg/100 g TM bzw. in %, Klettenlabkraut - Ganzpflanze, Bad Lauchstädt, 1992 - 1994

| | 13.05.1992 | | 22.06. 1992 | 21.06.1993 | | 07.06. 1994 | | 27.07. 1994 | |
	LB1	LB2	LB1	LB1	LB2	LB1	LB2	LB1	LB2
%N	2,84	3,91	2,13	2,46	1,94	1,37	1,84	2,81	2,22
mg freie AS	524,4	2749,0	381,8	719,1	497,7	149,2	203,1	473,2	347,6
Asp	6,0	7,0	5,3	6,1	9,1	4,9	5,0	3,5	10,0
Asn	1,6	3,5	3,8	14,7	6,0	3,4	1,9	20,4	9,1
Glu	20,5	15,3	7,3	13,1	18,0	13,2	6,7	15,0	18,6
Gln	2,6	16,2	9,3	11,5	7,9	10,0	9,1	15,2	8,3
Pro	3,8	5,8	33,0	7,3	6,0	0,0	0,0	1,9	3,3
GABA	24,0	18,7	9,7	5,6	10,9	23,3	29,5	6,1	8,1
Arg	0,0	0,3	1,2	0,8	0,0	0,0	0,0	7,5	4,7

chen an Klebkraut (Tab. 20), Sophienrauke und Glanzmelde deutlich.

Die Wirkung einer einjahrigen Grünbrache ist bei einigen Wildkräutern in der Biomasseproduktion und im Rohproteingehalt feststellbar, im Spektrum der freien Aminosäuren sind nur vereinzelt Änderungen zu erkennen.

6.2.2. Epigäische Zoozönosen

Es galt zu prüfen, ob es durch Änderung des Nutzungsregimes der Agrarökosysteme (z. B. Dauerbrache, Einjahresbrache, Dünge- und Güllebelastung) zu Strukturveränderungen der Zoozönosen kommt.

Neben einer quantifizierten Auswertung der höheren Taxa (Tab. 21 u. 22) wurden ausgewählte Indikatorgruppen der Phytophagen (Curculionidae - Rüsselkäfer, Cicadina - Zikaden), überwiegend Zoophagen (Carabidae - Laufkäfer, Staphylinidae - Kurzflügelkäfer, Coccinellidae - Marienkäfer, Araneae - Webspinnen, Opiliones - Weberknechte) und Saprophagen (Isopoda - Asseln, ausgewählte Familien der Diptera - Zweiflügler) bis zur Art untersucht (Tab. 22).

Neue Gülledeponie (Dauerbrache)

Im Vergleich zu den ackerbaulich bewirtschafteten Flächen (LA und teilweise ED) zeigte die Dauerbrache (LB) bei den meisten Ordnungen deutlich höhere Individuen- und Artzahlen (z.B. bei den Araneae, Opiliones, Isopoda, Coleoptera, Diptera und Dermaptera - Ohrwürmer) (Tab. 21). Bei den Aphidina - Blattläuse - und sich von ihnen ernährenden Gruppen wie Neuroptera -

Tabelle 21: Gesamtanzahl der Individuen ausgewählter Ordnungen (nach den verschiedenen Methoden ermittelt, TP 10), Untersuchungsflächen in Bad Lauchstädt (LB und LA) und Etzdorf (ED), 1992 - 1994

Gruppe	LB1	LB2	LA1	LA2	LA1/R	LA2/R	ED1	ED1/R	ED2	ED2/R	Ra.[1]	Ges.
Araneae	7803	10023	3388	4046	4330	4657	3739	2973	4745	4562	29	50304
Opiliones	424	176	104	62	98	78	169	113	164	104		1492
Acari	1092	1597	132	151	112	113	674	743	611	802		6027
Isopoda	198	425	9	7	14	9	13	19	12	23		729
Diplopoda	16	4	1			1	4	4	1	2		33
Chilopoda	48	8	3	2		2	80	66	45	30		284
Hymenoptera	2469	2228	1783	2424	2765	2768	4243	4301	7479	6295	158	36913
Coleoptera	17188	10383	6064	6251	10306	10765	7828	8279	10346	9781	356	97547
Cicadina	727	794	293	453	372	442	591	789	923	913	19	6316
Aphidina	3079	1918	9406	9863	10900	14069	14676	14837	29124	35782	11502	155156
Heteroptera	1676	4481	942	830	1410	1432	2280	2077	3089	3707	79	22003
Ensifera	8	1	1		1		1	5	5	4		26
Caelifera	1	1	2		1	1		1				7
Dermaptera	670	298	3	1	10	3	1			4		990
Diptera	9292	8637	6332	7923	6909	8767	6183	6886	9977	9912	195	81013
Lepidoptera	179	158	102	75	223	117	314	309	445	518	3	2443
Neuroptera	29	19	169	58	107	67	330	333	549	592	45	2198
Indiv.zahl (Gesamt)	44899	41160	28634	32146	37558	43291	41126	41735	67515	73031	12386	463481

[1] Unbehandelte Parzellenrandfläche von Etzdorf

Netzflügler, verschiedene Hymenoptera - Hautflügler - und Coccinellidae ist dies anders. Es ist aber eine sehr differenzierte Einschätzung der Gruppen notwendig, da sie - als unterschiedliche Lebensformtypen betrachtet - auch unterschiedliche Reaktionen aufweisen können.

Die Curculionidae haben auf der Dauerbrache in den ersten Sukzessionsjahren noch keine arten- und individuenreichen Populationen aufbauen können. Der Artbestand ist kaum reichhaltiger als der der umgebenden Ackerflächen (Tab. 22). Bei den Cicadina ist ein beachtlicher Anstieg der Arten (auf das Doppelte) vom ersten zum dritten Brachejahr erkennbar (Tab. 22). Die Carabidae wiesen auf der Dauerbrache deutlich höhere Artenzahlen im Vergleich zu den Ackerflächen auf. Lediglich bei den Marienkäfern (Coccinellidae) ist auf den beiden Dauerbracheflächen der Artbestand im Jahre 1992 mit nur vier bzw. drei eurytopen Arten sehr stark eingeschränkt. Dauerbrachen fördern durch das hohe Nährstoffangebot beträchtlich die Populationsentwicklung der Asseln (Tab. 21). Ein Absinken der Arten- und Individuenzahlen bei einigen Gruppen von 1992 bis 1994 (z. B. bei den Araneae, Staphylinidae und Carabidae) läßt sich durch das Verschwinden der Feldarten, bedingt durch die stark veränderten ökologischen Bedingungen, erklären.

Eine deutlich unterschiedliche Dynamik war zwischen den beiden Varianten der Dauerbrache (Güllelast- und unbelastete Fläche) nachweisbar. So waren auf der Güllelastfläche (LB2) die Araneae, Isopoda und Heteroptera (Wanzen) deutlich häufiger als auf der unbelasteten Fläche (LB1). Umgekehrt überwogen die Opiliones, Diplopopda und Chilopoda (Tausendfüßer), Coleoptera (Käfer) und Aphidina auf der unbelasteten Fläche. Bemerkenswert ist die alternierende Verbreitung der beiden häufigsten Prädatorengruppen, Carabidae auf LB1 und Araneae auf LB2.

Besonders deutlich ist der Unterschied der Zönosen auf den beiden Varianten bei den Carabidae. Auf der Güllelastfläche waren sie mit 2112 Individuen nur reichlich halb so häufig wie auf der unbelasteten Fläche mit 4036 Individuen, aber fast so artenreich (49 gegenüber 50 Arten). Von 1992 bis 1994 verringerte sich die Artenzahl nur wenig, die Individuenzahl dagegen recht deutlich - ein Effekt veränderter ökologischer Bedingungen (über die Pflanzenstruktur) und ein für Brachen typischer Nährstoffabschöpfungseffekt in den ersten Brachejahren. Es gab starke Unterschiede in der Artenzusammensetzung beider Varianten. Zu den 11 Arten mit Verbreitungsschwerpunkt auf der unbelasteten Fläche gehören Harpalus rufipes, H. distinguendus, H. zabroides, Calathus fuscipes und C. ambiguus, zu denen auf der Güllelastfläche Calathus melanocephalus, Amara convexiuscula und Poecilus cupreus.
Bei den Staphylinidae hängt die höhere Arten- und Individuenzahl auf der Güllelastfläche wohl mit dem höheren Nahrungsangebot (kleine Streuzersetzer als Beutetiere) zusammen. Die streuzersetzenden Isopoden wiesen auf der Güllelastfläche mehr als doppelt so viele Individuen auf als auf der nichtbelasteten Fläche.

Alte Gülledeponie
Es zeigte sich, daß eine Rotationsbrache im Jahr danach bei verschiedenen Taxa eine hohe Arten- und Individuenzahl bewirkt, die sich dann im zweiten und dritten Jahr merklich reduziert. Besonders deutlich wird das an der Entwicklung der Artenzahl auf LA und ED bei den Araneae, Isopoda, Coccinellidae und Curculionidae. Bei einem Vergleich der Versuchsvarianten mit Gülle belastet oder unbelastet ergibt sich für viele Gruppen (Araneae, Cicadina, Aphidina, Hymenoptera, Diptera, Coleoptera - Carabidae, Curculionidae, Coccinellidae und Staphylinidae) ein Häufigkeitsgefälle:
   1. von der belasteten (LA2) zur unbelasteten (LA1) und
   2. von den Varianten mit Rotationsbrache (LA1/R, LA2/R) zu den Varianten ohne (LA1, LA2).
Auch bei diesem Versuch kam es zu differenzierten Reaktionen.

Tabelle 22: Artenanzahl und Anzahl der Rote Liste-Arten in den Untersuchungsflächen Bad Lauchstädt (LA, LB) und Etzdorf (ED), 1992 - 1994

Versuch	Alte Gülledeponie											
	Winterweizen 1992				Mais 1993				Sommergerste 1994			
Variante	LA1	LA2	LA1/R	LA2/R	LA1	LA2	LA1/R	LA2/R	LA1	LA2	LA1/R	LA2/R
Gruppe												
Curculionidae	9	3	15	15	4	2	1	0	*	*	*	*
Cicadina	4	3	9	6	*	*	*	*	6	5	7	5
Carabidae	25	19	29	29	25	24	29	27	20	19	27	21
Araneaea	19	21	21	35	15	19	20	18	18	26	21	17
Opiliones	1	1	1	1	1	2	1	1	1	3	2	1
Coccinellidae	5	4	6	5	*	*	*	*	*	*	*	*
Isopoda	3	2	4	3	0	0	0	0	*	*	*	*
Staphylinidae	16	20	22	19	16	16	15	14	*	*	*	*
Rote Liste-Arten												
Carabidae[1]	4	2	3	2	4	2	5	3	1	1	4	2
Araneae[1]	0	0	1	3	0	0	1	1	2	0	1	1
Cicadina[2]	1	0	0	0	*	*	*	*	1	0	0	0

Versuch	Neue Gülledeponie (Dauerbrache)											
	1992				1993				1994			
Variante	LB1	LB2			LB1	LB2			LB1	LB2		
Gruppe												
Curculionidae	12	10			9	3			*	*		
Cicadina	7	4			*	*			15	7		
Carabidae	40	31			42	36			36	31		
Araneaea	49	39			40	37			37	47		
Opiliones	3	5			2	2			3	2		
Coccinellidae	4	3			*	*			*	*		
Isopoda	3	3			3	3			*	*		
Staphylinidae	38	41			32	36			*	*		
Rote Liste-Arten												
Carabidae[1]	5	2			6	5			5	4		
Araneae[1]	6	2			4	2			3	2		
Cicadina[2]	1	0			*	*			2	1		

Versuch	Herbizid/Düngungsversuch											
	1992				1993				1994			
Variante	ED1	ED2	ED1/R	ED2/R	ED1	ED2	ED1/R	ED2/R	ED1	ED2	ED1/R	ED2/R
Gruppe												
Curculionidae	13	18	10	15	7	6	12	11	6	3	7	5
Carabidae	30	26	34	33	17	19	23	19	16	20	19	23
Araneaea	23	21	19	26	12	15	11	13	16	16	16	13
Opiliones	2	1	2	1	1	0	1	1	0	0	0	0
Coccinellidae	7	8	8	5	1	1	3	2	2	2	2	3
Isopoda	4	2	4	4	0	0	0	0	*	*	*	*
Staphylinidae	12	21	16	21	*	*	*	*	*	*	*	*
Rote Liste-Arten												
Carabidae[1]	1	3	3	3	1	1	1	2	1	1	1	2
Araneae[1]	1	1	2	2	0	0	0	0	1	0	0	0

* noch nicht erfaßt,   1) Rote Liste Sachsen-Anhalt (SCHNITTER et al. 1993)   2) Rote Liste Deutschlands (Remane et al. in Vorbereitung)

Aber noch deutlicher waren die Unterschiede im ersten Jahr zwischen den Brache- und Nichtbrachevarianten. Bei den Carabidae war die Artenzahl auf den Brachen in allen drei Jahren etwas höher als auf der Kontrolle ohne Brache. Die Anzahl gefangener Individuen - als Maß der Siedlungs- bzw. Aktivitätsdichte - lag im ersten Jahr auf LA nach der Rotationsbrache etwa doppelt so hoch wie auf der Fläche ohne Brache. In den Folgejahren kam es bei gleichzeitiger Verringerung der Arten- und Individuenzahlen zu einer deutlichen Angleichung. Arten- und individuenfördernd ist die Brachlegung auch für Coccinellidae und Isopoda im ersten Nachbrachejahr.

Herbizid/Düngungsversuch

Die Belastung mit Gülle wurde bereits oben im Zusammenhang mit der Dauer- und Rotationsbrache angesprochen.

Im Herbizid/Düngungsversuch in Etzdorf fielen die Individuenzahlen mehrerer Taxa bei den Düngevarianten ED2 und ED2/R deutlich höher aus als die der Varianten ohne Düngung, ED1 und ED1/R (z. B. bei Araneae, Hymenoptera, Coleoptera - Staphylinidae, Aphidina, Heteroptera, Neuroptera und Diptera). Dies konnte, wenigstens teilweise, auf die Folgen der starken Entwicklung der Aphidina auf den Düngevarianten zurückführbar sein. Als Zeichen der Artenvielfalt scheint sich auf der Düngevariante eine höhere Artenzahl aber nur bei den Curculionidae und Staphylinidae zu ergeben.

Bei einem Vergleich der über viele Jahre unterschiedlich intensiv bewirtschafteten und belasteten Standorte von Etzdorf und Bad Lauchstädt weisen die weniger intensiv bewirtschafteten Etzdorfer Flächen teilweise höhere Arten- bzw. Individuenzahlen auf. Dies betrifft insbesondere die Individuenzahlen der Chilopoda und die Artenzahlen der Curculionidae und Coccinellidae.

6.2.3. Bodenorganismen

Die vorliegenden Ergebnisse der Untersuchungen auf der Alten Gülledeponie Bad Lauchstädt (LA) und dem Herbizid/Düngungsversuch Etzdorf (ED) geben Aufschluß über die Auswirkungen langfristig verminderter Stickstoffzufuhr über organische bzw. mineralische Düngemittel auf qualitative und quantitative Parameter der Bodenmikroflora und Bodenfauna.

Selbst zehn Jahre nach Einstellung der Gülledeposition ließ sich in der belasteten Variante LA2 noch eine signifikante Steigerung der Aktivität und Biomasse der Bodenmikroorganismen sowie eine Verschiebung innerhalb des Bodenpilzartenspektrums nachweisen.

Zur Bestimmung bodenmikrobiologischer Parameter wurden im April 1992 Bodenproben aus den Tiefen 0 - 30 cm und 30 cm bis zur Grenze des A-Horizontes entnommen und folgende Parameter untersucht:
- Mikrobielle Wärmeleistung
- Sauerstoffverbrauch
- Substratinduzierte Wärmeleistung
- Substratinduzierte Respiration

Die gemessenen Parameter für die mikrobielle Aktivität zeigen im allgemeinen die erwartete Abhängigkeit von der Ausstattung der Böden mit organischer Substanz. Die Ergebnisse der Sauerstoffverbrauchsmessung korrelieren hoch signifikant (r = 0,92) mit der mikrobiellen Wärmeleistung. Die CO_2-Produktionsraten zeigten allerdings Abweichungen, die wahrscheinlich auf die Freisetzung von CO_2 aus Carbonaten zurückzuführen sind. Auch die beiden Methoden zur Bestimmung der mikrobiellen Biomasse (SIW und SIR) ergaben hoch signifikant korrelierte Ergebnisse (r = 0,98). Unterschiede in der absoluten Höhe sind auf die verwendeten Konvertierungsfaktoren zurückzuführen.

Der Anteil der mikrobiellen Biomasse an der organischen Substanz ist von allen Varianten in der belasteten Dauerbrache LB2 am geringsten. Gleichzeitig ist jedoch die mikrobielle Aktivität in dieser Variante am höchsten. In diesem mit leicht verfügbarer organischer Substanz gut versorgten Boden hat sich also eine Mikroorganismengesellschaft etabliert, die sich durch eine vergleichsweise ineffektive Nährstoffausnutzung auszeichnet.

In der unbelasteten Dauerbrache LB1 finden sich, bezogen auf die organische Substanz des Bodens, die höchsten mikrobiellen Aktivitäten und Biomassen. Die Berechnung des Metabolischen Quotienten ergibt, daß die Mikroorganismen hier geringe Umsatzleistungen, d. h. einen effektiven Stoffwechsel haben.

Die geringen mikrobiellen Aktivitäten und Biomassen in der Nullparzelle LD1 sind eine Folge der mangelnden Nährstoffzufuhr. Die Mikroorganismengesellschaft ist durch die niedrigsten metabolischen Quotienten und auch - bezogen auf die organische Substanz - durch die niedrigste endogene Aktivität gekennzeichnet.

Die langjährige organische Düngung bzw. Gülledeponierung hat zu einer deutlichen Differenzierung hinsichtlich der mikrobiellen Aktivitäten und Biomassen der Bad Lauchstädter Versuchsflächen LB2, LA2 und LD2 von ihren jeweils gering belasteten bzw. ungedüngten Referenzflächen geführt; LB1, LA1 und LD1. Hinsichtlich der Metabolischen Quotienten können die Böden in zwei Gruppen unterteilt werden, nämlich solche, die aufgrund einer Zufuhr organischer Dünger durch höhere Stoffwechselaktivität gekennzeichnet sind (LD1/17[PK], LA2,

LD2) und solche, die ausschließlich mineralisch oder gar nicht gedüngt wurden und niedrigere Metabolische Quotienten haben (LB1, LD1, ED1, ED2).

Die Etzdorfer Varianten ED1 und ED2 liegen, gemessen an der organischen Substanz, auf einem insgesamt etwas höheren Niveau der mikrobiellen Aktivität und Biomasse.

Zwischen beiden Düngungsvarianten waren keine signifikanten Unterschiede nachzuweisen, bedingt durch die geringen Differenzen im Düngungs- und Bewirtschaftungsregime.

In Abb. 20 ist die Entwicklungsdynamik der mikrobiellen Biomasse im Untersuchungszeitraum dargestellt. Daraus ist ersichtlich, daß diese unter dem Einfluß der differierenden klimatischen Bedingungen und dem Fruchtartenwechsel erheblichen Schwankungen unterworfen ist, wobei LA2 mit Ausnahme zweier Probenahmetermine während des gesamten Untersuchungszeitraumes von 1992 - 1994 gegenüber der gering belasteten Variante LA1 erhöhte Biomassewerte aufwies.

Die Bodenatmung, als Maß der Stoffwechselaktivität der Bodenmikroorganismen, und die Dehydrogenaseaktivität zeigten sich in ähnlicher Weise beeinflußt wie die mikrobielle Biomasse. Nahezu während des gesamten Untersuchungszeitraumes ließen sich signifikant erhöhte Werte beider Parameter in LA2 nachweisen. Ebenso traten zu mehreren Probenahmeterminen erhöhte Besiedlungsdichten von Bakterien, Aktinomyceten sowie zellulose- und eiweißzersetzenden Mikroorganismen auf. Die mykologischen Untersuchungen wiesen auf eine erhöhte Bodenpilzartenzahl sowohl im freien Boden als auch in der Rhizoplane der angebauten Kulturarten und der Unkrautart *Stellaria media* in LA2 hin. Die Arten *Dendryphion nanum*, *Doratomyces stemonitis*, *Paecilomyces carneus*, *Papulaspora irregularis*, *Penicillium citrinum* und

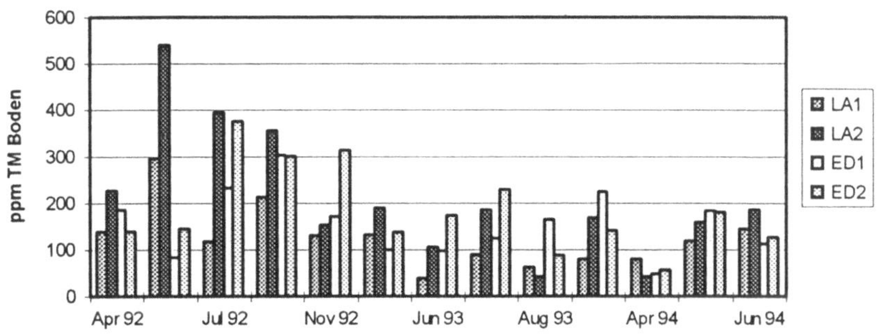

Abbildung 20: Mikrobieller Biomassekohlenstoff in ppm TM Boden auf den Standorten Bad Lauchstädt (LA) und Etzdorf (ED), 1992 - 1994

Penicillium variabile traten ausschließlich in LA2 auf. Da Stickstoff in der Regel das limitierende Element für das Bodenpilzwachstum darstellt, konnte seine Zufuhr offenbar einige der in Fungistasis im Boden vorhandene Pilzarten zum Wachstum stimulieren, die unter den Umweltbedingungen der unbelasteten Variante LA1 nicht zur Entwicklung kamen.

Für die häufigsten Bodenpilzarten, die überwiegend den Gattungen *Fusarium* und *Mortierella* angehörten, ließ sich eine signifikante Beeinflussung der Abundanzen durch die erhöhten Bodenstickstoffgehalte nachweisen, wobei jedoch die Besiedlung organischer und mineralischer Bodenpartikel unterschiedlich stark beeinflußt wurde.

Im Gegensatz zu den Befunden in Bad Lauchstädt waren im Düngungsversuch Etzdorf keine langfristigen quantitativen bodenmikrobiellen Veränderungen infolge der differenzierten N-Versorgung des Bodens zu erkennen. Die mikrobielle Biomasse zeigte sich in der jährlich N-gedüngten Variante ED2 lediglich zu den Probenahmen im Juli 1992 und im Juli 1993 gegenüber ED1 (ungedüngt) signifikant erhöht. Die Werte der Bodenatmungsmessungen der beiden Varianten wiesen zu keinem Zeitpunkt signifikante Differenzen auf. Die Dehydrogenaseaktivität war ebenso wie die Besiedlungsdichten von Bakterien, Aktinomyceten, eiweiß- und zellulosezersetzenden Mikroorganismen jeweils zu vereinzelten Probenahmeterminen in ED2 signifikant erhöht, wobei diese vorübergehenden Förderungen in der Regel zu den Probenahmen im Sommer auftraten.

Ebenso wie in Bad Lauchstädt trat auch in Etzdorf in der Versuchsvariante mit erhöhtem N-Input (ED2) eine erhöhte Bodenpilzartenzahl auf. Die Besiedlungsdichte der häufigsten Bodenpilzarten wies an den mineralischen, nicht jedoch an den organischen Bodenpartikeln eine signifikante Beeinflussung durch die N-Düngung auf. Hierbei kam es sowohl zur Förderung (z. B. *Absidia glauca*) als auch zur Hemmung (z. B. *Alternaria alternata*) einzelner Arten.

Durch ihre Artenarmut und geringe Individuendichte, bis hin zum zeitweiligen Fehlen aktiver Stadien, weisen die Lumbricidenzönosen beider Standorte typische Auswirkungen jahrelanger Intensivbewirtschaftung auf. Die Ergebnisse der Fänge vom September 1994 (Tab. 23) weisen darauf hin, daß der Belastungsgradient auf dem jeweiligen Versuchsstandort für die Entwicklung der Zönosen gegenüber dem Komplex der übrigen Standortfaktoren von untergeordneter Bedeutung zu sein scheint. Dies belegen die zum einen geringen Unterschiede zwischen den Versuchsvarianten, verbunden mit den relativ großen Abweichungen zwischen beiden Standorten.

Die Collembolengemeinschaften der beiden Versuchsstandorte sind hinsichtlich ihrer Artenzusammensetzung sehr ähnlich. Dies resultiert wahrscheinlich aus dem starken Selektionsdruck der ehemaligen Intensivbewirtschaftung, dem lediglich Arten mit breiter ökologischer Valenz (Ubiquisten) widerstehen konnten. Auswirkungen der unterschiedlichen Stickstoffversorgung des Bodens auf die Artenspektren ließen sich weder in Etzdorf noch in Bad Lauchstädt feststellen. Somit waren auf dem Standort Bad Lauchstädt spätestens zehn Jahre nach Einstellung der Gülledeposition die Bedingungen für die Ansiedlung der standorttypischen Collembolensynusie wiederhergestellt. Bezogen auf den Standort Etzdorf leitet sich der Hinweis ab, daß

Tabelle 23: Abundanz und Biomasse der Lumbricidenarten und -gruppen juveniler Individuen, Bad Lauchstädt (LA) und Etzdorf (ED), September 1994

Art	Individuen/m^2				Biomasse, g/m^2			
	ED1	ED2	LA1	LA2	ED1	ED2	LA1	LA2
Aporrectodea rosea	28	8	0	0	6,88	2,14	0	0
Aporrectodea caliginosa	0	4	2	0	0	3,84	2,08	0
Octolasium cyaneum	0	0	2	2	0	0	3,56	4,90
Juv. unpigm.	67	69	0	0	6,38	7,20	0	0
Juv. pigm.	2	2	6	2	0,44	1,00	5,89	1,04
Gesamt	97	83	10	4	13,70	14,20	11,50	5,94

mäßige mineralische Stickstoffdüngung keinen meßbaren Einfluß auf die Herausbildung der Artenzusammensetzung der Collembolengemeinschaften hat. Umgekehrt schafft der alleinige Verzicht auf Stickstoffdüngung unter den gegebenen Bedingungen trotz teilweise modifizierter Phytozönose (Pkt. 6.2.1.) keine grundlegenden Voraussetzungen für die Ansiedlung weiterer Arten.

Zu den ausschlaggebenden Hemmnissen hierfür dürften die Instabilität der phytozönotischen Strukturen (jährliche Ernte) und die wendende Bodenbearbeitung gehören, aus der sich eine periodische Zurückversetzung der Agro-Ökosysteme in ein Pionierstadium ergibt. Kennzeichnend für die Collembolenzönosen derartiger Stadien ist die Dominanz einiger weniger Arten, die den Großteil der Individuen auf sich vereinigen. Von den 36 Collembolenarten, die im Laufe des Untersuchungszeitraumes nachgewiesen wurden, entfallen auf beiden Standorten gleichermaßen jeweils mehr als 90 % der Individuen auf rund zehn Arten und mehr als die Hälfte der Individuen auf nur drei Arten.

Die Gesamtabundanz der Collembolengemeinschaften wurde, ähnlich wie die mikrobielle Biomasse, infolge der Sickstoffdüngung in Etzdorf temporär erhöht, wobei signifikante Unterschiede jedoch nur im Juli und August 1993 nachgewiesen werden konnten. Einflüsse der ehe-

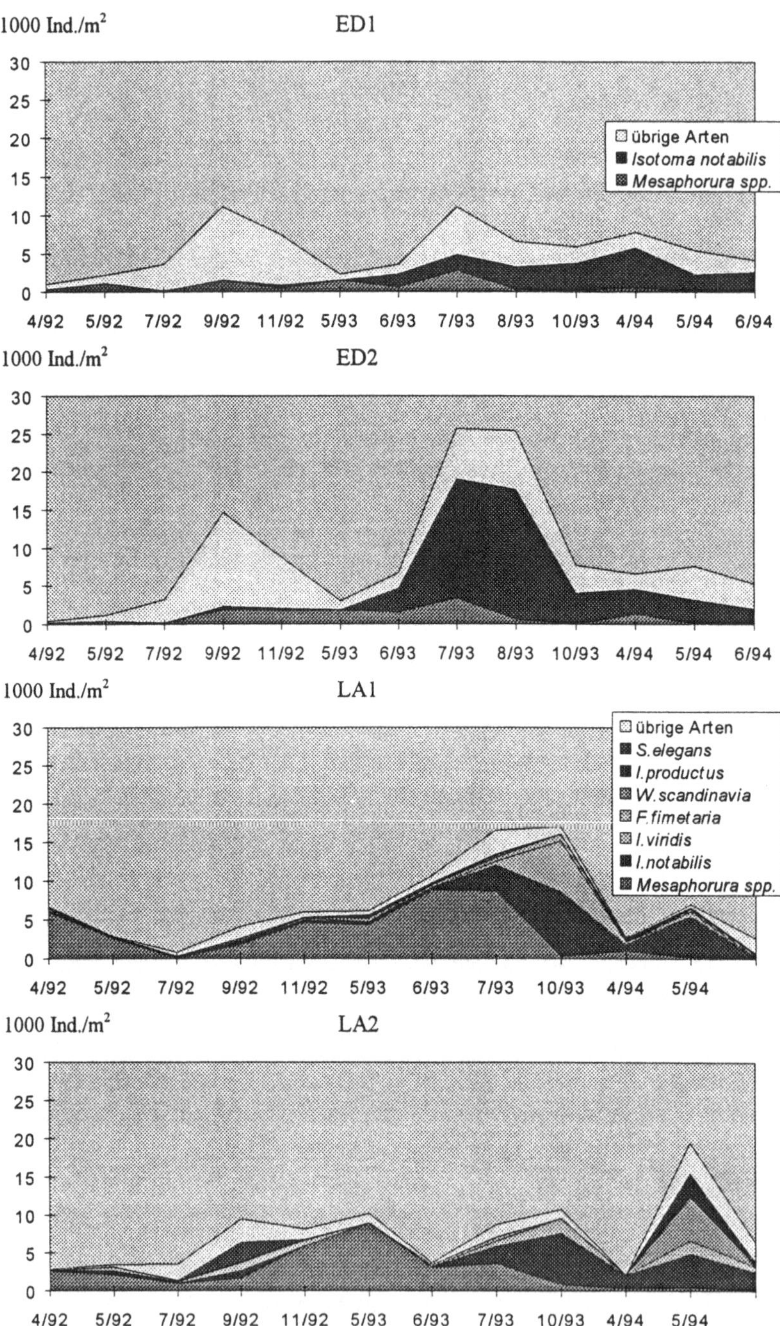

Abbildung 21: Gesamtabundanz der Collembolengemeinschaften und Abundanzdynamik dominanter Arten, Etzdorf (ED) und Bad Lauchstädt (LA), 1992 - 1994

maligen Gülledeposition (LA) zeigten sich ebenfalls in Form veränderter Gesamtindividuenzahlen, welche jedoch anders als in Etzdorf keine Korrelationen zur Entwicklung der Phytozönosen oder Bodenmikroorganismen erkennen ließen.

Obwohl die Dynamik der Gesamtabundanz entscheidend durch die Populationsentwicklungen der dominanten Arten geprägt wird, können diese, je nach ihren ökologischen Ansprüchen, einer eigenen, völlig abweichenden Dynamik unterliegen.

Wie Abb. 21 verdeutlicht, scheinen insbesondere die *Mesaphorura krausbaueri*-Gruppe und *Isotoma notabilis* zeitweilig entgegengesetzte Entwicklungen aufzuweisen. Während die *Mesaphorura krausbaueri*-Gruppe von Anbeginn der Untersuchungen auf beiden Versuchsstandorten mehr (Bad Lauchstädt) oder weniger (Etzdorf) stark vertreten war, trat *Isotoma notabilis* zunächst in kaum nennenswerter Individuenzahl auf. Erst 1993 nahm die Dominanz der letzteren Art stetig zu, bei gleichzeitigem Rückgang der *Mesaphorura krausbaueri*-Gruppe. Da diese Entwicklung in allen Versuchsvarianten parallel verlief, kann angenommen werden, daß primäre Einflüsse einerseits vom jahresspezifischen Witterungsgeschehen, andererseits von der angebauten Fruchtart und/oder den damit verbundenen spezifischen ackerbaulichen Maßnahmen, z. B. Bodenbearbeitung im Frühjahr bei Mais (1993) und Sommergerste (1994), ausgingen.

Sekundär ließen sich Modifikationen der Abundanzdynamik einzelner Arten infolge von differenziertem Stoffeintrag nachweisen. Während z. B. in Etzdorf im Sommer 1993 eine Übervermehrung von *Isotoma notabilis* in der N-gedüngten Variante zu einem starken Anstieg der Gesamtabundanz der Collembolen führte, waren in ED1 im Verlaufe des Untersuchungszeitraums zum einen eine geringere Oszillation der Gesamtabundanz und zum anderen ausgeglichenere Dominanzverhältnisse der Arten zu beobachten. Letztere waren durch erhöhte Diversitätswerte in ED1 meßbar.

Die Entwicklung der Collembolenzönosen in den Versuchsvarianten in Bad Lauchstädt erschien teilweise widersprüchlich und damit keineswegs so eindeutig wie bei den Bodenpilzen, die als direkte Nahrungsquelle der meisten Collembolenarten dienen. Inselartige Vermehrungen einzelner Arten zu verschiedenen Probeterminen, die in keinem direkten Zusammenhang zum Belastungsgradienten zu stehen schienen, deuteten auf kleinräumige Heterogenitäten der Versuchsfläche als Folge der ehemaligen Gülledeposition hin.

6.3.   Diskussion

Die Regeneration belasteter und die Erhaltung intakter Agrarökosysteme gehören zu den entscheidenden Voraussetzungen für eine gegenwärtigen wie zukünftigen Ansprüchen genügende Gestaltung und Regulierung der abiotischen/biotischen Funktionen und Wechselbeziehungen von Agrarökosystemen. Aus den Ergebnissen der am Verbundprojekt STRAS beteiligten Forschungsgruppen lassen sich im Hinblick auf die angestrebte Zielstellung eine Reihe neuer Erkenntnisse ableiten. Sie sind insgesamt dem generellen Bemühen zuzuordnen, für eine nachhaltige, ökonomisch/ökologisch ausgewogene Nutzung der Agrarlandschaften bzw. speziell ihrer Agrarökosysteme Aussagen darüber zu gewinnen, inwieweit durch entsprechende Maßnahmen bei infolge überhöhter Nutzungsintensität bzw. unsachgemäßen Einsatzes von Intensivierungsmaßnahmen belasteten Agrarökosystemen ein Regenerationsprozeß stattfindet bzw. dieser gezielt zu beeinflussen ist.

Zum Stofffluß und -haushalt ergeben sich speziell hinsichtlich des N- und C-Haushaltes folgende Aussagen:
Die Ergebnisse des Statischen Düngungsversuches Bad Lauchstädt im Verlaufe von 92 Jahren haben gezeigt, daß unter den untersuchten Standortbedingungen eine nachhaltige Bodennutzung im o. g. Sinne bei steigenden Erträgen möglich ist. Gleichzeitig waren Umweltbelastungen in anderen Versuchen und auf überdüngten Flächen nachzuweisen, wo bekannte Grundsätze und Grenzwerte nicht eingehalten wurden bzw. der gegenwärtige Kenntnisstand noch unzureichend ist.

Die dargelegten Versuchsergebnisse dokumentieren eindeutig, daß es eine Abhängigkeit zwischen der Bewirtschaftungsform und der Belastung der gesamten ungesättigten Zone mit löslichem Stickstoff gibt.
Langjährige Dauerfeldversuche mit gestaffelter sowie mit kombinierter organischer und mineralischer N-Düngung sind besonders geeignet, die Grenzen zulässiger Stickstoffzuführung zum Boden aufzuzeigen. Damit sind sie auch Grundlage für eine schlagbezogene bzw. fruchtfolgebezogene N-Bilanzierung. Sie geben Anhaltspunkte für Düngungsempfehlungen für die landwirtschaftliche Praxis.
Die in die Untersuchungen einbezogenen Flächen mit hoher Güllebelastung zeigen eindeutig die Fehler dieser Bewirtschaftung auf, die in der verantwortungslosen "Gülleentsorgung" auf ausgedehnten Flächen in der Nähe großer Tierproduktionsanlagen gipfelten.
Die Ergebnisse aus vorliegenden Tiefenuntersuchungen erlauben eine Abschätzung des Anteiles der Landwirtschaft an der steigenden Belastung der Umwelt mit Schadstoffen. Eine

Änderung der Bewirtschaftungssysteme in Richtung extensiverer Produktionsverfahren kann langfristig zu einer Minderung der Belastung aus der Landwirtschaft führen. Unter dem Gesichtspunkt des vorrangigen Einsatzes betriebseigener Dünger kann dies nur in einer Reduzierung des Fremdmitteleinsatzes, also des mineralischen Stickstoffs und der zugekauften Futtermittel, liegen.

In Kulturen mit weitem Reihenabstand (Zuckerrüben, Mais) können Unkräuter bis zum Einsetzen stärkerer Konkurrenzeffekte N vor der Verlagerung in tiefere Bodenschichten bewahren. Nach dem Abtöten der Unkräuter wird der Stickstoff allmählich frei und kann zum Teil noch in der gleichen Vegetationsperiode bzw. durch die Nachfrucht erneut genutzt werden.
Auf Rotationsbrachen können durch Selbstbegrünung den Kulturpflanzen vergleichbare N-Mengen aufgenommen werden. Da diese temporär konservierten N-Mengen nach dem Umbruch des noch grünen Pflanzenbestandes durch schnelle Mineralisierung wieder in den Boden gelangen, wird damit zwar keine direkte Verminderung der N-Belastung erreicht, wohl aber die Möglichkeit, durch ökologische Steuerung des systeminternen N-Pools den N-Austrag und die externen N-Inputs zu verringern.

Auf selbstbegrünten Dauerbrachen ohne Eingriff bleibt der Stickstoff ebenfalls im System. Die Vegetation reift jedoch vollständig ab. Dadurch gelangt stets nur Material mit weitem C/N-Verhältnis auf den Boden. Durch die Höhe der Trockenmasseneubildung pro Jahr, das verzögerte Zusammenbrechen der Bestände und die relativ langsame Mineralisierung des Pflanzenmaterials kann sich eine starke Streuschicht ansammeln. In dieser Streu sind zusätzlich zum Sproß beträchtliche N-Mengen konserviert. Bei verminderter Mineralisierung unter Dauerbrachen im Vergleich zum Ackerland und extrem hohem Wasserverbrauch durch die Brachevegetation müßte es unter den klimatischen Bedingungen des Mitteldeutschen Trockengebietes möglich sein, den überschüssigen Stickstoff längere Zeit in der oberen Bodenschicht zu halten.

Grundlage zur Erkennung und damit Minderung der N-Überschüsse kann nur eine umfassende Analyse der betrieblichen Stoffkreisläufe sein. Dabei spielen die auf Betriebs- und Schlagebene bezogenen Stickstoffbilanzen, ergänzt durch Boden- und Pflanzenanalysen, eine zentrale Rolle. In diese Betrachtungen sind jedoch alle Verlustpfade mit einzubeziehen, also auch Emissionen in die Atmosphäre, Erosion sowie Oberflächenabfluß. Was die N-Akkumulation im durchwurzelten Boden und im Unterboden betrifft, so sind die biologisch-chemischen Reduktionsvorgänge (Denitrifikation und Immobilisiation) zu beachten.

Auf die Problematik der Belastung der Lößböden und dabei insbesondere der Schwarzerden mit Schwermetallen sei gesondert verwiesen. Natürlicherweise vorhandene Schwermetallgehalte stellen auch bei leicht erhöhten Werten solange keine Gefahr dar, wie der pH-Wert der Böden um den Neutralpunkt liegt und genügend organische Substanz zu Festlegungen führt. Anthropogen eingebrachte Schwermetalle weisen eine höhere Mobilität auf. Eine Belastung des Grundwassers ist infolge der geringen Grundwasserneubildungsraten und z. T. kalkhaltiger Substrate im Unterboden großräumig kaum zu erwarten. Für die Sanierung belasteter Flächen bietet sich langfristig nur ein Entzug durch Pflanzen an.

Bezüglich der biotischen Strukturen und ihrer Veränderungen ergeben sich für die Phytozönose folgende Aussagen:

- Trotz vergleichsweise hoher Diversität kann das Bad Lauchstädter Agrarökosystem Alte Gülledeponie noch nicht als „regeneriert" im Sinne einer standorttypischen Segetalvegetation angesehen werden. Die Diversität ist ökologisch einseitig, es dominieren nach wie vor die Stickstoffzeiger. Im Versuchszeitraum konnte diesbezüglich kein einheitlicher Trend zur Verbesserung der Situation festgestellt werden.

- Als eine Ursache hierfür muß die immer noch hohe Primärproduktion angesehen werden. Der daraus resultierende geringere Lichtgenuß limitiert das Wachstum vor allem von Arten, die weniger von einem erhöhten Stickstoffangebot profitieren. Da die hohe Primärproduktion im Untersuchungszeitraum weitgehend stabil war, kann nur mit einer langsamen Veränderung des Lichtklimas gerechnet werden.

- Als eine weitere wesentliche Ursache für das Ausbleiben standorttypischer Arten konnte das Fehlen von Diasporen (Diasporenvorrat und -eintrag) in populationsaufbauender Größenordnung herausgearbeitet werden. Dies wiederum kann durch den Mangel an Diasporenquellen in der näheren Umgebung der Versuchsfläche erklärt werden. Eine schnelle Etablierung dieser Arten ist daher unwahrscheinlich.

- Die Brachen tragen zumindest in dem untersuchten Stadium der Regeneration nicht zu einer positiven Veränderung von Phytozönosestruktur und Artenzusammensetzung bei.

Ein verringerter Input von Stickstoff in belastete Agrarökosysteme durch reduzierte Düngergaben bis hin zur Grünbrache bewirkt mittelfristig eine verringerte Biomasseproduktion bei kaum veränderter Rohproteinbildung. Durch die veränderte Konkurrenzsituation können zur Dominanz gelangende Segetalarten Stickstoff neben der Bindung im Protein in Form freier Aminosäuren (vor allem als Glutamin bzw. Prolin) speichern und entziehen damit je nach arteigenem Speicherpotential dem Boden z. T. erhebliche Mengen pflanzenverfügbaren Stickstoff (Sophienrauke, Schwarzer Nachtschatten), die nach dem Absterben der Segetalarten dem Ökosystem wieder zugeführt werden.

Aus epigäisch-zoozönotischer Sicht haben Einjahresbrachen auf eine Reihe von Taxozönosen diversitätserhöhende Wirkungen in der Agrarlandschaft. Obwohl dieser Effekt nur ein Jahr anhält, ist durch Rotation dieser einjährigen Brachen - unter gleichzeitiger Erhöhung des Anteils nicht bewirtschafteter Ackerrandflächen (wie Ackerraine, Erhaltung naturnaher Habitate) - bzw. durch Extensivierung eine noch breitere Wirkung zu erwarten.

Dauerbrachen bzw. langjährige Brachen haben in den ersten Brachejahren eine deutliche Diversitätserhöhung (Zunahme der Arten-, Rote-Listen-Arten- und Individuenzahlen wichtiger Arthropodengruppen) bewirkt. Bei einem Vergleich der über viele Jahre unterschiedlich intensiv bewirtschafteten bzw. belasteten Standorte Etzdorf und Bad Lauchstädt zeigen die weniger intensiv bewirtschafteten Etzdorfer Flächen teilweise höhere Arten- und Individuenzahlen. Da der Untersuchungszeitraum nur erste Prognosen ermöglichte, erscheint die Fortsetzung der Untersuchungen auf den Dauerbracheflächen in Bad Lauchstädt in einem Folgeprojekt unbedingt empfehlenswert. Sehr wichtig erscheint auch die Bearbeitung der zönotischen Wechselwirkungen zu Randstrukturen (z. B. Ackerraine und naturnahe Resthabitate), da diese offenbar eine große Rolle für die Diversitätsentwicklung und Regenerierung der Agrarflächen spielen.

Die Ergebnisse der bodenbiologischen Untersuchungen wiesen generell eine erhöhte Aktivität und Besiedlungsdichte der Bodenmikroorganismen sowie eine erhöhte Bodenpilzartenzahl als Folge der langjährigen Gülleausbringung auf dem Standort Bad Lauchstädt im Vergleich zum Standort Etzdorf aus. Dadurch läßt sich der Nachweis erbringen, daß die Ausbringung hoher Güllemengen auch nach einem Zeitraum von zehn Jahren noch bodenmikrobielle Auswirkungen besaß. Durch das erhöhte Nährstoffangebot kam es zu einer Überaktivierung der Bodenmikroflora. Die Besiedlungsdichten der häufigsten Bodenpilzarten waren signifikant von den Auswirkungen der Gülleausbringung beeinflußt, wobei jedoch nicht generell eine Förderung auftrat, sondern eine Verschiebung innerhalb des Artenspektrums zugunsten einiger Arten, wie z. B. *Fusarium culmorum* und *Mortierella alpina*, erfolgte.

Die Auswirkungen einer jährlichen Düngung mit Kalkammonsalpeter (KAS) in Höhe von 80 - 100 kg N/ha auf das mikrobielle Bodenleben auf dem Standort Etzdorf waren eher als gering einzustufen.

Offensichtlich bewirkte die organische Düngung eine zeitweise Aktivitäts- und Biomasse-steigerung der Bodenmikroflora, die jedoch keine ganzjährig nachweisbaren Auswirkungen hatte. Die Bodenpilze wiesen auf der gedüngten Variante eine erhöhte Artenzahl auf, wobei die mineralischen Bodenpartikel offensichtlich stärker beeinflußt waren.

An ihnen ließ sich auch eine signifikante Beeinflussung der Besiedlungsdichten durch die KAS-Düngung nachweisen, während an den organischen Bodenpartikeln keine nachweisbare Beeinflussung der Besiedlungsdichte auftrat.

Die Bodenmesofauna wird durch mineralische N-Düngung vor allem indirekt, über verstärktes Pflanzenwachstum und Förderung der Mikroorganismen, beeinflußt.

6.4. Strategien zur Regeneration belasteter Agrarökosysteme

Die gegenwärtig vorhandenen Belastungen von Agrarökosystemen, soweit sie durch Bewirtschaftungsmaßnahmen bedingt sind, beruhen zu einem großen Teil auf der Nichteinhaltung bestehender Vorschriften bzw. auf der Nichtbeachtung des wissenschaftlichen Kenntnisstandes. So ist z. B. die Wirkungsweise des Mineraldüngerstickstoffs hinsichtlich Art, Menge und Zeitpunkt der Anwendung in den letzten Jahrzehnten international so intensiv erforscht worden, daß bei Beachtung dieses Kenntnisstandes künftig Umweltbelastungen weitgehend ausgeschlossen werden können.

Die Belastung der an die Agrarökosysteme angrenzenden Atmosphäre und Hydrosphäre mit Schadstoffen und Makronährstoffen, insbesondere Stickstoff bei überhöhtem Angebot, resultiert in größeren Agrargebieten aus der Summe der Austräge von allen Teilflächen des jeweiligen Gebietes. Dies zu beachten ist wesentlich, weil sowohl zwischen den Teilflächen oft erhebliche Unterschiede hinsichtlich ihres Anteils an der Gesamtfläche als auch hinsichtlich der "Intensität" des N-Austrags bestehen. Da sind, soweit es das Grundwasser betrifft, (1) die sehr hohen und nahezu punktförmigen Einträge aus früheren (Gülle-)Deponieflächen, (2) die z. T. ebenfalls sehr hohen Einträge aus ganzen Dorflagen (Stallanlagen, Gärten und Ödländereien), (3) die vielleicht weniger hohen, aber vom Flächenanteil umfangreicheren Einträge aus landwirtschaftlich intensiv genutzten Flächen (Gemüse, Futterpflanzen, Hackfrüchte mit relativ N-reichen Rückständen) und (4) die weniger intensiv gedüngten Getreideflächen, auf denen zunehmend das relativ N-arme Stroh belassen wird, zu beachten. Die letztgenannten Flächen machen im Mitteldeutschen Trockengebiet mit seinen Schwarzerden einen erheblichen Anteil aus. Im Verbundprojekt STRAS haben sie alle ihren Platz und ihre Bearbeitung gefunden.

Zum Abbau vorhandener und zur Vermeidung zusätzlicher Belastungen sind folgende Sachverhalte zu berücksichtigen:

- Die Anwendung von Mineraldünger (vorwiegend N) innerhalb des zulässigen Rahmens entsprechend des gegenwärtigen Erkenntnisstandes kann die C- und N-Bilanzen positiv beeinflussen, trägt über höhere Erträge und damit verbundene erhöhte CO_2-Bindung zur Entlastung der Atmosphäre bei und ist nicht zwangsläufig mit Umweltbelastung verbunden.

- Die N-Depositionen (N-Einträge aus der Atmosphäre einschließlich Direktaufnahme durch die Pflanzen aus der Luft) betragen unter den untersuchten Standortbedingungen > 50 kg/ha.a. Diese Mengen müssen weiter quantifiziert und bei der Düngerbemessung in den N-Bilanzen künftig stärker berücksichtigt werden.

- Mit den organischen Düngern aus der Tierproduktion werden neben Kohlenstoff und Stickstoff auch erhebliche Mengen an Makro- und Mikronährstoffen zugeführt. Bei überhöhter Düngung werden nicht nur die kritischen Werte für Kohlenstoff und Stickstoff, sondern auch die kritischen Gehalte an Makronährstoffen im Boden überschritten und damit neben dem ökonomischen Schaden (Verschwendung) auch ökologische Belastungen hervorgerufen.

- Ein überhöhter Boden-Nährstoffgehalt und die damit verbundene hohe Stoffproduktion führt zur Verdrängung zahlreicher Tier- und Pflanzenarten.

- Es besteht ein nahezu funktionaler Zusammenhang zwischen dem Kohlenstoffgehalt im Boden und allen bodenphysikalischen Eigenschaften sowie der Sorptionskapazität, die standortabhängig eine unterschiedliche Bedeutung hat. Auf der ideal texturierten Schwarzerde mit sehr günstigen bodenphysikalischen Eigenschaften spielt z. B. eine Verbesserung der Wasserkapazität oder Lagerungsdichte nur eine geringe Rolle, auf leichten Sandböden und strukturschwachen Tonböden kann jedoch der C-Gehalt aus dieser Sicht zum limitierenden Faktor werden.

- Alle Überlegungen zur Bedeutung der organischen Bodensubstanz für Boden, Pflanze und Umwelt erfordern ihre Differenzierung in eine inerte und eine mineralisierbare Fraktion. Praktisch beeinflußbar ist nur der mineralisierbare Anteil, der in den grundwasserfernen Sand- und Lehmböden Mitteldeutschlands im Durchschnitt 0,5 % ausmacht.

- Die Möglichkeiten zur Anreicherung von Kohlenstoff in der organischen Bodensubstanz mit dem Ziel der Verringerung des CO_2-Eintrags in die Atmosphäre sind sehr begrenzt (maximal 0,2 %) und nur vorübergehend innerhalb des Zeitraumes, der für die Erreichung eines neuen Fließgleichgewichts notwendig ist, gegeben. Bei Einsatz organischer Primärsubstanz, d. h. Pflanzenmasse, die ausschließlich für diesen Zweck in Betracht käme, würden bei einem Humifizierungskoeffizienten von 30 % (bezogen auf Kohlenstoff) in jedem Falle 70 % des Kohlenstoffs wieder in die Atmosphäre abgegeben.

- Der Humus-(C-)Gehalt im Boden (vor allem der Eintrag von organischer Primärsubstanz) ist von entscheidender Bedeutung für die Erzeugung von Biomasse und für die Umwelt. Überhöhte C-Gehalte können umweltbelastend wirken, wenn einerseits der mit steigenden C-Gehalten zunehmend mineralisierte Stickstoff von den Pflanzen nicht mehr aufgenommen werden kann und andererseits mehr CO_2 emittiert wird, als dies für die Aufrechterhaltung eines optimalen C-Niveaus im Boden erforderlich ist. In solchen Fällen sollte organische Substanz, die nicht zwangsläufig als Dünger eingesetzt werden muß (Stalldung, Gülle), für andere Zwecke, z. B. Stroh zur Energiegewinnung, eingesetzt werden.

Konkrete Lösungsansätze dazu liegen in folgendem:

- Aufbau von kreislauforientierten Bewirtschaftungsformen mit einer auf die Landnutzung abgestimmten Tierhaltung. Dabei sind die weitgehende Ausnutzung betriebseigener Nährstoffquellen und die Senkung des Nährstoffzukaufs (Mineraldünger, Futtermittel) anzustreben.

- Eine dem Pflanzenbedarf angepaßte Düngung und der Aufbau von Fruchtfolgen, welche eine Verlängerung der Vegetationszeit und intensivere Ausnutzung der Nährstoffe gewährleisten, stellen ein geeignetes Mittel zur Kontrolle und Vermeidung von N-Verlusten dar. Die in den Kriterien für "Kritische Umweltbelastungen Landwirtschaft" (KUL) enthaltenen Grenzwerte für N-Salden von ± 50 kg/ha müssen standortabhängig präzisiert werden und den N-Eintrag aus der Atmosphäre berücksichtigen.

— Kohlenstoffbilanzen, in Verbindung mit Energiebilanzen, erlauben eine Einschätzung des Beitrages der jeweiligen Nutzungsform zur Entlastung des CO_2-Gehaltes der Atmosphäre und damit zum Umweltschutz und sollten ein vorrangiger Bewertungsmaßstab sein. Die Einhaltung der KUL-Werte sollte gesichert werden.

— Umstellungen in der Bewirtschaftung ohne Beachtung der Stoffkreisläufe und deren Wechselwirkung mit Bodeneigenschaften können zu hohen Frachten, wie am Beispiel des Stickstoffs, aber auch an Schwermetallen gezeigt, bis außerhalb der Wurzelzone führen und so die Prämissen einer nachhaltigen Landnutzung verletzen.

— Für den Nähr- und Schadstoff Stickstoff ist abzuleiten, daß der beste Weg des Abbaues von N-Überangeboten, unabhängig von der auf ein Optimum (nicht Minimum) zu steuernden N-Zufuhr aller N-Quellen, in einer Ausschöpfung der N-Angebote durch Pflanzenaufnahme besteht. N-Bilanzen um 0 kg N/ha bis zu den in Lysimetern gemessenen Werten von -31 kg N/ha dürften für die Lößschwarzerde eine akzeptable Größe zum Abbau im Boden vorhandener N-Überhänge darstellen. Schwarzbrachen stellen in diesem Zusammenhang eine Quelle hoher N-Auswaschung dar. Auf selbstbegrünten Rotationsbrachen kann es in Abhängigkeit von der Vorfrucht und dem Zeitpunkt der Flächenstillegung zu einer hohen Trockenmassebildung und N-Aufnahme, verbunden mit einem hohen Wasserverbrauch, kommen. Da der Stickstoff jedoch im System verbleibt, wird die N-Belastung nicht abgebaut.

— Auf selbstbegrünten Dauerbrachen ohne Eingriff verbleibt der Stickstoff ebenfalls im System. Bei reduzierter Mineralisierung unter der wachsenden Streuschicht aus abgereiftem Pflanzenmaterial und hohem Wasserverbrauch der Brachevegetation läßt sich der überschüssige Stickstoff unter den klimatischen Bedingungen des Mitteldeutschen Trockengebietes mit hoher Wahrscheinlichkeit längere Zeit in der oberen Bodenschicht konservieren.

— Die Rotationsbrachen tragen nicht zu einer positiven Veränderung von Phytozönosestruktur und Artenzusammensetzung bei.

— Die ackerbauliche Nutzung sorgt für den größten Biomasse- und damit auch Stickstoffentzug und ist daher einer Flächenstillegung oder Rotationsbrache vorzuziehen.

— Die Produktion von pflanzlicher Biomasse ist ein entscheidender Teil des C- und N-Kreislaufs und eine wesentliche Komponente seiner Steuerung. Für beide Elemente gilt, daß sie im Boden einen relativ eng begrenzten ökologischen Optimalbereich haben. Unterhalb dieses Bereiches ist die Produktion (und CO_2-Bindung) nicht ausreichend, oberhalb treten umweltbelastende Verluste auf.

— Unter dem derzeit praxisüblichen intensiven Pflanzenschutzmitteleinsatz ist eine Regeneration der biotischen Struktur nicht möglich. Vor allem Herbizid- und Insektizideinsatz sind daher zu minimieren.

Bei einer Biomasseerzeugung zur Energie- und Rohstoffgewinnung unter der Voraussetzung, daß auf der Restfläche durch eine ökologisch ausgewogene Nahrungsmittelproduktion die Ernährung der Bevölkerung sichergestellt wird und die Produktion Umweltbelastung ausschließt, kann ein Beitrag zur Realisierung des Programms der Bundesregierung, die energiebedingte CO_2-Emission um 25 - 30 % bis zum Jahre 2005 gegenüber 1987 zu reduzieren, geleistet werden.

Ziel muß in jedem Falle sein, die gesamte Landwirtschaft leistungsfähig, ökologisch und ökonomisch zu gestalten.

Die Strategien zur Regeneration N-belasteter Agrarökosysteme auf der Ebene des C- und N-Haushaltes schließen gleichzeitige Maßnahmen zur Erhaltung bzw. Verbesserung der biotischen Diversität ein. Wie die Untersuchungsergebnisse der betreffenden Forschungsgruppen zeigen, besitzt die mit einsetzender Extensivierung erfolgende Regeneration auf den unterschiedlichen Ökosystemebenen keinen synchronen Verlauf.

So läßt sich für die Strukturen auf mehreren zönotischen Ebenen feststellen, daß diese auf den ehemaligen N-Hochlastflächen in Bad Lauchstädt im Untersuchungszeitraum keine spezifischen Veränderungen erfahren, die eine abnehmende N-Belastung erkennen lassen. Die Ursachen hierfür stehen allerdings nicht nur teilweise im Zusammenhang mit der vorangegangenen Belastung des konkreten Systems, sondern sie sind zugleich auch Ausdruck territorial bedingter Ursachen langzeitlich bestehender Belastungen infolge hoher Nutzungsintensität. Es bedarf daher weiterer integrativer Untersuchungen zu klären, inwieweit auf den mitteldeutschen Schwarzerden durch spezifische Steuerungsmaßnahmen der Extensivierung

- der Prozeß der Bindung und Beseitigung überschüssiger N-Vorräte im System wie die

- anzustrebende Diversitätserhöhung auf allen biotischen Strukturebenen mit dem Ziel der (Wieder)Erlangung erhöhter Selbstregulationsfähigkeit, d.h. durch die Kopplung ökologischer und ökonomischer Strategien, zu optimieren ist.

An der Lösung der noch offenen Probleme sollte innerhalb eines Folgeprojektes in interdisziplinärer Zusammenarbeit zwischen der Universität Halle und dem Umweltforschungszentrum gearbeitet werden. Zukünftige Aufgaben beeinhalten folgende Schwerpunkte:

- Quantifizierung standort- und nutzungsabhängiger Richtwerte für den Humusgehalt im Hinblick auf eine nachhaltige Bodennutzung, die angemessene Erträge fordern und Umweltbelastungen ausschließen sollten

- Standortabhängige Quantifizierung der N-Deposition, einschließlich der Direktaufnahme von N durch die Pflanzen aus der Luft, und deren Berücksichtigung bei der Bemessung der N-Düngung und der Berechnung der N-Bilanzen

- Nachweis bzw. Quantifizierung des ökologischen und ökonomischen Nutzens alternativer im Vergleich mit intensiver und integrierter Landbewirtschaftung unter Berücksichtigung externer Kosten

– Untersuchungen zum Einfluß unterschiedlicher Bodennutzungsformen auf den Stofftransport in der ungesättigten Zone

– Quantifizierung des Einflusses unterschiedlicher Landbewirtschaftung auf die Nahrungsqualität im Hinblick auf eine gesunde Ernährung der Menschen

– Erarbeitung von Lösungen zur Sicherung des Arten-, Umwelt- und Landschaftsschutzes bei hoher Belastung der Atmospähre mit CO_2, N_2O, NO, NH_3 und CH_4

– Bewertung und Modellierung von Stoff- und Energieflüssen

– Modelluntersuchungen zum Erhalt und zur Entwicklung ökologisch ausgewogener zönotischer Strukturen in Agrarökosystemen unter besonderer Berücksichtigung ihrer Wechselbeziehungen zu extensiv genutzten Ökosystemen der Agrarlandschaft.

7. Abkürzungen

a	Häufigkeit eines stabilen Isotops im Isotopengemisch des Elementes
á	Excess Häufigkeit eines stabilen Isotops
Aad	α -Aminoadipinsäure
AET	Aktuelle Evapotranspiration
Ala	Alanin
Ap	Pflughorizont
Ara	Arabinose
Arg	Arginin
AS	Aminosäuren
Asn	Asparagin
Asp	Asparaginsäure
Az	Artenzahl
BASF	Badische Anilin- und Sodafabriken
BFI	Blattflächenindex
BW	Bodenwerte
C_t	Gesamt-Kohlenstoff
CANDY	C- und N-Dynamik (Carbon And Nitrogen DYnamics)
d	Tage
DC	Dezimal-Code für Entwicklungsstadien der Pflanzen
DL	Doppellaktatmethode
DS	Düngungssystem
DWD	Deutscher Wetterdienst
EWR	Ernte- und Wurzelrückstände
F	Feinporen
FF	Fruchtfolge
FK	Feldkapazität
FM	Frischmasse
Frc	Fructose
FZ	Forschungszentrum
GABA	γ-Aminobuttersäure
GAMASIS	Gaschromatographically Mass spectrometrically Aided Soil Incubation System
Gef.	Gefäß
Gal	Galactose
GKSS	Gesellschaft für Anwendung der Kernenergieforschung in Schiffbau und Schiffahrt
Glc	Glucose
Gln	Glutamin
Glu	Glutaminsäure
Gly	Glycin

GPV	Gesamtporenvolumina
GP	Grobporen
GSF	Gesellschaft für Strahlenforschung
HAM	Hot-Air-Method
His	Histidin
hwl	heißwasserlöslich
Ile	Isoleucin
Ind.	Individuum
ITNI	Integrated Total N Input
KAK	Kationenaustauschkapazität
KAK_{pot}	potentielle Kationenaustauschkapazität
KAS	Kalkammonsalpeter
KH	Kohlenhydrate
KFA	Kernforschungsanlage
k_f	Wasserleitfähigkeit, gesättigt
k_u	Wasserleitfähigkeit, ungesättigt
KUL	Kritische Umweltbelastungen Landwirtschaft
Leu	Leucin
lS	lehmiger Sand
L	Lehm
Lys	Lysin
m	Masse
Man	Mannose
MAZ	Mittlere Artenzahl
mBM	mikrobielle Biomasse
Met	Methionin
MF	Mittel- und Feinporen
MLU	Martin - Luther - Universität
MP	Mittelporen
N_{an}	anorganischer Boden-N
Ndfa	Stickstoff aus der Atmosphäre
Ndff	Sickstoff aus dem Dünger
Ndfs	Stickstoff aus dem Boden
nFK	nutzbare Feldkapazität
N_{hwl}	heißwasserlöslicher Stickstoff
N_{hy}	hydrolysierbarer Stickstoff
NH_y	Ammoniak und Ammonium
NO_x	Stickoxide NO und NO_2
N_{org}	organisch gebundener Boden-N
NS	Niederschläge
N_t	Gesamt-Stickstoff (im Boden)

$^{15}N_{an}$	^{15}N im anorganischen Stickstoff
$^{15}N_{exc}$	über die natürliche Häufigkeit hinaus gehender Anteil des Isotopes ^{15}N am Stickstoff
$^{15}N_{hwl}$	^{15}N im heißwasserlöslichen Stickstoff
$^{15}N_t$	^{15}N im Gesamt-Stickstoff
OBS	organische Bodensubstanz
OH-Pro	Hydroxyprolin
org.	organisch
OS	organische Substanz
PET	Potentielle Evapotranspiration
pF	pF - Wert
PGV	Porengrößenverteilung
Phe	Phenylalanin
Pro	Prolin
ψ	hydraulisches Potential (Saugspannung)
PSM	Pflanzenschutzmittel
PV	Porenvolumen
PWP	permanenter Welkepunkt
R	Intensitätsverhältnis der Massenaufzeichnung 29/28
rel.	relativ
Rib	Ribose
ς_s	Festsubstanzdichte (TSD)
ς_t	Trockenrohdichte (TRD)
RKS	Rammkern-Sondierung (Tiefenbohrung)
S	Sand
Sar	Sarcosin
Ser	Serin
SG	Sommergerste
SIR	Substratinduzierte Respiration
SIW	Substratinduzierte Wärmeleistung
sL	sandiger Lehm
St	Stallmist
Suc	Sucrose (Saccharose)
t	Zeit
$t_{1/2}$	experimentelle Halbwertszeit
T	Ton bzw. Temperatur
τ	theoretische Verweilzeit
TDR	Zeitdomänenreflektometrie (Time Domain Reflectometry)
Θ	Wassergehalt in V %
Θ_w	wahre Feuchte in V %
Θ_{Tr}	im Trase-Gerät angezeigte Feuchte in V %
Thr	Threonin

TM	Trockenmasse
TP	Teilprojekt
TRD	Trockenrohdichte, Lagerungsdichte = ς_t
Trp	Tryptophan
TS	Trockensubstanz
TSD	Trockensubstanzdichte, Dichte der festen Bodensubstanz = ς_s
Tyr	Tyrosin
U	Schluff
UFZ	Umweltforschungszentrum
v*	Volumengeschwindigkeit
V	Volumen
Val	Valin
Var.	Variante
VWZ	Verweilzeit
Wdh	Wiederholung
WHC	maximale Wasserkapazität - Wasserhaltekapazität
WLD	Wurzellängendichte
WW	Winterweizen
Xyl	Xylose
z	Tiefe
ZR	Zuckerrüben

8. Veröffentlichungen zum Projekt

AL HUSSEIN, I.A.: Zur Faunenstrukturveränderung bei Laufkäfern (*Col.; Carabidae*) durch Einjahres- und Mehrjahresbrachen auf unterschiedlich belasteten Ackerflächen im Mitteldeutschen Trockengebiet.- Entomol. Tag. Dtsch. Gesellsch. allg. angew. Entomol.- Göttingen (1995) S. 53

AL HUSSEIN, I.A.; WITSACK, W.: Analyse der Faunenstrukturveränderung bei der Regeneration mit Gülle belasteter Agrarökosysteme unter besonderer Berücksichtigung der epigäischen Fauna. - Entomol. Tag. Dtsch. Gesellsch. allg. angew. Entomol.- Jena (1993) S. 151

AL HUSSEIN, I.A.; WITSACK, W.: Zoozönotische Untersuchungen zur Regeneration von mit Gülle belasteten Agrar-Ökosystemen unter besonderer Berücksichtigung der Familie *Carabidae*.- Nachr. Dtsch. Gesellsch. allg. angew. Entomol. 7 (1993) 90-91

AL HUSSEIN, I.A.; WITSACK, W.: Zur Besiedlung von früher mit Gülle belasteten und unbelasteten Dauerbracheflächen durch Laufkäfer.- Nachr. Dtsch. Gesellsch. allg. angew. Entomol. 8 (1994) 39

AL HUSSEIN, I.A.; WITSACK, W.: Activity density of epigeal arthropods on liquid manure contaminated and notcontaminated fallow land. - Terrestrial Ecosystem Research Network of Germany Conf.- Neuherberg (1994) S. 159

AUGE, H.; MAHN, H.-G.: STRAS - ein integriertes Forschungsvorhaben zur Regeneration belasteter Agrarökosysteme des mitteldeutschen Schwarzerdegebietes. - Arch. Nat. Lands. 33 (1994) 25-33

BISCHOFF, A.; MAHN, E.-G.:Strukturwandlungen von Agrophytozönosen auf N-Hochlastflächen bei extensivierter agrarischer Nutzung.- Z. Pfl.krankh. Pfl.schutz, Sonderheft XIV (1994) 65 - 74

BISCHOFF, A.; MAHN, E.-G.: Populationsbiologische Betrachtungen zur Regeneration belasteter Agroökosysteme bei extensiver Nutzung.- Verh. Ges. Ökol. 24 (im Druck)

DITTRICH, P.; MEHLERT, S.; RUSSOW, R.: Depositionsmessungen von atmogenem Ammoniak und NO_x auf agrarisch genutzten Standorten mittels der ^{15}N-Isotopenverdünnungsanalyse.- Isotopenprax. Environ. Health Stud. 31 (1995) (im Druck)

GARZ, J.: Ein Dauerversuch vor neuen Fragestellungen - Der „Ewige Roggenbau" in Halle nach 115 Jahren.- In: Zur Anwendung stabiler Isotope in der ökologischen und landwirtschaftlichen Forschung sowie Biochemie (Ehrenkolloquium anläßlich des 65. Geburtstages von Prof. Dr. habil. Hans Faust, Hrsg. M. Körschens und R.Russow, UFZ - Umweltforschungszentrum Leipzig-Halle GmbH, 1993)

94

HANTSCHEL, R.E.; RACKWITZ, R.; HOEVE, E.; BEESE, F.: Zusammenhänge zwischen Landnutzung, bodenbiologischer Aktivität und Bodenlösungschemie.- Mittlg. Dtsch. Bodenkdl. Gesellsch. 72 (1993) 535-538

ISERMANN, K.; KÖRSCHENS, M.; MORITZ, C.: Tiefenuntersuchungen von Böden der klassischen Dauerversuche "Seehausen" und "Bad Lauchstädt" vor dem Hintergrund langjähriger N-Bilanzen. -VDLUFA-Schriftenreihe 33/1991, Kongreßband.- Ulm (1991) S. 189-202

KEESE, U.; MORITZ, C.; KNAPPE, S.: Beziehungen zwischen Wasserbilanz, N-Gehalt und N-Frachten im Sickerwasser verschiedener Böden (Lysimeteruntersuchungen).- Mittlg. Dtsch. Bodenkdl. Gesellsch. 72 (1993) 381-385

KNAPPE, S.; MORITZ, C.; KEESE, U.: Nitratbelastung des Sickerwassers - Lysimteruntersuchungen. In: Nitratbelastung des Ballungsraumes Leipzig-Halle-Bitterfeld - Expemplarische Analyse, Bewertung und ökologische Konzepte, 1993 (im Druck)

KNAPPE, S.; MORITZ, C.; KEESE, U.: N-Austrag über Sickerwasser bei intensiver Landnutzung - Lysimteruntersuchungen an acht Bodenformen in der Anlage Brandis. Qualität und Hygiene von Lebensmitteln in Produktion und Verarbeitung.- VDLUFA-Schriftenreihe, Kongreßband 1993.- Hamburg 37 (1993) 629-632

KNAPPE, S.; MORITZ, C.; KEESE, U.: Durchsickerungsleistung und N-Austrag unterschiedlicher Böden in Abhängigkeit von der klimatischen Wasserbilanz - Lysimterstation Brandis.- Abschlußbericht Projekt ÖKOR, Forsch.-ber. des UFZ Leipzig-Halle GmbH, 1993

KNAPPE, S.; MORITZ, C.; KEESE, U.: Grundwasserneubildung und N-Austrag über Sickerwasser bei intensiver Landnutzung - Lysimeteruntersuchungen an acht Bodenformen in der Anlage Brandis.- Arch. Acker- Pfl.bau Bodenkd. 38 (1994) 393-403

KNIEF, K.; FRITZ, P.; GRAF, W.; RACKWITZ, R.: Sulphur biochemistry in agriculturally managed soils using Sulphur-34.- Proceedings International Symposium on Isotopes in Water Resources Management IAEA 1995 (im Druck)

KÖRSCHENS, M.: C-Umsatz auf Lößschwarzerde im Trockengebiet.- Mittlg. Dtsch. Bodenkdl. Gesellsch.- Göttingen 69 (1993) 255-258

KÖRSCHENS, M.: N-fertilization under consideration of ecological aspects.- F. Arendt, G.J. Annokkée, R. Bosman and W.J. van den Brink (eds.) Contamimated Soil`93, Kluwer Academic Publishers (1993) S. 1503-1510

KÖRSCHENS, M.; MÜLLER, A.: Nachhaltige Bodennutzung, gemessen an Ertrag sowie an C- und N-Bilanzen.- Arch. Acker-Pfl.bau Bodenkd. 38 (1994) 373-381

KÖRSCHENS, M.; MÜLLER, A.: Yields, uptake of nutrients and soil properties in the Static Fertilization Experiment Bad Lauchstädt.- Int. Symposium „Long Therm Permanent Fertilizing Experiments".- Warszawa, 15.-17. June 1993

KÖRSCHENS, M.; SCHULZ, E.; KNAPPE, S.: Einfluß von Dauerbrache und Fruchtfolge auf die N-Bilanzen einer Löß-Schwarzerde unter Berücksichtigung extremer Düngungsvarianten. Arch. Acker- Pfl.bau Bodenkd. 38 (1994) 415-422

MEHLERT, S.; SCHMIDT, G.; RUSSOW, R: Messung des integralen atmogenen N-Eintrages in das System Boden-Pflanze mittels der ^{15}N-Isotopenverdünnungsmethode.- Isotopenprax. Environ. Health Stud. 31 (1995) (im Druck)

MERBACH, I.; SAUERBECK, G.: Untersuchungen zur Sproß- und Streubildung einer Ruderalzönose auf einer früheren Gülledeponie sowie zur C/N-Dynamik in den Pflanzenfraktionen.- Mittlg. Dtsch. Bodenkdl. Gesellsch. 1995 (im Druck)

MORITZ, C.; KNAPPE, S.; KEESE, U.: Langjährige Untersuchungen zur Versickerungsleistung und Stickstoffverlagerung in monolithischen wägbaren Lysimetern mit unterschiedlichen Böden.- 3. Gumpensteiner Lysimetertagung "Lysimeter und ihre Hilfe zur umweltschonenden Bewirtschaftung landwirtschaftlicher Nutzflächen", BAL Gumpenstein (1993) S. 59-65

MORITZ, C.; KNAPPE, S.; KEESE, U.: Durchsickerungsleistung und N-Austrag unterschiedlicher Böden in Abhängigkeit von der klimatischen Wasserbilanz - Lysimeterstation Brandis.- Mittlg. Dtsch. Bodenkdl. Gesellsch. 71 (1993) 157-160

MORITZ, C.; LEITHOLD, G.; MICHEL, D.: Einfluß langfristig differenzierter Fruchtfolge- und Düngungsmaßnahmen auf den Stickstoffhaushalt im Boden.- KTBL-Arbeitspapier 205 "Strategien zur Verminderung der Nitratauswaschung in Wasserschutzgebieten" - Fachgespräch.- Duderstadt, 15./14.3.1994.- S. 42-50

MORITZ, C.; SCHELLER, E.; KOI, U.; ZIMMERMANN, M.; v. DAMITZ, U.; PAPAJA, S.: Stickstoffdynamik in der ungesättigten Zone - Ergebnisse von Tiefenbohrungen auf Dauerfeldversuchen und auf Praxisflächen.- Mittlg. Dtsch. Bodenkdl. Gesellsch. 73 (1994)

MORITZ, C.; ZIMMERMANN, M.; v. DAMITZ, U.; PAPAJA, S.: Untersuchungen zum Nitratgefährdungspotential unter landwirtschaftlich genutzten Flächen - Ergebnisse von Tiefenbohrungen auf Dauerfeldversuchen und auf Praxisschlägen .- VDLUFA-Kongreß, Jena, 19.-24.9.1994, Kurzfassung der Vorträge, 57. Kongreßband (im Druck)

MORITZ, C.; ZIMMERMANN, M.; v. DAMITZ; U.; PAPAJA, S.: Stickstoffdynamik in der ungesättigten Zone - Ergebnisse von Tiefenbohrungen auf Dauerfeldversuchen sowie auf ökologisch und konventionell bewirtschafteten Schlägen.- 4. Gumpensteiner Lysimetertagung, BAL-Gumpenstein

ROSCHE, O.: Structure of edaphic Collembolan communities in extensively managed arable soils.- American Society of Agronomy, Madison, WI, USA: Agronomy Abstacts, Annual Meetings 1994: Soil Science Society of America (1994) S. 274

RUSSOW, R.; FÖRSTEL, H.: Use of GC-QMS for Stable Isotope Analysis of Environmentally Relevant Main and Trace Gases in the Air.- Isotopenprax. Environ. Health Stud. 29 (1993) 27-334

RUSSOW, R.; FÖRSTEL, H.; FAUST, H.; REINHARDT, R.: GCMS-gestützte Synthese und Qualitätskontrolle ^{15}N-markierter Stickstoffmonoxide mit hoher ^{15}N-Häufigkeit für umweltrelevante Traceruntersuchungen.- Isotopenprax. Environ. Health Stud. 29 (1993) 251-254

RUSSOW, R.; HÖFER, M.; FAUST, H.: ^{15}N-Traceruntersuchunhgen zur Bildung von Distickstoffoxid in Böden.- Isotopenprax. Environ. Health Stud. 30 (1994) 157-164

RUSSOW, R.; KÖRSCHENS, M.: On the formation of nitrous oxide in black soils earth in relation to the soil water content.- Proc. 8th Nitrogen Workshop, Gent, Belgien 5.-8.09.1994, (im Druck)

RUSSOW, R.; SICH, I.; FÖRSTEL, H.: A GCQMS aided incubation system for trace gas studies in soils using stable isotopes.- Vortrag IAEA-SM-334/1, Proc. International Symposium on Nuclear and Related Techniques in Soil/Plant Studies on Sustainable Agriculture and Environmental Preservation.- Vienna, 17.-24.10.1994 (im Druck)

SAUERBECK, G.; MERBACH, I.: Teilprozesse der Stoff- und N-Dynamik in der Streuauflage und im Oberboden auf Sukzessionsbrachen.- Mittlg. Dtsch. Bodenkdl. Gesellsch. 1995 (im Druck)

SONNTAG, H.-W.; JESCHKEIT, H.; MAHN, E. G.; STERNKOPF, G.: Untersuchungen zum Stickstoff- und Aminosäuregehalt zweier Unkräuter bei unterschiedlichem N-Angebot unter Agroökosystembedingungen.- Arch. Nat.-Lands.forsch. 33 (1994) 157-164

WITSACK, W.; AL HUSSEIN, I.A.: Forschungsprojekt STRAS - Analyse der Faunenstrukturveränderung bei der Regeneration hochbelasteter Agrarökosysteme. - Kaleidoskop, Z. Pädag. Hochsch. Halle/Köthen 2 (1992) 19-21

WITSACK, W.; AL HUSSEIN, I.A.: Zur Dynamik der Arthropodenfauna von Mehrjahres- und Einjahresbrachen auf unterschiedlich belasteten Agrarflächen des Mitteldeutschen Trockengebietes.- Entomol. Tag. Dtsch. Ges. allg. angew. Entomol.- Göttingen (1995) S. 312.

ZELLES, L.; BAI, Q.Y.; RACKWITZ, R.; CHADWICK, D.; BEESE, F.: Determination of phospholipid- and lipopolysacharide-derived fatty acids as an estimate of microbial biomass and community structures in soils.- Biol. Fertil. Soils 19 (1995) 115-123

Teil 2 - Einzelberichte

Einzelbericht zum Teilprojekt 1:

Auswirkungen unterschiedlicher Nutzungsintensität auf wichtige Bodengefügemerkmale, den Wasserhaushalt und das Temperaturregime im Boden

Projektleiter: E. Kreische
Martin-Luther-Universität Halle-Wittenberg
Institut für Acker- und Pflanzenbau

Mitarbeiter: Dipl.-Ing. agr. F. Marx
Ing. F. Körschens
F. Kärgling

Effects of differing intensity of use on important soil structure parameters as well as on water and thermal regimes in the soil

By means of nearly automatically working measuring stations, the physical state of soils and the dynamics of water and thermal regimes were studied on areas with varying organic matter and nitrogen load and on non-polluted areas. On the loaded plots the solid matter densities (ρ_S) were reduced by up to 0.3 g/cm³ and the dry bulk densities (ρ_t) up to 0.4 g/cm³. The involved increase of the pore space referred to all pore size orders.

On all test plots the load-related changes in the soil structure did not extend deeper than 40 cm. In this layer the percentage of large pores in all cases was high enough to enable sufficient gas exchange under isotropic conditions .

In depths of 5, 10 and 20 cm the water content was largely influenced by the actual rainfall throughout the growth period. However, as from 50 cm downwards dynamics are notably more unifom. From the beginning of the growth period until its end exhaustion processes dominate there. A comparison of the data collected on the loaded and non-loaded plots within each test revealed that on the loaded plot the top layer was mostly wetter throughout the growth period whereas its deeper layers were drier than those of the non-loaded plot.

Beyond that, temperatures were higher up to 6 °C on the non-loaded plot. This is undoubtedly a result of higher plant density and can only indirectly be attributed to altered soil properties. The results of modelling and simulation estimates will be published separately when finished.

1. Zusammenfassung

Im Rahmen des Gesamtprojektes wurde auf unterschiedlich mit organischer Substanz und Stickstoff belasteten und auf unbelasteten Flächen der physikalische Zustand der Böden sowie, mit weitgehend automatisch arbeitenden Meßstationen, die Dynamik des Wasserhaushaltes und des Temperatur-regimes in diesen untersucht. Die belasteten Parzellen zeigten gegenüber den unbelasteten, abhängig vom Grad der Belastung, um bis zu 0,3 g /cm³ geringere Festsubstanzdichten (ρ_s) und um bis zu 0,4 g/cm³ verminderte Trockenrohdichten (ρ_t). Die dadurch bedingte Vergrößerung des Porenvolumens verteilt sich in der Tendenz auf alle Porengrößenbereiche. Die belastungsbedingte Veränderung der Bodenstruktur reicht in allen untersuchten Parzellen nur bis zu einer Tiefe von etwa 40 cm. In diesem Bereich ist der Anteil der Grobporen in allen Fällen groß genug, um unter isotropen Bedingungen einen ausreichenden Gasaustausch zu ermöglichen.

In den Bodentiefen 5, 10 und 20 cm werden im Verlaufe der Vegetationsperiode die jeweiligen Wassergehalte stark von den Niederschlägen beeinflußt. Aber schon ab 50 cm sind die Verläufe deutlich stetiger. Vom Beginn der Vegetationsperiode bis zu deren Ende überwiegen dort Ausschöpfungsprozesse.

Beim Vergleich der Ergebnisse für die belastete und unbelastete Parzelle innerhalb der jeweiligen Versuche ergibt sich, daß die oberste Schicht auf ersterer über weite Bereiche der Vegetationsperiode hinweg feuchter, die tieferen Schichten jedoch trockener sind als auf letzterer. Ebenso konnten auf den unbelasteten Flächen um bis zu 6 °C höhere Temperaturen gemessen werden. Dies ist zweifellos eine Wirkung der Bestandesdichte und damit nur indirekt auf veränderte Bodeneigenschaften zurückzuführen. Die Ergebnisse der Modellierung und der Simulations-rechnungen werden nach deren Fertigstellung gesondert veröffentlicht.

2. Zielstellung

Ziel der Arbeiten in diesem Teilprojekt war einerseits, den physikalischen Zustand der in den Versuchsflächen vorliegenden Böden genau zu charakterisieren, um eine Verallgemeinerungs-fähigkeit der Ergebnisse aus den anderen Teilprojekten zu gewährleisten. Andererseits sollte die Fortsetzung der sich aus den Witterungsverläufen ergebenden Stoff- und Energieflüsse im Boden quantifiziert werden. Daraus ergaben sich im wesentlichen 3 Aufgaben:

1. Erfassung der strukturellen und funktionellen Kenngrößen der Bodenhohlraumsysteme und der während der Dauer des Projektes eintretenden Veränderungen.
2. Quantifizierung der in diesen Strukturen ablaufenden Speicher- und Transportprozesse für Bodenwasser.
3. Untersuchung des Einflusses unterschiedlicher Belastung und Nutzung der Versuchsflächen auf das Temperaturregime in deren Böden.

zu 2.) Den besten Einblick in die Dynamik des Bodenwasserhaushaltes bietet zweifellos dessen Modellierung und die anschließende Simulation. Im Sinne der Niveaustufen der Prozeß-beschreibung (BORK et al., 1987) hatten wir uns entschieden, eine Modellierung nach Stufe 3 (bodenphysikalisch-deterministisches Modell) anzustreben. Dies erfordert zwar umfangreichere

Messungen bodenbezogener Parameter, ist dafür aber universeller anwendbar. Notwendig dazu ist die Lösung der folgenden partiellen Differentialgleichung (Richards-Gleichung) in ihrer eindimensionalen Form

$$\frac{\partial \theta}{\partial t} = \frac{\partial}{\partial Z} \left[D(\theta,Z) \cdot \frac{\partial \theta}{\partial Z} \right] + P$$

mit $\quad D(\theta,Z) = k(\theta,Z) \cdot \dfrac{\partial \Psi}{\partial \theta} \quad ; \quad$ D... Diffusivität.

Der Senkenterm P muß hinzugefügt werden, wenn aktive Wurzeln im Boden vorhanden sind.

Die dazu erforderlichen Zusammenhänge zwischen dem Wassergehalt Θ und dem Matrixpotential (Saugspannung) sowie zwischen der ungesättigten Leitfähigkeit k_u und Θ sollten im Labor gemessen und durch die Analyse der Feldmeßdaten ergänzt und verifiziert werden. Zur Gewinnung der Feldmeßdaten war der Einsatz von 4 Meßstationen vorgesehen, die auf drei verschiedenen Standorten synchron den Wassergehalt mit Hilfe der Zeitdomänenreflektometrie (TDR) und das hydraulische Potential unter Verwendung von Tensiometern (niedriger Ψ - Bereich) und Soil-moisture blocks (hoher Ψ - Bereich) in Abhängigkeit von der Zeit t und Tiefe Z im Boden zu messen gestatten. Die in hoher zeitlicher Dichte zu erwartenden Meßdaten sollten, zusammen mit den Laborergebnissen, eine hinreichend genaue Modellierung ermöglichen und genügend Material zur Validierung der Modelle liefern.

zu 3.) Dieses Ziel war durch eine entsprechende Ergänzung der Meßstationen gleichzeitig mit zu erreichen.

3. Wissenschaftlich - technischer Stand

In der landwirtschaftlich-ökologischen Forschung geht der Trend weg von der Ermittlung korrelativer Beziehungen hin zur Aufdeckung von Kausalzusammenhängen. Ebenso ist das Bestreben zu erkennen, die reinen Bilanzierungsverfahren durch die Erforschung der Dynamik der ablaufenden pflanzenbaulich und ökologisch relevanten Speicher-, Transport- und Transformationsprozesse zu ergänzen, um Hinweise für ein gezielteres Eingreifen zu erhalten.

Durch mathematische Modellierung der Zusammenhänge und Simulationen mit realen oder angenommenen Anfangs- und Randbedingungen ist es möglich, den Ablauf dieser Prozesse auch beim Vorliegen von komplexen Gegebenheiten transparent zu machen. Beispiele dafür sind in den Arbeiten von (RENGER, 1989; RÖDER et al., 1989; WENDROTH, 1990; HENNIG, 1992; ROTH, 1989) enthalten.

Das Verfahren für die Berechnung der Wasserflüsse im Boden aus den in situ gemessenen Abhängigkeiten des Bodenwassergehaltes und des hydraulischen Potentials von der Tiefe Z und der Zeit t (Θ = f (Z,t) und Ψ = f (Z,t)) ist schon vor einigen Jahren ausgearbeitet worden (STREBEL et al., 1975; EHLERS, 1978; RENGER und STREBEL, 1978). Es wurde jedoch wegen des Aufwandes, der zur genauen Erfassung einer hinreichend großen Datenmenge notwendig ist, bis vor kurzem nicht in größerem Ausmaß zur Lösung spezieller Fragen angewendet. Erst die Verwendung der Time Domain Reflectometry zur zerstörungsfreien Messung der Bodenfeuchte in situ hat zu einer Wende geführt. Die synchrone, weitgehend automatisierte Erfassung des Bodenwassergehaltes und des hydraulischen Potentials in verschiedenen Bodentiefen, wie in unserem Konzept, war in der Literatur nicht zu finden.

Für die sanierungsbedürftigen mitteldeutschen Gebiete östlich des Harzes, die vornehmlich durch Lößschwarzerden bzw. lößbeeinflußte Böden mit großer Speicherfähigkeit und trockenes Klima geprägt sind, besteht hinsichtlich der nutzungsabhängigen Auswirkungen auf die Wasserhaushaltskomponenten (Versickerung, kapillarer Aufstieg, Evapotranspiration) und die damit verbundene Schadstoffverlagerung aus dem effektiven Wurzelraum ein erhebliches Wissensdefizit, woraus sich entsprechender Forschungsbedarf ableitet.

4. Material und Methoden

Zur Erreichung der im Abschnitt 2 dargestellten Arbeitsziele waren sowohl Untersuchungen im Labor als auch Messungen in situ erforderlich. Die dazu eingesetzten Geräte und Verfahren sind im folgenden kurz beschrieben. In das Versuchsprogramm einbezogen waren entsprechend der im Abschnitt 5 des Gesamtberichtes vereinbarten Bezeichnung die Parzellen ED1, ED2, LD1, LD2, LA1, LA2, LB2/84, HD1 und HD2.

4.1. Untersuchungen im Labor
Die Proben wurden für die Tiefen 0 - 40 cm an jeweils 2 repräsentativen Stellen in 5facher Wiederholung aus den Parzellen direkt entnommen. Zur Gewinnung der Proben aus größeren

Tiefen sind Schürfe in der Nähe der Versuche angelegt worden. Zur Verwendung kamen Stechzylinder mit einem Inhalt von 250 cm^3. Es wurden folgende Parameter und Zusammenhänge untersucht. Das Verfahren ist in Klammern angeführt.

1. Textur (Köhn)
2. Festsubstanzdichte (ρ_s) (Pyknometer)
3. Rohdichte, trocken (ρ_t) = Trockenrohdichte   (Stechzylinder)
4. Porengrößenverteilung (PGV)   (Stechzylinder)
5. Wasserretentionskurven Θ = f(Ψ)
   (Θ = Wassergehalt (V %); Ψ = hydraulisches Potential) (Druckmembranapparatur, bis pF = 3,0 Osmosepapier; pF = 3,0 - 4,2 Keramikplatten)
6. Wasserleitfähigkeit, gesättigt (k_f - Wert) (Meßanlage nach dem Prinzip von SCHÖNBERG)
7. Wasserleitfähigkeit, ungesättigt (k_u = f (Θ)), nach der Hot - Air - Methode von ARYA (ARYA et al. 1975).   (Stechzylinder: $\varnothing$ 5,7 cm ; Höhe 10 cm)

Das im Labor ermittelte Parameterspektrum umfaßt die nach den Empfehlungen für Bodendauerbeobachtungsflächen erforderlichen Daten. Sie können in die entsprechenden Datenbanken eingebracht werden.

4.2. Untersuchungen in situ

4.2.1. Messung der Bodenfeuchte (Θ)

Zu diesem Zweck wurden die nach dem Prinzip der Zeitdomänenreflektometrie   (TDR) (TOPP et al., 1980 ; ROTH et al., 1989 ; KOCH et al., 1993) arbeitenden Trase-Geräte von der Firma   Soilmoisture eingesetzt. Diese waren zum Zeitpunkt des Projektbeginns die einzigen kommerziell verfügbaren Meßeinrichtungen mit gesteuertem Multiplexer zur automatischen Datenabfrage und einem Datenspeicher. Sie wurden mit 2 Arten von Sensoren angeboten:

a) Gabeln (Buriable Wave Guides): Diese sind vollständig eingrabbar und können durch maximal 26 m lange Kabel mit dem Multiplexer verbunden werden. Die Einbaulage der Sensoren ist beliebig. Das zum Meßwert beitragende Bodenvolumen ist zylindrisch mit eliptischem Querschnitt (Länge ca. 20 cm, große Achse 15, kleine Achse 10 cm). Die im Gerät vorhandene Software errechnet gleich den Wassergehalt in V%. Testmessungen ergaben jedoch, daß für die hier zu untersuchenden Substrate Korrekturen erforderlich waren. Eine genaue Kalibrierung im Labor lieferte einen linearen Zusammenhang zwischen der "wahren Feuchte" Θ_w und der im Gerät angezeigten Θ_{Tr}, der mit hoher Bestimmtheit durch die Gleichung:

$$\Theta_w = 4{,}24369 + 0{,}866126 \, \Theta_{Tr} \; ; \qquad B = 0{,}996$$

ausgedrückt werden kann. Mit Hilfe dieser Gleichung wurden die registrierten Θ - Werte korrigiert.

Grundlagenuntersuchungen im Labor ergaben eine gewisse Abhängigkeit der Meßwerte von der Bodentemperatur, resultierend einmal aus der Temperaturabhängigkeit der Dielektrizitätskonstante für Wasser, zum anderen aus der Veränderung der elektrischen Leitfähigkeit des Bodens. Eine Veröffentlichung dieser Ergebnisse ist in Vorbereitung.

b) Stäbe: Jeweils 2 bis zu 90 cm lange Metallstäbe können mit Hilfe eines Alingnement - Blocks parallel in den Boden eingeschlagen und dort belassen werden. Mit Hilfe eines Meßkopfes ist es möglich, die integrale Feuchte per Hand abzufragen. Da die Stablängen zwischen 15 und 90 cm beliebig gewählt werden können, ist durch Rückrechnung eine Bestimmung der jeweiligen Schichtwassermengen möglich.

Beide Sensortypen wurden in den zu untersuchenden Parzellen eingesetzt.

4.2.2. Messung des hydraulischen Potentials (Saugspannung)

a) Tensiometer: Der Meßbereich mit Keramikkerzen ausgerüsteter Tensiometer reicht nur bis zu einer Saugspannung von 800 hPa. Das entspricht, wie die Wasserretentionskurven ausweisen, für die Lößböden etwa einem Wassergehalt von ca. 28,6 V %, für den Boden in Halle einem solchen von ca. 14,2 V % . Wie aus den in Abschnitt 5.2. dargestellten Ergebnissen hervorgeht, treten solche und höhere Wassergehalte unter den vorliegenden Bedingungen in Tiefen < 50 cm nur episodenhaft auf. In diesem Bereich sind die verwendeten Druckaufnehmertensiometer im Dauerbetrieb nicht einsetzbar. In größeren Bodentiefen, in denen die Wassergehalte oft nur wenig von der Feldkapazität abweichen, ist ihre Verwendung, wenn auch mit viel Aufwand bei der Einbringung verbunden, wegen ihrer hohen Auflösung in diesem Feuchtebereich sehr zweckmäßig. Die Registrierung der Meßwerte kann über Logger erfolgen.

b) Soilmoisture blocks (Gipsblöcke): Bei geeigneter Installation erwiesen sich diese Sensoren als sehr zuverlässig. Ihr Meßbereich erstreckt sich von 310 bis 20 000 hPa. Die untere Grenze liegt für Lößböden gerade bei Feldkapazität. Für den Boden auf dem Standort Halle bedeutet das, daß die Ψ - Werte zwischen 220 (entspricht hier der Feldkapazität) und 310 hPa im Oberboden nicht erfaßt werden können. Die Abweichung der Eigenschaften der einzelnen Exemplare voneinander ist gering. Leider ist bisher bei diesen Sensoren nur Handabfrage möglich, an einer Automatisierung wird gearbeitet.

4.2.3. Temperaturmessung

Als Sensoren wurden Widerstandsthermometer vom Typ Pt-100 in 4-Leiter-Schaltung benutzt. Die Abfrage und Speicherung der Meßwerte erfolgte über Delta-T-Logger. Kontrollmessungen bei konstanter Temperatur ergaben Abweichungen zwischen den einzelnen Exemplaren von < 0,15 °C.

4.2.4. Meßstation

Die für die automatische Abfrage der Sensoren notwendigen Meßeinrichtungen und Logger wurden für den Feldeinsatz in schlagsicheren, mit einem Sicherheitsschloß verschließbaren Kästen untergebracht (Abb. 1 u. 2). Zur universellen Energieversorgung diente eine Autobatterie (12 V, 88 Ah). Mit einer Meßstation konnten die Meßwerte von jeweils 2 Parzellen registriert werden.

4.2.5. Einbringung der Sensoren

Da die Erfassung der oben angeführten Parameter unter Dauerversuchen stattfinden sollte, war eine Bedingung für die Einbringung der Sensoren, daß die Versuchsflächen maschinell bearbeit- und aberntbar bleiben mußten. Dies führte für unterschiedliche Bodentiefen zu den folgenden beiden Lösungen.

1. Für die Tiefe 0 - 50 cm:

Die Sensoren wurden von Schlitzen aus, die 8 - 10 cm breit, ca 40 cm lang und 50 cm tief waren, horizontal in den umgebenden ungestörten Boden eingebracht. Der ausgegrabene Boden ist dann

Abbildung 1: Meßstation, vor dem Versuch „Ewiger Roggenbau" auf der Lehr- und Versuchsstation Halle

Abbildung 2: Ausstattung einer Meßstation:
     rechts oben: Logger für Tensiometer
     rechts unten: Multiplexer zum Trase-Gerät
     links oben: Trase-Gerät
     links unten: Logger für Temperaturmessung + Zusatzbatterie für Tensiometer

unter Beachtung der Schichtfolge wieder eingefüllt und festgedrückt worden. Vor der Grundbodenbearbeitung mußten diese Sensoren wieder ausgebaut und danach neu installiert werden.

2. Für die Tiefe 50 - 150 cm:

Zum Erreichen dieser Einbautiefen wurde eine Bohrvorrichtung gebaut, die nach dem in Abb. 3 dargestellten Schema funktionierte.

Ti   Tiefe im Boden
h   einstellbare Höhe am Bohrgestell
l   abgreifbare Länge am Bohrerschaft

$$Ti = 1 \cdot \frac{h}{\sqrt{g^2 + h^2}}$$

$$a \doteq 1 \cdot \frac{g}{\sqrt{g^2 + h^2}} - b$$

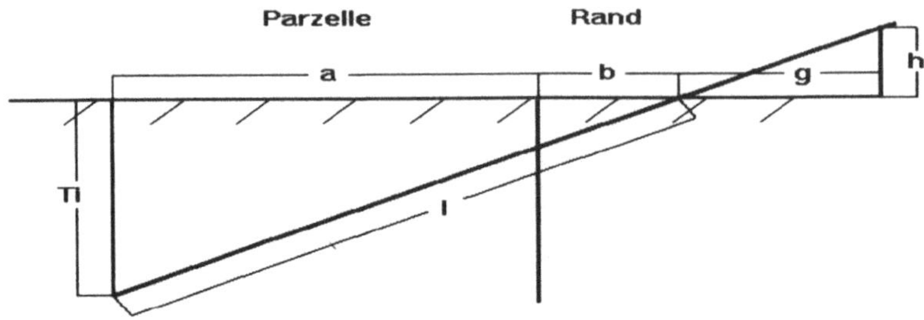

Abbildung 3: Schema der Bohrvorrichtung für die Tiefen 50 - 150 cm

Durch geeignete Einstellung von h und l war es möglich, die Sensoren in den vorgegebenen Koordinaten auf der Parzelle unterzubringen, ohne die darüber liegenden Bodenbereiche zu stören. Zweckmäßiger als direkt von der Bodenoberfläche aus zu bohren war es, dies von einer 40 cm tiefen Grube am Parzellenrand aus zu tun. Diese mit Holz ausgekleidete Grube konnte gleichzeitig zum Schutz der Kabel bei Bearbeitungsvorgängen dienen. Die Stabilisierung der Bohrlöcher erfolgte mit straff passenden Rohren.

Um lateral wirkende Einflüsse vom Bodenraum außerhalb der Parzellen auf die Meßergebnisse zu vermeiden, wurde a $\approx$1,5 m gewählt. Die Abb. 4 a und 4 b zeigen Bohrvorrichtung, Bohrer und Rohre. Wegen des erforderlichen großen Aufwandes konnten nur wenige Parzellen bis in größere Tiefen mit Sensoren bestückt werden. Die Meßtiefen waren mit 5, 10, 20, 50, 100, 150 cm von den übrigen Projektteilnehmern vorgegeben worden. Zum Zweck der Modellierung des Wasserhaushaltes wären aber gleiche Abstände günstiger gewesen. Umfangreiche Interpolationen hätten so vermieden werden können.

Es sind insgesamt 4 der oben beschriebenen Meßstationen ausgerüstet und für die Datengewinnung auf den Parzellen HD1, HD2, ED1, ED2, LD1 und LD2 eingesetzt worden. Um die laterale Heterogenität wenigstens grob zu erfassen, wurde mit 2 bis 4 Sensorsätzen pro Parzelle gearbeitet. Die Abfrage der Trase- und Temperatursensoren sowie der Tensiometer erfolgte im Stundentakt, die der Gipsblöcke und Stabsensoren einmal wöchentlich per Hand. Die Parzellen LA1, LA2 und LB2 /84 waren ebenfalls mit Sensorsätzen zur Messung von Θ und Ψ bestückt, konnten aber nur im Durchschnitt einmal pro Woche abgefragt werden.

Abbildung 4a: Bohrgestell

Abbildung 4b: Bohrer und Rohre

5. Ergebnisse

5.1. Bodenphysikalische Parameter

A: Bodentiefen 0-40 cm

Tabelle 1: Texturen der Böden auf den untersuchten Parzellen bis 40 cm Tiefe

Parzelle	Tiefe	Skelett [M %]	Sand [M %]	Schluff [M %]	Ton [M %]
Bad Lauchstädt					
LA2 / 103	Krume	0,5	9,2	71,4	19,4
	Unterboden	0,3	4,9	71,1	24
LA1 / 4	Krume	-	7,2	70,9	21,9
	Unterboden	-	7,4	73,7	18,9
LB2 / 84	Krume	6,1	26,5	57,1	16,4
	Unterboden	0,4	9,2	70,2	20,6
LD2 / 3/1	Krume	1,5	10	66,6	23,4
	Unterboden	5,8	6,5	67,9	25,6
LD1 / 3/18	Krume	-	5,2	70,5	24,3
	Unterboden	-	4,8	70,5	24,7
Halle					
HD1 / U	Krume	1,5	66,3	22,4	11,3
	Unterboden	0,9	67,4	21	11,6
HD2 / NPK	Krume	0,8	65,4	23,1	11,5
	Unterboden	0,8	67,9	20,8	11,3
Etzdorf					
ED1 / U	Krume	-	6,2	73,9	19,9
	Unterboden	-	5,8	73,4	20,8
ED2 / NPK	Krume	0,7	3,8	75	21,2
	Unterboden	0,4	3,9	73,3	22,8

Die gemessenen Korngrößenverteilungen sind in der Tabelle 1 dargestellt. Sie gruppieren sich im wesentlichen um die in Tabelle 2 des „Zusammenfassenden Berichtes" wiedergegebenen Werte, obwohl die gemessenen Tongehalte für die Parzellen in Bad Lauchstädt zwischen 16,4 und 25,6 % schwanken.

In Tabelle 2 ist eine detaillierte Aufschlüsselung der Werte für die Parameter aufgeführt, die das Bodenhohlraumsystem charakterisieren. Im untersuchten Tiefenbereich reicht der Anteil der Grobporen in allen Fällen aus, um unter isotropen Bedingungen einen ausreichenden Gasaustausch zu ermöglichen.

Tabelle 2: Werte der charakteristischen Parameter des Bodenhohlraumsystems (April - Mai 1993)

Tiefe [cm]	TRD [g/cm3]	TSD [g/cm3]	PV [V%]	GP1 [V%]	GP2 [V%]	GP [V%]	MF [V%]	MP1 [V%]	MP2 [V%]	F [V%]	kf [m/d]
Bad Lauchstädt											
LA2											
.5-11	1,14	2,57	55,6	8,5	13,4	27,9	33,8	5,3	10,4	18,0	0,21
15-21	1,18	2,54	53,5	5,8	12,0	17,7	35,8	6,4	11,3	18,2	0,25
25-31	1,17	2,58	54,7	6,5	12,9	19,4	35,4	5,5	12,4	17,4	0,19
35-41	1,38	2,60	46,9	8,3	4,9	13,2	33,7	4,0	11,0	18,8	0,12
LA1											
.5-11	1,22	2,67	54,3	8,6	14,9	23,6	30,8	7,3	7,8	15,7	0,25
15-21	1,14	2,66.	57,1	16,0	12,6	28,5	28,6	6,3	7,5	14,8	0,17
25-31	1,24	2,67	53,6	11,7	12,4	23,8	29,8	5,0	9,3	15,5	0,23
35-41	1,41	2,72	48,2	7,9	7,1	15,1	33,1	7,2	11,0	14,8	0,17
LB2											
.5-11	0,91	2,35	61,3	6,5	18,5	25,0	36,3				3,27
15-21	1,18	2,38	50,4	4,7	12,9	20,0	32,8				0,30
25-31	1,29	2,41	46,5	3,3	9,1	12,4	34,1				0,15
35-41	1,38	2,69	48,7	6,7	7,7	14,4	34,3				0,14
LD2											
.5-11	1,33	2,67	50,2	6,7	10,7	17,4	32,8	5,8	9,1	18,0	0,35
15-21	1,26	2,67	52,8	8,5	11,8	20,3	32,5	5,0	10,5	17,0	0,26
25-31	1,44	2,68	46,3	6,4	7,8	14,2	32,1	4,4	7,8	19,9	0,17
35-41	1,45	2,68	45,9	7,0	6,1	13,1	32,8	4,8	8,2	20,1	0,36
LD1											
.5-11	1,36	2,67	49,1	9,4	10,4	20,0	29,1	5,3	6,2	16,9	0,28
15-21	1,35	2,67	49,4	12,0	8,8	20,8	28,6	4,9	7,0	16,7	0,29
25-31	1,36	2,69	49,4	11,4	9,0	20,4	29,1	4,3	6,7	18,0	0,51
35-41	1,49	2,69	44,6	6,7	5,7	12,4	32,2	3,6	8,9	19,7	0,04
Halle											
HD2											
.5-11	1,38	2,63	47,5	10,8	20,7	31,5	16,1	0,8	6,7	8,6	1,39
15-21	1,39	2,63	47,2	13,2	17,2	30,4	17,8	1,9	6,2	8,7	1,84
25-31	1,58	2,68	41,0	12,3	13,2	25,5	15,5	2,9	3,8	8,9	0,62
35-41	1,50	2,68	44,0	15,9	13,1	29,0	15,0	2,3	4,3	8,4	1,53
HD1											
.5-11	1,52	2,63	42,2	8,3	16,3	24,6	17,6	4,2	4,5	8,9	0,51
15-21	1,57	2,63	40,3	8,0	15,4	23,4	16,9	2,5	5,2	9,2	0,39
25-31	1,63	2,65	38,2	9,7	11,8	21,4	16,7	3,4	4,6	8,7	0,38
35-41	1,52	2,65	42,3	15,8	11,1	26,9	15,4	3,2	4,0	8,2	0,98
Etzdorf											
ED2											
.5-11	1,45	2,64	45,1	6,7	3,9	10,7	34,4	4,7	10,6	17,8	0,06
15-21	1,35	2,64	48,9	10,9	4,8	15,7	33,2	5,6	11,1	16,6	0,15
25-31	1,35	2,67	49,4	11,2	4,4	15,6	33,8	5,8	10,4	17,6	0,10
35-41	1,38	2,67	48,3	10,1	5,1	15,1	33,2	6,4	8,9	18,0	0,12
ED1											
.5-11	1,22	2,62	53,4	14,3	7,3	21,6	31,8	7,1	8,5	16,3	0,27
15-21	1,31	2,62	50,0	10,1	5,7	16,0	34,0	6,3	10,3	17,5	0,29
25-31	1,31	2,65	50,6	11,3	5,9	17,2	33,5	6,4	8,9	18,2	0,13
35-41	1,39	2,65	47,7	16,8	4,6	13,0	34,7	6,3	9,1	19,4	0,09

Die gesättigte Wasserleitfähigkeit weist Werte zwischen 0,1 und 3,3 m/d auf.

Die mit erhöhtem Gehalt an organischer Substanz (OS) belasteten Parzellen zeigen gegenüber den unbelasteten, abhängig vom Grad der Belastung, um bis zu 0,3 g/cm^3 geringere Festsubstanzdichten und um bis zu 0,4 g/cm^3 verminderte Trockenrohdichten mit entsprechenden Auswirkungen auf das errechnete Gesamtporenvolumen. Diese Veränderung verteilt sich in der Tendenz auf alle Porengrößenbereiche. So ist z.B. auf LA2 der Anteil der Meso- plus Feinporen in 0 - 20 cm Tiefe gegenüber dem auf LA1 um 5,1 V % erhöht. Gleichzeitig hat sich aber auch der Anteil der Feinporen um 2,9 V % vergrößert, so daß für den Anstieg der nutzbaren Feldkapazität (nFK) nur ein Betrag von 2,2 V % übrig bleibt. Diese Ergebnisse sind kompatibel mit den im TP 3 dargestellten und in anderem Zusammenhang gewonnenen Resultaten. Ob der höhere Gehalt an OS wirklich eine Veränderung der Porengrößenverteilung (die ja letztlich aus der Wasserretentionskurve gewonnen wird) bewirkt oder ob andere Wasserbindungsmechanismen das nur vortäuschen, muß noch näher untersucht werden. In den Tabellen 2 und 4 sind bei den Werten für die hochbelastete Fläche LB2 einige Lücken zu finden. Sie beruhen darauf, daß bei den Untersuchungen im Hochdrucktopf im Saugspannungsbereich von 2,5 bis 15 bar sehr hohe Werte für den Wassergehalt gemessen wurden (ca. 25 V%). Ob diese Werte tatsächlich dem Saugspannungsbereich in der Nähe des Permanenten Welkepunktes zuzuordnen sind oder unser Meßverfahren für derart hoch mit organischer Substanz belastete Proben nicht geeignet ist, müssen weitere Untersuchungen zeigen.

Die belastungsbedingte Veränderung der Bodenstruktur reicht in allen untersuchten Fällen nur bis zu einer Tiefe von etwa 40 cm. Dort befinden sich vereinzelt auch leichte Krumenbasisverdichtungen.

Tab. 3: Hydraulische Kenngrößen der Parzellen (0-40 cm)

Parz	FK [V%]	PWP [V%]	nFK [V%]
LA2	34,7	18,1	16,6
LA1	30,6	15,2	15,4
LB2	34,4	-	-
LD2	32,6	18,7	13,9
LD1	29,8	17,8	12
HD2	23	8,7	14,3
HD1	22,5	8,8	13,7
ED2	33,7	17,5	16,2
ED1	33,5	17,9	15,6

Tabelle 3 gibt die über die Tiefe 0 - 40 cm gemittelten Werte für die in der landwirtschaftlichen Literatur häufig verwendeten Größen Feldkapazität (FK), Permanenter Welkepunkt (PWP) und nutzbare Feldkapazität (nFK) wieder. Für die Standorte Etzdorf und Bad Lauchstädt entsprechen die FK - Werte denen für die Meso- plus Feinporen. Für den Standort Halle muß berücksichtigt werden, daß infolge der größeren Grundwassernähe und des höheren Sandanteils in der Textur auch ein Teil der Grobporen II über längere Zeit Wasser zu speichern vermag. Die äquivalente Saugspannung entspricht daher hier einem pF-Wert von 2,2.

Eine erneute Untersuchung der bodenphysikalischen Parameter im Herbst 1994 ergab nur geringfügige Abweichungen von den in der Tabelle 2 angegebenen Werten, die nicht signifikant waren.

Tabelle 4: Werte für wichtige bodenphysikalische Parameter in den Tiefen 0 - 200 cm

Tiefe [cm]	SK [M%]	S [M%]	U [M%]	T [M%]	TRD [g/cm3]	PV [V%]	GP [V%]	MF [V%]	FP [V%]	TSD [g/cm3]	kf m/d
Bad Lauchstädt (LD1)											
0-10	0,1	5,7	70,9	23,4	1,28	51,7	23,7	28	14,2	2,62	0,11
10-30	-	5,8	68,6	25,6	1,42	46,5	16,8	29,6	16,5	2,62	0,13
30-50	-	5,1	73,6	21,3	1,24	53,4	22	31,3	16,5	2,64	0,38
50-70	-	6,2	71,6	22,2	1,25	53	23,8	29,1	15,8	2,66	0,85
70-90	-	5,1	81,6	13,3	1,32	50,1	21,1	29	10,1	2,68	0,43
90-110	-	18,8	65,4	15,8	1,44	45,8	14,3	31,5	9,9	2,71	0,19
110-130	1,3	5,1	84,6	10,3	1,43	46	17,1	28,9	8,6	2,74	0,13
130-150	9	51,2	29,1	19,7	1,73	34,7	14,4	20,3	13,2	2,72	0,17
150-170	6,9	52,6	28,8	18,6	1,79	32,5	12	20,4	13,4	2,76	0,1
170-190	6,2	51,3	30,4	18,3	1,65	37,9	15,9	22,1	12,7	2,68	0,1
Etzdorf											
0-10	0,4	5,2	72,6	22,2	1,18	55,4	29,3	26,1	12,4	2,65	0,36
10-30	0,5	5,8	72,2	22	1,39	47,3	18	29,2	14,9	2,63	0,24
30-50	-	4,2	75,3	20,5	1,44	46,2	12,6	33,5	15,5	2,68	0,17
50-70	-	7	78,4	14,6	1,37	49,3	19,5	29,8	10,4	2,7	0,23
70-90	-	4,2	83,6	12,2	1,47	44,9	13,6	31,3	8,3	2,67	0,17
90-110	6	18,4	69,1	12,5	1,56	41,4	11,9	29,5	6,8	2,67	0,13
110-130	23,6	79,6	11,6	8,8	1,6	40,2	26,6	13,6	4,3	2,67	0,39
130-150	22,4	57	23,9	19,1	1,67	38,2	21,5	16,7	7	2,71	0,53
150-170	11,2	52,9	25,7	21,4	1,81	32	12,2	19,8	12,1	2,66	0,19
170-190	12,2	78,2	12,8	9	1,75	34,4	14	20,3	12,8	2,67	0,5
Halle											
0-10	0,7	66,6	22,6	10,8	1,63	38,3	18,8	19,5	8,7	2,65	0,16
10-30	0,7	68,2	20	11,8	1,51	43,1	26,4	16,7	7,6	2,63	0,33
30-50	0,8	67,4	22,7	9,9	1,43	46,2	30,2	16,1	6,9	2,68	1,12
50-70	1,3	67,6	21,9	10,5	1,46	44,8	28,9	15,9	6,6	2,65	1,81
70-90	0,8	71,3	20,9	7,8	1,55	41,4	23,9	17,5	5,1	2,66	0,61
90-110	0,3	72,8	18,1	9,1	1,61	39,4	23,2	16,2	6	2,65	0,79
110-130	0,4	66	22,1	11,9	1,62	38,9	22,6	16,2	7,1	2,66	0,51
130-150	0,9	50,3	32,7	17	1,65	37,6	10,9	26,8	10,9	2,69	0,47
150-170	0,5	55,8	37,1	7,1	1,68	36,6	6,8	29,9	7,5	2,73	0,1
170-190	0,9	74,1	19,9	6	1,8	32	17,7	14,4	4	2,69	0,45

B: Bodentiefen 0-200 cm

Für die 3 Standorte Halle, Etzdorf und Bad Lauchstädt sind die Ergebnisse für ausgewählte Parameter in der Tabelle 4 angegeben. Sie zeigen, daß sich die Bodeneigenschaften mit wachsender Tiefe bereits in der Durchwurzelungszone ändern und daher bei Simulationen im allgemeinen nicht mit einheitlichen Werten gerechnet werden kann.

5.2. Wasserhaushalt

5.2.1. Bodenfeuchte und hydraulisches Potential

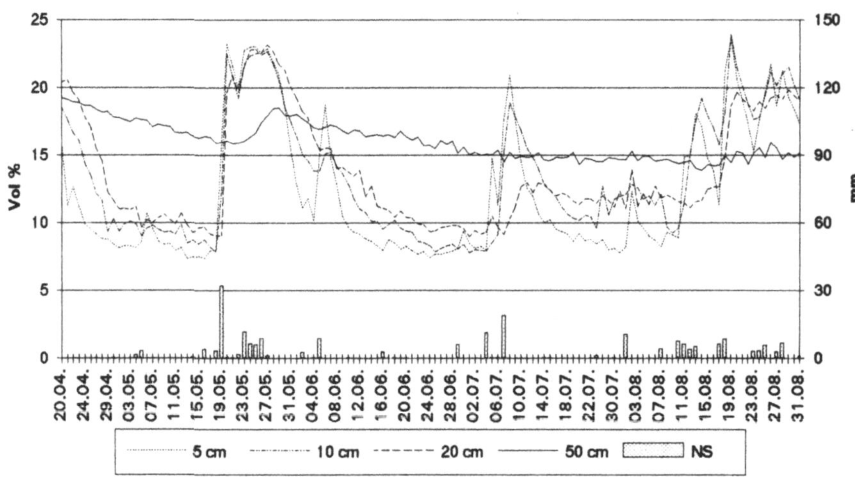

Abbildung 5: Bodenfeuchte in V% in verschiedenen Tiefen und Niederschlag (NS) in mm im Verlaufe der Vegetationsperiode 1994 auf HD2 (Tagesmittel)

Die Abb. 5 zeigt den Verlauf der gemessenen Feuchten in den angegebenen Tiefen und die Niederschläge zwischen dem 20.4. und dem 31.8.1994 auf der Parzelle HD2. Die den Kurven zugrundeliegenden Meßpunkte sind Tagesmittel, die aus Stundenwerten gebildet wurden. Als Frucht stand hier Roggen. Der Erntetermin war der 25.7.1994.

Wie ersichtlich ist, sind die Wassergehalte in den Tiefen 5, 10 und 20 cm sehr stark von den Niederschlägen beeinflußt. Aber schon ab 50 cm Tiefe werden die Verläufe der Bodenfeuchten deutlich stetiger. Vom Beginn des Untersuchungzeitraumes bis zu dessen Ende überwiegen dort Ausschöpfungsprozesse. Nur extreme Niederschlagsereignisse verschieben diese Kurve zu höheren Feuchtegehalten (z.B. zwischen dem 16. und 27.5.).

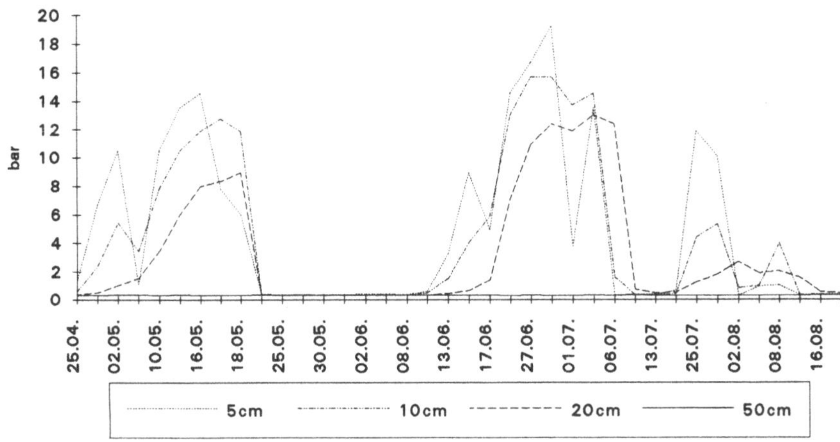

Abbildung 6: Verlauf des hydraulischen Potentials in den angegebenen Bodentiefen während der
Vegetationsperiode 1994 auf HD2

Die Abb. 6 gibt für den gleichen Zeitraum die Meßwerte für das hydraulische Potential wieder. Ein
Vergleich mit Abb.5 zeigt, daß die aus den im Labor bestimmten Wasserretentionskurven ermittelten Äquivalentwerte der FK und des PWP bei den entsprechenden Saugspannungen auch im Feld
angenommen werden. Das kann als Beweis dafür angesehen werden, daß sowohl die Laborwerte
als auch die in den Feldmeßeinrichtungen gewonnenen Werte hinreichend zuverlässig sind.

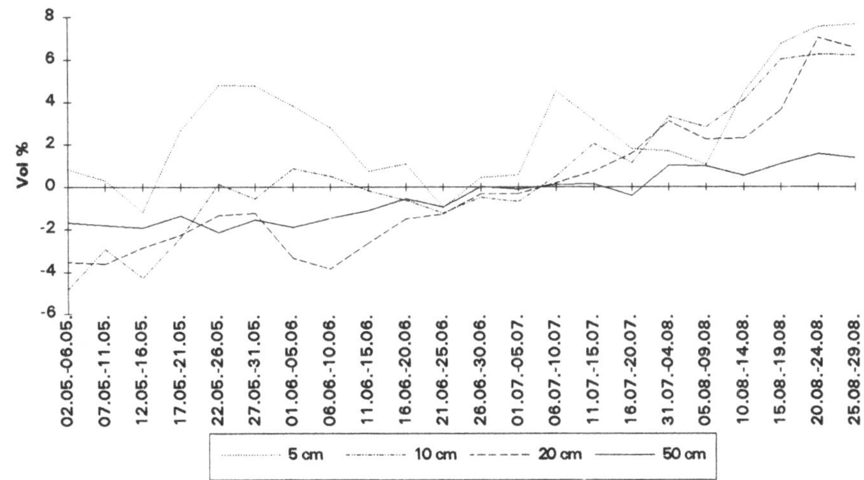

Abbildung 7: Differenz der Bodenfeuchte in den angegebenen Tiefen zwischen HD2 und HD1 mit
HD1 als Bezugsparzelle, Pentadenwerte Halle, Mai bis August 1994

In der Abb. 7 sind die Feuchteunterschiede zwischen den Parzellen HD2 und HD1 in Abhängigkeit von der Zeit dargestellt. Daraus geht hervor, daß die oberste Schicht auf der gedüngten Parzelle über weite Zeitspannen feuchter ist, die tieferen Schichten jedoch trockener sind als auf der ungedüngten. Dies ist zweifellos eine Wirkung der unterschiedlichen Bestandesdichten und nicht auf veränderte Bodeneigenschaften zurückzuführen. Die vorstehenden Aussagen treffen mehr oder weniger ausgeprägt auch auf die Parzellenpaare LD1 und LD2 bzw. ED1 und ED2 zu. Die entsprechenden Ergebnisse sind in den Abb. 9-14 wiedergegeben.

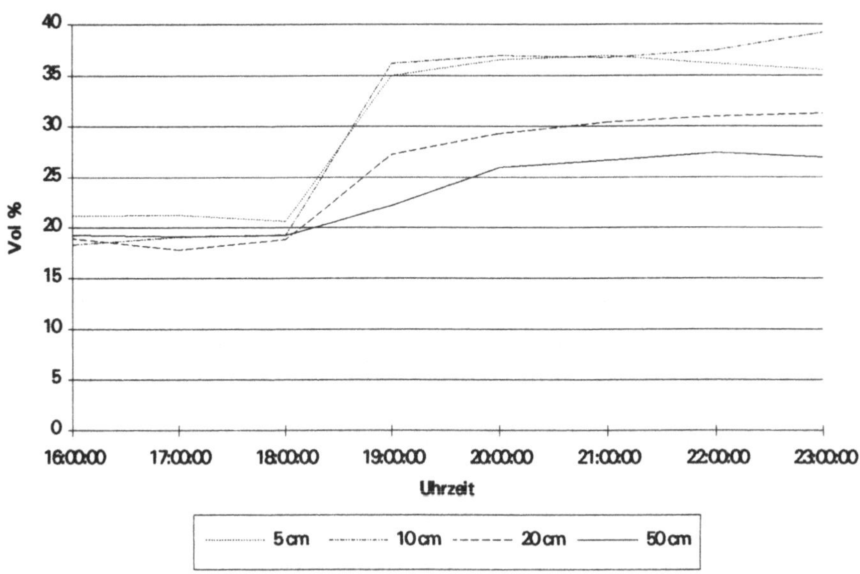

Abbildung 8: Änderung der Bodenfeuchte in verschiedenen Tiefen während eines Gewitterregens (68 mm) am 29.06.1994 auf LD2

Einen gravierenden Einfluß auf den Wasserhaushalt in Bad Lauchstädt hatte der Gewitterregen am 29.6. (68 mm). Hier wurde auch die Schicht in 50 cm Tiefe bis zur Feldkapazität aufgefüllt.

Wie Abb.8 zeigt, haben die betreffenden Sensoren bereits innerhalb einer Stunde nach Niederschlagsbeginn bis in eine Tiefe von 50 cm reagiert. Am Ende der Vegetationsperiode waren in 50 cm Tiefe noch 80 % der FK übrig.

In Etzdorf blieb der Gewitterregen aus, so daß dort auf der Parzelle ED1 in 50 cm Tiefe am Ende der Vegetationsperiode nur noch etwa 53 % der FK und nur noch wenige Prozent der nFK vorhanden waren. Die Saugspannung betrug zu diesem Zeitpunkt ≈6bar.

Von den ausschließlich per Handabfrage gewonnenen Ergebnissen sollen hier nur die für die Extremparzelle LB2/84 erwähnt werden. In Abb. 15 ist der Verlauf der Bodenfeuchte und in Abb. 16 der des hydraulischen Potentials aufgetragen. Die in den Schichten 0 - 20 cm im Mai auftretenden hohen Feuchten (ca. 38 V%) sind durch die infolge des hohen Gehaltes an OS vergrößerten Feldkapazitätswerte erklärbar.

Daß die Wassergehalte bei Saugspannungen von ≈15 bar im Juli - August auf einen Wert von ≈15V% für den PWP absinken (entspricht etwa dem der unbelasteten Matrix), war nach den im Hochdrucktopf gewonnenen Ergebnissen, die weitaus höhere Werte (ca. 25V%) lieferten, nicht erwartet worden. Ein weiteres Phänomen war, daß hier etwa ab Ende Juli sowohl Gabel- als auch Stabsensoren für die Tiefen ab 50 cm keine Werte mehr lieferten. Als Ursache dafür könnten Einflüsse, wie sie in Abschn. 4.2.1. angedeutet wurden, eine Rolle spielen.

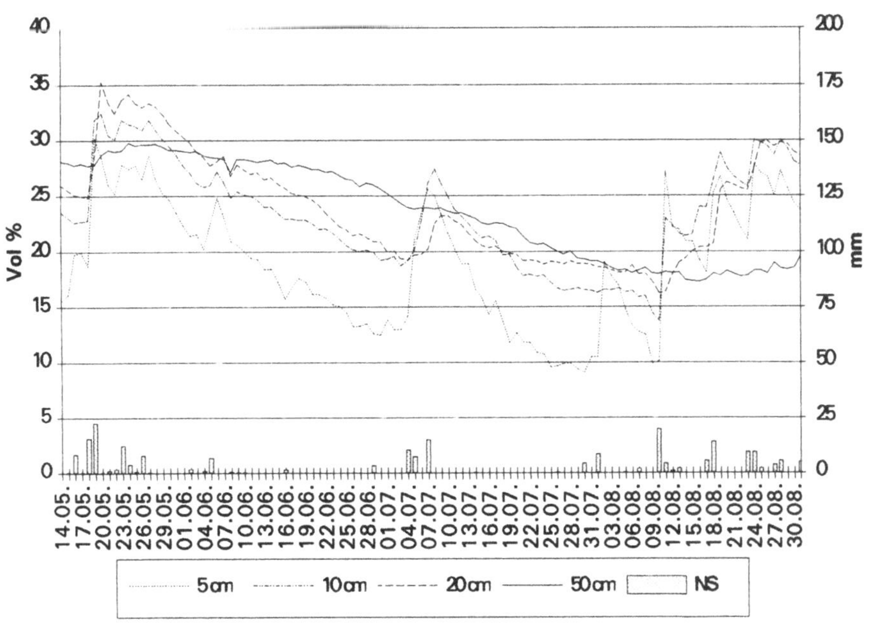

Abbildung 9: Bodenfeuchte in Vol % in den angegebenen Tiefen und Niederschlag (NS) in mm im Verlaufe der Vegetationsperiode 1994 auf ED1

116

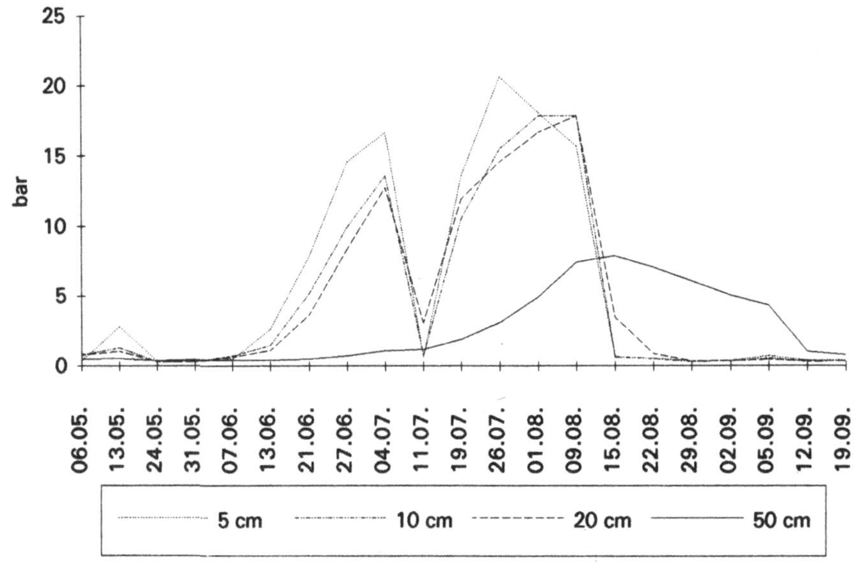

Abbildung 10: Verlauf des hydraulischen Potentials in den angegebenen Bodentiefen während der Vegetationsperiode 1994 auf ED1

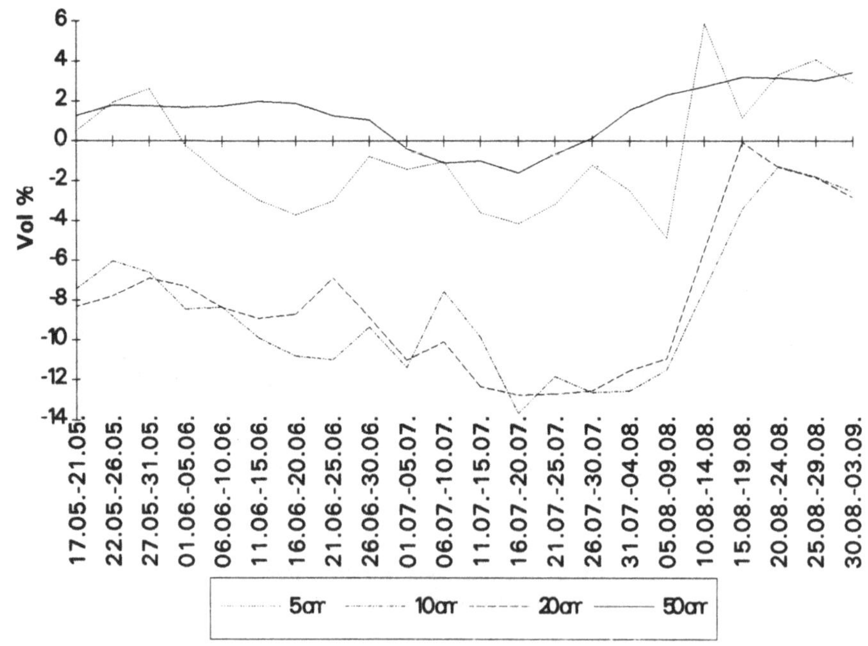

Abbildung 11: Differenz der Bodenfeuchten in den angegebenen Tiefen zwischen ED2 und ED1 mit ED1 als Bezugsparzelle, Mai bis August 1994

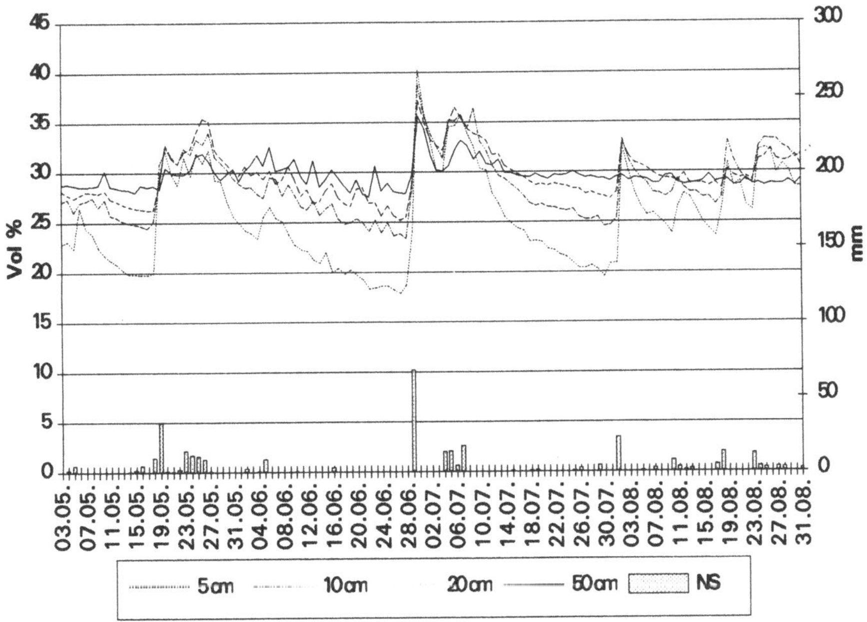

Abbildung 12: Bodenfeuchte und Niederschlag auf LD1 1994, Darstellung wie in Abb. 9

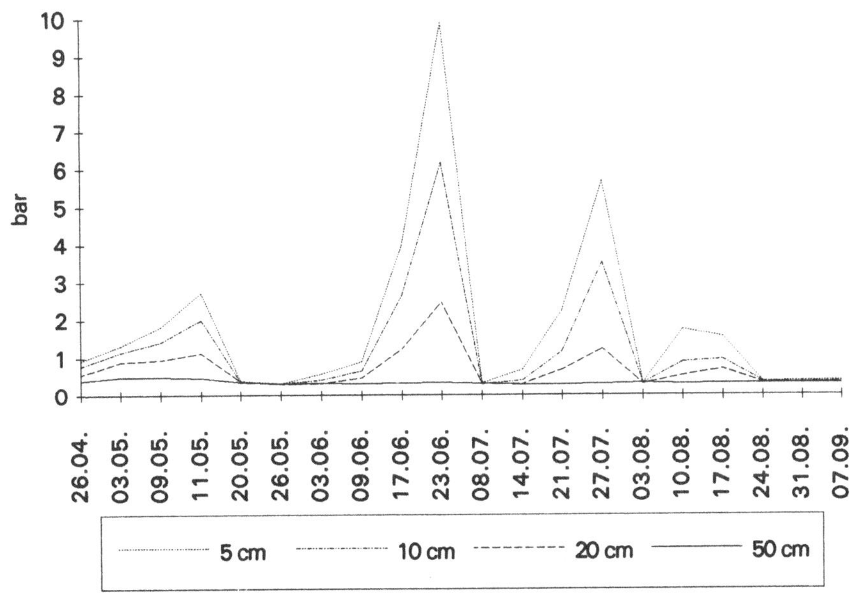

Abbildung 13: Verlauf des hydraulischen Potentials auf LD1 1994, Darstellung wie in Abb. 10

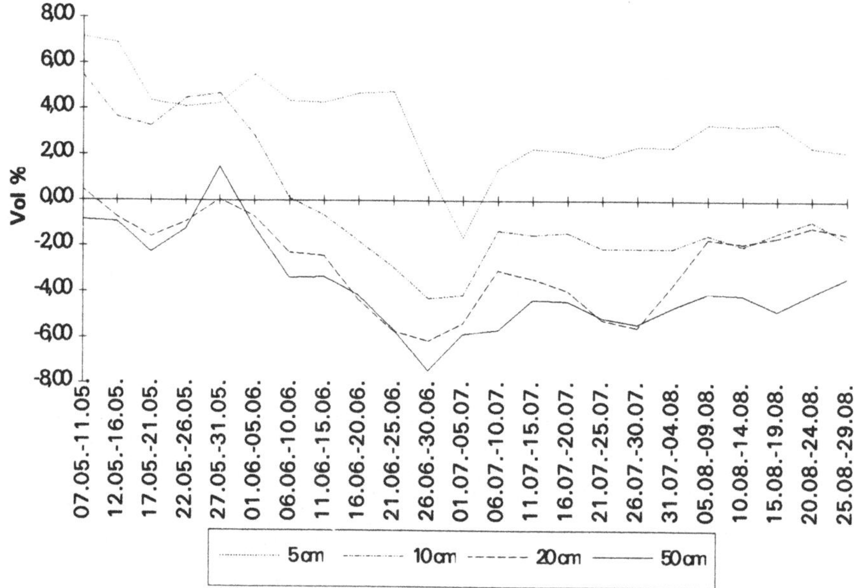

Abbildung 14: Feuchtedifferenz LD2-LD1, Darstellung analog zur Abb. 11

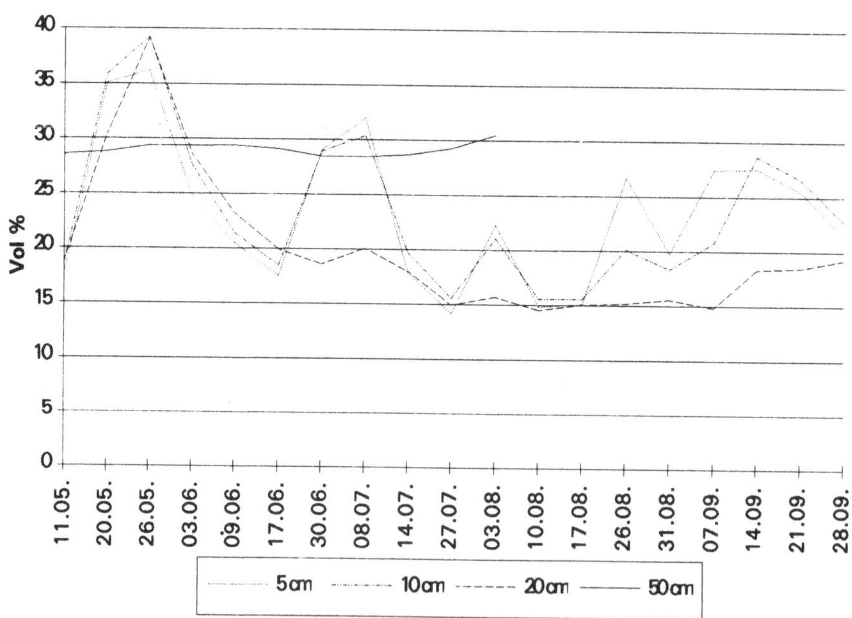

Abbildung 15: Verlauf der Bodenfeuchte in den angegebenen Tiefen auf der Dauerbrache-
parzelle LB2. Die Meßtermine sind auf der Abszisse angegeben.

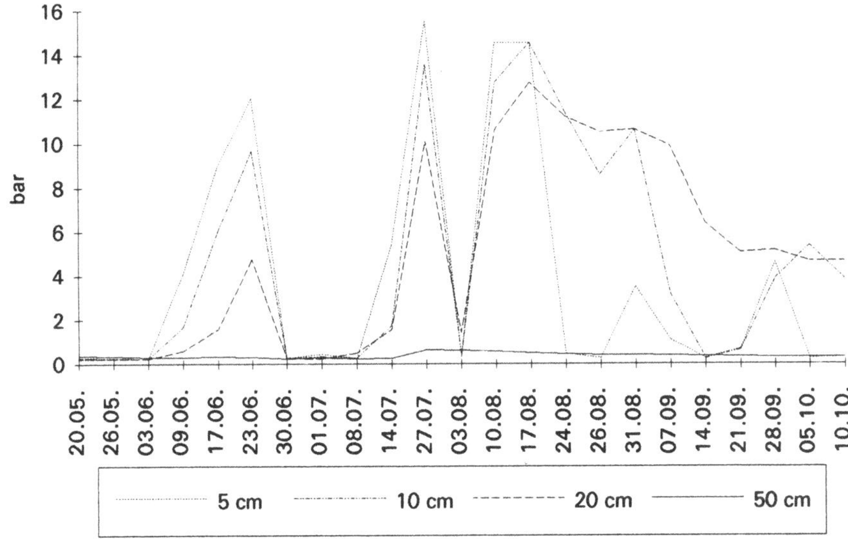

Abbildung 16: Verlauf des hydraulischen Potentials auf LB2, Darstellung wie in Abb. 10

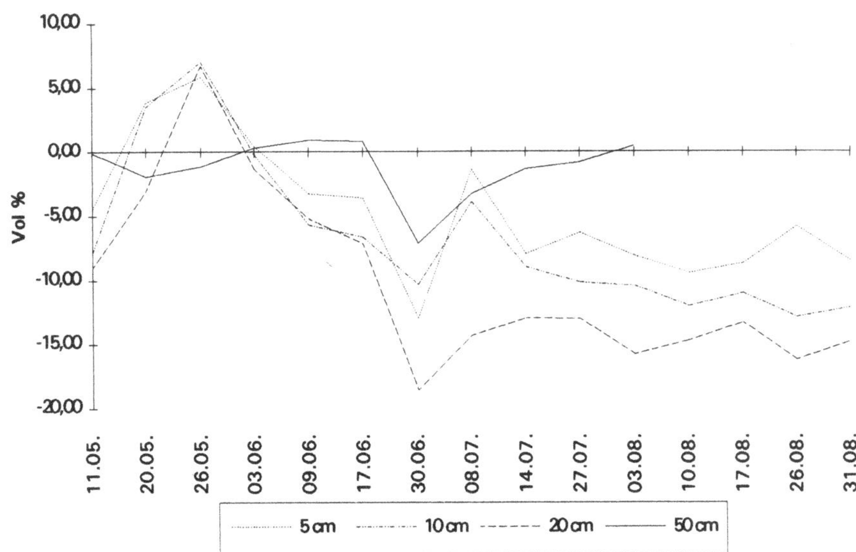

Abbildung 17: Differenz der Bodenfeuchten in den angegebenen Tiefen zwischen LB2 und
LD1 mit LD1 als Bezugsparzelle, Mai bis August 1994

Wie aus der Abb. 17 zu ersehen ist, war der Boden der mit einer üppigen Segetalzönose bestandenen Parzelle LB2/84 über weite Zeiträume der Vegetationsperiode hinweg deutlich trockener als der der Parzelle LD1.

5.2.2. Schichtwassergehalt

Schichtwassergehalte können aus den von den Gabelsensoren gelieferten Werten (wie bereits im Abschn. 4.2.5. angemerkt) nur durch geeignete Interpolationen gewonnen werden. Abgestufte Sätze von Stabsensoren liefern diese jedoch direkt. Abb. 18 zeigt als Beispiel die für HD2 erhaltenen Werte. Beim Vergleich mit den von den Gabeln gelieferten Werten ist zu beachten, daß Stabsätze meist am Rande der Parzellen eingebracht werden müssen. Dort herrschen im allgemeinen höhere Dichten, und im Extremfall trägt die an die Parzelle angrenzende Fläche keinen Pflanzenbestand. Unter solchen Bedingungen werden höhere Absolutwerte gemessen. Direkt in die Parzellen eingebrachte Stabsätze liefern Werte, die mit den über Gabelsensoren gewonnenen gut übereinstimmen.

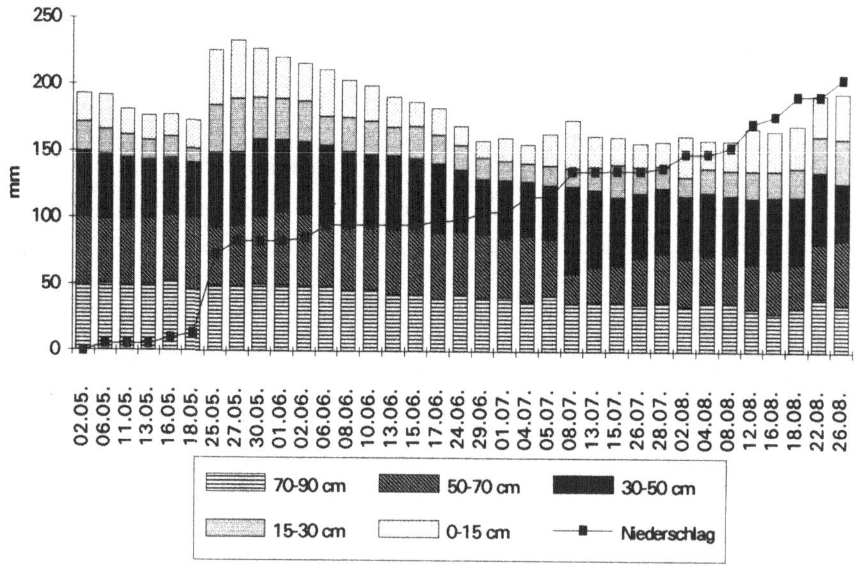

Abbildung 18: Schichtwassergehalt bis in 90 cm Bodentiefe und Niederschlagssumme im Verlauf der Vegetationsperiode 1994 auf HD2

5.2.3. Wasserretentionskurven $\Theta = f(\Psi)$

Die im Labor gemessenen Zusammenhänge für die Tiefen 0 - 40 cm sind in der Tabelle 5 aufgeführt, für den Tiefenbereich 40 - 200 cm können die Werte für pF = 2,5 und 4,2 aus der Tabelle 4 entnommen werden.

Tabelle 5: Laborwerte für die Wasserretentionskurven

Tiefe cm	pF=0 V%	pF=1,8 V%	pF=2,5 V%	pF=3,0 V%	pF=3,4 V%	pF=3,8 V%	pF=4,2 V%
LA2							
.5 - 11	55,6	47,1	33,8	23,8	21,5	18,2	18,0
15 - 21	53,5	47,8	35,8	24,6	22,8	18,8	18,2
25 - 31	54,7	48,3	35,4	22,8	21,3	17,8	17,4
35 - 41	46,9	38,6	33,7	29,3	24,0	19,7	18,8
LA1							
.5 - 11	54,3	45,7	30,8	21,3	18,7	15,4	15,7
15 - 21	57,1	41,2	28,6	20,6	18,4	14,5	14,8
25 - 31	53,6	42,1	29,8	23,5	20,1	17,0	15,5
35 - 41	48,2	40,2	33,1	23,7	20,2	16,3	14,8
LB2							
.5 - 11	61,3	54,8	36,3				
15 - 21	50,4	45,7	32,8				
25 - 31	46,5	43,2	34,1				
35 - 41	48,7	42,0	34,3				
LD2							
Krume	51,5	43,9	32,6	21,8	20,6	18,6	17,5
Unterboden	46,1	39,4	32,5	27,4	24,6	21,0	20,0
LD1							
Krume	49,3	38,5	28,9	21,5	20,8	17,5	16,8
Unterboden	47,0	38,0	30,6	24,5	23,5	20,2	18,9
HD2							
Krume	47,3	35,9	16,9	11,0	9,5	8,6	8,6
Unterboden	42,5	28,4	15,2	12,0	9,5	8,9	8,7
HD1							
Krume	41,3	33,1	17,2	13,3	12,0	9,8	9,1
Unterboden	40,2	27,5	16,1	10,4	9,7	8,9	8,5
ED2							
Krume	47,0	38,2	33,8	24,9	25,4	19,9	17,2
Unterboden	48,9	38,3	33,5	24,2	21,1	18,3	17,8
ED1							
Krume	51,7	39,5	32,9	23,0	21,4	17,3	16,9
Unterboden	49,2	39,4	34,1	24,5	21,8	19,4	18,8

Auch hier war es interessant, vor allem wegen der häufig beschriebenen Hystereseerscheinungen, die diese Kurven zeigen (z.B. PLAGGE et al, 1991), Ergebnisse aus Labor- und Feldmessungen miteinander zu vergleichen. Dabei ist zu berücksichtigen, daß die im Labor ermittelten Werte aus reinen Entwässerungsprozessen mit jeweiliger Gleichgewichtseinstellung resultieren, im Feld jedoch Auffüllungs- und Entwässerungsvorgänge kurzfristig aufeinanderfolgen und die Zeit zum Erreichen des Gleichgewichtszustandes im allgemeinen nicht ausreicht. Das kann bei gleichem hydraulischem Potential Abweichungen im Wassergehalt von mehreren Volumenprozent gegenüber den Laborkurven zur Folge haben. Die Größe dieser Differenzen verringert sich mit wachsender Tiefe, wahrscheinlich infolge der in dieser Richtung abnehmenden Dynamik des Wasserhaushaltes. Die Abb.19 zeigt als Beispiel das Resultat für Etzdorf und 50 cm Bodentiefe. Die Übereinstimmung ist gut. Bei einer Simulation kann also vermutlich in erster Näherung mit den im Labor ermittelten Zusammenhängen, mathematisiert nach der Gleichung von Haverkamp (HAVERKAMP, 1977), gerechnet werden. Eine verfeinerte Anpassung ist im Rahmen der Validierung möglich.

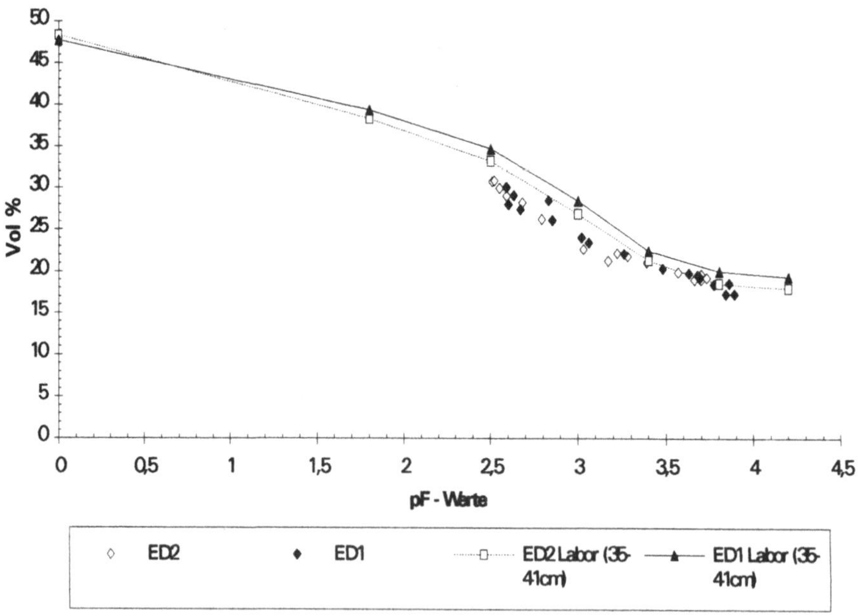

Abbildung 19: Wasserretentionskurven für den Standort Etzdorf , 50 cm Tiefe , Vergleich der Werte aus Labor- und Feldmessungen

5.2.4. Ungesättigte Leitfähigkeit $k_u = f(\Theta)$

Das zur Messung dieser Zusammenhänge nach der Hot-Air-Methode im Labor notwendige Gerät wurde im Rahmen einer Diplomarbeit entwickelt. Nach einem von Hillel (HILLEL et al., 1972) vorgeschlagenen Verfahren, kann aus geeigneten Passagen der Feuchte- und Saugspannungsverläufe in einer Bodenschicht auch die Funktion $k_u = f(\Theta, Z)$ aus Feldmeßwerten errechnet werden.

In einem Methodenvergleich wurde nach beiden Verfahren die Abhängigkeit der ungesättigten Leitfähigkeit vom Wassergehalt ermittelt. Die Übereinstimmung ist befriedigend. Ein Beispiel ist in der Abb. 20 wiedergegeben. Im allgemeinen fallen aber die nach Hillel berechneten Leitfähigkeiten bei gleichem Wassergehalt etwas höher aus.

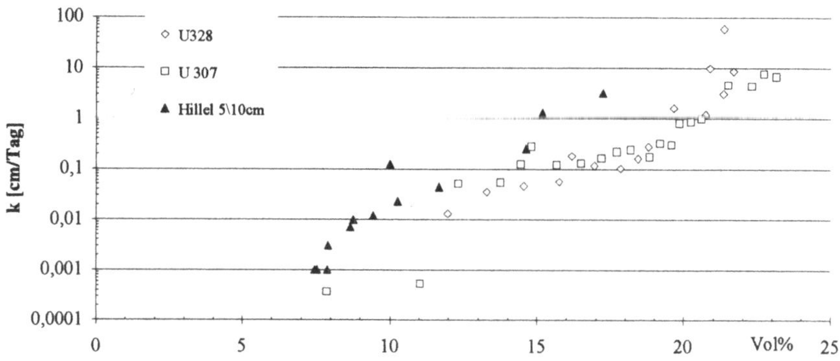

Abbildung 20: Ungesättigte Leitfähigkeit in Abhängigkeit vom Wassergehalt für HD1 (U328) und HD2 (U307) ; 0-10 cm Tiefe ; Methodenvergleich ARYA / HILLEL

5.2.5. Simulation

Mit den Resultaten aus den in den Abschnitten 5.2.3. und 5.2.4. beschriebenen Aktivitäten kann eine Simulation mit einem physikalisch - deterministischen Modell versucht werden. Daraus lassen sich auch die für die Interpretation der in anderen Teilprojekten gemessenen Stoffverlagerungen notwendigen Flüsse errechnen. Ergebnisse dazu werden nach Fertigstellung der Arbeiten gesondert veröffentlicht.

5.3. Temperaturregime

Die Bodentemperaturen wurden während der Vegetationsperiode 1994 in je 2 Parzellen auf den Standorten Halle, Etzdorf und Bad Lauchstädt stündlich registriert. Die dargestellten Werte sind gemittelt aus jeweils 2 bzw. 4 Wiederholungen.

Die Abbildung 21 zeigt den Temperaturverlauf vom 29.4. - 31.8.1994 in der Parzelle HD2. Ein Vergleich mit der Parzelle HD1 (Abb. 22) ergibt, daß letztere im Mittel über den Meßzeitraum hinweg je nach Tiefe um 1,3 bis 1,8 °C höhere Temperaturen aufweist. Die Pentadenwerte können sich in den Monaten Juni - Juli bis zu 4, die Tageswerte bis zu 6 °C unterscheiden. Diese höheren Temperaturen auf der ungedüngten Parzelle, die, wie im Abschnitt 5.2.1. ausgeführt, im Durchschnitt auch noch höhere Feuchten aufweist, sind vermutlich auf die verstärkte Strahlungswirkung auf den Boden infolge der geringeren Bestandesdichte zurückzuführen (Erträge Korn (1994): HD2 = 36 dt / ha ; HD1 = 16 dt / ha).

Ob wenigstens ein Teil dieser Temperaturunterschiede auch durch veränderte Temperaturleitfähigkeiten und Wärmekapazitäten, bedingt durch den erhöhten Gehalt an organischer Substanz, verursacht wird, müssen weitergehende Untersuchungen zeigen.

Ein ähnliches Verhalten ist auch mehr oder weniger ausgeprägt auf den beiden anderen Standorten zu verzeichnen. So weist in Etzdorf die Parzelle ED1 abhängig von der Tiefe im Mittel um 0,4 bis 0,8°C höhere Temperaturen auf als ED2, wobei die Differenzen der Pentadenwerte bis zu 2,4 °C betragen können.

Im Versuch V120 in Bad Lauchstädt herrschen in der Parzelle LD1 im Mittel über die Vegetationsperiode um 2,3 bis 3,0 °C höhere Temperaturen als in LD2. Die Pentadenwerte können sich hier bis zu 6,5 , die Tageswerte bis zu 7,6 °C unterscheiden.

Die Verläufe der Temperaturen auf der Parzelle LD1 und die der Differenzen zur Parzelle LD2 über die Vegetationsperiode hinweg sind in den Abbildungen 23 und 24 wiedergegeben.

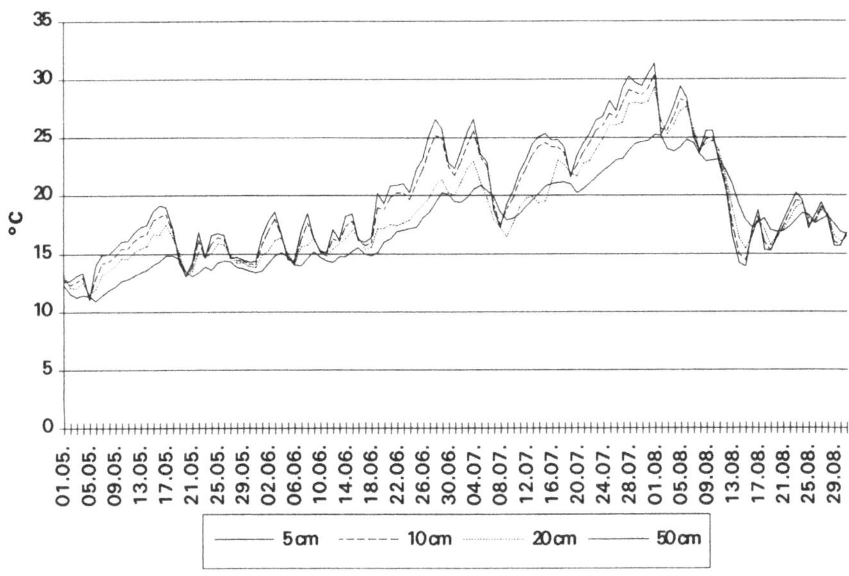

Abbildung 21:   Verlauf der Bodentemperatur in °C in den angegebenen Tiefen während der Vegetationsperiode 1994 auf HD2 (Tagesmittel)

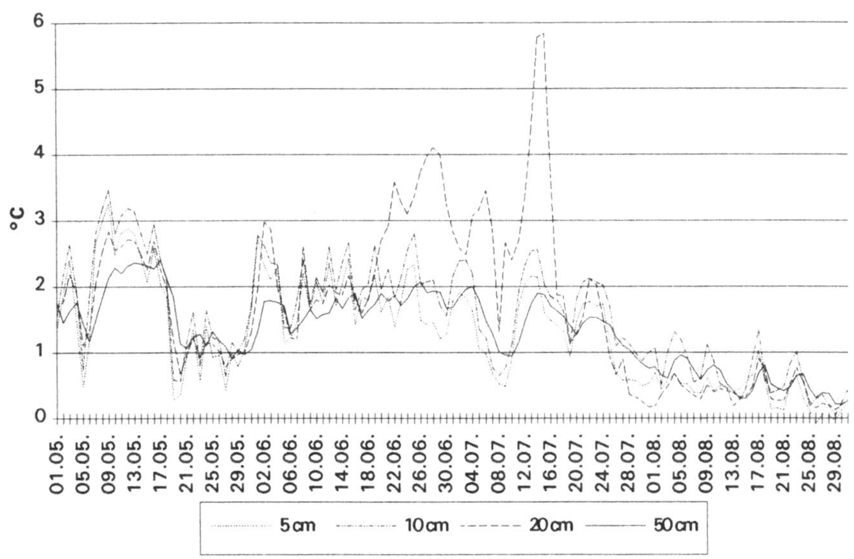

Abbildung 22:   Temperaturunterschiede zwischen HD1 und HD2 mit HD2 als Bezugsparzelle, Mai bis August 1994

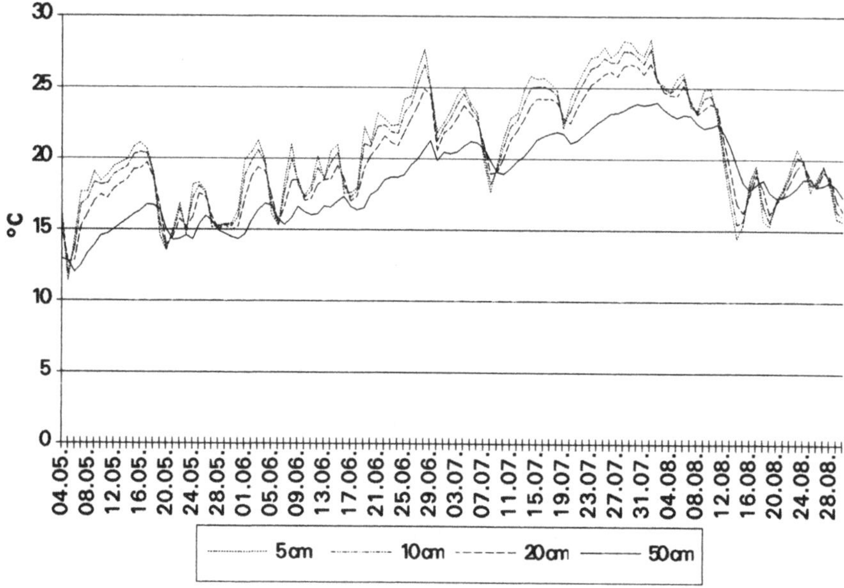

Abbildung 23: Temperaturverlauf auf LD1, Darstellung analog der Abb. 21

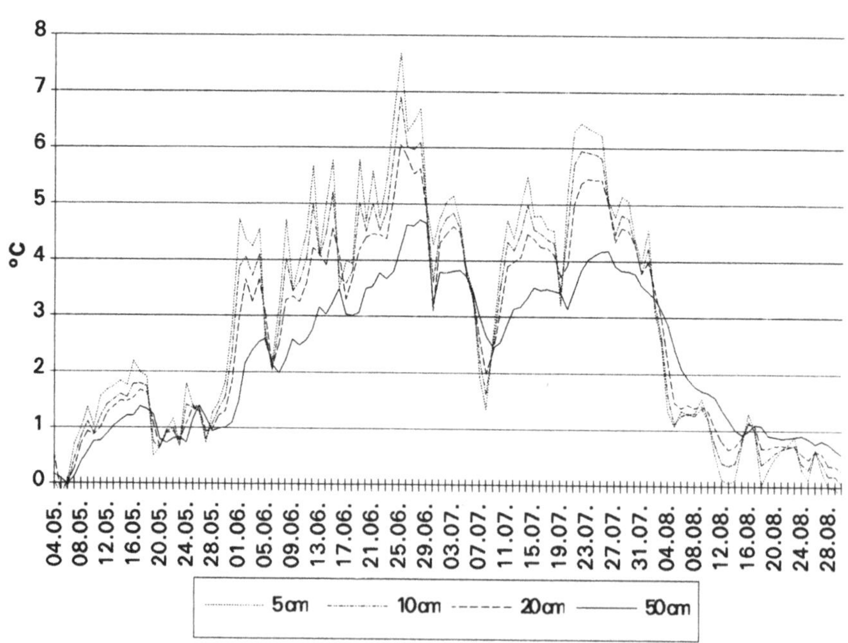

Abbildung 24: Temperaturdifferenz LD1-LD2, Darstellung analog der Abb. 22

Die Unterschiede der Tagestemperaturen auf der gleichen Parzelle, gemessen an 2 ca.10 m auseinanderliegenden Meßstellen, sind in Abb. 25 am Beispiel von HD1 aufgezeigt. Sie übersteigen in keinem Fall 1,4 °C.

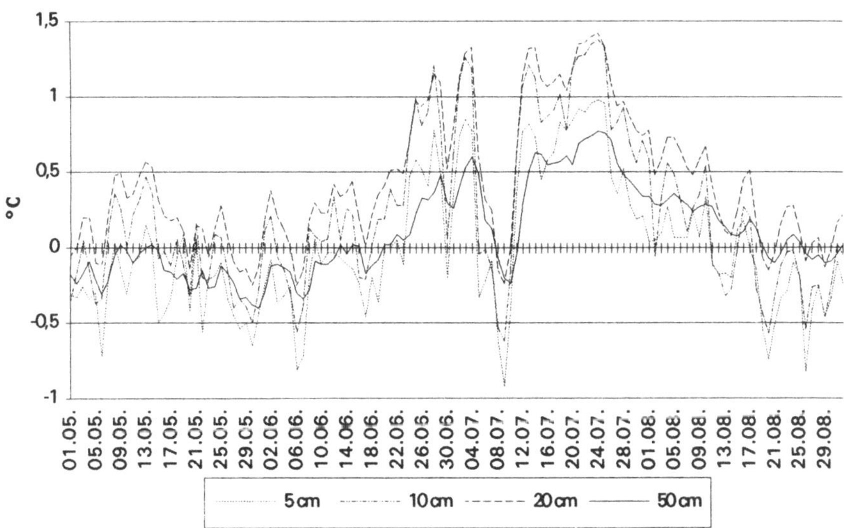

Abbildung   25: Temperaturdifferenzen zwischen zwei Meßstellen innerhalb der gleichen Parzelle im Ablauf der Vegetationsperiode 1994 auf HD1

Die zeitweise doch erheblichen Temperaturdifferenzen zwischen belasteten und unbelasteten Parzellen könnten zu merklichen Unterschieden in den Mineralisierungsraten für Stickstoff führen. Die kinetischen Koeffizienten in den diesbezüglichen Modellen (RICHTER et al, 1982; DEANS et al, 1986) sind stark temperaturabhängig. Als Konsequenz ergäbe sich daraus, daß Flächen mit geringeren Erträgen, also auch kleinerer Abschöpfung, bei gleicher Ausgangssituation auch noch eine höhere N-Mineralisation aufweisen.

Die Dynamik der Erwärmungs- und Abkühlungsprozesse in den verschiedenen Bodentiefen läßt sich mit Hilfe der Wärmeleitungsgleichung in eindimensionaler Form:

$$\frac{\partial T}{\partial t} = \alpha_T \frac{\partial^2 T}{\partial z^2}$$

mathematisieren. Erforderlich dafür ist die Kenntnis der Temperaturleitfähigkeitswerte α_T in Abhängigkeit vom Substrat, der Trockenrohdichte und dem Wassergehalt ($\alpha_T = f(\rho_t, \Theta)$).

Diese sind bei annähernd sinusförmigen Tagesverläufen der Temperatur aus der Abnahme der Amplitude bzw. der Zeitverschiebung der Extrema mit wachsender Tiefe im Boden zu berechnen (HANN-SÜRING, 1939).

Damit ist es möglich, das Temperaturregime in den jeweiligen Parzellen zu simulieren, wenn der Temperaturverlauf an der Obergrenze des betrachteten Bodenkompartimentes bekannt ist. Bezüglich der Energietransformationsprozesse, die zwischen der Oberkante des Bestandes und der Obergrenze des erwähnten Kompartimentes stattfinden und das Bindeglied zwischen Witterungsverlauf und Bodentemperatur darstellen, sind dann gesonderte Analysen anzustellen.

6. Schlußfolgerungen

- Die automatisierte synchrone Messung der Bodenwassergehalte Θ und des hydraulischen Potentials Ψ als Funktion der Tiefe und der Zeit hat sich zur Erfassung der Dynamik des Wasserhaushaltes unter konkreten Bedingungen gut bewährt. Verbunden mit den im Labor gemessenen Zusammenhängen $\Theta = f(\Psi)$ und $k_u = f(\Theta)$ liefert sie genügend Parameter zu einer möglichen Modellierung und hinreichend Daten zur Validierung der Modelle. Damit wären auch die jeweiligen Wasserflüsse bestimmbar.

- Zur Messung von Θ haben sich die nach dem TDR-Prinzip arbeitenden Trase-Geräte nach geeigneter Nachkalibrierung als sehr brauchbar erwiesen.

- Tensiometer waren im automatisierten Betrieb unter unseren Bedingungen nur in Tiefen ≥ 50 cm sinnvoll einsetzbar.

- Zur Erfassung der Saugspannungen > 300hPa sind Gipsblöcke gut geeignet.

- Mit kompakten Meßstationen sind registrierende Messungen auch im Feld möglich.

- Die durch unterschiedliche Bewirtschaftung auf den untersuchten Flächen hervorgerufenen Veränderungen der bodenphysikalischen Parameter sind nur bis zu einer Tiefe von 40 cm nachweisbar. Stark abweichende Eigenschaften haben nur die oberen 20 cm auf unbearbeiteten Flächen (Brache). Deren Einfluß auf den Wasser- und Energiehaushalt sollte detaillierter untersucht werden.

- Der Wasserhaushalt ist bis in 20 cm Tiefe sehr stark von der aktuellen Witterung beeinflußt, aber bereits ab 50 cm wird der zeitliche Verlauf der Bodenfeuchte deutlich stetiger, es dominieren Ausschöpfungsprozesse. Nur extreme Niederschlagsereignisse unterbrechen diese mit oft erheblichen Konsequenzen für den weiteren Verlauf des Wasserhaushaltes. Bereits bei einem Abstand von 20 km zwischen den Parzellen können bei gleichem Substrat und gleicher Fruchtart die Verläufe der Bodenfeuchten sehr unterschiedlich sein.

— Auf dem gleichen Standort weisen bei gleicher Behandlung die belasteten Parzellen über weite Bereiche der Vegetationsperiode niedrigere Feuchtegehalte und z.T. erheblich niedrigere Temperaturen im Boden auf. Dies ist vor allem auf unterschiedliche Dichten der jeweiligen Pflanzenbestände zurückzuführen. Welche Konsequenzen das z.B. für die N-Mineralisationsraten hat, muß noch näher untersucht werden.

— Zur Zuordnung von Witterungsdaten zu den Wasser- und Energieströmen im Boden und zur Aufdeckung von Kausalzusammenhängen zwischen dem physikalischen Milieu und den Ergebnissen in den anderen Teilprojekten müssen weitere Arbeiten durchgeführt werden.

7. Literatur

ARYA, L., FARREL, D.A., BLAKE, G.R., 1975: A field study of soil water depletion patterns in presence of growing soybean roots. I. Determination of hydraulic properties of the soil. Soil Sci. Soc. Am. Proc., 39, 424-430.

BORK, H.-R. u. ROHDENBURG, H., 1987: Modellanwendungen zur Analyse der Wasserdynamik landwirtschaftlich genutzter Einzugsgebiete. Verhandlungen des Deutschen Geographentages Bd. 45, 439-445.

DEANS, J.R., MOLINA, J.A.E., CLAPP, C.E., 1986: Models for predicting potentially mineralizable nitrogen and decomposition rate constants. - Soil Sci Am. J 50, 323-326.

EHLERS, W., 1978: Wassergehalts- und Wassersaugspannungsmessungen im Feld zur Bilanzierung des Bodenwasserhaushaltes. Mitt. Dtsch. Bodenkundl. Ges., 26, 115-132.

HANN-SÜRING, 1939: Lehrbuch der Meteorologie, fünfte Auflage, Verlag Willibald Keller, Leipzig, 102-103.

HAVERKAMP, R., VAUCLIN, M., THOMA, J., WIERENGA,P., VACHAUD, G., 1977: A Comparison of numerical simulation models for one-dimensional infiltration. - Soil Sci. Soc. Am. J. 41, 285-295.

HENNIG, A., 1992: Vergleich verschiedener Methoden zur Berechnung und Simulation des Bodenwasserhaushaltes - dargestellt am Beispiel vom Auenböden bei Hennef/Sieg. Diss. Rheinische Friedrich-Wilhelms-Universität Bonn.

HILLEL, D., KRENTOS, V.D., STYLIANOU, Y., 1972: Procedure and test of an internal drainage method for masuring soil hydraulic characteristics in situ Soil Science 114, No 5, 395-400.

130

KOCH, S., MALICKI, M.,WALCAK,R., FÜHLER, H., 1993: In situ Messung von Durchbruchskurven mit TDR (Time Domain Reflektometry), Mitteilgn. Dtsch. Bodenkundl. Gesellsch., 72, 159-162

PLAGGE, R., ROTH, C.H., RENGER, M.,1991: Hysteresis der ungesättigten Leitfähigkeit und der pF-Kurve unter instationären Bedingungen, Mitteilgn. Dtsch. Bodenkundl. Gesellsch., 66, I, 201-204

RENGER, M.: Modelle zur Ermittlung und Bewertung von Wasserhaushalt, Stoffdynamik und Schadstoffbelastbarkeit in Abhängigkeit von Klima, Bodeneigenschaften und Nutzung. BMFT, Forschungszentrum Jülich GmbH, Statusseminar „Bodenbelastung und Wasserhaushalt" 28.2.1990 - 2.3.1990 in Bonn (Projektliste).

RENGER, M., STREBEL, O., 1978: Der Transport von gelösten Stoffen zur Wurzel als Funktion der Zeit und der Tiefe. Kali-Briefe, 14, 137-152.

RICHTER, J., NUSKE, A., HABERNICHT, W., BAUER, J., 1982: Optimized N-mineralization parameters of loess soils from incubation experiments. - Plant & Soil 68, 379-388.

RÖDER, R., EDEN, D.: Einfluß der Änderung der Bodennutzungsintensität (verschiedene Bodennutzungsarten) auf Grundwasser- und Sickerwasserbeschaffenheit. Umweltbundesamt Berlin, Texte 17/1989 (Forschungsbericht 102 02 204, UBA- FB 89-065).

ROTH, K., 1989: Stofftransport im wasserungesättigten Untergrund natürlicher, heterogener Böden unter Feldbedingungen. Diss. ETH Zürich.

ROTH, K., FÜHLER, H., ATTINGER, W., 1989b: TDR - Eine Methode zur Messung des volumetrischen Wassergehaltes, ETH Zürich

STREBEL, O.,RENGER, M., GIESEL, W., 1975: Bestimmung des Wasserentzuges aus dem Boden durch die Pflanzenwurzeln. Z. Pflanzenernährung, Bodenkunde, 138, 61-72.

TOPP, G.C., DAVIS, J.L., ANNAN, A.P., 1980: Electromagnetic determination of soil water content: Measurements in coaxial transmission lines, Water Resour. Res. 16, 574 - 582

WENDROTH, O., 1990: Koeffizienten des Wasser- und Gastransportes zur Ableitung von Kenngrößen des Bodengefüges. Diss. Georg-August-Universität Göttingen

Untersuchungen zur N-Transformation und zum N-Transfer in ausgewählten Agrarökosystemen mittels der Stabilisotopen-Technik

Projektleiter: Dr. rer. nat. R. Russow
UFZ - Umweltforschungszentrum Leipzig-Halle GmbH
Sektion Bodenforschung (Leipzig)

Mitarbeiter: Prof. Dr. habil. H. Faust   Dipl.-Biol. S. Mehlert
Agr.-Ing. P. Dittrich   Dipl.-Chem. I. Sich
Dipl.-Ing.(FH) G. Schmidt

Gliederung:

Investigations about the N-transformation and the N-transfer in selected agroecosystems with the stable-isotope technique

Stable isotope methods (^{15}N, D) were used to investigate the deposition of atmospheric N-compounds as well as N-transformation, Nitrate-translocation and N_2O-emission depending on the soil-N-availability at a low precipitation black-earth loess location in Central Germany. The N-input through bulk and gaseous deposition was determined during the period of one year with 51 kg/ha*a while the total integral atmospheric input into a soil-plant system was calculated with 62 kg/ha*a. Both results agree very well with the atmospheric N-deposition of 50-60 kg/ha*a calculated from N-balances. The lysimeter studies show that the Nitrate-translocation is strongly linked to the water movement. The translocated Nitrate is mostly derived from N-mineralizaton and only to a lesser degree directly from the applied fertilizer or N-deposition. The Nitrate-transformation and -translocation differ very strongly for the three examined soils. The unfertilized soil (LD 1) exhibits a high N-fixation into the organic soil pool, in a period of 2 years no Nitrate-translocation below 60 cm and no N-losses while the normally treated soil (LA 1) exhibits a high plant-usage of the mineralized N but already shows small N-losses. In the high-N-treated soil (liquid manure) (LA 2) occurs a Nitrate-translocation of 80 cm and N-losses of 20% (ca. 114 kg N/ha) of the mineralized N. The environmentally critical N-losses by N_2O emissions are only 3-7 kg N/ha*a for the high-N-treated soil because of the low water content in the soil.

1. Zusammenfassung

Der vorliegende Einzelbericht beinhaltet Untersuchungen zur Deposition atmogener N-Verbindungen sowie zur N-Transformation, NO_3-Verlagerung und zur N_2O-Emission in Abhängigkeit vom N-Versorgungsgrad des Bodens auf einem niederschlagsarmen mitteldeutschen Schwarzerde-Standort. Dafür wurden vorzugsweise Stabilisotopenmethoden (^{15}N, D) in Labor-, Lysimeter- und Feld-Versuchen eingesetzt. Der N-Eintrag durch Bulk und gasförmige Deposition wurde in einem 1-jährigen Meßzyklus zu 51 kg N/ha*a und der atmogene integrale Gesamt-N-Eintrag in das System Pflanze-Boden zu 62 kg N/ha*a ermittelt. Dieses Ergebnis stimmt mit aus N-Bilanzen errechneten Werten von ca. 50 - 60 kg N/ha*a sehr gut überein (vgl. TP 3). Die Lysimeter-Untersuchungen zeigen, daß die NO_3-Verlagerung eng mit der Sickerwasser-Bewegung gekoppelt ist und das Nitrat selbst nur zu einem sehr geringen Teil direkt aus dem applizierten Mineraldünger (bzw. N-Deposition) sondern hauptsächlich aus der N-Mineralisierung stammt. In der NO_3-Transformation und -Verlagerung unterscheiden sich die schwerpunktmäßig untersuchten Böden (LD 1, LA 1 + 2) sehr stark. Im vorliegenden Auswertezeitraum zeigt der N-unterversorgte Boden auf LD 1 eine hohe N-Festlegung im org. Bodenpool und folglich keine NO_3-Verlagerung unter 60 cm und keine N-Verluste. Der normal mit Stickstoff versorgte Boden (LA 1) zeichnet sich durch eine hohe Pflanzenverwertung des mineralisierten Stickstoffs aus, wobei aber bereits geringe N-Verluste auftreten. In dem sehr hoch mit N belasteten Boden aus LA 2 liegt dagegen bereits eine NO_3-Verlagerung von ca. 80 cm und ein N-Verlust von 20 % (ca. 114 kg N/ha) des mineralisierten Stickstoffs vor. Der klimarelevante Anteil an diesen Verlusten, die N_2O-Emission, beträgt bei den vorwiegend herrschenden geringen Boden-Wassergehalten bei dem hoch N-belasteten Boden (ohne Düngung) nur 3-7 kg N/ha*a und ist ein Nebenprodukt der intensiv ablaufenden Nitrifikation. Bei Wassergehalten $\geq$ 80 % der max. WHC können jedoch Werte bis 200 kg N/ ha*a, dann jedoch als Produkt der Denitrifikation, erreicht werden.

2. Zielstellung

Entsprechend dem Projektantrag zum STRAS-Verbund bestand für das vorliegende Teilprojekt folgende Zielsetzung:

1. Messung der N-Deposition mittels der ^{15}N-Isotopenverdünnungstechnik bei separater Erfassung von Ammoniak/Ammonium und NO_x und Untersuchung der Aufnahme und des Verhaltens von NO_x in Abhängigkeit von den Bodenparametern mittels ^{15}N-markiertem NO_2 durch Inkubations- und Expositionsversuche

2. Untersuchung der N-Transformation und Nitrat-Translokation über das Bodenprofil in Abhängigkeit vom N-Versorgungsgrad, der Bewirtschaftungsform des Bodens und des Klimas

3. Herkunftscharakterisierung des Boden-Nitrats an Testflächen verschiedener Provenienz durch Messung der ^{15}N/^{14}N- und ^{18}O/^{16}O-Isotopenverhältnisse

Da der letzte Punkt aus Gründen, die später noch zu erläutern sind, nur unvollständig bearbeitet werden konnte, wurde zusätzlich die Aufgabe 4 wie folgt aufgenommen:

4. Untersuchung der Denitrifikation und der damit verbundenen N_2O-Emission durch Schwarzerde-Böden.

3. Wissenschaftlich-technischer Stand

Da in vom Menschen unberührten Ökosystemen stets Mangel an pflanzenverfügbarem Stickstoff bestand, mußten Pflanzen in ihrer millionenjährigen Evolution eine hohe Stickstoff-Ökonomie entwickeln. Erst seit der Erfindung technischer N-Fixierungsverfahren (Ammoniak-Synthese nach HABER - BOSCH, Kalkstickstoff nach dem FRANK-CARO-Verfahren) sind Mineral-N-Dünger in nahezu beliebiger Menge verfügbar. Der drastische Zuwachs in der Mineral-Düngeranwendung zur Steigerung der Erträge und damit zur Bekämpfung der Hungersnot nach dem ersten und zweiten Weltkrieg führte zu einem enormen technogenen N-Eintrag über die Agrarökosysteme in unsere gesamte Umwelt.

Tabelle 1: Entwicklung des Mineral-N-Dünger-Einsatzes und Kornerträge in Deutschland

Zeitpunkt	N-Einsatz in kg/ha	Kornertrag in dt/ha
Vor 1. Weltkrieg (1900)	3	13
Vor 2. Weltkrieg (1938)	22	25
heute	130	60-80

Bei aller Notwendigkeit zur Erhöhung der Erträge durch eine gezielte N-Düngung ist in der landwirtschafllichen Praxis, sei es durch mangelnde Information über den wissenschaftlichen Kenntnisstand, durch Gleichgültigkeit oder durch verantwortungsloses Streben nach Höchsterträgen, der maximale Einsatz von N-Düngern zur Leitlinie geworden. Hinzu kommt der verstärkte Import von eiweißreichen Futtermitteln aus Drittländern, deren Stickstoff über die Nahrungskette Tier-Mensch letztlich ebenfalls in den Boden gelangt. Insgesamt führte das zum Anwachsen der N-Überschüsse in der N-Bilanz (100-170 kg/ha*a, siehe z.B. ISERMANN 1990, KÖRSCHENS 1993) und damit zur Erhöhung des organischen N-Pools im Boden und zu unerwünschten Stickstoffverlusten in Form von Nitrat-Leaching (Nitrat-Problem, Grundwasserbelastung) und N_2O-Emissionen (klimarelevantes Spurengas). Die Angaben zur N_2O-Emissionen in der Literatur schwanken über Größenordnungen. Als Richtwert kann man davon ausgehen, daß ca. 2,5 % des weltweiten landwirtschaftlichen N-Inputs ($170*10^6$ t/a) als N_2O emittiert werden (ISERMANN 1994, Übersicht bei GRANLI et al. 1994).

Ökosysteme in industriellen Ballungsgebieten werden zusätzlich durch die Immission von N-Verbindungen (NH_3, NO_x) belastet. Das gilt nicht nur für die derzeitige Situation, sondern allgemein für die nahe Zukunft, da durch Einführung moderner Feuerungsanlagen (hohe Verbrennungstemperatur = erhöhte NO_x-Emission) und die drastische Zunahme der KFZ-Zahl (insbesondere mit Dieselmotoren) die NO_x-Emission noch zunehmen wird. Das so in den hoch entwickelten Ländern heute allgegenwärtige Überangebot an Stickstoff führt insbesondere in den naturnahen Ökosystemen zu vielfältigen negativen Erscheinungen wie z.B. Bodenversauerung, Nährstoffimbalanzen, Verdrängung von Pflanzenarten bis hin zu den sog. neuartigen Waldschäden (TAMM 1991, KRAHL-URBAHN et al. 1988, FANGMEIER et al., 1994). Für agrarlandschaftliche Ökosysteme bilden die N-Depositionen aus der Atmosphäre (atmogene N-Deposition) lediglich einen Anteil in der N-Bilanz, den es zu berücksichtigen gilt. Dazu muß ihre Größe bekannt sein. Das ist für die nasse bzw. Bulk Deposition meistens der Fall, da sie einfach aus dem Niederschlagswasser bestimmbar ist, doch wurde die gasförmige Deposition, insbesondere der NH_3-Eintrag wegen methodischer Probleme bisher wenig untersucht. Eine zusätzliche Verschärfung der Stickstoff-Problematik in Agrarökosystemen könnte aus der geplanten bzw. bereits eingeleiteten Flächenstillegung resultieren. Die weiter ablaufende Mineralisierung des Stickstoffes, sie wird als die Hauptquelle für das Nitrat-Leaching angesehen (VOS et al. 1994, GYSI 1994), bei gleichzeitig stark reduziertem Entzug führt bei den hoch mit Stickstoff versorgten Böden zu einem erheblichen Anstieg der N-Freisetzung (MEISSNER 1993). Abgeleitet aus zielgerichteten Forschungsarbeiten sind daher Nachsorgemaßnahmen (nach Stillegung) zu erarbeiten, die Immobilisierungs-/Mobilisierungs- und Denitrifikationsprozesse unter Einbeziehung der org. Bodensubstanz (OBS), der aktiven Biomasse und der Bodenfauna so zu steuern, daß die Auswaschung minimiert und die Freisetzung in die Atmosphäre in Form von molekularem Stickstoff favorisiert wird. Eine wesentliche umweltbelastende Folge der hohen N-Versorgung ist die bereits oben erwähnte Nitrat-Kontamination der Gewässer und Grundwässer. Dies ist zwar seit langem bekannt, doch wie sich die diesbezügliche Situation im niederschlagsarmen mitteldeutschen Schwarzerde-Gebiet darstellt und welchen Einfluß verschiedene Bewirtschaftungsformen sowie die N-Immission auf den N-Austrag ausüben, ist bisher nicht hinreichend untersucht. Der Stickstoff ist also durch die Aktivitäten der Menschheit von einem limitierenden Mangel-Stoff zu einem allgegenwärtigen Problem-Stoff in Ökosystemen geworden. Die hier genannte Literatur steht nur beispielhaft für zahlreiche weitere Arbeiten der letzten Jahre. Ausführliche Literaturrecherchen findet man bei MEHLERT (1994) und SICH (1994).

4. Material und Methoden

4.1. Bestimmung der atmogenen N-Deposition

Die in den folgenden Darstellungen benutzte Einteilung der atmogenen N-Depositionen ist dem Schema in Abbildung 1 zu entnehmen:

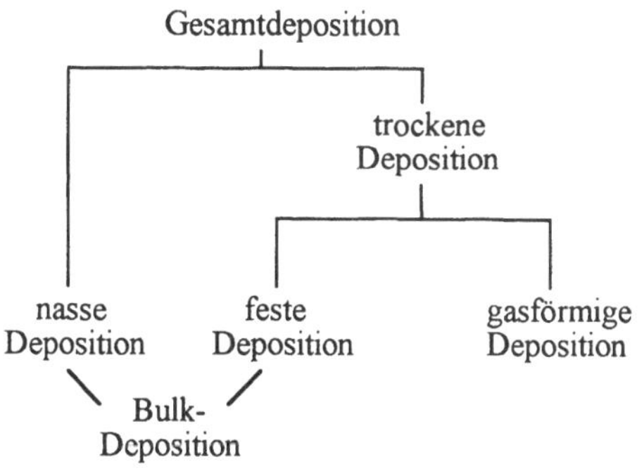

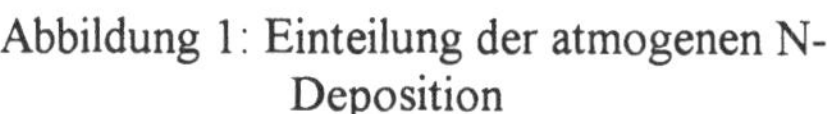

Abbildung 1: Einteilung der atmogenen N-Deposition

4.1.1. Nasse und Bulk Deposition

Die Bestimmung der nassen Deposition erfolgte in Niederschlagswasser, das aus speziellen Wet Only Sammlern mit einer Oberfläche von 0,1 m^2 erhalten wurde. Erfaßt wurden Ammonium, Nitrat und Gesamt-N. Für die Bestimmung der Bulk Deposition stand uns das sog. Staubwasser aus Bulk Sammlern, von denen pro Meßstelle drei mit einer Gesamtoberfläche von 0,0942 m^2 betrieben werden, zur Verfügung. In dem Staubwasser erfolgte nur die Bestimmung des Gesamt-N. Der Stickstoff des eigentlichen Staubes konnte wie Analysen zeigten, aufgrund des geringen N-Gehaltes (2 - 3 % N bezogen auf die gesamte Bulk Deposition) vernachlässigt werden. Näheres zum Betrieb der Sammler siehe NIEHUS (1993). Die Auswertung der Sammlerproben erfolgte monatlich.

4.1.2. Gasförmige Deposition (^{15}N-gestützte Passivsammler)

Die gasförmige Deposition ist schwierig zu erfassen und daher noch unzureichend quantifiziert. Mikrometeorologische Meßmethoden sind relativ aufwendig, teuer und daher für Mehrpunkt-Messungen nicht geeignet. Für die Ermittlung flächenbezogener Stoffeinträge ist der Einsatz einfacher, kostengünstiger und repräsentativ aufgestellter Passivsammler vorteilhafter. Mit der folgend beschriebenen Methode können Ammoniak und NO_x simultan erfaßt sowie mit geringem labortechnischen Aufwand analysiert werden. Die Methode basiert auf dem Passivsammlerprinzip, d.h. die zu bestimmenden N-Komponenten werden in einem geeigneten Substrat ("Monitoring Substrat"), das man passiv der Atmosphäre aussetzt, akkumuliert. Zur quantitativen Bestimmung des immittierten Stickstoffs nutzt man die ^{15}N-Isotopenverdünnungsanalyse.

Die Vorbereitung des homogen mit $^{15}NH_4^+$ und $^{15}NO_3^-$ markierten Monitoring Substrates erfolgt im Labor. Diese Sammelphase besteht aus analysenreinem Seesand den man mit einer Substratlösung, welche den ^{15}N-Marker, Pufferlösung (pH = 5), Biozid und Glycerin enthält, definiert behandelt. Als Probengefäße dienen Petrischalen in die der Sand eingewogen und nachfolgend die Substratlösung mittels Pipette aufgegeben wird. Die beschriebene Vorgehensweise gestattet eine weitestgehende Standardisierung. Zur Messung werden drei Substratproben in einem höhenverstellbaren, vor Niederschlag und Insektenflug geschütztem Passivsammler an ausgewählten Agrarstandorten aufgestellt und im 7- bzw. 14-Tage-Rhythmus gewechselt. Der in die exponierten Substrate eingetragene Stickstoff wird in Form von NH_4^+ und NO_3^- nach der BREMNER-Methode (vgl. Pkt. 4.3.) isoliert. Aus den in diesen N-Fraktionen gemessenen ^{15}N-Häufigkeiten wird die immittierte Stickstoffmenge mittels der Isotopenverdünnungsgleichung berechnet.

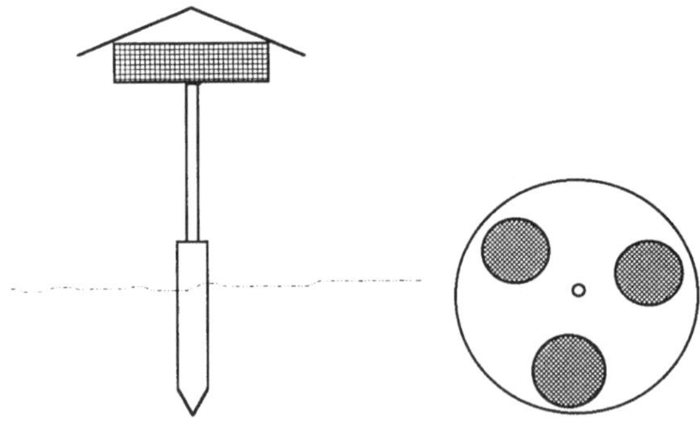

Abbildung 2: Passivsammler, Seitenansicht u. Draufsicht

$$m_d = \frac{1{,}54 * m_0 * (a_0 - a_d)}{(a_d - 0{,}366) * d} \qquad (1.1)$$

m_d - deponierte N-Menge in g N/ha * d
a_0 - ^{15}N-Häufigkeit vor der Exposition in At.-%
a_d - ^{15}N-Häufigkeit nach der Exposition in At.-%
m_0 - zuges. Menge an Ammonium-/Nitrat-N in µg
d - Expositionsdauer in Tagen
0,366 - natürliche Häufigkeit des ^{15}N in At.-%
1,54 - Faktor zur Umrechnung des Eintrages auf m_d

4.1.3. Integraler Gesamt-N-Eintrag (ITNI)

Die Bestimmung des Gesamteintrages an atmogenen Stickstoff in das System Pflanze/Boden integral über eine bestimmte Vegetationsperiode (Integrated Total N Input = ITNI) erfolgte ebenfalls mit der ^{15}N-Isotopenverdünnungsmethode. Da eine Markierung der atmogenen N-Verbindungen z.B. NH_3 in Freilandversuchen nicht möglich ist, wurde in einem abgeschlossenen Pflanze/Boden-System ein $^{15}NH_4$$^{15}NO_3$-Tracer eingesetzt und aus der Verdünnung dieses ^{15}N-Tracers durch den aufgenommenen atmogenen Stickstoff der Eintrag mit Hilfe der Isotopenverdünnungsgleichung berechnet.

$$Ndfa = m_T * (a'_T / a'_M - 1) \qquad (1.2)$$

Ndfa: Stickstoff aus der Atmosphäre in mg
m_T: Masse des eingesetzten N-Tracers in mg
a'_M: Excess-Häufigkeit im Meßsystems in At.-%
a'_T: Excess-Häufigkeit des Tracers in At.-%

Die Nutzung des Isotopenverdünnungsprinzips hat den Vorteil, daß bei normaler N-Versorgung der Pflanzen und unabhängig von N-Verlusten bei der Aufarbeitung der Systemkomponenenten für die spätere Analytik die eingetragene N-Menge empfindlich und genau bestimmt werden kann.
Das speziell entwickelte Meßsystem (Abb. 3) besteht aus vier Vegetationsgefäßen mit einer Oberfläche von je 0,038 m^2, die über Schläuche mit je einem Sammelgefäß für die Nährlösung und das überschüssige Regenwasser sowie einem Kanister für destilliertes Wasser und Magnetventilen verbunden sind. Das gesamte System arbeitet automatisch mit Hilfe eines entwickelten elektronischen Steuerteils.
Eine Schlauchpumpe (5) transportiert das Gemisch aus gesammeltem Regenwasser und Nährlösung aus dem Sammelgefäß (2) auf die Vegetationsgefäße (1). Fällt das Wasservolumen in dem Sammelgefäß unter ein Minimum von 3 - 3,5 l, füllt ein automatisches Ventil (4) destilliertes Wasser aus einem Reservekanister (3) nach, um Trockenstreß bei den Pflanzen zu verhindern.
In drei der vier aufgestellten Gefäße wurde Sommerweizen gesät und später auf jeweils 16 Pflanzen vereinzelt. Das vierte Gefäß diente als Kontrolle. Das System wurde auf dem Meßfeld des UFZ in Bad Lauchstädt für die Vegetationsperiode von Anfang April bis Ende Juni 1994 (ca. 10 Wochen) aufgestellt. In dem System sollten physische Stickstoffverluste bei normalem Betrieb und Stickstoffverluste durch Denitrifikation wegen der aeroben Bedingungen in einer Sandkultur minimal sein. Der pH-Wert des Wassers wurde wöchentlich kontrolliert, um gasförmige Verluste durch Ammoniakverdunstung auszuschließen. Die stickstofffreie Nährlösung beinhaltet pro Vegetationsgefäß 5,8 g Calciumhydrogenphosphat-Dihydrat, 5,92 g Kaliumsulfat, 6,104 g Magnesiumsulfat-Heptahydrat sowie 2 ml 5 %-ige Eisenchloridlösung und 0,4 ml HOAGLAND A-Z-Lösung (A+B). Die Markierung erfolgte für die Vegetationsgefäße bei Bepflanzung mit 0,085 g $^{15}NH_4$$^{15}NO_3$, 10,9 At.-%, bei dem Kontrollgefäß mit 0,071 g $^{15}NH_4$$^{15}NO_3$, 10,9 At.-%. Nach der vollen Entwicklung der Ähre aber noch vor der Blüte wurden die Pflanzen geerntet, da es durch die Blüte und Reife zum Teil zu hohen N-Verlusten kommt. Für die weitere Analyse wurde in folgende Fraktionen getrennt und diese aufgearbeitet: Pflanze (unterteilt in Pflanzenteile), Sand und Rest an Nährlösung. Alle Fraktionen wurden auf ihren Gesamtstickstoffgehalt und die ^{15}N-Häufigkeit untersucht.
(Pflanzenproben mit Massenspektrometer-Elementaranalysator-Kopplung, Sand und alle wäßrigen Proben nach KJELDAHL, Pkt. 4.3.)

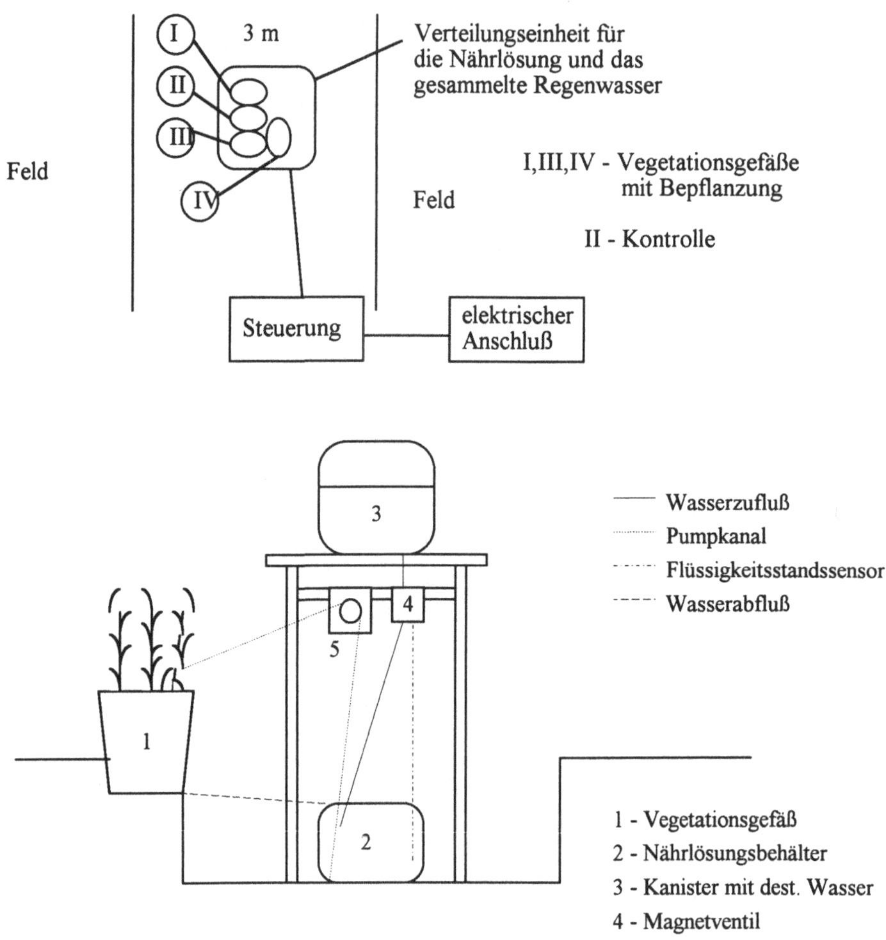

Abbildung 3: Schematischer Überblick über das ITNI-Meßsystem

4.2. Untersuchung der Wasser- und Nitrat-Bewegung sowie N-Dynamik

4.2.1. Stabilisotope Tracer-Studien in Lysimetern

Tiefengestaffelte Lysimeter Falkenberg:

Da die durch das UFZ vertraglich genutzten Lysimeter in Brandis (siehe unten) durch frühere
^{15}N-Versuche kontaminiert sind, wurden die tiefengestaffelten Lysimeter der Forschungsstelle
Falkenberg der GKSS Geesthacht genutzt. Diese Lysimeter mit einer Oberfläche von 0,201 m^2
und Tiefen von 50, 100 und 300 cm sind 1989 mit einem lehmigen Sand als Unterboden
(< 30 cm, C_t= 0,45 %, N_t= 0,04 %) und mit einem sandigen Lehm als Oberboden (0-30 cm,
C_t= 1,28 %, N_t= 0,11 %) gefüllt und zur Einstellung eines Gleichgewichtes unter
Schwarzbrache bis zum Start des Tracer-Versuches im Herbst 1992 betrieben worden. Eine
detaillierte Beschreibung dieser Lysimeter findet man bei MEISSNER (1991).

Die Markierung erfolgte in Form einer stabilisotopen Doppelmarkierung mit Deuterium-Wasser und [^{15}N]Nitrat.

^{15}N: Für alle Lysimeter einheitlich 4 kg N/ha, das entspricht $\approx$ 80 mg N
oder 576 mg [^{15}N]KNO$_3$ mit 95,24 At.-%.

D$_2$O: Lysimeter 50 cm: 200 ml D$_2$O mit 91,3 At.-%

Lysimeter 100 cm: 400 ml D$_2$O mit 91,3 At.-%

Lystmeter 300 cm: 900 ml D$_2$O mit 91,3 At.-%

Die Tracer für jedes Lysimeter wurden gemeinsam mit dest. Wasser zu einer Lösung mit einem Volumen von 1000 ml aufgefüllt und mittels einer Gießkanne gleichmäßig auf der Bodenoberfläche verteilt. Anschließend wurden 3 l Wasser nachgegossen, so daß sich ein simulierter Gesamtniederschlag von 20 mm (Starkregen) ergab. Um eine Sickerwasserbildung bis zu der Tiefe von 3 m zu gewährleisten, wurde der Niederschlag künstlich auf 800 mm pro Jahr bei Einhaltung der ortstypischen monatlichen Niederschlagsverteilung eingestellt und zur Vermeidung zu hoher Transpirationsverluste die Brache beibehalten. Die Sickerwasser-Probenahme erfolgte bei den 50 und 100 cm tiefen Lysimetern 14tägig und bei dem 300 cm tiefen Lysimeter monatlich. Bestimmt werden mußte in den Sickerwässern der Ammonium- und Nitrat-Gehalt einschließlich ^{15}N-Häufigkeit sowie der Deuterium-Gehalt. Letzteres erfolgt mittels Massenspektrometrie beim Kooperationspartner, der KFA Jülich, Institut für Radioagronomie.

Lysimeter Brandis

Aufbau und Bodentypen dieser Lysimeteranlage sind ausführlich bei KNAPPE (TP 12) beschrieben. Da die Mehrzahl dieser Lysimeter aus ^{15}N-Düngungsversuchen in den Jahren 1980 bis 84 mit bis zu 1,5 At.-% ^{15}N in der OBS angereichert sind, konnten die in den Lysimetergruppen 1 und 10 neu gestarteten ^{15}N-Versuche nicht entsprechend der ursprünglichen Aufgabenstellung (Nitrat-Translokation) ausgewertet werden. Aufgrund der relativ gleichmäßigen Markierung der aktiven OBS bot es sich jedoch an, diese Lysimeter zur Gewinnung von Aussagen über den Beitrag der Mineralisierung am NO$_3$-Austrag zu nutzen. Hierzu wurden die Lysimetergruppen eins, fünf und neun herangezogen. Neben dem NO$_3$-Austrag, einschließlich ^{15}N-Häufigkeit, wurden zusätzlich folgende Parameter bestimmt:

N_t und $^{15}N_t$; N_{an} und $^{15}N_{an}$; N_{hwl} und $^{15}N_{hwl}$ sowie Mineralisierungspotential nach STANFORD et al. (1972) (vgl. auch RAUSCH et al. 1985) mit ^{15}N-Häufigkeit im mineralisierten Stickstoff.

4.2.2. ^{15}N-Feldversuche

Alle ^{15}N-Feldversuche befinden sich auf den Versuchsfeldern des UFZ Leipzig-Halle in Bad Lauchstädt. Soweit sie zu dem STRAS-Standardprogramm gehören, sind sie ausführlich unter Punkt 5. des Gesamtberichtes und ergänzend bei KÖRSCHENS (TP 3) beschrieben. Zusätzlich angelegt wurde ein ^{15}N-Versuch auf dem Versuchsfeld V 140 Parzelle 33, im Folgenden mit L140/33 bezeichnet. Bei dem V140 handelt es sich um einen Versuch mit organisch/mineralischer Düngung und einer 4gliedrigen Fruchtfolge mit Zuckerrüben, Sommergerste, Kartoffeln und Winterweizen. Die hier benutze Parzelle erhält eine rein mineralische Düngung von 100 kg N/ha*a. Eine Übersicht über die später ausgewerteten ^{15}N-Versuche enthält die Tabelle 2.

Tabelle 2: Übersicht über angelegte ^{15}N-Feldversuche in Bad Lauchstädt

Anlage-Datum	Bezeichn.	Größe m²	C_t %	N_t %	^{15}N-Markierung kg N/ha (Form) At.-%			91/92	Frucht 92/93	93/94
10.04.92	LA1/16	15	1,83	0,16	5	(AN)	95	WW	Mais	SG
10.04.92	LA2/100	15	3,65	0,34	5	(AN)	95	WW	Mais	SG
03.12.92	LA2/86	9	3,46	0,32	10	(AS)	95	WW	Mais	SG
10.04.92	LD1/18	15	1,61	0,13	5	(AN)	95	WW	ZR	SG
18.03.93	L140/33	8	1,88	0,17	40	(AN)	50		SG	Kart

AN - Ammoniumnitrat, AS - Ammoniumsulfat, WW - Winterweizen, SG - Sommergerste, ZR - Zuckerrüben

Proben für die ^{15}N-Analytik wurden entnommen vom Boden (Termine und Tiefen siehe unter Pkt. 5.2.2.) und vom Erntegut. und folgender Analytik unterzogen:
- Boden: N_{an} und $^{15}N_{an}$; N_t und $^{15}N_t$; an ausgewählten Proben N_{hwl} und $^{15}N_{hwl}$
- Erntegut: N_t und $^{15}N_t$

4.3. Analytische und isotopenanalytische Methoden

Standard-Methoden
- N_t und $^{15}N_t$-Bestimmung nach KJELDAHL mit anschließender Wasserdampfdestillation
  (FAUST et al., 1981)
- N_t und $^{15}N_t$-Bestimmung mittels Elementaranalysator-QMS-Kopplung
  (RUSSOW et al. 1995)
- N_{an} und $^{15}N_{an}$-Bestimmung in Böden und Wässern (BREMNER et al. 1966)

Massenspektrometrische Bestimmung der Delta ^{15}N-Werte in ‰ für Böden
Die Bestimmung der Delta ^{15}N-Werte in Böden natürlicher Varianz erfolgte mit einem Massenspektrometer delta S der Fa. Finnigan MAT, das mit einem Elementanalysator EA 1108 der Fa. Carlo Erba über ein Online-Split-Interface gekoppelt ist (Abb. 4). Der Delta ^{15}N-Wert wird aus den Intensitätsverhältnissen R der Massen 29/28 von Probe (SA) und Standard (ST) entsprechend folgender Gleichung berechnet:

$$\text{Delta}\ (‰) = 1000 \times \frac{(R_{SA} - R_{ST})}{R_{ST}}$$

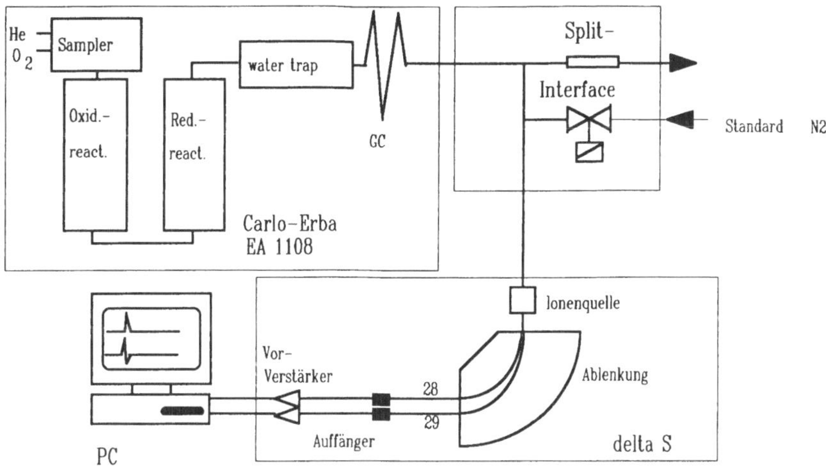

Abbildung 4: Massenspektrometer delta S gekoppelt mit Elementaranalysator EA 1108

Die fein gemahlenen und homogenisierten Bodenproben werden in Zinnkapseln eingewogen und gepreßt. Die eingesetzte Stickstoffmenge soll $\geq$ 80 µg pro Analyse betragen. Ist der N-Gehalt <0,08 %, wird der Probenstickstoff über den Kjeldahlaufschluß zu Ammoniumsulfat umgearbeitet und die entsprechende N-Menge zur Analyse gebracht. Dazu wird der Probenspeicher des Elementanalysators mit den gefüllten Zinnkapseln beschickt und der voll PC-gesteuerte Meßvorgang gestartet. Die erzielte Standardabweichung bei zur Verbrennung eingesetzter Bodenproben beträgt $\leq \pm$ 0,4 delta ‰ (Inhomogenität des Bodenmaterials).

4.4. GCQMS-gestützte ^{15}N-Inkubationsversuche zur Nitrifikation, Denitrifikation und Distickstoffoxid-Emission

Zur Untersuchung des Einflusses von N-Versorgungsgrad und Wassergehalt des Bodens auf die Höhe und den Weg der N_2O-Bildung wurden Labor-Inkubationsversuche mit [15N]Ammonium- und [15N]Nitrat-markierten Böden durchgeführt. Entsprechend der Fragestellung wurde ein Boden mit sehr geringem OBS-Gehalt (Versuch LD1/18: N_t = 0,13 %, C_t = 1,6 %) und ein Boden mit hohem OBS-Gehalt (Versuch LA 2: N_t = 0,24 %, C_t = 2,6 %) ausgewählt.

Die Inkubationsversuche wurden in einer speziellen Verbundapparatur durchgeführt, bei der die Inkubationsgefäße über eine Gasdosiervorrichtung und eine Gasumlaufpumpe mit einem GC-QMS-Gerät (GAMASIS = GAs chromatographically Mass spectrometrically Aided Soil Incubation System) direkt gekoppelt sind (RUSSOW et al. 1993, RUSSOW et al. 1994 b). Diese Einrichtung gestattet die simultane Bestimmung der Konzentration des Distickstoffoxid und dessen ^{15}N-Häufigkeit in der Inkubationsatmosphäre. Durch die direkte Kopplung der Inkubationsgefäße an die Analytik können Fehler durch eine separate Probenahme und -dosierung ausgeschlossen und insgesamt eine sehr effektive Arbeitsweise erzielt werden. Durch die Möglichkeit des Anschlusses von geeigneten Glasflaschen oder über einen speziellen gasdichten Adapter von Boden-Stechzylindern können sowohl gestörte Bodenproben als auch ungestörte Bodenkerne inkubiert werden .

5. Ergebnisse

Die Analysen- und Meßdaten sowie die darauf aufbauende Primärauswertung konnte aus Platzgründen nicht in die nachfolgende Auswertung aufgenommen werden. Diese wurden in einer Anlage zusammengefaßt, die über die Autoren verfügbar ist.

5.1. Atmogene N-Einträge
5.1.1. Nasse und Bulk Deposition

Es zeigte sich, daß in den gesammelten Wässern, insbesondere der Bulk Sammler der Gesamtstickstoff (N_t) sehr oft höher als die Summe aus Ammonium- und Nitrat-N war, so daß neben Ammonium und Nitrat auch der N_t-Gehalt bestimmt werden mußte (Kjeldahlaufschluß - arbeitsintensiv). Die bisher vorliegenden Ergebnisse enthält die Abbildung 9. Der Bulk N-Eintrag wird wesentlich von der Niederschlagsmenge bestimmt, da der staubförmige N-Eintrag nur wenige Prozent beträgt. Auffallend ist, daß in den Sommermonaten, z.B. Juli 1993, die Bulk Deposition die nasse Deposition um ein Vielfaches übersteigt. Das widerspricht scheinbar obiger Aussage, erklärt sich aber damit, daß bei der Erfassung plötzlicher Regenereignisse durch die verzögerte Öffnung des Wet Only-Sammlers viel zu kleine Volumina erhalten werden.

5.1.2. Gasförmige Deposition

Arbeiten zur Methodenvalidierung

Neben Laborvoruntersuchungen zur Einstellung von pH-Wert, Feuchte und Schichtdicke des Substrates wurden begleitend Versuche zur Validierung der Methode durchgeführt.

- Vergleich mit mikrometeorologischen Methoden: Für eine Meßkampagne wurden Ende März 1994 an einer Meßstation des Institutes für Troposphärenforschung Leipzig (IfT) in Melpitz (bei Torgau) zwei der vorgestellten Sammler aufgestellt. Vergleichsbasis für den Zeitraum April bis Oktober 1994 sind die NO_x-Depositionsmessungen der Station. Leider liegen zum Berichtszeitpunkt noch keine Ergebnisse seitens des IfT vor, so daß die Auswertung dieser Messung erst Mitte 1995 nachgereicht werden kann. Nachteilig für den Vergleich ist die geringe NO_2-Sorption durch das Monitoring Substrat, die zu Beginn der Messung noch nicht bekannt war. Nicht zuletzt deshalb ist eine Fortführung des Meßvergleichs Anfang/Mitte 1995 bei Beginn von NH_3-Depositionsmessungen durch das IfT sinnvoll.

- Expositionsversuche : Es wurden Expositionsversuche mit NH_3 und NO_2 unter standardisierten Laborbedingungen und mit $^{15}NO_2$ in einer speziellen Expositionskammer der KFA Jülich, Institut für Radioagronomie, vorgenommen (vgl. Pkt. 5.4.). Ist in der Ammoniak-Aufnahme das entwickelte Monitoring Substrat den natürlichen Böden ähnlich, so ist die NO_2-Aufnahme gegenüber Böden deutlich geringer.

Messungen über unterschiedlicher Vegetation und in verschiedenen Höhen
Hintergrund solcher Versuchsanstellung sind die in Abhängigkeit vom Boden/Vegetation als Quelle oder Senke für Ammoniak zu erwartenden unterschiedlichen Konzentrationsgradienten.

- Über Grasland: Für eine Meßperiode wurden die Sammler am Standort Bad Lauchstädt auf 0,6 und 2,2 m Höhe eingestellt.

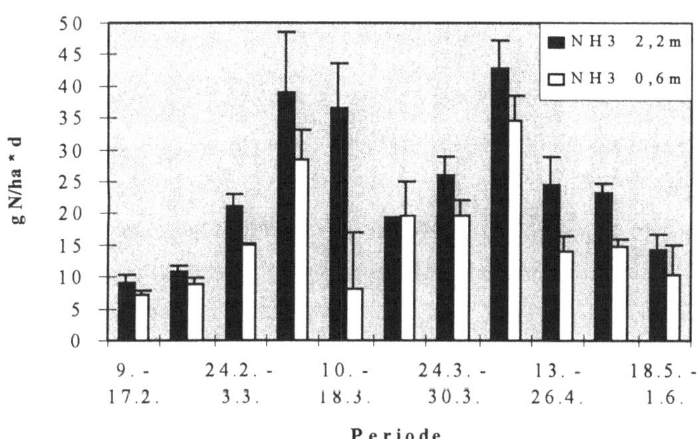

Abbildung 5: Ammoniakeinträge über Grasland in den Meßhöhen 2,2 und 0,6 m im Zeitraum 9.2. bis 1.6.1994, Standort Bad Lauchstädt

Aus der Abbildung ist ein nach unten gerichteter Fluß ersichtlich, d.h. es liegt eine Netto-Aufnahme durch Boden-Pflanze (Senke) vor.

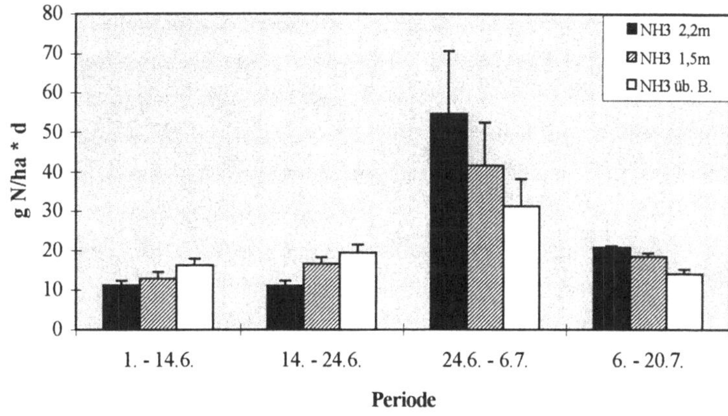

Abbildung 6: Ammoniakeinträge über einem Sommergerstenbestand in 2,2 m Meßhöhe, unmittelbar über dem Bestand (üb. B.) und in 1,5 m Meßhöhe über Grasland im angrenzenden Meßfeld; Zeitraum 1.6. bis 20.7. 1994, Standort Bad Lauchstädt

144

- Über Bestand: Diese Messung erfolgte in einer unmittelbar an das Grasland angrenzende Ackerfläche mit Sommergerstenkultur. Der in Abb. 6 dargestellte Depositionsverlauf zeigt für die erste Hälfte der Meßkampagne (Blütezeit) höhere Einträge (Konzentration) in Bodennähe. In der Folgezeit (Reifestadium) bildet sich ein entgegengesetzter Gradient aus. Ungünstigen Einfluß auf die Messung in der Periode 24.6. bis 6.7. hatte ein Starkniederschlagsereignis, wodurch eine Beeinträchtigung der Messung entstand.

Routine-Messungen

Die entwickelten ^{15}N-gestützten Passivsammler befinden sich an den Standorten Brandis und Bad Lauchstädt seit September routinemäßig im Feldeinsatz. Die Abbildung 7 zeigt die in einem Jahr ermittelten Ergebnisse.

Eine vergleichende Auswertung von Witterungsdaten und den Depositionsmeßwerten ergaben nur beim Faktor Wind (Windrichtung und -stärke) einen direkten Zusammenhang, wie die Auswertung für den Standort Bad Lauchstädt zeigt. Ein relativ großer Stallkomplex (Rinder- u. Schweinemastanlage, > 1000 Tiere), vom Meßpunkt aus ca. 1 km Luftlinie westlich gelegen, stellt einen großen Ammoniakemittenten dar, so daß bei westlichen Winden geringerer Stärke deutlich höhere NH_3-Depositionen auftreten (Abb. 8) (Witterungsdaten von DÖRING, TP 13). Eine begleitende Windauswertung liegt vor und wurde beispielhaft in Abbildung 8 dargestellt.

Aus dem bisherigen Einsatz liegen folgende Erfahrungen vor:

Bei den Entwicklungsarbeiten zur Konstruktion des Sammlers mußte eine Kompromißlösung zwischen maximaler Gasdurchlässigkeit und höchstmöglichem Schutz vor Niederschlag oder sonstigen Fremdeinträgen gefunden werden. So stellt der Sammleraufbau bzw. -geometrie schon selbst eine störende Einflußgröße dar, da die Turbulenz der anströmenden Luftmassen beeinträchtigt wird. Niederschlagseinträge werden durch das Sammlerdach weitestgehend ausgeschlossen, jedoch sind Einwirkungen bei sehr schräg einfallendem Starkregen nicht auszuschließen. Einträge von Feinststäuben (< 10 µm) die sich gasähnlich verhalten, können kaum unterbunden werden. Der Anteil am Gesamteintrag dürfte jedoch gering sein (1 - 5 %). An dieser Stelle sei noch einmal darauf verwiesen, daß sich aufgrund des Isotopenverdünnungsprinzips N-Verluste und alle stickstoffhaltigen nicht relevanten Ablagerungen auf das Meßergebnis nicht störend auswirken. Modell-Untersuchungen in einer Begasungskammer zeigten, daß die NH_3-Deposition bodenrepräsentativ, die NO_2-Deposition unterrepräsentativ und die HNO_3-Deposition (in Summe mit NO_2) zusätzlich erfaßt wird.

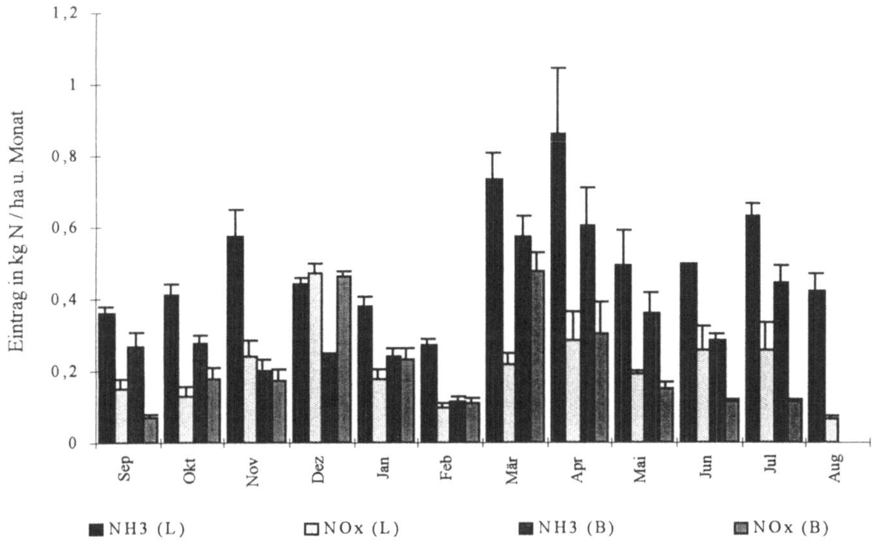

Abbildung 7: NH$_3$/NO$_x$-Einträge im Zeitraum Sept. 1993 bis Aug. 1994 an den Standorten Lauchstädt (L) und Brandis (B)

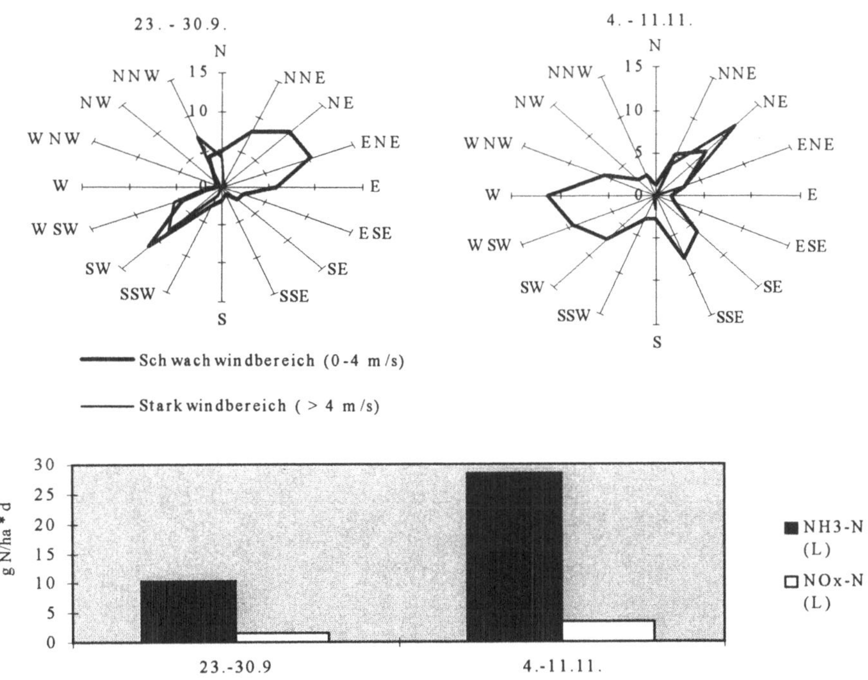

Abbildung 8: NH$_3$/NO$_x$-Einträge in Abhängigkeit von der jeweiligen Windrichtung und - häufigkeitsverteilung, Standort Lauchstädt 1993

5.1.3. Integraler Gesamt-N-Eintrag

Die aus der Isotopenverdünnung nach Gleichung 1.2 in Punkt 4.1.3. unter Berücksichtigung der jeweiligen ^{15}N-Ausbeute berechneten Ergebnisse sind als Durchschnitt von drei Gefäßen in Tabelle 3 zusammengefaßt. Der Gesamteintrag von atmogenem Stickstoff in das Boden-Pflanze-System beträgt über eine Vegetationsperiode von ca. 10 Wochen etwa 123 mg, dies entspricht bei einer Fläche von 0,038 m^2 pro Gefäß etwa 32 kg N/ha. Die Aufnahme an atmogenem Stickstoff durch die Pflanze belief sich auf etwa 42 mg, entsprechend ca. 35 % des gesamten Pflanzen-N. Der atmogene Stickstoffeintrag in die Kontrolle liegt mit 107 mg (28 kg/ha) nur etwas niedriger als die Einträge in das Boden-Pflanze-System. Das deutet darauf hin, daß der Haupteintragsweg für atmogenen Stickstoff die flüssige und feste Deposition auf den Boden ist. Die Reihenfolge der gemessenen ^{15}N-Häufigkeiten in den einzelnen Pflanzenfraktionen ($a_{Wurzel} < a_{Stengel} < a_{Blatt}$, nicht dargestellt) bestätigt diese Annahme. Die ^{15}N-Ausbeute ist deutlich < 100 %, wobei die Gefäße mit Bepflanzung eine höhere Wiederfindungsrate als die Kontrolle aufweisen (verursacht durch Denitrifikation). Die niedrigen Wiederfindungsraten können nicht nur durch Meßfehler verursacht sein. Bei den bepflanzten Vegetationsgefäßen lassen sich die hohen Stickstoffverluste zumindest teilweise durch wetterbedingte physische Verluste an Nährlösung erklären. Eine Hauptverlustquelle ist sicher entgegen der Annahme in Punkt 4.1.3. die Denitrifikation in den Sammelgefäßen. Diese Verluste sind bei der Wertung der Ergebnisse zu berücksichtigen. Der Gesamteintrag von 123 mg ist daher ein Bruttowert. Weil die Berechnung der atmogenen N-Aufnahme durch die Pflanze von der bei Versuchsende vorhandenen N-Menge in den Pflanzen ausgeht, stellt der entsprechende Wert von 42 mg pro Gefäß = ca. 11 kg N/ha den minimalen atmogenen Netto-Eintrag dar, da N-Verluste aus der Pflanze vernachlässigbar sind. Eine Verbesserung der entwickelten Methode in Richtung höherer ^{15}N-Ausbeuten ist also notwendig.

Tabelle 3: Stickstoffverteilung, Stickstoffentzug und integraler Stickstoffeintrag von atmogenem Stickstoff (N_{at}) für Sommerweizen während einer Vegetationsperiode

	Sommerweizen				Kontrolle			
Fraktionen	N-Verteilung		N_{at}[1]		N-Verteilung		N_{at}[1]	
	mg	%	mg	%	mg	%	mg	%
Nährlösung + Sand	91.05 ± 13.95	19.05 ± 3.72	80.94 ± 9.74	65.58 ± 4.17	132,25 50,29		106,52	100,00
Ähren	28.08 ± 11.24	10.85 ± 2.42	6.53 ± 0.82	5.34 ± 0.68				
Blatt / Stengel	109.23 ± 22.85	29.16 ± 6.11	20.24 ± 2.27	17.16 ± 3.14				
Wurzel	55.84 ± 9.21	14.9 ± 2.46	15.29 ± 2.78	12.38 ± 1.63				
Σ Pflanze	205.72 ± 32.86	54.91 ± 8.78	42.06 ± 5.33	34.33 ± 4.17				
Gesamt	296.77 ± 36.01	79.21 ± 9.63	123.00 ± 10.10	100.00	132.25 50.29		106.52	100.00

[1] N_{at} - Atmogen eingetragener Stickstoff

5.1.4. Diskussion des atmogenen N-Eintrages

Eine Zusammenstellung der monatlich über ein Jahr (9/93-8/94) in den verschieden Formen gemessenen N-Deposition für die Standorte Brandis und Bad Lauchstädt findet man in Abb. 9. Die detaillierte Analyse des Jahreseintrages, unterteilt in Winter- und Sommerhalbjahr enthält die Abbildung 10. Bei der gasförmigen Deposition stellt das NH_y (NH_3 + NH_4) insbesondere in Bad Lauchstädt den höchsten Anteil, wobei im Winterhalbjahr vor allem in Brandis der NO_x-Anteil eine merkliche Erhöhung erfährt. Die Abbildung 9 zeigt, daß die Bulk Deposition näherungsweise mit dem Niederschlag korreliert. Da die Niederschlagsmenge im Sommer höher ist als im Winter führt das dazu, daß die Bulk Deposition, die das 4 bis 7-fache der gasförmigen Deposition beträgt, im Sommer fast doppelt so hoch ist wie im Winter (zusätzlich Anteil von Sekundär-Staub im Sommer sicher hoch). Die jährliche Gesamtdeposition beträgt 46 kg N/ha in Brandis und 51 kg N/ha in Bad Lauchstädt. Die rein gasförmige Deposition zeigt die gleiche Relation, wobei aufgrund des höheren NH_y-Anteils in Bad Lauchstädt der Unterschied zwischen den Standorten deutlicher ist (Brandis 6 kg N/ha , Bad Lauchstädt: 8,7 kg N/ha).

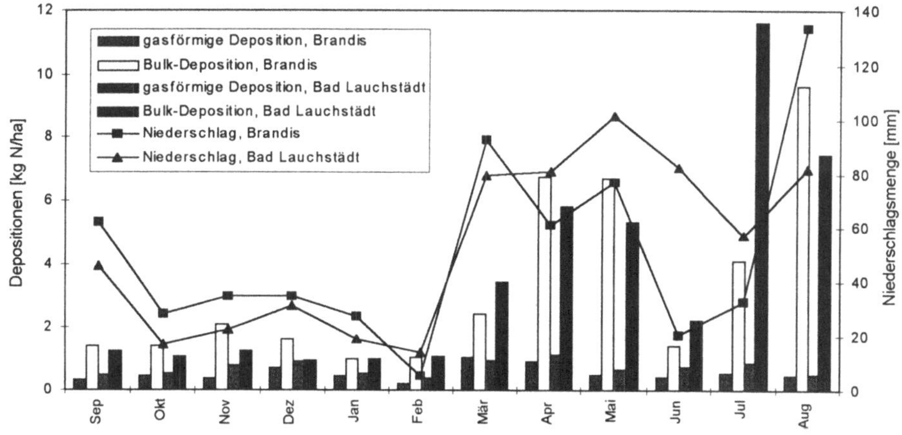

Abbildung 9: Monatliche gasförmige und Bulk Depositionen für Stickstoff an den Standorten Brandis und Bad Lauchstädt

Eine gute Übereinstimmung dieser Art der Depositionsbestimmung besteht mit dem integralen Gesamt-N-Eintrag in das Boden-Pflanzen-System. Für die Meßperiode vom 18. April 1994 bis zum 21. Juni 1994 (65 Tage) am Standort Bad Lauchstädt erhält man aus den Einzelmessungen eine Deposition von 12,3 kg N/ha und aus dem integralen Netto-N-Eintrag (bezogen auf die Pflanzen) einen Wert von 11,0 ± 1,3 kg N/ha. Eine formale Hochrechnung aus letzterer Angabe auf ein Jahr ergibt 62 ± 7 kg N/ha. Der obige Wert von 51 bzw. diese 62 kg N/ha*a stehen in guter Übereinstimmung mit dem Stickstoff aus sonstigen Quellen nach KÖRSCHENS im TP 3, (1981-91: 61 ± 19 kg N/ha*a) und GARZ im TP 11 (Versuchsfeld

148

der Univ. Halle: 35-65 kg N/ha*a). Sie sind auch vergleichbar mit Angaben in der Literatur, z. B: GOULDING 1990, für Rothamsted Experimental Station durchschnittlich 40 kg N/ha*a.

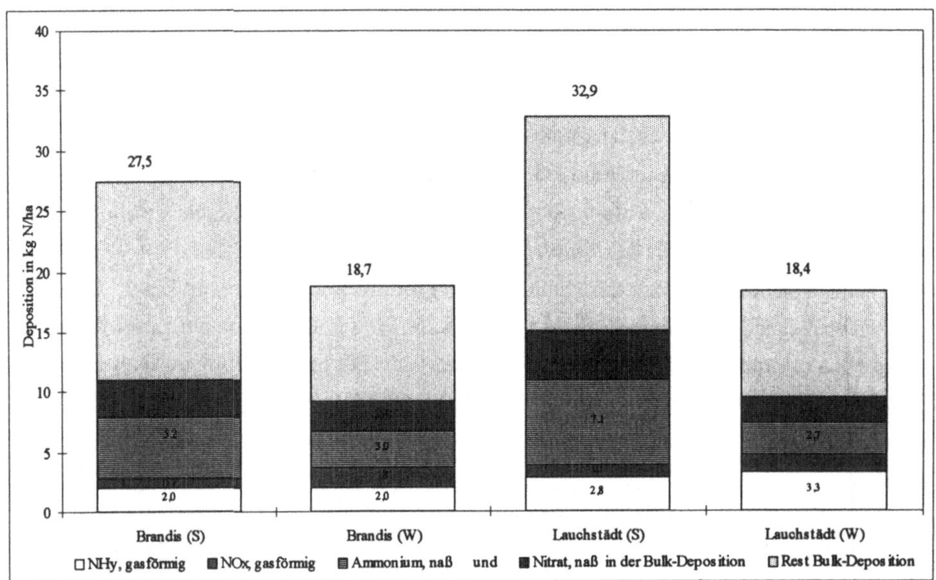

Abbildung 10: Zusammensetzung der atmogenen N-Deposition für das Winter- (W: 11/93-4/94)und Sommerhalbjahr (S: 1994)

(Zahlen auf den Säulen = Gesamtdeposition = gasförmige + Bulk-Deposition)

5.2. N-Dynamik und Nitrat-Problem

5.2.1. Wasser- und Nitrat-Bewegung in Lysimetern

Doppel-Tracer-Studie bei den tiefengestaffelten Lysimetern in Falkenberg

Aus den gewonnenen Analysen- und Meßdaten konnten errechnet werden: Der absolute differentielle (NO_3-^{15}N in mg) und der auf die eingesetzte ^{15}N-Menge von 78,9 mg pro Lysimeter bezogene relative kumulative [^{15}N]Nitrat-Austrag (NO_3-^{15}N RS in %), der absolute (D_2O in ml) und der relative kumulative Wasser-Austrag (D_2O RS in %), bezogen auf die pro Lysimeter eingesetzte D_2O-Menge. Ihre Darstellung erfolgt in den Abbildungen 11 und 12. Da im 300 cm-Lysimeter bis zum vorliegenden Zeitpunkt (4/94) der Endzustand in der isotopen Häufigkeit noch nicht erreicht war, wurden in Abb. 13 die unbearbeiteten Originaldaten aufgenommen.

Der Vergleich der Summenkurven für Nitrat und Wasser zeigt ein sehr ähnliches Zeitverhalten. Die Wiederfindung nach der Summenkurve beträgt für Nitrat:

- nach 50cm: 73 %
- nach 100 cm: 82 %

Obige Werte bedeuten, daß die mikrobielle Immobilisierung des aufgegeben Nitrates in dem OBS-armen Boden relativ gering ist.

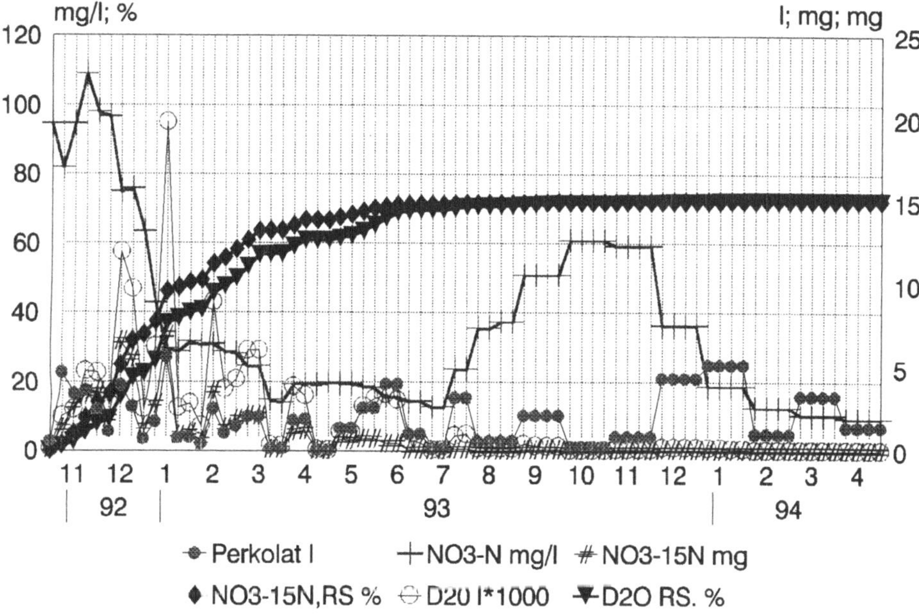

Abbildung 11: Falkenberg, Lysimeter I 50 cm Wasser- und Nitrataustrag

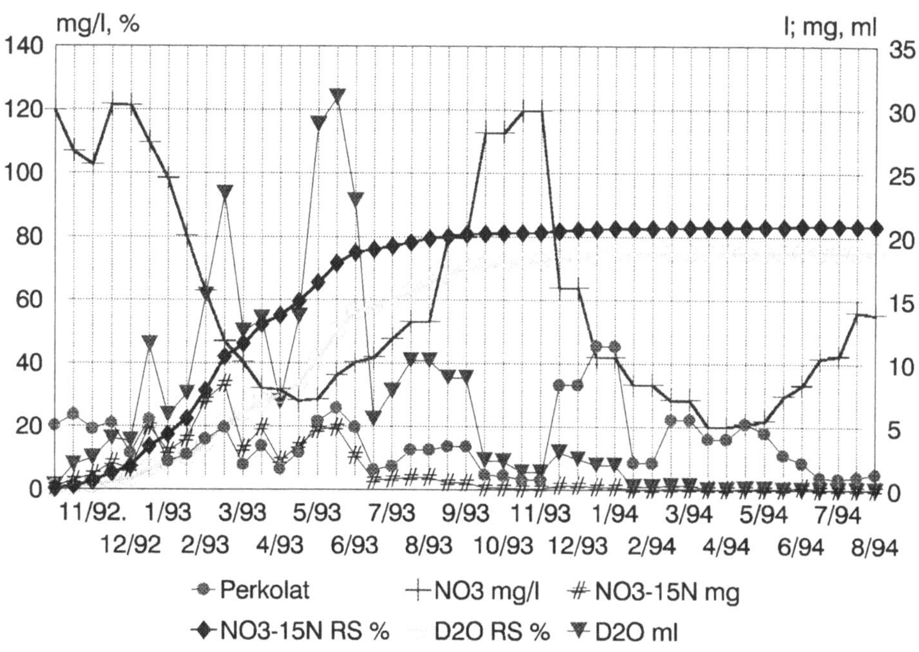

Abbildung 12: Falkenberg, Lysimeter II 100 cm Wasser- und Nitrataustrag

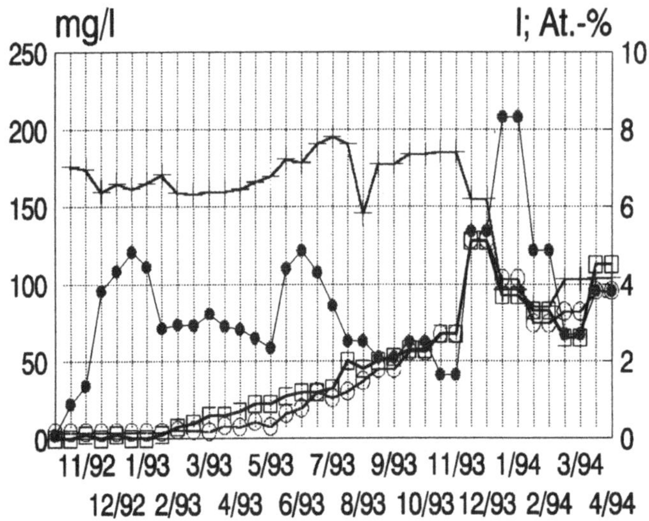

Abbildung 13: Falkenberg; Lysimeter 300 cm (Urdaten 1): Perkolat, Nitratgehalt und isotope Häufigkeit

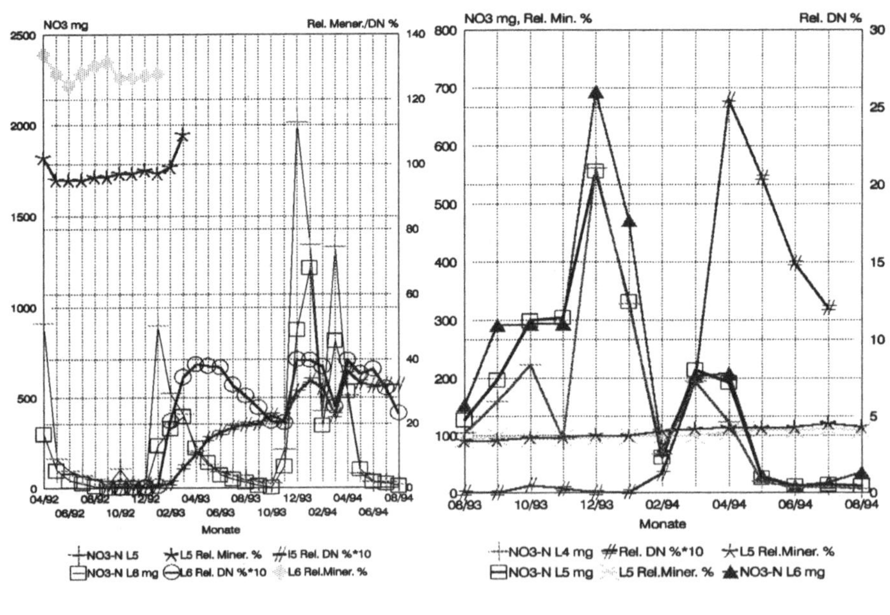

a. Lysimeter 1/5-7;   **b.** Lysimeter 5/4-7

Abbildung 14: Brandis; Lysimeter: Dünger- und Mineralisierungsanteil am Nitrataustrag

Die Wasserverdunstung (Brache) beträgt für: - 50 cm: 29 %

- 100 cm: 27 %.

Aussagekräftiger sind die Kennzahlen Durchbruchs-Zeit bzw. -Volumen (T_d; V_d) und mittlere Verweilzeit (VWZ) bzw. -Volumen ($V_{1/2}$) für Nitrat und Wasser. Die theoretische Verweilzeit (τ) ergibt sich bei einem ideal durchströmten Volumen (V) nach:

$$\tau = V/v^* \qquad (v^* \text{ - Volumengeschwindigkeit}) \qquad (2.1)$$

Unter realen Bedingungen ist die mittlere VWZ ($t_{1/2}$) der 50 %-Wert der Summenkurve. (Tabelle 4). Die Auswertung für das 3 m-Lysimeter ist noch nicht möglich, da der Austrag hier noch keine Sättigung erreicht hat.

Tabelle 4: Ergebnisse der Doppel-Tracer-Studie, tiefengestaffelte Lysimeter Falkenberg

Schicht	NO_3-Durchbruch		NO_3-VWZ		H_2O-Durchbr.	H_2O-VWZ	
cm	d	l	d	l	d	d	l
50	<7	<5,3	59,4 ±4	25,4	<7	76,0 ±5	31,5 ±0,4
100	<14	<27,7	144,0 ±17	44,0 ±2	<14	191,0 +2	53,0 ±1
1000	112	26,8 ±1,2			140		

Ist in der Durchbruchszeit für Nitrat und Wasser bei den 50 und 100 cm-Lysimetern kein Unterschied zu erkennen, so zeigen die Verweilzeiten und VWZ-Volumina eine signifikant höhere Verlagerungsgeschwindigkeit von Nitrat gegenüber Wasser. Dies ist bemerkenswert, läßt sich aber mit den Kationenaustauscher-Eigenschaften von Böden erklären. Diese führen dazu, daß das NO_3-Anion von dem negativ geladenen Ton-Humus-Komplex abgestoßen wird, das neutrale H_2O-Molekül kann jedoch unbehindert in die Bodenaggregate eindringen. Dieser Befund deckt sich mit den Ergebnissen von BEHRENS (1986) und BOWMAN et al. (1986) für den Vergleich Bromid/Wasser. Da der mikrobielle Einfluß bei den hier untersuchten Böden offenbar gering ist (siehe oben), wird dieser Ionenausschlußeffekt des Nitrates nicht durch eine Verzögerung infolge Immobilisierung überdeckt. Durch Umstellung der Gleichung 2.1 nach V und Anwendung auf reale Strömungsverhältnisse erhält man:

$$V = \tau * v^* \qquad (2.2)$$
$$V_{1/2} = t_{1/2} * v^* \qquad (2.3)$$

Das mittlere VWZ-Volumen in Gleichung 2.3 entspricht in hinreichender Näherung der Feldkapazität der Böden. Diese wurde zu 31 Vol.-% für das 50 cm-Lysimeter und zu 26 Vol.-% für das 100 cm Lysimeter berechnet. Aus dem mittleren VWZ-Volumen für Nitrat läßt sich die pro 1 mm Sickerwasser bewirkte

NO_3-Verlagerung in mm berechnen.:   50 cm-Lysimeter: 4,0 mm/mm Sickerwasser

100 cm-Lysimeter: 4,5 mm/mm Sickerwasser

^{15}N-Lysimeter Brandis

Wie unter Punkt 4.2.1. bereits gesagt, sollen ausgewählte Lysimetergruppen (LG 1, 5, 9) der Station Brandis zur Gewinnung von Aussagen zum Einfluß der Mineralisierung auf den Nitrat-Austrag genutzt werden. Die nachfolgend genannten Ergebnisse sind somit eine Ergänzung des TP 12. Als Basis der weiteren Diskussion dienen die ^{15}N-Häufigkeiten in der OBS, bestimmt nach verschiedenen Verfahren (vgl. Pkt. 4.2.1. u. 4.3.), welche in Tabelle 5 zusammengestellt sind.

Tabelle 5: Lysimeter Brandis: N-Gehalte und ^{15}N-Häufigkeiten der OBS (N_{org}) der Böden

Lysimeter	OBS		HWL		mineralisiert
	N_{org} %	a'_{org} at.-% ex	N_{hwl} ppm	a'_{hwl} at.-% ex	a'_{mr} at.-% ex ($\pm$ SD)
1/5	0,184	0,809	86,9	1,005	1,08 $\pm$0,07
1/6	0,173	0,668	75,4	0,825	0,84 $\pm$0,06
1/7	0,161	0,908	86,1	1,045	1,02 $\pm$0,11
5/4	0,114	0,819	58,9	0,765	0,87 $\pm$0,06
5/5	0,108	0,910	49,8	0,795	0,92 $\pm$0,06
5/6	0,117	0,932	60,9	0,815	0,93 $\pm$0,16
9/1	0,145	0,566	53,9	0,531	n.b.
9/2	0,152	0,583	58,5	0,551	n.b.
9/3	0,138	0,603	50,4	0,575	n.b.

Entnahme der Bodenproben 0 - 20 cm: Mai 1993
^{15}N-Häufigkeit des N-Düngers: $a_T' = 20{,}33$ at.-% ex

Aus der ^{15}N-Häufigkeit des Nitrates im Perkolat (Abb. 14, Tab. 5) und des organischen Boden-N-Pools errechnet sich der relative Anteil der Mineralisierung am Nitrat im Perkolat nach:

$$\text{Rel. Mineralisierung} = \frac{a_{org}}{a_N} * 100 \quad \text{in \%}$$

Diese Werte sind ebenfalls in Abb. 14 bzw. in Tab. 6 enthalten und schwanken um 100 %, d.h. das Nitrat im Perkolat stammt praktisch vollständig aus der Mineralisierung. Der Dünger-Einfluß in der LG1/5-7 macht sich erst nach 10 Monaten bemerkbar und der Dünger-Anteil am ausgetragenen Nitrat beträgt dann nur maximal 4 %. Dieses Ergebnis deckt sich mit den Untersuchungen von MÜLLER et al. (1989), GYSI (1994) und MEISSNER et al. (1993), die ebenfalls einen dominierenden Beitrag der Mineralisierung zur Nitrat-Auswaschung feststellten.

Tabelle 6: Lysimeter Brandis: LG 9: Nitrat-Austrag und Mineralisierung

Monat	LN	Perkolat	NO_3-N	a′	NO_3-N	Rel.-Min.[1]
		l	mg/l	at.-% ex	mg	%
3/94	9/1	73,7	2,24	0,605	165,1	106,9
	9/2	61,5	5,98	0,625	368,0	102,1
	9/3	57,5	0,45	0,545	25,7	92,5
4/94	9/1	61,2	1,12	0,575	68,6	101,6
	9/2	61,3	3,08	0,670	188,5	114,9
	9/3	59,9	0,39	0,455	23,5	77,2
5/94	9/1	8,45	1,12	0,465	9,5	82,2
	9/2	7,25	2,26	0,610	16,4	104,6
	9/3	9,12	0,56	0,525	0,5	89,1
6/94	9/1	0,20	1,71	0,425	0,3	75,1
	9/2	n.n.	n.n.	n.n.	n.n.	n.n.
	9/3	0,29	0,48	0,579	0,1	97,6

[1]Relativer Anteil von mineralischem N am Nitrataustrag
^{15}N-Häufigkeit des N-Düngers: $a_T′ = 20{,}33$ at.-% ex

5.2.2. N-Dynamik und Nitrat-Verlagerung in Böden verschiedener N-Belastung

Zum Studium der Nitrat-Verlagerung und insgesamt der N-Dynamik in Löß-Schwarzerde-Böden in Abhängigkeit von der Versorgung bzw. der Belastung mit Stickstoff wurden insgesamt fünf ^{15}N-Feldversuche angelegt (vgl. Aufstellung in Tab. 2): N-Mangel - LD 1/18, mittlere N-Belastung - LA 1/16, hohe N-Belastung - LA 2/100 + 86 und konventionelle Bewirtschaftung - L140/33.

Da die Versuchsflächen LD 1, LA 1 und LA 2 nicht gedüngt werden, mußte, um die N-Dynamik nicht zu beeinflussen, eine geringe ^{15}N-Tracer-Gabe von 5 bzw. 10 kg N/ha mit ca. 95 At.-% verabreicht werden. Bei Versuch L140/33 erfolgte die ^{15}N-Markierung mit der normalen Düngung von 40 kg N/ha mit ca. 50 At.-%. Bei der gesamten folgenden Auswertung wird vorausgesetzt, daß sich der ^{15}N-Tracer-Impuls wie der zur Zeit der Applikation in der Ackerkrume vorhandene anorganische Stickstoff N_{an}^0 verhält.

Einen Anhaltspunkt über die Repräsentanz der Boden-Probenahme und die Richtigkeit der Analysen und deren Auswertung liefert die ^{15}N-Bilanz (1992: Tab. 7, 1993: Tab. 9). Die Wiederfindung beträgt bis zur Ernte 1992 für alle Versuche etwa 100 %. Das bedeutet, daß bis zu diesem Zeitpunkt keine bedeutenden Mengen des Anfangs-N_{an} (N_{an}^0) bis unter 90 cm verlagert wurden. Ansonsten lassen die Ergebnisse eine deutliche Differenzierung für die drei Versuchsflächen zu. Der N-Mangel-Boden (LD 1) zeigt den kleinsten Anteil im N_{an} bei hoher Festlegung von 53 % des markierten anorganischen Stickstoffs (N_{an}^0), jedoch eine geringe Verwertung durch die Pflanze (39 %). Der hoch mit N (OBS) versorgte/belastete Boden (LA 2) weist dagegen den höchsten Anteil (16 %) vom N_{an}^0 im aktuellen freien N_{an} bei hoher N-Festlegung von 58 %, aber bei der kleinsten Verwertung des N_{an}^0 (29 %) durch die Pflanze auf.

Tabelle 7: ^{15}N-Bilanzen ($1m^2$) 1992 im Frühjahr und nach der Ernte

| Datum | Pflanze | | Tiefe | Boden | | | | Wiederf. |
| | | | | N_{org} | | N_{an} | | |
	mg	%	cm	mg	%	mg	%	%
LD1								
28.04.	/	/	0 - 30	283	59,1	388,8	81,2	140,3
norm.				202	42,2	277,0	57,8	100,0
			30 - 60	/	/	/	/	
			60 - 90	/	/	/	/	
28.07.			0 - 30	[1]184		5,9		
(n.d.E)			30 - 60	69		2,7		
			60 - 90	/		/		
	185	38,6	Σ	255	52,8	8,6	1,8	93,2
LA1/16								
28.04.	/	/	0 - 30	173	36,1	282	58,9	95,0
28.07.			0 - 30	167	34,9	18,3	3,8	
(n.d.E)			30 - 60	35	7,3	3,8	0,8	
			60 - 90	18	3,7	4,0	0,8	
	235	49,1	Σ	220	46,0	26,1	5,4	100,5
LA2/100								
28.04.	/	/	0 - 30	157	32,8	308	64,3	97,1
28.07.			0 - 30	[1]238	49,8	52,0	10,9	
(n.d.E)			30 - 60	22	4,6	18,2	3,8	
			60 - 90	19	4,0	7,3	1,5	
	137	28,6	Σ	279	58,4	77,5	16,2	103,2

[1]Kontamination mit Ernteabfall, daher Werte von RKS entnommen; norm.: normiert auf 100%

Die als normal N-versorgt zu bezeichnende Parzelle LA 1 liegt mit einem Anteil von 5 % am freien N_{an} zwischen den beiden Extremböden, in der Festlegung zeigt sich jedoch der geringste und folglich in der Pflanzenverwertung mit 49 % der höchste Anteil an $N_{an}°$. Nach 2 Vegetationsperioden differenziert sich diese Rangfolge noch stärker. Die Flächen mit hoher N-Belastung (LA 2/100 + 86) weisen jetzt bereits N-Verluste (bezogen auf 90 cm) von durchschnittlich 19 % auf. Nimmt man an, daß in hinreichender Näherung auch das Verhalten des mineralisierten Stickstoffs durch das ^{15}N charakterisiert wird, so ergibt sich bei einer durchschnittlichen jährlichen Mineralisierungsrate von 4 % des abbaubaren Stickstoff in der OBS von ca. 0,2 % (vgl. KÖRSCHENS, TP 3) ein Verlust von 114 kg N/ha. Dieser Verlust resultiert alleine aus der Mineralisierung, da eine Düngung bereits seit Jahren nicht mehr erfolgt.

Tabelle 8: Zusammengefaßte Bilanzen der ^{15}N-Feldversuche

	Pflanzenentzug	Festlegung	Freies N_{an}	Verlust
LD 1	44 %	54 %[1]	<1 %	< 1 %
LA 1	67 %	26 %	5 %	5 %
LA 2	34 %	33 %	14 %	19 %

[1]Da Wiederfindung 92 < 93, auf Wiederfindung 92 korrigiert.

Tabelle 9: ^{15}N-Bilanzen (1m^2) 1993 im Frühjahr und nach der Ernte

| Datum | Pflanze | | Tiefe | Boden | | | | Wiederf. |
| | | | | N_{org} | | N_{an} | | |
	mg	%	cm	mg	%	mg	%	%
LD1 (1)								
06.04.	/	/	0 - 30	211	44,1	5,1	1,1	
			30 - 60	56,2	11,7	0,6	0,1	
			60 - 90	41,6	8,7	0,4	0,1	
			Σ	309	64,5	6,1	1,3	65,8
14.10.			0 - 30	158	31,8	1,9		
(n.d.E)			30 - 60	70,6	14,7	1,0		
			60 - 90	33,4	7,0	1,3		
	26,0	5,4	Σ	256	53,5	4,2	0,9	59,8
Ernte 92	185	38,6						98,4
LA1/16 (2)								
06.04.	/	/	0 - 30	166	34,6	9,0	1,9	
			30 - 60	51,7	10,8	7,7	1,6	
			60 - 90	31,7	6,6	6,8	1,4	
	235	49,1	Σ	249	52,2	23,5	4,9	57,1
23.09.			0 - 30	84,8	17,7	1,1		
(n.d.E)			30 - 60	24,6	5,1	/		
			60 - 90	13,2	2,7	4,0		
	84,4	17,7	Σ	123	25,6	5,1	1,1	44,4
Ernte 92	235	49,1						93,5
LA2/100 (3)								
06.04.	/	/	0 - 30	110	23,0	8,4	1,7	
			30 - 60	17,4	3,6	26,3	5,5	
			60 - 90	20,0	4,2	57,7	12,1	
	235	49,1	Σ	147	30,8	92,4	19,3	50,1
23.09.			0 - 30	138	28,8	2,6	0,5	
(n.d.E)			30 - 60	17,3	3,6	26,1	5,5	
			60 - 90	6,1	1,3	25,6	5,4	
	42,8	9,0	Σ	161	33,7	54,3	11,4	54,1
Ernte 92	137	28,6						82,7
LA2/86 (4)								
06.04.	/	/	0 - 30	374	38,4	219	22,6	
			30 - 60	101	10,4	133	13,6	
			60 - 90	28,8	3,0	72,3	7,5	
	235	49,1	Σ	503	51,8	424	43,7	95,5
23.09.			0 - 30	233	23,9	16,8	1,7	
(n.d.E)			30 - 60	64	6,6	124	12,8	
			60 - 90	9,0	0,9	63,0	6,5	
	235	24,2	Σ	298	31,7	204	21,0	76,7
V140/33 (5)								
28.05.	/	/	0 - 30	516	30,3	841	49,5	
			30 - 60	94,0	5,5	43,3	2,5	
			60 - 90	191	11,2	94,2	5,5	
	235	49,1	Σ	801	47,0	979	57,5	104,5
13.08.			0 - 30	553	32,5	22,0	1,3	
(n.d.E)			30 - 60	201	11,8	1,2	0,1	
			60 - 90	121	7,1	2,7	0,1	
	882	51,9	Σ	875	51,4	25,9	1,5	104,8

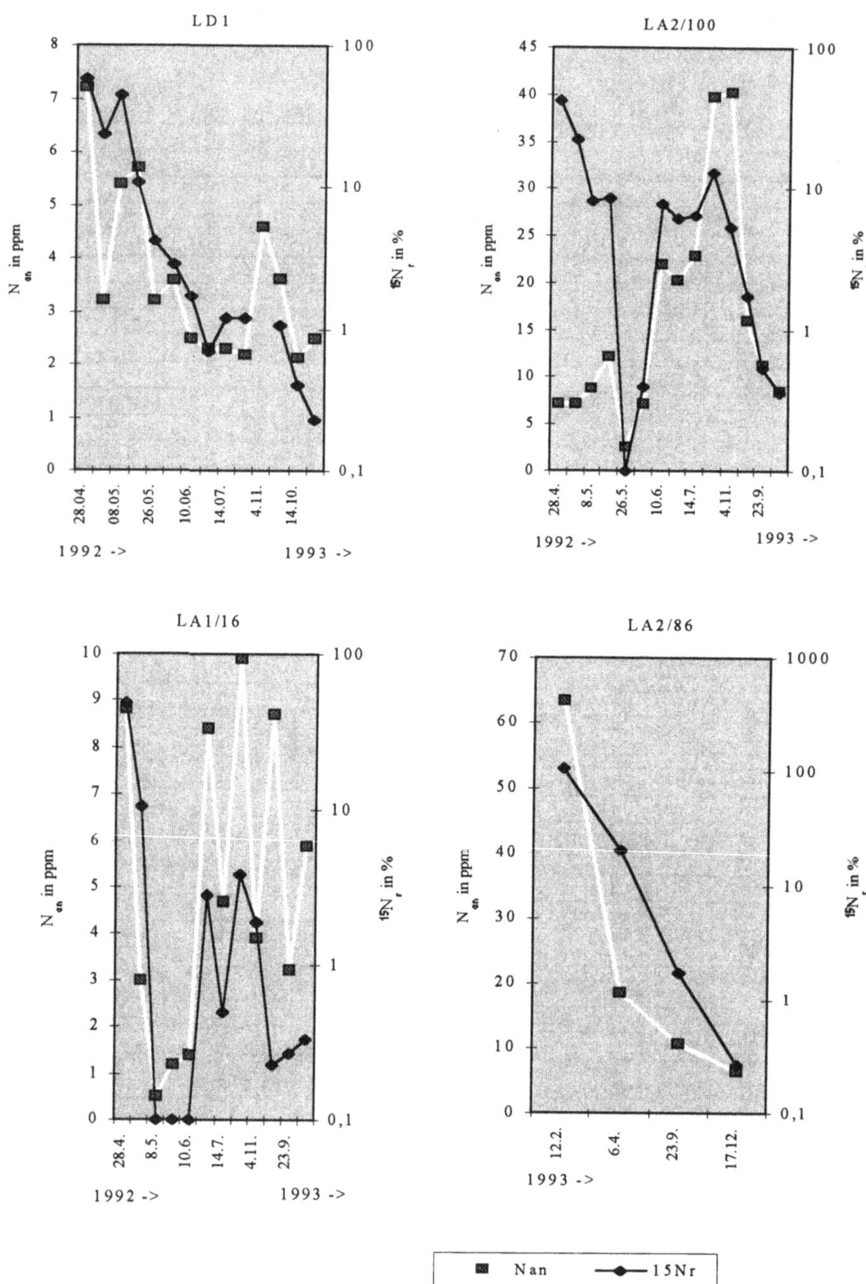

Abbildung 15: N_{an}- und $^{15}N_{an}$- Dynamik im Oberboden (0-30 cm) der ^{15}N-Parzellen

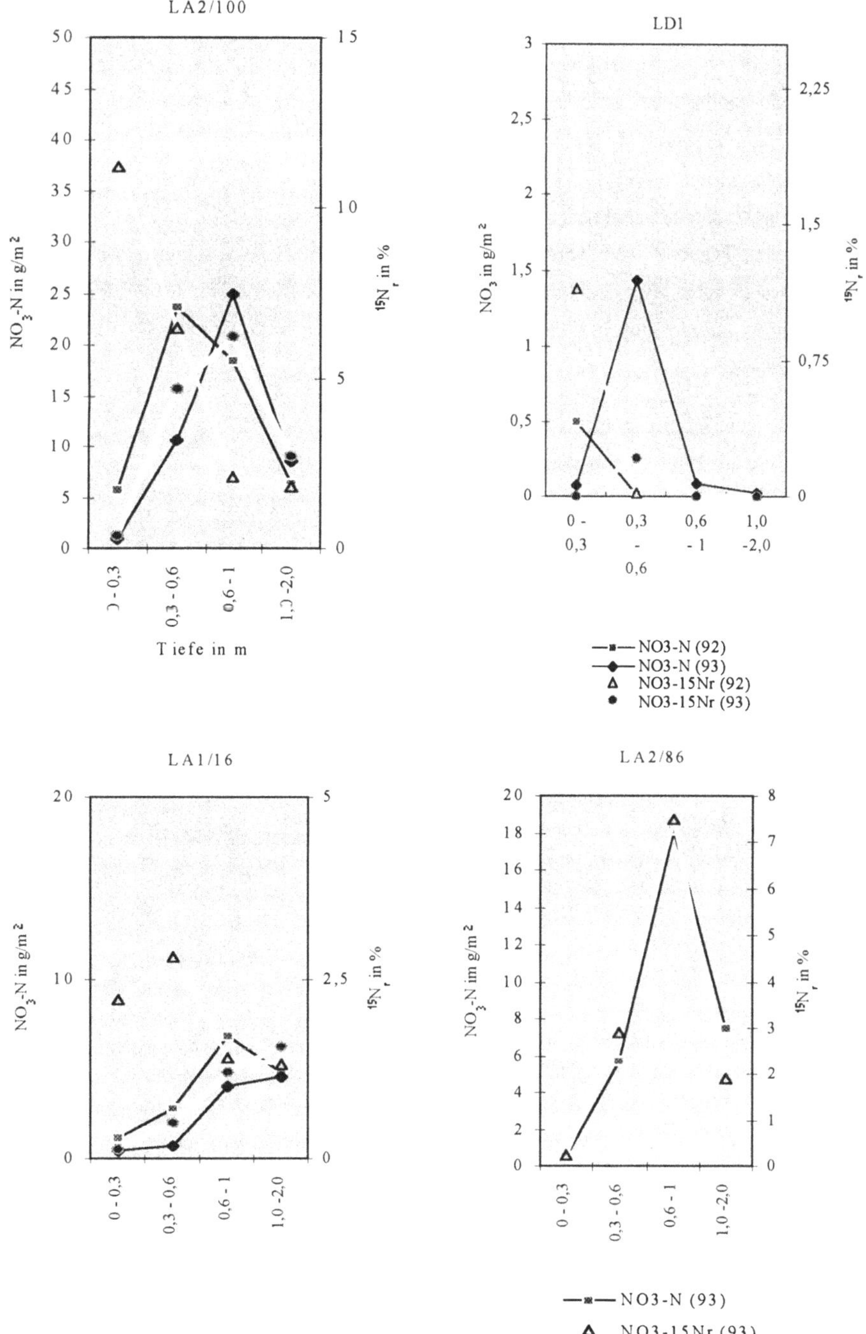

Abbildung 16: Nitratmenge pro m² (10 cm Schichtdicke) und ^{15}N-Nitratverlagerung auf den ^{15}N-Parzellenversuchen, Rammkernsondierung 1992/93

158

Zur Charakterisierung der N-Dynamik sind die Nitrat-Gehalte und die relativen Anteile des Tracer-Impulses ($^{15}N_r$) pro m² für die Ackerkrume (0 - 30 cm) in der Abb. 15 graphisch aufgetragen (man beachte die verschiedenen Maßstäbe für den N_{an}, links und die logarithmische Teilung für $^{15}N_r$, rechts). $^{15}N_r$ [%] = ^{15}N-Menge zum jeweiligen Termin t pro ^{15}N-Tracer-Gabe (ist identisch mit %-Wert in Tab. 7 und 9)

Auch hier zeigt sich ein analoges Verhalten wie bereits oben diskutiert. Der Mangelboden (LD 1) legt den Tracer-N sehr schnell fest und es tritt keine Remineralisierung ein, die N_{an}-Gehalte sind sehr klein. Bei den Gülle-belasteten Böden tritt eine deutliche Remineralisierung des Tracer-N im zweiten Jahr auf und im Falle des stark belasteten Bodens von LA 2 sind die N_{an}-Werte sehr hoch.

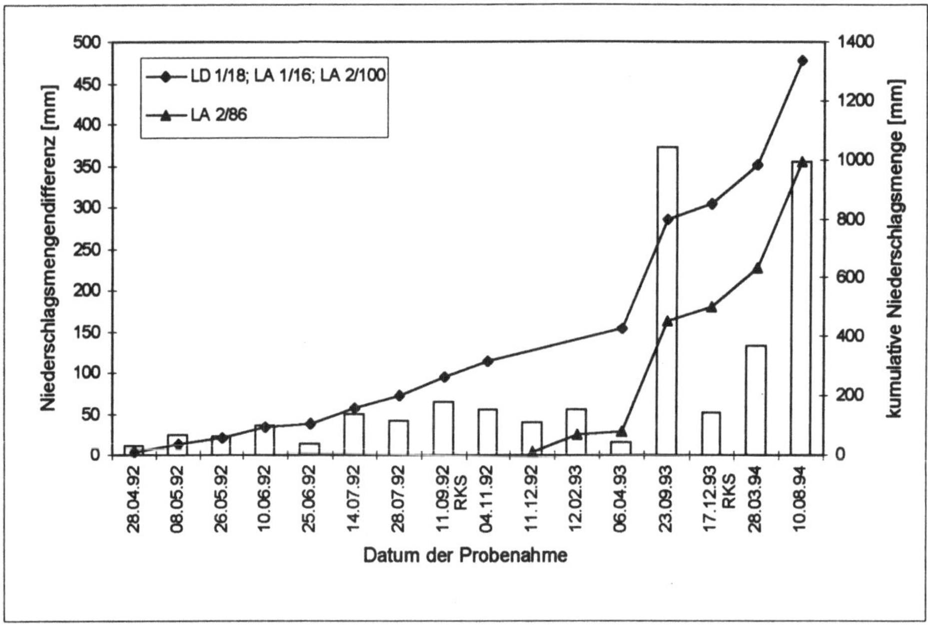

Abbildung 17: Niederschlagsmengen und kumulative Niederschlagsmenge
(RKS: Rammkern-Sondierung)

Speziell zur Verfolgung der Nitrat-Verlagerung wurden Rammkern-Sondierungen (RKS) bis 2 m (für 1994: 5 m geplant) vorgenommen. Die gemessenen und auf eine einheitliche Schicht von 10 cm umgerechneten Nitratmengen sowie die auf den eingesetzten ^{15}N-Tracer bezogenen relativen ^{15}N-Gehalte für die sondierten Bodenschichten sind in Abb. 16 dargestellt. Diese Grafik gibt Hinweise auf eine potentielle Gefährdung des Grundwassers durch Nitrat-Auswaschung. Im N-Mangel-Boden der Parzelle LD 1/18 wird nach zwei Vegetationsperioden (1 Winter) kein Nitrat tiefer als 60 cm verlagert. Sehr hohe Nitrat-Werte in den tieferen Schichten (30 - 100 cm) hat dagegen der hoch belastete Boden (LA 2/86), wobei die Verschiebung des Nitrat-Peaks um ca. 35 cm in einem Jahr deutlich zu erkennen ist (bei 576 mm Niederschlag nach Abb. 17). Ebenfalls sehr klar ist die Bewegung des Tracer-Nitrat-Peaks zu verfolgen. Nach zwei Vegetationsperioden befindet sich der Tracer-Peak in Kongruenz mit dem normalen NO_3-Peak bereits in der Schicht 60 - 100 cm. Die dazu gehörige Niederschlagsmenge nach Abbildung 17 beträgt 835 mm. Nach DÖRING (TP 13, Modellabschätzung) ist in der Löß-Schwarzerde, Bad Lauchstädt durchschnittlich mit einer Sickerwassermenge von 89 mm zu rechnen, d.h. aus der obigen Angabe ergibt sich eine spezifische NO_3-Verlagerung von 3,9 mm/mm Sickerwasser. Dieser Wert für Löß-Schwarzerde reiht sich logisch in die Ergebnisse für sandigen Lehm aus den Lysimeteruntersuchungen (4,2 mm/mm) und für Sand-Löß (GARZ, TP 11: 3 mm/mm) ein.

5.3. Charakterisierung des Boden-N nach der natürlichen ^{15}N-Isotopenvariation

Das für die erforderliche Präzisions-Isotopenanalytik notwendige Massenspektrometer (DELTA S mit CN-Analysator Carlo Erba, Beschreibung siehe Pkt. 4.3.) stand erst ab 6/92 zur Verfügung (Finanzierung durch KAI e.V., Berlin). Ferner stand durch altersbedingtes Ausscheiden des verantwortlichen Bearbeiters ab 1994 kein kompetenter Mitarbeiter mehr für diese Problematik zur Verfügung. Daneben gab es objektive Probleme, wie später zu erläutern, die insgesamt eine Weiterführung dieses Unterpunktes des TP 2 in 1994 unmöglich machten. Der nachfolgend dargestellte Ergebnisstand entspricht also dem von Ende 1993. Bei der Nutzung der natürlichen Isotopenvariation für die Charakterisierung der Transformation und der Herkunft des Stickstoff im Boden geht man von folgenden Annahmen aus (Tab. 10).

Tabelle 10: Natürliche ^{15}N-Häufigkeiten in einigen Umwelt-Kompartimenten

N-Kompartiment	^{15}N-Häufigkeit in Delta ‰		
N der Luft		0	
N_{an} im Regen	-12	bis	-5
N_{an} in Mineraldünger	-0,5	bis	+3
N in OBS	+5	bis	+10
N in org. Dünger	+2	bis	+10

Langjährig nach gleichem Düngungsregime behandelte Flächen lassen eine Veränderung ihrer natürlichen ^{15}N-Häufigkeit in bestimmter Richtung vermuten. Nach den bisherigen Messungen wurde gefunden, daß sich die Delta-^{15}N-Werte vom Gesamt-N aus der Bodenkrume in Abhängigkeit vom Düngungsregime deutlich unterscheiden, wie die Ergebnisse in Tab. 11 ausweisen.

Tabelle 11: Delta ^{15}N-Werte in ‰ der Ackerkrume (0 - 20 cm) für langjährig unterschiedlich gedüngte Parzellen in Dauerversuchen (Standardabweichung ± 0,4 ‰)

	1956	1980	1992
LD1 - ungedüngt	6,7	5,1	
LD - Mineral N (NPK)	7,2	5,2	
LD - Stallmist	8,6	6,3	
LD/IOSDV - ungedüngt			3,6
LD/IOSDV - Mineral-N			5,0
LD/IOSDV - Stallmist			6,2

Tabelle 12: Delta ^{15}N-Werte in ‰ für Boden und Erntegut des Dauerversuches "Ewiger Roggenbau Halle" (Standardabweichung ± 0,4 ‰)

Bezeichnung	ungedüngt	Mineral N (NPK)	Stallmist
1961 Weizenkorn	1,1	2,8	5,1
Weizenstroh	-1,1	-0,4	1,3
Boden	8,4	6,4	9,4
1967 Weizenkorn	0,2	2,6	4,3
Weizenstroh	-3,7	-2,8	0,4
Boden	5,9	6,3	8,2

In ebenfalls gemessenen Proben der Jahre 1972, 1978, 1985 und 1992 wurden unerwartet hohe Delta-Werte gefunden, die nur durch eine Kontamination ^{15}N-gedüngter Parzellen Anfang der siebziger Jahre zu erklären sind. Für die angestrebten Aussagen sind sie unbrauchbar und wurden deshalb in der Tabelle 12 nicht angeführt.

Die analytischen Daten aus den Tabellen 11 und 12 ergeben folgende generellen Aussagen:

- Die natürliche ^{15}N-Häufigkeit für das jeweilige Jahr steigt von "Ungedüngt" über "Mineral-N" zu "organisch N" an
- Sie sank zwischen 1956 und 1992 (Tab. 11) bzw. 1961 und 1967 (Tab. 12) besonders auf der ungedüngten Parzelle nachweislich ab
- Innerhalb einer Düngungsvariante sind im Stroh die niedrigsten und im Boden die höchsten Delta-Werte zu finden.

Daraus ergibt sich, daß stark mit organischem N animalischer Herkunft gedüngte Parzellen durch relativ hohe Delta-Werte identifiziert werden können. Das Absinken der Delta-Werte in den letzten Jahrzehnten ist vermutlich durch die erhöhte atmosphärische N-Deposition mit niedrigen Delta-^{15}N-Werten bedingt. Beispielhaft durchgeführte Messungen der Delta-^{15}N-Werte im Niederschlag ergaben für den Zeitraum April/Mai 1994 -1,7 bis +1,7 ‰ für Nitrat und -1,1 bis +7,0 ‰ für Gesamt-N und bestätigen damit diese Annahme.

5.4. Aufnahme und Freisetzung gasförmiger N-Verbindungen durch Böden

Aufnahme von Stickstoffdioxid durch Böden

Als Vorarbeiten zu dieser Teilaufgabe wurden Syntheseverfahren für ^{15}N-markierte Stickoxide und gasförmiges [^{15}N]Ammoniak entwickelt und die Herstellung verschiedener Chargen an [^{15}N]Stickstoffdioxid und -Stickstoffmonoxid durchgeführt (RUSSOW et al. 1992, 1993). Gibt es zur NO_2-Aufnahme durch Pflanzen bereits eine Vielzahl von Untersuchungen, so ist zur Aufnahme durch Böden wenig bekannt. Um erste orientierende Angaben dazu zu erhalten und um einen diesbezüglichen Vergleich mit dem Monitoring Substrat (siehe Pkt. 5.1.2.) zu bekommen, wurde eine erste Serie von Expositionsversuchen mit [^{15}N]Stickstoffdioxid im

Institut für Radioagronomie der KFA-Jülich durchgeführt. Die dazu benutzte Expositionskammer ist bei SEGSCHNEIDER (1994) beschrieben. Zum Einsatz kam gefilterte Außenluft, der 100 ppb $^{15}NO_2$-Gas zugemischt wurden. Dieses Gemisch simuliert eine realitätsnahe Belastungsspitze, wie sie etwa in schlecht durchmischter Luft einer Straßenschlucht von Großstädten während der Hauptverkehrszeit vorliegt. Die Exposition erfolgte in vier Ansätzen mit folgenden 3 Böden: Schwarzerde, hoch mit N versorgt (LA2), Schwarzerde ohne jede Düngung (LD1) und zusätzlich ein humoser Sandboden aus konventioneller agrarischer Nutzung (HS,Standort Trossin: C_t = 3,12 %, N_t = 0,29 %).

Zur einheitlichen Konditionierung wurden die Böden auf eine Korngröße von < 1 mm abgesiebt und eine WHC von 80 % eingestellt. Für LA 2 kamen zusätzlich drei ungestörte Stechzylinderproben zum Einsatz. Als Gefäße dienten Petrischalen mit A = 65 cm^2, in denen die Substrate, außer den Stechzylinderproben, mit jeweils gleicher Schichtdicke vorlagen (2 mm). Die NO_2-Aufnahmerate stieg im Verlauf leicht an. Sehr interessant erscheinen auch die gemessenen NO-Konzentrationsanstiege am Kammerausgang bei zunehmender Expositionsdauer. Es erfolgt offenbar eine Induktion der NO-Freisetzungen aus Böden durch andauernde NO_2-Aufnahme, was jedoch in weiteren Untersuchungen zu bestätigen wäre.[1] Tabelle 13 zeigt mittlere Stickstoffaufnahmeraten der verschiedenen Substrate nach 24-stündiger Exposition.

Tabelle 13: $^{15}NO_2$-Sorption der Substrate; Gesamtstickstoff- u. ^{15}N-Häufigkeitbestimmung

Substrat	Eintrag N_t in µg/cm^2 Boden		Wiederfindung in N_{an} in % von N_t	max. ^{15}N-Häufigkeit in N_{an} in At.-%
LA2	0,4	±0,2	90,0	13,0
LA2$_{ungestört}$	0,66	±0,05	67,3	13,4
LD1	0,12	±0,02	77,1	7,2
HS	0,71	±0,03	89,3	16,2

C-$^{15}NO_2$: ≈ 100 ppb; a = 90 At.-%; V_{Kammer}= 164 l; F = 29 l/min
rel. WHC = 85 %; Wdh./Substrat = 3 Masse Boden = 18 g; ungestört = 125 g

Der Boden aus der langjährig ungedüngten Parzelle LD1 (kleinster OBS-Gehalt) zeigt mit Abstand die geringste NO_2-Aufnahme. Bemerkenswert ist beim güllebelasteten Boden (LA2), daß an ungestörten Bodenscheiben um ca. 50 % höhere Aufnahmewerte gemessen wurden. Für eine erste Interpretation dieser Ergebnisse liegt es nahe, die mikrobiologische Aktivität für diese unterschiedlichen Aufnahmeraten in irgend einer Weise verantwortlich zu machen. Eine direkte Nitrierung der aromatischen Humuskörper scheidet wahrscheinlich aus, da stets ≥ 67 % des aufgenommenen ^{15}N im anorganischen N-Pool gefunden wurden.

---

[1] Konnte in einem zweiten Expositionsversuch in 3/95 bestätigt werden.

Laboruntersuchungen zur N-Transformation und N_2O-Emission

Da die Ergebnisse zu dieser Teilaufgabe bereits in zwei Arbeiten veröffentlicht wurden (RUSSOW et al. 1994 a, RUSSOW et al. 1994), sollen nachstehend nur die bisher erzielten Ergebnisse zusammengefaßt werden.

<u>Abhängigkeit der Höhe der N_2O-Emission vom Wassergehalt des Bodens:</u> Ab einem Wassergehalt von 80 % bzw. 90 % der max. Wasserkapazität (WHC) steigt die N_2O-Emission drastisch an. Oberhalb dieses Wassergehaltes werden Emissionen bis zu 12 µg N/kg*h ($\approx$ 210 kg N/ha*a) erreicht. Unterhalb dieses Wertes ist die N_2O-Emission mit 0,2 - 0,4 µg N/kg*h ($\approx$ 3,5 - 7 kg N/ha*a) sehr gering. Dieser Befund deutet auf verschiedene Bildungswege für das N_2O in Abhängigkeit vom Wassergehalt oder richtiger vom Sauerstoffpartialdruck im Boden hin.

Tabelle 14: Vergleich der ^{15}N-Häufigkeit von Ammonium (A), Nitrat (N) und N_2O (X)

	$[^{15}N]$ Ammonium At.-%	$[^{15}N]$ Nitrat At.-%
anaerob	$A_B = 93$ $A_E = 62 \quad \dfrac{\Delta A}{\Delta t} < 0$ $N_E = 45$ $X = 20 - 42$ $A > N > X$	$N_B = 75$ $N_E = 65 \quad \dfrac{\Delta N}{\Delta t} < 0$ $A_E = 12$ $X = 70 - 60$ $X \approx N \gg A$
aerob	$A_B = 93$ $A_E = 29 \quad \dfrac{\Delta A}{\Delta t} < 0$ $N_E = 53$ $X = 80 - 55$ $X > N > A$	$N_B = 76$ $N_E = 55 \quad \dfrac{\Delta N}{\Delta t} < 0$ $A_E = 20$ $X = 65 - 53$ $X \approx N > A$
Vergleich anaerob/ aerob	$X^e > X^a$	$X^a > X^e$

B - Beginn der Inkubation   a - anaerob
E - Ende der Inkubation   e - aerob

<u>N-Transformation und Weg der N_2O-Bildung:</u>
Zum Verständnis der nachfolgenden Ausführungen ist die Tab. 14 und die Abb. 18 zu berücksichtigen

- Es tritt eine merkliche Mineralisierung von organischer Bodensubstanz zu Ammonium (W 0) auf, die durch aerobe Bedingungen stark gefördert wird. Die gleiche Aussage trifft auf die Nitrifikation (W 1) zu, wobei überrascht, daß bei Wassersättigung des Bodens noch eine Nitrifikation meßbar ist.

- Die relativ hohe ^{15}N-Häufigkeit des Ammoniums im Falle der ursprünglichen [^{15}N]Nitrat-Markierung deutet auf eine dissimilatorische Nitrat-Reduktion (W 2) hin. Diese Beobachtung steht im Widerspruch zur bekannten Literatur, wonach dieser mikrobielle Prozeß nur in Wassersedimenten oder überstauten Böden mit hohem Gehalt an leicht verfügbaren Kohlenstoff von Bedeutung ist (vgl. z.B: STANFORD et al. 1975, FAZZOLARI et al. 1990). Eine endgültige Klärung bedarf weiterer Untersuchungen.

- Die Sequenz der ^{15}N-Häufigkeit "Distickstoffoxid < Nitrat < Ammonium" für [^{15}N]Ammonium-Markierung und "Distickstoffoxid $\approx$ Nitrat > Ammonium" für [^{15}N]Nitrat-Markierung unter anaeroben Bedingungen deckt sich voll mit der erwarteten Abfolge nach Reaktionsweg 0-1-3, das bedeutet, unter anaeroben Bedingungen verläuft die N_2O-Bildung über das Nitrat durch Denitrifikation. Unter aeroben Bedingungen lautet diese Sequenz jedoch für [^{15}N]Ammonium-Markierung "Distickstoffoxid > Nitrat > Ammonium" und entspricht damit einem Reaktionsweg 0-4. D.h. unter aeroben Bedingungen verläuft die N_2O-Bildung hauptsächlich nicht über den Nitrat-Pool des Bodens, also wahrscheinlich als Nebenprodukt der Nitrifikation. Diese Aussage wird durch den Vergleich der ^{15}N-Häufigkeit des Distickstoffoxid für anaerobe Verhältnisse bei [^{15}N]Ammonium-[^{15}N]Nitrat-Markierung bestätigt. Aerobe Bedingungen ermöglichen eine hohe Nitrifikationsrate, die Bildung der geringen N_2O-Mengen muß aber durch Abzweigung aus dieser Reaktion vor dem Nitrat erfolgen, ansonsten müßte bei Einsatz von [^{15}N]Ammonium $a_N > a_O$ und $a^e \leq a^a$ sein. Die von POTH et al. (1985), ebenfalls mit einer ^{15}N-kinetischen Methode, jedoch an Reinkulturen von *Nitrosomonas europaea* (Nitrifikanten), durchgeführte Untersuchungen zeigten bereits, daß bei der Nitrifikation von Ammonium durch partielle Reduktion von Nitrit Distickstoffoxid als Nebenprodukt entstehen kann.

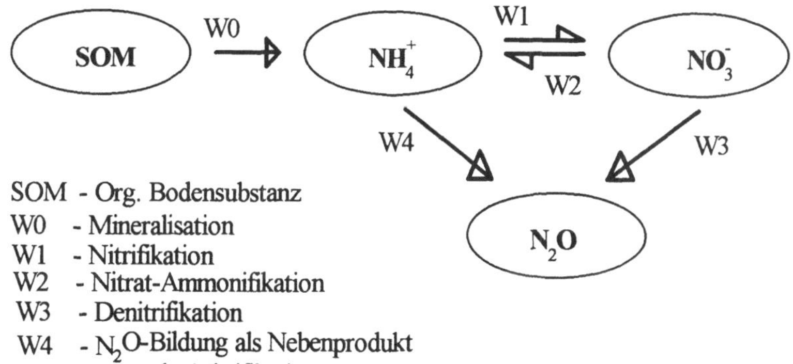

Abbildung 18: Reaktionsmodell der N_2O-Bildung

6. Schlußfolgerungen

Schlußfolgerungen:

- Die **atmogenen N-Einträge** stellen einen merklichen Anteil an der N-Bilanz dar und sollten daher bei der Bemessung des Dünger-N unbedingt berücksichtigt werden.

- Die **Denitrifikations-N-Verluste** (Labor-Untersuchungen) betragen unter normalen Bedingungen an dem trocknen Schwarzerde-Standort nur einige kg N/ha*a. Erst bei Wassergehalten > 80 % der max.. WHC können merkliche Verluste bis 200 kg N/ha*a auftreten.

- In Löß-Schwarzerde unter normaler, sachgerechter N-Versorgung und optimalem Pflanzenentzug tritt nur eine geringe NO_3-Konzentration im Bodenwasser und damit kaum eine **Nitrat-Verlagerung** auf. Bei Böden mit sehr hohem Gehalt an leicht umsetzbarer OBS (z.B. LA 2) erfolgt eine sehr starke Netto-Mineralisation, so daß trotz Pflanzenaufnahme hohe NO_3-Konzentrationen im Bodenwasser vorliegen, die entsprechend der Sickerwasser-bewegung letzlich bis ins Grundwasser verlagert werden.

- Bei Böden mit überhöhten OBS-Gehalten ist daher die einzige Möglichkeit zur Verhinderung einer Grundwasserkontamination mit Nitrat ein ständiger maximaler Pflanzenentzug. Es ist ferner zu erwarten, daß die Wurzelexudate der Pflanzen mögliche Denitrifikationsverluste in Richtung N_2-Bildung verschieben. Daraus folgt: **Brache** oder auch plötzliche Umstellung auf **ökologischen Landbau** (org. Düngung, geringer Pflanzenentzug) führen zu einem Anstieg des **Nitrat-Austrages** und der N_2O-Emission und sind daher aus ökologischer Sicht abzulehnen.

Forschungsbedarf:

- Ideal wäre ein N-Abbau in den überversorgten Böden durch eine gesteuerte Denitrifikation zu molekularem Stickstoff, wie er bereits in Abwasserbehandlungsanlagen erfolgt. Dazu, wenn überhaupt möglich, besteht jedoch erheblicher Forschungsbedarf.

- Weitere Validierung der atmogenen N-Einträge, insbesondere die Aufnahme reaktiver N-Verbindungen (z.B. NO_2) durch Böden in Verbindung mit einer weiteren Verbesserung der Meßmethoden.

- Untersuchung der NO- und NH_3-Emission durch intensiv bewirtschaftete Agrar-Flächen und des emissionsbedingten Einfluß auf N-arme naturnahe Ökosysteme (z.B. Trockenrasen).

- **Unbedingte Fortführung der angelegten ^{15}N-Feldversuche.** Die Entwicklung der ^{15}N-Häufigkeit im N_{an} läßt mit den heute verfügbaren empfindlichen massenspektrometrischen Bestimmungsmethoden eine Beobachtungszeitraum bis ca. **5 Jahre** erwarten.

7. Literatur

BEHRENS, H.: Water tracer chemistry-A factor determining performance and analytics of tracers. Proc. 5th Int. Symp. Underground Water Tracing, Athen 1986, pp. 121-133.

BREMNER, J.M., KEENEY, D.R.: Determination and isotope-ratio analysis of different forms of nitrogen in soils: 3. Exchangeable ammonium, nitrate, and nitrite by extraction-distillation methods. Soil Sci. Soc. Am. Proc. **30** (1966) 504-507

BOWMAN, R. S., RICE, R. C.: Transport of conservative tracers in the field under intermittend flood irrigation. Water Resources Research **11** (1986) 1531-1536.

FANGMEIER, A., HADWIGER-FANGMEIER, A., VAN EERDEN, L. und JÄGER, H.-J.: Effects of atmospheric ammonia on vegetation - A review. Environ. Pollution **86** (1994) 42-82

FAUST, H., BORNAK, H., HIRSCHBERG, K., JUNG, K., JUNGHANS, P., KRUMBIEGEL, P., REINHARDT, R.: Klinisch-chemische und isotopenanalytische Methoden zur Untersuchung des Stickstoffwechsels mit ^{15}N beim Menschen. ZfI-Mitteilungen **36** (1981) 81-83

FAZZOLARI, E., MARIOTTI, A., GERMON, J. C.: Dissimilatory ammonium production vs. denitrification in vitro and in inoculated soil samples. Cand. J. Microbiol. **36** (1990) 786-793

GOULDING, K.W.T.: Nitrogen deposition to land from the atmosphere. Soil Use and Management **6** (1990) 61-63

GRANLI, T., BOCKMAN, O. C.: Nitrous oxide from agriculture. Norwegian Journal of Agricultural Sciences **12** (1994) 8-84

GYSI, C.: Wasser- und Stickstoffverlagerung im Jahresverlauf. Agrarforschung **4** (1994) 173-178

ISERMANN, K.: Forschungsbedarf sich ergebend aus der Stickstoffbilanzierung/ Verlustgefährdungsabschätzung der Landwirtschaft. Vortrag anläßlich des BMFT-Statusseminares "Bodenbelastung und Wasserhaushalt" (Themenfeld: Stickstoff-Problematik) vom 28.02. bis 02.03.1990 in Bonn), 1990

ISERMANN, K.: Territorial, continental and global aspects of C, N, P, and S emission from agricultural ecosystems. NATO ASI Ser. **14** (1993) 79-121

ISERMAN, K.: Agriculture's share in the emission of trace gases affecting the climate and some cause-oriented proposals for sufficiently reducing this share. Environ. Pollution **83** (1994) 95-111

KÖRSCHENS, M.: N-fertilization under consideration of ecological aspects. Contaminated Soil '93, 1993, 1503-1510

KRAHL-URBAN, B., PAPKE, H. E., PETERS, K., SCHIMANSKY, CHR.: Forest Decline. KFA Jülich, 1988

MEISSNER, R. , KRAMER, D., TAEGER, H., SEEGER, J., SCHONERT, P.: Lysimeterversuchsergebnisse über Möglichkeiten zur optimierten wasser- und landwirtschaftlichen Bewirtschaftung von Trinkwasserschutzgebieten. Arch. Acker.-Pflanzenbau Bodenkd. **35** (1991) 425-434

MEISSNER, R., SEEGER, H., RUPP, H., SCHONERT, P.: Der Einfluß von Flächenstillegung und Extensivierung auf den Stickstoffaustrag mit dem Sickerwasser. Vom Wasser **81** (1993) 197-215

MEHLERT, S.: Atmogene Stickstoffdepositionen und deren Einfluß auf die Stickstoff-transformation und Stickstofftranslokation. Literaturstudie, UFZ Leipzig-Halle, Sektion Bodenforschung, 1994

MOSIER, A.,R.: Soil-Atmosphere Exchange of N_2O. Vortrag 8th N Workshop, University of Ghent, Gent, Belgium, 5.-8.9.1994

MÜLLER, S., GÖRLITZ, H.: Der Gebrauch der N_{an}-Methode in der DDR. Internation. N_{min}-Seminar der poln. Landwirtschaftswissenschaften - Poznan, 1989

NIEHUS, B.: Untersuchungen zur Nitratdeposition. Interner Forschungsbericht UFZ Leipzig-Halle, Sektion Analytik, 1993

OTTOW, J.C.G.: Denitrifikation, eine kalkulierbare Größe der Stickstoffbilanz? Ergebnisse landwirtschaftlicher Forschung an der Justus-Liebig-Universität, Volumen XX, Gießen, Germany, 1991

POTH, M., FOCHT, D.D.: ^{15}N-Kinetic analysis of N_2O production by *Nitrosomonas europaea*: An examination of nitrifier denitrification. Appl. Environ. Microbiol. **49** (1985) 1134-1141

RAUSCH, H., LÜTTICH, M., FREYTAG, H.: Quantifizierung der Stickstoffmineralisation aus der organischen Bodensubstanz mit Hilfe der STANFORD-Methode. Arch. Acker-Pflanzenb. Bodenkd. **29** (1985) 77-83

RUSSOW, R., REINHARDT, R., FÖRSTEL, H., FAUST, H.: Synthese und Qualitätskontrolle ^{15}N-markierter Stickoxide mit hoher ^{15}N-Häufigkeit für umweltrelevante Traceruntersuchungen. Isotopenpraxis Environ. Health Stud. **28** (1992) 58-65

RUSSOW, R., FÖRSTEL, H., FAUST, H., REINHARDT, R.: GCMS-gestützte Synthese und Qualitätskontrolle ^{15}N-markierter Stickstoffmonoxide mit hoher ^{15}N-Häufigkeit für umweltrelevante Traceruntersuchungen. Isotopenpraxis Environ. Health Stud. **29** (1993) 251-254

RUSSOW, R. FÖRSTEL, H.: Use of GC-QMS for stable isotope analysis of environmentally relevant main and trace gases in the air. Isotopenpraxis Environ. Health Stud. **29** (1993) 327-334

RUSSOW, R., HÖFER, M. FAUST, H.: ^{15}N Tracer Studies on Nitrous Oxide Formation in Soils: On the Mechanism of the N_2O Formation. Isotopenpraxis Environ. Health Stud. **30** (1994 a) 157-164

RUSSOW, R., KÖRSCHENS, M.: On the formation of nitrous oxide in black soils earth in relation to the soil water content. Proc. 8th Nitrogen Workshop, Gent, Belgien 5.-8.09.94, (im Druck)

RUSSOW, R., SICH, I., FÖRSTEL, H.: A GCQMS aided incubation system for trace gas studies in soils using stable isotopes. Vortrag IAEA-SM-334/1, Proc. International Symposium on Nuclear and Related Techniques in Soil/Plant Studies on Sustainable Agriculture and Environmental Preservation, Vienna, 17.-24.10.1994, (im Druck), 1994 b

RUSSOW, R., FAUST, H., SCHMIDT, G.: Elemental analyser-quadrupole MS coupling - a low cost equipment for the simultaneous determination of carbon/^{13}C and nitrogen/^{15}N in isotopically enriched soil and plant samples. Isotopenpraxis Environ. Health Stud. **31** (1995) (im Druck)

SEGSCHNEIDER, H.-J.: Untersuchungen zur Aufnahme und zum Einbau von anthropogenen Stickoxiden (NO_x) durch Sonnenblumen und Mais mittels ^{15}N-Isotopen-Markierung. Berichte der KFA Jülich, Jül-2903, 1994

SICH, I.: N_2O - Ein klimarelevantes Spurengas der Atmosphäre : Seine Bildung durch mikrobielle Prozesse im Boden. Literaturstudie, UFZ Leipzig-Halle, Sektion Bodenforschung, 1994

STANFORD, G., LEGG, J. O., DEZIENIA, S., SIMPSON, E. C.: Denitrification and associated nitrogen transformations in soils. Soil Sci. **120** (1975) 147-152

STANFORD, G. und SMITH, S.: Nitrogen Mineralization Potentials of Soil. Soil Sci. Amer. Proc. **36** (1972) 465-472

TAMM, C. O.: Nitrogen in terrestrial ecosystems, Questions of productivity, vegetational changes, and ecosystem stability. Ecological Studies **Vol.81**, Springer Verlag, 1991

VOS, G. J. M., BERGEVOET, I. M. J., VEDY, J. C. und NEYROUD, J. A.: The fate of spring applied fertilizer N during the autumn-winter period: comparison between winter-fallow and green manure cropped soil. Plant Soil **160** (1994) 201-213

Einzelbericht zum Teilprojekt 3:

Aufklärung und quantitative Erfassung der C- und N-Dynamik auf Lößschwarzerde als Voraussetzung für eine ökologisch begründete N-Düngung und -Ausnutzung unter Vermeidung von Umweltbelastungen

<u>Projektleiter:</u> Prof. Dr. habil. M. Körschens
UFZ - Umweltforschungszentrum Leipzig-Halle GmbH
Sektion Bodenforschung Bad Lauchstädt

<u>Mitarbeiter:</u> Dr. A. Müller   Dr. A. Pfefferkorn[*]
Dr. A. Kunschke   Dipl.-Landw. U. Waldschmidt[*]
Dr. E. Schulz
Dr. habil. E.-M. Klimanek   [*]Univ. Halle-Wittenberg

Abstract

On the basis of extensive soil investigations on loaded and unloaded soils within the project period under inclusion of long-time results from long term experiments on loess black earth it could be shown that a sustainable land use with rising yields is possible even with exclusive mineral and / or organic fertilization. A mineral fertilization management which reflects the present knowledge status results compared to organic fertilization in more favorable C and N balances, that is higher gains and smaller losses.
The N input from other sources (immission, asymbiontical N fixation, N uptake by plants directly from the air etc.) amounts under the explored conditions to 50 kg/ha.a and must be considered both in fertilizer proportionment as well as in the N balance sheet.
Almost functional connections exist between the C content of the soil and all physical soil characteristics, as could be quantified with this work.
All considerations on the relevance of the organic matter for soil, plant and environment require its differentiation in at least two fractions, from which only the mineralisable fraction can be influenced by practical measures. Excessive C contents in the soil can cause environmental pollution.
Plant production for the gain of energy -and raw material contributs to the reduction of the CO_2 emission to the atmosphere. The main goal of all efforts should therefore be a high biomass production. To achieve that it is necessary, to organize the entire agriculture in a more efficient, ecological and economical way.

1. Zusammenfassung

Auf der Grundlage umfangreicher Bodenuntersuchungen innerhalb des Projektzeitraumes auf belasteten und unbelasteten Flächen unter Einbeziehung langjähriger Ergebnisse aus Dauerversuchen auf Löß-Schwarzerde konnte nachgewiesen werden, daß eine nachhaltige Bodennutzung mit ausschließlicher Mineraldüngung und/oder organischer Düngung bei steigenden Erträgen möglich ist. Eine dem gegenwärtigen Kenntnisstand entsprechende Mineraldüngung ergibt im Vergleich zu organischer Düngung günstigere C- und N-Bilanzen, d. h. höheren "C-Gewinn" und geringere N-Verluste. Der N-Eintrag aus "sonstigen Quellen" (Immissionen, asymbiontische N-Bindung, N-Aufnahme der Pflanzen aus der Luft etc.) beträgt unter den untersuchten Bedingungen > 50 kg/ha.a und muß bei der Düngerbemessung sowie der N-Bilanzierung berücksichtigt werden.
Es bestehen nahezu funktionale Zusammenhänge zwischen dem C-Gehalt im Boden und allen bodenphysikalischen Eigenschaften, die mit dieser Arbeit quantifiziert werden konnten.
Alle Betrachtungen zur Bedeutung der organischen Bodensubstanz für Boden, Pflanze und Umwelt erfordern ihre Differenzierung in mindestens zwei Fraktionen, von denen nur die mineralisierbare Fraktion praktisch beeinflußbar ist.
Überhöhte C-Gehalte im Boden können umweltbelastend wirken. Mit der Pflanzenproduktion zur Energie- und Rohstoffgewinnung kann ein Beitrag zur Verringerung des CO_2-Eintrages in die Atmosphäre geleistet werden. Vorrangiges Ziel aller Bemühungen sollte daher eine hohe Biomasseproduktion sein. Dazu ist es notwendig, die gesamte Landwirtschaft leistungsfähig, ökologisch und ökonomisch zu gestalten.

2. Zielstellung

Ziele des Teilprojektes sind die Aufklärung und Quantifizierung von Schadwirkungen bei extremer Belastung durch organische Dünger und Immissionen der chemischen Industrie auf Ackerböden sowie die Ableitung von Maßnahmen zu deren Beseitigung.

Im Rahmen der Abgrenzung der Teilaufgaben innerhalb des Forschungsverbundprojektes STRAS werden folgende Aufgaben bearbeitet:

- Quantifizierung des N-Eintrags aus "sonstigen Quellen" und der N-Verwertung in Abhängigkeit von Art und Menge der N-Düngung, der Bewirtschaftung und der Humusversorgung des Bodens

- Aufklärung der Umsetzungsvorgänge der organischen Substanz in Abhängigkeit von bodenphysikalischen Eigenschaften, Bewirtschaftung und Witterungsverlauf durch kontinuierliche Untersuchungen in Extremvarianten der Dauerdüngungsversuche Bad Lauchstädt, Halle und Etzdorf

- Untersuchungen zur C- und N-Dynamik bei Berücksichtigung extremer Bedingungen und unter Einbeziehung unterschiedlicher Fraktionen von C und N im Boden, ihrer Wechselbeziehungen untereinander sowie der C/N-Transformation

- Kohlenstoff- und Stickstoffbilanzierung

- Ableitung von Maßnahmen zur effektiveren N-Verwertung, Vermeidung von Umweltbelastungen und Verminderung von N-Verlusten

3. Wissenschaftlich-technischer Stand

Der Stickstoff gehört zu den wichtigsten und problemreichsten Nährstoffen und stellt als NO_3^- eine verbreitete Belastung des Grundwassers sowie als N_2O eine Belastung der Atmosphäre dar. Die N-Bilanz in der Bundesrepublik Deutschland weist gegenwärtig einen Überschuß von rd. 100 kg/ha.a (FINCK 1990; KÖRSCHENS 1986; KÖSTER et al. 1988; STURM et al. 1989) auf. Damit machen die N-Verluste rund 80 % der mit der Mineraldüngung zugeführten Menge aus. In Einzelfällen wurden Überschußsalden bis zu 440 kg/ha.a berechnet (BECKER 1989). Unberücksichtigt bleiben dabei die N-Einträge aus "sonstigen Quellen", die für Westeuropa mit rund 50 kg/ha.a kalkuliert werden können (KÖRSCHENS 1987; WELTE und TIMMERMANN 1987; TUDGE und FOWDEN 1986 u. a.).

Der N-Kreislauf ist weitgehend an den C-Kreislauf gebunden und in hohem Maße von den Standort- und Bewirtschaftungsbedingungen beeinflußt. Der Kohlenstoff bzw. der Humus ist einerseits Grundlage der Bodenbildung und bestimmt den Grad seiner Fruchtbarkeit über die Ausprägung wesentlicher fruchtbarkeitsbestimmender Eigenschaften, die ebenso entscheidend das Verhalten von Schadstoffen im Boden beeinflussen, andererseits bewirken überhöhte Humusgehalte Umweltbelastungen durch nicht steuerbare Freisetzung von CO_2 und N-Verbindungen. Durch zunehmende Tierkonzentrationen in den vergangenen Jahrzehnten ist es regional zu überhöhten Nährstoffeinträgen durch Einsatz organischer Dünger gekommen. Zusätzliche Belastungen wurden durch Schadstoffimmissionen, insbesondere in der Chemieregion Leipzig-Halle-Bitterfeld, verursacht.

Ein erstes Konzept für eine effiziente und umweltverträgliche Landnutzung wurde im Zusammenhang mit Kriterien für "Kritische Umweltbelastungen Landwirtschaft" von ECKERT und BREITSCHUH (1994) vorgelegt.

Orientierungswerte für optimale Humusgehalte gibt es nur in ersten Ansätzen. Der gegenwärtige Kenntnisstand auf dem Gebiet der C- und N-Dynamik als Grundlage für die Vermeidung von Umweltbelastungen im Zusammenhang mit einer effektiven Landnutzung ist unzureichend und verlangt Forschungsarbeiten zur Aufklärung der Wissenslücken.

Die Fruchtbarkeit eines Bodens wird wesentlich vom Bodenleben mitbestimmt. Voraussetzung für sämtliche Stoffumsetzungen im Boden ist die Tätigkeit der Mikroorganismen. Kriterien ihrer Aktivität eignen sich dazu, Aussagen über den Versorgungsgrad mit umsetzbarer organischer Substanz zu treffen (KLIMANEK 1980; KLIMANEK und KÖRSCHENS 1982). Standörtlich bedingte Differenzen im Gehalt an organischer Substanz können dabei sehr hoch und deren Umsetzbarkeit sehr differenziert sein. Eine Aussage über den Versorgungsgrad allein aus dem C-Gehalt ist daher nicht möglich, jedoch kann eine Quantifizierung des umsetzbaren Anteils der organischen Bodensubstanz über die Bodenatmung erfolgen.

Für die Beurteilung des Versorgungszustandes des Bodens mit umsetzbarer organischer Substanz ist auch die Fraktion des heißwasserextrahierbaren Kohlenstoffs (C_{hwl}) geeignet. Sie beinhaltet neben der mikrobiellen Bodenbiomasse einfache organische Verbindungen, die unter den Bedingungen einer Heißwasserextraktion hydrolysieren (KÖRSCHENS et al. 1990; KÖRSCHENS et al. 1994; SCHULZ 1990).

4. Material und Methode

Zur Quantifizierung der Langzeitwirkungen wurden zusätzlich zu den unter Pkt. 5 des zusammenfassenden Berichtes beschriebenen experimentellen Grundlagen folgende Dauerversuche in die Untersuchungen und Auswertungen einbezogen:

4.1. Statischer Düngungsversuch Bad Lauchstädt nach Erweiterung der Versuchsfrage

Anlagejahr: 1902, Umstellung 1977/78
Versuchsfrage: Wirkung differenzierter organischer und mineralischer Düngung
in Abhängigkeit vom Humusgehalt im Boden auf Ertrag und
fruchtbarkeitsbestimmende Bodeneigenschaften
Prüffaktoren: A - Organische Düngung
a_1 - ohne
a_2 - 300 dt/ha Stalldung jedes zweite Jahr
B - C_t-Gehalt des Bodens 0-20 cm
b_1 - 2,2 % (bis 1977 300 dt/ha Stalldung jedes zweite Jahr)
b_2 - 1,9 % (bis 1977 200 dt/ha Stalldung jedes zweite Jahr)
b_3 - 1,6 % (seit 1902 ohne organische Düngung)
C - Mineralische N-Düngung, kg N/ha.a

	Winterweizen	Sommergerste	Zuckerrüben	Kartoffeln
c_1	-	-	-	-
c_2	40	20	60	50
c_3	40+20+20	40	120	100
c_4	40+40+40	40+20	180	150
c_5	40+60+60	40+40	240	200

4.2. Modellversuch mit extrem hohen Stalldunggaben

Anlagejahr: 1983
Versuchsfrage: Prüfung der Langzeitwirkung extrem hoher Stalldunggaben auf
den Ertrag, den Nährstoffentzug und die Bodeneigenschaften
Prüffaktoren: A - Organische Düngung
a_1 - ohne (60 kg P/ha und 120 kg K/ha Mineraldg. jedes zweite Jahr)
a_2 - 50 t/ha Stalldung jedes Jahr
a_3 - 100 t/ha Stalldung jedes Jahr
a_4 - 200 t/ha Stalldung jedes Jahr
B - Fruchtfolge
b_1 - Fruchtfolge
b_2 - Schwarzbrache

Im Laufe des Projektzeitraumes wurden an unterschiedlichen (bis zu acht) Terminen folgende
Parameter in der Tiefe 0 - 30 cm, eingeschränkt auch 30 - 60 cm, bestimmt:

C_t, N_t	Trockensubstanzdichte
NO_3^--N, NH_4^+-N	Lagerungsdichte
Heißwasserlöslicher C	Wasserkapazität
Heißwasserlöslicher N	Hygroskopizität
Sorptionskapazität	Porenvolumen
pH- Wert	Feinanteilgehalt
P, K, Mg	CO_2-Exhalation bei Langzeitinkubation
Mikronährstoffe (B, Cu, Mn, Mo, Zn)	(n. KLIMANEK 1994)

Die Niederschlagsverteilung in den letzten zehn Jahren ist durch extreme Unterschiede gekennzeichnet. Bei einem langjährigen Mittel von 483 mm/a betrugen die Niederschläge:

1985 = 372 mm	1990 = 378 mm
1986 = 510 mm	1991 = <u>272</u> mm
1987 = 554 mm	1992 = 487 mm
1988 = 393 mm	1993 = 525 mm
1989 = 370 mm	1994 = <u>665</u> mm

Insbesondere die vier Trockenjahre in Folge (1988 bis 1991) wirkten sich auf die Erträge und die N-Dynamik aus.

5. Ergebnisse
5.1. Erträge
5.1.1. Der Statische Düngungsversuch

In der Abb. 1 sind die Ertragstrends für Winterweizen, Sommergerste, Kartoffeln und Zucker über den gesamten Versuchszeitraum von 92 Jahren dargestellt.

Die Winterweizenerträge aller gedüngten Varianten, in geringerem Maße auch der Nullvariante, steigen deutlich an. Ursache ist zum einen die ständig verbesserte Leistungsfähigkeit der Sorten und zum anderen ein zunehmender Einsatz von Pflanzenschutzmitteln. Die Ertragsunterschiede zwischen den Düngungsvarianten organisch/ mineralisch, organisch und mineralisch sind nur gering, den größten Ertragsanstieg erzielte in den letzten Jahren die rein mineralische Düngung. Dazu beigetragen hat die bessere Beherrschung des N-Düngungsregimes auf der Grundlage der Bestimmung des anorganischen Stickstoffs im Boden. Bemerkenswert ist der relativ hohe Ertrag der Nullvariante, auch noch in der Trockenperiode. Dies ist u.a. darin begründet, daß die N-Immissionen, gemessen am Stickstoffentzug der Nullvarianten (Abb. 3), in den letzten Jahren erheblich angestiegen sind.

Die Ertragsentwicklung bei der Sommergerste gestaltet sich analog zum Winterweizen. Bei steigendem Ertragsniveau wirkt sich aber vor allem die kombinierte organisch-mineralische Düngung positiv aus, möglicherweise eine Folge der generell geringen N-Mineraldüngermengen, die zu Sommergerste gegeben werden.

Auch die Ertragsentwicklung bei der Kartoffel ist bei allen Düngungsvarianten deutlich progressiv, wenngleich die absolute Ertragshöhe im gesamten Zeitraum mit einem Maximalertrag von 400 dt/ha unbefriedigend ist. Eine Ursache ist sicherlich, daß überwiegend frühe und mittelfrühe Sorten verwendet wurden, deren Vegetationszeit entsprechend kurz ist. Beim Vergleich der Düngungsvarianten werden, wie bei Sommergerste, die höchsten Erträge durch organisch - mineralische Düngung erzielt.

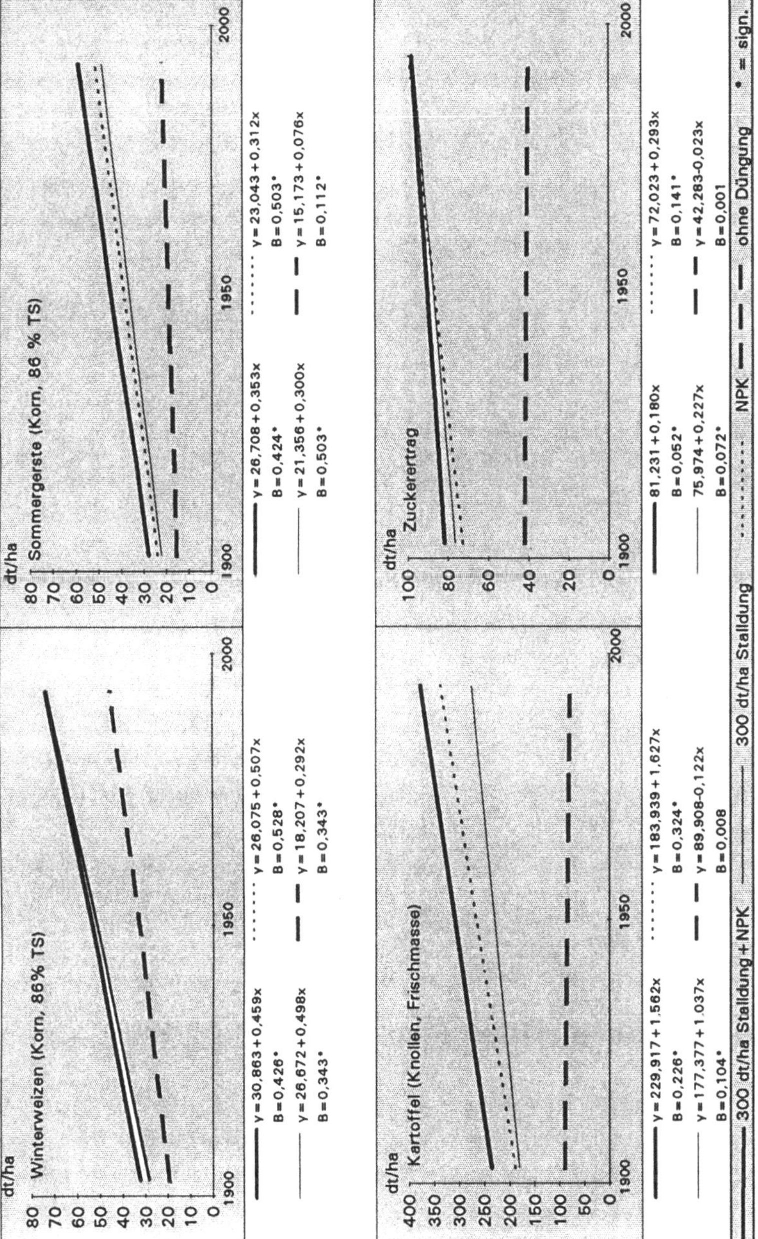

Abbildung 1: Ertragsentwicklung der Fruchtarten des Statischen Düngungsversuches nach linearer Regression, Bad Lauchstädt 1903 - 1994

Bei der Zuckerrübe ist der Ertragsanstieg, hier dargestellt anhand des Zuckerertrages, im Gegensatz zu Getreide nur gering, da die organisch-mineralische Variante bereits in der ersten Versuchsdekade Zuckererträge von 100 dt/ha erzielte. Analog zum Winterweizen können zwischen den einzelnen Düngungsvarianten keine bedeutenden Ertragsdifferenzen ermittelt werden. Die Ergebnisse bei den Zuckererträgen verdeutlichen darüber hinaus, daß ertragliche Vorteile hochgedüngter Varianten (organisch/mineralisch) beim Rübenertrag nicht in einer besseren Zuckerausbeute resultieren. Einen sinkenden Trend zeigen die Zuckererträge der ungedüngten Variante, was zum einen auf sinkende Zuckerrübenerträge, zum anderen auf geringe Zuckergehalte, also mangelnde Qualität, zurückzuführen ist. Ein Rückgang der Qualität ist auch beim Winterweizen der Nullvariante eingetreten, dessen Backeigenschaften nicht mehr den Anforderungen entsprechen.

Eine zusammenfassende Wertung der dargestellten Erträge erlaubt folgende Aussagen:

- Die Erträge der Düngungsvarianten aller Fruchtarten steigen deutlich an.

- Bei Winterweizen und Zuckerrüben wird mit rein mineralischer Düngung das gleiche Ertragsniveau wie mit organisch/mineralischer Düngung erzielt.

- Sommergerste und Kartoffeln weisen mit organisch/mineralischer Düngung Mehrerträge auf, jedoch, wenn man die verabreichten N-Mengen berücksichtigt, nicht in dem erwarteten Ausmaß. Im Durchschnitt der letzten 20 Jahre wurden im Mittel der Fruchtarten jährlich gedüngt: NKP + Stalldung 195 kg N/ha, Stalldung 100 kg N/ha, NPK 117 kg N/ha. Mit der Kombination NPK + 300 dt Stalldung jedes zweite Jahr ist die optimale N-Gabe auf diesem trockenen Standort häufig bereits überschritten, und die N-Ausnutzung ist am ungünstigsten.

- Die Erträge der Nullvariante sind aus der Sicht einer effizienten Landnutzung im allgemeinen unbefriedigend, zumal die Produktqualität abnimmt.

- Alle Prüfglieder mit mineralischer und/oder organischer Düngung entsprechen hinsichtlich der Ertragsentwicklung den Kriterien für eine nachhaltige Bodennutzung (KÖRSCHENS und MÜLLER 1994).

5.1.2. Der Statische Düngungsversuch nach Erweiterung der Versuchsfrage

Der Erweiterungsteil des Statischen Versuches bietet die Möglichkeit, die Ertragswirkung gesteigerter Mineral-N-Düngung in fünf Stufen, jeweils mit oder ohne organische Düngung in Abhängigkeit vom C-Gehalt des Bodens zu betrachten. Die C-Gehalte liegen im Versuch aufgrund der bis 1977 erfolgten Düngung zwischen 1,57 % und 2,20 %. Für die Auswertung wurden die ehemals mit NPK, NP, NK und N gedüngten Parzellen sowie die PK- und Nullvarianten jeweils mit und ohne Stalldung zu vier C_t-Gehaltsgruppen zusammengefaßt, da innerhalb dieser Gruppen kaum Abweichungen gegeben waren.

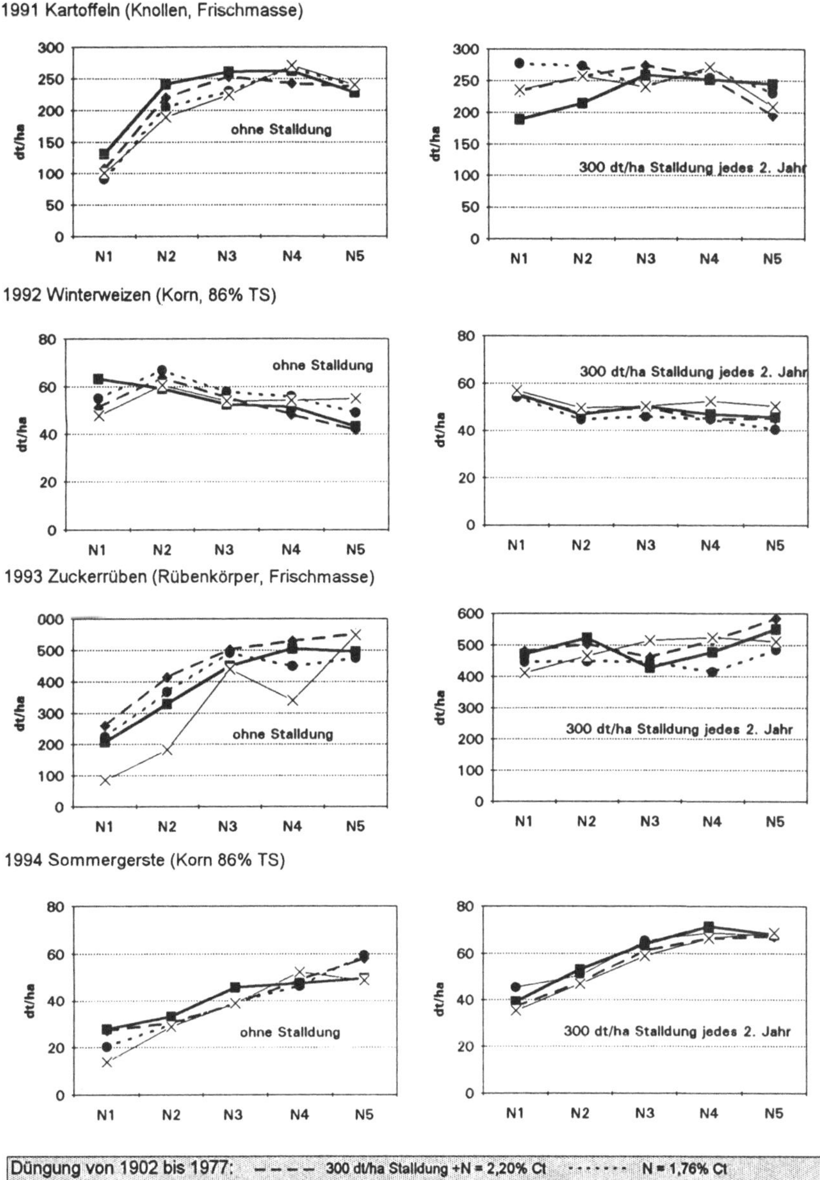

Abbildung 2.1-2.8: Ertrag in Abhängigkeit von der Düngung und dem C-Gehalt des Bodens Bad Lauchstädt , 1991-1994, (Statischer Düngungsversuch nach Erweiterung der Versuchsfrage, N1-N5 = Mineraldüngungsstufe)

Dargestellt sind die Erträge der letzten vier Versuchsjahre (Abb. 2), wobei das Ertragsniveau von Kartoffeln (1991) und Winterweizen (1992) deutlich durch die Trockenheit dieser Jahre beeinträchtigt wurde.

Kartoffeln brachten ohne Stalldungzufuhr die höchsten Erträge bei den Parzellen mit hohem C-Gehalt auf der 3. N-Stufe, während die Erträge bei niedrigem C-Gehalt bis zur 4. N-Stufe anstiegen. Mit Stalldungzufuhr hatte der mineralische Stickstoff keinen positiven Ertragseffekt. Der höchste Ertrag wurde ohne zusätzlichen Mineral-N (N1) bei niedrigem C-Ausgangsniveau erzielt. Noch deutlicher war die Wirkung der Trockenheit bei Winterweizen, wo selbst ohne Stalldungeinsatz steigende N-Mengen keinen Ertragszuwachs bewirkten, sondern sogar ein Ertragsabfall zu beobachten war. Bei einem Vergleich der C-Niveaus waren kaum Ertrags-unterschiede zu finden.

Bessere Wachstumsbedingungen hatten die Zuckerrüben 1993 und die Sommergerste 1994. Der mineralische Stickstoff konnte bei der rein mineralischen Variante bis zur höchsten N-Stufe umgesetzt werden. Der Ertrag der kombinierten organisch - mineralischen Düngung war in diesen Jahren höher, sicherlich aufgrund der insgesamt zur Verfügung stehenden größeren Nährstoffmenge. Das zeigt sich auch darin, daß die Erträge der Parzellen mit geringem C-Ausgangsgehalt (besonders bei Zuckerrüben 1993) etwas niedriger waren, was mit dem geringeren N-Nachlieferungsvermögen des Bodens begründet werden kann.

Zusammenfassend lassen sich folgende Aussagen ableiten:

- Zwischen hohen und niedrigen C-Niveaus bestehen kaum Ertragsunterschiede bzw. können niedrige C-Ausgangsniveaus von 1,57 % bzw. 1,76 % sowohl durch mineralische als auch durch organische Düngung kompensiert werden.

- Selbst bei ausschließlicher Mineraldüngung werden auf den höheren N-Stufen (gleiche Nährstoffmengenzufuhr wie bei organisch/mineralischer Düngung) ebenfalls bei beiden C-Ausgangsniveaus gleiche Ergebnisse erzielt, ein Ausgleich ist auf diesem Standort also auch durch rein mineralische Düngung möglich.

- Eine Stickstoffsteigerung bis zur höchsten Mineral-N-Stufe bei zusätzlicher Stalldungzufuhr hat vor allem in trockenen Jahren, die an diesem Standort überwiegen, keinen positiven Ertragseffekt, und auf der vierten und fünften N-Stufe ist bereits ein Ertragsrückgang zu beobachten.

5.1.3. Modellversuch mit extrem hoher Stalldunggabe

Eine Zusammenstellung der Erträge eines Modellversuchs mit sehr hohen Stalldungauf-wandmengen enthält Tab. 1. In der Mehrzahl der Jahre führte bei allen angebauten Fruchtarten nur die erste Stalldungstufe 50 t/ha.a zu Mehrerträgen, während bei 100 und 200 t/ha.a die Erträge nicht wesentlich stiegen oder sogar sanken. Besonders hoch war die Ertragswirkung des Stalldungs in feuchten Jahren (z. B. 1986 und 1987), wo mit 50 t/ha.a Stalldung Mehrerträge von 60 % erzielt wurden und die Erträge bis zur höchsten Stalldungmenge stiegen, wenngleich nicht entsprechend dem Nährstoffeinsatz.

Eine deutliche Ertragssteigerung bewirkten 100 t/ha.a bzw. 200 t/ha.a Stalldung nur 1994 bei Kartoffeln. Ursache ist zum einen die besondere Witterungssituation dieses Versuchsjahres. Überdurchschnittlich hohe Niederschläge von 571 mm bis Ende September (ein Plus von 190 mm gegenüber dem langjährigen Mittel) führten zur Nährstoffauswaschung. Diese kam besonders in der ungedüngten Variante und bei 50 t/ha.a Stalldung als Nährstoffdefizit zum Tragen. Zum anderen waren bereits 1993 hohe Nährstoffentzüge durch die Zuckerrüben zu verzeichnen. In allen übrigen Jahren kann das extrem hohe Nährstoffangebot bei 100 t/ha.a und 200 t/ha.a Stalldung nicht ertraglich umgesetzt werden bzw. verursacht in besonders trockenen Jahren (1991, 1992) sogar Mindererträge.

Tabelle 1: Einfluß gesteigerter Stalldunggaben auf den Ertrag verschiedener Fruchtarten in dt/ha und relativ im Modellversuch auf Lößschwarzerde, Bad Lauchstädt, 1984 - 1994

Stall-dung	1984 Zuckerüben		1985 Silomais[1]		1986 W.-weizen[2]		1987 Kartoffeln		1988 Silomais[1]		1989 W.-weizen[2]	
t/ha.a	dt/ha	rel.	dt/ha	rel.	dt/ha	rel.	dt/ha	rel.	dt/ha	rel.	dt/ha	rel.
0	530	100	129,8	100	55,8	100	396	100	158,3	100	74,2	100
50	525	99	139,9	108	88,9	159	641	162	181,2	114	92,1	124
100	533	101	132,2	102	90,9	163	679	171	184,7	117	86,2	116
200	549	104	132,4	102	91,3	164	732	185	200,8	127	87,2	118

	1990 Zuckerrüben		1991 Kartoffeln		1992 Silomais[2]		1993 Zuckerrüben		1994 Kartoffeln		Mittel rel.	rel.
	dt/ha	rel.	dt/ha	rel.	dt/ha	rel.	dt/ha	rel.	dt/ha	rel.	1984-1993	1984-1994
0	322	100	183	100	154,2	100	680	100	152	100	100	100
50	499	155	220	120	128,5	83	838	123	252	165	125	128
100	488	152	142	78	115,1	75	735	108	441	290	118	134
200	534	166	109	60	89,4	58	611	90	645	424	117	145

[1] Gesamttrockenmasse   [2] Korn bei 14 % H_2O

5.2. Kohlenstoff- und Stickstoffhaushalt

5.2.1. Stickstoffbilanzen

Die N-Bilanzen für ausgewählte Prüfglieder des Statischen Düngungsversuches sind jeweils für Vierjahresperioden für den Zeitraum von 1959 bis 1994 dargestellt (Abb. 3). Deutlich wird der Anstieg der N-Entzüge der Nullparzelle bis zur sechsten Periode um nahezu 100 %. In dieser

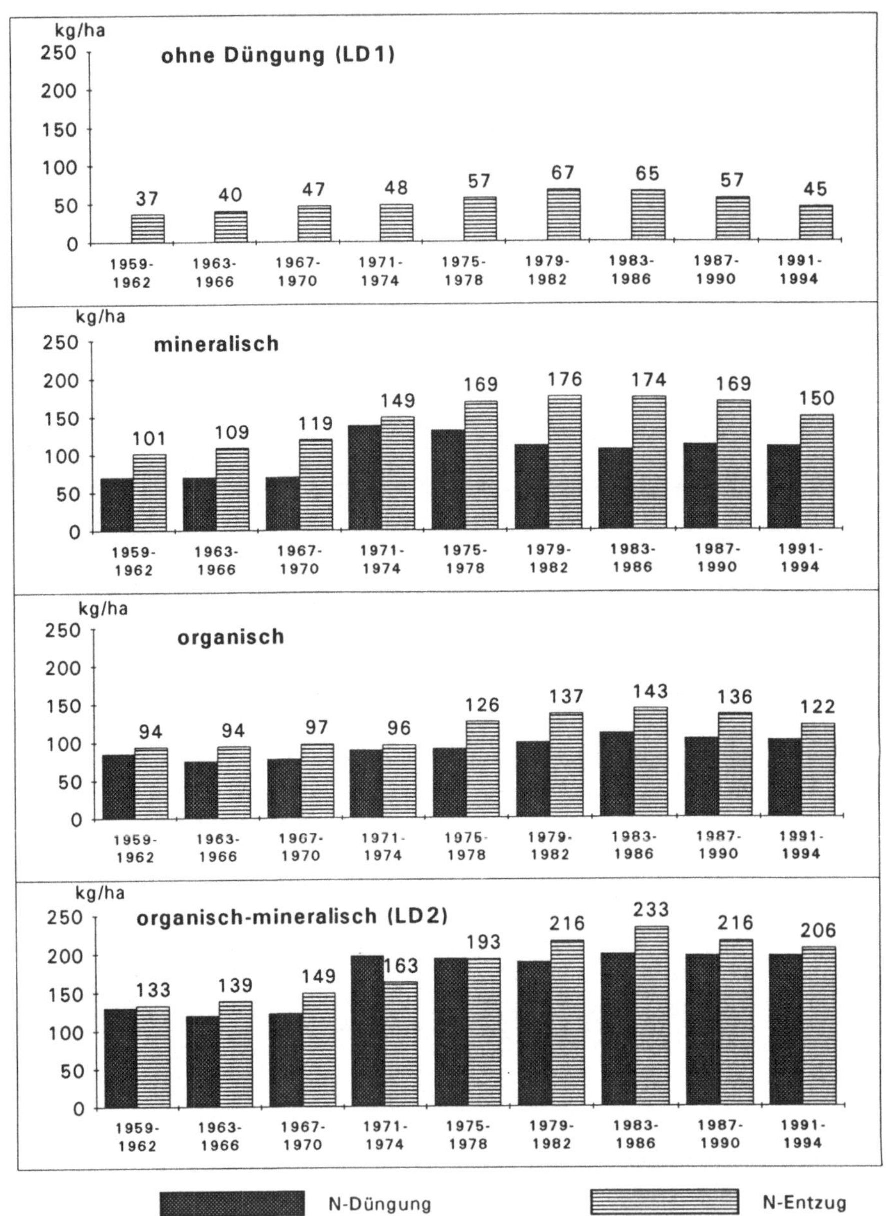

Abbildung 3 : N-Bilanzen in kg/ha.a der Hauptvarianten des Statischen Düngungsversuches Bad Lauchstädt, 1959 - 1994 (Mittel der Jahre, Fruchtarten und Schlaghälften 2, 3, 6 und 7)

Periode wurden auch sehr hohe Erträge erzielt. In den folgenden Perioden ist auf Grund der Trockenheit ab 1988 ein Rückgang zu verzeichnen.

Die ausschließliche Mineraldüngung zeigt die günstigsten Relationen zwischen Entzug und Düngung. Im gesamten Zeitraum liegt der Entzug über der Düngung bei gleichzeitigem Anstieg der "N-Gewinns".

Weniger günstig gestalten sich die Bilanzen bei ausschließlicher Stalldunggabe. Erst ab der fünften Periode überstiegen die Entzüge die mit dem Stalldung verabreichten Mengen, begründet durch die im Vergleich zur Mineraldüngung merklich geringere Ausnutzung des Stalldung-N. Die Erfahrungen haben gezeigt, daß der Stalldung zum Zeitpunkt der Ausbringung in der Regel sehr gut verrottet ist, dementsprechend relativ langsam umgesetzt wird. Die Folge ist, daß der Stickstoff oftmals zu Zeiten freigesetzt wird, in denen kein Bedarf der Pflanzen mehr besteht.

Auch die kombinierte organisch - mineralische Düngung mit Aufwandmengen an Gesamt-N bis zu 200 kg/ha.a reagiert bei wesentlich höheren Entzügen in gleicher Weise. Ab der fünften Periode wurden bis zu 38 kg N/ha.a mehr entzogen als gedüngt (KÖRSCHENS et al. 1994a).

Die N-Bilanz des Modellversuches mit extrem hohen Stalldunggaben nach neun Versuchsjahren zeigt Tab. 2.

Tabelle 2: Einfluß gestaffelter Stalldunggaben von 1984 - 1992 auf den Verbleib des Stickstoffs in kg/ha auf Lößschwarzerde, dargestellt als Differenz zwischen "gedüngt" und "ungedüngt", Bad Lauchstädt, November 1992

	Fruchtfolge Stalldung t/ha.a			Schwarzbrache Stalldung t/ha.a		
	50	100	200	50	100	200
N-Zufuhr, Σ 1984-1992	3.135	6.270	12.540	3.135	6.270	12.540
N_{an} 60-500cm, Nov.92	177	444	1.794	141	966	1.785
N-Entzug, Σ 1984-1992	552	780	799	-	-	-
N_t 0-60 cm, Nov. 92	2.600	4.480	9.120	2.000	4.320	8.280
Bilanz	- 194	+ 566	+ 827	+ 994	+ 984	+ 2475

Mit dem Stalldung wurden im Verlaufe von neun Jahren 3135 bis 12540 kg N/ha zugeführt. Von der ungedüngten Variante wurden im gleichen Zeitraum 1449 kg N/ha entzogen, d. h. 161 kg N/ha.a, so daß die Differenz im N-Entzug zwischen den Varianten nur maximal 799 kg/ha ausmacht. Ein beträchtlicher Teil des N hat sich in der organischen Bodensubstanz in der Schicht 0 - 60 cm akkumuliert. Tiefenbohrungen bis 5 m (KÖRSCHENS et al. 1994b). ergaben, daß ein weiterer Teil als anorganischer Stickstoff (N_{an}) unter Pflanzenbewuchs in der darunterliegenden Schicht bis etwa 1 m Tiefe, unter Schwarzbrache bis etwa 3 m Tiefe, zu finden ist (Abb. 4).

Mit Bewuchs werden bei einer Aufwandmenge von 50 t/ha.a Stalldung noch zusätzliche N-Mengen aus "sonstigen Quellen" genutzt. Diese betragen, abgeleitet aus dem N-Entzug der Nullparzelle des Statischen Düngungsversuches Bad Lauchstädt, im Zeitraum 1981 bis 1991 60 kg/ha.a (KÖRSCHENS und MÜLLER 1994).

Insgesamt werden 194 kg N/ha mehr nachgewiesen als mit der Düngung verabreicht worden sind. Dieses Ergebnis entspricht allen bisherigen Aussagen aus dem Statischen Düngungs-versuch. Allerdings wird sich dieser positive Effekt abschwächen und nur bis zum Erreichen des Fließgleichgewichtes anhalten. Danach wird keine zusätzliche organische Bodensubstanz mehr gebildet, und der Input von 348 kg/ha.a entspricht dann dem Output, d. h. Pflanzen-entzug + Verluste.

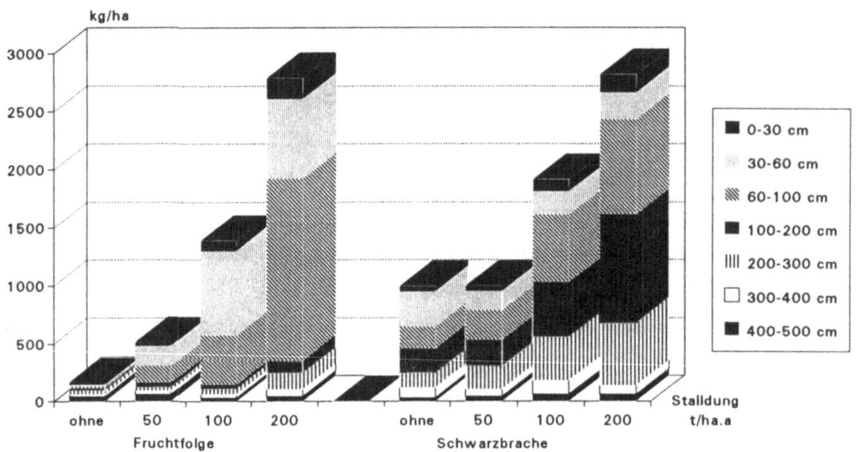

Abbildung 4: Einfluß gesteigerter Stalldunggaben auf den N_{an}-Gehalt in kg/ha von Löß-schwarzerde nach 9 Versuchsjahren, Bad Lauchstädt, November 1992

Unter Schwarzbrache treten unter sonst gleichen Bedingungen bereits gasförmige Verluste von 110 kg N/ha.a auf, die sich im Extremfall bis zu 275 kg N/ha.a steigern. Alle übrigen Varianten ordnen sich innerhalb dieser Grenzen ein (KÖRSCHENS et al. 1994a).

Für die ausgewählten Parzellen der Stalldung-Gülle-Deponie (vgl. Gesamtbericht, Abschnitt 5) ergeben sich die in Tab. 3 dargestellten Bilanzen. Sie gelten mit Einschränkung, da die Verän-derungen im N_t-Gehalt des Bodens nur für die Tiefe 0 - 30 cm ausreichend quantifiziert werden konnten.

Die Ergebnisse zeigen, ebenso wie bei überhöhten Stalldunggaben (Tab. 2), die sehr hohen N-Verluste bei Überschreiten der Optimalgehalte an organischer Bodensubstanz. Bei Tiefenbohrungen in diesem Versuch im Herbst 1990 konnten Nitratgehalte bei 3000 kg N/ha in der Tiefe bis 5 m nachgewiesen werden (TP 6).

Der vergleichsweise schnelle Rückgang der N- und auch C-Gehalte in diesem Versuch ist darauf zurückzuführen, daß es sich bei der hohen Anreicherung als Folge der Stalldung-Güllelagerung noch um organische Primärsubstanz handelt, die wesentlich schneller umgesetzt wird als die organische Bodensubstanz.

Tabelle 3: Bilanz ausgewählter Parzellen der alten Stalldung-Gülle-Deponie V 503 auf Löß-Schwarzerde, Bad Lauchstädt, 1986 - 1991

Summe 1986-1991	Mittelwert der 4 unbelasteten Varianten[1]	Mittelwert der 6 belasteten Varianten[2]
N-Zufuhr, Düngung	0	0
sonstige Quellen	360 kg/ha N (60 kg je Jahr)	360 kg/ha N (60 kg je Jahr)
N-Abfuhr, Ernteprodukte	1066 kg/ha	1242 kg/ha
	(1991 pauschal 15 kg/ha N für SG-Stroh)	
N_t-Gehalt im Bodenpool[3]	1986: 7938 kg/ha (0,196 %) 1991: 7330 kg/ha (0,181 %)	1986: 16807 kg/ha (0,415 %) 1991: 13567 kg/ha (0,335 %)
N_t-Bilanz 1986-1991	- 608 kg/ha	- 3240 kg/ha
Differenz aus berechneter (Zufuhr - Abfuhr) und tatsächliche Abnahme von N_t im Bodenpool	+ 98 kg/ha (Sonst.Quellen) → keine N-Verlagerung bzw. N-Verluste[4]	- 2358 kg/ha (= 393 kg/ha pro Jahr) → N-Verlagerung in tiefere Schichten u.gasförmige N-Verluste[4]

[1] LA1/Parzellen 2, 5, 17, 20 [2] LA2/Parzellen 68, 71, 83, 86, 98, 101
[3] der N_t-Gehalt im Bodenpool wurde auf der Grundlage von Regressionen berechnet, die Angaben beziehen sich auf eine 30 cm-Bodenschicht, Dichte: 1,35 g/cm³
[4] vergl. Ergebnisse der Tiefenbohrungen, TP 6

5.2.2. N-Entzüge in Abhängigkeit vom C_t- und N_t-Gehalt

Die N-Freisetzung aus dem Boden wird von seinem Gehalt an umsetzbarer organischer Substanz, als "Nahrungsquelle" für die Mikroorganismen und von deren Lebensbedingungen (Jahresverlauf der Witterungsbedingungen) bestimmt. Nach Erweiterung der Versuchsfrage im

Statischen Düngungsversuch bestand die Möglichkeit, den Einfluß der aufgrund langjährig unterschiedlicher Düngung sehr differenzierten Humusgehalte auf die N-Aufnahme unter sonst gleichen Bedingungen zu prüfen. Abb. 5 enthält die Ergebnisse der ersten drei Rotationen.

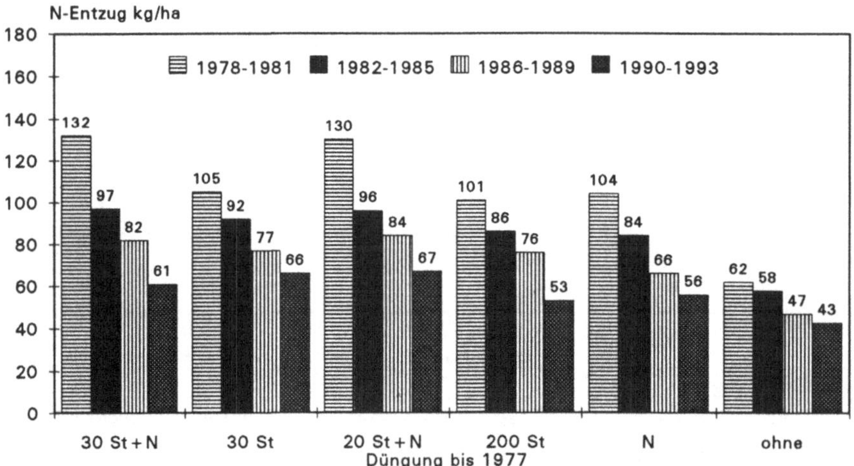

Abbildung 5: Einfluß unterschiedlicher C-Gehalte des Bodens auf den N-Entzug in kg/ha, Statischer Versuch nach Erweiterung der Versuchsfrage, Bad Lauchstädt, 1978 - 1993

In der ersten Rotation liegt die N-Aufnahme zwischen 62 und 132 kg/ha.a. Offensichtlich bestehen nur geringe Differenzen zwischen den ehemaligen Prüfgliedern "300 dt/ha Stalldung + N" und "200 dt/ha Stalldung + N" (C_t-Gehalte 2,20 u. 1,90 %) einerseits und den Prüfgliedern "300 dt/ha Stalldung", "200 dt/ha Stalldung" und "N" (C_t-Gehalte 2,15; 1,90 u. 1,76 %) andererseits. In der zweiten Rotation haben sich die Differenzen nahezu halbiert, diese Tendenz setzt sich in der dritten Rotation jedoch nur sehr langsam fort. Das Ergebnis ist zwar auch durch die Trockenjahre 1988 und 1989 beeinflußt, aber es wird deutlich, daß nach einem schnelleren Abbau der leicht umsetzbaren organischen Substanz in den ersten Jahren die weitere Abnahme sehr langsam erfolgt und die verbleibende umsetzbare organische Bodensubstanz erst nach einer Vielzahl von Jahren erschöpft sein wird.

In Abb. 6 sind die N-Entzüge der Nullvariante des Stalldungsteigerungsversuches für die einzelnen Jahre angegeben. Auch hier wird deutlich, daß in Abhängigkeit von angebauter Fruchtart und Jahreswitterung einerseits auch nach Jahren unterlassener Düngung noch erhebliche N-Entzüge möglich sind, andererseits zwischen den Jahren große Schwankungen auftreten.

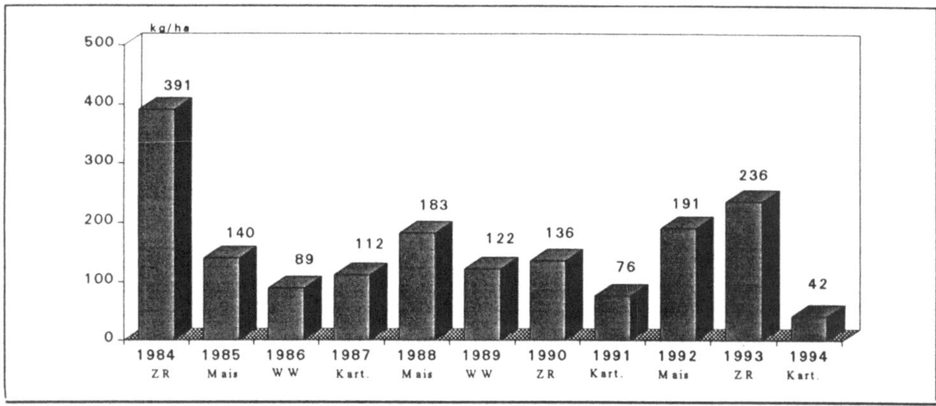

Abbildung 6: N-Entzüge der Nullparzellen eines 1983 auf Lößschwarzerde angelegten Modellversuches, Bad Lauchstädt, 1984 - 1994

5.2.3. Kohlenstoffbilanzen

Die Ableitung von C-Bilanzen erfordert entweder Dauerfeldversuche, in denen sich das Fließgleichgewicht eingestellt hat und der Input dem Output gegenübergestellt werden kann, oder aber Feldversuche, in denen durch jährliche Untersuchungen der C-Gehalte die eingetretenen Veränderungen im Boden ausreichend genau erfaßt worden sind.

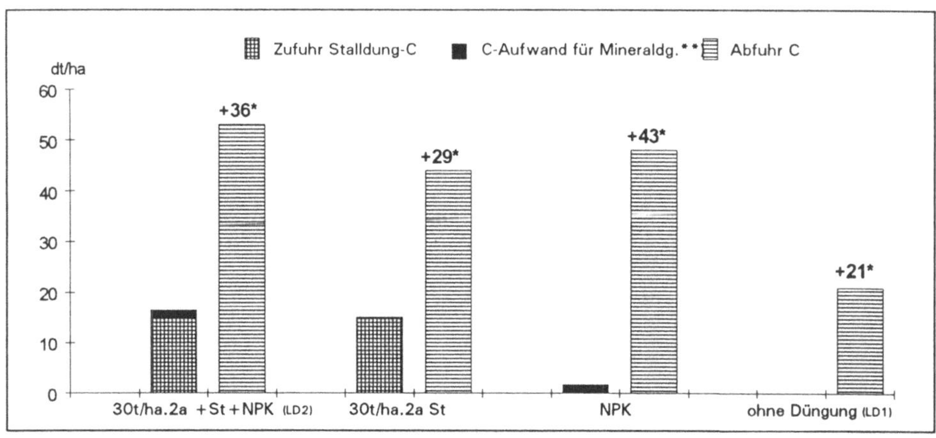

*)Differenz aus Zufuhr-Abfuhr   **) 1,5 kg C pro kg Mineral-N

Abbildung 7: Kohlenstoffbilanzen in dt/ha, Statischer Düngungsversuch Bad Lauchstädt, 1981 - 1994 (Mittel der Jahre, Fruchtarten und Schlaghälften 2, 3, 6 und 7)

Die C-Bilanzen ausgewählter Varianten aus dem Statischen Düngungsversuch Bad Lauchstädt (Abb. 7) machen deutlich, daß die günstigste Bilanz (d.h. mit den Ernteprodukten wird bedeutend mehr Kohlenstoff abgefahren als mit der Düngung zugeführt wurde) die ausschließliche Mineraldüngung aufweist. Den geringsten „C-Gewinn" bringt, nach der Nullvariante, die ausschließliche Stalldunganwendung. Auch die kombinierte organisch - mineralische Düngung liegt im „C-Gewinn" unter der ausschließlichen Mineraldüngung.

Der Ertragsvorteil der kombinierten Düngung im Vergleich zur ausschließlichen Mineraldüngung ist gering (Pkt. 5.1.). Wie langjährige Untersuchungen in mehreren Versuchen auf diesem Standort nachweisen, liegt die bodenverbessernde Wirkung der organischen Bodensubstanz, berechnet als Differenz zwischen dem Ertrag der optimalen Mineraldüngung und der optimalen Kombination zwischen organischer und mineralischer Düngung, unter diesen Bedingungen bei maximal 5 %. Im Statischen Düngungsversuch liegt zwischen beiden Varianten eine Differenz des C_t-Gehaltes von rd. 0,4 % bzw. 160 dt/ha. Zur Erhaltung dieses Niveauunterschiedes müssen jährlich 150 dt/ha Stalldung bzw. äquivalente Mengen anderer organischer Dünger aufgewendet werden.

Die Ergebnisse des Modellversuches mit extrem hohen Stalldunggaben (Tab. 4) und dem Vergleich zwischen "Fruchtfolge" und "Schwarzbrache" verdeutlichen ebenfalls die negative Wirkung überhöhter organischer Düngung auf die C-Bilanz und den Nachteil "unterlassener Biomasseproduktion" unter Brache.

Tabelle 4: Kohlenstoffbilanz in Abhängigkeit von der Stalldungmenge auf Lößschwarzerde nach 9 Versuchsjahren, Bad Lauchstädt 1984 - 1992

Stalldung dt/ha.a	C-Zufuhr Stalldung dt/ha.a	C-Anreicherung im Boden 0-60 cm (Diff. zu "ohne")			TM-Ertrag 1984-92 dt/ha.a	C-Abfuhr 1984-92 dt/ha.a	C-Bilanz[2] dt/ha.a
		Σ dt/ha	dt/ha.a	%			
Fruchtfolge[1]							
0	-	-	-	-	120	48	+ 48
500	50	240	27	53	147	59	+ 36
1000	100	424	47	47	144	58	+ 5
2000	200	796	88	44	147	59	- 53
Schwarzbrache							
0	-	-	-	-	-	-	± 0
500	50	232	26	52	-	-	- 24
1000	100	388	43	43	-	-	- 57
2000	200	764	84	42	-	-	-116

[1] Z.-Rüben, Silomais, W.-Weizen, Kartoffeln, Silomais, W.-Weizen, Z.-Rüben, Kartoffeln, Silomais
2) Abfuhr plus Anreicherung minus Zufuhr

Aus diesen Untersuchungen wird ersichtlich, daß die Gestaltung der C-Bilanzen im Hinblick auf eine positive Beeinflussung des CO_2-Haushaltes der Atmosphäre mit dem Problem des optimalen Humusgehaltes des Bodens gekoppelt ist und zu hohe Gehalte über "unnötige" CO_2-Emissionen und N-Verluste umweltbelastend wirken können. Der optimale C-Gehalt auf der ideal texturierten Schwarzerde in Bad Lauchstädt liegt bei 2 %. Höhere Gehalte ergeben keinen Ertragsvorteil und bedingen zwangsläufig C-Verluste. Dabei ist zu berücksichtigen, daß nach Abzug des inerten, weitgehend unbeeinflußbaren und an den Mineralisierungsvorgängen unbeteiligten C der mineralisierbare Anteil nur 0,2 bis 0,7 % C ausmacht (KÖRSCHENS et al. 1986) und damit der Spielraum für Veränderungen sehr begrenzt ist.

Im Mittel beträgt der mineralisierbare C-Gehalt etwa 0,5 % bzw. 200 dt/ha. Bei einer durchschnittlichen Mineralisierungsrate von 4 % im mitteldeutschen Raum werden jährlich etwa 8 dt C/ha umgesetzt, wobei in Abhängigkeit von der Witterung große Jahresschwankungen auftreten können.

Zur Vermeidung überhöhter Humusversorgung sind in den Kriterien für "Kritische Umweltbelastungen Landwirtschaft" der Thüringer Landesanstalt für Landwirtschaft entsprechende Grenzwerte in der Humusbilanz angegeben (ECKERT und BREITSCHUH 1994).

5.2.4. Dynamik der C- und N-Gehalte

Als Maßstab für die Bewertung der C_t- und N_t-Gehalte können die Werte des Statischen Düngungsversuches Bad Lauchstädt (LD1 - ohne Düngung und LD2 - 300 dt/ha Stalldung jedes zweite Jahr + NPK) gelten. In beiden Varianten ist, wie in früheren Arbeiten nachgewiesen, das Fließgleichgewicht erreicht, Veränderungen treten, abgesehen von Jahresschwankungen und der zwangsläufig vorhandenen zeitlichen Variabilität, nicht mehr auf. Die Differenzen zwischen den beiden Extremvarianten betrugen im Mittel der sieben Untersuchungstermine 0,76 % C_t bzw. 0,07 % N_t. Die Nullvariante liegt erwartungsgemäß knapp unter dem unteren Grenzwert[1], wobei zu berücksichtigen ist, daß durch zunehmende Nährstoffeinträge über Immission in den letzten Jahrzehnten der Ertrag auch dieser Variante angestiegen ist, und es sich, wie in allen gleichgelagerten Versuchen, nicht mehr um einen geschlossenen Kreislauf handelt. Mit LD2 wird der obere Grenzwert bereits überschritten, ebenso der entsprechende KUL-Wert[2] für die Humusbilanz. Aufgrund aller bisherigen Ergebnisse und Erfahrungen wird das Optimum mit "200 dt/ha Stalldung jedes zweite Jahr + NPK" erreicht, höhere Zufuhr an organischer Substanz und damit verbunden höhere Humusgehalte sind ohne Vorteil, dies zeigen auch die N-Bilanzen.

---

[1] nach KÖRSCHENS et al. 1986

[2] Von ECKERT u. BREITSCHUH (1994) wird eine Methode zur Analyse und Bewertung der ökologischen Situation von Landwirtschaftsbetrieben - Kritische Umweltbelastungen Landwirtschaft (KUL) - vorgestellt. Darin sind Grenzwerte für den "Beginn der kritischen Belastung" angegeben.

Auf der idealen texturierten Schwarzerde in Bad Lauchstädt sind die N-Verluste bzw. ökologischen Belastungen bei überhöhten Humusgehalten anfangs noch gering. Bei einer Durchwurzelungstiefe von 2 m und den geringen Jahresniederschlägen treten N-Verlagerungen nur in extrem feuchten Jahren auf. Ergebnisse von Bodenprobenahmen aus tieferen Boden-schichten (TP 6 sowie KÖRSCHENS et al. 1994b) wiesen nach, daß unterhalb 1,6 m die Differenzen zwischen den Extremvarianten im N_{an}-Gehalt bedeutungslos sind. Die N_{an}-Gehalte im Mittel von sechs Untersuchungsterminen (Abb. 8.1) blieben für beide Varianten unter 30 mg/kg und damit außerhalb kritischer Werte. Dies ist bei den vergleichsweise hohen N-Aufwendungen der organisch - mineralisch gedüngten Variante von rund 200 kg/ha.a in Zusammenhang mit der optimalen Menge und Verteilung der N-Düngung, den damit erzielten hohen Erträgen und in der Gunst des Standortes zu sehen.

Im Gegensatz zu den Varianten des Statischen Düngungsversuches werden in den belasteten Parzellen LA2 und LB2 die KUL-Werte um ein Mehrfaches überschritten, bei LA2 selbst noch im siebenten bis neunten Versuchsjahr und auch in der Schicht 30 - 60 cm (Abb. 8.2). Beide Parzellen weisen außerdem eine große Variabilität der C_t- und N_t-Gehalte, ebenso wie bei allen anderen Prüfmerkmalen, auf (Abb. 8.3 u. 8.4).

Die C_t- und N_t-Gehalte erreichen etwa das Dreifache der „Normalwerte". Dies bedeutet, daß selbst nach 10 Jahren allein in der Schicht 0 - 30 cm noch ein Überhang an Stickstoff von rd. 16000 kg/ha besteht. Dieser Stickstoff ist überwiegend organisch gebunden, jedoch minera-lisierbar. Ein Abbau dieser Belastungen wird zwangsläufig noch viele Jahre in Anspruch nehmen.

In Abb. 8.1 und 8.2 sind die N_{an}-Gehalte dieser belasteten Varianten im Vergleich mit den bereits diskutierten Prüfgliedern des Statischen Düngungsversuches dargestellt. Die Nan-Gehalte in der Schicht 0 - 60 cm erreichen Werte bis zu 1000 kg/ha. In der Schicht von 0 - 5 m wurden im Herbst 1993 bis zu 4500 kg Nitrat-N/ha nachgewiesen (TP 6).

Die unbelasteten Parzellen LA1 und LB1 zeigen mit denen des Statischen Versuches vergleichbare Gehalte, ebenfalls geringere Schwankungen zwischen den Probenahmeterminen und auch vertretbare N_{an}-Gehalte. Entsprechendes gilt für die Dauerversuchsvarianten von Etzdorf (ED1 und ED2). Die Unterschiede zwischen beiden sind mit durchschnittlich 0,11 % C_t nur gering, da keine organische Düngung verabreicht wurde.

Auch im „Ewigen Roggenbau" differieren die C_t-Gehalte von HD1 und HD2 nur um 0,05 % C_t, da in diesem Vergleich nur die Nullvariante und die Variante mit 60 kg N/ha.a einbezogen wurden.

Vergleichbare Relationen zeigen auch die Gehalte an heißwasserlöslichem Kohlenstoff (C_{hwl}) und Stickstoff (N_{hwl}) (Abb. 9.1 - 9.4) als ein Kriterium für das N-Nachlieferungsvermögen. Die Gehalte der belasteten Varianten LA2 und LB2 übersteigen in der Tiefe 0 - 30 cm die Werte der "Normalvarianten" bis um das Zehnfache, deutlich unter dem Durchschnitt liegen die Nullvariante in Bad Lauchstädt und beide Prüfglieder des "Ewigen Roggenbaus". Für C_{hwl}

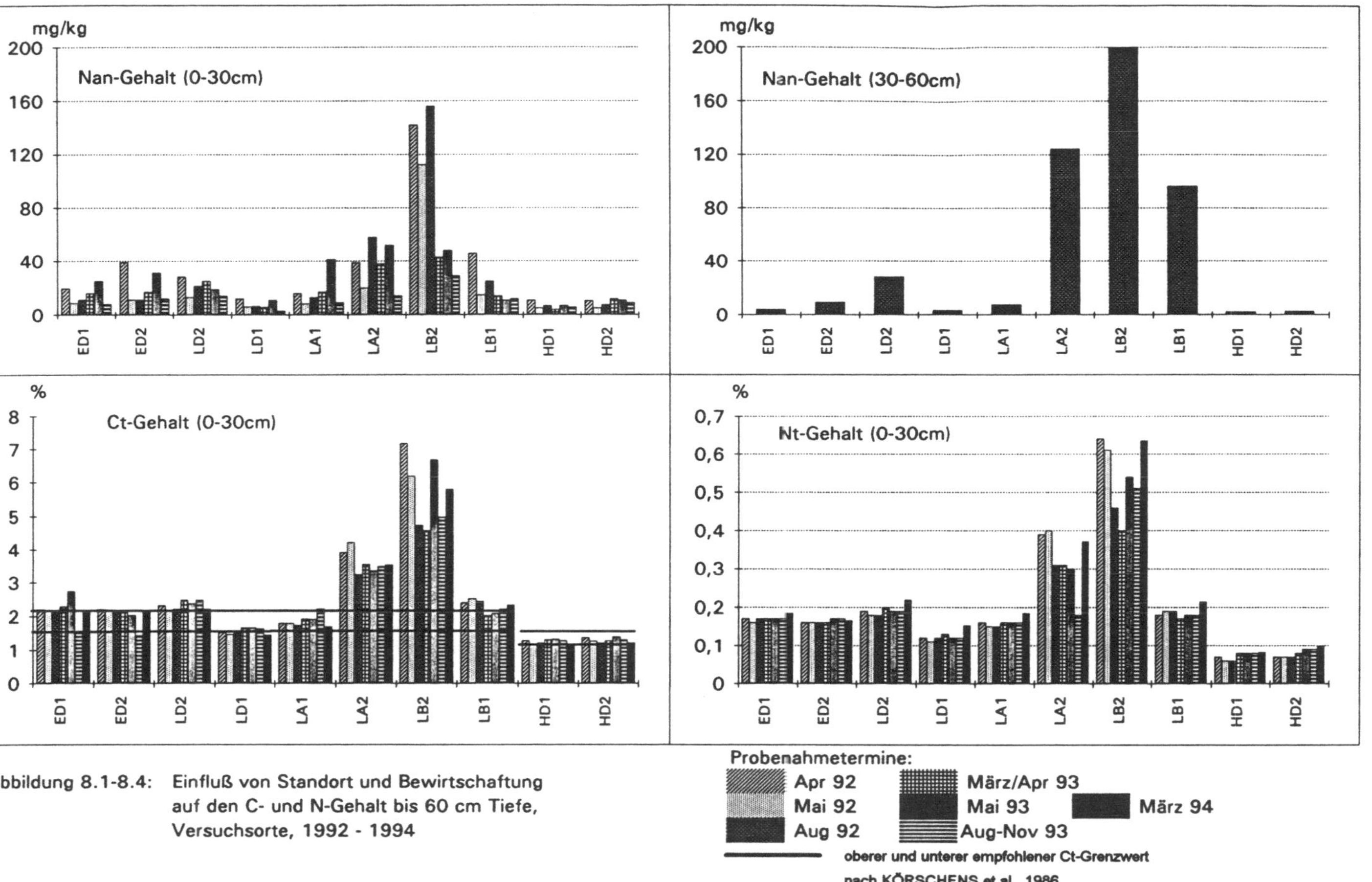

Abbildung 8.1-8.4: Einfluß von Standort und Bewirtschaftung auf den C- und N-Gehalt bis 60 cm Tiefe, Versuchsorte, 1992 - 1994

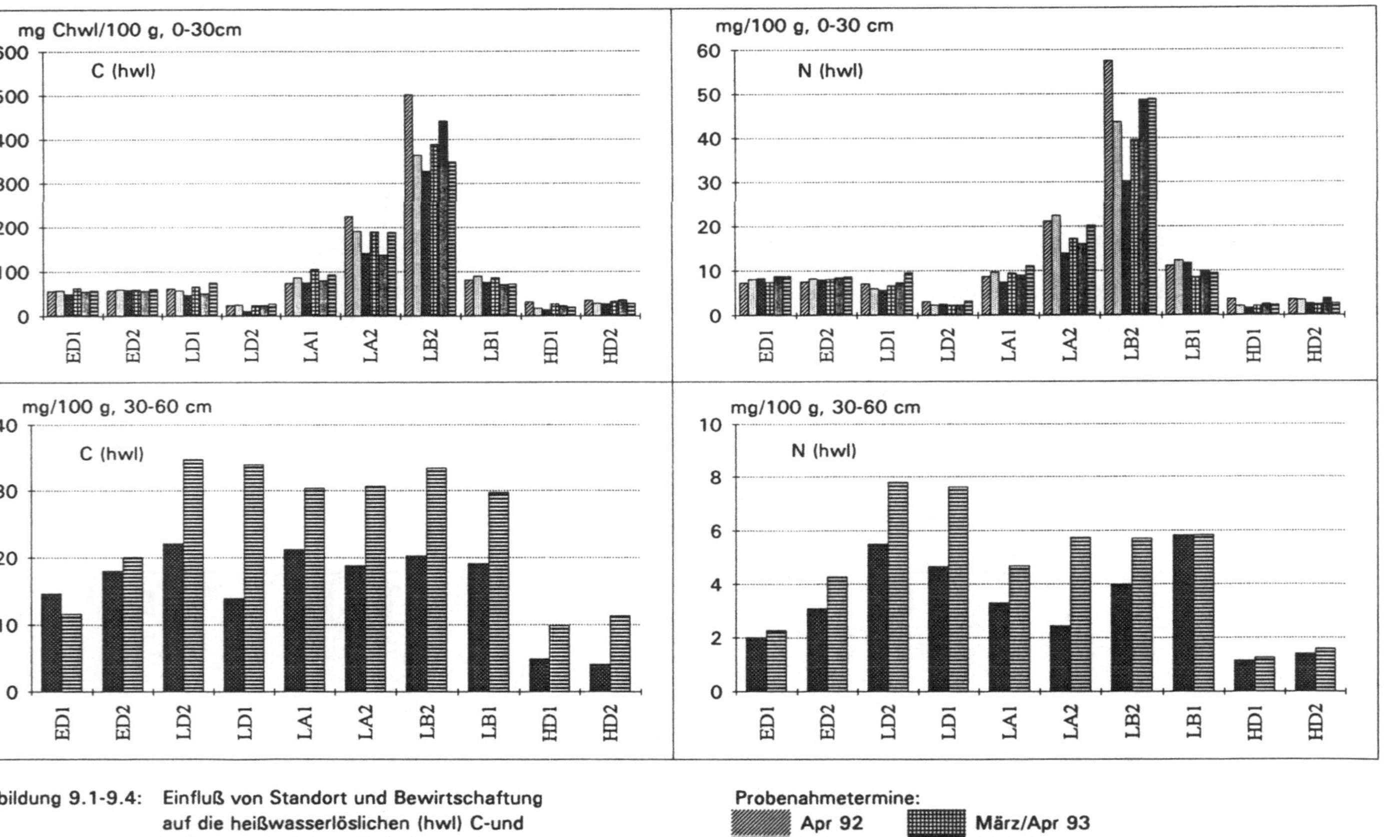

Abbildung 9.1-9.4: Einfluß von Standort und Bewirtschaftung auf die heißwasserlöslichen (hwl) C-und N-Gehalte bis 60 cm Tiefe, Versuchsorte, 1992-1993

können 50 mg/100 g als normal angesehen werden. In der Schicht 30 - 60 cm sind generell weitaus geringere Gehalte an C_{hwl} und N_{hwl} zu verzeichnen. Die Langzeitdynamik der C_t- und N_t-Gehalte wird aus den Extremvarianten des Statischen Düngungsversuches nach Erweiterung der Versuchsfrage im Jahre 1978 deutlich. Nach 12 Versuchsjahren zeigt der C_t-Gehalt bei hohem Ausgangsniveau und Unterlassung jeglicher Düngung ein deutliches Absinken, umgekehrt einen entsprechenden Anstieg. Das neue Gleichgewicht ist jeweils auf der Höhe des bei gleicher Düngung (bzw. ohne Düngung) unverändert gebliebenen Niveaus zu erwarten. Bei derartig großen Differenzen zwischen Ausgangs- und neuem Gleichgewichtsniveau wird dies jedoch nicht vor Ablauf der nächsten 20 Jahre erreicht werden (Abb. 10).

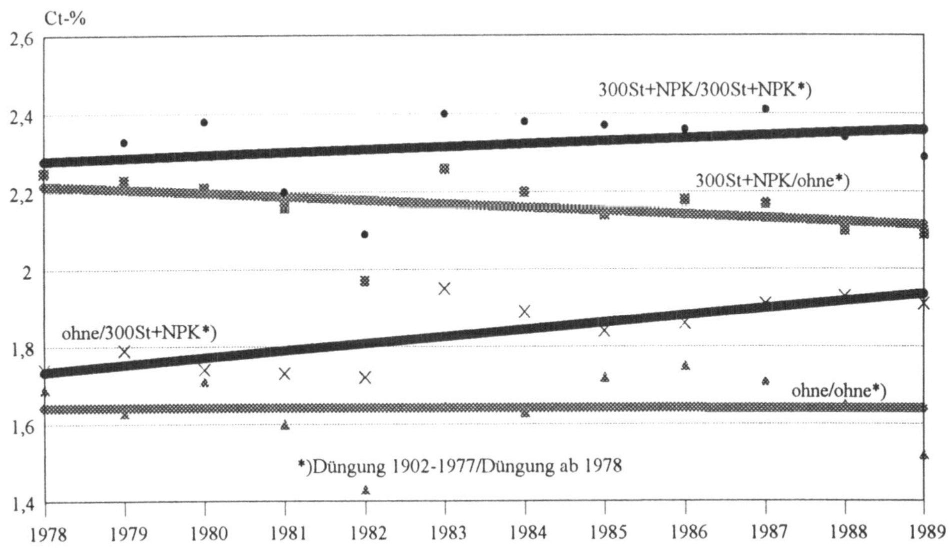

Abbildung 10: C_t-Gehalt bis 20 cm Tiefe in Abhängigkeit von Ausgangsniveau und Düngung, Statischer Düngungsversuch nach Erweiterung der Versuchsfrage, Bad Lauchstädt, 1978 - 1989

Erhöhungen der C_t- und N_t-Gehalte des Bodens lassen sich über Mineraldüngung nur begrenzt erreichen. Bei Berücksichtigung praxisüblicher Anbauverhältnisse beträgt die Differenz zwischen "ohne" und "optimale Mineraldüngung" bis zu 0,22 % C_t bzw. 0,02 % N_t. Größere Unterschiede werden durch den Einsatz organischer Dünger erreicht, in Betrieben mit Tierproduktion durch Stalldung und Gülle, ohne Tierproduktion mit Stroh, Rübenblatt u. a. Pflanzenrückständen.

5.3. pH-Wert und Makronährstoffe

Mit den organischen Düngern der Tierproduktion werden gleichzeitig erhebliche Mengen an Makro- und Mikronährstoffen dem Boden zugeführt, die im Hinblick auf die Pflanzenernährung und Umweltbelastung Beachtung verdienen.

Der pH-Wert (Abb. 11.1) der Etzdorfer Parzellen ED1 und ED2 und der ehemaligen Stalldung -Gülledeponien Bad Lauchstädt LA1 und LA2, LB1 und LB2 liegt bereits über den von ECKERT und BREITSCHUH (1994) angegebenen Grenzwerten. Dabei gefährdet ein Unterschreiten der unteren Grenze langfristig die Funktionsfähigkeit des Ökosystems, ein Überschreiten der oberen Grenze eutrophiert die Umwelt und/oder beeinträchtigt die Nahrungsqualität.

Eine Differenzierung des pH-Wertes zwischen belasteter und unbelasteter Variante besteht nur im Bad Lauchstädter Düngungsversuch LD1 und LD2 aber innerhalb des ökologischen Optimums.

Wesentlich größere Unterschiede gibt es bei den Phosphor-, Kali- und Magnesiumgehalten (Abb. 11.2 - 11.4). Die P-Gehalte liegen bei der gedüngten Variante im Statischen Düngungsversuch Bad Lauchstädt LD2 mit 30 mg/100 g Boden bereits weit über dem ökologischen Optimum, ebenso bei der unbelasteten LB1 mit 24 mg/100 g Boden. Bei den belasteten Varianten der Gülledeponien (LA2 = 97 mg/100 g und LB2 = 147 mg/100 g) überschreiten die P-Gehalte den Grenzwert um ein Vielfaches. Entsprechendes gilt für die K- und Mg-Gehalte. Nur die langjährig ungedüngten Prüfglieder LD1 und HD1 liegen bei P und K an der unteren Grenze des ökologischen Optimums.

Auch in der Schicht 30 - 60 cm gibt es sehr große Unterschiede zwischen den Varianten. Die höchsten Werte bei P erreicht die Volldüngungsvariante des Statischen Düngungsversuches, die noch weit über denen der belasteten Varianten liegen (Abb. 12.1). Ursache dafür ist die über 90 Jahre überhöhte P-Zufuhr mit dem Stalldung. Im Verlaufe dieses langen Zeitraums erreichte der P auch die tieferen Schichten, was bei den Parzellen LA2 und LB2 trotz wesentlich überhöhter P-Gehalte im Oberboden nicht der Fall ist. Offensichtlich reichte die Zeit von rd. 30 Jahren für eine Verlagerung hier nicht aus. Im Gegensatz zum Phosphor wurden bei Kali und Magnesium auch (und nur) bei den belasteten Parzellen große Mengen in den Unterboden verlagert. Bei LB2 erreichen die K-Werte in der Schicht 30 - 60 cm annähernd die gleiche Höhe wie in der Schicht 0 - 30 cm.

5.4. Mikronährstoffe

Die Mikronährstoffe wurden nur 1992 in beiden Tiefen bestimmt (Tab. 5). Stark überhöhte Gehalte wurden bei B, Cu und Zn der Parzellen LA2 und LB2 festgestellt, jedoch nur in der

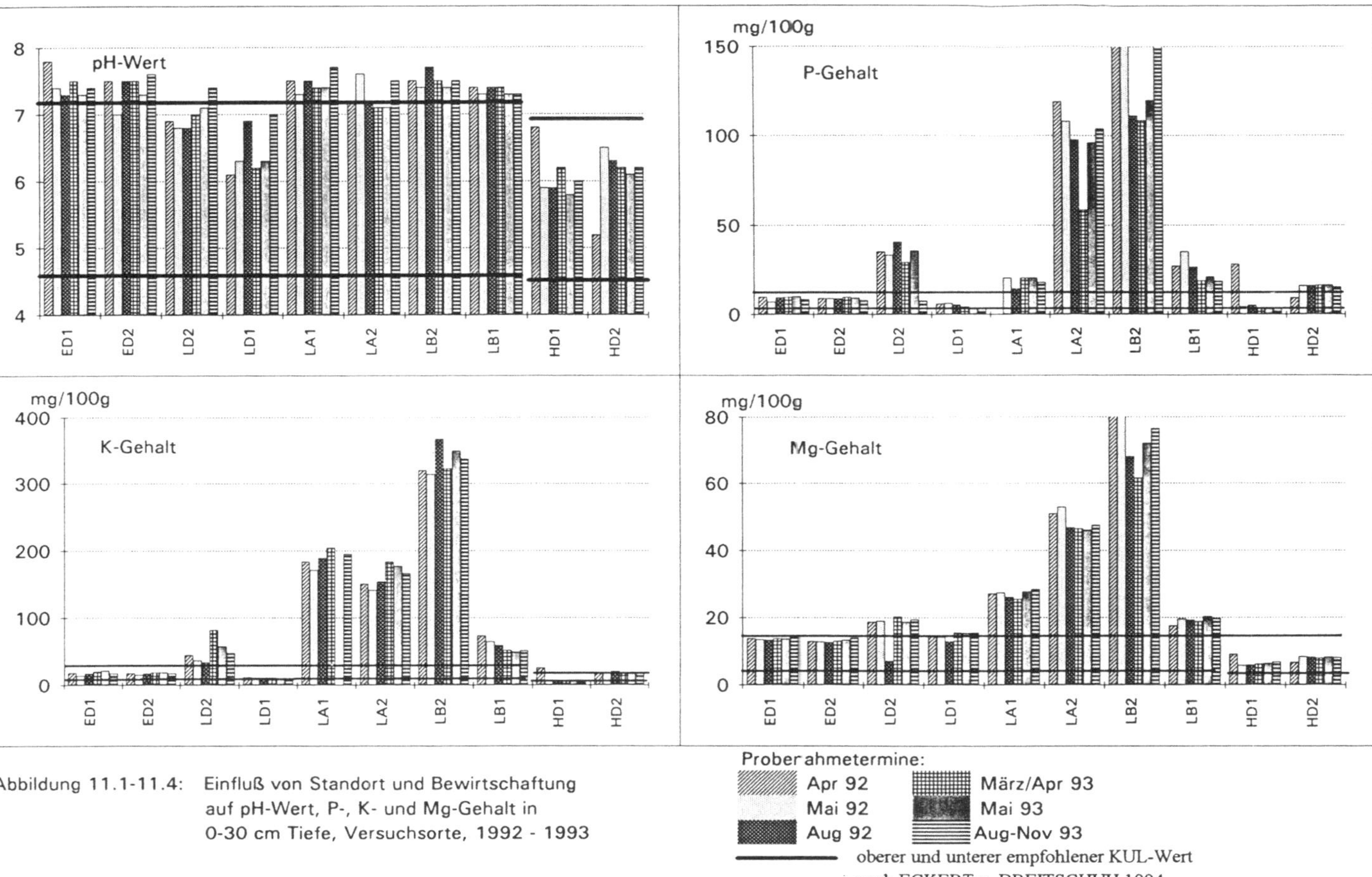

Abbildung 11.1-11.4:   Einfluß von Standort und Bewirtschaftung auf pH-Wert, P-, K- und Mg-Gehalt in 0-30 cm Tiefe, Versuchsorte, 1992 - 1993

ersten Schicht. Auffallend sind die hohen Werte an Mn im Statischen Düngungsversuch Bad Lauchstädt in beiden Tiefen.

Insgesamt haben sich die Differenzen zwischen den Varianten bei allen untersuchten Mikronährstoffen in der zweiten Schicht wesentlich verringert. Zn und Cu sind in den Parzellen LA2 und LB2 wesentlich erhöht.

Tabelle 5: Gehalte an Mikronährstoffen in mg/kg Boden von den Testvarianten, bis 60 cm Tiefe, Versuchsstandorte, August 1992

	B	Cu	Mn	Mo	Zn	B	Cu	Mn	Mo	Zn
			0 - 30 cm					30 - 60 cm		
ED1	2,9	4,8	32	0,19	4,7	1,8	1,6	6	0,03	1,2
ED2	3,1	5,1	30	0,09	4,4	2,1	2,1	6	0,07	2,6
LD2	3,5	7,8	**107**	0,13	8,3	2,3	4,0	**32**	0,12	1,3
LD1	2,1	6,2	**89**	0,14	4,2	1,7	2,8	18	0,06	0,5
LA1	2,9	7,4	26	0,20	4,5	1,0	2,6	6	0,04	0,5
LA2	**5,9**	**25,7**	31	0,15	**17,3**	0,6	3,8	7	0,11	0,4
LB2	**5,5**	**33,5**	6	0,18	**24,9**	1,3	3,8	6	0,10	2,5
LB1	3,4	12,5	21	0,09	6,6	2,6	4,4	27	0,10	1,5
HD1	1,1	22,8	24	0,29	10,5	0,9	4,1	15	0,08	1,0
HD2	1,2	16,7	29	0,29	10,6	1,1	3,4	12	0,08	0,9

5.5. Bodenphysikalische Eigenschaften und Sorptionskapazität

Zwischen den bodenchemischen, insbesondere dem C-Gehalt, und den bodenphysikalischen Eigenschaften bestehen enge Beziehungen. Eine eindeutige Quantifizierung ist jedoch schwierig, da die Variabilität dieser Merkmale sehr groß ist, die Unterschiede im C-Gehalt am gleichen Standort relativ gering sind und Untersuchungen an ungestörten Bodenproben durch den Einfluß des jeweils aktuellen Bodenzustandes verzerrt werden[3].

Aufgrund der großen Unterschiede im C-Gehalt innerhalb der zehn Testvarianten war eine gute Basis gegeben für:

– die Aufklärung des Einflusses hoher Belastungen auf bodenphysikalische Eigenschaften

– die Quantifizierung der Beziehungen zwischen C-Gehalt und bodenphysikalischen Parametern

---

[3] Zur Bestimmung der Wasserkapazität und der Lagerungsdichte wurde der lufttrockene, auf 2 mm abgesiebte Boden mit einer speziellen Apparatur bei konstanter Frequenz und Hubhöhe in 100 cm^3-Stechzylinder eingerüttelt. Die Trocknung erfolgte bei 105 °C.

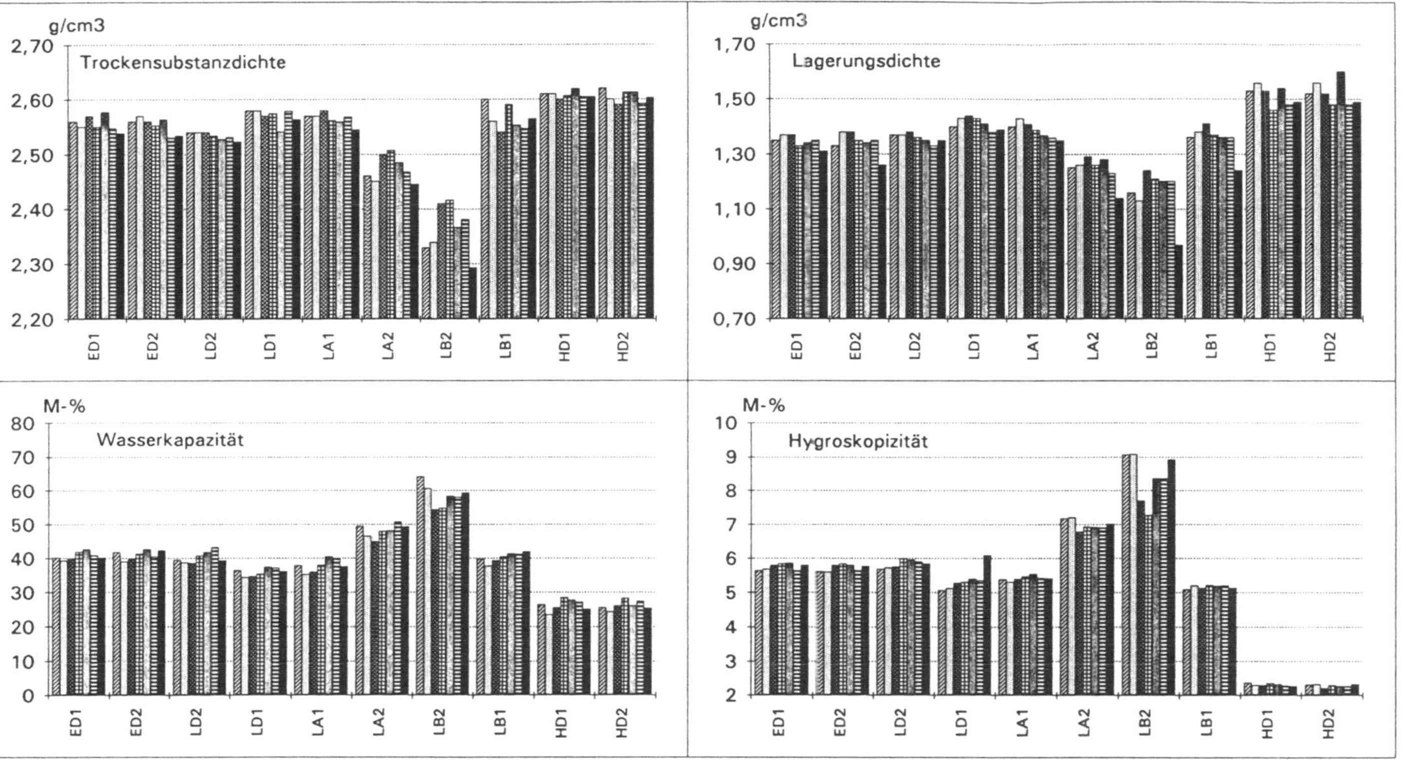

Abbildungen 12.1-12.4: Einfluß von Standort und Bewirtschaftung auf bodenphysikalische Eigenschaften in 0-30 cm Tiefe, Versuchsorte, 1992 - 1994

– kritische Betrachtungen zur zeitlichen Variabilität dieser Prüfmerkmale.

Die Ergebnisse, im Zusammenhang mit den C- und N-Gehalten betrachtet (Abb. 12.1 - 12.4), lassen zunächst eine eindeutige Abhängigkeit aller bodenphysikalischen Merkmale vom C- (und N-) Gehalt erkennen.

Die engsten Beziehungen ergeben sich zwischen dem C- bzw. N-Gehalt und der Trockensubstanzdichte (TSD = Dichte der festen Bodensubstanz) mit Korrelationskoeffizienten von 0,95 bzw. 0,98 (Tab. 6). Die Korrelation wird beeinträchtigt durch den geringeren Tongehalt des Bodens in Halle, bedingt durch die enge Korrelation zwischen Ton- und C-Gehalt. Dies soll jedoch nachfolgend unberücksichtigt bleiben.

Im Bereich "normaler" Versorgung ist eine relativ gute Übereinstimmung zwischen den verschiedenen Probenahmeterminen gegeben. Große Schwankungen treten bei den stark überhöhten Gehalten der belasteten Prüfglieder auf. Die Differenzen zwischen den Terminen machen bis 2,59 % C_t und 0,24 % N_t und damit, bezogen auf den Bearbeitungshorizont, über 950 kg N/ha aus. Die große zeitliche Variabilität beider Prüfmerkmale ist bekannt und mehrfach nachgewiesen worden (KÖRSCHENS 1982; LEINWEBER et al. 1994; u.a.), in dieser Größenordnung jedoch nicht erklärbar. Dieses experimentelle Ergebnis bestätigt sich jedoch auch bei den bodenphysikalischen Merkmalen.

Die Hygroskopizität und mit geringen Abweichungen die Wasserkapazität zeigen die gleichen Relationen zwischen den Prüfgliedern aber auch zwischen den verschiedenen Probenahmeterminen. Auffallend ist dabei wiederum die Parallelität dieser vier Merkmale bei den Prüfgliedern LA2 und LB2. Trockensubstanz- und Lagerungsdichte zeigen das analoge Bild mit umgekehrten Vorzeichen. Daraus errechnet sich das Porenvolumen, das als berechnetes Merkmal zwangsläufig eine größere Variabilität und geringere Korrelations-koeffizienten aufweist als alle anderen Merkmale.

Bemerkenswert ist der optische Vergleich zwischen den C- und den TSD-Werten der Variante LB2 (Abb. 8.3 u. Abb. 12.1). Die gleichlaufenden Veränderungen der verschiedenen, nach völlig unterschiedlichen Methoden bestimmten Prüfmerkmale können als experimenteller Nachweis der vorhandenen zeitlichen Variabilität gewertet werden, ohne daß dafür eine ausreichende Erklärung gegeben werden könnte.

Die in Tab. 6 ausgewiesenen Korrelationskoeffizienten verdeutlichen die engen Beziehungen zwischen den bodenphysikalischen Merkmalen untereinander und zwischen diesen und dem C- bzw. N-Gehalt.

Die Regressionskoeffizienten zwischen den bodenphysikalischen Merkmalen und dem C_t-Gehalt einerseits sowie dem N_t-Gehalt andererseits zeigen, mit Ausnahme bei der Hygroskopizität, eine sehr gute Übereinstimmung (Tab. 6).

Tabelle 6: Koeffizienten der linearen Regression zwischen dem C- bzw. N-Gehalt und bodenphysikalischen Eigenschaften, untersucht in den zehn Testvarianten 0 - 30 cm
(n = 70), 1992 - 1994

	C		N	
	Regr.-Koeff.	r	Regr.-Koeff.	r
Hygroskopizität	1,11	0,82	3,08	0,84
Wasserkapazität	5,78	0,80	58,46	0,84
Trockensubstanzd.	- 0,051	- 0,95	- 0,51	- 0,98
Lagerungsdichte	- 0,071	- 0,84	- 0,72	- 0,88
Porenvolumen	1,76	0,73	18,1	0,78

Alle Korrelationskoeffizienten sind signifikant bei einer Irtumswahrscheinlichkeit von $\alpha = 0,1$ %

Nach diesen Ergebnissen verändert sich mit einer Zunahme des C-Gehaltes von 1 %

die Hygroskopizität	um + 1,1 %
die Wasserkapazität	um + 5,8 %
die Trockensubstanzdichte	um - 0,05 g/cm³
die Lagerungsdichte	um - 0,07 g/cm³
das Porenvolumen	um + 1,8 %

In der Schicht 30 - 60 cm werden die Relationen zwischen den Varianten durch die unterschiedliche Mächtigkeit der Humushorizonte verschoben. In Halle (HD1 und HD2) wird der geringe Ton- und C-Gehalt durch geringere Hygroskopizität und Wasserkapazität sowie erhöhte Dichtewerte widergespiegelt. Alle übrigen Varianten zeigen bei der Lagerungsdichte und der Wasserkapazität keine größeren Unterschiede. Ein höherer C-Gehalt in dieser Schicht wird im Statischen Versuch Lauchstädt (LD1 und LD2) durch höhere Hygroskopizität und geringere Trockensubstanzdichte reflektiert.

Die Sorptionskapazität reagiert in gleicher Weise wie die bodenphysikalischen Eigenschaften (Abb. 13.1 u. 13.2), die Korrelationen zwischen C- und T-Wert sind erwartungsgemäß sehr eng (Abb. 13.3). Mit einem Anstieg des C-Gehaltes um 1 % erhöht sich der T-Wert um 3,5 mVal/100 g.

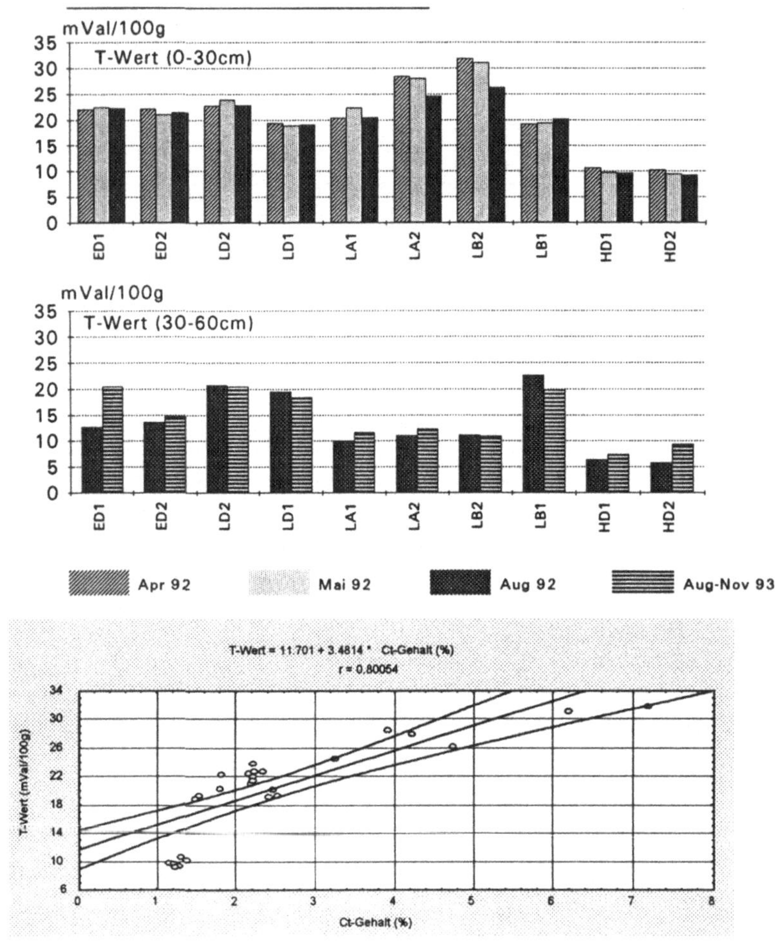

Abbildung 13: T-Wert in mVal/100g Boden in Abhängigkeit vom Standort und vom C-Gehalt
bis 60 cm Tiefe, Versuchsorte, 1992 - 1993

5.6. Bodenbiologische Untersuchungen

Die Fruchtbarkeit eines Bodens wird wesentlich vom Bodenleben mitbestimmt. Eine bekannte und vielfach angewandte Methode zur Erfassung der Intensität der Abbauvorgänge der organischen Substanz ist die Bestimmung der Bodenatmung.

In Abb. 17 ist der Einfluß organischer und mineralischer Düngung auf die mikrobielle Aktivität von Böden unterschiedlicher Löß-Standorte, gemessen an der CO_2-Freisetzung, wiedergegeben. Eine reine N-Düngung führte in Etzdorf auf ED2 in beiden untersuchten Jahren zu keinem nenenswerten Anstieg der Bodenatmung, im "Ewigen Roggenbau" in Halle dagegen zu einer deutlichen Differenzierung. Durch organisch - mineralische Düngung wurde die Mineralisierung und damit die CO_2-Freisetzung erhöht (LD2). Eine überhöhte Zufuhr organischer Substanz, wie es auf den Stalldung-Gülle-Hochstlastflächen LA2, LB1 und LB2 der Fall war, ist mit einer hohen C-Mineralisierung verbunden.

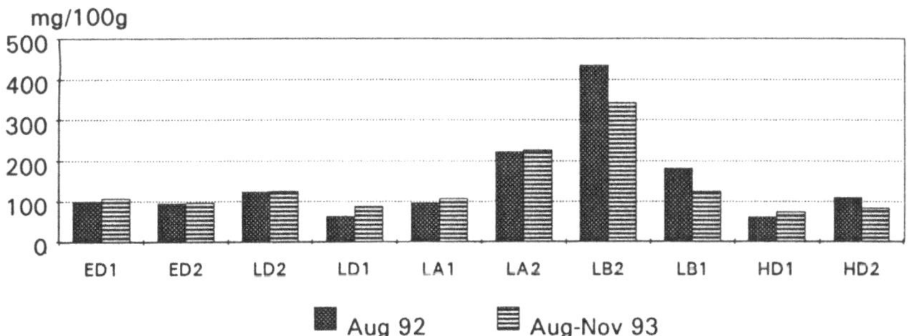

Termin	ED1	ED2	LD2	LD1	LA1	LA2	LB2	LB1	HD1	HD2
Aug 92	100,40	93,99	123,54	63,01	96,25	222,18	435,01	181,44	61,08	109,20
Aug-Nov 93	107,34	95,59	125,04	87,82	107,47	226,57	342,80	125,25	73,70	83,47

Abbildung 14: CO_2-Freisetzung in mg/100 g in Abhängigkeit vom Standort und von der Bodennutzung in 0-30 cm Tiefe, Versuchsorte 1992 - 1993

Gezielte Untersuchungen über drei Jahre auf der ehemaligen Stalldung-Gülle-Deponie in Bad Lauchstädt zeigen eine Abhängigkeit der CO_2-Freisetzung vom C_t-Gehalt (Tab. 7). Eine gute Korrelation besteht im Bereich 1,6 - 2,4 % C_t, der für Lößböden charakteristisch ist. Bei höheren C_t-Gehalten ist eine höhere Streuung zu verzeichnen. Größere Ansammlungen organischen Materials können zu einer Inhomogenität der Bodenproben und damit der CO_2-Freisetzung in den einzelnen Versuchsjahren führen. Zusätzlich ist der Einfluß der Fruchtart zu berücksichtigen.

Tabelle 7: C-Mineralisierung in mg CO_2/100 g aus Bodenproben unterschiedlicher C-Gehalte der ehemaligen Stalldung-Gülle-Deponie (V 503) nach 35 Tagen Inkubation bei 25 °C und 60% WK, Bad Lauchstädt, 1992 - 1994

Parz.Nr.	Herbst 1992	Wi-Weizen 06.05.1992	Wi-Weizen Herbst 1992	Mais 05.07.1993	Mais 19.10.1993	So-Gerste 03.06.1994	Mittel
3	1,80	74,03	103,33	84,40	82,93	75,24	83,99
2	1,90	69,65	84,64	72,83	82,33	84,68	78,83
11	2,05	94,89	94,46	104,97	88,08	120,52	100,58
8	2,16	121,72	135,97				128,85
62	2,17	78,76	96,08	113,42	85,13	116,31	97,94
32	2,20	80,19		78,45	82,51	82,51	80,92
9	2,36	166,12	133,37				149,75
98	2,56	179,24	98,46			208,27	161,99
63	2,59	99,86					99,86
42	3,10	130,08	125,71				127,90
99	3,19	179,51	165,71	180,32	175,17	203,19	180,78
101	3,27	202,67		150,43	160,09		171,06
41	3,43	154,58		122,54	108,59	169,56	138,82
102	3,47	194,93		132,94	137,80	211,10	169,19
72	3,86	232,19	128,93	141,03	138,51	194,78	167,09

6. Schlußfolgerungen

Ziel aller Bemühungen ist die Regeneration belasteter und die Erhaltung intakter Agrarökosysteme sowie eine nachhaltige Bodennutzung. Dabei ist nachhaltig (dauerhaft) definiert als "eine Entwicklung, die den gegenwärtigen Bedarf zu decken vermag, ohne gleichzeitig späteren Generationen die Möglichkeit zur Deckung des ihren zu verbauen" (HAUFF 1987). Auf die Bodennutzung bezogen bedeutet dies angemessene und dauerhafte Erträge zur Deckung des Bedarfs der wachsenden Menschheit, und zwar nicht nur regional, sondern global unter Vermeidung jeglicher Umweltbelastungen durch Austrag von Nähr- und Schadstoffen in das Grundwasser und/oder in die Atmosphäre. Die Bedarfsdeckung beschränkt sich dabei nicht auf Nahrungsmittel sondern schließt Rohstoffe ein. Die bisher verwendeten Rohstoffe, insbesondere die fossilen Energieträger, sind in jedem Falle begrenzt, ihre Verarbeitung bzw. ihr Einsatz in vielen Fällen umweltbelastend.

Die Ergebnisse des Statischen Düngungsversuches im Verlaufe von 92 Jahren haben gezeigt, daß unter den untersuchten Standortbedingungen eine nachhaltige Bodennutzung im oben genannten Sinne bei steigenden Erträgen möglich ist. Gleichzeitig waren Umweltbelastungen in anderen Versuchen nachzuweisen, wo bekannte Grundsätze und Grenzwerte nicht eingehalten wurden bzw. der gegenwärtige Kenntnisstand noch unzureichend ist.

Die experimentellen Ergebnisse lassen sich wie folgt zusammenfassen:

- Ein Vergleich der Düngungsvarianten des Statischen Düngungsversuches ergibt, daß auf dem Lößschwarzerdestandort Bad Lauchstädt mit ausschließlicher Mineraldüngung bei Zuckerrüben und Winterweizen keine geringeren Erträge als mit organisch/mineralischer Düngung erzielt werden. Kartoffeln und Sommergerste ergeben mit Stalldungzufuhr Mehrerträge, jedoch wird mit 150 dt/ha.a das Optimum bereits überschritten.

- Alle Betrachtungen zur Bedeutung der organischen Bodensubstanz für Boden, Pflanze und Umwelt erfordern ihre Differenzierung in mindestens zwei Fraktionen. Praktisch beeinflußbar ist nur der mineralisierbare Anteil, der in den grundwasserfernen Sand- und Lehmböden Mitteldeutschlands im Durchschnitt 0,5 % ausmacht.

- Die Möglichkeiten zur Anreicherung von Kohlenstoff in der organischen Bodensubstanz mit dem Ziel der Verringerung des CO_2-Eintrags in die Atmosphäre sind sehr begrenzt (bis maximal 0,2 %) und nur vorübergehend innerhalb des Zeitraumes, der für die Erreichung eines neuen Fließgleichgewichts notwendig ist, gegeben. Bei Einsatz organischer Primärsubstanz (d. h. Pflanzenmasse), die ausschließlich für diesen Zweck in Betracht käme, würden bei einem Humifizierungskoeffizienten von 30 % (bezogen auf Kohlenstoff) in jedem Falle 70 % des Kohlenstoffs wieder in die Atmosphäre abgegeben.

- Die Anwendung von Mineraldünger (vorwiegend N) innerhalb der Grenzen des gegenwärtigen Erkenntnisstandes kann die C- und N-Bilanzen positiv beeinflussen, trägt über höhere Erträge und damit verbundene erhöhte CO_2-Bindung zur Entlastung der Atmosphäre bei und muß nicht zwangsläufig mit Umweltbelastung verbunden sein.

- Die N-Depositionen (N aus "sonstigen Quellen" einschließlich Direktaufnahme durch die Pflanzen aus der Luft) können unter den untersuchten Standortbedingungen > 50 kg/ha.a betragen. Diese Mengen müssen ausreichend quantifiziert und bei der Düngerbemessung sowie in den N-Bilanzen berücksichtigt werden.

- Mit den organischen Düngern aus der Tierproduktion werden dem Boden neben Kohlenstoff und Stickstoff auch erhebliche Mengen an Makro- und Mikronährstoffen zugeführt. Bei überhöhter Düngung werden nicht nur die kritischen Werte für Kohlenstoff und Stickstoff sondern auch die kritischen Gehalte an Makronährstoffen im Boden überschritten und damit neben dem ökonomischen Schaden durch Verschwendung auch ökologische Belastungen hervorgerufen.

- Es besteht ein nahezu funktionaler Zusammenhang zwischen dem Kohlenstoffgehalt im Boden und allen bodenphysikalischen Eigenschaften sowie der Sorptionskapazität, der standortabhängig eine unterschiedliche Bedeutung hat. Auf der ideal texturierten Schwarzerde mit sehr günstigen bodenphysikalischen Eigenschaften spielt z. B. eine Verbesserung der Wasserkapazität oder Lagerungsdichte nur eine geringe Rolle, auf leichten Sandböden und strukturschwachen Tonböden kann jedoch der C-Gehalt aus dieser Sicht zum limitierenden Faktor werden.

Strategien

Die Produktion von pflanzlicher Biomasse ist ein entscheidender Teil des C- und N-Kreislaufs und eine wesentliche Komponente seiner Steuerung. Mit der Biomasseerzeugung zur Energie- und Rohstoffgewinnung kann ein Beitrag zur Realisierung des Programms der Bundesregierung, die energiebedingte CO_2-Emission um 25 - 30 % bis zum Jahre 2005 gegenüber 1987 zu reduzieren, geleistet werden. Daraus resultiert, daß eine hohe Biomasseproduktion, selbstverständlich unter Ausschluß von Umweltbelastungen und bei Einhaltung entsprechender Normen, anzustreben ist. Daraus ergibt sich ebenfalls, daß der ökologische Landbau kein ausreichendes Mittel ist, um nachhaltig einen Beitrag zum Umweltschutz und zur Realisierung der genannten Forderungen zu liefern. Ziel muß in jedem Falle sein, die gesamte Landwirtschaft leistungsfähig, ökologisch und für den Bauern ökonomisch zu gestalten.

Kohlenstoffbilanzen, in Verbindung mit Energiebilanzen, erlauben eine Einschätzung des Beitrages der jeweiligen Nutzungsform zur Entlastung des CO_2-Gehaltes der Atmosphäre und damit zum Umweltschutz und sollten ein vorrangiger Bewertungsmaßstab sein. Durch regelmäßige, wo notwendig durch gezielte Kontrollen sollte die Einhaltung der KUL-Werte überprüft und gesichert werden.

Der Humus- (C-)Gehalt im Boden ist von entscheidender Bedeutung für die Erzeugung von Biomasse und für die Umwelt. Überhöhte C-Gehalte können umweltbelastend wirken, wenn einerseits der mit steigenden C-Gehalten zunehmend mineralisierte Stickstoff von den Pflanzen nicht mehr aufgenommen werden kann und andererseits mehr CO_2 emittiert wird, als dies für die Aufrechterhaltung eines optimalen C-Niveaus im Boden erforderlich ist. In solchen Fällen sollte organische Substanz, die nicht zwangsläufig als Dünger eingesetzt werden muß (Stalldung, Gülle), für andere Zwecke, z. B. Stroh zur Energiegewinnung, eingesetzt werden.

N-Bilanzen stellen ein geeignetes Mittel zur Kontrolle und Vermeidung von N-Verlusten dar. Die in den Kriterien für "Kritische Umweltbelastungen Landwirtschaft" (ECKERT und BREITSCHUH 1994) enthaltenen Grenzwerte für N-Salden von ± 50 kg/ha müssen standortabhängig präzisiert werden und den N aus sonstigen Quellen berücksichtigen. Für Löß-Scharzerde im mitteldeutschen Trockengebiet können N-Bilanzen von ± 0 kg/ha, unter Berücksichtigung des N aus Depo-sitionen von +50 kg/ha, gefordert und erreicht werden.

Der Abbau vorhandener Belastungen, vorrangig im Hinblick auf die vielfach vorhandenen hohen N-Gehalte, ist praktisch nur über den Pflanzenentzug möglich. Auch eine Schadstoffbelastung durch Schwermetalle kann großflächig nur auf diese Weise abgebaut werden, auch wenn dazu Jahrzehnte notwendig sind. Bei entsprechender Nutzung der Pflanzen im "non food Bereich" können belastete Flächen zur Produktion von Biomasse genutzt und langfristig ein Sanierungseffekt erreicht werden.

Forschungsbedarf

Die gegenwärtig vorhandenen Bodenbelastungen, soweit sie auf Bewirtschaftungseinflüsse zurückzuführen sind, beruhen zu einem großen Teil auf der Nichteinhaltung bestehender Vorschriften bzw. auf der Nichtbeachtung des gegenwärtigen Kenntnisstandes. So ist z.B. die Wirkungsweise des Mineraldüngerstickstoffs hinsichtlich Art, Menge und Zeitpunkt der Anwendung in den letzten Jahren international so intensiv erforscht worden, daß bei Beachtung dieses Kenntnisstandes Umweltbelastungen weitgehend ausgeschlossen werden können.

Es bestehen jedoch noch einige wesentliche Erkenntnislücken, die eine umweltgerechte Bodennutzung erschweren. So besteht ein dringender Forschungsbedarf zur Lösung folgender Probleme:

- Quantifizierung standort- und nutzungsabhängiger Richtwerte für den Humusgehalt im Hinblick auf eine nachhaltige Bodennutzung, die angemessene Erträge fordern und Umweltbelastungen ausschließen sollte.

- Standortabhängige Quantifizierung der N-Deposition, einschließlich der Direktaufnahme von N durch die Pflanzen aus der Luft, und deren Berücksichtigung bei der Bemessung der N-Düngung und der Berechnug der N-Bilanzen

- Gegenwärtig beruhen die meisten Düngungsberatungen auf der Ermittlung des anorganischen Stickstoffs im Boden. Von größerer Bedeutung ist jedoch der Stickstoff, der während der Vegetationszeit mineralisiert wird. Hier können bodenmäßig, ohne Berücksichtigung der witterungsbedingten Differenzen in der Mineralisierungsintensität am gleichen Standort Unterschiede von mehr als 100 kg N/ha.a auftreten.

- Mit der Anwendung des Simulationsmodells CANDY ist unter der Voraussetzung einer standortabhängigen Quantifizierung der umsetzbaren organischen Bodensubstanz eine Berechnung der N-Nachlieferung möglich.

7. Literatur

BECKER, K. W.: Betriebsbedingte Stickstoffbilanzen.- Stickstoffbilanz.- Referate der gemeinsamen Tagung des Verbandes der Landwirtschaftskammern e. V. mit dem Industrieverband Agrar e. V. am 18./19. April in Würzburg.- S. 47-51

ECKERT, H.; BREITSCHUH, G.: Kritische Umweltbelastung Landwirtschaft (KUL)- Eine Methode zur Analyse und bewertung der ökologischen Situation von Landwirtschaftsbetrieben. In: EULANU- Effiziente und umweltverträgliche Landnutzung.-. Thüringer Landesanstalt für Landwirtschaft.-Schriftenreihe 10/1994.-S. 30-47

FINCK, A.: Umweltbelastung durch Düngung: Kritische Interpretation regionaler Daten.- 102. VDLUFA-Kongreß Berlin, 17.-22.09.1990,- S. 35

HAUFF, V.: Unsere gemeinsame Zukunft.- Der Brundtland-Bericht der Weltkommission für Umwelt und Entwicklung.- Eggemkamp Verlag.- Greven (1987)

KLIMANEK, E.-M.: Mineralisierungsleistung unterschiedlicher Böden in Abhängigkeit von der Düngung.- Arch. Acker- und Pflanzenbau und Bodenkd.- Berlin 24 (1980) 4

KLIMANEK, E.-M.: Messung der CO_2-Freisetzung aus Bodenproben von Laborinkubationsversuchen im Gaskreislaufverfahren.- Agribiol. Res. 47 (1994) 3-4

KLIMANEK, E.-M.; KÖRSCHENS, M.: Die Mineralisierungsleistung unterschiedlicher Böden und ihre Beziehung zum Gehalt an umsetzbarem Humus.- Arch. Acker- und Pflanzenbau und Bodenkd.- Berlin 26 (1982) 5.- S. 289-294

KÖRSCHENS, M.: Beitrag der organischen Substanz des Bodens und der organischer Dünger zur Stickstoffversorgung der Pflanzen.-Tag.-Ber. Akad. Landwirtsch.-Wiss. DDR, Berlin 248 (1986) S. 125-132

KÖRSCHENS, M.: N-Ausnutzung in Abhängigkeit von mineralischer und organischer N-Düngung im Verlaufe von vier Jahrzehnten im Statischen Versuch Lauchstädt.- Arch. Acker-u. Pflanzenbau u. Bodenkd.- Berlin 31 (1987) 3.- S. 161-168

KÖRSCHENS, M.: Untersuchungen zur zeitlichen Variabilität der Prüfmerkmale C_t und N_t auf Löß-Schwarzerde.-Arch. Acker- und Pflanzenbau und Bodenkd., Berlin 26 (1982) 1.- S. 9-13

KÖRSCHENS, M.; EICH, D.: Der Statische Versuch Bad Lauchstädt.- Dauerfeldversuche der DDR, Berlin (1990) 322 S.

KÖRSCHENS, M.; MÜLLER, A.: Nachhaltige Bodennutzung, gemessen am Ertrag sowie an C-und N-Bilanzen.- Arch. Acker- u. Pflanzenbau u Bodenkd.- 38 (1994) .- S. 373-381

KÖRSCHENS, M.; FRIELINGHAUS, M.; KLIMANEK, E.-M.; SIEMENS, H.; ENCKE, O.: Einsatz organischer Dünger zur Agromelioration. - Feldwirtschaft 27 (1986) 1.- S. 21-23

KÖRSCHENS, M.; SCHULZ, E.; BEHM, R.: Heißwasserlöslicher C und N im Boden als Kriterium für das N-Nachlieferungsvermögen. - In: Zbl. Mikrobiologie, Jena 145 (1990) 4.- S. 305-311

KÖRSCHENS, M.; SCHULZ, E.; KNAPPE, S.: Einfluß von Dauerbrache und Fruchtfolge auf die N-Bilanzen einer Löß-Schwarzerde unter Berücksichtigung extremer Düngungsvarianten.- Arch. Acker- u. Pflanzenbau u Bodenkd.- 38 (1994 b).- S.415-422

KÖRSCHENS, M.; STEGEMANN, K.; PFEFFERKORN, A.; WEISE, V.; MÜLLER; A.: Der Statische Düngungsversuch Bad Lauchstädt nach 90 Jahren. - Teubner Verlag Leipzig/Stuttgart 1994 a

KÖSTER, W.; SEVERIN, K.; MÖHRING, D.; ZIEBELL, H.-D.: Stickstoff-, Phosphor- und Kaliumbilanzen landwirtschaftlich genutzer Böden der Bundesrepublik Deutschland von 1950 - 1986. - Landwirtschaftskammer Hannover, Landwirtschaftliche Untersuchungs- und Forschungsanstalt Hameln, (1988)

LEINEWEBER, P.; SCHULTEN, H.-R.; KÖRSCHENS, M.: Seasonal variations of soil organic matter in a long term agricultural experiment. - Plant and soil 160 (1994) S. 225-235

SCHULZ, E.: Die heißwasserextrahierbare C-Fraktion als Kenngröße zur Einschätzung des Versorgungszustandes der Böden mit organischer Substanz (OS). - Tag.-Ber., Akad. Landwirtsch.Wiss.- Berlin (1990) 295.- S. 269-275

STURM, H.; KNITTEL, H.; ZERULLA, W.: Einfluß der N-Düngung auf Ertrag und N-Mineralisationsverhalten im Boden in langjährigen Dauerversuchen. - VDLUFA-Schriftenreihe 28, Kongreßband 1988, Teil II (1989) S. 113-130

TUDGE, C.; FOWDEN, L.: The future with Rothamsted. - Harpenden/Herts. Rothamsted Experimental Station, 1986

WELTE, E.; TIMMERMANN, F.: Effect and sources of nitrate pollution and possibilities for emission reduction.-Proc. 5th International Symposium of CIEC 1: Balatonfüred, Hungary 1.- 4. September (1987) S. 14-33

Einzelbericht zum Teilprojekt 4:

Steuerung der Zersetzungsdynamik organischer Substanzen zur Reduktion der N-Belastung des Grundwassers und der Atmosphäre

Projektleiter: Prof. Dr. habil. F. Beese
Institut für Bodenkunde und Walderärhung, Göttingen

Mitarbeiter: Dipl. Ing. agr. Ruth Rackwitz
GSF-Forschungszentrum für Umwelt und Gesundheit
Institut für Bodenökologie, Neuherberg

Dipl. Geol. Katrin Knief
UFZ-Umweltforschungszentrum Leipzig-Halle GmbH
Sektion Hydrogeologie, Bad Lauchstädt

Regulation of Decomposition Dynamics of Organic Substances to Reduce N-Pollution of Groundwater and Atmosphere

The aim of this study was to investigate the influence of soil organic matter quality on transformation dynamics of added nitrogen and sulfur compounds. Undisturbed soil columns from sites with strongly contrasting organic matter contents were fertilised with ^{15}N-labelled ammoniumchloride and ^{34}S-enriched sulphate to observe N- and S-transformation and transport properties. Microbial CO_2-production and net rates of nitrogen and sulfur mineralisation showed distinct gradients from soils with low organic matter to those with accumulated organic matter. Nitrification of ammonium started immediately after fertiliser application and coincided with nitrous oxide emissions, which amounted to highest 1.3% of added N. Fertilizer-derived nitrate breakthrough was clearly delayed in the low organic matter soils due to longer cycling through microbial biomass and adsorption of ammonium. Added sulphate was almost completely leached from soils with high organic matter contents, while a part of it was accumulated in the soils with low organic matter contents.

1. Zusammenfassung

Aus den Bad Lauchstädter Versuchsflächen wurden ungestörte Bodensäulen aus Parzellen mit stark unterschiedlicher Düngungsgeschichte entnommen und bei konstanten Feuchte- und Temperaturbedingungen in einer automatisierten Mikrokosmenanlage für sieben Monate inkubiert. Um zu beobachten, wie sich die unterschiedliche Ausstattung der Böden mit organischer Substanz auf N- und S-Transformationen auswirkt, wurde einmalig ^{15}N-angereicherter NH_4^+-Dünger und kontinuierlich isotopisch angereichertes SO_4^{2-} appliziert. Während des Versuches wurden die Flüsse von C-, N- und S-Metaboliten in Gasphase und Sickerwasser verfolgt. Aussagen über den Verbleib der Dünger konnten durch eine Bilanzierung des am Versuchsende im Boden gefundenen Stickstoffs und Schwefels in den Kompartimenten mikrobielle Biomasse, organische Substanz und Mineralboden gemacht werden.
Die CO_2-Emission als Maß für die C-Mineralisation zeigt starke Gradienten von den Güllelastflächen über die stallmist- und mineralisch gedüngten bis zu den ungedüngten Parzellen. Im Versuchszeitraum war generell ein Absinken der C-Mineralisationsraten zu beobachten, das jedoch bei den mineralisch bzw. ungedüngten Varianten relativ stärker war und auf die schnellere Transformation der leichter verfügbaren C-Verbindungen und auf das Absinken der mikrobiellen Biomasse zurückzuführen ist. Die landwirtschaftlich genutzte Güllelastfläche und die güllebelastete Dauerbrache verhalten sich in der C- und auch in der N- und S-Mineralisation sehr ähnlich, obwohl die Güllebelastung der Dauerbrache kürzer zurückliegt. Offensichtlich führen Bodenbearbeitung und landwirtschaftliche Nutzung zu höheren Umsetzungs-

raten. Aus den natürlichen Isotopenvariationen im Schwefel konnten Rückschlüsse über die Herkunft des organisch gebundenen Schwefels in den Versuchsvarianten gezogen werden. Während das $^{34}S/^{32}S$-Verhältnis in den Güllelastflächen hauptsächlich durch isotopisch leichte Rückstände aus organischer Düngung geprägt ist, dominiert in den Böden ohne organische Düngerzufuhr der Einfluß der Feuchtdeposition.

Im Mikrokosmenversuch wurde das Düngerammonium in allen Varianten während des Transports durch die Bodensäulen vollständig nitrifiziert. In den Güllelastflächen wurde das Nitrat aus dem Dünger wie ein Tracer verlagert, nur 4% des Dünger-N blieben im Boden. In den nur mineralisch bzw. gar nicht gedüngten Böden zeigten die Durchbruchskurven des Dünger-Nitrats dagegen eine deutliche Verzögerung. Dies weist darauf hin, daß das applizierte Ammonium entweder zunächst adsorbiert oder mikrobiell immobilisiert wurde und erst langsam wieder freigesetzt, nitrifiziert und verlagert wird. In diesen Varianten wurden nach Versuchsende bis zu höchstens 20% des Dünger-N im Boden wiedergefunden. Gasförmige N-Verluste in Form von N_2O erreichten maximal 1,3% des Düngerstickstoffs und zwar in der Nullparzelle. Die Kurvenverläufe der N_2O-Emissionen zeigten deutlich einen Zusammenhang mit der Nitrifikation des Dünger-NH_4^+. Auch für den Schwefel wurden in den Güllelastflächen wesentlich höhere Mineralisations- und Immobilisationsraten festgestellt. Obwohl kontinuierlich Sulfat appliziert wurde, waren die S-Mineralisationsraten so hoch, daß es im Versuchszeitraum zu einem Nettoverlust von 18% bzw. 8% organischem Schwefel in diesen Bodensäulen kam. Im Gegensatz dazu wurde in den mineralisch und ungedüngten Parzellen die Mineralisation des Boden-S vollständig unterdrückt und Dünger-S wurde immobilisiert. Zu Versuchsende wurden im Boden 8% bzw. 24% mehr Schwefel in der organischen Substanz als zu Versuchsbeginn gemessen.

2. Zielstellung

Im Rahmen des übergeordneten Zieles des STRAS-Projektes, Belastungszustände des Ökosystems Boden zu bewerten und Strategien zur Durchführung einer umweltschonenden Landwirtschaft zu entwickeln, konzentriert sich das Teilprojekt 4 auf die Transformationsprozesse organischer Substanzen unter besonderer Berücksichtigung des Stickstoffumsatzes. Zusätzlich sollten Erkenntnisse über die Schwefeldynamik der Böden gewonnen werden.

Ziel der umweltschonenden Landwirtschaft muß sein, gleichzeitig die kosten- und energieintensive mineralische N-Düngung und den Austrag von Stickstoff aus dem Boden in benachbarte Ökosysteme zu minimieren. Bodenmikroorganismen sind gleichzeitig Quelle, Senke und Transformator der verschiedenen N-Formen im Boden und nehmen deshalb eine Schlüsselfunktion für Stickstoffumsetzungen in Böden ein. Ihre Aktivität bestimmt über die Ratenkonstanten der C-, N- und S-Transformationsprozesse. Die bessere Kenntnis der Teil prozesse des mikrobiellen MIT (mineralisation-immobilisation turnover) und ihrer Steuergrößen soll eine gezielte Regulation der Stoffumsetzungen durch pflanzenbauliche Maßnahmen (Düngung, Bodenbearbeitung u.a.) ermöglichen. Als Untersuchungsmaterial sind die Löß-Schwarzerden aus Dauerdüngungsversuchen besonders geeignet, da bei gleichen pedogenen und klimatischen Voraussetzungen Unterschiede zwischen den Varianten ausschließlich als Funktion der Düngungsgeschichte anzusehen sind. Den Untersuchungen lagen folgende Hypothesen zugrunde:

- Aufgrund der Düngungsvorgeschichte haben sich standortspezifische Pools organischer Substanzen unterschiedlicher Zusammensetzung und Zersetzbarkeit gebildet. Die Bodenorganismengesellschaft ist in Struktur und Funktion an die Trophie des Standortes angepaßt. Daraus ergeben sich standorttypische Muster des C-, N- und S-Umsatzes mit entsprechenden Ratenkonstanten für Teilprozesse.

- Langanhaltende gleichbleibende Nutzung führt zur Einstellung eines Fließgleichgewichtes zwischen Auf- und Abbauprozessen der organischen Substanz. Nutzungsveränderungen können das Gleichgewicht stören und die Stoffflüsse zwischen den einzelnen Kompartimenten so verändern, daß es zu Netto-Austrägen von Stoffen aus dem Ökosystem kommt.

Um die Raten der Teilprozesse des C-, N- und S-Umsatzes zu erfassen, wurden aus einigen Untersuchungsflächen des STRAS-Projektes ungestörte Bodensäulen entnommen und bei gleichbleibendem Temperatur-, Wasser- und Gasregime mehrere Monate inkubiert. Die Säulen wurden kontinuierlich mit isotopisch angereicherter SO_4^{2-}-Lösung beregnet und einmalig mit [^{15}N] Ammonium gedüngt. Die Versuche dienten zur Ermittlung der Raten der C-Mineralisation, der Netto-N-Mineralisation, der Nitrifikation des Dünger-NH_4, der N_2O-N-Bildung sowie der S-Immobilisation und Mineralisation. Die Raten sollten in Beziehung gesetzt werden zu den Eigenschaften der lebenden und toten Biomasse der Böden, um daraus Aussagen über die zu erwartenden Stoffflüsse infolge veränderter Stoffzufuhr abzuleiten.

3. Wissenschaftlich-technischer Stand

Um Belastungszustände von Agrarökosystemen hinsichtlich des Stickstoffs zu bewerten, sollen zunächst noch einmal die Ziele einer umweltschonenden, auf Nachhaltigkeit angelegten Landbewirtschaftung definiert werden. Im Englischen unter dem Begriff "efficient nitrogen cycling" zusammengefaßt sind folgende drei Zielvorgaben zu nennen:
- Minimierung von Stickstoffverlusten und der damit verbundenen Belastung der Nachbarsysteme (Regelungsfunktion)
- Optimierung des Einsatzes der kosten- und energieintensiven mineralischen N-Düngung (Produktionsfunktion)

– Pufferung von Störungen (z.B. Ernte, Bodenbearbeitung) und möglichst schnelle Erholung des Ökosystems (Lebensraumfunktion)
(laut Hypothesen des Forschungsverbund Agrarökosysteme München, vgl. HANTSCHEL u.a 1992)

Die Bodenmikroflora nimmt für die Regulation der Stickstoffflüsse in Böden eine Schlüsselrolle ein, da sie selbst als N-Puffer im System Boden-Pflanze fungiert. Auf diese Weise kann Stickstoff konserviert werden und zugleich durch Mineralisation sowohl aus der organischen Substanz als auch aus abgestorbener mikrobieller Biomasse zur Verfügung gestellt werden. Im Sinne einer nachhaltigen Landwirtschaft und einer Etablierung geschlossener Nährstoffkreisläufe müßte in die mikrobiellen Stickstoffumsetzungen regulierend so eingegriffen werden, daß die oben genannten Zielvorgaben erfüllt werden können. Im Idealfall bedeutet dies, daß die Mineralisation von Stickstoff und die Aufnahme durch die Kulturpflanze synchron verlaufen, während zu Zeiten ohne Pflanzendecke und bei abwärts gerichteter Wasserbewegung eine mikrobielle Festlegung des Stickstoffs erwünscht wäre. Eine gezielte Regulation der Transformationsprozesse erfordert eine genaue Kenntnis der Steuergrößen.

Für die Austräge von Stickstoff aus Agrarökosystemen sind zwei Hauptpfade zu nennen, nämlich die Verlagerung gelösten Stickstoffs, v.a. in Form von Nitrat unter die durchwurzelte Zone und die Emission gasförmiger Stickstoffverbindungen. Mit beiden Prozessen ist neben dem Verlust des wichtigen Produktionsfaktors Stickstoff auch eine Belastung von Nachbarsystemen verbunden.
Die Auswaschung von Nitrat in das Grundwasser hat in vielen Regionen mit intensiver Landwirtschaft zu bedenklich hohen NO_3^--Konzentrationen geführt. Der Nitrataustrag aus landwirtschaftlich genutzten Flächen variiert stark in Abhängigkeit von Bodenart und Produktionssystem. Die Zusammenhänge und Wechselwirkungen zwischen den einzelnen Faktoren sind nicht ausreichend bekannt, um das Belastungspotential eines Standorts bzw. einer Nutzungsform zu prognostizieren. Eine hinsichtlich der Bewertung des Belastungspotentials wichtige Besonderheit des mitteldeutschen Trockengebietes sind die geringen Jahresniederschläge. Daraus resultieren lange Verweilzeiten der Sickerwässer in der durchwurzelten Zone mit der Folge, daß einerseits gelöste Stoffe länger von Pflanzen aufgenommen werden können bzw. bei nach oben gerichteter Wasserbewegung wieder in die durchwurzelte Zone gelangen können. Andererseits kommt es jedoch zu einer Akkumulation des Nitrats, womit die Gefahr einer Grundwasserbelastung verbunden ist.
Gasförmige Verluste von Stickstoff können in Form von Stickstoffoxiden, also N_2O, NO und NO_2 sowie als N_2 auftreten. In jüngerer Vergangenheit ist v. a. der Anstieg der atmosphärischen N_2O-Konzentration in den Mittelpunkt des Interesses gerückt, weil N_2O im IR-Bereich absorbiert und deshalb an der Erwärmung der Erdatmosphäre beteiligt ist. Hauptprozesse der

Bildung gasförmiger Stickstoffverbindungen sind die Denitrifikation und die Nitrifikation Als Denitrifikation bezeichnet man die respiratorische Reduktion von NO_3^- oder NO_2^- zu gasförmigem NO, N_2O oder N_2. Zahlreiche taxonomisch und physiologisch unterschiedliche Bakterien können bei Sauerstoffmangel oxidierte Stickstoffverbindungen als Elektronenakzeptoren verwenden. Da Denitrifikanten meist fakultativ anaerobe Bakterien sind, die ubiquitär verbreitet sind, kann angenommen werden, daß ihre Aktivität nicht raten-limitierend ist (FIRESTONE u.a. 1989), sondern daß der Sauerstoffpartialdruck, das Vorhandensein von oxidierten N-Verbindungen (NO_3^-, NO_2^-, NO und N_2O) und die Verfügbarkeit von Kohlenstoffquellen die Steuergrößen darstellen.

Bei der Nitrifikation, der biologischen Ammonium- und anschließenden Nitritoxidation durch chemoautotrophe Mikroorganismen, können sowohl NO als auch N_2O gebildet werden. Hierbei ist allerdings noch unbekannt, ob die Stickstoffoxide als Abbauprodukte von Intermediaten der NH_4-Oxidation oder durch die Reduktion von NO_2^- entstehen (HUTCHINSON u.a. 1993).

Das Konzept des "efficient nitrogen cycling" beinhaltet auch die Fähigkeit des Agrarökosystems Störungen abzupuffern, d.h. den Stickstoff im Boden zu konservieren. Bei unveränderter Nährstoffzufuhr stellen sich in ungestörten Ökosystemen Fließgleichgewichte zwischen Auf- und Abbauprozessen der organischen Substanz ein. Auch in Agrarökosystemen kommt es bei langjährig gleichbleibendem stofflichen Input zu einem Fließgleichgewicht, wie die Dauerdüngungsversuche in Bad Lauchstädt oder Rothamsted zeigen. Eine Störung dieses Gleichgewichtszustandes, wie z.B. eine erhöhte oder reduzierte Zufuhr organischer oder mineralischer Dünger, eine Bodenbearbeitung oder die Ernte kann je nach Pufferungskapazität des betrachteten Agrarökosystems mit dem Export von Stoffen verbunden sein. Nach Erfahrungen aus anderen Ökosystemen oder Systemkomponenten (Fauna, Flora) steigt die Pufferungskapazität eines Ökosystems mit der Artendiversität der Organismengesellschaften. Überträgt man diese Erkenntnisse auf die Bodenmikroorganismengesellschaften, so kann auch hier angenommen werden, daß mit steigender Diversität die Stabilität der Systeme einhergeht. Das Wissen über die Zusammensetzung von Bodenmikroorganismengesellschaften und ihre Reaktion auf Störungen ist zum heutigen Zeitpunkt rudimentär. Nur wenige neuere Techniken wie die DNA-Extraktion oder die Bestimmung von Phospholipidfettsäuren erlauben erste Einblicke in die Diversitätsmuster von Bodenmikroorganismen. Auch zur Frage, inwieweit die funktionelle Stabilität eines terrestrischen Ökosystems an die strukturelle Stabilität der Mikroflora gebunden ist, existieren wenige Untersuchungen.

Auf Grund der wichtigen Funktion von Schwefel in der Pflanzenernährung wurden im amerikanischen Raum schon vor einigen Jahren Untersuchungen über die wesentlichen Prozesse des Schwefelkreislaufes in landwirtschaftlich genutzten Böden durchgeführt (BARROW

1961; FRENEY 1961; TABATABAI u.a. 1972). In den vergangenen Jahren sind Fragen nach den ökologischen Folgen hoher Schwefeleinträge auf forstwirtschaftlich genutzte Böden in den Vordergrund gerückt (DAVID u.a. 1983, 1987; FISCHER 1989; MAYER 1992). Quellen für Schwefel in Böden sind lithogener und atmogener Natur. In landwirtschaftlich genutzten Böden kann Schwefel darüberhinaus über mineralische oder organische Düngung zugeführt werden. Landwirtschaftlich genutzte Flächen stellen durch den S-Aufnahme durch Pflanzen, die Volatilisation von flüchtigen S-Verbindungen und den Sulfataustrag über das Sickerwasser netto eine S-Senke für den S-Nährstoffkreislauf dar.

Im Folgenden wird ein kurzer Überblick über Schwefelformen und Schwefelumsetzungen in Agrarökosystemen gegeben:

In Böden sind 60-95% des Schwefels in der lebenden und toten Biomasse festgelegt, der Gehalt an organisch gebundenem Schwefel korreliert daher mit dem Humusgehalt und sinkt mit der Tiefe. Organisch gebundener Schwefel liegt in Böden in Form der analytisch differenzierbaren Fraktionen kohlenstoffgebundener Schwefel (C-S) und Ester-Sulfate vor. Die Gruppe des C-S umfaßt als wichtigste Spezies Sulfonate ($C-SO_3-$), sowie die schwefelhaltigen Aminosäuren Methionin, Cystin und Cystein (FITZGERALD 1978). Hauptquelle für C-S sind Pflanzenrückstände, sowie die mikrobielle Biomasse selbst, welche C-S gebundenen Schwefel enthält (DAVID u.a. 1987). In der zweiten wesentlichen Stoffgruppe, den Ester-Sulfaten, sind die überwiegend mikrobiell gebildeten, meist extrazellulär vorliegenden organischen Sulfate mit $C-O-S-O_3-$ (Sulfatester) oder C-N-S- bzw. $C-N-O-S-O_3$-Bindung (Sulfamate) zusammengefaßt. Der Einfachheit halber wird im Folgenden nur von Ester-Sulfaten gesprochen. Anorganischer Schwefel liegt in gut durchlüfteten Böden überwiegend in Form von löslichem Sulfat vor, kann aber auch an Oxide, Hydroxide und Tonminerale adsorbiert sein.

Für Umsetzungprozesse in der ungesättigten Zone sind physikalisch-chemische und mikrobielle Immobilisierungs- und Mineralisierungsvorgänge verantwortlich. Adsorption und Desorption sind abhängig vom pH-Wert und der Sulfatkonzentration der Bodenlösung (WEAVER u.a. 1985). Lösungs- und Fällungsprozesse sind in den hier diskutierten Böden von geringer Bedeutung. Im mikrobiell aktiven Oberboden wird gelöstes Sulfat sowohl von der Vegetation, als auch von Mikroorganismen aufgenommen und in schwefelhaltige organische Verbindungen eingebaut. Die Mineralisation von organischen Schwefelfraktionen verläuft über die enzymatisch gesteuerte Hydrolyse oder die Oxidation von C-S zu Sulfat.

Die Anwendung von Isotopenmethoden hat sich als geeignetes Hilfsmittel zur differenzierteren Betrachtung der S-Transformationen in verschiedenen Ökosystemen erwiesen (KROUSE 1991; SCHOENAU u.a. 1989). Die Immobilisation und Mineralisation von Schwefel im Boden verläuft isotopenselektiv, wohingegen physikalisch-chemische Umsetzungen keine signifikante Isotopenfraktionierung zur Folge haben (KROUSE u.a. 1986; VAN STEMPVOORT 1992). Aus dem Auf- und Abbau von organischer Substanz resultiert eine Anreicherung von leichtem Schwefel im Sulfat der Bodenlösung und eine Anreicherung von schwerem Schwefel in der organischen Matrix (MAYER 1992). Über die Oxidation von C-S und die Hydrolyse von Ester-Sulfaten kann Sauerstoff aus Luft (+23,5‰ SMOW) und/oder Wasser ($\delta^{18}O$ < -1‰ SMOW) in das neu gebildete Sulfat eingebaut werden. Hieraus resultieren im Vergleich zum Sulfat im Niederschlag leichtere $^{18}O/^{16}O$-Verhältnisse im Bodensulfat.

4. Material und Methoden

4.1. Versuchsdurchführung

Mit einer hydraulischen Presse wurden am 25. und 26. August 1992 von den Varianten LB2/100, LA2, LA1, LD2, LD/13 und LD1 der Bad Lauchstädter Versuchsflächen je sechs ungestörte Bodensäulen (Innendurchmesser 14,4 cm, 25 cm tief) entnommen. Gleichzeitig wurden je Parzelle neun Bohrstockproben (Ø 7 cm, 25 cm tief) gezogen und daraus je drei Mischproben hergestellt, die zur Ermittlung der Standorteigenschaften dienten. Die Bodensäulen wurden in eine automatisierte Mikrokosmenanlage eingebaut. Eine detaillierte Beschreibung der Anlage findet sich bei HANTSCHEL u.a. (1994). Temperatur (14°C) und Wasserregime wurden für die Dauer des Versuches (2.9.1992 bis 6.4.1993) konstant gehalten. Die Beregnung erfolgte achtmal täglich mit insgesamt 4 mm einer 5 mM isotopisch angereicherten CaSO$_4$-Lösung ($\delta^{34}S$=26‰ CDT; $\delta^{18}O$=14,5‰ SMOW). Am 24.11.1992 (Tag 32) wurden drei Säulen jeder Variante mit 15,14 g N/m^2 in Form von ^{15}N-markiertem NH$_4$Cl (Anreicherung 94 atom%^{15}N) gedüngt. Der Dünger wurde mit der Beregnungslösung über den Bodensäulen versprüht. Am Säulenboden wurde ein permanenter Unterdruck von 10 kPa angelegt, um ungesättigte Bedingungen in den Bodenmonolithen zu gewährleisten. Die Perkolation der ersten beiden wassergefüllten Porenvolumina bis zum 52. Tag nach Beginn der Beregnung diente zur Einstellung des Fließgleichgewichtes und zur Auswaschung des bei der Probenahme im Boden befindlichen Nitrats. Im Folgenden bezeichnet Tag 0 den 52. Tag nach Beginn der Beregnung. Die Sickerwässer wurden durch Polyamidfilter (Porengröße 0,45 µm, Fa. Sartorius) filtriert und in 6tägigen bzw. nach der Düngung in 2tägigen Intervallen entnommen und die Konzentrationen von NO$_3^-$, NH$_4^+$ und SO$_4^{2-}$, sowie die ^{34}S- und ^{18}O-Gehalte im Sulfat und die ^{15}N-Gehalte im NO$_3^-$ analysiert. Die Entnahme der Gasproben mit anschließender gaschromatographischer Messung im ECD (Elektroneneinfangdetektor) oder WLD (Wärmeleitfähigkeitsdetektor) erfolgte automatisch vier- bis sechsmal täglich aus dem luftgespülten Raum über der Bodensäule. Nach Versuchsende wurden die Bodensäulen in

Schichten von 5 cm Dicke zerlegt und die Stickstofffraktionen Gesamt-N, mikrobieller N, mineralischer N sowie die ^{15}N-Häufigkeiten analysiert. Für die Analysen der δ^{34}S-Werte und Gehalte der Schwefelfraktionen Gesamtschwefel und anorganischer Schwefel, sowie für den δ^{18}O-Wert des anorganischen Schwefels wurde Bodenmaterial aus allen Tiefen gemischt.

4.2. Bodenphysik

- **Gravimetrische Wassergehalte** wurden durch Trocknung bei 105°C bis zur Gewichtskon stanz ermittelt.
- Die **Lagerungsdichten** wurde aus dem Trockengewicht pro Volumen der Bodensäulen am Versuchsende berechnet. Die Dichte der Festsubstanz wurde nach 2,65-0,05*%Corg (TP 1) ermittelt.
- Die **Dichtefraktionierung der makroorganischen Substanz** erfolgte in Zusammenarbeit mit Jan Hassink vom Research Institute for Agrobiology and Soil Fertility (AB-DLO) in Haren, Niederlande, nach dem von MEIJBOOM u.a. (1994) beschriebenen Verfahren. Die makroorganische Substanz bezeichnet sämtliches Feinbodenmaterial > 150 µm, wobei das Material mit einer Dichte von < 1,13 g cm^{-3} als *leichte*, das mit einer Dichte von 1,13 - 1,37 g cm^{-3} als *mittlere* und das mit einer Dichte von > 1,37 g cm^{-3} als *schwere* Fraktion der makroorganischen Substanz bezeichnet wird.

4.3. Bodenchemie

- Der **pH- Wert** wurde in 0,01 M CaCl$_2$- Lösung nach einer Stunde im Überstand gemessen; Verhältnis Boden: Lösung 1:2,5.
- **Gesamtkohlenstoff- und Gesamtstickstoffgehalte** wurden durch vollständige Verbren nung der Bodenprobe und anschließende gaschromatographische Analyse der Gase im CHN-Analyzer ermittelt (Fa. Carlo Erba).
- **Carbonatkohlenstoff** in einer Apparatur nach Scheibler durch gasvolumetrische Bestim mung der Kohlendioxidentwicklung nach Säureaddition zur Bodenprobe
- **Relative ^{15}N-Häufigkeit** nach Aufbereitung durch Diffusion in Anlehnung an JENSEN (1991) bei relativen ^{15}N-Häufigkeiten < 1,5 atom% im Massenspektrometer (Delta E, Fa. Finnigan MAT) und bei relativen ^{15}N-Häufigkeiten > 1,5 atom% im Emissions- spektrometer (NOI-6PC, Fa. Fischer Analysen Instrumente)
- **Nitrat-N, Ammonium-N** und **Chlorid** photometrisch im continuous flow analyser (Fa. Skalar), die Bestimmung des gesamten gelösten Stickstoffs erfolgte analog nach einem Kaliumperoxidisulfataufschluß bei UV-Licht. Aus der Differenz wurde der **gelöste organi sche Stickstoff (DON)** ermittelt.
- Die **Gesamtschwefel**bestimmung (Sges) erfolgte durch die vollständige Verbrennung der Probe in einer reinen Sauerstoffatmosphäre bei 1350°C und die anschließenden Messung der SO$_2$-Konzentration in der Infrarotzelle des SC-432-Analyzers der Fa. Leco.

- Die Bestimmung von **anorganischem Sulfat** (Sanorg) erfolgte über eine Extraktion mit 0,016 M KH_2PO_4-Lsg. (Einwaage 1:5). Für die Ermittlung von **wasserlöslichem Sulfat** wurde als Extraktionsmittel dest. H_2O statt KH_2PO_4-Lösung verwendet. Zur Stabilisierung wurden 100 µl $CHCl_3$/l Suspension zugegeben (FISCHER 1992). Aus der Differenz zwischen an organischem Sulfat und wasserlöslichem Sulfat ergibt sich der Anteil an **adsorbiertem Sulfat**. Die SO_4-Konzentrationen der Extrakte und der Sickerwässer wurden im Ionenchromatograph (DX100, Fa. Dionex) gemessen.

- Zur Ermittlung des **Schwefelisotopen**verhältnisses im **Gesamtschwefel** wurde die Eschka-Methode (American Society of Testing and Materials 1984) modifiziert ange wendet. Die Bodenproben (10-20 g) wurden mit Eschka-Mischung (2 Gewichtsanteile MgO und ein Gewichtsanteil Na_2CO_3; Merck 3162) vermischt und für 2h bei 850°C ver brannt. Dabei werden sämtliche im Boden vorhandenen Schwefelverbindungen zu Sulfat oxidiert. Das Sulfat wurde mit heißem, deionisierten H_2O ausgewaschen, die Lösung auf einen pH-Wert zwischen 3,0 und 3,5 angesäuert und das Sulfat mit 0,5 M $BaCl_2$-Lsg. ver setzt und zu $BaSO_4$ ausgefällt (MAYER 1992).

- Die Bestimmung der ^{34}S- und ^{18}O-Gehalte des **anorganischen Sulfates** (Sanorg) erfolgte über die oben beschriebene Extraktion und der anschließenden massenspektrometrischen Bestimmung der Isotopenverhältnisse des Sulfates in der Probe. Das Sulfat in der wässrigen Lösungen wurde zu $BaSO_4$ ausgefällt.

- Das $^{34}S/^{32}S$-Verhältnis des **organischen Schwefels** (Sorg) erfolgte rechnerisch aus den analytisch bestimmten Konzentrationen und $\delta^{34}S$-Werten der Fraktionen Gesamtschwefel und anorganischem Sulfat.

- Die **Sickerwässer** wurden mittels Ionentauschertechnik gereinigt und mit 0,5 M $BaCl_2$-Lsg. zu $BaSO_4$ ausgefällt.

- Für die **Schwefelisotopenmessung** werden 10 - 20 mg reines $BaSO_4$ mit V_2O_5 und SiO_2 im Verhältnis 1:10:10 gemischt und 1h bei 400°C erhitzt. Mittels einer Vakuum präparationsanlage wird das Gemisch bei 670-960°C zu SO_2 umgesetzt und über Kupfer späne zu SO_2 reduziert (YANAGISAWA u.a. 1985). Das entstehende SO_2 wird gereinigt, kryogen abgetrennt und im Massenspektrometer (Delta S, Fa. Finnigan MAT) gemessen. Das $^{34}S/^{32}S$-Verhältnis wird als δ-Wert gegenüber dem Standard CDT [Canyon Diablo Troilit] ausgedrückt. Der relative Meßfehler beträgt ±0,3‰.

- Das **Sauerstoffisotopenverhältnis** wird im Massenspektrometer (Delta S, Fa. Finnigan MAT) gemessen. Hierzu wird 18 mg $BaSO_4$ mit 6 mg Graphit vermischt und in einer Molybdänfolie bei 1000°C thermisch zu CO_2 und CO zersetzt. Das entstehende CO wird in einer Hochspannungskammer durch Entladung in CO_2-Gas umgewandelt. Der relative Fehler für das gemessenen $^{18}O/^{16}O$-Verhältnis beträgt ± 0,5‰. Für die Berechnung von $\delta^{18}O$ wird der Standard SMOW [Standard Mean Ocean Water] verwendet.

4.4. Bodenmikrobiologie

- **Mikrobielle Biomasse** (Chloroform-Fumigation-Extraktion) mit der von BROOKES u.a.
(1985) bzw. VANCE u.a. (1987b) beschriebenen Methode der Chloroform-Fumigation und
Extraktion (CFE). Zur Umrechnung der Meßwerte in mikrobiellen Kohlenstoff und Stick
stoff wurden die Konvertierungsfaktoren kc = 0,45 (WU u.a. 1990) und kn = 0,45
(JENKINSON 1988) verwendet.

4.5. Mathematische und statistische Methoden

- **Kurvenanpassung:** Das mit dem NH_4Cl-Dünger applizierte Chlorid diente als Tracer zur
Beschreibung der Transporteigenschaften der Bodensäulen. Zur Anpassung der effektiven
Dispersionskoeffizienten und der Retardationen der Durchbruchskurven wurde das Pro
gramm CXTFIT (PARKER u.a. 1984) verwendet. Die Kurvenanpassung wurde für alle in
der Durchbruchskurve befindlichen Meßpunkte vorgenommen (n = 20). Dabei waren die
Eingabeparameter mittlere Porenwassergeschwindigkeit v (Wasserfluß q = 0,4 cm/d
dividiert durch das Lösungsvolumen Veff), die Applikationskonzentration (34890 µg/ml)
und die Pulsdauer (0,2531 d) bekannt. Als Hintergrundkonzentration wurde die vor der
Düngung gemessene Cl^--Konzentration eingesetzt.

5. Ergebnisse

5.1. Standorteigenschaften

Die Charakteristika der Untersuchungsflächen sind im zusammenfassenden Bericht ausführlich beschrieben. Tab. 1 gibt einen Überblick über die Ausstattung an organischer Substanz, Stickstoff und Schwefel der im Mikrokosmenversuch verwendeten Böden. Die Varianten waren die landwirtschaftlich genutzte ehemalige Güllelastfläche LA2, die gering belastete
Referenzfläche LA1 und die ebenfalls güllebelastete selbstbegrünende Dauerbrache LB2/100.
Aus dem Statischen Dauerdüngungsversuch wurden die Varianten ohne Düngung (LD1), mit
ausschließlich mineralischer Düngung (LD/13) und mit Stallmistdüngung und mineralischer
Düngung (LD2) ausgewählt. Da die Kohlenstoff- und Stickstoffvorräte im zusammenfassenden Bericht diskutiert sind, wird an dieser Stelle nur auf die Schwefelausstattung der
Böden näher eingegangen. Auffallend ist, daß die C/S-Verhältnisse der Böden wesentlich
stärker von der unterschiedlichen Düngung geprägt sind als die C/N-Verhältnisse. Während
der Umsatz des organischen Stickstoffs eng mit dem des Kohlenstoffs verbunden ist, kommt
es für den Schwefel zu einer Akkumulation in den organisch gedüngten Böden.

Tabelle 1: pH-Werte, organischer Kohlenstoff (Corg), Carbonatkohlenstoff (Canorg), Gesamtstickstoff (Nt), organischer Schwefel (Sorg), sowie die C/N- und C/S-Verhältnisse der beprobten Böden.

Variante	pHCaCl$_2$[a]	Corg[a] [%]	Canorg[a] [%]	Nt[a] [%]	Sorg[b] [%]	Corg/Nt	Corg/Sorg
LB2/100	7,3 ± 0,1	3,76 ± 0,28	0,63 ± 0,14	0,35 ± 0,01	0,14±0,02	11	29
LA2	7,0 ± 0,3	3,82 ± 0,31	0,07 ± 0,02	0,35 ± 0,03	0,11±0,01	11	35
LA1	6,4 ± 0,2	1,82 ± 0,01	0,05 ± 0,02	0,15 ± 0,00	0,04±0,00	12	51
LD2	6,4 ± 0,2	2,39 ± 0,04	---	0,20 ± 0,00	0,06±0,00	12	44
LD/13	5,1 ± 0,0	1,88 ± 0,03	---	0,15 ± 0,00	0,04±0,00	13	60
LD1	6,0 ± 0,1	1,59 ± 0,03	---	0,12 ± 0,00	0,03±0,00	13	67

a Mikrokosmensäulen, gewichtete Mittelwerte und Standardabweichung über alle Tiefen (n = 6); pH-Werte nur ungedüngte Säulen (n = 3); b Probenahme Freiland August 1992 (n = 3)

Aufgrund der langfristig einheitlichen Düngung zeigen die beprobten Böden starke Unterschiede hinsichtlich ihrer **Gesamtschwefelgehalte** (Tab. 2). Mit abnehmender Düngerzufuhr, d.h. mit abnehmenden Gehalten organischer Substanz sinken die Schwefelvorräte. Die als Brache belassene ehemalige Güllelastfläche (LB2/100) weist die höchsten Gesamtschwefelvorräte auf. Die Vorräte der bewirtschafteten, ehemaligen Güllelastfläche (LA2) sind mit 3942 ± 143 kg S/ha etwas geringer. Deutlich niedrigere Schwefelvorräte liegen in der rein mineralisch gedüngten Fläche (LD/13) und der ungedüngten Fläche (LD1) des Statischen Dauerdüngungsversuches vor. Die Schwefelvorräte der Böden LA1 und LD2 nehmen entsprechend der geringeren Düngerzufuhr eine Zwischenstellung zwischen den hoch belasteten und den unbelasteten Böden ein.

Durch die stete Düngung von Stallmist und Gülle kam es in den ehemaligen Güllelastflächen (LB2/100, LA2) zu einer Akkumulation von organischer Substanz, die sich in hohen **organischen Schwefelvorräten** widerspiegelt (Tab. 2). So beträgt in diesen Böden der Anteil der organischen Schwefelverbindungen 95 bzw. 96% der Gesamtschwefelvorräte, während der organische S-Anteil im Boden LD2 bei 91% liegt, in der mineralisch gedüngten Fläche LD/13 auf 88% abnimmt und in der ungedüngten Fläche LD1 nur noch 81% beträgt. Die **anorganischen Sulfatvorräte** im Ap-Horizont waren durch die Düngung offensichtlich nicht beeinflußt (Tab. 2). Im Mittel weisen die Böden Gehalte von 201 ± 29 kg S/ha auf. Adsorbiertes Sulfat lag nicht vor, da die Gehalte an KH$_2$PO$_4$-extrahiertem Sulfat und H$_2$O-extrahiertem Sulfat identisch waren. Das im Folgenden als „anorganisches Sulfat" bezeichnete Sulfat kann daher als das im gesamten Bodenwasser gelöste Sulfat angesehen werden.

Tabelle 2: Gesamtschwefel (Sges), organischer Schwefel (Sorg), anorganisches Sulfat (Sanorg) sowie Prozentanteile des Sorg und Sanorg am Gesamtschwefel

Variante	Sges	Sanorg	Sorg	Sanorg	Sorg
		[kg/ha]		[%] Anteil	
LB2/100	4698 ± 811	210 ± 80	4488 ± 858	5 ± 2	95 ± 2
LA2	3942 ± 143	169 ± 6	3773 ± 148	$4 \pm 0,3$	$96 \pm 0,3$
LA1	1495 ± 9	189 ± 14	1306 ± 15	13 ± 4	87 ± 4
LD2	2382 ± 9	224 ± 56	2158 ± 44	9 ± 2	91 ± 2
LD/13	1438 ± 73	172 ± 10	1266 ± 63	$12 \pm 0,1$	$88 \pm 0,1$
LD1	1235 ± 23	234 ± 6	1001 ± 25	$19 \pm 0,7$	$81 \pm 0,7$

Wie die Schwefelvorräte lehnen sich auch die ^{34}S-Gehalte dem unterschiedlichen Düngungsniveau der Böden an. Die δ^{34}S-Werte des **organischen Schwefels** der Böden LB2/100 und LA2 betragen $0,3 \pm 0,2$ ‰ und $1,9 \pm 0,3$ ‰ CDT (Tab.3).

Tabelle 3: ^{34}S-Gehalte des organischen Schwefels (Sorg δ^{34}S[‰] CDT), des anorganischen Sulfates (Sanorg δ^{34}S[‰] CDT) und δ^{18}O-Werte (Sanorg δ^{18}O[‰] CDT) des anorganischen Sulfates

Variante	Sges δ^{34}S [‰] CDT	Sanorg δ^{34}S [‰] CDT	Sorg δ^{34}S [‰] CDT	Differenz δ^{34}S anorg. [‰] $- \delta^{34}$S org. [‰]	Sanorg δ^{18}O[‰] SMOW
LB2/100	$0,3\pm0,2$	$0,9\pm0,3$	$0,3\pm0,2$	$0,6\pm0,4$	$4,7\pm0,9$
LA2	$1,8\pm0,3$	$0,8\pm0,1$	$1,9\pm0,3$	$-1,1\pm0,4$	$5,5\pm1,9$
LA1	$3,7\pm0,3$	$1,8\pm0,4$	$4,0\pm0,4$	$-2,2\pm0,8$	$7,4\pm0,2$
LD2	$4,5\pm0,4$	$0,9\pm0,1$	n.b.	n.b.	$8,9\pm1,4$
LD/13	$4,4\pm0,7$	$1,4\pm0,1$	$4,8\pm0,7$	$-3,4\pm0,8$	$8,1\pm0,6$
LD1	$4,4\pm0,1$	$1,5\pm0,4$	$4,8\pm0,2$	$-3,5\pm0,6$	$7,6\pm1,0$

Mit sinkender Düngerzufuhr werden zunehmend höhere δ^{34}S-Werte gemessen. Das **anorganische Sulfat** stellt die leichte Schwefelfraktion im Boden dar und ist zwischen -1,1‰ und -3,5‰ gegenüber dem organischen Schwefelpool abgereichert, wobei die höchsten Differenzen in den Böden ohne organische Düngung vorliegen. Nur in der Brache ist der δ^{34}S-Wert des anorganischen Sulfates um $0,6 \pm 0,4$‰ schwerer ist als der δ-Wert des organischen Schwefels.

Weiteren Einfluß auf die Schwefelaustattung und die ^{34}S-Gehalte der Böden hat der atmosphärische S-Eintrag. Die **Feuchtdeposition** wurde quantitativ und isotopisch bestimmt. Im Beobachtungszeitraum 8/92 bis 7/94 betrug der Eintrag $7,2 \pm 0,01$ kg S/ha.a. Der ^{34}S-Gehalt im Sulfat schwankte zwischen 1,1 - 4,7‰ und betrug im Mittel 3,5‰. Bestimmungen des ^{18}O-Gehaltes im Sulfat konnten nur in Monaten mit Niederschlägen >40 mm durchgeführt werden, da sonst die aufgefangene Menge Niederschlag für eine kombinierte δ^{34}S und δ^{18}O-Bestimmung im Sulfat nicht ausreichte. Die ermittelten δ^{18}O-Werte lagen zwischen 6,5‰ und 10,6‰ mit dem Mittel bei 9,9‰.

Wie einleitend erläutert wurde, resultiert aus bodeninternen mikrobiellen S-Umsetzungen eine Isotopenfraktionierung im ^{34}S/^{32}S-Verhältnis von S-Fraktionen, während die Veränderung des Isotopenverhältnisses bei physikalisch-chemischen Prozessen vernachlässigbar ist. Bei der Mineralisation der organischen S-Verbindungen zu anorganischem Sulfat wird vorzugsweise ^{32}S freigesetzt. Dies führt zu einer Erhöhung des ^{34}S-Gehaltes im residualen C-S und in Ester-Sulfaten. Bei der Sulfatbildung aus organischen Schwefelspezies wird, abhängig davon, ob C-S oder Ester-Sulfate mineralisiert werden, zu unterschiedlichen Anteilen Sauerstoff aus Wasser und/oder Luft in das neu gebildete Sulfat eingebaut. Beide Prozesse führen zu abgereicherten δ^{18}O-Werten im mineralisierten Sulfat, wobei der Nettoeffekt bei der Mineralisation von C-S höher ist.

Schwefelquellen für die hier diskutierten Böden sind neben der lithogenen Vorgabe S-Einträge aus der Düngung und die atmosphärische Deposition. Die ermittelten Schwefelvorräte der verschiedenen Böden zeigen, daß mengenmäßig der S-Eintrag durch die organische Düngung dominiert. Der organische Schwefel der Böden LB2/100 und LA2 ist geprägt durch Rückstände von Stallmist und Pflanzenstreu, die geringe ^{34}S-Gehalte aufweisen. Diese Ergebnisse stimmen gut mit Studien in Waldökösystemen überein. Der ^{34}S-Gehalt des C-S im Auflagehorizont der Waldböden wies von allen S-Fraktionen die geringsten ^{34}S-Gehalte auf und zeigte gute Übereinstimmungen mit den δ^{34}S-Werten der Nadeln der Bestockung, da mit Pflanzenmaterial überwiegend kohlenstoffgebundener S (C-S) eingetragen wird (MAYER 1992). Die δ^{34}S-Werte des anorganischen Sulfates liegen in beiden Parzellen unter den δ^{34}S-Werten des Niederschlages und zeigen damit eindeutig eine Mischung von leichterem mineralisiertem anorganischem Sulfat mit Niederschlagssulfat an. Die Differenz des ^{34}S-Gehaltes zwischen Niederschlag und anorganischem Sulfat ist in diesen organisch belasteten Böden am höchsten. Dies bedeutet jedoch nicht zwingend, daß die Mineralisationsraten in diesen Böden höher sein müssen als in den restlichen Böden. Durch den hohen Anteil an „leichtem" Material würde mineralisiertes Sulfat in diesen Böden auch bei gleichen Mineralisationsraten niedrigere ^{34}S-Gehalte im Sanorg aufweisen als in den unbelasteten Böden. In beiden Flächen sind jedoch auf Grund der hohen mikrobiellen Aktivität (Zusammenfassender Bericht 6.2.1. Bodenmikrobiologie) höhere Umsetzungsraten zu erwarten, die eine starke Anreicherung von ^{34}S in residualen organischen Schwefel bewirken. Es ist daher auffällig, daß der δ^{34}S-Wert des organischen Schwefels, zumindest in der Fläche LB2/100 leichter ist als der δ^{34}S-Wert des anorganischen Sulfates, allerdings um nur 0,6 ± 0,4‰. Dies kann bedeuten, daß die bevorzugte Anreicherung von ^{34}S in Ester-Sulfaten und C-S durch Mineralisation durch einen hohen Anteil an Düngerrückständen und Pflanzenstreu mit geringeren [34]S-Gehalten überlagert wird. Da je nach Reaktionspfad die Mineralisationsprozesse unterschiedliche δ^{18}O-Werte im Sulfat bewirken, können aus den ^{18}O-Gehalt nur semi-quantitative Angaben zum Ausmaß von Mineralisierungs- bzw. Immobilisierungsprozessen abgeleitet werden. Die gegenüber dem Niederschlag abgereicherten δ^{18}O-Werte zeigen wie die δ^{34}S-Werte, daß Sulfat über die Mineralisation von C-S und/oder Ester-Sulfaten freigesetzt wurde. Die, im Vergleich zu den unbelasteten Böden, geringeren δ^{18}O-Werte im Sulfat der Böden LB2/100 und LA2 (Tab. 3) weisen jedoch ebenfalls nicht zwingend auf höhere Mineralisationsraten in diesen Parzellen hin. Da sie eine Mischung von atmosphärischen und bodenbürtigem Sulfat darstellen, würden niedrigere δ^{18}O-Werte einen höheren Anteil an mineralisiertem Sulfat bedeuten. Unter der Voraussetzung, daß die Mineralisation von C-S in den belasteten Böden eine übergeordnete Rolle spielt, könnten die niedrigeren δ^{18}O-Werte aber auch auf einen höheren Anteil an Sulfat aus der Mineralisation von C-S hinweisen. In den Parzellen LA1, LD/13 und LD1 sind die δ^{34}S-Werte des organischen Schwefels höher als in den Böden LB2/100 und LA2. Auf Grund der niedrigeren mikrobiellen Aktivität (Zusammenfassender Bericht 6.2.1. Bodenmikrobiologie) sind die Umsetzungsraten geringer, die δ^{34}S- und δ^{18}O-Werte des anorganischen Sulfates liegen jedoch auch bei diesen Böden unter den δ-Werten des Niederschlages und weisen mikrobielle S-Transformationen nach. Da der Einfluß von Stallmist- und Ernterückständen in diesen Böden sehr gering ist, wirkt sich hier der Einfluß der Isotopenfraktionierung auf das [34]S/[32]S -Verhältnis von Sorg und Sanorg deutlich aus.

5.2. Mikrokosmenversuch

5.2.1. Wasserhaushalt

Die Verfügbarkeit der im Bodenwasser gelösten Stoffe sowie die Versorgung mit Sauerstoff sind wesentliche Regulatoren der mikrobiellen Stoffwechselaktivität und somit der Gas- und Stoffflüsse insbesondere von C-, N- und S-Metaboliten. Die extrem unterschiedliche Ausstattung der untersuchten Böden mit organischer Substanz führt zu deutlichen Differenzen hinsichtlich der Gesamtporenvolumina (GPV) sowie der Verteilung wasser- und luftgefüllter Poren bei gleicher Wasserspannung. Im Mikrokosmenversuch herrschten bei einer täglichen Beregnungsmenge von 4 mm und einer Wasserspannung von pF 2 die in Tab. 4 angegebenen Feuchtebedingungen.

Die langjährige Ausbringung bzw. Deponierung organischer Düngemittel hat zur Verringerung der Lagerungsdichten und folglich zur Vergrößerung des GPV, also sowohl des wasser- als auch des luftgefüllten Porenraumes geführt. In den güllebelasteten und stallmistgedüngten Parzellen steht den Mikroorganismen damit ein größerer besiedelbarer Porenraum zur Verfügung. Gleichzeitig ist der Gasaustausch und die Sauerstoffversorgung - verglichen mit den nur mineralisch oder gar nicht gedüngten Böden - verbessert. Aufgrund des geringeren wassergefüllten Porenvolumens waren die mittleren Porenwassergeschwindigkeiten v der Bodensäulen aus dem Statischen Düngungsversuch höher als die der Güllelastparzellen. Damit verbunden ist die Verweildauer applizierter Substanzen kürzer.

Tabelle 4: Lagerungsdichte (d_b), Gesamtporenvolumina (GPV), Anteile wasser- und luftgefüllter Poren (PV_{Wasser}, PV_{Luft}), gravimetrische Wassergehalte (WG), Fließgeschwindigkeit (v) und Lösungsvolumen (Veff) in Tagen im Mikrokosmenversuch

Variante	d_b g /cm^3	GPV vol%	PV_{Luft} vol%	PV_{Wasser} vol%	WG gew%	v cm/d	Veff d
LB2/100	$1,08 \pm 0,03$	56 ± 1	12 ± 2	44 ± 3	39 ± 2	$0,92 \pm 0,04$	27 ± 1
LA2	$1,15 \pm 0,02$	54 ± 1	19 ± 2	45 ± 1	38 ± 2	$0,89 \pm 0,02$	28 ± 1
LA1	$1,30 \pm 0,04$	49 ± 2	14 ± 2	35 ± 1	27 ± 1	$1,13 \pm 0,02$	22 ± 0
LD2	$1,32 \pm 0,01$	48 ± 1	12 ± 2	36 ± 1	27 ± 1	$1,11 \pm 0,03$	23 ± 1
LD/13	$1,38 \pm 0,10$	46 ± 4	11 ± 5	35 ± 2	25 ± 0	$1,13 \pm 0,05$	22 ± 1
LD1	$1,53 \pm 0,06$	41 ± 2	5 ± 1	36 ± 2	23 ± 2	$1,12 \pm 0,05$	22 ± 1

Mittelwerte (n = 3) mit Standardabweichung

Im Folgenden werden die Flüsse von Gasen und gelösten Stoffen aus den Bodenmonolithen flächenbezogen angegeben (pro m^2), weil so Austräge aus den unterschiedlichen Systemen am besten verglichen werden können. Alle Angaben beziehen sich demnach auf die Entnahmetiefe der Mikrokosmensäulen (25 cm). Eine Umrechnung auf die übliche Bezugsgröße Bodentrockenmasse würde aufgrund der stark unterschiedlichen Lagerungsdichten Differenzen zwischen den Varianten vergrößern.

5.2.2. Kohlenstoffkreislauf

Die **CO$_2$-Produktionsrate** der Bodensäulen kann als Maß für die C-Mineralisation durch die Bodenmikroorganismen verwendet werden. In den carbonathaltigen Böden, nämlich den ehemaligen Güllelastflächen, kann allerdings ein Teil des CO$_2$ abiotischen Ursprungs sein. Abb.1 zeigt Tagesmittelwerte der CO$_2$-C-Emissionen der drei ^{15}N-gedüngten Säulen. Für die Variante LA1 konnten aus Kapazitätsgründen keine CO$_2$-Messungen durchgeführt werden.

Die CO$_2$-Produktionsraten waren in den güllebelasteten Böden weitaus am höchsten und folgten für die Böden aus dem Statischen Düngungsversuch dem Gradienten der organischen Substanz. Die stallmistgedüngte Parzelle LD2 produzierte im Vergleich zu LD/13 geringfügig erhöhte CO$_2$-Mengen. Die landwirtschaftlich genutzte Güllelastfläche zeigt, verglichen mit der Dauerbrache, erhöhte CO$_2$-Produktionsraten, obwohl hier die Güllebelastung länger zurückliegt. Offensichtlich steigert die Bodenbearbeitung in der landwirtschaftlich genutzten Güllelastfläche die Stoffwechselaktivität der Mikroorganismen. Die relativ hohe Beregnungsintensität und die ausbleibende Zufuhr von Pflanzenrückständen, Wurzeln etc. führt im Versuchszeitraum generell zu einem Abbau des Pools leicht verfügbarer organischer Substanzen und damit zu einem Absinken der mikrobiellen Aktivität. Ein Vergleich des über die ersten 20 Tage gemittelten Wertes mit dem Mittelwert der letzten 20 Tage zeigt, daß die CO_2-Produktionsraten auf 76% (LD2), 58% (LD/13) bzw. 36% (LD1) des Anfangsniveaus gesunken waren.

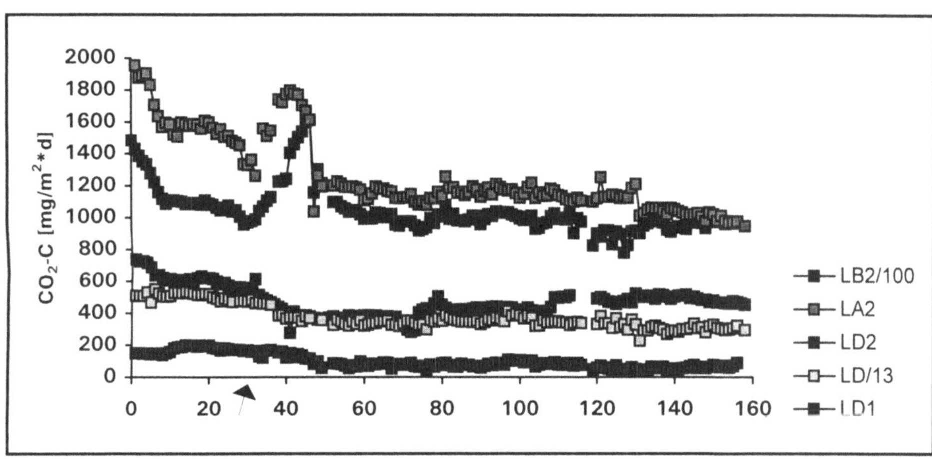

Abbildung 1: CO_2-C-Produktionsraten, Mittelwerte der gedüngten Säulen (n = 3), Tages-mittelwerte; der Pfeil kennzeichnet den Zeitpunkt der NH_4-Düngung am 32. Tag

Bei der Oxidation des Ammoniums aus dem Dünger kommt es zu einem Protoneninput von 2 mol H^+/m^2, der durch 1 mol $CaCO_3/m^2$ abgepuffert wird. Dabei werden 12 g CO_2-C gebildet, was sich in einem deutlichen Anstieg der CO_2-C-Emission aus den carbonathaltigen Böden (LB2/100 und LA2) nach der Düngung äußert. In den carbonatfreien Varianten aus dem Statischen Dauerdüngungsversuch kommt es in Folge der Düngung zunächst zu einem leichten Absinken der CO_2-Emission, das wahrscheinlich durch eine Schädigung der Mikroflora durch die Nitrifikationsversauerung bedingt ist.

Die **C-Gehalte der mikrobiellen Biomasse** am Versuchsende zeigen keine Unterschiede zwischen den ungedüngten und den NH_4^+-gedüngten Säulen, wobei allerdings die Varianz zwischen den obersten Schichten der Bodensäulen einer Variante beträchtlich war (ohne Abb.). Verglichen mit den im Frühjahr 1992 im Freiland entnommenen Proben wurden generell niedrigere Biomassen gemessen, was auf den Verbrauch leicht verfügbarer Kohlenstoffverbindungen während des Versuches zurückzuführen ist.

5.2.3. Stickstoffkreislauf

Die **Nettoraten der N-Mineralisation** wurden aus den Nitratkonzentrationen der Perkolate der ungedüngten Säulen ermittelt. Quantitativ können sowohl gasförmige N-Verluste in Form von N_2O als auch NH_4-N im Perkolat (Konzentrationen < 200 ppb) vernachlässigt werden.

Die Berechnung linearer Regressionen zeigte, daß die Raten für alle Varianten im Versuchszeitraum konstant blieben. Die angepaßten Regressionen haben Bestimmtheitsmaße >98%. Die aus der Steigung der Regressionsgeraden ermittelten Raten sind in Tab. 5 aufgelistet.

Tabelle 5: Raten der Netto-N-Mineralisation ermittelt aus den Nitratausträgen der ungedüngten Säulen, je 27 Perkolatentnahmen alle 6 Tage, Mittelwerte und Standardabweichung (n= 3)

	LB2/100	LA2	LA1	LD2	LD/13	LD1
NO_3-N [mg/m^2.d]	144 ± 6	144 ± 8	45 ± 7	70 ± 8	24 ± 2	19 ± 1

Zwischen den beiden ehemaligen Güllelastflächen LB2/100 und LA2 konnte kein deutlicher Unterschied gefunden werden. Die stallmistgedüngte Variante LD2 wies signifikant höhere Raten auf als die nur mineralisch (LD/13) bzw. gar nicht (LD1) gedüngten Parzellen. Die Netto-N-Mineralisation ist unter den konstanten Temperatur- und Feuchtebedingungen ein Prozeß nullter Ordnung mit konstanten Raten, während die als CO_2-Emission meßbare Kohlenstoffmineralisation im Versuchszeitraum in allen Varianten deutlich sinkende Raten aufwies.

Sobald NH_4^+ als Dünger in den Boden gelangt, kann es eine Reihe miteinander konkurrierende Reaktionen eingehen: Je nach Sättigung der Austauscher kann es zur *Adsorption* und bei Vorhandensein von randlich aufgeweiteten Tonmineralen auch zur *Fixierung* kommen. Gasförmige Verluste können bei Standorten mit hohen pH-Werten in Form von NH_3-*Volatilisation* und als gasförmige Oxide des Stickstoffs während der mikrobiellen *Nitrifikation* oder durch *Denitrifikation* entstehen. Der *Einbau in organische Substanz* kann durch Bildung von Quinon-NH_2-Brücken oder durch die mikrobielle Biomasse erfolgen. Schließlich wird NH_4^+ von Mikroorganismen als reduzierte Form gegenüber NO_3^- bevorzugt, da es direkt in Aminosäuren eingebaut werden kann (*mikrobielle Immobilisation*). Der in Ackerböden quantitativ weitaus bedeutendste Prozeß ist die *Ammoniumoxidation* durch autotrophe Mikroorganismen.

Für den speziellen Fall der NH_4^+-Düngung der Mikrokosmensäulen soll die zeitliche Abfolge der einzelnen Reaktionen kurz skizziert werden. Geht man davon aus, daß die auf die Bodensäulen versprühte Düngerlösung zunächst auf eine Tiefe von ca. 2-3 cm verteilt wird, so bedeutet dies einen NH_4^+-Eintrag von ca. 3,5 mval/100 g. Dies entspricht bei einer Kationenaustauschkapazität von ca. 20 mval/100 g (Tab. 2 bei Material – Beschreibung der experimentellen Grundlagen) bereits einem Sechstel der gesamten Austauschkapazität. Dadurch wird das chemische Gleichgewicht zwischen Bodenlösung und Kationenbelag so verändert, daß es zu einer Adsorption von einem Teil des Dünger-NH_4 kommt. Die NH_4^+-Konzentration in der Bodenlösung sinkt im weiteren Versuchsverlauf durch die Verlagerung der

Düngerlösungsfront und durch die NH_4-Oxidation schnell ab, was wiederum die Desorption, NH_4-Oxidation und Verlagerung des zunächst adsorbierten NH_4^+ zur Folge hat.

Um Adsorptionsprozesse des applizierten Dünger-NH_4 gegen die mikrobiellen Transformationsprozesse abgrenzen zu können, wurde das aus dem NH_4Cl-Dünger stammende Chlorid als Tracer verwendet. Die effektiven Dispersionskoeffizienten und Retardationsfaktoren wurden mit dem Programm CXTFIT (PARKER u.a. 1984) ermittelt. Der Retardationsfaktor R als ein dimensionsloses Maß für die relative Geschwindigkeit des Tracers im Vergleich zum Wasser war im Mittel aller Säulen 0,8. Für anionische Tracer wie Cl wird generell ein Vorauseilen gegenüber dem Wasser beobachtet, das auf einen Ausschluß des Anions zurückzuführen ist. Das Transportverhalten des Chlorids für die Bodensäulen der unterschiedlichen Varianten unterschied sich nicht signifikant.

Eine Verweildauer der Dünger-NH_4 in den Bodensäulen von mindestens 20 Tagen hat in allen Varianten für die vollständige Nitrifikation des Dünger-NH_4 ausgereicht (Tab. 4). In den Perkolaten wurde NH_4-N nur in sehr geringen Konzentrationen (< 200 ppb) nachgewiesen.

Die Abb. 2 bis 5 zeigen die Durchbruchskurven des Dünger-N in Form von Nitrat in den Perkolaten sowie den Wiedererhalt in Prozent der applizierten Düngermenge. Auf der Abszisse ist jeweils das summierte Perkolatvolumen V(i) pro Lösungsvolumen Veff in der Säule aufgetragen, um die unterschiedlichen wassergefüllten Porenvolumina der Säulen zu berücksichtigen.

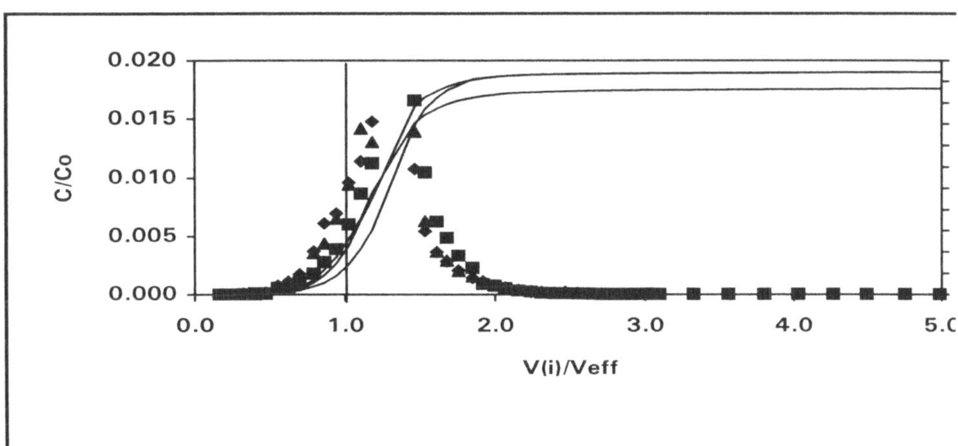

Abbildung 2: Durchbruchskurven des Dünger-N als Nitrat und Wiedererhalt in % des applizierten Düngers für die Variante LB2/100. Aufgetragen ist die Konzentration C/Applikationskonzentration C0 gegen das summierte Perkolatvolumen V(i)/Lösungsvolumen Veff ab dem Zeitpunkt der NH_4-Düngung.

Der Dünger wurde in beiden Güllelastflächen sowie der gering belasteten Referenzfläche LA1/17 nahezu vollständig im Sickerwasser wiedergefunden, was darauf hindeutet, daß es weder zur Adsorption des NH_4 noch zur mikrobiellen Immobilisation kam. Die Nitratdurchbruchskurven der Güllelastflächen LB2/100 (Abb.2) und LA2 (ohne Abb.) zeigen im Vergleich zum Tracer Chlorid eine Verzögerung von im Mittel 0,3 Porenvolumina bzw. 8 Tagen. Dies entspricht der Dauer der Nitrifikation, da das Transportverhalten des Anions NO_3^- dem des Chlorids ähnelt. Für die gering belastete Referenzfläche LA1 (ohne Abb.) war die Verzögerung mit 0,6 Porenvolumina bzw. 13 Tagen schon deutlich größer.

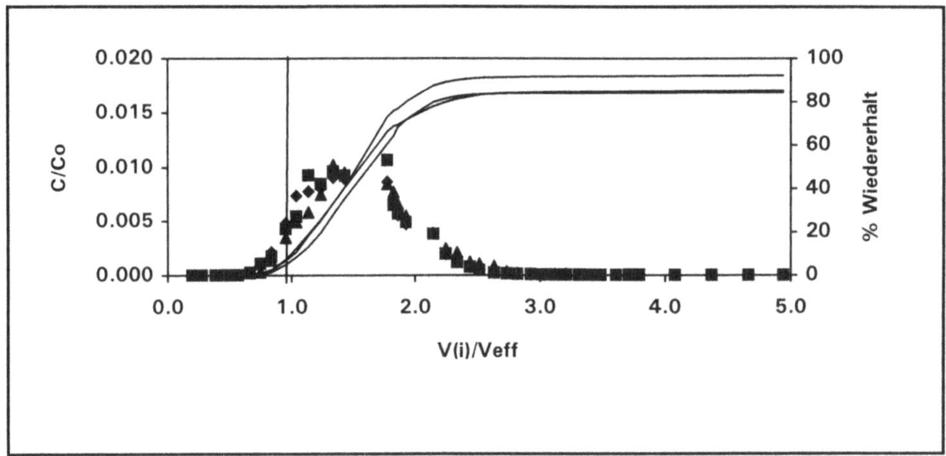

Abbildung 3: Durchbruchskurven des Dünger-N als Nitrat und Wiedererhalt in % des applizierten Dünger-N für die Variante LD2. Aufgetragen ist die Konzentration C/Applikationskonzentration C0 gegen das summierte Perkolatvolumen V(i)/Lösungsvolumen Veff ab dem Zeitpunkt der NH_4-Düngung.

In der mineralisch und mit Stallmist gedüngten Fläche LD2 war der Durchbruch des Dünger-N noch etwas stärker verzögert. Zwischen 85 und 92 % des Dünger-N wurden im Perkolat wiedergefunden. Die Durchbruchskurven der Bodensäulen der Variante LD/13 haben ihr Maximum erst nach zwei Porenvolumina und zeichnen sich durch ein deutlich ausgeprägtes tailing aus (Abb. 4). Aus einer Säule dieser Variante waren bis zum Austausch von fünf Lösungsvolumina erst 50% des Düngerstickstoffs ausgetragen worden.

Auch in den Säulen der Nullparzelle LD1 wurde eine deutliche Verzögerung des Nitratdurchbruchs beobachtet (Abb. 5). Ein ursächlicher Zusammenhang mit dem Transport des Nitrats bestand, wie die Cl-Durchbruchskurven zeigen konnten, nicht. Es können sowohl Austauschreaktionen des NH_4 verantwortlich sein, es kann jedoch auch zur mikrobiellen Immobilisation mit anschließender langsamer Remineralisation gekommen sein.

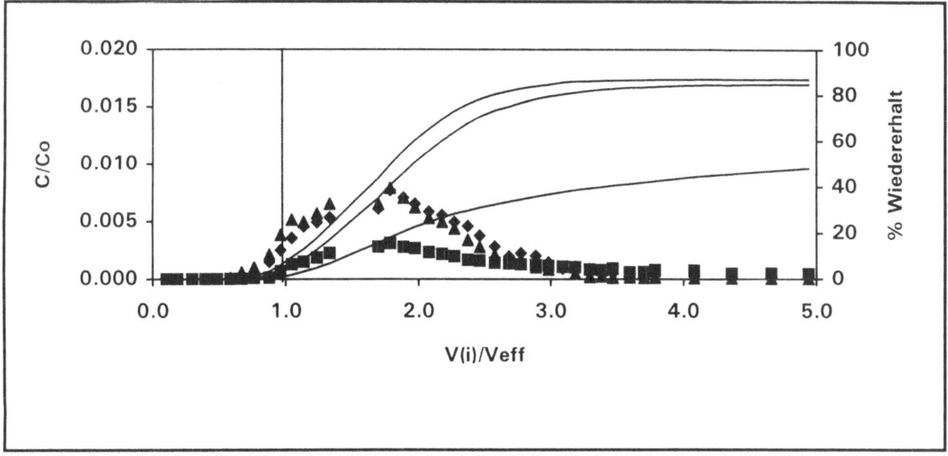

Abbildung 4: Durchbruchskurven des Dünger-N als Nitrat und Wiedererhalt in % des applizierten Düngers für die Variante LD/13. Aufgetragen ist die Konzentration C/Applikationskonzentration C0 gegen das summierte Perkolatvolumen V(i)/Lösungsvolumen Veff.

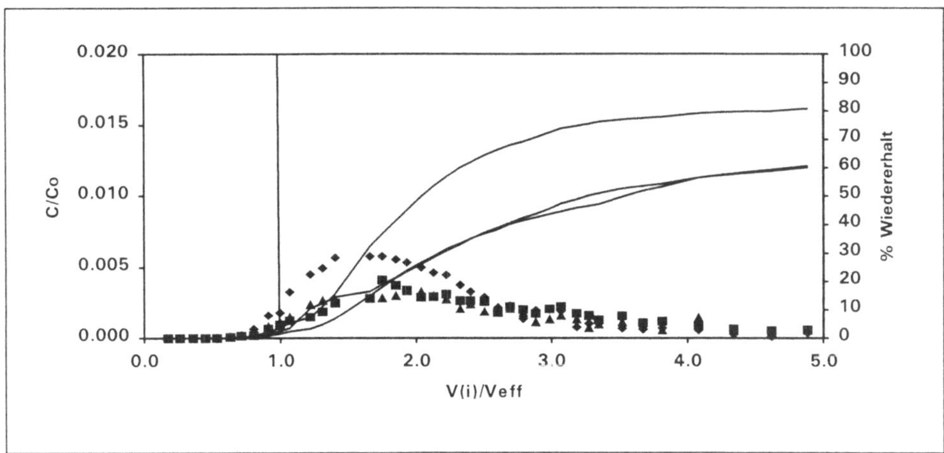

Abbildung 5: Durchbruchskurven des Dünger-N als Nitrat und Wiedererhalt in % des applizierten Düngers für die Variante LD1. Aufgetragen ist die Konzentration C/Applikations-konzentration C0 gegen das summierte Perkolatvolumen V(i)/Lösungsvolumen Veff ab dem Zeitpunkt der NH_4-Düngung.

Neben der Erfassung des mit dem Bodenwasser ausgetragenen mineralischen und organischen Stickstoffs, erfordert eine vollständige Bilanzierung auch die Messung **gasförmiger Stickstoffverluste**. Wie einleitend kurz erläutert wurde, können bei der mikrobiellen Reduktion von Nitrat bzw. Nitrit die Stickstoffoxide N_2O, NO und schließlich N_2 entstehen. Bei der Nitrifikation werden ausschließlich NO und N_2O gebildet. Analytisch kann nur das N_2O mit einem mit ECD ausgestatteten GC erfasst werden. Abb. 6 zeigt die Kurvenverläufe der mittleren täglichen N_2O-Emissionen für die gedüngten Säulen der Parzellen LB2/100, LA2, LD/13 und LD1. Für die beiden letzteren konnten nur jeweils zwei Säulen gemessen werden. Vor der Düngung wurde in allen Varianten keine meßbare N_2O-Abgabe festgestellt. Sofort nach der NH_4^+-Applikation kam es zu einem Anstieg der N_2O-Emissionen. In den gülle-belasteten Böden gingen die N_2O-Konzentrationen nach drei Wochen fast auf Außenluft-konzentration zurück. Dagegen hielten die erhöhten N_2O-Emissionen in der nur mineralisch gedüngten (LD/13) und in der Parzelle ohne Düngung (LD1) deutlich länger an und waren in Variante LD1 auch zu Versuchsende noch erhöht.

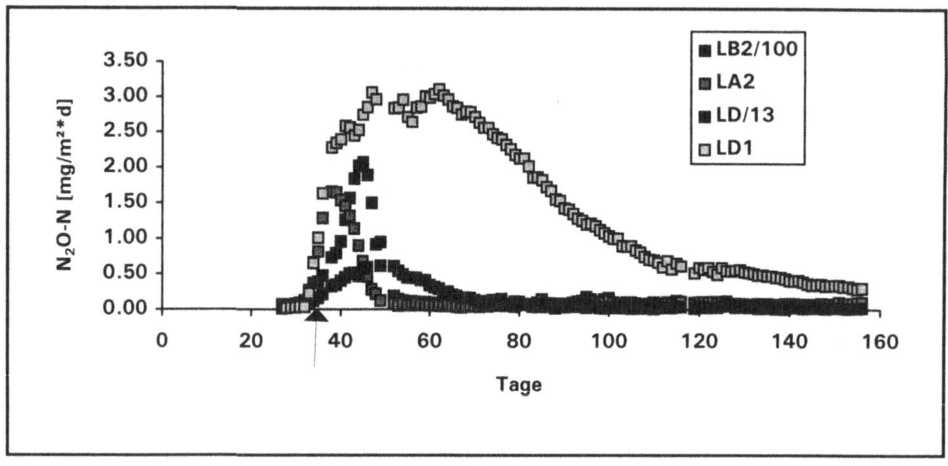

Abbildung 6: Verlauf der N_2O-N-Emission, Mittelwerte von 3 (LB2/100 und LA2) bzw. 2 gedüngten Säulen (LD/13 und LD1), Tagesmittel; der Pfeil kennzeichnet den Zeitpunkt der NH_4-Düngung am 32. Tag

Die im Inkubationszeitraum insgesamt emittierten N_2O-Mengen waren in der Nullparzelle LD1 am höchsten und erreichten maximal 1,3% des Düngerstickstoffs. Das Muster der N_2O-Emissionen zeigt eine deutliche Übereinstimmung mit den Nitrat-Durchbruchskurven der einzelnen Varianten (Abb. 2-5). Während in den Güllelastflächen die Nitrifikation des Dünger-NH_4 sofort nach der Düngung erfolgt ist und die damit verbundenen erhöhten N_2O^--Emissionen nach 21 Tagen auf das Nullniveau zurückgehen, spiegeln die Verlaufskurven der N_2O-Abgabe der Böden des Statischen Dauerdüngungsversuches LD/13 und LD1 die dort verzögerte Nitrifikation wieder. Die enge zeitliche Übereinstimmung der Phase der Nitrifika-tion mit der Phase erhöhter N_2O-Emissionen legt nahe, daß das N_2O tatsächlich während der Nitrifikation entstanden ist. Es kann aber außerdem zur erhöhten Denitrifikation gekommen sein, weil infolge der Düngung mehr Nitrat zur Verfügung stand. Über die quantitativ unterschiedlichen Austräge können ebenfalls nur Annahmen gemacht werden: In den Güllelastflächen könnte ein höherer Anteil bis zum N_2 reduziert worden sein, weil hier die Verfügbarkeit organischer Kohlenstoffverbindungen wesentlich höher und damit das Denitrifikationspotential erhöht war. Andererseits belegen verschiedene Untersuchungen eine deutliche Erhöhung des N_2O-Anteils an den Produkten der Denitrifikation bei pH-Werten unter 6,0, die auf eine Hemmung der N_2O-Reduktase zurückzuführen ist (WEIER u.a. 1986; KOSKINEN u.a. 1982). Möglicherweise besteht ein Zusammenhang zwischen den niedrigeren pH-Werten der Flächen LD/13 und LD1 (Tab.1) und der dort höheren N_2O-Emissionsrate.

Die Bodensäulen wurden am Versuchsende in 5 cm dicke Schichten zerlegt, um den im Boden verbliebenen Düngerstickstoff zu quantifizieren. Abb. 7 zeigt die **vertikale Verteilung des Dünger-N** in den sechs Varianten.

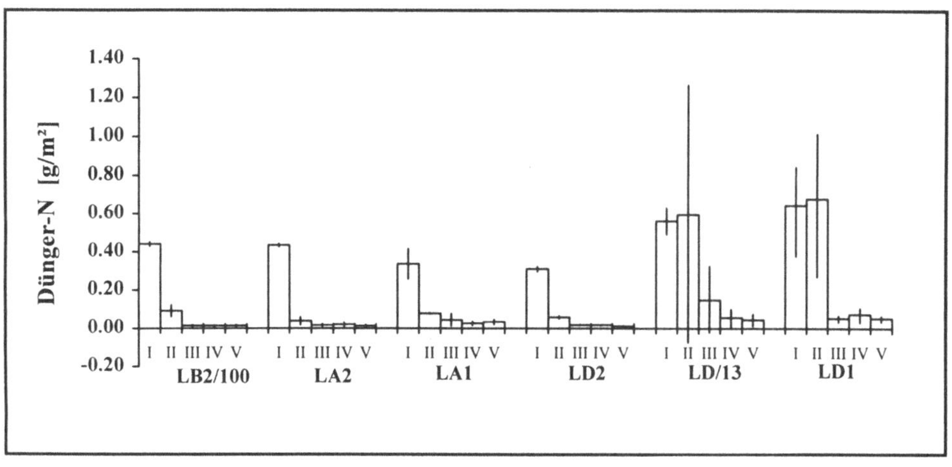

Abbildung 7: Vertikale Verteilung des Dünger-N in den Bodensäulen am Versuchsende, Mittelwerte und Standardabweichung (n = 3); die Tiefenstufen sind I = 0-5 cm, II = 5-10 cm, III = 10-15 cm, IV = 15-20 cm, V = 20 -25 cm

Alle Säulen wiesen einen deutlichen vertikalen Gradienten auf, wobei in allen organisch gedüngten Parzellen einschließlich der unbelasteten Güllelastreferenzfläche LA1 nur in der obersten Schicht überhaupt nennenswerte Dünger-N-Mengen verblieben sind. In den nicht organisch gedüngten Varianten LD/13 und LD1 verblieb zusätzlich ^{15}N in der 5-10 cm Schicht, besonders herausragend war hier eine Säule der Variante LD/13, bei der auch, wie Abb. 4 zeigt, im Perkolat nur die Hälfte des applizierten Dünger-N wiedererhalten wurde. In dieser Säule wurde am meisten, nämlich knapp 20% des Dünger-N am Versuchsende im Boden gemessen. In den Güllelastflächen und in den anderen beiden Säulen der LD/13 sind insgesamt nur um 4% Dünger-N im Boden verblieben. In den Säulen LD1 blieb im Mittel immerhin doppelt soviel, nämlich um die 10% des Dünger-N in den Bodensäulen.

Es stellt sich nun die Frage, durch welche Prozesse Dünger-N im Boden gehalten wurde. Der Zeitpunkt des Zerlegens der Bodensäulen kann hier nur eine Momentaufnahme darstellen und keine Aufschlüsse über die Dynamik der einzelnen Prozesse liefern. Dünger-N kann nach der Düngung zunächst immobilisiert und bis zum Versuchsende wieder freigesetzt worden sein. Die Tatsache, daß in den Varianten LD/13 und LD1 auch zum Versuchsende noch größere ^{15}N-Mengen im Perkolat gemessen wurden, spricht dafür, daß Ammonium länger am Austauscher gebunden war oder daß es zu einem Absterben von mikrobieller Biomasse und damit verbunden zu einer Freisetzung des Dünger-N kam. Abb. 8 zeigt die mit der Methode der Chloroform-Fumigation-Extraktion ermittelten **N-Gehalte der mikrobiellen Biomasse**. Während sich für die ungedüngten Säulen das Muster der mikrobiellen Kohlenstoffgehalte wiederfindet, ist es in allen gedüngten Varianten (f) außer der LD/13 zu einem deutlichen Absinken des mikrobiell gebundenen Stickstoffs gekommen. Für je eine Säule der Variante LD2 und LD/13 sowie für alle drei Säulen der LD1 lag der Biomasse-N unter der Nachweisgrenze. Die ^{15}N-Anreicherung konnte nur stichprobenweise gemessen werden und lag zwischen 2% in den Güllelastflächen, 6% in der LD1 und höchstens 8% in der Säule der LD/13, in der am meisten Dünger-N am Versuchsende wiedergefunden wurde. Damit war die ^{15}N-Anreicherung in der mikrobiellen Biomasse deutlich höher als im Gesamtstickstoff des Bodens (Abb. 7), aber geringer als der in der gleichen Lösung extrahierte mineralische Stickstoff.

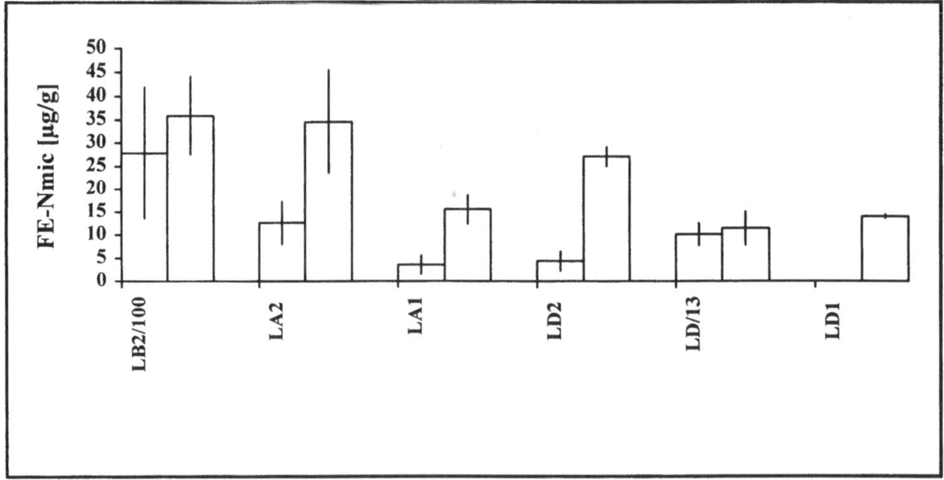

Abbildung 8: Stickstoff in mikrobieller Biomasse in der Tiefe 0-5 cm am Versuchsende in den NH$_4^+$-gedüngten (jeweils links) und ungedüngten (jeweils rechts) Säulen (n = 3), Mittelwerte und Standardabweichung

Die Dichtefraktionierung der **makroorganischen Substanz** (>150 μm) sollte Aufschluß darüber geben, ob der Einbau des Dünger-N in leichte, mittlere und schwere Dichtefraktion in unterschiedlichem Ausmaß erfolgt ist. Der Dichtefraktionierung liegt folgendes Konzept zugrunde: In den Boden eingebrachte Ernterückstände und organische Dünger haben eine deutlich geringere Dichte als der Mineralboden. Der folgende Zerkleinerungs- und Abbauprozeß ist am anschaulichsten in einem Waldbodenprofil zu sehen: Es kommt zum langsamen Ein- und Abbau der organischen Substanz und zu einer zunehmenden Verbindung mit dem Mineralboden. Mit dem Verwitterungsgrad nimmt auch die Dichte des Materials zu bis die organische Substanz schließlich in Form von Ton-Humus-Komplexen physikalisch untrennbar mit der Bodenmatrix verbunden ist. Die Dichtefraktionierung ermöglicht eine Unterteilung der makroorganischen Substanz in Pools unterschiedlicher Zersetzbarkeit. MEIJBOOM u.a. (1994) gehen davon aus, daß die makroorganische Substanz für den Stoffumsatz im Boden eine herausragende Rolle spielt und die Fraktion mit der höchsten turnover-Rate darstellt. Summiert man den in allen drei Dichtefraktionen extrahierten organischen Kohlenstoff, so befanden sich 22,8% für die güllebelastete Brache, 4,7% für die stallmistgedüngte Variante, 3,1% für die mineralisch gedüngte und 2,0% für die ungedüngte in der durch eine Größe von > 150 μm charakterisierten makroorganischen Substanz. Für den Stickstoff waren dies 19,7% für die LB2/100, 3,6% für die LD2, 2,0% für die LD/13 und 1,3% für die LD1. Abb. 9 zeigt die excess[15]N-Häufigkeiten der obersten Schicht der gedüngten Säulen der drei Dichtefraktionen der makroorganischen Substanz und des Bodens für die Varianten aus dem Statischen Dauerdüngungsversuch. Dünger-N wurde bevorzugt in die makroorganische Substanz eingebaut, wobei die relative ^{15}N-Anreicherung in der leichten Fraktion am höchsten war. Insgesamt wurden 2,5% (LD2), 2,0% (LD/13) und 2,4% (LD1) des im Boden verbliebenen Dünger-N in den drei Dichtefraktionen in der obersten Schicht (0-5 cm) wiedergefunden. Da in der 5-10 cm Schicht ^{15}N-Anreicherungen der gleichen Größenordnung gemessen wurden (Abb. 7) befanden damit insgesamt 5% des Dünger-N, der im Boden verblieben war, in dieser Fraktion der organischen Substanz. Es ist anzunehmen, daß die aktive Biomasse eng mit dieser Fraktion der organischen Substanz vergesellschaftet ist. Für die höhere relative Anreicherung im Vergleich zum Boden kann jedoch auch die hohe Kationen-austauschkapazität der organischen Substanz verantwortlich sein.

Auffällig ist ferner, daß in der Nullparzelle LD1 alle drei Fraktionen der makroorganischen Substanz eine höhere relative Anreicherung als der Boden zeigen, während in der LD/13 nur die leichte und mittlere Dichtefraktion eine höhere Anreicherung haben als der Gesamtboden und dies in der LD2 nur noch für die leichte Fraktion zutrifft. Dies kann so gewertet werden, daß in der LD1 die makroorganische Substanz trotz ihres geringen Masseanteils in noch höherem Ausmaß als in den Varianten mit höherer Düngerzufuhr am C- und N-Stoffumsatz teilnimmt.

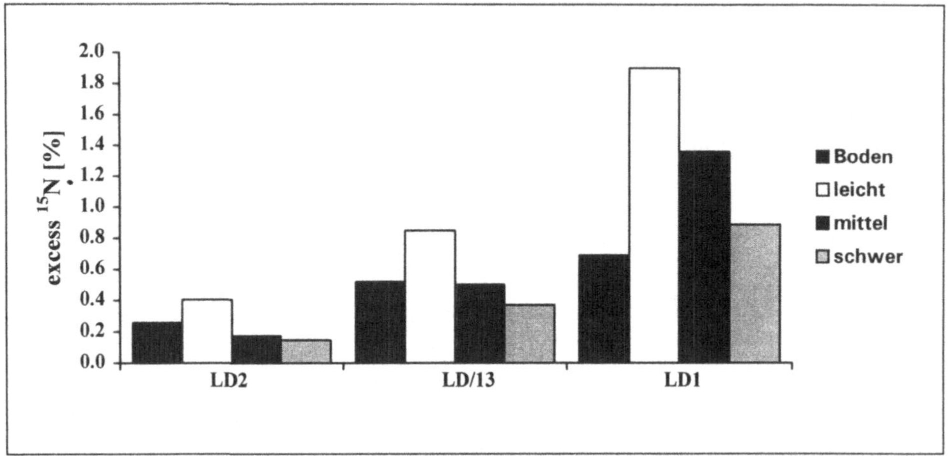

Abbildung 9: ^{15}N-Häufigkeiten (%excess) in der obersten Schicht (0-5 cm) im Boden und den Dichtefraktionen der makroorganischen Substanz (>150 μm); leicht <1,13 g cm^{-3}, mittel 1,13- 1,37 g cm^{-3}, schwer >1,37 g cm^{-3}

5.2.4. Schwefelkreislauf

Um Aussagen über Umsetzungsprozesse von Sulfat in den verschiedenen Flächen machen zu können, wurde in den Sickerwässern des Mikrokosmenversuches die Konzentration und die Isotopenzusammensetzung des Sulfates gemessen. Nach Beendigung der 7-monatigen Inkubation wurden die Gehalte von Gesamtschwefel, organischem Schwefel und anorganischem Sulfat der Böden bestimmt. Gleichfalls erfolgte die Messung des ^{34}S/^{32}S-Verhältnisses der drei Fraktionen. Die ermittelten Daten wurden mit den Analysen der mit den Mikrokosmensäulen zeitgleich entnommenen Bodenproben verglichen. Für die Bodensäulen wurden Mischproben aus den fünf Schichten hergestellt.

In den Abb. 10-17 sind die δ^{34}S -und δ^{18}O-Werte, sowie die Konzentrationen des mit dem Sickerwasser ausgetragenen Sulfates dargestellt. Für die Flächen LB2/100 und LA2 sind 4 Porenvolumina, für die Flächen LD/13 und LD1 der Zeitraum von 3,5 Porenvolumina ab Beginn des Versuches abgebildet. Die Porenvolumina sind ausgedrückt als das summierte Perkolatvolumen V(i) pro Lösungsvolumen V(eff).

In den Bodensäulen der Flächen LB2/100 und LA2 entspricht der δ^{34}S- und δ^{18}O-Wert des Sulfates im Sickerwasser auch nach 4 Porenvolumina nicht dem δ^{34}S -Wert von 26‰ und dem δ^{18}O-Wert von 14,5‰ der applizierten CaSO$_4$-Lösung (Abb. 10+11).

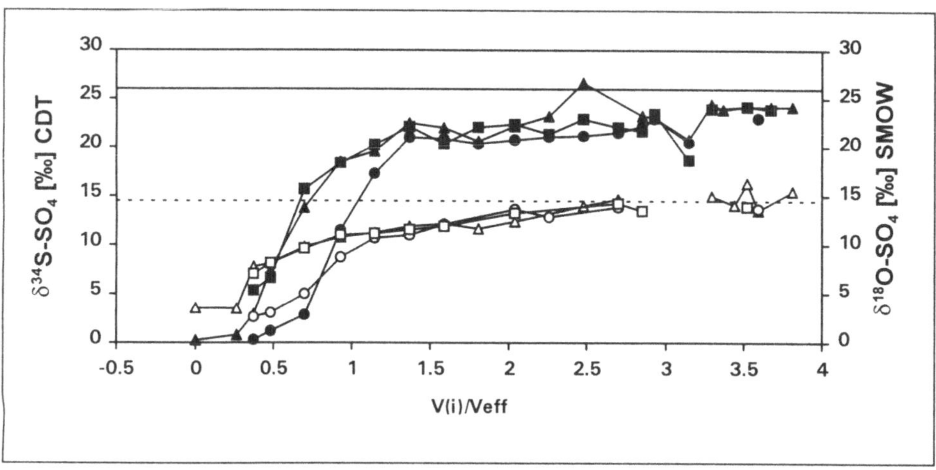

Abbildung 10: δ^{34}S-Werte (dunkle Signaturen) und δ^{18}O-Werte (helle Signaturen) des Sulfats im Sickerwasser aus 3 Säulen der Fläche LB2/100 gegen V(i)/Veff. Die durchgezogene Linie repräsentiert den δ^{34}S-Wert, die gestrichelte Linie den δ^{18}O-Wert der kontinuierlich applizierten CaSO$_4$-Lsg.

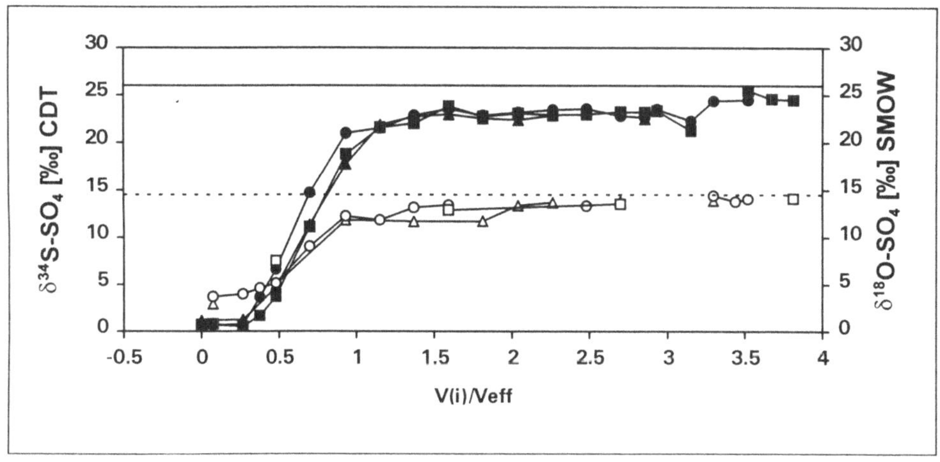

Abbildung 11: δ^{34}S-Werte (dunkle Signaturen) und δ^{18}O-Werte (helle Signaturen) des Sulfats im Sickerwasser aus 3 Säulen der Fläche LA2 gegen V(i)/Veff. Die durchgezogene Linie repräsentiert den δ^{34}S-Wert, die gestrichelte Linie den δ^{18}O-Wert der kontinuierlich applizierten CaSO$_4$-Lsg.

Da eine physikalisch-chemische Retention von Sulfat in den Säulen die Isotopenzusammensetzung des ausgetragenen Sulfates nicht verändern würde, muß das Beregnungssulfat mit mineralisiertem Sulfat worden sein, welches einen leichteres

Isotopenverhältnis (siehe 5.1.) von $^{34}S/^{32}S$ und $^{18}O/^{16}O$ aufweist. Da auch die Sulfatkonzentrationen im Sickerwasser (ohne Abb.) niedriger als die Sulfatkonzentrationen der Beregnungslösung waren, wird deutlich, daß im beobachteten Versuchszeitraum zeitgleich eine Immobilisierung von Beregnungssulfat stattfand. Mit Hilfe von Massenbilanzen wurde der prozentuale Anteil des Beregnungssulfates und Bodensulfates im Sickerwasser bestimmt und über die Sulfatkonzentration in mg d^{-1} umgerechnet (Abb. 12+ 13). Zur Überprüfung wurden die Massenbilanzen sowohl über den ^{34}S -Gehalt als auch über den ^{18}O-Gehalt im Sulfat berechnet. Für beide Isotope ergab sich bei allen Flächen das gleiche Verteilungsmuster.

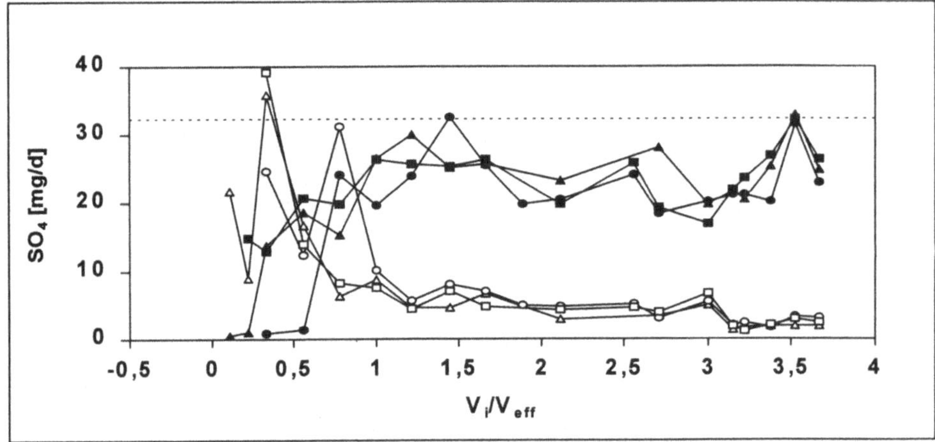

Abbildung 12: Anteile von Beregnungssulfat (dunkle Signatur) in mg/d und Anteile von Bodensulfat (helle Signatur) an der Sulfatkonzentration im Sickerwasser von 3 Bodensäulen der Fläche LB2/100, aufgetragen gegen V(i)/Veff. Die gestrichelte Linie kennzeichnet die SO_4^{2-} Konzentration der kontinuierlich applizierten CaSO$_4$-Lsg.

In der mineralisch gedüngten Fläche LD/13 erreicht der $\delta^{34}S$ -Wert des ausgetragenen Sulfates bereits nach ca. 2 Porenvolumina den $\delta^{34}S$-Wert des Beregnungssulfates von 26‰ (Abb. 14). Über das Sickerwasser wurde ab dem 2. Porenvolumen zwar nur Sulfat aus der Beregnungslösung ausgetragen, der Anteil des Beregnungssulfates erreichte jedoch die Konzentration des Beregnungssulfates nicht (Abb.16), da Sulfat in den Bodensäulen festgelegt wurde. Die unge-düngte Fläche LD1 zeigte ein ähnliches Verhalten wie die Fläche LD/13. Der $\delta^{34}S$-Wert im Sulfat erreichte nach ca. 1,5 Porenvolumina den $\delta^{34}S$ -Wert des Beregnungssulfates (Abb. 15). Verglichen mit der Fläche LD/13 wurde mehr Sulfat im Boden zurückgehalten (Abb. 17). In beiden Flächen konnte nach 2,0 (LD/13) bzw. nach 1,2 (LD1) durchflossenen Porenvolumina kein bodenbürtiges Sulfat im Sickerwasser nachgewiesen werden (Abb. 16+17).

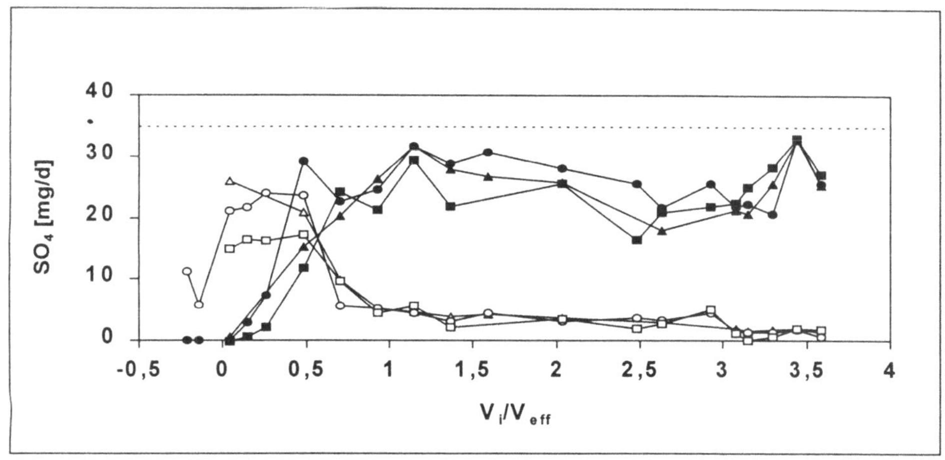

Abbildung 13: Anteile von Beregnungssulfat (dunkle Signatur) in mg/d und Anteil von Bodensulfat (helle Signatur) an der Sulfatkonzentration im Sickerwasser von 3 Bodensäulen der Fläche LA2 aufgetragen gegen V(i)/Veff. Die gestrichelte Linie kennzeichnet die SO_4^{2-}-Konzentration der kontinuierlich applizierten $CaSO_4$-Lsg.

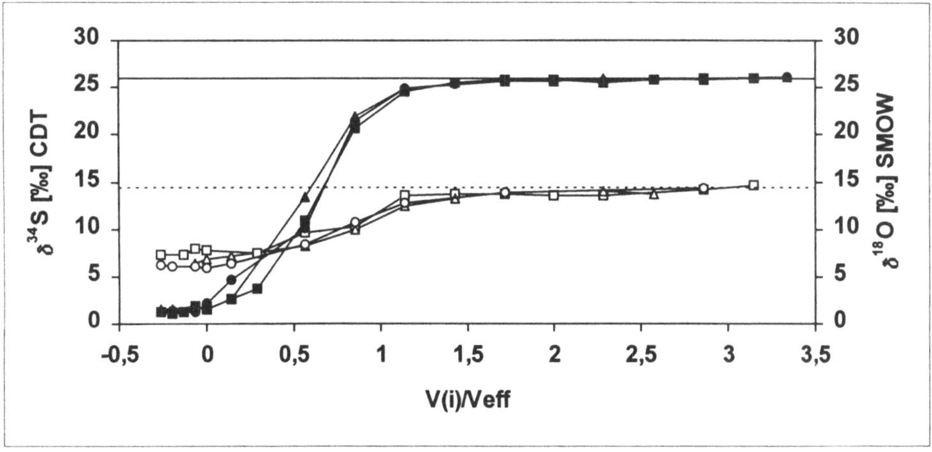

Abbildung 14: $\delta^{34}S$-Werte (dunkle Signaturen) und $\delta^{18}O$-Werte (helle Signaturen) von Sulfat im Sickerwasser aus 3 Säulen der Fläche LD/13 gegen V(i)/Veff. Die durchgezogene Linie repräsentiert den $\delta^{34}S$-Wert, die gestrichelte Linie den $\delta^{18}O$-Wert der kontinuierlich applizierten $CaSO_4$-Lsg. auf.

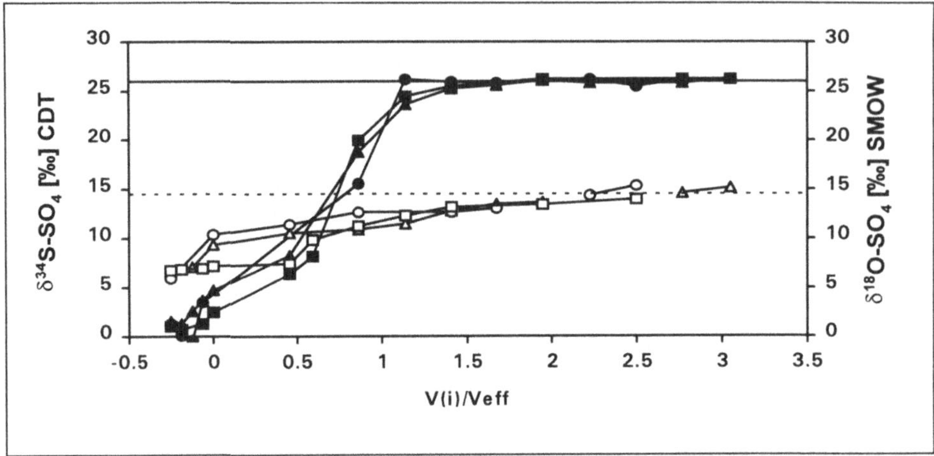

Abbildung 15: δ^{34}S-Werte (dunkle Signaturen) und δ^{18}O-Werte (helle Signaturen) von Sulfat im Sickerwasser aus 3 Säulen der ungedüngten Fläche LD1 gegen V(i)/Veff. Die durchgezogene Linie repräsentiert den δ^{34}S-Wert, die gestrichelte Linie den δ^{18}O-Wert der kontinuierlich applizierten CaSO$_4$-Lsg.

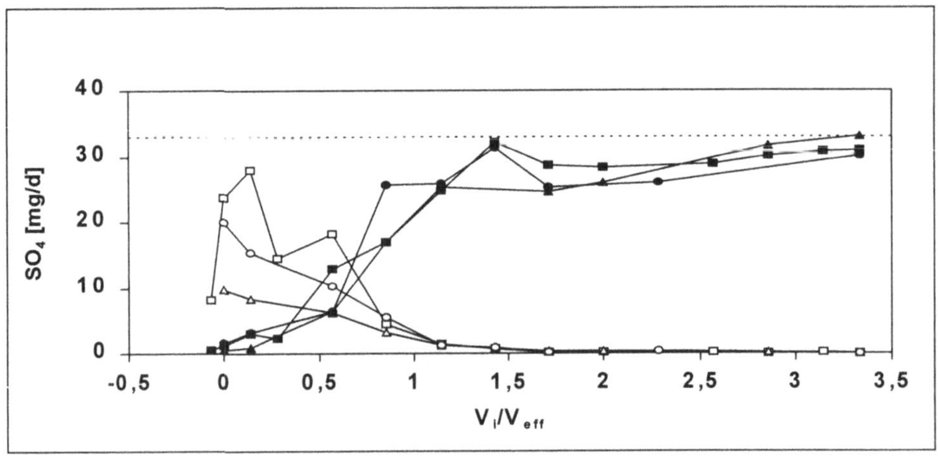

Abbildung 16: Anteile von Beregnungssulfat (dunkle Signatur) in mg/d und Anteil von Bodensulfat (helle Signatur) an der Sulfatkonzentration im Sickerwasser von 3 Bodensäulen der Fläche LD/13 aufgetragen gegen V(i)/Veff. Die gestrichelte Linie kennzeichnet die SO$_4^{2-}$-Konzentration der kontinuierlich applizierten CaSO$_4$-Lsg.

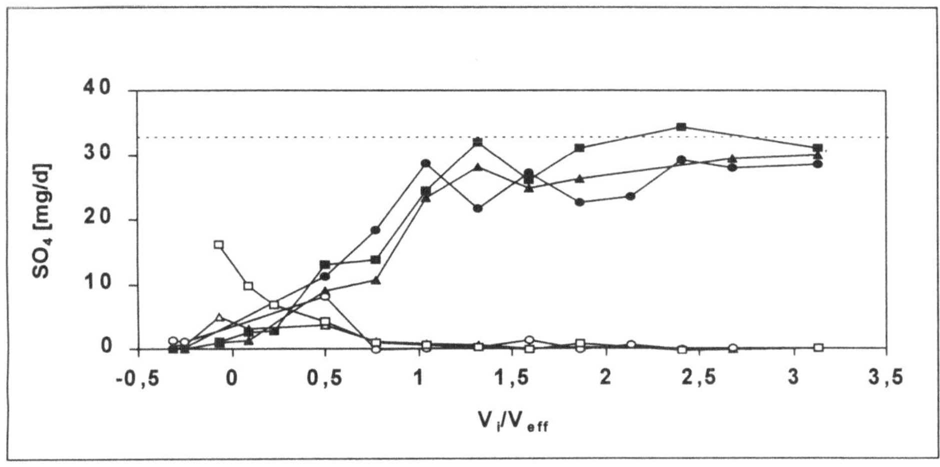

Abbildung 17: Anteile von Beregnungssulfat (dunkle Signatur) in mg/d und Anteil von Bodensulfat (helle Signatur) an der Sulfatkonzentration im Sickerwasser von 3 Bodensäulen der Fläche LD1 aufgetragen gegen V(i)/Veff. Die gestrichelte Linie kennzeichnet die SO_4^{2-}-Konzentration der kontinuierlich applizierten $CaSO_4$-Lsg.

Nach Versuchsende waren die Gesamtschwefelgehalte der Flächen LB2/100 und LA2 niedriger als zu Beginn des Versuches, während die Fläche LD/13 um 10% und die Fläche LD1 um 20% (ohne Abb.) höhere Gehalte aufwiesen. Der Verlust an Schwefel der Flächen LB2/100 und LA2 resultierte aus der Mineralisation von organischen Schwefelverbindungen (Abb. 18), die in Form von Sulfat mit dem Sickerwasser ausgetragen wurde. In den Flächen LD/13 und LD1 stiegen die Gehalte an organischem Schwefel an (Abb. 18); 68% bzw. 79% des im Boden verbliebenen Schwefels wurden in der organischen Schwefelfraktion des Bodens wiedergefunden. Entsprechend lagen die $\delta^{34}S$-Werte des Gesamtschwefels nach Beendigung des Versuches in den Flächen LB2/100 und LA2 nur um 1,4‰ bzw. um 1,3‰ höher, während in der Fläche LD/13 ein Anstieg von 2,4‰ und in der Fläche LD1 ein Anstieg von 6,6‰ (ohne Abb.) gegenüber den natürlichen Ausgangswerten (Tab. 3) zu verzeichnen war. Die Gehalte und $\delta^{34}S$- und $\delta^{18}O$-Werte des anorganischen Sulfates im Boden waren nach Beendigung des Versuches deutlich erhöht, bedingt durch die hohe Konzentration und isotopische Zusammensetzung der applizierten SO_4^{2-}-Lsg. Sie entsprachen jedoch nicht den $\delta^{34}S$- und $\delta^{18}O$-Werten des applizierten Sulfates. Bei der Extraktion von Sulfat aus den Böden wurde daher vermutlich auch anorganisches Bodensulfat (isotopisch leichter) miterfaßt, welches während des Versuchszeitraumes nicht an der Wasserbewegung teilgenommen hat.

Tabelle 8: $\delta^{34}S$ - und $\delta^{18}O$-Werte im anorganischen Sulfat nach Versuchsende

	LB2/100	LA2	LD/13	LD1
$\delta^{34}S$ [‰] CDT	16,5 ± 1	17,4 ± 0,6	19,5 ± 0,5	18,9 ± 0,7
$\delta^{18}O$[‰] SMOW	10,6 ± 0,6	11,8 ± 0,9	13,2 ± 0,2	12,9 ± 0,3

Obwohl nach dem Versuch eine Zunahme an organischem Schwefel in den Böden der Flächen LD/13 und LD1 nachzuweisen war, zeigen die ^{34}S-Gehalte im organischen Schwefel am Ende des Versuches keine deutlichen Zunahmen (ohne Abb.). Der in der Literatur beschriebene bevorzugte Einbau von ^{34}S bei Immobilisierungprozessen von Sulfat kann, zumindest unter den gegebenen Versuchsbedingungen, nicht bestätigt werden. Ähnliches gilt für die Flächen LB2/100 und LA2. Während die Gehalte an organischem Schwefel der Flächen LB2/100 und LA2 abgenommen haben, zeigen die $\delta^{34}S$-Werte im organischen Schwefel zu Versuchsende keine signifikante Anreicherung von ^{34}S im residualen organischen Bodenschwefel an. Während des Versuches scheinen sich die mit Isotopenfraktionierungen einhergehenden Immobilisierung- und Mineralisierungsprozesse derart überlagert zu haben, daß durch Gehalts- und Isotopenverschiebungen der beiden Fraktionen C-S und Ester-Sulfat, die ^{34}S -Anreicherung im "organischen Schwefel" verwischt wurde.

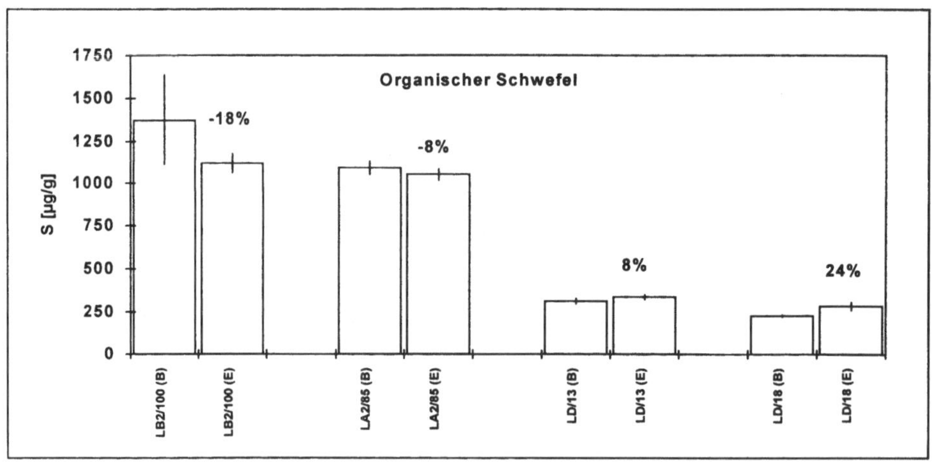

Abbildung 18: Organisch gebundener Schwefel der Böden zu Beginn (B) und am Ende (E) des Versuches.

6. Schlußfolgerungen

- In den ehemaligen Güllelastflächen sind die *Gehalte* und das *$^{34}S/^{32}S$-Verhältnis der Schwefelfraktionen* geprägt durch isotopisch "leichte" Rückstände der organischen Düngung. In den gering gedüngten bis ungedüngten Böden beeinflußt nur die Feuchtdeposition die Gehalte und das $^{34}S/^{32}S$-Verhältnis der Schwefelfraktionen. In allen Böden wurde eine Abreicherung von ^{34}S und ^{18}O im anorganischen Sulfat gegenüber dem Depositionssulfat festgestellt, die aus der mikrobiellen Mineralisation schwefelhaltiger organischer Substanz herrührt. Diese Abreicherung stellt jedoch nur den Nettoeffekt der Umsetzungsraten der einzelnen Teilprozesse dar und erlaubt keine quantitativen Aussagen.

- Die *Kohlenstoffmineralisation,* gemessen als CO_2-Emission, zeigte in Abhängigkeit von der Ausstattung der Böden mit organischer Substanz deutliche Gradienten. Die beiden ehemaligen Güllelastflächen unterschieden sich kaum, obwohl die Güllebelastung der Dauerbrache wesentlich kürzer zurückliegt. Die landwirtschaftliche Nutzung führt zu höheren Umsatzleistungen und einem schnelleren Abbau der akkumulierten organischen Substanz. Die CO_2-Produktionsraten sanken in sämtlichen Bodensäulen im Versuchsverlauf ab, wobei die Abnahme in den Flächen mit wenig leicht verfügbarer organischer Substanz relativ stärker war.

- Die *Raten der Netto-N-Mineralisation* zeigten ebenfalls eine deutliche Abhängigkeit von der Düngungsvorgeschichte, wobei sich wiederum die Stickstoffmineralisation der Güllelastflächen nicht unterschied und auf der anderen Seite die Varianten ohne organische Düngung keine Unterschiede aufwiesen. Die Raten der Netto-N-Mineralisation blieben für die Dauer des Versuches konstant.

- Eine *Netto-S-Mineralisation* konnte unter den Laborbedingungen des Mikrosmenversuches nur eindeutig in den Varianten mit organischer Input erkannt werden.

- In den Gülledeponieflächen dauerte die Nitrifikation des Düngerammoniums ca. 8 Tage. Der aus dem Dünger stammende NO_3-N verhielt sich wie ein konservativer Tracer, was heißt, daß es hier zu keinerlei Wechselwirkungen mit Mikroorganismen und/oder Austauschern kam. Zum Versuchsende waren insgesamt unter 4% des Dünger-N in den Bodensäulen der Güllelastflächen verblieben. Die Systeme scheinen weitgehend stickstoffgesättigt zu sein und mineralischen Stickstoff nicht mehr mikrobiell oder per Adsorption abpuffern zu können. Daraus folgt eine erhöhte Gefahr der N-Belastung nach Düngung oder auch nur bei Brachliegen der Fläche, sofern nicht die Zufuhr einer stickstoffarmen Kohlenstoffquelle den mikrobiellen Bedarf steigert. In den Bodenmonolithen aus dem Statischen Dauerdüngungsversuch zeigten die Durchbruchskurven des Dünger-N eine ausgeprägte Verzögerung. Dort wurde auch nach dem Austausch von fünf Lösungsvolumina noch Dünger-N nitrifiziert und im Perkolationswasser wiedergefunden. Während in den Güllelastflächen der Dünger-N fast ausschließlich in der obersten Bodenschicht wiedergefunden wurde, war in den gar nicht oder nur mineralisch gedüngten Varianten auch die zweite Schicht mit Dünger-N angereichert. Die Säulen enthielten am

Versuchsende, 125 Tage nach der Düngung, noch zwischen knapp 5% und 19% des Dünger-N.

- Die NH$_4$-Düngung verursachte in allen Böden einen sofortigen Anstieg der *N$_2$O-Emissionen*. Die Verlaufskurven der N$_2$O-Abgabe ließen auf einen direkten Zusammenhang mit der Nitrifikation schließen. Insgesamt waren die N-Verluste in Form von N$_2$O in der Nullparzelle am höchsten und betrugen hier 1,3% des Dünger-N.

- Die *mikrobiellen Biomassen* zeigten ebenfalls nährstoffbedingte Gradienten und eine Degradierung während des Mikrokosmenversuches im Vergleich zum Ausgangszustand. Auffällig war hierbei ein starkes Absinken des mikrobiell gebundenen Stickstoffs in den gedüngten Säulen, also eine Aufweitung des C/N-Verhältnisses der mikrobiellen Biomasse.

- Es konnte bewiesen werden, daß die *makroorganische Substanz* in einem höheren Ausmaß am C- und N-turnover der organischen Substanz beteiligt ist als die in Form von organo-mineralischen Komplexen vorliegende organische Substanz. Dies war um so mehr der Fall, umso schlechter die Versorgung der Böden mit frischer organischer Substanz war.

- Das *Saldo des Dünger-Stickstoffs* aus der Summe der N-Austräge in den Sickerwässern und dem am Versuchsende im Boden verbliebenen Stickstoff ergab Überschüsse von bis zu 8%, die auf analytische Fehler zurückzuführen sein müssen. In den nur mineralisch bzw. gar nicht gedüngten Parzellen wurden allerdings Defizite gemessen, die außerhalb des Fehlerbereichs liegen und eventuell auf gasförmige Stickstoffverluste in Form von NO oder N$_2$ zurückzuführen sind, da dies die einzigen nicht gemessenen Stoffflüsse waren.

- In den Güllelastflächen liefen trotz kontinuierlicher Applikation von Sulfat S-Mineralisationsprozesse als auch Immobilisationsprozesse gleichzeitig mit hohen Raten ab. Nach Beendigung des Versuches war ein Nettoverlust von 18% bzw. 8% an *organischem Schwefel* in den Güllelastflächen zu verzeichnen. Eine Anreicherung von ^{34}S in der residualen organischen Substanz konnte, aufgrund der sich überlagernden Prozesse, nicht erkannt werden. In den mineralisch und ungedüngten Parzellen resultierte aus Immobilisierungsprozessen ein Zuwachs von Schwefel in der organischen Substanz von 8 bzw. 24%.

7. Literatur

BARROW, N.J.: Studies on mineralization of sulphur from soil organic matter. Austr. J. agric. Res. 12 (1961), 306-319

BROOKES, P.C.; LANDMAN, A.; PRUDEN, G.; JENKINSON, D.S.: Chloroform fumigation and the release of soil nitrogen: A rapid extraction method to measure microbial biomass nitrogen in soil. Soil Biol. Biochem. 17 (1985), 837-842

DAVID, M.B.; MITCHEL, M.J.: Transformations of organic and inorganic sulfur: Importance to sulfate flux in an Adirondack forest soil. J.Air Pollut. Contr. Assoc.37 (1987), 39-44

DAVID, M.B.; SCHINDLER, S.C.; MITCHELL, M.J.; STRICK, J.E.: Importance of organic and inorganic sulfur to mineralization processes in a forest soil. Soil Biol. Biochem. 15 (1983), 671-677

FIRESTONE, M.K.; DAVIDSON, E.A.: Microbiological basis of NO and NO_2 production and consumption in soil; In: ANDREAE, M.O. and D.S. SCHIMEL (eds.) Exchange of trace gases between terrestrial ecosystems and the atmosphere; Dahlem Workshop Report, John Wiley and Sons, Chichester, 7-21, 1989

FISCHER, M.: Schwefel-Vorräte und -Bindungsformen süddeutscher Waldböden in Abhängigkeit von Gestein und atmogener Schwefel-Deposition. Forstl. Forschungsbericht München 100, 1989

FITZGERALD, J.W. : Naturally occurring organosulfur compounds in soils In: NRIAGU, J.O. [ed.] Sulfur in the environment. Part 2, 391-443, John Wiley & Sons, New York, 1978

FRENEY,J.R.: Some observations on the nature of organic sulphur compounds in soil. Aust. J. agric. Res. 12 (1961), 424-432

HANTSCHEL, R.E.; FLESSA, H.; BEESE,F. : An automated microcosm system for studying soil ecological processes. Soil Sci. Soc. Am. J. 58 (1994), 401-404

HANTSCHEL, R.E.; KAINZ, M.: FAM-Allgemeiner Nachfolgeantrag, GSF-Forschungszentrum, 1992

HUTCHINSON, G.L.; DAVIDSON,E.A.: Processes for Production and Consumption of Gaseous Nitrogen Oxides in Soil in: Agricultural Ecosystem Effects on Trace Gases and Global Climate Change, ASA-Special Publication 55, Madison, Wisconsin, 79-94, 1993

JENKINSON, D.S.: Determination of microbial biomass carbon and nitrogen in soil. In: WILSON J.R.(ed.) Advances in nitrogen cycling in agricultural ecosystems. Proc. Symp. on Adv. Nitrogen Cycl. in Agric. Ecosyst., Brisbane, Australia,11-15th May 1987, 368-386, 1988

JENSEN, E.S.: Evaluation of automated analysis of ^{15}N and total N plant material and soil. Plant and Soil 133 (1991), 83-92

KOSKINEN, W.C.; KEENEY,D.R.: Effect of pH on the rate of gaseous products of denitrification in a silt loam soil, Soil Sci. Soc. Am. J. (1982),1165-1167

KROUSE, H.R.; TABATABAI, M.A.: Stable sulfur isotopes. In: TABATABAI, M.A. [ed.]: Sulfur in agriculture, Agronomy Monograph 27 (1986), 169-205

KROUSE, H.R.; STEWARD, J.W.B.; GRINENKO, V.A.: Pedosphere and biosphere. In: KROUSE, H.R.; GRINENKO, V.A. [eds.] Stable isotopes: Natural and anthropogenic sulphur in the environment, Scope 43, 267-306, John Wiley & Sons, Chichester, 1991

MAYER, B.: Untersuchungen zur Isotopengeochemie des Schwefels in Waldböden und neu gebildetem Grundwasser unter Wald, Diss. LMU München, 1992

MEIJBOOM, F.W.; HASSINK, J. ; VAN NOORDWIJK, M.: Density fractionation of soil macroorganic matter using silica suspensions, Soil Biology and Biochemistry (1995), submitted

PARKER, J.C.; VAN GENUCHTEN, M. Th.: Determining transport parameters from laboratory and field tracer experiments. Virg. Agric. Experim. Station Bulletin 84-3, 1984

SCHOENAU, J.J.; BETTANY, J.R.: ^{34}S natural abundance variations in prairie and boreal forest soils. J. Soil Sci. 40 (1989), 397-413

STEMPVOORT, D.R. VAN; FRITZ, P.; REARDON, E.J.: Sulfur dynamics in upland forest soils, central and southern Ontario, Canada: stable isotope evidence. Appl. Geochem. 7 (1992), 159-175

TABATABAI, M.A.; BREMNER, J.M.: Forms of sulfur and carbon, nitrogen and sulfur relationships in Iowa soils. Soil Science 114 (1972), 380-386

VANCE, E.D.; BROOKES, P.C. ; JENKINSON, D.S.: An extraction method for measuring microbial biomass C. Soil Biol. Biochem. 19 (1987), 703-707

WEAVER, G.T.; KHANNA, P.K.; BEESE, F.: Retention and transport of sulfate in a slightly acid forest soil. Soil Sci. Soc. Am. J. 49 (1985), 746-750

WEIER, K.L.; GILLIAM, J.W. : Effect of acidity on denitrification and nitrous oxide evolution from Atlantic Coastal Plain soils, Soil Sci. Soc. Am. J. 50 (1986), 1202-1205

WU J.; JOERGENSEN, R.G.; POMMERENING, B.; CHAUSSOD, R. ; BROOKES, P.C.: Measurement of soil microbial biomass C by fumigation-extraction - An automated procedure, Soil Biol. Biochem. 22 (1990), 1167-1169

YANAGISAWA, F.; SAKAI, H.: Preparation of SO_2 for isotope ratio measurements by the thermal decomposition of $BaSO_4$-V_2O_5-SiO_2 mixtures. Anal. chem. 55 (1983), 985-987

N-Dynamik von Segetalzönosen auf Lößschwarzerde unter besonderer Berücksichtigung ihrer Streu

Projektleiter: Dr. I. Merbach

UFZ - Umweltforschungszentrum Leipzig-Halle GmbH,
Sektion Bodenforschung Bad Lauchstädt

Mitarbeiter: Dipl.-Ing.-Agr. G. Sauerbeck

N dynamics of segetalcenosis on chernozem in special consideration of their litter

Weeds can take up high nitrogen amounts in crops and on fallows. A weedy rotation fallow leads to a higher weed infestation and lower yields in the following crops without weed control. The mean nitrogen conservation by weeds was low in cereals with 3 g/m² and high in maize with 9 g/m². After mulching of weeds in the 4-leaf stage of maize in a pot experiment the maize took up again 40 % of the weed-born-nitrogen. On permanent fallows grew 10-20 t DM/ha weed shoots, which took up 200-300 kg N/ha. Additional 280 kg N/ha were conservated in the litter. After four years there however a balance between formation and reduction of litter has not been reached. On plots with high organic manure amounts in pasture the litter amount was 1300 g/m² and on unloaded plots only 700 g/m². In model experiments the N leaching from dead stem litter was 10 % and from grean plant material up to 27 % of the total nitrogen. In two trials with litter bags on the soil the litter amount was reduced from April to October by 62 % and from December to March by 30 %. This was connected with a N release of 40-55 % and 30-60 %, resp., of the total N. If the litter bags were burried in the soil the litter amount was reduced by 77 % during the vegetation period. In incubation experiments the litter amount was reduced by 40 % and N was immobilized.

1. Zusammenfassung

Unkräuter können sowohl im Kulturpflanzenbestand als auch auf Dauerbrachen erhebliche N-Mengen aufnehmen. Eine selbstbegrünte Rotationsbrache führte in den Folgefrüchten ohne Unkrautbekämpfung zu einem stärkeren Unkrautwuchs und zu Mindererträgen der Kulturpflanzen. Der mittlere N-Konservierungseffekt durch Unkräuter war in Getreide mit 3 g N/m² gering, in Mais mit 9 g N/m² hoch. Im Gefäßversuch nahm Mais nach Einmulchen des Unkrautes im 4-Blattstadium des Maises ca. 40 % des unkrautbürtigen N wieder auf. Auf Dauerbrachen wurden 100 - 200 dt TM/ha Sproß gebildet und damit 200 - 300 kg N/ha aufgenommen. Bis zu 280 kg N/ha sind zusätzlich in der Streu festgelegt. Auch nach 4 Jahren Brache ist noch kein Gleichgewicht zwischen Streubildung und -abbau eingetreten. Die Streuvorräte stiegen auf den güllebelasteten Parzellen auf 1300 g TM/m², auf den unbelasteten Parzellen auf über 700 g TM/m². Die N-Auswaschung aus Stengelstreu betrug ca. 10 %, aus grünem Pflanzenmaterial bis zu 27 % des Gesamt-N. In zwei Versuchen mit auf der Bodenoberfläche exponierten Streubeuteln nahm die Streumenge von April - Oktober um 62 % und von Dezember - März um 30 % ab. Damit war eine N-Freisetzung von 40 -55 % bzw. von 30-60 % des Gesamt-N verbunden. In vergrabenen Streubeuteln nahm die Streumenge während der Vegetationsperiode um 77 % ab. Im Inkubationsversuch wurden 40 % der Streu abgebaut, dabei kam es zu einer N-Immobilisierung.

2. Zielstellung

Für die Prüfung von Möglichkeiten zur Regeneration stark mit N belasteter Agrarökosysteme unter Vermeidung eines N-Austrages gibt es zwei denkbare Strategien:
- Abschöpfen des Boden-N durch einen Pflanzenbestand, Ernte und Entfernung des Aufwuchses (und damit von Stickstoff) aus dem Ökosystem
- Festlegung des N-Überschusses im Boden.

Das Teilprojekt will zeigen, in welchem Maße Segetal- und Ruderalzönosen dazu einen Beitrag liefern können. Es soll untersucht werden, wie sich eine unterschiedliche Nutzungsintensität (Dauerbrache; Fruchtfolge mit differenzierter N-Düngung und Einschaltung einer Rotationsbrache) auf Ackerböden mit verschiedener Vornutzung (ehemalige Gülledeponien, Ackerland) auf die Primärproduktion und N-Dynamik von Segetal- und Ruderalzönosen auswirkt. Während es auf dem Ackerland vor allem um die Primärproduktion und N-Aufnahme der Unkräuter im Vergleich zu den Kulturpflanzen geht, bildet auf den Dauerbrachen die Untersuchung der Streuschicht als Ort intensiver Abbauprozesse unter Segetal- und Ruderalzönosen den Schwerpunkt. Durch Untersuchung wesentlicher Prozesse des Streuumsatzes und der dabei erfolgenden N-Freisetzung (N-Auswaschung, Streuabbau, Mineralisation) sollen Bilanzgrößen des N-Kreislaufes unter Dauerbrachen quantifiziert werden.

3. Wissenschaftlich-technischer Stand

Segetal- und Ruderalzönosen können eine erhebliche Primärproduktion hervorbringen und hohe Mengen Stickstoff aufnehmen (KLING 1914; KORSMO 1930; KIESSLING 1963; KOCH et al. 1968; ALKÄMPER 1976; DO VAN LONG 1978; PESSIOS 1979; ENGELHARD 1980; HOFSTETTER 1980; HEGEWALD 1982; BOSWORTH et al. 1985; LUEANG-A-PAPONG 1985; DARARAS 1987; LEHOCZKI et al. 1988; KÖRSCHENS et al. 1989; WEDEKIND 1990). Durch ihre Artenvielfalt und ihre genetische Variabilität sind sie auch unter extremen Bedingungen stark anpassungsfähig. Dies führte zu der Überlegung, Unkräuter zur zeitweiligen Konservierung überschüssiger N-Mengen im Boden einzusetzen (ALKÄMPER 1988). Da N-Aufnahme und Wasserverbrauch des Pflanzenbestandes im allgemeinen negativ mit dem Nitrateintrag in das Grundwasser korreliert sind (MUNDEL 1987), könnte Stickstoff so vor Verlusten bewahrt werden. Nach dem Absterben verrotten die Unkräuter. Der Stickstoff wird allmählich freigesetzt und steht erneutem Pflanzenbewuchs zur Verfügung. Möglichkeiten zur Nutzung dieses N-Kreislaufes bestehen:

242

a) im Kulturpflanzenbestand

Diese Verfahrensweise wäre insbesondere für spät deckende Früchte mit weitem Reihenabstand, wie Mais und Zuckerrüben, von Interesse, deren N-Entzug infolge langsamer Jugendentwicklung erst spät höhere Werte erreicht. Nach räumlich und zeitlich begrenzter Duldung würden die Unkräuter nach ihrer Abtötung verrotten. Der freigesetzte N stände den Kulturpflanzen dann zur Verfügung. Erste Untersuchungen an Sommergerste (LUEANG-A-PAPONG 1985), Hafer (ALKÄMPER 1988) und Mais (WEDEKIND et al. 1990) in Gefäßversuchen beweisen, daß dieser N-Kreislauf grundsätzlich funktioniert. Solche Prozesse laufen nach jeder Unkrautbekämpfung bzw. dem natürlichen Absterben der Unkräuter ab. Umfassende Untersuchungen dazu stehen noch aus.

b) auf Brachen

Auf **Teil- und Rotationsbrachen** hängt es vom Zeitpunkt des Umbruchs und von der Nachfrucht ab, ob es zu einem nahezu verlustlosen N-Kreislauf kommt. Folgen nach dem Einarbeiten von Unkräutern mit engem C/N-Verhältnis erst mit größerem Abstand Kulturpflanzen, können N-Verluste entstehen. Bracheunkräuter ähneln hier in ihrer Wirkung einer Gründüngung (ALKÄMPER 1988). Deshalb können Ergebnisse mit Gründüngungspflanzen zur Klärung der Unkrautwirkung durchaus hinzugezogen werden (ELERS et al. 1986; GUTSER 1987). Auf fünfmonatigen Brachen (Mai - September) nahmen Unkräuter auf einer Lößschwarzerde (Bad Lauchstädt) bis zu 170 kg N/ha auf (WEDEKIND 1990).

Auf **Dauerbrachen** mit Selbstbegrünung muß zwischen solchen mit und ohne Eingriff unterschieden werden. Wird das Unkraut relativ frühzeitig bzw. mehrmals im Jahr abgeschlegelt, haben die Pflanzen ein enges C/N-Verhältnis und verrotten innerhalb eines Jahres fast vollständig. Vor allem bei hohem Grasanteil wird ein nahezu verlustloser N-Kreislauf angenommen (SCHREIBER 1980).

Auf **Dauerbrachen ohne Eingriff** wurden bisher nur wenig Untersuchungen zu Primärproduktion und N-Aufnahme pro Jahr durchgeführt. Frühere Aussagen beziehen sich auf Grenzertragsstandorte, Grünlandbrachen, Magerrasen oder Modellversuche mit einer Primärproduktion von 200 - 1500 g TM/m² (DAPPER 1966; CAMPINO-JOHNSON 1978; WOLF 1979; BORNKAMM 1981; GISI et al. 1981; BORNKAMM 1984; SCHMIDT 1984; SCHREIBER et al. 1985; SCHULZ-BEHREND 1986). GOLLEY (1960) gibt als Primärproduktion für "Old-Field-succession" in Michigan 1300 - 1400 g TM/m² an. Von selbstbegrünten Dauerbrachen ohne Eingriff auf gutem bzw. mit N belastetem Ackerland liegen keine Angaben zur Primärproduktion und N-Aufnahme vor. Auf anderen Standorten erreichten Bestände von *Solidago canadensis* eine N-Aufnahme pro Jahr von 28 - 35, von *Epilobium* *spec.* 7, von *Symphytium officinale* 17-30, von *Calamagrostis spec.* 11 (WERNER 1983), von *Tussilago farfara* 5 - 6 und von *Agropyron repens* 3 - 5 g N/m² (HAHN et al. 1979).

Auf Dauerbrachen ohne Eingriff reifen Unkräuter vollständig ab. Dadurch weist das Pflanzenmaterial ein weites C/N-Verhältnis auf (WEDEKIND 1990). Die abgestorbenen Bestandteile gelangen zum Teil schon während der Vegetationsperiode auf die Bodenoberfläche und bilden dort eine Streuschicht oder werden erst nach Monaten durch Niederschläge und Wind zu Boden gedrückt (SCHREIBER 1980). Wird jährlich mehr Streu gebildet als verrottet, kommt es zu einer Streuakkumulation (WOLF 1979). Während auf Grünlandbrachen die Streu innerhalb eines Jahres verrottet (SCHREIBER 1980), muß bei typischer Ruderalflora mit längeren Zeiträumen gerechnet werden. Waren in Abbauversuchen von STÖCKLIN et al. (1985) mit vergrabenen Streucontainern (53 μm Maschenweite) grüne Blätter von *Angelica silvestris* nach 90 Tagen (Aug. - Nov.) schon bis zu 65 % mikrobiell abgebaut, waren es bei *Hypericum perforatum* nur 25 % und bei *Luzula sylvatica* nur 30 %. Gräser, wie *Brachypodium pinnatum* und *Bromus erectus*, lagen mit 50 % dazwischen.

Durch allmählichen Blattfall und Zusammenbruch des Bestandes beim ersten Frost erreichten Johanniskraut-Glatthaferwiesen und Mädesüß-Hochstaudenfluren das Maximum der Streuakkumulation im November (WOLF 1979). Über Winter erfolgt ein langsamer, ab Frühjahr ein stärkerer Rückgang der Streu. SCHREIBER (1980) fand auf Grünlandbrachen mit einer Streuproduktion von 500 - 800 g TM/m² einen Rückgang auf 60 - 65 % bis zum folgenden März. Im Sommer kann es bei starker Trockenheit zu einer Hemmung des Streuabbaus kommen (STÖCKLIN et al. 1985).

Der Streuabbau vollzieht sich sehr komplex in einem Wechselspiel von abiotischen und biotischen Faktoren. Eine Schlüsselstellung dürften dabei zunächst abiotische Einflüsse, wie Niederschläge, Wind, wechselnde Temperaturen, haben. Dabei wird die Streu mechanisch vorzerkleinert, leicht lösliche Verbindungen werden aus der Streu ausgewaschen. Zur N-Auswaschung aus abgestorbenen Pflanzen liegen in der Literatur kaum Ergebnisse vor. ZUCKER et al. (1987) fanden bei vergilbten Brennesselblättern eine Menge von 14 -18 % des Gesamt-N. Der Auswaschungsprozeß dürfte bereits bei der stehenden seneszent werdenden Pflanze beginnen und setzt sich nach dem Blattfall bzw. Zusammenbruch des Bestandes fort. Untersuchungen zum Einfluß des Seneszenzgrades der Blätter, des Frostes, der Niederschlagshöhe und -häufigkeit, der Pflanzenteile (Blätter, Stengel) auf Höhe und Verlauf der N-Auswaschung aus Streu fehlen bisher. Parallel und in Wechselwirkung zur N-Auswaschung verläuft der Abbau durch Bodentiere und Mikroorganismen. Der Anteil der Bodenfauna am Streuabbau ist auf Ackerbrachen noch nicht mit Streubeuteln bzw. -containern untersucht worden. Untersuchungen auf Grünland ergaben in Abhängigkeit von der Maschenweite und Beobachtungsdauer 30 - 65 % Substanzverlust. Das C/N-Verhältnis der Streu wird dabei enger (CURRY 1973; CAMPINO-JOHNSON 1978; STÖCKLIN et al. 1985; WOLF 1979; DICKINSON 1983; PARMELEE et al. 1989). Untersuchungen zur C-und N-Mineralisation von Segetal- und Ruderalarten und ihrer Streu auf guten Ackerböden fehlen bisher. Es kann jedoch auf Inkubationsversuche mit Kulturpflanzen und Industriepflanzen auf Lößschwarzerde verwiesen werden . Innerhalb von 100 Tagen nahm die eingebrachte organische Substanz hier um 40 % ab (KLIMANEK 1990; KLIMANEK 1994a, b). Ausschlaggebend für Höhe und Verlauf der Mineralisation dürfte neben dem C/N-Verhältnis der Gehalt an relativ langsam abbaubaren Stoffen, wie Lignin, und schnell auswaschbaren und zersetzbaren Stoffen, wie Zucker, Aminosäuren und Proteinen, sein (SWIFT et al. 1979; KLIMANEK 1988).

Sammelt sich Streu auf dem Boden an, können verzögerte Bodentemperaturgänge und geringere Verdunstung die Folge sein (GISI et al. 1981). Bodentemperatur und -feuchte sind jedoch von großer Bedeutung für die N-Mineralisierung (FRANKO 1989). Auf Dauerbrachen mit Graseinsaat ging die N-Nettomineralisation durch Streuakkumulation und Bodenruhe um 20 - 40 % zurück (JAHN et al. 1994). Im Mitteldeutschen Trockengebiet dürften die besonderen Bodenfeuchte- und -temperaturverhältnisse zu einem verminderten Streuabbau führen.

Aus der Literaturanalyse ergibt sich folgender **Forschungsbedarf:**

- Wie wirken sich selbstbegrünte Rotationsbrachen auf Primärproduktion und N-Aufnahme der Folgefrüchte und ihrer Segetalzönosen bei unterschiedlichem N-Niveau aus?
- In welchem Maße können Kulturpflanzen unkrautbürtigen Stickstoff nutzen?
- Wie verlaufen Primärproduktion und N-Aufnahme auf selbstbegrünten Dauerbrachen?
- Welche Rolle spielen die N-Auswaschung aus der Streu, der Streuabbau durch Bodentiere und die Mineralisation bei der N-Freisetzung aus der Streu? Welche Wechselwirkungen bestehen zwischen diesen Teilprozessen?

4. Material und Methode

Untersuchungen zum Aufwuchs, zur Streubildung und zur N-Aufnahme der Unkräuter Herbizid-Düngungsversuch Etzdorf

Auf den Parzellen ED1, ED1/R, ED2, und ED2/R wurde in den Blöcken 1-5 zu jeweils drei Terminen von je 0,25 m² (1992, 1994) bzw. 1 m² (1993) pro Parzelle sämtliche oberirdische Pflanzenmasse, getrennt nach Kulturpflanze und Unkraut, geerntet. Bestimmt wurden die Frisch- und Trockenmasse (Trocknung bei 105°C) sowie der N-Gehalt nach KJELDAHL.

Alte Gülledeponie in Bad Lauchstädt

Die Untersuchungen erfolgten 1992-1994 analog zum Etzdorfer Versuch auf 20 Parzellen, die je nach N_t-Gehalt im Jahre 1989 als gering bzw. hoch belastet, eingestuft wurden.

Neue Gülledeponie bzw. frühere Ackerfläche in Bad Lauchstädt (LB2 und LB1)

Auf drei Parzellen mit extremen C_t- und N_t-Gehalten im Boden (Tab.1) wird seit 1991 etwa monatlich auf einer Fläche von 4 x 0,25 m² pro Parzelle die Pflanzenmasse geerntet. Dabei wird in die Fraktionen Sproß (lebende grüne Bestandteile) sowie abgestorbene stehende und liegende Pflanzensubstanz (im folgenden als 'Streu stehend' und 'Streu liegend' bezeichnet) nach Jahrgängen getrennt. In allen Proben wurde nach Trocknung bei 105 °C mit einem Elementaranalysator (LECO) der C_t- und N_t-Gehalt bestimmt (bedingt durch den hohen Probenumfang liegen die Ergebnisse noch nicht vollständig vor). Zusätzlich wurden 1993 und 1994 in etwa monatlichen Abständen von Mai bis Oktober auf sechs Parzellen Pflanzenproben nach der Flächenpaarmethode von WIEGERT und EVANS (1964) getrennt nach Fraktionen entnommen.

Tabelle1: Bodenkennwerte der Parzellen 185 (V512b), 119 und 69 (V512a), Juli 1991

Parz.	Tiefe	C_t %	N_t %	N_{an} kg/ha	P mg je	K 100 g	Mg Boden	CaCO₃ %	pH	FA %
185	0-30 cm	2,02	0,19	96	23,7	48	12,6	0,5	7,5	25
	30-60 cm	1,87	0,19	117	14,8	32	12,6	0,5	7,5	24
119	0-30 cm	2,17	0,21	111	14,6	164	34,5	3,6	7,8	25
	30-60 cm	0,45	0,06	196	0,1	186	26,0	10,3	7,9	25
69	0-30 cm	8,55	0,76	233	88,5	411	96,3	1,4	7,8	20
	30-60 cm	1,95	0,19	770	5,6	335	44,0	8,2	7,7	23

Gefäßversuch zum Nachweis der Aufnahme von unkrautbürtigem ^{15}N durch Mais

Mit Hilfe von ^{15}N sollte geprüft werden, wieviel N Mais aus eingemulchtem *Chenopodium album* L. (Sproß und Wurzel) nach gemeinsamem Wachstum bis zum 4-Blatt-Stadium des Maises aufnimmt, und ob es durch die anfängliche Konkurrenz zu Ertragseinbußen beim Mais kommt. Die Pflanzenanzucht erfolgte in MITSCHERLICH-Gefäßen (n=5) mit 5,5 kg Lauchstädter Boden (Lehm, N_t = 0,16 %) bei 60 % der maximalen Wasserkapazität. Neben einer Grunddüngung wurden pro Gefäß 2,4 g N als NH_4NO_3 bzw. [15]N als [15]NH_4[15]NO_3 (10 at.-% [15]N exc.) appliziert. Durch den Austausch von [15]N- Unkraut und unmarkiertem Unkraut zwischen den Gefäßen im 4-Blatt-Stadium des Maises und die Düngung mit ^{15}N bzw. unmarkiertem N können Aussagen zur ^{15}N-Aufnahme des Maises aus dem Unkraut getroffen werden. Ernten erfolgten im 4-Blatt-Stadium des Maises und zur Körnerreife. Die Trockensubstanzbestimmung erfolgte bei 105 °C, die N-Bestimmung nach KJELDAHL, die ^{15}N-Analyse emissionsspektrometrisch mit dem NOI 6 (FAUST et al. 1981).

N-Auswaschung

Zur N-Auswaschung aus der Streu wurden zwei Modellversuche in Spezialgefäßen bei 25 °C im Klimaschrank durchgeführt. Dazu wurden jeweils 20 g TM Streu (verschiedene Unkrautarten, Mischstreu von LB1 und LB2) zu vier Terminen in dreitägigen Abständen mit 150 ml destilliertem Wasser (= 20 mm Niederschlag) besprüht. Im Perkolat wurde der N_t-Gehalt in einer Kjeltec-Apparatur und der N_{an}-Gehalt mit ionensensitiven Elektroden bestimmt.

Streuabbau durch Bodentiere

1993 wurden auf LB1 und LB2 324 Streubeutel der Maschenweiten 4 mm, 1 mm und 0,024 mm auf der Bodenoberfläche ausgelegt und in etwa monatlichem Abstand entnommen. In der gleichen Weise wurde der Streuabbau von Dezember 1993 - März 1994 sowie von April - Oktober 1994 mit jeweils 216 Streucontainern (KRATZ 1990) ermittelt. Zusätzlich wurden 1993 auf LA1 120 Streubeutel 10 cm tief vergraben, um den Einfluß der Einarbeitung von Streu auf deren Abbau zu prüfen (Berechnung der Abbaumengen nach MALKOMES 1980).

C- und N-Mineralisation

Die C- und N-Mineralisation von Streu und grünem Pflanzenmaterial wurde in Laborinkubationsversuchen mit einer Dauer von 70-100 Tagen bei 25 °C und 60 % WK des Bodens nach einem Verfahren von KLIMANEK (1994) mit Boden von LB1 und LB2 untersucht. Es kam Streumaterial (Streujahrgänge 1992 und 1993) sowie grünes und reifes Material von verschiedenen Pflanzenarten mit differenziertem C/N-Verhältnis zum Einsatz.

Rottemodellversuch

Dieser Versuch diente der Prüfung des Einbaus von ^{15}N aus Streu in verschiedene Boden-N-Fraktionen. Zur Streugewinnung wurde *Atriplex nitens* auf Quarzsand mit $^{15}NH_4\,^{15}NO_3$ (30 at.-% ^{15}N exc.) bis zum Schossen kultiviert, bei 60 °C getrocknet und zerkleinert (3 cm-Stücke). Die Inkubation erfolgte in Gefäßen mit 100 g Boden bei 60 % WK und einer Streuauflage von 9 g TM über 3 Monate bei 25 °C. Die Streu wurde wöchentlich mit 20 ml dest. Wasser befeuchtet. Die N_t-Bestimmung in Boden und Pflanzenmaterial erfolgte nach KJELDAHL, die N_{an}-Bestimmung im 1N KCl-Extrakt nach Destillation mit Devarda-Legierung, die ^{15}N-Analyse emissionsspektrometrisch mit dem NOI 6 (FAUST et al. 1981).

5.   **Ergebnisse**

5.1.   **Untersuchungen im Kulturpflanzenbestand**

5.1.1. **Einfluß der N-Düngung und einer Rotationsbrache auf Primärproduktion und N-Aufnahme von Unkraut und Kulturpflanzen**

Herbizid-Düngungsversuch Etzdorf (ED)

Die N-Düngung führte **1992** zu einer deutlich erhöhten TM-Bildung und N-Aufnahme sowohl bei Winterweizen als auch beim Unkraut (Tab. 2).

Tabelle 2: TM-Erträge und N-Entzüge von Winterweizen und Unkraut zu drei Ernteterminen im Herbizid/Düngungsversuch Etzdorf 1992

Termin	Winterweizen				Unkraut				Gesamt	
Prüfglied	TM g/m²	rel.	N g/m²	rel.	TM g/m²	rel.	N g/m²	rel.	TM g/m²	rel.
21.5.1992										
ED1	140	100	3,4	100	65	100	1,2	100	205	100
ED1/R	160	114	3,9	115	42	65	0,8	67	202	99
xED1	**150**	**100**	**3,6**	**100**	**53**	**100**	**1,0**	**100**	**203**	**100**
ED2	181	100	6,2	100	141	100	4,2	100	322	100
ED2/R	198	109	7,0	113	138	98	4,3	102	336	104
xED2	**189**	**126**	**6,6**	**183**	**140**	**264**	**4,3**	**430**	**329**	**162**
xED	**160**	**100**	**4,8**	**100**	**103**	**100**	**2,7**	**100**	**263**	**100**
xED/R	**179**	**112**	**5,4**	**113**	**90**	**87**	**2,5**	**93**	**269**	**102**
18.6.1992										
ED1	529	100	5,8	100	122	100	1,7	100	651	100
ED1/R	643	122	6,5	112	62	51	0,8	47	705	108
xED1	**586**	**100**	**6,2**	**100**	**92**	**100**	**1,2**	**100**	**678**	**100**
ED2	521	100	8,6	100	266	100	4,2	100	787	100
ED2/R	710	136	11,2	130	121	45	2,0	48	831	106
xED2	**615**	**105**	**9,9**	**160**	**193**	**210**	**3,1**	**258**	**808**	**119**
xED	**525**	**100**	**7,2**	**100**	**194**	**100**	**3,0**	**100**	**719**	**100**
xED/R	**677**	**129**	**8,8**	**122**	**91**	**47**	**1,4**	**47**	**768**	**107**
10.7.1992										
ED1	670	100	4,9	100	100	100	1,0	100	770	100
ED1/R	755	113	5,5	112	56	56	0,5	50	811	105
xED1	**712**	**100**	**5,2**	**100**	**78**	**100**	**0,7**	**100**	**790**	**100**
ED2	672	100	7,7	100	213	100	2,6	100	885	100
ED2/R	877	131	9,1	118	122	57	1,4	54	999	113
xED2	**775**	**109**	**8,4**	**162**	**168**	**215**	**2,0**	**286**	**943**	**119**
xED	**671**	**100**	**6,3**	**100**	**156**	**100**	**1,8**	**100**	**827**	**100**
xED/R	**816**	**122**	**7,3**	**116**	**89**	**57**	**0,9**	**50**	**905**	**109**

Während sich die Unkraut-TM durch N-Düngung im Mittel mehr als verdoppelte, stieg die Weizen-TM nur um 5 - 26 %, der N-Entzug jedoch um 60 %. Der N-Entzug des Unkrautes erhöhte sich ebenfalls durch die N-Düngung zu allen Terminen. Insgesamt war der N-Konservierungseffekt durch die Unkräuter mit 0,5 - 4,3 g N/m² (= 5-43 kg N/ha) jedoch gering. Die Unkraut-TM erreichte zum 2. Erntetermin ihr Maximum und nahm dann ab. Auf den Prüffaktor "Brache" reagierten Winterweizen und Unkraut gegensätzlich. Obwohl es im Brachejahr 1991 (selbstbegrünt) zu einer Anreicherung des Unkrautsamenvorrates gekommen sein müßte, ging die Unkraut-TM 1993 im Vergleich zur Vorfrucht Sommergerste um ca. 50 % zurück. Der Winterweizen reagierte positiv auf das Brachejahr mit bis zu 36 % höherer TM. Mögliche Ursachen dafür sind ein günstigeres N-Angebot und die Unterbrechung der Getreidemonokultur.

Tab. 3 zeigt die verschiedenen Reaktionen von Mais und Unkraut auf die N-Düngung **1993**.

Tabelle 3: TM-Erträge und N-Entzüge von Silomais und Unkraut zu drei Ernteterminen im Herbizid/Düngungsversuch Etzdorf 1993

Termin	Silomais				Unkraut				Gesamt	
Prüfglied	TM g/m²	rel.	N g/m²	rel.	TM g/m²	rel.	N g/m²	rel.	TM g/m²	rel.
8.6.1993										
ED1	25	100	0,9	100	59	100	2,2	100	84	100
ED1/R	24	96	0,8	89	92	156	3,2	145	116	138
x̄ED1	**25**	**100**	**0,8**	**100**	**75**	**100**	**2,7**	**100**	**100**	**100**
ED2	23	100	0,8	100	37	100	1,5	100	60	100
ED2/R	20	87	0,7	88	108	292	3,9	260	128	213
x̄ED2	**21**	**84**	**0,8**	**100**	**73**	**97**	**2,7**	**100**	**94**	**94**
x̄ED	**24**	**100**	**0,8**	**100**	**48**	**100**	**1,8**	**100**	**72**	**100**
x̄ED/R	**22**	**92**	**0,8**	**100**	**100**	**208**	**3,6**	**200**	**122**	**169**
27.7.1993										
ED1	533	100	4,7	100	357	100	7,1	100	890	100
ED1/R	401	75	3,7	79	380	106	7,4	104	781	88
x̄ED1	**467**	**100**	**4,2**	**100**	**368**	**100**	**7,3**	**100**	**835**	**100**
ED2	782	100	11,3	100	278	100	7,4	100	1060	100
ED2/R	773	99	11,1	98	301	108	7,7	104	1074	101
x̄ED2	**778**	**167**	**11,2**	**267**	**289**	**79**	**7,5**	**103**	**1067**	**128**
x̄ED	**658**	**100**	**8,0**	**100**	**317**	**100**	**7,2**	**100**	**975**	**100**
x̄ED/R	**587**	**89**	**7,4**	**93**	**341**	**108**	**7,6**	**106**	**928**	**95**
20.9.1993										
ED1	867	100	6,0	100	301	100	4,0	100	1168	100
ED1/R	851	98	6,3	105	338	112	4,4	110	1189	102
x̄ED1	**859**	**100**	**6,2**	**100**	**319**	**100**	**4,2**	**100**	**1178**	**100**
ED2	1662	100	16,9	100	241	100	4,8	100	1903	100
ED2/R	1282	77	12,1	72	459	190	8,3	173	1741	91
x̄ED2	**1472**	**171**	**14,5**	**234**	**350**	**110**	**6,5**	**155**	**1822**	**155**
x̄ED	**1265**	**100**	**11,5**	**100**	**271**	**100**	**4,4**	**100**	**1536**	**100**
x̄ED/R	**1067**	**84**	**9,2**	**80**	**399**	**147**	**6,3**	**143**	**1466**	**95**

Zum ersten Erntetermin bewirkte die N-Düngung bei beiden Pflanzenarten nur geringe Unterschiede im Aufwuchs im Vergleich zu 'Ungedüngt'. Zum 2. und 3. Termin reagierte der Mais mit 67 bzw. 71 % Mehrertrag, während das Unkraut zum 2. Termin auf den gedüngten Parzellen eine geringere und zum 3. Termin eine etwas höhere TM aufwies. In der Tendenz gilt dies auch für die N-Aufnahme. Die Unkräuter nahmen mit >7 g N/m² auf allen Parzellen wesentlich mehr auf als 1993. Das Maximum der Unkraut-TM und -N-Aufnahme trat wieder zum 2. Erntetermin auf. Nur auf ED2/R nahmen TM und N-Entzug des Unkrautes bis zur Ernte zu. Auf die Rotationsbrache (1991) reagierten Kulturpflanze und Unkraut, wie 1992, gegensätzlich. In der Fruchtfolge mit Brache kam es - wahrscheinlich bedingt durch das Heraufpflügen von 1991 nach der Unkrautbrache vergrabenen Unkrautsamen - zu einer wesentlich höheren TM-Bildung des Unkrautes als in der brachelosen Fruchtfolge. Der Mais war der starken Unkrautkonkurrenz (hoher Wasserentzug des Unkrautes) in der

Brachefruchtfolge nicht gewachsen und reagierte mit Mindererträgen bis zu 25 % und bis zu 28 % geringerer N-Aufnahme.

1994 bewirkte die N-Düngung wiederum einen starken Anstieg der TM der Kulturpflanze um 30 - 82 % und des N-Entzuges um 51-140 % (Tab. 4).

Tabelle 4: TM-Erträge und N-Entzüge von Sommergerste und Unkraut zu drei Ernteterminen im Herbizid/Düngungsversuch Etzdorf 1994

Termin	Sommergerste				Unkraut				Gesamt	
Prüfglied	TM g/m²	rel.	N g/m²	rel.	TM g/m²	rel.	N g/m²	rel.	TM g/m²	rel.
2.6.1994										
ED1	215	100	4,8	100	31	100	0,5	100	246	100
ED1/R	224	104	4,6	96	42	135	0,6	120	266	108
x̄ED1	**219**	**100**	**4,7**	**100**	**37**	**100**	**0,5**	**100**	**256**	**100**
ED2	356	100	10,8	100	13	100	0,3	100	369	100
ED2/R	386	108	11,6	107	34	262	0,7	233	420	114
x̄ED2	**371**	**169**	**11,2**	**238**	**24**	**65**	**0,5**	**100**	**395**	**154**
x̄ED	**285**	**100**	**7,8**	**100**	**22**	**100**	**0,4**	**100**	**307**	**100**
x̄ED/R	**305**	**107**	**8,1**	**104**	**38**	**173**	**0,6**	**150**	**343**	**112**
16.6.1994										
ED1	465	100	6,8	100	34	100	0,5	100	499	100
ED1/R	398	**84**	5,6	82	66	194	1,0	200	464	93
x̄ED1	**432**	**100**	**6,2**	**100**	**50**	**100**	**0,75**	**100**	**482**	**100**
ED2	800	100	16,2	100	22	100	0,5	100	822	100
ED2/R	754	94	13,7	85	49	223	1,0	200	803	98
x̄ED2	**777**	**182**	**14,9**	**240**	**35**	**70**	**0,75**	**100**	**812**	**168**
x̄ED	**633**	**100**	**11,5**	**100**	**28**	**100**	**0,5**	**100**	**661**	**100**
x̄ED/R	**576**	**90**	**9,6**	**83**	**57**	**204**	**1,0**	**200**	**633**	**96**

	Sommergerste						Unkraut		Gesamt	
	Korn		Stroh		Gesamt					
	TM g/m²	rel.	TM g/m²	rel.	TM g/m²	rel.	TM g/m²	rel.	TM g/m²	rel.
1.8.1994										
ED1	443	100	546	100	989	100	44	100	1033	100
ED1/R	351	**79**	355	65	706	71	101	227	807	78
x̄ED1	**397**	**100**	**451**	**100**	**848**	**100**	**72**	**100**	**920**	**100**
ED2	482	100	617	100	1099	100	54	100	1153	100
ED2/R	560	116	552	89	1112	101	21	39	1133	98
x̄ED2	**521**	**131**	**585**	**130**	**1106**	**130**	**37**	**51**	**1143**	**124**
x̄ED	**462**	**100**	**582**	**100**	**1044**	**100**	**49**	**100**	**1093**	**100**
x̄ED/R	**455**	**98**	**454**	**78**	**909**	**87**	**61**	**124**	**970**	**89**
	N g/m²	rel.	N g/m²	rel.	N g/m²	rel.	N g/m²	rel.		
ED1	6,2	100	2,9	100	9,1	100	0,5	100		
ED1/R	4,7	76	1,6	55	6,3	69	1,1	220		
x̄ED1	**5,5**	**100**	**2,2**	**100**	**7,7**	**100**	**0,8**	**100**		
ED2	7,7	100	4,2	100	11,9	100	0,7	100		
ED2/R	8,4	109	2,9	69	11,3	95	0,2	29		
x̄ED2	**8,0**	**145**	**3,6**	**164**	**11,6**	**151**	**0,5**	**63**		
x̄ED	**7,0**	**100**	**3,6**	**100**	**10,6**	**100**	**0,6**	**100**		
x̄ED/R	**6,5**	**93**	**2,2**	**61**	**8,7**	**82**	**0,7**	**117**		

Die so gestärkte Konkurrenzkraft der Sommergerste führte dann zu einem Rückgang der Unkraut-TM auf 51-70 % und des Unkraut-N-Entzuges auf 63 % bzw. zu einem gleichbleibenden N-Entzug im Vergleich zu 'Ungedüngt'. Die Nachwirkungen der Brache waren zwar immer noch deutlich spürbar, äußerten sich aber in geringeren Ertragseinbußen von maximal 13 % im Vergleich zu den Vorjahren. Der N-Entzug fiel mit zunehmender Reife des Getreides in der Brachefruchtfolge stärker ab. 1994 wurde insgesamt wesentlich weniger Unkraut-TM als in den Vorjahren gebildet, in der Brachefruchtfolge aber immer noch 24-104 % mehr als in der brachelosen Fruchtfolge. Damit war eine N-Mehraufnahme von 17-100 % durch das Unkraut verbunden.

Frühere Gülledeponie in Bad Lauchstädt (LA)

Hier zeigt sich, bei höheren Boden-N-Gehalten im Vergleich zu Etzdorf, ein völlig anderes Bild. **1992** führte der hohe Boden-N-Gehalt bei Winterweizen zum letzten Termin zu einem TM-Rückgang (Tab. 5).

Tabelle 5: TM-Erträge (g/m²) und N-Entzüge (g/m²) von Winterweizen und Unkraut zu drei Ernteterminen auf einer früheren Gülledeponie (V503) in Bad Lauchstädt 1992

Termin	Winterweizen				Unkraut				Gesamt	
Prüfglied	TM g/m²	rel.	N g/m²	rel.	TM g/m²	rel.	N g/m²	rel.	TM g/m²	rel.
13.5.1992										
LA1	187	100	9,2	100	2	100	0,1	100	189	100
LA1/R	139	74	6,9	75	25	1250	1,3	1300	164	87
x̄LA1	**167**	**100**	**8,2**	**100**	**12**	**100**	**0,6**	**100**	**179**	**100**
LA2	194	100	10,0	100	6	100	0,3	100	200	100
LA2/R	151	78	7,9	79	52	867	2,8	933	203	102
x̄LA2	**169**	**101**	**8,8**	**107**	**33**	**275**	**1,8**	**300**	**202**	**113**
x̄LA	**190**	**100**	**9,5**	**100**	**4**	**100**	**0,2**	**100**	**194**	**100**
x̄LA/R	**146**	**77**	**7,5**	**79**	**41**	**1025**	**2,2**	**1100**	**187**	**96**
15.6.1992										
LA1	919	100	19,9	100	14	100	0,5	100	933	100
LA1/R	712	77	15,3	77	154	1100	4,6	920	866	93
x̄LA1	**833**	**100**	**18,0**	**100**	**73**	**100**	**2,2**	**100**	**906**	**100**
LA2	869	100	20,8	100	44	100	1,4	100	913	100
LA2/R	793	91	19,2	92	222	505	6,8	486	1015	111
x̄LA2	**825**	**99**	**19,9**	**111**	**148**	**203**	**4,6**	**209**	**973**	**107**
x̄LA	**899**	**100**	**20,3**	**100**	**27**	**100**	**0,9**	**100**	**926**	**100**
x̄LA/R	**759**	**84**	**17,6**	**87**	**194**	**719**	**5,9**	**656**	**953**	**103**
10.7.1992										
LA1	1184	100	17,6	100	1	100	0,1	100	1185	100
LA1/R	961	81	15,8	90	106	10600	2,2	2200	1067	90
x̄LA1	**1091**	**100**	**16,8**	**100**	**45**	**100**	**0,9**	**100**	**1136**	**100**
LA2	990	100	15,9	100	61	100	1,3	100	1051	100
LA2/R	679	69	13,0	82	215	352	4,0	308	894	85
x̄LA2	**809**	**74**	**14,2**	**85**	**151**	**356**	**2,9**	**322**	**960**	**84**
x̄LA	**1103**	**100**	**16,9**	**100**	**26**	**100**	**0,6**	**100**	**1129**	**100**
x̄LA/R	**797**	**72**	**14,2**	**84**	**170**	**654**	**3,2**	**533**	**967**	**86**

In Verbindung mit der starken Verunkrautung deutet das auf Wassermangel während der Kornfüllungsphase hin. Das Unkraut bildete bei hohem Boden-N-Gehalt 103 - 256 % mehr TM und nahm 109 - 222 % mehr N auf. Nach 'Brache' nahmen im Vergleich zur Vorfrucht 'Sommergerste' Unkraut-TM und Unkraut-N-Entzug stark zu. Das Maximum der Unkraut-TM und der N-Aufnahme wurde im allgemeinen zum 2. Erntetermin erreicht. Nur in der Brachefruchtfolge wurden mit 4,6 und 6,8 g N/m² höhere N-Mengen im Unkraut festgelegt. Die Abweichungen von den Etzdorfer Ergebnissen sind wahrscheinlich auf das starke Vorkommen von *Descurainia sophia* in Bad Lauchstädt zurückzuführen. Diese Art konnte sich im Brachejahr intensiv vermehren und fand dann nach dem Umbruch in dem 1991 erst spät auflaufenden und lange Zeit konkurrenzschwachen Winterweizen gute Bedingungen vor. **1993** führten die höheren Boden-N-Gehalte bei Mais zu 7-29 % und bei Unkraut zu 22-55 % höherer TM und N-Mehraufnahmen von 11-25 % bei Mais und 32-51 % bei Unkraut (Tab. 6).

Tabelle 6: TM-Erträge (g/m²) und N-Entzüge (g/m²) von Silomais und Unkraut zu drei Erntetermininen auf einer früheren Gülledeponie (V503) in Bad Lauchstädt 1993

Termin	Silomais				Unkraut				Gesamt	
Prüfglied	TM g/m²	rel.	N g/m²	rel.	TM g/m²	rel.	N g/m²	rel.	TM g/m²	rel.
20.6.1993										
LA1	183	100	5,5	100	88	100	4,2	100	271	100
LA1/R	165	90	5,0	91	193	219	8,2	195	358	132
x̄LA1	**176**	**100**	**5,3**	**100**	**132**	**100**	**5,9**	**100**	**308**	**100**
LA2	232	100	6,8	100	197	100	9,3	100	429	100
LA2/R	223	96	6,4	94	208	106	8,7	94	431	100
x̄LA2	**227**	**129**	**6,6**	**125**	**204**	**155**	**8,9**	**151**	**431**	**140**
x̄LA	**203**	**100**	**6,0**	**100**	**134**	**100**	**6,3**	**100**	**337**	**100**
x̄LA/R	**199**	**98**	**5,8**	**97**	**202**	**151**	**8,5**	**135**	**401**	**119**
15.7.1993										
LA1	707	100	14,4	100	255	100	8,0	100	962	100
LA1/R	490	69	9,4	65	369	145	12,2	153	859	89
x̄LA1	**616**	**100**	**12,3**	**100**	**303**	**100**	**9,8**	**100**	**919**	**100**
LA2	606	100	13,0	100	369	100	13,2	100	975	100
LA2/R	696	115	14,1	108	369	100	12,7	96	1065	109
x̄LA2	**658**	**107**	**13,6**	**111**	**369**	**122**	**12,9**	**132**	**1027**	**112**
x̄LA	**665**	**100**	**13,8**	**100**	**303**	**100**	**10,2**	**100**	**968**	**100**
x̄LA/R	**610**	**92**	**12,2**	**88**	**369**	**122**	**12,5**	**123**	**979**	**101**
6.9.1993										
LA1	1448	100	14,5	100	467	100	4,7	100	1915	100
LA1/R	1684	116	16,9	117	479	103	4,8	102	2163	113
x̄LA1	**1546**	**100**	**15,5**	**100**	**472**	**100**	**4,7**	**100**	**2018**	**100**
LA2	1810	100	18,1	100	569	100	5,7	100	2379	100
LA2/R	1694	94	17,0	94	389	68	3,9	68	2083	88
x̄LA2	**1743**	**113**	**17,4**	**112**	**464**	**98**	**4,7**	**100**	**2207**	**109**
x̄LA	**1599**	**100**	**16,0**	**100**	**509**	**100**	**5,1**	**100**	**2108**	**100**
x̄LA/R	**1690**	**106**	**16,9**	**106**	**427**	**84**	**4,3**	**84**	**2117**	**100**

Das Brachejahr 1991 hatte kaum noch einen Einfluß auf Ertrag und N-Aufnahme des Maises. Nur noch zu den beiden ersten Terminen zeigte sich der fördernde Einfluß des Brachejahres auf TM und N-Aufnahme des Unkrautes. Die Unkraut-TM stieg bis zum letzten Termin auf Werte über 400 g/m² an. Damit war auch eine erhebliche N-Aufnahme von ca. 12 g/m^2 zum 2. Termin verbunden. Der Rückgang im Unkraut-N (trotz weiter steigender TM) auf 4 - 5 g/m² zum 3. Termin zeigt, daß schon Stickstoff aus dem Unkraut mineralisiert worden sein muß. Dieser N konnte vermutlich nicht mehr durch den Mais genutzt werden. Bei einer Unkrautbekämpfung im 4-6-Blattstadium des Maises wäre der N-Konservierungseffekt des Unkrautes bei Erhaltung der Futterqualität - Hauptunkrautart war das giftige *Solanum nigrum* - und der Ackerkultur besser zum Tragen gekommen.

1994 (Tab. 7) führten die höheren Boden-N-Gehalte bei Sommergerste zu den beiden ersten Terminen zu 15 bzw. 21 % mehr TM, die extrem heiße und trockene Witterung bewirkte dann jedoch eine Angleichung der Erträge. Wie in Etzdorf führte die höhere Konkurrenzkraft der Sommergerste auf den hoch mit N versorgten Parzellen zu einer Verminderung des Unkrautwachstums im Vergleich zu der gering mit N versorgten Variante zum 2. und 3. Termin. Die Verunkrautung blieb während der ganzen Vegetationsperiode sehr schwach. Der abweichende Wert von LA1 beruht auf der ungleichmäßigen Verteilung von *Artemisia vulgaris*, das im Versuch stark zunimmt. Auch nach 3 Jahren waren noch Nachwirkungen der Brache spürbar. Zu allen Terminen lagen TM und N-Aufnahme der Sommergerste in der brachelosen Fruchtfolge höher als in der Fruchtfolge mit Brache. Die Unkraut-TM war nur zum 1. Termin in der Fruchtfolge mit Brache höher, die sehr geringe N-Aufnahme auch zum 2. Termin.

Zusammenfassend zeigen die Ergebnisse der Untersuchungen in Etzdorf und Bad Lauchstädt , daß die Einschaltung einer selbstbegrünten Rotationsbrache in eine Fruchtfolge ohne jegliche Unkrautbekämpfung mit einem stärkeren Unkrautaufwuchs und entsprechenden Mindererträgen der Kulturpflanze (in Etzdorf mit einjähriger Verzögerung) verbunden ist. Der hohe Wasserentzug der Unkräuter wirkte sich unter trockenen Bedingungen besonders negativ auf die Ertragsbildung der Kulturpflanzen aus. Bei dem vorhandenen Unkrautartenspektrum (vgl. STRAS-TP 7) würden sich die Mindererträge durch eine chemische Unkrautbekämpfung leicht reduzieren lassen. Der N-Konservierungseffekt war im Getreide gering, im Mais relativ hoch. Da die Unkraut-TM im Getreide erst ab Mitte Juni und im Mais ab Ende Juli zurückging, erscheint eine Wiederaufnahme des unkrautbürtigen Stickstoffs in der gleichen Vegetationsperiode durch die Kulturpflanzen unwahrscheinlich. Nach einer gezielten Unkrautbekämpfung während der Jugendentwicklung wäre dies zumindest denkbar. Der Stickstoff ist vermutlich zu einem großen Teil im vegetationslosen Winterhalbjahr frei geworden. Um einer N-Verlagerung im Boden entgegenzuwirken, wäre der Anbau einer Zwischenfrucht sinnvoll gewesen.

Tabelle 7: TM-Erträge (g/m²) und N-Entzüge (g/m²) von Sommergerste und Unkraut zu drei Ernteterminen auf einer früheren Gülledeponie (V503) in Bad Lauchstädt 1994

Termin	Sommergerste				Unkraut				Gesamt	
Prüfglied	TM g/m²	rel.	N g/m²	rel.	TM g/m²	rel.	N g/m²	rel.	TM g/m²	rel.
1.6.1994										
LA1	386	100	9,4	100	5	100	0,1	100	391	100
LA1/R	343	89	7,7	82	1	20	0,01	10	343	88
x̄LA1	**368**	**100**	**8,7**	**100**	**3**	**100**	**0,06**	**100**	**371**	**100**
LA2	449	100	11,9	100	0	100	0,01	100	449	100
LA2/R	405	90	10,2	86	10	1000	0,27	2700	415	92
x̄LA2	**423**	**115**	**10,9**	**125**	**6**	**200**	**0,16**	**267**	**429**	**116**
x̄LA	**412**	**100**	**10,4**	**100**	**3**	**100**	**0,06**	**100**	**415**	**100**
x̄LA/R	**379**	**92**	**9,2**	**88**	**6**	**200**	**0,17**	**283**	**385**	**93**
15.6.1994										
LA1	669	100	13,0	100	42	100	0,8	100	711	100
LA1/R	685	**102**	12,7	98	7	17	0,1	**13**	692	97
x̄LA1	**676**	**100**	**12,9**	**100**	**27**	**100**	**0,5**	**100**	**703**	**100**
LA2	871	100	20,5	100	0	100	0,0	100	871	100
LA2/R	778	89	17,1	83	35	3500	0,8	8000	813	93
x̄LA2	**817**	**121**	**18,5**	**143**	**21**	**78**	**0,5**	**100**	**838**	**119**
x̄LA	**753**	**100**	**16,2**	**100**	**25**	**100**	**0,4**	**100**	**778**	**100**
x̄LA/R	**739**	**98**	**15,3**	**94**	**23**	**92**	**0,5**	**125**	**762**	**98**

	Sommergerste						Unkraut		Gesamt	
	Korn		Stroh		Gesamt					
	TM g/m²	rel.	TM g/m²	rel.	TM g/m²	rel.	TM g/m²	rel.	TM g/m²	rel.
28.7.1994										
LA1	496	100	598	100	1094	100	98	100	1192	100
LA1/R	506	**102**	610	102	1117	102	3	3	1120	94
x̄LA1	**501**	**100**	**603**	**100**	**1104**	**100**	**58**	**100**	**1162**	**100**
LA2	560	100	808	100	1368	100	5	100	1373	100
LA2/R	456	81	634	78	1090	80	21	420	1111	81
x̄LA2	**499**	**100**	**706**	**117**	**1206**	**109**	**14**	**24**	**1220**	**105**
x̄LA	**523**	**100**	**685**	**100**	**1208**	**100**	**59**	**100**	**1267**	**100**
x̄LA/R	**477**	**91**	**624**	**91**	**1101**	**91**	**13**	**22**	**1114**	**88**
	N g/m²	rel.	N g/m²	rel.	N g/m²	rel.	N g/m²	rel.		
LA1	10,6	100	6,8	100	17,3	100	1,6	100		
LA1/R	10,6	100	7,1	104	17,7	102	0,1	6		
x̄LA1	**10,6**	**100**	**6,9**	**100**	**17,5**	**100**	**1,0**	**100**		
LA2	12,2	100	10,4	100	22,7	100	0,1	100		
LA2/R	9,8	80	7,3	70	17,1	75	0,3	300		
x̄LA2	**10,8**	**102**	**8,6**	**125**	**19,4**	**111**	**0,3**	**30**		
x̄LA	**11,3**	**100**	**8,3**	**100**	**19,6**	**100**	**1,0**	**100**		
x̄LA/R	**10,1**	**89**	**7,3**	**88**	**17,4**	**89**	**0,3**	**30**		

5.1.2. Aufnahme von unkrautbürtigem Stickstoff durch Kulturpflanzen

Im Gefäßversuch bildete *Chenopodium album* bis zum 4-Blattstadium des Maises mit 18 g die 2,6fache Trockenmasse des Maises und nahm mit 688 mg 3,7 mal mehr N und mit 60 mg 4 mal mehr ^{15}N auf als der Mais. Das bedeutete für den Mais eine starke Konkurrenz um N und Licht. Obwohl der Mais nach dem Einmulchen des Unkrautes noch 39 % des unkrautbürtigen N aufnahm und damit ca. 21 % seiner Gesamt-N-Aufnahme deckte (Tab. 8), erreichten der Ertrag mit 158 g TM/Gef. (86 %) und die N-Aufnahme mit 1,2 g N/Gef. (76 %) nicht die Werte der Maisreinkultur (100 %). Es bleibt zu prüfen, ob bei temporärer Duldung einer geringeren Verunkrautung auch Ertragseinbußen auftreten und in welchem Maße Folgefrüchte von dem konservierten N profitieren. Im Freiland dürfte die Anwendbarkeit des Verfahrens durch den Faktor Wasser (AMMON et al. 1988; insbesondere im Mitteldeutschen Trockengebiet mit ausgeprägter Frühjahrstrockenheit und in Nordwestdeutschland) begrenzt werden, während die technologische Beherrschbarkeit inzwischen gegeben ist (HOFMANN et al.1987). Der Verlauf der Umsetzung kann hier im Vergleich zum Gefäßversuch durch die Tätigkeit der Bodentiere beschleunigt, bei Trockenheit aber auch verzögert werden. Entsprechende Freilandversuche müssen folgen.

Tabelle 8: ^{15}N-Aufnahme von Mais (Sproß) aus eingemulchtem *C. album* (15 g TM Sproß mit 4,3 % N) zur Körnerreife nach gemeinsamem Wachstum bis zum 4-Blatt-Stadium des Maises im Gefäßversuch

	mg N/Gef.	mg ^{15}N/ Gef.	% des Unkraut-N	% des Mais-Gesamt-N
1. Gesamt-N-Aufnahme des Maises (Sproß)	1189	21	-	100
2. Mit *C. album* verabreicht	644	54	100	-
- davon durch Mais aufgen.	248	21	**39**	-
- vom Mais-Gesamt-N stammen aus *C. album*			-	**21**

5.2. Untersuchungen auf Dauerbrachen

5.2.1. Trockenmassebildung und N-Aufnahme von Segetal- und Ruderalzönosen einschließlich ihrer Streu

Zu diesem Punkt werden Untersuchungen im Versuch V512 auf den Parzellen 185 (LB1), 119 und 69 (LB2) seit 1991 sowie Untersuchungen nach WIEGERT und EVANS (1964) auf den Parzellen 94, 96 und 98 (LB2) und auf den Parzellen 138, 140 und 142 (LB1) aus dem Jahre 1993 ausgewertet. Aus der Fülle des Datenmaterials können nur ausgewählte Ergebnisse dargestellt werden.

Die drei Parzellen, die seit 1991 untersucht wurden, repräsentieren unterschiedliche Belastungsgrade mit Gülle bzw. N (Tab. 1). Parzelle 185 befindet sich im unbelasteten Teil des V512 (LB1), der vor der Stillegung als Ackerland genutzt wurde. Parzelle 119 liegt im gering belasteten Randbereich der früheren Güllelastfläche. Parzelle 69 liegt im Kernbereich der früheren Gülledeponie und ist die am stärksten belastete Parzelle des ganzen Versuches.

Die Ernten auf den **Parzellen 185, 119 und 69** brachten folgende Ergebnisse:

1991 und 1992

Der Verlauf von TM-Produktion und -Abbau war trotz großer Unterschiede in der Vegetationszusammensetzung auf allen Parzellen ähnlich (Abb.1, 2). 1991 dominierten auf den güllebelasteten Parzellen 69 und 119 *Chenopodium*- und *Atriplex*-Arten, 1992 setzte sich *Atriplex nitens* fast vollständig durch. Auf der unbelasteten Parzelle 185 bestand eine artenreiche Ackerbrachevegetation aus Ackerunkräutern und -gräsern. Die TM-Bildung war in den Jahren 1991 und 1992 etwa gleich hoch (Abb. 1, maximal 1860 g TM/m²).

Die nicht begüllte Parzelle 185 wies erwartungsgemäß eine geringere TM-Produktion auf. Im Zeitraum von Ende Juli bis Anfang September erreichte die Sproß-TM ihr Maximum. Danach setzte starker Blattfall ein. Ende Oktober/Anfang November waren die Pflanzenbestände soweit vertrocknet, daß sie der Fraktion 'stehende Streu' zugerechnet werden mußten. Auf allen drei Parzellen war ständig eine Streuschicht vorhanden, deren TM im September ein Maximum und im zeitigen Frühjahr ein Minimum erreichte. Nach längerem Einfluß von Wind und Regen brachen Teile der Bestände um und gingen in die Fraktion 'liegende Streu' über. Der stärkste Rückgang der 'stehenden Streu' war im April/Juni zu beobachten. Da in diesem Zeitraum offenbar günstige Bedingungen für Abbauprozesse herrschten, machte sich dieser Zusammenbruch nicht in einem Anstieg der TM der 'liegenden Streu' bemerkbar.

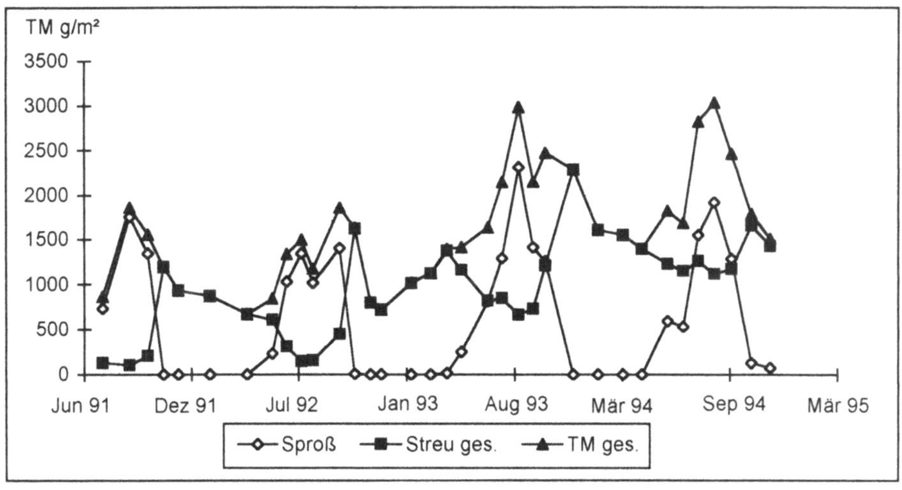

Abbildung 1: Verlauf der Sproß- und Streubildung auf LB2/119, Bad Lauchstädt, 1991-94

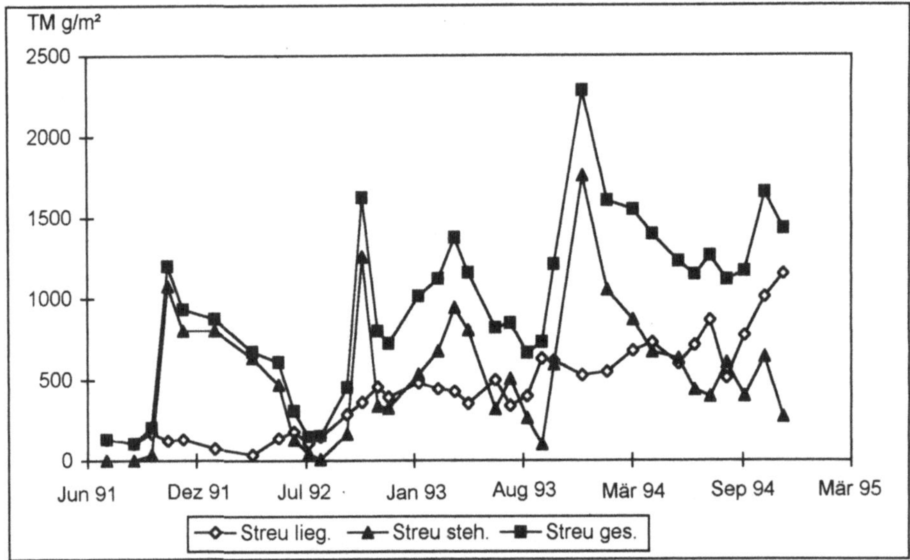

Abbildung 2: Verlauf der Streubildung auf LB2/119, Bad Lauchstädt, 1991-94

Die nicht begüllte Parzelle 185 wies erwartungsgemäß eine geringere TM-Produktion auf. Im Zeitraum von Ende Juli bis Anfang September erreichte die Sproß-TM ihr Maximum. Danach setzte starker Blattfall ein. Ende Oktober/Anfang November waren die Pflanzenbestände soweit vertrocknet, daß sie der Fraktion 'stehende Streu' zugerechnet werden mußten. Auf allen drei Parzellen war ständig eine Streuschicht vorhanden, deren TM im September ein Maximum und im zeitigen Frühjahr ein Minimum erreichte. Nach längerem Einfluß von Wind und Regen brachen Teile der Bestände um und gingen in die Fraktion 'liegende Streu' über. Der stärkste Rückgang der 'stehenden Streu' war im April/Juni zu beobachten. Da in diesem Zeitraum offenbar günstige Bedingungen für Abbauprozesse herrschten, machte sich dieser Zusammenbruch nicht in einem Anstieg der TM der 'liegenden Streu' bemerkbar.

1993

In diesem Jahr nahm die Sproß-TM in der Reihenfolge Parzelle 185, 69 und 119 zu. Das Maximum wurde auf allen Parzellen im August erreicht, wobei auf Parzelle 185 - bedingt durch die Vegetationszusammensetzung (Gräser, *Galium aparine, Lactuca serriola*) - ab Juni nur noch ein geringer TM-Zuwachs zu verzeichnen war. Der höchste Wert wurde mit 2311 g TM/m² (= 231 dt TM/ha) am 26.8. auf Parzelle 119 erreicht (Abb. 1, 2). Der Aufwuchs bestand hier fast ausschließlich aus *A. nitens*. Da die Gräser und *G. aparine* auf Parzelle 185 schon im Spätsommer abstarben, trat hier im Vergleich zu den *A. nitens* - Parzellen 69 und 119 ein schnellerer Rückgang der TM ein.

Auch im Verlauf des Streufalls bestanden zwischen den Parzellen starke Unterschiede. Während auf Parzelle 185 eine relativ ausgewogene Streumenge über das ganze Jahr mit einem Anstieg ab September bzw. nach dem 1. Frost Ende November zu verzeichnen war, wurde auf den anderen beiden Parzellen ein starker Abfall von April - Juni und ein starker Anstieg ab Oktober (Blattfall) bzw. nach dem Frost (Abfrieren des Bestandes) beobachtet. Die Gesamtstreumenge stieg auf allen untersuchten Parzellen seit 1991 an. Die güllebelasteten Parzellen wiesen im Jahresmittel ca. 1000 g TM/m² (= 100 dt TM/ha) Gesamtstreu auf, davon waren ca. 500 g liegende Streu (Abb. 2). Auf der unbelasteten Parzelle wurden im Jahresmittel nur ca. 600 g TM/m² nachgewiesen, davon ca. 300 g liegende Streu. Die niedrigere Streumenge auf der unbelasteten Parzelle läßt sich durch den geringeren Aufwuchs, vor allem aber durch einen forcierten Streuabbau erklären, der durch den schelleren Bodenkontakt der abgestorbenen Pflanzenteile - bedingt durch die im Vergleich zu den belasteten Parzellen andere Vegetation - hervorgerufen wurde.

1994

In diesem Jahr kam es zu einer starken Veränderung der Vegetationszusammensetzung. Auf der güllebelasteten Parzelle wurde *A. nitens* fast vollständig durch *A. vulgaris* ersetzt. Auch *L. serriola* konnte sich stärker durchsetzen. Die intraspezifische Konkurrenz zwischen den *A. vulgaris* - Keimlingen war so stark, daß viele Pflanzen schon vorzeitig abstarben, und so kontinuierlich Streu gebildet wurde. Durch einige große *A. vulgaris* - Pflanzen nahm die Heterogenität im TM-Aufwuchs weiter zu. Im Frühjahrsaspekt waren *G. aparine* und *D. sophia* vertreten (vgl. TP 7). Auf der unbelasteten Parzelle setzte sich die Ausbreitung von *Agropyron repens* fort. Ansonsten dominierten nach dem Absterben von *G. aparine* *L. serriola*, *A. vulgaris* und *A. nitens*.

Das Maximum der Sproß-TM trat wiederum auf allen Parzellen im August ein. Parzelle 119 erreichte wie im Vorjahr mit 1907 g TM/m² den Höchstwert (Abb. 1). Die anderen beiden Parzellen lagen deutlich darunter und unterschieden sich mit ca. 1200 g TM/m² kaum. Insgesamt war die maximale Sproßtrockenmasse 1994 geringer als im Vorjahr, durch die hohen Streumengen wurde jedoch die Gesamttrockenmasse (Sproß und Streu) der Flächen von 1993 wieder erreicht. Auf den Parzellen 119 und 69 fiel die 'stehende Streu' von 1993 zum überwiegenden Teil erst im März/April 1994 um und verrottete dann an der Bodenoberfläche relativ schnell. Vor allem auf den Parzellen 185 und 119 waren im September im Vergleich zum Vorjahr nur noch relativ geringe Streumengen von 1993 zu finden. Reststreu aus den Jahren 1991 und 1992 setzte sich aus extrem dicken Stengeln von 1991 und Streu von 1992 zusammen, die erst im Frühjahr 1994 umgefallen und der Verrottung ausgesetzt war.

Die Streuvorräte sind auf allen Parzellen weiter gewachsen. Die güllebelasteten Parzellen wiesen 1994 im Mittel der Monate Januar - September (der Hauptstreufall steht also noch bevor!) mehr als 1300 g TM/m² (=130 dt TM/ha) Gesamtstreu auf, davon waren wie im

Vorjahr ca. 50 % liegende Streu (Abb. 2). Auf der unbelasteten Parzelle 185 wurden im Jahresmittel mehr als 700 g TM/m² Gesamtstreu nachgewiesen, davon ca. 38 % liegende Streu. Der Anteil liegender Streu ist auf dieser Parzelle durch den starken Grasaufwuchs, der nach dem Absterben schnell Bodenkontakt bekommt und zeitweise sehr günstige Abbaubedingungen (Bodenfeuchte TP 1, Niederschläge TP 13) im Vergleich zum Vorjahr um 12 % gesunken.

Die Pflanzenbestände sind kleinräumig relativ heterogen im TM-Aufwuchs. Da nur viermal 0,25 m² Erntefläche pro Parzelle arbeitstechnisch bewältigt werden können, wurden 1994 sechs Parzellen zur Überprüfung der Ergebnisse vollständig abgeerntet. Dabei war eine Trennung zwischen Sproß und stehenden Streubestandteilen nicht möglich. Deshalb wurde im zeitigen Frühjahr sämtliche Streu geerntet und im darauffolgenden August auf dem Höhepunkt der Entwicklung der gesamte neue Aufwuchs. Aus methodischen Gründen kommt es auf den kleinen Ernteflächen (Abb.1, 2) zu einer leichten Überschätzung der Sproß- und Streumengen im Vergleich zu den Ganzparzellenernten (Tab. 9).

Tabelle 9: Streu- und Sproßtrockenmasse von sechs Parzellen auf LB1 und LB2 (Erntefläche 25 m², Streuernte am 8.3.1994, Sproßernte am 3.8.1994), Bad Lauchstädt, 1994

Parz.	TM dt/ha			
	Streu stehend	Streu liegend	Streu gesamt	Sproß
LB2/22	32	94	126	102
LB2/70	30	73	103	89
LB2/147	49	75	124	111
LB1/26	35	73	108	110
LB1/143	24	35	59	95
LB1/188	34	46	80	97

Die Unkräuter nahmen erhebliche N-Mengen auf. Zwischen der N-Belastung des Bodens und der Höhe der N-Aufnahme der Pflanzenbestände bestand kein eindeutiger Zusammenhang. Das Maximum der N-Aufnahme wurde im Zeitraum Juli-September erreicht (Tab. 10).

Innerhalb der Pflanzenfraktionen kam es während des Abbaus zu starken Veränderungen im C/N-Verhältnis (Tab. 11). Durch das allmähliche Abfallen der im Vergleich zum Stengel N-reicheren Blätter von *Atriplex nitens* wies die 'stehende Streu' ein weiteres C/N-Verhältnis als der Sproß auf. Die sich anschließende starke Aufweitung des C/N-Verhältnisses in der 'stehenden Streu' von 15 auf 66 bei nur schwach steigendem C-Gehalt zeigt, daß schon aus dem stehenden Material und über längere Zeiträume erhebliche N-Mengen ausgewaschen werden müssen. Fällt die Streu zu Boden, setzt sich der N-Auswaschungsprozeß fort. Gleichzeitig beginnt der Abbau durch Bodentiere und Mikroorganismen, die Kohlenstoff veratmen. Das ist neben dem höheren Anteil N-reicher Blätter eine Ursache für das engere

C/N-Verhältnis der 'liegenden' im Vergleich zur 'stehenden Streu'. Es bleibt in der 'liegenden Streu' monatelang relativ eng und konstant bei 14, wobei sowohl der C- als auch der N-Gehalt ansteigen. Erst als im Mai 1992 die 'stehende Streu' mit einem sehr weiten C/N-Verhältnis zusammenbrach und in die Fraktion 'liegende Streu' desselben Jahrganges einging, weitete sich ihr C/N-Verhältnis allmählich auf.

Tabelle 10: N-Menge (g/m²) in den Pflanzenfraktionen auf LB2/119, 1991/92

| Termin | Sproß | Streu 91 | | Streu 92 | | Streu | Gesamt |
		liegend	stehend	liegend	stehend	gesamt	
15.7.91	36,1	0,3				0,3	36,4
3.9.91	40,9	0,5				0,5	41,4
7.10.91	24,3	4,0	0,9			4,9	29,2
5.11.91		3,3	12,8			16,1	16,1
3.12.91		3,7	8,6			12,3	12,3
30.1.92		2,0	8,2			10,2	10,2
8.4.92		0,9	5,0			5,9	5,9
26.5.92	8,5	1,6	3,9	0,7		6,2	14,7
23.6.92	28,4	1,7	1,1	2,0		4,8	33,2
20.7.92	33,5	1,1	0,4	2,8		4,3	37,8
20.8.92	29,3	1,6	1,5	4,9	0,3	8,3	37,6
29.9.92	27,6	1,6	0,7	4,3	0,7	7,3	34,9
27.10.92	0,2	1,6	0,8	5,0	14,1	21,5	21,7
25.11.92		2,7	0,4	6,4	3,8	13,3	13,3
15.12.92		2,3		4,6	3,0	9,9	9,9

Tabelle 11: C- und N-Gehalte sowie C/N-Verhältnis der Pflanzenfraktionen auf LB2/119, Bad Lauchstädt, 1991/92

| Termin | Sproß | | | liegende Streu | | | stehende Streu | | |
	C %	N %	C/N	C %	N %	C/N	C %	N %	C/N
15.7.91	34,42	4,92	7,0	26,69	2,22	12,0			
3.9.91	40,58	2,32	17,5	29,71	2,07	14,4			
7.10.91	41,70	1,80	23,2	33,01	2,33	14,1	39,81	2,59	15,4
5.11.91				37,55	2,63	14,3	42,30	1,19	35,5
3.12.91				36,89	2,81	13,1	44,24	1,07	41,3
30.1.92				39,03	2,70	14,5	45,20	1,03	43,9
8.4.92				36,73	2,45	15,0	46,06	0,79	58,3
26.5.92				35,10	1,55	22,6	46,43	0,82	56,6
23.6.92				38,70	1,51	25,6	45,70	0,87	52,5
20.7.92				42,71	1,23	34,7	45,87	0,87	52,7
20.8.92				41,09	1,54	26,7	45,81	0,81	56,6
29.9.92				39,05	1,49	26,2	45,00	0,68	66,2
27.10.92				43,40	1,03	42,1	44,74	0,60	74,6
25.11.92				44,61	1,14	39,1			
15.12.92				44,81	1,51	29,7			

Die Vegetationsentwicklung auf den in den Jahren 1993 und 1994 in Anlehnung an die Flächenpaarmethode von WIEGERT und EVANS (1964) untersuchten belasteten (LB2) und unbelasteten (LB1) Parzellen verlief ähnlich wie auf den Parzellen 185 und 69. Das Maximum der Sproßtrockenmasse wurde jedoch auf den unbelasteten Parzellen mit 969 g TM/m² durch das zeitige Absterben der Gräser bereits im Juli, auf den belasteten Parzellen mit 1420 g TM/m² im August erreicht (Abb. 3). Das Maximum des Streufalls entsprach 1993 dem Maximum des Sproßaufwuchses. Die Streu aus den Vorjahren wurde im Zeitraum Mai bis Oktober 1993 zu 50 - 60 % abgebaut (Abb. 3). In der Vegetationsperiode 1994 wurde das Maximum der Sproß-TM ebenfalls im August mit 1422 g /m² auf den belasteten und 1166 g /m² auf den unbelasteten Parzellen erreicht (Tab. 12). Auch der Abbau der Vorjahresstreu (hier Streu des Jahres 93) entsprach mit 40 - 60 % den Ergebnissen des Vorjahres.

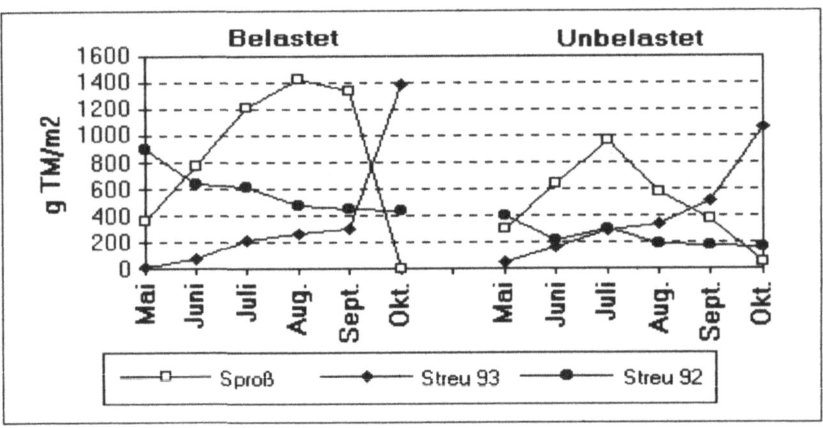

Abbildung 3: Verlauf der Sproß- und Streubildung auf belasteten (LB2) und unbelasteten (LB1) Versuchsparzellen (n = 6), Bad Lauchstädt, 1993

Der N-Gehalt im Sproß spiegelte im Jahre 1993 auf der belasteten Fläche deutlich den Vegetationsverlauf wieder (Abb. 4). Er sank von 4 % in den Keimlingen im Mai auf 2,2 % in der absterbenden Pflanze und erreichte im Oktober wieder 4 % in den Keimlingen. Auf der unbelasteten Fläche war der N-Gehalt in den Keim- bzw. Jungpflanzen im Frühjahr und Herbst mit 2,8 - 3,1 % deutlich geringer. Seneszente Pflanzen wiesen, wie auf den belasteten Parzellen, N-Gehalte um 2,2 % auf. Während der N-Gehalt des Streujahrgangs 1993 auf der balasteten Fläche im Zeitraum Mai-Oktober 1993 von 2,5 auf 1,5 % sank, veränderte er sich auf der unbelasteten Fläche in der Streu von 1992 und 1993 kaum. Bis Juli 1993 wurden auf einzelnen Parzellen 'stehende Streuteile' von 1992 gefunden. Die geringen N-Gehalte der 'stehenden Streu' (0,99 %) gegenüber der 'liegenden Streu' (1,69 %) deuten auf eine N-Auswaschung hin.

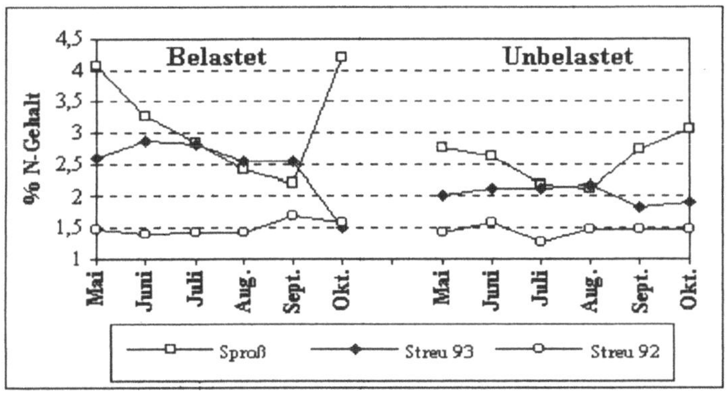

Abbildung 4: N-Gehalte von Sproß und Streufraktionen auf belasteten (LB2) und unbelasteten (LB1) Parzellen, Bad Lauchstädt, 1993

Die Heterogenität der Pflanzenbestände schlug sich in einer hohen Variabilität des TM-Aufwuchses nieder (Tab. 12). Die Pflanzen nahmen 1993 bis zum Erreichen des TM-Maximums auf LB2 324 und auf LB1 222 kg N/ha auf. Die N-Aufnahme im Jahre 1994 war mit 271 (LB2) und 280 kg N/ha (LB1) vergleichbar. Damit hätten ca. 300 kg N/ha bei einer Mahd der Bracheflächen zum Vegetationsmaximum mit anschließender Mähgutabfuhr aus dem System entfernt werden können. Diese Werte liegen höher als bei Ernten im konventionellen Anbau mit einem N-Entzug von 160 kg/ha in benachbarten Versuchen (KÖRSCHENS et al. 1994). Der N-Pflanzenaufnahme stand ein N_{an}-Gehalt (bis 60 cm Tiefe) im April von 115 kg/ha auf LB1- und von 837 kg/ha auf LB2-Parzellen gegenüber. Damit wurde auf LB2 nur ein Drittel des verfügbaren N (ohne Berücksichtigung der Mineralisation während der Vegeta-tionsperiode) von den Pflanzen aufgenommen. 1993 und 1994 wurden zwischen 400 und 500 g C/m² in der Jahresstreu gebunden.

Tabelle 12: N-Menge im Sproß und in der Jahresstreu belasteter (LB2) und unbelasteter (LB1)Parzellen (n=6), Bad Lauchstädt, 1993, 1994

Versuchs-fläche	TM g/m²	N kg/ha	TM g/m²	N kg/ha	Monat
	Vegetationsperiode 1993		Vegetationsperiode 1994		
Sproß					
Belastet	1421 (±1103)	324 (±236)	1422 (±567)	271 (±84)	August
Unbelastet	969 (±510)	222 (±138)	1166 (±569)	280 (±169)	Juli/August
Jahresstreu					
Belastet	1381 (±486)	209 (±76)	1051 (±363)	238 (±111)	Oktober
Unbelastet	1058 (±196)	200 (±32)	1050 (±314)	177 (±61)	Oktober

5.2.2. Streuabbau und N-Freisetzung aus der Streu

N-Auswaschung

Aus einem Vorversuch ergab sich eine N-Auswaschung aus grünem Pflanzenmaterial verschiedener typischer Ruderalarten in der Reihenfolge *Atriplex nitens* > *Lactuca serriola* > *Solidago canadensis*, *Artemisia vulgaris* (nicht dargestellt). In einem weiteren Versuch mit Streu aus dem Jahre 1993 und Pflanzenmaterial (Ernte zum Schossen bis kurz vor der Blüte) von *A. nitens* und *A. vulgaris* (Hauptbestandesbildner 1993) wurden 7 - 9 % der Gesamtstickstoffmenge aus der Streu und 27 % aus *A. nitens* bzw. 17 % aus *A. vulgaris* ausgewaschen (Tab. 14). Bei der Streu betrug der Anteil des anorganischen N im Perkolat 25 - 28 %, bei *A. nitens* 66 % und bei *A. vulgaris* 44 %. Der hohe Wert der nitrophilen Art *A. nitens* könnte mit der verstärkten N-Speicherung in den Vakuolen erklärt werden. Der wasserlösliche Stickstoffanteil bei grünem Pflanzenmaterial stimmt mit den von ZUCKER et al. (1987) gefundenen Ergebnissen bei Brennesseln überein. Die im grünen Pflanzenmaterial festgestellten Unterschiede zwischen den Pflanzenarten bestätigten sich bei abgestorbenem Material dieser Arten (Tab. 13).

Im Freiland dürfte die N-Auswaschung aus Pflanzenmaterial wesentlich höhere Werte als in diesen Modellversuchen erreichen. Die vor allem bei *A. nitens* und *A. vulgaris* auch im vierten Perkolationsgang hohen ausgewaschenen N-Mengen lassen vermuten, daß sich noch wasserlöslicher N in der Pflanzensubstanz befand. Ebenso könnten mikrobielle Abbauprozesse weiteren N mobilisieren. Außerdem kam relativ stengelreiches, N-armes Material zum Einsatz. Die N-Auswaschung aus den N-reicheren Blättern blieb weitgehend unberücksichtigt. Die prozentual höhere N-Auswaschung bei *A. nitens* (Herbstentnahme) mit 21 % gegenüber *A. vulgaris* mit 12 % (Tab. 13) ist neben den schon genannten Gründen in der Lebensform und in der anatomischen Struktur zu vermuten. *A. nitens* ist einjährig und stirbt nach der N-Einlagerung in die Samen ab. Die in den Stengeln verbliebene N-Menge kann rasch ausgewaschen werden, da eine dickere Epidermisschicht fehlt. Bei der mehrjährigen Art *A. vulgaris* wird der Stickstoff in die Samen und die Ausläufer verlagert und die Auswaschung aus dem abgestorbenen Sproß durch eine dicke Epidermis verzögert (ELLENBERG 1979). Die N-Auswaschung der im Versuch verwendeten Pflanzenarten nahm in der Reihenfolge: *A. nitens* (21 %) > *L. serriola* (13 %) > *A. vulgaris* (12 %) > *S. canadensis* (4 %) ab.

Tabelle 13: Ausgewaschene N-Gesamtmenge aus Streu von *A. nitens* und *A. vulgaris* (Entnahme nach Frost) nach 4 Perkolationsdurchgängen (n = 5)

Pflanzenart	Einwaage mg N	N-Menge je Perkolationsdurchgang (mg N)					Anteil in % Einwaage
		1	2	3	4	Summe	
A. nitens	180	10,8	14,9	5,9	6,9	38,5	21
A. vulgaris	160	4,7	5,0	3,4	6,7	19,8	12

Tabelle 14: Ausgewaschene Stickstoffmengen aus verschiedenem Pflanzenmaterial in einem Modellversuch nach 4 Perkolationsdurchgängen mit je 150 ml Wasser (n = 6)

Pflanzen-material	Perkolations-durchgang	N_t mg	N_{an} mg	N_{org} mg	N im Ausgangs-substrat mg
Streu belastet	1	6,0	1,0	5,0	
	2	4,3	1,8	2,5	
	3	3,1	0,6	2,5	
	4	1,5	0,3	1,2	
	Summe	14,9	3,7	11,2	200
Streu unbelastet	1	6,0	0,8	5,2	
	2	4,6	2,0	2,6	
	3	4,3	1,0	3,3	
	4	2,1	0,9	1,2	
	Summe	17,0	4,7	12,3	190
Atriplex nitens	1	37,9	27,3	10,6	
	2	30,8	27,1	3,7	
	3	40,7	23,9	16,8	
	4	37,8	18,4	19,4	
	Summe	147,2	96,7	50,5	554
Artemisia vulgaris	1	18,8	10,3	8,5	
	2	16,0	8,6	7,4	
	3	25,0	8,1	16,9	
	4	14,2	5,3	8,9	
	Summe	74,0	32,3	41,7	433

Streuabbau durch Bodentiere

In der Vegetationsperiode 1993 wurde in Streubeutelversuchen der Abbau der Streu und der Anteil der am Abbau beteiligten Organismengruppen geprüft. Während der Untersuchungs-periode (April - Oktober) wurden in der Kontrolle (4 mm Maschenweite, Zugang für alle Bodentiere und Mikroorganismen) 62 % der Streueinwaage abgebaut (Abb. 5). Zwischen der belasteten und der unbelasteten Versuchsfläche bestanden keine Unterschiede. Die Differenz zwischen der feinen (0,024 mm, Zutritt ausschließlich für Mikroorganismen) und der mittleren Maschenweite (1 mm, zusätzlich Zutritt von Milben und Collembolen) zur Kontrolle betrug 5 - 6 %. Der Abbau in den Beuteln mit feiner Maschenweite lag bei 48 % der Streueinwaage. Die Mikro- und Mesofauna könnte also in Übereinstimmung mit FRIEBE et al. (1991) zu 14 % am Abbau beteiligt sein. Hierbei ist jedoch zu bedenken, daß Kometabolismen bzw. Antagonismen zwischen den Organismen unterbrochen werden, und es zu einer gewissen Übervermehrung der zu testenden Organismengruppe kommen kann. Die Ergebnisse aus dem Jahre 1993 bestätigten sich 1994 weitgehend. Der Streuabbau in der Kontrolle lag zwischen 52 und 55 %. Der Unterschied zwischen Kontrolle und 1 mm Maschenweite betrug im Mittel 5 %.

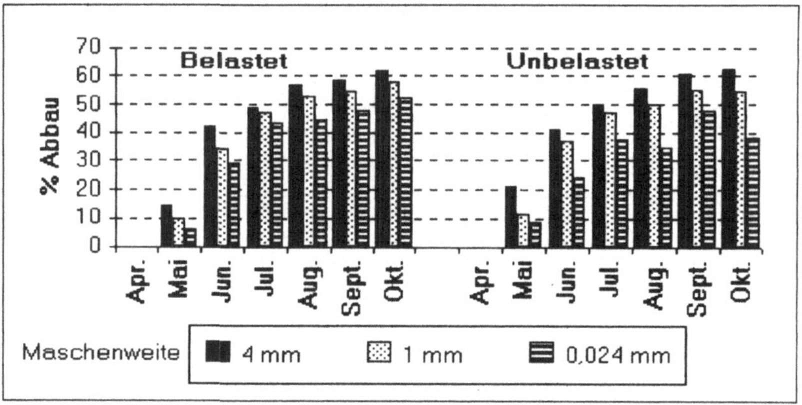

Abbildung 5: Streuabbau in oberflächlich ausgelegten Streubeuteln auf belasteten (LB2) und unbelasteten (LB1) Parzellen (n = 6), Bad Lauchstädt, April-Oktober 1993

Ein Vergraben der Streubeutel auf 10 cm Bodentiefe auf einer Ackerfläche (LA1) im Jahr 1993 erhöhte den Abbau in der Kontrolle auf 77 % und die Differenz zwischen Kontrolle und feinster Maschenweite auf 20 %. Ein weiterer Versuch mit auf der Bodenoberfläche exponierten Streucontainern von Dezember 1993 bis März 1994 erbrachte eine erstaunlich hohe Abbaurate bis zu 36 % auf LB2 und bis zu 29 % auf LB1 (Tab. 15). Die Differenz zwischen den Untersuchungsflächen war hier mit 7 % deutlicher zu erkennen. Unterschiede zwischen der Kontrolle und der feinsten Maschenweite lagen bei 5 % auf LB2 und 10 % auf LB1. Die geringere Differenz zwischen Kontrolle (4 mm) und mittlerer Maschenweite (1 mm) kann durch Abwesenheit der Makrofauna (befindet sich in Ruhestadien) und reduzierte Aktivität der Mesofauna erklärt werden. Der Abbau findet in diesem Zeitraum im wesentlichen durch die Mikrofauna und -flora statt. Der Streuabbau durch Bodentiere führte nicht nur zu einem TM-Verlust, sondern teilweise auch zu erheblichen N-Verlusten (Tab. 16).

Tabelle 15: Reststreu (g TM) in den Streucontainern auf LB2 und LB1 (10 g TM Streueinwaage, n = 12), Bad Lauchstädt, 12/93-3/94

Versuchsfläche	Termin		Maschenweiten	
		4 mm	1 mm	0,024 mm
LB2	Januar	7,7 ($\pm$0,2)	7,6 ($\pm$0,1)	7,7 ($\pm$0,1)
	Februar	7,2 ($\pm$0,4)	7,2 ($\pm$0,2)	7,5 ($\pm$0,1)
	März	6,4 ($\pm$0,4)	6,5 ($\pm$0,2)	6,9 ($\pm$0,3)
LB1	Januar	8,3 ($\pm$0,2)	8,3 ($\pm$0,2)	8,7 ($\pm$0,2)
	Februar	7,7 ($\pm$0,8)	8,0 ($\pm$0,2)	8,6 ($\pm$0,2)
	März	7,1 ($\pm$0,2)	7,3 ($\pm$0,4)	8,1 ($\pm$0,3)

Tabelle 16: N-Gehalte der Reststreu in Streubeuteln und -containern auf belasteten (LB2) und unbelasteten (LB1) Parzellen, Bad Lauchstädt, 1993/94

Versuchsfläche	Maschenweite mm	Streumenge g TM	N_t %	N-Menge* mg	Monat
4/93-9/93					
LB2	Beginn	5	1,1	55	4/93
n=6	4	2,06 ($\pm$0,25)	1,63 ($\pm$0,41)	33 ($\pm$9)	9/93
Streubeutel	1	2,25 ($\pm$0,26)	1,93 ($\pm$0,32)	44 ($\pm$11)	9/93
auf dem Boden	0,024	2,62 ($\pm$0,29)	1,94 ($\pm$0,21)	51 ($\pm$5)	9/93
LB1	Beginn	5	1,1	55	4/93
n=6	4	1,95 ($\pm$0,5)	1,33 ($\pm$0,31)	25 ($\pm$6)	9/93
Streubeutel	1	2,33 (+0,2)	1,67 ($\pm$0,3)	39 ($\pm$7)	9/93
auf dem Boden	0,024	2,88 (+0,15)	1,89 ($\pm$0,08)	54 ($\pm$5)	9/93
LA1	Beginn	5	2,1	105	5/93
n=4	4	1,53 ($\pm$0,29)	1,19 ($\pm$0,04)	13 ($\pm$2)	9/93
Streubeutel	1	1,31 ($\pm$0,08)	1,38 ($\pm$0,18)	12 ($\pm$2)	9/93
im Boden	0,024	2,07 ($\pm$0,08)	2,46 ($\pm$0,4)	50 ($\pm$9)	9/93
12/93-3/94					
LB2	Beginn	10	1,0	100	12/93
n=12	4	6,35 ($\pm$0,44)	1,1 ($\pm$0,13)	68 ($\pm$8)	3/94
Streucontainer	1	6,49 ($\pm$0,15)	1,11 ($\pm$0,07)	71 ($\pm$4)	3/94
auf dem Boden	0,024	6,86 ($\pm$0,26)	1,18 ($\pm$0,08)	78 ($\pm$9)	3/94
LB1	Beginn	10	1,1	110	12/93
n=12	4	7,09 ($\pm$0,19)	0,79 ($\pm$0,15)	47 ($\pm$14)	3/94
Streucontainer	1	7,25 ($\pm$0,39)	1,0 ($\pm$0,12)	70 ($\pm$9)	3/94
auf dem Boden	0,024	8,08 ($\pm$0,34)	0,94 ($\pm$0,11)	73 ($\pm$11)	3/94

* N-Menge (mg) = N-Menge in der Streu – N-Menge im anhaftenden Boden

Auch die Streuqualität wurde stark verändert. Abb. 6 zeigt eine deutliche Einengung des C/N-Verhältnisses der Streu während der Abbauperiode im Sommer 1993. Die Unterschiede im C/N-Verhältnis zwischen den verwendeten Maschenweiten sind nicht signifikant.

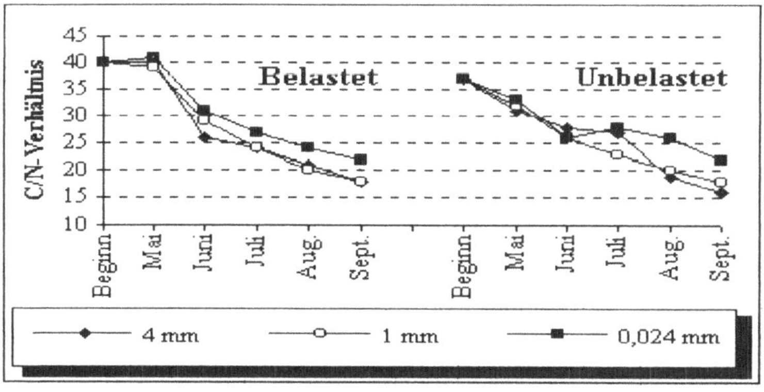

Abbildung 6: C/N-Verhältnis der Streu in den Streubeuteln während der Abbauperiode auf LB2 und LB1, Bad Lauchstädt, April-September 1993

Die Unterschiede im N-Gehalt zwischen der Kontrolle und der feinsten Maschenweite zum Versuchsende waren immer signifikant. Die größten N-Verluste wurden bei den vergrabenen Streubeuteln mit 88 % des mit der Streu eingebrachten N in der Kontrolle (4 mm Maschenweite) festgestellt. Die Differenz zwischen Kontrolle und feinster Maschenweite betrug hier 36 %. In der Vegetationsperiode 1993 wurde ein N-Verlust von 40 - 55 % und in der Winterperiode von 30 % auf LB2 und 60 % auf LB1 beobachtet.

Die N-Freisetzung im Winter ist dabei deutlich von der Struktur des verwendeten Streumaterials abhängig. So wurde aus dem stark verholzten Material (Stengel und Blütenstände, kaum Blätter) von den belasteten Versuchsflächen deutlich weniger freigesetzt als aus der blattreichen Streu von den unbelasteten Versuchsflächen (Tab. 16).

C- und N-Mineralisation

Die Laborinkubationsversuche zeigen deutliche Unterschiede in der C- und N-Mineralisation der untersuchten Böden. Die C-Abgabe und der N_{an}-Gehalt waren auf den belasteten Varianten gegenüber den unbelasteten Varianten um den Faktor 5 höher (Abb. 7).

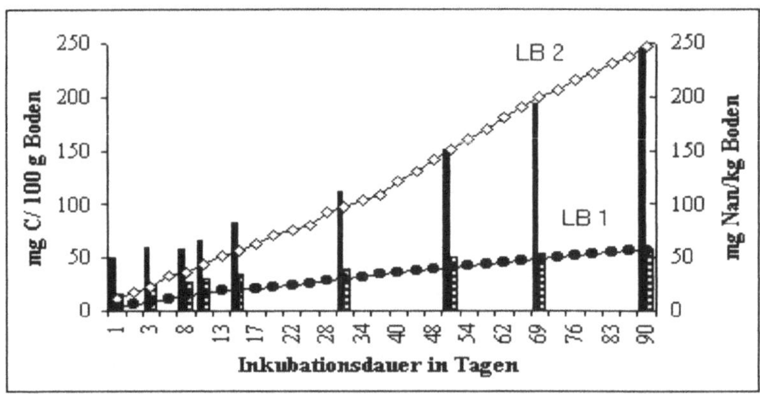

Abbildung 7: C- Mineralisation (Linie) und N- Mineralisation (Säule) in belasteten (LB2) und unbelasteten (LB1) Versuchsböden, Bad Lauchstädt

Auf die C-Mineralisierung von Streumaterial der Untersuchungsparzellen hatte der unterschiedliche Gehalt an mikrobieller Biomasse (Belastet > Unbelastet) jedoch nur einen geringen Einfluß. Auch die unterschiedliche Zusammensetzung des Streumaterials aus dem Jahr 1992 (Abb. 8) bewirkte lediglich einen um 5 % höheren Abbau der Streu von der unbelasten Fläche gegenüber der verholzten Streu aus der belasteten Fläche. Insgesamt wurden 36 bis 41 % der zugegebenen Streusubstanz mineralisiert.

Ein weiterer Ansatz mit Streumaterial aus dem Jahr 1993 (Ernte im Herbst) bestätigte diese Ergebnisse mit einem Abbau von 40 bis 45 % nach 70 Tagen Inkubationsdauer. Das bedeutet, daß etwa 60 % der eingebrachten organischen Substanz als schwer zersetzbarer Anteil (Lignin), als mikrobielle Biomasse oder Humusvorstufe im Boden verbleiben. Eine Übertragung auf Feldbedingungen ist nur bedingt möglich. Nach MARSCHNER et al. (1992) kann eine Grünbrache bei einer Dauer von 8 - 40 Jahren bis zum Erreichen eines neuen Gleichgewichtes bis zu 1 t/ha·a Humus akkumulieren (bezogen auf 1m Bodentiefe)

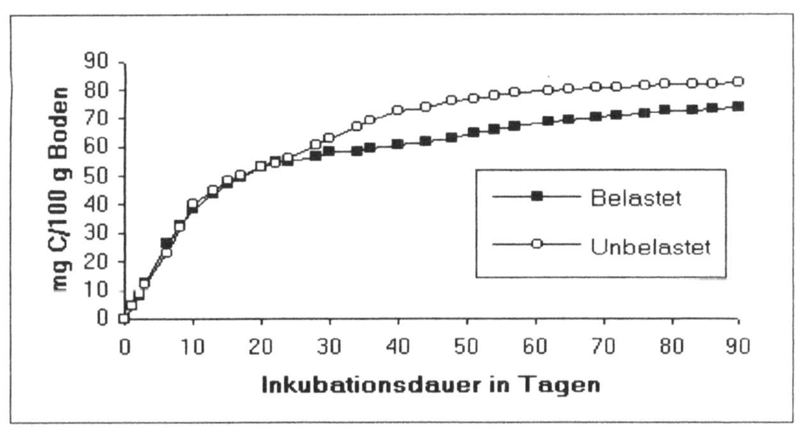

Abbildung 8: C- Mineralisation von Böden mit Streu belasteter (LB2) und unbelasteter Versuchsflächen (LB1), Streujahrgang 1992, Bad Lauchstädt

In den untersuchten Böden kam es bei Zugabe verschiedener Streu nur in den ersten 3 Tagen zur N-Mineralisation (Abb. 9). Die sich anschließende N-Immobilisation hielt bis zum Versuchsende an. Nach 90 Tagen waren noch 10 bis 19 mg N/kg Boden infolge der Streuzugabe immobilisiert. Die immobilisierte N-Menge war bei Zugabe der stark verholzten Streu der belasteten Fläche (LB2) wesentlich höher als bei Zugabe von Streu unbelasteter Flächen (LB1). In einem weiteren Inkubationsversuch mit Streu des Jahrgangs 1993 wurden durch die Streuzugabe sogar zwischen 40 (LB2) und 17 mg N/ kg Boden (LB1) nach 70 Tagen Versuchsdauer immobilisiert.

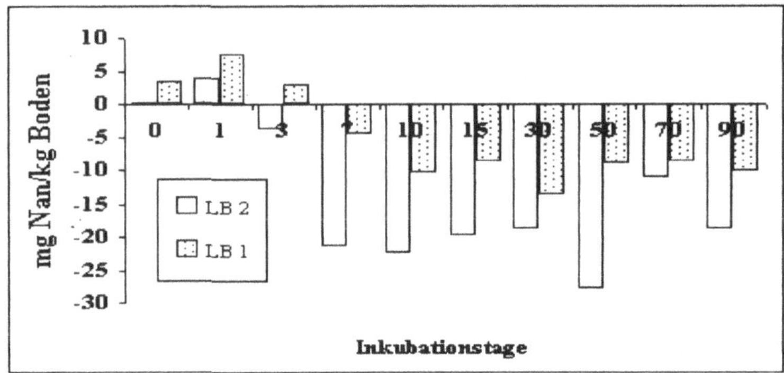

Abbildung 9: N-Mineralisation bzw. Immobilisation von Böden mit Streu belasteter (LB2) und unbelasteter (LB1) Versuchsflächen, Bad Lauchstädt

Inkubationsversuche mit verschiedenen Pflanzenarten zeigten den Einfluß des Entwicklungsstadiums auf die Höhe der C-Mineralisation. Grünes Pflanzenmaterial (Entnahme kurz vor der Blüte) wurde mit 51-70 % wesentlich stärker zersetzt als abgestorbenes mit 31-52 %, wobei sein Abbau im Boden belasteter Parzellen (LB2) in stärkerem Umfang als im Boden unbelasteter Parzellen (LB1) erfolgte. Tab. 17 zeigt, daß die unterschiedlichen Abbauraten der einzelnen Pflanzenarten bei gleichem Entnahmezeitpunkt nur teilweise auf die differenzierten C/N-Verhältnisse zurückzuführen sind. Von großem Einfluß dürfte auch der unterschiedliche Verholzungsgrad (Lignin!) der Pflanzenarten sein.

Da für die N-Mineralisation mit unterschiedlich langen Inkubationszeiten gearbeitet wurde, ist ein direkter Vergleich zwischen dem grünen und dem abgestorbenen Pflanzenmaterial nur bedingt möglich. Im ersten Inkubationsansatz mit einer Dauer von 100 Tagen traten bei grünem Pflanzenmaterial signifikante Unterschiede auf. In belastetem Boden (133 mg N_{an}/kg Boden zu Versuchsbeginn) wurden durch *A. nitens* 85, *A. vulgaris* 21, *L. serriola* 20, *S. canadensis* –13 mg/kg Boden und in unbelastetem Boden (59 mg N_{an}/kg Boden zu Versuchsbeginn) durch *A.nitens* 65, *S. canadensis* 25, *L. serriola* –9 und *A. vulgaris* –16 mg N/kg Boden immobilisiert (–Zeichen) bzw. aus dem Pflanzenmaterial mineralisiert. Im belasteten Boden erfolgte bei *L. serriola* und *A.vulgaris* eine N-Mineralisierung, während im unbelasteten Boden eine Immobilisierung des Bodenstickstoffs stattfand. Das gegensätzliche Verhalten von *S. canadensis* mit deutlich über dem kritischen Wert von 21 liegendem C/N-Verhältnis (SCHULZ 1988; KLIMANEK 1990) kann nicht erklärt werden.

Von der abgestorbenen Pflanzensubstanz wurde nach 70 Tagen Inkubationsdauer der Bodenstickstoff generell immobilisiert. In belastetem Boden (187 mg N_{an}/kg Boden zu Versuchsbeginn) wurden von *S. canadensis* –50, *A. vulgaris* –30, *L. serriola* –26 und *A. nitens* –19 mg N/kg Boden und in unbelastetem Boden (68 mg N/kg Boden) durch *A. vulgaris* –20, *S. canadensis* –19, *L. serriola* –18 und *A. nitens* –16 mg N/kg Boden immobilisiert.

Tabelle 17: C-Mineralisation verschiedener Pflanzenarten bei unterschiedlichem Erntezeitpunkt (Darstellung von zwei Inkubationsansätzen)

Boden	Pflanzenart	C/N-Verhältnis	mittlerer Abbau %	s%
1. Inkubationsansatz (Ernte des Pflanzenmaterials zur Blüte)				
Belastet LB2	*A. nitens*	12	70	6
	A. vulgaris	16	70	6
	L. serriola	20	59	6
	S. canadensis	36	56	6
Unbelastet LB1	*A. nitens*	12	55	2
	A. vulgaris	16	43	2
	L. serriola	20	48	4
	S. canadensis	36	51	4
2. Inkubationsansatz (Ernte des Pflanzenmaterials im Herbst)				
Belastet LB2	*A. nitens*	48	31	4
	A. vulgaris	68	33	4
	L. serriola	61	40	10
	S. canadensis	58	29	5
Unbelastet LB1	*A. nitens*	48	35	4
	A. vulgaris	68	37	3
	L. serriola	61	42	4
	S. canadensis	58	52	6

(Ergebnisse nach 70 Tagen Inkubation abzüglich der Grundatmung))

Verbleib des unkrautbürtigen N im Boden

In einem Rottemodellversuch wurden nach 3 Monaten Versuchsdauer 9-12 % der mit der Streu eingebrachten ^{15}N-Menge im Boden gefunden. Diese Menge entsprach etwa einem Drittel der aus der Streu ausgewaschenen ^{15}N-Menge. Die im Boden gefundene ^{15}N-Menge lag im belasteten Boden (LB2) zu 90 % in organischer, im unbelasteten Boden (LB1) zu 80 % in anorganischer Form vor. Eine weitere Fraktionierung des organisch gebundenen N durch Hydrolyse erfolgte nicht. Der Versuch bestätigte jedoch die Modellvorstellung einer N-Auswaschung aus der Streuschicht während der Rotte und den Einbau des ausgewaschenen Stickstoffs in die organisch gebundene N-Fraktion des Bodens. Auch Versuche mit ^{15}N-markiertem Weidelgras oder ^{15}N-Mineraldünger von HAIDER et al. (1983) und OBERDOERSTER et al. (1983) führten zu einem verstärkten Einbau von ^{15}N in die organisch gebundene N-Fraktion im Boden mit steigendem Humusgehalt.

6. Schlußfolgerungen

Im Kulturpflanzenbestand

In den Versuchen in Etzdorf und im V503 (alte Gülledeponie) in Bad Lauchstädt wurden zum Einfluß der N-Düngung und einer Rotationsbrache auf TM-Bildung und N-Aufnahme von Unkraut und Kulturpflanzen folgende Ergebnisse erzielt:

- Die Einschaltung einer selbstbegrünten Rotationsbrache in eine Fruchtfolge führte im allgemeinen zu einem höheren Unkrautaufwuchs und entsprechenden Mindererträgen der Kulturpflanzen (in Etzdorf mit einjähriger Verzögerung). Der hohe Wasserentzug der Unkräuter wirkte sich unter trockenen Bedingungen besonders negativ auf die Ertragsbildung der Kulturpflanzen aus.

- Im ersten Jahr nach der Brache profitierten die Unkräuter sowohl in Bad Lauchstädt als auch in Etzdorf stärker von der N-Düngung als der Winterweizen. Silomais und Sommergerste (zweites und drittes Jahr nach der Brache) konnten den Mineral-N wesentlich besser als das Unkraut ausnutzen und in Ertrag umsetzen.

- Der mittlere N-Konservierungseffekt war in Getreide mit 4 g N/m² gering, in Mais mit 12 g N/m² hoch.

- Da die Unkrauttrockenmasse im Getreide erst ab Mitte Juni und im Mais ab Ende Juli zurückging, erscheint eine Wiederaufnahme des unkrautbürtigen Stickstoffs in der gleichen Vegetationsperiode durch die Kulturpflanze unwahrscheinlich.

Diese Ergebnisse wurden ohne Unkrautbekämpfung erzielt. Bei dem vorhandenen Unkrautartenspektrum hätten sich die Mindererträge durch eine chemische Unkrautbekämpfung bei teilweiser Erhaltung des N-Konservierungseffektes vermindern lassen. Im Gefäßversuch konnte Mais nach Einmulchen von Unkraut im 4-Blattstadium des Maises ca. 40 % des unkrautbürtigen Stickstoffs wieder aufnehmen.

Forschungsbedarf

Die positiven Effekte von Unkräutern im Kulturpflanzenbestand (N-Konservierung, Erosionsschutz, Bodengare, Nahrung für Mikroorganismen und Tiere u. a.) müssen im Komplex untersucht werden. Es müssen Verfahren zur "Unkrautbewirtschaftung" zur Verfügung stehen, die dem Landwirt eine Nutzung dieser Vorteilswirkungen ohne Risiko erlauben. Für Standorte mit ausgeprägter Frühjahrstrockenheit müssen spezielle Verfahren erarbeitet werden.

Es sind Untersuchungen mit markiertem Stickstoff erforderlich, um den Verbleib von unkrautbürtigem Stickstoff in verschiedenen Kulturpflanzen und ihren Nachfrüchten zu verfolgen. Es muß geprüft werden, ob Unkräuter bei Starkniederschlägen ausreichende N-Mengen vor der Verlagerung schützen, und wann dieser Stickstoff den Kulturpflanzen wieder zur Verfügung steht.

In Dauerbrachen

Für die Bewirtschaftung von Brachen und damit auch für die Steuerung ihrer N-Dynamik gibt es mehrere Möglichkeiten. Entweder sie begrünen sich selbst, oder es werden Brachegemenge eingesät. Von größerer Bedeutung für die N-Dynamik ist aber, ob Eingriffe in den Pflanzenbestand erfolgen. Auf stark mit N belasteten Böden bietet sich eigentlich eine Abschöpfung des Stickstoffs mit dem Pflanzenaufwuchs an, also ein- bis mehrmaliges Mähen mit anschließender Abfuhr des Mähgutes. SCHMIDT (1985) stellte jedoch fest, daß sich nährstoffreiche Brachflächen selbst bei intensiver Mahd (4 - 8 Mal pro Jahr) nur sehr langfristig an Nährstoffen verarmen lassen. Außerdem ist die Abfuhr des Pflanzenmaterials von stillgelegten Flächen nach den EU-Richtlinien verboten. In einigen Bundesländern wird die Einsaat von Brachemischungen bzw. ein Schnitt der Brachevegetation in der 2. Junihälfte gefordert. Der Höhepunkt der Pflanzenentwicklung und damit auch das Maximum der N-Aufnahme wurde auf den untersuchten Brachen jedoch erst später erreicht. Die Pflanzen weisen bei frühem Schnitt ein enges C/N-Verhältnis und einen geringen Ligningehalt auf. Ob es bei dieser Art der Bewirtschaftung zu einem verlustarmen N-Kreislauf kommt, müßte unter den Bedingungen des Mitteldeutschen Trockengebietes noch geprüft werden. Ein frühzeitiger Schnitt verändert die Artenzusammensetzung des Pflanzenbestandes in starkem Maße. Gräser werden gefördert, ausdauernde, hochwüchsige Ruderalarten mit Speicherrhizomen unterdrückt. Die Untersuchungen auf der unbelasteten (hoher Anteil von Gräsern) und der güllebelasteten Dauerbrache (zunehmender Anteil von ausdauernden Arten) zeigen, daß es unter Gräsern zu einem schnellen Streu- und damit N-Umsatz kommt, während sich auf der belasteten Fläche eine von Jahr zu Jahr wachsende mächtige Streuauflage mit geringerer Abbaurate herausbildet, die hohe Stickstoffmengen enthält. Ungestörte Dauerbrachen haben eine besondere Bedeutung für die Tierwelt (vgl. STRAS-TP 10). Sie bieten Lebensbedingungen, die eine verarmte Kulturlandschaft nicht aufweisen kann. Für viele Insektenarten, z. B. die großen Tagschmetterlinge, die als Raupen auf bestimmte Nahrungspflanzen angewiesen sind, sind ungestörte Brachen für die erfolgreiche Vollendung ihres Lebenszyklus unabdingbar. Auch das Niederwild profitiert davon. In Bad Lauchstädt können ständig Rebhühner und Fasanen auf den Brachen beobachtet werden. Sie nutzen diese Flächen zur Nahrungsaufnahme (Insekten, Unkrautsamen), als Brutstätte und Deckung. Zur Vermeidung einer Verbuschung dürfte ein später Herbstmulchschnitt aller 2-3 Jahre genügen (SCHMIDT 1984). In den vorliegenden Dauerbracheversuchen wurden folgende Ergebnisse erzielt:

- Die unterschiedliche N-Belastung des Bodens führte auf den beiden Brachen zur Ausbildung unterschiedlicher Pflanzengesellschaften. Zwischen dem N-Gehalt des Bodens und der Höhe der Trockenmassebildung bestand jedoch kein eindeutiger Zusammenhang.

- Auf den Dauerbrachen wurden 100-200 dt TM/ha Sproß gebildet und damit 200-300 kg N/ha aufgenommen. Außerdem waren im September 1994 noch bis zu 280 kg N/ha in der Streu festgelegt.

- Auch nach 4 Jahren Brache ist noch kein Gleichgewicht zwischen Streubildung und Streuabbau eingetreten. Die Streuvorräte stiegen auf den güllebelasteten Parzellen auf 1300 g TM/m² und auf den unbelasteten Parzellen auf über 700 g TM/m². Der Anteil liegender Streu am Gesamtstreuaufkommen betrug auf den güllebelasteten Parzellen ca. 50 % und auf den unbelasteten Parzellen mit hohem , schnell verrottendem Grasanteil nur 38 %.

- Die N-Auswaschung aus Streu mit hohem Stengelanteil (Ernte im späten Herbst) betrug im Modellversuch ca. 10 %, aus grünem Pflanzenmaterial bis zu 27 %.

- Streu eines Jahrganges wurde auf der güllebelasteten Fläche innerhalb eines Jahres zu 67-82 % abgebaut. Auf der unbelasteten Fläche blieb aufgrund der schnelleren Umsetzbarkeit des Pflanzenmaterials nach einem Jahr nur eine Reststreu von 6-12 %. Diese Ergebnisse stimmen mit denen der Streubeutelversuche mit 62 % Abbau von April-Oktober und über 30 % Abbau von Dezember-März sehr gut überein. Der Anteil der Bodenfauna am Abbau betrug 14 %. Mit dem Abbau war eine N-Freisetzung von 40-55 % der Gesamtstickstoffmenge im Ausgangsmaterial in der Vegetationsperiode und von 30-60 % im Winter verbunden.

- Der güllebelastete Boden wies im Laborinkubationsversuch eine fünffach höhere C- und N-Mineralisierung als der unbelastete Boden auf. Die unterschiedliche Bodenaktivität hatte auf die C-Mineralisierung der Streu nur einen geringen Einfluß. Sowohl auf der belasteten als auch auf der unbelasteten Fläche wurden in 70 Tagen 40 % des mit der Streu eingebrachten C mineralisiert. Im Inkubationsversuch kam es bei Zugabe von Streu zu einer anhaltenden N- Immobilisierung. Bei Streu belasteter Flächen wurden bis zu 100 kg N/ha immobilisiert.

- Nach 3 Monaten Inkubation wurden im Modellversuch 9-12 % der mit der Streu eingebrachten ^{15}N-Menge im Boden gefunden. Dieser Stickstoff lag im N-belasteten Boden zu 90 % in organischer Form vor, im unbelasteten Boden nur zu 10 %.

Forschungsbedarf

Für eine fundierte Beurteilung der N-Dynamik von Ruderalzönosen sind weitere Untersuchungen notwendig. Zur Zeit ist noch keine sichere Prognose über die weitere Vegetationsentwicklung auf den Versuchsflächen möglich. Die Arbeiten müssen mindestens bis zum Erreichen eines Gleichgewichtszustandes zwischen Streubildung und -abbau fortgesetzt werden. Insbesondere Höhe und Verlauf der N-Auswaschung aus verschiedenem Pflanzenmaterial (auch Blattstreu), der Einbau des freigesetzten N in die Boden-N-Fraktionen und die Wechselwirkungen zwischen den Teilprozessen des Streuabbaus müssen künftig intensiver untersucht werden. Der weitere Verbleib des unkrautbürtigen N nach dessen Freisetzung aus der Streu muß bei allen Teilprozessen geklärt werden. Der Einfluß der Lumbriciden auf den Streuabbau ist unter den Bedingungen des Mitteldeutschen Trockengebietes noch nicht geprüft worden. Aufgrund ihrer Initialwirkung kommt den Regenwürmern beim Streuabbau eine große Bedeutung zu. Neben Dauerbrachen ohne Eingriff müssen auch solche mit verschiedenen Landschaftspflegemaßnahmen, insbesondere deren Wirkung auf die N-Dynamik unter den Bedingungen des Mitteldeutschen Trockengebietes untersucht werden. Schließlich müssen die Auswirkungen des Umbruchs von Dauerbrachen intensiv erforscht werden, insbesondere der Verbleib des akkumulierten N nach dem Umbruch und seine Nutzung durch Folgefrüchte.

7. Literatur

ALKÄMPER, J.: Einfluß der Verunkrautung auf die Wirkung der Düngung. Pflanzenschutz-Nachrichten BAYER 29 (1976), 191-235

ALKÄMPER, J.: Unkräuter als Brachekultur. PflKrankh. PflSchutz, Sonderheft XI (1988), 197-202

AMMON, H. U.; BOHREN, CH.: Ökologische Aspekte des Maisbaus aus der Sicht der Unkrautbekämpfung. Mitt. Schweiz. Landw. 36 (1988), 51-60

BORNKAMM, R.: Zusammensetzung, Biomasse und Inhaltsstoffe der Vegetation während zehnjähriger Sukzession auf Gartenböden in Köln. Dechenia 134 (1981), 34-48

BORNKAMM, R.: Experimentell-ökologische Untersuchungen zur Sukzession von ruderalen Pflanzengesellschaften, II. Quantität und Qualität der Phytomasse. Flora 175 (1984), 45-74

BOSWORTH, S.C.; HOVELAND, C.S.; BUCHANAN, G.A.: Forage quality of selected cool-season weed species. Weed Sci. 34 (1985), 150-154

CAMPINO-JOHNSON, I.: Einfluß der Nutzungsintensität auf Kompartimente von Grunland-ökosystemen. Diss. Gießen, 1978

CURRY, J. P.: The arthropods associated with the decomposition of some common grass and weed species in the soil. Soil Biol. Biochem. 5 (1973), 645-657

DAPPER, H.: Zur Stoffproduktivität der Großen Brennessel (*Urtica dioica* L.) an einem Ruderalstandort. Verh. Bot. Ver. Prov. Brandenburg 103 (1966), 54-64

DARARAS, V.: Wechselwirkungen zwischen Düngung und Unkrautbekämpfung auf Ertrag und Nährstoffaufnahme von Zuckerrüben und Unkraut in Griechenland. Diss. Gießen, 1987

DICKINSON, N.M.: Decomposition of grass litter in a successional grassland. Pedobiologia 25 (1983), 117-126

DO VAN LONG: Nährstoffkonkurrenz zwischen Kulturpflanzen und Unkräutern bei gesteigerter Düngung. Diss. Gießen, 1978

ELERS, B.; HARTMANN, H.D.: Biologische Konservierung von Nitrat über Winter. VDLUFA -Schriftenreihe 20, Kongreßband 1986, 427-438

ELLENBERG, H.: Zeigerwerte der Gefäßpflanzen Mitteleuropas, Scripta Geobotanica Vol. 9, 1979

ENGELHARD, M.: Nährstoffaufnahme durch Unkrautarten im Vergleich zu Getreidepflanzen. Dipl.-Arb. Gießen, 1980

FAUST, H.; BORNHACK, H.; HIRSCHBERG, K.; JUNG, K.; JUNGHANS, P.; KRUMBIEGEL, P.: ^{15}N-Anwendung in der Biochemie, Landwirtschaft und Medizin. - Eine Einführung. Schriftenreihe Anwendung von Isotopen und Kernstrahlungen in Wissenschaft und Technik, Nr. 5, Berlin, 1981

FRANKO, U.: C- und N-Dynamik beim Umsatz organischer Substanzen im Boden.
Diss. B, AdL Berlin, 1989

FRIEBE, B.; HENKE, W.: Bodentiere und deren Strohabbauleistungen bei reduzierter
Bodenbearbeitung. Z. f. Kulturtechnik und Landentwicklung 32 (1991), 121-126

GISI, U.; OERTLI, J.J.: Ökologische Entwicklung im Brachland verglichen mit Kulturwiesen.
IV.- Veränderungen im Mikroklima. Acta Oecologia/Oecologia Plantarium 2 (1981), 233-249

GOLLEY, F. B.: Energy dynamics of a food chain of an oldfield community. Ecol. Monogr.
30 (1960), 187-206

GUTSER, R.: Pflanzenbautechnische Maßnahmen zur Verringerung des Nitrataustrages
bei landbaulicher Bodennutzung: 8. Fortbildungslehrgang Wasser und Boden am 26. und 27.
2.1987 in Hildesheim.- Bonn: Deutscher Verband für Wasserwirtschaft und Kulturbau e. V.
(DVWK), 1-17

HAHN, W.; WOLF, A.; SCHMIDT, W.: Untersuchungen zum Stickstoffumsatz von
Tussilago farfara- und *Agropyron repens*-Beständen. Verh. Ges. Ökol. 7 (1979), 369-380

HAIDER, K.; FAROOQ-E-AZAM: Umsetzung ^{14}C-markierter Pflanzeninhaltsstoffe im Boden in Gegenwart von ^{15}N-Ammonium. Z. Pflanzenern. u. Bodenkunde 146 (1983), 151-159

HEGEWALD, H.-B.: Artenzusammensetzung und Nährstoffgehalt des Unkrautes im
Körnermais 1977. Angew. Bot. 56 (1982), 279-281

HOFMANN M.; GEIER, B.: Beikrautregulierung statt Unkrautbekämpfung, Karlsruhe, 1987

HOFSTETTER, W.: Ertrag und Nährstoffaufnahme von Zuckerrüben und der
assoziierten Unkrautgesellschaften. Dipl.-Arb. Gießen, 1980

JAHN, R.; BILLEN, N.; LEHMANN, A.; STAHR, K.: Bodenerhaltung durch Extensivierung
und Flächenstillegung. Mitt. Bodenkundl. Gesellsch. 73 (1994), 55-58

KIESSLING, L.: Untersuchungen über den Nährstoffgehalt von Ackerunkräutern und
Getreidepflanzen in verschiedenen Entwicklungsstadien. Meded. Landbouwhogesch. Gent 28
(1963), 1087-1096

KLIMANEK, E.M.: Qualität und Umsetzungsverhalten von Ernte- und Wurzelrückständen
landwirtschaftlich genutzter Pflanzenarten. Diss. B, AdL Berlin, 1988

KLIMANEK, E.M.: Umsetzungsverhalten von Ernte- und Wurzelrückständen. Archiv
Acker- Pflanzenbau, Bodenkunde 34 (1990), 559-567

KLIMANEK, E.M.: Nachwachsende Rohstoffe und ihr Einfluß auf den Boden. Mitt.
Dtsch. Bodenkundl. Gesellsch. 73 (1994a), 67-70

KLIMANEK, E.M.: Umsetzungsverhalten der Ernte- und Wurzelrückstände von Industriepflanzen in Lößschwarzerde. Archiv Acker- Pflanzenbau, Bodenkunde 38 (1994b), 383-392

KLING, M.: Über die chemische Zusammensetzung einiger Unkräuter sowie deren Wert als Futter- und Düngemittel. Mitt. Lw. Stat. Speyer 85 (1914), 433-470

KOCH, W.; KÖCHER, H.: Zur Bedeutung des Nährstoffaktors bei der Konkurrenz zwischen Kulturpflanzen und Unkräutern. Z. PflKrankh. PflSch., Sonderh. 4 (1968), 79-87

KÖRSCHENS, M.; FRANKO, U.; KLIMANEK, E.M.; SCHULZ, E.; SIEWERT, C.; EICH, D.; WRANKMORE, U.; WEDEKIND, I.; PFEFFERKORN, A.: Modell und Parameter des Einflusses der Wurzelmasseentwicklung der Hauptfruchtarten auf die C- und N-Dynamik des Bodens. F/E-Bericht, FZB Müncheberg, Bereich Bad Lauchstädt, AdL der DDR, 1989

KÖRSCHENS, M.; MÜLLER, A.: Nachweis nachhaltiger Bodennutzung. Mitt. Dtsch. Bodenkundl. Gesellsch. 73 (1994), 75-78

KORSMO, E.: Unkräuter im Ackerbau der Neuzeit. Springer Verlag, Berlin, Heidelberg, New York, 1930

KRATZ, W.: Streuabbaucontainer- ein Instrument der modernen Bodenbiologie. Mitt. Dtsch. Bodenkundl. Gesellsch. 66 (1990) I, 547-549

LEHOCZKI, E.; DEBRECZENI, B.; KARAMAN, J.: Study of the nutrient content and uptake of winterwheat and some weeds on farm-scale fields. Növenyterm. 37 (1988), 115-124

LUEANG-A-PAPONG, P.: Wirkung einer Unkrautbewirtschaftung auf den Boden und den Sommergerstenertrag in Gefäßversuchen. Diss. Gießen, 1985

MALKOMES, H. P.: Strohrotteversuche zur Erfassung von Herbizid-Nebenwirkungen auf den Strohumsatz im Boden. Pedobiologia 20 (1980), 417-427

MARSCHNER, B.; STAHR, K.: Bundesforschungsanstalt für Landeskunde und Raumordnung, Informationen zur Raumentwicklung Heft 7 (1992), 579-600

MUNDEL, G.: Beziehungen zwischen dem Stickstoffentzug durch das Erntegut sowie der Evapotranspiration und dem Nitrateintrag in das Grundwasser verschiedener entwässerter Niederungsböden (Lysimeterversuche). Arch. Acker- Pflanzenbau Bodenkd. 31 (1987), 177-186

OBERDOERSTER, U.; MARKGRAF, G.: Über den Einfluß unterschiedlicher C_t-Gehalte des Bodens auf den Verbleib von Mineraldüngerstickstoff im Boden. Wiss. Z. Humb. Univ. Berlin Math.-Nat. R. XXXII (1983) 4; 481-485

PARMELEE, R.W.; BEARE, M.H.; BLAIR, J.M.: Decomposition and nitrogen dynamics of surface weed residues in no-tillage agroecosystems under drought conditions: influence of ressource quality on the decomposer community. Soil Biol. Biochem. 21 (1989), 97-103

PESSIOS, E.: Wirkung gesteigerter Düngergaben auf Ertrag und Nährstoffaufnahme von Mais und von unterschiedlichen Unkrautgesellschaften. Diss. Gießen, 1979

SCHMIDT, W.: Der Einfluß des Mulchens auf die Entwicklung von Ackerbrachen - Ergebnisse aus 15jährigen Dauerbeobachtungsflächen. Natur und Landschaft 59 (1984), 47-55

SCHMIDT, W.: Mahd ohne Düngung- Vegetationskundliche und ökologische Ergebnisse aus Dauerflächenuntersuchungen zur Pflege von Brachflächen. Münstersche Geographische Arbeiten 20 (1985), 81- 89

SCHREIBER, K.-F.: Entwicklung von Brachflächen in Baden-Württemberg unter dem Einfluß verschiedener Landschaftspflegemaßnahmen. Verh. Ges. f. Ökologie, Band 8 (1980), 185-202

SCHREIBER, K. F.; SCHIEFER, J.: Vegetations- und Stoffdynamik in Grünlandbrachen - 10 Jahre Bracheversuch in Baden-Württemberg. Münstersche Geographische Arbeiten 20 (1985), 11-153

SCHULZ, E.: N-Transformationsprozesse beim Abbau von organischer Primärsubstanz im Boden in Abhängigkeit von ihrer Stabilität und dem C/N-Verhältnis. Archiv Acker-Pflanzenbau Bodenkd. 32 (1988), 577-582

SCHULZ-BEHREND, V.: Der Stickstoffhaushalt eines Ruderalstandortes als Grundlage der Beurteilung von Ökosystem-Veränderungen. Diss. Bremen, 1986

STÖCKLIN, J.; GISI, U.: Bildung und Abbau der Streu in bewirtschafteten und brachliegenden Mähwiesen. Münstersche Geographische Arbeiten 20 (1985), 101-109

SWIFT, M.J.; HEAL, O.W.; ANDERSON, J.M.: Decomposition in terrestrial ecosystems. Studies in Ecology, Vol. 5, Blackwell Sci. Publ.; Oxford, 1979

WEDEKIND, I.: Unkrautbewirtschaftung als Beitrag zur Erhöhung der Bodenfruchtbarkeit und zur Stabilisierung der Agrobiozönose. Tag.-Ber., AdL, Berlin 295 (1990), 291-294

WEDEKIND, I.; MERBACH, W.: ^{15}N-Aufnahme von Maispflanzen aus eingemulchtem *Chenopodium album* L. Wiss. Zeitschr. der Pädag. Hochsch. Güstrow, Heft 2 (1990), 97-103

WERNER, W.: Untersuchungen zum Stickstoffhaushalt einiger Pflanzenbestände. Scripta Geobotanica 16 (1983)

WIEGERT, R.G.; EVANS, F.C.: Primary production and the disappearance of dead vegetation in an old field in southeastern Michigan. Ecol. 45 (1964), 49-63

WOLF, G.: Veränderungen der Vegetation und Abbau der organischen Substanz in aufgegebenen Wiesen des Westerwaldes. Schr. Reihe Vegetationskde. 13 (1979), 1175

ZUCKER, A.; ZECH, W.: Dynamik verschiedener N-Fraktionen bei Abbauversuchen mit Brennessel (*Urtica dioica* L.). Z. Pflanzenern. und Bodenkunde 150 (1987), 161-167

Minimierung von Stoffausträgen aus unterschiedlich landwirtschaftlich genutzten Flächen, ermittelt durch Tiefenuntersuchungen des Bodens von Dauerversuchen und Praxisflächen

<u>Projektleiter</u>: Dr. C. Moritz
Martin-Luther-Universität Halle-Wittenberg
Institut für Acker- und Pflanzenbau

<u>Mitarbeiter</u>: Dipl.- Ing. agr. M. Zimmermann
Dipl.- Ing.agr. U. v. Damitz
S. Papaja
I. Kawetzki

Minimizing matter seepage from arable land of differing use, determined by means of deep soil sampling on long-term test plots and production fields

On various sites of arable farming deep sampling was used to determine the excess quantities of soluble nitrogen. Results of major importance:
- Increasing N doses caused higher quantities of excess nitrogen (esp. NO_3-N) in the root zone and more vertical movement with corresponding seepage.
- Combined organic and mineral N input, the more when given in high doses, led also to comparatively high excess N rates in the root zone. They remained, however, rather low in case of little fertilizer input over the years. Therefore, the danger of vertical migration was lower, too.
- Particularly serious pollutions by nitrate N and the danger of contaminated ground water were recorded under liquid manure disposal areas in the neighbourhood of former animal production plants.

The presented test results allow to draw conclusions about the share of agriculture in environmental pollution.

1. Zusammenfassung

Im Rahmen von Tiefenbohrungen sind in der ungesättigten Zone mittels einer motorgetriebenen Rammkernsonde Bodenproben von jeweils 50 cm Profiltiefe gewonnen worden. Sie bildeten das Ausgangssubstrat für die Bestimmung des Überschußsaldos an löslichem Stickstoff, insbesondere NO_3-N, von ausgewählten Standorten. Dafür standen langjährige Dauerversuche von Bad Lauchstädt, Etzdorf, Halle und Seehausen sowie auch Praxisschläge mit hoher Güllebelastung zur Verfügung. Kernstück der Bohrungen bildeten zehn zentral im STRAS festgelegte Varianten.

Die Probennahme erfolgte entweder im Herbst nach der Ernte oder im Frühjahr vor der Bestellung der Kulturen, um so die Belastungssituation vor oder nach dem Winter erfassen zu können.

Als wesentlichste Ergebnisse sind folgende herauszustellen:
- Es besteht eine eindeutige Abhängigkeit zwischen der Belastung mit löslichem Stickstoff (bes. NO_3-N) und der N-Düngungsmenge. Steigende Stickstoffgaben führen zu höheren N-Salden in der Wurzelzone und damit auch zu einer stärkeren vertikalen Verlagerung bei entsprechender Versickerung.
- Bei gleicher N-Gabe kommt es bei alleiniger organischer oder mineralischer Düngung zu etwa gleichen Anreicherungen. Kombinierte Düngung, besonders in den hohen Stufen, führt zu verhältnismäßig großen N-Überschüssen in der Wurzelzone, die sich von den anderen Varianten deutlich absetzen (Statischer Düngungs-Versuch Bad Lauchstädt, Düngungs-Kombinationsversuch Seehausen).

Am Beispiel des "Ewigen Roggenbaubau" in Halle und am Herbizid - Düngungs - Versuch in Etzdorf wird deutlich, daß bei einem langjährig relativ niedrigen N-Düngungsniveau keine großen Überschüsse an löslichem Stickstoff entstehen.

- Besonders gravierende Belastungen treten unter sogenannten Güllelastflächen in der Nähe ehemaliger Tierproduktionsanlagen auf (Gülledeponie und Dauerbrache Bad Lauchstädt, Praxisschläge in Knau und Losten). Hier wurde über mehrere Jahre ein Gefährdungspotential für das Grundwasser aufgebaut und es ist sehr wahrscheinlich, daß mit dem Sickerwasser, jahreszeitlich unterschiedlich, größere Nitratmengen auf den Grundwassersaum auftreffen.

Anhand dieser Versuchsergebnisse sind Rückschlüsse auf den Anteil der Landwirtschaft an der Umweltbelastung ableitbar.

Durch Änderung der Bewirtschaftung in Richtung Extensivierung ist eine Belastungsminderung zu erreichen. Eine umfassende Analyse der betrieblichen Stoffkreisläufe mit einer betriebs- bzw. schlagbezogenen N-Bilanzierung sind wirksame Hilfen .

2. Zielstellung

Die im Rahmen des Teilprojektes 6 durchgeführten Tiefenbohrungen in der ungesättigten Zone sollen Aufschluß über die aktuelle Belastungssituation nicht nur des Oberbodens, sondern auch des wurzelfreien Raumes geben. Tiefenuntersuchungen gestatten es, einerseits Art, Umfang, Stärke und voraussichtliche Dauer der Grundwasserkontamination aufzuzeigen, andererseits aber auch dort, wo es zu Einträgen gekommen ist, Lösungsansätze zu deren Minderung vorzuschlagen. Tiefenuntersuchungen ermöglichen also räumliche, zeitliche und stoffliche Aussagen zur Nährstoff- (und Schadstoff-) -Verlagerung und verknüpfen somit Aufgaben und Verantwortung von Landwirtschaft und Wasserwirtschaft. Die vorliegenden Forschungsleistungen haben zum Ziel, die Stickstoffüberschußsituation unter den klimatischen Bedingungen des mitteldeutschen Trockengebietes zu analysieren. Dazu sind typische Löß-Schwarzerde- bzw. Sandlöß-Tieflehm-Braunstaugley-Standorte ausgewählt. An langjährigen Dauerfeldversuchen mit gestaffelter organischer und mineralischer Düngung ist der Einfluß einer unterschiedlichen Bewirtschaftungsweise auf die N-Belastung zu beurteilen.

Darüber hinaus sind auch Standorte mit langjährig extremer Güllebelastung in der Nähe ehemaliger großer Tierproduktionsanlagen in die Untersuchungen einbezogen.

Die erzielten Ergebnisse können in weiterführende Untersuchungen zum Stickstoffhaushalt im Boden, zur Nährstoffausnutzung durch die Pflanzen sowie für schlagbezogene, betriebliche oder auch landesweite Stickstoffbilanzierungen einbezogen werden.

3. Wissenschaftlich-technischer Stand - Literatur

Frühere Untersuchungen zum Stickstoffhaushalt in Böden dienten vorwiegend der ausreichenden Nährstoffversorgung des Oberbodens mit dem Ziel, eine optimale Ertragsbildung zu sichern. Aus bisher zahlreich vorliegenden Ergebnissen von N_{an}-Untersuchungen nach der Ernte bzw. im Frühjahr ist bekannt, daß es standortabhängig und in Abhängigkeit vom Düngungsregime zum Teil eine ungünstige N-Verwertung gibt und es demzufolge zu erheblichen N-Überhängen im Oberboden kommt. Diese unterliegen der natürlichen Nitrifikation, ergänzt durch fortwährend ablaufende Mineralisierungsprozesse. Der im Boden in Lösung befindliche Stickstoff, insbesondere das Nitrat, unterliegt, gebunden an die Versickerungsleistung des Bodens, einer ständigen vertikalen Migration und ist somit eine Quelle der Belastung der Grundgewässer.

Wissenschaftliche Veröffentlichungen der letzten Jahre weisen auf eine z.T. erhebliche Anreicherung des Unterbodens mit löslichem Stickstoff hin (MAIDL u. FISCHBECK, 1987; ISERMANN, 1987; ISERMANN, 1988 u.a.).

Infolge einer in den vergangenen Jahren fast flächendeckenden übersteigerten Intensivierung der landwirtschaftlichen Produktion, vor allem verursacht durch überhöhte mineralische N-Düngung, aber auch durch gebietsweise unverhältnismäßig hohe Güllegaben, kommt es sukzessive zu einer schlechteren Stickstoffausnutzung. Resultierend daraus ergeben sich Stickstoffüberschüsse im Oberboden, die der oben beschriebenen Auswaschung folgen. Während dieser Migration laufen bekanntermaßen Reduktionsprozesse ab, die zu gasförmigen N-Verbindungen führen, welche die Atmosphäre belasten.

Ein erheblicher Teil des Nitrats passiert schließlich die hydrologische Wasserscheide und kontaminiert das Grundwasser.

Die gegenwärtige Belastungs - Situation in den alten und neuen Bundesländern ist gekennzeichnet durch die Tatsache, daß etwa 100 kg N/ha.a als N-Überschuß in die verschiedenen Verlustpfade eingehen, wie es u.a. BIERMANN u. a. (1994) sowie auch BACH (1987) anhand von N-Bilanzen größerer Landnutzungsgebiete belegen konnten. In den neuen Bundesländern ist außerdem eine größere Differenziertheit in der Verteilung der organischen Dünger, bedingt durch hohe Tierkonzentrationen in der Vergangenheit, zu verzeichnen. Vielfach sind auf Hochlastflächen sehr stark überhöhte Düngermengen, vorwiegend in Form von Gülle, ausgebracht worden.

Hervorzuheben sind u.a. folgende negative Wirkungen infolge des N-Überschusses:

- rapider Anstieg der Nährstoffverluste (SIEGERT, 1983; MORITZ, 1991) und zunehmende Eutrophierung der Oberflächen- und Grundgewässer (ROHMANN u. SONTHEIMER, 1985; ISERMANN, 1990)
- abnehmende Düngereffektivität (RAUHE u. HOBERÜCK, 1982; DIERCKS, 1983)
- Erhöhung der gasförmigen N-Freisetzung (NH_x, NO_x) als eine Ursache neuartiger Waldschäden (ISERMANN 1991)
- Qualitätsverluste bei landwirtschaftlichen Produkten (PRIEBE, 1990) bis zur Gefährdung der menschlichen Gesundheit durch zunehmende Schadstoffbelastung (SEIBEL, 1990).

Ein wichtiges Anliegen dieser Forschungsarbeiten ist es, den Anteil der Landwirtschaft an der vorhandenen Nährstoff-(N-)Überschußsituation festzustellen, um daraus Maßnahmen zu deren Minderung ableiten zu können.

4.　Material und Methode

Für die Tiefenbohrungen stehen langjährige klassische Dauerfeldversuche der Martin-Luther-Universität Halle-Wittenberg sowie des Umweltforschungszentrums Leipzig-Halle zur Verfügung. An ihnen ist die Bewirtschaftung, insbesondere die Fruchtfolge und das Düngungsregime, über mehrere Rotationen exakt belegbar. Als Versuchsvarianten dienen die für das STRAS-Projekt zentral festgelegten zehn Prüfglieder, die im Gesamtbericht näher beschrieben sind. Aus versuchstechnischen Gründen mußten zum Teil benachbarte Parzellen ausgewählt werden (Gülledeponie, Dauerbrache). Zusätzlich in die Untersuchungen ist der Düngungskombinationsversuch des Standortes Seehausen einbezogen, welcher 1967 angelegt und im Jahre 1993 die 5. Rotation in der Folge Kartoffeln, Winterweizen, Zuckerrüben, Sommergerste abgeschlossen wurde. Er ist in der folgenden kurzen Standortbeschreibung mit aufgeführt.

Standortcharakteristik:

Standort	Seehausen	Etzdorf	Bad Lauchstädt	Halle
Bodenform	Sandlöß-Tieflehm-Braunstaugley	Löß-Schwarzerde	Löß-Schwarzerde	Sandlehm-Braunschwarzerde
Bodenart	sandiger Lehm	Lehm	Lehm	sandiger Lehm
Grundwasserstand (m)	20	9	3 (10)	2,5
Höhenlage	132	134	110	113
Niederschlag (mm) (langjähriges Mittel)	556	473	490	501
Jahresmitteltemp. (°C)	9,0	9,0	8,6	9,2

(Nähere Angaben in : Dauerfeldversuche, Akademie der Landwirtschaftswissenschaften, Berlin 1990)

Darüber hinaus sind auch ausgewählte Praxisschläge beprobt, welche in den zurückliegenden Jahren auf Grund ihrer relativen Nähe zu ehemaligen großen Tierproduktionsanlagen mit unverhältnismäßig hohen Güllemengen "belastet" wurden. Es bot sich hierfür ein Muschelkalk-Verwitterungsboden in Thüringen vom Standort Knau bei Neustadt/Orla und ein stark vergleyter sandiger Lehm in Mecklenburg-Vorpommern vom Standort Losten bei Wismar an. Auf beiden Standorten wurde bis 1990 als "Entsorgung" Gülle verregnet.

Für die Tiefenbohrungen stand ein Schlagbohrgerät vom Typ "Pionjär" 130 zur Verfügung, welches die Gewinnung von ein m langen und 25 mm dicken Bodenkernen erlaubte. In Abhängigkeit von der Motorleistung, des Profilaufbaues und der Beschaffenheit des Untergrundes waren Bohrungen bis zehn m Tiefe möglich. Mittels eines hydraulischen Stangenziehgerätes wurde die Bohrsonde gehoben. Die auf diese Weise gewonnenen Bohrkerne sind in jeweils 50 cm lange Profilabschnitte geteilt und sofort am Gewinnungstag tiefgefroren worden. Die analytische Untersuchung der Bodenproben erfolgte nach den Standardmethoden der LUFA in Sachsen-Anhalt, wobei die Parameter

- löslicher Stickstoff als NO_3-N und NH_4-N -,

als eine Quelle der Belastung von Boden und Grundwasser, vollständig und umfassend bestimmt worden sind. Die Erfassung von P, K, Cl und SO_4 ist erst ab 1993 in die Untersuchungen einbezogen und die Bestimmung des DOC konnte aus labortechnischen Gründen erst ab 1994 an ausgewählten Proben vorgenommen werden.

Für die Feststellung eines möglichen "Bombeneffektes" konnten die erforderlichen Tritium-Analysen an ausgewählten Proben erst im Herbst 1994 vertraglich vereinbart werden, so daß die Ergebnisse III/95 nachzureichen sind.

Die in den Tabellen dargestellten Ergebnisse sind Mittelwerte von jeweils drei Bodenproben bzw. drei Einzelbohrungen je Prüfvariante und je Profilabschnitt. Gleiches trifft auch für die entsprechenden Abbildungen zu.

In den Urlisten sind die Meßwerte jeweils bis zur Endtiefe der jeweiligen Bohrung aufgezeichnet, während in den Tabellen des vorliegenden Berichtes die Mittelwertbildung immer nur bis zur geringsten Bohrtiefe erfolgte. Aufgrund der bohrtechnischen Besonderheiten und der unterschiedlichen Bohrtiefen ist auf eine fehlerstatistische Bearbeitung der Ergebnisse verzichtet worden.

Ein Hauptanliegen dieser Untersuchungen war es, die Belastung des Bodens mit löslichem Stickstoff quantitativ in den Schichten bis ein Meter Tiefe (Hauptwurzelzone) und von ein Meter bis zur Endtiefe des Profils darzustellen. Anhand sogenannter "Nitratprofile" ist in den Abbildungen die vertikale Nitratanreicherung und im zeitlichen Abstand der Messungen auch eine mögliche Migration zu beobachten.

Im Bearbeitungszeitraum des Gesamtprojektes gab es zahlreiche Kontakte und enge Zusammenarbeit mit den Leitern folgender Teilprojekte:

TP 1; TP 3; TP 5; TP 11; TP 12; TP 13;

Zur Vorbereitung des Teilprojektes 6 "Tiefenbohrungen..." wurden von dem Partner BASF mit großzügiger Unterstützung von ISERMANN im Jahre 1990 erste orientierende Untersuchungen auf den Standorten Bad Lauchstädt und Seehausen vorgenommen (ISERMANN u.a. 1991). Während der gesamten Laufzeit des Projektes gab es engen Kontakt zu ISERMANN, der dieses beratend begleitete.

## 5.	Ergebnisse und Diskussion

### 5.1.	Standort Bad Lauchstädt

Der seit über 90 Jahren bestehende "Statische Düngungs-Versuch" beinhaltet die Prüfung von organischer und mineralischer N-Düngung auf die Ertragsbildung, auf die Qualität der Ernteprodukte sowie auf die Bodenfruchtbarkeit (KÖRSCHENS u. EICH, 1990). Im Jahre 1992 wurden im Herbst Bohrungen bis in eine Tiefe von 3,5 m bzw. 4,5 m niedergebracht. Die im Oberboden bis ein Meter oder auch im Untergrund gemessenen NH_4- und NO_3-N-Mengen kennzeichnen den Einfluß der N-Düngung.

Die Löß-Schwarzerde besitzt ein relativ großes N-Nachlieferungsvermögen, so daß infolge von Mineralisation auch in der ungedüngten Variante (LD 1/18) löslicher Stickstoff, allerdings in geringer Menge, gemessen wird. Bei organischer wie auch mineralischer N-Düngung bilden sich etwa gleichgroße N-Überhänge (LD P6, LD P13), die jedoch nur unwesentlich über denen der ungedüngten Variante liegen und für das Grundwasser keine besondere Gefährdung darstellen.

Erst bei kombinierter organisch/mineralischer N-Düngung mit etwa 200 kg N/ha jährlich entsteht ein zu beachtendes Gefährdungspotential von etwa 300 kg löslichem Stickstoff/ha bis zu 4,5 m Tiefe (LD 2/1). Angesichts der geringen Niederschläge und der in verschiedenen Jahren ausbleibenden Versickerung wird dieses kaum vertikal verlagert (Tabelle 1).

Bei wiederholter Beprobung im Herbst 1993 zeigen sich im Vergleich der Prüfglieder die gleichen Relationen bezüglich des Überhanges an löslichem Stickstoff. Es ist jedoch zu beachten, daß die Bohrungen jeweils einen Meter tiefer eingebracht wurden und sich dadurch die absolute Menge an löslichem Stickstoff, besonders in der Variante LD 2/1, erhöht (Tabelle 3). Eine Verlagerung hat auf Grund fehlender Versickerung in diesem Zeitraum kaum stattgefunden.

Gravierende N-Überschüsse und damit ein hohes Gefährdungspotential für das Grundwasser sind unter Güllelastflächen vorhanden, die es im Bereich früherer großer Tierproduktionsanlagen gibt.

Eine solche Fläche ist in Bad Lauchstädt untersucht worden. Auf dieser "Gülledeponie" (Tabelle 1) ist über mehrere Jahre bis 1983 Stallmist zwischengelagert sowie auch Gülle entsorgt worden. Die Menge des aufgebrachten Stickstoffs, sowie auch der organischen Substanz ist nicht genau zu ermitteln. Nach Beendigung dieser Entsorgung erfolgte ab 1986 versuchsmäßig Nachbau von Mais, Zuckerrüben und Getreide.

Auf den geringer belasteten Parzellen (LA 1/3, LA 1/16) treten 1992 bereits in der Schicht bis ein Meter erhebliche Nitratüberschüsse auf, die sich bis in drei bzw. 3,5 m Tiefe verdoppeln. Viel gravierender sind diese auf den stark mit Gülle belasteten Parzellen (LA 2/101; LA 2/102). In diesen Fällen werden bei entsprechender Versickerung mit Sicherheit größere Nitratmengen in das Grundwasser gelangen (Versickerung über Winter).

Im Jahre 1993 wurde an Stelle der Variante LA 1/16 die Variante LA 1/17 beprobt, so daß kein direkter Vergleich möglich ist. Die wesentlich höheren Nitratwerte in der Variante LA 2/102 gegenüber 1992 sind nur durch andere Versickerungsverhältnisse (vertikale Hohlräume oder ähnliches) zu erklären, die durch die Tiefenbohrung zufällig erfaßt worden sein können (Tabelle 4).

Ganz ähnliche Verhältnisse finden wir auf der jetzigen Dauerbrache, einer Fläche, die vor einigen Jahren bis 1989 ebenfalls der Gülleentsorgung diente (Tabelle 1). Hier wurden im Frühjahr 1993 sowohl hoch als auch unbelastete Parzellen untersucht.

Bemerkenswert ist, daß in den Varianten LB 2/69 und LB 2/84 neben der immer noch sehr hohen Nitratbelastung im Ober- und Unterboden (2700 - 1600 kg/ha), auch eine hohe Anreicherung von Ammoniumstickstoff vorliegt (900 - 1400 kg/ha).

Dies ist ein Befund, der unter diesen Umständen auch auf eine Ammonium-Verlagerung schließen läßt. Es ist hier zu berücksichtigen, daß unter den Bedingungen der begrünten Brache, ohne Abfuhr organischer Substanz, der größte Teil des Stickstoffs im Kreislauf auf dem Schlag verbleibt und ständig mineralisiert und nitrifiziert wird, wodurch diese hohen Werte erklärbar sind.

Die Ergebnisse des dritten Versuchsjahres (1994) korrespondieren gut mit denen der Jahre 1992 und 1993. In der Belastung der untersuchten Profile deutet siche ein sinkender Trend an, nur in den hochbelasteten Varianten der Gülle-Deponie ist noch keine „Entwarnung" feststellbar (Tabelle 9).

5.2. Standort Etzdorf

Am Standort Etzdorf stand für die Tiefenbohrungen der Herbizid - Düngungs - Versuch zur Verfügung, welcher die Untersuchung der C- und N-Dynamik von Schwarzerdeböden und ihrer Biozönosen bei extensiver Bewirtschaftung zum Ziel hat. Die festgestellten N-

Überhänge im Herbst 1992 sowohl im Oberboden als auch bis in vier Meter Tiefe sind in den Varianten "ungedüngt" (ED 1) und 80 kg N/ha (ED 2) nahezu gleich groß. Mit insgesamt 132 bzw. 138 kg/ha löslichem N stellen sie unter den gegebenen Boden- und Klimaverhältnissen auch keine besondere Gefährdung für das Grundwasser dar (Tabelle 2). In den Folgejahren 1993 und 1994 sind bei gleicher Bohrtiefe auch etwa gleiche Restmengen an löslichem Stickstoff festgestellt worden (Tabellen 5 und 10). Das stützt die These, daß in Löß-Schwarzerdeböden des mitteldeutschen Trockengebietes eine N-Verlagerung keine große Bedeutung besitzt und diese nur in Jahren mit nachweisbarer Versickerung auftreten kann.
Die applizierte N-Düngermenge von 80 kg/ha liegt für Mais und Getreide auch unter den ortsüblichen Gaben, woraus eine bessere Nährstoffeffizienz abzuleiten ist.

5.3. Standort Halle

Der bereits im Jahre 1878 von Julius Kühn auf dem Versuchsfeld in Halle angelegte Dauerversuch "Ewiger Roggenbau" ist in seinen Grundzügen bis heute erhalten. In seinem Kernstück wird die Beeinflussung des Humus- und Nährstoffspiegels in abgestuften organisch-mineralisch gedüngten Varianten unter fortwährender Roggen-Monokultur untersucht (GARZ u. HAGEDORN, 1990). Bei einem Düngungsniveau von 60 kg N/ha . a sind in der Schicht bis ein Meter Tiefe im Frühjahr 1993 in der Variante HD 1 (ungedüngt) kaum nennenswerte Überhänge an löslichem Stickstoff vorhanden. Auch die Varianten HD2 (NPK) sowie Stallmist und Stallmist + NPK zeigen in dieser Schicht Rest-N-Mengen von nur 15-57 kg/ha an. In der Gesamtbohrtiefe von 5,5 m liegt dieser Wert zwischen 108 kg/ha (ungedüngt) und 167 kg/ha (Stallmist + NPK).
Hieraus ist wiederum abzuleiten, daß bei einem relativ niedrigen N-Düngungsniveau Nitratmengen im Untergrund festgestellt werden, die in einem tolerierbaren Bereich liegen
(Tabelle 2).
Das Problem einer Grundwassergefährdung durch Nitrateintrag ist immer unter dem Gesichtspunkt des Grundwasserstandes, der Nitratrestmengen, der Versickerung und der Denitrifikationsleistung des Bodens zu sehen. Insofern sind die festgestellten Nitratanreicherungen in der ungesättigten Zone der Versuchsstandorte Bad Lauchstädt (außer Güllelastflächen und Dauerbrache), Etzdorf und Halle zum gegenwärtigen Zeitpunkt ohne ernsthafte Gefahr für das Grundwasser.

5.4. Standort Seehausen

Im Düngungs-Kombinationsversuch Seehausen wird die Kombinationswirkung gestaffelter organischer und mineralischer N-Düngung auf Ertragsbildung und Bodenfruchtbarkeitsmerkmale geprüft (HÜLSBERGEN, 1991; HÜLSBERGEN u.a. 1992).

Die Ergebnisse der Tiefenbohrungen jeweils im Frühjahr der Jahre 1992 und 1993 zeigen eindeutig, daß es eine Abhängigkeit der Belastung mit löslichem Stickstoff vom N-Düngungsregime gibt. Die Differenzierung zwischen den Düngungsstufen ist am Standort Seehausen mit der Bodenform Sandlöß-Tieflehm-Braunstaugley stärker ausgeprägt als auf den Löß-Schwarzerdestandorten Etzdorf und Bad Lauchstädt mit etwa 80 bzw. 60 mm geringeren Jahresniederschlägen (Tabellen 2 und 6).

In der Schicht bis ein Meter Tiefe sind die Überschüsse an Ammonium- und Nitratstickstoff sowohl bei getrennter organischer und mineralischer als auch kombinierter "optimaler" N-Düngung nicht bedeutsam. Erst bei hoher kombinierter Düngung steigt der NO_3-N Überschuß beträchtlich an, was schon als ein Gefährdungspotential für das Grundwasser bezeichnet werden kann. Insgesamt sind die relativ großen Mengen an löslichem Stickstoff in der Profiltiefe bis 7,5 bzw. 8,5 m in der Variante "hohe kombinierte Düngung" auf die größere Versickerungsleistung dieses Bodens und der damit stärkeren Nitrat-Verlagerung aus dem Oberboden zurückzuführen. Die Untersuchungen jeweils im Frühjahr beziehen das gesamte Verlagerungs- und Mineralisierungsgeschehen über Winter unter relativ milden klimatischen Bedingungen mit ein. Das teilweise auftretende Schichtwasser in 2 - 3 m Tiefe kann auch eine horizontale Verteilung des Nitrats bewirken.

Ganz allgemein ist zu sagen, daß der bis in ein Meter Bodentiefe vorhandene lösliche Stickstoff bei entsprechendem Bewuchs noch pflanzenaufnehmbar ist, sofern es nicht stark überhöhte Mengen, resultierend aus unsachgemäßer Düngung, sind. Erst der unterhalb 150 cm Bodentiefe befindliche lösliche Stickstoff ist als Austrag zu betrachten und bildet das Gefährdungspotential für das Grundwasser.

5.5. Standort Knau

Die Tiefenbohrungen auf begüllten Praxisflächen sind insofern etwas problematisch, als es schwierig ist, repräsentative Bodenproben zu erhalten. Dies beruht auf der zum Teil ungleichmäßigen Verteilung der Gülle bei Beregnung oder mobiler Ausbringung. Aber auch die Geländegestaltung (Hangneigung) und der damit im Zusammenhang stehende oberflächige Abfluß spielen eine Rolle.

Am Standort Knau weist der beprobte Schlag eine gleichmäßige, mittelstarke Hangneigung auf, so daß bei gut gesteuerter Gülleberegnung kaum ein oberflächiger Abfluß eingetreten sein dürfte. Erst bei fortwährender Überdosierung und zusätzlichen Niederschlägen kann dies der Fall gewesen sein.

Aus den vorliegenden Ergebnissen sind solche Verhältnisse abzuleiten. Sowohl beim Ammonium - als auch beim Nitratstickstoffüberhang sind in der Schicht bis ein Meter Tiefe in den Senken etwa die doppelten Mengen gegenüber den Höhen im Schlag gemessen worden. Im Profil unterhalb einem Meter ist dieser Unterschied nicht so stark ausgeprägt, trotzdem ist eine deutlich höhere Nitratanreicherung in den Senken festzustellen. Für das Gesamtprofil stellt die Belastung mit löslichem Stickstoff in Höhe von 1240 bzw. 1350 kg/ha eine erhebliche Gefahrenquelle für das Grundwasser dar (Tabelle 7).

Nach entsprechenden Auskünften ist auf dieser Fläche auch in den "Güllesperrzeiten" verregnet worden. Deshalb ist mit einiger Sicherheit anzunehmen, daß in den Wintermonaten, mit Ausnahme von Frostperioden, verstärkt Nitrat in den Untergrund ausgewaschen worden ist. In 4 - 6 m Tiefe weist das Profil eine sehr grobe, steinige Struktur auf, so daß eine tiefere Bohrung technisch ausgeschlossen war. Für eine relativ starke Versickerung mit einer raschen vertikalen Nitratverlagerung sind günstige Voraussetzungen gegeben.

5.6. Standort Losten

Die beprobten Schläge in Losten weisen eine sehr unruhige Oberfläche auf. Erodierte Lehmkuppen wechseln mit starkem Gefälle und tieferen Senken ab. In diesen tritt infolge unterlagerter Tonschichten verstärkt Schichtwasser und Staunässe auf.

So ist es erklärbar, daß infolge von Erosion auf den Kuppen des begüllten Schlages nur unbedeutende Mengen an löslichem Stickstoff in der Schicht bis ein Meter feststellbar sind. In den Senken dagegen 335 bis 370 kg/ha Nitratstickstoff nachweisbar ist. Im gesamten Profil beträgt die Anreicherung von löslichem Stickstoff 1500 bzw. 1800 kg/ha. Diese Mengen sind bei dem in diesem Gebiet relativ hohen Grundwasserstand und dem vorhandenen Schichtwasser in 2-3 m Tiefe als äußerst gefährlich für das Grundwasser einzuschätzen. Bei Jahresniederschlägen über 650 mm treten im Jahresverlauf längere Sickerwasserperioden auf, in denen dann auch Nitrat in stärkeren Fronten vertikal verlagert wird. Durch die festgestellte Staunässe bzw. durch das anstehende Schichtwasser sind über längere Zeiträume anaerobe Verhältnisse im Boden vorhanden. Dadurch ist wohl erklärbar, daß auch im Untergrund zum Teil sehr hohe Mengen Ammoniumstickstoff auftreten. Es ist unter diesen Verhältnissen eine Verlagerung von NH_4-N nicht auszuschließen.

Ein benachbarter, nach dem ehemaligen "DS 87" mineralisch gedüngter Schlag weist sowohl in der Schicht bis ein m als auch Meter gesamten Profil erheblich geringere Mengen an löslichem Stickstoff auf, auch unter Berücksichtigung unterschiedlicher Bohrtiefen (Tabelle 8).
Eine weitere Interpretation der Ergebnisse von Praxisschlägen erscheint dem Projektbearbeiter auf Grund fehlender betrieblicher Daten nicht sinnvoll.

5.7.   Beschreibung der Nitratprofile

In Ergänzung zu den diskutierten Ergebnissen auf der Grundlage der Tabellen 1 bis 8 sind von allen beschriebenen Beprobungsstandorten sogenannte „Nitratprofile" angefertigt worden (Abbildungen 1 bis 15). Anhand dieser Darstellungen ist die vertikale Verteilung des Nitrat-Stickstoffs jeder Variante und im Vergleich zwischen den Varianten zu verfolgen. Sie liefern Anhaltspunkte zur quantitativen Anreicherung von NO_3-N in den einzelnen Profilabschnitten (jeweils 0,5 m) zum Beprobungstermin. Sie geben aber auch Auskunft über eine mögliche Migration des NO_3-N im Verlaufe eines Jahres zwischen den Beprobungsterminen. Es ist jedoch schwierig, dazu quantitative Aussagen machen zu können.
Die Auswaschung von Nitrat-N ist in erster Linie abhängig von der Versickerungsleistung des Bodens - in welcher Zeiteinheit wird wieviel Bodenwasser versickert.
Weitere beeinflussende Faktoren dazu sind:
- die Menge des gedüngten organischen und mineralischen Stickstoffs
-   die Menge der N-Immission (nasse Deposition 40-50 kg/ha . a)

- der Stickstoffentzug durch die Pflanzen
- die N-Mineralisierungsleistung des Bodens und die Nitrifikation
- die Höhe der gasförmigen N-Verluste
- die Menge des im Boden organisch gebundenen bzw. immobilisierten Stickstoffs

In den Dauerfeldversuchen mit gestaffelten Düngungsstufen (Statischer Düngungs-Versuch Bad Lauchstädt, Ewiger Roggenbau Halle, Düngungs-Kombinationsversuch Seehausen, aber auch die Gülledeponie Bad Lauchstädt hoch und gering belastet) ist im Oberboden bis ein Meter Tiefe eine sehr deutliche Differenzierung des Nitrat-N-Überschusses in Abhängigkeit von der Düngermenge zu beobachten.

Bei den Beprobungsterminen im Herbst (Bad Lauchstädt, Etzdorf) sind die vorhandenen Nitratstickstoffüberschüsse über Winter besonders auswaschungsgefährdet.

Mit ansteigender Profiltiefe tritt allgemein eine Verengung der variantenbedingten Differenzierung und auch eine Verminderung der Überschüsse ein. An der Sohle der Tiefenbohrungen betragen diese jeweils weniger als 20 kg/ha, ausgenommen die Güllelastflächen.

Es ist auffällig, daß unterhalb von 1,5 bis 2 m Profiltiefe nur noch geringfügige Veränderungen in der Menge des Nitratstickstoffs auftreten. Dies ist unter anderem wohl mit anstehendem Schichtwasser in diesem Profilabschnitt zu erklären, wobei unterhalb dieser Zone veränderte Denitrifikationsverhältnisse herrschen.

Sowohl im Statischen Düngungs-Versuch Bad Lauchstädt als auch im Düngungskombinationsversuch Seehausen (Abbildungen 1 + 2 sowie Abbildungen 9 + 10) zeigt die Variante - kombiniert, hohe N-Stufe - bis in zwei Meter Tiefe sehr deutliche Nitrat-N-Überhänge im Vergleich zu den anderen Varianten. Hieraus ist abzuleiten, daß diese Düngung in der jeweiligen Rotation nicht dem Pflanzenentzug angepaßt ist, woraus sich diese Überhänge ergeben.

Auf der Gülledeponie und der Dauerbrache in Bad Lauchstädt sind bis in 1,5 m Profiltiefe noch sehr hohe Nitratmengen vorhanden, obwohl in den letzten Jahren keine N-Düngung erfolgte. Es liegt also aus der ehemaligen Gülleentsorgung immer noch genügend organisch gebundener Stickstoff vor, der jährlich mineralisiert und nitrifiziert wird.

Von den Güllelastflächen in Knau und Losten (Abbildungen 11 + 12) wurde neben dem NO_3-N- auch der NH_4-N-Überschuß mit abgebildet.

Tabelle 1: Löslicher Stickstoff in der ungesättigten Zone, Standort Bad Lauchstädt, Probennahme Herbst 1992/ Frühjahr 1993

Variante	N-Düngung kg/ha·a org. min.		Tiefe ges. m	0 – 1 m kg/ha		1 m – ges. kg/ha		0 – ges. kg/ha
				NH_4-N	NO_3-N	NH_4-N	NO_3-N	lösl. N ges.
Statischer Versuch V 120 Bad Lauchstädt, Probennahme Herbst 1992								
LD 2/1	105	92	4,5	27,54	148,57	48,45	73,80	298,36
LD /6	105		3,5	20,94	54,00	43,99	39,33	158,26
LD /13		112	3,5	13,73	55,41	34,03	34,03	137,20
LD 1/18	0	0	4,5	15,63	20,04	33,89	56,02	125,58
Gülle-Deponie V 503 Bad Lauchstädt, Probennahme Herbst 1992								
LA 1/3	geringe Belastung		3,0	48,42	123,45	79,00	246,30	497,17
LA 1/16			3,5	96,39	422,35	188,10	710,90	1417,74
LA 2/101	hohe Belastung		5,0	13,77	1341,95	54,30	1331,20	2741,22
LA 2/102			5,0	13,78	1455,06	47,20	1323,30	2839,34
Dauerbrache V 512 Bad Lauchstädt, Probennahme Frühjahr 1993								
LB 2/69			4,5	931,60	2708,63	1437,51	959,03	6036,77
LB 2/84			4,5	17,16	2535,40	243,69	1634,63	4430,88
LB 2/119			4,0	1,60	179,55	13,45	321,41	516,01
LB 1/68			3,0	9,11	303,36	13,14	619,37	944,98
LB 1/158			3,5	9,10	178,52	49,50	610,96	848,08

Tabelle 2: Löslicher Stickstoff in der ungesättigten Zone, Standorte Etzdorf, Seehausen und Halle, Probennahme Herbst 1992/ Frühjahr 1993

Variante	N-Düngung kg/ha·a	Tiefe ges. m	0 – 1 m kg/ha		1 m – ges. kg/ha		0 – ges. kg/ha
			NH_4-N	NO_3-N	NH_4-N	NO_3-N	lösl. N ges.
Herbizid- Düngungsversuch Etzdorf, Pobennahme Herbst 1992							
ED 1	ohne N	4,0	13,53	28,22	42,38	47,92	132,05
ED 2	80	4,0	13,50	37,56	42,26	44,36	137,68
Düngungs-Kombinationsversuch Seehausen, Probennahme Frühjahr 1993							
A1B1	0 0	7,5	6,53	9,82	25,38	21,93	63,65
A1B4	0 150	7,5	6,46	27,47	46,93	84,01	164,87
A3B3	100 100	7,5	6,43	43,34	32,01	82,49	164,27
A4B1	150 0	7,5	4,91	47,15	25,27	95,87	173,20
A4B4	150 150	8,5	8,03	88,73	59,69	213,90	370,34
Ewiger Roggenbau Halle, Probennahme Frühjahr 1993							
HD /Stm	60	5,5	0	15,99	6,60	98,24	120,83
HD /Stm + NPK	60 60	5,5	25,20	32,06	22,01	87,67	166,94
HD 2/NPK	60	5,5	9,19	21,77	5,54	83,41	119,91
HD 1/U	0	5,5	6,79	4,50	18,70	77,82	107,81

Tabelle 3: Löslicher Stickstoff sowie P, K, Cl und SO4 in der ungesättigten Zone des Statischen Versuches Bad Lauchstädt, Probennahme Herbst 1993

Variante	N-Düngung kg/ha·a org. min.		Tiefe ges. m	0 - 1 m kg/ha		1 m - ges. kg/ha		0 - ges. kg/ha
				NH_4-N	NO_3-N	NH_4-N	NO_3-N	lösl. N ges.
LD 2/1	105	92	5,5	13,64	130,14	71,80	166,31	381,89
LD /6	105		4,5	13,69	25,97	68,00	60,80	168,46
LD /13		112	4,5	13,71	26,25	47,64	49,99	137,60
LD 1/18	0	0	4,5	12,77	12,77	45,59	58,17	129,29

Variante	N-Düngung kg/ha·a org. min.		Tiefe ges. m	0 - 1 m mg/100g		1 m - ges. mg/100g		0 - ges. mg/100g	
				P	K	P	K	P	K
LD 2/1	105	92	5,5	13,60	13,63	4,85	53,10	18,45	66,73
LD /6	105		4,5	8,00	15,20	3,67	47,20	11,67	62,40
LD /13		112	4,5	5,60	8,60	2,60	50,90	8,20	59,50
LD 1/18	0	0	4,5	2,13	9,37	2,83	33,57	4,97	42,93
				Cl	SO4	Cl	SO4	Cl	SO4
LD 2/1	105	92	5,5	3,66	307,53	33,89	270,33	37,55	577,86
LD /6	105		4,5	1,12	279,52	10,32	236,08	11,43	515,59
LD /13		112	4,5	5,79	382,88	42,25	242,17	48,04	625,04
LD 1/18	0	0	4,5	0,94	25,47	4,71	87,28	5,65	112,75

Tabelle 4: Löslicher Stickstoff sowie P, K, Cl und SO4 in der ungesättigten Zone der "Gülle-Deponie"-Fläche Bad Lauchstädt, Probennahme Herbst 1993

Variante	N-Düngung kg/ha	Tiefe ges. m	0 - 1 m kg/ha		1 m - ges. kg/ha		0 - ges. kg/ha
			NH_4-N	NO_3-N	NH_4-N	NO_3-N	lösl. N ges.
LA 1/3	geringe Belastung	3,0	13,22	60,03	61,23	152,81	287,28
LA 1/17		3,5	13,44	91,23	58,01	297,16	459,83
LA 2/101	hohe Belastung	5,0	13,34	1302,33	78,90	1285,47	2680,04
LA 2/102		5,0	16,55	2548,91	67,68	2063,24	4696,38

Variante	N-Düngung kg/ha	Tiefe ges. m	0 - 1 m mg/100g		1 m - ges. mg/100g		0 m - ges. mg/100g	
			P	K	P	K	P	K
LA 1/3	geringe Belastung	3,0	5,9	120,5	1,9	70,2	7,8	190,7
LA 1/17		3,5	7,1	341,0	1,9	77,5	9,0	418,5
LA 2/101	hohe Belastung	5,0	33,4	288,0	8,7	195,1	42,1	483,1
LA 2/102		5,0	38,0	263,0	4,4	152,9	42,4	415,9
			Cl	SO4	Cl	SO4	Cl	SO4
LA 1/3	geringe Belastung	3,0	12,24	243,21	18,46	329,45	30,70	572,66
LA 1/17		3,5	45,73	619,53	66,30	391,18	112,03	1010,81
LA 2/101	hohe Belastung	5,0	13,65	128,15	106,92	360,72	120,57	488,87
LA 2/102		5,0	15,25	130,63	106,38	317,95	121,63	448,58

Tabelle 5: Löslicher Stickstoff sowie P, K, Cl und SO4 in der ungesättigten Zone des Herbizid-Düngungsversuchs Etzdorf, Probennahme Herbst 1993

Variante	N-Düngung kg/ha·a	Tiefe ges. m	0 - 1 m kg/ha		1 m - ges. kg/ha		0 - ges. kg/ha
			NH_4-N	NO_3-N	NH_4-N	NO_3-N	lösl. N ges.
ED 1	ohne N	4,0	13,09	30,47	43,00	48,60	135,18
ED 2	80	4,0	13,36	50,80	62,22	42,78	169,16

Variante	N-Düngung kg/ha	Tiefe ges. m	0 - 1 m mg/100g		1 m - ges. mg/100g		0 m - ges. mg/100g	
			P	K	P	K	P	K
ED 1	ohne N	4,0	5,90	11,86	4,48	42,52	10,38	54,38
ED 2	80	4,0	5,28	15,34	3,32	44,22	8,60	59,56
			Cl	SO4	Cl	SO4	Cl	SO4
ED 1	ohne N	4,0	7,38	398,25	26,52	218,94	33,90	617,19
ED 2	80	4,0	7,76	295,37	33,12	227,01	40,88	522,38

Tabelle 6: Löslicher Stickstoff in der ungesättigten Zone des Düngungs-Kombinationsversuchs Seehausen, Probennahme Frühjahr 1992

Variante	N-Düngung kg/ha·a org.	min.	Tiefe ges. m	0 - 1 m kg/ha NH$_4$-N	NO$_3$-N	1 m - ges. kg/ha NH$_4$-N	NO$_3$-N	0 - ges. kg/ha lösl. N ges.
A1B1	0	0	7,5	5,52	21,01	43,55	65,21	135,29
A1B4	0	150	8,5	14,50	48,41	71,39	232,31	366,61
A3B3	100	100	8,5	16,34	43,72	78,11	173,31	311,48
A4B1	150	0	8,5	12,02	86,25	58,01	177,07	333,35
A4B4	150	150	7,5	13,10	133,74	41,86	225,39	414,09

Tabelle 7: Löslicher Stickstoff in der ungesättigten Zone, Knau, Probenahme Herbst 1991

Variante	Tiefe ges. m	0 - 1 m kg/ha NH$_4$-N	NO$_3$-N	1 m - ges. kg/ha NH$_4$-N	NO$_3$-N	0 - ges. kg/ha lösl. N ges.
Güllelastfläche Höhe 1	6,0	12,92	106,58	70,20	783,85	973,55
Höhe 2	6,0	19,84	92,25	68,38	700,01	880,48
Senke 1	6,0	33,22	206,57	88,75	1020,61	1349,15
Senke 2	4,0	24,00	291,25	49,41	878,67	1243,33

Tabelle 8: Löslicher Stickstoff in der ungesättigten Zone, Losten, Probenahme Frühjahr 1992

Variante	Tiefe ges. m	0 - 1 m kg/ha		1 m - ges. kg/ha		0 - ges. kg/ha
		NH_4-N	NO_3-N	NH_4-N	NO_3-N	lösl. N ges.
Güllelastfläche Höhe 1	8,5	0,00	0,00	112,24	101,92	214,16
Höhe 2	9,5	13,28	13,28	99,89	119,34	245,79
Senke 1	9,5	31,32	368,24	1095,75	17,36	1512,67
Senke 2	6,5	36,47	335,35	718,03	737,28	1827,13
min. gedüngter Schlag Höhe 1	9,5	4,48	22,31	64,64	91,00	182,43
Höhe 2	8,5	0,00	4,44	81,01	69,81	155,26
Senke 1	4,5	17,83	22,36	36,06	76,52	152,77
Senke 2	6,0	31,61	45,30	430,13	26,40	533,44

Tabelle 9: Löslicher Stickstoff in der ungesättigten Zone, Standort Bad Lauchstädt, Probennahme Herbst 1994

Variante	N-Düngung kg/ha·a org. min.		Tiefe ges. m	0 - 1 m kg/ha		1 m - ges. kg/ha		0 - ges. kg/ha lösl. N ges.
				NH_4-N	NO_3-N	NH_4-N	NO_3-N	
Statischer Versuch V 120 Bad Lauchstädt, Probennahme Herbst 1994								
LD 2/1	105	92	5,5	32,57	37,90	64,78	116,07	251,32
LD /6	105		4,5	12,54	32,41	9,07	40,57	94,59
LD /13		112	4,5	24,93	26,01	18,68	30,79	100,41
LD 1/18	0	0	4,0	18,88	25,38	17,55	46,43	108,24
Gülle-Deponie V 503 Bad Lauchstädt, Probennahme Herbst 1994								
LA 1/3	geringe Belastung		3,0	24,85	40,47	20,66	37,58	123,56
LA 1/17			3,0	28,56	12,65	31,48	259,36	332,05
LA 2/101	hohe Belastung		5,0	34,56	1136,59	99,23	2180,30	3450,68
LA 2/102			5,0	31,32	320,71	135,06	2713,80	3200,89

Tabelle 10: Löslicher Stickstoff sowie P, K, Cl und SO4 in der ungesättigten Zone des Herbizid-Düngungsversuchs Etzdorf, Probennahme Herbst 1994

Variante	N-Düngung kg/ha·a	Tiefe ges. m	0 - 1 m kg/ha		1 m - ges. kg/ha		0 - ges. kg/ha
			NH_4-N	NO_3-N	NH_4-N	NO_3-N	lösl. N ges.
ED 1	ohne N	4,0	21,16	43,40	42,18	42,18	148,92
ED 2	80	4,0	20,38	66,91	41,80	45,38	174,47

Variante	N-Düngung kg/ha	Tiefe ges. m	0 - 1 m mg/100g		1 m - ges. mg/100g		0 m - ges. mg/100g	
			P	K	P	K	P	K
ED 1	ohne N	4,0	9,66	15,20	4,22	20,60	13,88	35,80
ED 2	80	4,0	8,44	14,40	3,48	22,60	11,92	37,00
			Cl	SO4	Cl	SO4	Cl	SO4
ED 1	ohne N	4,0	3,46	202,72	22,39	147,60	25,85	350,32
ED 2	80	4,0	6,62	105,18	25,80	154,46	32,42	259,64

Während in Knau sowohl auf der Kuppe als auch in der Senke hohe Nitrat-N-Mengen bis in sechs Meter Profiltiefe nachgewiesen sind und der Ammoniumstickstoff absolut geringe Werte erreicht und kaum Ausschläge zeigt, ist in Losten in der Senke bis zum Schichtwasser in drei m Tiefe sehr viel Nitratstickstoff vorhanden, unterhalb dieser Zone tritt aber Ammoniumstickstoff in großer Menge auf. Offenbar läuft im gesättigten Bereich kaum noch Nitrifikation ab und es wird im Bodenwasser NH_4-N sowohl horizontal als auch vertikal verteilt.

5.8. Einschätzung des P-, K-, Cl- und SO_4-Gehaltes

Die im Jahre 1993 über die gesamte Profiltiefe der Varianten der Standorte Bad Lauchstädt und Etzdorf bestimmten Mengen an P, K, Cl und SO_4 sind in den Tabellen 3, 4, 5 dokumentiert.

Für P und K sind auf dem Statischen Düngungs-Versuch und dem Herbizid - Düngungs - Versuch keine Besonderheiten abzuleiten. Auf der Gülledeponie sind diese beiden Nährstoffe infolge der hohen Zufuhr organischer Substanz in der Durchwurzelungszone bis ein Meter stark angestiegen. Für Cl und SO_4 wird insbesondere im Statischen Düngungs-Versuch deutlich, daß durch die mineralische Düngung die Gehalte an Chlorid und Sulfat stark erhöht sind. Dies beansprucht die Pufferkapazität des Bodens bzw. kann zu einer allmählichen Versalzung bzw. Versauerung, besonders unter niederschlagsarmen Verhältnissen, führen.

Der Einsatz physiologisch neutraler Dünger ist hier angezeigt.

5. 9. N- und C-Bilanz im Düngungskombinationsversuch Seehausen

Die N-Bilanz ist auf der Grundlage von Regressionswerten der 24jährigen Versuchsergebnisse aufgebaut. In ihr sind sämtliche quantifizierbaren N-Quellen, einschließlich der N-Zufuhr durch Immissionen und Saatgut (im vorliegenden Versuch im Mittel 48 kg/ha .a) einbezogen.

Die vorliegende N-Bilanz erlaubt Rückschlüsse zur Höhe der N-Verluste, nicht auf die Verlustform. Mit Hilfe der Tiefenbohrergebnisse kann geprüft werden, ob eine gute Übereinstimmung der gemessenen Nitratwerte mit den errechneten N-Salden besteht.

In der N-Bilanz werden für die Varianten 150 kg mineralischer N/ha.a und 150 kg Stalldung-N/ha.a etwa gleiche N-Überschüsse ausgewiesen (Tabelle 11). Dies bestätigt sich auch hinsichtlich der Vorräte an löslichem Stickstoff. Die Variante mit den niedrigsten N-

Tabelle 11: N- Bilanz im Düngungs- Kombinationsversuch Seehausen nach 24 Versuchsjahren
(nach HÜLSBERGEN, K.-J. u.a. 1992)

N-Gabe kg/ha·a	N- Gesamt-Zufuhr[1]	Ertrag GE	N- Entzug	N_t- Vorrat (1988-1990)		Veränderung N_t- Vorrat	N- Verluste	
St/min	kg/ha·a	rel[2]	kg/ha·a	kg/ha	(rel)[3]	kg/ha·a [4]	kg/ha·a	(rel)[5]
0/ 0	48,0	(59.5)	77.9	3484	(81.5)	- 34.4	4.5	(9.4)
0/150	204.2	(94.1)	171.8	3807	(89.1)	- 20.3	52.7	(25.8)
100/100	257.6	(98.3)	172.0	4759	(111.3)	21.0	64.6	(25.1)
150/ 0	206.1	(83.3)	124.0	5073	(118.7)	34.7	47.4	(23.0)
150/150	362.3	(94.8)	192.8	5396	(126.2)	48.7	120.8	(33.3)

[1] einschließlich 48 kg N/ha·a durch Immission und Saatgut
[2] rel. 100 = Maximalertrag nach Regressionsgleichung = 99.4 dt GE/ha·a
[3] rel. 100 = Ausgangsvorrat = 4275 kg N_t/ha (95 mg N_t/100 g Boden)
[4] Differenz aus den Mittelwerten der Jahre 1988-1990 und dem Ausgangs-N_t- Vorrat in Höhe von 4275 kg N/ha
[5] nach Regressionswerten unter Berücksichtigung der Boden-N_t- Vorräte berechnete N- Verluste; rel. 100 = Gesamt-N-Zufuhr

Tabelle 12: C- Bilanz[1] im Düngungs- Kombinationsversuch Seehausen nach 24 Versuchsjahren (nach HÜLSBERGEB, K.-J. 1992)

N-Gabe kg/ha·a St/min	Stallmist- C- Zufuhr [2] kg/ha·a	C_t- Vorrat t/ha	C_t- Differenz zur Nullparzelle		Humifizierungsrate [3] %
			t/ha	kg/ha·a	
0/ 0	0	35.97	-	-	
50/ 0	869.6	42.23	6.26	272.2	31.3
100/ 0	1739.2	47.12	11.15	484.8	27.9
150/ 0	2608.8	54.30	18.33	797.0	30.6

[1] berechnet auf der Grundlage der gemessenen C_t- Gehalte (1988 - 1990)

[2] C:N- Verhältnis im Stallmist: 16.5 : 1

[3] Humifizierungsrate = $\dfrac{C_t\text{- Differenz zur Nullparzelle (kg/ha·a)} * 100}{\text{Stallmist- C- Zufuhr (kg/ha·a)}}$

Überschüssen (0/0) und die mit den höchsten (150/150) weisen auch entsprechend niedrige bzw. hohe Nitratverlustpotentiale auf (Tabelle 6).

Es zeigt sich, daß die Ergebnisse aus Langzeitversuchen (N-Bilanz) gut korrespondieren mit den „Momentaufnahmen" der jährlichen Bodenmessung.

Bezüglich der C-Bilanz ist festzustellen, daß bei steigender C-Zufuhr über Stallmist ein linearer Anstieg des Ct-Vorrates im Boden innerhalb der geprüften Varianten eintritt. Die errechneten Humifizierungsraten betragen 28 bis 31 % (Tabelle 12).

5.10. DOC-Untersuchungen

Mit DOC-Analysen (DOC=gelöster organischer Kohlenstoff) wird der Anteil am C_t erfaßt, der die mobilste, beweglichste Fraktion der organischen Substanz darstellt. Er liegt zwischen 0,3 und 1 % der C_t-Gesamtmenge. Bei Herstellung von Wasserextrakten zur DOC-Analyse, wie im vorliegenden Bericht geschehen, korrelieren die DOC-Werte gut mit den C_t - und C_{HWL}-Werten.

Auf dem Standort Seehausen sind im Düngungskombinations-Versuch mit Ausnahme der ungedüngten Variante A1B1 mit unerklärlich hohen DOC-Werten, auf der am höchsten gedüngten Variante A4B4 (je 150 kg/ha.a mineralischen und organischen N) auch bis zu einer Tiefe von zwei Metern die höchsten DOC-Werte festgestellt worden (Tabelle 13). In tieferen Bodenschichten kommt es zu einer Annäherung der DOC-Mengen zwischen den verschiedenen Varianten. Der erneut starke DOC-Anstieg in der Variante „hohe organische Düngung" läßt sich, wie schon die Ergebnisse in der ungedüngten Variante, nur schwer erklären.

Im Statischen Düngungsversuch des Standortes Bad Lauchstädt treten, wie auch in Seehausen, auf der Variante LD2/1 (kombinierte organische und mineralische Düngung) die höchsten DOC-Werte auf. Hier kann auch die im Vergleich zu den anderen Versuchsparzellen stärkste Verlagerung von organisch gebundenem C nachgewiesen werden, so daß auch in tieferen Bodenschichten höhere DOC-Werte vorliegen. Die Prüfglieder LD/6 und LD/13 weisen nur geringe Unterschiede auf, wobei die organisch gedüngte Parzelle LD/6 etwas höhere Werte an wasserlöslichem C zeigt. Auf der ungedüngten Parzelle LD 1/18 mit den geringsten DOC-Werten in der Schicht von 0-30 cm gleicht sich die DOC-Menge in tieferen Bodenschichten den Ergebnissen der Untersuchungen auf den Parzellen LD/6 und LD/13 an.

Tabelle 13: Ergebnisse der DOC- Untersuchungen auf den Standorten Seehausen und Bad Lauchstädt, Probennahme Frühjahr 1993 / Sommer 1994

Tiefe in m	DOC in mg C/l				
	Düng.- Komb.-versuch Standort Seehausen, Probennahme Frühjahr 1993				
	A1B1	A1B4	A3B3	A4B1	A4B4
0 - 0 ,5	66,9	47,0	62,2	56,0	61,1
0,5 - 1	56,8	46,0	42,3	36,7	61,5
1 - 1,5	61,5	27,5	40,5	16,2	56,6
1,5 - 2	53,5	34,1	31,3	23,6	77,8
2 - 2,5	80,6	32,6	31,6	30,5	25,0
2,5 - 3	61,5	33,8	20,5	33,3	26,9
3 - 3,5	62,3	28,6	23,3	30,1	18,1
	V 512, Standort Bad Lauchstädt, Probennahme Frühjahr 1993				
	LB 2/69	LB 2/84	LB 2/119	LB 1/68	LB 1/158
0 - 0 ,5	90,1	114,9	136,2	30,4	82,8
0,5 - 1	90,1	90,0	78,4	27,6	33,8
1 - 1,5	52,4	53,0	22,9	29,5	19,9
1,5 - 2	49,0	34,6	25,9	15,8	24,4
2 - 2,5	41,3	36,1	27,0	18,9	23,5
2,5 - 3	21,3	23,1	29,8	21,4	16,5
3 - 3,5	27,9	25,6	30,9		22,5
	V 120, Standort Bad Lauchstädt, Probennahme Sommer 1994				
	LD 2/1	LD /6	LD /13	LD 1/18	
0 - 0,3	66,7	32,8	28,1	19,2	
0,3 - 0,6	39,7	19,2	18,6	20,3	
0,6 - 1	30,5	11,6	9,8	13,2	
1 - 1,5	34,9	12,3	7,9	8,8	
1,5 - 2	28,7	12,4	7,0	13,5	
2 - 2,5	26,9	13,0	8,5	10,6	
2,5 - 3	40,2	13,2	10,2	8,9	
3 - 3,5	23,2	11,3	15,4	13,6	

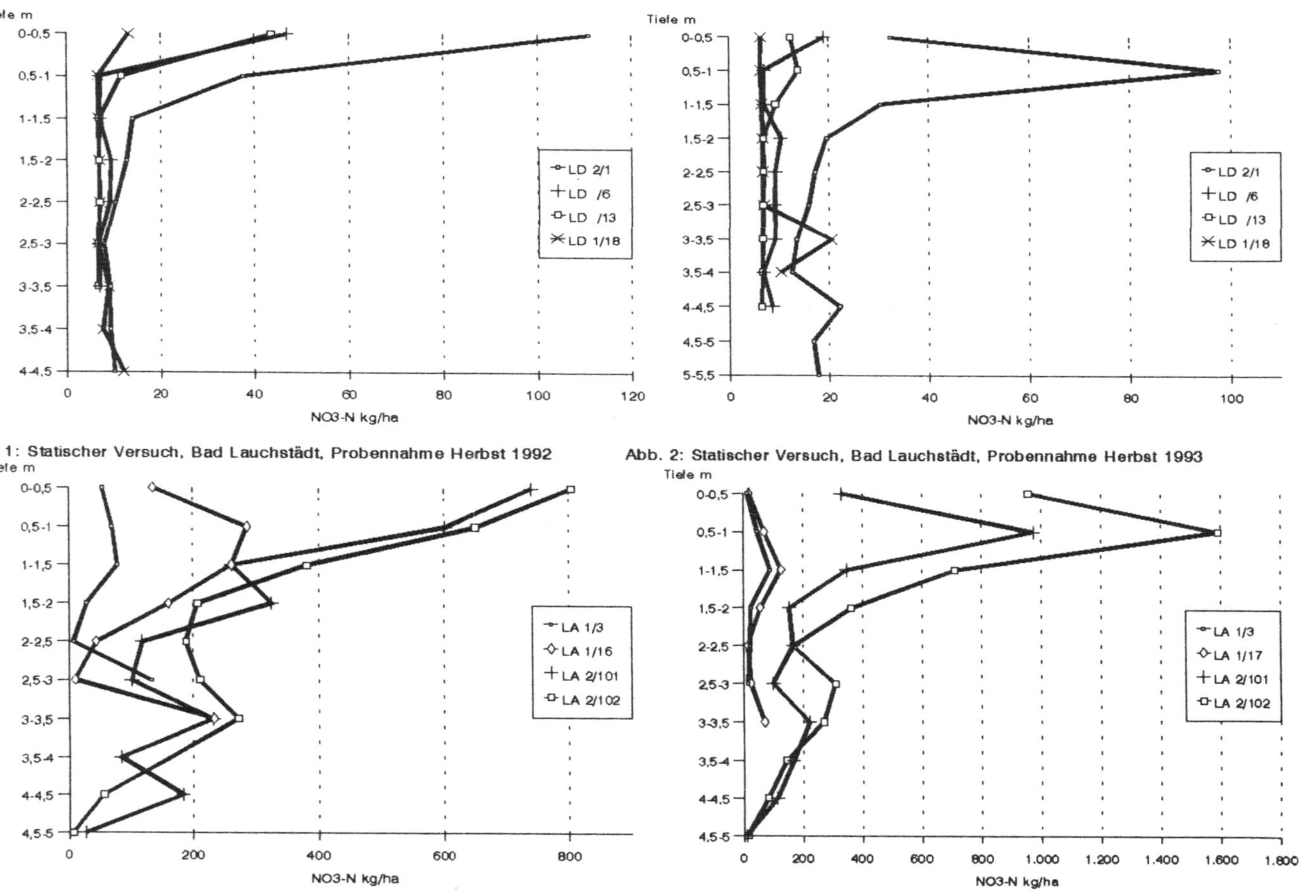

Abb. 1: Statischer Versuch, Bad Lauchstädt, Probennahme Herbst 1992

Abb. 2: Statischer Versuch, Bad Lauchstädt, Probennahme Herbst 1993

Abb. 3: Gülle-Deponie Bad Lauchstädt, Probennahme Herbst 1992

Abb. 4: Gülle-Deponie Bad Lauchstädt, Probennahme Herbst 1993

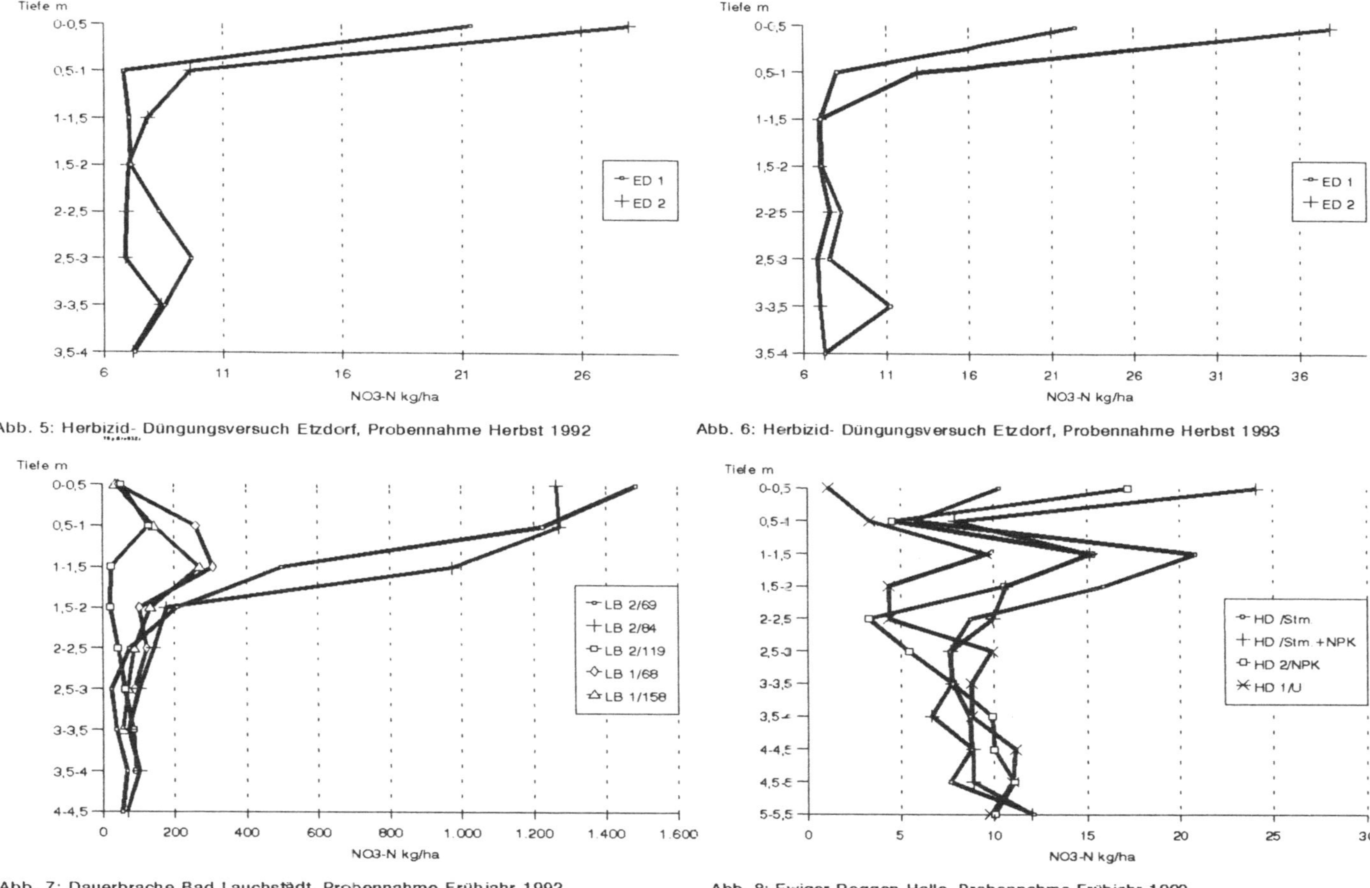

Abb. 5: Herbizid- Düngungsversuch Etzdorf, Probennahme Herbst 1992

Abb. 6: Herbizid- Düngungsversuch Etzdorf, Probennahme Herbst 1993

Abb. 7: Dauerbrache Bad Lauchstädt, Probennahme Frühjahr 1993

Abb. 8: Ewiger Roggen Halle, Probennahme Frühjahr 1993

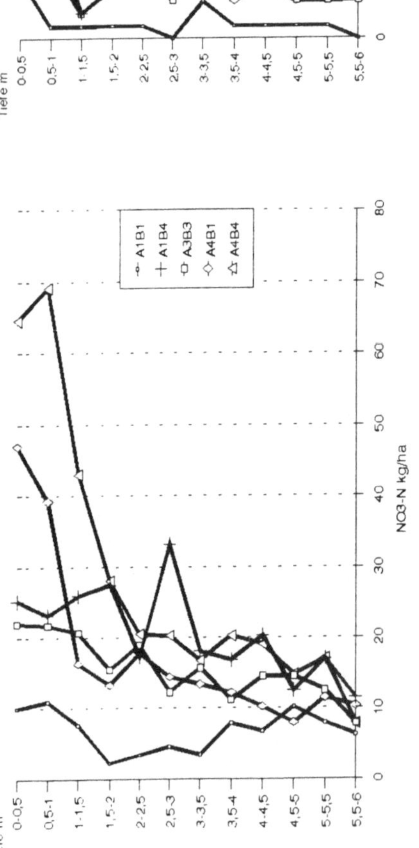

Abb. 9: Düngungs-Kombinationsversuch Seehausen, Probennahme Frühjahr 1992

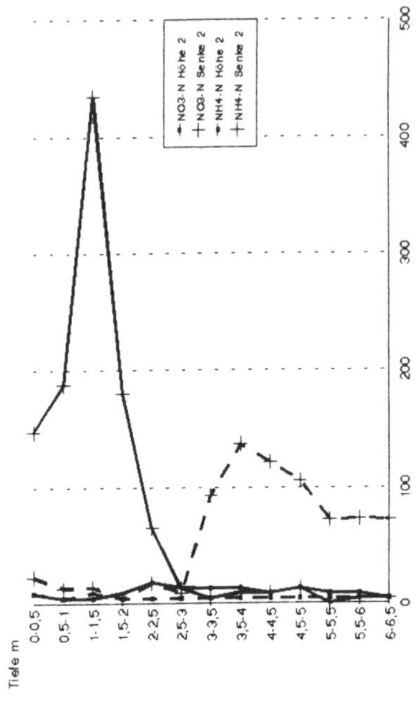

Abb. 10: Düngungs-Kombinationsversuch Seehausen, Probennahme Frühjahr 1993

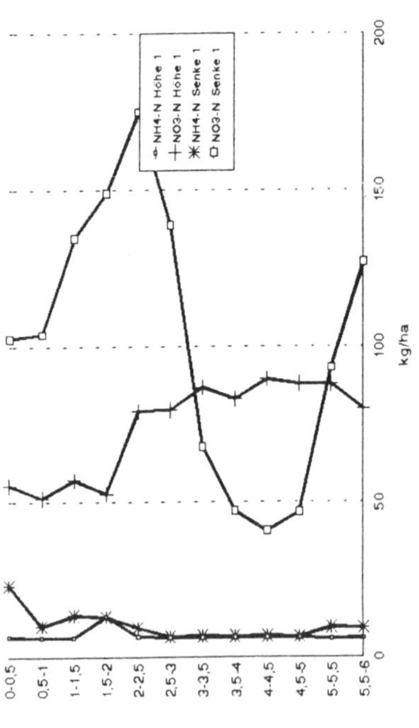

Abb. 11: Knau, Güllelastfläche, Höhe und Senke 1, Probennahme Herbst 1991

Abb. 12: Loeten, Gülle, Höhe und Senke 2, Probennahme Frühjahr 1992

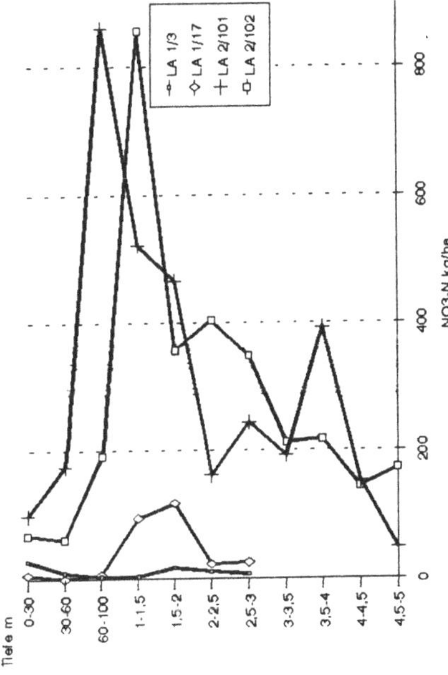
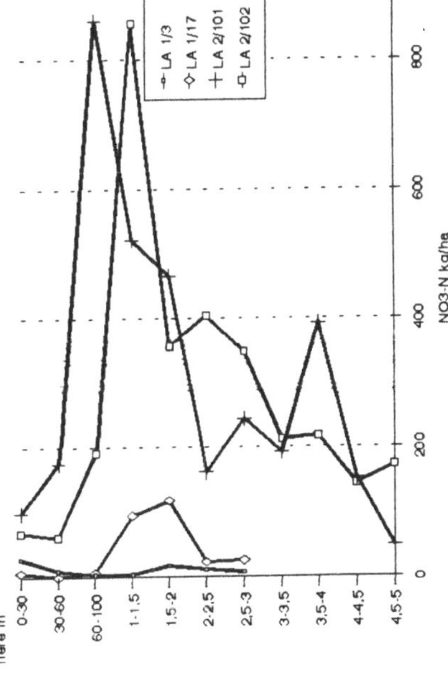

Abb. 14: Gülle-Deponie Bad Lauchstädt, Probennahme Herbst 1994

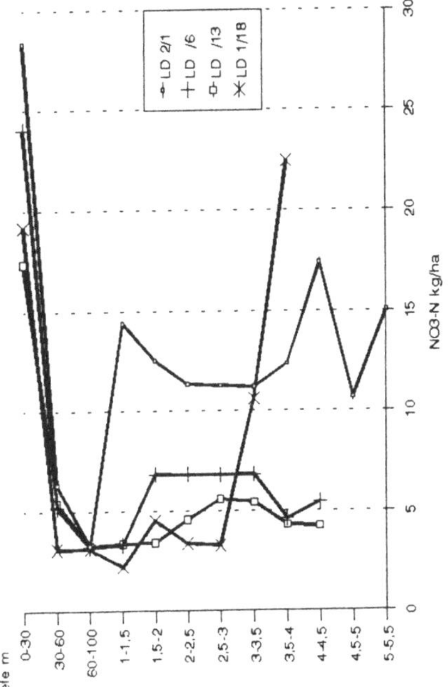

Abb. 13: Statischer Versuch, Bad Lauchstädt, Probennahme Herbst 1994

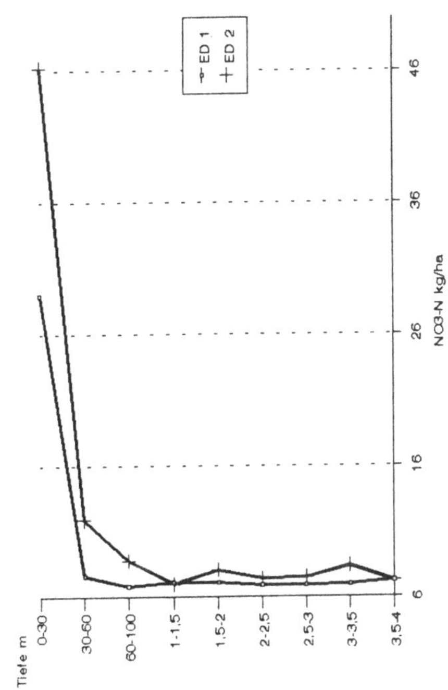

Abb. 15: Herbizid- Düngungsversuch Etzdorf, Probennahme Herbst 1994

In der Dauerbrache V 512, Standort Bad Lauchstädt, lassen sich die Parzellen des V 512a und die des V 512 b in jeweils eine Gruppe zusammenfassen. Dabei zeichnen sich die drei Parzellen des V 512 a durch höhere DOC-Werte aus (höhere Güllebelastung), die Verlagerungstiefe sinkt von Parzelle LB 2/69 zu LB 2/84 sowie LB 2/119. Bei ca. 2,5 m hat sich dann ein relativ einheitliches C-Niveau eingestellt. Die Parzellen LB 1/68 und LB 1/158 haben deutlich niedrigere DOC-Werte (geringere Güllebelastung). Der extrem niedrige Wert auf Parzelle LB 1/68 in der Schicht von 0 - 0,5 m ist schwer interpretierbar.

5.11. Tritiumuntersuchungen

Die Ergebnisse aus Untersuchungen zur möglichen Tritium-Anreicherung im Boden als Folge eines „Bombeneffektes" waren aus objektiven Grüden leider erst nach Abschluß der redaktionellen Bearbeitung des Teilberichtes verfügbar.

Die Bestimmung der Tritiumkonzentration erfolgte im Institut für Hydrologie des Forschungszentrums für Umwelt und Gesundheit, Neuherberg, mit freundlicher Unterstützung durch Herrn Wolf.

Folgende ^{3}H-Meßergebnisse wurden gewonnen:

Tiefenbereich (cm)	^{3}H (TU) $\pm$ 2σ	Tiefenbereich (cm)	^{3}H (TU) $\pm$ 2 σ
o - 60	22,1 $\pm$ 3,3	350 - 450	38,4 $\pm$ 4,4
60 - 150	23,2 $\pm$ 3,3	450 - 550	19,7 $\pm$ 2,3
150 - 250	48,2 $\pm$ 5,5	550 - 650	25,5 $\pm$ 3,2
	54,4 $\pm$ 6,1		

Es ist erkennbar, daß im Tiefenbereich zwischen 150 - 450 cm eine erhöhte ^{3}H-' Konzentration, mit einem Peak bei 250 - 350 cm auftritt. Eine Interpretation dieser Ergebnisse bedarf zunächst noch weiterer Untersuchungen und auch Konsultationen bei Herrn Wolf, Neuherberg.

6. Schlußfolgerungen

Die dargelegten Versuchsergebnisse dokumentieren eindeutig, daß es eine Abhängigkeit zwischen der Bewirtschaftungsform und der Belastung mit löslichem Stickstoff im Oberboden und in der ungesättigten Zone gibt.

Langjährige Dauerfeldversuche mit gestaffelter sowie mit kombinierter organischer und mineralischer N-Düngung sind besonders geeignet, die Grenzen in der Stickstoffzuführung zum Boden aufzuzeigen. Damit sind sie auch Grundlage für eine schlagbezogene bzw. fruchtfolgebezogene N-Bilanzierung. Sie geben Anhaltspunkte für Düngungsempfehlungen für die landwirtschaftliche Praxis.

Die auch in die Untersuchungen einbezogenen Praxisschläge mit hoher Güllebelastung zeigen eindeutige Fehler in der Bewirtschaftung auf, was in der verantwortungslosen "Gülleentsorgung" auf ausgedehnten Flächen in der Nähe großer Tierproduktionsanlagen gipfelte.

Die Ergebnisse aus vorliegenden Tiefenbohrungen sind ein Mittel zur Abschätzung des Anteiles der Landwirtschaft - neben der Industrie, den Kommunen, der Abwasser- und Energiewirtschaft - an der steigenden Belastung der Umwelt mit Schadstoffen. Was den Verursacher Landwirtschaft betrifft, so kann nur eine Änderung der Bewirtschaftungssysteme in Richtung extensiverer Produktionsverfahren langfristig zu einer Minderung der Belastungssituation führen. Unter dem Gesichtspunkt des vorrangigen Einsatzes betriebseigener Dünger kann dies u.a. in einer Reduzierung des Fremdmitteleinsatzes, also des mineralischen Stickstoffs, liegen. Konkrete Lösungsansätze dazu liegen in Folgendem:

- Aufbau von kreislauforientierten Bewirtschaftungsformen mit einer auf die Landnutzung abgestimmten Tierhaltung. Dabei weitgehende Ausnutzung betriebseigener Nährstoffquellen und Senkung des Nährstoffzukaufs (Mineraldünger, Futtermittel).

- Eine dem Pflanzenbedarf angepaßte Düngung und Aufbau von Fruchtfolgen, welche eine Verlängerung der Vegetationszeit und intensivere Ausnutzung der Nährstoffe gewährleisten.

- Die Verwirklichung dieser Zielstellung ist u.a. durch den integrierten Pflanzenbau bzw. durch die verschiedenen Formen des ökologischen Landbaues möglich, wobei die Betriebe nach Rahmenrichtlinien bestimmter Verbände wirtschaften. Diesen Betrieben ist gemeinsam, daß sie weitgehend mit betriebseigenen Stoffen als Nährstoffquelle arbeiten und auf den Zukauf synthetischer Dünger- und Pflanzenschutzmittel verzichten.

Der Schlüssel zur Erkennung und hinreichenden Minderung aller N-Überschüsse aus der Landwirtschaft und daraus resultierender N-Verluste ist eine umfassende Analyse der betrieblichen Stoffkreisläufe (HÜLSBERGEN, 1991). Dabei spielen die auf Betriebs- und Schlagebene bezogenen Stickstoffbilanzen, ergänzt durch Boden- und Pflanzenanalysen, eine zentrale Rolle, wie es ISERMANN 1991 und HÜLSBERGEN 1992 beschrieben haben.

In diese Betrachtungen sind jedoch alle Verlustpfade mit einzubeziehen, also auch Emmissionen in die Atmosphäre, Erosion sowie Oberflächenabfluß. Was die N-Akkumulation im durchwurzelten Boden und im Unterboden betrifft, so sind die biologisch-chemischen Reduktionsvorgänge zu beachten. Das im Boden vorhandene Denitrifikationspotential ist ein wesentlicher Gradmesser für die Nitratreduktion in der ungesättigten Zone.

Schlußfolgernd aus diesen und aus der Literatur vorliegenden Ergebnissen zur Nähr- und Schadstoffbelastung in der ungesättigten Zone ist abzuleiten, daß aus diesen punktuell auf die Fläche bezogenen Werten noch zu wenig Verallgemeinerungen getroffen werden können.

Es ist erforderlich und wird hierdurch empfohlen, diese Untersuchungen verstärkt weiterzuführen. Es sollten dabei größere Gebiete intensiver beprobt werden. Das bezieht sich u.a. auf Trinkwassereinzugsgebiete, auf ehemalige Gülle-Hochlastflächen, auf Stillegungsflächen oder auch auf Flächen, die auf ökologische Bewirtschaftung umgestellt werden. Für letztere ist vom Teilprojektleiter auch eine Weiterführung im Rahmen eines neuen Agro-Ökosystem-Forschungsprojektes vorgesehen.

Dabei sollte die Palette der Merkmalserfassungen auf organische Schadstoffe (PSM-Rückstände) erweitert werden.

7. Literatur

BACH, M.: Die potentielle Nitratbelastung des Sickerwassers durch die Landwirtschaft in der Bundesrepublik Deutschland. Göttinger Bodenkundl. Berichte 93 (1987), S. 1-186

BIERMANN, St.; HÜLSBERGEN, K.-J., GERSONDE, J.: Flächendeckende, regional differenzierte Stickstoffbilanzierung für das Gebiet der neuen Bundesländer. VDLUFA-Kongreßband 1994, Hamburg, 489-492

DIERCKS, R .:Alternativen im Landbau. Verl. Eugen Ullmer, Stuttgart, 1983, S. 17-44

GARZ; J.; HAGEDORN, E.: Der Versuch "Ewiger Roggenbau" nach 110 Jahren, 110 Jahre Ewiger Roggenbau. Kongreß- und Tagungsberichte der Martin-Luther-Universität Halle-Wittenberg. Wissenschaftliche Beiträge 1990/31, S. 9-30

HÜLSBERGEN, K.-J.: Analyse und Bewertung landwirtschaftlicher Stoffkreisläufe - Methoden, Untersuchungsergebnisse, Empfehlungen, Stoffkreisläufe - Grundlagen umweltgerechter Landbewirtschaftung. Wissenschaftl. Beiträge der Martin-Luther-Universität Halle-Wittenberg, 1991/22, S. 62-76

HÜLSBERGEN, K.-J.; RAUHE, K.; SCHARF, H.; MATTHIES, H.: Langjähriger Einfluß kombinierter organisch-mineralischer Düngung auf Ertrag, Humusgehalt und Stickstoffverwertung. KÜHN-Arch. 86 (1992) 2, 11 - 24

HÜLSBERGEN, K.-J.: Erträge, Stickstoff- und Kohlenstoffbilanz im Kombinationsversuch Seehausen. Tagungsbericht zum Symposium "Dauerfeldversuche und Nährstoffdynamik", 9. - 12.6.1992 in Bad Lauchstädt, s. 108 - 113

ISERMANN, K.: Vertical distribution of NO_3-N and denitrificationsparameters in the soildown to greater depth (about 10 m) under variious soil management/Nitrogen fertilisation. Proceedings of the 4th International CIEC Symposium, Braunschweig, 1987, S. 140-159

ISERMANN, K.: Tiefenuntersuchungen des Bodens und des (un)gesättigten Untergrundes hinsichtlich der "erweiterten Nitratproblematik" des Grundwassers bei unterschiedlicher Landbewirtschaftung. Mitteilung Deutsche Bodenkdl. Gesellschaft 57, (1988), S. 181-186)

ISERMANN, K.: Die Stickstoff- und Phosphoreinträge in die Oberflächengewässer der Bundesrepublik Deutschland durch verschiedene Wirtschaftsbereiche unter besonderer Berücksichtigung der Stickstoff- und Phosphorbilanz der Landwirtschaft und der Humanernährung. Schriftenreihe der Akademie für Tiergesundheit 1990, Band 1, S. 358-413

ISERMANN, K.: Stickstoff-Emmissionen und -Immissionen und ihre Bedeutung für die Nitratbelastung des Grundwassers. Lehrgang des Deutschen Verbandes für

Wasserwirtschaft und Kulturbau e.V. in Viersen und Gunzenhausen 1991

ISERMANN, K.; KÖRSCHENS, M. und MORITZ, C.: Tiefenuntersuchungen von Böden der klassischen Dauerversuche "Seehausen" und "Bad Lauchstädt" vor dem Hintergrund langjähriger N-Bilanzen. VDLUFA Schriftenreihe 33/1991, Kongreßband 1991 Ulm, 189-202

KÖRSCHENS , M.; EICH, D.: Der Statische Versuch Lauchstädt. Dauerfeldversuche, Akademie der Landwirtschaftswissenschaften, Berlin, 2. Auflage 1990, S. 7-23

MAIDL, F. X.; FISCHBECK, G.: Nitratgehalte tieferer Bodenschichten bei unterschiedlichen Fruchtfolgen auf intensiv genutzten Ackerbaustandorten. Z. Pflanzenernährung Bodenk. 150 (1987), S. 213-219

MORITZ, C.: Untersuchungen zur Stickstoffdynamik im Boden anhand von Lysimeterexperimenten und Dauerfeldversuchen. Stoffkreisläufe-Grundlagen umweltgerechter Landbewirtschaftung. Wissenschaftliche Beiträge der Martin-Luther-Universität Halle-Wittenberg, 1991/22, S. 52-61

PRIEBE, H.: Die subventionierte Unvernunft. Siedler-Verlag 1990

RAUHE, K.; HOBERÜCK, J.-M.: Zur Verwertung des Dünger- und Leguminosenstickstoffs im System Boden - Pflanze am Beispiel langjähriger kombinierter Fruchtfolge-Düngungs-Feldversuche auf einem Lehm-Standort. Tagungsberichte AdL Wiss., Berlin 1982, S. 211-220

ROHMANN, U.; SONTHEIMER, H.: Nitrat im Grundwasser - Ursachen, Bedeutung, Lösungswege. Karlsruhe, 1985

SEIBEL, W.: Nahrungsqualität und Verbraucher. VDLUFA-Kongreß Berlin, 1990

SIEGERT, W.: Der natürliche Reproduktionsprozeß der Landwirtschaft - Grundlagen und Methoden seiner Analyse und Beurteilung, dargestellt an Kooperationen typischer Ackerbaugebiete der DDR. Diss. A, Halle, 1983

Einzelbericht zum Teilprojekt 7:

Phytozönosestruktur und Populationsdynamik ausgewählter Arten

Projektleiter: Prof. Dr. E.-G. Mahn
Martin-Luther-Universität Halle-Wittenberg
Institut für Geobotanik und Botanischer Garten

Mitarbeiter: Dipl.-Biol. A. Bischoff

Abstract

The weed community of the extremely eutrophicated agro-ecosystem in Bad Lauchstädt (LA) is analyzed comprehensively and compared with the typical one of this region (Euphorbio-Melandrietum), one can find in Etzdorf (ED). In the system LA species number and evenness are surprisingly high and similar to the system ED, but species composition is quite different. System LA is dominated by nitrophilous weeds, typical species of the Euphorbio-Melandrietum are rare and can´t be found in the soil seed bank except for *Descurainia sophia* and *Papaver rhoeas*. The most important structural difference is the high biomass especially of the crop in the system LA, which causes dense stands and strong competition for light. Investigations on *Chenopodium album* show that growing conditions are unfavourable for less competitive plants. However parts of the system LA offer better light conditions than the fertilized plots of system ED, where some typical weeds of the Euphorbio-Melandrietum like *Lithospermum arvense* are competitive. Their absence in system LA can only be explained by the lack of diaspore sources in the surrounding area. Fallow can´t promote the regeneration process of the weed community. Agricultural cultivation is the most effective way to reduce soil nutrient content as a basic condition for resettlement of many species. Mechanical weed control is to prefer, because most weeds have no chance to establish under herbicide use. Semination of weeds is regarded as critical especially if seeds don´t come from the close vicinity.

1. Zusammenfassung

Im Rahmen des Teilprojektes „Phytozönosestruktur und Populationsdynamik" wurde untersucht, inwieweit sich eine durch die Belastung von Agrarökosystemen veränderte Segetalzönose durch verschiedene Formen der Nutzungsextensivierung regenerieren läßt. Den Schwerpunkt der Untersuchungen bildet ein Vergleich der Entwicklung auf der „Alten Gülledeponie" (LA) Bad Lauchstädt nach mehreren Jahren extensiver Nutzung mit der langjährig mäßig intensiv bis extensiv genutzten Etzdorfer Fläche (ED). Dazu wurde eine umfassende vegetationsökologische Analyse mit den Schwerpunkten Diasporenbank, Individuendichten, Biomassen, Deckungsgrad, Lichtklima und Populationsbiologie zweier ausgewählter Arten (*Chenopodium album* und *Lithospermum* arvense) durchgeführt.

Dabei konnte folgendes festgestellt werden:

1. Im Mittel der Versuchsjahre lag die Diversität der Lauchstädter Segetalzönose bereits in der Größenordnung der als standorttypisch angesehenen Etzdorfer Zönose.

2. Die Artenzusammensetzung beider Flächen unterscheidet sich jedoch deutlich: In Bad Lauchstädt dominieren die Stickstoffzeiger, die standorttypischen Arten der *Euphorbia exigua* und *Silene noctiflora*-Gruppe treten zurück.

3. Die potentielle Verunkrautung (Diasporenbank, Auflaufrate) ist auf der Lauchstädter Fläche geringer, zeigt jedoch steigende Tendenz; die aktuelle Verunkrautung (Deckung, Biomassen) erreicht nahezu die Werte der Etzdorfer Zönose.

4. Die Gesamtprimärproduktion ist auf der Lauchstädter Fläche deutlich größer.

5. Aus der höheren Gesamtbiomasse resultiert ein geringerer Lichtgenuß, der das Wachstum selbst von als gute Stickstoffverwerter geltenden Arten (*Chenopodium album*) limitiert.

6. Die höhere Lichtkonkurrenz kann jedoch nicht die ausschließliche Ursache für Unterschiede in der Artenzusammensetzung sein, denn
   - diese Unterschiede treten auch in Bereichen der Lauchstädter Fläche auf, die bereits ein günstigeres Lichtklima aufweisen als die gedüngten Etzdorfer Parzellen;
   - eine in Bad Lauchstädt fehlende Art (*Lithospermum arvense*) konnte sich dort in einem Auspflanzexperiment erfolgreich behaupten.

7. Ein wichtiger Grund für das Fehlen vieler standorttypischer Arten auf der Lauchstädter Fläche dürfte sein, daß sie dort keinen Diasporenvorrat aufweisen und die Wahrscheinlichkeit eines Eintrags aufgrund des Mangels an Diasporenquellen gering ist.

8. Daneben führt die Persistenz von Arten, die bei extrem hohem Stickstoffniveau optimale Entwicklungsbedingungen hatten, zu einer Verzögerung des Regenerationsprozesses

9. Im Untersuchungszeitraum konnten keine Hinweise für eine Regeneration in Richtung der standorttypischen Etzdorfer Segetalzönose gefunden werden.

10. Durch den Mangel an Diasporenquellen und die stabil hohe Gesamtbiomasse sind die Aussichten für eine kurzfristige Regeneration der Lauchstädter Zönose ungünstig.

11. Eine Rotationsbrache veränderte die zönotischen Strukturen eher ungünstig. Gefördert wurden vor allem ohnehin häufige Arten. Arten der Euphorbia exigua/Silene noctiflora-Gruppe konnten nicht an Bedeutung gewinnen.

12. Eine dauerhafte Stillegung führte zur Ausbildung einer artenarmen, nitrophytenreichen ruderalen Hochstaudenflur (Artemisietea).

Zur Beschleunigung der Regeneration auf den N-Hochlastflächen wird folgendes empfohlen:

I Eine weitere Aushagerung des Standortes durch den Entzug von Biomasse ist anzustreben.

II Die ackerbauliche Nutzung sorgt für den größten Biomasse- und damit auch Stickstoffentzug und ist daher einer Flächenstillegung oder Rotationsbrache vorzuziehen.

III Anstelle eines Herbizideinsatzes sollte eine mechanische Regulation erfolgen, die eine Restverunkrautung zuläßt.

IV Die Erfolgsaussichten für eine gezielte Ansaat sind wahrscheinlich gut. Ein solcher Eingriff wird für die Praxis kritisch beurteilt (Florenverfälschung)

2. Zielstellung

Die zunehmende Intensivierung der landwirtschaftlichen Produktion während der letzten Jahrzehnte hat zu einer beträchtlichen Verarmung und Strukturveränderung von Segetalzönosen geführt. Als Ursache hierfür sind vor allem der flächendeckende Einsatz von Herbiziden, aber auch eine zunehmende Eutrophierung durch verstärkte Düngungsmaßnahmen zu nennen. Diese Entwicklung hatte eine erhebliche Beeinträchtigung des Gleichgewichtes und der Selbstregulationsfähigkeit von Agrarökosystemen zur Folge. So ist zum Beispiel eine Reihe von Konsumenten direkt wie auch indirekt von den Segetalpflanzen abhängig (HEYDEMANN und MEYER 1983).

Im Rahmen des Projektes STRAS sollte nun untersucht werden, inwieweit sich eine solche Belastung von Agrarökosystemen durch verschiedene Formen der Nutzungsextensivierung verringern läßt. Hauptbelastungsfaktor der ausgewählten Modellsysteme in Bad Lauchstädt (LA, LB) ist der Stickstoff, der in Form von Gülle und Stalldung ausgebracht wurde. Als Regenerationsstrategien wurden Düngungs- und Herbizidverzicht sowie Rotations- und Dauerbrache in ihrer Wirkung auf die Phytozönose untersucht. Unter Regeneration soll hier die Entwicklung einer standorttypischen Segetalzönose bei mittlerer agrarischer Nutzungsintensität verstanden werden. Da die Segetalvegetation in hohem Maße von der Kulturart abhängig ist, erfolgte ein Vergleich mit einem Referenzsystem in Etzdorf (ED), das in gleicher Weise kultiviert wurde. Mit langjährig gleichbleibender, geringer bis mittlerer Nutzungsintensität konnte sich hier die regional- wie standorttypische Segetalzönose erhalten, die auch durch zahlreiche andere Aufnahmen für das Untersuchungsgebiet belegt ist (z.B. HILBIG u.a. 1962). Die Versuchsanlage Etzdorf gestattete es weiterhin, gezielt die Wirkung einer definierten N-Applikation zu untersuchen. Detaillierte Untersuchungen zur Struktur und Artenzusammensetzung sollten klären, wo Unterschiede zwischen den Systemen zu Versuchsbeginn bestanden und welche Veränderungen auf den ehemaligen N-Hochlastflächen in Bad Lauchstädt auftraten. Mit populationsbiologischen Erhebungen an ausgewählten Arten sollte speziell der Frage nachgegangen werden, durch welche ökologischen Faktoren ihr unterschiedliches Auftreten oder gar Fehlen auf einer der Flächen bestimmt wird. Es wurde versucht, daraus eine Prognose für die zukünftige Entwicklung dieser Arten und der gesamten Phytozönose abzuleiten. Durch eine Analyse verschiedener Extensivierungsvarianten wurde eine Beurteilung von Erfolgsaussichten ökologisch begründeter Regenerationsstrategien angestrebt.

3. Wissenschaftlich-technischer Stand

Eine ganze Reihe von Veröffentlichungen belegt die Reaktion von Segetalzönosen auf eine Nutzungsintensivierung (z.B. KÖCK 1984, ALBRECHT 1989, HILBIG und BACHTHALER 1992, KULP 1993). Bislang unzureichend untersucht ist die Wirkung einer Extensivierung nach vormals intensiver Nutzung. Die meisten Untersuchungen beziehen sich dabei auf die Mitte der 80er Jahre initiierten Ackerrandstreifenprogramme. Auf extensiv bewirtschafteten Randstreifen stellte sich dabei auch bei intensiver Vornutzung oftmals recht bald wieder eine artenreiche Segetalzönose ein (SCHUMACHER 1984, OTTE u.a. 1988). Nach ALBRECHT (1989) ist jedoch zu erwarten, daß bei langjährig intensiver Bewirtschaftung seltenere Arten aus dem Bodensamenvorrat verschwinden. In Untersuchungen von MROTZEK und SCHMIDT (1993) wiederum gelang es nur Arten, die noch ausreichend in der Diasporenbank vertreten waren, ehemals intensiv bewirtschaftete Äcker wiederzubesiedeln.

Die wenigen Arbeiten, die sich mit der Reaktion der Segetalzönose auf die Extensivierung von Agrarökosystemen befassen, bleiben auf den Herbizidverzicht als Extensivierungsstrategie beschränkt. In den meisten Ackerrandstreifenprogrammen ist entsprechend auch kein Düngungsverzicht vorgesehen. Daß auch der Nährstoffeintrag für die Veränderung von Segetalzönosen verantwortlich ist, kann dagegen hinreichend belegt werden (z.B. MAHN 1984a, 1984b, 1988). Stickstoffzeiger nehmen zu und treten auch dort auf, wo sie früher aufgrund der natürlichen Nährstoffarmut des Standortes nicht vorkamen. Magerkeitszeiger gehen zurück (HILBIG und BACHTHALER 1992). Auf den armen Sandstandorten sind ganze Segetalpflanzengesellschaften bedroht. So zeigen die Untersuchungen von KÖCK (1984), PILOTEK (1988) und KULP (1993) in weiten Bereichen den Übergang des Teesdalio-Arnoseridetum und des Papaveretum argemones zum anspruchsvolleren Aphano-Maticarietum an.
Aus herbologischer Sicht wird die Wirkung der Stickstoffzufuhr uneinheitlich beurteilt. Bei ALKÄMPER (1976) und PULCHER-HÄUSSLING (1989) profitieren die Segetalpflanzen häufig stärker von einem höheren N-Angebot als die Kulturpflanzen. Zum Teil kann jedoch eine höhere Stickstoffzufuhr die Verunkrautungsprobleme mindern, so daß die Kultur auch ohne Herbizideinsatz deutlicher gefördert wird als die Segetalpflanzen (RADICS 1990). RADEMACHER konnte bereits 1939 nachweisen, daß die Hauptursache für die Unterdrückung von Segetalarten eine zunehmende Lichtkonkurrenz als Folge der N-Zufuhr ist. Die unterschiedliche Reaktion einzelner Segetalarten auf die Düngung ist durch eigene Arbeiten belegt (z.B. MAHN 1984a, 1988, MAHN und LEMME 1989, MAHN und UDWAL 1991), was die erwähnten Verschiebungen in der Artenzusammensetzung erklärt. Ob sich die Diversität der Phytozönose durch Stickstoff verändert, ist bislang nur selten gezielt untersucht worden. Mehrere Autoren beschreiben eine Minderung der Diversität als Wirkung eines Komplexes von Faktoren, an dem die Düngung einen Anteil hat (MAHN 1984b, KÖCK 1984). BÖHNERT (1981) stellte auf begüllten Flächen eine gegenüber unbegüllten verringerte Diversität fest.

Botanische Untersuchungen zu extrem hoch organisch gedüngten Flächen und deren Regeneration nach Nutzungsextensivierung liegen bislang nicht vor, obwohl es zahlreiche solcher Schläge im Mitteldeutschen Raum und in Nordwestdeutschland (vgl. GROTE 1990) gibt.

Mit der Einführung von Flächenstillegungsprogrammen zur Eindämmung der Überschußproduktion in der Landwirtschaft wurden Brachen seit Mitte der 80iger Jahre verstärkt in die wissenschaftliche Forschung einbezogen. Rotationsbrachen konnten dabei einen Beitrag zur Erholung bislang unter Bekämpfungsdruck stehender Segetalarten leisten (WALDHARDT 1994). Bei längerfristiger Stillegung kommt es dann zu einer Verdrängung von Segetalarten durch ausdauernde Grünland- oder Ruderalarten (van ELSEN und GÜNTHER 1992, HILBIG und BACHTHALER 1992, WALDHARDT 1994). Dabei können jedoch durchaus artenreiche Zönosen entstehen, die gerade in ausgeräumten Agrarlandschaften die Strukturvielfalt erhöhen. Bei Wiederbewirtschaftung muß mit einer beträchtlichen Folgeverunkrautung gerechnet werden, die unter Umständen einen höheren Bekämpfungsaufwand nach sich zieht. Es besteht das allerdings unterschiedlich bewertete Risiko einer Ausbreitung von Problemunkräutern (HINTZSCHE und GERDES 1992, WALDHARDT 1994). Welchen Beitrag Brachen zur Regeneration belasteter Agrarökosysteme leisten können, ist aus der Literatur nicht abzuschätzen. Über die beiden von uns intensiver betrachteten Arten *Chenopodium album* und *Lithospermum arvense* gibt es eine unterschiedliche Anzahl von Veröffentlichungen. Während *Chenopodium album* aufgrund seiner ökonomischen Bedeutung relativ gut untersucht ist, finden sich zu *Lithospermum arvense* nur wenige Literaturangaben.

Chenopodium album gilt als nitrophil, besitzt jedoch insgesamt eine breite Standortamplitude (WILLIAMS 1965, BASSET und CROMPTON 1978). In engem Zusammenhang mit der Verbreitung auf nährstoffreichem Substrat steht das von mehreren Autoren (UDWAL 1989, SONNTAG u.a. 1994) beschriebene hohe Nährstoffaufnahmevermögen. Der Weiße Gänsefuß zeichnet sich durch eine hohe genotypische (JÜTTERSONKE und ARLT 1989) und phänotypische (MAILLETTE 1985, MAHN und UDWAL 1991) Plastizität aus. Diese Plastizität ermöglicht eine optimale Anpassung an wechselnde Umweltbedingungen. Zudem ist die Art nicht jedes Jahr auf eine hohe Diasporenproduktion angewiesen, da die Samen Jahrzehnte im Boden überdauern können (persistente Samenbank, Typ IV nach GRIME u.a. 1988). So ist *Chenopodium album* trotz guter Bekämpfbarkeit durch Herbizide (BASSET und CROMPTON, 1978) noch eine der am weitesten verbreiteten Segetalpflanzen (HANF 1990). Nach HOLM u.a. (1977) gehört der Weiße Gänsefuß zu den 10 „schlimmsten Unkräutern der Welt" und wird in Kartoffeln und Zuckerrüben als das wichtigste überhaupt angesehen (sommerannueller Zyklus).

Allerdings stellten KÖCK (1984) und ALBRECHT (1989) im Vergleich mit älteren Aufnahmen einen Rückgang der Art in ihrem Untersuchungsgebiet fest.

Lithospermum arvense ist zwar auf Lehmböden noch relativ weit verbreitet (HANF 1990), wird inzwischen aber vielfach als gefährdet angesehen und steht in einigen Bundesländern bereits auf der „ROTEN LISTE" (SUKOPP u.a. 1994). Auch für den Mitteldeutschen Raum ist die Rückgangstendenz belegt, obwohl die Art hier einen Verbreitungsschwerpunkt in Deutschland besitzt (HILBIG und MAHN 1988). Nach ELLENBERG (1991) hat sie einen mittleren Nährstoffbedarf. Als Winterannuelle ist sie vorwiegend in Wintergetreide verbreitet. Die großen Samen sind nur wenige Jahre im Boden lebensfähig. Auch unter günstigen Bedingungen wird eine Samenzahl von 1000 pro Pflanze nicht überschritten (SVENSSON und WIGREN 1986).

4. Material und Methoden

Der Untersuchungszeitraum erstreckte sich über die Jahre 1991 bis 1994, wobei 1991 lediglich Voruntersuchungen (nur Biomassenentnahme) diente. Die Erhebungen beschränkten sich auf die beiden ehemaligen Gülledeponien in Bad Lauchstädt (LA, LB) und die Etzdorfer Versuchsfläche (ED). In Etzdorf wurden zum Teil die herbizidbehandelten Varianten einbezogen; sie sind mit der Zusatzbezeichnung H versehen.

Die Varianten der Lauchstädter „Alten Gülledeponie" (LA) setzen sich aus folgenden Parzellen zusammen:

LA1: 2, 8, 11, (17), 32, (47), 62, (77), 92   LA1/R: 3, 9, 12, (18), 33, (48), 63, (77), 93
LA2: 41, (56), 68, 71, 83, (86), 98, 101   LA2/R: 42, (57), 69, 72, 84, (87), 99, 102

Auf den Parzellen in Klammern konnten aus versuchstechnischen Gründen nur Vegetationsaufnahmen (4.1.2.) durchgeführt werden. Sie sind demzufolge nur in den Betrachtungen zur Diversität und Artenzusammensetzung berücksichtigt worden. Zur Berechnung von Mittelwerten für die <u>gesamte</u> Lauchstädter Fläche und zur Überprüfung von Korrelationen mit dem Boden-N-Gehalt wurden noch weitere Parzellen einbezogen: 23, 24, (26), (27), 38, 39, 52, 54. Damit sollten auch Bereiche mittleren Boden-N-Gehaltes erfaßt werden, die für die untersuchten phytozönologischen Größen nicht notwendigerweise mit dem Mittelwert aus LA1 und LA2 identisch sind.

Auf der neuen Gülledeponie und ihrer Vergleichsfläche (LB1 und LB2) wurden nur Vegetationsaufnahmen (vgl. 4.1.2.) durchgeführt.

Untersuchte Parzellen auf der „Neuen Lauchstädter Gülledeponie" (LB):

LB1: 109,..., 117; 190,..., 198   LB2: 49,..., 60; 149,..., 154

4.1. Erfassung zönologischer Größen

4.1.1. Bodensamenvorrat

In allen Versuchsjahren (1992-1994) wurden Ende März bis Anfang April in 0-10 cm Tiefe (1994 zusätzlich 10-30 cm Tiefe: Pflughorizont) Bodenproben entnommen. In Etzdorf erfolgten 8 Einstiche, in Bad Lauchstädt 4 Einstiche pro Parzelle bei einem Probenzylinderdurchmesser von 3,7 cm. Die Einzelproben wurden in Etzdorf zu zwei, in Bad Lauchstädt zu einer Mischprobe pro Parzelle vereinigt. Jeweils das halbe Volumen dieser Mischprobe kam in verschließbare Plastikschalen (18,5*13,5*8,5 cm³) auf eine 1 cm hohe Sandschicht. Die Schalen wurden in mit Glasscheiben abgedeckte Frühbeete (unbeheizt) gestellt. Von Mai bis September waren die Frühbeete schattiert. Regelmäßig (zu Beginn alle 1-2, später alle 2-3 Wochen) erfolgte eine Bestimmung und Auszählung der aufgelaufenen Pflanzen. Die registrierten Pflanzen wurden entfernt. Gleichzeitig wurde der Boden gewendet. Der Untersuchungszeitraum erstreckte sich auf 2 Jahre. Für die Proben aus dem Jahr 1993 liegt daher nur ein Zwischenergebnis vor, die 94er Probe wurde noch nicht berücksichtigt.

4.1.2. Vegetationsaufnahmen

Die Vegetationsaufnahmen wurden nach BRAUN-BLANQUET (1964) mit einer von BARKMAN et al. (1964) vorgeschlagenen feineren Einteilung der Artmächtigkeitsstufe 2 durchgeführt. Als Aufnahmefläche diente jeweils eine ganze Parzelle (10*10 m² in Etzdorf, 5*5 m² Bad Lauchstädt (LA)); auf der neuen Gülledeponie (LB) wurden 2 Parzellen (5*5 m²) zusammengefaßt. Zusätzlich wurden noch Vegetationsaufnahmen in der näheren Umgebung der Versuchsstandorte (Radius: 1 km) angefertigt. Sie sollen einen Beitrag zur Einschätzung der Vergleichbarkeit beider Standorte sowie der Einwanderungsmöglichkeit von Arten, die auf einer der beiden Versuchsflächen nicht vorkommen, leisten. In diesem Zusammenhang wurden auch Punktkarten für solche "Differentialarten" erstellt.

4.1.3. Dauerflächenbeobachtungen

In Abständen von 3 Wochen wurde auf durch Holzrahmen gekennzeichneten Kleinflächen (0,25 m²) für jede Art die Individuenzahl und das Entwicklungsstadium in einer von DIERSCHKE (1972) entwickelten, jedoch von uns auf Segetalpflanzen abgestimmten Skala erfaßt. In Etzdorf befanden sich zwei Dauerflächen in einer Parzelle, in Bad Lauchstädt mit den kleineren Parzellen nur eine. Beschreibung der Entwicklungsstadien:

a) vegetativ

1: Keimling direkt nach Auflauf
2: Keimblätter entfaltet
3: 2-4 Blattpaare
4: 5-8 Blattpaare
5: >8 Blattpaare

b) generativ

6: Blütenknospen sichtbar
8: Blühbeginn
10: bis 50 % erblüht, noch nicht fruchtend
12: Vollblüte: z.T. bereits fruchtend
14: vollständig verblüht
16: Fruchtreife, z.T. Diasporenfreisetzung

4.1.4. Biomassenentnahme

An 3 Terminen wurde auf zufällig ausgewählten Kleinflächen (0,25 m²) die gesamte oberirdische Biomasse abgeerntet. Der Probenumfang lag bei einer Kleinfläche pro Versuchsparzelle. Für jede Art wurde bereits vor Ort die Individuenzahl ermittelt und nach Trocknung bei 80 °C (Gewichtskonstanz) die Biomasse bestimmt.

4.1.5. Lichtklima

Zur Ermittlung des relativen Lichtgenusses wurde gleichzeitig in und über dem Bestand (Referenzmessung) die photosynthetisch aktive Strahlung (PAR) mit Strahlungssensoren (Fa. LI-COR) bestimmt. 1992 wurden pro Parzelle entlang einer geraden Meßstrecke von 1 m Länge 10 Messungen mit Punktsensoren (LI-190SA) durchgeführt. In den Folgejahren konnte mit dem Erwerb eines stabförmigen Sensors (LI-191SA) diese Meßstrecke durch <u>eine</u> Messung erfaßt werden. Die Wiederholungszahl wurde daher auf drei reduziert. Die Messungen erfolgten 1992 und 1994 in 5, 15, 35, 55 und 75 cm, 1993 (Mais) in 5, 15, 45, 90, 150 cm Höhe über dem Erdboden. Die Messungen erfolgten in jeder Vegetationsperiode dreimal.

4.2. Populationsbiologie ausgewählter Arten

Die populationsbiologischen Untersuchungen wurden an *Chenopodium album* (Weißer Gänsefuß) und *Lithospermum arvense* (Acker-Steinsame) durchgeführt. *Chenopodium album* wurde dabei sowohl in Konkurrenz zur Segetalzönose (einschl. Kulturart) als auch unter weitgehendem Konkurrenzausschluß in 1 m² großen, von anderem Aufwuchs freigehaltenen Kleinparzellen untersucht.

4.2.1. Demographische und phänologische Erhebungen

Auf Testflächen definierter Größe wurde alle 8-12 Tage der Auflauf festgehalten. Zu verschiedenen Zeitpunkten aufgelaufene Pflanzen wurden unterschiedlich markiert. Alle Pflanzen wurden in eine

Karte eingetragen und mit einer Nummer versehen, so daß die Entwicklung jeder einzelnen Pflanze nachvollzogen werden konnte. Gleichzeitig wurden das Entwicklungsstadium in der unter 4.1.3. beschriebenen Skala und die Mortalität bestimmt.

4.2.2. Morphometrische Messungen

Aus dem Pool markierter Pflanzen wurden 20 pro Variante ebenfalls alle 8-12 Tage komplett vermessen. Gegebenenfalls erfolgte eine Auftrennung in zwei Kohorten. Erfaßte Parameter: Sproßlänge, Blattlänge (längstes Blatt), Blattzahl (Haupttrieb), Verzweigungsgrad, Blütenzahl (nur *L. arvense*).
Zum Abschluß der Vegetationsperiode wurden die Samen gezählt.

4.2.3. Biomassen

Zusätzlich zu 4.2.1. wurden Pflanzen für eine regelmäßige Probenahme (alle 3 Wochen) markiert. Auch hier erfolgte gegebenenfalls eine Auftrennung in zwei Kohorten. Pro Termin wurden 10 Pflanzen pro Variante entnommen, gemäß 4.2.2. vermessen und in Sproßachse, Blätter und generative Organe getrennt. Nach Trocknung wurden alle Fraktionen gewogen. Zum Abschluß der Vegetationsperiode wurden diese Untersuchungen mit den Pflanzen aus 4.2.2. durchgeführt.
Lithospermum arvense wurde nur einmal (1994) in dieser Art und Weise untersucht, da die Art nur mit einer geringen Individuendichte vorkam, und eine mehrmalige Ernte den Bestand der Art gefährdet hätte.

4.2.4. Auspflanzversuch (*Lithospermum arvense*)

Der bislang nicht auf der alten Gülledeponie Bad Lauchstädt (LA) vorkommende Acker-Steinsame wurde aus Etzdorfer Saatgut in Gefäßen angezogen und 1993 am Westrand der Versuchsfläche ausgebracht. 45 Pflanzen konnten so erfolgreich etabliert werden. Die Pflanzen wurden gemäß 4.2.2. beobachtet. Zur Überprüfung der Diasporenausbreitung wurden in den Bestand hinein bis zu einer Entfernung von 5 m 21 Diasporenfallen (Trichterfallen, Durchmesser: 10,5 cm) eingesetzt. Die Anzahl der in die Fallen eingetragenen Samen wurde zweimal erfaßt.

4.3. Statistische Auswertung

Zur Überprüfung von Mittelwertunterschieden wurden ein- bis dreifaktorielle Varianzanalysen mit multiplem T-Test durchgeführt. Der Einfluß der unterschiedlichen Bodenstickstoffgehalte auf die Vegetation der Lauchstädter Ackerfläche (LA) wurde mit Korrelations- und Regressionsanalysen getestet.

5. Ergebnisse

Im folgenden soll grundsätzlich zwischen der Vegetation der bewirtschafteten Versuchsflächen, ihrer Umgebung und der Dauerbrachfläche unterschieden werden. Auf der Dauerbrache kann eine weitgehend ungestörte Sukzession ablaufen, auf den Ackerflächen wird sie durch die regelmäßige Bodenbearbeitung verhindert.

5.1. Segetalzönosen der bewirtschafteten Versuchsflächen (LA, ED)

Die alte Lauchstädter Gülledeponie (LA) und die Etzdorfer Versuchsfläche (ED) bildeten den Schwerpunkt der vegetationskundlichen Untersuchungen. Sie bestanden zum einen in der Erfassung zönologischer, vor allem struktureller Parameter, und der Populationsbiologie einzelner Arten.

5.1.1. Die Phytozönose und ihre Struktur

5.1.1.1. Diversität

Als Kriterien für die Diversität dienen die Artenzahl pro Flächeneinheit (Artenvielfalt, α-Diversität) und die Evenness (Grad der Gleichverteilung, Dominanzstruktur). Die Evenness (E) ist ein von der Artenzahl unabhängiges Maß für die Gleichverteilung der Arten und ergibt sich aus dem SHANNON-Index (H′), der α-Diversität und Dominanzstruktur in sich vereinigt.

$$H' = - \sum_{i=1}^{n} p_i \log p_i \quad \text{mit } p_i = \frac{N_i}{N} \qquad\qquad E = H' * \frac{100}{\log n}$$

N = Artmächtigkeitssumme N_i = Artmächtigkeit von Art i   n = Gesamtartenzahl

Die alte Lauchstädter Gülledeponie wies in den Jahren 1992 bis 1994 bereits eine vergleichsweise hohe Diversität auf (Abb. 1 und 2). Die mitttleren Artenzahlen lagen über denen der Etzdorfer Flä-

che, und die Evenness erreichte vergleichbare Werte.. Lediglich 1993 war auf der Lauchstädter Fläche die Evenness aufgrund der Dominanz von *Solanum nigrum* deutlich niedriger. Die Veränderungen innerhalb des Untersuchungszeitraums sind vor allem Ausdruck der unterschiedlichen Entwicklungsbedingungen für die Segetalzönose in den Kulturen Winterweizen, Mais und Sommergerste.
Dabei fällt die vergleichweise hohe Diversität der Segetalzönose in der Maiskultur auf.

Im Vergleich der Nährstoffvarianten innerhalb der Versuchsflächen war die Diversität der besser versorgten Parzellen in der Regel geringer. Dies ist vor allem das Ergebnis einer meist signifikant geminderten mittleren Artenzahl, während die Evenness uneinheitlich beeinflußt wird.
In Etzdorf lag die Evenness in den gedüngten Parzellen in allen Versuchsjahren etwas höher als
in den ungedüngten, während in Bad Lauchstädt 1992 und 1994 ein deutlicher Einbruch in den
besser versorgten Parzellen zu beobachten war.

Die Rotationsbrache beeinflußte die Diversität nur in geringem Maße. Lediglich 1992 war auf
den Lauchstädter Parzellen mit Vorjahresbrache aufgrund der starken Folgeverunkrautung mit
Descurainia sophia die Evenness deutlich niedriger als dort, wo im Vorjahr Sommergerste
stand.

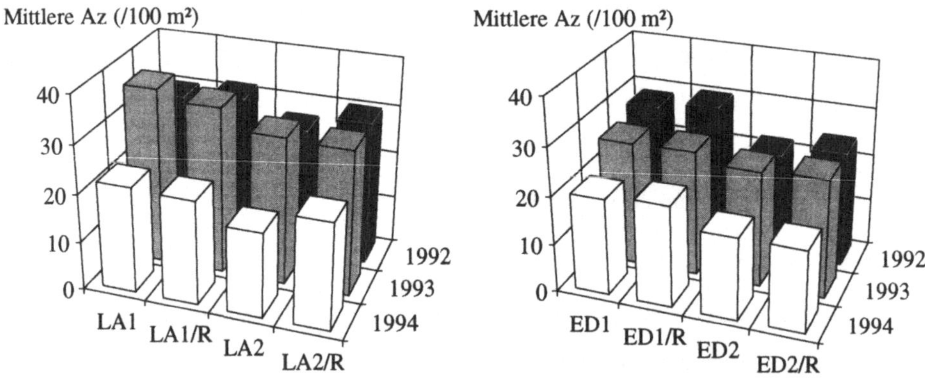

Abbildung 1: Einfluß der N-Versorgung und der Rotationsbrache auf die Mittlere Artenzahl
der Bad Lauchstädter (links) und Etzdorfer (rechts) Segetalzönose

Eine insgesamt verringerte Diversität bei höherer Stickstoffversorgung fand auch BÖHNERT
(1981), wobei er allerdings auch eine deutlich verringerte Evenness beobachten konnte. Er
stellte dies bei begüllten im Vergleich zu unbegüllten Flächen fest, wodurch sich eine besondere Nähe zu unseren Untersuchungen ergibt.

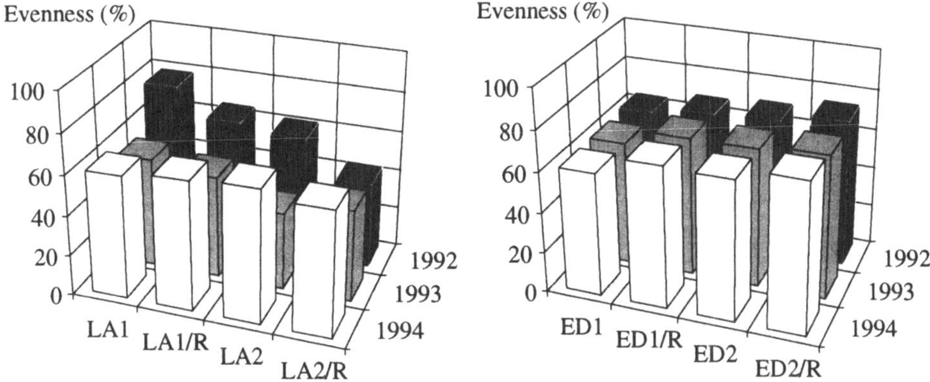

Abbildung 2: Einfluß der N-Versorgung und der Rotationsbrache auf die Evenness der Bad Lauchstädter (links) und Etzdorfer (rechts) Segetalzönose

Warum trotz noch immer höherer Nährstoffverfügbarkeit auf der Lauchstädter Fläche dennoch eine vergleichsweise hohe Diversität auftritt, ist nur schwer interpretierbar. Hier könnte die zeitliche Dynamik eine Rolle spielen: Die Veringerung des Bodenstickstoffgehaltes ermöglicht bereits eine Entwicklung einiger Arten, die weniger nitrophil sind. Die an den alten Zustand angepaßten Nitrophyten laufen jedoch immer noch aus dem Diasporenvorrat auf (generative Persistenz), so daß von einem artenreichen Übergangsstadium gesprochen werden kann.

5.1.1.2. Artenzusammensetzung

a) Aktuelle Vegetation

Tabelle 1 macht deutlich, daß sich die Artenzusammensetzung im Gegensatz zur Diversität auf beiden Versuchsflächen erheblich unterscheidet. Der SØRENSEN-Index als Maß für die Ähnlichkeit zwischen zwei Vegetationseinheiten war in allen Versuchsjahren niedrig. Die Lauchstädter Fläche wird vor allem von Stickstoffzeigern dominiert. Die nach HILBIG und VOIGTLÄNDER (1984) standorttypischen Segetalarten der *Euphorbia exigua*- und der *Silene noctiflora*-Gruppe treten in Bad Lauchstädt stark zurück. Es ließen sich dort überhaupt nur 5 dieser Arten nachweisen, während in Etzdorf 9 vorkamen. Diese 5 Arten traten mit Ausnahme von *Descurainia sophia* auf der Bad Lauchstädter Fläche auch nur derart sporadisch auf, daß allenfalls von einer Fragmentgesellschaft des Euphorbio-Melandrietums gesprochen werden kann.

Tabelle 1: Artenzusammensetzung der Segetalzönosen der Bad Lauchstädter (LA) und Etzdorfer (ED) Fläche 1992 bis 1994

| | 1992 (Winterweizen) | | 1993 (Mais) | | 1994 (Sommergerste) | |
	LA	ED	LA	ED	LA	ED
Gem.-koeffzient (SØRENSEN)[1]	64,1		61,0		46,0	
S.noctiflora-E.exigua-Gruppe[2]	7,01 %	23,23 %	2,22 %	14,46 %	8,33 %	24,12 %
N-Zeiger (N-Zahl>7)[3]	39,71 %	18,62 %	51,15 %	33,49 %	41,72 %	21,54 %
Dominanzart (% Ges.-deckung)	Desc. sophia (37,4)	F. convolvulus (19,3)	Sol. nigrum (47,8)	F. convolvulus (27,1)	Chen. ficifolium (18,9)	Cirs. arvense (20,2)

[1] = 2c/(2c+a+b)*100; c: gemeinsame Arten; a: Arten, die nur in Lauchstädt, b: Arten, die nur in Etzdorf vorkommen

[2] Hier: Avena fatua, Descurainia sophia, Papaver rhoeas, Silene noctiflora, Veronica polita (auf beiden Flächen vorkommend); Chaenorrhinum minus, Consolida regalis, Euphorbia exigua, Lithospermum arvense (nur in Etzdorf) nach HILBIG & VOIGTLÄNDER (1984)

[3] Hier: Arctium tomentosum, Artemisia vulgaris, Chenopodium hybridum, Echinochloa crus-galli, Galium aparine, Hyoscyamus niger, Matricaria maritima, Mercurialis annua, Poa annua, Polygonum lapathifolium, Rumex obtusifolius, Senecio vulgaris, Solanum nigrum, Sonchus oleraceus, Stellaria media, Taraxacum officinale, Urtica urens (auf beiden Flächen vorkommend); Ballota nigra, Malva neglecta (nur in Bad Lauchstädt vorkommend); N-Zahl nach ELLENBERG (1992)

Auch die dominierenden Arten waren verschieden. Vor allem in den Jahren 1992 und 1993 bot sich durch die Dominanz von *Descurainia sophia* und *Solanum nigrum* in Bad Lauchstädt ein völlig anderes Bild. Die Rotationsbrache konnte den Anteil von Arten der *Euphorbia exigua*- und *Silene noctiflora*-Gruppe nicht erhöhen. Eine bessere Stickstoffversorgung innerhalb der Flächen führte zu einer leichten Deckungsgradabnahme dieser Arten, ihr Anteil an der Gesamtdeckung blieb jedoch in etwa konstant.

b) Diasporenbank

In der Diasporenbank konnten in Etzdorf 1992 und 1993 sowohl höhere mittlere als auch höhere Gesamtartenzahlen festgestellt werden (Tab. 2). Offenbar ist die Etzdorfer Segetalzönose durch einen höheren Anteil an diasporenbankbildenden Arten gekennzeichnet, was ihr Anteil an der Artenzahl der aktuellen Vegetation belegt. Auf beiden Flächen konnten nur wenige Arten (0 bis 5) in der Diasporenbank gefunden werden, die nicht in der aktuellen Vegetation vorkamen. Sie wurden ausnahmslos in unmittelbarer Nachbarschaft der Fläche nachgewiesen.

Die Arten der *Euphorbia exigua*- und *Silene noctiflora*-Gruppe waren in Bad Lauchstädt zwar mit im Vergleich zur aktuellen Vegetation relativ hohen Anteilen vertreten. Dies ist jedoch ausschließlich auf das hochstete Vorkommen von *Descurainia sophia* zurückzuführen. Von *Papaver rhoeas* existiert nur ein Einzelfund. Die Regeneration einer standorttypischen Segetalzönose allein aus der

Diasporenbank ist damit sehr unwahrscheinlich. An ihrer Stelle waren wie schon in der aktuellen Vegetation die N-Zeiger noch sehr häufig - ein weiterer Hinweis auf die generative Persistenz dieser Arten (vgl. 5.1.1.1.).

Tabelle 2: Artenzusammensetzung der Bad Lauchstädter (LA) und Etzdorfer (ED) Diasporenbank

	1992		1993		1994[4]	
	LA	ED	LA	ED	LA	ED
Gesamtartenzahl	19	23	23	28	21	28
(Anteil an aktueller Vegetation)	(36,5 %)	(41,0 %)	(46,0 %)	(60,9 %)	(47,7 %)	(60,9 %)
Artenzahl: Nicht in a. V[1].	5	0	3	3	5	5
Mittlere Artenzahl (20 cm^{-2})	4,7	8,2	5,5	11,4	8,3	11,8
S.-E.-Gr.[2]: Mittl. Artenzahl	0,8	3,1	0,8	3,3	0,9	3,3
(Anteil an mittl. Ges.artenzahl)	(17,9 %)	(38,0 %)	(14,3 %)	(29,3 %)	(10,8 %)	(28,4 %)
N-Zeiger[3]: Mittl. Artenzahl	1,7	0,9	1,7	1,6	3,1	1,9
(Anteil an mittl. Ges.artenzahl)	(33,3 %)	(10,8 %)	(32,2 %)	(13,4 %)	(36,8 %)	(14,4 %)

[1] a.V.: aktuelle Vegetation (bei Vegetationsaufnahmen gefundene Arten)
[2] Euphorbia exigua-Silene noctiflora-Gruppe. Lauchstädt: *Decurainia sophia, Papaver rhoeas;* Etzdorf: *Descurainia sophia, Euphorbia exigua, Papaver rhoeas, Silene noctiflora, Veronica polita*
[3] N-Zahl (ELLENBERG 1992) > 7: vgl. Tab. 1
[4] Zwischenergebnis nach 12 Monaten Standzeit der Bodenproben

5.1.1.3. Individuendichten in Diasporenbank und aktueller Vegetation

Der Diasporenvorrat der oberen 10 cm war in Bad Lauchstädt zunächst (1992 und 1993) geringer, was sich in einer geringeren Auflaufrate niederschlug (Abb. 3 und 4). Dies ist wahrscheinlich noch als Nachwirkung des Herbizideinsatzes bis 1990 zu interpretieren. Insgesamt war jedoch in Bad Lauchstädt eine zunehmende Tendenz im Diasporenvorrat zu erkennen, die im Jahre 1994 bereits zu höheren Werten als auf der Etzdorfer Fläche führte. Noch deutlicher war der Vorsprung der Bad Lauchstädter Proben bei den die gesamte Pflugfurche (0-30 cm) umfassenden Proben. Der Auflauf blieb jedoch 1994 unter dem der Etzdorfer Fläche, da die hohe Diasporenproduktion der Jahre 1992 und 1993 bei wendender Bodenbearbeitung zunächst in tiefere Bodenschichten verlagert wurde und erst allmählich durch erneutes Pflügen wieder in Oberflächennähe gelangte (vgl. BAUERMEISTER 1983, COUSENS und MOSS 1990). Dies belegt auch der Vergleich des Diasporenvorrates der oberen 10 mit den oberen 30 cm. Die Werte für 0-30 cm lagen 1994 in Etzdorf drei- bis viermal, in Bad Lauchstädt vier- bis fünfmal so hoch wie für 0-10 cm. Für die kommenden Jahre ist also in Bad Lauchstädt bei Unterlassung von Regulationsmaßnahmen eine zunehmende, über die Werte der Etzdorfer Fläche hinausgehende Verunkrautung zu erwarten.

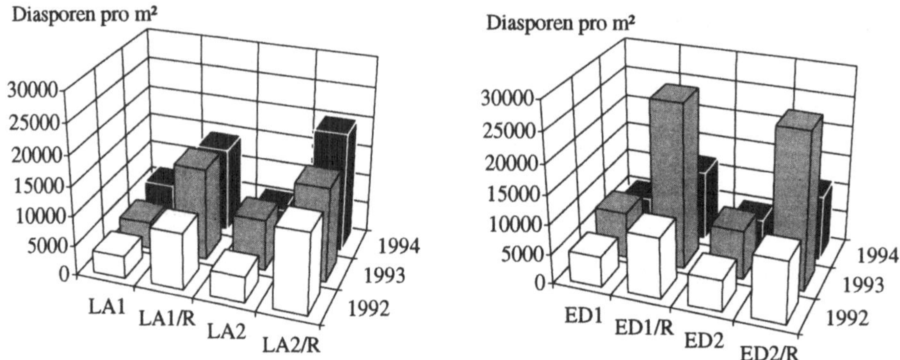

Abbildung 3:   Einfluß von Stickstoffversorgung und Rotationsbrache auf den Diasporenvorrat (0-10 cm Tiefe) der Versuchsflächen Bad Lauchstädt (LA) und Etzdorf (ED)

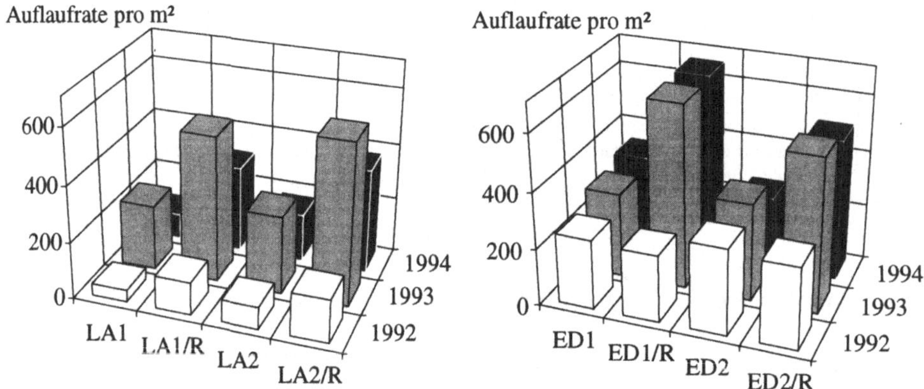

Abbildung 4: Einfluß von Stickstoffversorgung und Rotationsbrache auf die Auflaufrate der Segetalzönosen von Bad Lauchstädt (LA) und Etzdorf (ED)

Dabei fällt auf, daß durchaus nicht immer die in der Diasporenbank dominierenden Arten die höchsten Auflaufraten besitzen. In vier von sechs Fällen dominierte *Chenopodium ficifolium* die Diasporenbank (Tab. 3), nur in einem Fall (Lauchstädt 1993) spielte die Art eine entsprechende Rolle im Auflauf. Insbesondere 1992, im Winterweizen, wurde für sie nur eine sehr geringe Auflaufrate registriert. Umgekehrt waren zum Teil Arten im Auflauf am stärksten vertreten, die in der Diasporenbank kaum vorkamen, wie z. B. *Fallopia convolvulus* 1992 und *Silene noctiflora* 1994 in Etzdorf.

Für das Verhältnis von Diasporenbank zu Auflauf sind mehrere Faktoren verantwortlich. Einer von ihnen ist die bereits angesprochene, auf die wendende Bodenbearbeitung zurückzuführende ausgeprägte vertikale Schichtung. Viele Segetalarten können jedoch aus größeren Tiefen nicht auflaufen. SVENSSON und WIGREN (1986) geben z. B. für *Lithospermum arvense* und *Consolida regalis* eine Grenze von 3 cm an. Weiterhin gibt es saisonale Schwankungen in der Fähigkeit, aufzulaufen (ROBERTS und NEILSON 1980), die auf dem Wechsel von Dormanzzuständen im Jahresverlauf beruhen (BASKIN und BASKIN 1985). Eine geschlossene Pflanzendecke kann zudem eine Dormanz induzieren (BASKIN und BASKIN 1987). Eine hohe Auflaufrate ist also nur möglich, wenn vor Bestandesschluß eine große Zahl von keimbereiten Samen in geringer Bodentiefe liegen.

Tabelle 3: Vergleich der im Diasporenvorrat und im Auflauf dominierenden Arten auf der Bad Lauchstädter (LA) und Etzdorfer (ED) Versuchsfläche

Dominanzarten	1992 (Winterweizen)		1993 (Mais)		1994 (Sommergerste)	
	LA	ED	LA	ED	LA	ED
Dominanz **D.-vorrat**	Chen. ficifolium	Papaver rhoeas	Chen. ficifolium	Chen. ficifolium	Solanum nigrum	Chen. ficifolium
Anteil an D.-vorrat	36,7 %	23,2 %	42,8 %	27,5 %	46,2 %	32,2 %
Anteil am Auflauf	11,2 %	3,5 %	28,7 %	10,3 %	16,0 %	13,1 %
Dominanz **Auflauf**	Descur. sophia	Fall. convolvulus	Chen. ficifolium	Viola arvensis	Chen. ficifolium	Silene noctiflora
Anteil an D.-vorrat	22,0 %	1,5 %	42,8 %	12,1 %	18,5 %	4,9 %
Anteil am Auflauf	39,5 %	23,3 %	28,7 %	23,5 %	31,1 %	15,0 %

Auf den Parzellen mit Rotationsbrache war auf beiden Flächen ein signifikant höherer Diasporenvorrat vorhanden (Abb. 3). Die N-Versorgung hatte nur eine schwach positive und nicht signifikante Wirkung auf die Anzahl der Diasporen im Boden. Ähnlich war der Effekt der beiden Einflußgrößen auf die Auflaufrate (Abb. 4). In Etzdorf wurde 1993 und 1994 sogar eine schwach negative Wirkung der Düngung auf den Auflauf beobachtet. Der Bracheffekt trat in Etzdorf erst mit einjähriger Verzögerung auf. Auf beiden Flächen wirkte die Brache noch bis 1994 deutlich nach.

Die Verzögerung und Persistenz des Bracheeffektes ist ein besonders auffälliges Beispiel für die Verlagerung von Diasporen in große Bodentiefen durch die wendende Bodenbearbeitung und ihre allmähliche Rückkehr in oberflächennahe, auflaufgünstige Bodenschichten (s.o.). Zur Beurteilung einer auf eine einjährige Brache zurückgehenden Folgeverunkrautung reicht es also nicht aus, nur das unmittelbar folgende Jahr heranzuziehen.

Die Stickstoffversorgung beeinflußte auch in Untersuchungen von ROBERTS und CHANCELLOR (1986) den Diasporenvorrat nur schwach positiv. PULCHER-HÄUSSLING (1989) stellte sogar einen geringeren Bodensamengehalt bei Stickstoffdüngung fest. In dieser Arbeit wie auch in eigenen, älteren Untersuchungen auf der Etzdorfer Versuchsfläche (z.B.

MAHN 1984a) wird bereits eine Minderung der Populationsdichten in gedüngten Beständen beschrieben. Hier kommt noch hinzu, daß in besser N-versorgten Beständen eine höhere Mortalität auftritt, die zu einem steileren Abfall der Populationsdichten im Lauf der Vegetationsperiode führt: In Bad Lauchstädt schrumpfte zum Beispiel 1994 ein Vorsprung der besser N-versorgten Bestände im Laufe der Zeit völlig zusammen, in Etzdorf wurde eine etwa gleich große Ausgangspopulation in den gedüngten Parzellen auf weniger als die Hälfte der ungedüngten dezimiert (Abb. 5).

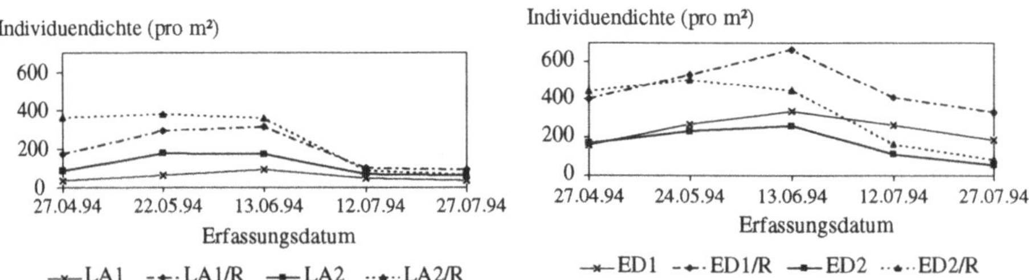

Abbildung 5:   Einfluß von Rotationsbrache und N-Versorgung auf den zeitlichen Verlauf der Individuendichten der Bad Lauchstädter (LA) und Etzdorfer (ED) Segetalzönose

5.1.1.4. Biomassen

Die Biomassen wurden als oberirdische Trockenmassen ermittelt. Die Kulturpflanzenbiomasse lag, wie die Abbildungen 6a und b zeigen, auf der Bad Lauchstädter Fläche insgesamt höher als auf der Etzdorfer, wobei es jedoch Überschneidungen zwischen den gedüngten Etzdorfer und den Bad Lauchstädter G1-Varianten gab.

Die auffallend niedrigen Werte für das Jahr 1992 sind wahrscheinlich witterungsbedingt: Langanhaltende Trockenphasen vor und während der Vegetationsperiode verhinderten die Ausnutzung des vergleichsweise hohen Stickstoffangebotes, obwohl die Jahresniederschlagssumme im Bereich des langjährigen Mittels lag. Die Vegetation war offenbar nicht in der Lage, die auf wenige Starkregenereignisse konzentrierten Niederschläge auszunutzen (vgl. Beitrag DÖRING). Entsprechend waren auch keine Unterschiede innerhalb der Lauchstädter Versuchsfläche festzustellen. Regressionsanalysen zeigen, daß 1992 auf der Bad Lauchstädter Fläche auch keine Korrelation zwischen Bodenstickstoffgehalt und Gesamtbiomasse vorlag.

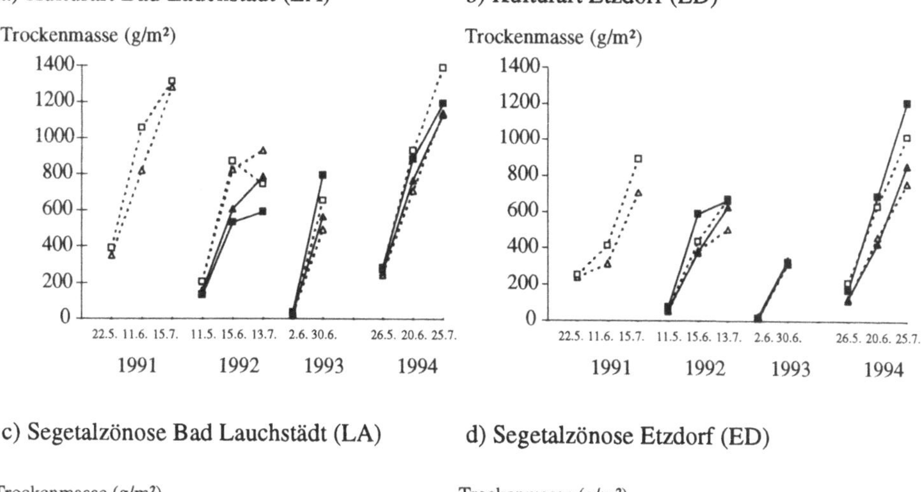

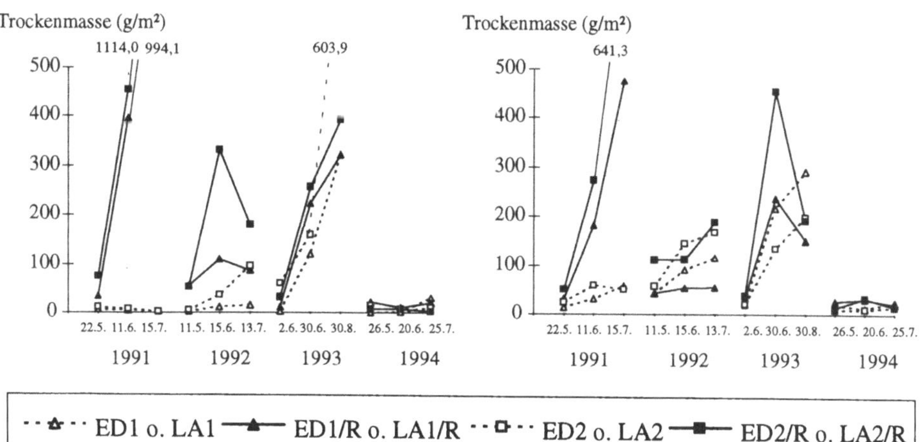

Abbildung 6: Trockenmassen (oberirdisch) von Kulturart und Segetalzönose auf den Versuchsflächen in Bad Lauchstädt (LA) und Etzdorf (ED); 1993 (Mais) wurden nur zweimal Kulturartproben genommen

Tabelle 4: Vergleich der Arten mit der höchsten Stoffproduktion und ihrer Rolle beim Auflauf

	Dominanzart	Biomasse/m² (Anteil an Segetalzönose)		Auflaufrate/m² (Anteil an Segetalzönose)	
		Lauchstädt	Etzdorf	Lauchstädt	Etzdorf
1992	Descurainia sophia (LA+ED)	102,1g (95,9%)	42,3g (46,6%)	45,3 (39,5%)	22,1 (8,0%)
1993	Solanum nigrum (LA)	304,7g (75,8%)	9,6 (4,6%)	24,3 (6,1%)	3,2 (0,8%)
	Chenopodium album (ED)	25,2g (6,3%)	104,2g (50,1%)	46,1 (11,5%)	78,7 (17,1%)
1994	Artemisia vulgaris (LA)	6,9g (49,1%)	0,0g (0,0%)	3,2 (1,3%)	0,0 (0,0%)
	Cirsium arvense (ED)	2,8g (19,8 %)	7,64g (39,6%)	1,3 (0,5%)	24,8 (5,6%)

Offenbar konnte der Winterweizen bei dem immer noch recht hohen Bodenstickstoff-Level nicht mehr deutlich auf die bestehenden Unterschiede reagieren, und andere Faktoren (z.B. Wasserverfügbarkeit) bestimmten das Wachstum stärker.Die in den übrigen Jahren festgestellen Unterschiede zwischen den Stickstoffvarianten ließen sich hingegen auf beiden Flächen (außer Etzdorf 1993) statistisch absichern. Die größte Stoffproduktion wies der Silomais (1993) auf. Hier mußte jedoch aus technischen Gründen auf eine Probenahme zum Höhepunkt der Entwicklung verzichtet werden. Daten existieren jedoch aus einer Parallelprobenahme (vgl. Beitrag MERBACH).Für die Segetalpflanzenbiomassen (Abb. 6c und d) ergab sich ein im Vergleich zu Auflaufraten und Diasporenbank nur geringer Vorsprung der Etzdorfer Zönose. In einigen Fällen (1991 auf den Brachen, 1992 auf den Parzellen mit Vorjahresbrache und 1993 generell) war die Stoffproduktion der Segetalpflanzen auf der Bad Lauchstädter Fläche höher. Die geringere Auflaufrate in Bad Lauchstädt kann offenbar im Bestand zum Teil durch eine höhere Stoffproduktion der Einzelpflanzen kompensiert werden.

Die Gesamtprimärproduktion als Summe aus Kultur- und Segetalpflanzenbiomasse war entsprechend auf der Bad Lauchstädter Fläche höher. Die bereits für die Kulturpflanzen beobachteten Überschneidungen traten hier häufiger auf. Ein einheitlicher Trend zur Verringerung der Primärproduktion war in Bad Lauchstädt nicht zu erkennen.

Die Segetalpflanzenbiomasse zeigte eine deutliche Abhängigkeit von der Kulturart. Im Mais (1993) war sie am größten, die Sommergerste erwies sich als sehr konkurrenzkräftig (1994). Starke kulturartbedingte Schwankungen in der Segetalpflanzenbiomasse mit hohen Werten für Mais und niedrigen für Sommergerste beschreiben auch SCHUBOTH und MAHN (1994) in ihrer ausführlichen Analyse der Etzdorfer Segetalvegetation über einen Zeitraum von 10 Jahren.

Eine bessere Stickstoffversorgung wirkte sich innerhalb der Versuchsflächen zumeist positiv auf die Biomasse der Segetalzönose aus. In einigen Fällen war die Kulturart jedoch so konkurrenzkräftig, daß die Segetalpflanzenbiomasse bei einer höheren Stickstoffverfügbarkeit zurückging (vor allem 1994). Auch in eigenen, älteren Arbeiten auf der Etzdorfer Versuchsfläche konnte nachgewiesen werden, daß die Biomasse der Segetalzönose zumeist positiv durch die Düngung beeinflußt wird (MAHN 1988). PULCHER-HÄUSSLING (1989) beobachtete sogar, daß die Biomasse der Segetalzönose sich in stärkerem Maße erhöhte als die der Kultur.

Der Effekt einer einjährigen Brache auf die Segetalpflanzenbiomasse war weitaus weniger deutlich als auf die Auflaufraten. Als Ursache hierfür ist die verschärfte Konkurrenzsituation durch die höheren Auflaufraten in den ehemaligen Bracheparzellen zu sehen, die zu einer höheren Mortaltät (vgl. Abb. 4) und geringeren Biomassen der Einzelpflanzen führt. Folgeverunkrautungsprobleme gab es nur 1992 in Bad Lauchstädt, wo aufgrund des Massenauftretens von *Descurainia sophia* die Kulturpflanzenbiomasse deutlich veringert wurde. Die von einigen Autoren befürchtete Anreicherung von Problemunkräutern (HINTZSCHE und GERDES 1992; VOEGLER und OHME 1994) blieb aus.

Mit Ausnahme von 1992 erreichten die Arten mit der höchsten Auflaufrate nicht die höchste Biomasse (Tab. 4). Es gelangten in der Regel Arten zur Dominanz, die im Auflauf eine untergeordnete Rolle spielten. Aus der Auflaufrate oder gar der Diasporenbank direkt auf die Biomassenzusammensetzung und damit die herbologische Bedeutung der Segetalzönose zu schließen, war nicht möglich. Auch beim Parameter Biomasse wurde die Segetalzönose in Bad Lauchstädt von anderen Arten beherrscht als in Etzdorf.

5.1.1.5. Lichtverhältnisse

Bedingt durch die höheren Biomassen fiel in die besser N-versorgten Parzellen signifikant weniger Licht (Abb. 7, gemessen als photosynthetisch aktive Strahlung (PAR)). Die Unterschiede zwischen den Versuchsflächen treten dabei deutlich zu Tage.

a) zeitliche Dynamik b) Höhenprofil am 01.07.1992

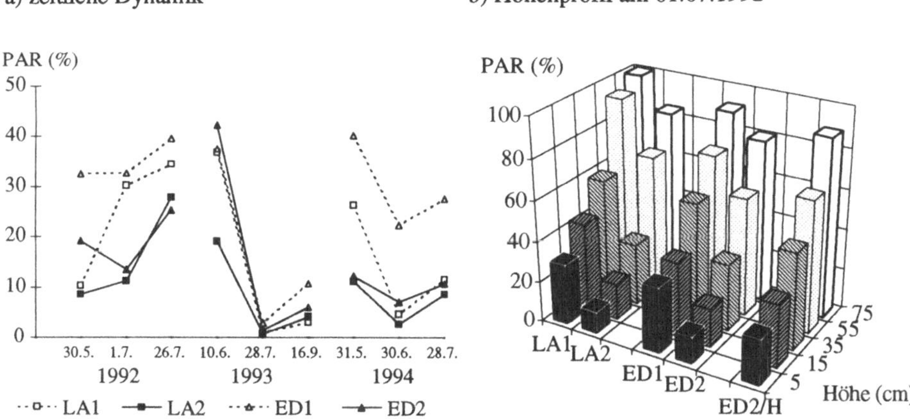

Abbildung 7: Photosynthetisch aktive Strahlung (PAR) in den Beständen der Versuchsflächen Bad Lauchstädt (LA) und Etzdorf (ED); /H: herbizidbehandelt

Allerdings wiesen die Lauchstädter Parzellen mit geringerem Boden-N-Gehalt bereits einen ähnlich hohen Lichtgenuß (1992 sogar einen höheren) auf wie die gedüngten Etzdorfer Parzellen. Deutlich erkennbar war in beiden Untersuchungsjahren auch die Zunahme des Lichtgenusses mit Auflichtung des Bestandes zum Ende der Vegetationsperiode. Auffallend war die sehr hohe Beschattungskraft der Kulturart Mais zum Höhepunkt der vegetativen Entwicklung mit Lichtgenüssen von teilweise unter 1% an der Erdoberfläche. Die von NIEMANN und VERSCHWELE (1993) beobachteten Werte wurden damit deutlich unterschritten. Bis zu einer Höhe von 45 cm war der Bestand in diesem Jahr nahezu völlig ausgedunkelt. Übereinstimmend mit STROTDREES (1992) ging auch im Winterweizen der Lichteinfall zum Teil auf 10 % zurück, erreichte jedoch in weniger gut stickstoffversorgten Beständen beträchtlich höhere Werte.Daß auch die Segetalzönose einen beträchtlichen Beitrag zum Lichtentzug leistet, macht der Vergleich mit den herbizidbehandelten Varianten in Etzdorf deutlich Abb. 6 b). Der Lichtgenuß war in höheren Bestandesschichten, die weitgehend frei von Segetalpflanzen sind, identisch, während in Bodennähe erheblich weniger Licht in die herbizidfreien Bestände einfiel.

5.1.2. Populationsbiologische Untersuchungen

Das Ziel der populationsbiologischen Betrachtungen war nicht die umfassende Analyse einzelner Arten, sondern der Versuch einer Kausalanalyse der unter 5.1.1. festgestellten strukturellen Unterschiede zwischen den Agrarökosystemen Lauchstädt (LA) und Etzdorf (ED). An *Chenopodium album* wurde untersucht, wie sich eine auf beiden Flächen erfolgreich etablierte Art mit potentiell hoher Stoffproduktion verhält. Am Beispiel von *Lithospermum arvense* wurde der Frage nachgegangen, warum einige der für Lößschwarzerdestandorte mittlerer Nutzungsintensität typischen Segetalarten auf der Lauchstädter Fläche fehlen.

5.1.2.1. *Chenopodium album* (Weißer Gänsefuß)

a) Bedeutung in der Segetalzönose

Die Art dominierte 1991 auf beiden Flächen und konnte vor allem auf den Brachen sehr hohe Biomassen erreichen (Tab. 5). Dies schlug sich jedoch nur in Etzdorf deutlich in der Diasporenbank und aktuellen Vegetation der Folgejahre nieder. Möglicherweise kam der Bracheumbruch 1991 (August) so früh, daß die meisten Pflanzen in Bad Lauchstädt noch keine keimfähigen Samen bilden konnten. Phänologische Untersuchungen (vgl. Abb. 9) in den Folgejahren belegen, daß der überwiegende Teil der Pflanzen dort zu diesem Zeitpunkt noch ohne Samen war.Insgesamt war die Diasporenbank in Etzdorf sowohl absolut als auch im Verhältnis zur Gesamtzahl deutlich höher, so daß die Art dort potentiell eine größere Rolle spielt.

Die Höhe der N-Versorgung wirkte sich in den einzelnen Versuchsjahren uneinheitlich auf den Weißen Gänsefuß aus (vgl. auch 5.1.2.1. b). In Etzdorf überwog ein leicht positiver Einfluß, in Lauchstädt ein schwach negativer. Mit Auflaufraten von durchschnittlich 28 (LA) bzw. 62 (ED) Individuen pro m² gehörte *Chenopodium album* auf beiden Flächen zu den häufigsten Arten. Eine größere Bedeutung bei den Parametern Biomasse und Deckungsgrad konnte die Art jedoch nur 1993 (Mais) erlangen (größte Biomasse aller Arten in Etzdorf).

Tabelle 5: Rolle von *Chenopodium album* in den Segetalzönosen von Bad Lauchstädt (LA) und Etz- dorf (ED); Werte in Klammern: prozentualer Anteil an der Gesamtsegetalzönose

	Lauchstädt					Etzdorf				
	LA1	LA1/R	LA2	LA2/R	Mittel	ED1	ED1/R	ED2	ED2/R	Mittel
1991										
Trockenmasse (g/m²)	2,0 (33,5)	248,8 (51,9)	1,3 (17,6)	208,4 (40,6)	106,7 (42,4)	9,2 (26,4)	81,5 (35,6)	17,3 (38,1)	117,8 (48,8)	56,5 (37,2)
1992-1994										
Diasporenbank (0-10 cm, /m²)	542,5 (12,1)	671,7 (4,8)	258,3 (5,2)	955,9 (6,2)	577,6 (6,2)	713,0 (11,4)	2139,1 (13,4)	914,5 (14,6)	2135,8 (14,7)	1476,4 (13,6)
Auflaufrate (Indiv./ m²)	27,6 (23,1)	31,8 (11,5)	33,3 (22,2)	25,7 (9,6)	28,0 (12,8)	48,2 (16,0)	68,2 (12,9)	64,9 (21,2)	65,7 (16,5)	61,9 (16,2)
Trockenmasse (g/m²)	7,1 (6,5)	5,0 (3,0)	2,3 (2,1)	0,7 (2,0)	3,9 (2,8)	24,4 (14,9)	12,3 (9,9)	18,8 (18,8)	26,7 (13,5)	20,6 (14,3)
% Deckung[1]	3,3 (8,7)	2,4 (5,3)	2,3 (7,0)	2,3 (5,8)	2,8 (6,7)	15,3 (13,0)	10,8 (8,9)	12,7 (11,5)	17,0 (13,0)	14,0 (11,3)

[1] Deckungsgrad aus den Vegetationsaufnahmen (vgl. 4.1.2.); durch die Schichtung ist die Deckungsgradsumme z.T. höher als 100 %

b) Verhalten auf den Versuchsflächen im Vergleich

Chenopodium album weist eine starke genetische Differenzierung über Varietäten, Formen bis hinunter zu Subformen auf. JÜTERSONKE und ARLT (1989) erstellten im wesentlichen anhand von Unterschieden in der Wuchsform einen Bestimmungsschlüssel zur Neugliederung der Art, nach dem auch auf den Versuchsflächen genotypisch verschiedene Pflanzen zu finden wären. Eine mehrfache Überprüfung durch Anzucht unter identischen Bedingungen in Gefäßversuchen konnte eine genetische Determiniertheit dieser Unterschiede bei den von uns untersuchten Pflanzen weitgehend ausschließen. Die nachgezogenen Pflanzen wiesen keinerlei morphologische Unterschiede auf. Überprüft wurde auch, ob die großen Unterschiede in der Entwicklungsgeschwindigkeit (vgl. Abb. 10) zwischen der Etzdorfer und der Lauchstädter Population genetisch determiniert ist. Ein statistisch signifikanter Vorsprung der Lauchstädter Pflanzen trat nur in einem von 4 Gefäßversuchen auf.

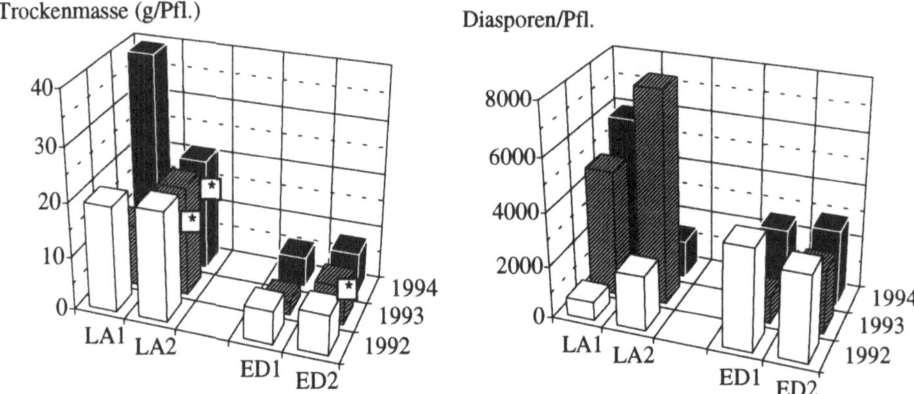

Abbildung 8: Biomassen und Diasporenzahl von *Chenopodium album* in Bad Lauchstädt (LA) und Etzdorf (ED) unter Konkurrenzausschluß; K1/K2: 1./2. Kohorte; * signifikant gegenüber LA1/ED1 mit p<5%

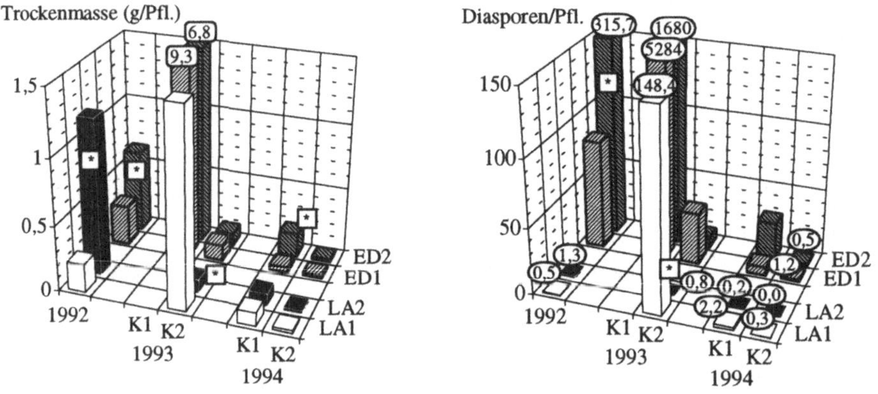

Abbildung 9: Biomassen und Diasporenzahl von *Chenopodium album* im Kulturpflanzenbestand von Bad Lauchstädt (LA) und Etzdorf (ED); K1/K2: 1./2. Kohorte; * signifikant gegenüber LA1/ED1 mit p<5%

Pflanzen, die unter weitgehendem Ausschluß von Konkurrenz in künstlich geschaffenen Bestandeslücken aufwuchsen, produzierten auf der N-Hochlastfläche 1992 und 1993 eine deutlich größere Biomasse (Abb. 8). Es muß allerdings darauf hingewiesen werden, daß in allen Versuchsjahren in Etzdorf starke Fraßschäden an den *Chenopodium*-Reinbeständen auftraten. Eine vergleichbare Predation (Blattläuse) war nur 1994 auf den Lauchstädter G2-Parzellen zu beobachten, die daher auch im Wuchs deutlich hinter den G1-Parzellen zurückblieben. Ansonsten war die positive Wirkung einer besseren Nährstoffversorgung an der Stoffproduktion in Reinbeständen des Weißen Gänsefußes abzulesen..

Im Bestand ergab sich für die Biomassen wie schon bei den flächenbezogenen Daten unter a) (Tab. 5) ein uneinheitliches Bild (Abb. 9). Entscheidend für die Stoffproduktion war der Startzeitpunkt im Verhältnis zu den übrigen Segetalarten und vor allem zur Kulturart, der über den Lichtgenuß entscheidet. In den Jahren 1993 und 1994, wo sich der Auflauf über einen längeren Zeitraum erstreckte, führte eine Verzögerung des Startzeitpunktes (2. Kohorte) aufgrund des verringerten Lichtgenusses zu einer deutlich verringerten Vitalität. UDWAL (1989) konnte zeigen, daß bereits bei einer Lichtlimitierung auf 35 % des Tageslichtes nahezu keine Reaktion auf ein steigendes Stickstoffangebot mehr auftrat.

Im Winterweizen 1992 konnten sich die Pflanzen in den stickstoffreicheren Beständen der stärkeren Ausdunkelung durch ein größeres Längenwachstum entziehen, so daß hier eine deutliche Förderung der Stoffproduktion zu beobachten war. In der für die Art eigentlich günstigeren Maiskultur waren die Pflanzen durch einen trockenheitsbedingten verzögerten Start insgesamt konkurrenzschwach. Die meisten Pflanzen konnten erst Anfang Juni nach ergiebigen Niederschlägen in der letzten Maidekade (vgl. Beitrag DÖRING) auflaufen, während der Mais bereits Anfang Mai aufging. Lediglich in Etzdorf gab es eine nennenswerte Anzahl frühzeitig aufgelaufener *Chenopodium*-Pflanzen (1. Kohorte). Für die Dominanz von *Chenopodium album* bei den Biomassen in Etzdorf 1993 war ausschließlich diese erste Kohorte verantwortlich, obwohl ihr Anteil am Gesamtauflauf nur bei 25 % lag. 1994 war die Sommergerste durch einen frühen Bestandesschluß ebenfalls so konkurrenzkräftig, daß die Biomassen von *Chenopodium album* deutlich unter denen von 1992 blieben.

Die Diasporenproduktion wurde häufig negativ durch ein höheres Stickstoffangebot beeinflußt. Insgesamt ergibt sich ein verminderter Reproduktionsaufwand bei besserer Stickstoffversorgung, der durch die hier nicht dargestellten geringeren Anteile der generativen Organe an der Gesamtbiomasse bestätigt wird. 1992 produzierten die Etzdorfer Individuen unter Konkurrenzausschluß trotz geringerer Biomasse sogar mehr Diasporen. In Konkurrenz zur Kulturart war in Bad Lauchstädt ein nahezu völliger Ausfall der Diasporenproduktion zu verzeichnen (Ausnahme: G1 1993).

Untersuchungen zur Ontogenie zeigten, daß eine bessere N-Versorgung die Entwicklung verzögert, so daß viele Pflanzen bis zum Ende der Vegetationsperiode noch keine keimfähigen Diasporen gebildet hatten (Abb. 10). Innerhalb der Flächen entwickelten sich die besser N-versorgten Pflanzen langsamer und die Etzdorfer Population hatte insgesamt einen Vorsprung gegenüber der Lauchstädter. Ursache hierfür ist zum einen der allgemein durch Stickstoff verzögerte Eintritt in die generative Phase, wie er auch in konkurrenzfreien Beständen beobachtet wurde. Zum anderen verharren die Pflanzen bei Lichtlimitierung länger in der vegetativen Phase, eine Art „Oskar-Syndrom", das von MAHN und LEMME (1989) bereits für *Solanum nigrum* festgestellt wurde.

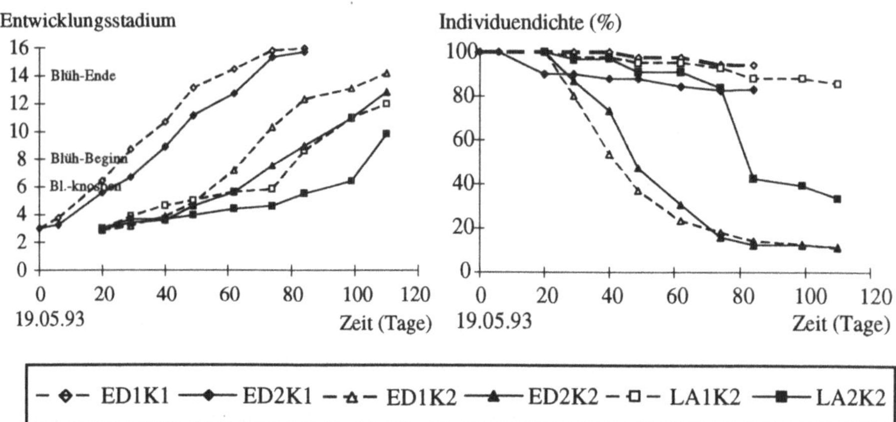

Abbildung 10: Überlebensraten und Entwicklungsstadien (verändert nach DIERSCHKE (1972)) von *Chenopodium album* in Bad Lauchstädt (LA) und Etzdorf (ED) - zeitlicher Verlauf in Abhängigkeit von der Stickstoffversorgung; K1/K2: 1./2. Kohorte

Auch die <u>Überlebensrate</u> war während des gesamten Versuchszeitraums in den stickstoffreichen Beständen geringer (vgl. Abb. 9). Als Ausdruck der geminderten Vitalität stieg die Mortalität bei nur wenig später aufgelaufenen Pflanzen (2. Kohorte) deutlich an. Allgemein lag die Mortalität der Bad Lauchstädter Pflanzen deutlich über der der Etzdorfer.

Zusammenfassend läßt sich sagen, daß eine höhere N-Versorgung unter Agroökosystembedingungen insgesamt einen eher negativen Einfluß auf die Entwicklung von *Chenopodium album*-Individuen hatte. Die dennoch erfolgreiche Behauptung dieser Art in eutrophen Agrarökosystemen ist wohl eher in der hohen phänotypischen Plastizität (MAILLETTE 1985, UDWAL 1989) begründet. Unter abgeschwächter Konkurrenz, z.B. in Bestandeslücken, können die Pflanzen ein erhöhtes N-Angebot sehr gut nutzen und hohe Diasporenzahlen produzieren. Die Art, die von GRIME u.a. (1988) als CR-Stratege bezeichnet wird, muß unter Agrarökosystembedingungen eher als R-Stratege angesehen werden.

5.1.2.2. *Lithospermum arvense* (Acker-Steinsame)

Die Art war in Bad Lauchstädt auf der Versuchsfläche nicht zu finden und gehörte auch in Etzdorf zu den selteneren Arten. Nur 1994 konnte ein Nachweis in der Diasporenbank von Etzdorf erbracht werden. Entsprechend waren die Auflaufraten so gering, daß sie in den ungedüngten Parzellen unter der Nachweisgrenze lagen. In den gedüngten Parzellen trat der Acker-Steinsame weitaus häufiger auf. Auch die mittlere Deckung war hier höher. Die Brache wirkte sich in den Folgejahren positiv auf die Art aus (Abb. 11).

Der Acker-Steinsame zeigte sich außer im Mais 1993 auch bei guter Nährstoffversorgung konkurrenzkräftig. Die Pflanzen bildeten signifikant mehr Diasporen (Abb. 11). Im Gegensatz zu *Chenopodium album* ließen sich hier bei gleicher Wiederholungszahl auch geringere Unterschiede absichern, da die Variationsbreite und damit die Meßwertstreuung deutlich kleiner waren. Die nur 1994 ermittelten Biomassen lagen ebenfalls bei den gedüngten Pflanzen höher. *Lithospermum arvense* konnte 1992 im Wachstum mit der Kulturart Winterweizen mithalten, so daß die Pflanzenspitzen einen Lichtgenuß von 100 % erhielten. Selbst im Mais erreichten die Pflanzen bis Mitte Juni noch Bestandesschichten mit ausreichender Einstrahlung, um dann jedoch im Juli völlig ausgeschattet zu werden. Die Überlebensrate lag in allen Fällen über 90 %.

	ED1	ED1/R	ED2	ED2/R
Auflaufrate (Indiv./ m^2)	0,0 (0,0 %)	0,0 (0,0 %)	1,5 (0,5 %)	2,9 (0,7 %)
% Deckung[1]	1,0 (0,7 %)	0,2 (0,2 %)	1,5 (1,4 %)	1,7 (1,6 %)

[1] vgl. Tab. 5

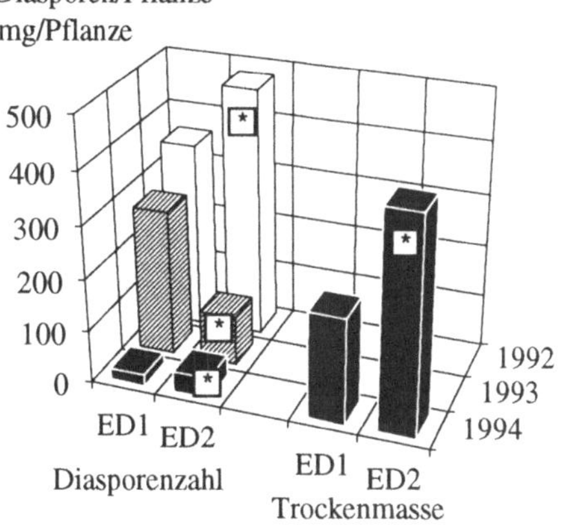

Abbildung 11: *Lithospermum arvense* in Etzdorf (ED)
links: Bedeutung in der Segetalzönose im Mittel 1992-1994 (Prozentangaben auf Gesamtzönose bezogen)
rechts: Einfluß der Stickstoffdüngung auf Diasporenzahl und Biomasse (*: signifikant mit p<5% gegenüber ED1)

1993 wurden auf der Lauchstädter Fläche (LA) zum Zeitpunkt des Auflaufs der Kulturart 45 Jungpflanzen von *Lithospermum arvense* eingesetzt. Sie konnten sich dort gut entwickeln und insgesamt etwa 20.000 Diasporen produzieren. Nach Keimtests müßten davon etwa 6.000 bis 7.000 keimfähig gewesen sein. Wahrscheinlich aufgrund der wendenden Bodenbearbeitung lief im Folgejahr nur eine Pflanze auf der Versuchsfläche auf. Sie besaß eine den Etzdorfer Individuen vergleichbare Vitalität.

Zusammenfassend läßt sich sagen, daß der Acker-Steinsame auf der Etzdorfer Versuchsfläche deutlich positiver auf eine Düngung reagierte als *Chenopodium album*. SVENSSON und WIGREN

(1982) stellten hingegen eine indifferente Reaktion von *Lithospermum arvense* auf eine N-Gabe von 100 kg/ha fest. Die relativ gute Behauptung in den gedüngten Etzdorfer Beständen und die gute Entwicklung in Bad Lauchstädt eingesetzter Pflanzen machen es wahrscheinlich, daß die Art auf der Bad Lauchstädter Fläche bereits wieder existieren könnte. Offenbar sind jedoch noch keine Diasporen in populationsaufbauender Größenordnung auf die Fläche gelangt. Eine Erklärung hierfür liefert die geringe Diasporenproduktion,die auch unter guten Bedingungen nicht höher als 1000/Pflanze liegt. Es sind insgesamt vergleichsweise wenig Diasporen „im Umlauf". Hinzu kommt noch die geringe Ausbreitungsgeschwindigkeit. In den zwei Monaten von der Abreife der in Lauchstädt eingesetzten Pflanzen bis zur Maisernte wurden die Diasporen um nicht mehr als 0,5 m bewegt. Es gibt zwar Hinweise auf eine Fernausbreitung durch Tiere und mit dem Saatgut (MÜLLER-SCHNEIDER 1986), die Art muß jedoch unter den gegenwärtigen Anbaubedingungen als weitgehend autochor angesehen werden.

5.2. Vergleich mit Praxisschlägen der näheren Umgebung

Die in Tabelle 7 dargestellten Vegetationsaufnahmen machen deutlich, daß die Segetalzönosen in Abhängigkeit von der Bewirtschaftungsintensität und Vorgeschichte selbst in enger Nachbarschaft beträchtliche Unterschiede aufweisen. Zur Überprüfung der Ähnlichkeit wurde neben dem SØRENSEN- noch der ELLENBERG-Index berechnet, der die Deckungsgrade der einzelnen Arten berücksichtigt. Auf Flächen, die nicht so häufig besucht werden wie die Versuchsflächen, ist dieser Index zuverlässiger, da das Übersehen von Arten nicht so stark ins Gewicht fällt. Häufig wurde nur eine stark verarmte Segetalzönose angetroffen. PFÜTZENREUTER (1994) beobachtete für Thüringen ebenfalls in vielen Fällen einen Übergang des Euphorbio-Melandrietum zu artenarmen Fragmentgesellschaften.

Auch der vergleichsweise geringe Anteil an Arten der *Euphorbia exigua-* und *Silene noctiflora-*Gruppe belegt diese Tendenz. Wenn überhaupt noch artenreiche Aufnahmen gemacht werden konnten, dann in der Regel nur am Rand der Schläge, wie dies auch von mehreren anderen Autoren berichtet wird (z.B. WALDHARDT und SCHMIDT 1990, van ELSEN 1991). Es konnte jedoch gezeigt werden, daß Äcker, die offenkundig nicht mit Herbiziden behandelt wurden, auch in der Nähe der Lauchstädter Versuchsfläche eine große Ähnlichkeit mit der Etzdorfer Fläche aufweisen. Auf der anderen Seite wurden in der Nähe beider Versuchsflächen auch Schläge gefunden, die in der Vegetationszusammensetzung der Lauchstädter Versuchsfläche stark ähnelten. Die Aufstellung der auf der Versuchsfläche Bad Lauchstädt fehlenden oder sehr seltenen typischen Segetalarten in Tabelle 8 macht deutlich, daß sie auch in der Umgebung mit Ausnahme von *Papaver rhoeas* kaum zu finden sind. Das nächste größere Vorkommen von *Lithospermum arvense* liegt zum Beispiel in 500 m Entfernung hinter einem 3 m hohen Bahndamm.

Tabelle 7: Vergleich der Vegetation in der näheren Umgebung mit den Versuchsflächen Bad Lauchstädt (LA) und Etzdorf (ED); E: ELLENBERG-, S: SØRENSEN-Index

Kultur	E.exigua/S.-noctiflora-G.	Ähnlichkeit mit ED		Ähnlichkeit mit LA	
	Artenzahl	E	S	E	S
WW	2 (16,7%)	3,0	24,7	9,7	26,5
WW	3 (15,8%)	34,2	35,0	17,4	32,4
Raps	6 (17,6%)	80,9	61,1	74,3	55,6
SG	6 (16,2%)	81,5	67,3	85,2	60,9
WG	4 (13,8%)	51,4	57,8	55,4	59
LA (WW)	4 (7,0%)	68,1	64,1	100	100
WW	5 (11,1%)	72,6	71,7	88,9	67,3
WW	6 (22,7%)	79,9	52,3	81,4	53,7
WG	1 (8,3%)	21,3	30,1	33,3	32,4
WG	5 (20,8%)	64,4	47,1	78,9	48,3
Raps	1 (4,3%)	51,5	43,9	75,3	51,1
ED (WW)	7 (22,9%)	100	100	68,1	64,1

Tabelle. 8: Das Auftreten von auf der Versuchsfläche Bad Lauchstädt (LA) fehlenden oder sehr seltenen Arten in der näheren Umgebung 1992-1994

Artname	Distanz (km) nächster F.		Zahl Fundorte bis 1 km	
	igs.	N>50	igs.	N>50
Anagallis arvensis	0,01	0,3	7	4
Chaenorrhinum minus	0,40		1	0
Consolida regalis	0,02	0,5	9	2
Euphorbia exigua	1,00		1	0
Lathyrus tuberosus[1]	0,20	0,7	2	8
Lithospermum arvense	0,05	0,5	7	5
Papaver rhoeas	0,00	0,2	26	10
Silene noctiflora	0,00	1,0	6	2
Veronica polita	0,00	0,9	9	4

[1] ist bislang auch auf der Etzdorfer Versuchsfläche nicht aufgetreten

Eine solche Entfernung kann bei der in 5.1.2.2. festgestellten geringen Ausbreitungsgeschwindigkeit der Diasporen eine unüberwindbare Hürde darstellen. Auch die übrigen hier aufgeführten Arten besitzen nur begrenzte Möglichkeiten zur Fernausbreitung. Eine realistische Etablierungschance besteht derzeit nur für die bereits sporadisch auf der Fläche (*Papaver rhoeas, Silene noctiflora, Veronica polita*) aufgetretenen Arten und für den Ackergauchheil (*Anagallis arvensis*), der 1994 am Feldrand gefunden wurde.

5.3. Vegetation der Bad Lauchstädter Dauerbrachen (LB)

Mit *Atriplex nitens* dominierte 1992 (2. Brachejahr) auf der belasteten Teilfläche (LB2) eine typische Ruderalart (65,5 % Deckung), die durch ihr gemeinsames Vorkommen mit *Decurainia sophia* und *Sisymbrium loeselii* eine sichere pflanzensoziologische Zuordnung zum Atriplicetum nitentis Knapp 1945 ermöglicht. In den Folgejahren ließ sich eine Entwicklung zu den ruderalen Staudenfluren (Artemisietea vulgaris, Lohm, Prag et Tx 1950) feststellen. Der Anteil an Therophyten nahm ab, ausdauernde Ruderalarten, vor allem *Artemisia vulgaris* erreichten einen höheren Deckungsgradanteil (47,5 %). Gegen diesen Trend nahm allerdings auch *Galium aparine* im Deckungsgrad deutlich zu. Daß die erwartungsgemäße (vgl. SCHMIDT 1981)

Entwicklung in Richtung einer Dominanz ausdauernder Arten zwischenzeitlich durch eine beträchtliche Zunahme von Annuellen unterbrochen werden kann, stellten auch TISCHEW und SCHMIEDEKNECHT (1993) fest.

Die unbelastete Teilfläche (LB1) wurde bis 1990 ackerbaulich genutzt, so daß Unterschiede zur belasteten nicht allein auf das geringere Nährstoffangebot zurückzuführen sind. Auffallend sind im Vergleich dennoch die deutlich geringere Diversität (mittlere Artenzahl und Evenness) und der erheblich höhere Anteil an Stickstoffzeigern auf der belasteten Teilfläche (Abb. 12). Insgesamt nahm die Diversität ab, wobei die Unterschiede zwischen den Teilflächen im Untersuchungszeitraum konstant blieben. Der Anteil an Stickstoffzeigern nahm auf der unbelasteten (LB1) Teilfläche ab, während er auf der belasteten (LB2) als Ausdruck der unverändert hohen Boden-N-Gehalte konstant blieb (vgl. Beiträge MERBACH, KÖRSCHENS, STERNKOPF).

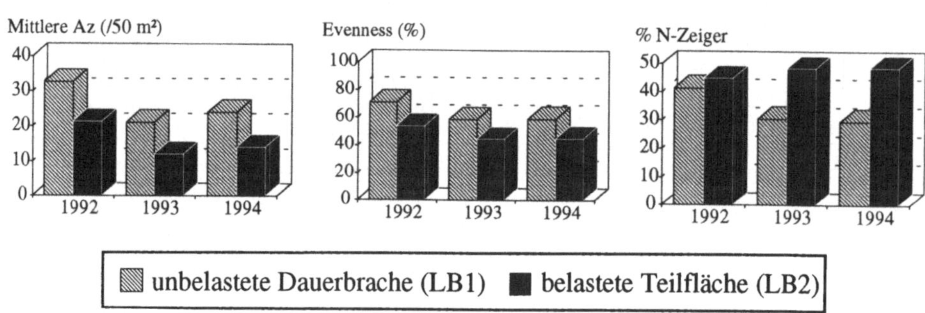

Abbildung 12: Diversität und Anteil von N-Zeigern (N-Zahl nach ELLENBERG (1992) >7) auf den Lauchstädter Dauerbrachen (LB)

6. Schlußfolgerungen

6.1. Zustand der belasteten Bad Lauchstädter Ackerfläche (LA)

Die Diversität der Lauchstädter Ackerfläche (LA) ist bereits vergleichsweise hoch und liegt im Bereich der als Zielzustand angesehenen Etzdorfer Zönose mit standorttypischer Segetalvegetation. Sie ist allerdings ökologisch einseitig. Es dominieren nach wie vor die Stickstoffzeiger. Sowohl in der aktuellen Vegetation als auch in der Diasporenbank treten auf der Lauchstädter Fläche die standorttypischen Segetalarten treten zurück oder fallen völlig aus. Auch die dominierenden Arten waren nicht dieselben. Vor allem in den Jahren 1992 und 1993 bot sich durch die Dominanz von *Descurainia sophia* und *Solanum nigrum* auf der Lauchstädter Fläche ein völlig anderer Aspekt. Trotz insgesamt hoher Diversität können die starken Schwankungen in der Entwicklung dieser beiden Populationen in Bad Lauchstädt mit in Einzelfällen ausgeprägter Dominanz als Ausdruck einer geringeren Selbstregulationsfähigkeit des Systems verstanden werden.

Bei im Vergleich zur Etzdorfer Fläche meist deutlich geringeren Auflaufraten kann die Bad Lauchstädter Segetalzönose dennoch teilweise höhere Biomassen aufbauen (starkes Wachstum von Individuen der Dominanzarten, s.o.). Im Mittel der Untersuchungsjahre ist die Segetalpflanzenbiomasse in Bad Lauchstädt kleiner, mit in Relation zu Etzdorf zunehmender Diasporenbank ist in Bad Lauchstädt jedoch eine zunehmende Verunkrautung zu erwarten. Auffällig ist die immer noch deutlich höhere gesamte Primärproduktion auf der Lauchstädter Fläche. Sie führt zu einer deutlich größeren Lichtlimitierung. Die Untersuchungen an *Chenopodium album* konnten zeigen, daß der geringere Lichtgenuß in den dichten Beständen den positiven Effekt einer besseren Nährstoffversorgung völlig aufheben kann, und z. T. sogar zu einer konkurrenzbedingten Unterdrückung der Art führt. Allerdings sind die Bedingungen nicht so unterschiedlich, daß sie das völlige Ausbleiben eigentlich standorttypischer Arten in Bad Lauchstädt erklären. Es gibt bei den Gesamtbiomassen und in der Lichtlimitierung bereits Überschneidungen zwischen den gedüngten Etzdorfer Varianten und den Bereichen der Lauchstädter Ackerfläche, die einen vergleichsweise geringen Boden-N-Gehalt aufweisen. Dort zeigte beispielweise auch *Chenopodium album* eine gute Entwicklung. Trotzdem treten auch hier die erwähnten Unterschiede in der Artenzusammensetzung auf. Desweiteren konnte sich eine bislang erfolglose Art, *Lithospermum arvense,* zumindest in einem Auspflanzexperiment auf der Lauchstädter Fläche erfolgreich behaupten. Die Tatsache, daß die Art in Etzdorf durch eine bessere Stickstoffversorgung deutlich gefördert wird, macht es wahrscheinlich, daß sie auf der Lauchstädter Fläche eine gute Etablierungschance hat. Ob es tatsächlich zu einer Etablierung kommt, müssen Beobachtungen in den folgenden Jahren zeigen, wenn die 1993 produzierten Diasporen durch die wendende Bodenbearbeitung wieder in oberflächennahe Bodenschichten transportiert werden.

Ein wichtiger Grund für die Unterschiede in der Artenzusammensetzung dürfte sein, daß noch ein hoher Samenvorrat von Stickstoffzeigern aus den vergangenen Jahren vorliegt (generative Persistenz). Zum anderen befinden sich keine Diasporen der „fehlenden" Arten im Boden. Sie müssen von außen eingetragen werden, was bislang zumindest nicht in populationsaufbauender Größenordnung der Fall war.

6.2. Entwicklungstendenzen und Chancen für eine Regeneration

Generelle Tendenzen in der Entwicklung der Lauchstädter Ackerfläche (LA) aus dem dreijährigen Untersuchungszeitraum abzuleiten ist problematisch, da sie von kulturart- und witterungsbedingten

Unterschieden in den einzelnen Versuchsjahren, wie auch der Vergleich mit der Etzdorfer Fläche zeigt, überlagert werden. Es konnten jedoch zunächst keine Hinweise für eine Regeneration in Richtung der standorttypischen Etzdorfer Segetalzönose gefunden werden. Die zumindest vergleichsweise hohe Stoffproduktion (vorallem LA2) auf der Fläche scheint verhältnismäßig stabil zu sein und läßt für die nahe Zukunft keine wesentliche Auflichtung der Bestände erwarten. Für sichere prognostische Aussagen ist eine längerfristige Beobachtung unerläßlich.

Die als standorttypisch geltenden Segetalarten sind in intensiv genutzten Praxisschlägen, wie sie die Mitteldeutsche Agrarlandschaft beherrschen, bereits selten geworden. Die Diasporenquellen für bislang auf der Fläche fehlende Arten sind in der Umgebung demgemäß rar und z.T. weit entfernt. Da die Ausbreitungsgeschwindigkeit ihrer Diasporen, wie auch die Untersuchungen zur Ausbreitung der *Lithospermum arvense*-Samen zeigen, sehr langsam ist, muß die Wahrscheinlichkeit eines ausreichenden Eintrags von Diasporen als gering eingeschätzt werden.

In der Erforschung der Ausbreitungsmechanismen und -geschwindigkeit einzelner Segetalarten liegt einer der Schlüssel für die Beurteilung von Regenerationsaussichten auch für ehemals intensiv genutzte Äcker, die keine hohe Stickstoffbelastung aufweisen. Eine Quantifizierung der Beziehung zwischen der Dauer der Wiederbesiedlung und Entfernung von Diasporenquellen könnte in einem weiteren Schritt die Einschätzung der Regenerationsgeschwindigkeit ermöglichen.

6.3. Beurteilung von Regenerationsstrategien

Da die hohe Gesamtprimärproduktion nach wie vor zur Unterdrückung standorttypischer Arten führen kann, ist eine weitere Aushagerung des Standortes durch den Entzug von Biomasse angezeigt.

Eine Flächenstillegung wie auf der Fläche V 512 in Bad Lauchstädt wird dieser Forderung nicht gerecht. Dort entwickelte sich eine nitrophytenreiche Hochstaudenflur von verhältnismäßig geringer Diversität. Eine kurzfristige Abnahme des Anteils von Stickstoffzeigern, die ohnehin durch die landschaftsbezogen zunehmende Eutrophierung in Ausbreitung begriffen sind, ist nicht zu erwarten.

Auch Rotationsbrachen tragen im Brachejahr nicht zum Stickstoffentzug bei, wenn der Aufwuchs in den Boden eingearbeitet wird. Selbst bei Entfernung des Aufwuchses ist der Stickstoffentzug aufgrund der geringeren Biomasseproduktion nicht so hoch wie bei ackerbaulicher Nutzung. Zudem wurde die Dominanzstruktur in den Folgejahren eher ungünstig verändert (geringere Evenness 1992). Der Anteil an standorttypischen Segetalarten nahm nicht zu.

Unter dem praxisüblichen Herbizideinsatz kann sich die standorttypische Segetalzönose nicht halten, wie die Aufnahmen auf Schlägen in der Umgebung der Versuchsflächen zeigen. Eine mechanische Regulation, die eine Restverunkrautung zuläßt, ist vorzuziehen.

Ob eine gezielte Ansaat standorttypischer Segetalpflanzen bereits erfolgreich wäre, ist nicht sicher, aber wie das Beispiel *Lithospermum arvense* zeigt, wahrscheinlich. Um dies zuverlässig beurteilen zu können, sind weitere Experimente erforderlich. Eine Ansaat ist jedoch unter dem Aspekt der „Florenverfälschung" kritisch zu sehen. Es besteht die Gefahr der Einschleppung zumindest regional untypischen genetischen Materials. Jedoch sind interessante Forschungsergebnisse zu erwarten, die Aufschluß über die Etablierungschancen und die Mindestpopulationsgröße geben können.

7. Literatur

ALBRECHT, H.: Untersuchungen zur Veränderung der Segetalflora an sieben bayerischen Ackerstandorten zwischen den Erhebungszeiträumen 1951/68 und 1986/88. - In: Dissertationes Botanicae 141 (1989), 201 S.

ALKÄMPER, J. 1976: Einfluß der Verunkrautung auf die Wirkung der Düngung. - In: Pflanzenschutznachrichten Bayer 29 (1976) 3, S. 191-235.

BARKMAN, J.J., DOING, H.und SEGAL, S.: Kritische Bemerkungen und Vorschläge zur quantitativen Vegetationsanalyse. - In: Acta bot. neerl. 13 (1964), S. 394-419.

BASKIN, J.M. und BASKIN, C.C.: The annual dormancy cycle in buried weed seeds: A continuum. - In: BioScience 35 (1985) 8, S. 492-498.

BASKIN, J.M. und BASKIN, C.C.: Environmentally induced changes in the dormancy states of buried weed seeds. - In: British crop protection conference-weeds (1987), S. 695-706.

BASSETT, I.J. und C.W. CROMPTON: The biology of Canadian weeds. 32. *Chenopodium album* L. In: Can. J. Plant Sci. 58 (1978), S. 1061-1072.

BAUERMEISTER, W.: Modelluntersuchungen zur Erfassung des Unkrautsamenvorrates im Ackerboden und zur Verlagerung der Samen durch Bodenbearbeitung. - In: Wissenschaftliche Zeitschrift der PH Potsdam Jahrgang 27 (1983) 1, S. 147-156.

BÖHNERT, W.: Ergebnisse von Strukturuntersuchungen in unterschiedlich begüllten Ackerunkrautphytozönosen. - In: Wiss. Z. Univ. Halle XXX'81 M (1981) H.3, S. 103-114.

BRAUN-BLANQUET, J.: Pflanzensoziologie.- 3. Aufl., Springer, Wien/New York, 1964.

COUSENS, G.W. und MOSS, S.R.: A model of the effects of cultivation on the vertical distribution of weed seeds within the soil.- In: Weed Research 30 (1990), S. 61-70.

DIERSCHKE, H.: Zur Aufnahme und Darstellung phänologischer Erscheinungen in Pflanzengesellschaften. - In: R. TÜXEN (ed.): Grundfragen und Methoden in der Pflanzensoziologie. - Ber. Intern. Sympos. IVV (1972), Junk, Den Haag, S. 291-311.

ELLENBERG, H.: Zeigerwerte von Pflanzen in Mitteleuropa.- In: Scripta Geobot. 18 (1992), 248 S.

van ELSEN, T.: Transekt-Untersuchungen zur Verteilung von Ackerwildkrautarten im Randbereich unterschiedlich bewirtschafteter Felder. - In: E. G. MAHN, F. TIETZE (eds.): Agro-Ökosysteme und Habitatinseln in der Agrarlandschaft. - Wiss. Beiträge Univ. Halle P46 (1991) 6, S. 150-154.

van ELSEN,T. und GÜNTHER, H.: Auswirkung der Flächenstillegung auf die Ackerwildkraut-Vegetation von Grenzertrags-Feldern. - In: Z. PflKrankh. PflSchutz, Sonderheft XIII (1992), S. 49-60.

GRIME, J.P., HODGSON, J.G. und HUNT, R.: Comparative plant ecology: A functional approach to common British species. - Unwin Hyman, London, 1988.

GROTE, A.: Stickstoffmineralisation von begüllten Ackerböden im Kreis Vechta. - In: Verh. Ges. Ökol. 19 (1990) 2, S. 528-535.

HANF, M.: Ackerunkräuter Europas mit ihren Keimlingen und Samen. - Verlagsunion Agrar, München, Frankfurt, Münster-Hiltrup, Wien, Wabern-Bern, 3. Aufl., 1990.

HEYDEMANN, B. und MEYER, H.: Auswirkungen der Intensivkultur auf die Fauna in den Agrarbiotopen. - In: Schriftenreihe des Deutschen Rats für Landschaftspflege 42 (1983), S. 174-191.

HILBIG, W. und BACHTHALER, G.: Wirtschaftsbedingte Veränderungen der Segetalvegetation in Deutschland im Zeitraum von 1950-1990.- In: Angew. Bot. 66 (1992), S. 192-209.

HILBIG, W. und MAHN, E.-G.: Karten der Pflanzenverbreitung in der DDR. 8. Serie. Segetalpflanzen auf Segetalstandorten (Folge 2).- In: Hercynia N.F. 25 (1988), S. 169-234.

HILBIG, W., MAHN, E.G., SCHUBERT, R. und WIEDENROTH, E.M.: Die ökologisch-soziologischen Artengruppen der Ackerunkrautvegetation Mitteldeutschlands. - In: Bot. Jahrbuch 81 (1962), S. 416-449.

HILBIG, W. und VOIGTLÄNDER, U.: Die ökologisch-soziologischen Artengruppen und die Vegetationsformen des Ackers im Gebiet der DDR.- In: Wiss. Mitt. Inst. Geogr. Geoökol. 14 (1984), S. 17-59.

HINTZSCHE E. und GERDES, K.: Einjährige Beobachtungen zum Unkrautauftreten in Flächenstillegungen. - In: Z. Pfl.Krankh. PflSchutz Sonderheft XII (1992), S. 41-47.

HOLM, L.G., PLUCKNETT, D.L., PANCHO, J.V. und HERBERGER, J.P.: The world`s worst weeds. - East West Center Book, Univ. Press of Hawaii, Honululu, 1977.

JÜTERSONKE, B. und ARLT, K.: Experimentelle Untersuchungen über die infraspezifische Struktur von *Chenopodium album* L. sowie Untersuchungen zu *Chenopodium suecicum* J. MURR.- In: Feddes Repertorium 100 (1989), S. 1-63.

KÖCK, U.-V.: Intensivierungsbedingte Veränderungen der Segetalvegetation des mittleren Erzgebirges. - In: Arch. Naturschutz u. Landschaftsforsch., 24 (1984) 2, S. 105-133.

KULP, H.-G.: Vegetationskundliche und experimentell-ökologische Untersuchung der Lammkrautgesellschaft (Teesdalio-Arnoseridetum Minimae, Tx 1937) in Nordwestdeutschland. - In: Dissertationes Botanicae 184 (1993), 183 S.

MAHN, E.-G.: The influence of different nitrogen levels on the productivity and structural changes of weed communities in agro-ecosystems. - In: 7th Internat. Sympos. On Weed Biol., Ecol. and System. (Paris) (1984a), S. 421-429.

MAHN, E.-G.: Structural changes of weed communities and populations.- In: Vegetatio 58 (1984b), S. 79-85.

MAHN, E.-G.: Changes in the structure of weed communities affected by agro-chemicals - what role does nitrogen play?- In: Ecological Bulletin 39 (1988): S. 71-73.

MAHN,E.-G. und LEMME, D.: Möglichkeiten und Grenzen der Anpassung sommerannueller Arten an anthropogen bestimmte Lebensbedingungen - Solanum nigrum L.. - In: Flora 182 (1989), S. 233-246.

MAHN, E.-G. und UDWAL, L.: Zur phänotypischen Plastizität von *Chenopodium album* L.- In: SCHMID, B., J. STÖCKLIN (eds.): Populationsbiologie der Pflanzen. Birkhäuser Verl., Basel, Boston, Berlin (1991), S. 74-86.

MAILLETTE, L.: Modular demography and growth patterns of two annual weeds (*Chenopodium album* L. and *Spergula arvensis* L.) in relation to flowering. - In: J. WHITE (ed.): Studies on plant demography: A Festschrift for JOHN L. HARPER. - Academic Press, London (1985), S. 239-255.

MROTZEK, R. und SCHMIDT, W.: Transekt- und Samenbankuntersuchungen zur Ermittlung von Veränderungen in der Ackerwildkrautvegetation nach Änderung der Bewirtschaftungsintensität.- In: Verh. Ges. Ökol. 22 (1993), S. 139-143.

MÜLLER-SCHNEIDER, P.: Verbreitungsbiologic der Blütenpflanzen Graubundens. - In: Veröff. Geobot. Inst. ETH, Stiftung Rübel, 85 (1986), 263 S.

NIEMANN, P. und VERSCHWELE, A.: Quantifizierung der unkrautunterdrückenden Wirkung einer Reihendüngung bei Mais. - In: 8th EWRS Symposium „Quantitative approaches in weed and herbicide research and their practical application" (1993), S. 167-174.

OTTE, A., ZWINGEL, W., NAAB, M. und PFADENHAUER, J.: Ergebnisse der Erfolgskontrollen zum „Ackerrandstreifenprogramm" aus den Regierungsbezirken Ostbayern und Schwaben (Jahre 1986 und 1987). - In: Schriftenr. Bayr. Landesamt für Umweltschutz 84 (1988), S. 161-205.

PFÜTZENREUTER, S.: Ackerwildkrautgesellschaften Thüringens - Probleme der Syntaxonomie und Gefährdungseinschätzung. - In: Naturschutz und Landschaftspflege in Brandenburg Sonderheft 1/1994 (1994), S. 40-46.

PILOTEK, D.: Auswirkungen des Ackerrandstreifenprogramms auf die Artenstruktur in Aperetalia-Gesellschaften.- In: Tuexenia 8 (1988), S. 195-209.

PULCHER-HÄUSSLING, M.: Einfluß der N-Düngung auf die Konkurrenz zwischen Unkräutern und Getreide und den Abbau von Unkrautsamen im Boden, Dissertation Universität Hohenheim, 1989.

RADEMACHER, B.: Über den Lichteinfall bei Wintergetreide und Winterölfrüchten und seine Bedeutung für die Verunkrautung. - In: Pflanzenbau 15 (1939), S. 241-265.

RADICS, L.: Untersuchungen zum Langzeiteinfluß der Düngung auf die Unkrautflora bei unterschiedlicher NPK-Versorgungsstufe im Boden. - In: Z. Pfl.krankh. Pfl.schutz, Sonderheft XII (1990), S. 101-105.

ROBERTS, H.A und CHANCELLOR., R.J.: Seed banks of arable soils in the English midlands - In: Weed Research 26 (1986), S. 251-257.

ROBERTS, H.A. und NEILSON, J.E.: Seed survival and periodicity of seedling emergence in some species of Atriplex, Chenopodium, Polygonum and Rumex. - In: Ann. appl.Biol. 94 (1980), S. 111-120.

SCHMIDT, W.: Ungelenkte und gestörte Sukzession auf Brachäckern. - In: Scripta Geobot. 15 (1981), 199 S.

SCHUBOTH, J. und MAHN, E.-G.: Wie veränderlich ist die Diversität von Ackerunkraut-zönosen - Ergebnisse 10-jähriger Untersuchungen auf einem Schwarzerdestandort. - In: Z. PflKrankh. PflSchutz, Sonderheft 14 (1994), S. 25-36.

SCHUMACHER, W.: Gefährdete Ackerwildkräuter können auf ungespritzten Feldrändern erhalten werden. - In: LÖLF-Mitteilungen 9 (1984), S. 14-20.

SONNTAG, H.-W., JESCHKEIT, H., MAHN, E.-G. und STERNKOPF, G.: Untersuchungen zum Stickstoff- und Aminosäuregehalt zweier Unkräuter bei unterschiedlich hohem N-Angebot unter Agro-Ökosystembedingungen. - In: Arch. Naturschutz Landschaftsforsch. 33 (1994), 157-164.

STROTDREES, J.: Wirkung unterschiedlicher Produktionstechniken auf die Flora im Acker-schonstreifen. - In: Natur und Landschaft 67 (1992) 6, S. 292-295.

SUKOPP, H., SCHNEIDER, C. und SUKOPP, U.: Biologisch-ökologische Grundlagen des Schutzes von Segetalpflanzen für die Optimierung von Ackerrandstreifenprogrammen. - In: Schriftenreihe für Vegetationskunde 26 (in Druck).

SVENSSON, R. und WIGREN, M.: Nagra ogräsarters tillbakagang belyst genom konkur-rens-, gödslings-, och herbicidförsök. - In: Svensk Bot. Tidskr. 76 (1982): S. 241-258.

SVENSSON, R. und WIGREN, M.: Sminkrotens historia och biologi i Sverige. - In: Svensk Bot. Tidskr. 80 (1986): S. 107-131.

TISCHEW, S. und SCHMIEDEKNECHT, A.: Vegetationsentwicklung und Dynamik des Diasporenfalls und der Diasporenbank einer Ackerbrache unter Bedingungen des Mitteldeut-schen Trockengebietes. - In: Verh. Ges. Ökol. 22 (1993), S. 162-173.

UDWAL, L.: Phänotypische Plastizität bei Populationen von *Chenopodium album* L. und *Chenopodium ficifolium* SMITH unter dem Einfluß von Konkurrenz, Stickstoff- und Licht-angebot. - Diss. Universität Halle, 1989.

VOEGLER, W. und OHME, J.: Management und Wiedereingliederung von Stillegungsflächen in die Fruchtfolge mit Hilfe neuer ROUNDUP-Formulierungen. - In: Z. Pfl.Krankh. PflSchutz Sonderheft XIV (1994), S. 123-130.

WALDHARDT, R. und SCHMIDT, W.: Zeitliches und räumliches Vegetationsgefälle in Halm- und Hackfruchtäckern östlich von Göttingen. - In: Verh. Ges. Ökologie 19 (1990) 2, 460-468.

WALDHARDT, R.: Flächenstillegungen und Extensivierungsmaßnahmen im Ackerbau - Flora, Vegetation und Stickstoff-Haushalt. - Dissertation Universität Göttingen, 1994.

WILLIAMS, J.T.: Biological flora of the British Isles, *Chenopodium album* L. - Journal of ecology 51 (1963) 3: 711-725.

Einzelbericht zum Teilprojekt 8:

Auswirkungen verringerter Nutzungsintensität belasteter Agrarökosysteme auf Eiweiß- und Kohlenhydratbiosynthese in der Phytozönose

<u>Projektleiter:</u> Doz. Dr. habil. G. Sternkopf
Martin-Luther-Universität Halle-Wittenberg
Institut für Bodenkunde und Pflanzenernährung

<u>Mitarbeiter:</u> Dr. habil. H. Tanneberg
Dipl.- Chem. H.-W. Sonntag

The effect of reduced cultivation intensity in stressed agro-ecosystems on the protein and carbohydrate synthesis in the phytocoenosis

The influence of varying N supply on the biosynthesis of plant protein and carbohydrate was studied on 3 crop species and 10 weedy species in different development stages. On long-term fallow the effect of different N-supply was sometimes concealed by competitive relationships. 30 different amino acids found in nearly any of the studied plants were analysed. Dominance was found for amino acids whose biosynthesis is closely connected with the glycolysis (Ser, Gly, Ala) or which consist of metabolites of the citric-acid cycle (Glu, Gln, Pro, Arg, GABA, Asp, Asn). On the various sites particularly Glu, Gln, Pro and GABA showed differences in the percentage of certain free amino acids. On soils with increased nitrogen content the Gln percentage of the plants was clearly higher than in plants on low-nitrogen soils. The GABA proportion, however, was much lower. The content of free carbohydrates in the plants from the single site variants showed only minor deviations.

1. Zusammenfassung

Der Einfluß der unterschiedlichen N-Versorgung auf Eiweiß- und Kohlenhydratbiosynthese wurde an 3 Kulturarten und 10 verschiedenen Wildkräutern in unterschiedlichen Entwicklungsstadien beobachtet. Auf dem Versuchsfeld in Etzdorf bilden die Pflanzen der gedüngten Fläche mehr Biomasse und sind rohproteinreicher, als die Pflanzen der ungedüngten Flächen. In Bad Lauchstädt sowohl auf der Alten Gülledeponie (LA) als auch auf den Dauerbrachen der Neuen Gülledeponie (LB) sind keine eindeutigen Verhältnisse im Rohproteingehalt feststellbar.

Die Konkurrenzbeziehungen der Pflanzen untereinander überlagern den Effekt der unterschiedlichen N-Versorgung, so daß selbst auf N-ärmerem Standort rohproteinreichere Pflanzen gebildet werden können und verschiedentlich eine Wildkrautart gerade dort mehr Biomasse produziert. In der Regel erzielen auf der Alten Gülledeponie (LA) die Pflanzen mit der höchsten Biomasseproduktion auch die rohproteinreichsten Pflanzen. Auf den Dauerbrachen (LB) ist es dagegen häufig der Fall, daß die weniger Biomasse produzierenden Pflanzen die höheren Rohproteingehalte erzielen.

Das Spektrum freier Aminosäuren ist in jeder Pflanzenart verschieden. Es konnten 30 unterschiedliche Aminosäuren analysiert werden, die fast ausnahmslos in jeder der 13 untersuchten Pflanzenarten vorkamen.

Dominierend sind Aminosäuren, die in ihrem Biosyntheseweg eng mit der Glykolyse Verbindung haben (Serin, Glycin, Alanin) oder die aus Metaboliten des Citronensäurezyklus entstehen (Glutaminsäure, Glutamin, Prolin, Arginin, γ-Aminobuttersäure einerseits bzw. Asparaginsäure und Asparagin andererseits).

Auf N-reicheren Böden werden in der Regel mehr freie Aminosäuren gebildet. Unterschiede im prozentualen Anteil einzelner freier Aminosäuren auf den verschiedenen Versuchsvarianten findet man in der Hauptsache bei Glutaminsäure, Glutamin, Prolin und γ-Aminobuttersäure und in wenigen Fällen bei Arginin und Asparaginsäure. Alle genannten Aminosäuren stehen in ihrem Biosyntheseweg eng miteinander in Verbindung. Bei einem Großteil der untersuchten Arten wurde festgestellt, daß auf N-reicheren Böden der Glutamingehalt in den Pflanzen prozentual deutlich höher liegt als in Pflanzen auf N-ärmeren Böden, dafür aber ein wesentlich niedrigerer γ-Aminobuttersäure-Anteil zu verzeichnen ist.

Mitte Juni 1992 wurden in allen untersuchten Arten hohe Prolinanreicherungen gemessen, die mit der zu diesem Zeitpunkt anhaltenden Trockenperiode im Zusammenhang stehen. Die Prolinkonzentrationen sind in den Bad Lauchstädter Pflanzen höher als in den Etzdorfer Individuen.

Wildkrautarten der gleichen Gattung bzw. der gleichen Familie zeigen sehr ähnliche Tendenzen in ihrem N-Haushalt. Es werden meist nur quantitative Unterschiede im Gehalt einzelner Aminosäuren gefunden.

Unterschiede im Gehalt freier Kohlenhydrate zwischen Pflanzen der einzelnen Varianten sind geringfügig. Es zeigt sich die Tendenz, daß auf den Dauerbrachen Wildkräuter mit relativ hohem Gehalt freier Aminosäuren weniger freie Kohlenhydrate besitzen und umgekehrt. Zu Beginn der Vegetationsperiode besteht der Pool freier Kohlenhydrate größtenteils aus Monosacchaiden (v.a. Fructose und Glukose), gegen Ende steigt der Anteil der Di- und Trisacchaide deutlich (v.a. Sucrose).

Der Einfluß der einjährigen Grünbrache 1991 spiegelt sich in dadurch zur Dominanz gekommenen Wildkrautarten (Sophienrauke, Ampferknöterich, Schwarzer Nachtschatten) nur schwach wider. Es werden biomasse- und rohproteinreichere Individuen gefunden, deren Glutamin-Anteil gegenüber den Pflanzen auf der Vergleichsfläche erhöht ist. Außerdem sind diese Arten durch ihre Dominanz in der Lage, dem Boden erhebliche Mengen an Stickstoff zu entziehen.

2. Zielstellung

Das Ziel des Teilprojektes bestand darin, die bei verringerter Nutzungsintensität umweltbelasteter Agroökosysteme im Boden ablaufenden Regenerationsvorgänge in ihrer Wirkung auf die Biosynthese von Eiweißen und Kohlenhydraten in der Phytozönose zu untersuchen. Von verringertem Stickstoff-Input durch erniedrigte Düngereinträge bis hin zur Brache entsteht eine veränderte Stickstoffmobilität im Boden. Damit sind Variationen im Gehalt an organischer Substanz verbunden und die Pflanzenverfügbarkeit der Nährstoffe ist betroffen. Die damit unmittelbar zusammenhängende pflanzliche Stoffproduktion wird quantitativ und qualitativ beeinflußt.

Von besonderem Interesse war dabei die Frage, inwieweit sich der Grad der N-Belastung des Bodens im Gehalt freier Aminosäuren als Vorstufe zur Eiweißbiosynthese in Kulturart bzw. ausgewählten Wildkrautarten widerspiegelt und welcher Einfluß auf die als Precursorverbindungen dienenden einfachen Kohlenhydrate ausgeübt wird.

Um den Grad und Umfang der Belastungssituation zu charakterisieren, wurden vom Teilprojekt zu den Untersuchungen zum pflanzenverfügbaren Stickstoff im durchwurzelten Bodenraum zusätzlich Messungen des Gehaltes verschiedener Schwermetalle, die in der Regel einen Einfluß auf die Biosynthese der Eiweißverbindungen ausüben, durchgeführt.

Durch die erweiterten Kenntnisse über Aminosäure- und Kohlenhydratgehalte von Kulturart bzw. Wildkräutern soll ein Beitrag zum tieferen ökosystemaren Verständnis der Phytozönose geliefert werden.

3. Wissenschaftlich-technischer Stand

Fast ausschließlich sind in den letzten Jahrzehnten Untersuchungen zum Gehalt freier Aminosäuren an Kulturpflanzen bzw. an Bäumen durchgeführt worden. Wildkräuter wurden hingegen meist auf die Möglichkeit ihrer Anwendung als Futterpflanzen geprüft und somit Untersuchungen am Aminosäuregehalt ihrer Proteine durchgeführt (PIPINYS und TAMULIS 1977, 1978, FRANKE und LAWRENZ 1980, CARLSSON et al. 1982, GLIAUBERTINE und IVANOVSKAYA 1987, u.a.). Ein Einfluß auf das Aminosäuremuster durch unterschiedlich hohe N-Zufuhr ist bei den proteinogenen Aminosäuren kaum zu erwarten. Die

Zusammensetzung des Pools freier Aminosäuren ist jedoch stärker von den Umwelt- und Ernährungsbedingungen abhängig als die Aminosäure-Zusammensetzung der Proteine (HEGARTHY und PETERSON 1973, LEFEVRE 1991, SONNTAG et al. 1994).

Aus einer Vielzahl von Arbeiten wird deutlich, daß der Gehalt an freien Aminosäuren neben Tagesschwankungen (KAVERZINA 1978) auch saisonale Fluktuationen aufweist. ARAI et al. (1987) finden diese bei Kiefer (Pinus densiflora), CATALINA et al. (1981) bei Weinrebe (Vitis vinifera). WATANABE und ISHIGAKI (1983) berichten von einer fünffachen Erhöhung des Gesamtgehalts an freien Aminosäuren in der Aufblühphase bei Teepflanzen (Camellia sinensis). BISWAS et al. (1982) weisen in der Entwicklung von Reispflanzen drei Stadien nach, die ebenso mit einer Erhöhung des Gesamtgehalts an freien Aminosäuren von 17-61% verbundenen sind. EDER und KINZEL (1983) zeigen bei Heidelbeer- und Moosbeerblättern saisonale Veränderungen in der Form auf, daß der Pool der freien Aminosäuren im Frühjahr und im Herbst am stärksten gefüllt ist.

Die Anreicherung freier Aminosäuren im Frühjahr und im Herbst ist nach Arbeiten von STOREY und BEEVERS (1978) darauf zurückzuführen, daß die Aktivität der Glutaminsynthetase zu diesen Zeiten am höchsten ist. Die Pflanze synthetisiert bei Vegetationsbeginn schneller Aminosäuren, als sie in die Proteine einbauen kann. Ähnlich hohe Gehalte freier Aminosäuren zu Beginn der Wachstumsphase zeigen sich in den Arbeiten von CHAPMAN und LEECH (1979) und STÖCKER (1980). Der erneute Anstieg des Gehalts freier Aminosäuren im Herbst ist auf die Proteolyse und den anschließenden Transport des Stickstoffs in die Speicherorgane zurückzuführen.

Der Einfluß erhöhter N-Düngung wird scheinbar von jeder Pflanze anders reflektiert, obwohl auch Gemeinsamkeiten zu entdecken sind. TSKOIDZE et al. (1981) finden in Teeblättern eine unterschiedliche Zusammensetzung im Pool freier Aminosäuren in Abhängigkeit von der Art der N-Düngung. IMANISHI (1985) beschreibt in Maulbeerblättern einen stark wechselnden Anteil von Asn, Arg, Pro und His, der sich parallel zur Höhe der N-Zufuhr ändert. Ebenso wird eine Korrelation zwischen dem Asn-Gehalt und dem Alter der Blätter festgestellt. WENZEL und MICHAEL (1966) finden in stark N-gedüngten Spinatblättern einen Anstieg der basischen Aminosäuren, v.a. des Arg. NÄSHOLM et al. (1990) vertreten nach Untersuchungen an Birkenpflanzen die Ansicht, daß sich eine bessere N-Versorgung in einem höheren Gehalt bei Arg, Gln, GABA und Citrullin niederschlägt. DZIEMBOR-GRYSZKIEWICZ et al. (1984) finden einen Anstieg der Amide bei Erhöhung der N-Zufuhr bei Weidelgras (Lolium perenne).

4. Material und Methoden

4.1. Untersuchung der Bodenproben

4.1.1. Entnahme

Im Versuchszeitraum 1992 - 1994 wurden Bodenproben von drei verschiedenen Versuchsfeldern entnommen. Im Einzelnen betraf das den Herbizid/Düngungsversuch Etzdorf, bei dem
alle fünf Blöcke der Varianten ED1, ED1/R, ED2 und ED2/R beprobt wurden, in Bad
Lauchstädt die Alte Gülledeponie (LA), bei der auf 6 Katenen (2-92, 3-93, 8-98, 9-99, 11-
101, 12-102) Bodenprobenentnahme stattfand und das Versuchsfeld 512, bei dem auf der
Neuen Gülledeponie (LB2) die Parzellen 55 und 60 und auf der ehemaligen Ackerfläche (LB1)
die Parzellen 112/113 und 116/117 untersucht wurden. In den Versuchsjahren 1992 und 1993
wurden an jeweils drei verschiedenen Daten (1992 am 12.05., 18.06., 20.07., 1993 am 09.06.,
07.07., 30.08.) und 1994 an zwei Daten (25.04. und 02.08.) Bodenproben aus 0-10 cm und
aus 10-20 cm Tiefe entnommen.

Zusätzlich wurden am 24.04.1991 (in Etzdorf), am 19.06.1992 (in Bad Lauchstädt) und am
02.08.1994 (auf beiden Standorten) Proben aus 0-30 cm, 30-60 cm und 60-100 cm Tiefe
entnommen.

4.1.2. Analysen

Die entnommenen Bodenproben wurden 3 Tage an der Luft bei Raumtemperatur getrocknet
und im Plastikbeutel aufbewahrt.

Vor der Analyse wurden alle Proben nach Zerkleinerung im Rotationssieb auf eine Korngröße
von 2 mm gemahlen. Die Proben für die Metalluntersuchungen wurden mit einer Achatmühle
gemahlen und im Plastiksieb (2 mm) gesiebt. Alle vorhandenen Proben wurden mittels
Fließinjektionsanalyse am Analysenflußautomaten ADM 300 bzw. am SKALAR der Firma
Skalar Analytic GmbH kolorimetrisch auf Ammonium mittels der Indophenolblaumethode und
auf Nitrat nach Umsetzung über Nitrit zu einem Azofarbstoff untersucht.

Um die Belastungssituation im Untersuchungsgebiet zu charakterisieren, wurden bei allen
Proben des Versuchsjahres 1992 auch pH-Messungen durchgeführt.

Ebenso fand mittels einer ICP-Anlage JY70 PLUS der Firma Division Instruments S.A. eine
spektroskopische Untersuchung nach Königswasseraufschluß folgender Elemente statt: Mo,
Cr, Zn, Pb, Cd, Co, Ni, Mn, Fe, Al, V und Cu.

Aufgrund der hierbei gemessenen Werte wurden 1993 und 1994 nur noch stichprobenartige Messungen auf die Elemente Zn, Pb, Cd, Ni, Cr und Cu durchgeführt.

4.2. Untersuchungen der Pflanzenproben

4.2.1. Entnahme

Im Untersuchungszeitraum 1992 - 1994 wurden parallel zu den Bodenproben auf den drei erwähnten Versuchsfeldern Kulturpflanzen und Wildkräuter nach einer Probenahmestrategie, die mit Teilprojekt 7 abgestimmt worden war, entnommen. Dabei wurden in Etzdorf und in Bad Lauchstädt auf der Neuen Gülledeponie (LB) auf den gleichen Parzellen wie unter 4.1.1. beschrieben, Pflanzenprobenahmen durchgeführt, auf der Alten Gülledeponie (LA) sich auf die Katenen 2-92, 3-93, 11-101 und 12-102 beschränkt.

In allen drei Versuchsjahren fand dreimal pro Jahr eine Pflanzenentnahme statt. (1992: Etzdorf: 12.5., 18.6., 20.7.; Bad Lauchstädt: 13.5., 22.6., 16.7. - 1993: Etzdorf: 18.6., 12.7., 1.9.; Bad Lauchstädt: 21.6., 13.7., 30.08. - 1994: Etzdorf: 24.5., 27.6., 28.7.; Bad Lauchstädt: 7.6., 27.6., 27.7.). In der Regel fand der erste Entnahmetermin 1-2 Wochen nach dem Auflaufen der Wildkräuter, der zweite in einem mittleren vegetativen Stadium und der dritte kurz vor der Ernte der Kulturart, bei der sich die meisten Wildkräuter im späten Blühstadium bzw. Samenstadium befanden, statt.

Zusätzlich wurde 1993 auf dem Versuchsfeld in Etzdorf am 28.6., 8.7., 26.7. und 5.8. eine Wildkrautart (Ampferknöterich) entnommen, um die Beobachtungsintensität in diesem Fall zu erhöhen.

Auf der Neuen Gülledeponie (LB) wurden in den drei Versuchsjahren jeweils die gleichen Wildkräuter untersucht. Das betraf im einzelnen Descurainia sophia (L.) (Sophienrauke), Galium aparine L. (Klettenlabkraut) und Atriplex nitens SCHKUHR (Glanzmelde).

Auf den beiden anderen Versuchsstandorten wurden in den drei Jahren verschiedene Wildkrautarten entnommen, da der Aufwuchs bestimmter Wildkräuter stark abhängig von der vorhandenen Kulturart ist. Neben dem Winterweizen konnte 1992 aus Etzdorf Fallopia convolvulus (L.) A Löve (Windenknöterich), Veronica hederifolia L. (Efeublättriger Ehrenpreis), Veronica polita FRIES (Glanz-Ehrenpreis) und Sophienrauke entnommen werden. In Bad Lauchstädt stand nur Sophienrauke in ausreichendem Maße als Untersuchungsmaterial neben dem Winterweizen zur Verfügung.

Im Untersuchungsjahr 1993 konnte neben der Kulturart Mais in Etzdorf Polygonum lapathifolium L. (Ampferknöterich), Chenopodium album L. (Weißer Gänsefuß) und Windenknöterich entnommen werden. In Bad Lauchstädt waren beide Knötericharten nicht genügend vorhanden. Dadurch wurde Solanum nigrum L. em. Miller (Schwarzer Nachtschatten) für die Probennahme bevorzugt und außerdem vom Weißen Gänsefuß 2 Kohorten voneinander getrennt entnommen und untersucht.

1994 stand neben der Kulturart Sommergerste in Etzdorf Weißer Gänsefuß und Windenknöterich zur Entnahme zur Verfügung, in Bad Lauchstädt wurde, wiederum wegen unzureichender Mengen an Knöterich, Chenopodium ficifolium Smith (Feigenblättriger Gänsefuß) als zweite Wildkrautart entnommen und untersucht.

Alle Pflanzen wurden mittels einer Schere unmittelbar über dem Boden abgeschnitten und in gekühltem Zustand (Kühlbox) ins Labor überführt. Die Entnahmemengen an Wildkräutern bewegten sich bei durchschnittlich 10-20 Pflanzen von minimal 3 Individuen (bei ausreichender Größe) bis zu 80 Individuen bei Entnahme kurz nach dem Auflaufen.

Durch die Probenahmestrategie konnten folgende Fragestellungen bezüglich des N- und C-Haushaltes der Pflanzen bearbeitet werden:

- Welche Unterschiede ergeben sich bei gleichen Wildkrautarten auf unterschiedlichen Standorten bei gleicher Kulturart (Sophienrauke 1992, Weißer Gänsefuß 1993 + 1994, Windenknöterich 1994)?
- Welche Unterschiede ergeben sich bei gleichen Wildkrautarten auf gleichen Standorten bei unterschiedlicher Kulturart (Windenknöterich 1992 - 1994, Weißer Gänsefuß 1993 + 1994)?
- Welche Unterschiede ergeben sich bei Wildkrautarten der gleichen Familie bei gleichen Bedingungen (Windenknöterich und Ampferknöterich 1993, Weißer und Feigenblättriger Gänsefuß 1994)?
- Welche Unterschiede ergeben sich bei einer Wildkrautart, die zu verschiedenen Zeitpunkten aufläuft, bei der 2 Kohorten deutlich zu unterscheiden sind (Weißer Gänsefuß - Bad Lauchstädt (LA) 1993)?
- Welche Veränderungen treten bei Wildkrautarten auf gleichem Standort im Verlauf des Untersuchungszeitraumes auf (LB 1+2 1992 - 1994: Sophienrauke, Klebkraut, Glanzmelde)?

4.2.2 .Analysen

Alle Pflanzenproben wurden im Labor gewogen, registriert und bei genügend vorhandenem Probenmaterial in verschiedene Fraktionen unterteilt (Blatt, Sproß, Blüte oder Frucht). Nach zwischenzeitlicher Aufbewahrung im Tiefkühlschrank (-18°C) wurden alle Pflanzenteile einer schonenden Vakuumgefriertrocknung unterzogen, anschließend gemahlen (Korngröße 1 mm) und bei Zimmertemperatur aufbewahrt.

Neben der Bestimmung der Trockenmasse (3 Stunden bei 105°C im Trockenschrank) wurde der größte Teil der Proben auf den Gesamtgehalt an Stickstoff mittels der Kjeldahl-Methode an einem halbautomatischen Kjeltec System 1003 der Firma Tecator untersucht.

Zur Bestimmung freier Aminosäuren bzw. freier Mono-, Di- bzw. Trisaccharide wurde eine Extraktion mit 80 Vol%-wässrigen Ethanol durchgeführt. Nach Behandeln mit Chloroform konnte nach Einengen und Aufnehmen in Wasser einerseits auf freie Aminosäuren auf einem vollautomatischen Analysator der Firma Biotronik, der chromatographisch im Mitteldruckbereich auf Basis der Ninhydrinreaktion arbeitet, und andererseits auf einer HPLC-Anlage der gleichen Firma mit einer NH_2-Säule auf einfache Zucker untersucht werden. Die Bedingungen waren im einzelnen:

Aminosäureanalysator:

Trennsäule:	Kationenaustauscherharz BTC 2410 (Partikelgröße 4 µm)
Eluent:	6 Pufferlösungen (pH=2,65; 3,30; 4,25; 8,00; 10,3; 14,0 auf Li-Basis)
Durchflußrate:	0,2 ml/min
Druck:	40-80 bar
Injektionsvolumen:	20 µl
Analysenlaufzeit:	120 min
Detektion:	Photometer bei 570 und 440 nm

Als Standard wurde ein Gemisch aus 100-300 nmol Asparaginsäure (Asp), Hydroxyprolin (OH-Pro), Threonin (Thr), Serin (Ser), Asparagin (Asn), Glutaminsäure (Glu), Glutamin (Gln), Sarcosin (Sar), α-Aminoadipinsäure (Aad), Prolin (Pro), Glycin (Gly), Alanin (Ala), Citrullin, α-Aminobuttersäure, Valin (Val), Cystin, Methionin (Met), Isoleucin (Ile), Leucin (Leu), Tyrosin (Tyr), Phenylalanin (Phe), β-Alanin, γ-Aminobuttersäure (GABA), Histidin (His), Tryptophan (Trp), Carnosin, Lysin (Lys) und Arginin (Arg) verwendet (Abkürzungen nach IUPAC). In dieser Reihenfolge wurden die Aminosäuren von der Säule eluiert.

HPLC-Bedingungen:

Trennsäule:	NH_2-modifiziertes Kieselgel Bakerbond-NH_2 der Firma Baker bzw. Nucleosil-NH_2-100 (Firma Macherey-Nagel) - 250 mm - ID 4,6 mm - Partikelgröße 5 µm
Eluent:	Acetonitril-Wasser 81 % - 19 % und 75 % - 25 %
Durchflußrate:	1 ml/min
Druck:	70 - 120 bar
Injektionsvolumen:	20µl
Analysenlaufzeit:	30 min (Di-Trisaccharide) 60 min (Monosaccharide)
Detektion:	RI-Detektor

Als Standard wurde zur Bestimmung der Monosaccharide ein Gemisch aus 100-200 µmol Ribose (Rib), Xylose (Xyl), Arabinose (Ara), Fructose (Frc), Mannose (Man), Glucose (Glc), Galactose (Gal), zur Bestimmung der Di- und Trisaccharide ein Gemisch aus 100 µmol Sucrose (Suc), Palatinose, Maltosehydrat, Melibiosehydrat, Trehalosedihydrat, Melezitosedihydrat und Raffinosepentahydrat verwendet. In dieser Reihenfolge eluierten die Verbindungen aus der Säule.

Unbekannte Peaks wurden außerdem geprüft auf Adonitol, Xylitol, Dulcitol, Manitol, Sorbit, Erythrose, Erythriol, Fucose, Lyxose, Rhamnose, Sorbose, Cellobiose, Lactose und Stachyose. Bei Vorhandensein von D- und L-Form wurde jeweils die D-Form eingesetzt (Ausnahme: Rhamnose, Sorbose).

Aus den Extrakten wurde außerdem der Gehalt an löslichen Stickstoffverbindungen ebenfalls über die Kjedahl-Methode am gleichen Analysator bestimmt.

5. Ergebnisse

5.1. Bodenproben

Die Tab. 1 bis 3 zeigen den Gehalt an pflanzenverfügbaren Stickstoff im Untersuchungszeitraum für die Parzellen, auf denen Pflanzenentnahme stattfand.

In Etzdorf ist erkennbar, daß sich 1992 bei der Kulturart Winterweizen die Werte auf den gedüngten Parzellen schneller den Werten der ungedüngten Flächen angleichen, als 1993 bei der Kulturart Mais. Dort ist bis kurz vor der Ernte ein deutlicher Unterschied zu verzeichnen. 1994 wurde die erste Bodenprobenahme noch vor der Düngung durchgeführt, so daß sich kaum Unterschiede auf den Parzellen ausmachen lassen.

Tabelle 1: Gehalt an N_{an} in ppm im Boden (0-20 cm Tiefe) - Etzdorf und Bad Lauchstädt - 1992 bis 1994

	12.05.92	18.06.92	20.07.92	09.06.93	08.07.93	30.08.93	26.04.94	02.08.94
ED1	6,9	4,3	5,2	12,9	6,8	4,0	6,8	7,9
ED1/R	5,6	4,5	5,8	10,4	6,6	3,5	5,9	8,3
ED2	23,8	5,5	8,3	44,8	41,4	10,4	6,8	9,6
ED2/R	18,4	5,3	6,8	33,6	16,7	8,6	7,1	11,7
LA1	5,2	4,1	8,7	44,1	17,7	8,4	8,0	10,6
LA1/R	5,4	6,2	11,3	42,4	14,3	7,4	8,9	12,5
LA2	7,4	7,8	18,5	44,0	12,6	14,2	12,3	12,1
LA2/R	5,9	6,9	17,0	57,6	12,4	11,4	11,6	36,2
LB1	10,9	9,8	9,7	5,8	10,5	9,2	11,3	8,0
LB2	24,9	13,9	22,2	11,8	14,8	13,8	13,1	18,9

Etzdorf: Mittelwerte aus allen 5 Blöcken
Bad L.: Mittelwerte aus Parzellen 2, 11, 32, 62, 92(LA1); 3, 12, 33, 63, 93(LA1/R); 41, 71, 101(LA2); 42, 72, 102(LA2/R); 112/113, 116/117(LB1); 55,60(LB2)

Tabelle 2: Gehalt an N_{an} in ppm im Boden (0-10 cm Tiefe) - Etzdorf und Bad Lauchstädt -
1992 bis 1994

	12.05.92	18.06.92	20.07.92	09.06.93	08.07.93	30.08.93	26.04.94	02.08.94
ED1	6,9	4,2	5,5	9,0	7,2	4,4	5,7	8,5
ED1/R	5,6	4,6	5,6	8,0	7,2	3,9	5,3	9,1
ED2	25,2	5,7	8,0	56,2	50,5	9,3	5,8	11,4
ED2/R	22,1	5,2	6,1	43,3	19,7	9,1	6,5	12,8
LA1	5,2	4,0	6,8	43,8	16,6	8,6	7,1	12,7
LA1/R	5,0	5,8	8,6	35,6	10,1	8,5	7,6	13,3
LA2	7,3	6,9	14,7	42,3	11,8	14,4	10,9	14,5
LA2/R	5,6	6,7	12,7	62,2	13,1	12,2	10,3	48,2
LB1	8,8	8,7	7,8	6,0	12,6	10,4	12,0	8,6
LB2	21,7	12,7	19,0	12,6	14,7	13,4	14,2	21,8

Etzdorf: Mittelwerte aus allen 5 Blöcken
Bad L.: Mittelwerte aus Parzellen 2, 11, 32, 62, 92(LA1); 3, 12, 33, 63, 93(LA1/R); 41, 71, 101(LA2);
42, 72, 102(LA2/R); 112/113, 116/117(LB1); 55,60(LB2)

In Bad Lauchstädt auf der Alten Gülledeponie (LA) zeigt sich ein deutlicher Unterschied im
pflanzenverfügbaren Stickstoffgehalt meist erst gegen Ende der Vegetationsperiode. Es deutet
darauf hin, daß der Stickstoff nach der Mineralisierung recht schnell von den Pflanzen
aufgenommen wird und sich im Boden kaum anreichert.

Tabelle 3: Gehalt an N_{an} in ppm im Boden (10-20 cm Tiefe) - Etzdorf und Bad Lauchstädt -
1992 bis 1994

	12.05.92	18.06.92	20.07.92	09.06.93	08.07.93	30.08.93	26.04.94	02.08.94
ED1	7,0	4,4	4,8	16,7	6,4	3,5	7,9	7,3
ED1/R	5,6	4,3	6,0	12,7	6,0	2,8	6,5	7,6
ED2	22,4	5,3	8,4	33,2	32,8	11,5	7,9	7,9
ED2/R	14,6	5,2	7,4	23,7	13,7	8,1	7,3	10,6
LA1	5,1	4,2	10,6	44,3	18,5	8,1	8,9	8,5
LA1/R	5,8	6,5	13,8	49,1	14,5	6,2	10,2	11,7
LA2	7,3	9,2	22,3	45,6	13,4	14,0	13,7	9,8
LA2/R	6,0	7,2	21,2	52,9	11,6	10,5	13,0	24,2
LB1	13,1	10,9	11,6	5,6	8,3	8,1	10,6	7,5
LB2	28,1	15,1	25,5	11,1	15,0	14,3	12,2	16,0

Etzdorf: Mittelwerte aus allen 5 Blöcken
Bad L.: Mittelwerte aus Parzellen 2, 11, 32, 62, 92(LA1); 3, 12, 33, 63, 93(LA1/R); 41, 71, 101(LA2);
42, 72, 102(LA2/R); 112/113, 116/117(LB1); 55,60(LB2)

Auf den brachliegenden Flächen des Versuchsfeldes 512 (LB) ist im gesamten Untersuchungszeitraum ein Unterschied zwischen beiden N-Varianten zu erkennen. Betrachtet man die Einzelwerte, so ergeben sich im pflanzenverfügbaren Stickstoff im Bereich von 0-10 cm und 10-20 cm kaum Unterschiede. In der Tendenz befindet sich in Etzdorf auf den gedüngten Flächen (ED2) mehr Stickstoff im obersten Krumenbereich (0-10 cm), in Bad Lauchstädt findet man auf beiden untersuchten Flächen (LA, LB) mehr Stickstoff in 10-20 cm Tiefe.

Vergleicht man die Nitratwerte mit denen des Ammoniums so fällt auf, daß höhere Stickstoffgehalte stets auf den Anteil an Nitrat zurückzuführen sind. Das betrifft beide Flächen in Bad Lauchstädt, ebenso wie die in Etzdorf.

Tabelle 3a: N_{an} in ppm für verschiedene Bodentiefen - Etzdorf und Bad Lauchstädt (LA und LB) - 1992 + 1994

Datum	Tiefe	ED1	ED1/R	ED2	ED2/R	LA1	LA2	LA2	LA2	LB1	LB1	LB2	LB2
		1-5	1-5	1-5	1-5	33	11	72	102	112	116	55	60
*	0-30cm	14,3	17,6	35,9	76,6	3,8	7,8	10,6	12,3	11,3	7,9	31,9	25,8
19.06.92	30-60cm	9,3	15,3	16,6	34,6	4,5	13,4	44,3	43,8	16,9	9,5	102,0	152,4
	60-100cm	10,2	10,9	15,9	27,4	2,8	99,1	522,2	107,5	99,0	89,6	170,2	227,7
	0-30cm	11,9	9,4	11,2	10,8	16,2	18,3	25,3	29,8	12,7	9,4	27,1	16,8
02.08.94	30-60cm	12,0	9,1	10,3	8,7	13,7	13,3	18,7	22,9	12,2	8,8	15,8	13,7
	60-100cm	6,4	4,1	5,5	5,0	8,2	45,3	28,8	68,9	11,1	6,8	91,8	30,3

*= in Etzdorf am 24.05.91

Die Tabellen 1 bis 3 zeigen, daß im Krumenbereich nur wenig Unterschiede im pflanzenverfügbaren N zwischen dem Versuchsfeld in Etzdorf (ED) und den Flächen in Bad Lauchstädt (LA und LB) bestehen. Ab einer Tiefe von 30cm (Tab. 3a) nimmt der N_{an}-Gehalt auf den ehemaligen Gülledeponien erheblich zu und steht somit besonders auf der Alten Gülledeponie (LA) den tiefer wurzelnden Kulturpflanzen zur erhöhten Biomasseproduktion zur Verfügung.

Eine durch die Hüttenindustrie im Harzvorland zu erwartende Schwermetallbelastung liegt auf den Versuchsfeldern in Etzdorf und Bad Lauchstädt nicht vor.

Die Analysen von Bodenproben aus 54 Parzellen von den Versuchsfeldern V 503 und 512 in Bad Lauchstädt (LA u. LB) bzw. Etzdorf (ED) auf die unter 4.1.2. erwähnten Elemente ergab 1992 nur auf einzelnen Parzellen geringfügige Grenzwertüberschreitungen. 1993 und 1994 wurden deshalb nur noch stichprobenartige Messungen durchgeführt.

Tab. 4 zeigt die Ergebnisse dieser Analysen für 1993 mit den dazugehörigen Grenzwerten. Die Richtwerte zur Grenzwertbestimmung wurden der Klärschlammverordnung, der Holländischen Liste und einer Tabelle für Nutzungs- und schutzbezogene Orientierungswerte für Schadstoffe in Böden als Empfehlung für Sachsen-Anhalt, die bei den untersuchten Metallen analog der Kloke-Liste von 1991 ist, entnommen.

Tabelle 4: Gehalt an einzelnen Schwermetallen in ppm für verschiedene Versuchsfelder und dazugehörige Grenzwerte

Variante	Tiefe	Zn	Pb	Cd	Ni	Cr	Cu
ED1	0-10cm	59,1	22,4	0,29	15,4	20,1	13,3
4. Block	10-20cm	57,7	24,1	0,25	16,7	21,5	14,0
ED2	0-10cm	60,3	25,4	0,28	17,5	22,3	14,6
2. Block	10-20cm	59,8	24,8	0,28	17,0	21,9	14,6
LA1/11	0-10cm	59,7	20,7	0,14	18,0	23,4	21,4
	10-20cm	67,4	20,9	0,15	18,1	23,5	45,4
LB1/116	0-10cm	43,6	14,9	0,19	13,3	17,8	18,0
	10-20cm	43,6	15,2	0,21	13,2	18,3	20,6
LB2/55	0-10cm	86,4	19,2	0,24	15,2	20,3	57,4
	10-20cm	99,2	20,2	0,27	14,5	19,1	68,3
LB2/60	0-10cm	74,6	17,1	0,27	13,9	18,9	125,0
	10-20cm	63,8	16,7	0,22	13,9	18,2	113,4
Klärschlammverordnung KVO-BO (pH>6)		200	100	1,5	100	100	60
Holländische Liste (B)		500	150	5	50	250	100
Schadstofforientierung-SA Boden-Prüfwert-Landw.		300	500	2	100	200	50

Es wurde festgestellt, daß allein auf der Neuen Gülledeponie (LB2) eine Überschreitung des Kupferwertes zu verzeichnen ist. Mit großer Wahrscheinlichkeit ist diese Erhöhung nicht auf Deposition, sondern ausschließlich auf den Gülleeintrag zurückzuführen. 1994 wurde für die Tiefe von 0-10 cm ein Cu-Gehalt von 97,9 ppm für die Parzelle 55 (LB2) bzw. 105,9 ppm für die Parzelle 60 des gleichen Versuchsfeldes gemessen.

1992 wurden mit Bezug auf die genannten Grenzwertüberschreitungen auf den betreffenden Parzellen Schwermetallgehalte in fünf Wildkrautarten und in Winterweizen bestimmt. Entsprechend den wirksamen pH-Werten wurde kein Transfer zu grenzwertüberschreitenden Gehalten ermittelt. Dies steht im Einklang zu dem bei den Lysimeterversuchen gemessenen Schwermetalltransfer in Weidelgras (Teilprojekt 12).

5.2. Pflanzenproben

5.2.1. Stickstoffanalysen

Tabelle 5: Gehalt an Gesamtstickstoff in % für Kulturart und verschiedene Wildkräuter - (in Klammern: Gehalt an lösl. Stickstoffverb. in %) - Etzdorf und Bad Lauchstädt - 1992

Variante	Datum	Sophienrauke			Glanz-Ehrenpreis	Winden-knöterich	Winter-weizen
		Ganzpfl.	Blatt	Sproß	Ganzpfl.	Ganzpfl.	Sproß+Blatt
ED1	12.05.92	4,23	4,82 (0,55)	3,12		2,84 (0,24)	3,70 (0,33)[1]
	18.06.92	1,33	2,57 (0,08)	0,68	1,52 (0,06)	1,84 (0,05)	1,18 (0,01)
	20.07.92	0,57		0,57	1,79	2,18	0,29 (0,03)
ED1/R	12.05.92	3,98	4,67 (0,64)	2,92		2,76 (0,36)	3,56 (0,39)[1]
	18.06.92	1,38	2,51 (0,21)	0,69	1,47 (0,03)	1,94 (0,08)	1,03 (0,05)
	20.07.92	0,55		0,55	2,05	2,30	0,29 (0,03)
ED2	12.05.92	4,88	5,31 (0,51)	4,08		4,74 (0,57)	4,76 (0,55)[1]
	18.06.92	2,03	3,46 (0,23)	1,05	1,86 (0,06)	2,41 (0,03)	1,84 (0,06)
	20.07.92	0,75		0,75	2,27	2,61	0,52 (0,06)
ED2/R	12.05.92	4,83	5,31 (0,44)	3,99		4,56 (0,50)	4,71 (0,49)[1]
	18.06.92	2,07	3,35 (0,20)	1,14	1,88 (0,08)	2,40 (0,11)	1,37 (0,08)
	20.07.92	0,77		0,77	2,12	2,85	0,54 (0,06)
LA1	13.05.92	4,75	5,80 (0,53)	3,40	[2]	[2]	4,49 (0,45)[1]
	22.06.92	2,50	4,97 (0,62)	1,35			1,51 (0,18)
	16.07.92	1,85		1,85			0,76 (0,18)
LA1/R	13.05.92	4,63	5,81	3,23	[2]	[2]	4,36[1]
	22.06.92	2,59	4,68 (0,55)	1,34			1,64 (0,20)
	16.07.92	1,73		1,73			0,86 (0,18)
LA2	13.05.92	4,97	6,22 (0,61)	3,53	[2]	[2]	4,70 (0,58)[1]
	22.06.92	2,40	4,43 (0,64)	1,32			1,97 (0,43)
	16.07.92	1,73		1,73			1,29 (0,18)
LA2/R	13.05.92	4,86	6,18	3,48	[2]	[2]	4,82[1]
	22.06.92	2,29	4,30 (0,62)	1,24			1,90 (0,34)
	16.07.92	1,59		1,59			1,33 (0,21)
					Klettenlabkr.	Glanzmelde Blatt	Sproß
LB1	13.05.92				2,85 (0,29)	4,96 (0,46)	3,99
	22.06.92		4,93 (0,32)	1,68	2,04 (0,06)	4,89 (0,61)	2,00
	16.07.92			2,01	1,78	4,33	1,33
LB2	13.05.92		5,69 (0,65)	4,24	4,62 (0,51)	4,86 (0,61)	3,62
	22.06.92		4,80 (0,38)	1,47	3,72	4,68	1,86
	16.07.92			1,90	3,04	3,89	1,45

[1] = Ganzpflanzenanalyse; [2] = zu wenig Material vorhanden

Die Tab. 5 bis 7 zeigen die Gesamtstickstoffgehalte bzw. die Gehalte an löslichen Stickstoffverbindungen für die Jahre 1992 und 1993 für verschiedene Wildkräuter bzw. für die vorhandene Kulturart.

Tabelle 6 : Gehalt an Gesamtstickstoff in % - (in Klammern: Gehalt an lösl.N-Verb. in %) - Ampferknöterich - Etzdorf - 1993

	Fraktion	18.06.	28.06.	08.07.	12.07.	26.07.	05.08.	01.09.
ED1	Blatt	4,77 (0,24)	3,80 (0,22)	3,44 (0,14)	3,41 (0,20)	3,20	2,59	1,95 (0,64)
	Stengel	1,65 (0,29)	0,99 (0,31)	0,52	0,51	0,61	0,66	0,48
	Blüte/Frucht	3,52	2,63 (0,41)	2,31	1,90	1,89	2,16	
ED1/R	Blatt	4,81 (0,27)	3,25 (0,25)	3,11 (0,27)	3,58 (0,31)	2,69	2,78	1,94 (0,34)
	Stengel	1,89 (0,54)	0,79 (0,21)	0,46	0,90	0,61	0,85	0,60
	Blüte/Frucht	3,57	2,63 (0,41)	1,88	1,93	1,92	2,06	
ED2	Blatt	5,36 (0,35)	4,87 (0,35)	4,75 (0,41)	4,59 (0,30)	3,95	3,81	2,54 (0,49)
	Stengel	3,21 (0,63)	2,64 (0,93)	1,87	1,81	1,68	2,08	1,30
	Blüte/Frucht	3,91	3,33 (0,30)	2,66	2,72	2,34	2,57	
ED2/R	Blatt	5,64 (0,28)	4,71 (0,25)	4,63 (0,47)	4,46 (0,41)	4,04	3,33	2,61 (0,34)
	Stengel	3,07 (0,50)	1,86 (0,53)	1,81	1,67	1,15	1,54	1,66
	Blüte/Frucht	3,66	2,83	2,59	2,52	2,20	2,77	

Tabelle 7a: Gehalt an Gesamtstickstoff in % für Kulturart und verschiedene Wildkräuter - (in Klammern: Gehalt an lösl. Stickstoffverb. in %) - Etzdorf - 1993

		Ampferknöterich			Weißer Gänsefuß		Blüte/
		Blatt	Sproß	Blüte/Frucht	Blatt	Sproß	Frucht
ED1	18.06.93	4,60 (0,24)	1,76 (0,29)	3,52	5,16 (0,52)	2,92 (0,74)	5,91
	12.07.93	3,28 (0,20)	0,47 (0,07)	1,88 (0,15)	3,07	0,91	2,80
	01.09.93	1,95 (0,64)	0,61	[2]	2,13 (0,39)	0,53	[2]
ED1/R	18.06.93	4,78 (0,27)	2,10 (0,54)	3,57	5,02 (0,40)	2,80 (0,41)	5,42
	12.07.93	3,58 (0,31)	0,69	2,05	3,91	1,04	3,31
	01.09.93	1,95 (0,34)	0,60	[2]	2,21 (0,34)	0,78	2,80
ED2	18.06.93	5,29 (0,35)	2,97 (0,63)	3,91	5,66 (0,53)	3,66 (0,78)	6,24
	12.07.93	4,60 (0,30)	1,82 (0,52)	2,55 (0,30)	5,03	1,84	3,47
	01.09.93	2,64 (0,49)	1,24	[2]	3,79 (0,78)	1,55	3,00
ED2/R	18.06.93	5,22 (0,28)	2,49 (0,50)	3,66	5,72 (0,58)	3,73 (0,56)	6,15
	12.07.93	4,38 (0,41)	1,67	2,42	4,90	2,20	4,61
	01.09.93	2,61 (0,34)	1,40	[2]	3,79	1,64	3,34

		Windenknöterich		Blüte/	Mais		
		Blatt	Sproß	Frucht	Blatt	Sproß	Rispe
ED1	18.06.93	4,16 (0,18)	2,16 (0,25)	[2]	3,14 (0,28)	2,38 (0,37)	
	12.07.93	3,22	1,20	2,38	1,30	0,52	1,90
	01.09.93	1,92[1]		[2]	0,73 (0,11)	0,22	1,01
ED1/R	18.06.93	3,99 (0,23)	1,90 (0,17)	[2]	2,62 (0,19)	1,91 (0,11)	
	12.07.93	3,39	1,31	2,30	1,05	0,50	1,86
	01.09.93	2,21[1]		[2]	1,27 (0,10)	0,29	0,90
ED2	18.06.93	5,18 (0,41)	3,03 (0,55)	[2]	3,85 (0,49)	4,18	
	12.07.93	4,95	2,46	3,14	2,43	1,17	2,21
	01.09.93	2,26[1]		[2]	2,17	0,54	1,16
ED2/R	18.06.93	5,33 (0,46)	3,23 (0,55)	[2]	3,78 (0,55)	3,61	
	12.07.93	4,44	2,63	2,96	1,72	0,58	2,08
	01.09.93	2,29[1]		[2]	1,72 (0,11)	0,58	1,06

[1] = Ganzpflanzenanalyse; [2] = zu wenig Material vorhanden

In Etzdorf zeigen sich recht eindeutige Verhältnisse. Die Pflanzen auf den gedüngten Flächen sind in der Regel stickstoff- und somit auch proteinreicher und haben zudem eine größere Biomasse.

Tabelle 7b: Gehalt an Gesamt-N in % für Kulturart und verschiedene Wildkräuter - (in Klammern: Gehalt an löslichen N-verb. in %) - Bad Lauchstädt Alte Gülledeponie - 1993

| | | Schw. Nachtschatten | | Blüte/ | W. Gänsef.-(1.Kohorte) | | Blüte/ |
		Blatt	Sproß	Frucht	Blatt	Sproß	Frucht
LA1	21.06.93	5,05	3,04	[1]	5,27	3,23	[1]
	13.07.93	5,30 (0,56)	2,10 (0,62)	[1]	5,15 (0,60)	2,67	[1]
	30.08.93	4,25	1,47	2,72	4,61	1,76	3,70
LA1/R	21.06.93	6,02 (0,40)	3,20 (0,55)	[1]	5,39 (0,51)	3,00 (0,71)	[1]
	13.07.93	5,19	1,91	[1]	5,46	2,71	[1]
	30.08.93	4,75 (0,34)	1,40	2,57	3,61 (0,46)	1,47	3,20
LA2	21.06.93	5,99 (0,55)	3,60 (0,73)	[1]	5,34 (0,46)	3,41 (0,68)	[1]
	13.07.93	5,65	2,59	[1]	5,05	2,87	[1]
	30.08.93	4,81 (0,36)	1,83	2,64	3,91 (0,43)	1,36	2,98
LA2/R	21.06.93	5,64	3,35	[1]	5,50	2,93	[1]
	13.07.93	5,74	2,41	[1]	5,23	2,84	[1]
	30.08.93	5,05	2,06	2,75	[1]	[1]	[1]
		W.Gänsefuß(2.Kohorte)		Blüte/	Mais		
		Blatt	Sproß	Frucht	Blatt	Sproß	Rispe
LA1	21.06.93	5,38	3,19	[1]	3,89	3,46	
	13.07.93	5,20	2,85	[1]	3,01 (0,31)	1,52 (0,47)	2,49
	30.08.93	4,65	2,29	4,07			
LA1/R	21.06.93	4,88 (0,42)	3,63 (0,90)	[1]	3,85 (0,52)	3,30 (1,04)	
	13.07.93	5,44	3,08	[1]	3,12	1,61	2,61
	30.08.93	4,31 (0,64)	1,69	3,19	2,06 (0,58)	0,74	1,50
LA2	21.06.93	5,49 (0,68)	3,94 (1,03)	[1]	3,65 (0,56)	3,48 (1,01)	
	13.07.93	5,45	3,28	[1]	2,85	1,46	2,50
	30.08.93	4,85 (0,75)	2,59	4,33	1,96 (0,17)	0,89	1,54
LA2/R	21.06.93	5,41	3,66	[1]	3,25	3,02	
	13.07.93	5,37	3,05	[1]	2,84	1,55	2,43
	30.08.93	4,44	2,15	4,25			

[1] = zu wenig Material vorhanden

Tabelle 7c: Gehalt an Gesamtstickstoff in % für verschiedene Wildkräuter - (in Klammern: Gehalt an lösl. Stickstoffverb. in %) - Bad Lauchstädt Neue Gülledeponie - 1993

| | | Glanzmelde | | Blüte/ | Klettenlabkr. | Soph.-rauke |
		Blatt	Sproß	Frucht	Ganzpfl.	Ganzpfl.
LB1	21.06.93	5,00 (0,65)	2,06 (0,43)	[1]	2,37 (0,34)	2,77 (0,72)
	13.07.93	4,59	1,78	[1]	2,03	2,76
	30.08.93	5,06 (0,54)	1,90 (0,43)	5,21 (0,99)	1,35	2,44 (0,49)
LB2	21.06.93	4,73 (0,73)	1,99 (0,37)	[1]	2,31 (0,47)	2,87 (0,69)
	13.07.93	4,42	2,13	[1]	1,86	2,26
	30.08.93	4,52 (0,73)	1,56 (0,36)	4,48	1,47	1,71 (0,41)

[1] = zu wenig Material vorhanden

Im Verlauf der Vegetationsperiode nehmen die Stickstoffgehalte in der Regel ab. Dies wird im allgemeinen mit dem sogenannten "Verdünnungseffekt" erklärt (STÖCKER 1980, CATALINA et al. 1981, EDER und KINZEL 1983, STEEN 1984). Eine Pflanze erhöht im Verlauf ihres Wachstums ihre Biomasse schneller, als sie Stickstoff aufnimmt. Eine Ausnahme bilden hierbei 1992 der Glanzehrenpreis bzw. der Windenknöterich. Beide zeigen zwischen 2. und 3. Entnahme ansteigende Stickstoffwerte. Betrachtet man dazu die Biomassewerte (Tab. 8) dann fällt auf, daß beide Wildkräuter in ihrer Entwicklung stagnieren bzw. rückläufig sind. Durch die Konkurrenzbeziehungen innerhalb der Phytozönose werden beide Unkräuter in ihrer Entwicklung stark behindert. Die Pflanzen nehmen offensichtlich zwischen beiden Entnahmedaten weiter Stickstoff auf, ohne das die Biomasse vergrößert werden kann. Die Tab. 8-10 zeigen, daß steigende Stickstoffwerte eng mit der Biomasseentwicklung zusammenhängen.

Tabelle 8: Durchschnittliche Biomasse eines Individuums in gTM/Individuum - 1992

Variante	Datum	Soph.-rauke	Ehrenpreis	Windenknöt.	Variante	Datum	Soph.-rauke
ED1	12.05.92	0,61		0,022	LA1	13.05.92	0,15
	18.06.92	1,45	0,044	0,070		22.06.92	0,91
	20.07.92	2,66	0,051	0,070		16.07.92	1,55
ED1/R	12.05.92	0,38		0,020	LA1/R	13.05.92	0,89
	18.06.92	2,68	0,031	0,055		22.06.92	1,87
	20.07.92	3,35	0,011	0,067		16.07.92	2,68
ED2	12.05.92	0,48		0,043	LA2	13.05.92	0,29
	18.06.92	3,91	0,081	0,293		22.06.92	3,59
	20.07.92	5,51	0,051	0,199		16.07.92	3,26
ED2/R	12.05.92	0,79		0,030	LA2/R	13.05.92	0,49
	18.06.92	4,27	0,081	0,132		22.06.92	2,75
	20.07.92	4,11	0,061	0,147		16.07.92	2,56

Tabelle 9: Durchschnittliche Biomasse eines Individuums in gTM/Individuum - 1993

	Datum	W. Gänsefuß	Windenknöt.		Datum	Nachtschatten	W. Gänsefuß
ED1	02.06.93	0,17	0,20	LA1	02.06.93	0,24	0,12
	30.06.93	1,31	1,99		30.06.93	2,69	0,21
	30.08.93	15,14			30.08.93	15,45	3,68
ED1/R	02.06.93	0,16	0,13	LA1/R	02.06.93	0,31	
	30.06.93	0,28	1,60		30.06.93	2,42	0,13
	30.08.93	2,58	0,73		30.08.93	39,31	1,75
ED2	02.06.93	0,17	0,19	LA2	02.06.93	0,36	
	30.06.93	0,21	1,94		30.06.93		0,18
	30.08.93	2,78	0,79		30.08.93	3,88	0,24
ED2/R	02.06.93	0,15	0,12	LA2/R	02.06.93	0,63	
	30.06.93	2,21	4,38		30.06.93	2,21	0,07
	30.08.93	2,61	1,53		30.08.93	68,48	0,09

Es wird deutlich, daß nach Erreichen des Maximums in der Biomasseentwicklung der Stickstoff- und somit der Rohproteingehalt in den Blättern langsamer sinkt und in den Stengeln sogar leicht ansteigt. Die N-Aufnahme der Pflanze geht zu diesem Zeitpunkt offensichtlich weiter. Später sinken die Rohproteingehalte in Blättern und Stengeln wieder stärker ab, dagegen ist ein Anstieg des N-Gehaltes in den Früchten zu verzeichnen, der durch die Umlagerung der Eiweißverbindungen in die vegetativen Organe zu erklären ist. Beide Prozesse scheinen gleichzeitig abzulaufen und sich wechselseitig zu beeinflussen.

Tabelle 10: Durchschnittl. Biomasse eines Individuums in gTM/Individuum - Ampferknöterich

	Fraktion	18.06.93	28.06.93	08.07.93	12.07.93	26.07.93	05.08.93	01.09.93
ED1	Blatt	0,91	1,66	2,61	1,83	1,61	1,37	1,17
	Stengel	0,70	2,70	5,33	4,00	3,95	3,44	2,46
	Blüte/Frucht	0,06	0,37	2,40	*2,24	*2,36	*0,65	
	Gesamtpfl.	1,67	4,73	10,35	8,07	7,92	5,46	3,63
ED1/R	Blatt	0,67	1,49	2,83	1,52	1,02	0,99	0,97
	Stengel	0,55	2,77	6,68	2,67	1,97	2,04	2,36
	Blüte/Frucht	0,03	0,40	3,46	*1,67	*0,81	*0,55	
	Gesamtpfl.	1,26	4,53	12,97	5,86	3,97	3,58	3,31
ED2	Blatt	1,01		1,91	2,18	3,22	2,14	1,48
	Stengel	0,73		2,36	2,98	6,11	3,14	2,93
	Blüte/Frucht	0,04		0,58	1,69	2,25	*1,54	
	Gesamtpfl.	1,79		4,85	6,85	11,57	6,82	4,41
ED2/R	Blatt	0,79	1,28	1,18	1,96	2,31	1,83	1,06
	Stengel	0,59	1,79	1,97	3,01	5,05	4,81	2,11
	Blüte/Frucht	0,05	0,43	0,81	1,28	3,12	*0,62	
	Gesamtpfl.	1,43	3,52	3,86	6,25	10,48	7,26	3,17

*=durch Abfallen der Samen Wert vermindert

In Bad Lauchstädt auf der Alten Gülledeponie (LA) sind die Verhältnisse sehr unterschiedlich. Meist ist kein großer Unterschied im N-Gehalt zu erkennen. Gegen Ende der Vegetationsperiode zeigt sich, daß auf den Parzellen, auf denen die Pflanzen die größte Biomasseproduktion erreicht haben, auch die höchsten Rohproteingehalte zu finden sind.
Auf dem Brache-Versuch (LB) sind ebenso keine eindeutigen Tendenzen erkennbar. Ein Vergleich der N-Gehalte mit den erreichten Deckungsgraden (Teilprojekt 7) zeigt, daß proteinreiche Individuen dort auftreten, wo niedrige Deckungsgrade zu finden sind, unabhängig vom Grad der N-Belastung. Auf Grund der unterschiedlichen Konkurrenzsituationen sind die Pflanzen, die einen sehr hohen Deckungsgrad auf einer Parzelle erreichen, proteinärmer als die Individuen, die einem hohen Konkurrenzdruck unterliegen, deshalb weniger Biomasse produzieren, aber dennoch genügend Stickstoff aus dem Boden aufnehmen können.
Betrachtet man den Stickstoffentzug der einzelnen Wildkrautarten, so fällt auf, daß die Wildkräuter, die in einem Untersuchungsjahr auf einem Standort in der Segetalzönose zur

Dominanz gelangen, dem Boden erhebliche Mengen an N entziehen können (Tab. 11). Ein Effekt durch die zwischenzeitliche Grünbrache (1991) tritt in Bad Lauchstädt 1992 bei Sophienrauke, 1993 bei Schwarzen Nachtschatten und in Etzdorf 1993 bei Ampferknöterich auf, die auf den R-Varianten deutlich mehr Biomasse produzieren als auf den Vergleichsflächen. Dies findet jedoch keinen Niederschlag in den Rohproteingehalten.

Tabelle 11 : Stickstoffentzug einzelner Wildkräuter in gN/m^2 (Höchstwerte)

Wildkraut	Datum	ED1	ED1/R	ED2	ED2/R
Efeublättriger Ehrenpreis	11.05.92	0,28	0,44	1,15	2,30
Sophienrauke	15.06.92	0,40	0,56	0,95	1,06
Windenknöterich	15.06.92	0,16	0,08	0,46	0,18
Windenknöterich	30.06.93	0,49	1,15	0,70	0,41
Ampferknöterich	30.06.93	0,05	1,14	0,10	3,96
Weißer Gänsefuß	01.09.93	1,85	0,94	2,90	3,37
		LA1	LA1/R	LA2	LA2/R
Sophienrauke	16.06.92	0,16	2,37	0,95	2,83
Schwarzer Nachtschatten	30.08.93	3,06	11,44	2,49	10,85
Weißer Gänsefuß	01.09.93	2,74	1,03	0,58	

5.2.2. Aminosäure- bzw. Kohlehydratanalysen

Das Aminosäurespektrum aller untersuchten Pflanzenarten ist unterschiedlich. Es wurden in der Regel alle unter 4.2.2. erwähnten Aminosäuren gefunden. Im Feigenblättrigen Gänsefuß und im Winterweizen konnte keine α-Aminobuttersäure, im Mais kein Citrullin bzw. Trp und in den beiden Ehrenpreis-Arten kein Orn bzw. α-Aminobuttersäure nachgewiesen werden. Dagegen wurde im Winterweizen mit bis zu 36mg/100g TM die recht seltene Aminosäure Norleucin gefunden. Sie trat auch bei Sommergerste, Sophienrauke und Windenknöterich in Erscheinung. Beim Schwarzen Nachtschatten konnten zwei saure Aminosäuren, die in größeren Konzentrationen auftraten, nicht identifiziert werden.
Bei den freien Kohlenhydraten konnten mehrere Zucker nicht eindeutig bestimmt werden. Die vorhandene HPLC-Technik ließ bei Doppelpeaks mitunter keine weitere Auftrennung zu.
Die Aminosäureanalysen insgesamt zeigten, daß die dominierenden Aminosäuren entweder eng mit der Glykolyse verbunden sind (Ser, Gly - Vorstufe = 3-Phosphoglycerinsäure, Ala - Vorstufe = Brenztraubensäure) oder mit dem Citronensäurecyklus (Asp/Asn - Vorstufe = Fumar-und Oxalessigsäure, Glu/Gln - Vorstufe = 2-Oxoglutarsäure und als Folgeprodukte der Glu: Pro und GABA).
Bei den freien Kohlenhydraten waren die gewöhnlichen Zucker Frc, Glc und Suc dominierend. Mitunter wurden auch größere Anteile an Maltose und Raffinose gefunden. Ansonsten beschränkte sich das Spektrum der freien Kohlenhydrate auf einige wenige in ausreichenden Konzentrationen vorkommende Zucker.

Die Ergebnisse der Analysen zeigten, daß jede Pflanzenart ihre Besonderheiten aufweist und deshalb im folgenden einzeln beschrieben wird.

5.2.2.1. Ampfer- und Windenknöterich

Der Ampferknöterich zeigt deutliche Unterschiede zwischen den gedüngten und ungedüngten Varianten (Tab. 12).

Tabelle 12: Gesamtgehalt in mg/100g TM bzw.Gehalt einzelner freier Aminosäuren in % - Ampferknöterich - Blätter - 1993

Variante	AS	18.06.93	28.06.93	08.07.93	12.07.93	01.09.93
ED1	mg fr. AS	824,3	360,3	483,0	420,5	388,7
	%Asp	13,7	9,2	11,4	10,6	5,7
	%Glu	18,9	30,0	26,4	24,2	11,3
	%Gln	11,8	11,6	12,1	9,8	33,4
	%GABA	16,4	17,9	16,9	21,2	10,3
ED1/R	mg fr. AS	1055,9	377,6	386,3	351,5	314,8
	%Asp	13,3	11,2	6,8	9,0	4,5
	%Glu	15,2	31,9	32,0	25,7	7,0
	%Gln	17,7	9,1	10,0	8,1	42,3
	%GABA	13,5	11,5	15,8	21,1	14,5
ED2	mg fr. AS		634,7	834,5	656,9	756,4
	%Asp		12,3	10,0	11,5	4,7
	%Glu		29,3	33,5	30,3	7,3
	%Gln		18,1	13,9	14,8	48,5
	%GABA		12,5	11,3	11,3	8,8
ED2/R	mg fr. AS	843,5	514,8	863,3	785,4	992,9
	%Asp	9,8	16,3	8,2	9,8	4,2
	%Glu	21,1	28,7	30,9	22,5	7,4
	%Gln	17,1	13,5	15,0	17,6	55,9
	%GABA	12,0	16,1	10,9	14,5	6,2

In allen untersuchten Stadien ist sein Gehalt an Gln in Pflanzen auf Böden mit höherem N-Angebot deutlich erhöht. Dafür besitzen diese Pflanzen einen geringeren GABA-Gehalt. Diese Tendenz zeigt sich einerseits in Blättern genauso wie in den Stengeln, zum anderen ist sie bei mehreren Pflanzenarten zu beobachten (Windenknöterich, Glanzmelde, Ehrenpreis, Sophienrauke, Winterweizen, Mais). Die bessere N-Versorgung führt dazu, daß mehr N über die Wurzeln aufgenommen wird und über Glutaminsynthetase in Gln umgewandelt wird. Dabei scheint die Synthese anderer freier Aminosäuren bei hoher N-Versorgung langsamer zu verlaufen, als die Umwandlung des Ammoniums in Gln, so daß es zur Anreicherung kommt. Die GABA, die nicht in Proteinen vorkommt, scheint bei diesen Pflanzen eine Speicherfunktion auszuüben. Bei ausreichender N-Versorgung muß die Pflanze keine N-Reserven anlegen. Wird weniger N durch die Wurzeln angeliefert, verlangsamen sich die Stoffwechselvorgänge. Es wäre denkbar, daß in dieser Phase die Decarboxylierung der Glu zu GABA eine von diesen Pflanzen bevorzugte Reaktion ist.

Kurz vor der Ernte (1.9.) reichert sich in den Blättern Gln an. Der Absolutwert aller vorhandenen Aminosäuren ist in diesem Stadium leicht rückläufig. Gln steigt auf das 4-5fache an. Das deutet zum einen darauf hin, daß das Gln die Transportform des Stickstoffes für die Umlagerung in die vegetativen Organe ist, zum anderen besteht die Möglichkeit, daß die Umlagerungsgeschwindigkeit im fortschreitenden Alter nachläßt und der Stickstoff nicht mehr ausreichend weitertransportiert wird, zumal die Pflanzen zu diesem Zeitpunkt im Absterbeprozeß standen. Desweiteren wurden im Verlauf der Vegetation Unterschiede im Asp- bzw. Glu-Gehalt deutlich. Beide fallen im Spätsommer auf ein sehr niedriges Niveau.
Der Gehalt freier Kohlenhydrate ist in diesem späten vegetativen Stadium in den Blättern deutlich höher als zu Vegetationsbeginn (Tab. 13). Frc und Glc erhöhen ihren Anteil stark. Suc wird weit weniger gefunden. Ein Unterschied zwischen den einzelnen Varianten ist nicht erkennbar.

Tabelle 13: Gesamtgehalt in mg/100g TM und Gehalt einzelner freier Kohlenhydrate in % - Ampferknöterich - Blätter - 1993

	mg fr.KH		Frc in %		Glc in %		Suc in %	
	18.06.93	01.09.93	18.06.93	01.09.93	18.06.93	01.09.93	18.06.93	01.09.93
ED1	1955	4215	20,5	34,2	18,9	31,3	23,5	6,2
ED1/R	1680	4545	17,9	33,1	20,8	35,9	18,5	10,6
ED2	2215	3535	23,0	31,1	23,5	32,2	15,3	5,9
ED2/R	1785	5830	10,1	34,8	11,8	31,7	14,6	14,8

Ein sehr ähnliches Bild bietet der Windenknöterich. Im allgemeinen ist der Pool freier Aminosäuren qualitativ fast identisch mit dem des Ampferknöterichs. Insgesamt hat der Windenknöterich weniger freie Aminosäuren auf allen Varianten. Sein Anteil an Glu bzw. Gln liegt nur in der Stengelfraktion etwas niedriger. Ansonsten sind in der Verteilung der freien Aminosäuren kaum Unterschiede zu erkennen.
Der Windenknöterich wurde in Etzdorf über drei Jahre beobachtet. Im gesamten Untersuchungszeitraum wurde analog zum Ampferknöterich der Effekt beobachtet, daß auf den gedüngten Varianten der Gln-Anteil auf Kosten des Anteils an GABA erhöht war (Tab. 13a). Es betrifft u.a. das sehr frühe und das sehr späte Vegetationsstadium. Im Unterschied zum Ampferknöterich sind in einem mittleren Vegetationsstadium (18.6.92/28.7.94) kaum Unterschiede zu verzeichnen. Es zeigt, daß Pflanzen auf den gedüngten Parzellen zunächst mehr Stickstoff aufnehmen und später die Verlagerung in die vegetativen Organe auf einem hohen Gln-Level stattfindet.

Tabelle 13a: Gesamtgehalt freier Aminosäuren in mg/100g TM und Gehalt einzelner freier Aminosäuren in % - Windenknöterich - Etzdorf - 1992-1994

Datum/Variante		ED1	ED1/R	ED2	ED2/R
12.05.1992	mg freie AS	355,6	339,9	>1050	>950
Ganzpflanze	% Gln	9,6	10,3	35,9	31,6
	% GABA	31,3	31,2	22,0	22,8
18.06.1992	mg freie AS	315,2	249,3	290,8	337,7
Ganzpflanze	% Gln	7,1	5,1	9,5	9,4
	% GABA	26,6	25,3	28,2	26,1
18.06.1993	mg freie AS	606,3	591,5	920,6	867,4
Blätter	% Gln	10,3	11,5	18,3	27,9
	% GABA	14,2	18,0	12,1	7,1
18.06.1993	mg freie AS	415,0	292,2	713,5	502,5
Stengel	% Gln	14,8	14,7	28,0	29,9
	% GABA	24,5	25,0	12,5	8,5
24.05.1994	mg freie AS	290,4	216,3	554,3	539,1
Ganzpflanze	% Gln	8,5	9,6	21,2	23,7
	% GABA	25,3	31,3	22,2	23,5
28.07.1994	mg freie AS	140,6	145,8	180,8	200,6
Ganzpflanze	% Gln	21,1	23,4	26,9	23,3
	% GABA	8,4	8,6	10,0	10,5

5.2.2.2. Weißer und Feigenblättriger Gänsefuß

Im Untersuchungsjahr 1993 gab es für den Weißen Gänsefuß in seiner vegetativen Entwicklung erhebliche Unterschiede zwischen den beiden Standorten in Bad Lauchstädt und Etzdorf (Teilprojekt 7). Der Auflauf erfolgte in Bad Lauchstädt etwas später. Dadurch blieben die Pflanzen in ihrer Entwicklung zurück und konnten wesentlich weniger Biomasse produzieren, als Individuen auf den Versuchsflächen in Etzdorf.

Tabelle 14: Gehalt an N und löslich N in % und Gesamtgehalt bzw.Gehalt an einzelnen freien Aminosäuren in mg/100g TM bzw. % - Weißer Gänsefuß - Blätter - 21.06.93

	ED1	ED1/R	ED2	ED2/R	1.Kohorte		2.Kohorte	
					LA1	LA2	LA1	LA2
%N	5,38	4,67	5,69	5,80	5,39	5,42	4,88	5,54
%lösl.N	0,52	0,40	0,53	0,58	0,51	0,34	0,42	0,62
mg fr.AS	1250,0	970,3	1382,5	1528,5	681,7	573,0	614,6	635,7
mg Asp	161,4	156,3	163,7	212,0	253,3	225,3	201,1	150,2
mg Glu	322,1	212,9	386,6	316,0	47,8	50,4	99,5	130,8
mg Gln	208,2	143,4	225,0	276,0	31,8	10,2	17,9	18,7
mg GABA	82,9	71,9	92,5	75,0	29,6	17,0	55,8	44,4
%Asp	12,9	16,1	11,8	13,9	37,2	39,3	32,7	23,6
%Glu	25,8	21,9	28,0	20,7	7,0	8,8	16,2	20,6
%Gln	16,7	14,8	16,3	18,1	4,7	1,8	2,9	2,9
%GABA	6,6	7,4	6,7	4,9	4,3	3,0	9,1	7,0

Diese unterschiedliche Entwicklung spiegelt sich auch in den Aminosäuren- und Kohlenhydratanalysen wieder. 1993, am 21.6., verfügen die später aufgelaufenen Individuen in Bad Lauchstädt über wesentlich weniger freie Aminosäuren, obwohl der Rohproteingehalt und der Anteil löslicher N-Verbindungen kaum Unterschiede aufweisen (Tab. 14).

Tabelle 15: Gehalt an N und löslich N in % und Gesamtgehalt bzw.Gehalt an einzelnen freien Aminosäuren in mg/100g TM bzw. % - Weißer Gänsefuß - Stengel - 21.06.93

| | ED1 | ED1/R | ED2 | ED2/R | 1.Kohorte | | 2.Kohorte | |
					LA1	LA2	LA1	LA2
%N	3,43	2,33	3,91	3,98	3,00	3,80	3,63	3,95
%lösl.N	0,74	0,41	0,78	0,56	0,71	0,72	0,90	0,97
mg fr.AS	567,8	348,1	800,0	517,9	207,2	538,2	380,2	829,8
mg Asp	65,2	47,3	100,7	78,4	43,3	129,3	98,8	177,0
mg Glu	140,0	102,0	187,4	93,0	36,3	67,5	48,5	84,6
mg Gln	165,0	89,3	300,0	155,0	11,8	40,2	46,8	96,6
mg GABA	36,2	27,2	32,0	21,6	9,9	16,2	17,2	44,4
%Asp	11,5	13,6	12,6	15,1	20,9	24,0	26,0	21,3
%Glu	24,7	29,3	23,4	18,0	17,5	12,5	12,8	10,2
%Gln	29,1	25,7	37,5	29,9	5,7	7,5	12,3	11,6
%GABA	6,4	7,8	4,0	4,2	4,8	3,0	4,5	5,4

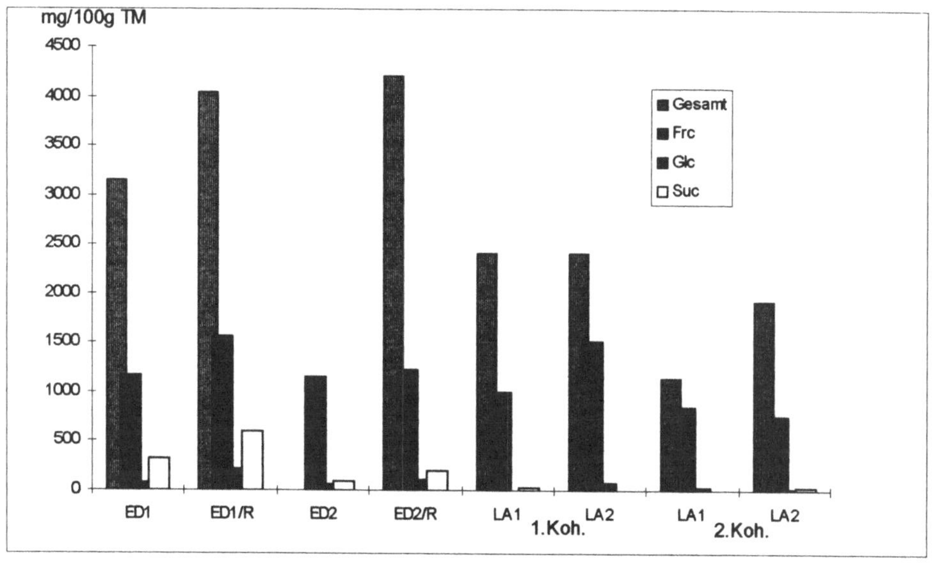

Abbildung 1: Gesamtgehalt und Gehalt einzelner freier Kohlenhydrate in mg/100g TM- - Weißer Gänsefuß - Blätter - 18.06.93

Im einzelnen haben die Pflanzen in Bad Lauchstädt einen wesentlich höheren Asp-Gehalt, dafür deutlich weniger Gln und Glu. Im Glu/Gln-Gehalt findet man den einzigen Unterschied zwischen den zwei verschiedenen Kohorten in Bad Lauchstädt. Die noch später aufgelaufenen Individuen der zweiten Kohorte haben doppelt soviel Glu in ihren Blättern. Die Stengel (Tab. 15) liefern ein ähnliches Bild, wobei die zweite Kohorte anteilmäßig nur über mehr Gln verfügt, das aber größenordnungsmäßig weit unter dem Gln-Gehalt der Etzdorfer Individuen liegt.

Die Etzdorfer Pflanzen besitzen zu diesem Zeitpunkt doppelt soviel freie Kohlenhydrate, vor allem mehr Disaccharide (Abb. 1).

Gegen Ende der Vegetationsperiode sind genau umgekehrte Verhältnisse. Die Bad Lauchstädter Individuen bringen mit ca. 6 bis 7g freie Zucker auf 100g TM ein Drittel mehr als die Pflanzen auf Variante ED2 und zwei Drittel mehr als Pflanzen der Variante ED1 (Abb. 2).

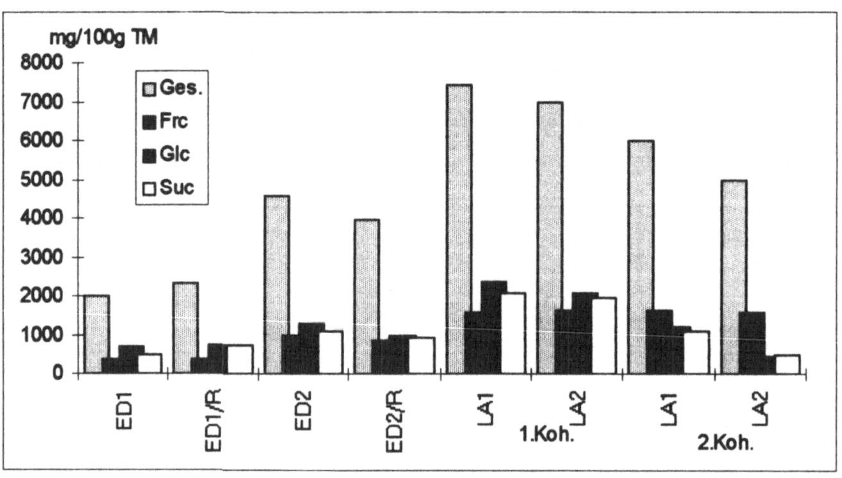

Abbildung 2: Gesamtgehalt und Gehalt einzelner freier Kohlenhydrate in mg/100g TM - Weißer Gänsefuß - Blätter - 30.08.93

Dazu kommt, daß Weißer Gänsefuß in Bad Lauchstädt zwar weniger Biomasse produziert als in Etzdorf, dafür aber mehr Rohprotein. Interessant sind zudem die Pflanzen auf Variante ED1. Sehr proteinarm, mit wenig freien Aminosäuren, weisen sie jedoch anteilmäßig den höchsten Glu-Gehalt auf (Tab. 16). Die Unterschiede auf den Bad Lauchstädter Varianten sind geringfügiger. Die Pflanzen auf der stickstoffreichen Variante LA2 sind proteinreicher und haben anteilmäßig weniger Glu und GABA.

Tabelle 16: Gehalt an N und löslich N in % und Gesamtgehalt bzw.Gehalt an einzelnen freien Aminosäuren in mg/100g TM bzw. % - Weißer Gänsefuß - Stengel - 01.09.93

	ED1	ED1/R	ED2	ED2/R	1.Kohorte LA1	LA2	2.Kohorte LA1	LA2
%N	2,03	1,58	3,51	3,45	3,61	3,91	4,31	4,85
%lösl.N	0,31	0,34	0,78	0,76	0,46	0,43	0,64	0,75
mg fr.AS	177,9	198,4	570,4	551,2	525,3	545,0	544,4	761,9
mg Asp	10,9	16,4	61,8	62,7	53,2	60,5	62,9	83,1
mg Glu	26,7	23,4	107,2	90,4	131,3	110,7	114,8	110,0
mg Gln	64,7	65,6	113,7	148,6	96,5	103,7	93,5	113,5
mg GABA	11,5	19,5	32,0	43,2	47,5	33,9	57,9	49,1
%Asp	6,1	8,3	10,8	11,4	10,1	11,1	11,6	10,9
%Glu	15,0	11,8	18,8	16,4	25,0	20,3	21,1	14,4
%Gln	36,4	33,1	19,9	26,9	18,4	19,0	17,2	14,9
%GABA	6,5	9,8	5,6	7,8	9,0	6,2	10,6	6,4

1994 in der Kulturart Sommergerste zeigen sich ähnliche Tendenzen, jedoch auch einige Unterschiede. Statt einer Asp-Anreicherung haben die Bad Lauchstädter Individuen zu Vegetationsbeginn deutlich mehr GABA als die Etzdorfer Pflanzen (Tab. 17).

Tabelle 17: Gehalt an N und löslich N in % und Gesamtgehalt bzw.Gehalt an einzelnen freien Aminosäuren in mg/100gTM bzw. % - Weißer und Feigenblättriger Gänsefuß - Ganzpflanze - 24.05.94 (Etzdorf) - 07.06.94.(Bad Lauchstädt)

	Weißer Gänsefuß						Feigenbl. Gänsefuß	
	ED1	ED1/R	ED2	ED2/R	LA1	LA2	LA1	LA2
%N	3,74	3,50	4,78	4,91	2,46	2,93	2,15	2,62
%lösl.N	0,35	0,31	0,59	0,59	0,30	0,38	0,21	0,26
mg fr.AS	417,6	379,1	616,8	598,5	251,0	279,0	219,6	260,0
%Asp	19,8	20,2	21,9	22,6	18,3	24,4	16,6	17,1
%Glu	34,6	32,0	32,4	32,6	22,0	28,3	22,5	26,9
%Gln	8,2	6,8	13,5	12,5	7,2	7,7	10,2	11,1
%GABA	12,1	12,2	6,5	6,7	17,1	12,2	16,3	13,5

Kurz vor der Ernte haben die jetzt proteinreicheren Bad Lauchstädter Individuen einen deutlich höheren Glu-Spiegel, dafür anteilmäßig weniger Gln (Tab. 18). Vergleicht man die einzelnen Varianten, dann zeigt sich, daß Individuen, die auf N-ärmeren Varianten aufwuchsen, einen anteilmäßig höheren GABA-Gehalt aufweisen. Dem gegenüber besitzen sie entweder weniger Glu oder Gln. Eine Ausnahme bildet dabei die Variante LA1 am 27.07.93. Dort ist eine Erhöhung des Glu-Anteils zu verzeichnen.

Tabelle 18: Gehalt an N und löslich N in % und Gesamtgehalt bzw.Gehalt an einzelnen freien Aminosäuren in mg/100gTM bzw. % - Weißer und Feigenblättr. Gänsefuß - Ganzpflanze - 27.07.94

	Weißer Gänsefuß						Feigenbl. Gänsefuß	
	ED1	ED1/R	ED2	ED2/R	LA1	LA2	LA1	LA2
%N	1,43	1,48	2,51	2,41	3,31	3,71	3,28	3,59
%lösl.N	0,15	0,15	0,95	0,62	0,68	0,84	0,87	0,93
mg fr.AS	177,3	177,2	245,1	222,6	345,5	358,7	324,7	566,3
%Asp	13,3	10,9	15,6	16,8	12,3	12,7	12,7	9,6
%Glu	14,8	18,2	24,7	25,4	36,9	29,9	35,3	25,4
%Gln	15,9	18,4	16,4	16,7	9,2	13,6	11,0	14,8
%GABA	12,5	10,3	8,7	9,5	7,5	7,1	9,7	5,0

Beim Vergleich von Weißen und Feigenblättrigen Gänsefuß fallen kaum Unterschiede auf. Ihr Verhalten ist in jeder Beziehung ähnlich.

5.2.2.3. Sophienrauke

Tabelle 19: Gesamtgehalt freier Aminosäuren und Prolingehalt in mg/100g TM bzw. % - Sophienrauke - 1992 + 1993

	13.05.92 - Blätter		22.06.92 - Blätter				16.07.92 - Sproß(Blätter vertrock.)			
	LA1+R	LA2+R	LA1	LA1/R	LA2	LA2/R	LA1	LA1/R	LA2	LA2/R
mg fr. AS	>2100	>2500	4131	2870	4347	3791	846	646	621	511
mg Pro	514,7	764,7	3167	2100	3483	2908	252	218	227	181
% Pro	ca 20	ca 25	76,7	73,2	80,1	76,6	29,8	33,7	36,5	35,3

	12.05.1992 - Blätter				18.06.1992 - Blätter			
	ED1	ED1/R	ED2	ED2/R	ED1	ED1/R	ED2	ED2/R
mg fr. AS	>1000	>950	>1850	>1750	996	1033	1390	741
mg Pro	0	0	530	501	566	546	739	420
% Pro	0	0	ca 20	ca 20	56,9	52,8	53,1	56,6

	13.05.92 - Blätter		22.06.92 - Blätter		21.06.93-Ganzpfl		30.08.93-Ganzpfl	
	LB1	LB2	LB1	LB2		LB2	LB1	LB2
mg fr. AS		>2200	1940	2543	2375	1630	1936	774
mg Pro		780	926	1988	224	374	623	337
% Pro		ca 26	47,7	78,2	9,4	22,9	31,7	43,5

Der N-Stoffwechsel der Sophienrauke ist von einem überdurchschnittlich hohem Anteil an Pro geprägt. Pro scheint als N-Transportform zu fungieren. Tab. 19 zeigt den Gehalt und den prozentualen Anteil am Aminosäurepool.

Von Pflanzen mit einem hohen Pro-Anteil im Pool freier Aminosäuren berichten u.a. COTE et al. (1989) bei Ölweide und Schwarzerle, HU et al. (1984) bei Tabakblättern und KIM et al. (1987) bei Nadeln der Schwarzfichte. Nur bei Pflanzen der ungedüngten Parzellen in Etzdorf wird zu Vegetationsbeginn kein Pro gefunden. Ansonsten nimmt das Pro 20-60% des Aminosäurepools ein. Am 22.6.92 werden in Pflanzen der Varianten LA1 und LA2 bis zu 3,5g Pro je 100g Trockenmasse gefunden. Ein Zusammenhang mit der zu diesem Zeitpunkt bestehenden Trockenheit ist denkbar. Diese Tatsache ist in der Literatur häufig beschrieben (BISWAS und CHOUDHURI 1984, BHASKARAN et al. 1985, CAO und LU 1985, NEWTON et al.1987, u.a.). Auf den Brachen der Neuen Gülledeponie (LB) scheint sich der Trockenstreß nicht so stark bemerkbar zu machen wie auf der Alten Gülledeponie (LA). Bei den Analysen mit einem sehr hohen Anteil an Pro und Gln macht sich außerdem eine Arg-Anreicherung bemerkbar.

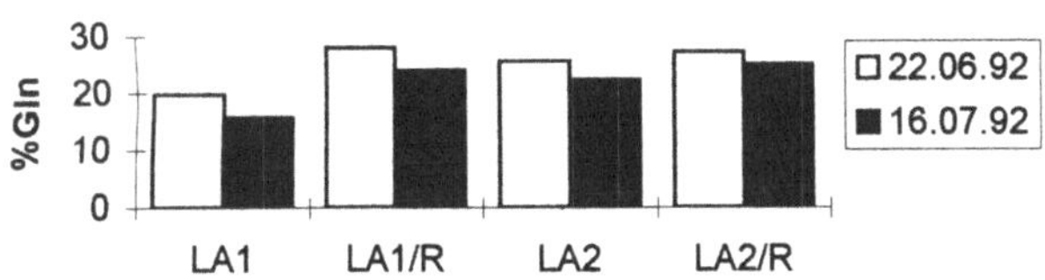

Abbildung 3: Gehalt an freiem Glutamin in % - Sophienrauke - Bad Lauchstädt - 1992

Interessant ist zudem der Blick auf den Gln-Gehalt in Pflanzen einzelner Parzellen (Abb. 3). Auf der Alten Gülledeponie (LA), auf dem sie zur Dominanz gelangt sind, besitzen die Pflanzen der Variante LA1 weniger Gln als die übrigen. Gerade auf dieser Variante ist der Aufwuchs an Sophienrauke verhältnismäßig geringer (6,35 g/m² = 66,3% Anteil von segetaler Gesamtbiomasse - Zahlen: Teilprojekt 7). Auf den drei anderen Parzellen ist die Dominanz der Sophienrauke wesentlich stärker (94,6-97,8%). Das deutet daraufhin, daß sich die stärkere Konkurrenz auf Variante LA1 über den N-Stoffwechsel direkt im Gln-Gehalt widerspiegelt.

5.2.2.4. Klettenlabkraut

Tabelle 20: N-Gehalt in %, Gesamtgehalt bzw. Gehalt einzelner freier Aminosäuren in mg/100g TM bzw. % - Klettenlabkraut - Ganzpflanze - 1992 bis 1994

	13.05.92		22.06.92	21.06.93		07.06.94		27.07.94	
	LB1	LB2	LB1	LB1	LB2	LB1	LB2	LB1	LB2
%N	2,84	3,91	2,13*	2,46	1,94	1,37	1,84	2,81	2,22
mg freie AS	524,4	2749,0	381,8	719,1	497,7	149,2	203,1	473,2	347,6
%Asp	6,0	7,0	5,3	6,1	9,1	4,9	5,0	3,5	10,0
%Asn	1,6	3,5	3,8	14,7	6,0	3,4	1,9	20,4	9,1
%Glu	20,5	15,3	7,3	13,1	18,0	13,2	6,7	15,0	18,6
%Gln	2,6	16,2	9,3	11,5	7,9	10,0	9,1	15,2	8,3
%Pro	3,8	5,8	33,0	7,3	6,0	0,0	0,0	1,9	3,3
%GABA	24,0	18,7	9,7	5,6	10,9	23,3	29,5	6,1	8,1
%Arg	0,0	0,3	1,2	0,8	0,0	0,0	0,0	7,5	4,7

*= LB2=3,72

Beim Klettenlabkraut spielt neben dem Gln, auch das Asn eine Rolle als Stickstoffspeicher bzw. -überträger (Tab. 20). Beide werden häufig in gleichen Größenordnungen gefunden. Auch hier zeigt sich die Tendenz, daß Pflanzen, die mehr Rohprotein bilden, einen erhöhten Gln-Gehalt auf Kosten des GABA- bzw. des Glu-Anteils besitzen. 1992 ist das auf der Fläche LB2, 1993 dagegen auf der weniger Boden-N enthaltenden Fläche LB1 zu beobachten. Eine Ursache könnten hierfür die unterschiedlichen Konkurrenzbeziehungen sein. Erwähnenswert ist wiederum eine Pro-Anreicherung am 22.6.1992, die wahrscheinlich auf den bereits erwähnten Trockenstreß zurückzuführen ist.

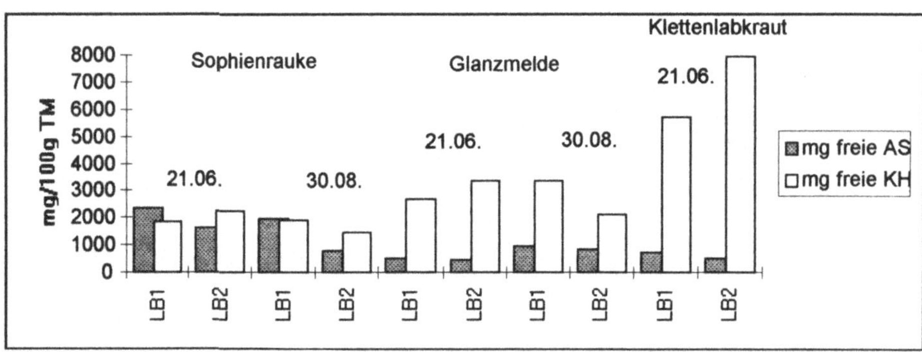

Abbildung 4: Gehalt an freien Aminosäuren bzw. Kohlenhydraten in mg/100g TM für verschiedene Wildkräuter - Bad Lauchstädt - 1993

Eine weitere Tendenz, auch für die beiden anderen Wildkrautarten auf den untersuchten Dauerbrachen, zeigt Abb. 4. Werden in einer Pflanze relativ wenig freie Aminosäuren gefunden, dann ist der Anteil freier Kohlenhydrate erhöht. Das gleiche ergibt sich in umgekehrter Richtung. Bei erhöhtem Anteil freier Aminosäuren werden weniger freie Zucker gefunden.

5.2.2.5. Glanzmelde

Tabelle 21: N-Gehalt und Gehalt einzelner freier Aminosäuren in % - Glanzmelde - Blätter

	13.05.92		22.06.92	21.06.93		30.08.93		07.06.94		27.07.94	
	LB1	LB2	LB1	LB1	LB2	LB1	LB2	LB1	LB2	LB1	LB2
%Asp	20,9	18,3	13,8	27,7	34,6	9,8	8,0	15,0	16,6	15,3	16,1
%Glu	33,0	21,8	21,3	13,9	11,5	15,8	16,9	21,9	20,6	39,1	32,3
%Gln	2,5	9,0	5,0	5,6	3,8	21,2	17,1	10,3	9,6	5,7	6,2
%Pro	10,7	10,5	15,1	0,0	0,0	9,1	25,4	11,8	7,6	0,0	10,7
%GABA	9,0	13,3	8,4	4,6	2,6	7,7	3,8	13,2	16,4	7,9	7,5
%N	4,96	5,01	4,82	5,10	4,78	5,16	4,66	4,08	4,70	4,60	5,12

Das besondere Merkmal der Glanzmelde ist ihr hoher Anteil an Asp (Tab. 21). Bei allen anderen Wildkräutern mit Ausnahme des Weißen Gänsefuß bewegt sich der prozentuale Gehalt um etwa 5%. Die Glanzmelde verzeichnet zu Beginn der Vegetationsperiode Anteile zwischen 15 und 36% (in Stengeln bis zu 45%), gegen Ende dagegen nur noch 4-9%. Dagegen spielt erstaunlicherweise das Asn überhaupt keine Rolle (ca. 2-3% in allen Fraktionen). Auch hier kommmen wie bei der Sophienrauke erhöhte Anteile von Pro zur Geltung. Ebenfalls zeigt sich wie bei anderen Wildkräutern die Tendenz, daß bei höherem Rohproteingehalt mehr Gln gefunden wird. Ähnlich wie das Klettenlabkraut kann die Glanzmelde von den hohen Gehalten an Bodenstickstoff nicht durchgängig profitieren. 1993 kann sie auf der Güllelastfläche (LB2) nur rohproteinärmere Individuen bilden als auf der Vergleichsbrache (LB1). Wahrscheinlich wird sie durch die in diesem Jahr vorherschenden Konkurrenzbedingungen auf dem Güllestandort in ihrer Entwicklung stärker behindert. 1994 werden dann wieder rohproteinreichere Individuen auf der Güllelastfläche (LB2) gefunden.

Bei den freien Kohlenhydraten dominiert die Frc mit ca. 70% Anteil im frühen Vegetationsstadium. Gegen Ende der Vegetation sinkt ihr Anteil auf Kosten eines Zuwachses an Glc und Suc. In Pflanzen auf Variante LB1 wird ein hoher Raffinose-Anteil (35,8%) gefunden.

5.2.2.6. Ehrenpreis

Tabelle 22: Gehalt an Gln und GABA in mg/100g TM bzw. % - Ehrenpreis - Etzdorf - 1992

	12.05.92 - Efeublättriger Ehrenpreis				18.06.92 - Glanz- Ehrenpreis			
	Gln		GABA		Gln		GABA	
	abs.	proz.	abs.	proz.	abs.	proz.	abs.	proz.
ED1	22,5	10,6	62,7	29,6	26,7	18,0	38,1	25,7
ED1/R	6,7	4,6	63,8	43,5	15,2	15,0	24,9	24,6
ED2	>240	ca 45,0	155,8	22,4	37,8	28,6	24,1	18,2
ED2/R	>340	ca 60,0	132,3	18,3	60,0	30,7	34,1	17,4

Zur ersten Probenahme wurde ausreichend Efeublättriger Ehrenpreis gefunden, später Glanzehrenpreis. Beide zeigen ein sehr ähnliches Spektrum freier Aminosäuren. Ganz deutlich tritt hier noch einmal der Unterschied zwischen gedüngter und ungedüngter Variante zu Tage (Tab. 22). Zu Vegetationsbeginn ist in den Pflanzen der gedüngten Varianten das 20-fache an Gln zu finden. Obwohl ebenso 2-3 mal soviel GABA vorhanden ist, ist der prozentuale Anteil dieser Aminosäure in den Pflanzen der gedüngten Varianten geringer.

5.2.2.7. Schwarzer Nachtschatten

Im Untersuchungsjahr 1993 sind auf der Alten Gülledeponie (LA) kaum Unterschiede zwischen den Pflanzen der einzelnen Varianten zu erkennen. Der Einfluß der einjährigen Grünbrache (1991) spiegelt sich zwar in der Biomasseproduktion wieder, findet aber keinen Niederschlag im Aminosäurespektrum. Erwähnenswert ist, daß zu Beginn der Vegetationsperiode Ala die dominierende freie Aminosäure mit bis zu 20% Anteil ist, später (Mitte Juli) der Anteil der GABA auf bis zu 20% ansteigt und es gegen Ende des Sommers (30.8.) zu einer Pro-Anreicherung kommt (ca. 30% des Gesamtpools). Beim Schwarzen Nachtschatten gibt es außerdem recht große Unterschiede zwischen Blatt- und Stengelfraktion. Vor allem bei Pflanzen im frühen Stadium ist doppelt soviel Val in Blättern bzw. das Dreifache an Ile und Leu. Dies wurde bei anderen Wildkräutern nicht beobachtet.
Im Gehalt freier Kohlenhydrate ist auffällig, daß im frühen Wuchsstadium in den Blättern 80% Monosaccharide vorhanden sind, gegen Ende der Vegetationsperiode dagegen ca. 80% Disaccharide (v.a. Suc und Maltose).

5.2.2.8. Winterweizen

Die Tab. 23 bis 25 zeigen das Verhalten des Winterweizens im Untersuchungsjahr 1992.

Tabelle 23: Gehalt an N in % und Gesamtgehalt bzw.Gehalt an einzelnen freien Aminosäuren in mg/100g TM bzw. % - Winterweizen - Ganzpflanze - 13.05.92

	ED1	ED1/R	ED2	ED2/R	LA1	LA2
%N	3,70	3,56	4,76	4,71	4,48	4,83
mg fr.AS	>850	>850	>1060	>1070	>870	>1000
%Glu	13,6	11,8	10,3	10,8	6,1	8,5
%Gln	2,5	3,1	9,5	7,6	9,2	9,6
%Pro	3,8	4,9	2,5	2,9	5,6	4,0
%Ala	12,9	12,6	13,0	13,3	10,2	12,0
%GABA	25,7	25,3	24,2	25,0	15,4	17,3

Tabelle 24: Gehalt an N in % und Gesamtgehalt bzw.Gehalt an einzelnen freien Aminosäuren in mg/100g TM bzw. % - Winterweizen - Blatt + Sproß - 18.06.92

	ED1	ED1/R	ED2	ED2/R	LA1	LA1/R	LA2	LA2/R
%N	1,39	1,00	1,71	1,34	1,00	1,42	1,91	1,92
mg fr.AS	253,3	250,1	351,3	272,3	585,2	1043,3	1045,1	905,5
%Glu	4,4	5,1	3,4	4,7	5,6	2,6	2,6	2,2
%Gln	3,7	4,3	6,1	3,2	10,9	10,6	11,4	12,1
%Pro	13,6	8,0	7,1	3,0	34,2	28,7	40,2	43,0
%Ala	13,9	16,8	15,3	16,9	11,3	11,5	7,9	7,9
%GABA	17,0	18,0	17,9	23,0	8,2	9,5	5,5	5,9

Zu Vegetationsbeginn sind GABA, Ala und Glu dominierend. Kurz vor der Ernte ist neben Glu vor allem Pro und Gln in größerem Umfang im Pool freier Aminosäuren vertreten. Am zweiten Probenahmetermin (18.6.1992) gibt es erhebliche Unterschiede zwischen den Individuen in Etzdorf und Bad Lauchstädt. Die Bad Lauchstädter Pflanzen sind stark mit Pro angereichert und haben einen deutlich höheren Gln-Spiegel. Der Anteil an Ala und GABA ist dementsprechend verringert. Es zeigt sich, daß wiederum die Trockenheit hierfür die Ursache sein kann. Am dritten Probenahmetermin gleichen sich die Werte wieder an. Unterschiede auf den einzelnen Varianten sind kaum feststellbar.

Tabelle 25: Gehalt an N in % und Gesamtgehalt bzw.Gehalt an einzelnen freien Aminosäuren in mg/100g TM bzw. % - Winterweizen - Blatt + Sproß - 16.07.92

	ED1	ED1/R	ED2	ED2/R	LA1	LA1/R	LA2	LA2/R
%N	0,29	0,30	0,50	0,48	0,43	0,67	1,22	1,45
mg fr.AS	39,7	42,7	131,2	138,5	71,2	89,3	245,1	192,4
%Glu	12,8	8,7	11,3	10,5	20,9	26,3	19,8	32,3
%Gln	15,6	17,6	19,0	23,0	19,8	21,4	25,0	22,4
%Pro	20,2	18,7	16,8	8,8	14,7	13,0	16,8	5,9
%Ala	7,8	8,0	6,4	10,0	6,3	6,3	5,8	5,7
%GABA	4,8	4,4	6,5	5,4	5,9	2,7	2,4	1,4

Deutlich erkennbar ist dagegen der enge Zusammenhang zwischen Gln und GABA. Die fallenden GABA-Werte zwischen 1. und 3. Probenahme sind mit steigenden Gln-Gehalten verbunden.

5.2.2.9. Mais

Tabelle 26: N-Gehalt in %, Gesamtgehalt bzw. Gehalt einzelner freier Aminosäuren in mg/100g TM bzw. % - Mais - Blätter - 1993

| | 18.06.93 | | | | 30.08.93 | | | |
	ED1+ ED1/R	ED2+ ED1/R	LA1+ LA1/R	LA2+ LA2/R	ED1+ ED1/R	ED2+ ED1/R	LA1+ LA1/R	LA2+ LA2/R
%N	3,56	3,75	3,85	3,73	1,01	3,95	2,06	1,96
mg fr. AS	624,0	1597,0	1191,4	1163,6	175,0	353,5	506,2	303,7
%Ser	15,8	17,0	15,8	14,5	5,2	5,7	6,8	5,6
%Asn	4,5	14,3	4,3	3,5	2,7	4,3	2,6	1,5
%Glu	10,6	4,4	5,5	3,0	21,1	11,4	7,3	17,6
%Gln	5,7	5,6	6,5	3,9	9,9	6,9	13,6	7,9
%Gly	10,7	16,8	9,4	6,8	1,0	1,2	0,9	1,0
%Ala	33,3	28,2	25,1	37,3	22,9	29,1	26,7	29,6

Der Unterschied zwischen den einzelnen Varianten ist gegenüber den prozentualen Verschiebungen im Pool freier Aminosäuren zwischen Vegetationsbeginn und -ende unbedeutend (Tab. 26). Am 18.6. sind neben Ala besonders Ser und Gly dominierend. Diese drei Aminosäuren nehmen über die Hälfte des Gesamtpools ein. Am 30.8. dagegen findet man neben hohen Ala-Werten kaum noch Ser und Gly, dafür mehr Glu und Gln, die am 18.6. noch keine besondere Rolle gespielt haben.

Tabelle 27: Gesamtgehalt bzw. Gehalt einzelner freier Kohlenhydrate in mg/100g TM - Mais

	18.06.93 Blätter		Stengel	21.06.93 Blätter		Stengel		30.08.93 Blätter	
	ED1+ ED1/R	ED2+ ED2/R	ED1+ ED1/R	LA1+ LA1/R	LA2+ LA2/R	LA1+ LA1/R	LA2+ LA2/R	LA1+ LA1/R	LA2+ LA2/R
mg fr. KH	2580	3770	8030	2300	2350	5200	7580	5545	6030
Rib	220	540	460	130	20	*	*	50	80
Frc	280	210	3560	160	340	3000	4270	1610	1560
Glc	370	270	3620	210	340	2160	3170	2070	1760
Suc	610	430	390	0	0	40	140	1060	1860

*= großer Doppelpeak, noch nicht identifiziert

Aus den Ergebnissen der Kohlenhydratanalyse wird deutlich, daß auf den Varianten mit höherem Boden-N auch höhere Gesamtgehalte an freien Kohlenhydraten resultieren (Tab.27). In den Stengeln sind am 18.6. sehr hohe Konzentrationen an Frc und Glc zu verzeichnen. In den Blättern nimmt der Gehalt an freien Kohlenhydraten zwischen 1. und 3. Probennahme zu. Frc, Glc und Suc werden in höheren Konzentrationen gefunden. Ein Anstieg des Suc-Gehaltes gegen Ende der Vegetation wird in den Blättern der Pflanzen beobachtet, die auf Böden mit höherem N-Gehalt aufwuchsen.

5.2.2.10. Sommergerste

Tabelle 28: N-Gehalt bzw. Gehalt an löslich N in %, Gesamtgehalt und Gehalt einzelner freier Aminosäuren in mg/100g TM bzw. in % - Sommergerste - Ganzpflanze - 1994

	24.05.94		07.06.94		28.07.94		27.07.94	
	ED1	ED2	LA1	LA2	ED1	ED2	LA1	LA2
%N	3,19	4,38	1,91	2,92	1,13	1,44	1,63	1,65
%lösl.N	0,22	0,31	0,16	0,31	0,08	0,11	0,16	0,19
mg fr. AS	502,5	735,5	363,2	731,4	97,3	153,1	174,6	234,3
%Asp	12,2	13,2	9,4	14,4	6,1	4,7	6,2	6,3
%Asn	3,1	7,1	3,3	3,4	18,1	14,3	14,7	17,0
%Glu	7,5	7,3	7,5	7,7	18,2	17,2	22,0	18,8
%Gln	2,5	2,6	6,5	7,7	13,7	22,0	16,6	22,0
%GABA	25,9	22,1	26,6	19,7	5,8	5,3	5,4	4,9

Im Gehalt freier Aminosäuren ist erneut ein verringerter GABA-Anteil im frühen Vegetationsstadium in Pflanzen, die auf N-reichem Boden aufwuchsen, zu verzeichnen. In der Sommergerste geht er mit einer gleichzeitigen Erhöhung des Asp-Gehaltes (Bad Lauchstädt) bzw. des Asn-Gehaltes (Etzdorf) einher (Tab. 28). Im späten Vegetationsstadium sinkt der GABA-Gehalt stark ab. Asn, Glu und Gln nehmen zu diesem Zeitpunkt mehr als 50% des Aminosäurepools ein. Die Pflanzen der N-reichen Standorte sind dabei von einem höheren Anteil an Amid-N gekennzeichnet. Wie bei Winterweizen treten in der Sommergerste hohe Norleucin-Werte auf.

Der Pool freier Kohlenhydrate ist von einem hohen Anteil an Ara gekennzeichnet, das als Bestandteil der Pentosane Bedeutung hat (Tab 29).Auffällig ist der starke Abfall des Frc- bzw. Glc-Gehaltes zwischen 1. und 3. Probenahme. Der Unterschied im Boden-N-Gehalt schlägt sich lediglich zu Vegetationsbeginn in einem geringeren Suc-Gehalt nieder, bei gleichzeitiger Erhöhung des Ara-Anteils.

Tabelle 29: Gesamtgehalt bzw. Gehalt einzelner freier Kohlenhydrate in mg/100g TM - Sommergerste - 1994

| | 24.05.94 | | 07.06.94 | | 28.07.94 | | 27.07.94 | |
	ED1	ED2	LA1	LA2	ED1	ED2	LA1	LA2
mg fr. KH	5830	5950	6470	6500	1810	2650	2440	2380
mg Ara	600	1410	780	1200	790	1570	1410	1330
mg Frc	1670	1580	2750	2440	110	150	90	140
mg Glc	1370	1160	1600	1550	90	150	190	230
mg Suc	1850	1150	1300	760	500	520	530	620

6. Schlußfolgerungen

Ein Einfluß unterschiedlicher Nutzungsbedingungen bzw. N-Versorgung auf den N-Haushalt der Phytozönosestruktur ist anhand der N- bzw. Aminosäureanalysen erkennbar. Es wurde deutlich, daß jede Pflanzenart auf ihre Weise auf unterschiedliche N-Bedingungen reagiert, wobei Einflüsse im Pool freier Aminosäuren sich im Spektrum einiger weniger Aminosäuren niederschlagen (Asp, Glu, Gln, Pro, GABA, Arg). Dabei ist besonders erwähnenswert, daß bessere N-Versorgung bei den meisten untersuchten Pflanzen eine Erhöhung des Glu-Anteils, bei gleichzeitiger Verringerung des GABA-Gehaltes, bewirkt. Die vielfältigen

Konkurrenzbeziehungen innerhalb der Phytozönose haben mitunter einen größeren Einfluß auf den N-Haushalt der Wildkräuter als die unterschiedlichen N-Versorgungsbedingungen.

Ein verringerter Input von Stickstoff in belastete Agroökosysteme durch erniedrigte Düngereinträge bis hin zur Grünbrache bewirkt mittelfristig eine verringerte Biomasseproduktion bei kaum veränderter Rohproteinbildung. Durch das veränderte Konkurrenzverhalten zur Dominanz gelangende Wildkrautarten können Stickstoff neben der Bindung im Protein in Form freier Aminosäuren (v.a. als Glutamin bzw. Prolin) speichern und entziehen damit je nach unterschiedlichem Speicherpotential dem Boden vorübergehend z.T. erhebliche Mengen pflanzenverfügbaren Stickstoffs (Sophienrauke, Schwarzer Nachtschatten), die nach Absterben der Segetalvegetation dem Ökosystem wieder zugeführt werden.

Untersuchungen der freien Zucker können einige Anhaltspunkte zum Verständnis der ablaufenden Prozesse liefern, sind aber im allgemeinen schwerer zu interpretieren als die Untersuchungen der freien Aminosäuren.

Die Wirkung einer einjährigen Grünbrache ist bei einigen Wildkräutern in der Biomasseproduktion und im Rohproteingehalt feststellbar, im Spektrum der freien Aminosäuren sind nur vereinzelt Änderungen zu erkennen.

Die Fortsetzung der Untersuchungen ist nötig, um die erhaltenen Ergebnisse zu untermauern und die Aussagen zu verallgemeinern. Insbesondere sollten dabei die Reaktionen und biochemischen Prozesse untersucht werden, die durch den hohen Konkurrenzdruck in den betroffenen Pflanzen entstehen. Daraus für die Entlastung von Agroökosystemen mögliche Konsequenzen müßten geprüft werden.

7. Literatur

ARAI, M.; FUJIMOTO, K.; HASHIMOTO, T.; TAKASHIMA, T.; KOYA, S.: Studies on the constituents of Pinus densiflora Sieb. et Zucc. leaves on the ethanol-extractable amino acids. - In: Yak. Zass. 107 (1987) 4, S. 279-286

BHASKARAN, S.; SMITH, R.H.; NEWTON, R.J.: Physiological changes in cultured sorghum cells in response to induced water stress. T. Free proline. - In: Plant Phys. 79 (1985) 1, S. 266-269

BISWAS, A.K.; CHOUDHURI, M.A.: Effect of water stress at different developmental stages of field-grown rice. - In: Biol. plant. 26 (1984) 4, S. 263-266

BISWAS, A.K.; NAYEK, B.; CHOUDHURI, M.A.: Effect of calcium on the response of a field-grown rice plant to water stress. - In: Pr. Ind. Ac. B 48 (1982), S. 699-705

CAO, Y.Z.; LU, Z.S.: The accumulation of free proline and the role of ABA in water-stressed plants. - In: Acta phytophys. sin. 11 (1985) 1, S. 9-16

CARLSSON, R.; HANCZAKOWSKI, P.; ISRAELSEN, M.: New forage for wet-fractionation to produce leaf protein concentrates. - In: Rocz. Nauk. Zoot. T. 9 (1982) z. 1, S. 263-270

CATALINA, L.; SARMIENTO, R.; ROMERO, R.; VALPUESTA, V.; MAZUELOS, C.: Fertilization effects in Grapvine Vitis-Vinifera cultivar Palomino-Fino. 1. Evolution of total nitrogen, protein nitrogen, free amino acids and proline. - In: An. edaf. Agrobiol. 40 (1981) 3-4, S. 667-676

CHAPMAN, D.J.; LEECH, R.M.: Changes in pool sizes of free amino acids und amides in leaves and plastids of Zea mays during leaf development. - In: Plant Phys. 63 (1979), S. 567-572

COTE, B.; VOGEL, C.S.; DAWSON, J.O.: Autumnal changes in tissue nitrogen of autumn olive, black alder and eastern cottonwood. Selected papers from the Seventh Inernational Conference on Frankia and actiorhizal plants (edited by Winship, L. J.; Benson, D. R.). - In: Plant a. Soil 118 (1989) 1-2, S. 23-32

DZIEMBOR-GRYSZKIEWICZ, E.; KOS, S.; KRYSCIAK, J.; ZAK, C.; ZAK, Z.: The effect of mineral nitrogen fertilizer on amino acid composition and nitrate reductase activity in meadow and pasture herbage. - In: Rocz. Nauk. Zoot. Monogr. Rozprawy 22, (1984), S. 297-311

EDER, M.; KINZEL, H.: Seasonal variations in free amino acid content of deciduous Ericaceae leaves. - In: Z. Pflanzenphysiol. 112 (1983), S. 269-273

FRANKE, W.; LAWRENZ, M.: Contents of protein and its composition of amino acid in leaves of some medicinal and spice plants, edible as greens. - In: Herba Hung. 19 (1980) 1, S. 71-82

GLIAUBERTIENE, V.; IVANOVSKAYA, K.: Biological and biochemical characteristics of perspective silo plants (21. Amino acid content in green material of Polygonum weyrichii Fr. Schmidt, Symphytum asperum L., Silphium perfoliatum L., Rhaponticum carthamoides (Willd) Iljin during ontogenesis process). - In: Liet. TSR Mokslu Akad. Darb. Ser. C (1987) 4, S. 102-109

HEGARTHY, M.P.; PETERSON, J.: Free amino acids, bound amino acids, amides, and ureides. In: Chemistry and biochemistry of herbage. Vol. 1 (1973), Eds. G. W. Butler and R. W. Bailey, Academic Press, London, S. 2-62

HU, H.Y.; CHEN, I.H.; TSAI, C.F.; YU, R.H.; CHUNG, R.S.; SUNG, H.Y.; SU, J.C.: Influence of nitrogen fertilization on the amino acid composition of tobacco leaves at various growing stages (T). Free amino acid. - In: Bull. Taiwan Tobacco Res. Inst. 22 (1984), S. 23-40

IMANISHI, M.: Fluctuations of free amino acid and total nitrogen contents in mulberry leaves depending on nitrogen application levels. - In: J. Seric. Sci. Jpn. 54 (1985) 3, S. 232-240

KAVERZINA, L.N.: Soderzanie svobodnych aminokislot. - In: Ekologija (Sverdlovsk) 4 (1978), S. 89-91

KIM, Y.T.; GLERUM, C. STODDART, J.; COLOMBO, S.J.: Effect of fertilization on free amino acid concentrations in black spruce and jack pine containerized seedlings. - In: Can. J. For. Res. 17 (1987) 1, S. 27-30

LEFEVRE, J.; BIGOT, J.; BOUCAUD, J.: Origin of foliar nitrogen and changes in free amino-acid composition and content of leaves, stubble, and roots of perennial ryegrass during re-growth after defoliation. - In: J. exp. Bot. 42 (1991) 234, S. 89-95

NÄSHOLM, T.; JAMES, A.; MCDONALD, S.: Dependence of amino acid composition upon nitrogen availability in birch (Betula pendula). - In: Physiol. Plant. 80 (1990), S. 507-514

NEWTON, R.J.; SEN, S.; PURYEAR, J.D.: Free prolinein water-stressed pine callus. - In: Tappi-Journal v. 70 (1987) 6, S. 141-143

PIPINYS, J.; TAMULIS, T.: Biochemical characteristic of roots and green material of knotweed (17. Dynamics of amino acids content in green material and their ratio during ontogenesis process.). - In: Liet.TSR Mokslu Akad.Darb.Ser.C (1977) 1, S. 47-56

PIPINYS, J.; TAMULIS, T.: Biological and biochemical characteristics of knotweed Polygonum divaricatum L.(1. Amino acids content in green material during ontogenesis process and their distribution in organs.). - In: Liet.TSR Mokslu Akad.Darb.Ser. C (1978) 2, S. 45-50

SONNTAG, H.W.; JESCHKEIT, H.; MAHN, E.G.; STERNKOPF, G.: Untersuchungen zum Stickstoff- und Aminosäuregehalt zweier Unkräuter bei unterschiedlich hohem N-Angebot unter Agro-Ökosystembedingungen. - In: Arch. für Nat.- Lands. 33 (1994), S. 157-164

STEEN, E.: Root and shoot growth of Atriplex litoralis in relation to nitrogen supply. - In: Oikos 42 (1984), S. 74-81

STÖCKER, G.: Ökologische Aspekte der saisonalen Veränderung von N-Blattspiegelwerten. - In: Flora 170 (1980), S. 316-328

STOREY, R.; BEEVERS, L.: Enzymology of glutamine metabolism related to senescence and seed development in the pea (Pisum sativum L.). - In: Plant Phys. 61 (1978), S. 494-500

TSKHOIDZE, G.D.; TSANAVA, V.P.; TSANAVA, N.G.; NUTSUBIDZE, N.N.: Effect of different nitrogen forms on free amino acid content of tea leaves during vegetation (Effect of nitrogenous fertilizers). - In: Zv. Akad. Nauk Gruz. SSR Biol. Proc. Acad. Sci. Georgian. SSR Biol. Ser. Tbilissi "Metsniereba" 8 (1982), S. 47-52

WATANABE, I.; ISHIGAKI, K.: Senescence and mobilization of nitrogen in old leaves of tea plants in the second flush season. - In: Soil Sci. Plant Nutrit. 29 (1983), S. 7-13

WENZEL, G.; MICHAEL, G.: Einfluß einer unterschiedlichen N-Düngung auf den Amino-säuregehalt von Spinatblättern. - In: Z. Pfl.-Ernähr. Düng. Bodenk. 115 (1966), S. 89-99

Einzelbericht zum Teilprojekt 9:

Auswirkungen verringerter Nutzungsintensität auf die Bodenfauna und Bodenmikroorganismen

<u>Projektleiter:</u> Dr. O. Rosche
Martin-Luther-Universität Halle-Wittenberg
Institut für Bodenkunde und Pflanzenernährung

<u>Mitarbeiter:</u> Dr. G. Machulla,
Dipl.-Agraring. C. Baum

Abstract:

Effects of reduced intensity of agricultural management on soil fauna and soil microorganisms

During 1992-1994, short-term and long-term effects of reduced input of organic and inorganic nitrogen on selected groups of soil organisms, mainly microorganisms and Collembolans, were investigated. Soil samples were taken on five occasions per year. Sampling depth was 0-10 cm. The following microbial parameters were determined: numbers of bacteria, fungi and actinomycetes, species composition of fungi, microbial biomass, CO_2 production, cellulose mineralization, protein mineralization and dehydrogenase activity. The microarthropod fauna was extracted in a MACFADYEN high gradient extractor. To describe the structures of the Collembolan communities, the following parameters were used: species density, abundance and dominance, species diversity and similarity indeces (species identity, dominance identity).

The results of the microbiological investigations show that some parameters (e.g. the numbers of bacteria and actinomycetes, the CO_2 production, the cellulose and protein mineralization) were not much affected by reduced nitrate input, whereas others, like the microbial biomass, the dehydrogenase activity, the number and species diversity of fungi reacted considerably sensitive.

Although the reduction of nitrogen input led to structural changes of the vegetation, a corresponding effect on the species composition of the Collembolan communities was not observed. However, distinct differences were noticed in the species dominance. Being ubiquists with wide ecological valency, the individual species are rather of secondary importance as bioindicators. But, the species combination of the communities indicated for a long period the former intensive treatment.

1. Zusammenfassung

Im Zeitraum 1992-94 wurden auf den Standorten Bad Lauchstädt und Etzdorf Untersuchungen zum Einfluß von verringerter Nutzungsintensität auf ausgewählte mikrobielle Parameter unter besonderer Berücksichtigung des Bodenpilzartenspektrums sowie auf Hauptgruppen der endogäischen Makro- und Mesofauna durchgeführt.

Auf der Fläche der ehemaligen Gülledeponie Bad Lauchstädt (V503) ließ sich in der hoch belasteten Variante (LA2) ein signifikanter Anstieg der mikrobiellen Biomasse, der Dehydrogenaseaktivität, der Bodenatmung sowie der Besiedlungsdichte von Bakterien, Aktinomyceten, zellulosezersetzenden und eiweißzersetzenden Mikrooganismengruppen nachweisen.

Die Ergebnisse der mykologischen Untersuchungen belegen ein erhöhtes Bodenpilzartenspektrum für LA2. Ausschließlich in dieser Versuchsvariante traten die Arten *Dendryphion nanum*, *Doratomyces stemonitis*, *Paecilomyces carneus*, *Papulaspora irregularis*, *Penicillium citrinum* und *Penicillium variabile* auf. Außerdem konnte eine signifikante Beeinflussung der Besiedlungsdichten der 10 häufigsten Bodenpilzarten durch die Spätfolgen der Gülledeponie nachgewiesen werden.

Im Versuch Etzdorf waren bei den bodenmikrobiellen Analysen in der N-gedüngten Versuchsvariante (ED2) zu vereinzelten Terminen signifikant erhöhte Werte gegenüber ED1 (ungedüngt) feststellbar. Das Bodenpilzartenspektrum war in ED2 höher als in ED1, wobei die Artenzahl an den mineralische Bodenpartikeln stärker von der Stickstoffdüngung beeinflußt wurde als an den organischen Bodenpartikeln. Die Besiedlungsdichten der 10 häufigsten Bodenpilzarten wurden nur an den mineralischen Bodenpartikeln signifikant durch die jährliche N-Düngung beeinflußt, während die organischen Partikel keine nachweisbare Veränderung der Besiedlungsdichten aufwiesen.

Auf beiden Standorten gehörten mehr als die Hälfte der Bodenpilzisolate den Gattungen *Fusarium*, *Mortierella* und *Penicillium* an, wobei diese Gattungen zugleich mit der größten Artenzahl vertreten waren.

Insgesamt zeigten sich die Besiedlungsdichten der häufigsten Bodenpilzarten mit abnehmender Bedeutung vom Probenahmetermin, dem Standort und der Nutzungsintensität beeinflußt. Gleiches trifft für die endogäischen Collembolengemeinschaften zu. Die Gesamtindividuenzahlen wurden offensichtlich ebenfalls primär durch Witterungseinflüsse, die Vegetationsentwicklung der jeweils angebauten Kulturart und spezifische Standortbedingungen gesteuert. Dennoch ließen sich Modifikationen der Abundanzdynamik einzelner Arten durch abgestuftes Stickstoffangebot auf beiden Standorten nachweisen. Diese setzten vor allem ein, wenn sich primäre Einflußfaktoren im Optimalbereich befanden. Gerieten letztere ins Pessimum, wurde der Einfluß der Nutzungsintensität überprägt. Derartige Entwicklungen traten vor allem in den Jahren 1992 (anhaltende Trockenperioden) und 1994 (übermäßige Bodenfeuchte) auf.

Neben der Abundanz zeigten sich weitere Strukturparameter (Dominanz, Diversität) durch die verringerte Nutzungsintensität beeinflußt, jedoch nicht die Artenspektren. Diese zeigten auch im Vergleich beider Standorte weitgehende Übereinstimmung und können somit als Ergebnis der Selektion durch jahrzehntelange Intensivbewirtschaftung gewertet werden. Offenbar genügt eine differenzierte N-Düngung und der Verzicht auf Herbizide bei den gegebenen Standortverhältnissen nicht für das Entstehen von Voraussetzungen für eine Sekundärsukzession der Collembolenfauna, welche als Anzeichen für eine Entwicklung zu höherer biozönotischer Komplexität der Agro-Ökosysteme aufzufassen wäre.

Hinweise für die nach wie vor hohe Belastung der eintragsreduzierten Versuchsflächen in Etzdorf und Bad Lauchstädt liefern das eingeschränkte Artenspektrum und zeitweilige Fehlen der Lumbriciden (Regenwürmer).

2. Zielstellung

Die vorliegenden Untersuchungen wurden mit dem Ziel durchgeführt, den Einfluß von vermindertem Stoffeintrag in Agro-Ökosysteme auf Bodenorganismen sowohl quantitativ als auch qualitativ mit Hilfe ausgewählter Parameter zu analysieren. Dabei standen die Auswirkungen reduzierten Stickstoffinputs einerseits durch die mehrjährige Einstellung der N-Düngung und andererseits durch Auflassung der Zufuhr hoher Güllemengen auf die mikrobielle Aktivität und die Struktur von Mikrobo- und Zoozönosen der Böden im Mittelpunkt.

Als Parameter für die quantitative Untersuchung der Bodenmikroorganismen dienten die mikrobielle Biomasse, die Bodenatmung, die Dehydrogenaseaktivität sowie die Besiedlungsdichten von Bakterien, Aktinomyceten, zellulosezersetzenden und eiweißzersetzenden Mikroorganismen. Die qualitative Untersuchung erfolgte über die Auswertung des Bodenpilzartenspektrums an mineralischen und organischen Bodenpartikeln.

Von den Bodentieren wurden die Regenwürmer (Lumbriciden) sowie die bodenbewohnenden Mikroarthropoden aufgrund ihrer vielfältigen Bedeutung ausgewählt und hinsichtlich ihrer Arten- und Dominanzspektren untersucht.

Auf der Grundlage der erfaßten mikrobiellen und zoologischen Parameter wurden Strukturveränderungen der Zönosen quantifiziert und bewertet.

3. Wissenschaftlicher Stand

Die Ausbringung großer Stickstoffmengen über die Düngung hat in den letzen Jahrzehnten zu zahlreichen ökologischen Auswirkungen geführt (z.B. Hypertrophierung von Oberflächengewässern, Umweltbelastungen durch Ammoniakemmissionen, verstärkter Krankheitsbefall der Kulturpflanzen und Veränderungen der Vegetationsstruktur und -aktivität [GISI 1990; HUWE 1993; ISERMANN 1990; ISERMANN 1993]).

Stickstoff ist sowohl für die Pflanzen als auch für die Mikroorganismen häufig das wachstums- und aktivitätslimitierende Element. Der Stickstoffgehalt des Bodens ist von entscheidender Bedeutung für die mikrobiellen Abbauprozesse, da Pflanzenrückstände ein weites C/N-Verhältnis von 30:1 aufweisen, während es für Protein 5:1 beträgt (CAMPBELL 1981). Die Stickstoffzufuhr über die Düngung führt in der Regel zu einer erhöhten mikrobiellen Biomasse und Aktivität (MAI 1990).

Das Problem der Überdüngung besteht daher nicht so sehr in einer Störung der mikrobiellen Aktivität des Bodens, als vielmehr in den Folgen der Überaktivität, wie Nitratauswaschung, Nitratanreicherung in Pflanzen und gasförmige Stickstoffverluste (STADELMANN 1982).

Die Wirkung von Stickstoffdüngung auf Bodenmikroorganismen ist außer von der Höhe der eingebrachten Stickstoffmenge entscheidend von der Bindungsform abhängig. Gülledüngung bewirkt in der Regel eine Steigerung der Besiedlungsdichte von Bakterien und Aktinomyceten, dagegen eine Reduktion der pilzlichen Besiedlungsdichte, während mineralische Stickstoffdüngung nur geringe Auswirkungen auf die Bodenmikroorganismen ausübt (GISI 1990). Als Folge von Gülledüngung kann es daher zur Reduktion des Befalls mit phytopathogenen Pilzen kommen (BUCHHOLTZ 1992).

Innerhalb des Bodenpilzspektrums kann Stickstoffdüngung zu einer Verschiebung der Artenverteilung in Abhängigkeit von der Bindungsform führen (ARNEBRANT et al. 1990).

Auf Bodentiere wirkt N-Eintrag in Ackerböden vor allem indirekt, über vermehrtes Pflanzenwachstum und gesteigerte mikrobielle Aktivität. Bei Mikroarthropoden, zu denen die Collembolen zählen, kann es in diesem Zuammenhang zur Zunahme der Besiedlungsdichte kommen (BICK und BROCKSIEPER 1979, ROSCHE und PRASSE 1986). Dabei werden vor allem Arten gefördert, die am besten an die ständig wechselnden Bedingungen der Bodenbewirtschaftung angepaßt sind, wodurch die Möglichkeit einer weiteren Artenverarmung der Zoozönosen besteht.

Gülleausbringung kann bei direktem Kontakt toxische Wirkungen auf Bodentiere haben (CURRY 1976). Von den Regenwürmer sind insbesondere die anözischen Formen betroffen, da in deren Gangsystem die Gülle besonders leicht infiltriert (ANDERSEN 1983). Dagegen können endogäische Regenwurmarten mit horizontal orientierten Gangsystemen der tödlichen Güllewirkung entgehen und anschließend von der organischen Substanz profitieren (HEMMANN 1994).

4. Material und Methoden

4.1. Bodenmikroorganismen

Die Probenahmen erfolgten mit einem Stechzylinder in einer Bodentiefe von 0-10 cm. Je Versuchsvariante wurden fünf Wiederholungen analysiert. Jede Wiederholung stellte eine Bodenmischung aus zehn Einstichen dar. Die Wiederholungen in Etzdorf entstammten aus den Blöcken 1 bis 5 . In Bad Lauchstädt wurden folgende Parzellen beprobt:

-LA1: 2; 3; 11; 32; 62

-LA2: 41; 72; 99; 101; 102

Die Probenahmetermine waren: 28.4., 19.5., 2.7., 3.9., 3.11. 1992,

4.5., 8.6., 5.7., 16.8., 19.10. 1993 und

8.4., 3.6., 20.6. 1994.

Die Analyse der mikrobiellen Biomasse erfolgte über die Chloroform-Fumigation-Extraktion nach VANCE et al. (1987).

Die Bodenatmungsmessungen wurden im Gaskreislaufverfahren mittels Ultrarotabsorptionsmeßgerät am UFZ Bad Lauchstädt durchgeführt.

Die Dehydrogenaseaktivität wurde mit der TTC-Methode nach CASIDA (1964) bestimmt.

Die Ermittlung der Besiedlungsdichten von Bakterien, Aktinomyceten, eiweiß- und zellulosezersetzenden Mikroorganismengruppen erfolgte über den KOCH'schen Plattenguß (nach FIEDLER 1973).

Zur Untersuchung der Bodenmykoflora wurde die Bodenwaschtechnik von DOMSCH und GAMS (1967) angewandt. Die Determination der Bodenpilzarten erfolgte nach dem Bestimmungsschlüssel des 'Compendium of Soil Fungi' von DOMSCH et al. (1993).

Pro Untersuchungstermin wurden je Versuchsvariante 100 Bodenpartikel auf ihre Pilzbesiedlung analysiert. Die Untersuchung auf Artniveau wurde gewählt, um der hohen Artenzahl und breiten Wirkungspalette vieler Bodenpilzgattungen gerecht zu werden. Die quantitative Auswertung der Bodenmykoflora erfolgte über die Ermittlung des prozentualen Anteils der mit den Bodenpilzarten besiedelten Partikel sowie des Kolonisationsindexes als Maß für die Besiedlungsdichte an den untersuchten Bodenpartikeln.

Die statistische Auswertung der bodenmikrobiellen Parameter erfolgte mittels der einfachen Varianzanalyse. Zur Verrechnung der Besiedlungsdichten der häufigsten Bodenpilzarten fand die dreidimensionale Kontingenztafelanalyse Anwendung, wobei als Einflußgrößen die Nutzungsintensität, der Probenahmetermin und der Standort geprüft wurden.

4.2. Bodenfauna

Für die Untersuchungen der Bodenfauna in Etzdorf wurden die Blöcke 1 bis 4 genutzt. Die Versuchsvarianten in Bad Lauchstädt wurden durch folgende Parzellen gebildet:

LA1: 2; 3; 11; 12; 32; 33; 62, 63

LA2: 41; 42; 71; 72; 98; 99; 101; 102

Die Wahl der Probenahmetermine für die Untersuchung der Regenwürmer (Lumbriciden) berücksichtigte zum einen die durch Jahresgang und Witterung beeinflußte Abundanzdynamik und zum anderen eine möglichst schonende Behandlung der Versuchsanlage. Aus letzterem Grund waren Untersuchungen während der Vegetationsperiode wegen der damit verbundenen Störungen des Systems ebenso ausgeschlossen wie die Anwendung von Formalin zum Austreiben der Tiere aus dem Boden. Es wurde deshalb je Untersuchungsjahr nur eine Probennahme im Herbst durchgeführt. Je Versuchsvariante wurde auf 0,125 m^2 Bodenfläche in 8facher Wiederholung die Oktettmethode (Elektrofang) nach THIELEMANN (1986) angewandt. Anschließend wurde im A-Horizont mit Spaten bis maximal 60 cm Bodentiefe nachgraben. Die Artenbestimmung erfolgte am lebenden Tier[1].

Hinsichtlich des Verzichtes auf die Formalin-Methode muß berücksichtigt werden, daß das Spektrum der anözischen Arten möglicherweise nur unvollständig erfaßt wurde.

Die Entnahme der Proben zur Erfassung der Bodenmesofauna erfolgte in der Bodenschicht 0-10 cm zeitgleich zu den mikrobiologischen Probenahmen (vgl. Absch. 4.1.). Mittels eines Bodenstechzylinders wurde je Versuchsvariante und Probetermin durch 8fache Wiederholung 1 dm^3 Boden entnommen . Die Extraktion der Tiere erfolgte in einer MACFADYEN-High-Gradient Apperatur. Die mikroskopische Artenbestimmung der Collembolen wurde, bis auf

---

[1] Die Artenbestimmung führte Frau S. Papaja, Inst. f. Acker- und Pflanzenbau, MLU, durch.

die Arten der Gattung *Mesaphorura*, nach GISIN (1960) durchgeführt.

Zur statistischen Absicherung von Abundanzunterschieden diente der U-Test nach WILCOXON, MANN und WHITNEY (SACHS 1992).

5. Ergebnisse

5.1. Bodenmikroorganismen

5.1.1. Mikrobielle Biomasse

Die mikrobielle Biomasse in Böden unterliegt einer ausgeprägten Jahresdynamik, wobei die Bewirtschaftungsintensität einen wesentlichen Einfluß ausübt (MANZKE et al. 1993).

Auf dem Standort Bad Lauchstädt besaß die Variante LA2 zu 4 der 13 Probenahmetermine signifikant erhöhte Biomassekohlenstoffgehalte gegenüber LA1 (Abb. 1). Für die übrigen Probenahmen konnten keine signifikanten Einflüsse der ehemaligen Gülledeponie nachgewiesen werden. Die erhöhten Werte traten jeweils zu Frühjahrs- (4/92, 6/93, 6/94) oder Sommerprobenahmen (7/93) auf, also in Zeiträumen mit günstigen Temperaturbedingungen für die Entwicklung der Bodenmikroorganismen.

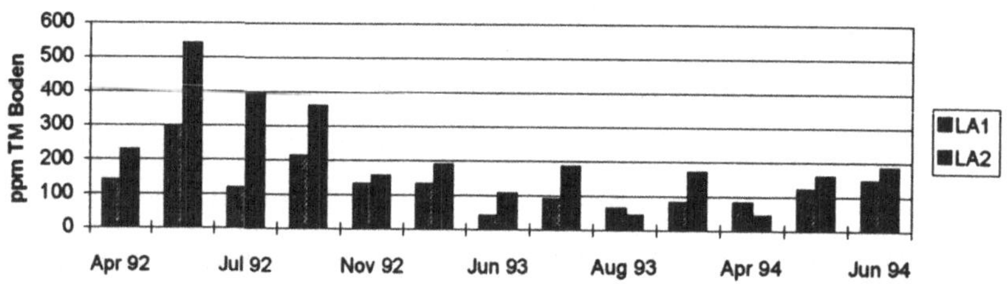

Abbildung 1: Mikrobieller Biomassekohlenstoff, Bad Lauchstädt V503, 1992-94

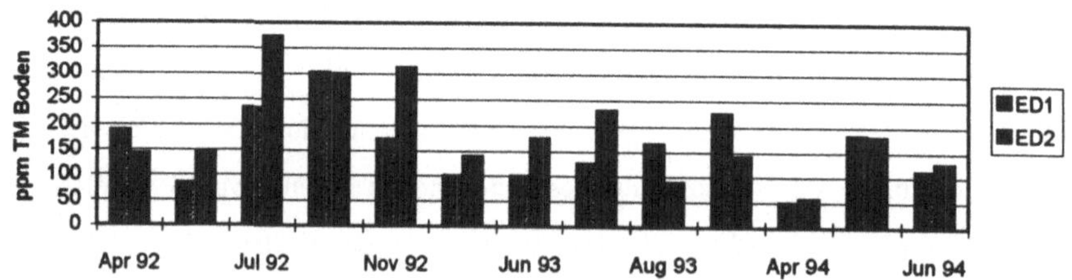

Abbildung 2: Mikrobieller Biomassekohlenstoff, Etzdorf, 1992-94

In Etzdorf reagierte die mikrobielle Biomasse im Boden auf die Verringerung des N-Inputs teilweise gegenläufig. Dabei kam es zu verschiedenen Untersuchungsterminen zeitweilig zur Verringerung bzw. zur Erhöhung der Werte gegenüber der gedüngten Vergleichsvariante (Abb.2).

Da die Pflanzen einerseits zeitweise eine Nahrungskonkurrenz für die Bodenmikroorganismen darstellen, zum anderen aber durch die Ausscheidung von Wurzelexsudaten, wie Zucker und Aminosäuren, sowie durch die Verschiebung des pH-Wertes im Rhizosphärenbereich einzelne Mikroorganismengruppen gefördert bzw. gehemmt werden können, ist die angebaute Frucht-art von entscheidender Bedeutung für die Entwicklung der mikrobiellen Biomasse. Daraus ergibt sich eine mögliche Erklärung für die zeitweise signifikant höhere mikrobielle Biomasse in ED1 gegenüber ED2 nach dem Anbau von Mais. Durch die Ausbildung einer hohen pflanzlichen Biomasse, gefördert durch die Düngung, wurde vermutlich ein großer Teil des Bodenstickstoffs von den Pflanzen verbraucht. Im Herbst trat nach der Ernte des Bestandes daher möglicherweise ein Mangel an diesem Nährstoff bei der Zersetzung der Pflanzenrück-stände, die durch ein weites C/N-Verhältnis geprägt sind, auf.

Eine vergleichsweise niedrigere Biomasse in ED1 war dagegen im Versuchsjahr 1992 zu den Probenahmen am 8.4. und 3.11. und 1993 zur Probenahme am 5.7. zu verzeichnen.

Generell wies der Standort Etzdorf geringere Biomassen in der N-gedüngten Variante auf als in der belastete Variante des Standortes Bad Lauchstädt (vgl. Abb.1 u. Abb.2). Dieser Sach-verhalt ist wahrscheinlich auf das erheblich höhere Stickstoffangebot im Boden der ehemali-gen Gülledeponie zurückzuführen (vgl. Einzelbericht Teilprojekt 3, Absch. 5.2.4.)

5.1.2. Bodenatmung

In Bad Lauchstädt ergaben die jährlich durchgeführten 35tägigen Bodenatmungsmessungen in allen drei Versuchsjahren signifikant erhöhte Werte in LA2 im Vergleich zu LA1 (Abb. 3). Offenbar bewirkte das erhöhte Nährstoffangebot eine Förderung der mikrobiellen Aktivität in der Weise, wie sie bereits bei der Untersuchung der mikrobiellen Biomasse festgestellt wurde. Auch beim Vergleich mit den Versuchsvarianten in Etzdorf wird die erheblich höhere Bo-denatmung in LA2 in allen drei Untersuchungsjahren deutlich. Zu keinem der Untersuchungs-termine wurde dagegen eine Beeinflussung der Bodenatmung durch die differenzierte N-Düngung auf dem Standort Etzdorf festgestellt.

Mikrobielle Überaktivität im Boden, welche sich betreffend LA2 aus den vorliegenden Ergebnissen abzeichnet, ist nach Ansicht von STADELMANN (1982) mit Gefahrenpotential hinsichtlich der Folgen erhöhter Nitratfreisetzung verbunden.

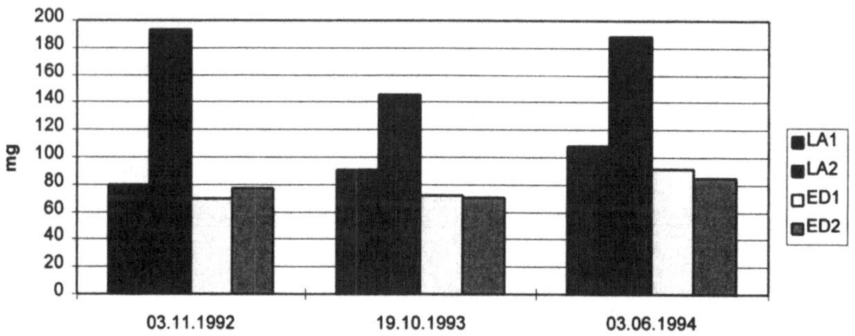

Abbildung 3: Bodenatmung in mg CO_2 nach 35tägiger Inkubation, Bad Lauchstädt V503 und Etzdorf, 1992-94

5.1.3. Dehydrogenaseaktivität

Die Messungen der Dehydrogenaseaktivität auf dem Standort Bad Lauchstädt wiesen nahezu während des gesamten Untersuchungszeitraumes in LA2 eine signifikante Aktivitätssteigerung gegenüber LA1 aus (Abb. 4). Damit korrelliert dieses Ergebnis mit den Befunden bezüglich der übrigen mikrobiellen Parameter. Es kann wie bereits bei der Bodenatmungsuntersuchung festgestellt werden, daß LA2 nicht nur gegenüber LA1 erhöhte Aktivitätswerte aufwies, sondern auch im Vergleich zur N-gedüngten Variante des Standortes Etzdorf.

Für den Standort Etzdorf war in den Versuchsjahren 1992 und 1993 keine signifikante Beeinflussung der Dehydrogenaseaktivität durch die ausbleibende N-Düngung nachweisbar. Dagegen trat 1994 beim Anbau der Fruchtart Sommergerste zu den Probenahmen am 8.4. und 20.6. eine Aktivitätsverminderung in ED1 gegenüber ED2 auf (Abb. 5). Die kontinuierlich hohen Aktivitätswerte zu den ersten drei Probenahmen im Versuchsjahr 1992 sind vermutlich auf das günstige Mikroklima im Bestand des bereits im Vorjahr etablierten Winterweizens zurückzuführen. Demgegenüber wurden im übrigen Untersuchungszeitraum Sommerfruchtarten angebaut, so daß der Boden im Frühjahr nicht durch den Bewuchs beschattet war.

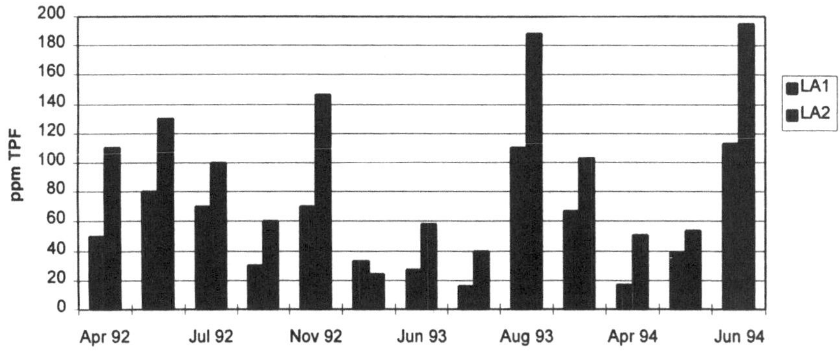

Abbildung 4: Dehydrogenaseaktivität [ppm TPF (Triphenylformazan) im Boden],
Bad Lauchstädt V503, 1992-94

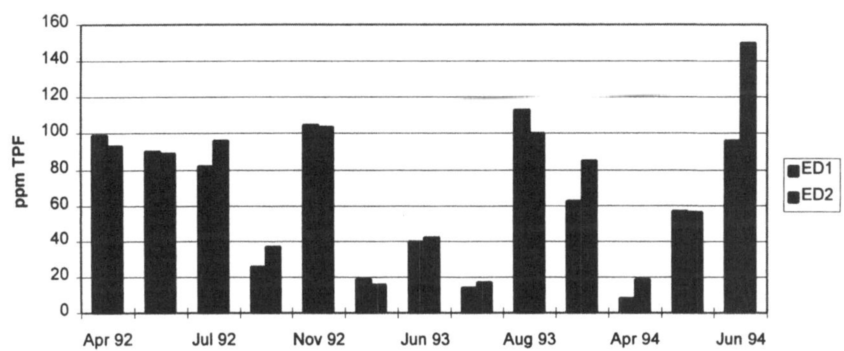

Abbildung 5: Dehyrogenaseaktivität [ppm TPF (Triphenylformazan) im Boden],
Etzdorf, 1992-94

5.1.4. Mikrobielle Besiedlungsdichten

5.1.4.1. Bakterien

Abb. 6 gibt Aufschluß darüber, daß die hohen Aktivitätsunterschiede zwischen der gering belasteten und der hoch belasteten Versuchsvariante in Bad Lauchstädt zum Teil auf einer erhöhten Bakterienbesiedlungsdichte beruhten, da diese nahezu während des gesamten Untersuchungszeitraumes in LA2 nachweisbar war. Daß die Jahresdynamik der Bakterien mit der Jahresdynamik der mikrobiellen Biomasse nicht identisch verlief, deutet darauf hin, daß der Anteil der Bodenpilze an der mikrobiellen Biomasse dominierte.

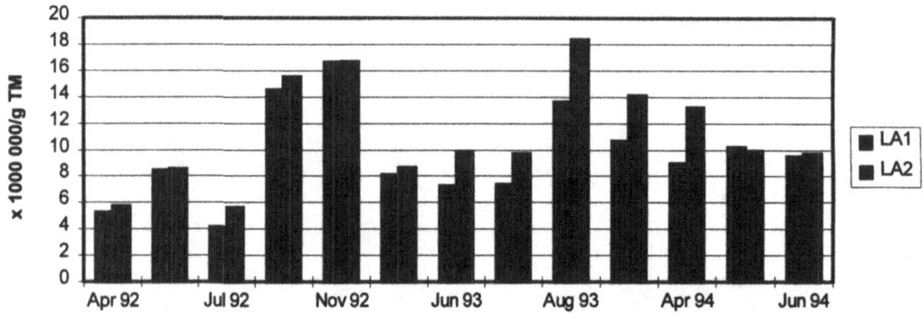

Abbildung 6: Bakterienbesiedlungsdichte, Bad Lauchstädt V503, 1992-94

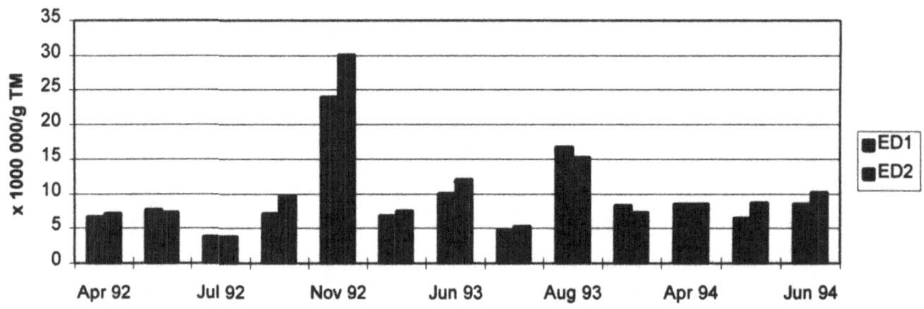

Abbildung 7: Bakterienbesiedlungsdichte, Etzdorf, 1992-94

Zahlreiche Bakterien, z.B. aus der Gattung *Pseudomonas,* sind Antagonisten vieler Boden-pilzarten. Weiterhin scheiden einige Bodenpilzarten, wie z.B. *Trichoderma viride,* Antibiotika aus, die ihnen einen Konkurrenzvorteil gegenüber den Bodenbakterien verschaffen. Dadurch entwickeln sich die Besiedlungsdichten von Bakterien und Pilzen in der Regel in entgegenge-setzter Weise, da die Begünstigung einer der beiden Gruppen den Konkurrenzdruck auf die andere Gruppe verstärkt (GISI 1990). Für alle Versuchsvarianten war der Anstieg der Bakteri-enbesiedlungsdichte im Herbst nach der Ernte der Fruchtarten charakteristisch. Die Ursache dieses Anstieges kann im Anfall von Pflanzenrückständen als Nahrungsquelle gesehen wer-den.

Die Bakterienbesiedlungsdichte des Standortes Etzdorf (Abb. 7) ließ nur zu den Probenahmen 9/92, 6/93 und 6/94 eine signifikante Zunahme in ED2 als Folge der N-Düngung erkennen. Zu den übrigen Probenahmeterminen bestanden keine signifikanten Differenzen zwischen den

Versuchsvarianten. Die jährliche KAS-Düngung in einem Umfang von 80-100 kg N/ha bewirkte somit keine längerfristige Beeinflussung der Bakterienbesiedlungsdichte.

5.1.4.2. Aktinomyceten

Für die Gruppe der Aktinomyceten (Abb. 8) ließ sich als Spätfolge der langjährigen Gülleausbringung auf dem Standort Bad Lauchstädt zu sechs der untersuchten Termine eine signifikante Steigerung der Besiedlungsdichte auf LA2 nachweisen. Im übrigen Zeitraum waren die Differenzen zwischen den Versuchsvarianten nicht signifikant.

Es wird davon ausgegangen, daß Aktinomyceten durch Gülledüngung gefördert werden (GISI 1990). Die Untersuchungsergebnisse belegen, daß dieser Einfluß bei Ausbringung hoher Güllemengen langfristig fortbestand und eine mögliche kurzfristige Hemmung durch die zeitweilige Verschiebung des pH-Wertes nach einem Zeitraum von 10 Jahren nicht mehr nachzuweisen war.

Die KAS-Düngung wirkte unterschiedlich auf die Besiedlungsdichte der Aktinomyceten (s. Abb. 9). Im Frühjahr der Untersuchungsjahre war jeweils eine zeitweise Förderung nachweisbar, während zur Probenahmen 7/93 eine signifikant verringerte Besiedlungsdichte in ED2 vorlag. Diese Tendenz bestand auch in den Jahren 1992 und 1994, ohne daß statistische Signifikanz vorlag. Es wird daher davon ausgegangen, daß der Einfluß der KAS-Düngung auf die Aktinomyceten ebenso wie auf die übrigen mikrobiellen Parameter bei der angewandten Düngermenge als eher gering einzuschätzen ist. Die vorübergehende Hemmung der Aktinomyceten beruht möglicherweise auf temporären Konkurrenzvorteilen der Bodenpilze, da eine Hemmung auch in der Bakterienbesiedlungsdichte tendenziell nachweisbar war. Hinzu kommt, daß zum betreffenden Probenahmetermin die Versuchsflächen von einem geschlossenen Maisbestand beschattet waren, wodurch die zahlreichen oberflächenbewohnenden Bodenpilzgattungen, wie z.B. *Mortierella* und *Mucor,* ein günstiges Mikroklima vorfanden.

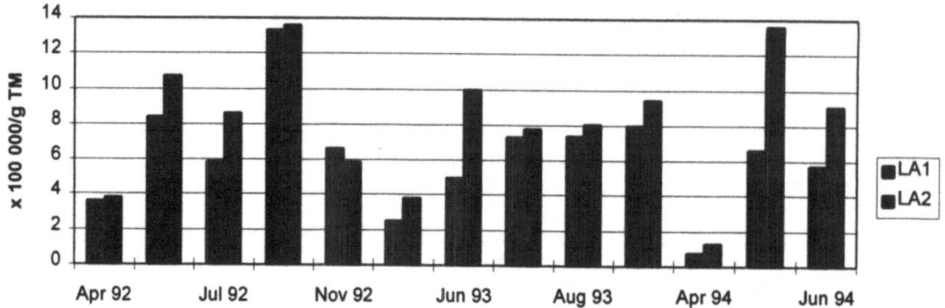

Abbildung 8: Aktinomycetenbesiedlungsdichte, Bad Lauchstädt V503, 1992-94

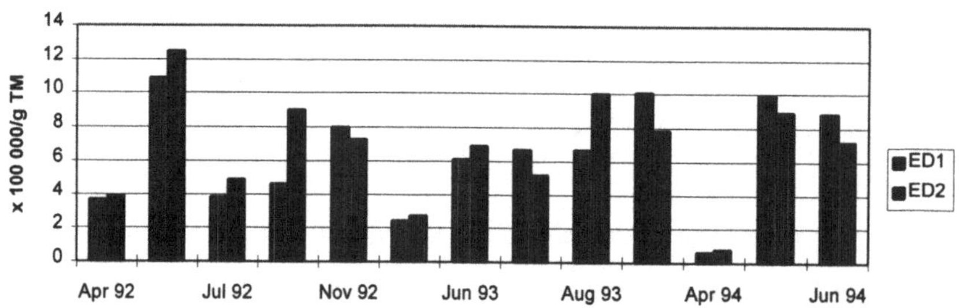

Abbildung 9: Aktinomycetenbesiedlungsdichte, Etzdorf, 1992-94

5.14.3. Zellulosezersetzende Mikroorganismen

Auch die Besiedlungsdichte der zellulosezersetzenden Mikroorganismen erfuhr temporär eine signifikante Förderung durch das erhöhte Nährstoffangebot in LA2 (Abb.10). Diese erklärt sich durch die in der Regel auftretende Limitierung der Zellulosezersetzung durch die Verfügbarkeit des Nährstoffes Stickstoff. Der Einfluß der jährlichen KAS-Düngung auf die Besiedlungsdichte der zellulosezersetzenden Mikroorganismen (Abb. 11) konnte als sehr gering eingestuft werden. Einzig zur Probenahme 6/94 wurde eine signifikant gesteigerte Besiedlungsdichte in ED2 nachgewiesen. Im übrigen Zeitraum bestanden keine signifikanten Unterschiede zwischen ED1 und ED2.

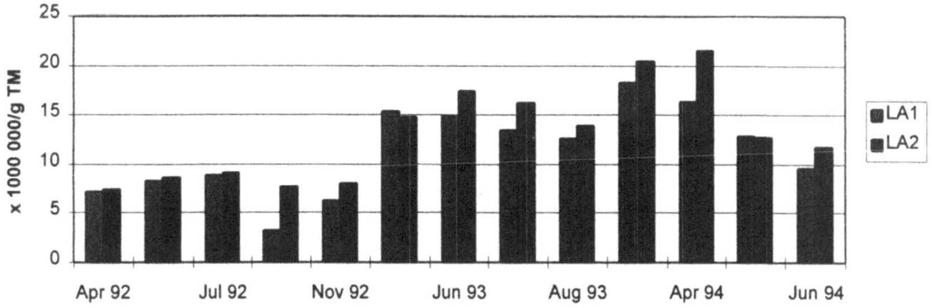

Abbildung 10:   Besiedlungsdichte zelluosezersetzender Mikroorganismen,

Bad Lauchstädt V503, 1992-94

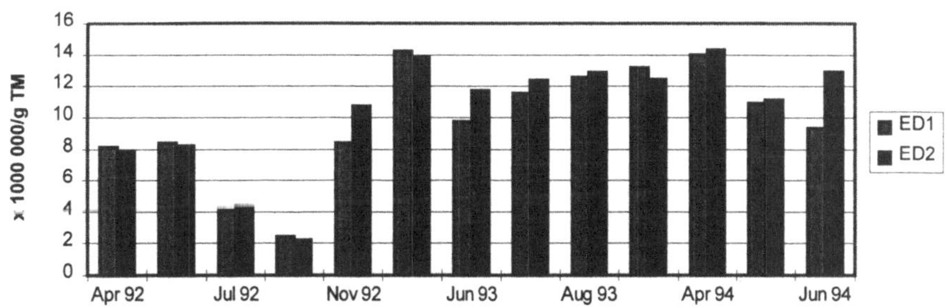

Abbildung 11:   Besiedlungsdichte zellulosezersetzender Mikroorgansimen,

Etzdorf, 1992-94

5.1.4.4. Eiweißzersetzende Mikroorganismen

Mit Ausnahme weniger Probenahmetermine, ließ sich für die eiweißzersetzenden Mikroorganismen ebenfalls die Förderung durch das erhöhte Nährstoffangebot in der hoch belasteten Variante des Standortes Bad Lauchstädt nachweisen (Abb. 12).

Ebenso wie auf die zellulosezersetzenden Mikroorganismen war der Einfluß der jährlichen N-Düngung auf die Eiweißzersetzer des Standortes Etzdorf als sehr gering zu werten (vgl. Abb. 13). Lediglich zu den Probenahmen 5/93 und 6/94 ließen sich signifikant erhöhte Besiedlungsdichten in ED2 nachweisen. Im übrigen Untersuchungszeitraum bestanden keine signifikanten Unterschiede zwischen den Versuchsvarianten. Es wird davon ausgegangen, daß die zusätzlich in den Stoffkreislauf eingebrachten Stickstoffmengen in erster Linie von den Pflanzen ausgenutzt wurden und daher für die Mikroorganismen nicht verfügbar waren.

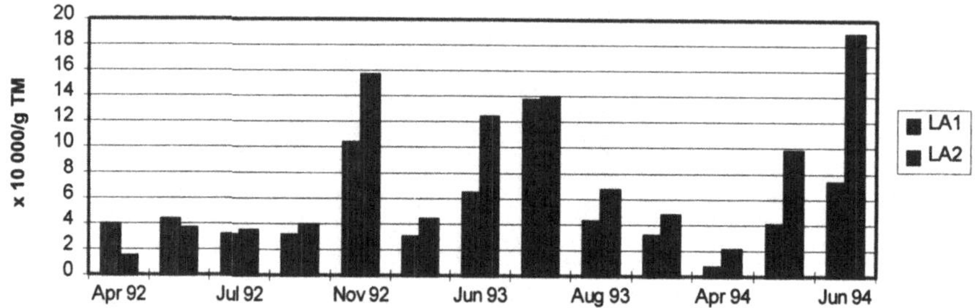

Abbildung 12:   Besiedlungsdichte eiweißzersetzender Mikroorganismen,
Bad Lauchstädt V503, 1992-94

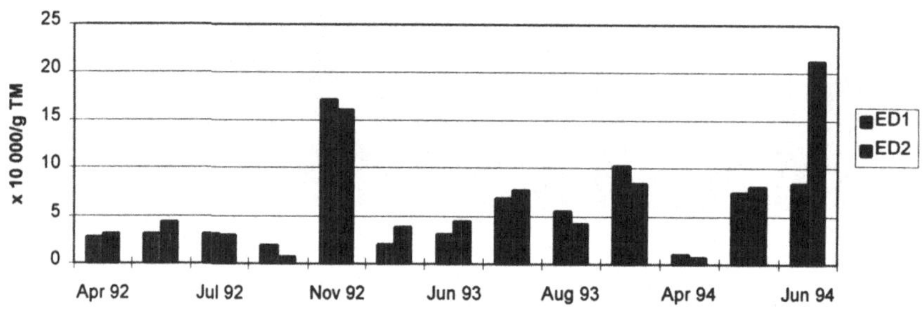

Abbildung 13:   Besiedlungsdichte eiweißzersetzender Mikroorganismen,
Etzdorf, 1992-94

5.1.5. Bodenpilze

Eine Übersicht über die Ergebnisse der mykologischen Untersuchungen gibt Tab.1. Bei der Wertung der Ergebnisse muß berücksichtigt werden, daß es sich bei der Mehrheit aller Bodenpilze um Ubiquisten handelt, die folglich in allen Versuchsvarianten zumindest in physiologisch inaktiven Stadien, also in Fungistasis, vorliegen (GAMS 1992).

Da die inaktiven Formen der Mykoflora, wie Sporen und Conidien, jedoch keinen unmittelbaren Einfluß auf das mikrobielle Bodenleben nehmen, wurden sie über die Bodenwaschung aus den Proben entfernt, um eine Erfassung der aktiven Mycelien zu ermöglichen und eine Überbewertung stark sporulierender Arten zu vermeiden. Der Einfluß der Versuchsvariablen äußerte sich quantitativ durch die aktive Artenzahl an den Bodenpartikeln sowie durch Veränderungen der Besiedlungsdichten.

Die höchste Artenzahl wurde mit 73 Arten an den organischen Bodenpartikeln in LA2 ermittelt. Arten, die sich nur in LA2 nachweisen ließen, waren *Dendryphion nanum*, *Doratomyces stemonitis*, *Paecilomyces carneus*, *Papulaspora irregularis*, *Penicillium citrinum* und *Penicillium variabile*. Die bei Gülleausbringung aufgrund der pH-Wertverschiebung ausgehende Hemmung der Bodenpilze erwies sich als vorübergehende Erscheinung, so daß sie in der hoch belasteten Variante LA2 nicht mehr nachzuweisen war. Dagegen führte offenbar das erhöhte Nährstoffangebot zu einer erhöhten Bodenpilzartenzahl und einer signifikanten Beeinflussung der Besiedlungsdichte der häufigsten Bodenpilzarten. Der Einfluß des Probenahmetermins auf die Besiedlungsdichte der Bodenpilze war während des gesamten Untersuchungszeitraumes ebenfalls signifikant und größer als der Einfluß der variablen Faktoren der Versuchsvarianten.

Im Düngungsversuch Etzdorf konnte festgestellt werden, daß ebenso wie in Bad Lauchstädt der Eintrag des Stickstoffs die aktive Artenzahl der Mykoflora erhöhte, wobei die Artenzahl an den mineralischen Partikeln stärker beeinflußt wurde, als dies an den organischen Partikeln der Fall war.

Die Besiedlungsdichte der häufigsten Bodenpilzarten wurde ebenfalls nur an den mineralischen Partikeln signifikant von der Düngungsvariante beeinflußt.

Über den Artenidentitätsquotienten nach SÖRENSEN (SQ, vgl. SCHAEFER u. TISCHLER 1983) konnte eine weitgehende Übereinstimmung der Artenspektren zwischen den Versuchsvarianten der Standorte nachgewiesen werden, wobei zwischen den beiden Varianten der ehemaligen Gülledeponie Bad Lauchstädt sowohl an den organischen als auch an den mineralischen Bodenpartikeln größere Differenzen hinsichtlich der Artenspektren bestandenen als als zwischen den Varianten des Düngungsversuches Etzdorf.

Tabelle 1: Besiedlung mineralischer und organischer Bodenpartikel durch Bodenpilze, Bad Lauchstädt V503 und Etzdorf, 1993-94
(Abundanzangaben in % besiedelter Partikel)

Art:	Mineralische Partikel				Organische Partikel			
	LA1	LA2 Gülle	ED1	ED2 KAS	LA1	LA2 Gülle	ED1	ED2 KAS
Absidia glauca	1,7	2,9	0,4	1,2	1,9	1,4	0,3	1,1
Acremonium butyri	2,9	3,8	1,2	1,2	1,7	0,3	0,6	0,6
Acremonium cerealis	0	0,8	0	0	1,7	0,3	0	0
Acremonium furcatum	0	0,8	0	0	0,3	0,3	0,3	0
Acremonium murorum	0,8	0	0	0	0	0,6	0,8	1,7
Acremonium roseum	3,3	0	0	0	0	0	0	0
Acremonium strictum	2,1	2,5	1,7	3,3	2,2	1,4	0	0,3
Actinomucor elegans	0,8	0	0	0,8	0,3	0,3	0	0,6
Alternaria alternata	2,1	0,4	0,4	0	0,8	0,6	0	0,6
Arthrobotrys oligospora	0,8	1,2	0	0	2,8	2,2	0,3	0,6
Aspergillus versicolor	0,4	0,4	0	0	0	0,6	0,3	0,6
Botrytis cinerea	0	0	0,8	0,4	0	0,3	0	0
Chaetomium crispatum	0	0	0,4	0	0,3	0	0	0
Chaetomium globosum	0,8	2,9	0	0,4	0,8	1,9	0,6	0,6
Chaetomium piluliferum	0,8	0,4	0	0,4	0	1,1	0,8	0,8
Chrysosporium merdarium	2,1	2,5	3,3	2,5	1,1	0,8	2,5	2,5
Cladorrhinum foecundissimum	0	0,4	0	0	0	0,3	0	0,6
Cladosporium cladosporioides	0,4	1,2	0,8	0,4	0,6	0,3	2,2	2,5
Cladosporium herbarum	2,1	1,2	0	0	1,4	1,1	0,3	0,3
Coemansia aciculfera	0	0	0	0	0,3	0	0,3	0
Cylindrocarpon destructans	1,7	1,2	5,8	5,8	2,8	1,7	9,2	10,6
Cylindrocarpon olidum	0,4	2,1	0	0	2,5	0,6	1,9	0,6
Dendryphion nanum	0	0	0	0	0	0,3	0	0
Doratomyces microsporus	0,8	0,8	0,4	1,2	0,3	0,8	0,3	0
Doratomyces stemonitis	0	0	0	0	0	0,3	0	0
Drechslera bipolaris	0	0	0	0,4	0	0,6	0	0
Fusarium avenaceum	2,1	1,7	2,1	2,9	1,9	1,4	5,3	9,7
Fusarium culmorum	3,3	5,8	12	2,9	5,6	8,6	13	6,7
Fusarium dimerum	0,4	1,7	0	0,4	0,6	3,1	0	0
Fusarium equiseti	2,5	0,4	2,9	1,2	5	5,6	4,2	3,6
Fusarium flocciferum	13	8,3	0,4	2,9	6,4	6,4	1,9	1,9
Fusarium merismoides	2,9	6,2	4,6	3,8	5,3	3,9	5,6	7,5
Fusarium oxysporum	12	12	15	13,3	21	13,1	14	14,2
Fusarium sambucinum	1,7	3,3	0,4	1,7	4,4	3,9	4,4	8,6
Fusarium solani	2,9	5,8	6,7	5,4	5,6	8,9	4,7	3,3
Fusarium sporiotichoides	0,8	5	1,7	0,8	5	2,5	10	10,3
Gaeumannomyces graminis	0	0	0	0	0	0	0	0,3
Gliocladium roseum	2,5	2,5	2,9	3,8	4,2	1,7	3,1	2,5
Helminthosporium sativum	0	0	0	0,4	0	0,3	0	0
Humicola fuscoatra	2,9	0,4	0,8	2,1	2,2	1,4	1,1	1,4
Humicola grisea	0,8	0	2,1	3,3	0,6	0	1,7	1,1
Marianneae elegans	0,4	2,5	0	0,4	0,6	0	0	0,8
Monacrosporium psychrophilum	0	0	0	0	0	0,3	0,3	0,3
Mortierella alpina	2,5	10	7,9	7,1	6,9	10,3	8,6	14,4
Mortierella decipiens	0	0	0	0	0	0	0	0,6
Mortierella elongata	5,8	6,2	7,5	2,1	6,9	4,4	5,8	7,5
Mortierella exigua	0	0	0,8	0,4	0	0,8	0,3	1,1

Mortierella humilis	0,4	0,8	0	0	0	0,6	0	0
Mortierella hyalina	5,4	2,5	2,5	0,8	11	8,9	8,1	9,7
Mortierella minutissima	0,4	0	0	0	0	0	0	0,3
Mortierella polycephala	0,8	2,1	0	0	2,2	1,9	0,6	1,1
Mucor hiemalis	6,2	6,2	2,5	6,7	1,1	6,1	3,1	1,4
Mucor plumbeus	0	0	0	0,4	0,6	0,6	0	0,3
Paecilomyces carneus	0	0,4	0	0	0	0	0	0
Paecilomyces marquandii	2,9	2,5	2,5	2,9	1,1	1,4	3,6	1,9
Papulaspora irregularis	0	0	0	0	0	0,3	0	0
Papulaspora immersa	0	0	0	0	0	0	0,3	0
Penicillium atrovenetum	0	0	0	0,4	0,3	0	0,3	0
Penicillium brevicompactum	5	4,6	8,3	2,9	2,2	1,7	3,1	2,2
Penicillium canescens	0	0,4	5,4	4,2	0	1,1	1,4	3,1
Penicillium chrysogenum	0	0	1,2	1,7	0,8	0,3	0,8	0,8
Penicillium citrinum	0	2,1	0	0	0	0	0	0
Penicillium crispatum	0	4,2	2,1	1,2	0	0	0	0,3
Penicillium cyclopium	0,4	0,4	0	0	0	0	0,3	0,3
Penicillium expansum	1,7	1,7	5,4	2,1	1,1	1,7	1,9	1,1
Penicillium glabrum	5,4	3,8	4,2	4,2	3,3	1,7	2,8	3,6
Penicillium granulatum	0	2,5	2,5	2,9	0	0	0	0,3
Penicillium janthinellum	1,2	8,3	6,7	5	1,4	0,3	1,4	4,7
Penicillium jensenii	0	0	0,4	0,8	0	0	0	0,3
Penicillium nigricans	1,2	2,5	0,4	2,1	1,1	0,3	0,8	0,8
Penicillium notatum	1,2	0,8	0,8	1,2	1,1	1,1	0,3	0
Penicillium patulum	0	0	0	0,4	0	0	0	0
Penicillium restrictum	0	0	0	0	0	0,3	0	0
Penicillium variabile	0	0,4	0	0	0	0	0	0
Phoma glomerata	0	0	1,2	0,8	0	0,6	0	0
Phoma eupyrena	0	0,4	0	1,2	0	1,1	0,6	1,9
Phoma exigua	0	0	0	0	0	0,6	0	0
Phoma herbarum	0	0	0	0	0	0	0,8	1,9
Phoma medicaginis	0	0	1,2	0	0	0,3	0,3	0
Plectosphaerella cucumerina	5,6	2,5	2,1	2,9	4,2	3,6	2,8	8,3
Pythium ultimum	2,1	0,4	0	0,4	0,8	1,7	0,8	1,4
Rhizopus stolonifer	0,8	0,4	0	0	0,6	0,8	0,3	0,6
Scopulariopsis brevicaulis	0	0,4	0,4	0,4	0,3	0,8	0,3	0
Stachybotrys chartarum	0,4	0	0,8	0,4	0,3	0,6	0,6	0,8
Stemphylium herbarum	0,4	0,8	1,2	1,2	0,8	2,5	0,6	0,8
Thamnidium elegans	0	0	0	0	0,3	0	0,6	0
Torula herbarum	0	0	0	0	0,3	0	0	0
Trichocladium asperum	0	0	0	0	0,6	0	0	0
Trichoderma hamatum	0,8	1,7	0,8	3,8	1,1	1,1	1,4	1,4
Trichoderma polysporum	0	0	0	0	0	0	0,3	0,6
Trichoderma viride	6,7	3,3	3,8	0,4	2,8	1,1	4,2	2,8
Ulocladium consortiale	0	0,8	0	0	1,1	1,4	0,6	0,3
Verticillium luteo-album	5,8	1,7	0	0,8	6,6	2,2	0	0
Verticillium nigrescens	0	2,5	0	0	0,6	1,1	0	0
Zygorhynchus moelleri	0	0	0	0	0	0,3	0,3	0
sterile Mycelien	2,9	5	2,1	2,9	2,5	1,9	1,4	2,2
Arten gesamt:	**55**	**62**	**48**	**58**	**61**	**73**	**63**	**64**
Isolate pro Partikel:	**1,4**	**1,6**	**1,4**	**1,3**	**1,5**	**1,4**	**1,5**	**1,7**
SQ:		**0,85**		**0,86**		**0,81**		**0,83**

5.2. Bodenfauna

5.2.1. Regenwürmer (Lumbriciden)

Obwohl bei der Wahl der Probentermine (vgl. Absch. 3) die Ansprüche der Regenwürmer hinsichtlich Bodenfeuchte und Bodentemperatur berücksichtigt wurden, konnten in den ersten beiden Untersuchungsjahren bis auf ein Einzelexemplar (*Aporrectodea caliginosa* im September 1992 in LA2) keine Lumbriciden nachgewiesen werden. Übereinstimmend damit ließen die Streubeutelversuche im Teilprojekt 5 (s. Einzelbericht, Absch. 5.2.2.) auf der Versuchsfläche V503 im Jahre 1993 keine Beteiligung der Makrofauna an der Umsetzungsprozessen von organischem Material erkennen, welches 10 cm tief in den Boden eingebracht worden war.

Wenngleich 1991 die Höhe und 1992 die zeitliche Verteilung der Niederschläge (vgl. Einzelbericht Teilprojekt 13) als ungünstig für die Populationsentwicklung einer Vielzahl von Lumbricidenarten angesehen werden können und ein „niederschlagsnormales" Jahr nicht zur Regeneration einer durch Trockenheit geschädigten Regenwurmgemeischaft ausreicht (HEMMANN 1994), können Witterungsfaktoren nicht als einzige Ursache für das Fehlen der Regenwürmer gelten. Dem widersprechen Untersuchungen von MERBACH (1994), bei denen in einem Maismonokulturversuch auf Versuchsflächen in Bad Lauchstädt im gleichen Zeitraum fünf Regenwurmarten nachgewiesen wurden. So kann, vorbehaltlich der geringen Verallgemeinerungsfähigkeit einmaliger Erhebungen je Untersuchungsjahr, die Bewirtschaftungsweise vorangegangener Jahre zumindest anteilig als Ursache in Betracht gezogen werden. Möglicherweise trug diese, in Verbindung mit den anderen genannten Faktoren, zu einer Reduzierung der Individuendichte bei, die durch die gebotene Beschränkung auf einen minimalen Probenumfang für einen Nachweis der Tiere nicht ausreichte.

Die Probenahmen im September 1994 erbrachten dagegen auf dem Standort Etzdorf Fangdichten (Abb. 14), die im Schwankungsbereich derer liegen, die HEMMANN (1994) in den Jahren 1991/92 auf einem intensiv bewirtschafteten Acker in 8 km Entfernung bei Höhnstedt (Lößschwarzerde) erzielte. Bei den Adulten dominierte in Etzdorf, wie vordem in Höhnstedt, *Aporrectodea rosea* (vgl. Tab. 2), die dort jeweils im Juni mit höchster Populationsdichte auftrat. Die zu über 80% in den Fängen vertretenen unpigmentierten juvenilen Individuen sind mit hoher Wahrscheinlichkeit ebenfalls größtenteils *A. rosea* zuzuordnen. Daneben wurden vereinzelt in beiden Varianten pigmentierte Juvenile erfaßt und in ED2 vier adulte *Aporrectodea caliginosa.*

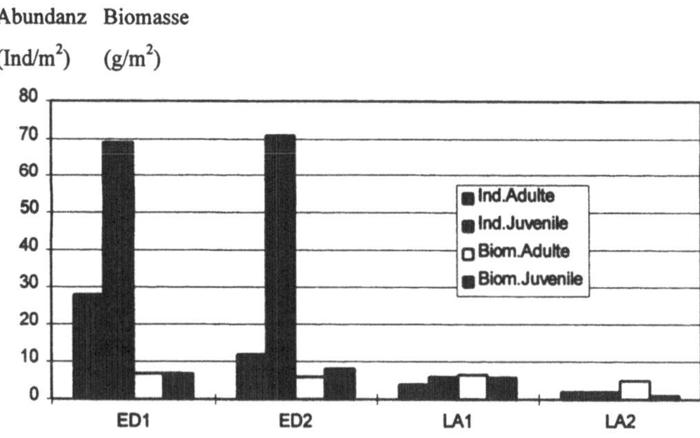

Abbildung 14: Abundanz und Biomasse der Lumbriciden,
Etzdorf und Bad Lauchstädt V503, 9/94

Tabelle 2:   Abundanz und Biomasse der Lumbricidenarten und Gruppen juveniler
Individuen, Etzdorf und Bad Lauchstädt V503, 9/94

Art	Individuen/m^2				Biomasse [g/m^2]			
	ED1	ED2	LA1	LA2	ED1	ED2	LA1	LA2
Aporrectodea rosea	28	8	0	0	6,88	2,14	0	0
Aporrectodea caliginosa	0	4	2	0	0	3,84	2,08	0
Octolasion cyaneum	0	0	2	2	0	0	3,56	4,90
Juvenile unpigmentiert	67	69	0	0	6,38	7,20	0	0
Juvenile pigmentiert	2	2	6	2	0,44	1,00	5,89	1,04
Gesamt	97	83	10	4	13,70	14,20	11,50	5,94

Hinsichtlich der Besiedelung durch *A. rosea* ließen sich unter Einbeziehung der unpigmen-
tierten Juvenilen zwischen den Varianten in Etzdorf keine signifikanten Unterschiede nach-
weisen. In Übereinstimmung mit HEMMANN (1994) scheint *A. rosea* bei ausreichendem
Nahrungsangebot den Bewirtschaftungsmaßnahmen einer intensiven Landwirtschaft weitge-
hend zu widerstehen. BAUCHHENSS (1991) fand auf intensiv bewirtschafteten Flächen in
Bayern ebenfalls eine höhere Individuendominanz von *A. rosea* gegenüber *A. caliginosa* und
Lumbricus terrestris.
Völlig andere Bedingungen als in Etzdorf wurden zum Zeitpunkt der Probennahme durch die
Besiedlungsverhältnisse der Lumbriciden in Bad Lauchstädt angezeigt. Auch hier unterschied

sich die Gesamtzahl im Vergleich der Versuchsvarianten nicht signifikant, jedoch fehlte *A. rosea* völlig (vgl. Tab. 1). Bei insgesamt äußerst geringer Individuenzahl wurde neben pigmentierten Juvenilen und *A. caliginosa* die Art *Octolasion cyaneum* angetroffen, welche in Etzdorf fehlte. Aufgrund der Größenverhältnisse zwischen den Arten wurde in Bad Lauchstädt zumindest bei den Adulten trotz geringerer Individuendichte eine ähnlich hohe Gesamtbiomasse ermittelt wie in Etzdorf.

Durch ihre Artenarmut und teilweise geringe Individuendichte bis zum zeitweiligen Fehlen aktiver Stadien weisen die Lumbricidenzönosen beider Standorte typische Auswirkungen jahrelanger Intensivbewirtschaftung auf. Dabei scheint der zwischen den Versuchsvarianten vorhandene Gradient am jeweiligen Standort für die Entwicklung der Zönosen gegenüber dem Komplex der übrigen Standort- und Bewirtschaftungsfaktorenfaktoren von untergeordneter Bedeutung zu sein. Dies belegen die zum einen geringen Unterschiede zwischen den Versuchsvarianten, verbunden mit den relativ großen Abweichungen zwischen beiden Standorten.

5.2.2. Springschwänze (Collembola)

5.2.2.1. Gesamtabundanz

In Böden, in denen aufgrund extremer Bedingungen ökologisch anspruchsvollere Arten der Makrofauna fehlen, werden deren Umsatzleistungen von Vertretern der Mesofauna teilweise mit übernommen. Deshalb ist ihre Bedeutung als Konsumenten in den Nahrungsketten des Bodens gerade in Agro-Ökosystemen oft von noch größerer Relevanz als in naturnahen Systemen.

Die endogäischen Collembolen bilden neben den Milben eine der individuen- und artenreichsten Gruppen der Bodenmesofauna. Bei den Probenahmen wurden in Etzdorf bis zu 25.700 und in Bad Lauchstädt bis zu 19.500 Individuen pro m^2 Ackerfläche in der Schicht von 0-10 cm Bodentiefe erfaßt.

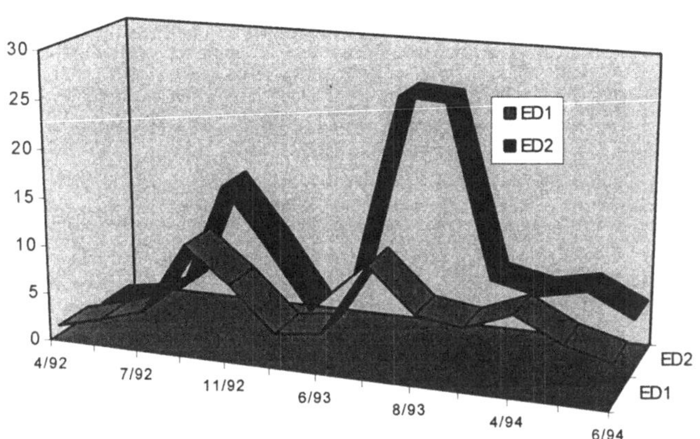

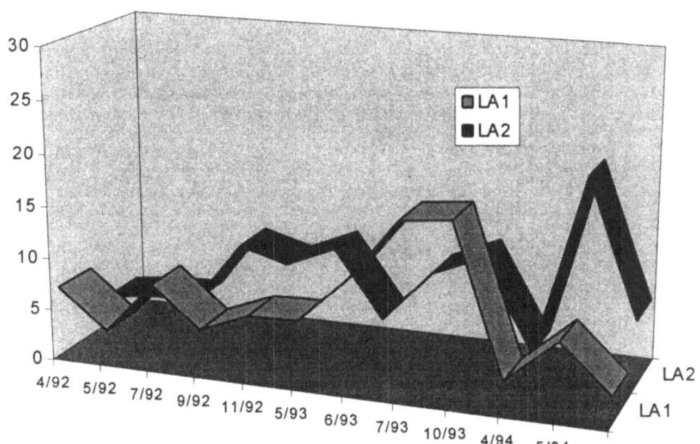

Abbildung 15: Gesamtabundanz der Collembolenzönosen in der Bodenschicht 0 - 10 cm, Etzdorf (oben) und Bad Lauchstädt V503 (unten), 1992 - 94

Die Dynamik der Gesamtindividuenzahl der Collembolen in den einzelnen Versuchsvarianten geht aus Abb. 15 hervor. Sie schwankt sowohl zwischen den Probenahmen als auch zwischen den Versuchsvarianten.

Dem allgemeinen Trend ihrer Abundanzentwicklung folgten die Collembolen lediglich 1993. Dieser besteht in Ackerböden parallel zur Vegetationsentwicklung zunächst in einer Zunahme der Besiedlungsdichte vom Frühjahr zum Sommer. Nach der Ernte stellt sich meist ein Rückgang ein, der im Herbst oft in einen zweiten Peak übergeht. Danach nimmt die Besiedlungsdichte wieder ab und erreicht ihr Minimum im Winter.

Dieser allgemeine Trend wird durch den aktuellen Gang der Jahreswitterung und durch Bewirtschaftungsmaßnahmen modifiziert. 1992 dürften vor allem lange Trockenperioden zu den relativ geringen Besiedlungsdichten im Sommer geführt haben, während überdurchschnittliche Niederschläge im 1. Halbjahr 1994 sich wahrscheinlich ebenfalls teilweise negativ auf die Individuendichten auswirkten.

Beim Vergleich der Varianten in Etzdorf (Abb. 15, oben) fällt im Juli 1993 eine signifikant höhere Individuendichte in der N-gedüngten Variante auf, die das $2^1/_2$fache der Dichte in EN1 erreichte. Eine ähnlich hohe Differenz, ebenfalls signifikant, ließ sich auch im August nachweisen. Im übrigen Untersuchungszeitraum unterschieden sich die Besiedlungsdichten der beiden Varianten nicht signifikant.

Auch in Bad Lauchstädt weisen die Collembolendichten in den Versuchvarianten eine unterschiedliche Dynamik auf. Nach anfänglich geringen Unterschieden wurden 1993 in LA1 über alle Probentermine höhere Individuendichten erreicht als in LA2. Signifikante Unterschiede traten allerdings nur im Juni auf. Völlig anders als 1993 wird LA2 zur Probenahme 6/94 signifikant stärker besiedelt als LA1.

5.2.2.2. Artenspektren

Insgesamt wurden bei den Untersuchungen 37 Collembolenarten erfaßt (s. Tab. 3). Von diesen traten 31 Arten in Etzdorf auf und 30 in Bad Lauchstädt. 24 Arten wurden sowohl in Etzdorf als auch in Bad Lauchstädt gefunden. Arten, die nur auf einem der Standorte vorkamen, gingen größtenteils entweder aus Einzelfunden hervor (in Etzdorf: *Arrhopalites acanthophthalmus*, *Friesea mirabilis*, *Onychiurus armatus*, *Onychiurus jubilarius*, in Bad Lauchstädt: *Isotoma thermophila*, *Lepidocyrtus cyaneus*) oder traten auf dem jeweiligen Standort subrezedent auf (*Lepidocyrtus lanuginosus*). Als Differentialarten zwischen beiden Versuchsorten können dagegen die nur in Bad Lauchstädt, zum Teil dominant, vorkommende *Willemia scandinavica* sowie die ausschließlich in Etzdorf nachgewiesenen Arten *Sminthurides violaceus* und *Tullbergia quadrispina* gelten.

Tabelle 3: Artenliste der Collembolen, Etzdorf und Bad Lauchstädt V503, 1992-94

Artname	Abkür-zung	Etzdorf		Bad Lauchstädt	
		EN1	EN2	LA1	LA2
Arrhopalites acanthophthalmus	A.aca		x		
Bourletiella hortensis	B.hor	x	x	x	x
Ceratophysella denticulata	C.den	x		x	x
Ceratophysella succinea	C.suc		x		x
Doutnacia xerophila	D.xer		x	x	x
Entomobrya marginata	E.mar	x	x	x	x
Folsomia fimetaria	F.fim	x	x	x	x
Folsomia quadrioculata	F.qua		x		x
Friesea mirabilis	F.mir		x		
Isotoma notabilis	I.not	x	x	x	x
Isotoma viridis	I.vir	x	x	x	x
Isotomina pontica	I.pon		x	x	x
Isotomina thermophila	I.ther				x
Isotomodes productus	I.pro	x	x	x	x
Lepidocyrtus cyaneus	L.cya			x	
Mesaphorura critica	M.cri	x	x	x	x
Mesaphorura hylophila	M.hyl	x	x	x	x
Mesaphorura italica	M.ita			x	x
Mesaphorura krausbaueri	M.kra			x	x
Mesaphorura macrochaeta	M.mac	x	x	x	x
Mesaphorura sylvatica	M.syl			x	x
Neelus minimus	N. min	x			x
Onychiurus armatus	O.arm	x			
Onychiurus jubilarius	O. jub.		x		
Pseudosinella alba	P.alb	x	x	x	x
Pseudosinella descipiens	P.des		x		x
Pseudosinella sexoculata	P.sex	x	x	x	x
Sminthurides assimilis	S.ass	x	x	x	
Sminthurides pumilis	S.pum	x	x		x
Sminthurides violaceus	S.viol	x	x		
Sminthurinus aureus	S. aur.		x		x
Sminthurinus elegans	S.ele	x	x	x	x
Tullbergia quadrispina	T.qua	x	x		
Willemia intermedia	W.int	x	x	x	x
Willemia scandinavia	W.sca			x	x
Willemia spec.	W.spe	x	x	x	x

Die Arten der Gattung *Mesaphorura* ließen sich aufgrund des teilweise extrem hohen Anteils Juveniler nicht immer zweifelsfrei bestimmen, da entscheidende Merkmale in bezug auf die Chaetotaxie oft nur bei adulten Individuen deutlich ausgeprägt sind. Die in Tab. 3 gegebenen Hinweise zum Auftreten dieser Arten in den Versuchsvarianten besitzen daher keinen Vollständigkeitsanspruch. Da sich sämtliche aufgeführten *Mesaphorura*-Arten bis zu ihrer Aufspaltung durch RUSEK (beginnend RUSEK 1971) auf die Art *Mesaphorura krausbaueri* (sensu GISIN 1946) zurückführen lassen, wurden die Individuen dieser Arten zur *Mesaphorura krausbaueri*-Gruppe zusammengefaßt. Häufigste Art dieser Gruppe war auf beiden Versuchstandorten *Mesaphorura macrochaeta* RUSEK, 1976.

5.2.2.3. Artenzahl und Artenidentität

Betrachtet man die Artenzahlen der Collembolen des gesamten Untersuchungszeitraumes in den einzelnen Versuchsvarianten (Abb. 16), erscheinen die Varianten ED2 und LA2 mit 24 bzw. 23 Species artenreicher als die Varianten ED1 (19) und LA1 (18). Diese Feststellung verliert jedoch an Bedeutung, wenn man berücksichtigt, daß diese Unterschiede wiederum auf Einzelfunde bzw. subrezedent auftretende Arten zurückzuführen sind, deren Erfassung mit einer hohen Unsicherheit verbunden ist.

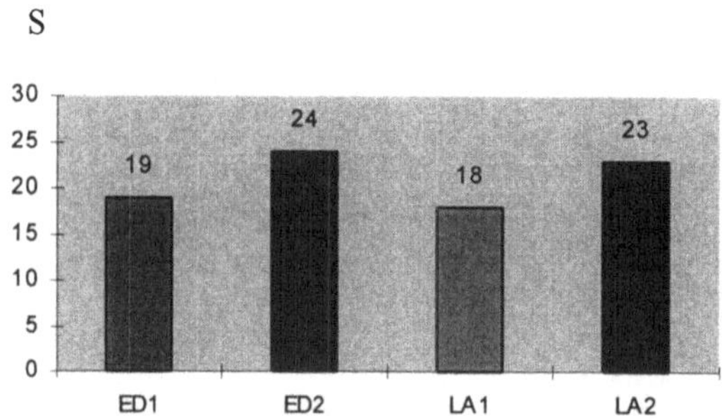

Abbildung 16: Artenzahl (S) der Collembolen, Etzdorf und Bad Lauchstädt V503 , 1992-94

Tabelle 4: Artenähnlichkeit (SÖRENSEN-Quotient[SQ]) der Collembolengemeinschaften, Etzdorf und Bad Lauchstädt V503, 1992-94

Variante	ED1		LA1		LA1+LA2	
	alle Arten	Arten>3,2% D_A[1]	alle Arten	Arten>3,2% D_A	alle Arten	Arten>3,2% D_A
ED2	74	100	-	-	-	-
LA2	-	-	78	100	-	-
ED1+ED2	-	-	-	-	83	93

[1] relative Abundanz

Dies geht auch aus der Betrachtung des SÖRENSEN-Index der Artenidentität (Tab.4) hervor. Bezieht man in dessen Berechnung alle Arten ein, so ergeben sich Quotienten, die je nach betrachteten Varianten zwischen 74 und 83% ige Übereinstimmung des Arteninventars anzeigen. Dabei scheinen sich die Standorte insgesamt stärker zu ähneln als die Varianten am jeweiligen Standort. Folgt man jedoch einem Hinweis von SCHAEFER und TISCHLER (1983), indem man rezedente Arten beim Vergleich ausklammert, so ergibt sich ein völlig anderes Bild. Während die Versuchsvarianten in Etzdorf und Bad Lauchstädt totale Übereinstimmung aufweisen, liegt die Artenidentität im Vergleich beider Standorte bei 93%. Ursachen hierfür sind das Fehlen von *Willemia scandinavica* in Etzdorf und von *Sminthurides violaceus* in Bad Lauchstädt.

Die Zahl der zu den einzelnen Probeterminen vorgefundenen Arten schwankt in Etzdorf zwischen 4 und 16, in Bad Lauchstädt zwischen 3 und 17 (Tab. 5). Dabei zeichnet sich für die Dynamik der Artenzahlen eine ähnliche Entwicklung ab wie bei der Gesamtabundanz.

Tabelle 5: Artenzahl (S) und Artenidentität (SQ) der Collembolengemeinschaften, Etzdorf und Bad Lauchstädt V503, 1992-94

Termin	S				SQ	
	EN1	EN2	LA1	LA2	EN1/EN2	LA1/LA2
4/92	4	4	5	3	75	25
5/92	4	5	3	4	44	86
7/92	2	2	4	7	100	73
9/92	11	12	7	8	87	80
11/92	9	8	7	7	84	86
5/93	6	6	9	4	67	62
6/93	8	9	6	6	71	88
7/93	10	10	12	12	80	83
8/93	13	16	15	14	76	83
10/93	4	5	7	6	44	62
4/94	4	7	5	3	73	50
5/94	12	13	7	17	48	58
6/94	5	7	7	11	54	59

Die Artenzahlen nahmen im Jahresverlauf zunächst zu und verringerten sich zum Jahresende wieder. Im allgemeinen waren die kurzfristigen Schwankungen, wenn man von dem durch Extremwitterung gekennzeichneten 1. Halbjahr 1994 absieht, geringer als bei der Gesamtabundanz.

Im Vergleich der Versuchsvarianten traten auf beiden Standorten nur geringe Unterschiede in den Artenzahlen auf, eine Ausnahme bildeten die beiden letzten Untersuchungtermine. Hier waren im Juni 1994 deutlich mehr Arten in LA2 zu verzeichnen als in LA1.

Bei der Betrachtung des SÖRENSEN-Index zu den einzelnen Probeterminen (Tab. 4) muß berücksichtigt werden, daß in die Berechnung jeweils alle vorgefundenen Arten, also auch Einzelfunde und Rezedente, eingingen. So kann es bei bestimmten Konstellationen, z.B. hoher Anteil an Einzelfunden/Rezedenten und/oder geringe Artenzahl zu Extremwerten kommen, die einer gesonderten Diskussion bedürfen.

Die niedrigen Werte im April 1992 in Bad Lauchstädt und im Mai 1992 in Etzdorf sind ebenso wie der auffallend hohe Wert im Juli 1992 auf die allgemein niedrigen Arten- und Individuenzahlen im ersten Halbjahr 1992 zurückzuführen.

Niedrige Artenzahlen, verbunden mit dem Auftreten bzw. Fehlen einiger Subrezedenter führten auch im Oktober 1993 und zu einzelnen Terminen 1994 zu einem ebenfalls niedrigen Ähnlichkeitsquotienten. Dagegen wurde im übrigen Untersuchungszeitraum, insbesondere fast über das gesamte Jahr 1993, im Vergleich der Versuchsvarianten auf beiden Standorten eine hohe Artenidentität angezeigt.

5.2.2.4. Artendominanz

Der Zuordnung der Collembolenarten zu Dominanzklassen (Tab. 6) wurde die 5-klassige Einteilung nach ENGELMANN (1978) zugrunde gelegt. Die Dominanzwerte beziehen sich auf den gesamten Untersuchungszeitraum (Mittelwerte aller gemeinsamen Probentermine).

Betrachtet man die ersten drei Dominanzklassen der Versuchsvarianten in Etzdorf, fällt auf, daß über 90% der Individuen in beiden Varianten von denselben Arten gestellt werden. Jedoch ist in ED2 eine stärkere Polarisation der Häufigkeitsanteile zu erkennen. Diese äußert sich zum einen im eudominanten Auftreten von *Isotoma notabilis*, zum anderen aber auch durch einen gegenüber ED1 höheren Anteil subrezedenter Arten. Somit erscheinen einzelne Arten durch die Folgen der N-Düngung gefördert, andere dagegen zurückgedrängt.

Tabelle 6: Relative Abundanz (D_A) der Collembolenarten und ihre Zuordnung zu Dominanz-klassen, Etzdorf und Bad Lauchstädt V503, Mittelwerte der Probenahmen 1992-94 (Abkürzungen der Art-Namen s. Tab. 3)

Dominanzklasse	Klassenbreite	ED1 Art	ED1 D_A	ED2 Art	ED2 D_A	LA1 Art	LA1 D_A	LA2 Art	LA2 D_A
Eudominant	100-32%			I.not	35,26	M.kra	46,33	M.kra	34,63
Dominant	31,9-10%	I.not	27,17	M.kra	13,92	I.not	23,23	I.not	21,59
		E.mar	14,99						
		M.kra	14,08						
Subdominant	9,9-3,2%	I.pro	6,62	I.pro	9,96	I.vir	9,33	W.sca	6,68
		P.sex	6,32	E.mar	9,74	E.mar	3,37	I.vir	5,17
		F.fim	5,94	P.sex	8,25	F.fim	3,25	W.int.	4,95
		S.ele	5,02	S.ele	4,95			E.mar	4,83
		S.viol	3,96	I.vir	4,68			F.fim	4,22
		I.vir	3,65	F.fim	3,63			I.pro	4,05
								S.ele	4,05
Rezedent	3,19-1,0%	S.ass	3,12	W.int	2,75	W.int	3,19	P.sex	2,59
		W.int	3,04	S.viol	2,64	P.sex	2,77	Palba	1,35
		B.hor	2,89			Palb	2,17	F.qua	1,01
		P.alb	1,07			I.pro	1,87		
						W.sca	1,74		
Subrezedent	<1%	T.qua	0,61	S.ass	0,61	S.ele	0,84	W.spe	0,90
		S.pum	0,46	B.hor	0,44	W.spe	0,78	I.pon	0,73
		C.den	0,30	C.suc	0,33	I.pon	0,54	C.suc	0,67
		N.min	0,15	S.pum	0,33	D.xer	0,18	S.aur	0,67
		O.arm	0,15	F.qua	0,22	B.hor	0,12	D.xer	0,62
		W.spe	0,15	T.qua	0,22	L.cya	0,12	N.min	0,34
				S.aur	0,22	S.ass	0,12	C.den	0,22
				W.spe	0,22	C.den	0,06	B.hor	0,11
				D.xer	0,11			I.the	0,11
				F.mir	0,11			P.des	0,11
				I.pon	0,11			S.pum	0,11
				O.jub	0,11				
				P.alb	0,11				
				P.des	0,11				

In Bad Lauchstädt wird die Klasse der Eudominanten in beiden Versuchsvarianten durch die *Mesaphorura krausbaueri*-Gruppe besetzt, die hier ungleich stärker als in Etzdorf dominierte. Auf diese und die nachfolgende Art *Isotoma notabilis* entfallen zusammen sowohl in LA1 als auch in LA2 weit mehr als die Hälfte der im Untersuchungszeitraum erfaßten Collembolen. Auffallend ist weiterhin die in LA1 höhere relative Abundanz von *Isotoma viridis*. Im Gegensatz dazu wurde LA2 relativ und auch absolut stärker durch *Willemia scandinavica* besiedelt.

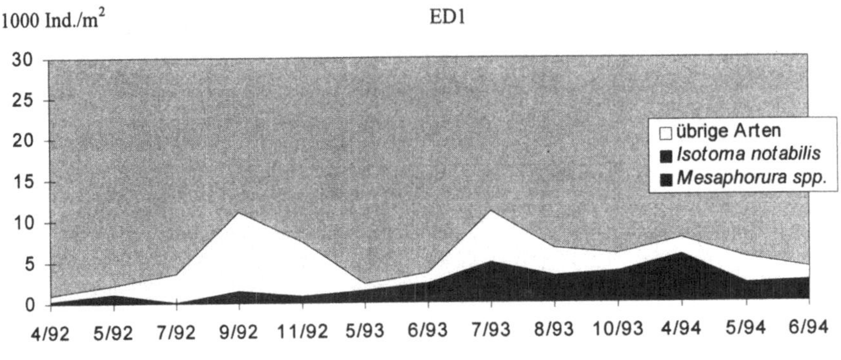

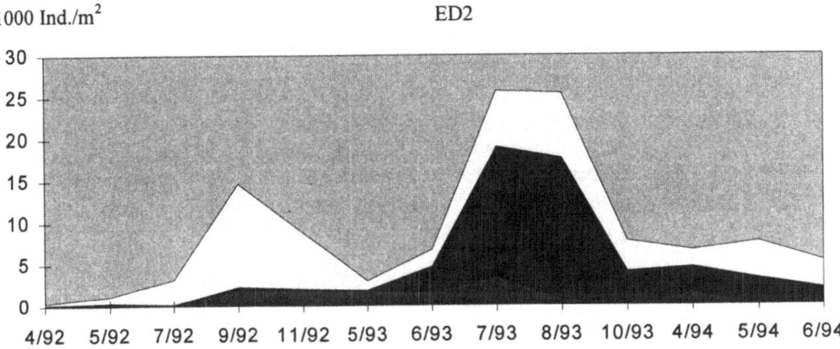

Abbildung 17: Abundanzdynamik dominanter Collembolenarten in der Bodenschicht
0 - 10 cm, Etzdorf, 1992-94

Obwohl die Dynamik der Gesamtabundanz entscheidend durch die Populationsentwicklungen der dominanten Arten geprägt wird, können diese, je nach ihren ökologischen Ansprüchen einer eigenen, völlig abweichenden Dynamik unterliegen.

Wie Abb. 17 und 18 verdeutlichen, scheinen insbesondere die *Mesophorura krausbaueri*-Gruppe und *Isotoma notabilis* zeitweilig entgegengesetzte Entwicklungen aufzuweisen. Während die *Mesaphorura krausbaueri*-Gruppe von Anbeginn der Untersuchungen auf beiden Versuchsstandorten mehr (Bad Lauchstädt) oder weniger (Etzdorf) stark vertreten ist, trat *Isotoma notabilis* zunächst in kaum nennenswerter Individuenzahl auf. Erst 1993 nahm die Dominanz der letzteren Art stetig zu, wobei die *Mesaphorura krausbaueri*-Gruppe bis zum Ende des Untersuchungszeitraumes fast vollständig verdrängt wurde. Da diese Entwicklungen in allen Versuchsvarianten parallel ablaufen, kann angenommen werden, daß entscheidende Einflüsse

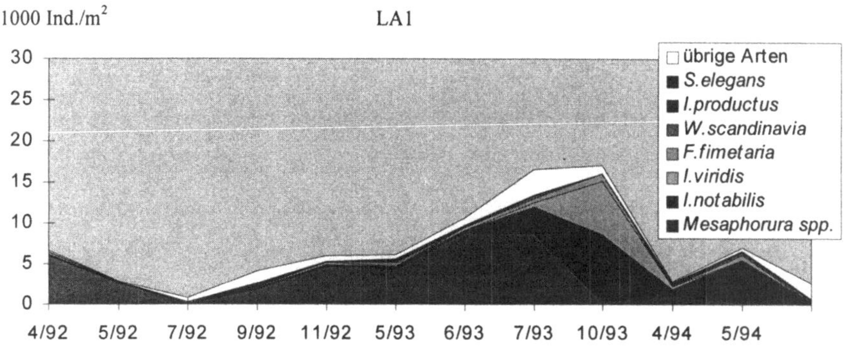

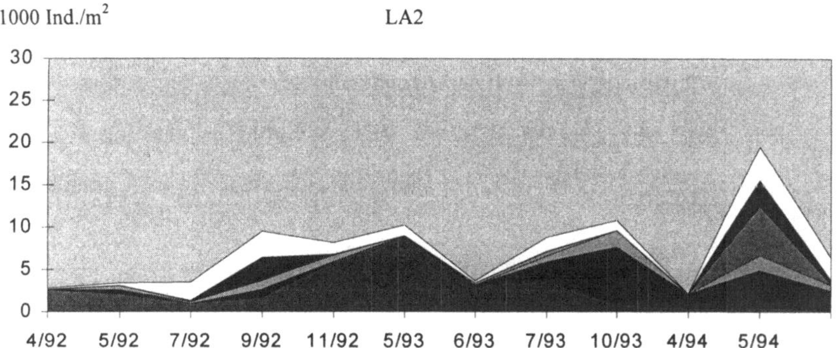

Abbildung 18: Abundanzdynamik dominanter Collembolenarten in der Bodenschicht 0 - 10 cm, Bad Lauchstädt V503, 1992-94

einerseits vom jahresspezifischen Witterungsgeschehen, andererseits von der angebauten Fruchtart und/oder den damit verbundenen spezifischen ackerbaulichen Maßnahmen (z.B. Bodenbearbeitung im Frühjahr bei Mais [1993] und Sommergerste [1994]) ausgingen.

Der Vergleich der Abundanzdynamik der dominanten Arten in den Varianten des Etzdorfer Versuches (Abb. 17) macht deutlich, daß die Zunahme der Gesamtabundanz in ED2 im Juli und August 1993 weitgehend auf eine Übervermehrung von *Isotoma notabilis* zurückging. In weit geringerem Maße, jedoch auch deutlich, wurde *Pseudosinella sexoculata* (nicht abgebildet) gefördert.

Auch im Bad Lauchstädter Versuch bestimmt das Abundanzverhalten einzelner Arten in starkem Maße die Amplitude der Gesamtbesiedlungsdichte der Collembolen (vgl. Abb. 18).

Beispielsweise läßt sich die signifikant höhere Gesamtabundanz in LA1 im Juni 1993 allein auf eine höhere Individuendichte der *Mesaphorura krausbaueri*-Gruppe zurückführen.

Anders als in Etzdorf sind größere Unterschiede zwischen den Varianten hier aber auch auf zeitweilig starke Vermehrung von Arten zurückzuführen, die im übrigen Untersuchungszeitraum in geringer Dichte auftraten, während z.B. die dominante Art *Isotoma notabilis* kein variantenspezifisches Besiedlungsmuster erkennen ließ. So trat im Oktober 1993 in LA1 eine starke Vermehrung von *Isotoma viridis* auf. Im September 1992 führte das verstärkte Auftreten von *Sminthurinus elegans* in LA2 zu einer höheren Gesamtabundanz. Der starke Anstieg der Collembolendichte in LA2 im Mai 1994 ging hauptsächlich aus einer Übervermehrung von *Willemia scandinavica* hervor.

Da es sich bei den genannten Vorgängen um sporadische Übervermehrungen handelt, die jeweils nur zu einem Untersuchungstermin auftraten, kann nicht ohne weiteres auf Bevorzugung bzw. Meidung einzelner Versuchsvarianten durch die betreffenden Arten geschlossen werden.

Vielmehr weist die ungleichmäßige Verteilung der Individuen dieser Arten in den Einzelproben (Wiederholungen) zu den jeweiligen Untersuchungsterminen auf mögliche kleinräumige Heterogenitäten der Versuchsfläche hin, die einzelnen Arten Voraussetzungen für punktuelle Ausbreitung boten. Hieraus ergibt sich bei der Probennahme die Gefahr, daß trotz Einhaltung einer ansonsten hinreichenden Anzahl von Wiederholungen die entsprechenden Arten in den Proben überrepräsentiert sind. Möglicherweise läßt sich damit auch die im Vergleich zum gesamten Untersuchungszeitraum untypische Populationsentwicklung einiger Arten, insbesondere *Willemia scandinavica* in LA2 im Mai 1994 (vgl Abb. 18, unten), erklären.

5.2.2.5. Diversität

Die Betrachtung der Mittelwerte der Diversität aller Probennahmen (Abb. 19) läßt Unterschiede zwischen den Versuchsflächen deutlich werden. Während Differenzen zwischen den Versuchsvarianten als gering anzusehen sind, liegen die Werte in Bad Lauchstädt deutlich unter denen in Etzdorf.

Betrachtet man Abb. 19 vergleichend mit Tab. 5, wird die hohe Abhängigkeit der Diversität von der Entwicklung der Artenzahlen sichtbar, wobei Kulminationen innerhalb der Jahre mit dem Maximum der jeweils vorgefundenen Artenzahl weitgehend übereinstimmen.

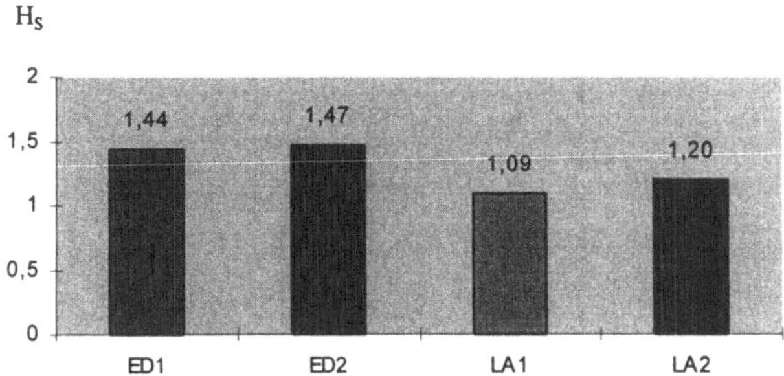

Abbildung 19:   Arten-Diversität (H$_s$) der Collembolenzönosen, Mittelwerte aller Probenahmen, Etzdorf und Bad Lauchstädt V503, 1992-94

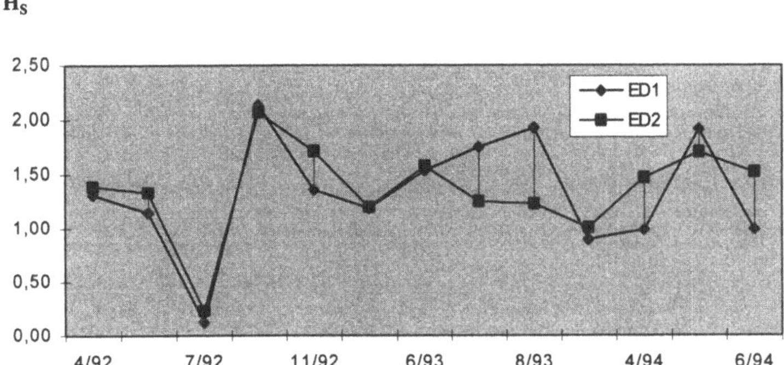

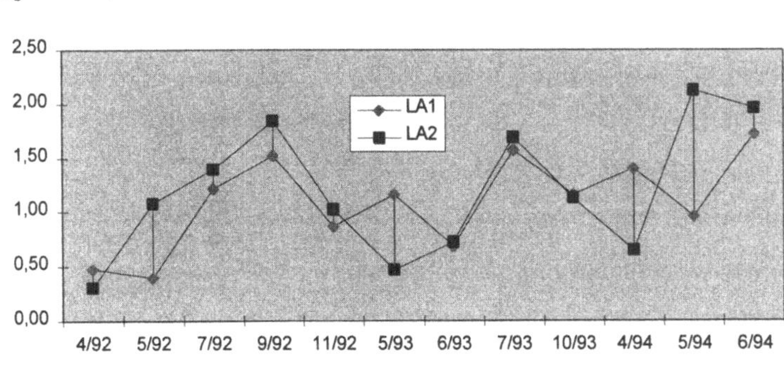

Abbildung 20:   Dynamik der Arten-Diversität (H$_s$) im Untersuchungszeitraum, Etzdorf
(oben) und Bad Lauchstädt V503 (unten), 1992-94

Daneben hat aber auch die Verteilung der Individuen auf die Arten (Dominanz) einen entscheidenden Einfluß. Dies wird deutlich, wenn man die Diversitätswerte der Varianten in Etzdorf (Abb. 20, oben) im Juli und August 1993 vergleicht. Bei gleicher Artenzahl führt die Übervermehrung von *Isotoma notabilis* in ED2 (vgl. Abb. 17) zum Absinken der Diversität, welche sich erst im Oktober, parallel zur Populationsentwicklung von *I. notabilis*, wieder an ED1 annähert.

Insgesamt sind die Schwankungen der Diversität im Zeitverlauf, also zwischen den Probeterminen, größer als zwischen den Versuchsvarianten, wobei die Entwicklungsrichtung (steigend, fallend) im Vergleich beider Standorte große Übereinstimmungen aufweist. Hiermit wird die Feststellung unterstützt, daß die zeitlich variablen Faktoren Bodenfeuchte, Bodentemperatur und Vegetation einen stärkeren Einfluß auf die Collembolenzönosen auszuüben scheinen als die Standort- und Bewirtschaftungsfaktoren.

6. Schlußfolgerungen

Die mikrobiellen Untersuchungsergebnisse auf dem Standort Bad Lauchstädt wiesen generell auf eine erhöhte Aktivität und Besiedlungsdichte der Bodenmikroorganismen sowie eine erhöhte Bodenpilzartenzahl als Folge der langjährigen Gülleausbringung hin. Dadurch ließ sich der Nachweis erbringen, daß der Eintrag hoher Güllemengen auch nach einem Zeitraum von zehn Jahren noch bodenmikrobielle Auswirkungen haben kann.

Infolge des erhöhten Nährstoffangebotes zeigten sich Ansätze einer Überaktivierung der Bodenmikroflora.

Die Besiedlungsdichten der häufigsten Bodenpilzarten wurden signifikant von den Auswirkungen der Gülleausbringung beeinflußt, wobei jedoch nicht generell Förderungen auftraten, sondern Dominanzverschiebungen innerhalb des Artenspektrums zugungsten einiger Arten, wie z.B. *Fusarium culmorum* und *Mortierella alpina*.

Die Auswirkungen unterlassener Stickstoffdüngung auf das mikrobielle Bodenleben auf dem Standort Etzdorf waren als eher gering einzustufen. Zeitweilig bewirkte die fehlende Nährstoffzufuhr eine Aktivitäts- und Biomassereduktion der Bodenmikroflora; längerfristige Wirkungen waren jedoch nicht nachweisbar.

Die Bodenpilze wiesen in der ungedüngten Variante, insbesondere an den mineralischen Bodenpartikeln, eine geringere Artenzahl auf. Hier ließ sich auch eine signifikante Beeinflussung der Besiedlungsdichte durch den geringeren N-Input nachweisen, während an den organischen Bodenpartikeln keine nachweisbare Beeinflussung der Besiedlungsdichte auftrat.

Die Individuendichte der Bodenmesofauna wird durch mineralische N-Düngung zumeist indirekt positiv, über verstärktes Pflanzenwachstum und Förderung der Mikroorganismen, beeinflußt (vgl. BICK und BROCKSIEPER 1979; ROSCHE u. PRASSE 1986). Signifikant höhere Gesamtzahlen der Collembolen ließen sich in Etzdorf in der N-gedüngten Versuchsvariante jedoch nur zu zwei Probeterminen (7/93, 8/93) nachweisen. In den Jahren 1992 und 1994 trat eine derartige Entwicklung nicht auf. Da es sich um Jahre mit teilweise extremer Witterung handelte, ist zu vermuten, daß die Primärfaktoren Bodenfeuchte und Bodentemperatur einen stärkeren Einfluß auf die Abundanzentwicklung der Collembolen ausübten als der differenzierte N-Input bzw. diesen überprägten. Wahrscheinlich deshalb traten höhere Abundanzwerte in ED2 nur in einer Untersuchungsperiode auf, in der sich die Primärfaktoren im Optimalbereich befanden.

Die Förderung durch Stickstoffdüngung beschränkte sich im wesentlichen nur auf eine Collembolenart (*Isotoma notabilis*), deren Kurvenverlauf der Abundanzdynamik dadurch in der N-gedüngten Variante in Etzdorf stärker oszillierte als in der ungedüngten. Die demgegenüber gleichmäßigere Verteilung der Individuen auf die Arten in der N-ungedüngten Versuchsvariante führte hier im betreffenden Zeitraum zu höherer Diversität.

Die Dynamik der Collembolenzönosen in den Versuchsvarianten in Bad Lauchstädt erscheint widersprüchlich und keineswegs so eindeutig wie bei den Bodenpilzen, die als direkte Nahrungquelle der meisten Collembolenarten dienen. Inselartige Vermehrungen einzelner Arten zu verschiedenen Probeterminen, die in keinem direkten Zusammenhang zum Belastungsgradienten zu stehen schienen, deuteten auf weiterhin bestehende kleinräumige Heterogenitäten der Versuchsfläche hin.

Weder im Düngungsversuch Etzdorf noch auf der Versuchsfläche Bad Lauchstädt konnten Auswirkungen des reduzierten Stoffeintrages auf die Artenspektren der Collembolenzönosen festgestellt werden. Bei der Mehrzahl der Arten, insbesondere den dominanten, handelt es sich um Ubiquisten mit breiter ökologischer Valenz. Letztlich konnten nur diese Arten dem jahrzehntelangen Selektionsdruck widerstehen, der sich aus der periodischen Zurückversetzung der Agro-Ökosysteme in ein Pionierstadium ergibt. Hieraus erklärt sich auch die große Übereinstimmung der Artenspektren im Vergleich der Standorte, obwohl das differenzierte Auftreten der Lumbriciden unterschiedliche Standortfaktoren anzuzeigen scheint. Die Herausbildung der gegenwärtig für den Standort Etzdorf typischen Artenkombination der Collembolen war spätestens Anfang der siebziger Jahre abgeschlossen (vgl. PRASSE, 1979).

Im Vergleich zu einer mehrjährigen Brachefläche in Zöberitz (ROSCHE 1995, im Druck) erweisen sich die Collembolengemeinschaften der extensivierten Flächen in Etzdorf und Bad Lauchstädt weit individuen- und artenärmer und von geringerer Diversität.

Der alleinige Verzicht auf Stickstoffdüngung und Herbizidapplikation verändert die phytozönotischen Strukturen oder die Bodeneigenschaften von Standorten der untersuchten Region offenbar nicht in den Maße, daß eine Sekundärsukzession der Collembolenfauna stattfinden kann wie z. B. bei mehrjähriger Brachlegung. Zu den ausschlaggebenden Hemmnissen hierfür dürften Einseitigkeit und Instabilität der zönotischen Strukturen (jährliche Ernte) sowie die periodische wendende Bodenbearbeitung gehören.

7. Literatur

ANDERSEN, N. C.: Nitrogen turnover by earthworms in arable plots treatet with farmyard manure and slurry. In: SATCHELL, J. E. (ed.): Earthworm ecology. From Darwin to vermiculture. Chapman and Hall, London, New York, 1983, S.139-150

ARNEBRANT, K., E. BAATH und B. SÖDERSTRÖM : Changes in microfungal community structure after fertilization of scots pine forest soil with ammonium nitrate or urea. Soil Biol. Biochem. 22 (1990), S. 309-312

BAUCHHENSS, J.:Regenwurmtaxozönosen auf Ackerflächen unterschiedlicher Düngungs- und Pflanzenschutzintensitäten. Bayer. Landwirtschaftl. Jahrbuch (Wolznach) 68 (1991), (3), S. 335-354

BICK, H. und I. BROCKSIEPER: Auswirkungen der Landbewirtschaftung auf die Invertebratenfauna. Schriftenreihe des BMELF, Reihe A, Heft 218 (1979), Landwirtschaftsverl. Münster-Hiltrup

BUCHHOLTZ, J.: Der Einfluß von Gülledüngungen auf den Befall mit pilzlichen Krankheitserregern an Winterweizen. In: Mitteilgn. aus der Biolog. Bundesanstalt f. Land- u. Forstw. Berlin-Dahlem 283 (1992), Berlin: Paul Parey, S. 54

CAMPBELL, R.: Mikrobielle Ökologie. Berlin: Akademie Verlag, 1981

CASIDA, L. E.: Soil dehydrogenase activity. Soil Sci. 98 (1964), S. 371-376

CURRY, J.P.: Some effects of animal manures on earthworms in grassland. Pedobiologia 16 (1976), S. 425-338

DOMSCH, K. H., W. GAMS und T.-H. ANDERSON: Compendium of Soil Fungi.
Reprint der Ausgabe von 1980, Berlin: IHW-Verlag, 1993

ENGELMANN, H.-D.: Zur Dominanzklassifizierung von Bodenarthropoden. Pedobiologia 18 (1978), S. 378-380

FIEDLER, H. J.: Methoden der Bodenanalyse, Dresden: Theodor Steinkopff, 1973

GAMS, W: Mikroorganismen in der Wurzelregion von Weizen. Mitteilgn. aus der Biolog.
Bundesanstalt f. Land- u. Forstw. Berlin-Dahlem 123 (1967)

GISI, U.: Bodenökologie. Stuttgart, New York: Georg Thieme., 1990

GISIN, H.: Collembolenfauna Europas. Genf: Museum d'Histoire Naturelle, 1960

HEMMANN, C.: Untersuchungen zum Bestand an Lumbriciden in ackerbaulich genutzten
Böden und deren Randbereichen. Diss. Univ. Halle, 1994

HUWE, B.: Einfluß langfristig erhöhter Stickstoffeinträge auf Waldökosysteme.
In: BITÖK-Forschungsbericht 1993 (1994), S. 35-50

ISERMANN, K.: Ammoniakemissionen der Landwirtschaft als Bestandteil ihrer Stickstoffbilanz und Lösungsansätze zur hinreichenden Minderung. Gemeinsames KTBL/VDI Symposium: Ammoniak in der Umwelt - Kreisläufe, Wirkungen, Minderungen, Beitrag 1 (1990),
S. 1. 1. - 1. 76.

ISERMANN, K.: Naturschutz-Landwirtschaft-Düngung unter dem Aspekt der Nährstoffbelastung der Oberflächengewässer. Tagungsbericht des Verbandes der Landwirtschaftskammer
e. V. und des Bundesarbeitskreises Düngung am 20. und 21. April in Würzburg, 1993

MAI, H.: Bodenmikrobiologische Untersuchungen auf dem „Ökologischen Meßfeld"
Tharandter Wald. Zentralbl. Mikrobiol. 145 (1990), S. 293-304

MANZKE, F., T. BECK und E. M. KLIMANEK: Mikrobiologische und bodenchemische Parameter bei unterschiedlicher Bodennutzung. Mitteilgn. Dtsch. Bodenkundl. Gesellsch. 72
.(1993), S. 601-604

MERBACH, I.: Einfluß reduzierter Bodenbearbeitung und Unkrautbewirtschaftung auf die
Regenwurmpopulation einer Lößschwarzerde im Mitteldeutschen Trockengebiet. In: Terrestrial Ecosystem Research Network of Germany, München 21.-23.3.1994, GSF, 1994

PRASSE, J.: Ökologische Untersuchungen an Collembolen und Milben eines Ackerbodens
unter besonderer Berücksichtigung der faunistischen Struktur und ihre Beeinflussung durch
kontinuierliche Herbizidanwendung. Habilitationsschrift, Univ. Halle, 1979

ROSCHE, O.: Einfluß verringerter ackerbaulicher Nutzungsintensität auf Collembolengemeinschaften in Böden des mitteldeutschen Schwarzerdegebietes. Mitt. Dt. Bodenkd. Ges.,
1995 (im Druck)

ROSCHE, O. und J. PRASSE: Zur Wirkung von mineralischer Stickstoffdüngung auf die Struktur endogäischer Mikroarthropodengemeinschaften eines Agroökosystems. Wiss. Z. Univ. Halle 1986, 4, 21 - 29

RUSEK, J.: Zur Taxonomie der Tullbergia (Mesaphorura) krausbaueri (Börner) und ihrer Verwandten (Collembola). Acta Ent. Bohemosl. 68, (1971), S. 188-206

RUSEK, J.: New Onychiuridae (Collembola) from Vancouver Island. Can. J. Zool. (Ottawa) 54, 1 (1976), S. 19-41

SACHS, L.: Statistische Auswertungsmethoden, 7. Aufl.. Berlin: Springer, 1992

SCHAEFER, M. und W. TISCHLER: Wörterbücher der Biologie: Ökologie. Jena: Fischer, 1983

STADELMANN, F. X.: Die Wirkung steigender Gaben von Klärschlamm und Schweinegülle in Feldversuchen. 2. Auswirkungen auf die Population und Aktivität von Bodenmikroorganismen. Schweiz. Landwirtsch. Forsch. 21 (1982), S. 239-259

THIELEMANN, U.: Elektrischer Regenwurmfang mit der Oktettmethode. Pedobiologia 29 (1986), S. 296-302

VANCE, E., P. C. BROOKS und D. S. JENKINSON: An extraction method for measuring soil microbial biomass C. Soil Biol. and Biochem. 19 (1987), 703-707.

Einzelbericht zum Teilprojekt 10:

Analyse der Faunenstrukturveränderung bei der Regeneration hochbelasteter Agrarökosysteme (Epigäische Fauna)

Projektleiter: Doz. Dr. habil. W. WITSACK

Martin-Luther-Universität Halle-Wittenberg

Fachbereich Biologie, Institut für Zoologie

Mitarbeiter: Dr. I. A. AL HUSSEIN

Dipl.-Biol. Th. SÜSSMUTH

1. Zusammenfassung

Es wurde untersucht, ob Änderungen des Nutzungsregimes mit Gülle und Mineraldünger belasteter und unbelasteter Ackerflächen durch Dauerbrache bzw. Einjahresbrache die Biodiversität (den Arten- und Individuen-Bestand) der epigäischen Arthropodenfauna beeinflussen.

Die **Dauerbrachen (Neue Gülledeponie)** erwiesen sich im Vergleich zu normal bewirtschafteten Referenzflächen ohne Brache als deutlich artenreicher und meistens auch individuenreicher. Es überwogen auf der Güllelastfläche bezüglich der Individuenzahl die *Araneae, Isopoda* und *Heteroptera*, auf der unbelasteten Dauerbrache die *Opiliones, Diplopoda, Chilopoda, Coleoptera* und *Aphidina*.

Bei der Mehrzahl der auf Artniveau untersuchten Taxa nahm auf der Dauerbrache zunächst die Artenzahl zu, um sich dann wieder bei einem Teil der Taxa (durch die Abschöpfung des Nährstoffpotentials und eine starke Vermehrung der Konsumenten) zu reduzieren (*Curculionidae, Araneae, Opiliones, Staphylinidae*). Bei den *Carabidae, Isopoda* und *Cicadina* blieb bzw. erhöhte sich die Artenzahl in den Folgejahren. Die unbelasteten Dauerbrachen sind bei häufig unterschiedlichen Artenkombinationen mit Ausnahme der *Staphylinidae* meist artenreicher. Der Zugang an Arten erfolgte offenbar zumeist aus der Umgebung, bei flugaktiven (Zikaden) aus entfernteren Wiesen- und Trockenrasenhabitaten. Der Anteil ökologisch anspruchsvollerer Arten (z.B. Rote-Liste-Arten) erhöhte sich im Vergleich zu den Ackerflächen.

Einjahresbrachen (Alte Gülledeponie) haben auf die Arten- und Individuenzahlen fast aller intensiver bearbeiteten Gruppen im Nachfolgejahr eine fördernde Wirkung (*Curculionidae, Cicadina, Carabidae, Araneae, Coccinellidae, Isopoda, Staphylinidae*), die aber im dritten Jahr bereits reduziert oder abgebaut war. Beim Vergleich der Versuchsvarianten ergibt sich für viele Gruppen (*Araneae, Hymenoptera, Cicadina, Aphidina, Diptera* und *Coleoptera*) ein Häufigkeitsgefälle von der belasteten zur unbelasteten Fläche und von der Variante mit zur Variante ohne Einjahresbrache.

Im **Herbizid/Düngungsversuch** lagen die Individuenzahlen mehrerer Taxa bei den Varianten mit Düngung deutlich höher als bei der Varianten ohne Düngung (*Araneae, Hymenoptera, Coleoptera - Staphylinidae - Heteroptera, Neuroptera* und *Diptera* - möglicherweise die Folgen der stärkeren Entwicklung der *Aphidina* auf den Düngevarianten). Dagegen lassen sich kaum Unterschiede zwischen den normal bestellten und brachgelegten Flächen feststellen.

Die steigende Tendenz der Rote-Liste-Arten auf der Güllelastfläche deutet auf eine beginnende Renaturierung hin. Die verschiedenen Taxa reagierten sehr differenziert auf Brachlegung, Düngung und Güllebelastung. Die unterschiedlichen Individuen- und Artenzahlen verschiedener Taxa in den drei Untersuchungsjahren weisen auf dynamische Prozesse hin. Für die Sukzessionsstadien der Bracheflächen haben sich Artengruppen ergeben, mit deren Hilfe der Grad der Renaturierung charakterisiert werden kann.

Dauerbrachen haben einen deutlich fördernden Einfluß auf die Biodiversität der betroffenen Flächen, Einjahresbrachen nur noch im ersten Jahr nach der Brache.

Abstact

It was investigated whether changes in management, either one-year-fallow or long term fallow land, influence species diversity and population density of epigaic arthropods. Field contaminated and not contaminated by liquid manure and mineral fertilizer were examined.

The permanent fallow-land was richer in species and in most cases individual numbers as well. On the contaminated experimental sites *Araneae*, *Isopoda* and *Heteroptera* predominated, where as on the not contaminated sites *Opiliones*, *Diplopoda*, *Chilopoda*, *Coleoptera* and *Aphidina* showed higher abundances. With the majority of taxa determined to the species level the number of species first increased, but for instance for *Curculionidae*, *Araneae*, *Opiliones*, *Staphylinidae* it then declined in the following years (caused by the limited food potential for the increasing number of the consuments). Species numbers remained stable or even increased with *Carabidae*, *Isopoda* and *Cicadina* in the cause of succession. With most taxa, except the *Staphylinidae*, the not contaminated permanent fallow-land is richer in species than the contaminated one, the two sites differ in their spectrum of species. Investigation occured from the surrounding habitats, for flight-active *Cicadina* from more distant gras-land. The percentage of species of great ecological pretention increased compared with the field sites.

Fields not cultiviated for one year showed an increase in species and individual numbers in the following year for *Curculionidae*, *Cicadina*, *Carabidae*, *Araneae*, *Coccinellidae*, *Isopoda*, *Staphylinidae*), but in the third year of investigation decline was observed. Considering the four experimental plots there is a gradient in abundance from the not contaminated sites to the contaminated sites and from the sites with fallow for one year to the sites without that management.

In the fertilization experiment the individual numbers for some taxa where higher on the fertilized stand than on the not fertilized one (*Araneae*, *Hymenoptera*, *Coleoptera* - *Staphylinidae* - *Heteroptera*, *Neuroptera* and *Diptera*). On the other hand little differences between fallow-land and normally cultivated land could be observed.

Establishing permanent fallow-land significantly increases the diversity, on one-year-fallow this effect can be observed only in the first year.

2. Zielstellung und Ablauf des Vorhabens

Das Projekt STRAS "Strategien zur Regeneration belasteter Agrarökosysteme des Mitteldeutschen Schwarzerdegebietes" befaßt sich mit der Problematik der Regeneration der Agrarökosysteme, insbesondere unter dem Aspekt der Dynamik und des Abbaues von

Stickstoff- und Kohlenstoff-Verbindungen im Boden. Die Arbeitsziele gehen von der These aus, daß mit Änderungen des Nutzungsregimes der Agrarökosysteme über komplexe stoffliche, mikroklimatische und strukturelle Faktoren auch die tierischen Nahrungsketten im Bestand der Kulturpflanzen- und der Ackerbegleitflora beeinflußt werden. Die daraus resultierende Erhöhung der Biodiversität soll zur Stabilisierung der Agrarökosysteme führen. Die Analyse der Strukturveränderungen innerhalb der Biozoozönose erfolgte im Rahmen des Teilprojektes 10 anhand ausgewählter Indikatorgruppen der epigäischen Arthropoden-Fauna.

Neben den vorwiegend als epigäische Raubarthropoden bekannten Gruppen wie Laufkäfer (*Carabidae*), Kurzflügelkäfer (*Staphylinidae*), Webspinnen (*Araneae*), Weberknechte (*Opiliones*) und Marienkäfer (*Coccinellidae*) wurden als Phytophage die Rüsselkäfer (*Curculionidae*) und die Zikaden (*Auchenorrhyncha*) für die zoozönotischen Analysen herangezogen. Andere Phytophagen-Gruppen wie Blattwespen (*Symphyta*), Heuschrecken *(Saltatoria)* und die Schmetterlinge (*Lepidoptera*) eigneten sich wegen ihres geringen und unspezifischen Vorkommen auf den Kontrollflächen nicht für vorliegende zoozönotische Erhebungen. Da die Asseln (*Isopoda*) und bestimmte Fliegen-Familien *(Diptera)* als Saprophage (Destruenten - Zersetzer) von organischen Substanzen eine wichtige Rolle spielen, wurden auch sie in den Untersuchungen berücksichtigt. Alle obengenannten Tiergruppen stellen Indikatorgruppen in Agrar-Ökosystemen dar.

Es sei darauf verwiesen, daß der Ablauf der Freilanderhebungen durch die Verzögerung der Bewilligung des gesamten Projektes und die späte Besetzung der wissenschaftlich-technischen Stelle (erst am 1.7.92) einen verzögernden Einfluß auf die Durchführung der Untersuchungen und die Bearbeitung des Materials hatte. Die Probenentnahmen erfolgten bis zum August 1994. Auf der Dauerbrache (Güllelastfläche) wird sie bis auf weiteres fortgesetzt, da bei einem Nachfolgeprojekt von STRAS die Sukzession der Dauerbracheflächen lückenlos verfolgt werden sollte. Ein Teil der Determinationen wird aus arbeitstechnischen Gründen auch noch 1995 weitergeführt werden müssen.

Der vorgegebene Umfang des Berichtes gestattet es lediglich, einen Teil der Daten hier zu repräsentieren. Die Autoren bitten deshalb um Nachsicht.

3. Wissenschaftlich-technischer Stand

Die durch das Gesamtprojekt vorgegebene, für zoozönotische Untersuchungen nicht optimale (zu geringe) Probeflächengröße zwang zu spezifischen Erfassungs- und Auswertungsmethoden, die aber derzeitig üblichen Methoden und Verfahren entsprechen.

Durch Quantifizierung dieser Methoden sind Vergleichbarkeit und Reproduzierbarkeit auch für spätere Folgeuntersuchungen gewährleistet. Da die Untersuchungen über mehrere Jahre erfolgten, sind Aussagen über die Dynamik der Zoozönosen möglich. Die Auswahl der

Indikatorgruppen hat sich bewährt. Sonst gut geeignete Gruppen wie *Lepidoptera* (Schmetterlinge) und *Saltatoria* (Heuschrecken) waren dagegen für die Agrarflächen (ungenügende Arten- und Individuenfülle) ungeeignet. Zur Einschätzung der Bedeutung der verschiedenen höheren Taxa (Ordnungen, Unterordnungen, Familien) wurden alle gefangenen Tiere diesen Taxa zugeordnet und ausgezählt. Bei den ausgewählten Gruppen erfolgte die Bearbeitung bis zum Artniveau. Als Indikatorgruppen für ähnliche Fragestellungen auf Agrarstandorten eignen sich die Phytophagen *Curculionidae* und *Cicadina,* die vorwiegend Zoophagen *Araneae, Carabidae, Coccinellidae* (bedingt), *Staphylinidae* und die Saprophagen *Isopoda* und *Diptera.* Durch die Inanspruchnahme von Determinatoren für schwer bestimmbare Gruppen entsprechen die Ergebnisse einem hohen Grad wissenschaftlicher Zuverlässigkeit. Die eigenen wissenschaftlichen Ergebnisse wurden in den im Punkt sieben dargestellten Aktivitäten präsentiert.

4. Material und Methode

4.1. Erfassungsmethoden

Zur Erfassung der epigäischen Fauna wurden folgende Standardmethoden angewendet:

4.1.1. Bodenfallen: Zur Ermittlung der Aktivitätsdichte dienten Bodenfallen nach BARBER (1931), die mit 1%iger Formalinlösung gefüllt waren. Hierzu wurden Plastikbecher mit einem Durchmesser von 7 cm oberflächenbündig eingegraben und zum Schutz vor intensiven Niederschlägen und Verdunstung der Fangflüssigkeit mit Dächern versehen.

4.1.2. Bodenfotoeklektor : Zur Ermittlung von Siedlungsdichten dienten Bodenfotoeklektoren (FUNKE 1971), die auf den Ackerflächen eine Grundfläche von 0,25 m² und auf der Dauerbrache von 1 m² besaßen. Die Photoeklektoren bestehen aus einem Kunststoffzylinder, einer Halterung, einer Eklektorkopfdose und einem dunkelgrauen Stoffzelt mit Reißverschluß. Mit der Kopfdose werden die sich positiv phototaktisch verhaltenden Tiere, mit der Bodenfalle die bodenoberflächenaktiven Arthropoden erfaßt. Die Bodenfallen und Eklektordosen enthielten 1%ige Formalin-Lösung unter Zusatz von Entspannungsmittel. Die Leerung der Bodenfallen und Eklektoren fand etwa 14tägig statt. Die Standorte der Eklektoren wurden in vierwöchigen Abständen gewechselt. Diese Untersuchungen wurden in der Dauerbrache ganzjährig, auf den Ackerflächen nur in der Vegetationsperiode durchgeführt. Ausnahmsweise wurden im Jahre 1992 in Bad Lauchstädt und Etzdorf noch nach der Ernte des Winterweizens Bodenfallenuntersuchungen bis November fortgesetzt. Durch den Verlust von sechs Eklektoren durch einen Brand im Jahre 1992 konnten nur vier Eklektoren (Durchmesser 1 m²) in Bad Lauchstädt (zwei in LA1/R und zwei in LA2/R) aufgestellt werden.

428

4.1.3. Kescherfangmethode (nach WITSACK 1975) und

4.1.4. Visuelle Bonituren: Beide Methoden wurden an allen Untersuchungsstandorten zu verschiedenen Terminen (drei- bis viermal jährlich) in der Vegetationsperiode angewendet.

Übersicht über die angewandten Untersuchungsmethoden:

- Dauerbracheversuch bzw. Neue Gülledeponie (LB) in Bad Lauchstädt:

    1. Bodenfallen: (vom 1.4.92 bis Ende 1994)

    2. Kescherfänge: (an 3-4 Terminen pro Jahr)

- Einjahresbracheversuch bzw. Alte Gülledeponie (LA) in Bad Lauchstädt:

    1. Bodenfallen: (vom 1.4.92 bis 3.8.94)

    2. Kescherfänge: (an 3-4 Terminen pro Jahr)

    3. Fotoeklektoren: (vom 1.4.92 bis 3.8.94)

    4. Bonituren: (verschiedene Termine)

- Herbizid/Düngungsversuch (ED) in Etzdorf:

    1. Bodenfallen: (vom 1.6.92 bis 3.8.1994)

    2. Kescherfänge: (an 3-4 Terminen pro Jahr)

    3. Fotoeklektoren: (vom 3.5.92 bis 3.8.1994)

    4. Bonituren: (verschiedene Termine)

4.2. Versuchsstandorte

Als Versuchsstandorte dienten unterschiedlich bewirtschaftete und belastete Versuchsfelder bei Bad Lauchstädt und Etzdorf im Ballungsgebiet südwestlich von Halle.

Übersicht über die Fruchtfolge der Kontrollflächen:

	1991	1992	1993	1994
LA	S.Gerste	W.Weizen	Mais	S.Gerste
LA/R	Brache	"	"	"
ED	S.Gerste	"	"	"
ED/R	Brache	"	"	"

4.2.1. Bad Lauchstädt

- Dauerbracheversuch bzw. Neue Gülledeponie (LB): Diese Untersuchungsfläche besteht aus zwei Varianten (ohne Güllebelastung "**LB1**", mit Gülle hochbelastet "**LB2**" = Güllelastfläche). In jeder Variante wurde seit Anfang April 1992 mit fünf Bodenfallen gearbeitet, im Jahre 1994 zusätzlich mit zwei Bodenfotoeklektoren (1 m² Grundfläche). Außerdem wurde zu drei bis vier Terminen gekeschert.

- **Einjahresbracheversuch bzw. Alte Gülledeponie (LA):** Dieser Versuchsfläche bestand aus zwei Varianten (**LA1**: wenigbelastet bzw. unbelastet und **LA2**: hoch mit Gülle belastet). Zusätzlich war der Einfluß einer einjährigen Brache im Jahre 1991 (**LA1/R** und **LA2/R**) auf die Entwicklung der Zoozönose in den Folgejahren zu prüfen. In jeder der sechs unbelasteten und sechs belasteten Parzellen wurde ein Eklektor (0,25 m²) und eine Bodenfalle (Freie Bodenfalle) aufgestellt.

4.2.2. Etzdorf

-Herbizid/Düngungsversuch (ED): In Etzdorf wurden folgende vier Varianten mit je fünf Parzellen untersucht :

ED1   ohne Stickstoff, ohne Brache   **ED1/R**   ohne Stickstoff, 1991 Brache
ED2   80 - 100 kg Stickstoff, ohne Brache   **ED2/R**   80 - 100 kg Stickstoff, 1991 Brache

In jeder der fünf Parzellen stand ein Eklektor mit Bodenfalle. Außerdem wurde gekeschert und bonitiert.

Die Untersuchungen zur Arthropodenfauna mußten auf den im Gesamtprojekt festgelegten Kontrollflächen mit für faunistische Untersuchungen teilweise recht geringen Flächengrößen (Parzellen mit 10 mal 11 m, LA-Streifen mit fünf mal 45 m) stattfinden. Das schränkte manche Aussagen ein.

4.3. Material

Durch die obengenannten Methoden wurde ein umfangreiches Tiermaterial (über 463000 Individuen) erbeutet (Tab.1). Um über die Dynamik der verschiedenen Taxa und Lebensformtypen Informationen zu erhalten, wurden die gefangenen Tiere den Ordnungen bzw. ausgewählten Unterordnungen (*Nematocera, Brachycera*) und Familien (*Carabidae, Coccinellidae, Staphylinidae, Curculionidae, Elateridae* usw.) zugeordnet. Für die untersuchten Gruppen erfolgte die Determination durch folgende Spezialisten bis zur Art: *Araneae* - Dr. Sacher, Süßmuth; *Opiliones* - Dr. Bliss; *Isopoda* -Dr. Al Hussein; *Cicadina* - Dr. Witsack; *Carabidae* - Dr. Al Hussein; *Curculionidae* - Dr. Schneider; *Coccinellidae* - Dr. Schneider, Dr. Witsack; *Staphylinidae* - Dr. Lübke-Al Hussein; *Diptera* - Dr. Stark.
Die Nomenklatur richtet sich bei den Spinnen nach HEIMER u.a. (1991), den Weberknechten nach MARTENS (1978), den Isopoden nach GRUNER (1966), den Käfern nach FREUDE u.a. (1968-1989), den Zikaden nach REMANE u.a. (1994) und den Dipteren nach CHVALA (1983) und STRESEMANN (1988).

5. Ergebnisse

5.1. Darstellung der Taxa

Die auf den Versuchsflächen nachgewiesenen Taxa (Ordnungen) sind quantitativ in Tab.1 dargestellt. Demnach waren die *Aphidina* mit 155156 gefangenen Indiv. die häufigste Gruppe, gefolgt von den *Coleoptera* (97547 Indiv.), *Diptera* (81013 Indiv.) und *Araneae* (50304 Indiv.). Auffallend gering waren dagegen die Heuschrecken (*Ensifera* und *Caelifera*)vertreten. Im **Dauerbracheversuch** waren auf der Güllelastfläche (LB2) die *Araneae*, *Isopoda* und *Heteroptera* deutlich häufiger als auf der unbelasteten Fläche (LB1). Umgekehrt überwogen die *Opiliones*, *Diplopoda*, *Chilopoda*, *Coleoptera* und *Aphidina* auf der unbelasteten Fläche. Bemerkenswert ist die alternierende Verbreitung der beiden häufigsten Prädatorengruppen. Während die *Carabidae* auf der unbelasteten Fläche (LB1) häufiger waren, wurden die *Araneae* auf der belasteten Fläche (LB2) in höherer Individuenzahl nachgewiesen.

Tabelle 1: Übersicht über die Gesamtindividuenzahl ausgewählter Ordnungen auf den Untersuchungsflächen (LB: Dauerbrache; LA: Einjahresbrache; ED: Herbizid/ Düngungsversuch) in den Jahren 1992 - 1994

Gruppe	LB1	LB2	LA1	LA2	LA1R	LA2R	ED1	ED1R	ED2	ED2R	Rand	Summe
Araneae	7803	10032	3388	4046	4330	4657	3739	2973	4745	4562	29	50304
Opiliones	424	176	104	62	98	78	169	113	164	104		1492
Acari	1092	1597	132	151	112	113	674	743	611	802		6027
Isopoda	198	425	9	7	14	9	13	19	12	23		729
Diplopoda	16	4	1			1	4	4	1	2		33
Chilopoda	48	8	3	2		2	80	66	45	30		284
Hymenoptera	2469	2228	1783	2424	2765	2768	4243	4301	7479	6295	158	36913
Coleoptera	17188	10383	6064	6251	10306	10765	7828	8279	10346	9781	356	97547
Cicadina	727	794	293	453	372	442	591	789	923	913	19	6316
Aphidina	3097	1918	9406	9863	10900	14069	14676	14837	29124	35782	11502	155156
Heteroptera	1676	4481	942	830	1410	1432	2280	2077	3089	3707	79	22003
Ensifera	8	1	1		1		1	5	5	4		26
Caelifera	1	1	2		1	1		1				7
Dermaptera	670	298	3	1	10	3	1			4		990
Diptera	9292	8637	6332	7923	6909	8767	6183	6886	9977	9912	195	81013
Lepidoptera	179	158	102	75	223	117	314	309	445	518	3	2443
Neuroptera	29	19	69	58	107	67	330	333	549	592	45	2198
Gesamtzahl	44899	41160	28634	32146	37558	43291	41126	41735	67515	73031	12386	463481

Auf den Ackerflächen des **Einjahresbracheversuches** (LA) war die Individuenanzahl der Saprophagen-Gruppen *Isopoda* und *Diplopoda* sehr gering. Deutlich reduziert war die Individuenanzahl auch bei den Zikaden (*Auchenorrhyncha*), den *Araneae* und *Staphylinidae*. Die *Aphidina* waren dagegen deutlich häufiger als auf den Dauerbrache. Beim Vergleich der Versuchsvarianten ergibt sich für viele Gruppen (*Araneae, Hymenoptera, Coleoptera, Auchenorrhyncha, Aphidina, Diptera* - bei den *Coleoptera* im Prinzip bei den *Carabidae, Curculionidae, Coccinellidae* und *Staphylinidae*) ein Häufigkeitsgefälle von der belasteten (LA1) zur unbelasteten (LA2) und von der Variante mit Einjahresbrache zur Variante ohne Einjahresbrache.

Im **Herbizid/Düngungsversuch** (ED) sind die Individuenzahlen mehrerer Taxa bei den Varianten ohne Düngung (ED1 und ED1/R) deutlich geringer als bei den Düngevarianten (ED2 und ED2/R) (z.B. bei den *Araneae, Hymenoptera, Coleoptera* - hier speziell bei den *Staphylinidae* -den *Aphidina, Heteroptera, Neuroptera* und *Diptera*). Dies könnte - wenigstens teilweise - auf die starke Entwicklung der *Aphidina*-Populationen auf den Düngevarianten zurückführbar sein. Dagegen lassen sich kaum Unterschiede zwischen den normal bestellten und brachgelegten Flächen feststellen. Die unterschiedlichen Individuenzahlen verschiedener Taxa in den drei Untersuchungsjahren weisen auf dynamische Prozesse hin. Auf den Ackerflächen (LA und ED) dürfte die Fruchtfolge dafür entscheidend sein. Die teilweise recht hohen Individuenzahlen im Startjahr 1992 auf der Dauerbrache und das Absinken dieser in den Folgejahren (z.B. bei *Araneae, Carabidae, Staphylinidae*) -d. h. in den ersten Jahren nach Brachlegung - lassen sich sicherlich durch die Abschöpfung des Nährstoffpotentials durch eine starke Vermehrung der Konsumenten erklären, wie es auch Untersuchungen im Rahmen des Bracheprojektes (REGNAL) zeigen.

5.1.1. Phytophage Gruppen

5.1.1.1. *Curculionidae* (Rüsselkäfer)

Die *Curculionidae* (Rüsselkäfer) sind als Phytophage eine wichtige Indikatorgruppen. Von den etwa 830 deutschen Rüsselkäferarten wurden im Dauerbracheversuch 21, im Einjahresbracheversuch 26 und im Düngeversuch 30 zumeist euryöke Arten festgestellt. Zur Auswertung gelangten bisher die Kontrollfänge (Bodenfallen und Eklektoren) der Jahre 1992 und 1993 (beim Düngeversuch ED auch 1994).

- **Dauerbracheversuch (LB):** Wie aus Tab.2 ersichtlich, waren von den insgesamt 21 festgestellten Arten auf der Güllelastfläche (im Vergleich zur unbehandelten Fläche) 1992 zwei und 1993 sechs Arten weniger nachgewiesen worden. Die - relativ geringen - Individuenzahlen waren zwischen den beiden Varianten in jedem Jahr etwa ausgeglichen. Von 1992 auf 1993 war ein Rückgang der Arten- und Individuenzahl festzustellen.

432

- **Einjahresbracheversuch (LA):** Durch den Verlust der Eklektoren im Jahre 1992 konnten Eklektoren nur auf den Einjahresbracheflächen eingesetzt werden. Der hohe Anteil bestimmter Arten (z.B. von *Ceut. floralis* und *Ceut. rapae*) ist auf die zahlreichen in den Kopfdosen der Eklektoren gefangenen Tiere zurückzuführen. Bei insgesamt 26 nachgewiesenen Arten war die Arten- und Individuenzahl auf allen Flächen im ersten Jahr nach der Brache deutlich höher als im zweiten. Repräsentative Unterschiede sind offenbar nicht vorhanden.

Tabelle 2: Arten- und Individuenzahl der *Curculionidae* (Rüsselkäfer) in der Dauerbrache (LB) und der Einjahresbrache (LA), Bad Lauchstädt 1992 und 1993

Art	Winterweizen 1992				Mais 1993				Dauerbrache 1992		Dauerbrache 1993	
	LA1 R	LA2 R	LA1	LA2	LA1 R	LA2 R	LA1	LA2	LB1	LB2	LB1	LB2
Ceutorhynchus floralis	471	103							1			
Ceutorhynchus rapae	13	11	1				1					
Ceutorhynchus quadridens	10	1	1				3		1		2	
Otiorhynchus raucus	7		2	1			2	1	7	16	2	7
Gronops inaequalis		2	2		2		2		6	5		
Sitona humeralis	2	6							1	2		
Ceutorhynchus erysimi	1	2					2	1				
Rhinocus pericarpius									7	1		1
Individuen (restl.)	10	12	5	2				1	6	6	8	1
Arten (restl.)	9	9	5	2				1	6	6	7	1
Individuenzahl (Gesamt)	514	137	11	3	2		8	2	29	30	12	9
Artenzahl (Gesamt)	15	15	9	3	1		4	2	12	10	9	3

Tabelle 3: Arten- und Individuenzahlen der *Curculionidae* (Rüsselkäfer) im Herbizid/ Düngungsversuch, Etzdorf 1992 - 1993

Art	Winterweizen 1992				Mais 1993				Sommergerste 1994				Sum.
	ED1	ED1 R	ED2	ED2 R	ED1	ED1 R	ED2	ED2 R	ED1	ED1 R	ED2	ED2 R	
Ceutorhynchus floralis	23	43	102	142	4	4	1	1		1		1	322
Gronops inaequalis	5	5	12	5	16	27	11	26	1	1			109
Ceutorhynchus rapae	2	10	19	65	1			1					98
Stenocarus fuliginosus	3	7	6	5		2			1	1			25
Amalus scortillium	5	9	1	3		2		1					21
Ceutorhynchus quadridens			5	4	4	2		2					17
Tanymecus palliatus	1	3	2	2					1	5			14
Rhinoncus castor						3	3	7					13
Ceutorhynchus nigrinus	1		5	2				2			1		11
Sitona hispidulus	2	2	2	2		1							9
Ceutorhynchus assimilis	1	1	2	3			1						8
Ceutorhynchus macula-alba	5	1		2									8
Sitona crinitus	1		1		2	2				1			7
Sitona lineatus		1				2	1	1		1		1	7
Individuen (restl.)	4	0	9	6	2	3	1	3	4	1	2	3	38
Arten (restl.)	2	1	7	4	2	3	1	3	3	1	2	3	16
Individuenzahl (Gesamt)	53	82	166	241	29	48	18	44	7	11	3	5	707
Artenzahl (Gesamt)	13	10	18	15	7	12	6	11	6	7	3	5	30

- **Herbizid/Düngungsversuch (ED):** Im ersten Jahr (1992) nach der Brachebehandlung war der Arten- und Individuenanteil auf den ungedüngten Varianten ED1 und ED1/R (mit und ohne Brachebehandlung) deutlich geringer als auf den gedüngten (ED2 und ED2/R).Beim Vergleich der Brachevarianten mit den Varianten ohne Brachebehandlung ist die Individuenzahl zwar auf der ersteren (ED1/R und ED2/R) höher, die Artenzahl aber um drei Arten geringer (Tab.3). - Im zweiten Untersuchungsjahr (1993) nahmen auf allen Varianten Arten- und Individuenzahlen deutlich ab. Die Brachevarianten hatten aber nun jeweils höhere Arten- und Individuenzahlen aufzuweisen. - Im dritten Untersuchungsjahr ist eine weitere Abnahme der Arten- und Individuenzahlen zu verzeichnen. Durch die geringen Werte sind die Unterschiede zwischen den Varianten nicht mehr interpretierbar.

Es ist anzunehmen, daß bestimmte Arten durch Einjahresbrache gefördert werden (*Ceut. floralis, Ceut. rapae* und *Gronops inaequalis*). Das Vorkommen der Arten auch auf den nichtbehandelten Flächen im Folgejahr kann auf die geringe Flächengröße und die Mobilität der Arten zurückgeführt werden.

5.1.1.2. *Cicadina (Auchenorrhyncha - Zikaden)*

Zikaden sind als Pflanzensaftsauger stark an ihre Wirtspflanzen gebunden. Sie sind mit einer hohen Artenzahl (596 deutsche Arten nach REMANE und FRÖHLICH 1994) und wegen ihrer spezifischen ökologischen Anforderungen an die Umwelt gute ökologische Indikatoren. - Zur Auswertung kamen die Kontrollfänge der beiden Versuche in Bad Lauchstädt in den Jahren 1992 und 1994.

- **Dauerbracheversuch:** Im Startjahr 1992 war der Artenbestand auf der nicht belasteten Fläche (LB1) mit sieben Arten und auf der belasteten Fläche (LB2) mit nur vier Arten sehr gering. Beide *Euscelidius*-Arten sind ökologisch wertvollere Arten.

Der Artenbestand erhöhte sich auf beiden Flächen auf etwa das Doppelte (Tab. 4), wobei 14 Arten dazukamen, aber nur zwei Arten ausfielen (unbelastete LB1 von 7 auf 15, LB2 von vier auf sieben Arten). Während 1992 nur eine Rote-Liste-Art (*Euscelidius variegatus* -Kategorie RL V) nachgewiesen wurde, die 1994 ausfiel, kamen 1994 drei neue Rote-Liste-Arten dazu (*Eupteryx collina* - RL 1, *Anoscopus albiger* - RL 2 und *Stictocoris picturatus* - RL 3). Sowohl die Zunahme der Artenzahlen als auch der Rote-Liste-Arten weisen auf eine Erhöhung der Diversität durch Renaturierungsprozesse hin. Die dazugekommenen Arten haben zum Teil höhere ökologische Ansprüche.

- **Einjahresbracheversuch:** Im ersten Jahr nach der Einjahresbrache (1992) waren auf LA1/R und LA2/R mit neun bzw. sechs Arten etwa doppelt so viele Arten vorhanden wie auf den Varianten ohne Brache (LA1 mit vier, LA2 mit drei Arten). Die Anzahl der Arten ist auf der belasteten Fläche (LA2/R) geringer als auf der unbelasteten LA1/R. Damit ist ein - wenn auch geringer - positiver Effekt durch Einjahresbrache im Folgejahr noch erkennbar. Von 1992 bis 1994 sank die Artenzahl. Das Auftreten der beiden *Euscelidius*-Arten, von *Doratura*

434

homophyla, *Errastunus ocellaris*, *Streptanus aemulans* und *Mocuellus collinus* ist auf Getreidefeldern nicht der Normalfall. Es sind teilweise Elemente von Trockenrasen oder Steppenresten (*Doratura homophyla*) bzw. naturnahen Wiesen (*Streptanus aemulans*, *Errastunus ocellaris*, *Mocuellus collinus*, beide *Euscelidius*-Arten).

Tabelle 4: Arten- und Individuenzahlen der *Auchenorrhyncha* (Zikaden) in der Dauerbrache (LB) und der Einjahresbrachefläche (LA), Bad Lauchstädt 1992 und 1994

| | Winterweizen 1992 | | | | Sommergerste 1994 | | | | | Dauerbrache 1992 | | Dauerbrache 1994 | | |
Art	LA1 R	LA2 R	LA1	LA2	LA1 R	LA2 R	LA1	LA2	Sum	LB1	LB2	LB1	LB2	Sum
Javesella pellucida	2				81	95	77	165	420			2		2
Psammotettix helvolus	29	37	23	19			1	1	110	9		3		12
Laodelphax striatella	2	4	3	2	1	9	6	7	34					
Euscelidius schenckii			3		1			1	5	3	9	5	12	29
Macrosteles sexnotatus					1	4			5					
Doralura homophyla	2	2							4					
Errastunus ocellaris	1				1		1		3	5		2		7
Aphrodes makarovi										13		52	42	107
Anaceratagallia ribauti										18	1	1		20
Anoscopus serratulae												11		11
Eupteryx atropunctata											5	2	1	8
Euscelidius variegatus										6				6
Megophthalmus scanicus												5	1	6
Anoscopus flavostriatus												4	1	5
Individuen (restl.)	4	3	1	1	4	2	2	1	18	1	1	7	2	11
Artenzahl (restl.)	4	3	1	1	2	2	2	1	12	1	1	5	2	9
Individuenzahl (Gesamt)	40	46	30	22	89	110	87	175	599	55	16	94	59	224
Artenzahl (Gesamt)	9	6	4	3	7	5	6	5	19	7	4	15	7	20

5.1.2. Zoophage Gruppen

5.1.2.1. *Araneae* (Spinnen)

Die Spinnen zeichneten sich durch eine hohe Artenzahl auf den Flächen aus. Aus Platzgründen werden statt umfangreiche Artenlisten in Tab.5 nur die Arten- und Individuenzahlen sowie die berechneten Diversitätswerte der einzelnen Kontrollflächen und Jahre dargestellt.

- **Dauerbracheversuch (LB):** In den Fallen des Dauerbracheversuchs wurden im gesamten Untersuchungszeitraum 16462 Individuen gefangen. Davon waren 14795 Individuen (90 %) im adulten Zustand und somit sicher zu bestimmen. Insgesamt konnten 80 Arten nachgewiesen werden. Die vorherrschenden Familien waren erwartungsgemäß die hochmobilen Baldachinspinnen (*Linyphiidae*) als sich am Fadenfloß verbreitende Tiere mit 37 Arten (46,3 % der gefangenen Arten) und die hervorragenden Läufer aus der Familie der *Lycosidae* mit 11 Arten (13,7 %). Im Untersuchungszeitraum kam es, wie aus Tab. 5 zu ersehen ist, zu einem starken Rückgang sowohl der Individuenzahlen (68,5 %) als auch der pro Jahr nachgewiesen Arten (12,5 %). Durch die wesentlich geringeren Individuenzahlen bei gleichzeitiger Verschiebung des Dominanzverhältnisses zuungunsten der hochdominanten Arten erhöhte sich aber die Diversität in den Flächen. Trotz wesentlich höherer Individuenzahl auf der Güllelastfläche (LB2), wahrscheinlich ausgelöst durch den erheblichen Überschuß an abschöpfbarer Biomasse und damit höherem Nahrungsangebot, war diese Fläche wesentlich artenärmer als die wenig belastete Fläche LB1. Es ließ sich aber eine stärkere Zunahme der Diversität der Spinnenpopulation verzeichnen. Das spricht für ein höheres Entwicklungspotential auf dieser Fläche.

Tabelle 5: Übersicht über die Arten- und Individuenzahlen und Diversität der *Araneae* (Spinnen) des Dauerbrache- (LB), Einjahresbrache- (LA) und Herbizid/Düngungsversuches in den Jahren 1992 - 1994

	Artenzahl			Individuenzahl			Diversität		
	1992	1993	1994	1992	1993	1994	1992	1993	1994
LB 1	49	40	37	3803	1841	1259	1,39	1,91	2,32
LB 2	39	37	47	5312	2627	1606	1,06	1,30	2,08
LA 1	19	15	18	723	1308	1601	0,77	1,37	1,46
LA 1 R	21	20	21	990	1502	1404	1,00	1,49	1,39
L A 2	21	19	21	1818	1097	1464	0,92	1,39	1,45
LA 2 R	35	18	17	1364	1340	1633	0,90	1,27	1,40
ED 1	23	12	16	1846	1020	640	0,63	0,61	1,72
ED 1 R	19	11	16	1413	902	419	0,80	0,82	2,02
ED 2	21	15	16	2467	1171	849	0,67	0,56	1,72
ED 2 R	26	13	13	2443	898	1055	0,65	1,18	1,52

Die Spinnenzönose der Dauerbrache wurde von einigen wenigen Arten (Charakterarten dieses sehr jungen Stadiums der Sukzession) wie *Oedothorax apicatus* (Abb.1), *Erigone atra*, *Erigone dentipalpis*, *Porrhomma microphthalmum*, *Meioneta rurestris*, *Leptyphantes tenuis* (*Linyphiidae*) und *Trochosa ruricola* und *Pardosa prativaga* (*Lycosidae*) dominiert. Diese Arten gehören von ihren ökologischen Ansprüchen her zu den Arten feuchter Wiesen und Weiden und finden sich ebenso häufig in zum Teil intensiv bewirtschafteten Acker-Habitaten. Der überwiegende Teil der übrigen Arten wurde in nur wenigen Exemplaren pro Jahr nachgewiesen bzw. trat nur ein- bis zweimal im gesamten Untersuchungszeitraum auf. Darunter befanden sich auch Arten der Roten Liste der *Araneae* Sachsen-Anhalts (1 x Kategorie 2, 5 x Kat. 3 sowie 5 x Kat. P). Von den 80 nachgewiesenen Arten wurden nur 30 in jedem Untersuchungsjahr gefunden, was für eine sehr starke Fluktuation und damit eine hohe Instabilität innerhalb der Spinnenpopulation spricht.

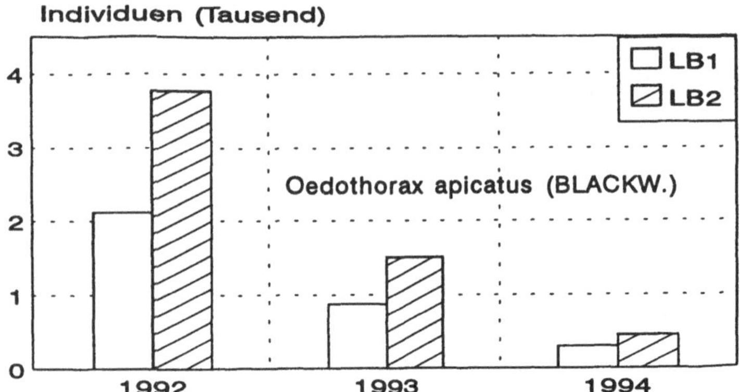

Abbildung 1: Individuenzahlen von *Oedothorax apicatus* (BLACKWALL) auf der unbelasteten (LB1) und belasteten (LB2) Fläche der Dauerbrache in Bad Lauchstädt

- Einjahresbracheversuch (LA): Von den 16248 gefangenen Individuen in 64 Arten waren 13908 Individuen adult und somit bestimmbar (85,6 % des Gesamtfanges). Die Artenzahl war mit Ausnahme der Fläche LA2/R über die drei Jahre relativ ausgeglichen. Die belastete Brachevariante LA2/R hatte die weitaus höchste Artenzahl, aber auch die stärkste Reduktion der Artenzahl (Rückgang um 51,4 %), die übrigen Flächen dagegen keinen solch starken Arten- und Individuenrückgang aufzuweisen. Auf den vier Kontrollflächen zeigten sich aber auch durch noch krassere Dominanzverhältnisse als auf der Dauerbrache, denn die oben genannte Artengruppe (typische Ackerarten) erreichte hier durchschnittlich 95 % der Gesamtaktivitätsdichte der Spinnen. Die Diversität der Spinnenpopulation nahm auch hier auf allen Varianten zu. Sie war aber vergleichsweise geringer als auf den anderen untersuchten Flächen. Die Zahl der insgesamt auf den Varianten nachgewiesenen Arten lag auf den Flächen mit Brache im Jahre 1991 (LA1/R und LA2/R) wesentlich höher (47 Arten) als bei denen ohne Brache (28 Arten). Gegenläufiges Verhalten wurde bei den beiden dominanzstärksten Arten *Oedothorax apicatus* und *Erigone atra* beobachtet. Während *O. apicatus* über den Versuchszeitraum hinweg etwa 46,8 % (LA1) bis 76,7 % (LA2/R) ihrer ursprünglichen Aktivitätsdichte verlor, stieg die von *E. atra* auf das 10- bis 20-fache an. Das deutet auf eine geringere Empfindlichkeit letzterer Art gegenüber Bodenpflegemaßnahmen hin. Im Unterschied zu den folgenden Flächen der Düngeversuche in Etzdorf machte sich der Wechsel der Frucht von Winterweizen 1992 zu Mais 1993 weder bei den Artenzahlen noch bei den Individuenzahlen deutlich bemerkbar.

- Herbizid/Düngungsversuch (ED): Die Flächen des Düngeversuchs in Etzdorf waren die artenärmsten der betrachteten Untersuchungsflächen. (14541 Indiv., - davon 9126 adult also 62,7 % - in 52 Arten). Die Arten- und Individuenzahlen folgten wieder dem Trend einer zunehmenden Verarmung der Flächen. Besonders deutlich machte sich hier in Etzdorf der Wechsel von Winterweizen zu Mais bzw. vom ersten zum zweiten Jahr nach der Einjahresbrache bemerkbar, der einen Artenrückgang von 15,8% (ED1/R) bis 50 % (ED2/R) bewirkte. Das Dominanzspektrum zeigte große Parallelen zu den Einjahresbrachflächen von Bad Lauchstädt. Auch auf diesen intensiv bewirtschafteten Feldern dominierte die schon erwähnte Artenkombination mit über 96,6 % der Gesamtfänge. Die Gesamtartenzahl der Flächen mit Brache (34 Arten) und die der Flächen ohne Brache (32 Arten) stellte sich relativ ausgeglichen dar. Es kam durch den drastischen Rückgang von *O. apicatus* zu einer Verschiebung des Dominanzverhältnisses und damit zu einer Erhöhung des Diversitätswertes. Allerdings war im Gegensatz zu Bad Lauchstädt keine Erhöhung der Aktivitätsdichte von *E. atra* zu verzeichnen. Das deutet auf erhebliche Standortunterschiede zwischen den beiden Feldern hin.

5.1.2.2. *Opiliones* (Weberknechte)

Die *Opiliones* sind mit etwa 35 Arten bei uns heimisch. In allen drei Versuchsjahren wurden sie mit insgesamt sechs Arten nachgewiesen (Tab.6).

Tabelle 6: Arten- und Individuenzahlen der *Opiliones* (Weberknechte) auf der Dauerbrache (LB), Einjahresbrachefläche (LA) und im Herbizd/Düngungsversuch (ED) in den Jahren 1992 - 1994

Dauerbrache (LB)	1992		1993		1994		
A r t	LB1	LB2	LB1	LB2	LB1	LB2	Sum.
Phalangium opilio	58	71	25	10	68	110	342
Phalangium saxatilis	3	1			1		5
Nelima semproni	6	5	5	3	33	17	69
Rilaena triangularis		2					2
Opilio canestrinii		1					1

Einjahresbrache (LA)	Winterweizen 1992				Mais 1993				Sommergerste 1994				
A r t	LA1 R	LA2 R	LA1	LA2	LA1 R	LA2 R	LA1	LA2	LA1 R	LA2 R	LA1	LA2	Sum.
Phalangium opilio	34	33	39	27	15	11	3	9	60	24	64	34	353
Rilaena triangularis								1					1
Astrubunus laevipes											1		1
Nelima semproni											1		1
Opilio saxatilis									1				1

H.-Düng-Versuch(ED)	Winterweizen 1992				Mais 1993				
A r t	ED1	ED1 R	ED2	ED2 R	ED1	ED1 R	ED2	ED2 R	Sum.
Phalangium opilio	164	103	164	96	2	11		8	431
Nelima semproni	1	1							2

Die weitaus häufigste Art war *Phalangium opilio* (auf allen Kontrollflächen) gefolgt von *Nilema semproni*. Die vier übrigen Arten wurden nur mit einzelnen oder wenigen Tieren belegt.

Auf der **Dauerbrache** (LB) waren die *Opiliones* im ersten Jahr mit drei (LB1) bzw. fünf Arten (LB2) am artenreichsten, um sich im ersten und zweiten Jahr auf zwei bis drei Arten zu reduzieren, während die Individuenzahlen 1992 und 1994 die höchsten Werte erreichten.

Im **Einjahresbracheversuch** wurden insgesamt vier Arten (davon *Phalangium opilio* am häufigsten) festgestellt, wobei die Individuenzahlen 1993 im Mais gegenüber den anderen beiden Jahren am niedrigsten waren.

Im **Herbizid/Düngungsversuch** waren nur zwei Arten mit geringen Individuenzahlen in der Vegetationsperiode, aber nach der Ernte 1992 - wohl infolge hoher Agilität - in sehr hohen Zahlen in den Fallen nachgewiesen. 1993 wurden nur wenige Exemplare, 1994 nur ein Tier auf allen Teilflächen von ED festgestellt.

Die Ergebnisse lassen Tendenzen der Entwicklung der Populationen nur vermuten. Im Dauerbracheversuch reduzierte sich offenbar die Artenzahl nach 1992. Im Einjahresbrache- und Düngeversuch ist - bei nur ein bis drei nachgewiesenen Arten - die Individuenzahl im Jahre 1993 (bei Mais als Feldfrucht) am geringsten, im ersten und dritten Jahr dagegen relativ hoch.

5.1.2.3. *Carabidae* (Laufkäfer)

Die *Carabidae* sind als polyphage Prädatoren-Gruppe taxonomisch und ökologisch gut bearbeitet und daher als Indikatoren für Umweltzustände gut geeignet (TIETZE 1968; THIELE 1973). Ihre Bedeutung als artenreiche, während der gesamten Vegetationszeit in der Agrarlandschaft auftretende Tiergruppe wurde vielfach in der Literatur beschrieben (THIELE 1977; EDWARDS u.a. 1979; SUNDERLAND und VICKERMAN 1980, u.a.).

Die in den Agrarökosystemen vorkommenden Laufkäferarten sind zumeist Bewohner offener, häufig instabiler und durch periodische Störungen gekennzeichneter Habitate (TISCHLER 1958). Sie sind auf den agrarisch genutzten Flächen landwirtschaftlichen Maßnahmen (Boden-bearbeitungen, Düngung, Pflanzenschutzmaßnahmen und Ernte) jährlich ausgesetzt, denen sie z.B. durch Ausweichen auf agrarisch nicht intensiv genutzte Lebensräume und spätere Wiederbesiedlung widerstehen können.

Die *Carabidae* erwiesen sich für die Untersuchungen zur Renaturierung als weitaus günstigste Indikatorgruppe. Daher wurde dieser "Modell-Gruppe" umfangreicherer Raum bei der Auswertung eingeräumt.

- **Dauerbracheversuch (LB):** In den drei Untersuchungsjahren fingen sich in den Bodenfallen auf der unbelasteten Fläche 4036 Individuen in 50 Arten und auf der Güllelastfläche 2112 Individuen in 49 Arten. Die belastete Fläche wies in den einzelnen Jahren also weniger Individuen und Arten auf als die unbelastete Referenzfläche. Erwartungsgemäß zeigte sich eine stark differenzierte Dynamik und Reaktion der Arten auf beiden Flächen.

Wie Tab. 7 zeigt, war der Individuenanteil der *Carabidae* auf der Güllelastfläche (LB2) in allen drei Untersuchungsjahren stets deutlich geringer als auf der unbelasteten Fläche.

Tabelle 7: Arten- und Individuenzahlen der *Carabidae* (Laufkäfer) auf der Dauerbrache (LB), Bad Lauchstädt 1992 - 1994

	1992		1993		1994		Sum. der
A r t	LB1	LB2	LB1	LB2	LB1	LB2	3 Jahre
Harpalus rufipes (DE GEER)	662	185	320	91	236	88	1582
Calathus melanocephalus (L.)	101	189	39	267	35	75	706
Calathus fuscipes (GOEZE)	510	85	51	16	1	1	664
Harpalus distinguendus (DUFT.)	195	43	154	48	76	30	546
Amara ingenua (DUFT.)	133	121	82	132	16	20	504
Calathus ambiguus (PAYK.)	302	66	22	6	1		397
Poecilus cupreus (L.)	55	112	41	23	5	7	243
Harpalus tardus (PANZ.)	22	14	95	12	43	24	210
Pterostichus melanarius (ILL.)	71	18	36	1	42	1	169
Amara bifrons (GYLL.)	15	1	32	107	1	6	162
Amara convexiuscula (MARSH.)	5	62	9	21	1	3	101
Trechus 4-striatus (SCHR.)	26	23	20	17	5	4	95
Calathus mollis (MARSH.)	32	11	18	17	8	3	89
Harpalus zabroides DEJEAN	67		8		10	1	86
Harpalus aeneus (F.)	36	5	19	5	4	2	71
Poecilus punctulatus (SCHAL.)	26	3	18				47
Amara municipalis (DUFT.)	12		13	6	2	13	46
Amara apricaria (PAYK.)	6	2	13	3	18	3	45
Amara consularis (DUFT.)	21		6	2	9	1	39
Platynus dorsalis (PONT.)	8	9	2	1	13	4	37
Amara similata (GYLL.)	15	9	6	5	1		36
Amara eurynota (PANZ.)	11		13	2	1	1	28
Bembidion lampros (HBST.)	10	7	5	1	2	3	28
Bradycellus csikii LACZ.	1		6		8	7	22
Amara aenea (DE GEER)	5	1	8		1	6	21
Calosoma auropunctatum (HBST.)	15		2				17
Zabrus tenebrioides (GOEZE)	4	5	3	3			15
Harpalus rufibarbis STURM	1	10	1	1		1	14
Amara curta DEJEAN	9	1	2		1		13
Amara aulica (PANZ.)	3		5	1	2		11
Harpalus luteicornis (DUFT.)			3		7	1	11
Amara familiaris (DUFT.)	3	3	1			3	10
Brachinus explodens DUFT.			9	1			10
Individuen (restl.)	15	8	14	12	14	10	73
Arten (restl.)	9	7	9	11	9	6	24
Individuenzahl (Gesamt)	2397	993	1076	801	563	318	6148
Artenzahl (Gesamt)	40	31	42	36	36	31	
Artenzahl/Jahr	44		51		42		57

440

Auf der Dauerbrache ließen sich im gesamten Untersuchungszeitraum 57 Arten nachweisen, wovon 16 Arten in allen Varianten und Jahren auftraten. Im ersten Untersuchungsjahr konnten insgesamt 44 Arten (davon 40 auf der unbelasteten (LB1), aber nur 32 auf der belasteten Fläche (LB2)), im zweiten Jahr insgesamt sogar 51 Arten (42 auf der unbelasteten, 36 auf der belasteten) und im dritten Versuchsjahr (bis August 1994) insgesamt 42 Arten (36 auf der unbelasteten, 31 auf der belasteten Variante) ermittelt werden. In allen drei Jahren war also der Anteil gefangener Arten auf den unbelasteten Flächen deutlich höher als auf der Güllelastfläche. Die Mehrzahl der Arten kam aber auf beiden Flächen gemeinsam vor. In den Jahren 1992 bis 1994 betrug der Anteil gemeinsamer Spezies 61,2%, 52,9% bzw. 59,8 % bezogen auf die jeweilige Gesamtartenzahl.

Im folgenden sollen ausgewählte Arten, die große Unterschiede zwischen beiden Varianten aufzeigten, vorgestellt werden:

a. *Arten mit Schwerpunkt auf der unbelasteten Fläche (LB1):*
Auf der unbelasteten Fläche traten 11 Laufkäferarten in höherer Aktivitätsdichte auf (Tab. 5).
Harpalus rufipes **(DE GEER)** - wie viele *Harpalus*-Arten sowohl räuberisch als auch phytophag lebend (BRIGGS 1965; KOCK 1975) - war mit 1682 Indiv. in den drei Untersuchungsjahren die individuenreichste Art. Der Individuenanteil betrug 25,7 % aller Carabiden auf der Dauerbrache mit einer Aktivitätsdichte auf der Güllelastfläche in den ersten 2 Jahren von 28,3 %, im 3.Jahr 37,3 % des Anteils der unbelasteten Variante (Abb.2).
Harpalus distinguendus **(DUFT.)** - ein Frühlingstier mit einer geringen Herbstpräsenz (LARSSON 1939) - erreichte 1992 nur ein Maximum gegen Ende Mai/Anfang Juni, 1993 aber einen deutlichen Herbstanteil (Abb.2). Die Fänge auf den beiden Flächen waren in den dreijährigen Erhebungen sehr unterschiedlich und auf der Güllelastfläche deutlich geringer (in den drei Untersuchungsjahren nur 22,0%, 31,2% und 39,5 % gegenüber der unbelasteten Variante).
Calathus fuscipes **(GOEZE)** und *Calathus ambiguus* **(PAYK.)** gehören zu den Arten mit Herbstfortpflanzung mit sowohl zoo- als auch phytophager Ernährung (JOHNSON und CAMERON 1969). Beide Arten zählen im ersten Erhebungsjahr zu den zwei bis drei häufigsten Arten auf der Dauerbrache (nach *H. rufipes)* (Tab.7). Im zweiten Untersuchungsjahr nahm ihre Aktivitätsdichte ab. 1994 wurden von den beiden Arten nur Einzelexemplare nachgewiesen. Die Arten erreichten in den Jahren 1992 und 1993 auf der Güllelastfläche im Vergleich zur unbelasteten Fläche nur geringe Aktivitätsdichten (Abb.2 u. 3).
Harpalus zabroides **DEJEAN** trat im gesamten Untersuchungszeitraum nur auf der unbelasteten Variante in der Dauerbrache auf (Abb.3).
Andere dominante bzw. subdominante Laufkäfer wie *Pterostichus melanarius* **(ILL.),** *Harpalus tardus* **(Panz.),** *Harpalus aeneus* **(F.),** *Poecilus punctulatus* **(SCHAL.)** konnten ebenfalls überwiegend auf der unbelasteten Fläche gefangen werden.

Harpalus rufipes

Cal.melanocephalus

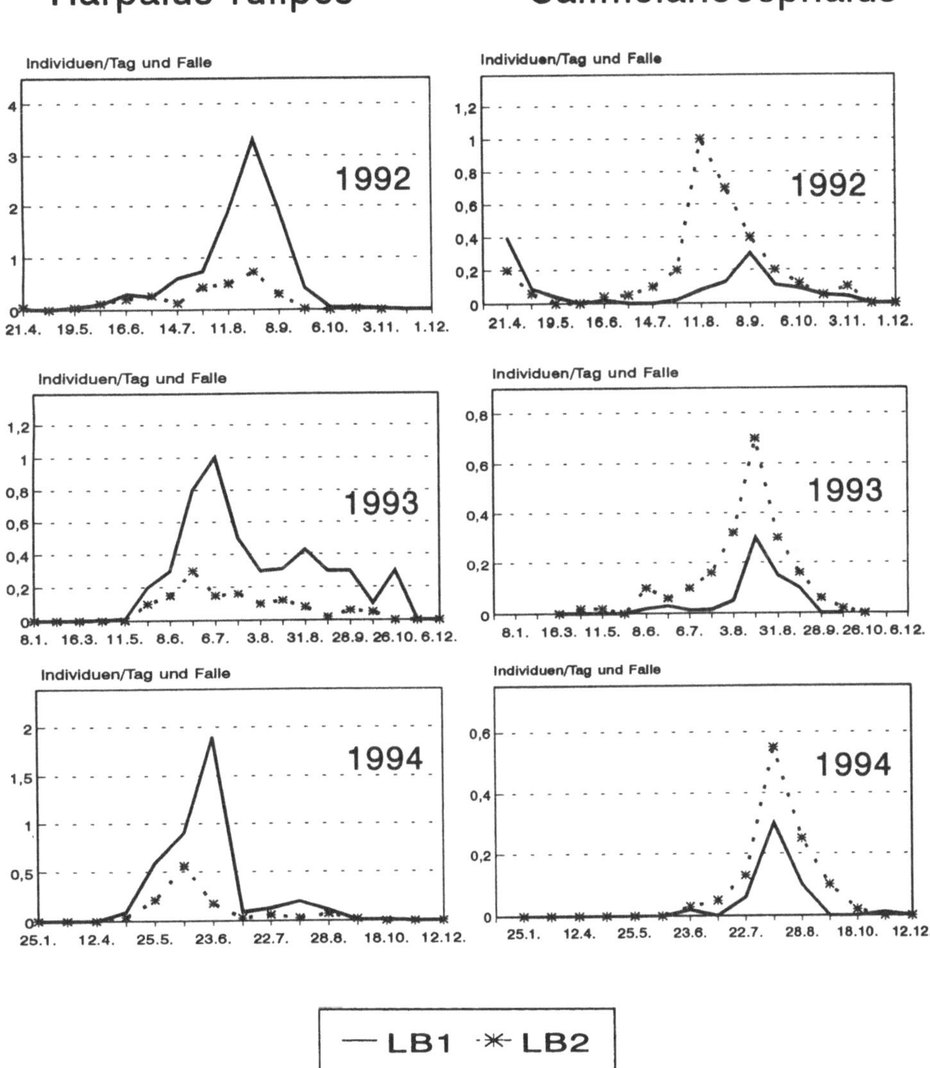

Abbildung 2: Aktivitätsdichte-Dynamik der Laufkäfer *Harpalus rufipes* (DE GEER) mit Schwerpunkt auf der unbelasteten Fläche (LB1) und *Calathus melanocephalus* (L.) mit Schwerpunkt auf der belasteten Fläche (LB2) der Dauerbrache in Bad Lauchstädt

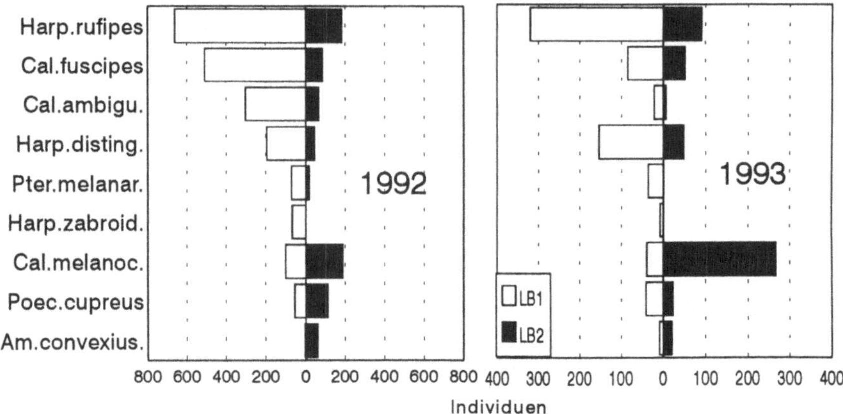

Abbildung 3: Verteilung charakteristischer *Carabidae*-Arten auf der unbelasteten (LB1) und belasteten Fläche (LB2) der Dauerbrache in Bad Lauchstädt

b. *Arten mit Schwerpunkt auf der Güllelastfläche (LB2)*:

***Calathus melanocephalus* (L.)** ist die häufigste Art dieser Gruppe in den Untersuchungs-jahren auf der Güllelastfläche mit deutlicher Zunahme der Aktivitätsdichte im Jahre 1993 vertreten (Abb.2).

***Amara convexiuscula* (MARSCH.)** wurde in allen drei Jahren fast ausschließlich in der belasteten Fläche gefunden (Abb.3).

***Poecilus cupreus* (L.)** - eine der häufigsten räuberischen Acker-Carabiden im Mitteldeutschen Raum (THIELE 1977; LÜBKE-AL HUSSEIN und WETZEL 1993) - wurde im Jahre 1992 hauptsächlich auf der belasteten Variante, im Jahre 1993 vorwiegend auf der nicht belasteten Referenzfläche nachgewiesen (Abb.2). Im Jahre 1994 traten nur einige Individuen auf den beiden Flächen auf.

Eine dritte Gruppe mit ***Amara ingenua* (DUFT.)** und ***Trechus quadristriatus* (SCHR.)** zeigte keine auffälligen Unterschiede in der Aktivitätsdichte zwischen beiden Flächen.

Insgesamt betrachtet blieben in allen Untersuchungsjahren die Arten mit ihrer Hauptpräsenz auf einer Fläche. Nur bei einigen Arten (wie bei *P. cupreus* und *A. bifrons*) wechselte die Präsenz im bzw. ab dem 2.Jahr von der einen auf die andere Fläche. Auffallend ist die starke Abnahme der Aktivitätsdichte vieler Laufkäferarten in den Jahren 1993 und 1994. Einige im Jahre 1992 sehr häufige Arten wie *C. fuscipes, C. ambiguus* waren im letzten Jahr nicht bzw. nur durch einzelne Individuen vertreten (Tab.7). Für den starken Rückgang der Populations-dichte dieser Arten könnten zwei Ursachenkomplexe in Frage kommen:

Die starke Veränderung der Pflanzenstruktur und -dichte im Verlauf der Untersuchungsjahre in den Beständen mit der höheren Dichte auf der unbelasteten Fläche (BISCHOFF und

MAHN, in Vorber.) könnte zu Veränderungen des Mikroklimas und des Raumwiderstandes im Bestand geführt und damit die Populationsdynamik der Laufkäferarten beeinflußt haben (HEYDEMANN 1956). Die Temperatur, Feuchte und Vegetationsstruktur sind für die Entwicklung und Aktivität der *Carabidae* von besonderer Bedeutung (JONES 1979; VARIS u.a. 1984; HONEK 1988).

Eine zweite Erklärungsmöglichkeit ergibt sich aus Sukzessionsverläufen. In der ersten Sukzessionsphase wird häufig der sehr hohe Nährstoffanteil durch eine starke Entwicklung der Produzenten und damit auch der Primär- und Sekundärkonsumenten abgeschöpft. In späteren Sukzessionsstadien geht dann der Anteil der Primär- und Sekundärkonsumenten wieder zurück. Dies könnte im Untersuchungszeitraum erfolgt sein. In einer dritten Etappe können sich Spezialisten und ökologisch wertvollere Arten etablieren.

- Einjahresbracheversuch (LA): Wie aus Tab. 8 zu ersehen ist, wurde im Jahre 1991 (ein Jahr vor Versuchsbeginn) ein Teil der Fläche als Einjahresbrache, der andere Teil durch den Anbau von Sommergerste (Kontrolle) genutzt.

Im Jahre 1992 (Feldfrucht: Winterweizen) wurden 4129 Laufkäfer (35 Arten) gefangen, davon 2931 Indiv. in den Bodenfallen nach der Ernte des Winterweizens. Vom Gesamtfang entfielen 2736 Individuen (33 Arten) auf die vorjährige Einjahresbrache (LA1/R und LA2/R) und 1399 Individuen (25 Arten) auf die Kontrolle (LA1 und LA2). Die Kontrollvarianten, die ohne Eklektoren bearbeitet wurden, wiesen in der unbelasteten Variante (LA1) 19 und in der belasteten Variante (LA2) nur 14 Arten auf. Einige häufige Spezies wie *Poecilus cupreus* (Abb.4), *Platynus dorsalis* und *Demetrias atricapillus* kamen sowohl auf der ehemaligen Einjahresbrache (LA1/R und LA2/R) als auch in den Kontrollen (LA1 und LA2) vor, hatten ihre höheren Aktivitätsdichten aber vor allem auf den Güllelastflächen (LA2 und LA2/R). Andere Arten wie *Amara similata* bevorzugten die unbelasteten Flächen mit und ohne Brache (LA1 und LA1/R).

Nach der Ernte des Winterweizens (vom 4.8. bis 14.10.1992) wurden auf der Einjahresbrache (LA1/R und LA2/R) 21 Arten und auf den Kontrollen ohne Brache (LA1 und LA2) dagegen nur 15 Arten nachgewiesen. Dabei erreichten die Laufkäfer der beiden unbelasteten Varianten (LA1/R und LA1) deutlich höhere Arten- und Individuenzahlen als auf den belasteten Flächen. Die Herbstarten, insbesondere *Calathus fuscipes*, *Calathus mollis* und *Trechus quadristriatus*, traten auch mit höheren Aktivitätsdichten auf den unbelasten Flächen (LA1/R und LA1) auf.

Im Untersuchungsjahr 1993 (Feldfrucht Mais) konnten 2130 Laufkäfer in 35 Arten gefangen werden, davon 34 Arten auf der Einjahresbrache und nur 28 Arten auf den Kontrollen ohne Brache. Das Artenspektrum auf den Einjahresbrache zeigte nur bei den Eklektorenfängen deutliche Unterschiede zwischen den belasteten und unbelasteten Streifen. Während in den Eklektoren der unbelasteten Fläche (LA1/R) 17 Arten gefangen wurden, kamen in der belasteten Fläche (LA2/R) nur neun Arten vor. Auf den ehemaligen unbelasteten Kontrollen ohne Brache (LA1) ließen sich geringfügig höhere Artenzahlen gegenüber den belasteten

444

Flächen (LA2) nachweisen. Die häufigste Carabidenart über die gesamte Vegetationsperiode - *Harpalus rufipes* - trat in den Kontrollen ohne Brache mit höherer Aktivitätsdichte auf, während in der Einjahresbrache keine Differenzen zwischen den Varianten zu verzeichnen waren. Bei *Poecilus cupreus* zeigten sich dagegen deutliche Unterschiede zwischen den einzelnen Varianten mit dem Schwerpunkt auf den belasteten Flächen (LA2/R und LA2-Abb.4). *Pterostichus melanarius* wurde vorwiegend in den Fallen der unbelasteten Kontrollfläche (LA1) gefangen.

Tabelle 8: Arten- und Individuenzahlen der *Carabidae* (Laufkäfer) der Einjahresbrachefläche (LA), Bad Lauchstädt 1992 - 1994

Art	Winterweizen 1992				Mais 1993				Sommergerste 1994				Sum.
	LA1 R	LA2 R	LA1	LA2	LA1 R	LA2 R	LA1	LA2	LA1 R	LA2 R	LA1	LA2	
Poec.cupreus	55	97	28	80	54	72	23	49	336	230	342	235	1601
Cal.fuscipes	469	312	266	141	9	18	9	22	32	26	29	23	1356
Harp.rufipes	70	78	29	26	267	334	203	121	39	50	44	65	1326
Cal.ambiguus	227	258	134	161	14	18	4	6	4	1	5	3	835
Plat.dorsalis	21	35	18	32	33	52	52	72	133	78	124	54	704
Trech.4-striatus	95	61	55	14	22	29	12	26	39	31	10	41	435
Cal.mollis	127	68	70	50	17	16	13	8	5	6	8	6	394
Bemb.lampros	23	18	6	10	9	15	16	9	50	32	73	113	374
Pter.melanarius	19	23	10	6	55	30	39	24	22	21	38	23	310
Cal.melanocephalus	43	78	33	25	12	31	8	20	7	16	2	9	284
Zabr.tenebrioides	72	114	55	32	2	1							276
Amar.similata	107	58	27	4	10	1	3	3		1			214
Harp.aeneus	7	11	8	8	27	34	16	9	25	11	11	5	172
Demet.atricapillus	29	45	2	4	1		5		5	5	4	4	104
Harp.distinguendus	12	5	16	4	9	2	3	4	19	7	13		94
Poec.punctulatus	6	6	5	5	4	2	3	12	10	12	9	13	87
Calos.auropunctatum	9	11	21	1	3		3		3		1		52
Amar.bifrons	1		1		8	19	4	4	7			1	45
Bemb. 4-maculatum									11	8	3	11	33
Bemb.properans		1							13	12	1		27
Micr.minutulus	9	7					3	5				2	26
Amar.aenea	5	3			1		1	10	4				24
Amar.convexiuscula	2	4			4	5	4	1					20
Amar.littorea	10	2	1	2	2								17
Harpalus tardus					1	3	2	3	3	2	2		16
Loricera pilicornis						1			3		4	6	14
Amar.aulica	1	2			4	3		2					12
Amar.ingenua	2		2	1	1	1	1		2				10
Individuenzahl (restl.)	7	11	6		9	16	5	7	17	3	1	3	74
Artenzahl (restl.)	5	6	5		5	6	3	4	4	3	1	2	16
Individuenzahl (Ges.)	1428	1308	793	606	578	703	432	417	789	552	724	617	8947
Artenzahl (Ges.)	29	29	25	19	29	27	25	24	27	21	20	19	44
Artenzahl/Jahr	35				35				31				

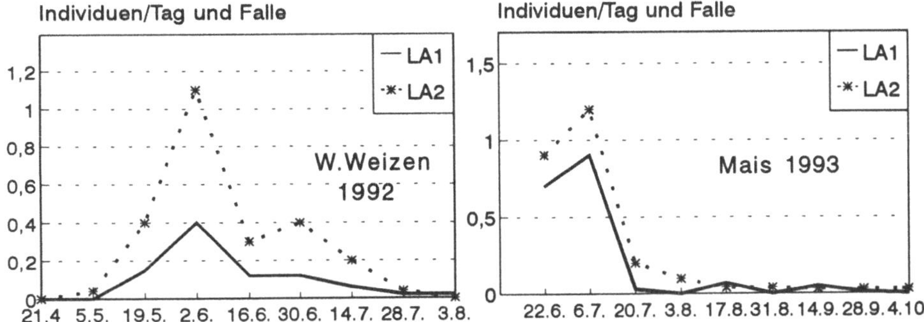

Abbildung 4: Aktivitätsdichte-Dynamik von *Poecilus cupreus* (L.) auf den mit Gülle belasteten (LA2) und unbelasteten Ackerflächen (LA1), Bad Lauchstädt 1992 - 1993

Insgesamt betrachtet hatte die Mehrzahl der Laufkäferarten im Mais eine höhere Siedlungs- bzw. Aktivitätsdichte auf den Varianten mit Einjahresbrache als auf den Varianten ohne Brache.

Im Untersuchungsjahr 1994 (Feldfrucht Sommergerste) waren die insgesamt 2682 gefangenen Carabiden in 31 Arten gleichmäßig auf die beiden Untersuchungsvarianten verteilt (LA/R - Einjahresbracheflächen : 1341 Individuen und 27 Arten, LA - ohne Brache : 1341 Individuen und 23 Arten (Tab.8)).

Beim Vergleich der Flächen mit und ohne Güllebelastung war auf den unbelasteten Varianten die Artenzahl nur geringfügig höher (zwei bis vier Arten) als auf den belasteten, mit *Poecilus cupreus* als die häufigste Art in der Sommergerste vorwiegend auf den unbelasteten Flächen. *Platynus dorsalis,* die zweithäufigste Art, war ebenfalls auf den belasteten Flächen seltener (LA2/R und LA2 nur mit 63,4 % bzw. 43,5 % der Individuen im Vergleich zu den unbela- steten LA1/R und LA2).

- Herbizid/Düngungsversuch (ED): Im Düngeversuch in Etzdorf wurden in den drei Jahren 4084 Laufkäfer erfaßt (davon 1416 Individuen nach der Ernte des Winterweizens im Jahre 1992 (ab 3.8.1992). Insgesamt ließen sich in den drei Untersuchungsjahren 44 Arten nachweisen (Tab.9), davon 1992 im Winterweizen 38, 1993 im Mais 26 und 1994 in der Sommergerste 29 Arten. Zwei dieser Arten, die Herbsttiere *Leistus ferrugineus* und *Nebria brevicollis,* traten nur in ein bzw. zwei Individuen in der Untersuchungsfläche ED1/R im Jahre 1992 nach der Ernte auf.

Im ersten Jahr nach der einjährigen Brache **(Feldfrucht Winterweizen)** wurden auf den Flächen ohne Brache (ED1 und ED2) etwas höhere Dichten ermittelt. Auf den Kontrollflächen ED1 (ohne Düngung, ohne Brache) und ED1/R (ohne Düngung, mit Einjahresbrache) waren die Artenzahlen fast gleich, während auf ED2/R (Düngung mit Einjahresbrache) eine etwas höhere Artenzahl als auf ED2 (Düngung , ohne Brache) nachgewiesen wurde. Die Zahl gemeinsamer Arten in den vier Versuchsvarianten betrug 17 (44,7 % aller Arten 1992). Die häufigste Art auf den Flächen ohne Brache war *Harpalus rufipes* (Abb.5) mit einer Abundanz von etwa 23,5 % des Gesamtfanges von 1992. Die häufige Art *Amara similata* (10,4 %) ließ sich hauptsächlich in den gedüngten Flächen nachweisen. In den nachfolgenden zwei Jahren trat sie nicht mehr auf. Andere Arten, wie *Zabrus tenebrioides* und *Calathus ambiguus*, zeigten ebenfalls später (1993 im Mais) und (1994 in der Sommergerste) stark abnehmende Fangzahlen (Tab.9).

Tabelle 9: Arten- und Individuenzahlen der *Carabidae* (Laufkäfer) im Herbizid/Düngungs- versuch (ED), Etzdorf 1992 - 1994

Art	Wintererweizen 1992				Mais 1993				Sommergerste 1994				Sum.
	ED1	ED1 R	ED2	ED2 R	ED1	ED1 R	ED2	ED2 R	ED1	ED1 R	ED2	ED2 R	
Harp.rufipes	200	126	173	118	36	98	22	46	28	36	26	99	1008
Cal.ambiguus	146	191	172	134	2	6	3	3			3	3	663
Trech.4-striatus	40	60	28	18	72	174	44	78	20	8	2	2	546
Amar.similata	4	26	87	155									272
Amar.apricaria	46	40	59	24	7	33	3	6		1	1	6	226
Cal.mollis	31	16	5	8	6	33	9	6	1		7	9	131
Bemb.lampros	8	10	14	6	10	22	7	6	14	9	8	8	122
Amar.bifrons	12	18	30	10	3	23	2	5	1		2	9	115
Poec.cupreus	30	19	11	22	1	1			6	3	1	4	98
Harp.aeneus	14	12	22	7	5	9	2	9	3	3	1	7	94
Zabr.tenebrioides	34	19	16	15	3			1		1			89
Cal.melanocephalus	11	5	8	4	4	13	5	8		2	14	14	88
Plat.dorsalis	10	11	23	10	3	6	4	10	1	1	6	3	88
Bemb. 4-maculatum		4		7	3	2	2	1	22	20	4	5	70
Harp.tardus	14	4	20	4				1				15	58
Amar.consularis	7	10	13	8		5	1	1		1	2	1	49
Amar.convexiuscula	2	2	4	2	3	4	12	5		1	9	5	49
Harp.distinguendus	2	5	9	4		2	2	6	2	1	1	4	38
Micr.minutulus	7	9	6	1	2	3	4	1	2	2	1		38
Harp. signaticornis	11	6	7	1				1					26
Cal.fuscipes	5	6	6	5		1							23
Demet.atricapillus	4	2	5	7							2	2	22
Amar.ingenua	2	1	1	1		11	2	2				1	21
Pter.melanarius					2	1					4	9	16
Bemb.tetracolum	7	3		1					1				12
Poec.punctulatus	4	2		4						1		1	12
Individuenzahl (restl.)	14	11	5	10	2	5	4	1	9	5	2	6	74
Artenzahl (restl.)	6	9	4	8	1	4	2	1	4	2	2	3	18
Individuen (Gesamt)	671	627	728	594	164	451	128	196	114	97	98	216	4084
Arten/Variante	30	34	26	33	17	23	19	19	16	19	20	23	
Arten/Jahr	38				26				29				44

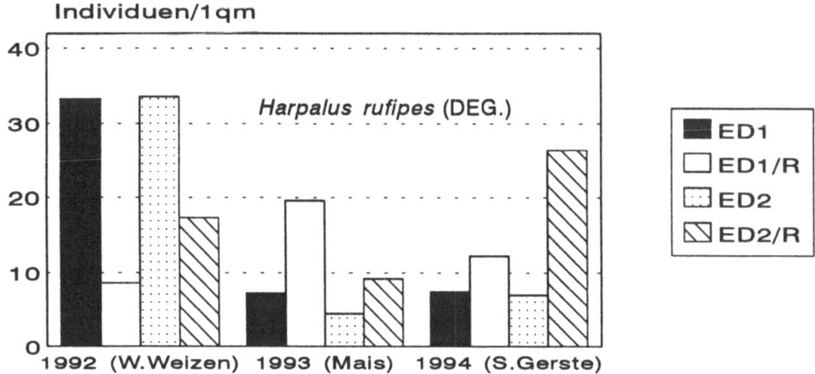

Abbildung 5: Abundanzdynamik von *Harpalus rufipes* (DE GEER) im Herbizid/Düngungs-
versuch (ED), Etzdorf 1992 - 1994

Im Jahre 1993 **(Feldfrucht Mais)** wurden insgesamt 941 Laufkäfer in 26 Spezies gefangen. Die Variante ED1/R wies die höchste Artenzahl (23) auf, sechs Arten mehr als ED1 und vier Arten mehr als die gedüngten Varianten ED2 und ED2/R. Der Anteil gemeinsamer Arten erreichte hier etwa 48,2 %. Die Gesamtabundanzen waren auf den Flächen ED1/R und ED2/R (mit Einjahresbrache) am höchsten. Im Mais dominierte das Herbsttier *Trechus quadristriatus* mit 39,1 % des Gesamtfanges der *Carabidae* vor *Harpalus rufipes* mit 21,5 %. Beide Arten fingen sich in den Varianten mit Einjahresbrache ED1/R und ED2/R doppelt so häufig im Vergleich zu den Varianten ohne Brache (ED1 und ED2). *Amara apricaria* und *Calathus mollis* waren vorwiegend in der Variante ED1/R zu finden.

In der **Sommergerste 1994** ließen sich nur 525 Individuen in 29 Arten nachweisen. Zwischen den einzelnen Flächen ED1, ED1/R und ED2 zeigten die *Carabidae* keine deutlichen Unterschiede bezüglich ihrer Siedlungsdichte. Die höchste Abundanz war in der Variante ED2/R (Düngung mit Einjahresbrache) zu verzeichnen.

Die Artenzahlen in den Einjahresbrachevarianten (ED1/R und ED2/R) fielen geringfügig höher aus als in den anderen Varianten (ohne Brache). Die Anzahl gemeinsamer Arten aller Varianten war 1994 viel niedriger als in den Kulturen der Jahre 1992 und 1993. Nur acht Arten traten in allen Varianten gemeinsam auf, was 29,0 % aller Laufkäfer entspricht. Die eudominante Art *Harpalus rufipes* (mit 36,0 % aller gefangenen Laufkäfer) in der Sommergerste hatte auch in ED2/R (Düngung, Einjahresbrache) eine wesentlich höhere Abundanz als auf den anderen Flächen.

5.1.2.4. *Staphylinidae* (Kurzflügelkäfer)

Die meisten der über 1360 deutschen Staphylinidenarten gehören zu den Bewohnern des Bodens und der Bodenstreu. Sie ernähren sich zumeist von anderen Lebewesen dieser Straten.

- **Dauerbracheversuch (LB)**: Auf der Dauerbrachefläche 1992 wurden 46 Arten (ohne *Aleocharinae*), davon 34 auf der unbelasteten und 37 auf der belasteten Fläche erfaßt. Die Artenzahl liegt damit für Felder verhältnismäßig hoch. Im Vergleich dazu sind Kulturpflanzenbestände artenärmer. Die Individuenzahlen weisen zwischen der unbelasteten **(LB1)** und der belasteten Fläche **(LB2)** mit 1630 bzw. 1693 Käfern keine wesentlichen Differenzen auf (Tab.10). Einzelne Arten wie *Xantholinus linearis* und *Plataraea brunnea* zeigten aber wesentlich höhere Aktivitätsdichten in LB1 als in LB2. Bei *Tachyporus nitidulus* verhält es sich umgekehrt (Abb.6). Arten der Unterfamilie *Aleocharinae* waren in LB1 stärker vertreten, ebenso die *Quedius*-Arten, vor allem *Q. boops*.

Im Jahre 1993 konnten in LB2 mehr Individuen (1316) als in LB1 (1069) gefangen werden. Die 1993 vorwiegend auf der unbelasteten Fläche auftretende häufige Art *Drusilla canaliculata* war 1992 in geringerer, aber fast gleicher Individuenzahl in LB1 und LB2 vorhanden.

Tabelle 10: Arten- und Individuenzahlen der *Staphylinidae* (Kurzflügler) in der Dauerbrache (LB), Bad Lauchstädt 1992 und 1993

	1992		1993		
A r t	LB1	LB2	LB1	LB2	Summe
Xantholinus linearis	430	318	180	357	1285
Tachyporus nitidulus	95	338	50	137	620
Drusilla canaliculata *	61	49	174	99	383
Philonthus cognatus	84	132	15	5	236
Plataraea brunnea *	107	24	4		135
Tachyporus hypnorum	52	45	3	14	114
Tachyporus pusillus	26	60		5	91
Gyrohypnus scoticus	28	39	8	7	82
Xantholinus longiventris	14	25	12	21	72
Anotylus insecatus	44	9			53
Tachinus fimetarius	19	17			36
Philonthus carbonarius	9	17	5	4	35
Sunius melanocephalus	8	4	9	8	29
Anotylus tetracarinatus	6	15	1	1	23
Tachinus corticinus	2	4	10	7	23
Omalium caesum		12	2	7	21
Quedius boops	14	1	2	2	19
Omalium rivulare	2	16			18
Tachyporus chrysomelinus	5	6	1	3	15
Platydracus stercorarius	13	0			13
Aleochara bipustulata *	9	3			12
Ocypus melanarius		2	1	8	11
Sepedophilus marshami	1		6	4	11
undeterminierte *Aleocharinae*	571	515	452	601	2139
Individuen (restl.)	30	42	21	26	119
Artenzahl (restl.)	17	20	15	19	44
Individuen (Gesamt)	1630	1693	956	1316	5595
Artenzahl (Gesamt)	38	41	32	36	68

* Die Art gehört zur Unterfamilie *Aleocharinae*

Zu den häufigsten Arten zählte *Xantholinus linearis*, der im Vorjahr in LB1 zahlreicher als in LB2 war, während es sich 1993 mit Dominanzen von 16,8 % in LB1 und 27,9 % in LB2 genau umgekehrt verhielt. *Tachyporus nitidulus* erreichte 1993 Dominanzen von 4,7 % in LB1 und 10,4 % in LB2 mit 1993 gesunkenen Fangzahlen. Es ließen sich 1993 insgesamt 43 Arten (ohne *Aleocharinae*) in beiden Varianten nachweisen. Davon entfielen 27 auf LB1 und 34 auf LB2. Damit zeigt sich ein analoger Sachverhalt im Vergleich zum Vorjahr, obwohl etwas weniger Arten erfaßt wurden.

Von den in beiden Jahren erfaßten 61 Arten traten nur 28 in beiden Jahren auf, wobei einige im Jahre 1992 noch häufige "Feldarten" 1993 fast oder sogar völlig verschwunden waren (Tab.10). Dagegen nahmen Bewohner der Ackerraine und Ruderalflächen beachtlich zu (Zuordnung der Staphyliniden in Pflanzenformationen nach KORGE (1991)).

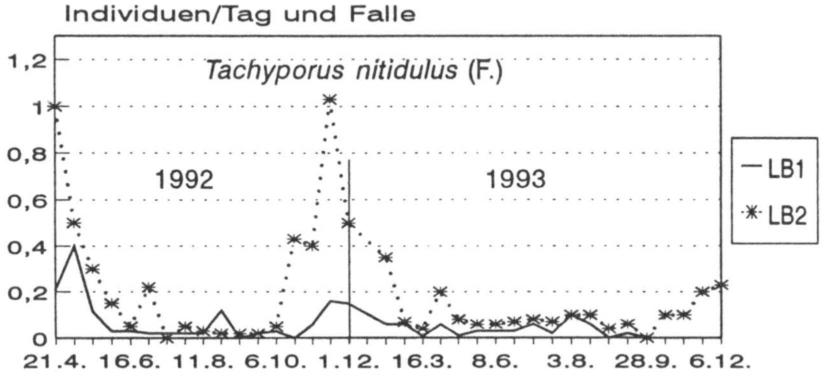

Abbildung 6: Aktivitätsdichte-Dynamik von *Tachyporus nitidulus* (F.) auf der unbelasteten (LB1) und belasteten Fläche (LB2) der Dauerbrache, Bad Lauchstädt 1992 - 1993

- Einjahresbracheversuch (LA): Im Winterweizen 1992 wurden insgesamt 1722 Individuen in 28 Arten (ohne *Aleocharinae*) gefangen, davon auf der unbelasteten Fläche 818, auf der belasteten Fläche 904 Individuen in jeweils 21 Arten (Tab.11).

Auf beiden Flächen zählten die "Feldtiere" *Tachyporus hypnorum* und *Philonthus cognatus* zu den häufigsten Arten, auf der belasteten Fläche sogar mit einem höheren Anteil als auf der unbelasteten. *Aleochara bipustulata* trat dagegen stärker auf der unbelasteten Fläche als auf der belasteten Fläche auf.

Einjahresbrache (LA/R) und Kontrolle ohne Brache (LA) unterschieden sich vor allem in der Anzahl gefangener Tiere, die bei der Einjahresbrache (LA/R) wesentlich höher war, weniger

450

aber in der Artenzahl (bei LA/R 23 und bei LA 22 Arten). Innerhalb der vier Varianten lag die niedrigste Arten- und Individuenzahl von der unbelasteten Fläche ohne Brache vor (vier bzw. fünf Arten weniger als in den anderen Varianten).

Tabelle 11: Arten- und Individuenzahlen der *Staphylinidae* (Kurzflüglekäfer) auf den Untersuchungsfläche (LA: Einjahresbrachefläche Bad Lauchstädt; ED: Herbizid/Düngungsversuch Etzdorf)

Art	Winterweizen 1992				Mais 1993				Sum.	Winterweizen 1992				Sum
	LA1	LA2	LA1	LA2	LA1	LA2	LA1	LA2		ED1	ED1	ED2	ED2	
	R	R			R	R					R		R	
Philonthus cognatus	40	29	18	59	55	25	15	28	269	9	4	21	10	44
Tachyporus hypnorum	26	32	35	61	2	3	4	3	166	11	8	22	22	63
Aleochara bipustulata *	21	12	43	13	1	3	4	5	102		5	2	4	11
Plataraea brunnea *	17	15	17	21				3	73			1		1
Philonthus carbonarius	7	15		7	1	5	4	2	41		3	20	10	33
Tachyporus chrysomelinus	2	10	7	10			1	1	31	4	4	9	14	31
Tachinus fimetarius	5	6	4	13					28				1	1
Anotylus insecatus	4	3	12	2				1	22		3	2	1	6
Xantholinus longiventris	4	5	5	6					20	1	2	6	3	12
Drusilla canaliculata *	3		2	2	3	2	5	1	18		6			6
Lathrobium fulvipenne		7	1	7	1				16		1	1	1	3
Tachyporus solutus	2	3	2	2	2	1	1		13	4	2	21	20	47
Tachyporus nitidulus	5	1		2			2	2	12	26	41	61	41	169
Xantholinus linearis	3	2	5				1	1	12		2			2
Philonthus concinnus												4	7	11
undeterm. *Aleocharinae*	372	381	134	160	74	125	91	93	1430	217	141	414	434	1206
Individuenzahl (restl.)	17	8	5	9	10	7	7	12	75	7	5	23	15	50
Artenzahl (restl.)	9	6	4	7	8	6	6	8	28	6	4	9	9	20
Individuenzahl (Gesamt)	511	521	285	365	139	166	128	138	2253	279	227	607	583	1696
Artenzahl (Gesamt)	22	19	16	20	15	14	16	16	42	12	16	21	21	35

* Die Art gehört zur Unterfamilie *Aleocharinae*

Im Mais 1993 fingen sich insgesamt nur 616 Individuen in 24 Arten (ohne *Aleocharinae*), davon auf der unbelasteten Fläche 283, auf der belasteten 333 Individuen in 20 bzw. 17 Arten. *Philonthus cognatus* war mit 20,0 % Dominanz des Gesamtfanges der Kurzflügler und mit der höchsten Individuenzahl auf der belasteten Einjahresbrache und auf der unbelasteten Brache (LA1/R) fast doppelt so häufig wie in den anderen Kontrollflächen. Die einzelnen Varianten unterschieden sich aber nur sehr gering. Es ließen sich 18 Arten nur auf der Brache (LA/R) und 20 Arten in der Kontrolle ohne Brache (LA) nachweisen.
In den beiden Jahren wurden insgesamt 42 Arten ermittelt. In Kulturpflanzenbeständen sind die Artenzahlen im Vergleich zur Dauerbrache (61 Arten) deutlich geringer. Für alle

untersuchten Flächen von Bad Lauchstädt 1992 und 1993 (Dauerbrache und Kulturpflanzenbestände) ergibt sich eine Gesamtartenzahl von 69 (ohne *Aleocharinae*).

- **Herbizid/Düngungsversuch (ED):** Bei den Untersuchungen mittels Eklektoren fingen sich insgesamt 1695 Kurzflügler (31 Arten ohne *Aleocharinae*) mit den höchsten Fangzahlen in den beiden ED2-Varianten. Die Anzahl betrug meist mehr als das Doppelte im Vergleich zu ED1. Die Artenzahlen waren in den ED2 -Varianten fast doppelt so hoch wie in den ED1-Parzellen. Die Varianten ED1/R und ED2/R (Vorjahr Brache) wiesen etwas weniger Käfer auf als jene ohne Brache. Dagegen waren aber die Artenzahlen (mit zwei Arten) in den Varianten mit Brache geringfügig höher. In den ED2-Varianten traten *Tachyporus*- und *Philonthus*-Arten stärker auf (Tab.11).

5.1.2.5. *Coccinellidae* (Marienkäfer)

Die *Coccinellidae* sind in der überwiegenden Mehrzahl der Arten entomophage Räuber (zumeist aphidophag). Nur wenige Arten sind phytophag (keine der nachgewiesenen Arten) oder fungivor (Mehltaufresser - *Thea vigintiduopunctata*). Von insgesamt 79 deutschen Arten wurden an den beiden Standorten 12 Arten (11 Arten in ED und acht Arten in LA und LB) nachgewiesen. Die meisten Arten waren sehr häufig oder häufig, seltener waren die beiden *Scymnus*-Arten und *Rhizobius chrysomeloides*. Ausgewertet wurden die Kontrollfänge auf ED in den Jahren 1992 bis 1994 und auf LA und LB von 1992.

- **Dauerbracheversuch (LB):** Mit vier Arten auf der unbelasteten LB1 und drei Arten auf der belasteten LB2 waren die Coccinelliden im Dauerbracheversuch sehr artenarm vertreten. *Coccinella septempunctata* war zwar auf beiden Flächen die häufigste Art, auf der Güllelastfläche aber weitaus häufiger. Bemerkenswert war hier die geringe Häufigkeit bzw. das Fehlen der sonst häufigen *Propylaea quatuordecimpunctata*, auf den Varianten von LA die häufigste bzw. zweithäufigste Art. Der Mehltaupilzfresser *Thea vigintiduopunctata* wurde mit einem Tier auf der unbelasteten Dauerbrache nachgewiesen.

- **Einjahresbracheversuch (LA):** Sowohl die Individuen- als auch die Artenhäufigkeit war auf den Brachevarianten höher als auf der Vergleichsfläche ohne Brache (Tab.12). Die beiden ungedüngten Einjahresbracheflächen (LA1/R, LA1) zeigten jeweils mit nur einer Art kaum Unterschiede zu den gedüngten Parzellen (LA2/R bzw. LA2). Auf der ehemaligen Einjahresbrachefläche (LA1/R und LA2/R) dominierte *P. quatuordecimpunctata* als häufigste und *C. septempunctata* die zweithäufigste Art, auf den Varianten ohne Brache (LA1 und LA2) war dies umgekehrt. Bemerkenswert ist das Vorkommen von *Rhizobius chrysomeloides*, eine sonst seltenere Art von naturnahen Trockenrasen.

- **Herbizid/Düngungsversuch (ED):** Von den insgesamt 11 Coccinellidenarten zeigten sich die aphidophagen, auch sonst im Gebiet sehr häufigen Arten *Propylaea quatuordecimpunctata* und *Coccinella septempunctata* mit Abstand am individuenreichsten - gefolgt von den zwei häufigen, xerothermeren Arten *Adonia variegata* und *Coccinella undecimpunctata* (Tab. 12).

452

Sowohl Arten- als auch Individuenzahl (fünf bis acht Arten, 30 bis 67 Individuen) der *Coccinellidae* waren im ersten Jahr nach der Einjahresbrache (1992, Wintergerste) auf allen Varianten am höchsten. Im zweiten Jahr (1993) mit Mais als Feldfrucht reduzierte sich sowohl Artenzahl (eine bis drei Arten) als auch Indiviuenzahl (zwei bis elf Tiere), um im dritten Jahr (1994) auf Sommergerste mit zwei bis drei Arten bzw. 12 bis 17 Individuen nur gering anzusteigen. Diese Dynamik verläuft parallel mit dem Vorkommen der Hauptbeutetiere, den *Aphidina*. Die hohe Dichte der Beutetiere sowie der hohe Arten- und Individuenanteil der Coccinelliden im ersten Versuchsjahr ist offenbar eine indirekte Folge der im Vorjahr stattgefundenen Brachlegung.

Tabelle 12: Arten- und Individuenzahlen der *Coccinellidae* (Marienkäfer) auf den Untersuchungsflächen (ED: Herbizid/Düngungsversuch; LA: Einjahresbrachefläche; LB: Dauebrache)

Art	W. Weizen 1992				Mais 1993				So.Gerste 1994				W.Weizen 1992				D.brach	
	ED 1	ED 1R	ED 2	ED 2R	ED 1	ED 1R	ED 2	ED 2R	ED 1	ED 1R	ED 2	ED 2R	LA 1R	LA 2R	LA 1	LA 2	LB 1	LB 2
Propylaea quatuordecimpunctata	8	23	18	15	2	9	4	10	7	10	9	9	41	86	12	11		1
Coccinella septempunctata	12	17	9	14		1			11	7	3	2	16	21	18	19	5	33
Adonia variegata (GOEZE)		17	1	1									1		1	3	1	2
Coccinella undecimpunctata	3	3	1	1				1					1	6	3	2		
Adalia bipunctata			1											1	2		1	
Scymnus frontalis	3	3	1															
Thea vigintiduopunctata	1	1	2			1						1					1	
Coccinella quinquepunctata	2	1																
Tytthaspis sedecimpunctata	1		2										2	1				
Coccinula quatuordecimpustulata		2																
Scymnus rubromaculatus				1														
Rhizobius chrysomeloides	1																	
Individuenzahl (Gesamt)	30	67	35	32	2	11	4	11	18	17	12	12	62	115	36	35	8	36
Artenzahl (Gesamt)	7	8	8	5	1	3	1	2	2	2	2	3	6	5	5	4	4	3

5.4. Saprophage Gruppen

5.1.3.1. *Isopoda* (Asseln)

Die Asseln gehören zu den Destruenten (Zersetzer). Sie ernähren sich vor allem vom abgestorbenen Pflanzenmaterial. Auf der **Dauerbrache** in Bad Lauchstädt traten die Asseln mit fünf Arten auf (*Armadillidium vulgare* und *Porcellio scaber* in höherer Dichte (Abb.7), *Porcellium conspersum* nur 1993, auf LB1 1Ex., auf LB2 3 Ex., *Trachelipus rathkii*: 2 Ex nur 1992 auf LB1, *Oniscus asellus*: 1 Ex. 1992 auf LB2). Auf der belasteten Fläche (LB2) waren beide dominanten Arten mehr als doppelt so häufig wie auf der unbelasteten. Im Artenspektrum zeigten sich nur sehr geringe Unterschiede (vier Arten auf beiden Flächen, davon drei gemeinsame Arten). Es dominierte *Armadillidium vulgare* mit etwa doppelt so vielen Tieren. Auf den Ackerflächen (LA und ED) wurden in den verschiedenen Kulturen wegen ihrer nur geringen Dichte Asseln nur vereinzelt gefangen. Im **Herbizid/Düngungsversuch ED** wurden 1992 insgesamt vier Arten (ED1= 4, ED1/R= 4, ED2= 2 und ED2/R= 4 Arten; *Armadillidium vulgare* mit 9 Ex., *Porcellio scaber* mit 30 Ex., *Trachelipus rathkii* mit 5 Ex. und *Porcellium conspersum* mit 14 Ex.), 1993 nur zwei nicht bestimmbare Jungtiere festgestellt. Im **Einjahresbracheversuch** waren nur im Jahre 1992 Tiere gefangen worden (LA1= 3, LA2= 2, LA1/R= 4 und LA2/R= 3 Arten; *Arm. vulgare* mit 5 Ex., *Porc. scaber* mit 25 Ex., *Trach. rathkii* mit 2 Ex. und *Porc. conspersum* mit 16 Ex.). Diese relativ geringen Individuendichten sind offensichtlich auf die landwirtschaftlichen Bearbeitungsmaßnahmen und den Mangel an geeigneter Nahrung zurückzuführen. Die Anwendung von Einjahresbrachen hatte einen geringen fördernden Einfluß auf die Asselpopulationen, denn nur im Nachfolgejahr waren die Isopoden in nennenswerter Anzahl vorhanden.

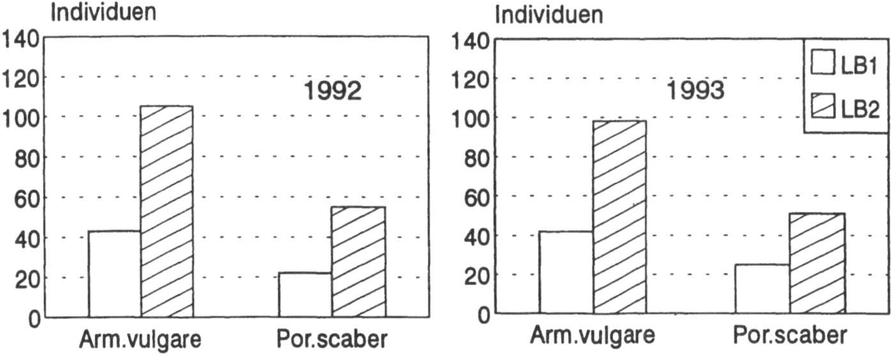

Abbildung 7: Anzahl der zwei häufigsten *Isopoda*-Arten *Armadillidium vulgare* LATR. und *Porcellio scaber* LATR. auf der unbelasteten (LB1) und belasteten Fläche (LB2) der Dauerbrache in Bad Lauchstädt

5.1.3.2. *Diptera* (Zweiflügler)

Die Dipteren sind mit 114 Familien und ca. 8000 Arten in Deutschland mit die artenreichste Insektengruppe. Da sie zudem meist zu den individuenreichsten Insekten in den Fallenfängen zählen, ist sowohl aus taxonomischen als auch aus technischen Gründen eine umfassende Bearbeitung nicht möglich. Im Rahmen dieses Projektes wurden die Dipteren des

Dauerbrache- und des Düngeversuches in den Jahren 1992 und 1993 bis zu den Familien und in ausgewählten Familien bis zur Gattung und Art determiniert.

- Dauerbracheversuch (LB): Im Untersuchungsjahr 1993 wurden insgesamt 6874 Individuen in 27 Familien gefangen, davon 3278 Indiv. in 27 Familien auf der Güllelastfläche und 3596 Indiv. in 23 Fam. auf der nichtbelasteten Fläche. Von den insgesamt 27 Familien hatten zehn Familien höhere Individuenzahlen auf der unbelasteten und 17 Fam. auf der belasteten Fläche aufzuweisen. Die mehr räuberischen Familien wie *Phoridae* und *Dolichopodidae*, aber auch sapro- und phytophage Familien wie *Sphaeroceridae, Cecidiomyiidae* oder *Opomyzidae* waren auf der unbelasteten, die saprophagen und phytophagen Familien wie *Mycetophilidae, Drosophilidae* und *Sciaridae* auf der belasteten Fläche stärker vertreten (Tab.13). Individuenreichste Familien waren die *Sphaeroceridae* mit 2884 Indiv., *Anthomyidae* mit 1543 Indiv., *Phoridae* mit 587 Indiv. und *Sciaridae* mit 527 Individuen.

Tabelle 13: Familien- und Individuenzahlen der *Diptera* (Zweiflügler) auf der
       Dauerbrache (LB), in Bad Lauchstädt 1993

F a m i l i e	LB1	LB2	Gesamt
Cecidomyiidae	109	65	174
Chironomidae	23	42	65
Drosophilidae	59	125	184
Phoridae	328	259	587
Sciaridae	226	301	527
Spheroceridae	1550	1334	2884
Mycetophilidae	46	92	138
Heleomycidae	58	106	164
Opomyzidae	67	2	69
Dolichopodidae	99	72	171
Anthomyidae	874	669	1543
Gesamt-Individuen	3596	3278	6874
Familien	23	27	27
häufiger als auf anderer Fläche	10	17	

- Herbizid/Düngungsversuch (ED): Die Individuenzahlen (10444 Indiv. 1992, 13089 Indiv. 1993 insgesamt) ausgewählter dominanter Familien von den vier Varianten und aus den Jahren 1992 und 1993 sind in Tab. 14 dargestellt. Auf den Düngevarianten mit und ohne Brache (ED2 und ED2/R) waren die *Cecidiomyiidae, Drosophilidae, Sciaridae* und *Sphaeroceridae* wenigstens in einem der beiden Jahre häufiger. Zwischen den Jahren gibt es für mehrere Familien große Unterschiede in der Individuenzahl und den Dominanzanteilen, ein Zeichen für häufig exogen hervorgerufene große Jahresschwankungen vieler Dipterengruppen. Die

Cecidiomyiidae waren in beiden Jahren (1992 mit 44,2% und 1993 mit 29,8 %) die dominante Gruppe.

Tabelle 14: Familien- und Individuenzahlen der *Diptera* (Zweiflügler) im Herbizid/Düngungsversuch (ED), Etzdorf 1992 - 1993

Familie	Winterweizen 1992						Mais 1993					
	ED1	ED1 R	ED2	ED2 R	Gesamt	%	ED1	ED1 R	ED2	ED2 R	Gesamt	%
Cecidomyiidae	727	862	1657	1366	4612	44,2	667	970	1084	1173	3894	29,8
Chironomidae	18	23	31	20	92	0,08	648	320	138	307	1413	10,8
Drosophilidae	6	4	13	7	30	0,03	507	389	982	1102	2980	22,8
Phoridae	562	617	801	567	2547	24,4	101	185	132	233	651	5,0
Sciaridae	165	169	320	311	965	9,2	355	455	432	555	1797	13,7
Sphaeroceridae	32	44	210	79	365	3,5	120	282	394	472	1268	9,7
übrige Familien					1833	17,6					1086	9,7
Gesamt					10444						13089	

5.2. Diskussion

Die verschiedenen Intensivierungsmaßnahmen in Agroökosystemen haben zu einer weitgehenden Ausräumung der Landschaft von ökologisch anspruchsvollen Tierarten geführt. Die Überbelastung mit Gülle hat dieses Phänomen offensichtlich noch verschärft.

Zu den bisher relativ gut untersuchten Einflußfaktoren auf die Zoozönosen der Agroökosysteme gehören insbesondere die Anwendungen von Pestiziden (PAWLIZKI 1984; BASEDOW 1987; AL HUSSEIN 1988; SPRICK 1991; u.a.) und die Landschaftsveränderungen durch Raumordnungsmaßnahmen - Ausräumung der Landschaft - (HEYDEMANN und MEYER 1983; KAULE 1983). Sowohl der Pestizideinsatz, als auch die Ausräumung der Strukturen (wie Hecken, Raine, Restgehölze, Begradigung von Fließgewässern, Beseitigung von Kleingewässern, Meliorationsmaßnahmen verschiedener Art) haben zum Artenrückgang und zur Verringerung der Biodiversität geführt. Dabei hat die Randstruktur der Felder große Bedeutung für die Felder selbst, da ein großer Teil der Arten hier Überwinterungsquartiere bezieht und jährlich wieder einwandern muß. Auf die Bedeutung der Ackerrandstrukturen als Refugien weisen u.a. die Ergebnisse von MÜLLER (1968); KLINGER (1987); WELLING und KOKTA (1988); LÜBKE-AL HUSSEIN und WETZEL (1994) und DESENDER (1982) an Carabiden hin.

Bei vorliegenden Untersuchungen erfolgten Änderungen des Nutzungsregimes mit Gülle belasteter und unbelasteter Ackerflächen durch Umwandlung in Dauerbrache bzw. Einjahresbrache. Im Düngeversuch wurde Einjahresbrache mit Düngung und Nichtdüngung kombiniert.

Die **Dauerbrachen** erwiesen sich im Vergleich zu den Referenzflächen LA1 und LA2 (Kontrollflächen ohne Brache) als deutlich artenreicher (und meistens auch individuenreicher). Im Dauerbracheversuch lagen auf der Güllelastefläche (LB2) die Individuenzahlen der *Araneae, Isopoda* und *Heteroptera* deutlich höher als auf der unbelasteten Fläche (LB1). Umgekehrt überwogen die *Opiliones, Diplopoda, Chilopoda, Coleoptera* und *Aphidina* auf der unbelasteten Fläche. Bemerkenswert war die alternierende Verbreitung der beiden häufigsten Prädatorengruppen (*Carabidae* auf LB1, *Araneae* auf LB2 häufiger).

Bei den bis auf Artniveau untersuchten Gruppen erhöhten sich auf der Dauerbrache zunächst die Artenzahlen, um sich dann wieder bei einem Teil der Taxa (durch die Abschöpfung des Nährstoffpotentials und eine starke Vermehrung der Konsumenten) zu reduzieren (z.B. bei den *Curculionidae, Araneae, Opiliones* und *Staphylinidae*). Bei den *Carabidae* (AL HUSSEIN und WITSACK 1993, 1994), *Isopoda* und *Cicadina* blieb bzw. stiegen die Artenzahlen in den Folgejahren. Die unbelasteten Dauerbrachen fielen meist artenreicher, bei den *Staphylinidae* aber artenärmer aus, wofür meist spezielle Artengruppen auf den belasteten und unbelasteten Dauerbrachen verantwortlich sind. Der Zugang an Arten erfolgte offenbar zumeist aus der Umgebung. Bei Zikaden nahm der Anteil von Wiesen- und Trockenrasenarten zu. Insgesamt gesehen erhöhte sich der Anzahl der ökologisch anspruchsvolleren Arten, was sich auch durch die Zunahme von Rote-Liste-Arten im Vergleich zu den Ackerflächen (LA1 und LA2) äußerte (Tab.15).

Auf den Ackerflächen des **Einjahresbracheversuches** (LA) war die Individuenanzahl ein Jahr nach der Brache bei *Isopoda, Diplopoda, Cicadina, Araneae* und *Staphylinidae* geringer, der *Aphidina* dagegen deutlich höher als auf der Dauerbrache. Beim Vergleich der Versuchsvarianten ergibt sich für viele Gruppen (*Araneae, Hymenoptera, Coleoptera, Auchenorrhyncha, Aphidina, Diptera, Coleoptera* - bei *Carabidae, Curculionidae, Coccinellidae* und *Staphylinidae* - ein Häufigkeitsgefälle von der belasteten (LA1) zur unbelasteten (LA2) und von den Varianten mit zu den Varianten ohne Einjahresbrache. Die Einjahresbrachen hatten auf die Artenzahl fast aller intensiver bearbeiteten Gruppen im Nachfolgejahr eine fördernde Wirkung (z.B. *Curculionidae, Cicadina, Carabidae, Araneae, Coccinellidae, Isopoda* und *Staphylinidae*), die sich aber im dritten Jahr bereits stark reduzierte.

Im **Herbizid/Düngungsversuch** (ED) erreichten die Individuenzahlen mehrerer Taxa bei den Varianten mit Düngung (ED2 und ED2/R) deutlich höher Werte als bei den Varianten ohne Düngung (ED1 und ED1/R) (z.B. *Araneae, Hymenoptera, Coleoptera* - *Staphylinidae* - den *Aphidina, Heteroptera, Neuroptera* und *Diptera*). Dies könnten - wenigstens teilweise - die Folge der starken Entwicklung der *Aphidina* auf den Düngevarianten sein. Dagegen lassen sich kaum Unterschiede zwischen den normal bestellten und brachgelegten Flächen feststellen. Auf den Flächen mit Düngung bzw. Belastung durch Gülle erhöhte sich die Artenzahl der *Isopoda, Curculionidae* und *Staphylinidae*, während sie sich bei den übrigen Gruppen neutral verhält oder verringert (*Carabidae, Cicadina*).

Tabelle 15: Übersicht über die Artenzahl und Anzahl der Rote-Liste-Arten der unterschiedlichen Tiergruppen auf den Untersuchungsflächen (LA: Einjahresbrache;   LB: Dauerbrache; ED: Herbizid/Düngungsversuch)

	Winterweizen 1992				Mais 1993				Sommergerste 1994				Dauerbrache 1992		1993		1994	
Gruppe	LA 1	LA 2	LA 1R	LA 2R	LA 1	LA 2	LA 1R	LA 2R	LA 1	LA 2	LA 1R	LA 2R	LB 1	LB 2	LB 1	LB 2	LB 1	LB 2
Curculionidae	9	3	15	15	4	2	1	0	*	*	*	*	12	10	9	3	*	*
Cicadina	4	3	9	6	*	*	*	*	6	5	7	5	7	4	*	*	15	7
Carabidae	25	19	29	29	25	24	29	27	20	19	27	21	40	31	42	36	36	31
Araneae	19	21	21	35	15	19	20	18	18	26	21	17	49	39	40	37	37	47
Opiliones	1	1	1	1	1	2	1	1	1	3	2	1	3	5	2	2	3	2
Coccinellidae	5	4	6	5	*	*	*	*	*	*	*	*	4	3	*	*	*	*
Isopoda	3	2	4	3	0	0	0	0	*	*	*	*	3	3	3	3	*	*
Staphylinidae	16	20	22	19	16	16	15	14	*	*	*	*	38	41	32	36	*	*

Rote Liste-Arten

	LA 1	LA 2	LA 1R	LA 2R	LA 1	LA 2	LA 1R	LA 2R	LA 1	LA 2	LA 1R	LA 2R	LB 1	LB 2	LB 1	LB 2	LB 1	LB 2
Carabidae (SA)**	4	2	3	2	4	2	5	3	1	1	4	2	5	2	6	5	5	4
Araneae (SA)**	0	0	1	3	0	0	1	1	2	0	1	1	6	2	4	2	3	2
Cicadina (D)***	1	0	0	0	*	*	*	*	1	0	0	0	1	0	*	*	2	1

H.-Düngungs-Versuch (ED)	ED 1	ED 1R	ED 2	ED 2R	ED 1	ED 1R	ED 2	ED 2R	ED 1	ED 1R	ED 2	ED 2R
Curculionidae	13	10	18	15	7	12	6	11	6	7	3	5
Carabidae	30	34	26	33	17	23	19	19	16	19	20	23
Araneae	23	19	23	26	12	11	15	13	16	16	16	13
Opiliones	2	2	1	1	1	1	0	1	0	0	0	0
Coccinellidae	7	8	8	5	1	3	1	2	2	2	2	3
Isopoda	4	4	2	4	0	0	0	0	*	*	*	*
Staphylinidae	12	16	21	21	*	*	*	*	*	*	*	*

Rote Liste-Arten

	ED 1	ED 1R	ED 2	ED 2R	ED 1	ED 1R	ED 2	ED 2R	ED 1	ED 1R	ED 2	ED 2R
Carabidae (SA)**	1	3	3	3	1	1	1	2	1	1	1	2
Araneae (SA)**	1	2	1	2	0	0	0	0	1	0	0	0

* noch nicht erfaßt
** SA: Rote Liste Sachsen-Anhalt (SCHNITTER u.a. 1993)
*** D: Rote Liste Deutschlands (REMANE u.a., in Vorbereitung)

Als ein besonderes Indiz für die beginnenden Renaturierungsprozesse auf den Flächen kann
das Vorkommen von Rote-Liste-Arten angesehen werden, da diese zumeist besondere
ökologische Bedingungen an ihr Habitat stellen. Sowohl die hohen Artenzahlen als auch die
Anzahl der Rote-Liste-Arten zeigen auf der unbelasteten Dauerbrache einen bereits hohen
Renaturierungseffekt an. Die deutlich steigende Tendenz der Rote-Liste-Arten auf der Güllelastfläche weist auf eine beginnende Renaturierung hin. Die verschiedenen Taxa reagieren also
offensichtlich sehr differenziert auf Brachlegung, Düngung und Güllebelastung (Tab. 15).

Die verschiedenen Individuen- und Artenzahlen der betrachteten Taxa in den drei Untersuchungs-jahren deuten auf dynamische Prozesse hin. Die unterschiedlichen Sukzessionsstadien der Bracheflächen haben Artengruppen ergeben, die den Grad der Renaturierung charakterisieren können.

Untersuchungen von INGRISCH u.a. (1989) zeigten, daß für die meisten Arthropodengruppen die alternative Wirtschaftsweise günstiger ist als konventionelle. Dies drückt sich in größerem Artenreichtum und /oder in der Häufigkeit der Arten einer Tiergruppe aus. Der Artenreichtum und die Abundanzen nahmen vom Feldzentrum zum Feldrand zu. Nach BOSCH (1987) haben sich Spinnen, Dipteren, Staphyliniden und Carabiden bei einem Unkrautdeckungsgrad von 15 - 20 % deutlich erhöht (z.B. bei den Carabiden-Gattungen *Harpalus* (5,7 x), *Pterostichus* (8,8 x) und *Amara* (31,8 x). Insgesamt war die Artenvielfalt nützlicher und indifferenter Tiere größer, die der Laufkäfer verdoppelt. Die Populationsdichten einiger Schädlinge waren dagegen in Anwesenheit der Unkräuter reduziert. Auch das Einbringen von Untersaaten bringt ökologisch gute Resultate (GROSSE-WICHTRUP u.a., 1985). Eine Strukturierung der Agroökosysteme z.B. durch Erhaltung von Ackerrandstreifen und Rainen, durch Tolerieren der Unkräuter und das Einbringen von Untersaaten könnte die Zoozönosen fördern. Weitere Förderungsmaßnahmen wären angesäte Unkrautstreifen (NENTWIG, 1992) oder Brachestreifen, wie sie im Projekt STRAS angelegt wurden. Beides hat fördernde Einflüsse auf die Diversität der Zoozönosen, da nicht nur die Artenzahl erhöht wird, sondern auch deutlich der Anteil nützlicher und indifferenter Gruppen steigt.

Für die Beseitigung von Überbelastungen der Agroökosysteme ist einmal die aktuelle Reduktion der Pestizide und der Düngelasten notwendig, ein Weg, der vom ökologisch orientierten bis zum alternativen Landbau führen könnte. Für die Renaturierung von überbelasteten Agroökosystemen (beispielsweise durch Gülle) haben - wie die eigenen Untersuchungen zeigen - Einjahresbrachen nur einen kurzen biodiversitätsfördernden Effekt für praktisch ein Jahr. Durch Rotationsbrache bzw. Einjahresbrachen mit Überschneidungen der Flächen von Jahr zu Jahr wären kurzfristige Brachen durchaus sinnvolle Möglichkeiten zu einer flächendeckenden Landeskultur. Zur Renaturierung von Altlastflächen, aber auch zur Erhöhung der Biodiversität in der Agrarlandschaft generell wäre aus zoozönotischer Sicht Dauerbrache bzw. eine Langzeitbrache sehr sinnvoll. Eine solche Renaturierung von naturnahen Ökosystemen innerhalb der Agrarlandschaft bietet sich aber hauptsächlich in der Nähe von bereits existierenden Refugien an, da von dort aus eine rasche Besiedlung erfolgen kann.

6. Schlußfolgerungen

Untersuchungen zur Regeneration der zoozönotischen Strukturen von durch Gülle hoch belasteten Flächen fehlen bisher weitgehend. Die vorliegenden Untersuchungen zur Renaturierung von agrarisch intensiv genutzten Flächen über Dauerbrachen können praktisch nur den Ausgangszustand zu Beginn einer Sukzession widerspiegeln. Daher erscheint die Fortsetzung der zoozönotischen Sukzessionsuntersuchungen auf den Dauerbracheflächen in Bad Lauchstädt unbedingt notwendig.

Da die Kontrollflächengröße für die Untersuchungen zur Wirkung von Einjahresbrachen für zoozönotische Untersuchungen sehr gering war, müßten zur Verifizierung Versuche auf größeren Flächen stattfinden. Es sollte das Jahr vor und während der Brachebehandlung in die Untersuchungen einbezogen werden, ebenso der Prozeß der Rotation der Brache, da eine solche Rotation einen größeren Renaturierungseffekt verspricht.

Als Indikatorgruppen für die untersuchten Regenerierungsprozesse haben die Phytophagen *Curculionidae* und *Cicadina*, die sich vorwiegend zoophag ernährenden *Araneae, Carabidae, Staphylinidae* und (bedingt) die *Coccinellidae*, als Saprophage die *Isopoda* (trotz ihrer geringen Präsenz) und ausgewählte *Diptera*-Gruppen sich bewährt.

Literatur

AL HUSSEIN, I.A.: Untersuchungen zum Einfluß von Insektiziden auf wichtige Elemente des Agroökosystems Winterweizen. - Diss. Martin-Luther-Univ. Halle/Saale (1988), 137 S.

AL HUSSEIN, I.A.; WITSACK, W.: Zoozönotische Untersuchungen zur Regeneration von mit Gülle belasteten Agrar-Ökosystemen unter besonderer Berücksichtigung der Familie Carabidae. - Nachr. Dtsch. Ges. Allg. Angew. Ent. 7 (1993) , S. 90-91.

AL HUSSEIN, I.A.; WITSACK, W.: Zur Besiedlung von früher mit Gülle belasteten und unbelasteten Dauerbracheflächen durch Laufkäfer. Nachr. - Dtsch. Ges. Allg. Angew. Ent. 8 (1994), S. 39.

BARBER, H.S., 1931: Traps for cave-inhabiting insects. - J. Elisha Mitchel Sci. Soc. 46 (1931), S. 259-266.

BASEDOW, Th.: Der Einfluß gesteigerter Bewirtschaftungsintensität im Getreidebau auf die Laufkäfer (Coleoptera; Carabidae). - Habil. Schrift Justus-Liebig-Univ. Gießen (1987), 123 S.

BOSCH, J.: Einfluß einiger dominanter Ackerunkräuter auf Nutz- und Schadarthropoden in einem Zuckerrübenfeld. - Z. PflKrankh. PflSch. 94 (1987), S. 398-408.

BRIGGS, J.B.: Biology of some ground beetles (Coleoptera, Carabidae) injurious to strawberries. - Bull. Ent. Res. 56 (1965), S. 79-93.

CHVALA, M.: The Empidoidea (Diptera) of Fennoscandia and Denmark. - II. Fauna entomologica scandinavica (Klampenborg) 12 (1983), 279 S.

DESENDER, K: Ecological and faunal studies on Coleoptera in agricultural land. II. Hibernation of Carabidae in agroecosystems. - Pedobiol. 23 (1982), S. 295-303.

EDWARDS, C.A.; SUNDERLAND, K.D.; GEORGE, K.S.: Studies on polyphagous predators of cereal aphids. - J. Appl. Ecol. 16 (1979), S. 811-823.

FREUDE, H.; HARDE, K.W.; LOHSE, G.K.: Die Käfer Mitteleuropas. - Bd. 1-13, Goecke und Evers Verlag, Krefeld, 1964 - 1989.

FUNKE, W.: Food and energy turnover of leaf-eating insects and their influence on primary production. - Ecol. Studies 2 (1971), S. 81- 93.

GROSSE-WICHTRUP, L.; STEINER, H.; WIPPERFÜRTH, T.: Der Einfluß von Klee als Untersaat auf die Populationsdynamik von Blattläusen (Homoptera; Aphididae) und epigäischen Arthropoden bei Winterweizen im Lautenbach-Projekt. - Mitt. Dtsch. Ges. Allg. Angew. Ent. 4 (1985), S. 430-432.

GRUNER, H.-E.: Krebstiere oder Crustacea. - In: DAHL, F.: Die Tierwelt Deutschlands 53 (1966), S. 151-380, G. Fischer Verlag, Jena.

HEIMER, S.; NENTWIG, W.: Spinnen Mitteleuropas. - Paul Parey Verlag, Berlin und Hamburg (1991), 543 S.

HEYDEMANN, B.: Die Biotopstruktur als Raumwiderstand und Raumfülle für die Tierwelt. - Verh. Dtsch. Zool. Ges. Hamburg (1956), S. 322-347.

HEYDEMANN, B.; MEYER, H.: Auswirkungen der Intensivkulturen auf die Fauna in den Agrarbiotopen. - Schriftenr. Dsch. Rat. Landespflege 42 (1983), S. 174-191.

HONEK, A.: The effect of crop density and microclimate on pitfall trap catches of Carabidae, Staphylinidae (Coleoptera), and Lycosidae (Araneae) in cereal fields. - Pedobiol. 32 (1988), S. 233-242.

INGRISCH, S.; GLÜCK, E.; WASNER, U.: Zur Wirkung des biologisch-dynamischen und konventionellen Landbaus auf die oberirdische Fauna des Ackers. - Verh. Gesell. Ökologie XVIII (1989), S. 835-841.

JOHNSON, N.E.; CAMERON, R.S.: Phytophagous ground beetles. - Annal. Ent. Soc. 62 (1969), S. 909-914.

JONES, M.G.: The abundance and reproductive activity of common carabidae in a winter wheat crop. - Ecol. Ent. 4 (1979), S. 31- 43.

KAULE, G., 1983: Vernetzung von Lebensräumen in der Agrarlandschaft. - Daten u. Dokum. Umweltschutz (Hohenheim) 35 (1983), S. 24-41.

KLINGER, K.: Auswirkungen eingesäter Randstreifen an einem Winterweizen-Feld auf die Raubarthropodenfauna und den Getreideblattlausbefall. - J. Appl. Ent. 104 (1987), S. 47-58.

KOCK, T.: Abwehr von Schäden des Erdbeerlaufkäfers Harpalus pubescens Müll. (Col., Carabidae) im Erdbeeranbau durch Ablenkfütterung. - J. Appl. Ent. 77 (1975), S.402-409.

KORGE, H.: Liste der Kurzflügelkäfer (Coleoptera; Staphylinidae) von Berlin (West) mit Kennzeichnung der verschollenen und gefährdeten Arten (Rote Liste). - Landschaftsentwicklung und Umweltforschung (Berlin) S 6 (1991), S. 277-317.

LARSSON, S.G.: Entwicklungstypen und Entwicklungszeiten der dänischen Carabiden. - Entomologiska Meddelelser 20 (1939), S. 227-560.

LÜBKE-AL HUSSEIN, M.; WETZEL, Th.: Aktivitäts- und Siedlungsdichte von epigäischen Raubarthropoden in Winterweizenfeldern im Raum Halle/Saale. - Beitr. Ent. 43 (1993), S. 129-140.

LÜBKE-AL HUSSEIN, M.; WETZEL, Th.: Vergleichende Betrachtung des Vorkommens epigäischer Raubarthropoden, insbesondere der Laufkäfer (Col.; Carabidae), in Getreidefeldern und angrenzenden Feldrainen. - Kühn-Arch. 88 (1994), S. 32-39.

MARTENS, J.: Weberknechte, Opiliones- Spinnentiere, Arachnida. - In: SENGLAUB, K.; HANNEMANN, H.-J.; SCHUMANN, H. (Hrsg.): Die Tierwelt Deutschlands, 64 (1978), 464 S., G. Fischer Verlag, Jena.

MÜLLER, G.: Faunistisch-ökologische Untersuchungen der Coleopterenfauna der küstennahen Kulturlandschaft bei Greifswald. Teil I. Die Carabidenfauna benachbarter Acker- und Weideflächen mit dazwischen liegendem Feldrain. - Pedobiol. 8 (1968), S. 313-339.

NENTWIG, W.: Die nützlingsfördernde Wirkung von Unkräutern in angesäten Unkrautstreifen. - Z. PflKrankh. PflSchutz, Sonderrh. XIII (1992), S. 33-40.

PAWLIZKI, K.-H.: Auswirkungen abgestufter Produktionsintensitäten auf die Aktivitätsabundanz von Feldcarabiden (Coleoptera; Carabidae) sowie auf die Selbstregulierung von Agroökosystemen. - Bayr. Landw. Jb. 61 (1984), Sonderrh.2, S. 11-40.

REMANE, R.; ACHTZIGER, R.; FRÖHLICH, W.; WITSACK, W.: Rote Liste der Zikaden (Homoptera; Auchenorrhyncha) Deutschlands (in Vorbereitung).

REMANE, R.; FRÖHLICH, W.: Vorläufige, kritische Artenliste der im Gebiet der Bundesrepublik Deutschland nachgewiesenen Taxa der Insekten-Gruppe der Zikaden (Homoptera; Auchenorrhyncha). - Marb. Ent. Publ. Bd. II (1994), S. 189-232.

SCHNITTER, P., GRILL, E.; BLOCHWITZ, O.; CIUPA, W.; EPPERLEIN, K.; EPPERT, F.; KREUTER, T.; LÜBKE-AL HUSSEIN, M.; SCHMIDTCHEN, G. : Rote Liste der Laufkäfer des Landes Sachsen-Anhalt. - Ber. Landesamt. Umweltsch. S.-A. 9 (1993), S. 29-34.

SPRICK, P.: Erfassung und Beurteilung der Nebenwirkungen von Pflanzenschutzmitteln auf epigäische Coleopteren unter besonderer Berücksichtigung der Eignung von Bodenfallen. - Diss. Univ. Hannover (1991), 202 S.

STRESEMANN, E.: Exkursionsfauna, Wirbellose. - Bd. II/2 (1988), S. 306-407,. Verlag Volk und Wissen, Berlin.

SUNDERLAND, K.D.; VICKERMAN, G.P.: Aphid feeding by some polyphagous predators in relation to aphid density in cereal fields. - J. Appl. Ecol. 17 (1980), S. 389-396.

THIELE, H.U.: Physiologisch-ökologische Studien an Laufkäfern zur Kausalanalyse ihrer Habitatbindung. - Verh. Ges. Ökologie (Saarbrücken) (1973), S. 39-54.

THIELE, H.U.: Carabid beetles in their environment. - Springer Verlag, Berlin, Heidelberg, New York (1977), 369 S.

TIETZE, F.: Untersuchungen über die Beziehungen zwischen Bodenfeuchte und Carabidenbesiedlung in Wiesengesellschaften. - Pedobiol. 8 (1968), S. 50-58.

TISCHLER, W.: Synökologische Untersuchungen an der Fauna der Felder und Feldgehölze - Ein Beitrag zur Ökologie der Kulturlandschaft. - Z. Morph. Ökol. Tiere 47 (1958), S. 54-114.

VARIS, A.L.; HOLOPAINEN, J.K.; KOPONEN, M.: Abundanz and seasonal occurrence of adult carabidae (coleoptera) in cabbage, sugar beet and timothy fields in southern Finland. - J. Appl. Ent. 98 (1984), S. 62-73.

WELLING, M.; KOKTA, Ch.: Untersuchungen zur Entomofauna von Feldrainen und Feldrändern im Hinblick auf Nützlingsförderung und Naturschutz. - Mitt. Dtsch. Ges. Allg. Angew. Ent. 6 (1988), S. 373-377.

WITSACK, W.: Eine quantitative Keschermethode zur Erfassung der epigäischen Arthropoden-Fauna. - Ent. Nachr. 8 (1975), S. 123-128.

Einzelbericht zum Teilprojekt 11:

C- und N-Umsetzungen in Dauerversuchen auf Sandlöß-Braunschwarzerde in Halle

Projektleiter: Prof. Dr. J. Garz
Martin-Luther-Universität Halle - Wittenberg
Institut für Bodenkunde und Pflanzenernährung

Mitarbeiter: Dr. W. Schliephake
Doz. Dr. H. Stumpe
Dipl.-Agraring. U. Winkler

C and N Transformation in a Sandy Loess Soil

The main issue of this investigation is the nitrogen balance of the differently fertilized plots in the long-term field experiment 'Continuous rye cropping' in Halle. The soil at this site in the dry region of Central Germany is a degraded sandy loess - chernozem (Haplic Phaeozem). Presuming a steady state of N mineralization and immobilization, a N mass balance over the last 24 years showed that only 45-60 % of the annual N input by deposition ($\sim$50 kg ha^{-1}) and mineral fertilization (initially 40, later 60 kg ha^{-1}) were removed by the yield. The determination of the nitrate content of the soil solution below the rooting zone as well as of its downward movement with chloride as a tracer (long-term mean: 10-15 cm year^{-1}) revealed that less than 10 kg N ha^{-1} year^{-1} are lost by leaching of nitrate. Since denitrification is probably insignificant at this site, the fate of a remarkable part of the nitrogen input remains unexplained until now. An increase in the thickness of the top-soil layer caused by deeper ploughing since 1970 was possibly connected with a net N immobilization, without manifesting itself in the N content of the soil. The slight N losses were confirmed by ^{15}N labelled N fertilizer. The different amounts of residues (roots and stubble) left by the rye crop in dependence on the N input (and yield) found their expression in corresponding differences of the microbial biomass in the top-soil.

1. Zusammenfassung

Im Mittelpunkt der Untersuchungen steht der 1878 auf einer Sandlöß-Braunschwarzerde angelegte Dauerversuch *Ewiger Roggenbau* mit den Varianten 'St I' (= 120 dt Stallmist/ha), '-PK', 'NPK', 'N--', 'U' (= ungedüngt) und 'St II' (= von 1893 bis 1952: 80 dt Stallmist/ha).

Eine erste Aufgabe bestand darin, die Reaktion des in ununterbrochener Folge angebauten Roggens auf eine 1990 vorgenommene Änderung des Versuchsprogramms zu untersuchen. Nach der Ernte 1990 wurde nämlich auf der bis dahin nur mit Mineral-N gedüngten Parzelle (N--) der eingetretene Mangel an verfügbarem P und K durch eine einmalige PK-Zufuhr ausgeglichen und dann mit einer regelmäßigen organisch-mineralischen Düngung (NPK + St I) begonnen. Ergebnis: Der im Laufe der Jahrzehnte gegenüber 'NPK' und 'St I' eingetretene Ertragsrückgang des Roggens um ~35 % war binnen einem Jahr weitestgehend aufgehoben.

Hauptsächlich waren die Untersuchungen an diesem Versuch jedoch darauf gerichtet, tieferen Einblick in den Stickstoffhaushalt der vorzugsweise durch den Anbau von Wintergetreide genutzten Löß-Schwarzerden im mitteldeutschen Trockengebiet zu gewinnen.

Eine N-Bilanz über die Jahre 1971-1990 ergab für die ungedüngte Parzelle (U) einen N-Entzug von 25 kg/ha/Jahr, als dessen Hauptquelle die atmogene Deposition anzusehen ist. Diese beträgt nach Messungen in den Jahren 1991-94 aber ~ 50 kg/ha/Jahr, was heißt, daß auf 'U' mit den genannten 25 kg/ha nur reichlich die Hälfte des eingetragenen N entzogen wurde. Auf 'NPK' wurden bei Düngung von 40 kg N/ha mit der Roggenernte 48 kg N/ha/Jahr entzogen, also 23 kg mehr als auf 'U'. Das bedeutet einen weiteren Fehlbetrag von 17 kg/ha/Jahr.

Unter der Annahme, daß sich der N_{org}-Gehalt des Bodens im Versuch im steady state von Mineralisierung und Immobilisierung befindet, lag es nahe, diese Fehlbeträge als N-Verluste zu interpretieren, wofür vor allem Nitratauswaschung und Denitrifikation in Frage kommen.

Untersuchungen zum Wasserhaushalt des Bodens (0-2 m Tiefe) mit Chlorid als *tracer* haben gezeigt, daß nur bei Jahresniederschlägen über dem langjährigen Mittelwert von 466 mm eine wesentliche Tiefenversickerung zu erwarten ist. In den Trockenjahren mit geringeren Niederschlägen war das Chlorid aus der K-Düngung fast vollständig im unteren Wurzelraum verblieben. Im langjährigen Mittel ist eine Abwärtsbewegung von 10-15 cm/Jahr wahrscheinlich. Bei einem mittleren Gehalt an Nitrat-N in 60-140 cm Tiefe auf der NPK-Parzelle von ~ 1,3 mg/kg ist bei Annahme einer vorzugsweisen Bewegung der Bodenlösung nach dem Prinzip des *piston flow* demnach nur mit einem jährlichen Austrag von Nitrat-N in Höhe von < 5 kg/ha zu rechnen. Das liegt deutlich unter den aus der Bilanz abgeleiteten Gesamtverlusten.

Erheblichen N-Verlusten durch Denitrifikation widerspricht jedoch die Nitratanhäufung in der Folge von N-Deposition und -Nettomineralisation auf dem an die Parzellen angrenzenden Streifen mit Dauerschwarzbrache. Deshalb ist dringend zu prüfen, ob nicht die 1970 begonnene Krumenvertiefung von 20 auf 25 cm flächenbezogen zu einer Aufstockung des N-Vorrates im Boden geführt hat. Ein Teil der Fehlbeträge in der N-Bilanz hätte dann nichts mit Verlusten zu tun.

Im Zusammenhang mit der Nitratauswaschung und den N-Verlusten insgesamt interessiert an dieser Stelle, daß auf dem naheliegenden *Feld F* bei Anbau von Kartoffeln, W.-Weizen, Silomais, S.-Gerste, Z.-Rüben, S.-Weizen im 4. Versuchsdezennium ohne Düngung im Mittel 62 kg N/ha/Jahr mit den Ernten entzogen wurden. Als Haupt-N-Quelle muß wieder die N-Deposition angesehen werden, und die N-Verluste müssen sehr gering gewesen sein.

Eine Pulsmarkierung der N-Düngung mit ^{15}N auf Mikroparzellen (innerhalb der Hauptparzellen des *Ewigen Roggenbaus*) hat bisher ergeben, daß die Verluste an Dünger-N auf 'NPK' bis zur ersten Ernte mit 5-15 % relativ gering sind. Insgesamt 30-35 % des markierten N wurden mit dem Erntegut entzogen, 50-60 % im Boden wiedergefunden. Dieser N befand sich noch zu ~ 80 % in der Schicht 0-40 cm und lag nur noch zu 7 % in anorganischer Form vor.

Im zweiten Jahr vermochte sich der Roggen nur ~ 10 % des nach dem Anwendungsjahr im Boden verbliebenen markierten Dünger-N anzueignen. Die Untersuchung der Tiefenverteilung ließ nur eine geringe Abwärtsverlagerung dieses verbliebenen Dünger-N erkennen.

Dies entspricht der Vorstellung, daß der als Nitrat aus dem Boden zum Austrag kommende und auch der anders verlorengehende N überwiegend aus einem relativ großen pool organisch gebundenen Stickstoffs stammen, der seinerseits durch den immobilisierten Dünger-N regelmäßig wieder aufgestockt wird und ein turnover von vielen Jahren aufweist.

In der mikrobieller Biomasse (mBM) des Bodens waren unter dem Roggen in 0-25 cm Tiefe folgende N-Mengen gebunden: auf 'U' 29 und auf 'St I' 69 kg/ha. Strohdüngung hatte im Versuch *Feld F* keinen größeren Effekt auf den Gehalt an mBM-N als Stallmistdüngung.

2.   Zielstellung

Auch im mitteldeutschen Schwarzerdegebiet betrifft die Belastung der Agrarökosysteme durch ihre in der Vergangenheit einseitig auf höchste Erträge orientierte Nutzung - neben anderem - die mannigfaltigen Folgeerscheinungen einer über den Bedarf hinausgehenden Nährstoffversorgung der Pflanzen durch organische und mineralische Düngung, zu der es vor allem in Nähe großer Tierproduktionsanlagen gekommen ist. Dies gilt besonders für den Nährstoff Stickstoff.

Wegen der außerordentlich starken Abhängigkeit des Stickstoffumsatzes von Klima und Witterung sind bei der Behebung dieser Belastungen die andernorts gewonnenen Ergebnisse in quantitativer Hinsicht nur bedingt anwendbar. Das macht spezielle Untersuchungen zur Quantifizierung des N-Flusses durch die Agrarökosysteme im Schwarzerdegebiet des östlichen Harzvorlandes erforderlich. Besonders dafür geeignet sind Dauerdüngungsversuche, weil bei ihnen hinsichtlich der organischen Bodensubstanz und des darin enthaltenen Stickstoffs bereits Fließgleichgewichte zwischen den Zugängen und Abgängen bestehen.

Gegenstand dieses Berichtes sind Untersuchungen, die aus dieser Sicht an dem 1878 begründeten Monokultur- und Dauerdüngungsversuch *Ewiger Roggenbau* in Halle vorgenommen wurden. Sie stehen in enger Beziehung zu den im Rahmen der Teilprojekte (TP) 2 und 3 vorgenommenen Untersuchungen am *Statischen Versuch* in Bad Lauchstädt (sowie zu den TP 1, 6 und 13). Während dort die Schwarzerde aus typischem Löß hervorgegangen ist, handelt es sich in Halle, am NO-Rand des Lößgürtels, um eine aus Sandlöß hervorgegangene Schwarzerde, die als Folge höherer Durchfeuchtung (geringere Feldkapazität bei etwa gleichen Niederschlägen wie in Bad Lauchstädt) und niedrigerer Säureneutralisationskapazität des Ausgangsmaterials deutliche Degradierungsmerkmale aufweist (Braun-Schwarzerde). Ergänzend wurden auch ausgewählte Varianten (Strohdüngung) eines weiteren, in Nachbarschaft zum *Ewigen Roggenbau* gelegenen Dauerversuches (*Feld F*) herangezogen.

Die engere Zielstellung bei diesen Untersuchungen ist eine zweifache. Die erste besteht darin, die *Regenerierung der Bodenfruchtbarkeit* auf der ehemals im Sinne eines 'raffinierten Raubbaus' am Boden (JULIUS KÜHN 1901) ausschließlich mit Mineral-N gedüngten Parzelle (N--) zu verfolgen, nachdem diese 1990 auf eine 'organisch-mineralische Volldüngung' umgestellt wurde. Die zweite, viel umfassendere Aufgabenstellung betrifft den *Stickstofffluß durch die* verschiedenen *Agroökosysteme*, als welche die einzelnen Parzellen (Varianten) dieses Versuches aufgefaßt werden können. Dazu wurden in angemessenen Zeitabständen bestimmt: (1) der von den Roggenpflanzen aufgenommene N, (2) der in der mikrobiellen Biomasse (mBM) immobilisierte N, (3) der in die tote organische Bodensubstanz inkorporierte N und (4) der relativ mobile anorganische N. Außerdem wurde (5) die Abwärtsbewegung des Bodenwassers, besonders unterhalb des Wurzelraumes, verfolgt. Zur Erhöhung der Aussagekraft dieser Untersuchungen wurde 1992 bis 1994 auf Mikroparzellen mit ^{15}N eine Pulsmarkierung der über die Düngung oder auch durch Deposition erfolgenden N-Zufuhr vorgenommen.

3. Wissenschaftlich-technischer Stand

Die vielen Prozesse, die in ihrem Zusammenspiel den Fluß des Stickstoffs durch die Agrarökosysteme bewirken und den Verbleib des eingetragenen N bestimmen, sind im einzelnen gut untersucht, und ihr Zusammenwirken ist im allgemeinen hinreichend bekannt (JANSSON und PERSSON 1982, LEGG und MEISINGER 1982). Auch ist die Anwendung dieser Kenntnisse auf die Erforschung bestimmter Agrarökosysteme und ihrer Belastungen in den alten Bundesländern weit fortgeschritten (WERNER u.a. 1991). Der Übertragung der dabei gewonnenen Erfahrungen auf die mitteldeutschen Verhältnisse sind jedoch Grenzen gesetzt, zum einen wegen der anderen ökonomischen Strukturen in der Landwirtschaft der neuen Bundesländer, zum anderen wegen des kontinentaleren Klimas.

Wesentliche Unterschiede zum westlichen Deutschland resultieren aus dem verbreitet geringeren Viehbesatz (HEINRICH 1993) und der geringeren Durchfeuchtung (MICHEL u.a. 1991, N-Auswaschungsgefährdung nach HARRACH und PETER 1991). Das letzte trifft ganz besonders für das Lößschwarzerdegebiet des östlichen Harzvorlandes zu. In langjährigen Versuchsreihen auf dem Versuchsfeld in Halle (STUMPE 1990, STUMPE u.a. 1993) hat sich gezeigt, daß die N-Verluste (durch Auswaschung und Denitrifikation) häufig geringer sind als die Gewinne durch die N-Deposition und daß hohe Erträge hier durch eine im Vergleich zu anderen Gebieten geringe N-Zufuhr mit der Düngung erzielt werden.

Durch Anwendung von ^{15}N zur Verfolgung des Weges, den der mit der Düngung (und Deposition) in den Boden gelangende N nimmt, wurde bereits mehrfach gezeigt, daß - solange die N-Düngung im Rahmen des N-Verwertungsvermögens der Pflanzen bleibt - derjenige Dünger-N, der nicht von den Pflanzen aufgenommen wird, größtenteils mikrobiell immobilisiert wird und daß der im folgenden Winterhalbjahr mit dem Sickerwasser aus dem Boden ausgetragene N hauptsächlich aus der Mineralisierung früher festgelegten (nicht-markierten) Stickstoffs stammt (THIES u.a. 1977; MATZEL u.a 1979, ANDREEVA u.a. 1981, POWER u. LEGG 1984; SCHMEER u. MENGEL 1984; WEBSTER u.a. 1986).

Eine wesentliche Vertiefung haben diese Untersuchungen in jüngerer Zeit durch JENKINSON und POWLSON in Rothamsted erfahren, wo auf dem *Broadbalk Wheat Experiment* durch einmalige Verabfolgung der N-Düngung in ^{15}N-markierter Form (Pulsmarkierung) besonders geeignete Bedingungen für die direkte Verfolgung des N-Flusses durch die betreffenden Agroökosysteme geschaffen werden konnten (POWLSON u.a. 1986;. JENKINSON und PARRY 1989; SHEN u.a. 1989; JENKINSON 1991).

Ein Problem bei der Interpretation der dabei gewonnenen Ergebnisse besteht immer noch hinsichtlich der Einbeziehung des in den Ernterückständen und organischen Düngern enthaltenen N in die mit der Mineralisierung verbundene Bildung neuer mikrobieller Biomasse (mBM).

Neben der Annahme von JANSSON (1958), daß dieser N vor seinem Einbau in die mBM als Ammonium vorliegen muß, steht die Vorstellung, daß dies keineswegs erforderlich sei.

Aufmerksamkeit verlangen auch Unterschiede in der Vermehrung der mBM nach der Einbringung von Ernterückständen und Stroh. Sind die Mineralisierungsbedingungen günstig, dann kommt es kurzfristig zu einer erheblichen Zunahme der mBM, die dann im Laufe eines Jahres wieder nahezu auf den Ausgangswert zurückgeht (OCIO u.a. 1991). Unter nicht so günstigen Bedingungen (Trockenheit) ist dieser Peak weniger ausgeprägt, und die Böden haben einen erhöhten Gehalt an noch nicht humifizierter OS (light fraction, JANZEN u.a. 1992).

4. Material und Methoden

Der *Versuchsstandort* befindet sich auf dem am östlichen Stadtrand von Halle gelegenen Versuchsfeld der Landwirtschaftlichen Fakultät der Martin-Luther-Universität Halle - Wittenberg. Was das *Klima* betrifft, so betrug der Niederschlag im 100jährigen Mittel (1851-1950) 501 mm, im Mittel der Jahre seit 1968 aber nur 466 mm. Der *Boden* ist eine aus Sandlöß (~100 cm) über Geschiebemergel hervorgegangene Braunschwarzerde (Tschernosem-Braunerde, FAO: Haplic Phaeozem) mit einem ~ 60 cm mächtigen A-Horizont.

Im Bereich des Versuches *Ewiger Roggenbau* (ER) ist der (Fein-)Sandanteil des Löß besonders hoch (S:U:T = 68 : 23 : 9) und die Degradierung deutlich (Griserde); im etwas tiefer gelegenen Teil des *Feldes F* (F) tritt der Schluffanteil stärker hervor (S:U:T = 55 : 33 : 12), und die Verbraunung ist weniger ausgeprägt. Der C-Gehalt im A_p-Horizont beträgt bei üblicher Bewirtschaftung 1,3 (ER) bzw. 1,5 % (F); das C:N-Verhältnis variiert um 15. Die KAK_{pot} liegt bei 11 bzw. 13 $cmol_c$/kg.

Die Feldkapazität beläuft sich im Mittel der Schicht 0-100 cm auf 0,20 (ER) bzw. 0,23 cm^3/cm^3 (F), und der PWP kann mit 0,08 bzw. 0,09 cm^3/cm^3 angenommen werden. Daraus resultiert eine nutzbare Feldkapazität der Schicht 0-100 cm von 120 bzw. 140 mm (= l/m^2).

Der Geschiebemergel lagert im ganzen sehr dicht und ist wenig wasserdurchlässig. Im oberen Bereich ist er aber offensichtlich periglaziär überformt, was Ungleichmäßigkeiten der Wasserbewegung zur Folge hat und die Entnahme repräsentativer Proben aus dem Unterboden erschwert. Der Grundwasserstand schwankt in erheblichem Maße um eine mittlere Tiefe von 2 m.

Versuchsbeschreibung:, Der 1878 angelegte Versuch *Ewiger Roggenbau* umfaßt 6 Parzellen von 1000 m^2, auf denen zunächst ausnahmslos und ununterbrochen Winterroggen angebaut wurde. Diesen 6 Parzellen entsprechen die 6 in Tabelle 1 aufgeführten Düngungsvarianten. Wiederholung bestehen nicht.

Änderungen am Versuchsprogramm wurden bisher nur 3mal vorgenommen:

(1) 1953 wurde die Stallmistdüngung auf 'St II' eingestellt, um die Nachwirkung zu prüfen.

(2) 1961 wurden alle Parzellen dreigeteilt. Auf dem einen Drittel wurde die Roggen-Monokultur unverändert weitergeführt (Abt. C), auf den beiden anderen Dritteln wurde Roggen-Kartoffel-Fruchtwechsel (Abt. B) bzw. Mais-Monokultur (Abt. A) eingeführt (beides bei

gleichbleibender Düngung). Zwischen den drei Abteilungen wurden dabei zwei 5 m breite Schwarzbrachestreifen eingerichtet, die seitdem auch ungedüngt geblieben sind.

(3) 1990 wurde auf Parzelle 4 (N--) die ausschließliche N-Düngung durch eine kombinierte organisch-mineralische Düngung (NPK+St) ersetzt (Tab 1, unten). Diese Umstellung war mit einer „meliorativen" PK-Düngung zur schnellen Behebung des PK-Mangels verbunden. Gleichzeitig wurde der besseren Vergleichbarkeit zu 'St I' halber die N-Menge bei 'NPK' und 'NPK+St' auf 60 kg/ha erhöht. Außerdem wird der Stallmist nunmehr in exakt der Menge ausgebracht, die 60 kg N/ha entspricht.

Tabelle 1: Düngung im Versuch *Ewiger Roggenbau*[1]

Parz.-Nr. Varianten-kurzbezeichnungen	Jährliche Düngung in kg/ha*			
	Stallmist	N	P	K
Düngung von Herbst 1878 bis Frühjahr 1990				
1 St I	12 000	(~ 60)	(~ 20)	(~ 60)
2 -PK	-	-	24	75
3 NPK	-	40	24	75
4 N--	-	40	-	-
5 U	-	-	-	-
6 St II (1893-1952)**	8 000	(~ 40)	(~ 13)	(~ 40)
Düngung ab Herbst 1990				
1 St I	~ 12 000	(60)	(~ 20)	(~ 60)
2 -PK	-	-	24	75
3 NPK	-	60	24	75
4 NPK+St	~ 12 000	60+(60)	24+(~ 20)	75+(~ 60)
5 U	-	-	-	-
6 ST II**	-	-	-	-

* Die Zahlen in (...) geben die mit dem Stallmist zugeführten Nährstoffmengen an.
** 1893 als zusätzliche Variante angefügt, seit der Ernte 1953 ungedüngt.

15N-Mikroparzellen: Die unter 2. erwähnte einmalige Markierung der jährlichen N-Zufuhr mit ^{15}N-markierten Ammonium- und/oder Nitratsalzen zur Verfolgung des N-Flusses durch das betreffende Agroökosystem erfolgte auf Mikroparzellen innerhalb der Parzellen 'NPK' und 'U' der Abteilung C mit Roggenmonokultur. Auf 'NPK' wurde der mit der Mineraldüngung zugeführte N markiert (10 % [15]N); auf 'U' wurde nur eine geringfügige N-Menge (5 kg/ha) verabfolgt, aber mit einem ^{15}N-Gehalt von 95 %, was als eine Markierung des durch atmogene Deposition in den Boden gelangenden N aufgefaßt werden kann.

Beides geschah in drei aufeinanderfolgenden Anbaujahren. Die *Mikroparzellen 1992* waren 3 m x 3 m groß. Die zur Ernte des Roggens vorgenommenen Untersuchungen betreffen das 1 m^2 große Kernstück; zusätzliche Beprobungen von Boden und Pflanze während des Wachstums wurden auf der inneren Hälfte des 1 m breiten Randstreifens vorgenommen. Im Unterschied zu den folgenden Jahren konnte 1992 nur die Frühjahrs-N-Düngung mit ^{15}N markiert werden, und es stand dafür auf 'NPK' auch nur Ammonsulfat anstatt Ammonnitrat zur Verfügung. - Die *Mikroparzellen 1993* waren 4 m x 4 m groß, und es konnten - bei einem wieder 1 m breiten Rand - auf dem Kernstück 4 Teilstücke von 1 m^2 Größe für die Beprobung eingerichtet werden.- Diese Anordnung blieb auch bei den *Mikroparzellen 1994* bestehen, nur wurde die Breite

---

[1] In dieser und folgenden Tabellen sind die für den Vergleich mit anderen Teilprojekten besonders ausgewählten Testvarianten 'U' (= HD 1) und 'NPK' (= HD 2) durch Schraffur hervorgehoben.

des Randstreifens nun auf 0,5 m zurückgenommen. Dies hatte sich nach vorangegangenen Vergleichsuntersuchungen zwischen dem Kern und dem inneren sowie dem äußeren Bereich des Randstreifens wie schon in früheren Untersuchungen von POWLSON u.a. (1986) als zulässig erwiesen, zumindest für einjährige Untersuchungen.

Der *Versuch Feld F* mit Varianten der organischen und mineralischen Düngung war 1949 zur Anlage gekommen. Angebaut werden Zuckerrüben, Kartoffeln und Mais im Fruchtwechsel mit Getreide. Für die Bestimmung der mBM herangezogen wurden neben 'Ungedüngt' Versuchsglieder mit Stallmist- und mit Strohdüngung, und zwar jeweils mit und ohne gleichzeitige Mineraldüngung (vergl. Tab. 9). Sie existieren jeweils in 6 Wiederholungen.

Was die *Ernte, Ertragsfeststellung und Beprobung von Boden und Pflanzen* betrifft, so wird nachstehend nur auf einige Besonderheiten bei den zusätzlich zu den turnusmäßig an den Versuchsparzellen vorgenommenen Untersuchungen eingegangen:

Die Ertragsfeststellung erwies sich insofern problematisch, als es auch darauf ankam, befriedigende Kenntnis über die verbleibenden Ernte- und Wurzelrückstände zu gewinnen, und diesbezüglich Unterschiede zwischen den von Hand geernteten Mikroparzellen und der übrigen, mit dem Mähdrescher geernteten Parzellenfläche bestanden. 1994 wurde deshalb neben Stoppeln und Wurzeln in der Ackerkrume auch das bei Mähdrusch zusätzlich vorhandene Kurzstroh bestimmt, was die anfänglichen Diskrepanzen erklärte. Anschließend wurde auf den Mikroparzellen zum Ausgleich eine entsprechende Kurzstrohmenge (unmarkiert) verteilt.

Zur Entnahme der Bodenproben: Für die von 1991 bis 1994 jährlich nach der Ernte auf ausgewählten Parzellen erfolgte Probenentnahme bis 2 m Tiefe in 20-cm-Schichten wurde ein EDELMAN-Bohrer (6 cm Dm.) verwendet. Je Parzelle wurden Schicht um Schicht 2 unabhängige Mischproben aus jeweils 3 Bohrungen hergestellt. Nach Entnahme der für Untersuchungen erforderlichen Bodenmenge wurden die Restbodenmengen der Reihe nach in das Bohrloch zurückgefüllt.- Die Proben für die Bestimmung der mBM wurden mit einem Rillenbohrer aus der Schicht 0-25 cm entnommen.- Die Wurzeluntersuchungen wurden an Bohrkernen vorgenommen, die mit dem EIJKELKAMP-Wurzelbohrer (8 cm Dm.) entnommen wurden (3 Bohrungen je Parzelle).- Die Beprobung der Mikroparzellen (mit einem Rillenbohrer) erfolgte in Abhängigkeit von der zu erwartenden N-Verlagerung bis zu einer Tiefe von 1 m (in 20-cm-Schichten). Die Zahl der Einstiche je 1-m^2-Teilstück betrug 8. Bei fehlender Wiederholung (Mikroparzellen 1992) wurden zwei unabhängige Proben gezogen.

Die Lagerung der Bodenproben für die Wurzeluntersuchungen erfolgte bei -18 °C und die der Proben für die Bestimmung von N_{an} und mBM bei 1-2°C.

Labor-Untersuchungsmethoden:

- Wurzellängen nach der *line intersection*-Methode von NEWMAN (BÖHM 1979)
- C und N in der mikrobiellen Biomasse: Fumigations-Extraktionsmethode (BROOKES u.a. 1985) nach vorheriger Abtrennung der Wurzeln (MÜLLER 1992)

- Anorganischer Boden-N (Ammonium und Nitrat unter Verwendung von N KCl-Lösung für die Extraktion

- Chlorid: argentometrisch mit elektrometrischer Endpunktanzeige

- Vorbereitung der Proben für die spektrometrische ^{15}N-Bestimmung unter Beachtung der Empfehlungen von POWLSON u.a. (1986).

5. Ergebnisse

5.1. Regenerierung der Bodenfruchtbarkeit nach über 100 Jahren ausschließlicher N-Düngung im Versuch *Ewiger Roggenbau*

Die Folgen der nach der Ernte 1990 vorgenommenen Umstellung der Düngung (s. Tab. 1) für die Erträge lassen sich für alle drei Abteilungen der Tabelle 2 als Relativzahlen entnehmen. Zum Vergleich sind die im Mittel der Jahre 1979-88 erzielten Erträge vorangestellt. Für die Bezugsvariante St I (=100) sind in der zweiten Spalte auch die absoluten Erträge aufgeführt.

Tabelle 2: *Ewiger Roggenbau,*
Erträge *vor* und nach der Umstellung der Düngung 1990

Parzelle	1	1	2	3	4	5	6
Variante					N- -		
	ST I, abs.	St I	PK	NPK	NPK+St	U	St II
	dt/ha	r e l a t i v -
Abt. C Roggenmonokultur, Kornertrag (86 % TM)							
1979-88	*32,24*	*100*	*64*	*93*	*66*	*47*	*57*
1991	36,8	100	55	112	118	47	63
1992	25,9	100	59	114	114	39	54
1993	48,3	100	63	101	111	50	58
1994	42,2	100	59	90	98	40	47
Abt. B, Kartoffel-Roggen-Fruchtwechsel							
a) Roggen, Körner (86 % TM)							
1979-88	*46,5*	*100*	*60*	*95*	*73*	*54*	*69*
1991	56,9	100	66	79*	92*	49	76
1993	59,8	100	68	95	104	63	73
b) Kartoffeln, Knollen (25 % TM)							
1979-88	*149*	*100*	*55*	*116*	*59*	*43*	*65*
1992	178	100	58	119	138	42	57
1994	171	100	55	157	159	48	65
Abt.A Maismonokultur, Silomais (25 % TM)							
1979-88	*289*	*100*	*56*	*92*	*54*	*40*	*52*
1991	316	100	54	90	103	39	61
1992	337	100	47	92	102	36	63
1993	338	100	51	103	110	34	55
1994	268	100	59	108	112	45	59

* Lager und dadurch bedingter Taubenfraß

Während auf Parzelle 4 bei ausschließlicher N-Zufuhr (N--) in der Vergangenheit nur reichlich die Hälfte bis drei Viertel des Ertrages von 'St I' erreicht wurden, konnten nach der Umstellung zu 'NPK+St' schon vom ersten Jahr an gleiche (und höhere) Erträge erzielt werden wie auf 'St I' oder 'NPK'. Bemerkenswert ist bei der Abteilung C auch, daß nach der Gleichstellung der N-Zufuhr die Roggenerträge auf 'NPK' denen auf 'St I' nicht mehr nachstehen.

Schon jetzt läßt sich die bei Anlage des Versuches von JULIUS KÜHN aufgeworfene Frage, „wie lange...ein solcher Betrieb [gemeint ist die einseitige N-Düngung] bis zum vollständigen Mißraten der Früchte...fortgesetzt werden kann und in welcher Zeit dann die Rückführung des erschöpften Landes zur normalen Fruchtbarkeit mittels angemessener Düngung möglich sein wird" (KÜHN 1901), - zumindest in ihrem zweiten Teil - ziemlich eindeutig beantworten, nämlich: innerhalb eines Jahres. Über die Veränderungen im Boden liegen noch keine Untersuchungen vor.

5.2. Der N-Fluß durch Boden und Pflanze in Abhängigkeit von der Düngung

Bei der Verfolgung des N-Flusses durch die den 6 Varianten entsprechenden Agroökosysteme unter Winterroggen ging es in erster Linie um die Erfassung des Einflusses, den darauf

- die Höhe des N-Eintrages mit der Düngung (und der N-Deposition)
- die Energiebereitstellung für die (heterotrophen) Bodenmikroorganismen über die organische Substanz in den Ernte- und Wurzelrückständen sowie im Stallmist
- die witterungsbedingten Unterschiede zwischen den Jahren im Wasserhaushalt und in der Entwicklung des Roggens (was mit einander zusammenhängt)

haben.

Die Untersuchungen im einzelnen betreffen dementsprechend:

- den Wasserhaushalt des Bodens und die damit verbundenen Wasserbewegungen
- den angebauten Roggen, wobei es neben der Ertragsbildung und N-Aufnahme auch auf die Ausbreitung des Wurzelsystems ankommt
- die jahreszeitlichen Veränderungen in der mikrobiellen Biomasse, speziell den darin gebundenen N, und ggf. auch die Veränderungen in den N_{org}-Fraktionen
- den N-Eintrag durch nasse und trockene Deposition sowie den N-Austrag durch Auswaschung.

Sie wurden zunächst vorrangig an den 6 Parzellen (Varianten) mit Roggenmonokultur (Abt. C) in ihrer gesamten Größe vorgenommen. Wo es zweckdienlich erschien, wurden auch die beiden anderen Abteilungen einbezogen. Mit der sukzessiven Anlage der ^{15}N-Mikroparzellen traten dann die daran vorgenommenen Untersuchungen stärker in den Vordergrund. Die folgenden Mitteilungen dazu gliedern sich dementsprechend in solche, die die Gesamtparzelle und solche die die Mikroparzellen betreffen. Vorangestellt wird eine kurze Erläuterung der besonderen Witterungssituation, insbesondere der Niederschlagsverhältnisse, in den letzten Jahren.

5.2.1. Witterung (Niederschlag)

Im Mittel der Jahre **1965-1989** (Zöberitz) entfielen 282 von 466 mm Jahresniederschlag auf die Monate März-August, also die Hauptvegetationszeit. Von September bis Februar fielen nur 184 mm (Tab. 3). Diese Herbst- und Winterniederschläge füllen das sommerliche Wassersättigungsdefizit auf und bestimmen mit dem, was darüber hinausgeht, die Tiefenversickerung, die zur Grundwasserneubildung führt.

Tabelle 3: Niederschlagsmengen und -verteilung in den Anbaujahren 1987/88 - 1993/94 im Vergleich zum langjährigen Mittelwert (1965-1989)

	Mittelw.	Anbaujahr							
	1965-89	1986/87	1987/88	1988/89	1989/90	1990/91	1991/92	1992/93	1993/94
September - Februar	*184*	243	243	192	196	208	158	223	212
März - August	*282*	347	224	216	221	242	363	340	413
Jahres- summe	*466*	590	467	408	417	450	521	563	625

In den vier trockenen Jahre von **1987/88** bis **1990/91** betraf die Niederschlagsarmut vor allem die Vegetationsperiode (März-August) (Tab. 3, schraffiert), während die Winterniederschläge relativ wenig vom Mittelwert abwichen. Da das sommerliche Sättigungsdefizit des Bodens aber in solchen Fällen bis auf 130 mm (nFK 0-120 cm) anwachsen kann, kam es in diesen Jahren trotz der normalen Winterniederschläge zu keiner tiefreichenden Versickerung.

In den drei folgenden Jahren, **1991/92** bis **1993/94**, sind in den 6 Monaten von März bis August insgesamt sehr reichliche Niederschläge gefallen. Es gab zwar im Mai-Juni 1992, im März-April 1993 und im Juni-Juli 1994 auch noch anhaltende, die Ertragsbildung beeinträchtigende Trockenperioden (Tab. 4), im Jahreswasserhaushalt wurden sie aber, wie der Grundwasserspiegel (s.u.) zeigte, durch um so reichlichere Niederschläge in der Folgezeit aufgewogen.

Tabelle 4 : Monatliche Niederschläge (mm) auf dem Versuchsfeld in Halle in den Jahren 1991-1994 und die entsprechenden Mittelwerte der Jahre 1971-1993 *

Jahr	Jan	Feb	Mär	Apr	Mai	Jun	Jul	Aug	Sep	Okt	Nov	Dez	Jahr
'71-'93	25	21	30	37	52	62	49	50	37	31	30	33	458
1991	11	11	36	43	20	75	14	21	12	16	24	31	315
1992	42	24	66	26	32	53	84	63	24	59	30	52	554
1993	36	14	9	10	85	107	105	30	59	17	36	56	562
1994	30	19	87	83	84	20	33	79	62	21	33	21	572

* Eingerahmt: anhaltende Trockenperioden

5.2.2.   Zu den Untersuchungen an den Gesamtparzellen

5.2.2.1. Bodenwasser

Während sich der jährliche Schwankungsbereich des **Grundwasserspiegels** in der Nähe des Versuches in den 4 trockenen Jahren 1988 bis 1991 von 1-2 m auf 2-3 m senkte, kam es 1992 infolge der reichlichen Niederschläge zu keiner weiteren Absenkung, und 1993 bewegte sich der Wasserstand den ganzen Sommer über bei 2 m. Danach stieg er über Winter weiter an und stand im Frühjahr 1994 zeitweilig bei 0,9 m unter Flur.

Die Inanspruchnahme des im Wurzelraum gespeicherten Wassers durch den Roggen konnte von 1992 bis 1994 mit Tensiometern verfolgt werden, die auf 'NPK+St' und 'U' in 15, 30, 60, 90, 120 und 150 cm Tiefe installiert waren (Abb. 1). In allen drei Jahren, vor allem aber 1992 und 1993, erfolgte die Abnahme der **Saugspannung** auf 'NPK+St' als Folge des höheren Wasserverbrauches des sich kräftig entwickelnden Roggens wesentlich schneller als auf 'U'.

Bei einem Vergleich der Jahre fällt auf, daß 1993 infolge einer guten vorwinterlichen Bestandesetablierung (incl. Wurzelsystem [Abb. 3]) und einer ausgeprägten Frühjahrstrockenheit bereits Mitte Mai in 30-90 cm Tiefe Saugspannungen erreicht wurden, wie sie 1992 erst Anfang Juni gemessen worden waren. Im Laufe des Schossens kehrten sich die Verhältnisse dann allerdings um: Während 1992 die Trockenheit im April-Juni das erreichte Sättigungsdefizit bis kurz vor die Ernte weiterbestehen ließ, führten 1993 reichliche Niederschläge ab Mitte Mai bereits lange vor der Ernte zur weitgehenden Auffüllung des eingetretenen Defizits.

Die ganz andere Witterungskonstellation 1994 bedingte neben dem sehr hohen Grundwasserstand (s.o.) auch eine schwache vegetative Entwicklung des Roggens - besonders seines Wurzelsystems. Der Anstieg der Saugspannung von April bis Ende Juli blieb dadurch weit hinter dem in den Vorjahren zurück.

Diese unterschiedlichen Witterungs- und Wachstumsbedingungen spiegeln sich auch in den nach der Ernte gemessenen **Wassergehalten des Bodens** wider, die in Abbildung 2 seinem Wasserhaltevermögen (ersichtlich aus dem Wassergehalt zu Vegetationsbeginn im Frühjahr 1993 [~FK]) gegenübergestellt sind. Während der Roggen nach der anhaltenden Trockenheit des Sommers 1991 einen von der Krume bis in 120 cm Tiefe stark ausgetrockneten Boden mit einem Sättigungsdefizit von 125 mm hinterlassen hatte, waren es 1992 nur 88 mm. Im Jahr 1993 bestand infolge der Sommerniederschläge in 0-60 cm sogar ein Wasserüberschuß, der

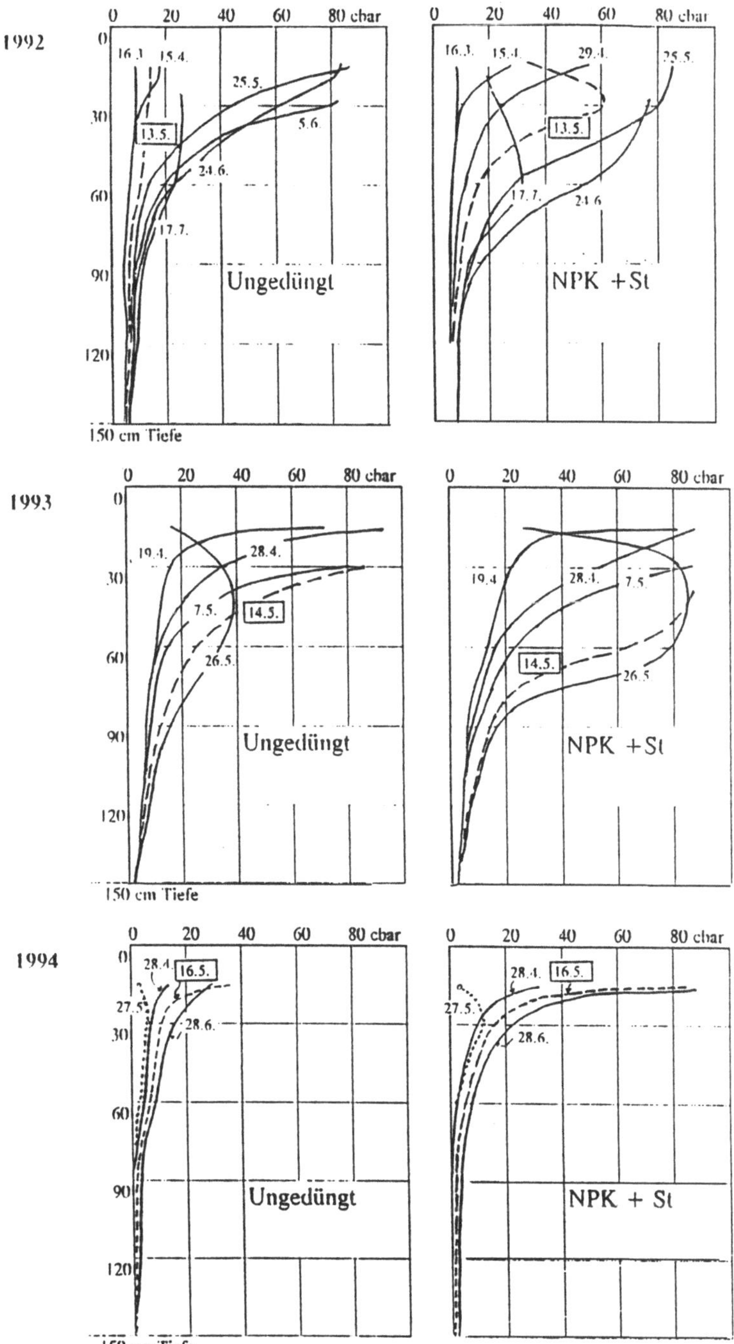

Abbildung 1: Saugspannungen des Bodenwassers in 15, 30 60, 90,120 und 150 cm Tiefe unter dem Roggen auf den Varianten 'Ungedüngt' und 'NPK+St' (1992 bis 1994)

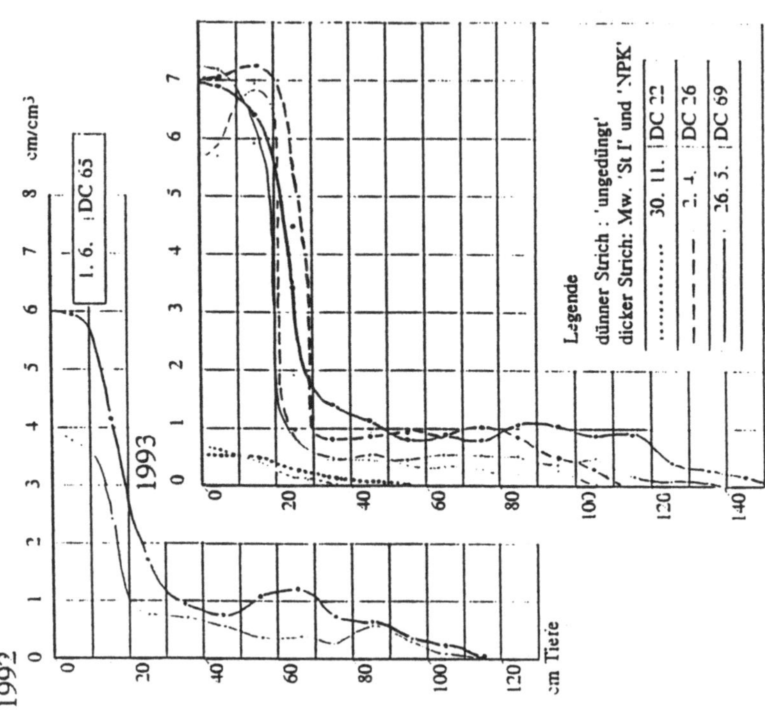

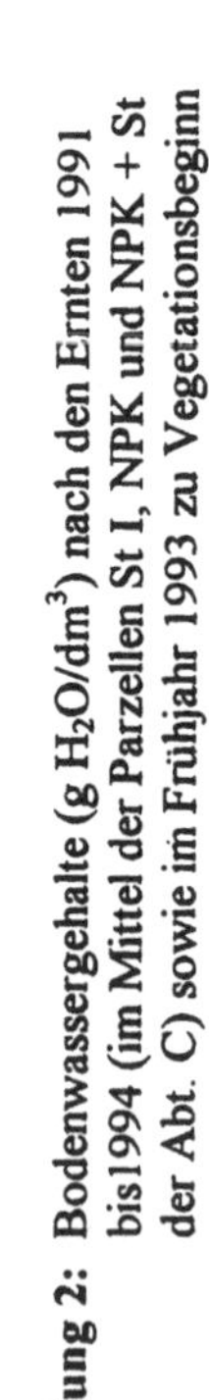

Abbildung 2: Bodenwassergehalte (g H_2O/dm³) nach den Ernten 1991 bis 1994 (im Mittel der Parzellen St I, NPK und NPK + St der Abt. C) sowie im Frühjahr 1993 zu Vegetationsbeginn

Abbildung 3: Wurzellängendichten des Roggens (cm/cm³) ohne und mit Düngung (1992 und 1993)

aber durch ein noch vorhandenes Defizit in 60-100 cm kompensiert wurde. Im folgenden Jahr (1994) war es dagegen durch die Trockenheit im Juni-Juli vor der Ernte doch noch zu einer deutlichen Inanspruchnahme des Wasservorrates im oberen Wurzelraum gekommen (57 mm Defizit in 0-120 cm Tiefe). Im tieferen Unterboden macht sich dagegen deutlich der gegenüber dem Vorjahr zur Ernte etwa 30 cm höhere Grundwasserstand (~170 cm u.F.) bemerkbar, wie auch die vergleichsweise niedrigen Wassergehalte unterhalb von 1 m Tiefe in den beiden ersten Jahren mit dem damals wesentlich tieferen Grundwasserstand zusammenhängen dürften.

Mehr als das zur Ernte im Wurzelraum verbliebene Wasser interessiert im Zusammenhang mit dem möglichen Nitrataustrag die **Wasserbewegung** in dem darunter liegenden Bereich der ungesättigten Zone. Auskunft darüber vermag der auf 'NPK+St' vorhandene Peak in der vertikalen Verteilung jenes Chlorids zu geben, das im Herbst 1990 mit der PK-Düngung in sehr hoher Menge (400 kg/ha) auf den bis dahin praktisch Cl-freien Boden gelangte (Abb. 4). Nach nunmehr 4 Jahren ist der Peak zwar nicht mehr so ausgeprägt. Er gewinnt aber trotz der hydrodynamischen Dispersion wieder an Kontur, wenn man ihn um die seither jährlich mit der normalen Düngung zugeführten ~75 kg Cl/ha korrigiert. Seine Abwärtsbewegung ist deutlich.

Im ersten Jahr wurde der Hauptteil des Chlorids mit der Versickerungsfront der Herbst- und Winterniederschläge in einem Schub 60-120 cm tief verlagert (Peak bei 90 cm). Im folgenden Jahr wurde dieses Chlorid dann aus dem im Sommer mehr oder weniger austrocknenden Wurzelraum verdrängt und von da an nur noch in dem Maße weiter abwärtsverlagert, wie die versickernden Niederschläge des Winterhalbjahres das jeweilige Wassersättigungsdefizits des Bodens überschritten. Wählt man den Wendepunkt in der oberen Flanke dieses Peaks als Tiefenmarke für die Verdrängung der Hauptmasse des Chlorids, dann wurde dieses im Winterhalbjahr 1991/92 um knapp 15 cm abwärtsbewegt, 1992/93 um ~ 30 cm und 1993/94 um ~ 50 cm.

Die untere Flanke des Peaks ist weniger ausgeprägt. Eine nicht zu vernachlässigende Cl-Konzentration unterhalb des eigentlichen Peaks und dessen zunehmende Schiefheit weisen ebenso wie die abnehmende Peakhöhe darauf hin, daß die Abwärtsverlagerung der Bodenlösung nicht ausschließlich auf dem Prinzip des *piston flow*, sondern zum Teil auch auf einem *by passing (preferential flow)* beruht. Außerdem ist es 1993/94 als Folge des hohen Grundwasserstandes zu einem seitlichen Driften in die Parzelle U hinein gekommen.

Die Verlagerung des Peaks um 15, 30 und 50 cm steht in deutlicher Beziehung zu den Jahresniederschlägen 1991/92, 1992/93 und 1993/94 (1.Sept.- 31.Aug.) von 521, 563 bzw. 625 mm (Tab. 3). Setzt man diese Strecken zu *den* Niederschlagsmengen in Relation, die jeweils über

Abbildung. 4:

Chloridgehalte in der Bodenlösung
(mg Cl/l), nach der 'meliorativen'
K-Düngung auf Parzelle 4 (1990);

(a, dünne Linie) berechnet aus den
Cl-Gehalten in den nach den Ernten 1991 bis 1994 auf den Abteilungen B und C entnommenen Bodenproben (mg Cl/kg), der Lagerungsdichte (kg/dm^3) des Bodens
sowie seinem Wasserhaltevermögen (l/dm^3, Abb. 2) und

(b, dicke Linie) korrigiert um die
Menge des nach der meliorativen
KCl-Düngung 1990 jährlich mit
der regulären Düngung zugeführten Chlorids (schraffiert).

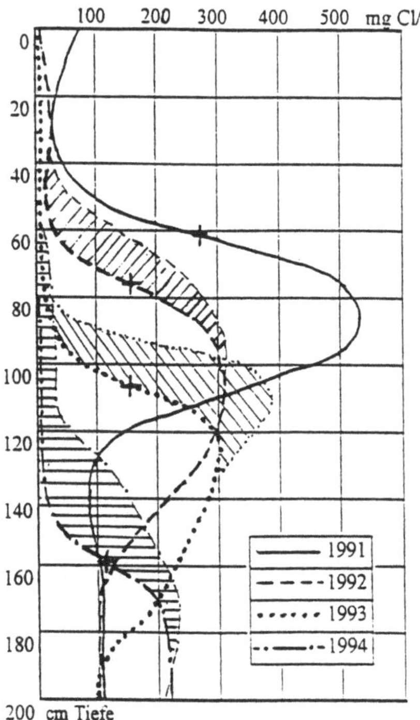

die 466 mm des langjährigen Mittels hinaus gefallen sind, nämlich 55, 97 bzw. 159 mm, dann ergibt sich mit ~ 30 cm je 100 mm eine lineare Beziehung. Bei <466 mm reicht der Niederschlag in der Regel nicht aus, um das nach Wintergetreideanbau vorhandene Wassersättigungsdefizit zu überwinden, und die Tiefenversickerung fällt aus. Daß dieser boden- und nutzungsabhängige Kipp-Punkt in etwa mit dem mittleren Jahresniederschlag zusammenfällt, ist Zufall. Die Relation von 30 cm Verlagerung je 100 mm versickerndem Niederschlag unterscheidet sich im übrigen nur wenig von den 37 cm/100 mm, die früher am gleichen Standort für die Abhängigkeit der Verlagerung des Nitrat-N von den Winterniederschlägen innerhalb der Sandlößschicht gemessen wurde (GARZ und STUMPE 1977).

Bildet man, um feuchtere wie auch trocknere Jahre zu berücksichtigen, die Summe aller in den Jahren 1968 bis 1994 über 466 mm hinausgefallenen Niederschläge und dividiert sie durch die Gesamtzahl der Jahre, so kommt man zu einem verlagerungswirksamen Niederschlag von nur 32 mm/Jahr, was eine Verlagerungsstrecke von ~ 10 cm bedeutet. Im einzelnen besteht aber eine große Variationsbreite: In der Trockenperiode 1987 bis 1991 war die Tiefenversickerung (und Grundwasserbildung) auf dem gleichen Versuchsfeld bedeutungslos gering (GARZ u.a. 1993). In den drei Jahren danach betrug die Verlagerungsstrecke aber insgesamt 100 cm.

5.2.2.2. Die N-Aneignung durch den Roggen

Die Aneignung des Boden- und Dünger-N durch den Roggen hängt auch wesentlich von den Bedingungen für die *Ertragsbildung* und die Entwicklung des Wurzelsystems ab. In Tabelle 5 sind zunächst die Erträge bei Roggen-Monokultur in den Jahren nach der Umstellung der Düngung dem Mittelwert der vorangegangenen 20 Jahre (1971 - 1990) gegenübergestellt.

Tabelle 5: Roggenerträge (dt TM/ha) auf der Abteilung C nach Umstellung der Düngung (1990/91) im Vergleich zu den Mittelwerten der vorangegangenen 20 Jahre (1971 - 1990)[*]

	Korn					Stroh				
	1971-1990[**]	1991	1992	1993	1994	1971-1990[**]	1991	1992	1993	1994
1 St I	28,2	31,7	22,2	41,6	36,3	36,3	48,7	21,2	22,4	30,6
2 -PK	17,3	17,4	13,2	26,1	21,3	25,4	30,6	14,1	18,0	19,6
3 NPK	25,9	35,5	25,3	42,0	32,5	35,6	62,4	25,6	21,0	28,6
4 NPK+St	18,6	37,5	25,2	46,2	35,6	23,6	53,0	24,6	22,6	30,5
5 U	12,9	15,0	8,7	20,9	14,4	18,7	19,8	9,5	15,9	9,0
6 St II	17,1	19,8	12,0	24,1	17,0	25,3	29,0	12,5	17,8	14,2
Mi.-Wert	20,0	26,2	17,8	33,5	26,2	27,5	40,6	17,9	19,6	22,1
	Gesamternte					Stroh:Korn-Verhältnis				
1 St I	64,5	80,4	43,3	64,0	66,8	1,29	1,54	0,95	0,54	0,84
2 -PK	42,8	48,0	27,3	44,1	40,9	1,47	1,76	1,07	0,69	0,92
3 NPK	61,5	97,9	50,9	63,0	61,2	1,37	1,76	1,01	0,50	0,88
4 NPK+St	42,2	90,5	49,9	68,8	66,2	1,27	1,41	0,98	0,49	0,86
5 U	31,6	34,8	18,2	36,8	23,4	1,45	1,32	1,09	0,76	0,63
6 St II	42,4	48,8	24,5	41,9	31,2	1,48	1,46	1,04	0,74	0,83
Mi.-Wert	47,5	66,7	35,7	53,1	48,3	1,37	1,54	1,02	0,62	0,83

[*] Bis 1991 Sorte *Pluto*, danach Kurzstrohsorte *Amando*
[**] Im Fall der Variante 'NPK+St' beziehen sich die Mittelwerte 1971 - 1990 auf die auf dieser Parzelle bis 1989/90 verabfolgte ausschließliche N-Düngung (ehem. Variante N—).

Die *Gesamterträge* des Roggens (Korn+Stroh) lagen 1991 bei einer nur schwach ausgeprägten Trockenperiode im Mai (Tab. 4) weit über denen der Vorjahre. Im Folgejahr 1992 haben dann eine trockenheitsbedingt schlechte Bestandesetablierung im vorangegangenen Herbst und dazu die Trockenheit im späten Frühjahr zu erheblichen Mindererträgen geführt. In den Jahren 1993 und 1994 waren die Abweichungen vom Jahresmittel 1971 - 1990 insgesamt eher gering.

Als Schlußfolgerung aus erheblichen Lagerschäden im Jahr 1991 wurde von da an, also ein Jahr nach der Umstellung der Düngung, die zuvor angebaute Sorte *Pluto* durch eine ausgesprochene Kurzstrohsorte - *Amando* - ersetzt, und zwar bei weiterer Anwendung von *Camposan* (Ethephon). Wohl als Ergebnis dessen liegen die *Stroherträge* von da an deutlich unter denen der Vorjahre, während sich bei den *Kornerträgen* eine positive Reaktion abzeichnet.

Zusätzliche Zwischenernten, deren Ergebnisse wegen der Einschränkungen bei der Probenahme im ganzen nur eine geringe Präzision aufwiesen und deswegen hier nicht im einzelnen mitgeteilt werden, haben dennoch gezeigt, daß der Verlauf der Ertragsbildung in den Jahren 1991 bis 1994 außerordentlich verschieden war:

1991: Günstige Wachstumsbedingungen im Frühjahr und Vorsommer haben (noch mit der Sorte *Pluto*) zu außergewöhnlich hohen Stroherträgen und in der Folge dessen auf 'St I', 'NPK' und 'NPK+St' zu erheblichem Lager geführt, was auch Taubenfraß und damit insgesamt geringe Kornerträge nach sich zog (Stroh:Korn-Verhältnisse um 1,5).

1992: Nach schlechter Bestandesetablierung infolge anhaltender Trockenheit im Herbst 1991 (Tab. 4) herrschten im Frühjahr (bis Anfang Juni) günstige Bedinungen für die vegetative Entwicklung. In der Kornbildungsphase führte dann aber anhaltende Trockenheit als Folge des erheblichen Niederschlagsdefizits im Mai-Juni zu einem weitgehenden Zusammenbruch des Blattapparates (mit erheblichen Bröckelverlusten bei der Ernte).

1993: Infolge Trockenheit kam es bereits im Mai zu einer Fast-Stagnation der vegetativen Entwicklung. Der relativ schwach ausgebildete Blattapparat blieb aber gesund und funktionsfähig und gewährleistete damit eine effektive Kornbildung (Stroh:Korn-Verhältnis um 0,6).

1994: Nässebedingt verlief die Entfaltung der vegetativen Organe (besonders auf 'St') verhalten, was den Roggen dann unter der Vorsommertrockenheit relativ wenig Schaden nehmen ließ (höchster Kornertrag auf 'St I' mit der gegenüber 'NPK' verzögerten Verfügbarkeit des N [s.u.]).

Dieser unterschiedliche Verlauf der Ertragsbildung spiegelte sich verständlicherweise auch im **Verlauf der N-Aufnahme** wider (ohne Abb.). Die allgemein sehr intensive Aneignung des Mineraldünger-N durch den Roggen während des Schossens im März-April ging 1992 und auch 1994 besonders schnell vonstatten, erfuhr aber 1993 durch die Trockenheit in dieser Zeit eine bemerkenswerte Dämpfung. In diesem Jahr, in dem auch die Stroherträge auf den mit N versorgten Parzellen relativ gering blieben (Tab. 5), wurde ein erheblicher Teil des mit der Ernte zur Kornreife entzogenen N erst nach Blühbeginn aufgenommen. In den beiden anderen Jahren war nach der Blüte eher ein Rückgang der aufgenommenen N-Menge festzustellen (nur Bröckelverluste oder auch NH_3-Abgabe ?), vor allem bei N-Düngung.

Die intensive N-Aufnahme im März-April führte im Boden stets zu einer sehr schnellen Abnahme der hohen **N$_{an}$-Mengen** (50-60 kg/ha), die auf 'NPK' und 'NPK+St' nach der Düngung in 0-25 cm gemessen wurden. Danach bestanden mit 5-20 kg/ha keine wesentlichen Unterschiede mehr zu 'St I', wo sich die Beträge im zeitigen Frühjahr je nach Mineralisierungsbedingungen und Bestandesentwicklung zwischen 5 und 45 kg/ha bewegten. Auf 'U' waren meistens <10 kg/ha vorhanden. Bemerkenswert war der bereits zur Kornreife feststellbare Wiederanstieg durch Mineralisierung, besonders auf 'St I'.

Ein Teil des aufgenommenen N stammt sicherlich auch aus dem Unterboden. Für die Aneignung des dort befindlichen N$_{an}$ (und gleichermaßen des dort gespeicherten Bodenwassers) ist die **Wurzelentwicklung** - besonders zur Tiefe hin - von Bedeutung. Ab 1992 wurden deshalb auf 'St I', 'NPK' und 'U' schichtweise die Wurzellängendichten (WLD) bestimmt, 1992 nur zur Blüte (Höhepunkt der Entwicklung des Wurzelsystems), danach auch vor Winter und zu

Schoßbeginn. Aus Abbildung 3 ist ersichtlich, daß **1992** die Durchwurzelung (WLD > 0,14 cm/cm³) zur Blüte nur 110 cm tief reichte. **1993** wurde dank der günstigen Bestandesetablierung auf 'NPK' und 'St I' bereits vor Winter ein beträchtlicher Wurzeltiefgang (50-60 cm) erreicht. Diese Entwicklung setzte sich im Frühjahr fort. Am 2.4. war nicht nur eine sehr hohe WLD (~ 7 cm/cm³) in der Ackerkrume, sondern auch schon eine bis zu 1 m Tiefe reichende Durchwurzelung des Unterbodens (mit WLD > 0,5 cm/cm³) zu verzeichnen. Diese zeitige Ausbildung eines tiefreichenden Wurzelsystems hat sicherlich dazu beigetragen, daß auch die voll gedüngten Pflanzen trotz ihrer relativ üppigen Anfangsentwicklung die März-April-Trockenheit ohne direkten Schaden überstanden haben. Am Ende der Blüte hatte sich die untere Grenze des Wurzelraumes um 50 cm weiter nach unten auf 150 cm Tiefe verschoben. **1994** glich die Wurzelentwicklung wegen der Nässe im Unterboden wieder der des Jahres 1992 (keine Abb.) und reichte nur wenig tiefer als 100 cm.

Die am Ende mit dem reifen Erntegut **entzogenen N-Mengen**, deren Berechnung sich auf die Ertragsfeststellung an der Gesamtparzelle (Tab. 5) und die N-Gehalte repräsentativer Ernteproben stützt, sind in Tabelle 6 der N-Zufuhr mit der Düngung gegenübergestellt. Zum Vergleich sind in Tabelle 7 die Ergebnisse einer entsprechenden Gegenüberstellung von N-Düngung und N-Entzug im Mittel der Jahre 1971 bis 1990 aufgeführt. Besonders geeignet für diesen Vergleich sind die Varianten 'U', 'St I' und 'St II'. Bei 'NPK' und 'NPK+St' ist die 1991 vorgenommene Umstellung der Düngung zu beachten, bei 'PK' die frühere Verunkrautung mit Leguminosen. Es zeigt sich folgendes:

Tabelle 6: N-Zufuhr mit der Düngung und N-Entzug mit der Roggenernte (Stroh+Korn) in kg/ha von 1991 bis 1994 und im Mittel dieser Jahre (MW)

Variante	St I	-PK	NPK	NPK+St	U	St II
N-Düngung*	60	0	60	60+60	0	0
N-Entzug '91	48,9	26,4	53,9	63,1	21,5	29,1
N-Entzug '92	37,6	19,0	37,8	41,9	14,0	18,5
N-Entzug '93	73,3	40,4	64,6	86,0	36,1	39,6
N-Entzug '94	51,6	30,1	47,6	57,3	19,6	25,4
N-Entzug, MW	52,8	29,0	51,0	62,1	22,8	28,2

Mehrentzug bei NPK gegenüber U:		1991	(53,9-21,5=)	32,4
		1992	(37,8-14,0=)	23,8
		1993	(64,6-36,1=)	28,5
		1994	(47,6-19,6=)	28,0
		MW		28,2
Fehlbetrag gegenüber der N-Zufuhr bei NPK:		1991	(60,0-32,4=)	27,6
		1992	(60,0-23,8=)	36,2
		1993	(60,0-28,5=)	31,5
		1994	(60,0-28,0=)	32,0
		MW		31,8

Tabelle 7: N-Zufuhr mit der Düngung und N-Entzug mit der Roggenernte (Stroh+Korn) in kg/ha, Mittelwerte der Jahr 1971 bis 1990

Variante	St I	-PK	NPK	N--	U	St II
N-Düngung*	~60	0	40	40	0	0
N-Entzug	58,7	31,4#	48,1	37,2	25,3	30,9
Mehrentzug bei NPK gegenüber U:			(48,1 - 25,3 =) 22,8			
Fehlbetrag gegenüber der N-Zufuhr bei NPK:			(40,0 - 22,8 =) 17,2			

* Gesamt-N   # Der relativ hohe Betrag ist auf Nachwirkungen einer zeitweiligen Verunkrautung mit Leguminosen (Vicia angustifolia) zurückzuführen.

1991: Der geringe Kornanteil an den hohen Gesamterträgen (Tab. 5) bedingt, daß im ganzen nur mittlere N-Entzüge zu verzeichnen sind.

1992: Die infolge der Vorsommertrockenheit relativ geringen Erträge waren auch mit einem deutlich unter dem langjährigen Mittel liegenden N-Entzug verbunden; der Unterschied beträgt bei den in der Düngung unveränderten Varianten 11-19 kg/ha.

1993: In diesem Jahr war mit 9-14 kg/ha höheren N-Entzügen auf 'St I', 'St II' und 'U' das Gegenteil der Fall. Da die hohen (Korn-)Erträge mit ungewöhnlich hohen N-Gehalten in Korn und Stroh verbunden waren, wurden die seit langem höchsten N-Entzüge festgestellt.

1994: Es sind im ganzen mittlere N-Entzüge zu verzeichnen.

Auf die in den Tabellen 6 und 7 ebenfalls angegebenen Mehrentzüge auf 'NPK' gegenüber 'U' und die sich daraus errechnenden Fehlbeträge an Dünger-N wird weiter unten im Zusammenhang mit N-Depositionen und N-Verlusten bzw. den N-Bilanzen eingegangen.

5.2.2.3. N in der mikrobiellen Biomasse (mBM)

Die in der mBM enthaltenen N-Mengen (Tab. 8) variieren zwischen 14 und 101 kg/ha in 0-25 cm (A_p), und es besteht ein erheblicher Einfluß der Düngung. Im Mittel der Jahre 1993 und 1994 sowie der Abteilungen B und C sind auf 'St I', 'NPK' und 'U' 69; 42 bzw. 26 kg/ha mBM-N in der Ackerkrume vorhanden, was 18,4; 11,2 bzw. 6,9 mg/kg Boden entspricht. Bezogen auf den Gehalt an Gesamt N (1115; 795 bzw.745 mg/kg) sind das 1,7; 1,4 bzw. 0,93 %. Dies ist auch für Ackerböden relativ wenig, was wohl mit dem Schwarzerdecharakter des Bodens zusammenhängt. Die höheren Gehalte bei Düngung können zunächst einmal als eine Wirkung der gegenüber 'U' vermehrten Ernte- und Wurzelrückstände (EWR) (~ 30 statt ~ 20 dt OS/ha) interpretiert werden. Bei 'St I' kommt dann noch die Wirkung der organischen Substanz (OS) des Stallmistes (~ 24 dt/ha) hinzu. Sie wird besonders deutlich, wenn die Erwärmung des feuchten Bodens im Frühjahr auf dieser Parzelle zu einer vorübergehenden Erhöhung der mBM führt. Auf 'NPK+St' zeigt die 1990 begonnene Stallmistdüngung (im Vergleich zu 'St I') dagegen erst einen geringen Einfluß. Andererseits ist die Wirkung der über 30 Jahre zurückliegenden Stallmistdüngung von 1883 bis 1952 auf 'St II' noch immer erkennbar. Ver-

Tabelle 8: Stickstoff in der mikrobiellen Biomasse des Bodens der Ackerkrume [kg mBM-N/(ha∗25 cm)], Umrechnungsfaktor: 1,75

| Datum | 1992 | 1993 | | | | 1994 | | | | | Mittel- |
Varianten:	10.11.	5.4.	4.5.	25.5.	7.12.	11.3.	21.4.	2.6.	4.8.	6.9.	wert*
Rroggenmonokultur (Abt. C)											
1 St I	64	52	81	101	75	57	89	96	63	79	**79**
2 -PK	–	24	43	59	52	31	42	42	32	34	**41**
3 NPK	55	48	34	63	45	40	56	56	43	41	**48**
4 NPK+St	50	58	49	45	41	40	87	54	38	49	**53**
5 U	31	34#	33	17	26	29	26	38	26	30	**29**
6 St II	50	–	27	45	38	32	48	55	21	30	**39**
Roggen-Kartoffel-Fruchtwechsel (Abt. B)											
1 St I	59	50	60	89	47	56	74	70	–	35	**60**
2 -PK	37	49	34	58	33	27	34	35	–	19	**36**
3 NPK	–	34	37	38	36	39	38	45	–	26	**37**
4 NPK + St	26	38	41	44	29	27	60	49	–	38	**41**
5 U	33	16	32	23	27	14	19	37	–	19	**23**
6 St II	33	25	27	39	30	20	37	44	–	23	**31**
Mittelwert Abt. B u. C	–	39	41	52	40	34	51	52	–	35	**43**

* Mittelwert der Jahre 1993 und 1994 (ohne 4.8.1994)   # Aus der C-Bestimmung errechnet

mutlich haben auch auf 'St I' die im Laufe von 115 Jahren akkumulierten Huminstoffe einen mindest ebenso großen Einfluß wie die leicht zersetzbaren Bestandteile des Mistes.

Ein Unterschied zwischen den beiden Abteilungen besteht nur insofern, als das Niveau nach 30 Jahren Fruchtwechsel im Mittel um 10 kg N/ha unter dem bei fortgeführter Roggenmonokultur liegt [38 kg/ha (Abt. B) gegenüber 48 (Abt. C)]. Dem entspricht eine Tendenz zur Abnahme der N_t-Gehalte auf Abteilung B (GARZ und STUMPE 1992). Zwischen den Jahren 1993 und 1994 besteht im Mittel der Varianten kein Unterschied.

Auf dem unbebauten Streifen zwischen den beiden Abteilungen wurden 1994 nach 30 Jahren Schwarzbrache im Bereich von 'U' nur noch 13 kg mBM-N/(ha∗25 cm) gemessen, also nur etwa die Hälfte von dem, was bei regelmäßiger Bebauung gefunden wurde. Man kann daran den positiven Einfluß ermessen, der selbst von den geringen Ernte- und Wurzelrückständen auf 'Ungedüngt' auf die Mikroorganismen und ihre Aktivitäten ausgeht.

Bei Vergleichsuntersuchungen an Bodenproben vom *Statischen Versuch Bad Lauchstädt* (Probenahme am 6. 6. 94 auf dem mit Zuckerrüben bestandenen Block) ergaben sich folgende Gehalte an mBM-N in kg/ha in 0-25 cm Tiefe:

St (300 dt/ha)	107	NPK + St (300 dt/ha)	85
NPK	55	Ungedüngt	38

Die Abstufung gleicht den in Halle gefundenen Verhältnissen; und auch im mittleren Niveau zeigen sich keine markanten Unterschiede, obwohl die Humusgehalte in der Schlufflöß-Schwarzerde Bad Lauchstädt 30-50 % über denen der Sandlöß-Schwarzerde Halle liegen.

Die Ergebnisse der ergänzenden Untersuchungen an ausgewählten Varianten des *Feldes F* sind aus Tabelle 9 ersichtlich. Trotz Anbaus von Hackfrucht in jedem zweiten Jahr liegen die Gehalte an mBM-N bei unterlassener Düngung etwas höher als im Versuch *Ewiger Roggenbau* (Abt.C, Tab. 8). Dies könnte durch den höheren Tongehalt (12 gegenüber 8 %) und den dementsprechend um ~30 % höheren Humusgehalt bedingt sein.

Tabelle 9: Feld F, Halle: Mikrobielle Biomasse in den Böden ausgewählter Varianten [kg mBM-N/(ha*25 cm)], Umrechnungsfaktor: 1,75 (Mittelwerte, n = 4)

Düngung		mg N_t je	mBM-N				
organisch	mineralisch	kg Bod.	1992	1993		1994	Mittel-
(dt/ha/Jahr)	(dar. kg N/ha/Jahr)		17.6.	27.4.	8.6.	22.6.	wert
ohne jegliche Düngung		1080	38a	24a	38a	41a	35a
ohne Stallmist	NPK (125)	1130	50	39	-	-	-
mit Stallmist (100)	NPK (75)	1180	62ab	50b	58a	79b	62b
ohne Stroh	NPK (150)	1090	42	41	-	-	-
mit Stroh (50)	ohne	1100	75	56	-	-	-
mit Stroh (50)	NPK (150)	1160	68b	60b	50a	74b	63b

* Der Mittelwertsvergleich nach der VA mittels Newman-Keuls-Test ergab zu den beiden ersten Probenahmeterminen signifikante (p = 0.05) Unterschiede zwischen den Variantengruppe mit und ohne organische Düngung (schraffiert und nicht schraffiert). Die den Zahlen nachgestellten Buchstaben geben Auskunft über die zu den betreffenden Terminen zwischen den drei durchgängig geprüften Varianten bestehenden Unterschiede. Gleiche Buchstaben bedeuten Nicht-Signifikanz.

Die positive Wirkung der organischen Düngung ist signifikant. Zwischen Strohdüngung und Stallmistdüngung besteht jedoch auch nach 40 Jahren kein Unterschied, obwohl mit den 50 dt Stroh je Hektar und Jahr rund doppelt so viel C in den Boden gelangt wie mit den 100 dt Rottemist. Vermutlich sind die mittleren Gehalte an mBM mehr von der autochthonen Mikroflora bestimmt, deren Lebensgrundlage hauptsächlich die schon mehr oder weniger humifizierten Bestandteile der OBS sind, und weniger von der zymogenen, die nur vorübergehend dominiert, wenn mit EWR relativ leicht zersetzbare OS in den Boden gelangt.

5.2.2.4. Einträge durch Immissionen

Aus Tabelle 7 ist ersichtlich, daß auch ohne Düngung noch immer 25 kg N/ha/Jahr mit dem Erntegut abgeführt werden. Da nach über 100 Versuchsjahren (im 20jährigen Mittel) keine Netto-N-Mineralisation in diesem Umfang mehr zu erwarten ist, müssen äußere N-Quellen existieren. Sie sind seit langem in der nassen und trockenen Deposition erkannt worden.

Die seit 1991 durchgeführten Untersuchungen der *bulk* Deposition lassen folgende Aussagen zu:

- Es besteht ein erheblicher qualitativer Unterschied zwischen den Niederschlägen der Wintermonate (Heizperiode) und der Sommermonate.

- Im Sommer (ab März/April bis September/Oktober) liegen die pH-Werte zwischen 7,0 und 7,6, im Winter sinken sie bis auf 5,3 ab.

- In Sommermonaten kann der Bikarbonatanteil unter den Anionen (in mval) bis an den Sulfatanteil heranreichen, im Winter ist er dem pH entsprechend geringfügig.

- Die Ammoniumkonzentration beträgt im Sommer ein Mehrfaches von der im Winter.

- Unabhängig von der Jahreszeit gilt, daß unter den Kationen eindeutig Ammonium und Calcium dominieren (im Winter mit Übergewicht des Ca, im Sommer umgekehrt) und daß unter den Anionen bei weitem das Sulfat vorherrscht. Der Gehalt an NH_4-N beträgt regelmäßig ein Mehrfaches des Gehaltes an NO_3-N.

Die Unterschiede zwischen Sommer und Winter dürften vor allem dadurch bedingt sein, daß im Winterhalbjahr während der Heizperiode ein höherer SO_2-Gehalt in der Luft (noch) dazu führt, daß carbonatische Staubbestandteile der Luft in Sulfate umgewandelt werden.

Für die tatsächlichen Einträge sind über die Beschaffenheit des Niederschlags hinaus die jeweiligen Niederschlagsmengen bestimmend (die überdies auch auf die Konzentration der darin enthaltenen Salze Einfluß haben). Die Aufsummierung der monatlichen Beträge für die Jahre 1991 bis 1994 ergab (in kg/ha):

	1991	1992	1993	1994
NH_4^+-N	25,5	39,4	37,0	28,2
NO_3^--N	6,4	5,2	8,7	6,8
SO_4^{--}	55,0	87,0	40,8	32,4
Cl^-	12,4	8,4	19,8	3,9

Für den N-Eintrag insgesamt ergeben sich so 32, 45, 46 bzw. 35 kg/ha.

Zur Untersuchung der NH_3-Absorption des Bodens wurden - vor Niederschlag geschützt - Petrischalen aufgestellt, von denen die eine Hälfte eine flache Schicht des Versuchsbodens und die andere ein mit 0,01 N Schwefelsäure angefeuchtetes Filtierpapier als Sorbens enthielt. Die Unterschiede waren gering. Die Hochrechnung ergab eine NH_3-Sorption in der Größenordnung von 10 kg/ha/Jahr. Bemerkenswert ist - in Übereinstimmung mit der Ammoniumkonzentration in den Niederschlägen - ein deutliches Sommermaximum. Zu bedenken ist jedoch, daß der Boden auf dem Feld über eine lange Zeit des Jahres eine Pflanzendecke trägt.

Im ganzen kann man mit einem Gesamteintrag von ~50 kg N/ha/Jahr rechnen. Damit fügen sich die Messungen zur N-Deposition in Halle gut in die Ergebnisse von Bad Lauchstädt und Brandis (TP 2, Dr. Russow) ein.

5.2.2.5. N-Verluste

In den Jahren 1971 bis 1990 wurden auf 'NPK' bei einer N-Düngung von 40 kg/ha im Mittel der Jahre nur 23 kg N/ha mehr entzogen als auf 'Ungedüngt' (Tab.7). Bei der Annahme eines unveränderten N_{org}-Gehaltes im Boden bedeutet das einen jährlichen N-Verlust aus der Düngung von 17 kg/ha. Da NH_3-Verflüchtigung nach bisherigen Erfahrungen unter den Versuchsbedingungen nur bei der Stallmistausbringung ins Gewicht fällt, kommen auf 'NPK' vor allem Nitratauswaschung und Denitrifikation in Frage.

Während die Denitrifikationsverluste der direkten Messung nur mit hohem Aufwand zugänglich sind, erlaubt die Nitratbestimmung im Unterboden in Verbindung mit der Strecke der jährlichen Versickerung (Pkt. 5.2.2.1.) Angaben zum **Nitrataustrag**.

In Tabelle 10 finden sich zusammengefaßt die Ergebnisse der Bestimmung des Nitrat-N, die 1990 - 1994 jeweils nach der Ernte in 20-cm-Schritten bis zu 2 m Tiefe vorgenommen wurden.

In der *Schicht 0-60 cm* bestehen erhebliche Unterschiede zwischen den Jahren, die offensichtlich vor allem von den jeweiligen Erträgen und N-Entzügen des Roggens (Tab. 5 u. 6) und den aktuellen Mineralisierungsbedingungen bestimmt sind. So war das Jahr 1991 mit den auffallend niedrigen Nitratgehalten (Tab. 10) durch eine ungewöhnlich starke vegetative Entwicklung des Roggens (Stroherträge doppelt so hoch wie im langjährigen Mittel) ausgezeichnet, während es sich im Folgejahr umgekehrt verhielt. Auch 1993 waren hohe Erträge mit hohen N-Entzügen verbunden und die verbliebenen N_{an}-Mengen relativ gering, während 1992 und 1994 die Dinge umgekehrt lagen. Der Einfluß der Düngung ist bei den hier verabfolgten N-Mengen demgegenüber eher zweitrangig.

Unterhalb 60 cm sind diese Jahreseinflüsse weniger ausgeprägt, und die Unterschiede erscheinen eher zufällig - besonders wenn man den *Bereich tiefer als 140 cm* ausklammert, in dem sich bereits Grundwasserstand und -bewegung bemerkbar machen können (1994 auch lateral). Die folgenden Überlegungen zur Berechnung des Nitrat-N-Austrages aus dem Wurzelraum (und des Eintrages in das Grundwasser) konzentrieren sich deswegen auf den in Tabelle 10 hervorgehobenen *Tiefenbereich 60-140 cm*. Der mittlere Gehalt an Nitrat-N betrug in diesem Bereich auf 'NPK' in den 5 Jahren 4,1 kg/(ha * 20 cm). Geht man von einer mittleren jährlichen Abwärtsversickerung von höchstens 15 cm aus (s.a. 5.2.2.1.), dann würde sich der jährliche Nitrat-N-Transfer aus dem Wurzelraum in das Grundwasser im Fall der NPK-Variante auf ~ 3 kg/ha beschränken. Das ist aber nur knapp ein Fünftel des in Tabelle 7 ausgewiesenen mittleren Fehlbetrages an Dünger-N von 17 kg/ha. Problematisch an dieser Kalkulation ist jedoch, daß (1) infolge der hohen Niederschläge der letzten Jahre die Durchfeuchtung über dem langjährigen Mittel lag und daß (2) zeitgleich als Folge der seit 1990/91 erhöhten N-Düngung sicherlich auch höhere N-Mengen der Verlagerung ausgesetzt waren. Es ist damit zu rechnen, daß davon inzwischen auch der gesamte Tiefenbereich 60-140 cm betroffen ist. Berücksichtigt man dies bei der Berechnung der Verlagerungsstrecke und legt die Nitrat-N-Konzentrationen des Bereiches 60-140 cm in den letzten drei Jahren zugrunde, dann erhöht sich der jährliche N-Austrag von ~ 3 auf ~ 8 kg/ha. Er ist dann allerdings auch nicht mehr dem Fehlbetrag von 17 kg/ha (Tab. 7), sondern einem solchen von 33 kg/ha (Tab. 6) gegenüberzustellen.

Tabelle 10: Gehalte an Nitrat-N im Boden (0-200 cm) nach der Ernte des Roggens auf der Abt. C in den Jahren 1990-1994 und auf dem angrenzenden Schwarzbrachestreifen, angegeben in kg/(ha*20 cm) *

Schicht in cm	Roggen-Monokultur (Abt. C)					Schwarzbrache	
	1990	1991	1992	1993	1994	1993	1994
St I							
0- 60	9,2	0,15	14,2	7,0	15,1	26,6	42,0
60-140	2,2	0,32	3,9	1,9	3,3	37,2	32,2
140-200	-	1,0	2,7	8,2	8,0	43,2	83,4
NPK							
0- 60	7,7	1,5	9,1	6,5	13,0	13,7	33,6
60-140	4,6	2,0	4,3	3,8	5,9	14,4	25,6
140-200	-	2,4	1,7	7,5	7,2	5,9	35,2
NPK + St							
0- 60	11,5	0,78	11,7	5,3	14,0	-	21,5
60-140	7,2	1,9	4,3	0,54	6,1	-	15,5
140-200	-	2,6	4,6	0,00	9,2	-	33,9
U							
0- 60	10,2	0,63	5,3	4,4	7,8	9,1	13,5
60-140	3,4	1,4	2,1	2,3	8,4	12,4	16,0
140-200	-	1,9	2,1	4,1	15,1	8,6	44,2

* Bei den Angaben handelt es sich um die Mittelwerte aus den Nitrat-N-Mengen, die in den 20-cm-Schichten der drei Tiefenbereiche (je ha) gemessenen wurden. Die Zahlen stellen also Konzentrationsangaben dar und lassen sich folglich auch in vertikaler Richtung (trotz unterschiedlicher Mächtigkeit der 3 Tiefenbereiche) direkt vergleichen.
Zur Orientierung: 4 kg NO_3-N/(ha*20cm) entsprechen in 60-140 cm Tiefe bei FK rund 50 mg NO_3 je Liter Bodenlösung.

Vor allem ist dabei aber zu bedenken, daß nach der N-Bilanz für 'Ungedüngt' auch von dem aus der Luft eingetragenen N (~50 kg/ha) offensichtlich nur etwa die Hälfte durch das (hier sicherlich nur spärlich entwickelte) Wurzelsystem des Roggens aufgenommen wird. Die andere Hälfte (~25 kg/ha) muß daher den nach der Differenzmethode errechneten Fehlbeträgen an Dünger-N von 17 bzw. 33 kg/ha noch zugeschlagen werden, ehe ihnen der für 'NPK' errechneten Austrag von Nitrat-N gegenübergestellt werden kann.

Die anfängliche Vermutung, daß diese beachtlichen Fehlbeträge vor allem auf **Denitrifikationsvorgängen** im tieferen Unterboden beruhen, stützte sich auch auf die erhebliche Variabilität der gemessenen Nitratgehalte - von Jahr zu Jahr, wie auch von Schicht zu Schicht (hier nicht im einzelnen mitgeteilt). Diese geht nämlich mit einer ebenfalls bemerkenswerten räumlichen Variabilität der Lagerungsdichte im oberen Bereich des Geschiebemergels (Sand- und Tonlinsen, Eiskeile) und im volumetrischen Wassergehalt - und damit der Luftkapazität - einher.

In Widerspruch zu dieser Vermutung stehen jedoch die hohen Gehalte an Nitrat-N auf dem zwischen den Abteilungen C und B gelegenen Schwarzbrachestreifen, der früher Bestandteil der 6 Ausgangsparzellen war und seit seiner Einrichtung 1961 nicht mehr gedüngt wurde (Tab. 10). Die gemessenen Nitratmengen gehen im übrigen deutlich über das hinaus, was sich als Nettomineralisation für diese 30 Jahre hindurch ohne jegliche Zufuhr von OS gebliebenen Böden aus der Abnahme des N_t-Gehaltes errechnet (auf 'U' 11 kg Nitrat-N je Hektar und Jahr). Das gefundene Nitrat dürfte seinen Ursprung daher großtenteils in der N-Deposition haben.

Leider ist ein Zurückrechnen von der Konzentration [10-25 kg N/(ha*20cm) bei 'U' und 'NPK'] auf den jährlichen Zugang (Eintrag) noch nicht möglich, da bei Schwarzbrache mit einer wesentlich höheren jährlichen Abwärtsbewegung der Bodenlösung im Unterboden zu rechnen ist als unter dem Roggen. Unabhängig von ihrer Herkunft und Bewegung lassen die vergleichsweise hohen Nitratkonzentrationen es aber unwahrscheinlich erscheinen, daß es unter der Schwarzbrache zu wesentlichen Denitrifikationsverlusten gekommen ist. Unter dem Roggen könnten allerdings Wurzel- und Ernterückstände zu etwas anderen Bedingungen führen.

Da offensichtlich weder Denitrifikation noch Auswaschung eine hinreichende Erklärung für den Verbleib des nicht mit der Ernte entzogenen N liefern, ist zu ergründen, ob nicht die Ursache für die Diskrepanz vielmehr in der *Vertiefung der Ackerkrume* von 20 auf 25 cm liegt, zu der es nach 1970 mit dem Übergang vom Pferde- zum Traktorenpflug gekommen ist. Sie könnte zu einer im Niveau des steady state nicht Erscheinung tretenden Aufstockung der N_{org}-Menge je Hektar in der fraglichen Größenordnung geführt haben (NIEDER 1987, KAISER 1994). Die Fehlbeträge in der Bilanz hätten dann insoweit nichts mit Verlusten zu tun.

Ergänzend muß hier noch vermerkt werden, daß der Gehalt des Bodens an austauschbarem **Ammonium** eine geringere Variabilität über Profil und Zeit aufwies. Auf den gedüngten Varianten sind 20-40 kg NH_4-N/ha ziemlich gleichmäßig über das 2-m-Profil verteilt. Dieser Stickstoff dürfte nur unwesentlich von der Abwärtsbewegung der Bodenlösung betroffen sein.[1]

5.2.3. ^{15}N-Mikroparzellen[2]

5.2.3.2. Ergebnisse von den Mikroparzellen 1992

Berichtet wird über die Untersuchungen an Proben, die bei Kornreife vom Pflanzenmaterial und Boden (bis 80 cm Tiefe) der 1-m^2-Kernstücke entnommen wurden (Tab. 11).

---

[1] Die auf den Parzellen (unter Roggen) im Unterboden gefundenen Mengen anorganischen Stickstoffs befinden sich in befriedigender Übereinstimmung mit den Ergebnissen der Tiefbohrungen (TP 6, Dr. Moritz).

[2] Die ^{15}N-Bestimmungen wurden dankenswerterweise von Herrn Dr. Russow im UFZ vorgenommen.

Für das **Anwendungsjahr 1992** ergab sich folgendes Bild:

N-Entzüge: Auf 'NPK' wurden mit Korn und Stroh 15,8 kg/ha des markierten Dünger-N (im folgenden als N* bezeichnet) aufgenommen. Das sind 35,1 % der verabfolgten 45 kg N* und zugleich 37,8 % des insgesamt aufgenommenen N (41,8 kg). Auf 'U' sind mit 1,1 kg nur 21,8 % des zugeführten hochmarkierten N in die Roggensprosse geflossen. Bezogen auf den insgesamt aufgenommenen N sind das sogar nur 5,5 %.

Im Boden verbliebener Dünger-N: Auf 'NPK' wurden 22,2 kg/ha des verabfolgten N* in der Schicht 0-80 cm gefunden. Das sind 49,3 %. Auf 'U' waren es 2,96 kg/ha oder 59,2 %.

Zieht man auf dieser Basis *Bilanz* (Tab. 11, unten), dann fehlen bei 'NPK' 7,0 kg/ha oder 15,6 % des N* und bei 'Ungedüngt' 0,95 kg/ha oder 19,0 %. Diese Fehlbeträge sind - unter Beachtung der Streuung und systematischer Fehler - als *N-Verluste* zu interpretieren.

Tabelle 11: Mikroparzellen 1992: Gesamt-N-Umsatz und Verbleib des Dünger-N (N*) nach 3 Jahren

Variante:		NPK			U		
Jahr:		1992	1993	1994	1992	1993	1994
1992 verabfolgter N*	kg/ha	45*	–	–	5*	–	–
Insgesamt gedüngter N	kg/ha	60	60	60	(5)	o	–
Gesamtertrag (Trockenmasse)	dt/ha	59,0	69,9	83,4	34,0	44,3	28,0
Mit der Ernte entzogener N	kg/ha	41,8	61,4	67,5	19,8	37,3	20,9
-- davon aus der Düngung (N*)	kg/ha	15,8*	1,9*	1,0*	1,09*	0,20*	0,08*
Seit Beginn insges. entzogen. N*	kg/ha	15,8*	17,7*	18,7*	1,09*	1,29*	1,37*
Im Boden verbliebener N*	kg/ha	22,2*	25,9*	#	2,96*	3,83*	1,12*
Fehlbetrag		7,0*	1,4*		0,95*	−0,12*	2,51*

Fehlerhaftes Ergebnis, bedarf der Wiederholung.

Im **Folgejahr 1993** vermochte sich der Roggen trotz höheren Ertrages und N-Entzuges nur ~10 % des nach der ersten Ernte im Boden verbliebenen N* anzueignen. Der in diesem Jahr aufgenommene N stammt auf 'NPK' zu 95 % aus (a) der diesem Bestand verabfolgten Düngung (bzw. den nach der Ernte 1992 erfolgten N-Depositionen) und (b) der Mineralisierung älterer organischer Bodensubstanz. Auf 'U' sind Deposition und Mineralisation vermutlich (mit > 99 %) die Hauptquellen.

Im Jahr **1994** trägt der im Boden verbliebene N* in noch geringerem Umfang zur N-Ernährung des Roggens bei. Auffallend ist der hohe Ertrag und N-Entzug auf 'NPK'.

Einen Widerspruch bedeuten natürlich die Unterschiede zwischen den N*-Mengen, die nach den Ernten im Boden in 0-100 cm Tiefe gefunden wurden. Vor allem die z.T. deutlichen Zunahmen weisen auf versuchstechnische Unzulänglichkeiten hin. Sie sind möglicherweise mit der (gegenüber Stechzylindern) schonenden Probenahme mittels Rillenbohrer (Verschleppung von ^{15}N in die Tiefe) verbunden. Wegen des niedrigen Markierungsgrades des N_t im Boden (Tab. 11) ist aber auch die emissionsspektrometrische ^{15}N-Bestimmung trotz der zahlreichen Einzelmessungen, die den Mittelwerten in Tabelle 11 zugrunde liegen, mit einer erheblichen Streuung verbunden. Die Angaben zu dem im Boden verbliebenen N* sind daher in ihrer absoluten Höhe nur als Orientierung zu werten, was zu beachten ist, wenn am Ende die Fehlbeträge als Verluste interpretiert werden. Eine wirklich repräsentative Beprobung kann erst im folgenden Jahr bei Abbruch dieser Meßreihe erfolgen, weil sie notwendig 'destruktiv' sein wird.

Was nun - unabhängig von der absoluten Menge - die **Tiefenverteilung des im Boden verbliebenen Dünger-N** betrifft, so befand sich *nach der Ernte 1992* noch etwa die Hälfte davon in der Schicht 0-10 cm (Tab. 12). Darunter nahm die Konzentration schnell ab. Es lag auch nur noch ein sehr kleiner Teil dieses markierten N in anorganischer Bindung (N_{an}) vor. (Selbst wenn man alle die natürliche ^{15}N-Häufigkeit überschreitenden ^{15}N-Anteile im N_{an} der Schicht

Tabelle 12: Mikroparzellen 1992, Tiefenverteilung des Gesamt-N, % $^{15}N_{exc}$ und markierter N (N*) aus der Düngung 1992 im Boden nach den Ernten 1992 und 1993

Bodenschicht	Gesamt-N (kg/ha)		$^{15}N_{exc}$ (%)		N* (kg/ha)	
(cm)	1992	1993	1992	1993	1992	1993
NPK						
0- 10	*1264*	*1108*	*0,087*	*0,032*	*11,37*	*3,63*
10- 20	*1176*	*1231*	*0,030*	*0,058*	*3,66*	*7,44*
0- 20	2440	2339	0,058	0,045	15,03	11,07
20- 40	1911	2092	0,025	0,043	4,95	9,25
40- 60	1323	1436	0,010	0,022	1,31	3,21
60- 80	949	1029	0,010	0,011	0,96	1,14
80-100	–	655		0,018	–	1,23
Ungedüngt (U)						
0- 10	*1067*	*1086*	*0,134*	*0,042*	*1,507*	*0,479*
10- 20	*1088*	*1020*	*0,040*	*0,126*	*0,464*	*1,355*
0- 20	2155	2106	0,087	0,084	1,971	1,834
20- 40	1810	1877	0,030	0,045	0,578	0,900
40- 60	1529	1524	0,009	0,035	0,153	0,567
60- 80	1205	1205	0,020	0,025	0,257	0,315
80-100	–	764	–	0,026	–	0,213

0-80 cm als signifikant wertet, würde der aus der Düngung stammende N_{an} nur etwa 4 % des verabfolgten Dünger-N und 6-7 % des gesamten noch in der Schicht 0-80 cm vorhandenen Dünger-N ausmachen.)

Nach der Ernte 1993 (Tab. 12) befindet sich - wohl als Folge des Pflügens - die Hauptmenge des N* nicht mehr in 0-10, sondern in 10-20 cm Tiefe. Sowohl auf 'NPK' wie auf 'U' zeichnen sich aber auch unterhalb der Ackerkrume (0-25 cm) Eintrag und Abwärtsverlagerung des N* ab, was besonders aus den Veränderungen in den Schichten 20-40 und 40-60 cm ersichtlich ist. Dies ist um so bemerkenswerter, als sich seit der ersten Ernte > 90 % des im Boden verbliebenen N* in organischer Bindung befinden.

Die Bestimmung des ^{15}N in der *mikrobiellen Biomasse* war mit großen Unsicherheiten behaftet. Auf die Wiedergabe der bisherigen Ergebnisse wird deswegen hier verzichtet.

5.2.3.3. Ergebnisse von den Mikroparzellen1993

Wie aus Tabelle 13 ersichtlich ist, haben die an den Mikroparzellen 1993 im Anlagejahr vorge-nommenen Messungen, was den Anteil des aufgenommenen und im Boden verbliebenen N* betrifft, zu sehr ähnlichen Ergebnissen geführt wie ein Jahr zuvor bei den Mikroparzellen 1992 (Tab. 11). Dies war nicht unbedingt zu erwarten, da (1) nun auch die Herbst-N-Gabe in mar-kierter Form verabreicht worden war, (2) die Aneignung des gedüngten Mineral-N durch den Winterroggen in den beiden Jahren sehr unterschiedlich verlief (s.a. 5.2.2.2) und (3) die N-Entzüge 1993 infolge eines sehr hohen Kornanteils am Ertrag (vgl. a. Tab. 4 u. 5) erheblich höher waren als 1992. Bemerkenswert gering sind mit < 10 % des zugegebenen N* wiederum

Tabelle 13: **Mikroparzellen 1993:** Gesamt-N-Umsatz und Verbleib des gedüngten N (N*) auf den Parzellen 'NPK' und 'Ungedüngt (U) (Mittelwerte von vier 1-m²-Teilstücken, Standardfehler s_x in [...])

Variante:	NPK		Ungedüngt	
1993 verabfolgter N* kg/ha	(15+45=) **60***		**5***	
Erntejahr	**1993**	**1994**	**1993**	**1994**
Ertrag (Korn+Stroh) dt TM/ha	61,2 [2,6]	66,1 [2,3]	44,6 [1,6]	27,7 [0,74]
N-Entzug kg/ha	**63,5** [1,8]	**47,8** [1,2]	**39,8** [0,9]	**23,0** [0,79]
--davon N* kg/ha	**21,3*** [0,9]	**1,32***[0,08]	**0,98***[0,03]	**0,14***[0.005]
in % v. Ges.-Entzug	33,5	2,76	2,46	6,09
in % von N-Düngung*	*35,5*	*2,20*	*19,6*	*2,8*
N*-Entzug seit 1993 kg/ha	**21,3***	**22,6***	**0,98***	**1,12***
in % von N-Düngung*	*35,5*	*37,7*	*19,6*	*22,4*
Im Boden verbl. N* kg/ha	**35,6*** [2,7]	**22,1*** [2,63]	**3,70*** [0,2]	**1,81***[0,32]
in % von N-Düngung*	*59,3*	*36,8*	*74,0*	*36,2*
Fehlbetrag kg/ha	**3,1*** [5,2]	**15,3***	**0,32*** [6,4]	**2,07***
in % von N-Düngung*	*5,2*	*25,3*	*6,4*	*41,4*

die *N*-Verluste* (= Fehlbeträge). Die zufälligen Fehler halten sich dabei in relativ engen Gren-zen; problematisch sind die systematischen Fehler, mit denen vor allem bei der Bestimmung des im Boden verbliebenen N* zu rechnen ist (s.o.).

Im zweiten Jahr (1994) wurden - wie schon bei den Mikroparzellen 1992 - nur noch geringe, in der Größenordnung von 10 % liegende Mengen des im Boden (0-100 cm) verbliebenen mar-kierten N aufgenommen. Trotzdem lag nach der Ernte die Menge dieses im Boden verbliebe-nen N* erheblich unter den Vorjahreswerten. Die zu klärende Frage ist auch hier, ob die ent-sprechend hohen Fehlbeträge mit Verlusten zusammenhängen, die über Winter eingetreten sind, oder ob es sich um systematische Fehler bei der Probenahme und ^{15}N-Analyse handelt.

Die **vertikale Verteilung** des nach 1 Jahr im Boden verbliebenen N* ist der im Vorjahr auf den Mikroparzellen 1992 gefundenen sehr ähnlich, was besonders aus den Relativzahlen in Tabelle 14 ersichtlich ist. Auch bestehen zwischen 'NPK' und 'U' nur unwesentliche Unterschiede. Die eben erwähnte Abnahme der im Boden wiedergefundenen Menge zwischen erster und zweiter Ernte hat an der vertikalen Verteilung dieses N nichts Wesentliches geändert.

Tabelle 14: ^{15}N-Mikroparzellen, vertikale Verteilung des nach der ersten Ernte im Boden verbliebenen N*

Schicht	Mikroparzellen 1992				Mikroparzellen 1993			
cm	NPK	U	NPK	U	NPK	U	NPK	U
	kg/ha		relativ		kg/ha		relativ	
0-10	11,37	1,51	51	51	16,33	1,76	46	48
10 20	3,66	0,46	16	16	3,85	0,48	11	13
0-20	15,03	1,97	68	67	20,18	2,24	57	61
20-40	4,95	0,58	22	20	6,99	0,78	20	21
40-60	1,31	0,15	6	5	3,64	0,3	10	8
60-80	0,96	0,26	4	9	2,37	0,23	7	6
80-100	-	-	-	-	2,42	0,15	7	4
0-80 o. 0-100	22,25	2,96	100	100	35,6	3,7	100	100

Neben der räumlichen Verteilung des im Boden verbliebenen N* interessiert seine Verteilung auf die hauptsächlichen **chemischen Fraktionen** des N_{org} und in der Folge auch deren Veränderung mit der Zeit (in den Jahren). Als ein erster Schritt in diese Richtung wurde - bewährten Methoden folgend - im Oberboden der **hydrolysierbare N (N_{hy})** und darin der $^{15}N_{exc}$ bestimmt. Diese N-Fraktion umfaßt neben einem bisher nicht definierbaren Teil vor allem den N, der in der organischen Bodensubstanz (OBS, incl. mBM) als Bestandteil von Aminosäure- und Aminozuckerresten vorliegt. Der im Boden (auf welchem Weg auch immer) in organische Bindung übergegangene anorganische Dünger-N (N*) ist zunächst in dieser Fraktion zu erwarten und weniger in dem nicht hydrolysierbaren Teil der OBS. Aus Tabelle 15 ist ersichtlich, daß die N_{hy}-Gehalte in den nach der ersten Ernte entnommenen Proben im Mittel 70 % des N_t ausmachen. Dies entspricht den Angaben in der Literatur. Der %-Anteil des $^{15}N_{exc}$ im N_{hy} ist erwartungsgemäß deutlich höher als im zugehörigen N_t.

Tabelle 15:   **Mikroparzellen 1993, Gehalte an hydrolysierbarem N$^{\#}$ (N_{hy}) in den Bodenproben nach derersten Ernte (in mg/kg und in % von N_t) sowie die Gehalte an $^{15}N_{exc}$ in N_t und N_{hy}**

Schicht	N_t	N_{hy}		% $^{15}N_{exc}$ in...		
cm	mg/kg	mg/kg	relativ*	N_t	N_{hy}, gemess.	N_{hy}, hypoth.
NPK						
0-10	813	588	72	0,106	0,162	0,147
10-20	824	567	69	0,030	0,052	0,043
20-40	654	462	71	0,035	0,055	0,049
Ungedüngt (U)						
0-10	709	483	68	0,157	0,213	0,230
10-20	698	476	68	0,044	0,069	0,065
20-40	654	448	72	0,040	0,061	0,056

$^{\#}$ Hydrdrolyse mit 6 N HCl über 6 h   * in % von N_t

Unterstellt man in diesem Zusammenhang, daß der nach der ersten Vegetationsperiode im Boden verbliebene N* sich noch vollständig in der N_{hy}-Fraktion befindet, d. h. noch keinen Eingang in den nicht-hydrolysierbaren Teil der OBS gefunden hat, so lassen sich aus dem Anteil des N_{hy} am N_t und den % $^{15}N_{exc}$ im N_t die in der letzten Spalte von Tabelle 14 aufgeführten (hypothetischen) Gehalte an $^{15}N_{exc}$ im N_{hy} errechnen. Der Unterschied zu den gemessenen Werten ist relativ gering. Vermutlich war nach knapp einem Jahr erst ein unbedeutender Teil des N* in die relativ inerte N-Fraktion der nicht-hydrolysierbaren OBS eingebau, was auch durch frühere Modelluntersuchungen (MAIBAUM und GARZ 1978) gestützt wird.

5.2.3.4. Ergebnisse von den Mikroparzellen 1994

Die nach der ersten Ernte vorliegenden Ergebnisse (Tab. 16) stimmen in ihren wesentlichen

Zügen mit denen der 1992 und 1993 angelegten Mikroparzellen überein. Bemerkenswert sind

Tabelle 16: Mikroparzellen 1994: Gesamt-N-Umsatz und Verbleib des gedüngten N (N*) auf den Parzellen 'NPK' und 'Ungedüngt' (Mittelwerte von vier 1-m²-Teilstücken, Standardfehler s_x in [...])

Variante		NPK		Ungedüngt	
1994 verabfolgter N*	kg/ha	(15+45=) 60*		5*)	
Ertrag (Korn + Stroh)	dt TM/ha	67,4	[1,8]	31,6	[1,4]
N-Entzug, insgesamt	kg/ha	51,1	[1,03]	25,7	[2,30]
–davon N*	kg/ha	18,3*	[0,60]	0,79*	[0,06]
in % des gesamten N-Entzuges		35,8		3,1	
in % von N-Düngung*		*30,5*		*15,8*	
Im Boden verbliebener N*	kg/ha	30,6*	[1,28]	2,92*	[0,11]
in % von N-Düngung*		*51,0*		*58,4*	
Fehlbetrag	kg/ha	11,1*		1,29	
in % von N-Düngung*		*18,7*		*25,8*	

allerdings die diesmal bereits zu ersten Ernte relativ hohen Fehlbeträge. Möglicherweise war das nasse Frühjahr (Tab. 4) mit höheren N-Verlusten als sonst verbunden.

6.　Schlußfolgerungen (und noch offene Fragen)

Alle bisherigen Ergebnisse von den ^{15}N-Mikroparzellen - vor allem aber die geringen Verluste und die geringen Anteile des N*, die zur ersten Ernte als N_{an} vorlagen,- zeugen von einer zügigen Immobilisation großer Teile des verabfolgten Mineral-N, wobei hier die Gesamtimmobilisation, also auch die durch den Roggen und nicht nur die mikrobielle, gemeint ist; sie zeugen aber auch von einer anhaltenden N-Freisetzung aus dem vorhandenen Bestand an organisch gebundenem (nicht-markiertem) N, und damit von einem bemerkenswerten *turnover* desselben.

Was die Immobilisation betrifft, so läßt sich schwer abschätzen, wieviel davon auf den Roggen selbst und wieviel auf die heterotrophen Mikroorganismen entfällt, die von den organischen Rückständen des Roggens (und der Unkräuter) leben. Wohl ist die Menge an Dünger-N bekannt, die über die Roggenwurzeln in die Sprosse gelangte. Unbekannt ist aber, welcher Anteil des nach der Ernte in organischer Bindung im Boden vorgefundenen Dünger-N aus den Ernte- und Wurzelrückständen des Roggens selbst stammt und welcher Anteil beim Abbau solcher Rückstände - auch solcher aus dem Vorjahr - durch die Mikroorganismen aufgenommen und in organische Bindung überführt wurde (JENKINSON und PARRY 1989).

Entscheidend für die Intensität und Dauer der mikrobiellen Immobilisierung des Dünger-N ist die jährliche Energiezufuhr für die Mikroorganismen durch die (überwiegend N-armen) Ernte- und Wurzelrückstände (incl. der Wurzelexsudate). Nach den Messungen in den Jahren 1992-94 beträgt die Wurzelmenge (zur Blüte) auf 'NPK' 15-20 und auf 'U' 10-15 dt OS/ha (bei C:N- um 40). Dazu kommen Stoppeln und Kurzstroh (mit geschätzt 15 bzw. 10 dt OS/ha).

Auf 'Ungedüngt' reichte das offensichtlich aus, um schnell eine umfassende mikrobielle Immobilisierung der zugeführten 5 kg N* zu bewirken, was sich darin äußerte, daß mit der Roggenernte nur 16-22 % des N* entzogen wurden, während 60-75 % im Boden verblieben. Auf 'NPK' mit nur der 1 1/2fachen Wurzelmenge, aber einer Zufuhr von 45 bzw. 60 kg N* sowie einem etwas höheren N_{an}-Gehalt war der Anteil des im Boden immobilisierten N mit ~50 % geringer und der Entzug mit 30-60 % entsprechend höher. Auch hier gilt jedoch: Die mittlere Verweilzeit des N* in der anorganischen Phase ist relativ kurz, die in der organischen sehr viel länger, wobei dann beträchtliche Unterschiede zwischen dem mBM-N, dem hydrolysierbaren N und dem eher inerten denn 'aktiven' Rest bestehen. Insgesamt lag die Abnahme des immobilisierten N* nach 1 Jahr innerhalb der Fehlergrenze.

Präzise Angaben zu den N*-Verlusten sind noch nicht möglich, zum einen, weil die Fehlbeträge in den Bilanzen noch mit einer vergleichsweise hohen Ungenauigkeit behaftet sind, zum anderen, weil es vermutlich infolge Krumenvertiefung in dem Bilanzzeitraum zu einer Aufstockung des Bestandes an Gesamt-N gekommen ist. Wahrscheinlich liegen die Verluste nach der 2. Ernte zwischen 10 und 20 %.

In ähnlichen ^{15}N-Mikroparzellenversuchen auf einem Sandlöß-Braunstaugley in Seehausen haben SIEGERT und RAUHE (1987) bei Anbau von Zuckerrüben mit 80 kg N*/ha und Nachbau von Sommergerste (unmarkierte N-Düngung) ohne Beregnung eine Aneignung des N* von 49 %, eine Immobilisation im Boden von 45 % und Verluste von 6 % des N* festgestellt. Mit Beregnung, die eine erhebliche Ertragssteigerung bewirkte, beliefen sich die Beträge auf 75, 19 und 6 %. Dies zeigt, daß bei geeigneter Handhabung der N-Düngung und günstigen Wachstumsbedingungen die Aneignung des N* durch die Kulturpflanzen seiner (mikrobiellen) Immobilisation vorauseilt und diese damit einschränkt. Zu größeren N*-Verlusten (~ 30 %) kam es erst bei höheren N*-Gaben und gleichzeitiger Stallmistdüngung.

Die in Halle und auch in Seehausen bei sachgemäßer Handhabung der Düngung verhältnismäßig geringen Verluste an dem mit der Düngung zugeführten N sind sowohl auf die Tiefgründigkeit des Bodens und sein Wasserhaltevermögen als auch auf die geringen Winterniederschläge im Mitteldeutschen Trockengebiet zurückzuführen, wobei zu ergänzen ist, daß *sachgemäße Handhabung* vor allem auch Anpassung an die im einzelnen sehr unterschiedlichen Witterungssituationen bedeutet.

Zu einem im ganzen sehr ähnlichen Ergebnis sind kürzlich auch CAMBELL u.a. (1994) gekommen, die auf kanadischen Prärieböden unter subhumiden Bedingungen nach 34 Versuchsjahren bei angemessener Düngung nur unter dem Einfluß von Schwarzbrache und überdurchschnittlichen Niederschlägen einen bemerkenswerten Nitrataustrag aus dem Wurzelraum und eine Nitratanreicherung in 1,5-5 m Tiefe feststellen konnten.

Auch die von Rothamsted aus in England durchgeführten Versuchen mit ^{15}N haben gezeigt, daß die nach einem Jahr festgestellten N-Verluste bei Frühjahrsapplikation des Dünger-N hauptsächlich erst nach der Ernte (über Winter) und nur zu geringen Teilen während der Vegetationszeit entstehen. Die kürzlich vorgenommene Modellierung des Verbleibs des Dünger-N in diesen Versuchen hat die herausragende Bedeutung von Boden und Klima in dieser Hinsicht unterstrichen (BRADBURY u.a. 1993). Auch Untersuchungen von PESCHKE (1982) mit ^{15}N-markierten organischen Düngern (Gülle, Stroh, Gründüngung) im mecklenburg-brandenburgischen Raum lassen die erhebliche Abhängigkeit der Verlusten von den standörtlichen Besonderheiten erkennen. In Lysimeterversuchen mit ^{15}N-markiertem Schafdung und Ammonsulfat von SORENSEN u.a. (1994) lagen die Verluste an markiertem N nach 18 Monaten durchweg unter 10 %. Im Fall des Schafdungs waren sie besonders gering. Allerdings war die organische Bindung des in dieser Form zugeführten N auch mit einer Ausnutzung durch die Pflanzen von nur ~20 % verbunden, im Unterschied zu ~60 % bei Ammonsulfat.

Der Verbleib einer Mindestmenge an organischer Primärsubstanz oder eine entsprechende Zufuhr durch organische Dünger wird im Ackerbau nicht nur für notwendig erachtet, um den Stickstoff während der unumgänglichen Teilbrachen im Boden zu halten, sondern auch wegen der positiven Wirkungen von Humus und mikrobieller Aktivität auf das Bodengefüge und dessen Stabilität. Eine Alternative zur Verwendung des Strohs und ähnlicher Materialien als organische Dünger wäre ihre Nutzung für die Energiegewinnung, was im Prinzip der Einsparung fossiler Brennstoffe dienen könnte. Dies wirft die Fragen nach der C-Bilanz solcher Varianten auf. Für die Hauptprüfglieder des Versuches *Ewiger Roggenbau* ist eine solche (nach dem von KÖRSCHENS vorgeschlagenen Modus [TP 3]) in Tabelle 17 aufgestellt.

Wie daraus ersichtlich, war der bei Stallmistdüngung um ~30 % höhere Humusgehalt zwar mit einem etwas höheren Ertrag verbunden. Dies ist aber sicherlich in erster Linie eine Folge der gleichzeitig höheren N-Zufuhr. Der C-Bilanz nach hatte eindeutig 'NPK' den Vorrang.

496

Tabelle 17: C-Bilanz im Dauerversuch *Ewiger Roggenbau* Halle im Mittel der Jahre 1962-1990 in Abhängigkeit von den Erträgen und der Düngung*

	Varianten:		St I	NPK	U
Entnahmen als CO_2	Korn-TM	dt/ha	27,2	25,0	12,1
aus der Atmosphäre	Stroh-TM	dt/ha	37,2	36,7	17.8
	Gesamt-TM-Ertrag	dt/ha	64,4	61,7	29,9
	C im Gesamtertrag	**dt/ha**	**25,8**	**24,7**	**12,0**
Abgabe als CO_2	aus dem Stallmist	dt/ha	120	–	–
an die Atmosphäre	mit Mineral-N**	kg/ha	–	40	–
	Zusätzlich abgegebe- ner C insgesamt	**dt/ha**	**12,0**	**0,6**	–
C-Bilanz		**dt/ha**	**13,8**	**24,1**	**12,0**
C-Gehalt des Bodens		%	1,64	1,24	1,10

* Unter der Annahme, daß sich der Versuch, was den C-Gehalt betrifft, im steady-state befindet, d.h. die Ernterückstände und die mit ihrem Abbau verbundene Bodenatmung bleiben außer Betracht. Unterstellt wird ein C-Gehalt von 40 % im Pflanzenmaterial ™ und von 10 % in der Stallmist-FM.

** CO_2-Abgabe verbunden mit der Herstellung des Mineral-N (1,5 kg C/kg N)

Erfüllungsstand und noch offene Fragen: Die Untersuchungen zur Tiefenversickerung und dem damit verbundenen Nitrataustrag werden als abgeschlossen betrachtet. Einer eingehenden Prüfung bedarf aber noch die Frage nach der möglicherweise seit 1970 eingetretenen Krumenvertiefung und ihren Konsequenzen für die N-Bilanz im *Ewigen Roggenbau*. (Ist das *steady state* des Gehaltes an OBS als wesentliche Randbedingung einfacher Bilanzen z. Z. gegeben?)

Dringend geboten ist auch die Weiterführung der ^{15}N-Untersuchungen. Da die bisherige Entnahme der Bodenproben bis zu 1 m Tiefe auf den Mikroparzellen aus den dargelegten Gründen nur bedingt als repräsentativ gelten können, ist für die Abschlußuntersuchung nach 3 oder 4 Jahren eine Beprobung in Ablehnung an die Vorschläge von POWLSON u.a. (1986) vorzunehmen.

Auch in Anbetracht der mit der Einrichtung der ^{15}N-Mikroparzellen getätigten Investitionen und der erst 1994 erfolgten Installation der automatischen Registrierung der bodenphysikalischen Meßergebnisse (Temperatur, Saugspannung) im *Ewigen Roggenbau* (TP 1) ist eine Fortsetzung dieses Teils der Untersuchungen in hohem Maße wünschenswert.

Literaturverzeichnis

ANDREEVA, E.A., SCEGLOVA, G.M. und SEREDKINA, N.N.,: Resul'taty polevych issledovanij s primeneniem sernokislogo ammonija mecennogo [15]N. Agrochimija 5 (1981), S. 3-5.

BÖHM, W.,: Methods of studying root systems. Springer-Verlag Berlin, 1979, S. 132-135.

BRADBURY, N.J.; WHITMORE, A.P.; HART, P.B.S.; JENKINSON, D.S.:Modelling the fate of nitrogen in crop and soil in the years following application of ^{15}N-labelled fertilizer to winter wheat. J. of Agricultural Sci. 121 (1993), S. 363-379.

BROOKES, P.C.;. LANDMAN, A.; PRUDEN, G.; JENKINSON, D.S.: Chloroform fumigation and the release of soil nitrogen: A rapid direct extraction methode to measure microbial biomass nitrogen. Soil Biol. Biochem. 17 (1985), S. 837-842.

CAMPBELL, C.A.; LAFOND, G.P.; ZENTNER, R.P.; JAME, Y.W.: Nitrat leaching in a Udic Haploboroll as influenced by fertlization and legumes. J. Environ. Qual., 23 (1994), S. 195-201.

GARZ, J.; SCHARF, H.; STUMPE, H.; SCHERER, H.W.; SCHLIEPHAKE, W.: Der Einfluß der Kaliumdüngung auf einige chemische Bodeneigenschaften in einem Dauerversuch auf Sandlöß-Boden. Kühn-Arch. 87 (1993), S. 42-52.

GARZ, J.; STUMPE, H.: Anwendungsmöglichkeiten der Bodenuntersuchung im Zusammenhang mit der Bemessung optimaler Stickstoffdüngergaben. Arch. Acker- u.Pflanzenbau u. Bodenkd. 21 (1977), S. 221-230.

GARZ, J.; STUMPE, H.: Der von JULIUS KÜHN begründete Versuch 'Ewiger Roggenbau' in Halle nach 11 Jahrzehnten. Kühn-Arch. 86 (1992), S. 1-8.

HARRACH, T.; PETER, M.: Standortgemäßes Stickstoffmanagement. In: Erg. landwirtsch. Forsch. Justus-Liebig-Univ.XX (1991), S. 83-94.

HEINRICH, J.,: Talsohle ist jetzt durchschritten? Entwicklung der Viehbestände im Osten. Dtsch. landwirtsch. Zeitschr: 7 (1993), S. 88-93.

JANSSON, S.L.,: Tracer studies on nitrogen with special attention to mineralization and immobilization relationships. Kungl. Lantbr. Ann. 24 (1958), S. 101-316.

JANSSON, S.L.; PERSSON, J.: Mineralization and immobilization of soil nitrogen. In: Nitrogen in agricultural soils. (Agronomy, 22), Madison, Wis. (1982), S. 229-252.

JANZEN, H.H.; CAMPBELL, C.A.; BRANDT, S.A.; LAFOND, G.P.; TOWNLEY-SMITH, L.: Light-fraction organic matter in soils from long-term crop rotations. Soil Sci. Soc. Amer. J. 56 (1992), S. 1799-1806.

JENKINSON, D.S.: The Rothamsted long-term experiments: Are they still in use?-Agronomy J. 83 (1991), S. 2-10.

JENKINSON, D.S.; PARRY, L.C.: The nitrogen cycle in the Broadbalk Wheat Experiment: A model for the turnover of nitrogen through soil microbial biomass. Soil Biol. Biochem. 21 (1989), S. 535-541.

KAISER, E.A.: Significance of microbial biomass for carbon and nitrogen mineralization in soil. Pflanzenernähr. u. Bodenkd., 157 (1994), S. 271-278.

KÜHN, J.: Das Versuchsfeld des Landwirtschaftlichen Instituts der Universität Halle an der Saale. Ber. physiol. Labor. u. Versuchsanstalt landwirtsch. Inst. Univ. Halle 15 (1901), S. 169-189.

LEGG, J.O.; MEISINGER, J J.: Soil nitrogen budgets. In: Nitrogen in agricultural soils. (Agronomy; 22), Madison, Wis. (1982), S. 503-566.

MAIBAUM, W.; GARZ, J.: Ergebnisse eines mehrjährigen Modellversuches zum Umsatz der organischen Stickstoffverbindungen des Bodens. Arch. Acker- u. Pflanzenbau u. Bodenkd. 22 (1978), S. 299-308.

MATZEL, W.; MOUCHOVÁ, H.; APLTAUER J.; LIPPOLD, H.: Die Wirkung des Nitrifikationshemmers N-Serve bei der Herbstdüngung von Winterweizen mit ^{15}N-Ammoniumsulfat. Arch. Acker- u. Pflanzenbau u. Bodenkd. 23 (1979), S. 421-427.

MICHEL, H.; ROTH, D.; GÜNTHER, R.: Sickerwassermenge und Nährstoffaustrag bei unterschiedlicher Wasserversorgung auf einer tiefgründigen Löß-Braunschwarzerde. Arch. Acker- Pflanzenbau Bodenkd. 35 (1991), S. 103-111.

MÜLLER, T.: Zeitgang der mikrobiellen Biomasse in der Ackerkrume einer mitteleuropäischen Löß-Parabraunerde. Diss. Göttingen, 1992.

NIEDER, R.: Die Stickstoff-Immobilisation in Lößböden. Diss. Hannover, 1987.

OCIO, J.A.; BROOKES, P.C.; JENKINSON, D.S: Field incorporation of straw and ist effects on soil microbial biomass and soil inorganic N. Biol. Biochem. 23 (1991), S.171-176.

PESCHKE, H.:Wirkungsvergleich organischer Dünger mittels ^{15}N-Tracer. Arch Acker- u. Pflanzenbau u. Bodenkd. 26 (1982), S. 207-216.

POWER, J.F.; LEGG, J.O.: Nitrogen-15 recovery for 5 years after application of ammonium-nitrate to crested wheatgrass. Soil Sci. Soc. Am. J., 48 (1984), S.322-326.

POWLSON, D.E.; PRUDEN ,G.; JOHNSTON, A.E.;. JENKINSON, D.S.: The nitrogen cycle in the Broadbalk Wheat Experiment: Recovery and losses of ^{15}N-labelled fertilizer applied in spring and inputs of nitrogen from the athmosphere. J. Agric. Sci. 107 (1986), S. 591-609.

SCHMEER, H.; MENGEL, K,: Der Einfluß der Strohdüngung auf die Nitratgehalteim Boden im Verlaufe der Wintermonate. Landwirtsch. Forsch.- Kongreß-Bd. (1984), S. 214-218.

SHEN, S.M., HART, P.B.S; POWLSON, D.S; JENKINSON, D.S.: The nitrogen cycle in the Broadbalk Wheat Experiment: ^{15}N-Labelled fertilizer residues in the soil and in the soil microbial biomass. Soil Biol. Biochem. 21 (1989), S. 529-533.

SORENSON, P.; JENSEN, E.S.;.NIELSEN, N.E: The fate of ^{15}N-labelled organic nitrogen in sheep manure applied to soils of different texture under field conditions. Plant and Soil 162 (1994), S. 39-47.

SIEGERT, B.; RAUHE, K.: Wirkungsmechanismen des Stickstoffs im System Boden-Pflanze beim ^{15}N-Einsatz zu Zuckerrüben mit und ohne Beregnung und die Nachwirkung auf Sommergerste. Arch. Acker- Pflanzenbau Bodenkd. 31 (1987), S.703-710.

STUMPE, H.: Dynamik und Wirksamkeit des Gülle-N zu Grünmais in Abhängigkeit vom Ausbringungstermin und DCD-Einsatz auf einer Sandlehm-Braunschwarzerde. Arch. Acker- Pflanzenbau Bodenkd. 34 (1990), S.477-484.

STUMPE, H.; GARZ, J.; SCHLIEPHAKE, W.: Untersuchungen über den anorganischen Bodenstickstoff in einer 13jährigen Versuchsreihe mit Winterweizen auf einer Sandlöß- Braunschwarzerde in Halle. Arch. Acker- Pflanzenbau Bodenkd. 37 (1993), S. 153-162.

THIES, W.; BECKER, K.W.; MEYER, B.: Bilanz von markiertem Dünger-N (^{15}NH$_4$ und ^{15}NO$_3$) in natürlich gelagerten Sandlysimetern sowie zeitlicher Verlauf des dünger- und bodenbürtigen N-Austrages im Vergleich Bewuchs-Brache. Landwirtsch. Forsch. S.-H. 34/2 (1977), S. 55-62.

WEBSTER, C.P.; BELFORD, R.K.; CANNEL, R.Q.: Crop uptake and leaching losses of ^{15}N labelled fertlizer nitrogen in relation to waterlogging of clay and sandy loam soils. Plant and Soil 92 (1986), S. 89-101.

WERNER,W.; OLFS, H.-W.; AUERSWALD, K.; ISERMANN, K.: Stickstoff- und Phosphoreinträge in Oberflächengewässer über "diffuse Quellen". In: A.HAMM (Hgb.): Studie über Wirkungen und Qualitätsziele von Nährstoffen in Fließgewässern. Academia-Verlag, Sankt Augustin, 1991, S. 665-764.

Lysimeteruntersuchungen - Einfluß geänderter Landnutzung auf Stoffeintrag, -transfer und -austrag an unterschiedlichen Bodenformen in Lysimetern

Projektleiter: Dr. S. Knappe

UFZ - Umweltforschungszentrum Leipzig-Halle GmbH

Sektion Bodenforschung Bad Lauchstädt

Mitarbeiter: U. Keese

Sächsisches Landesamt für Umwelt- und Geologie

Lysimeterstation Brandis

Lysimeter investigations - effect of land-use change on matter input, matter transfer and matter output in diffferent soils in lysimeters

The evaluation of water and nitrogen measurements over many years in eight soil groups at the lysimeter station Brandis yielded the storage capacity for plant-available water in the rooting zone and the consumption in dependence of land use as most important influential factor on amount and dynamics of ground water development. The results show that the most effective way to reduce the contamination of the seeping water and ground water with nitrate is to avoid or to decrease the N surplus due to management by optimising (not minimizing) the total N input from all sources. Within 14 years the average nitrogen loss was 47 kg/ha and year on a haplic chernozem and only 6 kg/ha and year on an orthic luvisol. Changing from intensive use to extensive green fallow (harvested) results in a distinctive decrease of nitrate contents in the seeping water.

The total contents of As, Cr. Cu, Mn, Ni and Pb in the topsoil of the investigated soils correspond to the contents of natural soils. The Cd content lies close to the limiting value. Due to contamination by the galvanized lysimeter containers the Zn content is five times the normal value. Limiting values, control values and precaution values especially of As, Cd and Zn in soil, plants and ground water are exceeded at soil pH values of less than 6. The content in the plants and in the seeping water increase correspondingly.

1. Zusammenfassung

Langjährige Meßreihen an Lysimetern mit Löß-Schwarzerde und Löß-Parabraunerde wurden in Hinblick auf den Wasserhaushalt, Stickstoffhaushalt und Gehalt, Mobilität sowie Austrag ausgewählter Schwermetalle in Abhängigkeit von Bodeneigenschaften und Landnutzung untersucht.

Wasserhaushalt

Bei einem mittleren Jahresniederschlag von 608 mm wurden in 3 m Tiefe nur 43 l/m² Sickerwasser auf der Löß-Schwarzerde und 56 l/m² auf der Löß-Parabraunerde im Mittel über 14 Jahre registriert. Wichtigster Einflußfaktor auf die Höhe und Dynamik der Grundwasserneubildung ist die Wasserspeicherkapazität des Bodens in der durchwurzelten Zone und deren Inanspruchnahme durch Landnutzung, d.h. durch Pflanzen und Evaporation. Für die Schwarzerde wurde ein maximal verfügbarer Wasservorrat von 525 mm und für die Löß-Parabraunerde ein solcher von 475 mm ermittelt.

Stickstoffhaushalt

Im Mittel über 14 Jahre wurden auf der Löß-Schwarzerde 47 kg/ha und Jahr, in der Löß-Parabraunerde nur 6 kg/ha und Jahr an Stickstoff mit dem Sickerwasser in 3 m Tiefe ausgetragen.

Die in der Löß-Schwarzerde vor allem in den ersten Versuchsjahren extrem hohen N-Austräge mit NO_3-Gehalten bis 900 mg/l im Sickerwasser bei gleichzeitig sehr hohen negativen N-Bilanzen (d.h. über der N-Düngung einschließlich N-Deposition liegenden N-Entzügen) von im Mittel -31 kg/ha N, werden auf verstärkte Mineralisation leichtzersetzlicher organischer Substanz infolge Änderung des Düngungs- und Bewirtschaftungssystems und auf den Einfluß geänderter Witterungsbedingungen durch feuchtere und wärmere Verhältnisse als am Herkunftsort der Monolithe zurückgeführt.

Die Nitratgehalte im Sickerwasser des Jahres 1994 (erste Durchsickerung nach 5 Jahren) sind mit 30-40 mg/l bei der Löß-Schwarzerde als positiv einzuschätzen und scheinen den Einfluß geänderter Bewirtschaftung (2 Jahre Grünbrache) und die Abnahme der "zusätzlichen" Mineralisation anzuzeigen.

Schwermetallgehalte in Boden Pflanze und Sickerwasser

Die Gesamtgehalte an As, Cr, Cu, Mn, Ni und Pb in der Krume der geprüften Standorte entsprechen den Gehalten natürlicher Böden und liegen im Bereich der BW I nach EIKMANN/KLOKE. Der Cd-Gehalt liegt an der Grenze der Normalgehalte. Der Zn-Gehalt überschreitet infolge Kontamination durch die verzinkten Lysimeterbehälter die Normalgehalte um das Fünffache.

Die Grenz-, Prüf- und Vorsorgewerte für die Schutzgüter Boden, Pflanze und Grundwasser werden vor allem bei pH-Werten von unter 6 im Boden bei As, Cd und Zn überschritten. Gleichzeitig damit steigen auch die Gehalte in den Pflanzen und im Sickerwasser an.

Hohe Mobilität bei Gesamtgehalten nahe dem Grenzwert läßt, analog zur hohen Mobilität der durch Kontamination eingetragen hohen Zn-Gesamtgehalte, den Schluß auf anthropogene Eintragspfade (z.B. bei Pb) zu.

2. Zielstellung

Ziel des Teilprojektes "Lysimeteruntersuchungen" sind flankierende Untersuchungen an langjährigen Reihen in der Lysimeteranlage Brandis. Die Untersuchungen werden im Rahmen des Forschungsthemas "Einfluß geänderter Landnutzung auf den Stoffeintrag, -transfer und -austrag an acht Bodenformen in Lysimetern" des UFZ Leipzig-Halle durchgeführt. Dabei stellen die Forschungen zum Einfluß einer geänderten Bewirtschaftungsform (Intensivlandwirtschaft - Brache - Ökologischer Landbau) auf den Wasser- und Stoffhaushalt von Lysimetern mit den Bodenformen Löß-Schwarzerde und Löß-Parabraunerde einen Teil dar, an dem für das Forschungsvorhaben STRAS folgende Aufgaben bearbeitet werden:

- Auswertung langjähriger Meßreihen zu den N-Einträgen (Düngung, nasse Deposition), N-Austrägen (N-Entzug Pflanze, N-Austrag über Sickerwasser) und N-Gehalt im Sickerwasser.
- Abhängigkeiten und Wechselwirkungen des Stofftransportes von der N-Bilanz, der Wasserbilanz, von Klima- und Bodeneigenschaften.
- Einsatz von ^{15}N sowie Durchführung eines Multitracerversuches zur Quantifizierung des Stofftransportes (Bearbeitung über TP 2)
- Untersuchungen zur Sickerwasserbelastung mit ausgewählten Schwermetallen sowie für das Trinkwasser wichtigen weiteren Anionen und Kationen und deren Abhängigkeit von Bodeneigenschaften und Gehalten in der Krume.
- Zerlegung eines Lysimeters mit Schwarzerde und dessen bodenbiologische, -physikalische und -chemische Analyse im Vergleich zu einer Profilgrabung am Herkunftsort Etzdorf.

3. Wissenschaftlich-technischer Stand

In den letzten zwei Jahrzehnten ist durch intensive landwirtschaftliche Bewirtschaftung und zunehmende Immissionen durch Industrie, Verkehr und Haushalt die stoffliche Belastung der Böden mit Pflanzennährstoffen sowie organischen und anorganischen Schadstoffen gestiegen. Die vertikale Verlagerung dieser Stoffe unter die Wurzelzone und deren Eintrag in das Grundwasser gewinnt dabei zunehmend größere Aktualität. Mit Lysimeteruntersuchungen sind die Prozesse der Wasser- und der Nährstoffdynamik als auch die Einflüsse einer Landnutzungsänderung quantitativ und in zeitlich kurzen Perioden gut zu erfassen, wie u.a. aus Veröffentlichungen von AMBERGER u.a. (1978), AMBERGER (1983), KATZUR u.a. (1983), GUTSER u.a. (1987), KATZUR u.a. (1989), MÜLLER u.a. (1991). GÜNTHER und Knoblauch (1993), MEISSNER u.a. (1993) sowie MEISSNER und RUPP (1994) hervorgeht. Bei der Planung und Realisierung der meßtechnischen Ausstattung der Lysimeterstation Brandis in den Jahren 1978/79 standen zunächst hydrologische Fragestellungen im Vordergrund (MORITZ u.a. 1991). Es sollten die Auswirkungen langjähriger Schwankungen meteorologischer Eingangsgrößen auf den Wasserhaushalt, speziell auf die Grundwasserneubildung typischer Böden und hydrologischer Standorteinheiten unter gleichen Witterungs- und Nutzungsbedingungen (Bearbeitung, Düngung, Fruchtfolge) untersucht werden.

Aus zahlreichen Berechnungen von N-Bilanzen wurde für die BRD ein N-Überschuß von etwa 100 kg/ha und Jahr bei der üblichen landwirtschaftlichen Bewirtschaftung errechnet (BACH, 1987; KÖSTER u.a. 1988; STURM, 1989; FINCK, 1990 und ISERMANN, 1993). Nach

KÖRSCHENS (1987) und WELTE und TIMMERMANN (1987) kommen mindestens noch weitere 50 kg/ha und Jahr aus sonstigen Quellen dazu. Letztere Menge entspricht gleichfalls etwa dem für Mitteldeutschland ermittelten N-Eintrag über nasse Deposition (ANONYM, 1993). Damit ist die Schlußfolgerung gerechtfertigt, daß der Stickstoff zum wichtigsten und problemreichsten Nähr-(Schad-)stoff zählt und vor allem eine Gefahr für die Belastung des Grundwassers darstellt.

Durch die Bestimmung der N-In- und Outputs wurden Vorausssetzungen geschaffen, neben der quantitativen wasserwirtschaftlichen Aufgabenstellung, auch die Effektivität der mineralischen N-Düngung und die vertikale N-Verlagerung bis zum Eintrag in das Grundwasser und deren Abhängigkeit vom N-Entzug durch die Pflanze zu quantifizieren. Resultierend daraus sind Schlußfolgerungen und Lösungsansätze für eine Minderung der Nitratbelastung des Grundwassers durch entsprechende Bewirtschaftungsänderungen ableitbar.

Aufbauend auf diesen Möglichkeiten bieten sich Untersuchungen an Lysimetern auch an, um weitere Beiträge zu den Zielen des Verbundprojektes STRAS zu leisten. Die Ableitung von Strategien zur Regeneration belasteter und die Erhaltung intakter Agrarökosysteme schließt eine nachhaltige Landnutzung ein. Nach HAUFF (1987) und KÖRSCHENS und MÜLLER (1994) muß nachhaltige Bodennutzung sowohl regional als auch global die Vermeidung jeglicher Umweltbelastung durch Austrag von Nähr- und Schadstoffen in das Grundwasser und in die Atmosphäre ausschließen. Neben den bereits aufgezeigten Problemen des Wasser- und Stickstoffhaushaltes muß im Rahmen der Einschätzung von Agrarökosystemen auch weiteren durch Bewirtschaftung und Bodeneigenschaften hervorgerufenen stofflichen Belastungen, die durch die ungesättigte Zone zum Grundwasser transportiert werden können, Beachtung geschenkt werden. Durch Erweiterung des Untersuchungsspektrums auf ausgewählte Schwermetalle sollen dazu erste Ergebnisse gewonnen werden.

4. Material und Methode

Die Untersuchungen wurden in der Lysimeteranlage Brandis des Sächsischen Landesamtes für Umwelt und Geologie durchgeführt. Diese ist mit Standardlysimetern nach FRIEDRICH-FRANZEN (ANONYM, 1980) ausgerüstet. Die Lysimeter wurden an repräsentativen Standorten monolithisch, mit jeweils drei Wiederholungen gewonnen. Die so entstandenen 24 Lysimeter sind wägbar, haben eine Oberfläche von 1 m². Mit der Profiltiefe von 3 m wird der Anspruch erhoben, den Wasserhaushalt grundwasserferner Standorte zu beschreiben.

Meßwerterfassung, Probenahme und Analytik

Die tägliche Wägung der ca. 9,5 t schweren Lysimetergefäße zur Ermittlung der Bodenwasservorratsänderung erfolgt mit einer Genauigkeit von 100 g (entspricht 0,1 mm

Niederschlag). Zum weiteren Meßprogramm gehört die tägliche Erfassung der meteorologischen Eingangsgrößen. Seit 1993 werden komplette meteorologische Datensätze in Zusammenarbeit mit dem TP 13 "Witterungsverlauf" vom Standort der Lysimeter bereitgestellt.

Die Messung der Sickerwassermengen der einzelnen Lysimeter erfolgt täglich. Die Perkolate werden zu Monatssammelproben vereinigt. In Letzteren erfolgt die Bestimmung des Gehaltes an Ammonium- und Nitrat-Stickstoff sowie weiterer als Nähr- und Schadstoffe die Sickerwasserqualität beeinflussender Anionen und Kationen.

Anteile der Sickerwassersammelproben ausgewählter Lysimeter wurden dem TP 2 für Traceruntersuchungen und dem TP 4 für ^{34}S-Untersuchungen zur Verfügung gestellt.

Analog zum Sickerwasser wurden die Niederschläge ermittelt und auf Inhaltsstoffe untersucht.

Darüber hinaus wurden an den Ernteprodukten neben dem Ertrag der N-Gehalt und daraus errechnet der N-Entzug festgestellt. Für die Versuchsjahre 1993 und 1994 liegen darüber hinaus die Schwermetallgehalte der Pflanzen vor.

Als Analysenmethoden kamen entsprechend dem Probenmaterial und den aufgetretenen Konzentrationen folgende Verfahren zur Anwendung:

- Ionenchromatographie: Cl^-, NO_3^-, SO_4^{--}, NO_2^-
     Sickerwasser ohne Vorbehandlung direkt in der Probe
     im Boden nach Wasserextraktion bzw. nach Extraktion gemäß Methode N_{min}
- ICP-AES bzw. AAS: Pflanzennährstoffe, Schwermetalle und weitere Kationen
     im Sickerwasser direkt aus der Probe
     im Boden nach Königswasseraufschluß (S7)
     im Boden nach Extraktion mit Ammonnitrat (Extrakte nach DIN Vornorm)
     in Pflanzen nach Königswasseraufschluß
- Ionensensitive Elektroden: pH-Wert, Leitfähigkeit, Ammonium
- Kjeldahl - Aufschluß für N_t in Boden und Pflanze

Bodenbeschreibung

Die acht Gewinnungsorte für die Lysimeter wurden so gewählt, daß die wichtigsten Standortformen Mitteldeutschlands, wie Löß, Sandlöß und Geschiebelehm durch die Brandiser Anlage repräsentiert werden. Durch die Installation von monolithischen Bodenkörpern der verschiedenen Standorte ist es möglich, die Durchsickerung und den Stofftransport in unterschiedlich gestalteten Bodenprofilen unter gleichen klimatischen Bedingungen zu erfassen (MORITZ u.a. 1991).

Für die Untersuchungen wurden zwei Lysimetergruppen ausgewählt. Dabei handelt es sich bei der Lysimetergruppe 10, Standort Etzdorf (entnommen ca. 1.5 km südlich von Steuden) um eine Löß-Schwarzerde, die zum Zeitpunkt der Entnahme der im Gesamtbericht für die Versuche Etzdorf gegebenen Beschreibung entsprach.

Als Vergleichsboden wurde eine auf gleichem Substrat (Löß) mit nahezu gleicher Mächtigkeit entstandene Löß-Parabraunerde aus dem Ort Sornzig bei Oschatz herangezogen.

Beide Bodenformen lagern in 200-220 cm Tiefe über Schmelzwassersand mit eingelagertem Geschiebemergel bzw. Lehm.

Die genaue Profilbeschreibung mit ausgewählten chemischen und physikalischen Kenngrößen ist den Abb. 1 und 2 zu entnehmen. Daten zur Charakterisierung des Bodens der Krume zum Zeitpunkt der Umstellung der Bewirtschaftung (Herbst 1992) sind aus Tab. 1 ersichtlich.

Tabelle 1:
C_t-Gehalt, pH-Wert, pflanzenverfügbare Makronährstoffe und Daten zur Sorption in der Krume bis 25 cm der Böden der Lysimeter mit Löß-Parabraunerde von Sornzig (Lys.Gr. 9) und Löß-Schwarzerde von Etzdorf (Lys.Gr.10) - Lysimeteranlage Brandis 1992

Merkmal	Lys.Gr.9	Lys.Gr.10
Ct in %	1,6	2,1
pH-Wert in KCl	4,9	6,4
P-DL in mg/100g	21	27
K-DL in mg/100g	27	36
Mg-DL in mg/100g	14	26
H-Wert in mval/100g	5,2	2,9
T-Wert in mval/100g	13,7	21,3

Die Lysimeter wurden einschließlich der umliegenden Fläche in ortsüblicher Form landwirtschaftlich genutzt. Die angebauten Fruchtarten (Tab.2), mit einer den spezifischen Ansprüchen angepaßten optimalen bis leicht erhöhten mineralischen Düngung zuzüglich des durch Immission eingetragenen Stickstoffs, weisen auf eine intensive ackerbauliche Nutzung hin.

Aus Tab.2 ist weiterhin zu entnehmen, daß nach der Ernte der Wintergerste die "Intensivperiode" abgebrochen wurde. Nach Schwarzbrache im Herbst 1992 bis Frühjahr 1993 wurde eine jeweils einmal pro Jahr geschnittene Grünbrache eingesät. Diese blieb bis Herbst 1994 stehen und wurde dann umgebrochen. Ziel dieser Brache war, die kurzfristige Flächenstillegung in ihrer Auswirkung auf N-Bilanzen und Stoffausträge zu charakterisieren.

Abbildung 1: Beschreibung und Daten der Profilaufnahme für die Lysimetergruppe 10 vom Standort Etzdorf zum Zeitpunkt der Gewinnung der Monolithe im Jahre 1973

Mbl.: Schraplau (4536) H: 56_{9645} R: 44_{8403} Lage: 153m über NN, ca. 15km südlich von Steuden   Neigung: eben   Nutzung: Acker

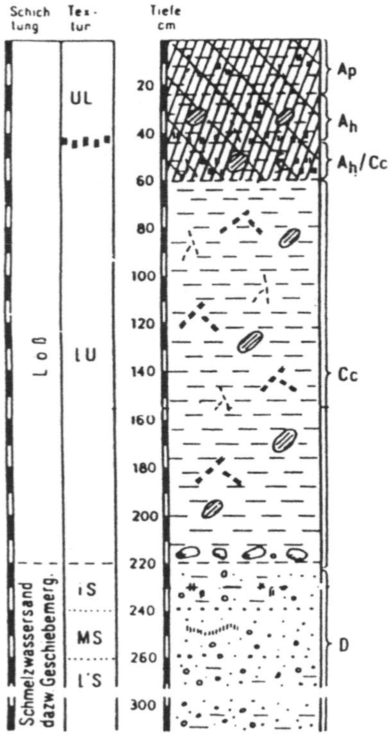

Schichtung / Textur / Tiefe cm: UL, lU, iS, MS, lS; Löß, Schmelzwassersand dazw Geschiebemerg.; Tiefe 20–300 cm; Horizonte: Ap, Ah, Ah/Cc, Cc, D

Beschreibung	pH-Wert H_2O	KCl	$CaCO_3$ in %
sehr dunkelbr. (10 YR 2/2), humoser Schlufflehm, Krümelgefüge, mäßig dicht, einzelne Wurzeln, in Spuren karbonathaltig, unzersetzte Stalldungreste, scharf begrenzt	8,2	7,6	Spur.
sehr dunkelbraun, (10 YR 2/2), humoser Schlufflehm, Krümelgefüge, locker, poros, schwach durchwurzelt, in Spuren karbonathaltig,	8,2	7,3	Spur.
Krotowinen, Hamstergänge und -baue, allmählicher Übergang	8,4	7,3	6,6
braun bis dunkelbr. (10 YR 5/7), schwach humoser lehmiger Schluff, Krümelgefüge, locker, porös,einzelne Wurzeln enthaltend	8,4	7,4	19,35
stark, karbonathaltig, mit Krotowinen und Regenwurmgängen und Wurzelbahnen, scharf begrenzt	8,6	7,6	14,6
gelblich brauner (10 YR 5/4-5/3) lehmiger Schluff, Schwammgefüge, mäßig dicht, porös, karbonatreich im unteren Teil des Horizontes nur noch stark karbonathaltig, Wurzelbahnen bis 160cm Krotowinen, Kalkpseudomycel, einzelne Feinwurzeln enthaltend, Steinsohle an der Basis, Löß wird im unteren Teil sandiger und rötlich braun scharf begrenzt	8,5	7,6	9,46
fahloliv bis fahlgelber (5 Y 7/3-6/3), sehr schwach kiesiger Mittelsand, Einzelkorngefüge, karbonatfrei, z.T. braune Bänder	8,7	8,0	0
dunkelbr. (7,5 YR 5/6), sehr stark kiesiger, schwach lehmiger Sand, Einzelkorngefüge, locker, Kies ca. 70 Vol.% - Mittelkies,kleinflächig wechselnd	8,6	7,5	0
dunkelbr. /7,5 YR 4/4), kiesiger, stark lehmiger Sand, Bröckelgefüge nur z.T. ausgebildet (geschiebemegelreste), mäßig karbonathaltig, sonst locker	8,7	7,	4,66

Abbildung 1: Fortsetzung

Bodentyp: Schwarzerde Bodenform: Löß-Schwarzerde

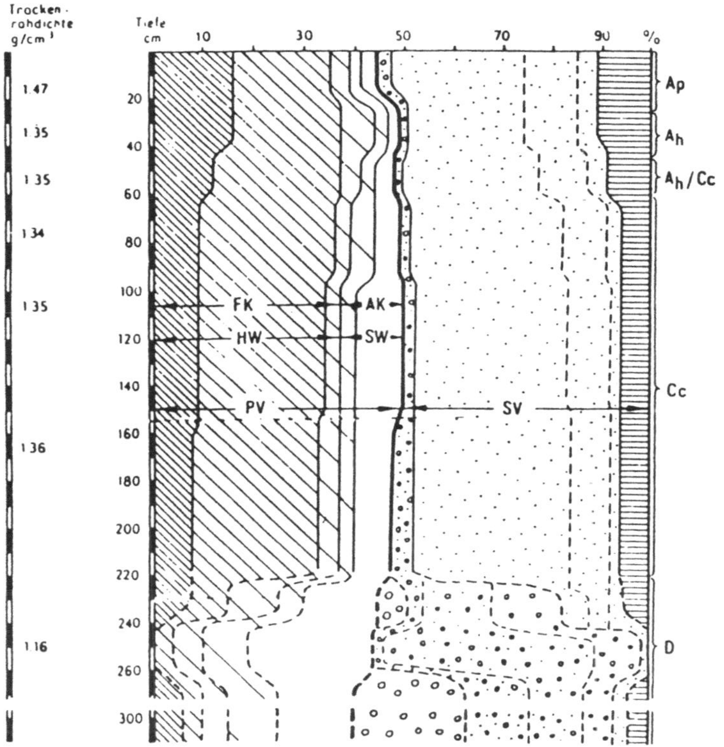

% Skelett v. Gesamtboden	Humus [%]	Kf-Wert [m/d]	Kf-Wert [m/s]
0.34	3.07	0.4556	$2.5 \cdot 10^{-6}$
0	2.45	0.3782	$4.3 \cdot 10^{-6}$
0	1.31	0.3685	$4.2 \cdot 10^{-6}$
0	0.52	0.9261	$11 \cdot 10^{-5}$
0	0.94	2.4890	$2.9 \cdot 10^{-5}$
0	0.45	2.2300	$2.6 \cdot 10^{-5}$
11.3	0.31		
0.13	0.28	12.7600	$1.5 \cdot 10^{-4}$
59.1	0.13		

Abbildung 2: Beschreibung und Daten der Profilaufnahme für die Lysimetergruppe 9 vom Standort Sornzig zum Zeitpunkt der Gewinnung der Monolithe im Jahre 1973

Mbl. Oschatz (4744) H: 56_{7713} R: 45_{7218} Lage: 190m über NN, ca. 2km nördlich von Zävertitz Kr. Oschatz, schw. wellig Neig.: 1°S Nutz.: Acker

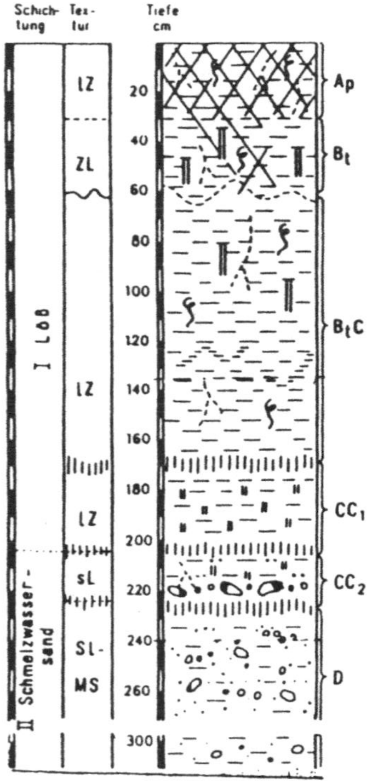

Schich-tung / Textur / Tiefe (Profil)	Horizont	Beschreibung	pH-Wert H₂O	KCl	CaCO₃ in %
	Ap	dunkler, gelblich-brauner (10 YR 4/4), humoser, lehmiger Schluff Bröckelgefüge, mäßig dicht, durchwurzelt, Tiergänge, Wurzelgänge, scharf begrenzt	5,4	5,2	0
	Bt	dunkelbrauner (7,5 YR 4/4) Schlufflehm, Bröckelgefüge, oberhalb etwas plattig, schwach porös, schwach durchwurzelt, Tier- und Wurzelgänge, Feinwurzeln, Tierlosung, verzahnter Übergang, Tonbeläge	7,2	6,0	0
	BtC	fahlbrauner bis dunkelbrauner (10 YR 6/3, 7/5 YR 4/4) lehmiger Schluff Plattengefüge, mäßig dicht, schwach porös, einzelne Wurzeln und Wurzelbahnen, im oberen Teil noch Tonbeläge, Lammellenfleckenzone (hellere und dunklere braune Bänder wechselnd), Wurmgänge mit Tierlosung, allmählicher Übergang	7,6	6,2	0
	CC₁	gelblich-brauner (10YR 5/6) lehmiger Schluff, Gefüge mäßig dicht, allmählicher Übergang, stark karbonathaltig	8,1	6,6	9,71
	CC₂	gelblich-brauner (10 YR 5/4) sandiger Lehm, Bröckelgefüge, Übergangsbereich sandiger Löß, Geschiebemergelreste enthaltend, Kiese und Steine sohlenartig angereichert, Feinwurzeln, rotstreifig, stark karbonathaltig	8,2	6,9	5,82
	D	hellbraun bis hellgelb (10 YR 6/ 3- 6/4) steiniger, kiesiger lehmiger Sand bis Mittelsand, Einzelkorngefüge, Kiesanteile, unterschiedlich geschichtet	8,4	7,1	0

Abbildung 2: Fortsetzung

Bodentyp: Parabraunerde Bodenform: Löß-Parabraunerde

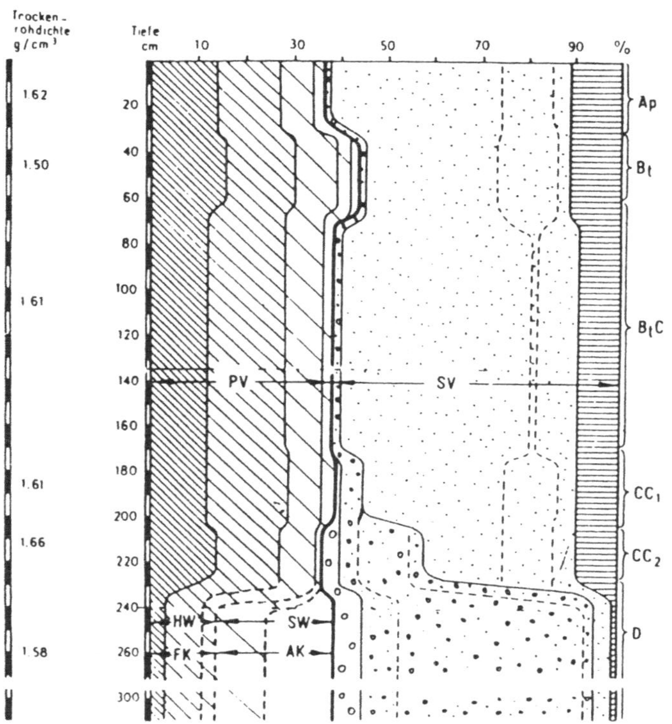

Horizont	% Skelett v. Gesamtboden	Humus [%]	Kf-Wert [m/d]	Kf-Wert [m/s]
Ap	0.1	2.47	0.3184	$3.7 \cdot 10^{-7}$
Bt	0	0.57	2.9740	$3.4 \cdot 10^{-5}$
BtC	0	0.34	0.1966	$2.3 \cdot 10^{-6}$
CC1	1.01	0.35	0.8120	$9.4 \cdot 10^{-6}$
CC2	6.3	0.28	0.0722	$8.4 \cdot 10^{-7}$
D	10.1	0.03	24.9000	$2.9 \cdot 10^{-4}$

Tabelle 2:

Fruchtfolge und N-Input aus Düngung und nasser Deposition der Jahre 1980-1994 für die Lysimeter in der Anlage Brandis

Jahr	Fruchtart	N-Düngung kg/ha	N-Immission kg/ha
1980	Mais	140	44
1981	Zuckerrüben	160	53
1982	Winterweizen	120	28
1983	Wintergerste	120	33
1984	Weidelgras	175	42
1985	Kartoffeln	100	69
1986	Winterweizen	120	35
1987	Kartoffeln	100	37
1988	Winterweizen	140	46
1989	Wintergerste	120	46
1990	Zuckerrüben	140	44
1991	Winterweizen	140	37
1992	Wintergerste	120	29
1993	Grünbrache	0	26
1994	Grünbrache	0	24
Mittel über 15 Jahre		113	40

Einordnung ins Klimageschehen

Die Lysimeterstation Brandis liegt in der Parthe-Niederung am Rande des Mitteldeutschen Trockengebietes. Zur Einordnung der Ergebnisse der Beobachtungsreihen in das langjährige Klimageschehen des Standortes sollen einige Daten der Station Leipzig-Schkeuditz des Deutschen Wetterdienstes genannt werden. Im langjährigen Mittel der Jahre 1951-1980 wurden 580 mm Niederschlag/Jahr bei einer mittleren Lufttemperatur von 8,6 °C gemessen. Im Vergleich zu den langjährigen Mitteln vom Herkunftsstandort Etzdorf werden damit in Brandis fast genau 100 mm mehr Niederschlag registriert. Die Jahresdurchschnittstemperatur liegt um 0,4°C unter der des Standortes Etzdorf. In der Versuchsperiode 1981-1992 betrugen diese Werte 480 mm/a bei 9,2 °C. In Brandis fallen mit gleichen Tendenzen etwa 17% (bodengleich 23%) mehr Niederschläge. Aus obigen Angaben wird deutlich, daß es sich im Versuchszeitraum um eine niederschlagsarme und zugleich überdurchschnittlich warme Periode handelt.

5. Ergebnisse und Diskussion

5.1. Wasserhaushalt

Aus den Abb.3 und 4 ist zu erkennen, daß bei einem mittleren Jahresniederschlag von 608 mm in der vierzehnjährigen Versuchsperiode mittlere jährliche Sickerwassermengen von 56 l/m² auf der Löß-Parabraunerde und 43 l/m² auf der Löß-Schwarzerde registriert werden konnten. Die beiden tiefgründigen, fruchtbaren Bodenformen mit hohem Wasserspeichervermögen haben damit bei einem Vergleich mit weiteren Bodenformen, die am gleichen Standort untersucht

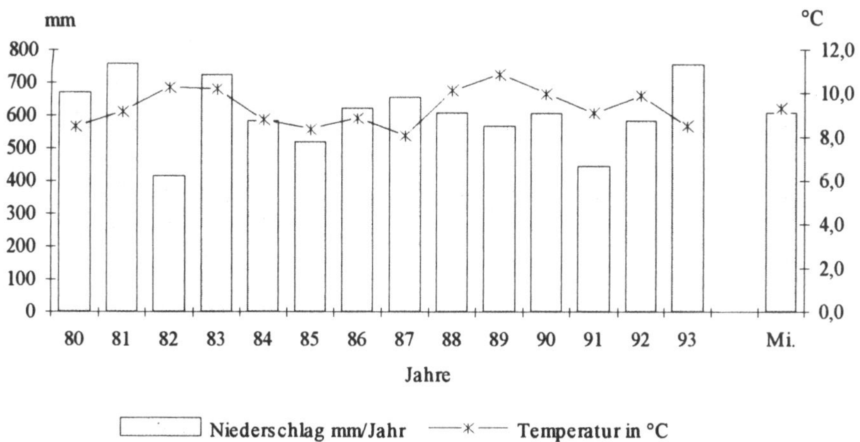

Abbildung 3
Jährliche Niederschläge in mm und Jahresdurchschnittstemperaturen in °C über den Versuchszeitraum von 14 Jahren am Standort Brandis.

wurden, die niedrigsten Sickerwasserraten. Diese liegen bei flachgründigen, erodierten, sandigen Braunerden bei 172 l/m² und bei Fahlerden und Staugleyen aus Sandlöß bei 104 bis 143 l/m² und Jahr (KNAPPE u.a. 1994).
Betrachtet man das Verhältnis von Niederschlagsmenge und Sickerwassermenge in den einzelnen Jahren, so ist der für diluviale Böden geltende, klare Zusammenhang hier nicht erkennbar, daß in der Regel hohe Jahresniederschläge im gleichen Jahr auch eine hohe Grundwasserneubildung bewirken, d.h. daß die Sickerwasserspende ohne erhebliche Verzögerung stattfindet.

512

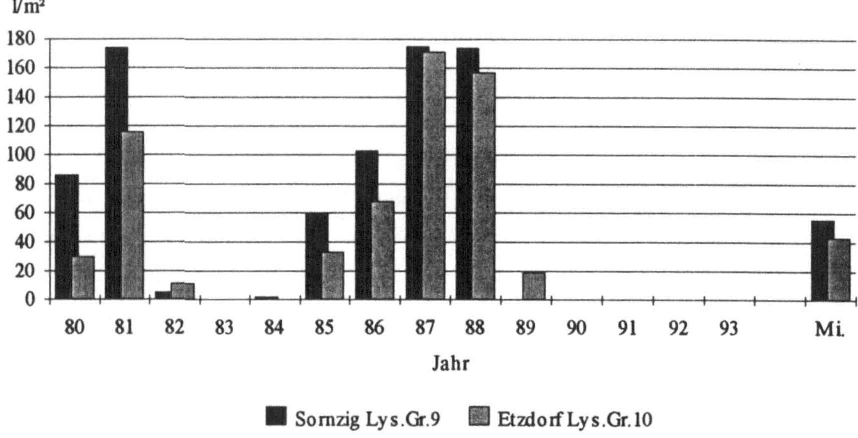

Abbildung 4:

Jährliche Sickerwassermengen in l/m² über den Versuchzeitraum von 14 Jahren für die Bodenformen Löß-Parabraunerde vom Standort Sornzig (Lys.Gr. 9) und Löß-Schwarzerde vom
Standort Etzdorf (Lys.Gr. 10). - Lysimeteranlage Brandis.

Für die Löß-Schwarzerde lassen sich keine so eindeutigen Verhältnisse erkennen. Nasse, kühle
Jahre mit relativ hoher Sickerwassermenge (1980, 1981) und trockene, warme Jahre (1982,
1991) ohne Sickerwasserbildung entsprechen den erwarteten und bei diluvialen Standorten
vorhandenen Verhältnissen. Dem stehen jedoch in den tiefgründigen Lößböden auch Verhältnisse gegenüber, wo in Jahresperioden mit durchschnittlichen bis leicht erhöhten Niederschlägen relativ hohe Sickerwassermengen registriert werden (1987, 1988). Nach dem Trocken-
jahr 1991 ohne Sickerwasser bleiben dann aber auch die Jahre 1992, 1993 bei mittleren bis
deutlich erhöhten Niederschlagsmengen ohne Sickerwasser.
Wichtigster Einflußfaktor für die Höhe und die Dynamik der Grundwasserneubildung einer
Bodenform scheint, wie an den folgenden Daten gezeigt werden kann, die Speicherkapazität
des Bodens an pflanzenverfügbarem Wasser in der durchwurzelten Zone des Profils zu sein.
Die Sickerwassermenge wird in Wechselwirkung von weiteren Einflußfaktoren, so u.a. dem
Anbau unterschiedlicher Fruchtarten mit differenzierter Inanspruchnahme der verfügbaren
Wassermenge, der Durchwurzelungstiefe und der Transpiration, klimatisch bzw. witterungsbedingten Faktoren wie der innerjährlichen Verteilung der Niederschläge und dabei insbesondere der Anzahl der Tage mit geschlossener Schneedecke, des durch Temperatur, Luftfeuchte
und Wind bedingten klimatischen Verdunstungsanspruches der Atmosphäre und nicht zuletzt
den Bodenwassergehalt zu Beginn eines jeden Jahres determiniert.
An Hand der Darstellung der Niederschlagsverteilung (Abb. 5), der Sickerwasserbildung und
der gemessenen Bodenwasservorratsänderung (Abb. 6 und 7) soll auf die Besonderheiten

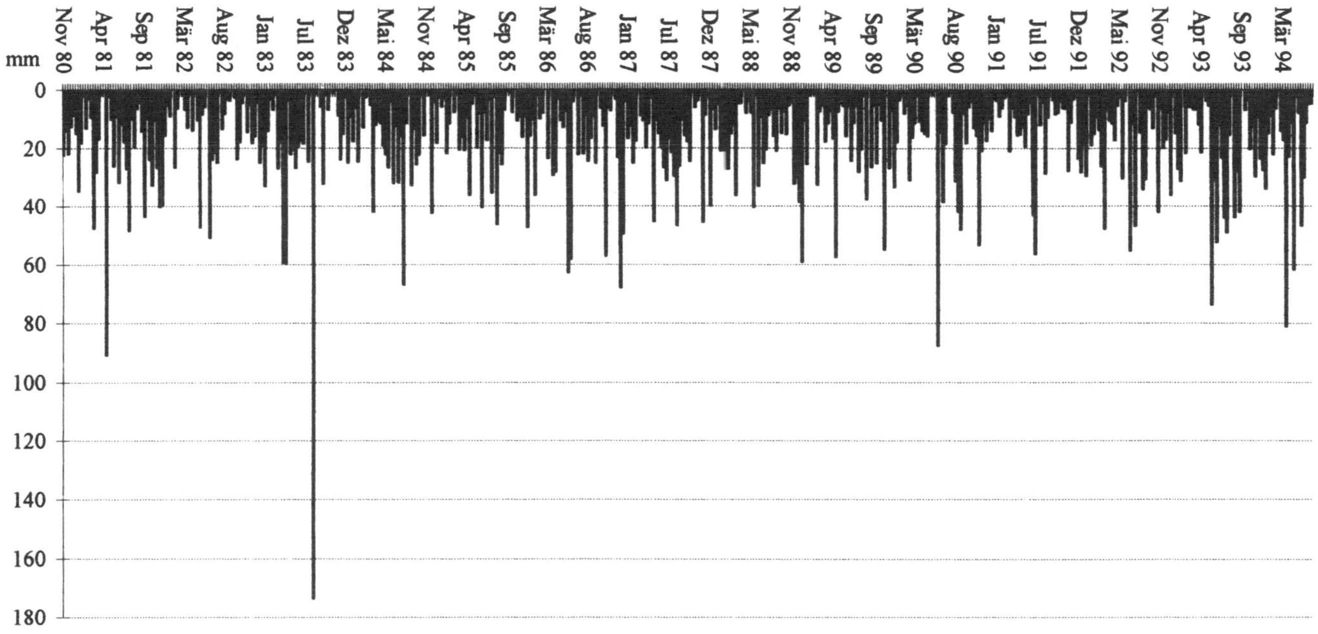

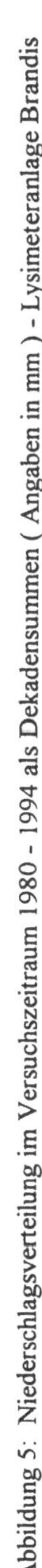

Abbildung 5: Niederschlagsverteilung im Versuchszeitraum 1980 - 1994 als Dekadensummen (Angaben in mm) - Lysimeteranlage Brandis

Abbildung 6:
Bodenwasservorratsänderung in mm (Differenzen zum Gehalt zu Versuchsbeginn) im Vergleich zur Sickerwasserbildung in mm für die Bodenform Löß-Schwarzerde (Lys.Gr.10, Etzdorf) in der Lysimeteranlage Brandis.

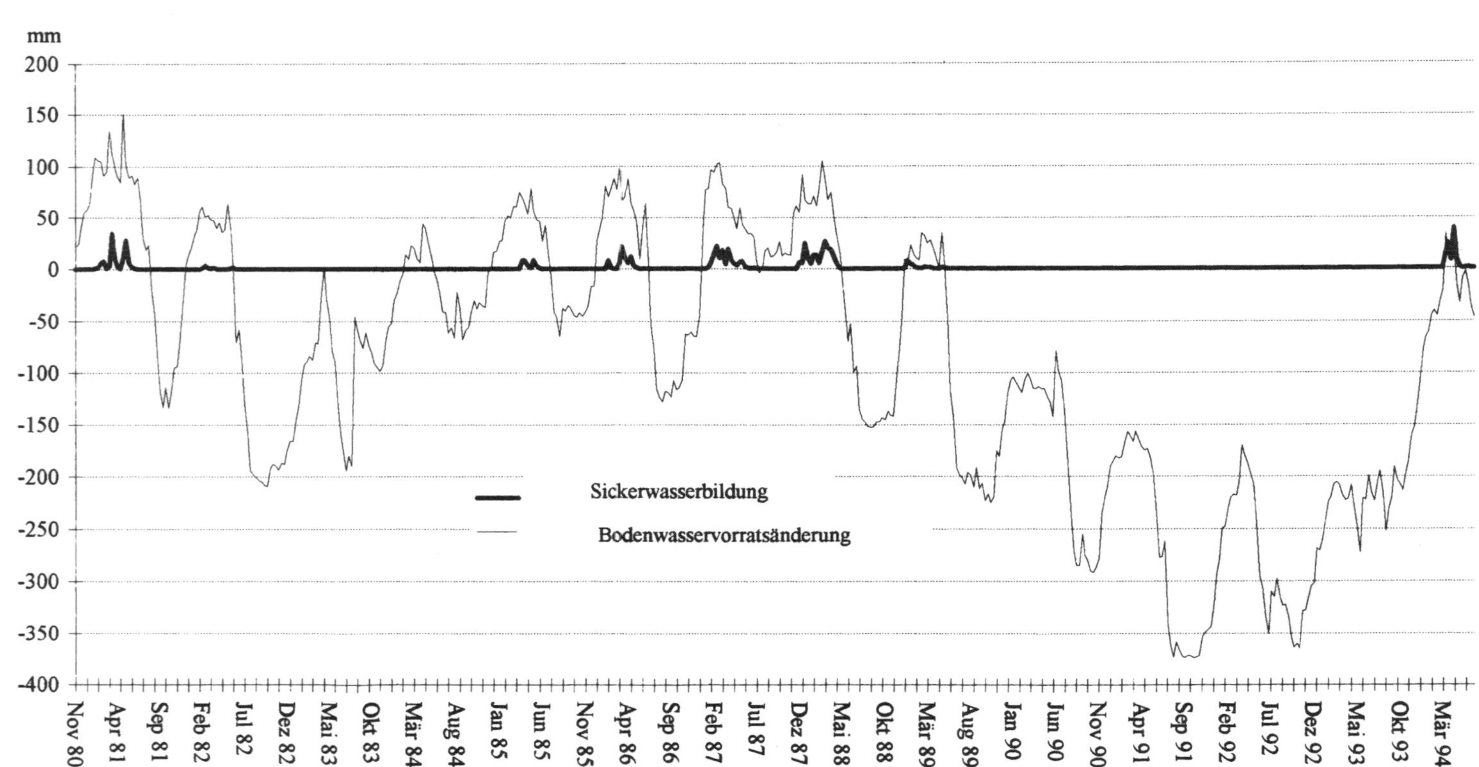

Abbildung 7:

Bodenwasservorratsänderung in mm (Differenz zum Gehalt zu Versuchsbeginn) im Vergleich zur Sickerwasserbildung in mm für die Bodenform Löß-Parabraunerde (Lys.Gr.9, Sornzig) in der Lysimeteranlage Brandis.

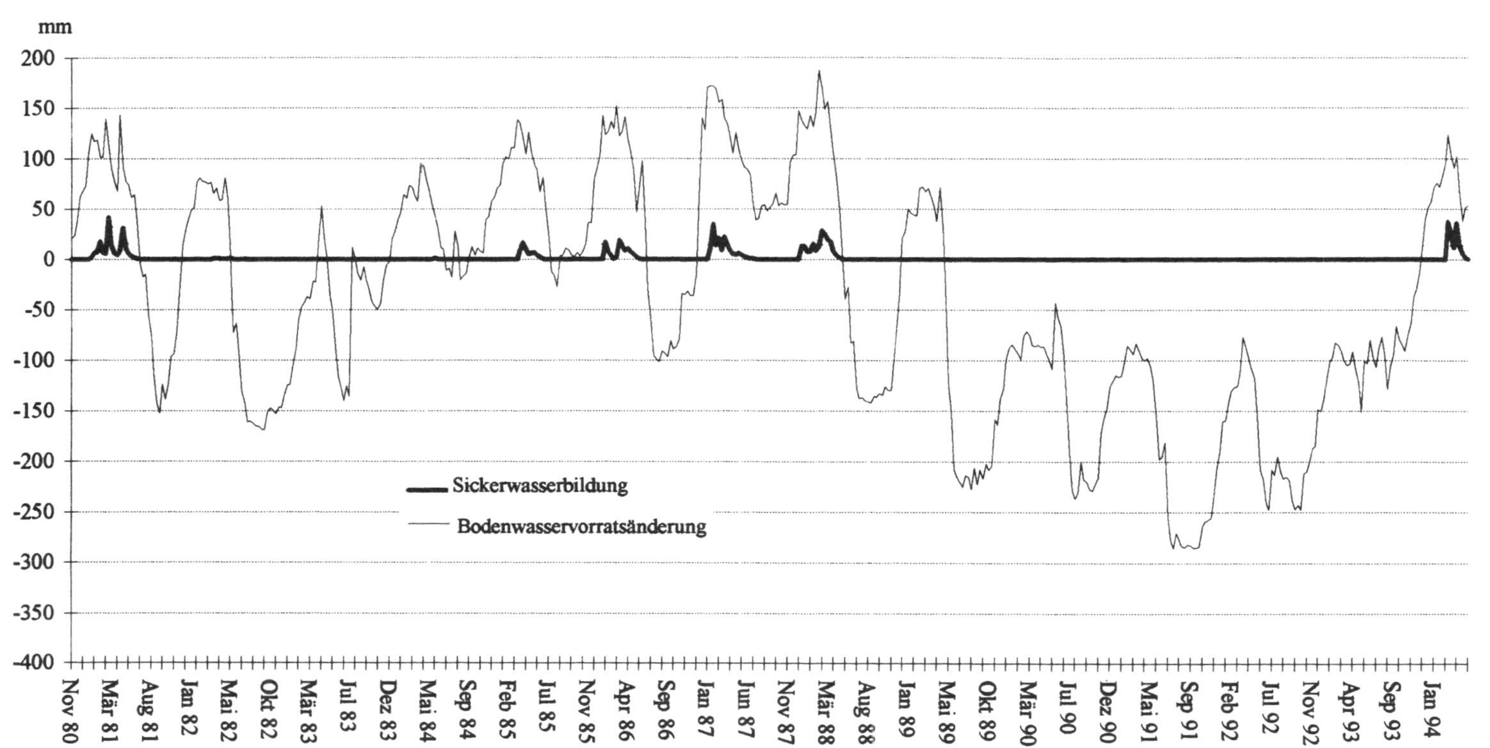

der Sickerwasserbildung auf den Böden mit hoher Speicherkapazität in der durchwurzelten Zone, die in der hier geprüften Schwarzerde nach den Ergebnissen der Zerlegung eines Monolithen mit mindestens 2,5 bis 2,7 m Tiefe angenommen werden kann, hingewiesen werden. In den Abb. 6 und 7 wurden Sickerwasserbildung und Bodenwasservorratsänderung in Dekadenwerten über den genannten Versuchszeitraum dargestellt. Die Bodenwasservorratsänderung beinhaltet positive und negative Werte, da, beginnend mit dem unbekannten Wassergehalt des Lysimeters zu Versuchsbeginn, die Differenzgewichte gemessen wurden.

Es soll von der Annahme ausgegangen werden, daß die höchsten Werte im Diagramm der Bodenwasservorratsänderung der maximalen (unter den Bedingungen des Versuchszeitraumes) Sättigung der Bodensäule und damit etwa der FK entsprechen. Die niedrigsten Werte sollen den Wassergehalt darstellen, bei dem in den oberen Krumenschichten bereits der Welkepunkt erreicht und die Pflanzen eine ihrem Bedarf entsprechende Ausschöpfung des Wassers in der durchwurzelten Zone bewirkt haben. Bei diesen Annahmen kann man feststellen, daß durch die Schwarzerde maximal 525 mm und in der Löß-Parabraunerde maximal 475 mm der Evapotranspiration zur Verfügung stehen. Der Wert für die FK bzw. maximale WK dürfte noch darüber liegen (eine exakte Berechnung erfolgt nach Vorliegen der Ergebnisse der Zerlegung der Lysimeter).

Den Abb. 6 und 7 ist des weiteren zu entnehmen, daß Sickerwasser immer dann zu erwarten ist, wenn die Bodenwassergehalte der gesamten Bodensäule in der Regel in den Wintermonaten einen hier nicht näher zu definierenden Wert unter dem Maximalwert des Versuchszeitraumes erreicht haben. In diesem Fall dürfte die obere Bodenschicht bereits einmal die FK überschritten haben und eine Sickerwasserfront bis in drei Meter Tiefe gewandert sein. Die Sickerwassermenge wird dann vom weiteren Ansteigen des Bodenwasservorrates, d.h. von weiteren Niederschlägen bestimmt.

Abschließend soll nochmals auf die für Löß-Böden und insbesondere für Löß-Schwarzerde typischen Wasserbilanzen hingewiesen werden. Den in den Abb. 8 und 9 dargestellten Summenkurven von Niederschlag, Verdunstung, Sickerwasserbildung und Bodenwasservorratsänderung ist zu entnehmen, daß in der Löß-Schwarzerde und in geringfügig abgeschwächter Form auch in der Löß-Parabraunerde über die Evapotranpiration nahezu die gesamte Niederschlagsmenge wieder "produktiv" verwertet wird. Es gibt Zeiträume, die vor allem bei intensiven Pflanzenwachstum im Frühjahr und Sommer liegen, in denen die Evapotranspiration die für das hydrologische Jahr aufsummierte Niederschlagsmenge deutlich überschreitet. Die Nutzung des im Boden gespeicherten Wassers kommt der Biomasseproduktion voll zu gute und bildet eine Säule der hohen Fruchtbarkeit dieser Böden.

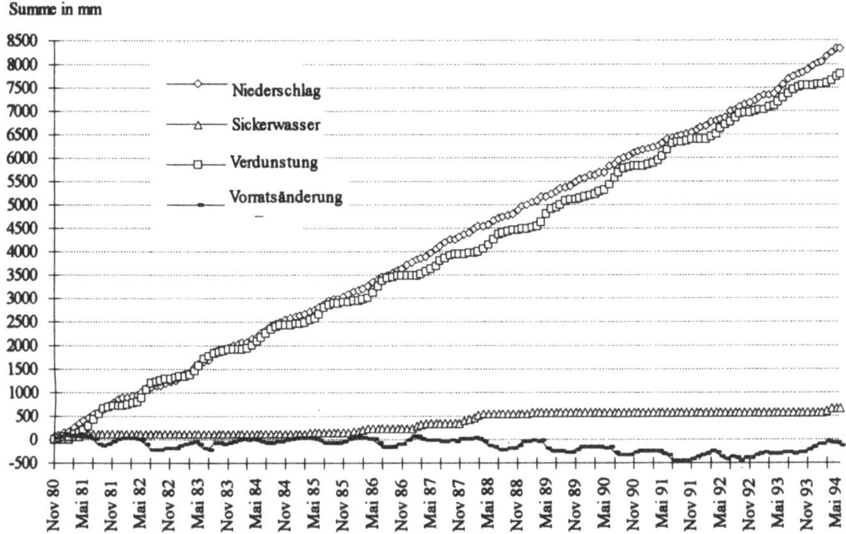

Abbildung 8:

Summenkurven der Monatswerte von Niederschlag, Verdunstung, Sickerwasserbildung und Bodenwasservorratsänderung über 14 Jahre in den Lysimetern vom Standort Etzdorf (Bodenform Löß-Schwarzerde, Lys.Gr.10)

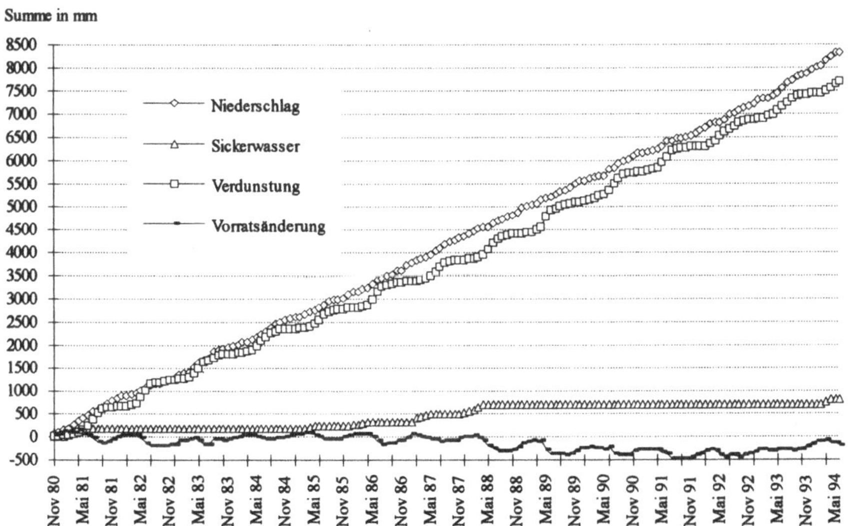

Abbildung 9:

Summenkurven der Monatswerte von Niederschlag, Verdunstung, Sickerwasserbildung und Bodenwasservorratsänderung über 14 Jahre in den Lysimetern vom Standort Sornzig (Bodenform Löß-Parabraunerde, Lys.Gr.9)

518

5.2. Stickstoffhaushalt

Im Mittel über 14 Jahre wurden in der Löß-Schwarzerde 47 kg/ha und Jahr, in der Löß-Parabraunerde 6 kg/ha und Jahr Stickstoff mit dem Sickerwasser in 3 m Tiefe ausgetragen (Abb. 10). Damit liegt die Schwarzerde an der oberen und die Löß-Parabraunerde an der unteren Grenze des für insgesamt acht Bodenformen im gleichen Versuchszeitraum gemessenen mittleren N-Austrages von 34 kg/ha (KNAPPE u.a., 1994).

Zieht man die Sickerwassermengen (Abb. 4) in die Betrachtungen ein, so ist nur eine wenig enge Beziehung zwischen jährlicher Sickerwassermenge und den jährlichen N-Frachten (Abb.10) zu erkennen. Darüber hinaus ist festzustellen, daß bei nahezu gleichen Sickerwassermengen die Löß-Parabraunerde deutlich niedrigere N-Frachten bewirkt.

Während sich bei diluvialen Standorten die N-Bilanz (N-Zufuhr über Düngung und nasse Deposition vermindert um den N-Entzug durch die Pflanzen) als die entscheidende Einflußgröße auf die Menge des ausgetragenen Stickstoffs erwies (KNAPPE u.a., 1994), trifft diese Aussage hier nur für die Löß-Parabraunerde zu (Abb. 11).

Die fruchtbare Löß-Parabraunerde puffert in Übereinstimmung mit Lysimeterergebnissen von GUTSER u.a. (1987) und GÜNTHER u.a. (1993) auch überhöhte N-Einträge gut ab. Darüber hinaus sind nach Ergebnissen von HEYDER (1993) vor allem die fruchtbaren, tiefgründigen Lößböden in der Lage, durch acker- und pflanzenbauliche Maßnahmen, die zu hohen Erträgen (= N-Entzügen = negative N-Bilanzen) führen, einen Beitrag zur Verminderung der umweltbelastenden N-Austräge zu leisten.

Bei nahezu gleichen Sickerungsraten (Abb. 4) und darüber hinaus N-Bilanzen (Abb.11), die über denen der Löß-Parabraunerde liegen und in nahezu allen Jahren ausgeglichen, z.T. deutlich negativ sind (im Mittel -31 kg/ha N, bei Maxima von -150 und -21o kg/ha), wurden auf der gleichfalls tiefgründigen, fruchtbaren Löß-Schwarzerde vor allem in der ersten Versuchshälfte sehr hohe N-Frachten festgestellt (Abb. 10).

Die Ursachen für dieses von der Löß-Parabraunerde abweichende Verhalten dürfte einmal darin zu suchen sein, daß die Löß-Schwarzerde am Standort der Lysimeter unter feuchteren (ca. 100 mm mehr Niederschlag) klimatischen Bedingungen als im Herkunftsgebiet des Bodens geprüft wurde. Des weiteren kann angenommen werden, daß durch die Konstruktionsweise der Lysimeter bedingt (Kontakt des Lysimeters bis 3 m Tiefe mit Umgebungs- bzw. Raumluft und hohe Wärmeaufnahme sowie -transport über die Schutzringe und Behälterwände) eine gegenüber den natürlichen Bedingungen leichte Temperaturerhöhung des Monolithen nicht auszuschließen ist. Die unter diesen Bedingungen vermutete erhöhte Mineralisation organisch gebundenen Stickstoffs führt in Übereinstimmung mit Lysimeteruntersuchungen von Müller u.a. (1991) trotz der niedrigen Sickerwasserspende dieses Bodens zu hohen N-Frachten.

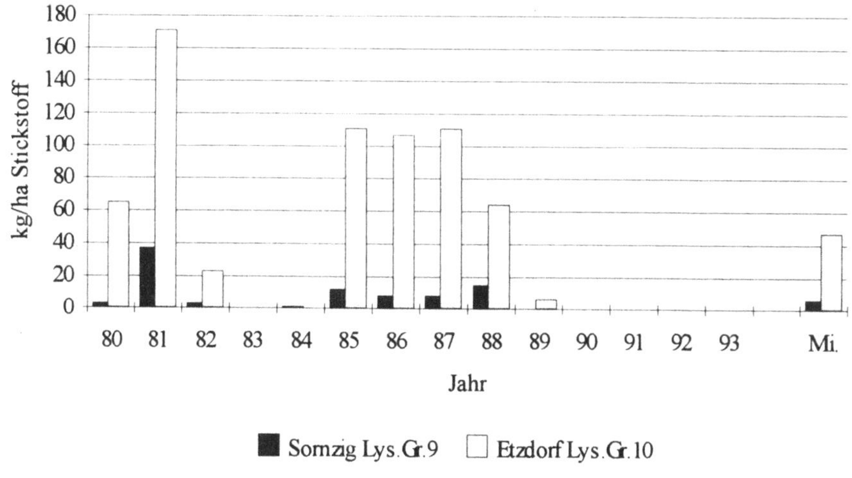

Abbildung 10:

N-Austrag über Sickerwasser - Jahressummen in kg/ha Stickstoff für Löß-Parabraunerde (Sornzig, Lys.Gr.9) und Löß-Schwarzerde (Etzdorf, Lys.Gr.10)

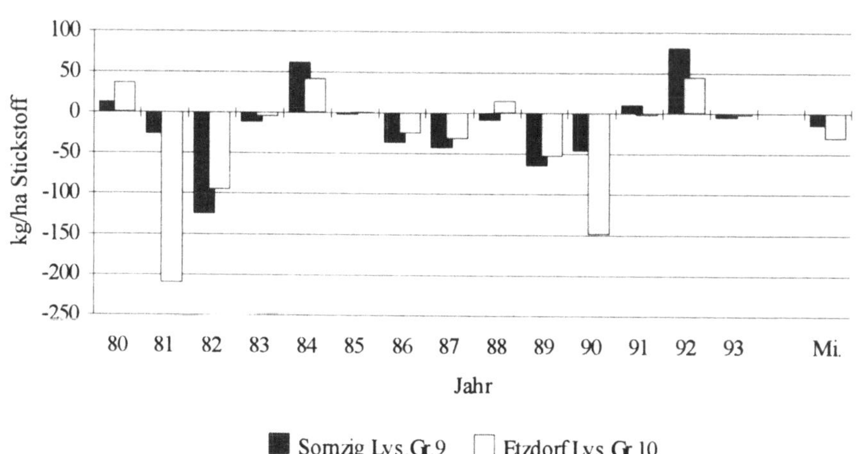

Abbildung 11:

Jähliche N-Bilanz aus N-Zufuhr (Düngung, Deposition) minus N-Entzug Pflanze für Löß-Parabraunerde (Sornzig, Lys.Gr.9) und Löß-Schwarzerde (Etzdorf, Lys.Gr.10)

520

Gestützt werden diese Annahmen auch durch Ergebnisse zur Mineralisation im Boden der Krume der Lysimeterböden (vergl. TP 2). Die bereits zu Beginn der achtziger Jahre mit ^{15}N - gedüngten Schwarzerdelysimeter setzen den damals in die leichumsetzbare organische Substanz eingebauten Stickstoff noch heute verstärkt frei.

Darüber hinaus ist nicht auszuschließen (die Bewirtschaftung der Lysimeterherkunftsflächen vor der Entnahme ist nicht bekannt), daß diese Böden infolge Bewirtschaftung, insbesondere hohe organische Düngung, einen für den Standort relativ hohen Anteil an leichtzerstzbarer organischer Substanz zu Versuchsbeginn aufwiesen. Nach Umstellung der Bewirtschaftung (in den Lysimetern erfolgte keine organische Düngung) und unter dem Einfluß der bereits erwähnten geänderten klimatischen Bedingungen ist nicht auszuschließen, daß eine erhöhte Mineralisation dieser leichtzersetzlichen organischen Substanz zu den negativen N-Bilanzen aber auch zu verstärkter N-Auswaschung beigetragen haben. KÖRSCHENS u.a. berichten im TP 3 über analoge Ergebnisse nach Erweiterung der Versuchsfrage beim Wechsel der Bewirtschaftung im Statischen Düngungsversuch Bad Lauchstädt.

Die unter den gegebenen Annahmen durch erhöhte Mineralisation organisch gebundenen Stickstoffs freigesetzten N-Mengen können, wie KÖRSCHENS u.a. (1993, 1994) nachweisen, auch unter den Bedingungen eines Schwarzerdestandortes bei bestimmten Feuchtebedingungen bis in 2-3 m Tiefe verlagert werden. Im Verlauf der 14 Versuchsjahre abnehmende N-Frachten (erste Ergebnisse von 1994 bestätigen diesen Trend) deuten auf die Einstellung neuer Gleichgewichte im Boden und die Annäherung an die Verhältnisse bei der Löß-Parabraunerde hin.

Im weiteren sei auf die Höhe und Dynamik des für wasserwirtschaftliche Fragen im Mittelpunkt stehenden NO_3-Gehaltes im Sickerwasser hingewiesen (Abb. 12). Die Löß-Parabraunerde hat mit 66 mg/l Nitrat im Rahmen der insgesamt geprüften Bodenformen (KNAPPE u.a., 1994) den niedrigsten Gehalt und scheint auch intensive Landnutzung (N-Düngung) gut abzupuffern.

Auf der Schwarzerde werden die höchsten NO_3-Gehalte im Sickerwasser festgestellt. Als Ursache sei auf die bereits beim N-Austrag genannten Ursachen und die Besonderheiten unter denen die Schwarzerde hier geprüft wurde, verwiesen.

Auch wenn sowohl auf Löß-Parabraunerde als auch der Löß-Schwarzerde bei 3 m Tiefe unter natürlichen Bedingungen noch nicht der Übergang in das Grund- (Stau-) wasser stattfindet und weitere N-Verluste durch Denitrifikation zu erwarten sind bzw. Stickstoff wieder in die durchwurzelte Zone transportiert werden kann, muß aus den hier ermittelten Nitratgehalten eine potentielle Gefahr für das Grundwasser bei nicht ordnungsgemäßer, intensiver Landnutzung abgeleitet werden.

Abschließend sei auf einige sich nach 14 Versuchsjahren und Umstellung der Lysimeterbewirtschaftung auf Grünbrache abzeichnende Tendenzen im N-Haushalt hingewiesen.

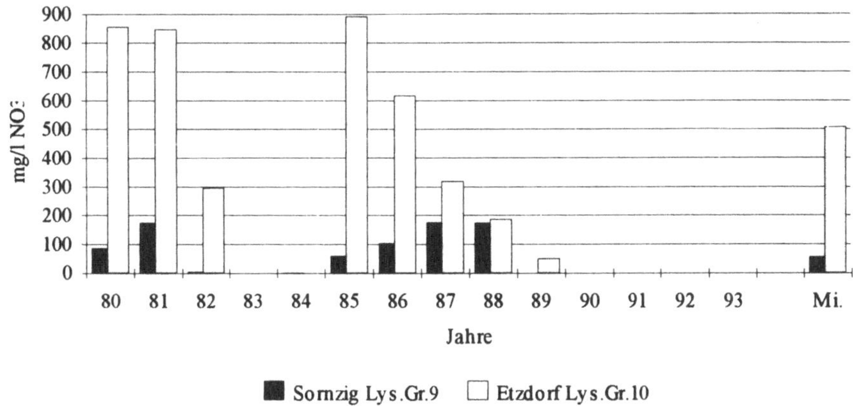

Abbildung 12:

Nitratgehalte im Sickerwasser - Jahresmittelwerte in mg/l NO_3 für Löß-Parabraunerde (Sornzig, Lys.Gr.9) und Löß-Schwarzerde (Etzdorf, Lys.Gr.10)

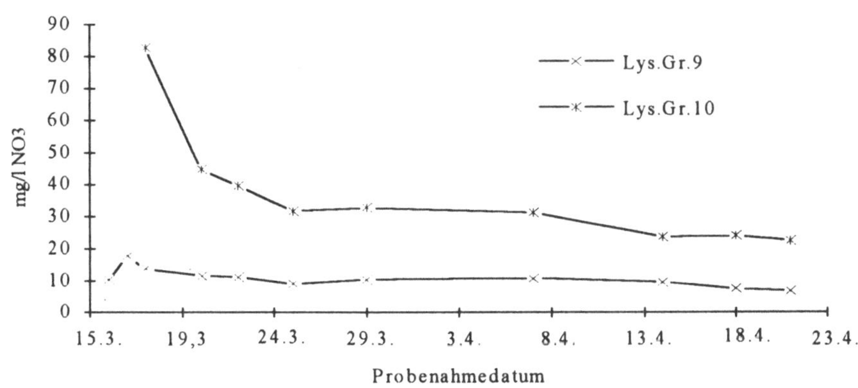

Abbildung 13:

Nitratgehalte im Sickerwasser der Löß-Parabraunerde (Sornzig, Lys.Gr.9) und der Löß-Schwarzerde (Etzdorf, Lys.Gr.10) in der Sickerperiode Frühjahr 1994

Nach 5 Jahren ohne Sickerwasseranfall wurde 1994 erstmals wieder eine Durchsickerung auf den Lysimetern der Lys. Gr. 9 und 10 festgestellt. In Abb. 13 sind die dabei gemessenen Nitratgehalte über die gesamte Sickerperiode aufgezeigt. Analog zu den Ergebnissen der diluvialen Böden kann zunächst festgestellt werden, daß die Nitratgehalte bereits wenige Tage nach dem Wiedereinsetzen der Sickerung einen Wert annehmen , der unabhängig von der Sickerwassermenge über die gesamte Sickerperiode relativ konstant bleibt. Die absolute Höhe der Nitratgehalte scheint bereits den Einfluß der geänderten Bewirtschaftung zu signalisieren und ist insbesondere auf der Löß-Parabraunerde mit Werten um 10 mg/l Nitrat als positiv niedrig einzuschätzen. Auch bei der Löß-Schwarzerde mit Werten um 30 - 40 mg/l Nitrat sind positive Entwicklungen und damit verbunden ein Abnahme der Wirkung der "zusätzlichen" Mineralisation ableitbar.

5.3. Schwermetallgehalte in Boden, Pflanze und Sickerwasser

Die Schwarzerden im Raum Halle, Querfurt, Eisleben und Merseburg wurden , bedingt durch den umgebenden Bergbau, Metallverarbeitung, Zementindustrie und vor allem auch durch die chemische Großindustrie teilweise durch Immissionen belastet. Auch wenn sich diese Belastungen am Standort der Lysimeter nicht in der gleichen Form fortsetzte, soll über die Untersuchungen von Boden, Pflanze und Sickerwasser als Bestandsaufnahme an dieser Stelle berichtet werden.

In Tab. 3 werden ausgewählte Schwermetalle in der Krume der Lysimeter mit Löß-Schwarzerde und Löß-Parabraunerde mit ihren Gesamtgehalten (mg/kg) nach Königswasseraufschluß, nach dem verfügbaren (mobilen) Gehalten im Ammonnitratextrakt (µg/kg) und der daraus errechneten Mobilität (^{O}/oo der verfügbaren Fraktion am Gesamtgehalt) aufgezeigt.

Es kann festgestellt werden, daß die Elemente As, Cr, Cu, Mn, Ni und Pb in die von SCHEFFER/SCHACHTSCHABEL (1992) angegebenen "normalen" Gehalte einzustufen sind. Der Cd-Gehalt liegt an der oberen Grenze der Normalgehalte und der Zn-Gehalt überschreitet diese bis um das Fünffache. Die hohen Zinkgehalte sind die Folge der Kontamination aus den verzinkten Lysimeterbehälterwandungen. Zieht man die EICKMANN-KLOKE (1993) Bodenwerte (BW) zur Beurteilung der Schwermetallgehalte im Boden heran, so gilt mit Ausnahme von Zink die für diese Böden erwartete Feststellung, daß diese im Rahmen der Istwerte der "normalen", natürlichen Gehalte (BW I) liegen.

Zur näheren Einschätzung einer möglichen Beeinflussung der Schutzgüter Boden, Pflanze und Sickerwasser erfolgte eine Bestimmung der mobilen Schwermetallgehalte im Ammonnitratauszug nach DIN V 19730 (1992). Zur Einstufung der mobilen Spurenelemente in den Böden werden die Prüfwerte für Pflanzenqualität bzw. Wasserqualität, pH-abhängige Vorsorgewerte sowie 50%-Perzentilwerte für die Mobilität in normalen Böden nach PRÜEß (1994) verwendet.

Tabelle 3:

Ausgewählte Schwermetalle in der Krume bis 25 cm der Lysimeter mit Löß-Parabraunerde (Sornzig, Lys.Gr.9) und Löß-Schwarzerde (Etzdorf, Lys.Gr.10) - Gesamtgehalte nach Königswasseraufschluß, verfügbare Gehalte nach Ammonnitratextraktion und Anteil der verfügbaren Fraktion am Gesamtgehalt als Mobilität

	Elementgehalt		Mobilität		Elementgehalt		Mobilität
	mg/kg	µg/kg	o/oo		mg/kg	µg/kg	o/oo
	Arsen				**Mangan**		
Lys.Gr.9	9,97	61,1	6,11	Lys.Gr.9	470	7357	15,62
Lys.Gr.10	10,08	70,4	6,99	Lys.Gr.10	552	1017	1,81
Grenzwerte	2...20	40	1...2	Grenzwerte	-	10000-5000	6
	BW I: 20	40			-	15000-20000	
	BWII: 40	100+/-40			-	-	
		100+/-40				-	
	Cadmium				**Nickel**		
Lys.Gr.9	0,530	0,0102	19,20	Lys.Gr.9	16,74	55,50	3,31
Lys.Gr.10	0,609	0,0027	4,42	Lys.Gr.10	16,99	4,57	0,27
Grenzwerte	<0,5	3...5	10	Grenzwerte	5...50	200	3
	BW I: 1	10...15			BW I: 40	250...300	
	BW II:2	20+/-6			BWII: 100	1000+/-200	
		80+/-24				1000+/200	
	Chrom				**Blei**		
Lys.Gr.9	26	1,04	0,0394	Lys.Gr.9	19,89	14,87	0,75
Lys.Gr.10	26	1,26	0,0495	Lys.Gr.10	19,99	9,20	0,46
Grenzwerte	5...100	10...12	0,1	Grenzwere	2...60	10...6	0,01...0,4
	BW I: 50	10...12			BW I: 100	15...30	
	BWII: 200	50+/-15			BWII: 500	300+/-120	
		100+/-30				3000+/-300	
	Kupfer				**Zink**		
Lys.Gr.9	15	17,4	1,16	Lys.Gr.9	261	10350	39,63
Lys.Gr.10	17	25,2	1,45	Lys.Gr.10	427	357	0,87
Grenzwerte	2...40	250...300	4	Grenzwertc	10...80	200...170	0,6
	BW I: 50	250			BW I: 150	300...1000	
	BWII: 50	800+/-160			BWII: 300	5000+/-500	
		1000+/-200				5000+/500	

Grenzwerte für Gesamtgehalte in mg/kg nach Königswasseraufschluß
    1. Zeile: Normale Gehalte nach SCHEFFER/SCHACHTSCHABEL (1992)
    2./3.Zeile: Bodenwerte (BW I und II) für Landwirtschaftliche Nutzflächen, Obst- und
                             Gemüseanbau nach EIKMANN/KLOKE (1993)
Grenzwerte für mobile Gehalte in µg/kg nach DIN V 19730
    1.Zeile: vom pH-Wert abhängiger Vorsorgewert für pH-Werte 6-7 nach PRÜEß (1994)
    2.Zeile: wie erste Zeile, für pH-Wert 5-6
    3.Zeile: Prüfwert für Pflanzenqualität nach PRÜEß (1994)
    4.Zeile: Prüfwert für Wasserqualität nach PRÜEß (1994)
Grenzwert für häufige natürliche Mobilität in $^o/oo$ nach PRÜEß (1994)

Da die hier berücksichtigten Schwermetalle eine in Abhängigkeit von Bodeneigenschaften und Gesamtgehalten unterschiedliche Bewertung erfordern, werden zu jedem Element getrennte Ausführungen notwendig.

Arsen

Die pH-abhängigen Vorsorgewerte werden überschritten. Die Gehalte erreichen bzw. überschreiten auch die Prüfwerte für Pflanzen- und Wasserqualität bei einer deutlich erhöhten Mobilität. In den Pflanzenproben (Tab.4) wirken sich diese Verhältnisse noch nicht aus. Der As-Gehalt im Sickerwasser (Abb.14) überschreitet jedoch den Grenzwert der Trinkwasserschutzverordnung. Über natürliche Ursachen dieses Befundes liegen keine Erkenntnisse vor. Neben möglicher Kontamination durch die Zementindustrie und durch Chemiewerke ist auch eine Beeinflussung des Lysimeterbodens durch die Oberflächenbehandlung des Metallmantels nicht auszuschließen.

Tabelle.4:

Schwermetallgehalte des 1993 geernteten Weidelgrases

Element	Lys.Gr.9 mg/kg TM	Lys.Gr.10 mg/kg TM	Normalgehalte
As	0,53	0,57	0,01-1
Cd	0,251	0,099	0,05-0,4
Cr	9,21	16,30	0,1-1
Cu	13,0	10,3	2-20
Mn	94,1	61,3	--
Ni	6,86	8,88	0,1-3
Pb	9,39	9,41	0,1-6
Zn	304,8	141,8	5-100

Cadmium

Analog zu den Gesamtgehalten werden beim Cadmium die pH-abhängigen Vorsorgewerte an der unteren Grenze erreicht. Die Prüfwerte für Pflanzen- und Wasserqualität sind deutlich unterschritten. Es zeigt sich aber eine Differenzierung im Gehalt an mobilen Cadmium und in der Mobilität. In der der pH-Spanne 5-6 zuzuordnenden Löß-Parabraunerde liegt der Gehalt an mobilem Cadmium um den Faktor 4 über den gleichen Gehalten in der Löß-Schwarzerde im pH-Bereich 6-7. Die Mobilität ($^o/oo$) steigt in der Löß-Parabraunerde mit sinkendem pH-Wert um ca. das Fünffache an. Der Transfer in die Pflanze wird durch diese Löslichkeitsverhältnisse deutlich beeinflußt (Tab.4). Ohne das Grenzwerte überschritten werden, sind die Cd-Gehalte der auf der Schwarzerde gewachsenen Pflanzen um mehr als ein Zehnerpotenz niedriger.

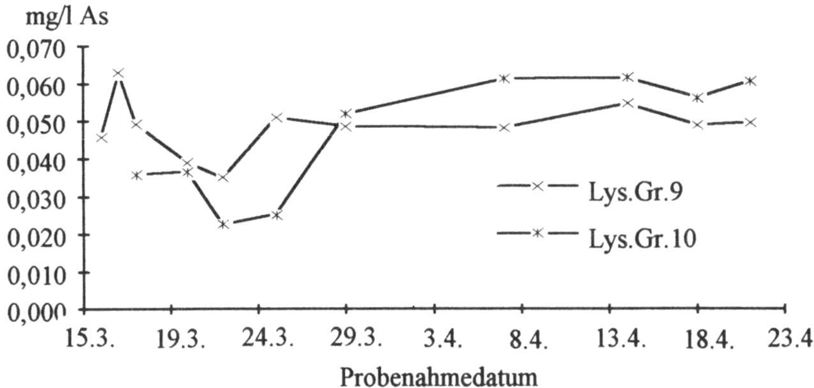

Abbildung 14:

As-Gehalte in mg/l im Sickerwasser der Löß-Parabraunerde (Sornzig, Lys.Gr.9) und der Löß-Schwarzerde (Etzdorf, Lys.Gr.10) - Sickerperiode Frühjahr 1994 - Trinkwassergrenzwert: 0,04 mg/l

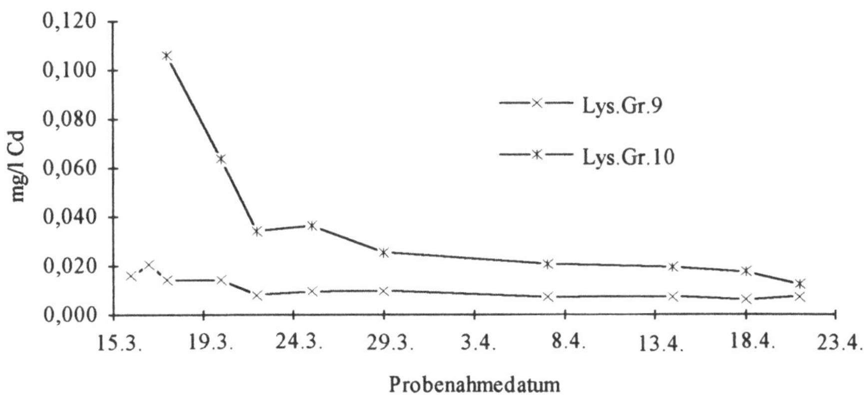

Abbildung 15:

Cd-Gehalte in mg/l im Sickerwasser der Löß-Parabraunerde (Sornzig, Lys.Gr.9) und der Löß-Schwarzerde (Etzdorf, Lys.Gr.10) - Sickerperiode Frühjahr 1994 - Trinkwassergrenzwert: 0,005 mg/l

Auch wenn für Cd die Prüfwerte für die Sickerwasserqualität nicht überschritten werden, so werden die Grenzwerte für das Trinkwasser (Abb.15) im Sickerwasser der Schwarzerde um ca. das Doppelte und im Sickerwasser der Löß-Parabraunerde um das 5-6-fache überschritten.

526

Chrom

Sowohl die Gesamtgehalte als auch die löslichen Gehalte und die Mobilität liegen unabhängig vom pH-Wert) deutlich unter allen Vergleichswerten. Das gleiche gilt für die Gehalte im Sickerwasser (Abb.16). Die in den Pflanze ermittelten hohen Gehalte sollen nicht interpretiert werden, da hier Kontaminationen bei der Probenvorbereitung (Mahlvorgang) nicht auszuschließen sind.

Kupfer

Es werden keine Grenzwerte erreicht. Die Pflanzengehalte liegen im Normalbereich und die Gehalte im Sickerwasser (Abb.17) sind vernachlässigbar niedrig.

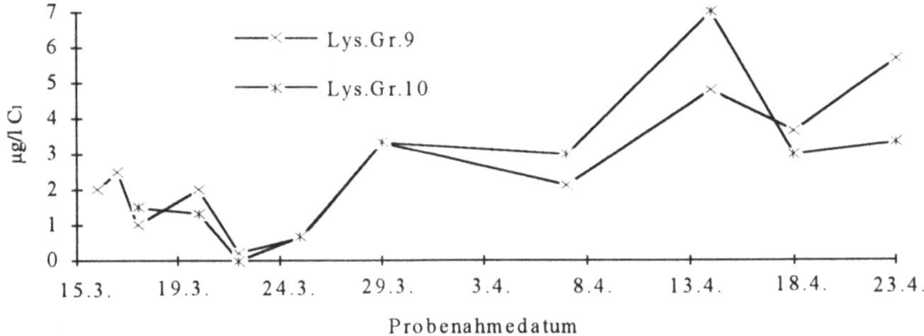

Abbildung 16:

Cr-Gehalte in µg/l im Sickerwasser der Löß-Parabraunerde (Sornzig, Lys.Gr.9) und der Löß-Schwarzerde (Etzdorf, Lys.Gr.10) - Sickerperiode Frühjahr 1994 - Trinkwassergrenzwert: 50µg/l

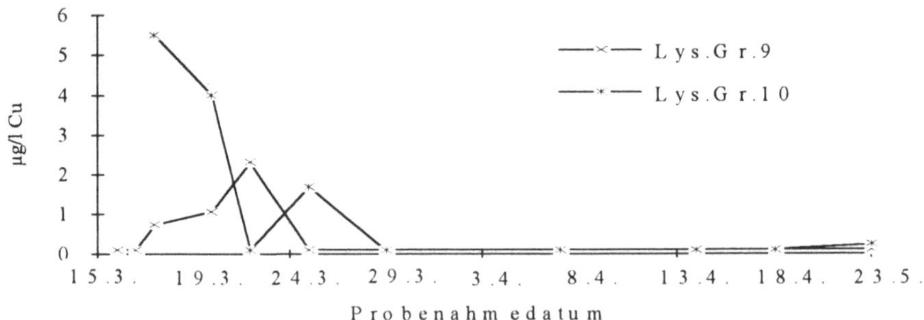

Abbildung 17:

Cu-Gehalte in mg/l im Sickerwasser der Löß-Parabraunerde (Sornzig, Lys.Gr.9) und der Löß-Schwarzerde (Etzdorf, Lys.Gr.10) - Sickerperiode Frühjahr 1994 - Trinkwassergrenzwert: 100 µg/l

Mangan

Es sei lediglich auf die relativ hohen Gehalte, die sich im Profil als Eisen/Mangan - Konkretionen manifestieren, hingewiesen. Die Löslichkeit steigt erwartungsgemäß mit sinkendem pH-Wert an. Da sich die pH-Werte beider Bodenformen im Unterboden annähern und vor allem aerobe Verhältnisse ein Ausfällen des Mangans bewirkt, sind nur niedrige Mn-Gehalte im Sickerwasser festzustellen (Abb.18).

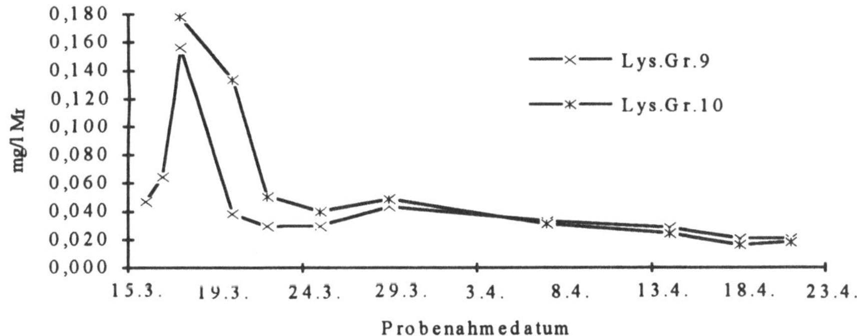

Abbildung 18:

Mn-Gehalte in mg/l im Sickerwasser der Löß-Parabraunerde (Sornzig, Lys.Gr.9) und der Löß-Schwarzerde (Etzdorf, Lys.Gr.10) - Sickerperiode Frühjahr 1994

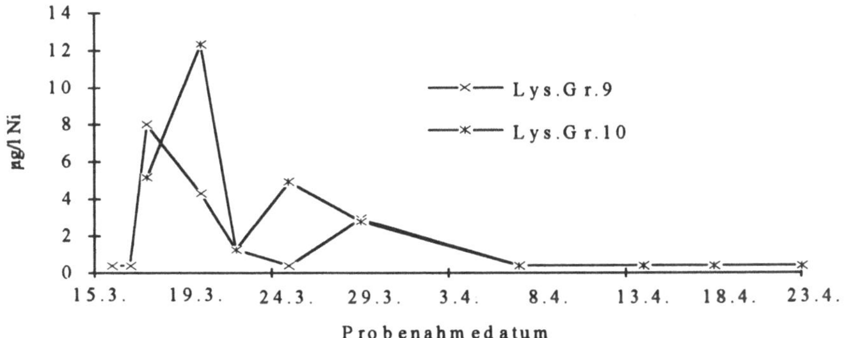

Abbildung 19:

Ni-Gehalte in µg/l im Sickerwasser der Löß-Parabraunerde (Sornzig, Lys.Gr.9) und der Löß-Schwarzerde (Etzdorf, Lys.Gr.10) - Sickerperiode Frühjahr 1994 - Trinkwassergrenzwert: 50 µg/l

528

Nickel

Grenzwerte werden nicht erreicht. Erhöhte Löslichkeit bei niedrigeren pH-Wert ist erkennbar. Leicht erhöhte Ni-Gehalte in den Pflanzen (ev. Kontamination beim Mahlen der Pflanzen ?). Gehalte im Sickerwasser unbedenklich, sehr niedrig (Abb.19).

Blei

Gesamtgehalte unter den Grenzwerten. Lösliche Gehalte vom pH-Wert abhängig, aber an der unteren Grenze der Prüfwerte. Da die Mobilität selbst bei hohem pH-Wert in der Löß-Schwarzerde die obere Grenze der natürlichen Mobilität erreicht und auf der Löß-Parabraunerde mit niedrigerem pH-Wert nahezu um das Doppelte überschreitet, ist ein anthropogener Eintrag nicht auszuschließen. Die relativ hohe Mobilität schlägt sich in leicht erhöhten Gehalten in der Pflanze nieder. Die Bleiwerte im Sickerwasser (Abb.20) liegen um den Grenzwert.

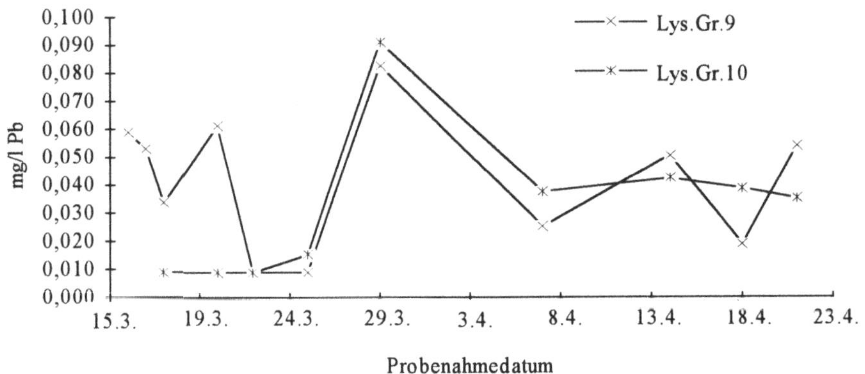

Abbildung 20:

Pb-Gehalte im Sickerwasser der Löß-Parabraunerde (Sornzig, Lys.Gr.9) und der Löß-Schwarzerde (Etzdorf, Lys.Gr.10) - Sickerperiode Frühjahr 1994 - Trinkwassergrenzwert: 0,04mg/l

Zink

Die Verzinkung der Lysimeterbehälter hat eine deutliche Belastung des Bodens bewirkt. Die BW I und z.T. die BW II nach EICKMANN/KLOKE werden ebenso überschritten wie die pH-abhängigen Vorsorgewerte bzw. Prüfwerte für Pflanzen und Sickerwasser. Die über das Material des Lysimeterbehälters in den Boden gelangten Zn-Mengen weisen eine extrem hohe Mobilität auf, so daß auch die Pflanzengehalte die Normalgehalte deutlich überschreiten. Die

Sickerwasserwerte erreichen 30-80 mg/l (Abb.21) bei einem Grenzwert für Trinkwasser von 0,1 mg/l.

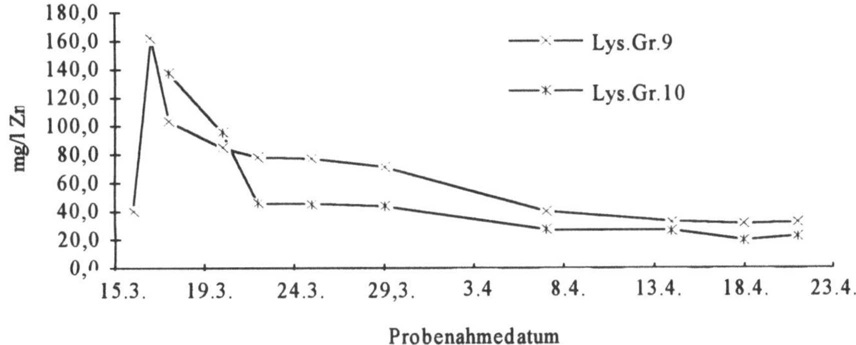

Abbildung 21:
Zn-Gehalte in mg/l im Sickerwasser der Löß-Parabraunerde (Sornzig, Lys.Gr.9) und der Löß-Schwarzerde (Etzdorf, Lys.Gr.10) - Sickerperiode Frühjahr 1994 - Trinkwassergrenzwert: 0,1 mg/l

6. Schlußfolgerungen

In Hinblick auf eine nachhaltige Bodennutzung der hier aufgezeigten Bodenformen, insbesondere der Löß-Schwarzerde , lassen sich folgende Schlußfolgerungen ziehen:
Die hohe Speicherkapazität für Wasser in der durchwurzelten Zone kommt der Biomasseproduktion voll zu gute und bildet eine Säule der hohen Fruchtbarkeit dieser Böden. Extreme Witterungsbedingungen können so gut gepuffert werden. Acker- und pflanzenbauliche Maßnahmen sollten der Erhaltung des Wasserspeichervermögens angepaßt werden (z.B. strukturschonende Bearbeitung) und eine möglichst ständige Pflanzenbedeckung die Verdunstung zu Gunsten der produktiven Transpiration vermindern.
Auf Grund der geringen Durchsickerung unter den Bedingungen des Trockengebietes, kommt der Grundwasserneubildung über Sickerwasser auf diesen Böden wenig Bedeutung zu. Trotzdem muß den mit geringen Sickerwassermengen auftretenden hohen Stofffrachten besondere Beachtung geschenkt werden.
Umstellungen in der Bewirtschaftung ohne Beachtung ausgeprägter Stoffkreisläufe und deren Wechselwirkung mit Bodeneigenschaften können zu hohen Frachten, wie am Beispiel des Stickstoffs aber auch an Schwermetallen gezeigt, bis außerhalb der Wurzelzone führen und so die Prämissen einer nachhaltigen Landnutzung verletzen.

Für den Nähr- und Schadstoff Stickstoff ist abzuleiten, daß der beste Weg des Abbaues von N-Überangeboten unabhängig von der auf ein Optimum (nicht Minimum) zu steuernden N-Zufuhr aller N-Quellen , in einer Ausschöpfung der N-Angebote durch Pflanzenentzug besteht. N-Bilanzen um 0 kg/ha Stickstoff bis zu den hier gemessenen Werten von -31 kg/ha Stickstoff dürften für die Lößschwarzerde eine akzeptable Größe zum Abbau im Boden vorhandener N-Überhänge darstellen. Schwarzbrache bzw. wenig bewachsene, selbstbegrünende Brache im Rahmen von kurzzeitigen Flächenstillegungen von intensiv bewirtschafteten Flächen dürften in diesem Zusammenhang eine Quelle hoher N-Auswaschung darstellen. Neben den dann zu beobachtenden positiven N-Bilanzen, trägt die geringe Wasserausnutung im Wurzelraum gleichzeitig noch zu einer tieferen Stoffverlagerung bei.

Abschließend sei noch auf die Problematik der Belastung der Lößböden und dabei insbesondere der Schwarzerden mit Schwermetallen verwiesen. Natürlicherweise vorhandene Schwermetallgehalte stellen auch bei leicht erhöhten Werten solange keine Gefahr dar, wie der pH-Wert der Böden um den Neutralpunkt liegt und genügend organische Substanz zu Festlegungen führen. Anthropogen eingebrachte Schwermetalle weisen eine höhere Mobilität auf. Eine Belastung des Grundwassers ist infolge der geringen Grunwasserneubildungsraten und z.T kalkhaltiger Substrate im Unterboden kaum zu erwarten. Für die "Entsorgung" belasteter Flächen dürfte sich langfristig eine durch Pflanzenentzüge bewirkbare negative Bilanz anbieten.

7. Literatur

AMBERGER, A., SCHWEIGER, P.: Substanzproduktion und Sickerwassermengen verschiedener Böden in einem langjährigen Lysimeterversuch. Bayr. Landw. Jahrb. 55 (1978), S.714-726

AMBERGER, A.: Stickstoffaustrag in Abhängigkeit von Kulturart und Nutzungsintensität im Ackerbau und Grünland - Nitrat - ein Problem für unsere Trinkwasserversorgung. Arbeiten der DLG 177 (1983), S.83-94

ANONYM: Empfehlungen zum Bau und Betrieb von Lysimetern. Hrsg.DVWK, Verlag P. Parey, Hamburg und Berlin 1980 (DVWK-Regeln zur Wasserwirtschaft, 114)

ANONYM: In: Nitratbelastung des Ballungsraumes Leipzig-Halle-Bitterfeld - Expemplarische Analyse, Bewertung und ökologische Konzepte. (1993) im Druck

BACH, M.: Die potentielle Nitratbelastung des Sickerwassers durch die Landwirtschaft in der Bundesrepublik Deutschland. Göttinger Bodenkundl. Ber. 93 (1987), S.1-186

DIN V 19730. Druckvorlage für DIN V 19730, Bodenbeschaffenheit; Ammoniumnitratextraktion zur Bestimmung mobiler Spurenelemente in Böden. Berlin (1992)

EIKMANN, TH.; KLOKE, A.: Nutzungsmöglichkeiten und Sanierung belasteter Böden - Eikmann-Kloke-Werte. VDLUFA-Schriftenreihe 34 (1993), S. 1-27

FINCK, A.: Umweltbelastung durch Düngung: Kritische Interpretation regionaler Daten. 102. VDLUFA-Kongreß Berlin (17.-22.09.1990), S. 35

GÜNTHER, R.; KNOBLAUCH, S.: Zur Wasser- und Nährstoffbilanz auf einer landwirtschaftlich intensiv genutzten Löß-Braunschwarzerde (Ergebnisse 10-jähriger Lysimeteruntersuchungen). Mittlgn. Dtsch. Bodenkundl. Gesellsch. 71 (1993), S.131-134

GUTSER, R.; HEYN, J.; AMBERGER, A.; BRÜNE, H.: Zur Stickstoff- und Mineralstoffauswaschung aus Lößböden - Ergebnisse von Lysimeterversuchen in Darmstadt und Weihenstephan. Landwitschaftl. Forschung 40 (1987), 4, S.312-325

HAUFF, V.: Unsere gemeinsame Zukunft. Der Brundtland- Bericht der Weltkommission für Umwelt und Entwicklung. - Eggenkamp - Greven (1987)

HEYDER, D.: Nitratverlagerung, Wasserhaushalt und Denitrifikationspotential in mächtigen Lößdecken und einem Tonboden bei unterschiedlicher Bewirtschaftung. Bonner Bodenkdl. Abh. 10 (1993), S1-171

ISERMANN, K.: Löslicher N, Sulfat-S und(DO)C im (un-)gesättigten Untergrund von Porengrundwasserleitern bei unterschiedlicher Landbewirtschaftung (Düngung). Mittlg. Dtsch. Bodenkundl. Gesellsch. 71 (1993), S.141-144

KATZUR, J.; MROSKO, A.: Einfluß der Sickerwassermenge auf die Höhe des N-Austrages aus einer Sand-Rosterde. Z. Wasserwirtschaftstechnik 1 (1983), S.28-34

KATZUR, J.; TÖLLE, R.; HOFFMANN, E.: Langzeituntersuchungen zur N-auswaschungsmindernden Wirkung der Nitrifizide bei Harnstoffdüngung in grundwasserfreien Lysimetern ohne Unterdruck. Arch. Acker- Pflanzenbau Bodenkd. 33 (1989), S.147-157

KNAPPE, S.; MORITZ, CH.; KEESE, U.: Grundwasserneubildung und N-Austrag über Sickerwasser bei intensiver Landnutzung - Lysimeteruntersuchungen an acht Bodenformen in der Anlage Brandis. Arch. Acker- Pflanzenbau Bodenkd. 38 (1994) S. 393-403

KÖRSCHENS, M.: N-Ausnutzung in Abhängigkeit von mineralischer und organischer N-Düngung im Verlaufe von vier Jahrzehnten im Statischen Versuch Lauchstädt. Arch. Acker- u. Pflanzenbau u. Bodenkd, Berlin 31 (1987) 3, S. 161-168

KÖRSCHENS, M.; MÜLLER, A.: Nachweis nachhaltiger Bodennutzung. Mittlg. Dtsch.. Bodenkundl. Gesellsch. 73 (1994), S. 75-78

KÖRSCHENS, M.; SCHULZ, E.: N-Bilanz auf Löß-Schwarzerde unter Berücksichtigung extremer Düngungsvarianten. Mittlg. Dtsch. Bodenkundl. Gesell. 71 (1993), S.743-746

KÖRSCHENS, M.; SCHULZ, E.; KNAPPE,S.: Einfluß von Dauerbrache und Fruchtfolge auf die N-Bilanzen einer Löß-Schwarzerde unter Berücksichtigung extremer Düngungsvarianten. Arch. Acker- Pflanzenbau Bodekd. 38 (1994) S.415-422

KÖSTER, W.; SEVERIN, K.; MÖHRING, D.: ZIEBELL, H.-D.: Stickstoff-Phosphor- und Kaliumbilanzen landwirtschaftlich genutzer Böden der Bundesrepublik Deutschland von 1950 - 1986. Landwirtschaftskammer Hannover, Landwirtschaftliche Untersuchungs- und Forschungsanstalt Hameln, (1988)

MEISSNER, R.; KRAMER, D.: Qualifizierte Kennziffern zur wasser- und landwirtschaftlichen Bewirtschaftung von Trinkwasserschutzgebieten (TSG). Arch. Acker-Pflanzenbau Bodenkd. 37 (1993) 1, S.9-16

MEISSNER, R.; RUPP, H.: Langzeitwirkungen über den Einfluß einer gestaffelten Mineraldüngung auf den Austrag von Stickstoff mit dem Sickerwasser bei unterschiedlichen Standort- und Nutzungsbedingungen - Lysimeterversuchsergebnisse von 1985-1993. Mittlg. Dtsch. Bodenkdl. Gesell. 73 (1994) S. 87-90

MORITZ, CH.; SÄMISCH, G.; SPENGLER, R.: Die Basislysimeterstation Brandis bei Leipzig - Einrichtung und erste Untersuchungsergebnisse. Dtsch. Gewässerkundl. Mitteilg. 35 (1991) 5/6, S.149-160

MÜLLER, S.; HANSCHMANN, A.; HEINRICH, L.; BRIX, B.: Sickerwasser und Nitrataustrag - Lysimeteruntersuchungen für Sand-, Lehm- und Lößböden unter einheitlichen Bedingungen. Arch. Acker-Pflanzenbau Bodenkd. 35 (1991) 5, S.375-382

PRÜEß, A.: Einstufung mobiler Spurenelemente in Böden. in: Rosenkranz/Eisele/Harreß: Bodenschutz. Erich Schmidt Verlag Berlin, Band 1, Kap.3600: S. 1-53

STURM, H.; KNITTEL, H.; ZERULLA, W.: Einfluß der N-Düngung auf Ertrag und N-Mineralisationsverhalten im Boden in langjährigen Dauerversuchen. VDLUFA-Schriftenreihe 28, Kongreßband 1988, Teil II, (1989), S. 113-130

SCHEFFER/SCHACHTSCHABEL: Lehrbuch der Bodenkunde. - 13., durchgesehene Aufl. - Stuttgart: Ferdinant Enke Verlag, 1992.

VILSMEIER, K.; AMBERGER, A.; GUTSER, R.: Dynamik von Boden- und Düngerstickstoff (^{15}N) im Weihenstephaner Lysimeter. VDLUFA-Schriftenreihe 28, Kongreßband (1988) Teil II, S.455-469

WELTE, E.; TIMMERMANN, F.: Effect and sources of nitrate pollution and possibilities for emission reduction. Proc. 5th International Symposium of CIEC 1: Balatonfüred, Hungary 1.-4.September, (1987), S. 14-33

Einzelbericht zum Teilprojekt 13:

Klimatische Kennzeichnung des Mitteldeutschen Schwarzerdegebietes

Projektleiter: Dr. J. Döring
Martin-Luther-Universität Halle-Wittenberg
Institut für Agrarökonomie und Agrarraumgestaltung

Mitarbeiter: Dr. J. Müller (DWD Halle)   I. Pannicke
Dipl. Phys. M. Jörn   G. Wedekind
Dipl. Ing. S. Neubert   J. Schurigt

534

Abstract

Climatic characterization of the chernozem region in Mitteldeutschland

The comparatively small rate of 450 to 500mm precipitation per year influences decisive the climate of the region eastern of Harz mountain. According to low precipitation soil moisture sinks nearly every other year into the range of wilting point during season. About every third year soil keeps unsatureted in the filling up course from winter till spring. The probability of exhausting resp. saturation corresponds with the water-holding capacity of soil. The test period, the years 1992 till 1994, differed from the mentioned usual conditions. These years were influenced by frequent rainfalls and above-average high temperatures, which led to an active plant development and pedobiological processes. Stress periods effected by drought only shortly prevailed (spring 1992, 1993, Juni and July 1994). In March and April 1994 heavy rainfalls temporary caused water saturation and beyond it. Remarkable are the extrem high precipitation sum in spring 1994 as well as the frequency of heavy rainfalls in the whole test period in connection with intensive vertical and horizontal translocations in soil. The climatic statistics shows, that there is no doubt a change between several dry years without any percolation and wet years with transfering of matter to deeper soil layers, but such strong translocation rarely occured. The rate of percolation usually is distinct lower than in areas with higher precipitation total.

1. Zusammenfassung

Prägendes Klimaelement für den mitteldeutschen Raum östlich des Harzes ist die im Vergleich zu anderen Gebieten Deutschlands relative Niederschlagsarmut mit Jahressummen von 450 bis 500 mm. Dementsprechend sinkt fast jedes zweite Jahr der Bodenwasservorrat im Verlauf der Vegetationsperiode in den Bereich des Welkepunktes und etwa jedes dritte Jahr wird während der winterlichen Auffüllphase die Feldkapazität nicht erreicht. Die Wahrscheinlichkeit der vollständigen Ausschöpfung des Bodenwassers bzw. der vollständigen Auffüllung nimmt mit zunehmender Speicherkapazität des Bodens ab. Der Untersuchungszeitraum 1992 bis 1994 war gekennzeichnet durch eine Reihe insgesamt für die Verhältnisse im mitteldeutschen Raum zu nasser Jahre mit häufig übernormalen Lufttemperaturen. Diese Bedingungen wirkten fördernd auf Pflanzenwachstum und bodenbiologische Prozesse. Nur vorübergehend wurden genannte Vorgänge, hauptsächlich durch Trockenperioden (Frühjahr 1992, 1993, Juni/Juli 1994), kurzfristig auch durch Staunässe (März/April 1994) eingeschränkt. Bemerkenswert sind das gehäufte Auftreten von Starkniederschlägen und die für das Gebiet um Halle extrem hohen Niederschläge im Frühjahr 1994 mit vergleichsweise intensiven vertikalen und horizontalen Stoffverlagerungen im Boden und an dessen Oberfläche. Derart starke Verlagerungsprozesse im Boden sind nicht typisch für den mitteldeutschen Raum. Die Klimastatistik belegt allerdings, daß Perioden von mehreren Trockenjahren ohne jegliche Versickerung wechseln mit Perioden feuchter Jahre mit Stoffausträgen aus dem oberen Bodenbereich. Insgesamt ist die Versickerungsrate deutlich niedriger als in Gebieten mit höheren Niederschlägen.

2. Zielstellung

Der mitteldeutsche Raum im Gebiet um Halle /S. mit seinen Schwarz- und Braunerden und einer stark ausgeräumten Landschaft ist gekennzeichnet durch eine zum großen Teil intensive landwirtschaftliche Nutzung. Die insbesondere in den vergangenen Jahrzehnten auf Höchstertrag ausgerichtete Bewirtschaftung führte zu differenzierten Belastungszuständen der Böden durch Akkumulation künstlich eingebrachter Substanzen und Störungen von Stoffkreisläufen. Hiervon wesentlich betroffen ist auch der Kohlenstoff- und Stickstoffzyklus zwischen Boden, Pflanze, Tier und Atmosphäre. Die diesbezüglichen Prozesse werden wesentlich beeinflußt durch die atmosphärischen Randbedingungen. Diese sind gekennzeichnet durch die allgemeinen klimatischen Verhältnisse am Ort, wodurch ein bestimmtes Niveau von Qualität und Quantität der Prozeßabläufe festgelegt wird, und die konkreten Witterungsverhältnisse als zeitlicher und räumlicher Differenzierungsfaktor. Klima und Witterung sind sowohl Randbedingung (Temperatur- und Strahlungsverhältnisse) als auch stofflich an Transport- und Umsetzungsvorgängen (Wind, Wasser) beteiligt. Auf Grund dieser unmittelbaren Beeinflussung der C- und N-Dynamik einschließlich der biotischen Strukturen durch Witterung und Klima ist es unausweichlich, die diesbezüglichen Zusammenhänge unter den konkreten standortlichen Bedingungen zu untersuchen. Daraus ergeben sich die spezifischen Aufgaben dieses Teilprojektes, die folgendermaßen zusammengefaßt werden können:

- Charakterisierung der klimatischen Verhältnisse des Untersuchungsgebietes und speziell der
  Versuchsstandorte Etzdorf, Bad Lauchstädt, Julius-Kühn-Feld Halle und Brandis,

- Darstellung des Witterungsverlaufes im Untersuchungszeitraum 1992 bis 1994 an den genannten Standorten,

- Aufbereitung und Interpretation der Witterungsdaten hinsichtlich ihrer Wirkung auf Parameter und Prozesse der C- und N-Dynamik im Boden sowie biotischer Strukturen an der Bodenoberfläche.

Darüber hinaus ergeben sich in den von einzelnen Teilprojekten untersuchten Themen spezifische Phänomene, die im Zusammenhang zu Witterungsereignissen stehen. Die Analyse derartiger Zusammenhänge erfolgt in der Regel in gemeinsamer Arbeit, die Ergebnisse sind jedoch im jeweiligen Zusammenhang des Teilprojektthemas dargestellt.

3. Kenntnisstand zur mesoskaligen Klimadifferenzierung

3.1. Klimakennzeichnung - wesentliche Elemente

Das Makroklima eines Gebietes wird durch das relativ großräumige Meßnetz des nationalen Wetterdienstes erfaßt. Bei der Auswahl der Wetterstationen ist man bestrebt, eine optimale Netzdichte zu erreichen, um mit vertretbarem Aufwand die für die Ziele eines Wetterdienstes - Erarbeitung der Wettervorhersage, Gewinnung (makro-)klimatischer Normalwerte - notwendigen Beobachtungen vornehmen zu können. Darüber hinaus unterscheiden sich die klimatischen Verhältnisse in einer durch verschiedene Reliefformen, unterschiedliche Bodenarten und einen variierenden Bewuchs charakterisierten Landschaft innerhalb eines Klimagebietes zum Teil beträchtlich.

HUPFER (1989) versteht unter dem Mesoklima das besondere, vor allem in Abhängigkeit von Relief und Eigenschaften der Unterlage sich ausbildende Klima in einem Gebiet mit den charakteristischen Abmessungen zwischen 100 m und 100 km. Es stellt eine charakteristische räumliche und gegebenenfalls auch zeitliche Abweichung von den Parametern des Makroklimas dar.

Einflußfaktoren des mesoskaligen Klimas lassen sich unterteilen in dynamische und thermische Faktoren (FIEDLER 1987a). Der wesentliche dynamische Einfluß ergibt sich aus dem Zwang, den eine inhomogene Bodengestalt auf die Atmosphäre ausübt. Bergrücken von der Dimension einiger Kilometer und größer sowie zugehörige Talformen erzeugen ein Stördruckfeld, das sich der großräumigen Druckverteilung überlagert. Es entstehen größere räumliche Variationen des Windfeldes, in Windschattengebieten ist der vertikale Impulstransport stark reduziert, und energetische Einflüsse, die von der Bodenoberfläche ausgehen, dominieren. Inhomogenitäten der Bodenoberfläche führen in diesen Gebieten zu einer reichen Variabilität der Zustandsgrößen der bodennahen Atmosphäre. In den Gebieten mit beschleunigter Strömung ist die thermische Konvektion stark reduziert. Der infolge unterschiedlicher Unterlage räumlich variierende Reibungswiderstand an der Erdoberfläche (unterschiedlicher Bewuchs bzw. Bebauung) erzeugt zusätzliche Konvergenzen und Divergenzen des horizontalen Impulses, wodurch sich Variationen der Klimavariablen über größere Gebiete einstellen.

Je geringer die Windgeschwindigkeit ist, desto intensiver wirken sich die thermischen Wechselwirkungsprozesse zwischen Boden und Atmosphäre auf die Ausprägung des lokalen Klimas aus. Der Energieaustausch in der bodennahen Atmosphäre wird beeinflußt durch

- Albedo und Emissionsvermögen des Bodens

- Wärmekapazität und Wärmeleitfähigkeit des Bodens

- Bodendichte, Wassergehalt und Speicherfähigkeit des Bodens

- Bewuchs.

Durch diese Parameter und ihre zeitlichen Variationen wird die Aufteilung der eingestrahlten Energie auf die Anteile Ausstrahlung, Bodenwärmestrom, fühlbarer und latenter Wärmestrom entscheidend beeinflußt. Räumlich unterschiedliche Energieumsätze sind die Quelle für mesoskalige Sekundärzirkulationen. Allein durch die unterschiedlichen Albedo verschiedenartiger Unterlagen, durch kleinflächige Befeuchtung oder unterschiedliche Austrocknung von Oberflächen entsteht ein zusätzliches Vertikalwindfeld, das starke Inhomogenitäten der Energieumsatzglieder hervorruft (FIEDLER 1987b). Besonders starke Gradienten im Energieumsatz entstehen ebenso an der Grenzzone zwischen schneefreiem und schneebedecktem Boden. Geländeneigungen (auch in schwach geneigten Gebieten) erzeugen verstärkte horizontale Temperaturgradienten in einem Höhenniveau und sind bevorzugte Ausbreitungsgebiete nächtlicher Kaltluftflüsse.

Hinzu kommen auch im mesoskaligen Bereich mögliche anthropogene Einflüsse: verstärkte Immission von Beimengungen mit Neigung zu Dunst- und Nebelbildung (Industrieanlagen, Ballungsgebiete), Urbanisierung mit zusätzlicher Energiezufuhr.

In dem Problem der Erfassung kleinräumiger Witterungs- und Klimabedingungen überschneiden sich meteorologisch-physikalische, geographische und bodenkundliche Einflüsse. Zusammenfassende Problemdarstellungen dazu liegen u. a. vor von MÄDE (1956, 1985), BÖER (1969), WEISE (1980), WANNER (1986) und HUPFER (1989).

Mesometeorologische Aussagen erhält man durch

- Bonitierungsverfahren: qualitative Abschätzung der Geländestruktur hinsichtlich spezieller Witterungselemente wie Frostgefährdung, Einstrahlung, Windexposition einschließlich phänologischer Erhebungen,

- instrumentelle Verfahren: meßtechnische Erfassung der signifikanten Witterungselemente, lange Zeit an einfache Meßgeräte und infolge aufwendiger Betreuung an relativ kurze Meßreihen gebunden. Erst seit der Inanspruchnahme von Loggern sind längere Meßreihen mit vertretbarem Aufwand realisierbar. Es ist für die Aussagefähigkeit und die Art und Weise der Meßwertverarbeitung zu beachten, daß eine typisch klimatologische Charakterisierung eines Standortes mit herkömmlichen Verfahren auf langen Meßreihen (20 bis 30 Jahre) basiert.

- Modellierungsverfahren: Bandbreite von einfachen astronomisch/geometrischen Modellen bis zu komplexen Strömungsmodellen mit Parametrisierung der turbulenten Flüsse von Wärme, Feuchte und Impuls. Sie dienen zur Konstruktion klimatologischer Aussagen auf der Basis kurzer Meßreihen sowie zur Analyse beobachteter meteorologischer Phänomene (ADRIAN 1987).

FOKEN (1989) gibt folgende Einschätzung verschiedener meteorologischer Elemente bezüglich der Erfassung von Mesostrukturen an, die als Orientierung für den Aufbau von Meßwertgebern und die Auswertung der Meßergebnisse herangezogen werden kann:

Element	kleinräumige Veränderlichkeit	Standortanforderungen
Globalstrahlung	kaum	Horizontfreiheit
Strahlungsbilanz	z. T. erheblich	Horizontfreiheit, def. Unterlage
Windgeschwindigkeit	z. T. erheblich	große freie Streichlänge
Windrichtung	z. T. vorhanden	große freie Streichlänge
Temperatur (allg.)	meist gering	offener Standort
Temperatur (Nachtfrost)	z. T. sehr erheblich	
Luftfeuchte	meist gering	offener Standort
Niederschlag	z. T. erheblich	offener Standort

Eine flächendeckende Untersetzung der großräumig gewonnenen Klimadaten des Deutschen Wetterdienstes auf mesoklimatische Struktureinheiten für den mitteldeutschen Raum liegt nicht vor. Die bisherigen Untersuchungen für ausgewählte Gebiete orientieren sich stets an einer konkreten Fragestellung eines Nutzers für ein bestimmtes Untersuchungsgebiet. MÄDE und KARCH (1952) untersuchten in Iden, Kreis Osterburg, die Auswirkungen von Windschutzanlagen (Schutzgehölze) auf Windverhältnisse, Niederschlagsverteilung und Bodenfeuchtigkeit. Es wurde die Windbremsung in Abhängigkeit von der Höhe des Schutzstreifens bestätigt und quantitativ erfaßt. Einflüsse auf den Niederschlag beschränken sich auf die unmittelbare Gehölznähe, in der die schräg fallenden Niederschläge die Meßgeräte nicht erreichen. Auswirkungen auf den Wassergehalt des Bodens waren im Rahmen der erreichbaren Meßgenauigkeit nicht erkennbar. Eine meteorologische Geländeaufnahme im Gebiet Huy Hakel (SCHÖNE 1958) beschränkte sich auf eine Kartierung der Lufttemperatur und Luftfeuchtigkeit. Während Mittelwerte (Monats- und Tagesmittel) kaum Unterschiede aufweisen, lassen sich beträchtliche lokale Spezifika in den Extremwerten und der Tagesamplitude erkennen. 1954/55 untersuchte SCHÖNE die Frostgefährdung im Raum Eisleben. Es war erwartet worden, daß die nächtliche Wärmeabgabe des Süßen Sees frostschadensmindernd auf die Umgebung wirkt, was jedoch nur für einen schmalen Uferstreifen nachweisbar war. MÄDE (1963) konnte belegen, daß der Bau der Rappbodetalsperre im Harz, der durch ein klimatisches Sondermeßnetz begleitet wurde, keine signifikanten Änderungen auf Temperatur-, Luftfeuchtigkeits-, Niederschlags- und Windverhältnisse der näheren Umgebung erbrachte.

Weitere Untersuchungen unterschiedlicher Intensität, oft nur als Gutachten, liegen vor zum Kurort- und Erholungsgebietsklima (Sächsische Schweiz, Ostseeküste), für Baumaßnahmen (Neubaugebiete, Industrieeinrichtungen) sowie speziell aus Waldgebieten (JUNGHANS 1959).

Die genannten Untersuchungen wurden überwiegend mit Hilfe mechanischer bzw. elektromechanischer Registriergeräte (Thermograph, Hygrograph, Kontaktanemometer, Regenmesser) ausgeführt und sind mit den diesen Geräten innewohnenden Meßunsicherheiten behaftet, der Betreuungsaufwand war entsprechend groß.

Die Anfang der 70er Jahre unterbrochene Forschung auf dem Gebiet der geländemeteorologischen Analyse gewann in letzter Zeit wieder zunehmend an Bedeutung hinsichtlich konkreter Fragestellungen der Anbauwürdigkeit spezieller pflanzlicher Kulturen sowie komplexer Untersuchungen der Veränderungen in Agroökosystemen nach Beendigung der in Mitteldeutschland praktizierten industriemäßigen Agrarproduktion. SCHUMANN (1988) empfiehlt, Verfahren der Modellierung einzusetzen, mit denen bei einem relativ geringen meßtechnischen Aufwand die Abbildungsrelation zwischen der meteorologischen Grundsituation (Makroklima, gegeben durch Meßwerte der voll ausgestatteten Wetterstationen mit langen Meßreihen) und den beeinflussenden topographischen/bodenkundlichen/biologischen Gegebenheiten des Geländes herzuleiten sind. HUPFER (1989) erwähnt aber, daß „weder die mesoklimatologischen Modellierungen, noch die begleitenden Feldexperimente zeitgemäßer Ausstattung in der erforderlichen Breite entwickelt sind". Als Bausteine einer Modellierung sind zu nennen die Arbeiten von ENDERS (1979), GRASSL (1986), BERGOLD (1993), KUGLER und EID (1990). Aus heutiger Sicht wird bei der mesometeorologischen Charakterisierung besonderer Wert auf die Haupteingangsglieder des Energieumsatzes Strahlungsbilanz und Verdunstung in ihrer regionalen Differenzierung gelegt. Die Strahlungsbilanz kann mit Strahlungsbilanzmessern direkt gemessen werden, die aktuelle Verdunstung ergibt sich entweder aus aufwendigen Profilmessungen, oder sie wird aus leichter verfügbaren meteorologischen Größen modelliert. Die Profilbzw. Differenzmessungen verlangen eine sehr hohe Meßgenauigkeit für die im allgemeinen kleinen Temperatur- und Feuchteunterschiede zwischen zwei Höhen, so daß meist der Weg der Berechnung aus leichter verfügbaren meteorologischen Größen gewählt wird.

3.2.   Wechselwirkung Witterung - C- und N-Dynamik

Meteorologische Haupteinflußgrößen bezüglich der C- und N-Dynamik im Boden sind die Glieder der Wasserhaushaltsgleichung Niederschlag, Verdunstung und Versickerung. Winterliche Stoffverlagerungen im Boden sind abhängig von dem Bodenwassergehalt, der Menge und der Form der Winterniederschläge und den Bodentemperaturen. Neben diesen physikalischen Effekten werden auch die biologischen Aktivitäten und die biochemischen Umsatzprozesse im Boden, die Qualität und Quantität der Immobilisierung und Remobilisierung von Stickstoff und Kohlenstoff bestimmen, besonders durch variierende Feuchtigkeits- und Temperaturbedingungen des Bodens beeinflußt.

Niederschlagsmessungen sind mit hinreichender Genauigkeit möglich. Zur Bestimmung der realen Verdunstung sind Modellansätze geeignet, die es gestatten, die Werte aus leichter meßbaren meteorologischen Größen unter Berücksichtigung von Boden- und Bestandsparametern zu berechnen.

MÜLLER u. MORITZ (1983) stellten bei Untersuchungen auf unterschiedlichen Bodenarten starke Unterschiede im Stickstoffgehalt im Herbst aufeinanderfolgender Jahre fest, die sich durch den N-Entzug der Vorfrüchte und durch die N-Dynamik bis zum Spätherbst erklären lassen. Die Werte für das darauffolgende Frühjahr sind bodenbedingt differenziert, jedoch auch merklich durch die Witterung beeinflußt (Form und Menge der Winterniederschläge sowie Bodentemperaturverlauf). Bei vorwiegend flüssigen Niederschlägen im Winter wurden bodenabhängig erhebliche Teile (auf leichten Böden fast die gesamte Menge) des im Herbst vorhandenen Nitrat-Stickstoffs aus der Oberschicht (0 bis 60 cm) ausgetragen. Ähnliche Ergebnisse haben MÜLLER und WEIGERT (1980) für typische Standorte der Bodenklimaregionen nach HAASE und SCHMIDT (1971) gewonnen und in Regressionsform dargestellt. Der Niederschlagseinfluß ist natürlich bodenartabhängig, jedoch auch für das Schwarzerdegebiet Halle/Magdeburg signifikant. Nach Messungen von KRÜGER ... (1989) wird die Dynamik des im Herbst verabreichten bzw. im Boden vorhandenen anorganischen Stickstoffs durch die Herbst-/Winter-Witterungsbedingungen merklich beeinflußt. So war in Jahren mit hohen Herbst-/Winter-Niederschlägen (1981, 1986) der N_{an}-Gehalt besonders auf leichten Standorten im Frühjahr erheblich niedriger als der Ausgangswert vor der N-Düngung im Herbst. BEINHAUER (1992) geht auf die Probleme bei der mit Hilfe aufgestellter offener Sammler und Akzeptorflächen erfolgten Bestimmung des atmosphärischen Stoffeintrags von Gasen und Submikronpartikeln in Ökosysteme ein, der durch den turbulenten Austausch in der bodennahen Luftschicht mitbestimmt wird. Er weist auf die bei organischer Düngung mit Gülle bzw. Stalldung in Abhängigkeit von Witterung und Aufbringungsweise an die Atmosphäre abgegebene Ammoniakmenge hin und legt Ergebnisse für die aus Konzentrationsprofilen des Ammoniaks und dem turbulenten Transport berechnete Ammoniakemission vor.

4.   Material und Methoden

Die Bearbeitung der Aufgabenstellung verlangt umfangreiches Datenmaterial. Dazu ist erforderlich, alle verfügbaren Daten des Untersuchungsgebietes im Untersuchungszeitraum und aus zurückliegenden Jahren, die von anderen Institutionen gemessen wurden, zu erfassen. Des weiteren sind eigene Messungen meteorologischer Parameter zur Begleitung der jeweiligen Versuchsprogramme in Etzdorf, Bad Lauchstädt, Julius-Kühn-Feld Halle und Brandis zu realisieren.

Vorhandene Datenreihen:

Für die Realisierung des Gesamtkonzeptes des Projektes - einer umfassenden Kennzeichnung der klimatischen Bedingungen im Mitteldeutschen Schwarzerdegebiet - sind neben den Versuchsstandorten Etzdorf, Bad Lauchstädt, Julius-Kühn-Feld und Brandis alle verfügbaren me-

teorologischen Daten des Raumes zu erschließen. Dies ist insbesondere auch für eine gebiets-
bezogene Verallgemeinerung der an den Versuchsstandorten gewonnenen Erkenntnisse erforderlich. Im näheren Umfeld der Versuchsstandorte sind die in Tabelle 1 genannten Datenreihen vorhanden.

Tabelle 1: Verzeichnis verfügbarer meteorologischer Meßreihen im Untersuchungsgebiet

Ort	vorhandene Meßreihen			Zeitraum	Bemerkungen	Quelle
	Lufttemp.	Niederschl.	RF			
Bernburg	+	+	+	1952 - 1991		DWD
Bibra, Bad		+		1901 - 1992	einzelne Lücken	DWD
Bitterfeld	+	+	+	1951 - 1990		DWD
Dürrenberg, Bad	+		+	1951 - 1972		DWD
"		+		1951 - 1992		DWD
Eisleben	+		+	1951 - 1971		DWD
"	+		+	1979 - 1987		DWD
"		+		1951 - 1992		DWD
Etzdorf	+	+		1948 - 1992		MLU
Halle	+		+	1901 - 1991	versch. Standorte	DWD
Hettstedt		+		1951 - 1991		DWD
Hohenmölsen	+			1965 - 1976		DWD
Könnern	+			1959 - 1986		DWD
"		+		1959 - 1991		DWD
Köthen	+		+	1956 - 1975		DWD
"		+		1951 - 1991		DWD
Lauchstädt, Bad	+	+	+	1951 - 1991	RF ab 1954	DWD
Leipzig	+		+	1958 - 1990	Lpzg.-Mockau,	DWD
"		+		1951 - 1991	ab 72 Schkeuditz	DWD
Leunawerke		+		1951 - 1978		DWD
Mansfeld			+	1952 - 1985		DWD
"		+		1951 - 1991		DWD
Merseburg		+		1951 - 1980		DWD
Mücheln		+		1951 - 1991		DWD
Naumburg		+		1951 - 1991		DWD
Osterfeld			+	1985 - 1991	Lücken	DWD
"		+		1951 - 1991		DWD
Querfurt	+			1954 - 1975		DWD
"		+		1951 - 1980		DWD
Schafstädt		+		1951 - 1992		DWD
Weißenfels	+		+	1952 - 1960		DWD
"	+		+	1972 - 1991		DWD
"		+		1951 - 1991		DWD
Zeitz	+	+	+	1953 - 1991		DWD
Zöberitz	+	+	+	1965 - 1994		MLU

Die Datenreihen des Deutschen Wetterdienstes sind relativ gut aufbereitet, aber schwer zugänglich. Jedoch ist das veröffentliche Material dieser Stationen in vielen Fällen schon ausreichend. Das meteorologische Datenmaterial Etzdorf liegt zum großen Teil handschriftlich vor

und muß einer umfassenden Prüfung unterzogen werden. Für das Julius-Kühn-Feld liegen langjährige Niederschlagsdaten vor. Die meteorologischen Daten der Versuchsstation Zöberitz der Martin-Luther-Universität (ca. 3 km von Kühn-Feld entfernt) liegen seit 1965 lückenlos und entsprechend aufbereitet vor und können so unmittelbar in die Bearbeitung des Projektes einbezogen werden.

Ein spezielles Problem liegt in der Herstellung der Paßfähigkeit der einzelnen Datenreihen untereinander und zu den eigenen Meßergebnissen. Kompatibilitätsschwierigkeiten treten vor allem durch unterschiedliche Meßtermine und die damit verbundene variierende Zeitzuordnung auf. Noch komplizierter ist die Erkennung und Beseitigung von Inhomogenitäten (z. B. durch Stationsverlegungen oder unterschiedlich lange Datenreihen) sowie subjektiver und technisch bedingter Meßfehler.

Realisierung des Meßprogramms:

Grundlage für die Durchführung der wissenschaftlichen Arbeiten war die möglichst zügige Aufnahme der meteorologischen Messungen an den Schwerpunktorten des Verbundprojektes. Entsprechend der technischen und personellen Möglichkeiten wurden die geplanten meteorologischen Stationen schrittweise montiert und in Betrieb genommen. Bei der Wahl der Aufstellungsbedingungen (Meßhöhen) und Meßintervalle wurde auf die beim Deutschen Wetterdienst üblichen Verfahrensweisen zurückgegriffen, um eine Vergleichbarkeit mit anderen Datenreihen zu gewährleisten.

Die Stationen wurden zu folgenden Terminen in Betrieb genommen:

- Brandis   25. 5.1992   (1. 7.1992)
- Etzdorf   3. 6.1992   (16. 8.1992)
- Julius-Kühn-Feld   15. 7.1992   (1. 9.1992)
- Bad Lauchstädt   25.11.1992   (1.12.1992)

Die Termine in Klammern stellen den Beginn des routinemäßigen kontinuierlichen Betriebes mit zuverlässigen Daten dar. Die Zeit davor wurde zur Erprobung der Technik und Beseitigung technischer Defekte benötigt. Für den größten Teil dieser Zeit liegen aber auch Daten vor. Eine lückenlose Datenreihe ist von besonderer Bedeutung für die Verwertbarkeit meteorologischer Daten (Zeitsummen, Bilanzen).

Seit den oben genannten Terminen wird ohne Unterbrechung folgendes Meßprogramm realisiert:

Standorte:

- Etzdorf

544

- Brandis
- Julius-Kühn-Feld
- Bad Lauchstädt

Parameter:

- Lufttemperatur 2 m (Standard), 0,5 m und 5 cm Höhe
- Luftfeuchtigkeit 2 m (Standard) und 0,5 m Höhe
- Bodentemperatur 5, 10, 20, 50 und 100 cm Tiefe (unbewachsen)
- Globalstrahlung
- Niederschlag (Menge, Intensität, zeitl. Verlauf)
- Windgeschwindigkeit 10 m und 2,5 m Höhe
- Windrichtung 10 m Höhe
- Bodenwärmestrom

Zeitliche Auflösung:

- 10-Minuten-Werte
- Stundenwerte
- Tageswerte (Mittel/Summen, Extremwerte)
- Halbdekadenwerte
- Dekadenwerte
- Monatswerte

Voraussetzung für die Weitergabe der Daten an die Projektpartner ist die Prüfung und Aufbereitung des Rohmaterials. Bei der zeitlichen Auflösung der Meßwerte von 10 Minuten ergibt sich pro Monat ein Datenanfall von ca. 4 MByte. Seit Beginn der Messungen bis Ende 1994 wurden somit mehr als 8 Millionen Meßwerte verarbeitet. Damit wird deutlich, welchen Zeitaufwand schon allein die Datenprüfung erfordert. Zur Datenprüfung und -verarbeitung wurde eine Reihe von Programmen entwickelt, die Bearbeitungsroutinen erleichtern. So kann das gesamte bisher gesammelte Material sowohl in gedruckter Form als auch auf Datenträgern an die Projektpartner übergeben werden. Die Archivierung der Daten erfolgt auf der Grundlage von dBASE.

Methodische Fragen der Datenbehandlung:

- Das sehr umfangreiche Urdatenmaterial erfordert speziell auf den Anwendungsfall zugeschnittene Software für eine rationelle Datenverarbeitung. Bereits vorliegende Erfahrungen konnten dabei genutzt werden. Basis aller Datenverarbeitungen stellt eine Datenbank dar (Abb.1). Hier werden die gemessenen Daten zusammengefaßt und weiterverarbeitet. Die

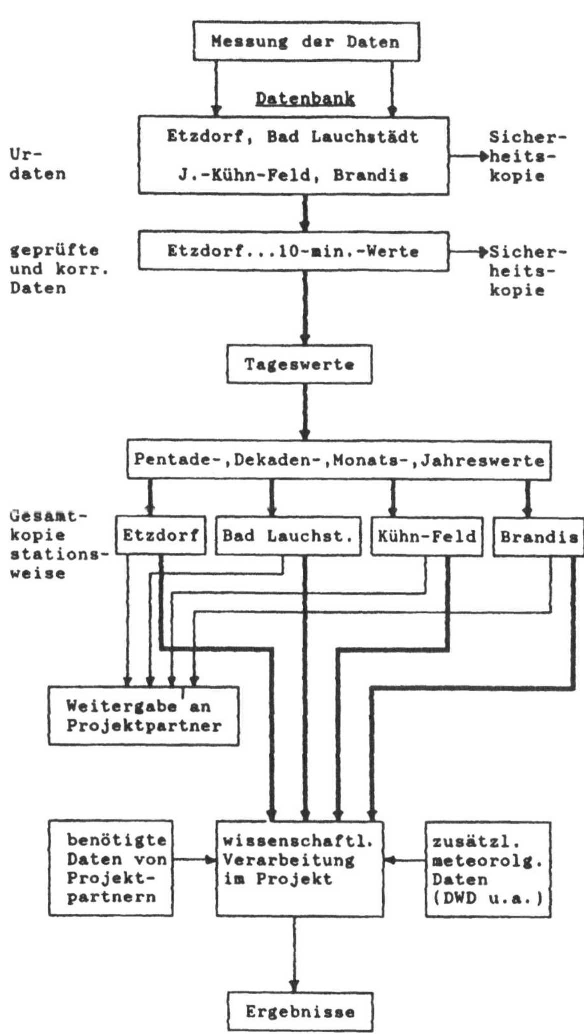

Abbildung 1: Struktur der Datenverarbeitung im Teilprojekt 13

sich ständig wiederholenden Prozesse bei der Weiterbehandlung der Daten eignen sich gut für den Einsatz spezieller Software, die aber auf dem Markt nicht angeboten oder zu wenig auf die besonderen Bedingungen im Anwendungsfall zugeschnitten ist. Daher wurde eine Reihe eigener Programme entwickelt (In Abbildung 1 mit dicken Pfeilen gekennzeichnet), die folgende Bearbeitungsschritte beinhalten:

- Plausibilitätsprüfung der Urdaten (elektrische Meßgrößen)
- Umrechnung der Urdaten in meteorologische Größen (10-Min.-Werte)
- nochmalige Prüfung und gegebenenfalls Korrektur der Daten
- Berechnung von Stundenwerten
- Berechnung von Tageswerten einschließlich klimatologischer Daten
- Berechnung von Pentaden-, Dekaden- und Monatswerten einschließlich klimatologischer Daten
- Archivierung der Daten
- Druck ausgewählter Parameter

5.   Ergebnisse

5.1   Klimatische Kennzeichnung des Untersuchungsgebietes

Die zur klimatischen Kennzeichnung herangezogenen Daten wie auch die zur Analyse der Witterung im Untersuchungszeitraum verfügbaren Daten sind so umfangreich, daß hier nur auszugsweise und in stark komprimierter Form konkrete Darstellungen erfolgen können. Für die Bearbeitung wurde das gesamte Datenmaterial, das beim Verfasser vorliegt und eingesehen werden kann, verwendet.

Das Gebiet des östlichen Harzvorlandes einschließlich des Raumes Halle liegt im Bereich des Börde- und Mitteldeutschen Binnenlandklimas, Saalebezirk (Klimaatlas der DDR, 1953, Abb. 2). Der Raum um Leipzig ist dem Ostdeutschen Binnenlandklima, Leipziger Tieflandsbucht, zuzuordnen. Der wesentliche Unterschied liegt in der etwas höheren Niederschlagsmenge im Raum Leipzig.

Im folgenden detaillierte Aussagen zu einzelnen Klimaparametern:

Lufttemperatur:

Die Jahresmitteltemperaturen liegen im angesprochenen Gebiet zwischen 8,4 °C und 9,9 °C, wobei Werte über 9,0 °C nur in Nähe des Saaletales und im Raum Bitterfeld anzutreffen sind (Tab. 2). Die Schwankungsbreite in den letzten 40 Jahren liegt zwischen 7 und 11 °C.

Im Verlauf des Jahres schwanken die Monatsmitteltemperaturen zwischen Werten um 0 °C im Januar und um 18 °C im Juli. Die absoluten Temperaturextreme liegen bei 37 bis 38 °C (Max.) im Juli oder August und -26 bis -28 °C im Januar oder Februar.

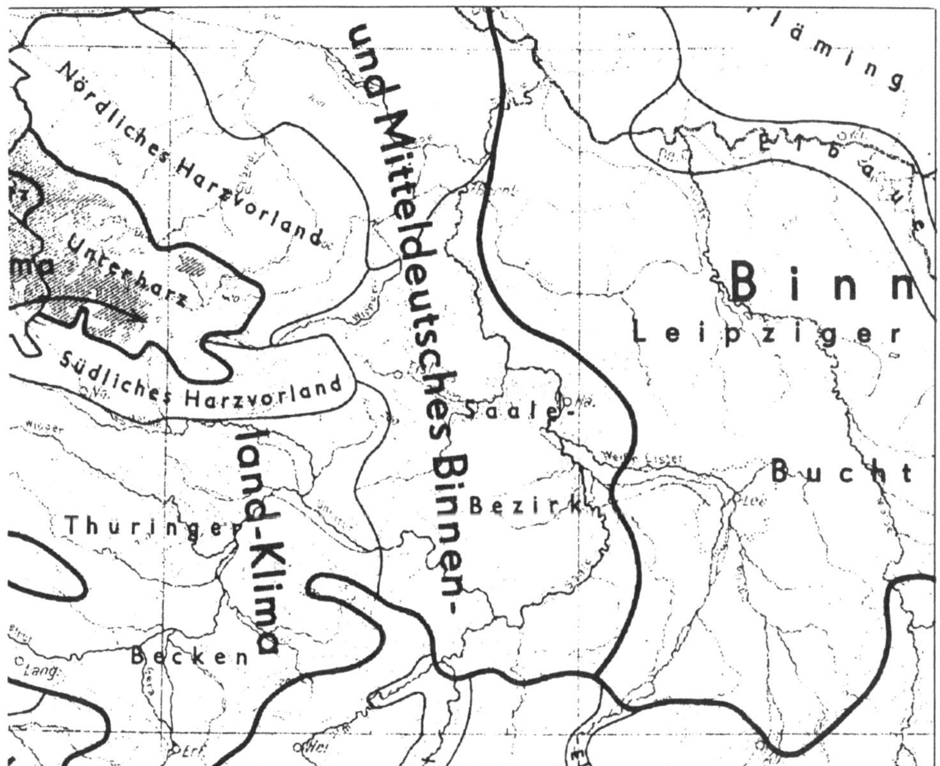

Abbildung 2: Klimagebiete und -bezirke im Raum östlich des Harzes (Auszug aus Klimaatlas der DDR 1953)

Die eigenen Messungen an den Versuchsstandorten bestätigen deren repräsentative Lage. Die Meßwerte der Lufttemperatur liegen im angegebenen Bereich. Bei größerer Zeitauflösung ergeben sich jedoch einige weitere bemerkenswerte Aspekte.

Das Julius-Kühn-Feld repräsentiert den stadtnahen Bereich des Gebietes, was sich in den insgesamt höchsten Mitteltemperaturen und bei Strahlungswetterlagen deutlich höheren nächtlichen Minimumtemperaturen ausdrückt.

Bad Lauchstädt ist typisch für die fast ebenen Lößgebiete des Raumes. Die Temperaturverhältnisse sind relativ ausgeglichen und repräsentieren den mittleren Bereich in Tabelle 2.

Die Versuchsfläche Etzdorf ist gekennzeichnet durch ein leicht nach Süden exponiertes Gefälle, wobei die Wetterstation in einer flachen Senke installiert ist, die südlich durch Hofgebäude begrenzt wird. Diese Geländegestaltung führt insbesondere bei Strahlungswetterlagen zu tieferen Minimum- und etwas höheren Maximumtemperaturen als in der Umgebung, wo-

Tabelle 2: Jahresmittelwerte der Lufttemperatur im Untersuchungsgebiet, Bezugszeitraum entsprechend Tab.1 (überwiegend 1951 bis 1991)

Ort	Langjähriger Mittelwert in °C	Höchstes Jahresmittel in °C	Niedrigstes Jahresmittel in °C
Bernburg	9,1	10,7	7,4
Bitterfeld	9,9	11,9	8,0
Dürrenberg, Bad	9,1	10,3	8,0
Eisleben	8,4	9,7	7,0
Etzdorf	8,8	11,0	7,0
Halle	9,2	11,2	7,4
Hohenmölsen	9,1	9,9	8,4
Könnern	9,1	10,3	7,7
Köthen	8,8	9,8	7,4
Lauchstädt, Bad	8,9	10,5	7,1
Leipzig	8,8	10,4	7,6
Querfurt	8,4	9,4	7,0
Weißenfels	9,4	10,9	7,5
Zeitz	8,9	10,5	7,1
Zöberitz	9,1	10,6	7,9

bei die Wirkung hinsichtlich der nächtlichen Tiefstwerte deutlich stärker ausgeprägt ist. Das äußert sich insbesondere in einer höheren Frostgefährdung als beispielsweise in Bad Lauchstädt (Bad Lauchstädt 1993 106 Tage mit Frost in Bodennähe, Etzdorf 117). Bereits am 19.9.1993 wurde in Etzdorf der erste Frost des Herbstes registriert, was an keiner anderen Station (einschließlich des Wetterdienstes) im Raum Halle/Leipzig beobachtet wurde. Selbst bei den Monatsmitteltemperaturen (in der Regel einige Zehntel K niedriger als an anderen Stationen) ist die Wirkung der tieferen Minima noch erkennbar.

Niederschlag:

Die Niederschlagsverhältnisse im Raum Halle sind geprägt durch die Lee-Wirkung des Harzes. Im Gebiet westlich und nördlich von Halle liegen die mittleren jährlichen Niederschlagshöhen zwischen 450 und 500 mm (Abb. 3).
Derart niedrige Mengen werden in dieser flächenhaften Ausdehnung in keinem anderen Gebiet Deutschlands beobachtet. Östlich und südöstlich von Halle nimmt die Niederschlagsmenge

rasch zu und erreicht östlich von Leipzig schon 570 bis 600 mm. Die Versuchsstandorte Bad Lauchstädt, Etzdorf und Halle liegen im Zentrum des Trockengebietes und sind so für das niederschlagsärmste Gebiet im Lößgürtel zwischen Magdeburg und Halle repräsentativ. Die höchsten bisher gemessenen Jahressummen des Niederschlages übersteigen im Zentrum des Trockengebietes zum Teil nicht einmal 700mm (Tab 3). Das ist eine Größe, die in

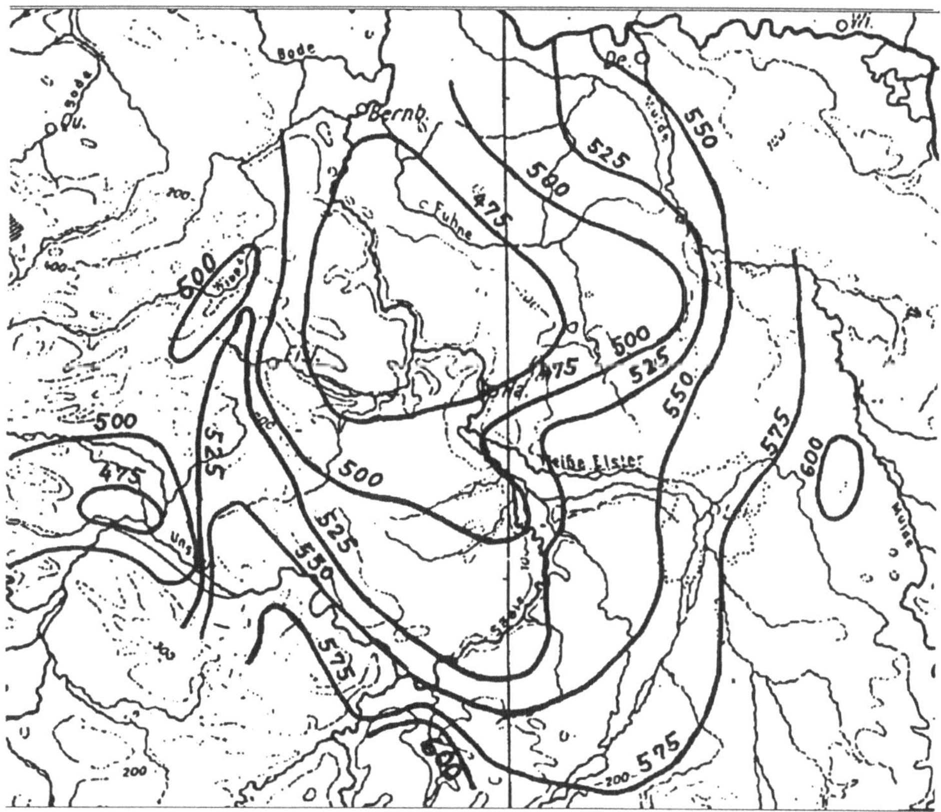

Abbildung 3: Mittlere jährliche Niederschlagshöhe (mm), Östliches Harzvorland
(Zeitraum 1951 bis 1980)

Westdeutschland selbst im langjährigen Mittel häufig überschritten wird.

In sehr trockenen Jahren werden im östlichen Harzvorland dagegen nur 230 bis 300 mm Niederschlag gemessen. Unter diesen Bedingungen stellen sich zumindest zeitweise aride Verhältnisse ein. Hinzu kommt der Umstand, daß in unregelmäßiger Abfolge trockene bzw. feuchte Jahre gehäuft auftreten, so daß sich die entsprechenden Auswirkungen kumulativ verstärken. So ist der im Projekt bearbeitete Zeitraum einer Aufeinanderfolge feuchter Jahre zuzuordnen, während der vorangegangene Zeitraum 1988 bis 1991 eine Reihe relativ trockener Jahre repräsentiert.

Bezüglich der jahreszeitlichen Verteilung des Niederschlages sind kontinentale Züge bemerkbar, die durch einen typischen Jahresgang mit den niedrigsten Niederschlägen im Februar/März mit durchschnittlich 20 bis 30 mm und einem Maximum in den Sommermonaten meist zwischen 55 und 70 mm pro Monat geprägt sind.

Tabelle 3: Jahressummen der Niederschlagshöhe im Untersuchungsgebiet
Bezugszeitraum entsprechend Tab. 1 (meist 1951 bis 1991)

Ort	Langjähriger Mittelwert in mm	Höchste Jahressumme in mm	Niedrigste Jahressumme in mm
Bernburg	476	637	269
Bibra, Bad	581	824	388
Bitterfeld	515	782	310
Dürrenberg, Bad	515	723	265
Eisleben	504	704	311
Etzdorf	473	666	260
Hettstedt	503	738	285
Könnern	451	871	233
Köthen	506	713	292
Lauchstädt, Bad	480	673	262
Leipzig	514	685	306
Leunawerke	506	696	332
Mansfeld	502	798	280
Merseburg	485	697	293
Mücheln	498	712	288
Naumburg	547	801	348
Osterfeld	568	806	324
Querfurt	528	701	352
Schafstädt	495	752	271
Weißenfels	495	757	283
Zeitz	576	810	303
Zöberitz	475	645	258

In den Einzeljahren kann die Niederschlagsverteilung erheblich von den mittleren Verhältnissen abweichen. Mehrere Monate andauernde niederschlagsarme Perioden sind keine Seltenheit, ebenso wie mehrere aufeinanderfolgende Monate mit Niederschlagsmengen um oder über 80mm (z.B. Frühjahr 1994). An Hand der fast dreijährigen eigenen Niederschlagsmeßreihen läßt sich keine Spezifizierung der Standorte ermitteln, da die Monats- und Jahressummen sehr stark von einzelnen Niederschlagsereignissen bestimmt wurden, die örtlich sehr unterschiedlich ausfielen.

Relative Luftfeuchte:

Die relative Luftfeuchtigkeit liegt im Jahresmittel zwischen 75 und 80 % (Tab. 4). Das sind zwei bis drei Prozent weniger als in vergleichbaren Gebieten der Umgebung und steht im Zusammenhang mit der bei Lee-Erscheinungen an der Ostseite des Harzes häufiger auftretenden Absinkbewegung der Luft, verbunden mit Austrocknung und Erwärmung. Sehr trockene Jahre weisen eine durchschnittliche relative Feuchte von 70 bis 75 %, sehr feuchte von 80 bis 85 % auf.

Tabelle 4: Jahresmittelwerte der relativen Luftfeuchtigkeit im Untersuchungsgebiet
Bezugszeitraum entsprechend Tab. 1 (überwiegend 1951 bis 1991)

Ort	Langjähriger Mittelwert in %	Höchstes Jahresmittel in %	Niedrigstes Jahresmittel in %
Bernburg	78	84	72
Bitterfeld	76	80	71
Dürrenberg, Bad	79	84	74
Eisleben	79	82	74
Halle	76	84	69
Köthen	80	85	75
Lauchstädt, Bad	78	82	72
Leipzig	79	82	72
Mansfeld	79	82	75
Weißenfels	75	80	71
Zeitz	76	81	70
Zöberitz	78	82	73

Strahlung:

Die mittlere jährliche Sonnenscheindauer liegt im betreffenden Raum zwischen 1450 und 1550 Stunden (Dezember rund 40, Juni rund 210). Vergleichbare Stationen der Umgebung (Magdeburg, Wittenberg, Torgau, Oschatz, Gera) haben mit mehr als 1600 Stunden eine um etwa 100 Stunden längere Sonnenscheindauer. Der Grund dürfte die höhere Lufttrübung im Ballungsraum Halle/Leipzig/Bitterfeld im Vergleichszeitraum 1951-80 sein. Gleiches gilt für die Globalstrahlung. Für deren Bewertung liegen allerdings nur langjährige Meßreihen von Halle-Kröllwitz und Leipzig-Mockau/Schkeuditz vor. Die eigenen Messungen der Globalstrahlung belegen eine unbedeutende räumliche Differenzierung im Untersuchungsgebiet. Die Strahlungsverhältnisse an den Versuchsorten entsprachen insgesamt den mittleren Werten für das Gebiet.

Windrichtung und -geschwindigkeit:

Die häufigste Windrichtung im Raum Halle ist WSW bis SW mit einem Anteil von zusammen rund 25 %. Sekundäre Maxima liegen im Bereich NNW und NE bis ENE mit jeweils 6 bis 10 %. Die westlichen Windkomponenten treten am stärksten im Winter (Dez./Jan.) und Sommer (Juli) auf. Östliche Windrichtungen sind in den Übergangsjahreszeiten (Frühjahr und Herbst) stärker vertreten. Eine nennenswerte regionale Differenzierung ist an Hand der bisher vorliegenden Daten nicht erkennbar. Die mittleren Windgeschwindigkeiten liegen in Abhängigkeit von Lage und Exposition zwischen 3 und 4,5 m/s.

Bodentemperatur:

Die mittlere Bodentemperatur (unbewachsener Boden) liegt im Jahresmittel mit 9 bis 10°C bis 1m Tiefe etwas höher als die Lufttemperatur. Im Jahresmittel liegt sie im Bereich bis 1m Tiefe zwischen 9 und 10 °C, wobei die tägliche und jährliche Amplitude an der Oberfläche am größten ist und mit zunehmender Tiefe abklingt. Die Bodentemperatur wird durch zahlreiche Faktoren variiert. Am stärksten differenzierend wirken veränderte Substratzusammensetzungen des Bodens und Pflanzenbestände (DÖRING 1986). Auf die speziellen Verhältnisse in den Versuchsparzellen wird in Teilprojekt 1 eingegangen.

Bodenfeuchte:

Der Bodenwassergehalt wird durch das Speichervermögen des Bodens und das Verhältnis von Niederschlag und Verdunstung bestimmt. Im Zeitraum März bis September erfolgt in der Regel eine Bodenfeuchteabnahme, bedingt durch verstärkte Evapotranspiration in Verbindung mit dem Pflanzenwachstum. Von Oktober bis Februar/März wird der Bodenwasservorrat durch den Überschuß an Niederschlag aufgefüllt. Die niederschlagsarmen Bedingungen im Raum Halle führen dazu, daß der Bodenwassergehalt während der Sommermonate häufig bis in den Bereich des Welkepunktes ausgeschöpft wird, was mit starken Einschränkungen des Pflanzenwachstums verbunden ist. Auf Grund der niedrigen Ausgangswerte und der häufig wenig ergiebigen Winterniederschläge wird etwa in jedem 3. Jahr die Feldkapazität am Ende des Winters nicht erreicht. In Gebieten mit mehr als 600 mm mittlerem Jahresniederschlag kommt das äußerst selten vor. Lößschwarzerden mit hohem Wasserspeichervermögen haben ein wesentlich größeres Puffervermögen und sind hinsichtlich starker Austrocknung nicht so gefährdet wie Braunerden im Gebiet östlich von Halle, die zum großen Teil aus Sandlöß hervorgegangen sind.

Verdunstung und Versickerung:

Verdunstungsgrößen sind die potentielle Evapotranspiration (PET) und die aktuelle Evapotranspiration (AET) als tatsächliche Verdunstung. Die in den folgenden Abschnitten genannten Verdunstungs- und Versickerungswerte beruhen auf Berechnungen mit dem für den mitteldeutschen Raum bewährten Bodenwasser-/Verdunstungsmodell nach J. und. G. Müller (Müller 1987). Die Werte für die AET liegen nach Modellrechnungen für einen mittleren Lößboden im Raum Halle im Durchschnitt bei etwa 500mm pro Jahr (Tab. 5). Dabei schwanken die Werte hauptsächlich in Abhängigkeit von der Niederschlagshöhe zwischen 460 und 550mm. Versickerung tritt dann ein, wenn bei gesättigtem Boden weitere Niederschläge fallen. Da derartige Bedingungen, wie oben beschrieben, relativ selten gegeben sind, liegen die mittleren Versickerungsraten mit durchschnittlich 38mm pro Jahr (langjähriges Mittel) für mit Gras bewachsenen Lößboden vergleichsweise niedrig. In 25% aller Jahre tritt keine Versickerung auf, mehr als 100mm versickern nur jedes 10. Jahr.

Die Wasserbewegung in Richtung Grundwasser ist also im Vergleich zu niederschlagsreicheren Standorten wesentlich herabgesetzt.

Tabelle 5: 10-Jahres Durchschnittswerte der jährlichen Sickerwasserabflußhöhe aus der oberen 1-Meter-Schicht und der Verdunstungshöhe für Gras, Lößboden, Klimadaten von Halle/S. (Berechnet nach Modell von J. u. G. MÜLLER)

Zeitraum	Versickerung	AET Gras
	mm	mm
1901 - 1910	37	522
1911 - 1920	37	486
1921 - 1930	37	542
1931 - 1940	37	521
1941 - 1950	60	543
1951 - 1960	28	512
1961 - 1970	47	497
1971 - 1980	16	481
1981 - 1990	23	466

5.2. Witterung im Untersuchungszeitraum

Die experimentellen Untersuchungen wurden im wesentlichen in den Vegetationsperioden 1992, 1993 und 1994 durchgeführt. Eigene meteorologische Daten stehen von Mitte 1992

554

(außer Bad Lauchstädt) bis Dezember 1994 zur Interpretation zur Verfügung. Es ist aber notwendig, auch den Witterungsverlauf seit Beginn des Jahres 1992 in die Betrachtungen einzubeziehen , um die entsprechenden witterungsbedingten Vorentwicklungen im Frühjahr 1992 deuten zu können. Die fehlenden Daten wurden - soweit vorhanden - aus Meßreihen des Deutschen Wetterdienstes und des UFZ übernommen. Die Temperatur- und Niederschlagsdaten sind - komprimiert zu Monatswerten - Tabelle 6 zu entnehmen.

Insgesamt sind die Jahre 1992 und 1994 als zu warm und das Jahr 1993 als temperaturnormal anzusprechen. Die Niederschlagsverhältnisse waren stärker differenziert. Während das Jahr 1992 in Halle und Etzdorf deutlich zu naß ausfiel, war es in Bad Lauchstädt und Brandis etwa niederschlagsnormal. 1993 war außer in Etzdorf überall deutlich zu naß. Im Jahr 1994 fiel insgesamt erheblich mehr Niederschlag (z.T. über 600mm) , als normalerweise zu erwarten ist. Das Strahlungsangebot lag im Gesamtzeitraum über dem langjährigen Mittelwert.

Das Jahr **1992** begann mit relativ milder Witterung im Januar und Februar. Nur kurzzeitig trat Frostwetter mit Temperaturen nicht unter -10 °C auf (3. Jan.-Dekade; 2. Febr.-Dekade). Die überwiegend in milden Perioden auftretenden Niederschläge waren südwestlich von Halle zumeist wenig ergiebig, in Halle und östlich davon im Vergleich zum langjährigen Mittel deutlich zu hoch. Im März und April 1992 setzte sich die überwiegend zu warme Witterung fort, wobei bis Anfang April häufig, z. T. auch ergiebige Niederschläge fielen (vgl. Monatssummen März 1992). Ab 3. April kam es nur noch gelegentlich zu Niederschlag mit meist nur leichter Intensität. Im Mai setzte sich die warme Witterung fort. Bis zum 11. des Monats gab es Regen, der zur vorübergehenden Entspannung des Wasserhaushaltes beitrug . Ab 12. Mai setzte eine bis 2. Juni anhaltende Periode ohne Niederschlag ein, die in Verbindung mit übernormalen Lufttemperaturen und hoher Sonneneinstrahlung zu einem starken Rückgang des Bodenwassergehaltes führte. Bei weiterhin übernormalen Lufttemperaturen traten vom 3. bis 11. Juni gebietsweise schauerartige Niederschläge auf, die örtlich ergiebig waren, aber nur zu einer kurzfristigen Anhebung der Bodenfeuchtewerte beitrugen, denn ab 12. Juni war es wieder weitgehend niederschlagsfrei. Die Trockenperiode wurde im Raum Halle im Juli durch wiederholte, z. T. sehr ergiebige und von Gewittern begleitete Niederschläge beendet. Die Tagessummen des Niederschlages erreichten mehrfach Werte über 20 mm. In Etzdorf fielen am 21. Juli 64,6 mm Niederschlag, davon 46,9 mm innerhalb einer Stunde und 40,2 mm in 20 min. Das sind Niederschlagsintensitäten, wie sie in diesem Raum außergewöhnlich selten auftreten. Der August 1992 war mit einer Monatsmitteltemperatur etwas über 20 °C und bis zu 20 Sommertagen und 10 heißen Tagen außergewöhnlich warm. Der Höhepunkt der Hitzewelle Anfang

August wurde am 9. mit bis zu 37,9 °C (Etzdorf) erreicht. Damit wurden die in den letzten 30 Jahren im Raum Halle gemessenen höchsten Lufttemperaturen

erreicht oder leicht überschritten. Niederschläge waren meist mit örtlichen Gewittern verbun-

Tabelle 6: Monats- und Jahreswerte der Lufttemperatur und des Niederschlages an den Versuchsstandorten, Jan. 1992 bis Dez. 1994

	Lufttemperatur in °C				Niederschlag in mm			
	Brandis	Halle	Etzdorf	Lauchstädt	Brandis	Halle	Etzdorf	Lauchstädt
1992								
Jan	1,3	1,5	1,5	1,6	47,4	42,6	18,1	23,9
Feb	3,7	4,0	3,6	3,4	41,2	25,0	13,4	16,4
Mrz	5,4	5,5	5,6	5,2	82,2	65,6	54,2	60,2
Apr	9,1	9,4	9,0	8,8	27,4	27,4	35,8	28,9
Mai	15,1	14,9	14,3	14,6	23,3	30,8	32,8	37,8
Jun	18,9	18,5	18,5	18,1	31,1	51,1	72,5	48,9
Jul	19,4	19,9	19,6	19,3	105,2	105,0	163,4	91,5
Aug	20,6	20,8	20,8	20,6	41,7	75,9	49,1	60,0
Sep	13,7	13,8	13,7	13,7	37,7	18,1	11,5	12,6
Okt	6,7	6,9	7,3	6,8	55,7	70,4	60,9	46,8
Nov	5,1	5,6	6,0	5,4	37,6	29,4	49,9	26,4
Dez	1,0	1,3	0,7	1,0	41,8	44,3	48,4	33,2
Jahr	10,0	10,2	10,1	9,9	572,5	585,6	610,6	486,6
1993								
Jan	2,4	2,7	1,8	2,2	60,4	41,4	40,3	40,0
Feb	-1,2	-0,6	-1,2	-1,0	20,7	12,0	17,2	13,1
Mrz	3,5	4,3	3,7	3,9	15,0	9,0	7,0	8,6
Apr	10,5	11,0	10,4	10,7	24,8	12,1	14,5	6,0
Mai	15,3	15,7	14,8	15,3	74,6	91,9	61,0	54,0
Jun	15,6	16,3	15,6	15,9	83,8	120,1	87,8	115,1
Jul	16,6	17,0	16,3	16,7	102,4	113,8	92,0	112,5
Aug	16,2	16,9	16,2	16,6	52,4	30,4	32,0	38,3
Sep	12,4	12,6	12,0	12,5	63,5	58,8	43,1	45,8
Okt	8,3	8,4	7,7	8,2	35,5	15,1	14,2	18,5
Nov	-0,7	-0,5	-0,9	-0,6	71,3	26,1	23,3	29,2
Dez	3,1	3,5	2,9	3,2	56,8	54,6	42,6	43,9
Jahr	8,5	8,9	8,3	8,6	661,2	585,3	475,0	525,0
1994								
Jan	3,3	3,6	3,1	3,4	34,5	23,5	26,7	22,2
Feb	-0,8	-0,8	-1,4	-0,9	13,2	18,5	21,8	29,1
Mrz	6,6	6,9	6,5	6,7	107,7	84,8	84,7	83,5
Apr	8,5	9,0	8,4	8,8	70,2	77,0	75,4	83,5
Mai	12,7	13,3	12,7	13,0	80,4	85,7	86,5	100,3
Jun	16,3	17,0	16,1	16,5	21,4	22,2	16,6	81,8
Jul	22,2	22,4	21,3	21,9	23,8	33,3	37,6	57,3
Aug	18,5	18,8	18,1	18,4	133,6	77,5	92,8	81,7
Sep	13,8	14,2	13,7	14,0	52,2	62,8	55,0	51,8
Okt	7,5	8,0	7,4	7,7	28,1	21,6	31,5	27,4
Nov	6,6	6,9	6,4	6,7	41,5	30,9	22,9	21,9
Dez	3,8	4,2	3,7	4,0	41,0	20,8	27,4	24,2
Jahr	9,9	10,3	9,7	10,0	656,6	558,6	578,9	664,7

den und differierten räumlich in der Menge sehr stark. Erst am 31.8. kam es verbreitet zu ergiebigen Regenfällen. Der September 1992 wies erstmals im Jahr 1992 längere zu kühle Witterungsabschnitte auf. Die Niederschlagstätigkeit war insgesamt gering. Nach einer normaltemperierten ersten Oktoberdekade setzte ab 10. des Monats ein kräftiger Temperaturrückgang auf Tagesmittel um 5 °C ein. Dieses Temperaturniveau blieb bis Mitte Dezember mit geringen Schwankungen erhalten. In der zweiten Oktoberdekade traten auch die ersten Nachtfröste auf. Im Oktober fielen um den 5. und vom 22. bis 29. zum Teil ergiebige Niederschläge, im November kam es ab dem 10. fast täglich zu meist leichten Niederschlägen. Der Dezember war im wesentlichen niederschlagsnormal mit größeren Niederschlagsmengen um den 11. und 20. des Monats. Das Jahr 1992 endete mit einer Frostperiode, die bis zum 5. Januar **1993** anhielt. Infolge der fehlenden Schneedecke und Lufttemperaturen bis -16 °C konnte der Boden teilweise bis zu 60 cm tief gefrieren. Die Temperaturen der oberen Krume (5 bis 10 cm Tiefe) erreichten die recht seltenen Werte von -8 bis -11 °C. Vom 6. bis 26. Januar folgte eine außergewöhnlich milde Witterungsperiode mit wiederholten Niederschlägen, die (außer in Bad Lauchstädt) zu einer Auffüllung der Bodenwasservorräte bis in den Bereich der Feldkapazität führten. Von Ende Januar 1993 bis 10. März wechselten Frostperioden mit kurzen milden Abschnitten bei insgesamt geringer Niederschlagstätigkeit. Zeitweise lag eine dünne Schneedecke von weniger als 5 cm. Bei weiterhin niederschlagsarmer Witterung stiegen die Temperaturen Mitte März auf deutlich übernormale Werte an, gingen aber zum Monatsende nochmals auf Tagesmittel um 0 °C zurück. Bei vorwiegend östlicher Windrichtung hielt die niederschlagsarme Witterung bis zum 19. Mai an. Unterstützt durch hohe Strahlungswerte und insbesondere ab der zweiten Aprilhälfte schon frühsommerliche Temperaturen kam es zu einer ausgeprägten Frühjahrstrockenheit. Am 20. Mai wurde eine wechselhafte, niederschlagsreiche Witterungsperiode eingeleitet, die bis Ende Juli anhielt. Die Temperaturen lagen zunächst noch im Bereich der Normalwerte, wiesen aber ab Mitte Juni mit wenigen Ausnahmen nur noch negative Abweichungen vom langjährigen Mittel auf. Bei weiterhin zu kalter Witterung war im August die Niederschlagstätigkeit deutlich geringer als in den Vormonaten. September und Oktober waren weiterhin deutlich zu kalt. Besonders in der ersten Septemberhälfte traten häufig z. T. ergiebige Regenfälle auf. Der November 1993 war erheblich zu kalt. Mit Monatsmitteltemperaturen etwas unter 0 °C (normal etwa 4,5 °C) war es im Raum Halle vielfach der kälteste November seit Beginn regelmäßiger Messungen. Bis Monatsmitte lag das Temperaturniveau allgemein zwischen 0 und 6 °C (Tagesmittel). In der zweiten Monatshälfte stellte sich eine winterliche Frostperiode mit Minimumtemperaturen bis -18 °C ein. Verbreitet lag ab 20. des Monats eine geschlossene Schneedecke von bis zu 10cm. Nennenswerte Niederschlagsmengen fielen vom 6. bis 15. November. Die Kaltluft wurde am 2. Dezember sehr schnell von sehr milder Atlantikluft ersetzt. Diese blieb den ganzen Monat über mit Ausnahme der Tage vom 25. bis 29. wetterbestimmend. Es traten häufig Niederschläge auf, die insbesondere in der dritten Dekade meist als Schnee fielen. Die Monatssumme des Niederschlages erreichte etwa das Doppelte des Normalen. So wurde am Monatsende der Boden in Halle und Brandis bis zur Feldkapazität mit Wasser aufgefüllt. Im Januar **1994** herrschte, unterbrochen von einer kurzen Frostperiode um Monatsmitte, mildes Wetter. Die Niederschläge entsprachen dem langjährigen Durchschnitt. Das milde Wetter hielt zunächst bis zum 11. Februar an. Danach folgte ein winterlicher Witterungsabschnitt mit Minimumtemperaturen bis -16 °C. Die meist wenig ergiebigen Schneefälle führten zur Bildung einer dünnen Schneedecke (stellenweise bis 10 cm). Am 25. Februar erfolgte der Übergang zu sehr milder und wechselhafter Witterung. Die Temperaturen lagen bis Ende März fast ständig über den Normalwerten. Wiederholt traten Niederschläge auf, die besonders vom 12. bis 15. sehr ergiebig waren (z.T. mehr als 50 mm in diesem Zeitraum) und von dem mit Wasser bereits gesättigten Boden nicht mehr aufgenommen werden konnten. Die ersten zwei Aprildekaden waren durch relativ kühles Wetter mit wiederholten Nachtfrösten gekennzeichnet. Besonders vom 10. bis 13. April kam es zu z. T. länger anhaltenden Regenfällen mit für die Jahreszeit extrem hohen Niederschlagsmengen. Verbreitet fielen innerhalb von 48 Stunden 50 bis 60 mm Regen. Wie bereits bei den Starkniederschlägen im März kam es verbreitet zu Staunässe und Überschwemmungen. Das letzte Aprildrittel 1994 war von warmer und niederschlagsarmer Witterung gekennzeichnet. Im Mai schwankten die Temperaturen meist um die Normalwerte. Bis Monatsmitte gab es nur wenig Niederschlag. Danach folgte bis zum 27. Mai erneut eine niederschlagsreiche Periode mit z. T. ergiebigen Niederschlägen. Das Frühjahr 1994 (März bis Mai) war mit Niederschlagshöhen um 250 mm extrem niederschlagsreich. Das sind mehr als 200 % des Normalwertes für diesen Zeitraum. Im Juni herrschte zunächst relativ kühles Wetter mit geringer Niederschlagstätigkeit. Am Monatsende stiegen die Temperaturen deutlich an. Die Maximumtemperaturen erreichten Werte bis 34 °C. Am 29. Juni traten Gewitter mit örtlichen Starkniederschlägen auf. In Bad Lauchstädt fielen dabei in weniger als 3 Stunden 68 mm Niederschlag, z. T. als Hagel. Der Juli 1994 war, von kurzen Unterbrechungen abgesehen, gekennzeichnet von andauerndem Hochdruckeinfluß. In Verbindung mit sehr hohen Strahlungswerten (Sonnenscheindauer > 300 h) stiegen die Temperaturen an insgesamt 26 Tagen über 25°C und an 14 Tagen über 30°C. Mit einer Monatsmitteltemperatur von 22°C war der Juli 1994 der wärmste Julimonat dieses Jahrhunderts. Niederschläge fielen zumeist im Zusammenhang mit Gewittern, was zu stärkeren örtlichen Unterschieden in den gemessenen Mengen führte. Verbreitet war der Juli aber deutlich zu trocken. Die gleichzeitig hohen Verdunstungswerte verursachten eine starke Bodenfeuchteabnahme. In der ersten Augustdekade hielt das hochsommerliche Wetter mit Temperaturen teilweise bis 37 °C an. Ab 12.8. schwankten die Temperaturen um die langjährigen Mittelwerte. Die Niederschlagstätigkeit war im August deutlich höher als im Juni und Juli. Die Monatssummen erreichten übernormale Werte (z. T. mehr als 100 mm), was zu einer beachtlichen Entspannung des Bodenwasserhaushaltes beitrug. Bei weiterhin meist für die Jahreszeit normalen Temperaturen hielt die rege Niederschlagstätigkeit bis Mitte September an. In der zweiten Septemberhälfte war es weitgehend trocken. Der Oktober war infolge zweier kräftiger Kaltluftvorstöße in der ersten und zweiten Dekade erheblich zu kalt. Am 6.10. traten bereits die ersten Fröste auf, Mitte Oktober wurden schon Temperaturen um -5°C gemessen. Bei insgesamt unternormalen Mengen konzentrierte sich die Niederschlagstätigkeit auf die ersten Monatstage und die letzte Dekade. Am 30. Oktober setzte sich milde Meeresluft durch, die mit kurzen Unterbrechungen bis 13. Dezember wetterbestimmend blieb. Damit fiel der November 1994 insgesamt zu warm aus. Die zeitweise auftretenden Niederschläge waren von überwiegend leichter Intensität. Vom 14. bis 26. Dezember schwankten die Temperaturen um den Gefrierpunkt. Da aber nur geringfügige Niederschläge fielen, konnte sich kaum eine Schneedecke bilden. In den letzten Monatstagen war es bei auflebender Niederschlagstätigkeit mit Temperaturen z. T. über 10°C extrem mild.

5.3. Einfluß der Witterung auf Stoffflüsse und Stoffhaushalt im Boden sowie biologische Prozesse

Der Witterungseinfluß auf Stoffflüsse und -haushalt im Boden ergibt sich aus der Wirkung auf die Bodenwasserdynamik und dem veränderlichen Temperaturniveau als Randbedingung für chemische, physikalische und biologische Vorgänge. Während die qualitativen Effekte bezüglich des Wasserhaushaltes relativ gut zu simulieren sind, ist die Betrachtung der Temperatureffekte komplizierter, da jeder einzelne Prozeß spezielle Temperaturabhängigkeiten aufweist.
Der Bodenwasserhaushalt ist insofern von wesentlicher Bedeutung für Stoffflüsse, da Wasser als Lösungs- und Transportmittel an nahezu allen Prozessen beteiligt ist.
Für Analysen des Bodenwasserhaushaltes sind die Komponenten Niederschlag, Verdunstung einschließlich Interzeption, Versickerung, oberirdischer Abfluß und Wasserspeichervermögen des Bodens zu bestimmen. Niederschlag liegt als gemessene Größe vor. Die Verdunstung kann

mittels der meteorologischen Parameter Lufttemperatur und Strahlung sowie dem jeweiligen Bodenwasservorrat mit zufriedenstellenden Ergebnissen berechnet werden. Bei unterschiedlich strukturierten Pflanzenbeständen werden wie z. B. im Modell von J. und G. Müller spezifische Pflanzenparameter zur Bestimmung der aktuellen Verdunstung einbezogen (MÜLLER 1987).

Das Wasserspeichervermögen (Feldkapazität) ergibt sich im wesentlichen aus der Substratzusammensetzung des Bodens und wird für die Versuchsflächen wie folgt angenommen:

STANDORT	FELDKAPAZITÄT (mm)	WELKEPUNKT (mm)
	für die Schicht 0 ... 100 cm	
Bad Lauchstädt	360	150
Etzdorf	342	152
Julius-Kühn-Feld	236	82
Brandis	155	45

Die Daten sind mit gewissen Unsicherheiten behaftet, da Böden nicht homogen zusammengesetzt sind, die Dichte der Böden variiert (z.B. durch Bearbeitung) und die meßtechnische Bestimmung mit Problemen verbunden ist (vgl. Teilprojekt 1).

Die Versickerung ist nur an Lysimetern meßbar (Brandis). Bei Modellberechnungen, wie sie hier zur Anwendung kommen, sind die Parameter Versickerung und horizontale Wasserbewegungen (hauptsächlich oberirdischer Abfluß) kaum trennbar und ergeben sich als Restgröße der Wasserbilanz.

Unter den konkreten Verhältnissen im Untersuchungszeitraum wird die Wasserbilanz im wesentlichen durch unterschiedliche Niederschlagsmengen an den Standorten und das differenzierte Wasserspeichervermögen der Böden bestimmt. Für die weiteren Betrachtungen wird angenommen, daß die obere 1m-Schicht des Bodens die Schicht ist, in der es zu Wassergehaltsänderungen kommt (Ausschöpfungsschicht für Transpiration und Evaporation). Die darunter liegenden Schichten sind kurzfristig weniger von Wassergehaltsänderungen betroffen.

In Abb. 4 sind die Bodenfeuchteverlaufskurven (in % nFK) am Beispiel Etzdorf und Julius-Kühn-Feld Halle dargestellt. Es ist erkennbar, daß der Untersuchungszeitraum von relativ feuchten Bedingungen geprägt war. Bodenfeuchtewerte im Bereich des Welkepunktes sind nicht anzutreffen. Normalerweise wird im Raum Halle jedes dritte Jahr in der Vegetationsperiode zu unterschiedlichen Zeitpunkten (meist Aug./Sept.) der Welkepunkt in der Schicht bis 1m Tiefe erreicht. Es ist anzunehmen, daß auch in den Jahren 1992 bis 1994 in der oberen Bodenschicht bis etwa 50cm Tiefe in trockeneren Zeitabschnitten der Gehalt an pflanzenverfügbarem Bodenwasser vollständig ausgeschöpft wurde, so daß es zu Störungen des Pflanzenwachstums und der bodenbiologischen Prozesse kommen konnte.

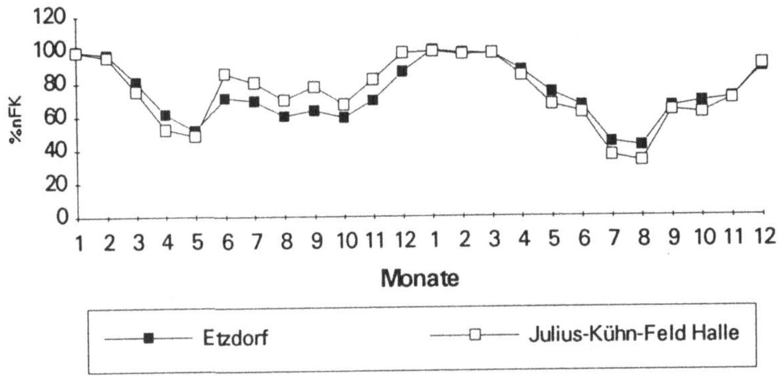

Abbildung 4: Bodenwassergehalt (0 bis 100cm, %nFK), Etzdorf und J.-Kühn-Feld Halle 1993 und 1994, berechnet nach Modell J. u. G. Müller

Beide Kurven verdeutlichen die Unterschiede im Wasserspeichervermögen. Die Zeiträume mit Feuchtewerten im Bereich der Feldkapazität sind in Halle etwas länger als in Etzdorf, weil dort für die Auffüllung bis zur Feldkapazität wesentlich mehr Wasser verbraucht wird. Der Boden in Halle reagiert deutlich schneller auf Niederschlagsereignisse mit Bodenfeuchtezunahme. Zeitabschnitte mit Bodenwassersättigung sind die entscheidenden für Wasserbewegungen unterhalb ein Meter Tiefe. Bei Wassersättigung fallender Niederschlag kann abzüglich der Verdunstung nur oberirdisch abfließen (schwer quantifizierbar) oder in tiefere

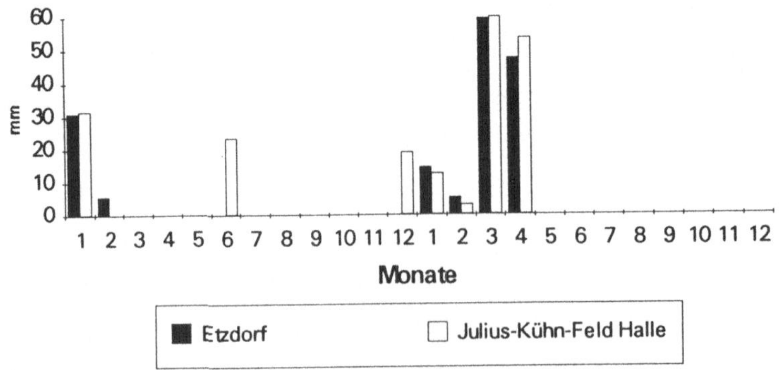

Abbildung 5: Monatssummen der Versickerung (mm), Etzdorf und Julius-Kühn-Feld Halle, 1993 und 1994, berechnet nach Modell J. u. G. Müller

Bodenschichten versickern. Deshalb kann davon ausgegangen werden, daß bei derartigen Situationen Wasserbewegungen nach unten unterhalb der 1-m-Schicht stattfinden. Die mittels Modell berechneten monatlichen Versickerungsmengen sind Abb. 5 zu entnehmen. Die Versickerung konzentriert sich im wesentlichen auf die Winterhalbjahre. Die Versickerung im Juni 1993 auf dem Julius-Kühn-Feld in Halle ist auf eine Häufung von Starkregenereignissen mit vorübergehendem Anstieg des Bodenwassergehaltes bis zur Feldkapazität zurückzuführen. Das für den Raum Halle extrem niederschlagsreiche Winterhalbjahr 1993/94 (insbesondere März/April 1994) dokumentiert sich auch in überdurchschnittlichen Versickerungsmengen (normal etwa 36mm/Jahr). Die Zeiträume mit Versickerung sind an den einzelnen Standorten wegen des differenzierten Wasserspeichervermögen des Bodens unterschiedlich lang, wie nachfolgender Übersicht zu entnehmen ist.

STANDORT	WINTERHALBJAHR 1992/93	WINTERHALBJAHR 1993/94
Bad Lauchstädt	nicht aufgetreten	13.3.-26.3./ 11.4.-13.4.
Etzdorf	12.1.-22.2.	15.3.-25.3./ 11.4.-13.4.
Julius-Kühn-Feld	21.12.-28.2.	25.12.-3.3./12.3.-26.3./11.4.-13.4.
Brandis	11.12.-27.12./5.1.-13.1./ 20.1.-29.1./6.2.-21.2./	9.11.-11.2./22.2.-8.3./ 12.3.-26.3./11.4.-14.4./5.u.6.3.

Noch deutlicher werden die Unterschiede bei den berechneten Versickerungsmengen:

STANDORT	WINTERHALBJAHR 1992/93 (mm)	WINTERHALBJAHR 1993/94 (mm)
Bad Lauchstädt	0,0	133,1
Etzdorf	36,3	126,6
Julius-Kühn-Feld	31,7	148,2
Brandis	87,8	242,3

Je höher das Wasseraufnahmevermögen des Bodens, um so geringer ist die Verlagerung in Schichten unterhalb ein Meter Tiefe. Brandis mit einer relativ niedrigen FK ist wesentlich stärker von Wasserbewegungen nach unten mit möglichen Stoffverlagerungen betroffen. Man kann aber aus der Höhe der versickerten Wassermenge keine direkten Rückschlüsse auf transportierte Stoffmengen ziehen. Jedoch sind die Zeiträume der Verlagerungen und die Größenordnungen für die Interpretation von Stickstoff- und Chlorid-Bewegungen von nicht untergeordneter Bedeutung. Auch kann z. B. am Julius-Kühn-Feld möglicherweise ein Zusammenhang zur Änderung des Grundwasserspiegels hergestellt werden.

Ein weiterer Aspekt verdient bezüglich der Wasserbewegungen Erwähnung. Bei länger anhaltenden Niederschlägen hoher Intensität (Abb. 6) oder gewittrigen Starkniederschlägen (Abb. 7) kann es auch bei ungesättigtem Boden zu horizontalen Wasserbewegungen im Bereich der

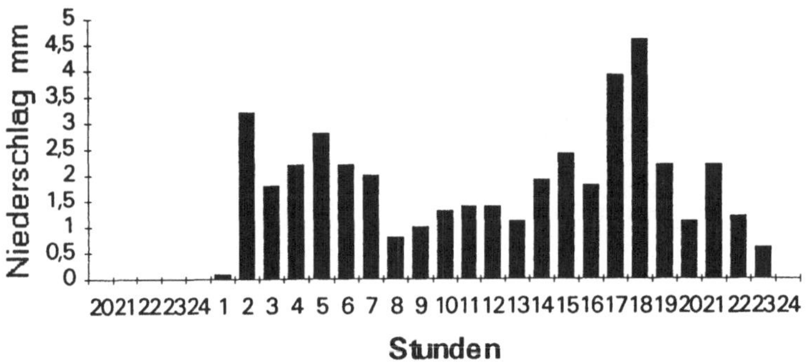

Abbildung 6: Niederschlag, Stundensummen Bad Lauchstädt, 14.3.1994, 20Uhr bis 15.3.1994, 24Uhr

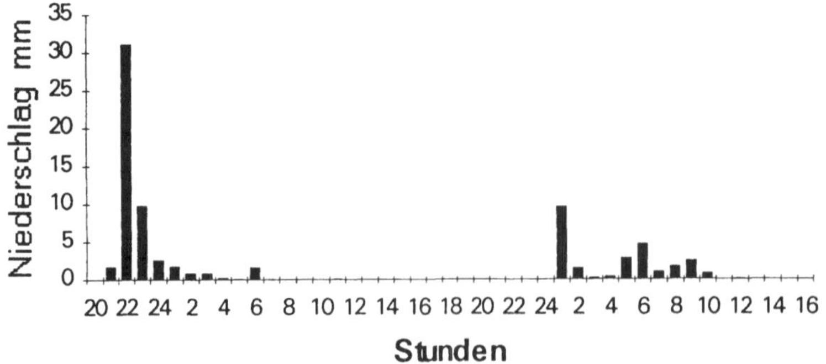

Abbildung 7: Niederschlag, Stundensummen, JKF Halle, 10.6.93, 20Uhr bis 12.6.93, 16Uhr

Bodenoberfläche und damit besonders in Parzellenversuchen zu Fehlergebnissen durch Stoffaus- und -einträge führen. Weniger gefährdet sind absolut ebene Flächen. Die Versuchsfläche Etzdorf ist mit ihrer leichten Hangneigung bereits problematisch.

Im Untersuchungszeitraum kam es zu folgenden derartigen Ereignissen:

21./22. Juli 1992	Gewitter mit einer Stundensumme von 47 mm
Etzdorf:	Erosionsrinnen bis 5 cm Tiefe
10.-12. Juni 1993	10.6.: Gewitter mit Stundensumme von 31 mm
Kühn-Feld:	(gesamt: 50 mm)11./12.6.: wiederholt Gewitter mit max. Stundensumme 10 mm (Abb. 6)
14./15.März 1994 u.	langanhaltende Niederschläge mit verbreiteten
11./12. April 1994	Stundenwerten von 3 bis 10 mm,
alle Standorte:	z. T. Überschwemmungen (Abb. 5)
29. Juni 1994	Schweres Gewitter mit Hagel, 68 mm Niederschlag
Bad Lauchstädt:	in einer Stunde

Für die Wirkung der Witterung hinsichtlich Flora und Fauna sind neben den Feuchtigkeitsverhältnissen auch die Temperatur und die Strahlung in Betracht zu ziehen.

Die von Februar bis August **1992** nahezu anhaltend zu warme Witterung ließ die Pflanzenentwicklung im Frühjahr rasch in Gang kommen (phänologische Verfrühung etwa 3 Wochen). Die allgemein ausgeglichene Niederschlagsversorgung begünstigte das Wachstum aller Pflanzen und schuf günstige Bedingungen für bodenbiologische Prozesse. Nur im Mai und Juni wurden bei zwei- bis dreiwöchigen Trockenperioden die genannten Prozesse eingeschränkt, wobei Lößböden weniger stark reagierten als Standorte östlich von Halle (auch Brandis). Die im September/Oktober rasch absinkenden Temperaturen (ab Mitte Oktober nur noch um 5 °C) beendeten die Wachstumsprozesse vorzeitig und schränkten bodenbiologische Prozesse stark ein.

Das Jahr **1993** bot vom Feuchteangebot her allgemein gute bis sehr gute Voraussetzungen für biologische Prozesse. Die sehr milde Witterung im Januar führte zur Aufhebung der Vegetationsruhe. Erste phänologische Phasen wurden beobachtet (z. B. Schneeglöckchenblüte, Haselblüte). Die nachfolgende Frostperiode verursachte verbreitet Schäden an bereits im Wachstum befindlichen Pflanzen. Die insbesondere ab 2. Aprilhälfte vorsommerlichen Temperaturen beschleunigten Wachstums- und Blühprozesse. Die ab Juni eintretenden meist negativen Temperaturabweichungen begünstigten das Wachstum einheimischer Pflanzen, wärmeliebende Kulturen wie Mais, Sonnenblumen reagierten mit vermindertem Zuwachs. Ebenso wie 1992 begann im Oktober frühzeitig der Temperaturrückgang auf Werte um 5 °C, ab Mitte November herrschte mit einsetzendem Frostwetter Vegetationsruhe.

Der Beginn der Vegetationsperiode 1994 war gekennzeichnet durch extrem niederschlagsreiche Witterung. Bis Mitte April war der Boden nahezu ständig mit Wasser gesättigt, bei wiederholt auftretenden weiteren Niederschlägen dürfte es zu Luftmangel im Boden in Verbindung mit Staunässe gekommen sein. Für bodenbiologische Prozesse und Bodentiere bestanden damit äußerst ungünstige Bedingungen. Staunässe führte zu Wachstumsstörungen und behinderte die Keimung von Samen. Auf die ab Juni 1994 einsetzende überwiegend trockene und z. T. sehr warme Witterung reagierten die Pflanzen mit hohen Transpirationsraten, was in kurzer Zeit zur Abnahme der Bodenfeuchte in den oberen Bodenschichten teilweise bis in Welkepunktnähe führte. Dadurch wiederum wurden auch in Verbindung mit hohen Strahlungswerten z. T. erhebliche Wachstumseinschränkungen beobachtet. Für bodenbiologische Prozesse bestanden im Juli keine optimalen Voraussetzungen (Trockenheit in den oberen Bodenschichten, hohe Bodentemperaturen bis nahe 40 °C). Durch stärkere Niederschläge im August und September normalisierten sich die Bodenfeuchteverhältnisse, verbunden mit nochmals verstärktem Wachstum. Normale Temperaturverhältnisse begünstigten die Reifeprozesse. Der bereits in der ersten Oktoberdekade auftretende Nachtfrost verursachte Schäden an frostempfindlichen Pflanzen. Bei optimalen Bodenfeuchteverhältnissen und bis Ende November fast durchgängig über 5°C liegenden Bodentemperaturen waren bodenbiologische Prozesse und Pflanzenwachstum in eingeschränktem Umfang relativ lange möglich. Erst Mitte Dezember setzte endgültig Vegetationsruhe ein.

Die in den drei untersuchten Jahren über längere Zeitabschnitte optimalen Bodenwasserverhältnisse bei gleichzeitig übernormalen Lufttemperaturen hatten, bezogen auf die normalen Verhältnisse im mitteldeutschen Raum, insgesamt überdurchschnittliche biologische Aktivitäten zur Folge. Damit wurde die Regeneration verschiedenartig belasteter Agroökosysteme beschleunigt.

6. Schlußfolgerungen

Die klimatische Kennzeichnung des Gebietes baut zunächst auf langjährigen Mittelwerten, Häufigkeiten usw. auf. Die makroklimatische Einordnung der betrachteten Region ist damit möglich. Für kleinräumige Betrachtungen unter Einbeziehung von Geländedifferenzierung sind gezielte mesoskalig angelegte Meßprogramme und Untersuchungsmethoden erforderlich, die im Rahmen dieses Programmes nicht möglich waren. Eine umfassende Klimakennzeichnung beinhaltet aber auch die zeitliche Dynamik der Witterung und ihrer Wirkungen auf die Bodenwasserdynamik, Pflanzenwachstum und biologische Prozesse im Boden. Eine solche Dynamik kann mit einer zweieinhalbjährigen Meßreihe nur ansatzweise wiedergegeben werden, da die jahresperiodischen Verläufe zahlreicher Witterungsparameter durch wechselnde Witterungskonstellationen zusätzlich modifiziert werden und damit innerhalb eines derartigen Zeitraumes nur wenige vergleichbare Situationen auftreten.

Der bearbeitete Zeitraum 1992 bis 1994 stellt eine Reihe für das Gebiet insgesamt niederschlagsreicher Jahre dar. Die den Raum Halle eigentlich kennzeichnenden ausgesprochen trockenen Verhältnisse sind damit nicht interpretierbar. Die Ergebnisse verdeutlichen aber, daß selbst bei allgemein relativ trockenen Verhältnissen Verlagerungsprozesse im Boden unbedingt berücksichtigt werden müssen. Gerade bei nicht ständig auftretenden Versickerungen werden Schadstoffe akkumuliert und bei Bodenwasserbewegungen in hoher Konzentration bewegt.

Genannte Gesichtspunkte erfordern die Weiterführung der begonnenen Meßreihen. Das sollte auch künftig in der hohen zeitlichen Auflösung (10 Minuten) erfolgen, da wie bereits ersichtlich wurde, z. T. kurzzeitige Einzelereignisse maßgeblich besonders Verlagerungsprozesse im Boden beeinflussen. Derartige Ereignisse sind aus vorhandenen langjährigen Meßreihen mit hoher Datenverdichtung kaum noch herauszulesen.

Entscheidend für Verlagerungsprozesse im Boden sind dynamische Änderungen des Bodenwassergehaltes. Die substrat- und witterungsabhängigen Differenzierungen lassen sich mittels Modell recht gut reflektieren. Voraussetzung ist die Verfügbarkeit entsprechender Eingangsgrößen. Neben der weiteren Modellbearbeitung sind, ausgehend von der punktuellen Darstellung, flächenbezogene verallgemeinerungsfähige Aussagen bezüglich der Bodenwasserdynamik und Versickerung anzustreben.

Bei Weiterführung der Meßreihen sind Analysen der Energie- und Wärmebilanz an der Bodenoberfläche und im Boden möglich, um auch energetische Strukturen der Stoffumsätze im Boden aufzuzeigen.

Künftige Arbeiten sollten auch der Frage der Wirkung veränderter Klimaparameter auf Boden und Biosystem hinsichtlich zu erwartender Klimaänderungen nachgehen. Mit Modellrechnungen - wie hier mit gegenwärtigen Bedingungen - könnten so künftig veränderte Klimabedingungen simuliert und deren Auswirkungen dargestellt werden. Hierzu ist es aber notwendig, die oben angesprochene zeitliche und räumliche Dynamik von Klima und Witterung hinreichend genau darzustellen.

7. Literatur

ADRIAN, G.: Was können numerische Modelle für die mesoskalige Klimatologie leisten? promet 17 (1987), 58-63

BEINHAUER, R.: Ökosystemforschung im Bereich der Bornhöveder Seenplatte, Teilvorhaben 2.1: Meteorologie. Abschl.-Ber. erste Projektphase 1988-91 (1992)

BERGOLD, M.: Modellmäßige Interpolation der Witterungsdaten im Gelände für den Einsatz in pflanzenbaulich-phytopathologischen Beratungssystemen. Diss. TU München 1993

BÖER, W.: Einige Überlegungen zur raum-zeitlichen Struktur des Geländeklimas und den Möglichkeiten seiner Darstellung. Angew. Meteorologie 5 (1969), 34-36

DÖRING; J.: Untersuchungen zur Bodentemperatur in unbewachsenem Boden, unter Hafer und unter Kartoffeln in Abhängigkeit von Witterung und Pflanzenbeständen Diss. Univ. Halle 1986

ENDERS, G.: Theoretische Topoklimatologie. Nationalpark Berchtesgaden, Forschungsbericht 1979

FIEDLER, F.: Problemkreise des mesoskaligen Klimas. promet 17 (1987a), 1-5

FIEDLER, F.: Unterschiedliche Flächennutzung als Klimafaktor. promet 17 (1987b), 12-17

FOKEN, TH.: Erfordernisse der Datengewinnung, -übertragung und -bearbeitung für mesometeorologische Zwecke. Abh. MD d. DDR 141 (1989), 9-17

GRASSL, H.: Skalenabhängige Modelle für die Klimaforschung. Ann. Meteorol. (NF) 23 (1986), 64-66

HAASE, G.; SCHMIDT, R.: Bodenregionen der DDR, Arch. Acker- u. Pflanzenbau u. Bodenkunde 15 (1971), S. 885- 895

HUPFER, P.: Klima im mesoräumigen Bereich. Abh. MD d. DDR 141 (1989), 181-192

JUNGHANS, H.: Geländeklimatologische Untersuchungen für forstliche Zwecke. Arch. Forstwesen 8 (1959), 885-922

KRÜGER, W.; STEFFIN, U.; BENKENSTEIN, H.; PAGEL, H.: Wirkung von Nitrifikationsinibitoren bei Herbst- und Frühjahrs-N-Düngung zuWinterroggen. Arch. Acker- Pflanzenb. Bodenkd. 33 (1989), 521-527

KUGLER H.; EID, S.: Beiträge zur kartographischen Modellierung des landschaftlichen Naturraumkomplexes. Wiss. Z. Univ. Halle XXXIX `90 M (1990), 43-55

MÄDE, A.; KARCH, K.: Mikroklimatische Untersuchungen an Windschutzanlagen. F/E.Ber. MD DDR, (1952) FIA Halle

MÄDE, A.: Über die Methodik der meteorologischen Geländevermessung. Sitzungsber. AdL DDR 5 (1956), 5

MÄDE, A.: Erfassung der klimatologischen Veränderungen im Waldgebiet des Harzes vor und nach der Füllung der im Bau befindlichen Rappbodetalsperre. F/E-Ber. MD DDR, (1963) FIA Halle

MÄDE, A.: Einige Bemerkungen zur Problematik der Geländemeteorologie. Z. Meteorol. 35, (1985) 157-160

MÜLLER, J.: Verdunstung landwirtschaftlicher Produktionsgebiete in ausgewählten Vegetationsabschnitten und deren statistische, modellmäßige und kulturbezogene Bewertung. Diss. Univ. Halle 1987

MÜLLER, S.; MORITZ, D.: Einfluß der Stickstoffdüngung im Spätherbst auf die Dynamik des anorganischen Stickstoffs im Winter sowie auf die Kornerträge von Wintergetreide. Arch. Acker- Pflanzenb. Bodenkd. 27, (1983) 707-714

MÜLLER, S.; WEIGERT, I.: Untersuchungen über die Änderungen im Gehalt des Bodens an anorganischem Stickstoff im Zeitraum Spätherbst bis Vegetationsbeginn in Abhängigkeit von Bodenart, Niederschlag sowie Gehalt an anorganischem Stickstoff. Arch. Acker- u. Pflanzenbau Bodenkunde. 24 (1980), 425- 432

SCHUMANN, A.: Zur Analyse der meteorologischen/klimatologischen Lösungsmöglichkeiten für die scalebezogene Untersetzung agrarklimatologischer Informationen hinsichtlich der landwirtschaftlichen Erfordernisse. Studie MD DDR, (1988) FIA Halle

SCHÖNE, V.: Geländeklimatologische Untersuchungen im Forschungsraum der AdL der DDR. Angew. Meteorol. 3, (1958) 129-135

WANNER, H.: Die angewandte Geländeklimatologie - ein aktuelles Arbeitsgebiet der physischen Geographie. Erdkunde 40, (1986) 1-14

WEISE, A.: Möglichkeiten geländeklimatischer Systematisierung.
Geogr. Ber. 96, (1980) 179-193

WOHLRAB, B.; ERNSTBERGER, H.; MEUSER, A.; SOKOLLEK, V.:
Landschaftswasserhaushalt, Verlag Paul Parey Hamburg und Berlin 1992

Klimaatlas der Deutschen Demokratischen Republik,
Akademie-Verlag Berlin 1953